U0314731

作者简介

戴永年，1929年生，云南通海人，我国有色金属真空冶金学家。1951年云南大学矿冶系毕业留校任教，1956年中南矿冶学院研究生班毕业，同时在昆明理工大学（原昆明工学院）任教至今，现为教授、博士生导师、有色金属真空冶金研究所所长、中国工程院院士。长期从事锡冶金和有色金属材料的真空冶金的教学和科研工作，先后完成了30余项科研课题，发表论文百余篇，合著、主编了《有色金属材料的真空冶金》、《真空冶金》、《锡冶金》、《有色金属真空冶金》等著作。获得国家和省部级的各种奖励29项，其中国家级奖3项、云南省科学技术突出贡献奖1项、中国真空学会“94′科技成就奖（HAYASHI AWARD）”一项。获发明专利和实用新型专利14项。荣获“全国五一劳动奖章”、全国“高校先进科技工作者”、“云南省劳动模范”、“云南省有突出贡献优秀科技人才”等荣誉称号。

云南省自然科学基金资助
昆明理工大学资助
真空冶金国家工程实验室资助

金属及矿产品深加工

戴永年　主编

北　京
冶 金 工 业 出 版 社
2008

内 容 简 介

本书分为三篇共32章，主要内容包括：第一篇总论，主要介绍了深加工材料的作用及其价值、现代高新技术对深加工材料的需求、深加工、新材料对高新技术产业发展的支撑等；第二篇金属及矿产品深加工，包括金属锂、铝、镁、钛、铜、钴、镍、硒、碲、铅、铋、锌、镉、铟、镓、锗、铊、锶、锡、锑、铂族、金、银、稀土、钢铁及磷化工的资源、选冶、加工、应用等；第三篇先进材料及器件。包括高新技术材料、硅材料、半导体材料、能源及环保材料、锂离子电池及材料、电动车、船等。

本书可供有色金属及相关部门的领导者、企业家、设计者、生产者、研究者以及该领域的师生参考阅读。

图书在版编目(CIP)数据

金属及矿产品深加工/戴永年主编．—北京：冶金工业出版社，2007.1（2008.11 重印）

ISBN 978-7-5024-4121-0

Ⅰ．金…　Ⅱ．戴…　Ⅲ．①金属加工　②金属矿—加工　Ⅳ．TG

中国版本图书馆 CIP 数据核字（2006）第 149684 号

出 版 人　曹胜利

地　　址　北京北河沿大街嵩祝院北巷 39 号，邮编 100009

电　　话　(010)64027926　电子信箱　postmaster@cnmip.com.cn

责任编辑　杨盈园　谭学余　美术编辑　李　心

责任校对　王贺兰　李文彦　责任印制　李玉山

ISBN 978-7-5024-4121-0

北京兴华印刷厂印刷；冶金工业出版社发行；各地新华书店经销

2007 年 1 月第 1 版，2008 年 11 月第 2 次印刷

787mm×1092mm　1/16；39.5 印张；955 千字；607 页；3001-5000 册

118.00 元

冶金工业出版社发行部　电话：(010)64044283　传真：(010)64027893

冶金书店　地址：北京东四西大街 46 号(100711)　电话：(010)65289081

序　言

我国多种有色金属产量已居全球之首，但随着时代的发展，在环境保护、能源消耗、资源循环利用、废弃物回收、二次资源利用、可持续性发展等方面与世界先进水平和我国发展的目标相比，还差相当的距离，我国已由过去的“地大物博”变为现在的许多资源不足，需要大量进口。这些问题在过去都不突出，甚至不成问题，可今天已成为我国发展中迫切需要解决的问题。同时，各地区矿产品加工程度不平衡，对产品深加工程度的认识存在差异，存在大量销售矿石和粗加工产品、精加工产品少等情况，这些问题都需要解决，要把发展模式由资源型逐步转变为技术型。国际上每种矿料的加工深度在迅速发展，新性能材料的产生显现出对人类的巨大作用，推动着人类生产、生活水平的不断提高。这种趋势要求我们必须重视金属及矿产品的深加工，并且能迅速达到世界前沿生产技术水平。

本书作者对这些问题做了长时期的观察，在许多地方进行过实地考察。根据他们对有色冶金及材料工业的长期研究，联系国际的发展情况论述上述问题，使本书有一定的参考价值，对我国有色金属工业的研究、规划、设计、建设、改造及发展起着参考作用。本书内容有三篇，第一篇为总论，主要包括深加工材料的作用及其价值、现代高新技术对深加工材料的需求、深加工、新材料对高新技术产业发展的支撑等；第二篇为金属及矿产品深加工，包括金属锂、铝、镁、钛、铜、镍、钴、硒、碲、铅、铋、锌、镉、铟、镓、锗、铊、锶、锡、锑、铂族、金、银、稀土、钢铁及磷化工的资源、选冶、加工、应用等。第三篇为先进材料及器件，包括高新技术材料、硅材料、半导体材料、能源及环保材料、锂离子电池及材料、电动车、船等。

过去未见到类似的书籍，本书自然成为“抛砖引玉”之作，它将成为有色金属及相关部门的领导者、企业家、设计者、生产者、研究者以及该领域的教师学生的参考读物。期待本书能有利于推动我国金属及矿产品向更高水平发展，既有利于现代，也有利于造福于后代。

本书力图集中各有关方面的学者，就他们的研究领域论述所得进行探讨，故邀请了昆明理工大学、昆明贵金属研究所以及西南林学院的一些教授、专家就各自所长分工撰稿。各章节的作者是：戴永年、李伟宏、谢刚、伍继君、雷金辉、何蔼平、杨部正、魏昶、刘永成、陈为亮、刘大春、韩龙、周里一、姚顺忠、朱云、张昆华、徐宝强、谢蕴国、江映翔、朱浩东、杨斌、马文会、代建清、王华、姚耀春、姚发权。

书中各产品的价格数据，由于市场变化很快，故仅能说明其相对价值，而不能作为其现实的市场价格。还有许多深加工产品，很难得到其价格数据，它们中有的可能是高价值产品，这也只能由读者根据经验去估计了。

本书为云南省科技厅支持的自行选题的研究项目，我们选定了“金属及矿产品深加工”这个题目，希望能对金属工业发展有所裨益。本书还得到许多专家、公司领导的支持，在此一并向他们致以诚挚的感谢和深深的敬意。

书中难免有疏漏和不妥之处，敬请读者批评指正。

编　者

2006 年 12 月

目　　录

第一篇　总　　论

第二篇　金属及矿产品深加工

第三篇　先进材料及器件

第一篇　总　论

戴永年　昆明理工大学

1 概 述

当前世界快速发展，国内外的各种新材料以很快的速度涌现出来，满足了高新技术产业发展的需要，提高了人类的生活水平，应对了世界发展的需求，建设着美好的世界。新产品的出现，也创造了日益增大的价值。世界的 GDP 得以快速提高，1984 年为 11.89 万亿美元，到 2003 年达到 34.05 万亿美元，19 年中增加了两倍多。

但是由于发展不平衡，一些地方产业较多地停留在原有水平上，发展不快、产品的技术含量不高、价格低廉、消耗了资源、能耗高，达不到现代社会需要的环境要求，经济效益不高。

现在中国人均 GDP 约为 1000 美元，在世界上排名约第 100 位。如果我们要达到发达国家的人均 2 ~ 3 万美元，要比我们现在增大 20 ~ 30 倍。如果我们按现在的发展方式，显然是不够的，只有走“靠技术”的路。

要靠技术，就要提高科学水平，创新技术，生产高新技术产品，发展高新技术产业，大幅度地提高经济效益，才能大幅度地提高 GDP、人民的生活水平和国家的综合实力。虽然中国外贸总额已居世界第 3 位，但只有总额的 2% 有自主知识产权。出口一台 DVD，企业只赚 1 美元，交给外国专利费 18 美元；售一台 MP3，79 美元，外国专利费 45 美元，企业利润仅 1.5 美元；要出口上亿件衬衣才能换一架客机；彩电、手机的关键技术的 50% 掌握在跨国公司手中；中国石化装备的 80%，数控机床和先进纺织设备的 70% 依赖进口；中国出口的硅（工业硅）0.8 万元/t，而进口的硅（多晶硅）40 ~ 60 万元/t，相差 50 ~ 80 倍，中国的发明专利只有 18% 为国人申请。

这些差距归结起来就是“技术水平”的差距，我们没有自己的高新技术产品和生产技术，就得依赖他人的技术，付出专利费。我们的技术水平不够，生产不出大型客机等产品，就得接受人家的高价产品，甚至出高价还买不到，这种状况应该改变。

发展高新技术产业我国有些地方已有明显的效果：如深圳由 1990 年起开始扶持高新技术产业，到 2002 年电子产业产值 2000 多亿元，其他高新技术产品的产值 1709 亿元，二者之和 3709 亿元，都是高新技术产品产值。上海高新技术企业 2000 多家，2004 年总产值 3112 亿元。这两个地方在沿海，没有什么矿产资源，主要是靠技术。又例如北京的中关村。同样，它的高新技术产值——有千亿元以上，聚集了大量高水平的人才，在那里工作的博士就有 8000 多人，搞高新技术，创造了高的产值。

现在中国有 13 亿人，意气风发地向前迈进，力争走向世界的先进行列，创造了 20 年 GDP 增长的高值（每年约 9%）。目前又奔向创新，可以预见不久的将来，中国会有更大的成就，大幅减少与先进国家的技术差距。

在矿产品，冶金材料方面发展高新技术产业可促进矿产品的深加工，深加工产品又可支持、促进高新技术产业向前发展，进而促进社会经济发展，这个过程是建立在自主创新的基础上。

2　深加工材料的作用及其价值

各行各业的发展都需要一些新材料作为基础，例如汽车的发展就需要钢材、铜材、玻璃、塑料、电子器件……，如果这些材料零部件质量有提高，车的总体质量也有提高。新品种的汽车就会不断出现，所以新材料、优质材料和零部件的出现成为高新产品的发展的基础。材料品质提高，其技术含量增大，价值也就增大。

2.1　硅产品

硅的最初等级是硅矿，在某些地区产出，硅矿除一些长得好的矿物如水晶，紫水晶较为有用，可做观赏物。一般的硅石、白沙只能作为价值很低的建筑材料，一般仅为几十元到百元左右一吨。把硅石冶炼成硅（工业硅），纯度在98%Si以上，可以做合金配料，如硅铝合金、硅钢、硅化合物等的原料。用途比硅石好多了，它的价值就升到了几千元一吨（当前约为8000元一吨）。马丁法的出现，成功地把工业硅制成纯度6N（99.9999%）的多晶硅，它的用途更好了，可以做太阳能电池材料，可以再加工成硅单晶等。多晶硅的价格一下子升到40~60万元一吨，这一步，技术难度大，而国外掌握技术者为了自己的利益，一般不愿推广技术，使多晶硅的价值一直保持高位，时常供不应求。多晶硅经过拉制成单晶硅，价格升到约百万元一吨，单晶硅再切成片，硅片价格上千万元一吨。硅片就可以制成芯片，制成大规模集成电路，成为电脑及各种电子器件的芯片。特殊用途的电脑芯片要本国自制，不能只依靠进口，加之，有些特种用途的芯片也买不到，芯片的价格就更高，达到几百美元1片。各种硅材料随加工深度不同价格变化见表1-2-1。

表1-2-1　硅产品与其价格

品　种	硅　石	工业硅	多晶硅（太阳能级）	多晶硅（拉单晶用）	单晶硅	硅　片	芯　片
价格/元·t^{-1}	约10^2	8×10^3	4×10^5	6×10^5	约10^6	$10^6\sim10^7$	10^2/美元·片$^{-1}$
倍　数	约10^{-2}	1	50	75	125	125~1250	更　大

注：以工业硅的价格为1，其他品种是硅的分数。

表1-2-1中数值表明，硅的加工深度增加，其价格上升，为硅石价格的80倍，或上千倍……甚至更高。

如果只由硅石生产工业硅，升值几十倍，比生产硅石当然是好多了。但是工业硅只是加工产品中最初步的，科技含量较低，价格也低。目前我国生产工业硅已达70多万t，曾出口60多个国家，价值40多亿元。在多晶硅用于信息产业和太阳能利用数量大增之时，若能出口1万t多晶硅价值约100亿元左右，出口5万t多晶硅价值500亿元，则对全球利用太阳能弥补石油能源不足将是一大贡献，同时对全球发展信息产业亦将有重大作用。

由于硅在信息产业中很重要，应用广泛，用量就很大，经常消耗多，所以价值很高，这种状况我们不能不注意，应尽快争取在全球、市场上占有更大的份额，取得明显的经济效益。

硅还可以制硅铝等合金、有机硅、高硬度化合物碳化硅、氢化硅等，也有同样的规律，在此不再列举。

2.2 铜产品

以铜来说，见表1-2-2中的数值。

表1-2-2 铜加工产品价格和铜价之比（2005年）

品 名	铜1号	五水硫酸铜	漆包线	磷铜合金	砷铜合金	青铜粉(200~300目)	铜锡合金粉(200~300目)	电解铜粉(40~360目)	铜 箔(18μm)
含铜/%	100	25.46		约86			90	100	100
价格/万元·t^{-1}	3.7~3.8	0.95~1	4.1~4.5	4.05	4.08	4.75	5.75	4.7	12
以铜计价/万元·t_{Cu}^{-1}		3.73~3.92		4.67			6.4	4.7	
倍 数	1	1~1.04	1.2	1.24			1.76	1.27	3.2

品 名	紫铜板	紫铜管	紫铜带	紫铜线	磷脱氧铜管	盘管直管	内螺纹铜管	连接管管件	铍铜含量 Be：1.9%~2.2% Ni：0.2%~0.5%
倍 数	1.478	1.595	1.51	1.5	1.9	1.66	2.44	1.71	2.7

注：由于物品价常常波动，只能用某一时间之值来计算其品种间的相对值。

可见，铜加工成各种产品后，同样一吨铜，升值百分之几十，有的升值3.2倍（铜箔），经济效益得到大幅度提高，而且这些产品就用在电子产品中作配件，作用增大。

铜可加工成的产品还很多，其价格也有很多差异，不可能在此一一列举，这里有的数值可供说明铜经过加工价格变化和用途增加，由此可以推知其他产品也有此效能。

2.3 锡产品

以锡来说，一些产品价格见表1-2-3。

表1-2-3 锡加工产品价格与锡价之比

品 名	锡1号	二氧化锡	硫酸亚锡	氯化亚锡	锡酸钠	高纯锡	锡 粉(200~300目)	锡美术工艺品	五苯基氯化锡	双三环氧化锡	三丁基锡氧化物
含锡/%	100	76.76	55.27	52.59	44.5	100	100	100			
价格/万元·t^{-1}	6.15	7.75	7.4	4.9	5		8.5				
以锡计价/万元·t_{Sn}^{-1}	6.15	9.7	14.3	9.2	10.9				约90	约56	50
倍 数	1	1.24	2.3	1.46	1.7	1.77	1.38	约10.7	14.62	9.1	8.1

表1-2-3中数值说明，同样1t锡，加工成五苯基氯化锡则增值为14.62倍，作成工艺美术品增值10.7倍，制成硫酸亚锡增值2.3倍，制成二氧化锡增值较低，也达到1.24倍。

2.4 铝产品

铝的加工产品也有同样规律。由于由铝矿先制成氧化铝，再电解氧化铝成为金属铝，再进一步加工成铝材，其价格见表1-2-4。

表1-2-4 铝产品价格表（2005年初）

品 名	铝 矿	氧化铝	铝	铝 粉			
				汽车用高级	进口一般	国产优	一 般
含铝/%	25.4~32.8	52.9	100	60~70	16~17	约6	1~2
价格/万元·t^{-1}	约0.01	0.52	1.93				
价格/万元·t_{Al}^{-1}	0.03~0.04	0.983	1.93				
倍 数	约0.015	0.51	1	31~36	8.2~8.8	3.1	0.5~1.03

品 名	LC4管	LF5型	LF5棒	LF5薄管	LY12棒	LY12型	LF21板	LY11棒	LY11管	铝花纹管
倍 数	2.1	2.01	1.73	4.2	1.88	2.33	1.48	1.96	1.43	1.586

注：以1t铝为1倍。

从表1-2-4中可见，由铝矿到氧化铝，其中铝增值34倍，由氧化铝到铝增值1倍。若由铝矿计算到铝，则增值66.7倍，说明铝矿开发利用加工的增值很大。

表中多种材料，管、板、棒、型材，都比铝增值几成到几倍，技术含量高的LF5薄管增值3倍。

铝粉的技术含量表现得很明显，高档轿车油漆中用的铝粉进口价很高，为铝价的30多倍，进口一般铝粉也达到8倍。而国产品，优质的达到3倍。同样1t铝，技术含量愈高，价值愈高。铝的深加工的贡献和效益就很明显。

2.5 钛产品

由于航空工业发展，钛的价格上升，各种产品的价格见表1-2-5。

表1-2-5 钛的一些产品的价格及其比值

品 名	钛 矿	钛白粉		海绵钛1号	钛合金	钛 材	钛 靶
		锐钛型	金红石型				
含钛/%	28~36	59.94	59.94	99.6	70	100	
价格/万元·t^{-1}	约0.05	约0.95	1.35	约23	21	20~37	45~50
价格/万元·t_{Ti}^{-1}	0.15~0.17	约1.6	约2	约23	30	20~37	45~50
倍 数	1	约9.4	约11.8	135	176	117~205	264~294

注：以一吨钛的钛矿价格为1。

表1-2-5所列数值说明钛矿价格低，每吨钛的钛矿仅约值两千元，以钛矿为产品是效益低的，加工成钛白粉后升值约10倍，其有用程度和经济效益都增大若干倍，也可看到

同样的钛白粉，金红石型的比锐钛型价高约20%，这是技术含量不同的原因。

制造成海绵钛，可作钛材的原料，其价值为钛矿中钛的130倍，是一个十分惊人的倍数，它甚至约是钛白粉的14倍。

若再加工成钛合金、钛材、钛靶，其用途更多，贡献更大，效益更高。

当今航空航天工业发展很快，钛的消耗增加，是钛工业的喜讯。对于云南产钛矿的地方，自然让人想到若将钛矿制成深加工的产品。虽然冶炼和加工钛的技术和设备都较复杂，若能及早起步，就会不断发展、进步、深入、提高。

钛白粉与电子工业用的钛酸钡等盐类、生化产业的消毒灭菌等用途很多，值得注意。

2.6　锗产品

锗是一种具有优良的半导体性质和光学性质的金属。在我国西南部资源丰富，常与锌等有色金属伴生，它的产品、应用及价格见表1-2-6。

表1-2-6　锗的一些产品价格及相关的比值

品　名	锗	二氧化锗	锗锭500/cm	锗单晶（ϕ250mm）	有机锗	锗　粒	锗　片
含锗/%	100	69.4	100	100	约18	100	
价格/万元·kg^{-1}	0.48	约0.4	0.6	3	0.7	4	6万元/套
价格/万元·kg_{Ge}^{-1}		0.58			3.86		
倍　数	1	1.2	1.25	6.25	约8	8.3	

锗的价格因其供应情况和应用发展而变化很大。在1997年达到1.4～1.6万元/kg，以后由于部分锗半导体为硅所替代，且硅资源较多而使锗价降低，表1-2-6中锗的近期价格仅为1997年的1/3。

锗经过深加工、升值很大，如表1-2-6中的值，较大的如锗单晶、有机锗等，可以升值到6～8倍，而二氧化锗仅升值为1.2倍。它在红外光学方面的优点是其他物质所不能比的（锗不能透过可见光和紫外线，但能透过红外辐射）。作为夜视仪，红外成像仪，与砷化镓激光器组成，在夜里、云雾、雨天能全天候观察目标，故多用于军事、航空航天中。锗在医学方面也有作用，锗的有机化合物可治高血压，增加抗癌能力。锗在光纤的添加剂的用量很大，可提高其折射率，减少色散的传输损耗。

世界产锗，在2001年为90t。中国产47.6t，国内使用15t，出口较多。美、日两国消耗锗较多，故它们进口多。

锗加工产品升值很大，用途也更多，且具有光学特性和半导体性质。因此，在生产中应该向产值高，用途广的方向努力，充分发挥其特性和增大经济效益。锗加工产品的应用值得进一步研究。

2.7　铟产品

铟自1883年德国人赖希（F. Reich）和李希特（H. T. Richter）发现以后，研究和应用逐渐发展。铟有好的合金性能用于晶体管的焊料，熔点很低。在149℃以下焊接，作为轴承材料的添加剂、镀层，使寿命增加几倍，它可润湿玻璃而可焊接玻璃和金属，它的反光能力很强，做反射镜可保持光亮，长时间不发暗，能耐海水的侵蚀，用于军用船舶，民用轮船做反射镜。铟还可作电阻温度计材料和精密温度的标样材料。在高卤素灯中加碘化铟可提高其亮度约50%。银铟镉（80Ag15In5Cd）合金可代替铪作原子反应堆的控制棒。

铟的应用日益广泛，世界产量逐年上升。1972～1979年波动在42～68t/a。中国自2000年以来由98t/a增加到160t/a左右。

消耗量以美、日最多。它们自产不足，进口较多。1984年美国进口30t。日本进口不断增加，1985年进口6t，1986年21t，1994年55t，近年来用于透明电极显示屏用量大增。有统计表明2002年世界消费425t铟，它的用量比例见表1-2-7。

表1-2-7 2002年世界铟产品消费情况

用 途	ITO	软钎料	半导体	合 金	其 他
比例/%	73	14	4	5	4

ITO是铟（90%～95%）锡（5%～10%）的氧化物，用以制成导电薄膜，可见光透过率在95%以上，紫外线吸收率不小于70%，对微波衰减率等于85%，导电性能和加工性能良好，作为透明导电膜用于等离子电视和液晶电视屏，近年来用量大增。它正在代替体积大的显像管屏幕，已大量用于电视机、电脑、手机的屏幕，这种发展还正在继续。日本2000年耗铟336t，其中用于ITO透明电极屏的就达到286t，占85%。

同时铟的价格也随之而上升，1972年的价格为56.26美元/kg。1980年，价格为643美元/kg，2004～2005年在1000美元/kg左右（人民币波动在1万元/kg左右）。

可见，由于屏幕使用ITO料后不断发展，用量增加。全球所需平板屏幕代替显像管是一个庞大的数量，4N铟的需求会继续加大。

由于铟是稀散元素，在自然界高度分散，极少单独存在，主要为有色金属及锌矿的伴生金属，在矿中含量为十万分之几至万分之几。现已查明储量，中国广西约4700t，云南4600t，内蒙古约600t，全球已查明储量大约1亿t，美国、加拿大、德国、俄罗斯约占50%。据称全球海水中有铟40亿t。因此，有效地开采、提取铟是值得研究的问题。尽量及时地生产出铟供社会生产发展所需。

第二个应重视的事是深加工直至做成器件。如5N铟制成ITO粉体，制作靶材，再制成玻璃上的ITO透明导电膜，再制成电视机、电脑等的显示屏。中间每一环都有相当可观的升值。比如由5N铟，制成ITO粉体，就可升值0.4～0.7倍（以铟为基础计算的）。而随后的产品，靶材、透明导电薄膜也有升值。同时，需要研制投放到市场上的产品。

有一些已研究出并证明有特殊意义的产品，如磷化铟、锑化铟、砷化铟、InSb-NiSb单晶磁敏材料以及各种应用这些材料的探测器等。由于这些材料的特殊性和用途重要，我们应当进行研究，满足高新技术的需要。

2.8 其他

总之，许多金属的深加工，应用在高技术领域，其产品有着特殊的意义，但产品的规格、应用的具体情况却都很少见报道，要下决心研究这些金属的深加工，通过自主创新，研制终端产品使其最终走向市场。

还有磷、铁、稀土金属、钨、钼……包括周期表中62种金属元素的深加工问题不再列举，其中有一些在本书各章中介绍。

3 现代高新技术对深加工材料的需求

当今社会发展和高科技高速发展，对新功能材料的要求促进着新材料的出现，新材料的出现又促进高技术的发展。

信息技术发展，使人们有了日益方便的通讯工具，例如每人一个手机，可在任何地方交流信息，带一个笔记本电脑，可计算任何资料，查找需要的信息，编写文件，存取资料。与世界各地传输信息，观赏电视，欣赏音乐，玩电子游戏等。

它们的基础材料是硅片制成的集成电路、芯片、这些芯片就来自于“硅”。以工业硅制成多晶硅、单晶、切片、刻录等。信息技术的发展就促进着硅及其深加工的研究和生产。信息传递中的光纤是熔融石英纤维。高纯的二氧化硅和微量的锗，代替了电缆，形成通信技术的重大进步，它以每公里27g光纤代替了每公里质量上吨的铜电缆。而且每根光纤的通信容量可达几千万甚至上亿的话路。不受外界电磁波的干扰，保密性强，而光纤需要纯度6N的二氧化硅，并要求若干金属杂质浓度达到10^{-9}级（ppb）。光纤在20世纪90年代的销售就达到每年数十亿美元。

在计算机中存储器有重大的作用，磁带、软磁盘、硬磁盘。在20世纪70年代，用磁性氧化物（如氧化铁粉），以后用磁控溅射的方法制薄膜，用合金如CoCrPt、CoCrTa等，存储密度有很大提高，之后又走向用纳米晶粒，研制CoSm和Fe/Pt多层膜，以及Fe/Cr和Co/Cu多层膜。

在信息显示技术阴极射线管用发光材料，红色的Y_2O_2S:Eu，蓝色ZnS:Ag，绿色ZnS：Cu，Al，并要求纯度高。现在发展为平板显示、液晶显示、等离子显示、发光二极管显示、荧光粉绿色用$BaAl_{12}O_{19}$：Mn^{2+}，蓝色用$BaMgAl_{14}O_{23}$：Eu^{2+}。薄膜电致发光由衬底玻璃板、ITO（铟锡氧化物）电极、绝缘层、发光层、背金属电极组成。发光材料是ZnS、CaS、SrS，最近提出用Zn_2SiO_2和$ZnGa_2O_4$，掺入Mn和稀土元素（Eu、Tb、Ce）。发光二极管的基质材料有As化合物GaAs、GaP、GaN、ZnSe、InP、InGaAlP，在光电探测器中使用InGaAs、InAlAs、GaAs、InP、InGaAsP、SiO_2。还有许多有机光电子材料，压电陶瓷用$BaTiO_3$，压力敏感的材料Si、Ga、InSb、GaP等。传感器材料是各种传感器（压敏、热敏、磁敏、气敏、湿敏）的基础。激光材料用GaN、Ti^{3+}：Al_2O_3、GaAs、InAs、AlAs、GaSb、InSb、AlSb、InP等。各种光电子产业创造的价值很大。美国研究技术突破为首，而日本在应用，产业化方面最强，效益最高。1999年日本光电子产业总产值610亿美元。我国起步较晚，1998年达到500亿元（约60亿美元）。

如上所述，信息技术产业需要许多金属和非金属元素材料、化合物材料，使用许许多多的新材料为人类所用，因此发展高新技术大大推动材料和产品的发展。

能源是人类不可缺少的，人们享受着大自然的阳光（太阳能），化石燃料（煤、石油）等，随着人类数量的增加，人类赖以生存所需要的煤、石油等化石燃料的消耗日益增大，可以预见化石能源的枯竭期已逼近，因此替代能源的研究和开发，已成为人类十分重要的研究课题。各个国家十分重视如何更好、更多地利用太阳能。目前认为较好的太阳能电池材料是硅，多晶硅材料的研制生产成为重要的问题，现在国内外都在向这个方向努力，同时也在研究其他材料，以求得价廉、质优、高效的材料。在寻求代替车用能源中人们在研究高能电池材料、高能蓄电池、燃料电池。锂电池材料中的钴酸锂，锰酸锰，炭微球，有机隔膜，导电极片铝、铜的箔等材料。研究燃料电池及其材料，这些材料与铅电池材料、镍镉、镍氢电池材料相互竞赛，取得了很大进步。充电电池，燃料电池在电动汽车中的作用是很重要的，它对解决能源困难，改善大量汽车造成的环境污染都有重要作用，故电池电动车、燃料电池电动车在中国及全球都发展很快，但重要的问题仍是如何提高能源的储存能力，确保材料来源充足，降低成本。铅酸电池虽容量小，寿命也不长，但其成本较低，目前是电动自行车的主力电池。可见电池材料是重要的问题。

中国在有风能资源的地方大力发展风能发电。风能的风扇叶片是重要部件，要求质轻，强度大，成本不高，复合材料有此性能。先进的复合材料以碳、芳纶、陶瓷等纤维和晶须等与耐高温的高聚物，金属，陶瓷和碳（石墨）等材料构成。开发地热发电，则需深井套管，要耐高温，耐酸性蒸气浸蚀的材料。近年来研究发展氢能利用，在氢制造、保存、运输、使用过程中需要许多材料。例如氢的储存方法之一是研究金属氢化物，MgH_2含氢量达7.65%，贮氢钢瓶要高压达15MPa。液氢要求低温－263℃，而分别需要条件适应的材料。

可见，现代高新技术产业的发展，需要许许多多的新材料，新材料的种类大大超过已有的传统材料，需要高纯、具有各种特性的功能材料，研究生产这些功能材料就为社会前进作出重大的贡献，起到推动新技术发展的重要作用，当然，也创造了巨大的经济效益。

4　深加工新材料生产的应用及发展方向

新技术产品的出现，推动着社会向前发展，社会发展又需要更多的新技术产品，就需要更多更新的高技术材料，促进高新技术材料的研制和生产。当代汽车、计算机等高新技术产品的出现和发展，需要的高性能材料钢、合金、硅片等的发展就是例子。

在矿物能源供应日益紧张的新形势下，高新技术的发展一方面转向节约能源，另一方面研究替代能源、太阳能、风能、生物质能……，研究电动车，燃料电池车，氢能……，这样就促进了太阳能电池材料，风能利用机电设备，生物质燃料加工技术、机械、电动车、燃料电池车的机电设备，以及为之服务的各种材料的发展。

材料的深加工就是由社会进步所推动。

原材料深加工成技术含量高的高性能材料，对社会的贡献加大，价值大幅提高，再前进一步将高性能材料作成元件，器件服务于社会，服务于人类，其贡献又大为增加，经济价值又有更大幅度的提高。

曾经有材料统计，某些国家电子材料的产值仅约为电子元件产值的5%～7%，若电子材料为70亿美元则电子元器件的产值为1000亿美元。

可见，电子元器件的发展自然促进电子材料的发展，大量电子材料的需要也就为原材料深加工产业创造了环境条件和研究的方向。

也可以想像，若只是生产先进材料，如由工业硅生产多晶硅，甚至单晶硅片，而不再生产太阳能电池组，不生产计算机芯片，则经济上看只得到7%的产值，而未得到100%的元器件的经济价值，这当然是很不合适的，为什么不再前进一步而生产器件发展呢?

因此，我们应当把初级原材料生产推进到深加工产品，还要再向前发展生产元器件供给社会，促进社会不断向前发展，从经济的方面来看也更合理。

在中国的一些“边远地区”，是否也可以发展材料的深加工，甚至精加工，更进一步发展元器件生产。边远地区交通不便、信息不灵、远离市场、技术人员少、水平低、工业条件落后、难于发展高新技术产业。但是这些困难在交通条件大大改善、大学生每年400多万进入社会、新技术在沿海已大发展可供借鉴、资金较过去大有富裕的情况下解决这些难题容易多了。早起步逐步向前也能赶上去，能办到。

社会进步召唤着我们必需向前、快进步，迅速站到世界先进的行列中去，许多方面需要我们努力。

下面举几种产业为例。

4.1　硅材料产业

2006年中国硅材料产业已发展到年产工业硅70多万吨，出口60多个国家。但工业硅只能作为初级原料，其技术含量低，价格仅约8千元/t。虽然几十万吨出口，但因其价格低，而创汇量与生产消耗的资源很不相称。由前面列的数值可见。中国需以百倍工业硅的价格进口多晶硅（60 多万元/t）。这种状况与一个 13 亿人口的国家是不相称的。发展硅产业已经是十分迫切的事。否则进口多晶硅不仅耗费大量外汇，还制约着中国电子工业，太阳能电池工业的发展，制约着集成电路生产发展。因此发展材料产业已是刻不容缓的问题。

硅材料产业用中国西部丰富的高质量硅石为原料生产多晶硅、单晶硅、硅片、集成电路。各种芯片、高纯 SiO_2、光纤、多孔硅、硅微粉、化学用硅、有机硅……，这些硅产品对社会的贡献很大，经济效益也十分可观。

这方面的开发、生产都需要领导机关和社会的关注，动员技术力量和经济力量重视研究和发展。

4.2　太阳能电池产业

太阳能电池在当前已为世界各国重视，在能源日益困难之时，大家都看到太阳辐射给地球的能量十分巨大，为地球上人类消耗能量的数万倍。地球的许多能源，矿物（煤、石油、天然气），植物，风能，水能都源于太阳能，如何提高太阳能利用是十分值得研究发展的方面。太阳光垂直照射地面，能量为 1367W/m² 即 1.367 百万千瓦/km²，这是何等巨大的能量。受大气的干扰，阳光到达地面的功率为 100 ~ 300W/m²，净转化效率为 10%，一座 100MW 的电站，光伏电池占地 3 ~ 10km²。

巨大的潜在能量日益加强了各国的重视，研发速度加快，近几年太阳能电池生产在增加。据报道近期美国拟投资 16 亿美元建约 300MW 的太阳能发电厂。

表 1-4-1　世界及中国太阳能电池产量　　(MW)

年　份	2000	2001	2002	2003	2004	2005	2006
世　界	287	396	520	742	1194	1817	2180
中　国	—	3.8 ~ 4	—	—	50	—	—

目前，太阳能利用在光电转换方面，应该说才是起步阶段，成本较高，每瓦的硅片价值约 30 元，每瓦的组件价值约 35 元，产出的电价约为常规发电的 7 倍。

这表明太阳能电池的构成材料和组件水平都还未达到常规发电的水平，硅片严重不足，而价格居高不下，还在涨价。各国的生产规模也很小，需要加强研究扩大生产，大幅改进，提高材料质量。

中国太阳能电池产量还很小，2004 年为 50MW。但我国计划 2010 年要占总发电量的 10%（约 5000 万 kW）。今后的任务将会很重，这就促使材料、组件等产业大幅增加产量，硅材料产业、硅材料的科学技术、组件配件材料技术将大发展。

4.3　发光二极管（LED）照明产业

近年来半导体发光二极管（LED）已形成高技术产业，发明了 GaAsP 红光发光二极管，也实现了红、绿、黄、蓝光二极管的生产应用。各国相继制定计划要实施半导体照明代替传统光源，以大幅节约电能，减少发电排放的 CO_2 量，节约财政支出，如日本的“21 世纪光计划”，要在 2006 年用 LED 代替 50% 的传统照明；美国的“国家半导体照明计划”预计在 2000 ~ 2020 年累计节约 760GW 电能，减少 2.58 亿 t CO_2 排放，节约财政支出

1150亿美元；欧盟和韩国也有类似的计划。

中国的LED发光产业已走过30多年，20世纪80年代形成产业，90年代已有相当规模。现已有GaAs和GaP单晶，外延片，芯片的批量生产。引进20多台（套）金属有机物化学气相沉积（MOCVD）设备。LED在我国2002年产量160亿只，价值100亿元，肯定今后会有大发展。

中国照明用电在2002年约为2000亿度，占中国总发电量1.65万亿度的12%，相当于三峡总发电量的2倍多。中国发电有3/4为烧煤发电。同样有排放大量CO_2的问题。中国十分重视推进LED照明，组织了“半导体照明产业化技术开发”重大专项，已取得很大进展，继续推进此项产业是很重要的。

西部地区有必要加入这一方面的产业，推进地区的LED照明代替传统光源的高技术产业。它是光电子产业的一部分，也是半导体产业的一部分。显然，西部不能只是等待沿海地区发展后送设备来使用，这样会失去发展的机会，失去经济效益。

4.4 半导体材料产业

自从1833年法拉第发现半导体物质到现在已经173年，半导体物质已广为人知、普遍使用，几乎各地、各行业没有不与半导体有关的处所、产品种类、生产技术。半导体器件使用范围日益发展，但是为什么我们广大地区只是应用它，却没有研究它、生产它。一百多年的时间过去了，花重金买现成货来用，如收音机、电视机、电脑、手机、MP3、夜视镜……由于这些东西多，价值高，生产这些东西肯定经济效益好，而且是代表先进技术、标志地区的工业水平、科学水平甚至是国家安全水平，可就是没有想到要生产、研究它。

我国有的地区贫穷、落后，使人想到我们不可能去生产、研究这些东西，但有时也会想到谁不是经过学习、长期积累而由不能到能的呢？在1945年“二战”结束时和我们一样水平的国家和地区不是少数，他们经过几十年的积累，现在不是也“能”吗？他们的国土大小和人口数量只有我们的几十分之一，甚至只有我国的一个省大，我们只要去做、去实践，若干年后不也就能了吗？

在我们这里有光电子、红外成像，有科学实验的良好基础，又有锗的资源，硅的原料又好又多，这些都是很好的基础条件，是发展该产业的基础。

世界上半导体的出现、信息技术的发展、产品产值的大幅上升，出现了比尔·盖茨为代表的新型大富，其富的程度使过去的老钢铁大王相形见绌。这说明经济发展发生了巨大变化，这种发展趋势我们要早着手去做，才不会远远落后。

一位德国专家说：“我们现在研究的既不用许多劳动力，也不用许多物质资源。”由于是高科技产品，不是千吨万吨，所以不用大量劳动力去工作，不需要大量的原材料，但产品价值却很高，一只手提箱可以装价值上亿美元的产品。这才是我们应该努力赶超的方向。

半导体产业的各个方面材料和器件，将支持和促进光电子产业的发展，如各种单晶、多晶锗透镜、窗口、棱镜、滤光片、导流罩、红外光学器件和红外热成像仪等，到砷化镓和磷铟镓薄膜太阳能电池。在世界年超2000亿美元的半导体市场中，95%以上为硅单晶材料制作，集成电路有99%以上用单晶硅片制成，约含6000t硅单晶。太阳能电池用多晶硅，年产量约8000t，此外还有蓝宝石基片的外延片，LED外延片等。

这样一些产品的产业不能很快做到，但可以积极的努力赶上，逐步做到，以加强省的科技能力，同时也能大幅提高产值、提高经济实力。

4.5 电动车、船产业

世界石油价格不断提高，由2003年的每桶20～30美元升高到2006年的近70美元，反映出油耗量增加和化石能源的逐渐减少，还有烧油对大气污染严重的问题，各国近年来都在加大力度寻找替代能源，中国“863”计划列出电动车研究项目，几年来取得了明显的进展，纯电动车、燃料电池汽车等几种样车已经进入试运行阶段。

可庆幸的是电动自行车作为电动车的先锋进入人们的生活，其发展速度甚快，表明人们已经接受电动自行车了。中国的电动自行车数见表1-4-2，2005年销售额已达200亿元。年增长率达70%～120%，几乎每年成倍增长。国内销售900万辆，出口200万～300万辆，相关的生产服务就业接近100万人。2006年6月北京市开禁，电动自行车准行，以后必将走向全国，到国外。电动自行车已成为一个蓬勃发展的行业。

表1-4-2 中国电动自行车数

年 份	1998	1999	2000	2001	2002	2003	2004	2005
产量/万辆	5.54	12.6	27.6	58	100	400	675.7	1200
年增长率/%		127	119	110	72.4	300	68.9	77.59

数据来源：中国电动车网2006年2月。

电动自行车的特点是可不用人力（或少用人力）、不用油、不排气、无噪声、无污染而为人民所需，发展势头很大，全中国生产厂家已发展到近千家。中国是自行车大国拥有数亿辆自行车，若其中有一半或1/3用电动自行车代替，则需要上亿台电动自行车，销售额将上千亿元。此外，中国的电动自行车已开始对国外产生影响。

在如此蓬勃发展的新兴产业中，我们应该在其增大产量以及提高质量方面，还有弥补生产地区不均衡方面等为人民作贡献，同时也在经济上有所收益。

或许会有人说：人家都搞得那么好，生产那么多了，我们不必去搞了。那么就可参考：全球汽车已生产那么多、那么好了，中国是不是就不必自己生产汽车、不必自行研制汽车了呢？答案恰好相反，正因为我们处于较落后的状态，而中国13亿人的需要又那么多，因此我们更要学、要赶、要超上去，决不能畏缩不前。还有中国许多其他行业的产品不正是由于赶超、敢干，现在已经到达前列了吗！因此我们要干，要早干、早学，发挥我们的人才、资源等优势尽快赶上去！让我们生产的电动自行车遍布各省、市、自治区、各县、村村、寨寨，跑遍周边国家甚至漂洋过海。

电动自行车是电动汽车的先导，积累电动自行车的经验为电动汽车的技术、市场、部件发展开路，可以发展电动轻型车、二轮车、三轮车、四轮车。

电动船也有类似的情况，在当前是有先导性，有很好发展前途的。由于电动船也同样不用油、不排气、无噪声、不污染环境，可保护水质、保护环境，也是很理想的运载工具，能很好地实现人与水域协调存在。

在内陆湖泊，尤其是水道多的地方很适合。在云南有许多湖泊，为保护水质而停止了燃油机械船的运转，代之以人力划桨的船，这种做法只能是暂时的，电动船正好可以取而代之。

现在还没有适用的电动船，应当研究、生产、应该先一步发展电动船。

中国许多内陆湖泊可以用电动船，许多水库形成上百公里的长湖，如三峡大坝将形成直达重庆的600多公里的长湖，云南小湾大坝即将形成的至漾濞的长湖也有约二百公里等等，也适用于电动船。

社会的需要、人民的需要就是我们要做的事，而且要尽力做好，从无到有，日新月异，明日的产品要比今日好，要创新、决不能停滞不前。

去年（2005年）2月我们提出研制电动车船的事，希望今年再提此事时能得到企业界和政府部门的支持。

4.6 高能蓄电池产业

由于高能蓄电池在现代工业中日益重要，其发展、生产成为现代工业中的一个亮点，前一个世纪出现的铅-酸电池一直用到现在，且日益发展、用途日广，特别是随着汽车工业发展而发展，每辆汽车都要有电池做点火装置，现在又在轻型电动车上作为动力源。

20世纪出现了锂电池，在通讯设备中得到了大量应用，如移动电话、笔记本电脑、数码相机等小型电子设备上很快代替了锌锰电池，现在已成为不可缺少的电源装置，其产量迅速增加，见表1-4-3。

表1-4-3 1994~2005年世界锂离子电池产量及增长率

年 份	1994	1995	1996	1997	1998	1999	2000	2001	2002	2003	2004	2005
产量/亿颗	0.12	0.33	1.2	1.96	2.95	4.08	5.46	5.73	8.31	13.9	19.9	23.5
年增长率/%		175	264	63.3	50.5	38.3	33.8	4.9	45.0	67.3	43.2	18.1

数据来源：新材料在线，2006年3月。

中国移动电话在高速增长，电池产量也随之大幅增长。同时，随其技术进步，价格大幅度下降，见表1-4-4，由1994年到2004年降低了约80%。

表1-4-4 1994~2004年世界锂离子电池平均价格变化 （美元/颗）

年 份	1994	1995	1996	1997	1998	1999	2000	2001	2002	2003	2004
价 格	11.1	10.5	11	9	7.3	6.3	5.3	4	3.6	2.85	2.46

数据来源：新材料在线，2004年11月。

同时中国的锂电池产量也在大幅增长，表1-4-5为中日韩三国锂离子电池产量增长情况。

表1-4-5 中日韩三国锂离子电池产量增长情况

年 份	2000	2001	2002	2003	2004	2005
中国/亿颗	0.2	0.7	1.53	4.46	7.21	7.6
日本/亿颗	5.12	4.58	5.76	7.82	9.3	9.5
韩国/亿颗	0.14	0.45	1.02	1.45	3	3.4

可见，锂离子电池在快速、大幅度增产，价格也在相应大幅度降低。

以前锂离子电池主要用于通讯的小型电子设备上，现在已经发展到电动车上使用。因为它的性能较铅酸电池为强，见表1-4-6。它的工作电压高（3.6V，铅酸电池只有2V），寿命长约一倍，同样质量的电池其能量约为3倍，但其成本较高，每瓦时高约1倍。

表1-4-6　电池性能比较

项　目	工作电压/V	质量比能量/W·h·kg^{-1}	循环寿命/次	光电时间/h	每月自放电/%	产业化时间/a	价　格/元·(W·h)$^{-1}$
密封铅酸电池	2	30	200～500	8～16	5	1970	0.8～1.7
锂离子电池	3.6	150	500～1000	3～4	10	1991	3.3
镉-镍电池	1.2	60	500	1.5	20	1950	
镍-氢电池	1.2	70	500	2～4	30	1990	6

现在出现锰酸锂代替钴酸锂，二者价格相差约5倍（前者约5万元/t，后者约28万元/t），而且锰的资源丰富，有可能大量用于电动车。

高能电池的用途很多，在现代化的设备中各方面都使用，除上述小型电池设施之外，较大型的装置都需要，如太阳能电池系的蓄电池、电动车电源、船舰电池、汽车电池、航空用电池、照明用电池……。

目前国内、省内已有一定的生产和研究基础，在向产业化方面加强，在应用方面发展。如前面所提的电动车、船、照明、光伏电池系统等方面产业化，促进电池发展。

在电池研究方面也应加强：研究大容量电池材料，制作器件，各种电池材料（隔膜、电极材料）。

4.7　其他产业

上面提到的几方面只是高新技术的一部分，应当说在人民生活、生产、安全等等方面总是要向前发展的，新的事物会层出不穷。今天新的东西明天就会变成旧的，更新的东西就会出现，所以上面列举的只能是少数例子，更多、更深、更新的事还很多。

中国正在建设创新型国家，各方面都要向创新型方面努力去做，向高技术方面去创建。

在前进中值得研究的东西实在是广泛存在，多而又多。应当去研究，去创造，去发展。比如说现在是信息社会，过去比较简单的信息传递就是打个电话，落后的地方要跑几十公里才能到电话局去打个电话。现在不同了，人人带个手机，无论人在何地，拿出手机就可联系，在家里与外国亲戚还可以互相在视频上见面……，通讯工具在无休止、无尽头的发展，其他各行各业都是这样，人类在不断前进。

在这里我们只能举一小部分例子，不可能讲很多，也没有必要讲太多，只要大家努力去创新，在自己相关的方面就可以找到新的发展方向，有自己的着力点，有自己贡献力量的地方。

若满足于生产传统的、已有的产品，已经生产了的，驾轻就熟，照着去干就行，又有一定的效益。比如生产金属锭，年年如此，遇到金属涨价还能赚几成，甚至翻番。多生产一点，扩大一些规模，也就可增加效益，成为资源型的增长方式。这样做，企业也就不用多想发展什么新产品，不用研发什么新技术，企业就没有必要花许多钱去搞研发，也没有必要有多少研发人员、研发机构。

这个问题是必需认真对待的，若不迅速转变我们的进步就会缓慢。最近有报道（科技日报2006，6，17第一版），我们企业的研发投入只占营业额的0.5%，低于发达国家的4%～5%；我国有99%的企业没有申请过专利，有专利的企业不到万分之三。这些数字使人吃惊，这是我们企业创新能力低的表现，是我们企业的现实。

若对比一下一些创新型的企业，如联想年投入研发经费25亿元，有近两千人的研发队伍。它和微软、英特尔、IBM等联合创立联想技术创新中心，实验室遍布全球有46个。我国华为公司一年也要投入30亿元。中国台湾积体电路股份有限公司是世界上最大的集成电路公司，在全球占5%的市场份额，其成功的原因就是请了470位博士在流程上进行创新改造。

微软公司每年要投入77亿美元（折合人民币616亿元）搞研发，公司有2万个博士在做研发创新。

日本东芝公司决定未来3年投入科研费总额要超过100亿美元，索尼公司计划今年投入43亿美元，2006年度日本11家电子企业的科研经费投入总额将超过300亿美元，达到世界最高水平。

这些例子，说明这些企业投入那么大，拥有这样多博士学位的高水平研发人员，以在产品的数量和质量方面的创新达到高水平，其技术水平的市场份额都保持高位，也表明这些公司在世界竞争中有大决心，下大本钱，聚集大量高水平人才来推进科技发展，以求占据世界先进水平。

竞争激烈、科技飞速发展、产品日新月异，使人的生活、生产条件大为改观，在这样的时代，对我们是挑战也是机遇，我们要下决心奋起直追，稳步前进。中国人口众多，人才多，每年毕业上百万大学生（2006年达413万人）；中国疆域辽阔，与美国相当，我们的人民有丰富的历史经验，奋发图强，高速发展（近20多年来，年增长GDP约10%）。我们许多省的面积大小与人口数相当于欧洲的一个国家，每个省都在突飞猛进的发展。不久的将来，我们定会赶上世界先进水平！

参考文献

1　《稀有金属应用》编写组．稀有金属应用（上下册）．北京：冶金工业出版社，1974，（上册），1985，（下册）
2　雷永泉等．新能源材料．天津：天津大学出版社，2000
3　于福熹主编．信息材料．天津：天津大学出版社，2000
4　万群，钟俊辉主编．电子信息材料．北京：冶金工业出版社，1990
5　佘思明著．半导体硅材料学．长沙：中南工业大学出版社，1992
6　有色金属技术经济研究院．世界有色金属．1999～2006
7　中国有色金属工业协会主办．中国有色金属报．2002～2006
8　北京矿冶研究总院主办．有色金属（冶炼部分），2000～2006
9　云南冶金集团总公司技术中心，云南省金属学会，昆明冶金研究院主办．云南冶金．1999～2006

第二篇　金属及矿产品深加工

1 锂

李伟宏 昆明理工大学

1.1 概述

锂在地壳中约含0.0065%，其丰度居世界第27位。在海水中大约2600亿t锂，人和动物体内也有极少的锂存在。体重70kg的正常人体中，锂的含量为2.2mg。目前自然界已发现含锂矿石达140多种。锂在自然界中存在的主要形式为锂辉石（$LiAlSi_2O_6$），锂云母［$Li_2(F, OH)_2Al(SiO_3)_3$］等，我国江西有丰富的锂云母矿。

锂是在1817年被著名化学家贝奇里乌斯的学生阿尔费特逊在分析一种矿石的成分时发现的，贝奇里乌斯将其命名为锂。到1855年的年本生和马奇森采用电解法熔化氯化锂的方法才制得它。工业化制锂是在1893年由根莎提出的，锂从被认定是一种金属到工业化制取前后历时76年。现在电解LiCl制取锂，仍要消耗大量的电能，每炼1t锂就耗电高达六、七万度。

锂是一种重要的战略性资源物质，是现代高科技产品不可或缺的重要原料。中国探明的工业储量居世界第二位，锂资源远景储量更为可观，其中80%是卤水矿资源，仅青海和西藏卤水锂的远景储量即与世界其他国家目前已探明的总储量相当，所以中国是世界最重要的锂资源大国。中国探明的锂资源总储量居世界第二位，但锂产量只占全球总产量的5%左右，是锂产品的净进口国。作为工业制造上的高精材料，锂同时还是21世纪的"能源新贵"。中国青海省锂资源占全国的96%，但受工艺技术制约，锂的开发利用尚未大规模起步。近几年来，青海天际稀有元素科技开发有限公司组织德国、俄罗斯等国数十位科学家，研究开发碳酸锂和氯化锂项目，获得"高镁锂比卤水提取碳酸锂资源"和"氯化锂具有选择性的吸附剂"等多项国际专利技术成果。在不使用化学试剂提锂的基础上，从察尔汗盐湖卤水中成功提取出纯度达99.4%的碳酸锂和氯化锂。另外，锂也是照相机、手机和电脑充电电池常用的材料。

1.2 锂的物理化学性质

锂是周期表中第Ⅰ主族元素，金属锂为银白色，硬度比钠和钾大，熔点在碱金属中是最高的（180.54℃），沸点为1314℃，它的密度是0.53g/cm^3，只有水的二分之一，是目前已知金属中最轻的；锂也很软，可以用刀切割；锂的化学性质非常活泼，能与湿空气中的氧、氮和二氧化碳迅速反应，并在其表面生成氧化锂、氢氧化锂、碳酸锂和氮化锂的覆盖层；但在干燥空气中金属锂很稳定，几乎不被氧化，因此锂只能存放在凡士林或石蜡中。锂具有高的比热和电导率。自然界存在的锂由两种稳定的同位素^6_3Li和^7_3Li组成。

表 2-1-1　锂的物理化学性质

性　质	数　值	性　质	数　值
价电子构型	$1s^2 2s^1$	标准电极 *f* 电位/V	-3.05
常见氧化价态	+1	密度/g · cm^{-3}	0.53
原子半径/pm	123	硬度/Moh	0.6
离子半径/pm	60	熔点/℃	180.54
电离能 I_1/kJ · mol^{-1}	521	沸点/℃	1347
电离能 I_2/kJ · mol^{-1}	7295	相对导电性	11
电负性/p	0.98	晶格类型	体心立方

一般来讲，第I主族元素化合物以离子型为主，只有 Li^+ 由于结构上特殊，原子半径较小，电离势相对高于同族元素，形成共价键的倾向比较显著，常常表现出一些特殊的性质。

1.3　锂的资源状况

锂的矿床共分为伟晶岩矿床、卤水矿床、温泉矿床、海水矿床和堆积矿床五类，目前工业上生产锂主要采用伟晶岩矿床和地下卤水。伟晶岩矿床中主要矿物是锂辉石、锂云母、透锂长石和锂磷铝石。已知锂矿物有 140 多种，其中 Li_2O 的含量超过 2% 的有 30 多种，见表 2-1-2。

表 2-1-2　Li_2O 含量超过 2%的锂矿石

矿 物 名 称	化　学　式	Li_2O/%	密度/g · cm^{-3}	硬　度
锂冰晶矿（Cryolithionite）	$Na_3Li_3Al_2F_{12}$	11.5	2.772	2.5～3
磷铁锂（Triphylite）	$LiFe^{2+}PO_4''$	6～8.6	3.4	4～5
磷锰锂矿（Lithiophilite）	$LiMnPO_4$	6.1～8.6	3.3	4～5
磷铝锂矿（Amblygonite）	(Li，Na) Al (PO_4) (F，OH)	6.0～8.0	3～3.15	6
羟磷铝锂矿（Montebrasite）	$LiAlPO_4$ (OH)	8.0～9.0	2.98～3.03	5.5～6
磷铝钙锂石（Bertossaite）	$(Li，Na)_2CaAl_4(PO_4)_4(OH，F)$	4.2	3.10	6
磷锂锰矿（Sicklerite）	Li (Mn^{2+}，Fe^{3+}) PO_4	0.6～3.8	3.45	4
羟磷锂铁石（Tavorite）	$LiFe^{3+}(PO_4)(OH)$	7.6	3.3	—
锂辉石（Spodumene）	$LiAlSi_2O_6$	5.9～7.6	3.1～3.2	6～7
锂闪石（Holmquistite）	$Li_2(Mg，Fe^{2+})_3Al_2Si_8O_{22}(OH)_2$	2.1～3.5	3.1	5～6
铁锂云母（Zinnwaldite）	$KLiFe^{2+}Al(AlSi_3)O_{10}(F，OH)_2$	2.9～4.5	2.9～3.3	2～4
块磷锂矿（Lithiophosphate）	Li_3PO_4	37.1	2.46	4
硅锂铝矿（Bilitaite）	$LiAlSi_2O_6 \cdot H_2O$	6.5	2.34	6
锂云母（Lepidolite）	$K(Li，Al)_3(Si，Al)_4O_{10}(F，OH)$	3.2～5.7	2.8～3.3	2～4
锂绿泥石（Cookeite）	$LiAl_4(Si_3Al)O_{10}(OH)_3$	0.8～4.3	2.6～2.7	2.5～3.5
锂硼绿泥石（Manandonite）	$LiAl_4Si_3BO_{10}(OH)_3$	3.97	2.9	2.5
透锂长石（Petalite）	$LiAlSi_4O_{10}$	2.0～4.1	2.3～2.5	6～6.5
锂霞石（Eucryptite）	$LiAlSiO_4$	6.1	2.6	6.5
香花石（Hsianghualite）	$Ca_3Li_2Be_3(SiO_4)_3F_2$	5.8	2.97～3.0	6.5
锂铍石（Liberite）	Li_2BeSiO_4	23.4	2.688	7
锡锂大隅石（Brannockite）	$KSn_2Li_3Si_{12}O_{30}$	4.0	2.98～3.48	—
纤钡锂石（Balipholite）	$BaMg_2LiAl_3Si_4O_{12}(OH)_8$	2.0	—	—

续表 2-1-2

矿物名称	化学式	Li_2O/%	密度/$g \cdot cm^{-3}$	硬度
多硅锂云母（Polylithionite）	$KLi_2AlSi_4O_{10}(F, OH)_2$	3.7~7.7	2.58~2.82	2~3
带云母（Taeniolite）	$KLiMg_2Si_4O_{10}F_2$	2.4~3.8	2.82~2.9	2.5~3
锆锂大隅石（Sogrdianite）	$(K, Na)_2Li_2(Li, Fe^{3+}, Al)_2ZrSi_{12}O_{13}$	3.73	2.9	7
锂硬锰矿（Lithiophorite）	$(Al, Li)Mn^{4+}O_2(OH)_2$	1.2~3.3	3.14~3.4	3
锂铍脆云母（Bityite）	$CaLiAl_2(AlBeSi_2)O_{10}(OH)_2$	2.73	3.05	5.5

1.3.1 国外资源状况

锂的矿物资源主要有锂辉石、锂云母、透锂长石、磷锂石、铁锂云母以及盐湖卤水等。世界上主要的锂资源国是智利、美国、加拿大、俄罗斯、澳大利亚和中国。伟晶岩主要分布在美国北卡罗莱纳州，加拿大的魁北克和伯尼克湖，前苏联的可拉半岛，津巴布韦的比基塔和纳米比亚、扎伊尔等地。已知的富锂盐湖及地下卤水分布于北美、南美、亚洲西部等地区。温泉及地热水分布于北美和新西兰。锂的潜在资源是黏土矿物中的锂蒙脱石，主要分布在美国内华达地区。

在世界锂工业不断发展的过程中，不同时期对锂资源的开发利用程度和对象各有不同，如在20世纪70年代，锂辉石开始替代锂云母成为最主要的开采利用对象，但近年来，世界已转向用卤水作锂资源，盐湖卤水的利用逐步替代各种锂辉石而成为锂工业生产的主要原料。目前锂盐的生产主要来自盐湖卤水，而锂矿石资源的利用已下降到第二位。

据报道，西方国家锂的总资源为1065万t金属锂，其中595万t来自伟晶岩，466万t来自卤水。在西方国家的总资源中，智利占40.3%，美国占33.5%，扎伊尔占22%，加拿大占2.5%。有关国外锂资源的情况见表2-1-3~表2-1-5。

表 2-1-3 美国伟晶岩锂资源 (kt)

公司或地区	级别	露天开采	地下开采	回收矿石	含锂量	金属锂量
美国锂公司卡罗莱纳锂带	A	33750		31200	0.68	212
	B	1450	4500	4000	0.69	27.6
	C	9100	13500	13550	0.65	88.1
富特矿产公司卡罗莱纳锂带	A	22300		16725	0.7	117.1
	B	1200	2200	2000	0.7	14
	C	6300	12600	11025	0.7	77.2
卡罗莱纳锂带未开发部分	C	4000	750000	378000	0.69	2608
南达科他州黑山	C			1100	0.46	5
缅因纳克斯	C	500		375	0.58	2.2
马尼托巴钽矿	A	4500		3375	1.38	46.6
魁北克锂公司	A		3600	2000	0.58	11.6
	B		10000	8000	0.58	46.4
	C		10000	8000	0.58	46.4

续表 2-1-3

公司或地区	级　别	露天开采	地下开采	回收矿石	含锂量	金属锂量
魁北克、安大略及马尼托巴的其他地区	A	3000	20090	12200	0.58	70.8
	B		3400	1700	0.51	8.67
	C	1200	10260	6300	0.53	31.8
津巴布韦	A	4500		3375	1.4	47.3
	B	900		675	1.4	9.5
	C	5400		4050	1.4	56.7
扎伊尔	A	3500		26250	0.6	157.5
	B	8500		63750	0.6	382.5
	C	400000		300000	0.6	1800
纳米比亚	A	150		112.5	1.4	1.6
	B	300		225	1.4	3.1
	C	650		487.5	1.4	6.8
巴　西	A		735	367.5	0.7	2.6
	B		1750	875	0.7	6.1
	C		2550	1275	0.7	8.9
澳大利亚	A	4300		3225	0.69	22.3
	C	3180		2385	0.77	13.4

表 2-1-4　西方国家卤水锂资源　　(kt)

公司或地区	级　别	可利用卤水	含锂量/%	金属锂量
美国富特矿产公司	A	202250	0.02	40.5
	C	386250	0.02	7.3
加利福尼亚瑟尔斯湖	D	475000	0.005	23.7
美国犹他大盐湖	D	7500000	0.0035	260.0
智利阿塔卡马盐湖	A	950000	0.135	1290.0
	C	2220000	0.135	3000.0

表 2-1-5　西方国家锂资源总计　　(kt)

级　别	来　源	金　属　锂　量		
		美　国	其他国家	总　计
A	伟晶岩	385.6	527.8	913.4
	卤　水	40.5	1290.0	330.5
	政府储备	6.1	—	6.1
B	伟晶岩	64.9	614.4	679.3
C	伟晶岩	5489.8	2645.7	8135.5
	卤　水	77.3	3000.0	3077.3
D	卤　水	283.7	—	283.7

续表 2-1-5

级别	来源	金属锂量		
		美国	其他国家	总计
总计	A级	432.2	1817.8	2250.5
	AB级	479.1	2432.2	2930.3
	ABC级	6064.2	8077.9	14142.1
	ABCD级	63447.9	8077.9	14425.8
	伟晶岩	5940.3	3787.9	9728.2
	卤水	401.5	4290.0	4691.5
	储备	6.1	—	6.1

1.3.2 国内资源状况

中国有丰富的锂资源。中国锂矿资源已探明的储量居世界首位，资源总量仅次于玻利维亚名列世界第二。主要矿物有锂辉石和锂云母。锂辉石主要分布于新疆、四川和河南；锂云母主要分布于江西、湖南等地。卤水锂资源主要有盐湖晶间卤水和井卤水。盐湖含锂卤水主要分布于西藏和青海；井卤水主要在四川。中国卤水锂资源占锂资源总量的79%，以金属锂计为271万t，资源远景储量更为可观，仅柴达木盆地和西藏盐湖的卤水锂资源远景储量即与世界目前已探明的总储量相当，中国是全球锂资源储量最大的国家之一。其中具有开发价值的卤水锂资源近90%分布在青海省和西藏自治区的盐湖中，其余分布在新疆、四川等地。具体详细情况见表2-1-6。

表 2-1-6 中国主要盐湖卤水的组成和以 LiCl 计的锂储量 （万t）

组分 \ 产地	察尔汗	大柴旦	东台吉乃湖	西台吉乃湖	一里坪	南扎布耶	北扎布耶
Na	2.37	6.92	5.13	8.26	2.58	10.12	9.18
K	1.25	0.71	1.47	0.69	0.91	2.44	2.05
Mg	4.89	2.14	2.99	1.99	1.28	0.0004	0.002
Li	0.0031	0.016	0.085	0.022	0.021	0.111	0.146
Ca	0.051	0.02	0.031	0.013	—	—	—
SO_4^-	0.44	4.05	4.78	1.14	2.88	3.62	4.67
Cl	18.8	14.64	14.95	16.17	14.97	11.98	11.78
B	0.0087	0.062	0.11	0.018	0.031	0.244	0.2
锂储量	995	24.3	55.3	178.4	267.7	—	—

注：盐湖卤水随季节、水温、区域等因素变化较大，不同资源显示数据有较大差别。

可可托海矿区位于新疆富蕴县可可托海镇（阿尔泰褶皱带额尔齐斯地背斜的中南部），距县城50km，是国内外著名的大型稀有金属花岗伟晶岩矿床，富含锂、铷、铯、铍、铌、钽等，为中国开发最早的稀有金属矿产资源的基地。矿区出露地层有奥陶系、泥盆系和石炭系的黑云母石英片岩、二云母石英片岩、十字石黑云母片岩和变粒岩。区内侵入岩为海西期的黑云母花岗岩、二云母花岗岩和辉长岩。矿区主要构造方向为北西向。矿区内已发现花岗伟晶岩脉25条，其中盲脉14条，经勘探提交储量的有6条矿脉，其中3号脉最大，也是最典型的稀有金属伟晶岩脉。累计探明储量（据中国矿床发现史新疆卷，地质出版社，1996）：锂（Li_2O）15.5万t、铍（BeO）6.5万t、钽铌（$(TaNb)_2O_5$）1314t。探获手选矿物：绿柱石32.3万t、锂辉石50万t、铯榴石432.1t。

中国伟晶岩型的锂辉石矿的优势在四川省的阿坝和甘孜两州。阿坝州锂辉石矿具有分布集中、规模较大、品位高、埋藏浅、易选和伴生组分多的特点。已探明储量的矿区已有5处，均为中型矿床，平均品位1.2%～1.3%，保有Li_2O储量20万t，占四川省总储量的16.46%。资源潜力大，已发现锂矿脉264条，已计算储量77条，绝大部分矿脉尚未评价，资源总量可达60～100万t。矿脉埋藏深度60～120m，部分地段可露采，水文地质条件简单，西部和南部大约有50%的矿可手选，机选的效果也很好，精矿品位5.70%，回收率77%，可得到Ⅰ、Ⅱ级品精矿。伴生有铍、铌、钽、铷、铯、锡、镓等多种元素，其中，铍矿开采已达到中型规模。

中国是世界锂资源储量大国，但却是锂产品生产的小国，现在中国锂的产量只占全球总产量的5%左右。造成这一状况的主要原因是：其一，柴达木盆地盐湖都是高锂镁比卤水，而我国的高锂镁比卤水提锂技术还未能应用到工业化生产；其二，西藏自治区内的扎比耶盐湖卤水中的锂虽以碳酸锂的形态存在易于提取，但是西藏的交通、电力、能源等条件落后，限制了大规模开发。

1.4　金属锂的用途及其发展趋势

锂在发现后一段相当长的时间里，一直受到冷落，仅仅在玻璃、陶瓷和润滑剂等部门，使用了为数不多的锂的化合物。锂早先的主要工业用途是以硬脂酸锂的形式用作润滑剂的增稠剂，锂基润滑剂兼具有高抗水性，耐高温和良好的低温性能。如果在汽车上的一些零件上加一次锂润滑剂，就足以用到汽车报废为止。

真正使锂成为举世瞩目的金属，还是在它的优异的性能被发现之后，特别是它在原子能工业上的独特性能，所以被人们称为“高能金属”。

1.4.1　冶金工业

在冶金工业中，利用锂能强烈的和O、N、Cl、S等反应的性质，充当脱氧剂和脱硫剂。在铜的冶炼过程中，加入十万分之一到万分之一的锂，能改善铜的内部结构，使之变得更加致密，从而提高铜的导电性。锂用在铸造优质铜铸件中能除去有害的杂质和气体。在现代需要的优质特殊合金钢材中，锂是清除杂质最理想的材料之一。

纯铝太软，当在铝中加入少量的Li、Mg、Be等金属熔成合金，既轻便，又特别坚硬，用这种合金来制造飞机，能使飞机减轻2/3的质量，一架锂飞机两个人就可以抬走。此外，Li-Pb合金是一种良好的减摩材料。当碳酸锂加入铝电解槽中时，可以提高融盐的流动性，降低电解温度，节电效果显著。

锂对氧、氢和氮具有很强的亲和力。对氮的亲和力尤其重要，与氮的反应在室温下发生的缓慢，但在250℃反应进程大大加速。锂是除去溶于熔融金属中气体的有效介质，少量锂添加剂能同生铁、青铜、蒙乃尔合金以及镁、铝、锌、铅、其他某些金属基合金制成合金。

1.4.2 硅酸盐及化学工业

1.4.2.1 玻璃陶瓷及润滑脂工业

锂浓缩物专门用于陶瓷和玻璃的制造。当以碳酸锂或者锂浓缩物的形式向熔融玻璃中添加锂时，能使熔点下降并降低热膨胀系数和黏度。含铁低的锂辉石和透锂长石与氧化铝一起，可作为提高玻璃制容器及瓶子物理特性的锂添加剂使用。玻璃容器和制瓶厂家为了制造轻而薄的制品而使用锂，这时虽也使用碳酸锂，但大多场合使用锂浓缩物。

如果在玻璃制造中加入锂，锂玻璃的溶解性只是普通玻璃的1/100（每一普通玻璃杯热茶中大约有万分之一克玻璃），加入锂后使玻璃成为“永不溶解”，并可以抗酸腐蚀。

氢氧化锂一水合物（$LiOH \cdot H_2O$）可用于润滑剂。锂基润滑脂类具有在大温度区中的润滑特性，在飞机、汽车、产业机械、海上设备及军事领域得到了广泛应用。

1.4.2.2 化学工业

在化学工业中使用金属锂和有机锂化合物能大大加速异戊二烯的聚合反应，特别是丁基锂-二乙烯的聚合反应。锂有机化合物可以代替镁有机化合物使用（例如，格林尼亚反应），但锂化合物比相应的格林尼亚试剂活性大得多。

1.4.3 锂电池

锂电池是本世纪三四十年代才研制开发的优质能源，它以开路电压高、比能量高、工作温度范围宽，放电平衡等优点，已被广泛应用于各种领域，是很有前途的动力电池。电动汽车是锂电池的巨大潜在市场，用锂电池发电来开动汽车，行车费只有普通汽油发动机车的1/5（以2005年9月油价计算）。由锂制取氚，用来发动原子电池组，中间不需要充电，可连续工作20年。目前，要解决汽车的用油危机和排气污染，重要途径之一就是发展像锂电池这样的新型电池。

几乎所有的大锂电池厂家都在销售某种形式的锂电池，为了适应来自便携电话、摄像机等多方面的需求，还在开发新的二次锂电池。二次锂电池的成本略比碱电池高，但能发挥高性能而且可重复使用，避免环境污染。因此十多年前便在市场上销售。其用途除了照相机、电子游戏机、微型计算机及小型器具等民用外，还发展到军用，已有少量试用于鱼雷、导弹、卫星用作动力系统。

1.4.4 核工业及军用领域

在第二次世界大战时期，人们就知道锂化合物是一种战略物资。稳定的LiH像其他氢化物一样能和水剧烈反应，生成氢氧化锂和氢气。这种化合物（密度$0.776g/cm^3$）可用作轻便的氢气源来充填气球、飞机和海洋中轮船失事时的救生设备。每公斤LiH能制备$2.8m^3$氢气。

1kg锂燃烧后可释放42998kJ的热量，因此锂是用来作为火箭燃料的最佳金属之一，1kg锂通过热核反应放出的能量相当于两万多吨优质煤的燃烧。此外若用锂或锂的化合物生产硼氢化物及作新型高能燃料的加层剂来代替固体推进剂，用于飞机、火箭、导弹、炮弹及潜艇和等离子火箭发动机的推进燃料，不仅具有燃烧温度高、发热量大和排气速度快等特点，而且有极高的比冲量（火箭的有效载荷直接取决于比冲量的大小）。

$^{6}_{3}Li$ 捕捉低速中子能力很强，可以用来控制铀反应堆中核反应发生的速度，同时还可以在防辐射和延长核导弹的使用寿命方面及将来在核动力飞机和宇宙飞船中得到应用。$^{6}_{3}Li$ 在原子核反应堆中用中子照射后可以得到氚，而氚可以用来实现热核反应。$^{6}_{3}Li$ 在核装置中还可用作冷却剂。

1.4.5 其他

1.4.5.1 空调

溴化锂吸收式制冷机利用55%的溴化锂溶液在循环中吸收水蒸气而获得低温。这种吸收式制冷机主要用于高级宾馆、大会堂、纺织厂等方面。此外它还可以用在空气净化方面，LiF 极易溶于水而且这种水溶液能吸收空气中的氨、胺和其他杂质。

1.4.5.2 医药

碳酸锂可治疗狂躁抑郁性精神病，早在 1964 年英国药典已有报道，目前国内外普遍使用。另外，维生素和避孕药的合成也要用锂。还有合成橡胶，丁基锂石合成小脚引发剂。

1.4.5.3 焊接和脱气

轻金属焊接的焊料中含一定量的氯化锂，它是溶剂中不可缺少的一部分，具有覆盖力大、防表面氧化、电弧稳定和工作效率高等优点。金属锂可作为除去金属中氧和硫的有效清除剂。

1.4.5.4 纺织

聚酯生产中用锂作催化剂，次氯酸锂可用于纺织品的漂白。

1.5 锂的产量、价格、消费量及其发展趋势

1.5.1 锂的主要产地及其产量

锂辉石是最为普遍的一种锂矿物。津巴布韦的 Bikita 矿最初生产一种类似于锂辉石的矿物透锂长石，以及少量的锂辉石。在葡萄牙 Sociedad Mineria De Pegatites 矿开采锂云母，该矿物无须进一步加工即可销售。陶瓷及玻璃工业是这类矿物及精选矿物的独有市场，在过去几年内，该市场不断扩大。1994 ~ 1995 年度国际上金属锂产量见表 2-1-7。

表 2-1-7 1994 ~ 1995 年度国际上金属锂产量一览表 (t)

国 家	1994 年	1995 年	国 家	1994 年	1995 年
美 国	非公开	非公开	中 国	320	320
阿根廷	8	8	纳米比亚	40	40
澳大利亚	1700	1800	葡萄牙	180	180
巴 西	32	32	俄罗斯	800	800
加拿大	630	650	津巴布韦	380	350
智 利	2000	2100	世界总量	6100	6300

1.5.2 锂产品价格及其消费量

金属锂及其化合物是正在快速发展的商品，早期应用量及品种较少，只局限于少数一些行业。近年来，随着科学技术的进步，大约有30多种锂产品作为重要原料被广泛应用于电池、陶瓷、玻璃、铝、润滑剂、制冷剂、核工业及光电等领域。锂产品的生产与开发在某种程度上直接影响着工业新技术的发展，其消费量标志着一个国家高新技术产业的发展水平。

锂工业可分为两个主要部分，即锂矿产品工业（以固体锂矿石和浓缩物形式出售，主要用于玻璃和陶瓷工业）和金属锂及其化合物产品工业（来源于固体锂矿石和含锂卤水的生产），相应的这些锂产品大致分为锂矿产品、锂化合物产品、金属锂产品及其合金产品、锂功能材料产品四大类型。1997年世界锂消耗量估计约为55000t（61000短吨）碳酸锂，约70%是以锂的化学品形式消耗的，而另外30%则是以精选矿物形式消耗的。

在众多锂化合物中，碳酸锂是最重要的锂盐，可以利用盐湖卤水通过特殊工艺提取生产。碳酸锂在玻璃、陶瓷、医药和食品工业中已得到广泛应用，还可用于合成橡胶、染料、半导体及尖端工业等方面。同时它又是制取金属锂及其他60多种锂化物的基础原料。碳酸锂包括工业级碳酸锂、电池级碳酸锂、药用碳酸锂和高纯碳酸锂等多种不用类型产品。

1998年SQM公司加入市场以来，锂价格竞争激烈，从企业或行业刊物上收集可信赖的价格情报变得很困难。即使厂家公布提价，也只是公布从原价格上的涨幅，一般不公布实际价格。智利出口到美国的碳酸锂通关价格是显示锂价格动向的很好的指标，但这也不能正确地反映出锂产品的平均价格。2002年出口的碳酸锂通关价格为1.59美元/kg，约比2001年高出7%。1997年度国际市场锂矿物报价见表2-1-8。

表2-1-8 1997年度国际市场锂矿物报价

名 称	含 Li_2O 量/%	价格/美元·t^{-1}	备 注
透锂长石	4.2	270	德班（南非东部海岸）离岸价，大袋包装
精选锂辉石矿	>7.25	410	阿姆斯特丹
		375~419	西弗吉尼亚
玻璃级锂辉石	5	210	阿姆斯特丹
		176~198	西弗吉尼亚，散装
碳酸锂		4277~4476	美国大陆，袋装或桶装

注：以上价格由伦敦《金属通报》公布。

目前全球锂的需求量折合成碳酸锂约为每年8万t，在全球锂电池市场增长的强劲带动下，锂电池新材料市场稳步成长，国际市场对碳酸锂的需求每年平均递增5%~6%。2002年中国锂电池产量达到2.7亿只，仅此一项就需耗锂8000多吨（碳酸锂计），现在国内每年需要碳酸锂2万t，基本依赖进口。作为汽车动力源的可充锂电池一旦开发成功，锂电池对锂的需求量还会大幅增加。

此外，作为应用于汽车、机械的锂润滑脂、铝电解用锂、结构材料用锂的需求量不断增大，世界范围内锂工业前景是比较乐观的。从现实条件分析，我国拥有世界第三的已探明卤水锂资源储量，还有低廉的劳动力成本，由此锂产品作为出口原料将会更加具有国际竞争力，在未来5年内，我国可望从锂产品的净进口国转变为主要的出口国，促进世界锂产业重新布局。

1.6　锂的选矿及金属锂的生产

1998年，美国国内的最后一座锂矿山关闭了，在此之前，北卡罗莱纳州主要用锂辉石来生产碳酸锂，此外还生产少量的锂辉石浓缩物用于外销。除了这种代表性锂矿石（锂辉石）外世界上还有叶长石（$Li_2O \cdot Al_2O_3 \cdot 8SiO_2$,）和锂云母（$2(K \cdot Li)F \cdot Al_2O_3 \cdot 3SiO_2$）。这3种矿石通过选矿、浓缩后可有多种用途。

碳酸锂是从盐水或矿石中生产出来的，是生产其他很多种锂化合物原料的中间制品。内华达州Chemetall Foote公司生产碳酸锂的原料盐水中富含氯化锂，1966年开始作业时盐水的锂平均含量为300×10^{-6}。用泵从地下抽取盐水，经过浓缩后含锂6000×10^{-6}，充分浓缩的液体在回收工厂通过碳酸钠处理，沉淀出碳酸锂。再经过滤、干燥包装出厂。从锂盐水中回收锂也是同样的工艺，但由于化学成分的不同还需要一些调整。阿根廷的盐水处理使用另外的专利技术，其中的锂以碳酸盐或者氯化物的形式回收。

1.6.1　锂的选矿

在1984年中国颁布的《稀有金属矿地质勘探规范（试行）》中，制定了锂矿床参考性工业指标见表2-1-9。其中，锂矿床的边界品位和工业品位又分为手选矿石和机选矿石，并分别确定了品位指标。手选与机选矿石的划分，根据生产实践经验，若矿体中锂辉石粒径大于3cm，矿石品位在2%～3%以上；绿柱石的粒径大于0.5cm，矿石品位在0.1%～0.2%以上，就适于手选，划分为手选矿石，并进行手选矿物储量计算。手选矿石的尾矿具有机选价值的和不适于手选矿石的，均属机选矿石。

表2-1-9　锂矿床参考性工业指标

矿床类型	边界品位/%		最低工业品位/%		最低可采厚度/m	夹石剔除厚度/m
锂矿床 花岗伟晶岩类型	机选 Li_2O 0.4～0.6	手选锂辉石	机选 Li_2O 0.8～1.1	手选锂辉石 5.0～8.6	1.0	≥2.0
碱性长石 花岗岩类型	0.5～0.7	—	0.9～1.2	—	1.0～2.0	≥4.0
盐湖类型 卤水中的氯锂	—	—	1000mg/L	—	—	—

锂矿选矿方法，有手选法、浮选法、化学或化学-浮选联合法、热裂选法、放射性选法、颗粒浮选矿法等，其中前3种方法较为常用。

1.6.1.1　手选法

手选法在20世纪五六十年代是国内外锂、铍精矿生产中的主要选矿方法之一。1959年我国的新疆、湖南等省区手选生产的绿柱石精矿达2800多吨，1962年世界绿柱石精矿产量为7400t，其中手选精矿占91%。这主要是由于锂、铍矿多数来自伟晶岩矿床，选别的主要工业矿物锂辉石、绿柱石等晶体大、易手选。但应看到，手选劳动强度大、生产效率低、资源浪费大、选别指标低，因而正在逐渐地为机械选矿方法所代替。然而在劳动力廉价的发展中国家里，手选仍是生产锂铍精矿的主要方法。

1.6.1.2 *浮选法*

浮选方法的研究和应用较早，国外在20世纪30年代已将浮选法用于锂辉石精矿的工业生产。锂辉石浮选有的采用反浮选，有的用正浮选。锂云母易浮，常用正浮选；绿柱石的工业浮选报道的极少。我国在20世纪50年代末开始锂辉石、绿柱石的浮选研究，随后又进行了锂云母浮选、锂铍分离和其他锂铍矿的研究，确定了锂辉石、绿柱石、锂云母的浮选工艺流程，并在新建的锂铍选矿中得到应用。

1.6.1.3 *化学或化学-浮选联合法*

这种方法适用于盐湖锂矿，从中提取锂盐。其流程是将卤水在晒场上蒸发，钠盐和钾盐沉淀析出，氯化锂浓度提高到6%左右，然后将其送入工厂，用苏打法将氯化锂转变成碳酸锂固体产品。

1.6.2 锂的提取

1.6.2.1 *锂矿石提锂*

锂矿石提锂是最早被采用的一种方法，现已发展得较为成熟，其主要工艺包括选矿、提取和加工三步。现在主要成熟的工艺有手选-磁选工艺、浮选-磁选工艺、浮选-重选-磁选联合工艺、选矿-化学处理联合工艺、选-冶联合工艺等。各工艺有其自身特点，可依据锂矿床的组分和性质及主要产品选择较合适工艺。

从锂矿石中提锂主要有锂辉石-石灰烧结法、锂云母-石灰烧结法、锂辉石-硫酸焙烧法、锂云母-氯化焙烧法、锂辉石-纯碱压煮法等。

目前，生产金属锂的主要方法是熔融盐电解法，但是此法消耗大量的直流电，同时必须收集和处理在阳极上排出的氯气，作为原料的锂盐（氯化锂）价格昂贵，而且纯度要求高。

目前工业上用的锂电解槽主要有法国式、美国式和德国式三种类型。锂电解槽示意图如图2-1-1所示。

在法国有隔板锂电解槽中，钢阴极从槽底中导入，两根石墨阳极通过侧部槽衬导入。阴极和阳极表面由钢制网状隔板隔开。电解出的锂浮在阴极上方并汇集于铸铁制成的集锂槽内。氯气则由槽盖上的短管从阳极空间导出。LiCl熔体由槽盖上的小孔注入两极之间。

美国无隔板锂电解槽槽体由钢板焊成，外壁和底部用气体火焰加热，由顶部插入5根直径203.2mm，长1.52m的石墨阳极，垂直安放。阴极固定在槽底，由低碳钢制作。正常作业条件时，槽温450～475℃，直流电压6～6.5V。电解槽总容量约为$3m^3$，每千克金属锂耗电46kW·h（不包括加热熔盐用能耗）。

德国“德古萨”公司电解槽是用耐火砖做成的，用滑石或人造刚玉做槽衬，槽上有用同一材料制成的盖板。在盖板上有操作孔，供添加盐、舀取金属以及排出氯气等用。阴极是从槽底垂直插入的一根棒，阴极上部悬挂有一特制的、顶部为开孔的圆筒接收器，其作用在于收集从熔融体中浮起的金属锂。在接收器中金属是被收集在特制的高沸点油层

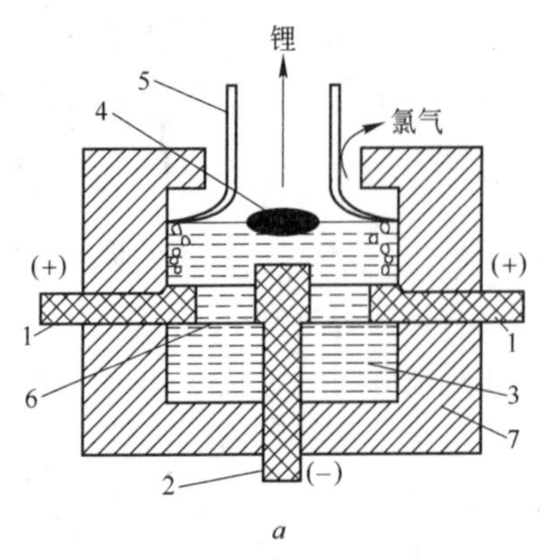

a

1—环形石墨阳极；2—钢阴极；3—LiCl-KCl 熔体；4—液态锂；
5—铸铁集钾室；6—钢制网状隔板；7—热绝缘

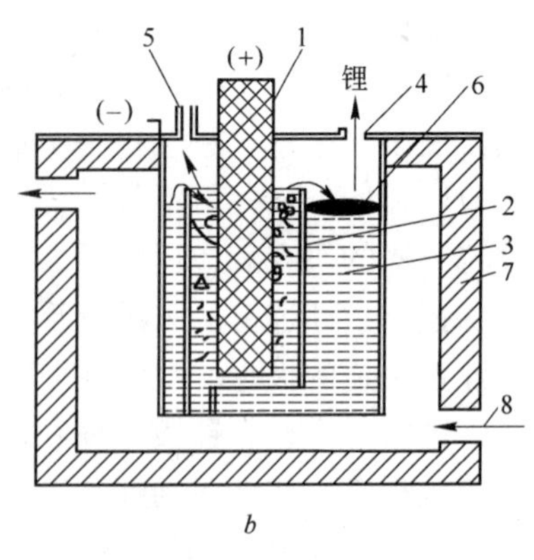

b

1—石墨阴极；2—钢筒阴极；3—LiCl-KCl 熔体；
4—金属钾出口；5—氯气出口；6—液态锂；
7—热绝缘；8—燃烧气体

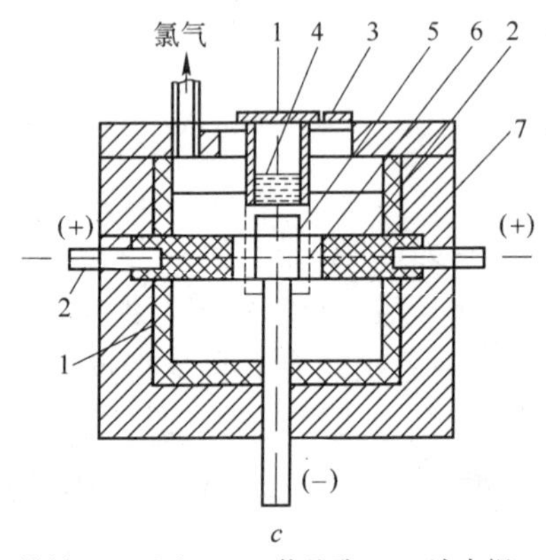

c

1—槽衬；2—阳极；3—装盐孔；4—液态锂；
5—阴极；6—隔膜；7—槽壳

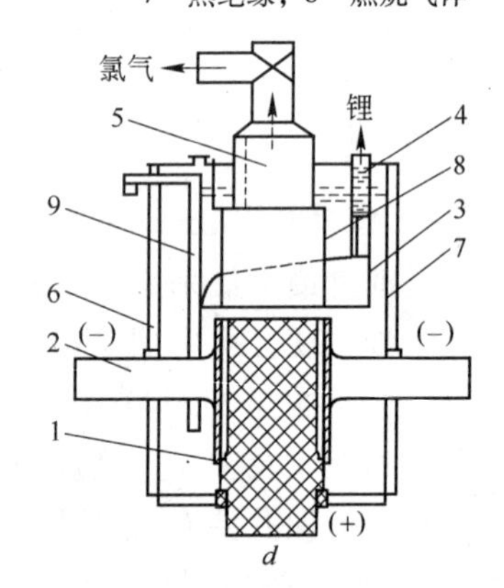

d

1—石墨阳极；2—铸钢阴极；3—金属锂收集罩；
4—液态锂；5—氯气；6—冷却水套；7—电解质冻壳；
8—氯气收集罩；9—交流电极

图 2-1-1　锂电解槽结构图

a—法国有隔板电解槽；*b*—美国无隔板电解槽；*c*—德国“德古萨”
公司电解槽；*d*—中国某公司电解槽

中。接收器周围包有一铁丝网制成的隔膜。阳极是由 3 个石墨板组成的，它们环绕在阴极的周围。用螺纹将 6 个石墨棒固接在 3 个阳极上，以便与直流电源相接通。

法国式电解槽及德国“德古萨”公司电解槽均采用陶瓷做槽衬，这种槽衬极易被高温熔盐所腐蚀，电解槽使用寿命不长。美国式电解槽的优点是使用期长达 15 ~ 20 年，但其他指标不如有隔板电解槽。

20 世纪 90 年代末，国内某公司提出了一种圆柱型冻壳式电解槽，槽体采用碳钢或不锈钢板，在槽壁外围和槽底部用钢板焊接成冷却套，生产时冷却套内通入冷却水，使电解质在槽内壁形成冻壳，槽内设有 3 个交流电极，用于熔盐加热。阴阳极之间用不锈钢隔膜隔开，电解产物金属锂通过锂收集罩及提升管导出，并用金属漏勺舀出金属锂，铸成锂锭。该电解槽由于在槽内壁形成冻壳，避免了高温熔盐对槽体的腐蚀，使电解槽寿命大大提高，同时金属锂纯度达到 99.5%，远高于上述 3 种电解槽所制得的 97% ~ 98% 的金属锂。但是通冷却水以在槽内壁形成冻壳以及采用交流电极加热，使电解槽能耗高出其他槽三分之一左右。

人们研究电解法制取金属锂的同时，也在进行着热还原提取金属锂的研究工作。1894年，瓦连用镁作还原剂，还原氢氧化锂制得含镁50%左右的金属锂；加克什皮里用钙还原氯化锂，得到含钙3%～4%的金属锂。此后，又有人用碳化钙还原锂的氯化物、氟化物和硫化物或用碳还原碳酸锂也很难制得纯度较高的金属锂。1930年，布尔和布鲁斯曾用锆还原锆酸锂，得到特别纯的金属锂，但产率低，成本高。

由于真空冶金对一些低沸点且化学性质活泼的金属而言具有重要的意义。可以利用金属锂的沸点不高而采用真空热还原的方法。真空热还原法不仅可以缩短生产周期，减少工序及原材料的消耗，生产成本也较低，使得此工艺在金属锂的制备方面有着优势的地位。因此人们开始着眼于研究相对于电解法较简单的真空金属热还原。W. J. 克罗尔等人分别用硅、铝、镁做还原剂做了真空热还原氧化锂的实验，同时还研究了碳酸锂、氯化锂、氟化锂的真空金属热还原；A. J. Smeet 等分别用 Al 和 Si 做了还原氧化锂和锂辉石的实验，在1173K、1MPa 的条件下将 Li_2O-Al 混合料加热160min，得到锂的回收率为87%。试验还得出：以铝还原氧化锂或锂辉石，从反应温度和锂蒸气的纯度来看，要比硅还原更为优越。

近年来，由于真空技术的发展，以及市场对金属锂的需求特别是高纯金属锂的需求不断增大，用真空热还原法制取金属锂的尝试又变得活跃起来。昆明理工大学分别用碳、碳化钙、铝、硅（硅铁）和铝硅合金等作还原剂对碳酸锂、氧化锂的真空热还原进行了研究，得到的金属锂成分与熔盐电解法和国家标准的比较见表2-1-10。青海盐湖所的贾永忠等提出了一种将锂的制备和提纯一体化的金属锂热还原设备和工艺，最后提纯得到的产品纯度在99.9%以上。从锂的纯度来说。以氧化锂、铝-硅合金还原产出的金属锂纯度为高，以碳或碳化钙做还原剂产出的金属锂纯度最低，而从所用还原剂成本来讲，以碳的成本最低，并且产渣量也很少（0.532kg/kg-Li），分别是硅热法（6.20kg/kg-Li）和铝热法（2.45kg/kg-Li）的8.6%和21.7%。因此，寻找一种还原效率高而又成本低的还原剂对降低生产成本和提高产品纯度来讲具有重要意义。表2-1-11为熔岩电解法与真空硅热还原法生产成本比较。

表2-1-10 不同方法制取金属锂的成分与国家标准 （%）

还原剂		Li	Na	Mg	Ca	Al	Si	Fe	Ni	C	K
		≥	≤								
真空还原法	碳	54.34	0.034	0.0026	0.10	0.0042	0.011	0.014	0.0085	24.80	—
	碳化钙	58.28	0.28	0.024	0.15	0.0047	0.027	0.018	0.0023	41.11	—
	铝	98.89	0.053	0.40	0.65	—	—	—	—	—	0.0029
	铝硅合金	99	0.16	0.65	0.15	—	—	—	—	—	0.01
	硅	99.24	0.011	0.35	0.013	—	0.22	0.012	—	—	0.005
熔盐电解法		99	0.2	—	0.04	0.02	0.04	0.01	0.005	—	—
GB4369—84Li—01		99.0	0.2	—	0.04	0.02	0.04	0.01	0.005	—	—
GB4370—84Li—03		99.9	0.02	—	0.02	0.005	0.004	0.002	0.003	—	—
GB4370—84Li—04		99.99	0.001	—	0.005	0.0005	0.0005	0.0005	0.0005	—	—

表 2-1-11　熔盐电解法与真空硅热还原法生产成本比较

项　目		单　位	单价/万元	单耗/t	成本/万元	比例/%
熔盐电解法	氯化锂	t	3.30	6.50	21.45	66.10
	氯化钾	t	1.80	1.50	2.7	8.30
	能源（电能）	kW·h	4×10^{-5}	32000	1.28	4.00
	其他成本	—	—	—	7	21.60
	成本合计	—	—	—	32.43	100.00
真空热还原法	碳酸锂	t	2.4	6.61	15.86	61.20
	硅　铁	t	0.7	1.83	1.28	4.90
	氧化钙	t	0.09	9.91	0.89	3.40
	能源（电能）	kW·h	4×10^{-5}	22000	0.88	3.40
	其他成本	—	—	—	7	27.00
	成本合计	—	—	—	25.91	100.00

1.6.2.2　盐卤提锂

国外锂生产表明，1995 年卤水锂盐产能的份额为 28.26%，1997 年为 70.85%，到 1999 年已近 90%。盐湖卤水锂的开发之所以兴旺是因为：其一资源丰富，盐湖卤水锂资源占世界锂总储量的 60%，而且通常与钾盐、钠盐类及溴、碘矿产共生，可以综合开发利用；其二开采成本低，有价格优势。卤水提锂比从矿物中提锂工艺简单、成本低廉，正成为市场的主流；其三已有一套成熟的用卤水制取碳酸锂的技术及工业化装置。盐卤提锂主要有以下几种方法：

A　溶剂萃取法

溶剂萃取法的关键是找到合适的萃取剂。中性磷酸类萃取剂是锂的常用萃取剂；冠醚类试剂是近几年发展起来的一种新型萃取剂，其具有通过静电能作用同离子半径与内腔相匹配的阴离子相结合，从而导致对不同半径的阳离子络合物稳定常数产生巨大差异的特殊性能。该类试剂对锂有较好的选择性，但还仅限于试验研究阶段，尚无工业应用报道。此外，在萃取体系中加入协萃剂，有利于提高对锂的选择性和适用范围，如磷酸三丁酯（TBP）和 β-双酮的混合溶剂、TBP 和噻吩甲酰三氟丙酮（TTA）的混合溶剂对锂有协萃效果。Neille 等提出一种在浓卤水中添加 $FeCl_3$，用 20% TBP + 80% 二异丁基酮作萃取剂提取锂的方法，萃取后的有机相用于反萃，然后再用二-（2-乙基己基）-TBP 萃取反萃后的水相中的 $FeCl_3$。但二异丁基酮价格较贵，水溶性较大，而且对锂的萃取率不高，Lee 用二苯甲酰甲烷（DBM）与三辛基氧化膦（TOPO，一种常用的协萃剂）协萃锂，锂钠分离系数达 570，但需要在 $pH > 11$ 的碱性条件下才能萃取，对中性溶液萃取率低；Seeley 研究的 1，1，2，2，3，3-氟代庚基-7，7-二甲基-4，6-辛二酮（HFDMOB）和 TOPO 的混合溶剂，将 β-双酮萃取体系的适用范围扩展为 $pH = 6 \sim 9$ 的卤水，锂与钠、钾的分离系数分别为 1300 和 3800。另外，还有人用其他如 TTA、LIX51 与 TOPO 和一些胺与羧酸、膦酸构成协萃体系，也达到了较高的分离系数。

B　吸附剂法

吸附剂法从经济和环保角度考虑比其他方法有较大的优势，特别是从低品位的海水中提锂。该方法的关键是寻求吸附选择性好、循环利用率高和成本相对较低的吸附剂。吸附剂可分为有机系吸附剂和无机系吸附剂。有机系吸附剂一般为有机离子交换树脂，如：IR-120B 型阳离子交换树脂。由于此类吸附剂对锂离子的选择性差、成本相对高，应用前景较小。无机系离子交换吸附剂对锂有较高的选择性，特别是一些具有离子筛效应的特效无机系离子交换吸附剂，现已成为从稀溶液中提取有用元素的最有效吸附剂。作为选择提锂的无机系离子交换吸附剂，研究较多的有：无定型氢氧化物吸附剂、层状吸附剂、复合锑酸型吸附剂和离子筛型氧化物吸附剂。

1.6.3 金属锂的精炼

1.6.3.1 真空蒸馏法

金属蒸馏的热力学基础是基于在一定温度下，各种金属具有不同的蒸汽压，从而造成蒸发速度和冷凝速度的差别，使金属锂和杂质分离。采用真空蒸馏的方法来提纯金属或使合金分离已被人们认可，在生产过程中也显示出了其优越性。无论是融盐电解法还是用真空热还原法生产出来的粗金属锂，都会含有一定量的杂质，必须进行精炼，已得到市场所需纯度的金属锂。不同温度下杂质与锂的蒸汽压之比 α 表示各元素与锂的相对挥发度：$\alpha = p_x/p_{Li}$。式中 p_x 为杂质元素的蒸汽压，p_{Li}为金属锂的蒸汽压。真空冶炼法提取金属锂的工艺流程如图 2-1-2 所示。

1.6.3.2 过滤法

可将液态金属锂在稍高于锂的熔点温度下，通过铁丝或多孔金属陶瓷等过滤介质，在惰性气体压力下或真空中进行过滤，以除去锂中难熔杂质。过滤效果的好坏取决于滤层材料对金属的稳定性和孔隙度。锂的流动性极好，过滤层孔隙越小（孔隙 20μm），过滤效果越好。

1.6.3.3 高真空蒸馏法

施密特（Schmidt）等利用该法第一次制得纯度99.9999%金属锂。该法特点是向原料锂中加入少量三氧化二硼，然后在400～450℃及$6.7\times10^{-4}\sim5.3\times10^{-6}$Pa 下蒸馏。加入三氧化二硼的目的是使锂中的钙按下式反应

$$6Li + B_2O_3 \longrightarrow 3Li_2O + 2B$$

$$Li_2O + Ca \longrightarrow CaO + 2Li$$

生成物氧化钙比氧化锂更加稳定，并在釜底与锂分离。该精馏产品含（%）0.1Al，0.7Ca，0.6Mg，（0.1Na，0.5Si）。该法蒸发速度低，在400℃时为0.005g/h，450℃时为0.042g/h。

1.7 目前中国锂工业的发展现状

1.7.1 金属锂主要生产厂家及现状

现在中国由于锂电池的大力开发与生产，锂需求增加的局面已经显现出来。中国现在的锂生产厂家主要有新疆锂盐厂、江西锂厂、湘乡锂厂、宜宾 812 厂、绵阳锂厂等。由于中国锂盐生产几乎全部采用从伟晶岩矿石中提锂的方法，高的生产成本使得中国的锂产品在国际市场上缺乏竞争力，如果从卤水中提锂工业化生产一旦成功，成本将会大大降低，

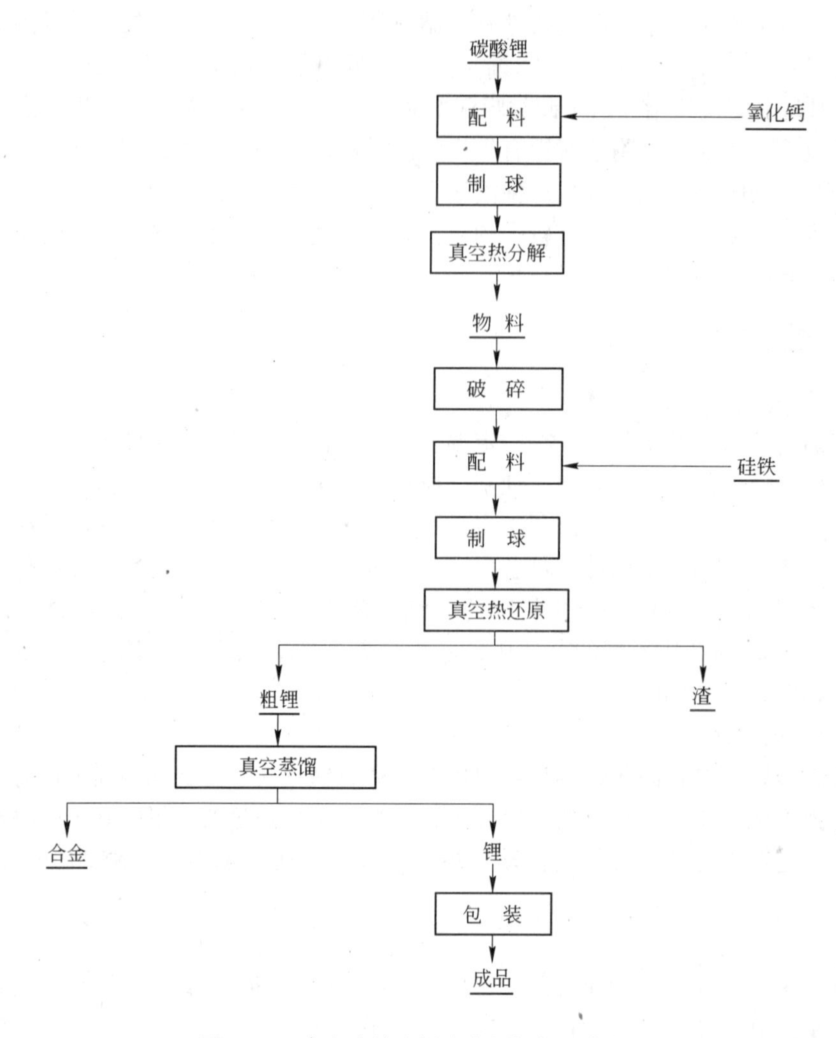

图 2-1-2　真空冶炼法提取金属锂的工艺流程

将极大地增强我国的锂产品在国际上的竞争力。

从 20 世纪 80 年代到 90 年代，中国生产的基本上是锂盐的初级产品，多以工业碳酸锂，工业氯化锂，工业氢氧化锂和工业金属锂出口。中国工业氯化锂出口价在（3.0～3.4）×104 元/t 左右，而美国市场价则为 9.13×104 元/t，这主要与中国的氯化锂纯度太低有很大关系。所以提高各种锂及其化合物的纯度也是中国锂行业亟待解决的问题，也是让中国在世界锂市场上占有举足轻重地位的前提。1997 年上半年以前锂产品价格总体上较稳定，伦敦市场上碳酸锂价格一直维持在 1.97～2.03 美元/磅。自从 1997 年南美碳酸锂进入国际市场后，碳酸锂价格下滑至 0.9 美元/磅，大大低于之前的市场价格。中国锂产品市场前景看好，年均增长率 6.5%，远高于世界市场锂消费平均增长率，特别是由于中国汽车、制冷等行业的发展，对锂的需求将会有较大的增长。

新疆锂盐厂：位于乌鲁木齐市，于 1958 年建成投产，是中国第一座锂盐厂，也是亚洲最大的锂化学品和金属锂生产经营企业，同时拥有一个国家级锂盐技术中心。

该厂于 1983 年建成硫酸法生产碳酸锂生产线，后经 3 次扩建和一系列重大技术改造，锂盐的生产能力1994年达8000t。该厂运行近36年的石灰石烧结法工艺，于1995年完全被硫酸法工艺所取代。锂盐产量以销定产，1994年为6331t、1996年为7282t、1997年为5063t。近年来生产的主要产品有单水氢氧化锂、工业碳酸锂、高纯碳酸锂、医用碳酸锂、氯化锂、溴化锂、金属锂、工业用无水硫酸钠等，其中单水氢氧化锂和工业碳酸锂为该企业主导产品。该厂现能生产大量的工业碳酸锂、无水溴化锂、氟化锂等锂盐产品，此外还有各种纯度的金属锂和精细锂盐产品。锂盐产量占全国锂盐总产量的80%以上，出口量占全国锂盐出口总量的85%左右。

江西锂盐厂：位于分宜县，为江西省冶金工业总公司直属企业，1969年建成投产，经过30年的发展成为中国第二锂盐生产企业。依托江西丰富的锂云母资源，以锂云母精矿为原料采用石灰石法工艺生产氢氧化锂，年生产能力100t，20世纪90年代初已扩大到700t，1996年生产氢氧化锂1363t，还可进一步扩大生产能力。该厂近年来主要产品有氢氧化锂、溴化锂、碳酸锂、硫酸镍，兼产30多种品级的锂、铷、铯系列产品，副产磷肥。

宜宾建中化工总公司锂钙分公司：建中化工总公司锂钙分公司是建中化工总公司下属的集生产、科研、设计于一体的综合性化工公司，主要产品有金属锂、金属钙，以及锂、钙系列化工产品和合金产品等。其中年产280t的金属锂厂是目前亚洲第一大锂厂。建中锂厂生产的高质量电池级、低钠级锂系列产品除满足国内市场需求外，还远销到日本、韩国、美国、西欧等国际市场，深得用户的青睐。

1.7.2 其他锂产品生产厂家及现状

四川省射洪锂业有限责任公司：射洪锂业有限责任公司创建于1995年10月，年产碳酸锂3500t（碳酸锂系列产品有：电池级碳酸锂、工业碳酸锂、医用碳酸锂和超细碳酸锂等），以及副产品无水硫酸钠9000t。

江苏泰州宏伟锂业有限公司：宏伟锂业有限公司从2003年12月1日开始落实氯化锂生产基础工作，于2004年8月投入正常生产运行。目前年生产量900t以上，氯化锂产品有两种级别：工业级和电池级。此外该公司还生产各种规格的金属锂，年产量达80t。

昆明永年锂业有限公司：永年锂业有限公司主要生产工业级金属锂、电池级金属锂、高纯金属锂、锂棒、锂带、锂箔、锂化合物等各种锂的相关产品。目前锂锭年生产能力50t，锂型材近30t/a。

1.8 锂的深加工及发展趋势

近年来，电池及锂合金用金属锂的需求逐年递增，但与锂化合物相比，金属锂的总消费量依然是低水平的增长。被认为具有最大潜在增长性的是锂离子电池和锂聚合物电池，这两种锂电池的市场在1993年以小规模启动，但到了1998年已成长为30亿美元的市场，预测到2005年将发展到超过60亿美元的市场。到2008年，预测锂电池市场的平均年增长率为16%，锂材料需求的增长可能与这个比率相同或超过这个比率。因此必须走高技术含量产品或对锂锭进行深加工。

1.8.1 锂材

随着中国电池、合成橡胶、航空航天、核能工业的迅速发展，金属锂及其型材、合金的需求量逐年递增。目前国内外市场，不仅金属锂供不应求，高纯金属锂、锂片、锂带等型材的需求量更是逐年加大。20 世纪 50 年代初期国内外大多采用挤压法加工锂带、锂棒和锂丝，所制得的锂带宽 6.1～12.5mm，厚 0.8mm 以上，长 9m 左右。由于在空气和油中操作，使锂带表面发黑。美国富特矿产公司采用挤压法生产锂带时，操作温度 200℃、相对湿度 1.5%，在恒温恒湿干燥间，用 750t 液压机将金属锂锭挤压成带，卷曲封装在充有氩气的容器中存放。美国生产的锂带厚 0.2～4mm，宽 17～125mm；最薄带厚 0.038mm，最宽 300mm，长度无限。锂带纯度 99.9% 以上，其中含钠 0.03%，除生产锂带外，还加工锂丝、直径 0.31cm 锂棒和锂锭等。

1980 年以前中国生产的锂带表面发黑，需用油保护，厚 2～4mm，宽 50～80mm。1980 年采用直径 400mm 连续蒸馏炉，得到 99.9% 或 99.99% 的金属锂，经真空铸锭，在露点低于 -40℃ 的恒温恒湿干燥空气间将纯锂挤压成带，通过轧制，最后卷曲封装与氩气铁盒中。金属锂带产品质量标准见表 2-1-12。

表 2-1-12 金属锂带产品质量标准

名称		化学成分/%									
		Li 含量（不小于）	杂质含量（不大于）								
			Na	K	Ca	Si	Fe	Al	Ni	Cl	N
高纯级		99.99	0.001	0.001	0.005	0.0005	0.0005	0.0005	0.0005	0.0001	0.005
电池级		99.9	0.02	0.005	0.02	0.004	0.002	0.005	0.003	0.001	0.01
工业级	Li-0	98.0	1.5～2	—	0.1	0.04	0.01	0.02	0.01	—	—
	Li-1	99.0	0.2	—	0.04	0.004	0.01	0.02	0.005	—	—
	Li-2	99.5	0.6	—	0.05	0.04	0.04	0.04	0.01	—	—

1.8.2 锂合金

1.8.2.1 Al-Li 合金

铝锂合金具有低密度、高强度、优良的低温性能和超塑性等优点，是一种理想的航空航天结构材料。研究表明，固溶处理及随后的时效工艺对合金的性能起着至关重要的作用。因此，通过调整现有的热处理工艺，挖掘该材料的综合性能潜力，成为研究者关注的焦点。表 2-1-13 为各种型号 Al-Li 合金的组成。

表 2-1-13 各种型号 Al-Li 合金的组成 （%）

合金	Li	Cu	Mg	Zr	Mn	Fe	Si	Al
AA8090（A，B）	2.42	1.40	1.11	0.08	—	<0.10	<0.10	Balance
AA8090（C，D）	2.48	1.20	1.30	0.17	—	<0.10	<0.10	Balance
AA2090	2.33	3.10	<0.2	0.15	—	0.10	<0.10	Balance
AA2094	—	4.73	1.50	—	0.66	<0.2	<0.15	Balance

Cu 能显著提高 Al-Li 合金的强韧性、减少无沉淀析出带宽度，但含量过高会产生中间相使韧性下降和密度增大，含 Cu 量过低不能减弱局部应变和减小无沉淀析出带宽度，故 Al-Li 合金中的 Cu 含量一般为 1%～4%。在 Al-Cu-Li 合金中呈细片状析出的T1（Al_2CuLi）相与

d 相一起作为合金中的主要析出强化相，减弱共面滑移，使合金强度明显提高。

Mg 在 Al 中有较大的固溶度，加入 Mg 后能减少 Li 在 Al 中的固溶度。因此，在含 Li 量一定时它能增加 d 相的体积分数。另外，它还能形成 T（Al_2LiMg）稳定相，抑制 d 相的生成。加入 Mg 能产生固溶强化效果，强化无沉淀析出带，减小其有害作用。当 Al-Li 合金中同时加入 Cu、Mg 时能形成 S（Al_2CuMg）相。S 相优先在位错等缺陷附近呈不均匀析出，其密排面与基体 a 相的密排面不平行，位错很难切割条状 S 相，只能绕过，并留下位错环，故 S 相能有效地防止共面滑移，改善合金的强韧性。但 Mg 含量过高会导致 T 相优先在晶界析出，增加脆性。Mg 含量低于 0.5% 时，S 相很少，合金强度降低。此外，Mg 还能改善 Al-Li 合金的高温性能。

新型铝锂合金虽然具有很多优良性能，但一些合金存在塑性、韧性较低，热暴露后会损失韧性等问题。影响铝锂合金强韧性的主要因素是共面滑移和晶界无沉淀析出带。研究者们通过引入其他元素的办法解决了其中的某些问题。

1.8.2.2 Li-Mg 系合金

Li- Mg 系合金是一种新型合金，它们轻如塑料而坚如金属，变形性（可锻性）比其他镁合金好。俄罗斯、美国、日本、德国等对 Li-Mg 系合金的研究十分活跃，国内的研究较少。对于六方晶系的镁，添加 Li 后减小了六方晶系 α-Mg 的 c/a 值，原子间距减小降低了六方晶格沿｛1010｝，〈1210〉棱面滑移的启动能，使得该滑移在室温下与｛0001｝，〈1210〉的基面滑移同时发生，提高了合金的室温延展性和变形性。图 2-1-3 所示为 Li-Mg 系合金制备的简易装置图。

1.8.2.3 Li-Sn 氧化物系统

自从日本富士公司报道非晶态锡基氧化物作为锂离子蓄电池的负极材料具有很高的容量后，锡基材料就成为人们研究开发的新热点。锡基氧化物作为负极材料时，由于充电后形成的 Li_2O 对电极的膨胀有良好的缓冲作用，缓解了金属锡电极存在的电极膨胀问题，因而电极具有较好的性能。这一方向具有良好的市场前景，目前锂离子蓄二次电池的负极材料主要是碳纤维球，Li-Sn-O 为负极材料开辟了另一宽阔的大路。如图 2-1-4 所示为 Li-Sn-O 等温稳定相图，此图能为合成出高质量的 Li-Sn-O 负极材料作指导。

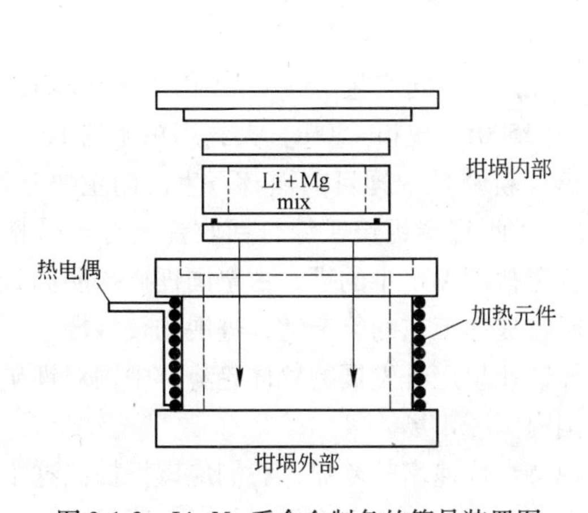

图 2-1-3 Li- Mg 系合金制备的简易装置图

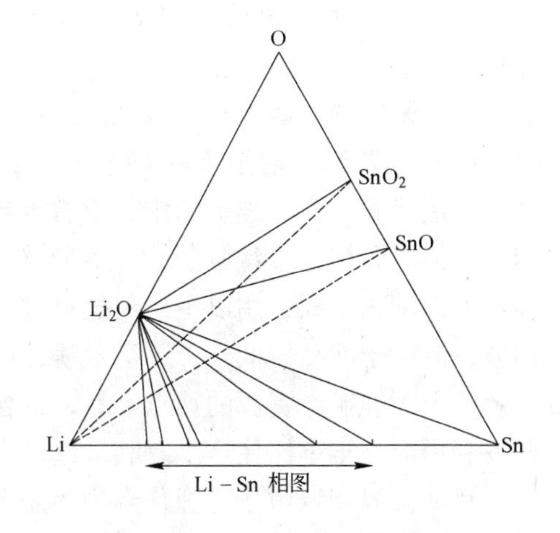

图 2-1-4 Li-Sn-O 等温稳定相图

1.8.3　锂化合物

Li_2O 陶瓷被认为是制备氚和制作熔炼反应器的最好材料，因为它具有很高热传导率、低活性和非常特殊的结构等特点。目前，Li_2O 一般都由焙烧 Li_2CO_3 而得，$Li_2CO_3 \rightarrow Li_2O + CO_2$。$Li_2CO_3$ 在真空 1000℃ 下热处理 1 ~ 4h 可得高质量的产物。如果反应物在高真空 750℃时开始分解，即可获得熔渣，然后通过几次循环，也可制得高质量的 Li_2O 陶瓷。图 2-1-5、图 2-1-6 分别为 Li_2O 陶瓷合成装置图和简单流程图。

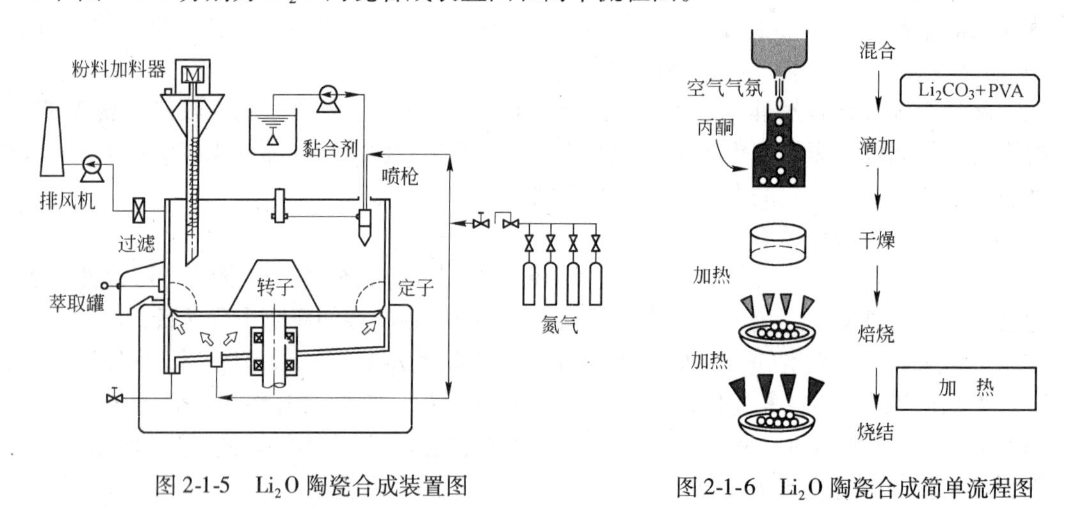

图 2-1-5　Li_2O 陶瓷合成装置图　　图 2-1-6　Li_2O 陶瓷合成简单流程图

1.9　云南省发展锂工业的必要性、优势及可行性

近五年来，市场对锂的需求量大约增长了 2% ~5%，2001 年世界锂的总需求量在 13000 ~ 14000t 之间（由于炼铝行业中新的熔炼方法不再使用锂，因此锂的消费量增长不多）。从中我们分析锂需求量增加的原因主要是由于锂离子二次电池的大量应用，对锂化合物的需求量持续快速增长所致。世界锂矿物的产量从 1995 年的 6300t 逐步增加到 2000 年的 11900t，其中增加部分主要来自于智利；2001 年世界锂矿物的生产能力比销售量高出 50% 左右，因此如果锂的需求增长速度相对稳定且适中的话，在未来几十年内世界锂业仍有足够的发展潜力。

中国是锂的资源大国，根据国家规划：“八五”期间产量 7600t，国内用量 4600t，出口 3000t；“九五”期间产量 10000t，国内用量 5500t，出口 4500t，大约用精矿约 10 万 t。从发展形势看，全国锂矿的供需矛盾十分突出。新疆是中国目前锂辉石生产的主要基地，但可可拓海和柯鲁木特资源也正在逐渐枯竭；江西宜春铌钽矿综合回收锂云母虽价格低廉，但钾钠含量高，用以生产锂盐难过关；青海盐湖卤水中的锂，占全国锂矿探明储量的 73%，但由于除品位低外，还富含镁，增加回收提锂工艺的复杂性，进展比较缓慢。

从中国锂矿产资源的特点来看，结合世界锂业呈上升发展的总体趋势，中国对锂矿的开发利用应该牢牢抓住这个有利机遇，占领国内国际市场。

目前世界能源市场对锂化合物的需求呈现持续快速增长趋势，我们应该把握住这个机会，利用中国锂资源丰富这个优势，在锂化合物生产的工艺上多做工作，争取尽快打入国际市场；还应注重产品的多样化，以获得更多的利益；此外，从世界上其他国家的经验来看，搞好锂矿矿床的综合回收利用是提高经济效益的关键。世界上一些国家采花岗伟晶岩型锂矿时，不但回收铍、铌、钽、铷、铯、锡、镓等稀有金属，还附产云母、长石、石英等，使得矿石的综合利用率达60%，这样一矿变多矿，降低了成本，经济效益和社会效益显著。目前已有资料表明，这种矿床的原生矿和砂矿中，蕴藏有价格高昂的宝石，因此在开发中应给予充分的重视。

云南省不是锂矿资源大省，但是没有丰富的锂资源不意味着我们不能搞锂工业。结合云南省的实际情况来看，可以在锂型材和锂化合物等锂的深加工产品上做文章。

以纯度为99.95%的金属锂锭为例：每吨锂锭的价格大约在45万元左右，而制成各种锂型材后价格增长了很多。同样纯度的锂棒每吨价值60万~70万元，锂带每吨市场价大约在75万~80万元左右，而加工成锂片后每吨价格翻了一番达到了85万~90万元。因此，针对云南缺少锂金属资源的自然条件，发展锂金属各种型材的深加工工业具有重要的意义，加之云南电价较低，因此就将为锂型材加工企业带来了更大的利润空间。

同时，针对目前世界能源市场对锂离子电池的巨大需求，结合云南锰矿储量大、品位高的特点，可以在云南大力发展锂离子电池用正极材料的研发和生产，不仅对开发金属锂的新用途有作用，同时还对促进云南省锰矿及其他矿产资源的开发和利用具有重大的意义。

参考文献

1 袁俊生，纪志永．海水提锂研究进展．海湖盐与化工，2003，32：29~33

2 Zeng X H, Ericsson T E. Anisotropy of Elastic Properties in Various Aluminium-lithium Sheet Alloys. Acta. Mater. 1996, 44 (5): 1801~1812

3 Shi Z, Liu M, Naik D, Gole J L. Electrochemical Properties of Li-Mg Alloy Electrodes for Lithium Batteries. Journal of Power Sources, 2001, 92: 70~80

4 Gohar Y, Smith D L. Multiplier, Moderator and Reflector Materials for Advanced Lithium-vanadium Fusion Blankets. Journal of Nuclear Materials, 2000, 283~287: 1370~1374

5 Huggins R A. Lithium Alloy Negative Electrodes Formed from Convertible Oxides. Solid State Ionics, 1998, 113~115: 57~67

6 杨斌，戴永年，真空冶炼法提取金属锂的研究．云南：云南科技出版社，1999

7 游清治．锂在玻璃陶瓷工业中的应用．有色金属，2000，(2)：26~31

8 游清治．锂及其化合物在医药中的应用．世界有色金属，1997，(12)：41~43

9 游清治．锂在润滑脂中的应用．世界有色金属，1998，(2)：39~44

10 李承元，李勤，朱景和．世界锂资源的开发应用现状及展望．国外金属矿选矿，2001，3S (S)：22~26

11 李钟模．锂——21世纪的“元素新星”．中国化工，1997，(11)：33，57

12 王秀莲，李金丽，张明杰．21世纪的能源金属——金属锂在核聚变反应中的应用．黄金学报，2001，3 (4)：249~252

13 刘世友．锂在电池工业中的应用与发展．上海有色金属，1998，19 (2)：87~90

14 贾永忠，周园，杨金贤．真空热还原——蒸馏法制备高纯金属锂．无机化学学报，2001，17 (5)：735~739

15 贾永忠，杨金贤，周园等．金属锂的热还原制备及提纯工艺和设备．中国专利：CN 1299884A，

2001-6-20
16 戴永年，杨斌．有色金属材料的真空冶金．北京：冶金工业出版社，2000
17 陈为亮．真空精炼锂的研究与氧化锂真空碳热还原初探．昆明：昆明理工大学学报，2000
18 林智群，黄占超，杨斌等．氧化锂真空碳化钙热还原提取锂的研究．2001，30（6）：31～34
19 林智群．真空热还原提取金属锂的新工艺．昆明理工大学学报，2002
20 杨斌，戴永年，王达健．金属锂的制备及应用．昆明理工大学学报，1996，21（6）：42～45
21 杨斌，戴永年．真空冶炼法提取金属锂的研究．云南：云南科技出版社，1999
22 戴永年，杨斌，张国靖等．锂的真空冶炼法．中国专利：CN 1065283C，2001-5-2
23 曹大义．真空热还原制锂工艺的技术经济分析．有色金属（冶炼部分），2003，（2）：33～39
24 程志翔等．锂和氢化锂译文集．北京：原子能出版社，1980
25 孙建之，邓小川，马培华．盐湖卤水直接提取氯化锂的研究进展．盐湖研究，2003，11（4）：47～51
26 李席孟，蓝为君，刘秀儒等．一种氯化锂提纯工艺方法．中国专利：CN1483673A，21304-3-24
27 黄师强，崔荣旦，张淑珍等．一种从含锂卤水中提取无水氯化锂的方法．中国专利：CN 87103431A，1987
28 狄晓亮，庞全世，李权．金属锂提取工艺比较分析．盐湖研究，2005，13（2）：45～48
29 封国富，张晓．世界锂工业发展格局的变化对中国锂工业的影响和对策．稀有金属，21303，27（1）：57～61

2 铝

谢 刚 昆明理工大学

2.1 铝冶金状况

2.1.1 金属铝的性质及应用

铝是元素周期表中第三周期ⅢA族元素，原子序数13，相对原子质量26.98154，外层电子构型为$3s^2 3p^1$，原子半径0.143nm，离子半径0.086nm。金属铝为银白色。

不管是固体铝或熔融铝，其密度都随着纯度的提高而降低；同等纯度的熔融金属铝的密度随温度的增高而降低。

铝的熔点随其纯度而变化，越纯熔点越高。

铝的导热系数大约为熟铁的2.5倍，为铜的1.5倍。铝的比热也是金属中较大的，为铁的2倍，为铜和锌的2.5倍。

铝的导电性能仅次于金、铂、铬、铜和汞，铝的纯度越高其导电性能越好。铝的电导率为铜电导率的62%~65%（和纯度有关），而铜的密度是铝的3.3倍。

铝的机械性能与纯度关系密切，纯铝软、强度低，但与某些金属组成铝合金后，不仅在某种程度上仍保持着铝固有的特点，同时又显著地提高了它的硬度和强度，使之几乎可与软钢甚至结构钢相媲美。

铝的化学性质极其活泼，其氧化物、卤化物、硫化物及碳化物等的生成能非常大。铝的最特殊的性能是有同氧强烈结合的倾向，特别是同空气中的氧。铝在空气中被其表面生成一层厚约为2×10^{-4}mm的致密的氧化铝膜所覆盖，这一层薄膜防止了铝的继续氧化，从而决定了铝在常温和通常的大气中具有良好的抗腐蚀性能。

工业铝易溶于盐酸，随纯度提高，铝在盐酸中的溶解度急剧下降。硫酸对铝的作用很慢，冷的浓硝酸和稀硝酸都不能溶解铝，但将酸加热则能溶解。铝对乙酸等有机酸是稳定的。

纯铝有很多可贵的性质，特别是铝基合金，具有更多的优越特性，因此铝及其合金的用途很广，表现在以下几方面：

（1）机械制造业广泛用铝和铝合金制造车轮、滑轮、离心机、通风机、起重机及泵的零部件，活塞和发动机气缸等。这是因为铝及其合金不但密度小，而且能达到要求的强度；

（2）铝及铝合金已成为制造飞机、汽车、船舶等不可缺少的材料；

（3）在国防工业上用铝及铝合金制造火箭、人造卫星、宇宙飞船、军用飞机、导弹、舰艇、坦克、装甲车、雷达、探照灯、照明弹和各种军事武器装备等的结构件和零部件；

（4）电器和无线电工业根据铝的导电性好的特性，广泛地用铝制造电线、电缆、电容器、整流器、电器配件和无线电器材等；

（5）化工工业利用铝的耐蚀性好的特点，常用铝及其铝合金制作各种耐蚀性的设备和储运容器；采用较纯的铝以包铝的方式包覆在其他金属表面上，以保护金属不受腐蚀的办法，在工业上也常应用，如原子能工业常用它做核反应堆燃料的包覆材料；

（6）铝的导热性好，是制作制冷设备、散热器、热交换器的好材料；建筑方面近年来广泛利用铝及铝合金制作梁材、柱材、框架、门窗、屋面和墙面等，以代替木材和其他材料；

（7）铝粉的用途也很广，粗铝粉可用于钢的脱氧，以提高钢的质量，细铝粉主要用于颜料、焰火、泡沫剂等，铝粉也是铝热法还原生产某些金属的主要原料，如用它还原铬、锰、钨、钡、钙和锂等难还原的金属；

（8）铝及铝合金在日常生活的用途也很广，如用于制作炊具、食品储藏和包装等。

在一般工业国家中，铝的用途分配情况为：建筑工业25%～35%，交通运输业10%～20%，电力工业10%～20%，食品工业15%，日用品工业10%，机械工业10%，其他5%。

2.1.2　铝冶金资源

金属铝的电负性很强，通过电解其盐类的水溶液不能得到金属，因为这时阴极析出的是氢和铝的氢氧化物，而阳极析出的是氧，因此，只能用非水溶液电解质即熔融盐电解才能得到金属铝。到目前为止，熔融盐电解是生产金属铝唯一的工业方法。

铝的熔盐电解是通过氧化铝熔解在冰晶石熔体中进行电解，而氧化铝的生产是由铝土矿经过一系列湿法过程提取得到。

氧化铝生产的原料资源有：一水铝石（$Al_2O_3 \cdot H_2O$）、三水铝石（$Al_2O_3 \cdot H_2O$）、霞石［$Na_2O(K_2O) \cdot Al_2O_3 \cdot 2SiO_2$］、明矾石［$K_2SO_4 \cdot Al_2(SO_4)_3 \cdot 4Al(OH)_3$］、刚玉（$Al_2O_3$）、蓝晶石（$Al_2O_3 \cdot SiO_2$）、红柱石（$Al_2O_3 \cdot SiO_2$）、红线石（$Al_2O_3 \cdot SiO_2$）、长石［$Na_2O(K_2O) \cdot Al_2O_3 \cdot 6SiO_2$］、白云母（$K_2O \cdot 3Al_2O_3 \cdot 6SiO_2 \cdot 2H_2O$）、石榴石（$K_2O \cdot Al_2O_3 \cdot 4SiO_2$）、方氟石（$Na_2O \cdot Al_2O_3 \cdot 6SiO_2 \cdot 2H_2O$）、绢云母（$K_2O \cdot 3Al_2O_3 \cdot 6SiO_2 \cdot 2H_2O$）、高岭石（$Al_2O_3 \cdot 2SiO_2 \cdot 2H_2O$）。

工业上使用的原料有：三水铝石型铝土矿、一水硬（软）铝石型铝土矿、霞石矿及明矾石矿。

世界铝土矿分布在49个国家，超过10亿t储量的国家有：几内亚、澳大利亚、巴西、越南、牙买加、印度、苏里南、喀麦隆、中国、印尼及委内瑞拉等国。

中国铝土矿的主要储量在山西、贵州、河南、广西、云南、山东、四川、海南、陕西等省。我国铝土矿的特点：一水硬铝石型，Al_2O_3含量高，达60%以上，SiO_2含量也高，铝硅比（A/S）低，一般为4～6，富矿数量少且分散。

中国的氧化铝生产厂家有：山东铝业公司氧化铝厂、郑州铝厂、贵州铝厂、山西铝厂、中州铝厂、平果铝业公司氧化铝厂。

铝土矿中氧化铝的含量变化很大，低的不足30%，高的可达80%以上。与其他有色金属的生产相比，只需4t左右的铝土矿便可以生产1t金属铝，这也是炼铝过程的一个有利条件。

2.1.3　冶炼工艺现状

现代铝工业生产主要采取冰晶石-氧化铝熔盐电解法。电解的阴阳极采用炭阴极和炭阳极，直流电流通入电解槽，在阴极和阳极上发生电化学反应。电解产物，在阴极上是铝，在阳极上是CO_2和CO气体，铝液用真空抬包抽出，经过净化和澄清之后，浇铸成商品铝锭，其质量达到99.5%～99.8% Al。阳极气体中大约含有70%～80% CO_2和20%～30% CO，还含有少量氟化物和SO_2气体，经过净化之后，废气排放入大气，收回的氟化物返回电解槽。图2-2-1所示是铝电解生产流程简图。

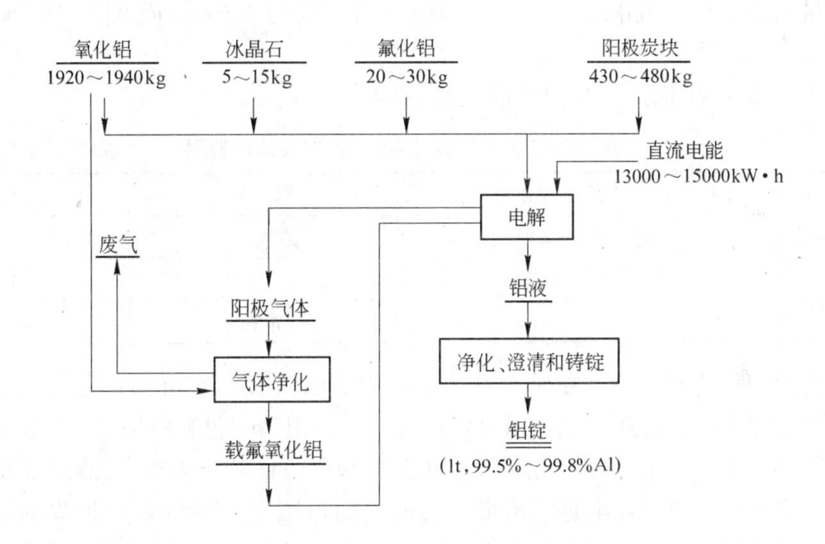

图2-2-1 铝电解生产流程简图

现代铝工业正在研制惰性阳极和惰性阴极，一旦成功，铝电解生产流程将会发生重大的改革，阳极不在大量消耗，所产生的气体将是O_2，生产成本将会明显降低。

2.1.4 金属铝深加工现状及发展

铝箔生产中由于具有无毒、无味、闭光、防潮、防腐蚀、反射率高、导电性能好、无磁性、易加工以及美观、卫生等一系列优越的使用性能，而被广泛地应用于国民经济的各个领域。虽然世界各国经济发达程度和人们的消费习惯存在着差异，使得各国铝箔的消费去向和比例结构不尽相同，但铝箔的应用范围却大体相近，例如：卷烟、日用品、化工、机械的包装；电力及电解电容器；建筑、车船、电缆的光、热、磁的反射和屏蔽材料等的应用。随着经济的发展，铝箔的应用范围日趋广泛，消费市场进一步拓宽，消费量也日益增加。

A 铝箔的生产与消费

1930年，法国人古茨希（A. Goutschi）用二辊轧机平张叠轧法，轧得厚0.05mm的铝箔，这是世界上第一批工业生产的铝箔。1931年瑞士人纳欧（R. V. Neher）与德国施密茨（A. Schmitz）机器厂合作，采用装有前后卷取机的二辊轧机成功地轧制出了窄幅的成卷铝箔。铝箔生产从此走上工业化的快速发展道路。

自铝箔工业化生产以来，世界各国的铝箔工业发展很快。国外工业发达国家的大多数企业基本上相继完成了规模化、大型化、连续化、自动化和高效化的过程，并不断向其纵深方向发展。目前全世界铝箔产量约为350万t，约占世界铝材总产量的10%左右。产量最高的美国，2004 年高达 70 万 t，其次是中国 37.97 万 t，日本 20 万 t，韩国 15.5 万 t，意大利 4.7 万 t。

目前，铝箔的消费已深入到人们日常生活的各个领域，消费量的多少已成为衡量一个国家经济发展和人民生活水平高低的一个重要标志。由于世界各国经济发展程度不同，人均铝箔消费量也有很大差异。统计表明，全世界每人每年平均消费铝箔约为 0.25kg 左右，美国消费量最高，约 2.05kg，日本约 0.7kg，意大利约 1.6kg，英国约 1.35kg，中国约 0.16kg。

部分国家 2001 年铝箔人均消费量见表 2-2-1。

表 2-2-1　部分国家 2001 年铝箔人均消费量　（kg/（人·a））

国　别	铝箔消费	国　别	铝箔消费
美　国	2.05	意大利	1.8
日　本	0.70	英　国	1.5
中　国	0.16	世界平均	0.3

从铝箔的消费结构分析，在西方发达国家铝箔的最大消费市场是食品及日用品的包装，其次是电力及电子行业。如美国每年在食品及日用品的包装所用的铝箔就占全部铝箔消费量的 70% 以上，在日本用于食品及日用品的包装方面的铝箔也占总耗量的 30% 左右。

美国、德国、英国、日本是铝箔最主要的进出口国家。2000 年全世界的贸易量达到 110 万 t，其中出口 60 万 t，进口 50 万 t，净出口约 10 万 t。大部分发达国家都已成为铝箔的净出口国家，法国和中国是最大的铝箔净进口国家。而即使铝箔生产量和出口量都很大的国家，实际贸易中也有大量进口，如德国 2001 年出口铝箔 20.4 万 t，进口也达 8.9 万 t。2001 年部分国家铝箔进出口贸易统计见表 2-2-2。

表 2-2-2　2001 年部分国家铝箔进出口贸易统计　（万 t）

序　号	国　家	进口量	出口量	净进口
1	美　国	8.9	6.04	2.8
2	法　国	9.02	0.024	8.99
3	德　国	8.97	20.49	-11.52
4	英　国	3.98	2.24	1.74
5	日　本	0.067	6.42	-6.35

铝箔的进出口贸易不仅限于发达国家，在其他国家和地区十分活跃，只是多以进口为主。从地理位置来说，中国的香港、澳门、台湾及东南亚地区是中国铝箔出口的重点地区。这些地区的轻工包装业比较发达，铝箔需求量很大。年铝箔消费量约$(6\sim7)\times10^4$t。但这些地区的铝箔生产能力较小，自给能力差。从整个亚洲地区来看，除日本、韩国近年来大量出口铝箔外，东南亚各国及中国都是铝箔净进口国。在进口的铝箔中绝大部分来自日本，少量来自美国、韩国和澳大利亚等国。因此只要企业生产出质优价廉的产品，并及时掌握国际市场铝箔的动态，建立外销渠道，是能够跻身于国际市场的。

B　中国铝箔工业简况

中国的铝箔工业，因战乱及旧中国工业基础薄弱等诸多因素，起步较晚，起点较低，发展停滞。从 1932~1960 年期间仅处于起步阶段，在 1961~1979 年期间则处于自力更生建设小铝箔厂的阶段；到了1980年以后，中国的铝箔工业才真正走上了高速发展的道路，并向铝箔大国迈进；从2000年至预计的2010年期间，中国的铝箔工业将在以结构调整为主线的调整中，向铝箔强国的方向高速前进。

目前中国铝箔生产能力为49.3万t/a，2002年产量为32.5万t。全国拟建和在建项目（宽度1000mm以上）的铝箔轧机共8台，生产能力约50万t左右。预计到2010年中国铝箔产量可达到75万t，从而超过美国成为世界第一大铝箔生产大国。

调查表明，占现有生产能力近25%的小二辊和小四辊轧机生产的产品，无论从宽度、厚度、长度和尺寸公差等各个方面都不能满足铝箔深加工机械不断提高的高速化、自动化、连续化以及用户对铝箔厚度趋于更薄的要求，这类设备的市场覆盖面越来越窄，很多企业处于停产或半停产的状态。根据这种形势，国家已下文淘汰这类设备，随着时间的推移，这部分设备最终将被淘汰。另外，由于装备水平、技术水平、管理水平等各方面的原因，很多铝箔生产企业，甚至引进国际先进的铝箔轧机的企业，至今仍不能大批量、稳定地生产。据统计。2002年我国铝箔的产量为32.5万t，占我国铝加工材生产总量的7%。中国铝加工材产量结构如图2-2-2所示。

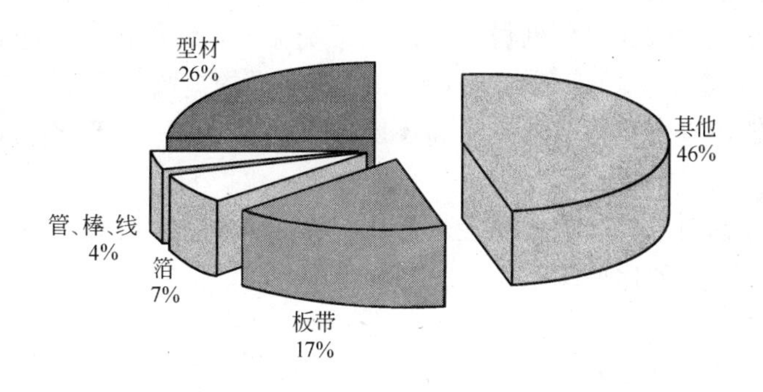

图2-2-2 中国铝加工材产量结构

铝箔一直是中国铝材消费的短缺品种，由于消费的结构变化和消费水平的不断提高，国内铝箔市场始终未能改变供不应求的局面，使得中国每年不得不花费大量外汇进口铝箔。

“六五”、“七五”十年间国内共生产铝箔9万t，进口高达2万t，出口只有0.27万t。平均自给率仅33%，“八五”期间自给率也仅为60%左右。近几年来，由于可调空调箔、电缆箔等厚规格铝箔需求的大量增加，使得国内铝箔自给率有所提高，但薄规格铝箔，仍在大量进口，进口量仍然维持在3万t/a左右的水平，其中双零箔的进口量占50%以上，也就是说国内薄规格铝箔产量和质量远不能满足消费需求。

1995～2001年中国铝箔产量和进出口量统计见表2-2-3。

表2-2-3 1995～2001年中国铝箔产量和进出口量统计 （万t）

年　份	1995	1996	1997	1998	1999	2000	2001
产　量	9.07	10.58	11.75	14.57	17.01	24.19	29.09
进　口	2.75	2.53	2.12	2.8	4.73	4.88	1.25
出　口	0.51	0.48	0.48	1.88	2.08	2.203	2.25

2002 年中国人均消费箔材的数量仅有 0.16kg/a 左右，不足世界人均水平的 1/2，是美国的 1/20，日本的 1/11，意大利等欧洲发达国家的 1/15 左右。由此可见，中国铝箔消费水平与世界发达国家相比，还有很大的差距，与现在的世界平均消费水平也至少相差一倍，因此仍有巨大的发展潜力，将成为今后快速发展的铝材品种。随着中国国民经济发展和人民生活水平的提高，对铝箔的消费水平必将有新的提高，增长趋势非常明显。

铝板带箔材是铝材的重要品种，广泛应用在国民经济的各个部门和人们的日常生活当中，其消费量与国民经济的发展速度和发展水平息息相关，同时也存在其自身的变化规律。据预测，2010 年铝箔产量将达到 75×10^4t。

铝箔的消费结构随各国的经济发展而异，这与国民经济的发展及人民生活水平密切相关。双零铝箔主要用于香烟包装、电力电容器和其他包装行业，中国是一个香烟生产和消费大国，近年来香烟产量均在 3400 万大箱之上。由于人们健康意识的增强以及受外烟的冲击，中国烟草的产量增长不快，年均增长率仅为 1% 左右，按此速度计算，2010 年香烟将为 3870 万大箱。根据国家烟草总公司的生产发展计划，在总产量不大增的情况下，重点发展精装烟生产。按照香烟产量推算 2010 年卷烟行业需铝箔为 3.52×10^4t。

软包装也是铝箔消费较大的市场，如复合软包装、糖果包装、牙膏包装、利乐包、封盖等。在人们的日常生活中几乎随处可见。前几年统计，全国仅各类引进的蒸煮袋、果汁软包装生产线就有 60 多条。随着经济的发展和生活水平的提高，铝箔复合及涂层包装材料会越来越普及，软包装行业铝箔消费量将不断提高。预计 2010 年软包装行业铝箔消费将达到 1.9×10^4t 左右。

目前中国对双零铝箔的年总需求量在 7×10^4t 左右，且需求量有不断上升之势，尤其是高档包装用双零箔，占的比例越来越大。估计 2010 年双零铝箔的需求量将达到 12×10^4t 左右。

由于双零箔生产技术含量要求高，国内目前能够稳定生产的只有厦顺铝箔公司、江苏丹阳铝箔厂、华北铝加工厂、西北铝加工厂、华西铝箔厂、石家庄铝厂等少数企业，而真正达到满负荷生产的只有厦顺铝箔公司和丹阳铝箔厂。据不完全统计，目前双零箔的实际产量约 4×10^4t/a，而且宽幅产品很少，远远满足不了国内市场的需求，这也是铝箔进口量不为增大的主要原因。

C　云南省铝箔工业简况

云南省是香烟生产大省，香烟产量约 600 万大箱/a，占全国的 20% 以上，每年香烟包装用铝箔的需求量高达 9000t。除了香烟的包装需要铝箔以外，云南省的茶叶、食品、药品、餐饮、建筑等等也需要大量的铝箔。但在 1990 年以前，云南省的铝箔工业几乎为空白，所需的铝箔全部是从国外或省外购进。

在 20 世纪 80 年代末期，由云南省冶金和云南省烟草共同出资（前者 51%，后者 49%），于 1988 年组建了云南省的第一个铝箔压延加工厂——云南铝加工厂。从此，云南省结束了没有铝箔工业的历史。

云南铝加工厂建厂时，正赶上中国铝箔工业飞速发展的时期。云南铝加工厂从 1988 年筹建到 1990 年出产品时，用了两年左右的时间。遗憾的是，原云南铝加工厂因资金建制及对铝箔工业加工工艺难度的认识不足，导致在设备的配置上存在许多先天不足的地方，甚至是致命的缺陷。建厂后只能生产少量的 0.01mm 以上的厚铝箔，却根本不能生产云南省卷烟包装所用的厚0.006～0.007mm的铝箔，这是与原建厂时的初衷不相符的，与所投入的资金不足和设备应该产生的经济效益也是不相符的。为了减少亏损，云南铝加工厂只能生产经济价值较低的、国内许多普通加工厂都能生产的铝板、铝带、铝卷等产品。

在这样的背景下，为了走出困境，云南铝加工厂与美国的Alumax公司与1996年进行了合资成立了云南新美铝箔有限公司。试图在云南铝加工厂原进口设备的基础上，加上美方的资金、美方的技术、部分美方配套的设备和美方先进的管理，使合资公司铝箔的产量能达到年产双零箔（厚0.006～0.007mm铝箔）8000t的水平。

合资改造工程从1996年6月开始，于1998年下半年建成投产，设备配置、工艺制定以及生产管理完全由控股方——美方主持。但由于种种原因，尽管公司送出了大批人员到美国去培训，美方也派出了大批的专家到合资公司来亲自指导，但双零箔的轧制工艺还是一直得不到突破，产量仍然较低，月产量仅达到20～30t左右，离原来设计的370t/月（8000t/a）的产量，差距实在是太大了。企业在这样的情况下，不得不以原来的生产套路去生产板、带、卷等普通产品，导致企业长期处于亏损状态，累计亏损额已接近2亿元人民币。

在此期间Alumax国际公司被世界铝业霸主美国铝业公司（Alcoa）所兼并，美方的股东由原来的国际公司Alumax变为Alcoa。

2000年7月在美方撤出管理人员，企业完全交由中方管理后，经过全厂上下的努力，多次组织双零箔的生产工艺技术攻关，取得了一定的成果。在2002年中，双零箔的产量已经能稳定在200t/月左右，到2003年，已经能稳定地保持在250t/月以上的产量。

2.2 铝合金生产

2.2.1 概述

铝合金是航空和航天飞行器的主要结构材料。近年来，在汽车、电子以及民用也得到越来越广泛的应用。铝合金一般按加工方式分为变形铝合金和铸造铝合金。此外，用粉末冶金方法也可制成半成品或直接制成零件。

加入变形铝合金中的合金元素基本上可分为两类。一类是固溶度较大且固溶度随温度变化也大，因而可用固溶处理后时效产生较大的沉淀强化效果，如Cu、Mg、Zn等，另一类主要是过渡元素，如Cr、Ti、Zr、Mn、Fe、Ni、V等，因固溶度小，与铝形成金属间化合物，弥散质点在传统变形铝合金中主要起控制晶粒长大的作用，这类合金元素在新型铝合金的发展中起着重要的作用。

铸造铝合金的主要元素为Si、Cu、Mg、Zn以及稀土等，以硅为主要合金元素的铸造铝合金由于存在大量Al-Si共晶体而具有很好的流动性。此外，这类合金的抗蚀性和焊接性均较好。但由于硬的Si质点而难以机械加工。一般工业合金为亚共晶和共晶成分，需进行变质处理以细化组织。在Al-Si系中加入Mg和Cu可使强度明显提高。如356合金（Al-7Si-0.3Mg）通过Mg2Si的沉淀作用产生较大的时效强化，在飞机和汽车工业中有广泛的应用。

Al-Cu系合金具有高的强度和耐热性，加入过渡元素可进一步提高耐热性。如多年来用于柴油机活塞和飞机发动机气冷汽缸头的242合金（Al-4Cu-2Ni-1.5Mg）。加入少量Ag可使时效化效果明显提高，发展了201.0合金（Al-4.7Cu-0.7Ag-0.35Mg）。加入稀土元素能使耐热性进一步提高。

Al-Mg系铸造铝合金具有高的拉伸性能、抗蚀性和良好的切削加工性能，但其铸造性能较差。Al-Zn系合金可不用热处理，但其抗蚀性差、密度高、铸造热裂倾向大，故应用较少。

铸造铝合金目前向着高强、耐高温以及耐磨等方向发展。提高原材料纯度，复杂合金化，改进热处理工艺，采用优质熔铸技术等均为提高铸造铝合金性能的重要手段。

2.2.2　铝-硅合金

Al-Si合金由于其良好的力学性能和优良的铸造性能在工业中得到广泛的应用。Al-Si合金具有质量轻、导热性好的特点，特别适合于制造汽车发动机零件，如汽缸体、汽缸盖、发动机活塞等。但Al-Si合金随Si含量的提高，组织中共晶体数量随之增加，组织中出现大量针片状共晶Si，甚至出现粗大多角形块状初晶Si，严重割裂合金基体，使合金变脆，力学性能特别是塑性显著降低，切削加工性能恶化。因此，当Al-Si合金中Si含量超过6%时，必须进行变质处理才能使用。目前随着变质技术的不断发展，已经开发了许多新的变质元素和新的变质处理方法，为Al-Si合金的进一步广泛使用奠定了基础。

Al-Si合金的变质元素情况如下：

（1）钠变质：最早采用金属Na对Al-Si合金共晶和亚共晶进行变质处理，由于Na的沸点低（880℃），性质活泼，处理时将引起铝液的沸腾和飞溅，且Na密度低，容易产生密度偏析，此工艺以逐渐被钠盐变质代替。目前生产中多采用NaF的多元（一般为三元或四元）混合物变质剂，此方法没有变质潜伏期，且对铸件壁厚不敏感，加入量为2%左右，加入过多会有过变质现象，变质温度为720～740℃之间，此法变质效果良好。但钠变质有效时间很短，一般只有30～60min，给小件生产带来不便，也不适合大批量连续生产。此外钠变质对坩埚、熔具等设备腐蚀非常严重，处理时产生大量有毒气体污染环境。尽管如此，由于此法成本低，使用方便，因此目前仍是国内普遍采用的变质方法。

（2）锶变质：近年来，国外Sr变质技术发展很快，在工业上得到普遍应用。国内对Sr变质的研究较多，但应用相对较少。Sr是一种长效变质剂，其变质作用有效时间可达6～8h，可以反复重熔，无腐蚀作用，是一种应用前景较好的变质剂。Sr可以用纯Sr或Al-Sr中间合金形式加入，中间合金Sr含量一般为3%～10%，加入量仅需0.02%～0.06%。国内已有厂家用此合金成功生产了ZL104合金缸体和缸盖。纯Sr价格较贵，应用推广受到限制。为降低成本，人们开始寻求以成本较低的Sr盐来替代，并已取得一定效果。国内已研制成功（50% $SrCl_2$ +50% NaF）混合盐，加入量为1%，变质效果良好。

（3）锑变质：Sb变质一般仅适用于亚共晶Al-Sr合金。Sb是一种长效变质剂，可在变质100h内不衰退，多次重熔不失效，且无变质潜伏期，不腐蚀坩埚、熔具及厂房、设备，不产生公害，操作也方便。我国Sb资源丰富，价格便宜。但Sb变质有一很大缺点，即对冷却速度十分敏感，对于砂型铸件和壁厚相差大的铸件就很难达到稳定的变质效果，故一般在金属型铸造中才使用，尤其适用于长时间浇注的场合。Sb的熔点为630℃，密度为6.67g/cm^3，直接加入铝液中将生成熔点高达1100℃的AlSb，并将冻结在坩埚底部，故通常是以含Sb4%～8%左右的Al-Sb中间合金形式加入。Sb的加入量为0.2%～0.4%、变质温度为720～740℃，变质时应注意加强搅拌，以防止产生密度偏析，回炉料不能与P变质回炉料混杂，否则变质作用相互抵消。

（4）碲变质：Te变质机理与Sb相似，也是一种长效变质剂，其变质有效期在8h以上。从变质效果上要比Sb强。Te不腐蚀坩埚及厂房设备，操作方便。Te变质对冷却速度也有一定敏感性，适用于金属型铸造或压力铸造。Te可以以纯Te方式用钟罩压入铝液，其加入量为0.05%～0.1%，变质温度为700～720℃，有约40min的变质潜伏期，由于Te资源比Sb少，变质成本较高，因而应用远没有Sb变质广泛。

（5）稀土变质：近年来，Re（稀土）对Al-Si合金变质作用研究的报道很多，但对其变质作用的认识有较大的分歧，有的认为效果很好，也有的认为作用很小，分歧的原因可能有两个：一是加入方法不同，二是变质处理工艺条件（如变质温度，冷却条件）不一致。Re中起主要变质作用的元素是La、Ce、Y等，Y最强，其次La为最强，再次为Ce，Y仅在冷却速度较快时有较好效果，工业上应用的多为富La、Ce或富Y的混合稀土，变质的有效时间4h以上，重熔多次仍有变质效果。混合稀土容易氧化，一般可制成含Re10%左右的Al-Re中间合金加入铝液，加入量为0.8%～1.2%，变质温度为740～760℃。近来又有以稀土盐形式加入进行变质处理的报道，如加入稀土盐或氯化稀土来变质共晶合金。还有的加入碳酸稀土$Re(CO_3)_3$对ZL102进行变质，加入量为0.4%～0.6%，得到满意的变质组织。Re除变质作用外，微量Re元素熔入α-Al中还能起固溶强化作用，Re与合金中氢生成Re_mH_n，减少铸件针孔，从而综合提高合金性能，基于我国稀土资源十分丰富，值得进一步深入地研究以便大力推广使用，这是今后研究的一个重点。

（6）复合变质：复合变质首先应考虑元素之间的相互作用，有一些变质元素作用相互弥补或相互促进，使变质效果增加。而有一些元素间有明显的相互干扰作用，从而使变质效果相互抵消或削弱。研究表明，Na与Sr、Sb与Te、Re与Sr之间的变质作用能够相互迭加，其中Sr与Na的复合变质可以解决单一Sr变质的有效期较短及单一Sr变质存在潜伏期的问题。我们曾用钠锶复合盐对Al-12.5%Si合金进行变质处理，加入量为1.5%，变质温度为730～740℃，结果基本消除了潜伏期，有效期可持续4h以上，重熔3次仍有变质效果。Sb与Te、Re与Sr复合加入时，获得相同变质效果时的加入量可比单一元素时大为减少，如在ZL102合金中加入0.1%～0.5%Re和0.1%～0.15%Sb便可获得良好变质效果，仅为单独使用Re或Sb的1/10或1/6。而Na与Sb不能复合使用，因为两元素间常形成熔点为856℃的Na_3Sb，Na与Sb明显地抵消对方的变质效果。试验表明，Na、Sb复合加入铝硅合金进行变质后其力学性能均低于单独加入Na或单独加入Sb者，尤以塑性指标下降更甚。

2.2.3 铝锂合金

锂作为主要添加元素之一的铝合金是半个多世纪以来铝合金领域里的最重要的发展。

Al-Li 系合金具有低密度、高弹性模量、高强度和很好的综合物理性能。与一般铝合金相比，在强度相当的情况下，密度降低 10%，弹性模量提高 10%。因此 Al-Li 系合金用作结构材料，有很大技术经济意义。

2.2.3.1　特性和发展

锂是自然界最轻的金属，密度 0.54g/cm^3，熔点 180.54℃，研究表明，每添加 1wt% Li 于铝，能降低合金密度 3%，提高弹性模量 6%，是添加其他元素，包括轻金属元素 Be、Mg 所不及的。

由于锂的密度非常小，在铝中的溶解度高，很早就把它看作是铝合金的一种引人注目的合金化元素。1924 年，德国研制出添加少量锂的 Scleron 合金（Al-12Zn-3Cu-0.6Mn-0.1Li），用作铸件或型材。后来由于生产工艺简单的杜拉明铝合金（Al-4.3Cu-0.5Mg-0.6Mn）兴起，使含锌量很高、密度大的 Scleron 合金没有得到发展。1941 年美国 Alcoa 铝业公司的 Le Baron 在系统地做了铝合金添加锂试验后、提出 Al-Cu-Li-X 合金专利。将一种含锂量达到 1wt%、添加少量强化元素镉的合金（Al-4.5Cu-1.0Li-0.8Mn-0.15Cd）轧制成薄板，固溶时效后得到较好机械性能。但由于 1943 年研制成 7075 高强合金（Al-Zn-Mg-Cu 系），使 Le Baron 提出的 Al-Li 和 Al-Cu-Li 合金的时效深沉过程研究结果，以及随后 Silcock 发现在序亚稳相 δ'（Al_3Li），推动了 Al-Cu-Li 系合金的进一步研究。1957 年 Alcoa 宣布研制成商品化的合金 X2020（Al-4.5Cu-1.1Li-0.5Mn-0.2Cd），固溶时效后性能达到：$\sigma_b=575MPa$；$\sigma_y=531MPa$；$\delta=3\%$；$E=77.2GPa$；$\rho=2.71g/cm^3$。到 1958 年 X2020 合金用于美国海军 RA-5CVigilante 飞机的机翼蒙皮和水平安定面。

20 世纪 60 年代，原苏联也先后研制成低密度 01420 合金（Al-5Mg-2Li-0.5Mn）和 BAд23 合金（成分与 X2020 类似），并用于米格战斗机和超音速客机图 144 等。

随着断裂力学的进展，指出 X2020 合金的低伸长率和高缺口敏感性，容易使结构产生应力集中而引起疲劳破坏；加上生产工艺上的困难，使 Alcoa 公司在 1969 年停止了该合金生产，1974 年撤销该牌号。

从 1924 年到 1974 年的半个世纪，Al-Li 合金走过了自身发展历史的第一阶段。其主要成就是：研究并生产出含 1wt% Li 的工业 Al-Li 合金，实现在航空飞机上的应用；同时认识到必须改善 Al-Li 合金的断裂性和耐损伤特性。

2.2.3.2　生产方法

铝锂铸造合金和变形合金都有很大的使用价值。但因 Li 的活性大，易氧化形成夹杂物；以及合金流动性差，热（冷）裂倾向大等原因。除了若干中强合金的砂型铸造和溶模铸造正在开发外，其他铸件铸造合金研究不多。各国主要力量集中于 Al-Li 系变形合金的开发，主要单位和国家有：美国的 Alcoa、英国的 Alcan、法国的 Pechiney 三大公司和前苏联。研究和生产集中于有很好强度和韧、塑性能 Al-Li-Cu 的和 Al-Li-Cu-Mg 两大合金系。

A　铸锭冶金法（Ingot Metallurgy，IM 法）

基本上沿用传统铝合金生产工艺，成本低，获得的锭坯尺寸大，是 Al-Li 合金的主要生产方法。

锂的活性大，在大气气氛下熔炼必须采用氟化盐和氯化盐用覆盖剂，配合选用耐蚀的炉衬材料。现代新 Al-Li 合金熔炼炉大多采用密闭式，在惰性气体（Ar 或 He）保护下，快速感应加热熔炼。投资较大，但从根本上提高了铸锭质量。

为减少低熔点碱金属杂质（Na、K、Rb、Cs），采用高纯锂金属作原料，在熔炼时经预热后压入合金溶液。新开发的用熔融盐（LiCl + KCl）直接电解制取的 Al-Li 母合金（Li = 15wt% ~20wt%，$Na < 5 \times 10^{-6}$）替代高纯锂加入，比较经济。母合金的技术关键在于提高锂含量和降低杂质。

Al-Li 合金导热性差，热（冷）裂倾向大，要严格控制锭坯铸造工艺。一种与真空感应熔炼过程（VIDP）相结合的、在密闭保护气氛下的多锭模铸坯系统正在用于铸造 Al-Li 合金的非连续锭坯。同样可以采用半连续和连续铸造技术生产大型 Al-Li 合金锭坯。Alcoa 公司用容量 28t 的熔炼炉，铸得单重的连铸坯，能提供直径 450mm 圆锭和 450mm × 1300mm 扁锭。

Al-Li 合金连续铸造时，液态金属与水接触容易发生爆炸，其爆炸能量与合金的含锂量成指数关系上升。Alcoa 的 John 发明用乙烯乙二醇作为铸锭冷却剂，可防止爆炸危险。乙烯乙二醇有很强的淬火能力，蒸气毒性小，可通过回收系统循环使用。

Al-Li 合金的废料回收比较困难，但它对降低合金成本有直接影响。大块废料可通过分离，将 Al、Li 金属返回使用；也可将它做成较低品位的合金使用。西欧研制成一种“气锁”炉，能处理废料而不影响合金质量。

Al-Li 合金可以采用常规设备和工艺进行压力加工、热处理、机加工、化学铣蚀、表面涂层和阳极氧化处理等。但在热处理时，Al-Li 合金表面会出现“失锂”现象，形成多孔表面、δ'相析出不匀和 PFZ 增宽。这使合金的表面硬度、力学性能和电阻下降，出现局部再结晶，给薄壁部件造成质量事故。通过控制热处理气氛，部件表面处理，或往合金中添加稀土元素等措施能防止表面失锂。

B 粉末冶金法（Power Metallurgy，PM 法）

尽管 Li 在铝中有较大的溶解度，但采用 IM 法，合金实际可以达到的 Li 含量不超过 3wt%。美国 MIT 的 Grant 等人提出采用急冷快速凝固（RS）制粉的 Al-Li 合金 PM 法。合金粉末的冷却速度达到 $10^3 \sim 10^6$K/s，可大大提高合金元素的溶解度，细化晶粒和第二相质点，减少偏析，改善合金性能。但 PM 法成本高、产量低、制品尺寸小，在制粉过程中要有严格的安全措施。

气体雾化是常用的制粉方法。根据喷雾速度和气氛不同，分超声雾化、气体雾化、真空雾化等。成型工艺与通常 PM 法相同，即：制粉→压实→除气→成材（挤、轧、锻）。这一工艺流程长，粉末易于氧化，对合金性能不利。采用粉末直接成型工艺，如直接从熔体急冷成型的液态动力压实（LDC）或喷射成型，能减少粉末氧化和污染，简化成型工艺。但直接成型还需研究解决金属冷却速度的提高和控制技术，以全面改善制品性能。

机械合金化或熔体在旋转辊上急冷成带的甩带法，均可用于合金，各有特点。

2.2.4 Al-RE 合金

稀土金属加入到铝或铝的合金后形成一种比纯铝具有更优良特性的合金材料，人们通常称为稀土铝合金。稀土元素具有很多独特的性质，添加少量的稀土元素能极大地影响材料的组织与性能。目前国际上把稀土元素誉为新技术革命的战略元素、新材料的宝库，稀土元素在铝及其合金中具有很多的积极作用，主要表现在 3 个方面：（1）变质作用；加入适量稀土元素能够有效减少铝合金的枝晶间距，细化铸态晶粒。（2）净化作用；由于稀土元素具有很高的化学活性，与 H_2、Fe、S 等杂质元素具有很强的化学亲和力，可以与各种杂质元素形成化合物，因而能消除 H_2、Fe、S 和过剩游离态 Si 等有害杂质的影响。（3）微合金化作用；稀土元素与铝及其合金元素能发生微合金化作用对铝合金能起到一定的改性作用。

稀土铝合金的研制在国外始于 20 世纪 30 年代，在第一次世界大战期间，德国就生产了 4 种稀土铝合金，用于制造飞机发动机和内燃机的复杂零件、汽缸、活塞等。目前，英国、美国、俄罗斯、日本等国的稀土铝合金均已标准化生产。我国稀土铝合金的研制和生产起步于 20 世纪 60 年代初，近十年来发展速度很快，产量逐步增加，每年平均以 10% 左右的速度增长，稀土铝合金的产量已接近全国铝产量的 1/4，而且其用途越来越广。

2.2.4.1　稀土铝合金的应用

稀土在铝及铝合金中的应用相当广泛，使用稀土做合金添加剂和混合稀土金属相比烧损率大大下降，不仅降低了成本，而且使稀土在合金中的含量增高。使用稀土铝合金的材料，其性能优越，一般可使其耐磨、抗蚀、机械强度及其伸长率等都有较大提高。如加入 0.15% ~0.25% 稀土的铝导线，其电导率可提高 1% ~3%，达到并超过国际电工委员会的标准。用稀土铝合金生产的钢芯铝绞线，耐振性显著增强，振动 3000 万次未发现有疲劳断股。因为稀土铝合金性能优越，用途广泛，所以研究生产稀土铝合金是目前一个很重要的热门课题。

由于铝及其合金中加入稀土金属后能显著的改善其耐热性，可塑性及锻压性，还能提高硬度，增加强度和韧性，使稀土铝合金成为一种性质优良、用途广泛的新型材料。主要用于以下几个方面。

A　用于机械制造业

在 ZJ104 铸造铝合金中加入不同量稀土金属后，使合金抗拉强度由 2.6×10^6 Pa 增加到 3.0×10^8 Pa 布氏硬度（HB）由 114 增加到 123，高温强度（300℃时）提高 16%，因而被广泛应用于发动机的缸体、缸盖、曲轴、轴承盖等的铸造中，而且能大大提高产品的合格率，据统计表明，原用 AJ104 合金铸造发动机缸盖时，由于疏松、微孔、气孔、针孔、夹渣等导致废品率为 8% ~10%，而加入稀土后废品率仅为 2% 左右。又如在铸造三轮摩托车发动机时使用了稀土铝合金，使产品的合格率，由原来的 30% 左右提高到了 85% 左右。

B　用作电工铝

由于中国铝土矿含硅量高，因而中国生产的电解铝一般含硅量均在 0.1% 以上，比国外的电解铝（Si 含量为 0.08%）含硅量高，影响了铝的性能，不能用作电工用铝。中国广大科研工作者努力攻关，开展了稀土铝导线的研究和试生产，在铝中加入适量的稀土金属后性能大大改观，抗拉强度达到 11.0×10^7 Pa，屈服强度 6.9×10^7 Pa，最小伸长率 10%，电阻率为 $0.0290mm^2/m$。260℃ 达到 $0.0282\ mm^2/m$。20℃时，挤压和拉拔性能较好，可以顺利地拉到 24 级，而一般铝镁合金只能拉到 17 级。故稀土铝合金可用作电工铝，用稀土铝合金生产的钢芯铝绞线，耐振性显著增强，振动 3000 万次以上均未发现有疲劳断股。

C 用于电子工业

用稀土铝合金生产的金属铝箔由于稀土的作用使合金基体得到了强化，其平均比容较纯铝箔提高 32%，机械强度提高 14.3% ~42.8%，伸长率提高 25% ~50%，用在 10V 4~10F 电容器上，体积缩小了 2 个壳号，质量减轻 47%。因此，稀土铝箔是一种生产电子元器件较为理想的材料。

D 用于航空航天工业

稀土铝合金可作航空航天高温合金。由美国空军材料室发起，阿尔考技术中心研制成功的 Al-8Fe-4Ce 合金具有十分优良的性能，该合金锻件与同样温度和变形量条件下锻造的其他合金比，它表面裂纹最小，在 234.6℃或 345.4℃下暴露 1000h 后的高温屈服强度最高。锻造的 Al-8Fe-4Ce 合金室温抗拉强度为 5.7×10^8Pa；屈服强度为 4.5×10^8Pa。在 233.6℃暴露 1000h 后测定该温度下的屈服强度为 3.3×10^8Pa。该合金还具有优良的抗蠕变性能和抗应力腐蚀开裂性能，有适应各种环境的能力。

稀土铝合金还可以用作航空航天工业的高强度合金材料；最近，日本东北大学金属材料研究所的专家研制成一种高强度和耐腐蚀的优异的非晶体铝合金。这种合金用 70% 的铝加入一定量的钇、镧和镍等金属制成，其强度比目前飞机上大量应用的杜拉铝大 1 倍，耐腐蚀性是杜拉铝的 100 倍，而且密度更小。

E 用作新材料镀层

20 世纪 80 年代初比利时和美国共同研制出含锌 50% 的铝稀土混合金属镀层钢板，是一种最新镀层钢板，表面非常光滑、镀层质量比普通热镀锌镀层质量降低 5% ~7%。具有较高的抗化学腐蚀性能和冲压性能，有优异的加工性能，适合于小角度弯曲和深冲加工，而不会丧失镀层附着力，加工时产生裂纹的倾向性很小。适用于制造汽车“内罩”部件，如滤油罩、前照灯支架、电传动装置的罩子等，还可用于窗框部件，洗碗机外壳、车库门、房间隔板、预制和建筑面板等。

F 用于民用铝制品工业

由于稀土金属化学活性强及有较强的吸氢能力，加入到铝及铝合金后能大大提高其强度，硬度、韧性，还会使表面氧化膜结构发生变化，从而使产品表面光亮、美观，提高了产品的耐腐蚀性能。稀土铝合金与纯铝比较，屈服强度提高 29% ~64%；抗拉强度提高 8% ~11%；硬度提高 6% ~12%；伸长率提高 1.8% ~3.7%；耐腐蚀性能提高 1.4 倍：一级品率提高 15%。目前中国广泛应用于制造洗衣机内缸、高压饭锅、饭盒、菜盒、食品盒等。

G 稀土铝合金用作铝窗纱

稀土铝合金窗纱与一般的铝镁窗纱比较具有以下优点：（1）强度高，0.25 mm 编织窗纱线经试验，稀土铝合金线抗拉强度最高可达 5.0×10^8Pa，比国内铝镁合金线高 4.9×10^7Pa ~ 1.5×10^8Pa，比美国铝镁窗线纱平均高 2.9×10^7Pa；（2）耐腐蚀能力强，在 50℃ ±10℃食盐溶液中浸泡 2h 后称重，铁窗纱失重 0.38%，铝镁窗纱失重 0.13%，稀土铝窗纱则几乎不失重；（3）白亮度高，在同样抛光条件下，用 BO—2 型白度计测量，稀土铝窗纱比铝镁窗纱的平均白度要高 2 ~4 度。

H 用作豪华型建筑型材

随着国民经济的发展，人民生活水平的提高，变形铝合金 6063 已广泛用于建筑装潢、交通行业及房地产开发，越来越受到人们的青睐，特别是稀土6063铝合金比纯6063合金更好，挤压成品率可由77%提高到82%；挤压温度由450℃降到430℃左右；挤压速度由0.005m/s提高到0.006～0.007m/s，而且氧化膜厚度由12.6μm增加到15.5μm，耐腐蚀能力提高；色泽均匀；光亮度明显提高，格外美观大方，是办公室、写字楼、宾馆、歌舞厅等装修不可缺少的材料。

2.2.4.2　稀土铝合金的制备方法

稀土在铝合金及其他合金中多以微量元素加入，由于稀土具有很高的化学活性，且熔点较高，高温下易氧化和烧损，所以给稀土铝合金的制备和应用研究造成了一定的困难。在长期的研究中，人们不断探索稀土铝合金的制备方法。目前制备稀土铝合金的生产方法主要有以下3种。

A　混熔法

混熔法亦称对掺法，是将稀土或混合稀土金属按比例加到高温铝液中，制得中间合金或应用合金。本法的优点是使用简单方便，合金成分含量稳定。缺点是稀土金属在铝液中容易局部过浓，容易发生包晶反应，产生夹杂物，稀土烧损大。另外制取工艺复杂，成本高，现在已很少采用这种工艺了。

B　熔盐电解法

熔盐电解法在中国发展比较快，是中国首创的方法。它是在电解铝时，向工业铝电解槽中加入稀土氧化物或稀土盐类，同氧化铝一起电解，以制取稀土铝合金，熔盐电解法制取稀土铝合金可通过如下两种途径：

（1）液态阴极法：因为稀土在铝合金中的应用是微量的，所以电解过程的铝液可为液态阴极，以稀土氧化物为原料，进行熔盐电解法，制取稀土铝合金。过去的方法是采用氯化钾-稀土氯化物体系制取含稀土20%以上的合金。在850～900℃电解，温度高，材料腐蚀及电解质挥发严重，电耗高，稀土回收率低于80%。戈尔德什捷因等研究了制取稀土铝合金的电解方法，他们在含La 1.9%（质量分数）的等摩尔氯化钾、氯化钠熔体中，以液铝为阴极在电位为－2.75～－2.77 V电解，得到含41%（质量分数）的La-Al合金。拉斯波平等在氯化物熔体中用0.18～0.22 Hz脉冲电流，在液铝阴极上电解制取稀土铝合金。由于提高了阴极的效率，故产率有所增加。近年来长春应用化学研究所研究了熔盐制取稀土铝合金的电化学及物理化学因素，提出了在等摩尔氯化钾、氯化钠熔体中，在较低温度（690～750℃）电解稀土氯化物制取含稀土10%（质量分数）的稀土铝合金的新工艺。研究表明，在750℃时稀土挥发损失比850℃时低1倍。在电解稀土氯化物过程中伴随有铝热还原作用发生，因而减少了高温下电解的不利因素，使得制取稀土铝合金的电流效率达90%以上，稀土回收率达90%。

（2）电解共析法：已经发展到了可以直接把稀土化合物加入工业铝电解槽里，用共析法电解氯化物熔体生产出稀土铝合金。电解的电流效率及金属收得率都比较高。其工艺条件为：KCl-NaCl（摩尔比1∶1）—$RECl_3$（稀土氯化物的质量分数为10%～50%）电解温度750～800℃，DKl—3A/cm^2，阴极为Al。

由于稀土氧化物及其氯化物在电解铝的工业槽中有一定的溶解度，所以在工业铝电解槽中直接加入稀土化合物，稀土和铝在电解过程中可以共析出，利用此方法生产稀土-铝合金，目前是最经济的方法。往工业铝电解槽中加入的稀土化合物有3种：碳酸盐（覆了氧化铝经一定时间后分解为 3 价稀土氧化物和氧化铝一起进入熔体)；REOCl（把 $RECl_3 \cdot 6H_2O$ 在空气里脱水，破碎后在空气中水解，放在电解壳上和氧化铝一起加入槽内)；RE_2O_3直接加在电解壳上，然后和氧化铝一起进入槽内。使用 3 种不同的原料比较发现，用 RE_2O_3作原料，由于它在工业铝电解槽里溶解度小（2% ~3%)，因而对电解槽正常操作有一定影响，其效果没有加碳酸盐好，又由于 REOCl 有污染问题，所以目前一般用碳酸盐，因它不仅对铝电解槽操作无影响，而且价格比其他原料便宜。山东铝业公司和东北大学通过实验把 $RE_2(CO_3)_3$ 按一定比例加入铝电解槽侧插阳极中，因其对铝电解阳极反应有良好的催化作用，还可以降低因化学反应迟缓而引起的阳极过电压。直接生产的铝基稀土合金中稀土含量稳定在 0.3% 左右，$RE_2(CO_3)_3$ 实验率比向电解质中添加生产稀土合金的方法高 2%，方法属国内外首创。

上述工艺的共性是铝电解槽中加入这些稀土化合物后，不但对熔盐和铝的化学性质无不良影响，而且得到不同程度的改善，故可以在不改变铝电解工艺条件下进行稀土铝合金的生产。用电解法制取稀土铝合金，在工业化的电解槽里进行，目前已遍布全国大多数铝生产厂家，大量应用于生产。这种方法适用大量生产廉价的稀土铝合金或稀土铝合金中间合金。该方法的优点是电流效率高，工艺简单，成本低，稀土回收率高。但是用这种方法生产的合金成分难以控制且波动范围大，必要时须经混合炉混合。

C 铝热还原法

稀土铝合金也可用铝热还原法来制取，用铝直接在大气压下还原稀土氧化物为稀土金属从热力学上看是不可能的。但是若在过程中设法使稀土改变呈铝-稀土合金状态，并使 RE_2O_3和生成的反应产物 Al_2O_3溶解于低熔点的化合物熔体中，则因还原条件发生变化，还原反应有可能顺利进行。基于这一原理，在生产中曾经实践过多种铝热还原制取稀土铝合金的方案，现介绍主要的两种：

（1）以冰晶石为熔剂的铝热还原：以冰晶石为熔剂，在石墨坩埚中熔化铝的同时加入 RE_2O_3，在不断搅拌下进行铝的热还原可以产出稀土含量大于 10% 的稀土铝合金，稀土回收率可达 85% 以上。提高还原温度可以相应提高合金中的稀土含量，但温度高于 1100℃，冰晶石会发生分解，造成熔剂的大量损失，并产生有毒的 HF 气和黏性很大的渣，导致恶化环境，渣与合金分离困难，稀土回收率也降低。故用此法制备稀土铝合金，其稀土品位以约 10% 为宜，用此法生产稀土铝合金，铝的过热烧损比较严重，这是其最大的缺点。

（2）在氯化物和氟化物熔体中的铝热还原：长春应用化学研究所提出了用碱金属氟化物为稀土氧化物的络合剂，以改变原料中稀土存在的状态；用碱金属氯化物为熔剂，以降低体系的熔点和改善其物理化学性质；在 740 ~850℃熔化铝的过程中直接加 RE_2O_3以制取稀土铝合金，炉渣可重复使用，稀土循环率可达 80% 以上。该方法的特点是由于采用了氟化物与氯化物的混合熔体，可使还原温度下降到 740 ~850℃，并起到了保护介质的作用，故可减少铝的烧损。此外用于还原的稀土化合物，既可以是氧化物，也可以是氢氧化物、氯氧化物或碳酸盐，因而还原工艺的适应性较强。此法还能通过调节原料的加入量来控制合金中稀土含量，稀土一次合金化的回收率可达 70% 以上。东北大学研究了在 2NaF、AlF_3-MqF_2-NaCl-Sm（Gd)$_2O_3$体系中，810℃下通过铝热还原法制得的含 Sm（Gd）2.0% ~5.45% 的 Al-Sm（Gd）合金，Sm（Gd)$_2O_3$回收率高达 90%。

铝热还原法的关键是熔剂的选择，熔剂的作用：一是降低体系的熔点，同时又能改变体系的物理化学性质，如降低表面张力和黏度等；二是起到络合剂的作用，使得在体系中的 RE^{3+} 和 Al^{3+} 与其发生络合反应，而前者是使稀土的存在状态发生改变，后者是离子被络合，降低体系的自由焓，使还原过程向所希望的方向进行。一旦稀土被还原，在大量液态铝存在下立即同铝形成合金，这种合金化作用要释放能量供给体系，以利于还原过程进行。

采用铝热还原法的优点是工艺简单，操作方便，不需要生产厂额外的设备投资和能源消耗，适用于铝加工厂大量生产稀土铝合金，此法由于避免了二次重熔造成的约 10% 的稀土烧损和减少了中间环节，生产成本明显降低，稀土一次合金化率可达 85% 以上。目前采用铝热还原制取稀土铝合金的生产企业已越来越多。

参 考 文 献

1　郑璇．我国解放前的铝箔工业．《经济情报》编辑部，铝箔，1982，1 ~ 2
2　王视堂．中国铝箔工业 66 年．1999 年全国铝箔生产技术交流论文集．中国有色金属加工工业协会轻金属分会．1999，1 ~ 7
3　王视堂．中国铝箔工业 70 年．2002 年全国铝箔技术与营销研讨会文集，2002，11
4　高瑾．云南新美铝箔生产线技术改造工程的研究．昆明理工大学工程硕士学位论文，2003
5　谢刚，王达健．冶金新材料．昆明：云南科技出版社，1997
6　路贵民，柯东杰．铝合金熔炼理论与工艺．沈阳：东北大学出版社，1999
7　罗启全．铝合金熔炼与铸造．广州：广东科技出版社，2002

3 镁

伍继君 昆明理工大学

3.1 概述

镁（化学符号为 Mg）是地球上储量最丰富的轻金属元素之一，在元素周期表中属ⅡA族。原子序数 12，相对原子质量是 24.305。化合价为 +2。

1808 年英国戴维（H. Davy）电解汞和氧化镁的混合物，制取镁汞齐，然后得到金属镁。1828 年法国布赛（A. Bussy）用钾还原熔融的氯化镁制得纯镁。1833 年英国法拉第（M. Faradav）电解熔融氯化镁制得纯镁。德国在 1886 年首先开始镁的工业生产，当时采用电解法。

纯镁呈银白色。由于它与氧有很大的亲和力，故其电子表面易被空气氧化。镁与冷水发生缓慢反应，但与热水和酸类发生强烈的反应，生成氢气和相应的镁化物。镁在无水氟酸中比较稳定，在其表面上生成一层氟化镁膜。镁与氢发生反应，生成氢化镁（MgH_2），故镁可用作贮氢介质。

镁的密度是 1.74g/cm^3，只有铝的 2/3、钛的 2/5、钢的 1/4；镁合金比铝合金轻 36%、比锌合金轻 73%、比钢轻 77%。镁具有比强度、比刚度高，导热导电性能好，并具有很好的电磁屏蔽、阻尼性、减振性、切削加工性以及加工成本低、加工能量仅为铝合金的 70% 和易于回收等优点。

镁合金的比强度高于铝合金和钢，略低于比强度最高的纤维增强塑料；比刚度与铝合金和钢相当，远高于纤维增强塑料；耐磨性能比低碳钢好得多，已超过压铸铝合金 A380；减振性能、磁屏蔽性能远优于铝合金。镁物理性能的主要优点是比铝高 30 倍的减振性能；比塑料高 200 倍的导热性能；其热膨胀性能只有塑料的 1/2。

3.2 镁的冶炼方法

3.2.1 电解法炼镁

电解法炼镁首先是原料无水氯化镁的准备，无水氯化镁的制备可分为以下 4 种方法：

（1）道乌法（Dow Process）；

（2）阿玛克斯法（Amax Process）；

（3）诺斯克法（Norsk Hydro Process）；

（4）氧化镁氯化法。

以上 4 种方法都是制取氯化镁的方法，现以诺斯克法为例：

挪威诺斯克水电公司是世界上著名的电解法炼镁企业，该公司所属的帕斯格伦厂（Porsgrunn Plant）原先用海水和高纯度白云石（Mg 含量 12% ~13%）作原料，每年大约耗用白云石 25 万 t。海水从海湾中抽入厂内，每小时流量达到 2000m^3。此外，该厂每年还从德国进口 8 万 t 卤水（氯化镁溶液）。煅烧物料用的回转窑，每年耗用 5 万 t 油作燃料。电解 1kg 镁，用电量约 20kW · h。该厂镁的年产量约为 4 万 t，各种原料所提供的镁量百分数是：海水 41%，白云石 46%，氯化镁卤水 13%。

白云石经破碎之后，在回转窑内煅烧到 1000℃，以排除所含的 CO_2。煅后料与海水混合，氧化镁逐渐溶解，生成 $Mg(OH)_2$泥浆。$Mg(OH)_2$泥浆在大型沉降槽内沉降，废液返回海湾中。$Mg(OH)_2$泥浆在真空过滤器内过滤，滤饼在回转窑内煅烧，得到轻烧氧化镁。所得的轻烧氧化镁经磨碎后，与焦粉和卤水混合矿制成直径为 1cm 的小球。经充分干燥后，在竖式电炉内氯化，温度为 1100 ~ 1200℃，使氧化镁转化成无水氯化镁。无水氯化镁运往电解厂，在 750℃下加入电解槽内进行电解。电解时碳阳极上析出氯气，同时金属镁在钢阴极上析出。挪威诺斯克水电公司最早炼镁的生产流程如图 2-3-1 所示。

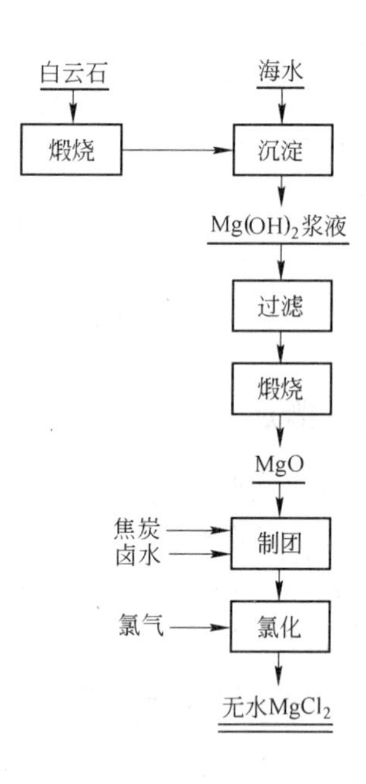

图 2-3-1　挪威诺斯克炼镁流程

该厂为了减少能量消耗并减轻环境污染，经过改进，只用氯化镁卤水作原料，制取无水氯化镁。其生产流程如图 2-3-2 所示。

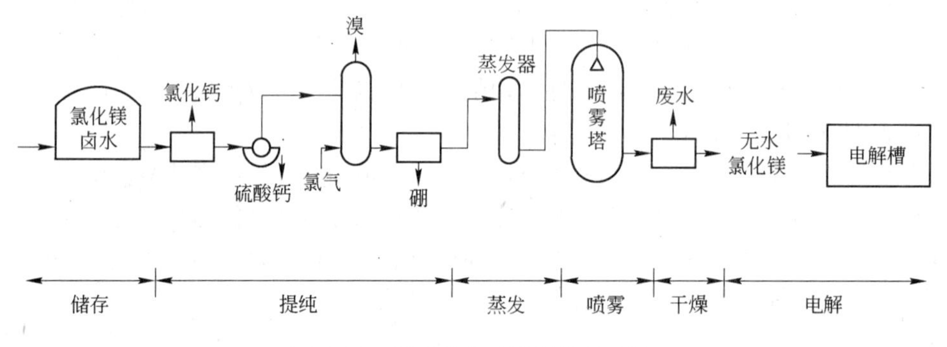

图 2-3-2　挪威诺斯克炼镁新流程图

现代大型电炉，生产 1t $MgCl_2$的电耗量是 400 ~ 500kW · h，每平方米炉缸面积每日可生产 $MgCl_2$ 2. 3 ~ 2. 4t。由竖式电炉产出的无水氯化镁直接送入镁电解槽进行电解。

3. 2. 2　热还原法炼镁

用热还原法由氧化镁制取镁是从 1912 年开始。当时是用硅在氢介质中还原氧化镁。工业上大规模应用硅热法制镁是在 20 世纪 40 ~ 50 年代。美国在 1942 ~ 1945 年间用真空硅热法生产出镁 70000t。由于电解法具有生产能力高、成本低、连续生产、操作平稳等许多明显的优点所以发展迅速，美国、英国等热法炼镁厂因成本比电解法高及生产中的安全问题，没有竞争力，最后相继停产。

20 世纪 60 年代法国发明了半连续热还原法，在此基础上又发展了多种新的工艺方法。新的工艺设备实现了连续化生产，从而提高了产能、降低了能耗和成本，使热法炼镁完全具有了竞争能力。

我国拥有丰富的白云石资源，分布广泛，为我国发展硅热法炼镁提供了有利条件。

工业上热还原氧化镁制镁时，曾经研究应用碳、碳化物、铝和硅作还原剂。

用炭素材料作还原剂时，发生下列反应

$$MgO + C = Mg + CO$$

用硅作还原剂时，发生下列反应

$$2MgO + Si = 2Mg + SiO_2$$

用碳化钙作还原剂时，发生下列反应

$$MgO + CaC_2 = Mg + CaO + 2C$$

用金属作还原剂时，发生下列反应

$$3MgO + 2Al(FeSi) = 3Mg + Al_2O_3 + 2(FeSi)$$

3.2.2.1　硅热还原法的生产工艺

硅热还原法是目前原镁生产中应用最广的热还原法。这种方法的主要工艺过程包括白云石煅烧、炉料的制备、真空热还原及粗镁精炼等主要工序，其工艺流程如图2-3-3所示。

各种因素对生产技术指标产生影响的因素有：

（1）炉料成分；

（2）煅烧白云石和氧化镁的活性；

（3）炉料的添加剂和杂质；

（4）炉料和炉渣的熔融性；

（5）还原剂的还原能力；

（6）其他因素。

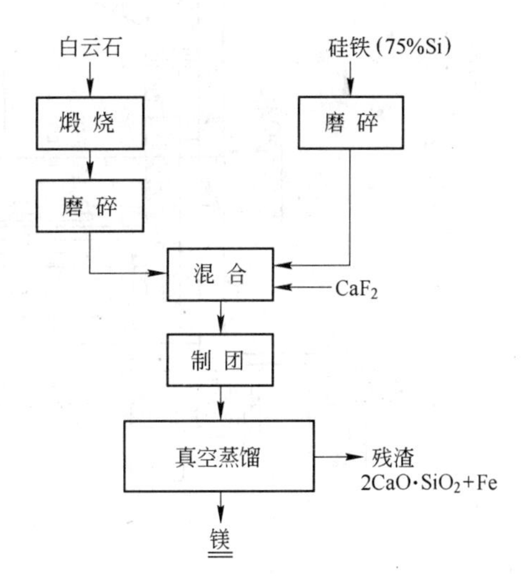

图2-3-3　硅热还原法制镁工艺流程图

A　外热式还原法（皮江法）

这个方法是以发明人加拿大皮江博士（DY. L. M. Pidgeon）命名的（1940年）。这种方法要求白云石的纯度较高（至少含20% MgO），白云石在回转窑内1350℃进行煅烧。加入75%～78%的硅铁后，在还原罐中进行真空热还原，如图2-3-4所示。

还原罐的长度为3m，内径28cm，壁3cm，一次可处理160kg炉料。还原罐中出来的镁在冷凝器中结晶，然后送去再熔和精炼。生产方式是间断的。每个生产周期包括装料、预热、抽真空加热、反应、冷却、解除真空、卸料等程序，一个生产周期约为10h。

横罐真空还原炉的结构如图2-3-5所示。

皮江法与电解法比较具有许多优点，这种方法不受电能的限制，所需的燃料可采用廉价的天然气和重油；另外，工序简单，基建投资低，得到的金属镁纯度高。国外部分镁厂仍在用此法，中国大部分镁厂都采用皮江法炼镁工艺。皮江法炼镁生产工序为：

（1）白云石的煅烧：将白云石在回转窑或竖窑中加热至1100～1200℃，烧成煅白

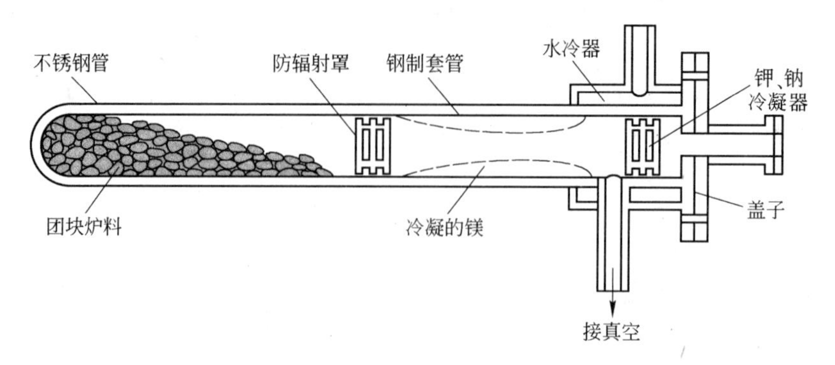

图 2-3-4　皮江法用的镁还原罐

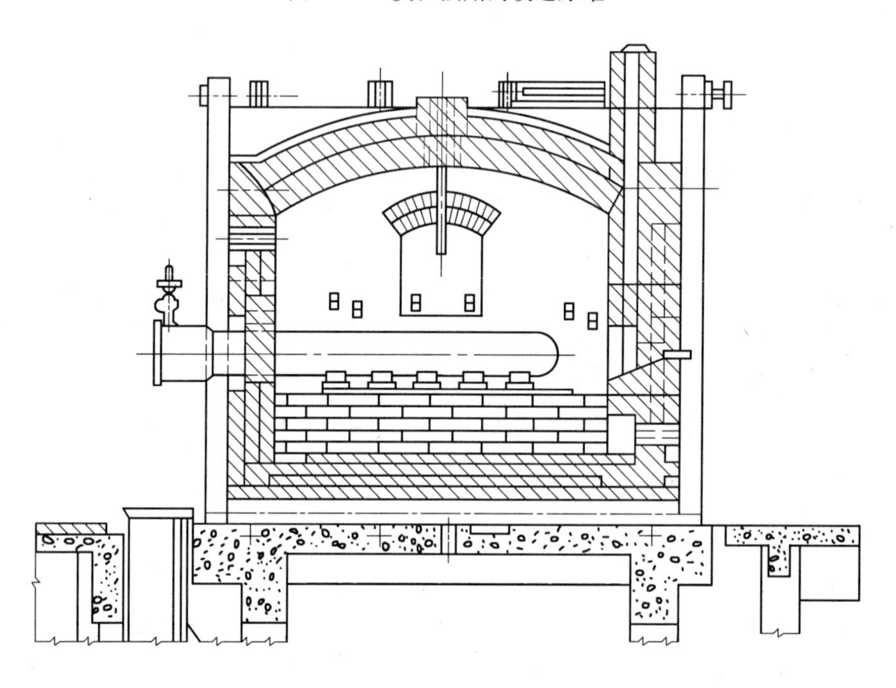

图 2-3-5　横罐真空还原炉

(MgOCaO)；

（2）配料制球：将煅白、硅铁粉和萤石粉按计量配料、粉磨，然后压制成球；

（3）还原：将料球在还原罐中加热至 1200 + 10℃，在 13.3Pa 或更高真空条件下，保持 8～10h，氧化镁被还原成镁蒸气，冷凝后得到粗镁；

（4）精炼铸锭：将粗镁加热熔化，在约 710℃ 高温下，用熔剂精炼后，铸成镁锭，亦称精镁；

（5）酸洗：将镁锭用硫酸或硝酸清洗表面，除去表面夹杂；

（6）造气车间：将原煤转换成煤气，作为燃料使用。

B　内热式还原法（Magnetherm Process）

内热式还原起源于法国，是一种熔渣导电的内热炉，属于半连续法炼镁工艺。

此法用的原料是煅烧白云石和煅烧铝土矿，原料经回转窑煅烧后同硅铁一起连续式地加入炉内，炉料落到熔渣表面很快达到反应温度而发生还原反应。这种工艺的优点是连续加料，不需要粉磨制团；还原炉产量大，生产机械化、自动化控制，劳动生产率高；基建投资少，产品可根据条件的不同呈固态或液态冷凝；生产过程不产生有害气体。

3.2.2.2 碳热还原法炼镁

在真空条件下，采用碳热还原氧化镁得到镁蒸气，经冷凝后制得金属镁。反应为

$$MgO_{(s)} + C_{(s)} = Mg_{(g)} + CO_{(g)}$$

昆明理工大学材料与冶金工程学院真空冶金及材料研究所利用廉价的碳代替昂贵的硅铁作还原剂，以内热式真空炉代替合金罐，真空炉的规模可以突破还原罐容量的限制，生产成本大幅度降低，热效率和单台设备的产能得以提高，炉子的寿命也相应延长，对环境基本无污染。理论分析表明，真空条件与常压下相比，还原温度可降低约400℃，且真空环境对反应有促进作用，产出的金属镁也不易被氧化，品位达到90%以上。经过热力学分析和小型试验证明该方法可行，并确定了真空碳热还原氧化镁得到块状冷凝镁的工艺条件，为以后的扩大试验提供了较可靠的技术参数。若工业化试验能够成功，将使目前火法炼镁的生产成本降低近一半，从而促进我国镁工业快速发展。

由于皮江法生产成本过高，随着镁价格的不断下跌，许多硅热法炼镁厂都已陷入困境。该方法工艺流程短，生产成本低，对环境基本无污染，产出的金属镁品位高，中国白云石资源丰富，小型皮江法硅热镁厂较多，该方法可以充分利用自然资源，解决镁厂的实际困难，推动镁工业的发展。

3.2.3 镁的精炼

电解法和热还原法所得的原镁中，含有少量金属的和非金属的杂质。一般用熔剂或六氟化硫（SF_6）加以精炼。镁的纯度达到99.85%以上，即可满足一般用户的要求。纯度更高的镁可用真空还原法制取。

镁熔铸时，用熔剂清除镁中的某些杂质，并保护熔融的镁以避免其在空气中被氧化。熔剂中通常含有$MgCl_2$（43%）、KCl（37%），NaCl（8%）、CaF_2（4%）和BaF_2（7%），其熔点为420℃。镁中的碱金属将与$MgCl_2$相互作用，置换出Mg，并生成相应的氯化物。镁中的非金属夹杂物MgO也与$MgCl_2$作用，生成MgOCl沉淀下来。同时熔剂在镁液表面生成一层致密的保护膜。

3.3 镁矿石及其资源

3.3.1 世界镁资源

镁是地壳中分布最广的金属之一，含量约为2%。镁以化合物形式存在。镁的化合物大部分是造岩矿物，只有少部分是以氯化物和硫酸盐存在于海水和盐湖水中。海水是镁取之不尽的来源，镁在海水中主要以氯化镁形式存在，1m^3海水中大约含镁1.3kg。

自然界中最常见的镁化合物有碳酸盐、硅酸盐、氯化物和硫酸盐。分布较广的镁矿物见表2-3-1。

表 2-3-1　分布较广的镁矿物

矿物名称	化学分子式	含镁量/%	矿物名称	化学分子式	含镁量/%
菱镁矿	$MgCO_3$	28.8	水氯镁石（卤块）	$MgCl_2 \cdot 6H_2O$	12.0
白云石	$MgCO_3 \cdot CaCO_3$	13.2	水镁石	$Mg(OH)_2$	42
光卤石	$MgCl_2 \cdot KCl \cdot 6H_2O$	8.8	蛇纹石	$3MgO \cdot 2SiO_2 \cdot 2H_2O$	26.3

3.3.1.1　*菱镁矿*

许多国家都有菱镁矿资源，世界上最大的菱镁矿资源在中国辽宁省，辽宁大石桥被誉为“中国镁都”，菱镁矿纯度高而且储量丰富。中国菱镁矿储量占世界的60%以上，矿石品位超过40%。菱镁矿为白色或淡黄色。炼镁工业应用纯度高的菱镁矿，采用电解法直接生产金属镁，但该方法要求菱镁矿中 MgO 含量不低于46%，杂质 CaO 要求低于0.8%，SiO_2低于1.2%。此外优质的菱镁矿常用于耐火材料的生产。

3.3.1.2　*白云石*

白云石分布最广，如法国、美国、加拿大等就是用白云石做生产镁的主要原料。中国白云石分布广泛，主要用于硅热法炼镁。硅热法炼镁用的白云石，要求 CaO 与 MgO 的质量比大于1.54，R_2O_3 + SiO_2的含量低于2.5%，碱金属氧化物低于0.3%。

3.3.1.3　*光卤石*

光卤石是氯化镁与氯化钾的含水复盐，其摩尔比为1。俄罗斯乌拉尔地区有世界上最大的天然光卤石矿床，中国青海湖光卤石也比较多。光卤石为白色，因杂质不同，还有黄色、粉红色、灰色等，具有强烈吸水及苦咸的特性。

3.3.1.4　*海水、盐湖水*

海水、盐湖水是分布最广的镁盐溶液的源泉，海水中含有0.3% $MgCl_2$。盐湖水中$MgCl_2$含量比海水大得多。在死海的盐湖水中，$MgCl_2$的含量达到9%。中国沿海各地提取食盐后的副产品卤块可作为炼镁的原料。

3.3.2　中国镁工业状况及发展方向

中国镁业急需朝规模化、专业化、集团化方向发展，充分挖掘我国镁资源的潜力。

中国是镁资源大国，菱镁矿、白云石矿和盐湖镁资源等优质炼镁原料在中国的储量十分丰富，为中国的原镁工业及下游产业的蓬勃发展和不断进步提供了物质保证。20世纪90年代以来，中国镁工业的发展突飞猛进。2003年，原镁产量达到35.4万t，占全球产量的2/3，成为中国继铝、铜、铅、锌之后的第五大有色金属，中国已成为世界上第一大镁生产国。

中国镁合金的优势也已经被国内许多企业所认识，在汽车、摩托车和3C产业中镁合金产品或零部件开始获得应用。如：为上海大众生产的汽车配套的变速箱上下壳体，年消耗镁合金2500t，青岛金谷镁业生产的手机、PDA外壳、CD机、MP3、便携DVD、对讲机外壳等8类3C产品的年产量达200万件等。除此之外，分布在广东、江苏等地的为3C产品配套的镁合金压铸厂，受香港、台湾两地资金投入、技术支撑、市场开拓以及管理的介入等全方位的激发和拉动，发展很快。

在出口方面，中国镁产品的出口结构近年来已由单一的原镁锭向多种产品，特别是向镁合金产品方面转化。

在镁和镁合金的研究方面，中国也已初步形成了从基础研究—应用研究—产品开发的完整科研开发体系。科技部、国家自然科学基金委等部门相继出台了“镁合金开发应用及产业化”的前期战略研究，全国共有4个研究所、7所高校、20多家企业直接参与了“镁合金开发应用及产业化”项目的实施。到2002年底，该项目已申请有关专利33项，其中发明专利15项。国家高技术发展计划（“863”计划）也支持开发高性能镁合金材料及应用技术，其目标是开发未来5~10年内获得应用的关键技术。中国正从镁生产大国向镁研发和应用强国迈进。但是镁作为一种轻质工程材料，其潜力尚未充分挖掘出来，开发利用还远不如钢铁、铜、铝等成熟，普遍存在工艺简单，技术装备落后，环境恶劣，资源、能源浪费比较严重，产品质量不够稳定等问题。这必将给镁业良性发展带来严重影响。

中国工程院院士左铁镛日前在博鳌参加中国工程院的学术会议时说，近十年来，中国原镁的产量及出口量得到快速发展，在镁的初级产品应用上已经有所突破，但高附加值的镁合金产品的开发和应用却相对不足。在实施中国镁产业的发展战略上，左铁镛提出以下建议：

（1）国家制定有关措施限制原镁企业的盲目发展；

（2）发展新型镁工业，走循环经济之路；

（3）加强镁的应用基础理论研究，加大镁深加工产品的研发与推广力度；

（4）成立国家级的镁业开发应用研究中心；

（5）扩大国内镁的应用。

左铁镛院士建议，中国镁业的发展，应结合资源、能源和投资环境的优势，向规模化、专业化、集团化方向发展，提高产业的集中度，形成以镁为中心的产业群，把企业做大做强、做专做特，充分挖掘中国镁资源潜力，促进中国镁工业全面、协调、可持续发展。

3.4 镁的生产、消费与价格

3.4.1 镁的生产

中国镁工业自20世纪90年代中期以来，保持了10年的高速增长势头，2005年原镁产量已达到46.7万t，自1998年以来镁产量一直居世界首位，中国镁产量连续8年居世界首位。2005年出口量为35.3万t，占世界市场份额的75%。镁已经成为继铜铝铅锌之后的第五大有色金属。中国经济的高速增长，对资源性商品的需求日益增加，也拉动了产业的发展。这也对全球有色金属工业产生了积极的影响。业内人士近日表示：2010年前全球镁需求将继续大幅度增长，但中国产能闲置意味着市场可能有充足的供给。水电镁业公司一位官员表示，2004年全球原镁产量总计为41万t。到2010年将增长至50万t左右。

第63届世界镁业大会暨国际镁协2006年年会于2006年5月21~24日在北京召开。会议由国际镁协与中国有色金属工业协会镁业分会共同主办。这是已经具有63年历史的世界镁业大会会议首次在中国举办。大会议题包括镁及镁合金、镁压铸件、镁挤压材、镁板材、镁粉、镁制成品、镁专用设备、技术服务、招商项目等。中国镁业首次集中展现了近年来在镁产品开发应用方面的最新成果和科技进步产业创新的成就。塑造了中国镁工业在世界的新形象。

3.4.2 镁的消费与价格

当前，在镁产业链延伸、镁产品研发体系逐步完善、相关产业发展三大因素共同作用下，中国镁及镁合金消费量迅速增长，应用领域不断扩大，消费量已经从1999年的2.32万t增长至2003年的5.12万t，增长了1.2倍。未来15年是中国镁需求增长最快的时期，需求将以10%以上的速度增长。目前中国镁消费也已经跨上新的台阶，消费量超过10万t，预计2020年镁消费量将达到20万t。

目前，由于硅铁价格上涨，使得金属镁价格受到一定的支撑作用，价格下滑较前段时间相对趋缓。而基本金属，特别是铝价上涨幅度较大，也对金属镁价格保持相对稳定起到一定作用。铝价上涨使得替代品金属镁的价格也随之上扬。目前，金属镁锭价格保持在13500元/t左右，镁合金在16000~16200元/t，镁粉价格在15000元/t左右。目前中国主要港口的镁锭FOB价格在1620~1650美元/t之间，而一般价格集中在1620~1630美元的，但业内人士估计，未来的现货交易FOB价格将会在1650美元/t左右浮动。

2006年一季度国内金属镁锭价格走势如图2-3-6所示。

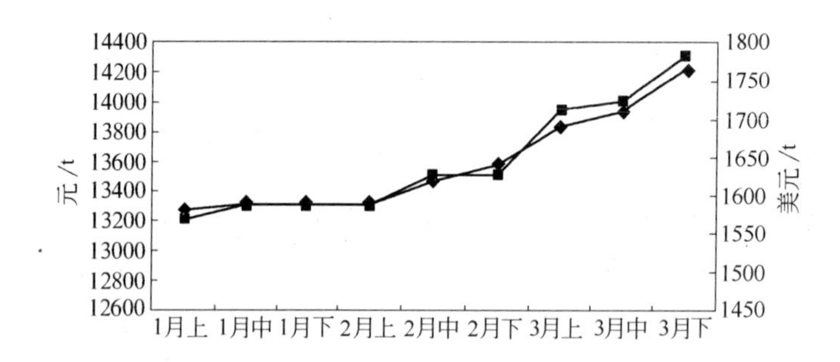

图2-3-6 2006年一季度国内金属镁锭价格走势

—■— 国内价格；—◆— 出口价格

3.5 镁的用途

镁作为一种轻金属，其强度小，但镁合金是良好的轻型结构材料，广泛用于航空、航天、汽车和仪表等工业部门。

（1）镁合金主要用于航天、国防、汽车工业及制造各种镁合金型材；

（2）金属镁除用于制造镁合金和脱硫剂外，还用于化学工业、军事工业和仪表制造业等；

（3）海水、淡水及土壤介质中的金属防腐蚀可以采用电化学方法——牺牲镁阳极法，该方法属于阴极保护技术；

（4）挤压镁阳极主要应用于热水器、热换器、蒸发器、锅炉等设备，有软化水质、排垢除污、延长主机使用寿命等优点；

（5）镁粉是当今世界高科技领域发展较快，用途较广的有色金属粉体材料，国内外主要用于国防工业：如可做火箭头，导弹点火头，航天器元部件及照明弹等；用于冶金工业的铸造、钢铁脱硫；还可用于制造香精、单晶硅、制药等其他工业，具有非常广阔的前景。随着现代工业的迅速发展，它在原材料领域显示了越来越重要的地位。

3.5.1 镁合金在军事工业的应用

镁合金的特点可满足于航空航天等高科技领域对轻质材料吸噪、减振、防辐射的要求，大大改善了飞行器的气体动力学性能，减轻了结构件的质量。从20世纪40年代开始，镁合金首先在航空航天部门得到了优先应用。在国外，每架B-36重型轰炸机用4086kg镁合金薄板；喷气式歼击机“洛克希德F-80”的机翼用镁板替代，使结构零件的数量从47758个减少到16050个；“德热来奈”飞船的起动火箭“大力神”曾使用了600kg变形镁合金；“季斯卡维列尔”卫星中使用了675kg变形镁合金；直径1m的“维热尔”火箭壳体是用镁合金挤压管材制造的。

中国的歼击机、轰炸机、直升机、运输机、民用机、机载雷达、地空导弹、运载火箭、人造卫星、飞船上均选用了镁合金构件：一种型号的飞机最多选用了300～400项镁合金构件；一个镁合金零件的重量最重近300kg；而一个构件的最大尺寸达2m多。在军工方面需要镁合金板材以提高结构件强度，减轻装备质量，提高武器命中率。目前由于技术问题，中国需要的镁板带材仍不得不从国外进口。

3.5.2 镁合金在汽车工业的应用

近20年来，世界汽车产量持续增长，年均增长率为2.5%。汽车工业发展程度是一个国家发达程度的重要标志之一，而金属材料是汽车工业发展的重要基础。出于节能与环保的要求，汽车设计专家们想方设法减轻汽车体重，以达到减少汽油消耗和废气排放量的双重效果。镁合金作为最轻的结构材料，能满足日益严格的节能的尾气排放的要求；可生产出质量轻、耗油少、环保型的新型汽车。镁合金汽车零件的好处可简单归纳为：

（1）镁合金密度小，可减轻汽车质量，间接减少燃油消耗量；

（2）镁合金比强度高于铝合金和钢，比刚度接近铝合金和钢，能够承受一定的负荷；

（3）镁具有良好的铸造性和尺寸稳定性，容易加工，废品率低；

（4）镁合金具有良好的阻尼系数，减振量大于铝合金和铸铁，用于壳体可降低噪声，用于座椅、轮圈可以减少振动，提高汽车的安全性和舒适性。

镁合金在汽车上用作零部件的历史有70多年。早在1930年就用于一辆赛车上的活塞和欧宝汽车上的油泵箱，之后用量和应用部位逐渐增加。20世纪60年代在有的车种上用量达到23kg，主要用作阀门壳、空气清洁箱、制动器、离合器、踏板架等。80年代初，由于采用新工艺，严格限制了铁、铜、镍等杂质元素的含量，镁合金的耐蚀性得到了解决，同时，成本下降又大大促进了镁合金在汽车上的应用。从90年代开始，欧美、日本、韩国的汽车商都逐渐开始把镁合金用于许多汽车零件上。

镁合金压铸件在汽车上的应用已经显示出长期的增长态势。在过去十年里，年增长速度超过15%。在欧洲，已经有300种不同的镁制部件用于组装汽车，每辆欧洲生产的汽车上平均使用2.5kg镁。相关机构估计，出于减重的需求，每辆汽车对镁的需求量将提高至70～120kg。

目前，汽车仪表、座位架、方向操纵系统部件、引擎盖、变速箱、进气歧管、轮毂、发动机和安全部件上都有镁合金压铸产品的应用。

3.5.3 镁的其他应用

镁是其他合金（特别是铝合金）的主要组元，它与其他元素配合能使铝合金热处理强化；球墨铸铁用镁作球化剂；而有些金属（如钛和锆）生产又用镁作还原剂；镁是燃烧弹和照明弹不能缺少的组成部分；镁粉是节日烟花和焰火必需的原料；镁是核工业上的结构材料或包装材料；镁肥能促使植物对磷的吸收利用，植物缺镁植物则生长趋于停滞。

3.6 镁产品的深加工

3.6.1 镁锭

按照中国镁锭的暂行质量标准，见表 2-3-2，原镁可分三级。

表 2-3-2 中国镁锭质量标准

牌 号	化 学 成 分/%							
	镁（不小于）	允许杂质含量（不大于）						
		Fe	Si	Ni	Cu	Al	Cl	杂质总量
Mg-1	99.95	0.02	0.01	—	0.005	0.01	0.003	0.005
Mg-2	99.92	0.04	0.01	0.001	0.01	0.02	0.005	0.008
Mg-3	99.85	0.05	0.03	0.002	0.02	0.05	0.005	0.15

镁锭产品如图 2-3-7 所示。

图 2-3-7 镁锭产品

3.6.2 镁粉

镁粉是目前发展较快，用途较广的有色金属粉体材料，主要用于国防工业、冶金工业等其他工业领域，具有广阔的应用前景，属高科技产品。镁粉在我国的生产始于 20 世纪 60 年代，近些年随着喷射冶金的发展，镁在炼钢脱硫、脱氧方面的应用逐渐增多，以及近几年纳米技术的兴起，相应出现了颗粒状镁粉和粒度更细的镁粉。镁粉的发展趋势也逐渐向超细、超纯和特殊形状的方向发展。

根据国际镁业协会的不完全统计，2001 年仅钢铁脱硫一项，世界镁粉消耗量就达 16~20 万 t 左右。就国内市场而言，由于中国钢产量居世界前列，随着钢铁镁粉脱硫技术的引进和大规模推广，国内镁粉的需求量将大幅度增长，市场前景十分广阔。

目前，镁粉的生产主要采用机械法和雾化法。

3.6.2.1 机械镁粉

中国最早采用铣削法生产非球状菱形镁粉，1960 年开始试制并建成生产能力 300t/a 的镁粉生产线，1962 年达到当时前苏联的镁粉标准水平。此种镁粉的特点是活性高、易点燃、粒度均匀、燃烧温度高、放热量大，是国防军工不可或缺的固体燃料。

随着专业高速涡流镁粉机的研制成功，实现了球形镁粉的机械化生产。以镁锭为原料，采用高速涡流粉碎原理生产镁粉是一种独特的机械加工方法，其工艺流程为：

镁锭→制屑→粉碎→分离→集粉→筛粉→成品

颗粒状镁粉的主要特点是形状为球形或近似于球形，表面为银白色，钝化后为灰白色。由于比表面积小，在炼钢脱硫、脱氧时燃烧量相对减小，能更充分的与钢液中的硫和氧结合生成硫化镁和氧化镁，达到脱硫与脱氧的目的。它具有成本低、生产周期短、易加工、松装密度较菱形镁粉大等优点。但同时由于加入钢液时生产流程长、搅拌时烧损严重，而使其实收率相对较低。

3.6.2.2 雾化镁粉

雾化镁粉是在惰性气体保护下生产的球形镁粉，雾化镁粉的活性镁含量、松装密度、镁粉细度、流动性、球形率都具有机械铣削法镁粉无可比拟的优势。

雾化镁粉生产技术不同。如高速离心碟式翼型雾化技术 + 微压沉降粉气分离技术 + 气流颗粒分级技术等生产超细球形镁粉方法，其包含下列步骤：

（1）将镁液恒温加热，并保持恒速；

（2）将恒温恒速的镁液离心甩成雾滴；

（3）将雾滴通过惰性气体冷却成粉末。

离心雾化原理，通过将恒温恒速的镁液高速旋转离心甩成雾滴后，经过循环气体冷却成粉末，具有如下优点：

（1）提高了生产质量，降低了生产成本，确保了安全生产，同时达到无污染；

（2）实现镁熔液恒流速加料，保证了产品均一性；

（3）镁熔液的恒温输送和加热，使镁熔液凝固堵塞现象得以排除，提高了生产的连续性；

（4）工艺简单，整体结构合理，收粉安全，动力消耗小。

3.6.2.3 超细镁粉

超细镁粉主要是指近几年在我国才逐步兴起的纳米镁粉。纳米粉末在我国起步较晚，20 世纪 80 年代末开始系统研制，目前虽取得了一定进展，但绝大部分尚处于小规模试制和实验室阶段。目前制造超细镁粉的方法主要有电阻和电子束两种加热方法，以电阻加热方法为例，其工艺流程为：

准备原料→真空设备抽真空→充氩气升压→加热蒸发→收集→检验→包装→成品

纳米镁粉粒径极小、纯度高、粒度分布集中。但其设备结构复杂、造价高、操作不便、粉尘收集比较困难。

镁粉是当前世界高科技领域不可缺少的有色金属粉体材料，广泛用于航空、航天、军备、钢铁脱硫、汽车、石油、化工、冶金等行业。威尔斯（鹤壁）、富盛镁业、唐山威豪、北京元创科技、山西潞城日正等公司展出的镁粉、镁粒等产品，引起了很大反响。中国钢铁工业协会科技环保部迟京东处长表示非常惊讶："原来国内的镁粉厂家这么棒，镁粉质量这么好，只是大部分出口太可惜了。"他提出国内很多钢铁厂不了解国内镁粉企业，今后要加强沟通，加强联系，多组织相关活动，为钢铁企业和镁粉企业架起一座桥梁。

3.6.3 镁合金

近年来，世界各国高度重视镁合金的研究开发，加强镁合金在汽车、计算机、通讯及航空航天领域的应用开发研究，镁合金被誉为"21 世纪的绿色工程材料"，大规模开发利用镁合金的时代已经到来。

自 20 世纪 90 年代初开始，国际上主要金属材料的应用发展趋势发生了显著变化，钢铁、铜、铅、锌等传统材料的应用增长缓慢，而以镁合金为代表的轻金属材料异军突起，以每年 20% 的速度持续增长。镁在地球上储量丰富、比强度高、热导性能良好、再生利用和电磁屏蔽能力强等特点。近年来，随着阻碍镁合金的价格和技术两大瓶颈的突破，镁合金的应用领域迅速扩展，许多发达国家已将镁合金列为研究开发的重点，镁合金产品如图 2-3-8 所示。

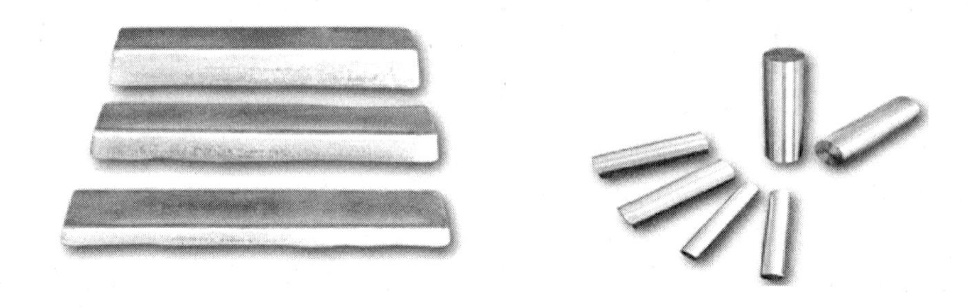

图 2-3-8 镁合金产品

根据国际镁协会（IMA）对西方市场镁消费分析表明，近几年，约有 43% 的镁作为添加元素配制铝合金用，其用量每年均有增长。但作为压铸用的镁量急剧上升，1999 年压铸用镁量比 1997 年提高了 40%，比 1998 年提高了 21%。镁合金压铸的大规模开发与应用起源于汽车领域，进入 20 世纪 80 年代，由于对汽车轻量化、节能等方面的紧迫要求，北美的福特、通用等汽车制造公司率先投入了大量的人力、物力，用于替代钢、铝合金等汽车用镁合金压铸零部件的研制，并成功地将研究成果用于生产，减轻了汽车的净重，提高了汽车性能。紧接着欧洲和日本的一些有名的汽车厂商也相继开始了各自的镁合金研究发展计划，这些工作极大地促进了镁合金压铸技术的发展，目前至少已有 60 余种镁合金压铸零部件应用于汽车行业，其消费量占压铸用镁量的 80%。

镁合金与几种材料的性能比较见表 2-3-3。

表 2-3-3 镁合金与几种材料的性能比较

性能参数	密 度 /g·cm^{-3}	抗拉强度 /MPa	比强度	屈服强度 /MPa	伸长率 /%	弹性模量 /GPa	比刚度	导热系数 /W·(m·K)$^{-1}$	减震系数
AZ91D	1.81	250	138	160	7	45	25.86	54	50
A380	2.70	315	116	160	3	71	25.9	100	5
碳 钢	7.86	517	80	400	22	200	24.3	42	15
ABS	1.03	96	93		60			0.9	

各国政府高度重视镁合金的开发应用，美国、德国、澳大利亚、日本、加拿大、新西兰等发达国家1990年后相继出台了各自的镁研究计划，投资数10亿美元，协调各方面联合攻关。如1996年美国联邦政府能源部与国内通用等三大汽车集团签署了一项名为“PNGV”（新一代交通工具）的合作计划，旨在采用更多的新技术、新材料生产出质量轻、耗油少、符合环保要求的新一代轿车；1997年德国科技教育部（BMBF）牵头，联合大众汽车公司等50余家企业和5所大学研究所，投资3000万马克，进行为期3年的“MADICA”（镁合金压铸）攻关计划，以解决镁和镁合金生产、镁合金压铸等生产中的关键技术难题，建立起一套完整的镁合金压铸及加工的工艺规范，并将镁合金压铸件进一步应用于汽车及其他领域。

3.6.3.1 镁合金的发展和新进展

A 镁合金的现状

镁合金是实际应用中最轻的金属结构材料，但与铝合金相比，其研究和发展还很不充分。目前，镁合金的产量只有铝合金的1%。镁合金作为结构应用的最大用途是铸件，其中90%以上是压铸件。

限制镁合金广泛应用的主要问题是：由于镁元素极为活泼，镁合金在熔炼和加工过程中极容易氧化燃烧，因此，镁合金的生产难度很大；镁合金的生产技术还不成熟和完善，特别是镁合金成形技术有待进一步发展；镁合金的耐蚀性较差；现有镁合金的高温强度、蠕变性能较低，限制了镁合金在高温（150～350℃）场合的应用；镁合金的常温力学性能，特别是强度和塑韧性有待进一步提高；镁合金的系列相对很少，变形镁合金的研究开发严重滞后，不能适应不同应用场合的要求。镁合金可分为铸造镁合金和变形镁合金。镁合金按合金组元不同主要有Mg-Al-Zn-Mn系（Az）、Mg-Al -Mn系（AM）和Mg-Al-Si-Mn系（AS）、Mg-Al-RE系（AE）、Mg-Zn-Zr（ZK）、Mg-Zn-RE系（ZE）等合金系列。

B 镁合金的新进展

a 耐热镁合金

耐热性差是阻碍镁合金广泛应用的主要原因之一，当温度升高时，它的强度和抗蠕变性能大幅度下降，使之难以作为关键零件（如发动机零件）材料在汽车等工业中得到更广泛的应用。已开发的耐热镁合金中所采用的合金元素主要有稀土元素（RE）和硅（Si）。稀土是用来提高镁合金耐热性能的重要元素。

Mg-Al-Si（AS）系合金是德国大众汽车公司开发的压铸镁合金。175℃时，AS41合金的蠕变强度明显高于AZ91和AM60合金。但是，AS系镁合金由于在凝固过程中会形成粗大的汉字状Mg_2Si相，损害了铸造性能和机械性能。研究发现，微量Ca的添加能改善汉

字状 Mg_2Si 相的形态，细化 Mg_2Si 颗粒，提高 AS 系列镁合金的组织和性能。

2001 年，日本东北大学井上明久等采用快速凝固法制成的具有 100～200nm 晶粒尺寸的高强镁合金 Mg-2% Y-1% Zn，其强度为超级铝合金的 3 倍，还具有超塑性、高耐热性和高耐蚀性。

b 耐蚀镁合金

镁合金的耐蚀性问题可通过两个方面来解决：（1）严格限制镁合金中的 Fe、Cu、Ni 等杂质元素的含量。例如，高纯 AZ91HP 镁合金在盐雾试验中的耐蚀性大约是 AZ91C 的 100 倍，超过了压铸铝合金 A380，比低碳钢还好得多。（2）对镁合金进行表面处理。根据不同的耐蚀性要求，可选择化学表面处理、阳极氧化处理、有机物涂覆、电镀、化学镀、热喷涂等方法处理。

c 阻燃镁合金

镁合金在熔炼浇铸过程中容易发生剧烈的氧化燃烧。实践证明，熔剂保护法和 SF_6、SO_2、CO_2、Ar 等气体保护法是行之有效的阻燃方法，但它们在应用中会产生严重的环境污染，并使得合金性能降低，设备投资增大。纯镁中加钙能够大大提高镁液的抗氧化燃烧能力，但是由于添加大量钙会严重恶化镁合金的机械性能，使这一方法无法应用于生产实践。

最近，上海交通大学轻合金精密成型国家工程研究中心通过同时加入几种元素，开发了一种阻燃性能和力学性能均良好的轿车用阻燃镁合金，成功地进行了轿车变速箱壳盖的工业试验，并生产出了手机壳体、MP3 壳体等电子产品外壳。

d 高强高韧镁合金

现有镁合金的常温强度和塑韧性均有待进一步提高。在 Mg-Zn 和 Mg-Y 合金中加入 Ca、Zr 可显著细化晶粒，提高其抗拉强度和屈服强度；加入 Ag 和 Th 能够提高 Mg-RE-Zr 合金的力学性能，如含 Ag 的 QE22A 合金具有高室温拉伸性能和抗蠕变性能，已广泛用作飞机、导弹的优质铸件；通过快速凝固粉末冶金、高挤压比及等通道角挤（ECAE）等方法，可使镁合金的晶粒处理得很细，从而获得高强度、高塑性甚至超塑性镁合金。

e 变形镁合金

新型变形镁合金及其成型工艺的开发，已受到国内外材料工作者的高度重视。美国成功研制了各种系列的变形镁合金产品，如通过挤压和热处理后的 ZK60 高强变形镁合金，其强度及断裂韧性可相当于时效状态的 Al7075 或 Al7475 合金，而采用快速凝固（RS）+粉末冶金（PM）+热挤压工艺开发的 Mg-Al-Zn 系 EA55RS 变形镁合金，成为迄今报道的性能最佳的镁合金，其性能不但大大超过常规镁合金，比强度甚至超过 7075 铝合金，且具有超塑性（300℃，436%），耐腐蚀性与 2024-T6 铝合金相当，还可同时加入 SiCp 等增强相，成为先进镁合金材料的典范。

3.6.3.2 镁合金成形技术

镁合金成形分为变形和铸造两种方法，当前主要使用铸造成形工艺。压铸是应用最广的镁合金成形方法。近年来发展起来的镁合金压铸新技术有真空压铸和充氧压铸，前者已成功生产出 AM60B 镁合金汽车轮毂和方向盘，后者也已开始用于生产汽车上的镁合金零部件。

镁合金半固态触变铸造（Thixo-Molding）成形新技术，近年来受到美国、日本和加拿大等国家的重视。与传统的压铸相比，触变铸造法无须熔炼、浇注及气体保护，生产过程更加清洁、安全和节能。目前已研制出镁合金半固态触变铸造用压铸机，到1998年底，全世界已有超过100台机器投入运行，约有40种标准镁合金半固态产品用于汽车、电子和其他消费品。但相对来说，半固态铸造镁合金材料的选择性小，目前应用的只有AZ91D，需要进一步发展适用于半固态铸造的镁合金系列。

其他正在发展的镁合金铸造成形新技术有镁合金消失模铸造、挤压铸造-低压铸造结合法、挤压铸造-流变铸造结合法和真空倾转法差压铸造等。

3.6.3.3 压铸镁合金和变形镁合金

A 压铸镁合金

压铸镁合金的化学成分组成见表2-3-4。

表2-3-4 压铸镁合金锭的化学成分组成 (%)

牌 号	Al	Zn	Mn	RE	Zr	杂质总和
AZ91D	8.50~9.50	0.45~0.90	0.17~0.40			0.30
AZ91A	8.50~9.50	0.45~0.90	>0.15			0.30
AZ91B	8.50~9.50	0.45~0.90	>0.15			0.30
AZ91E	8.50~9.50	0.45~0.90	0.17~0.50			
AM60A	5.70~6.30		>0.15			0.30
AM60B	5.60~6.40		0.26~0.50			
AM50A	4.50~5.30	<0.20	0.28~0.50			
AM20	1.70~2.50	<0.20	>0.35			
AS41A	3.70~4.80	<0.20	0.20~0.48			
AZ63A	5.50~6.50	2.70~3.30	0.15~0.35			0.30
AZ81A	7.20~8.00	0.50~0.90	0.15~0.35			0.30
AZ81	7.20~8.50	0.45~0.90	>0.17			
AZ92A	8.50~9.50	1.70~2.30	0.13~0.35			0.30
ZE41A		3.70~4.80	>0.15	1.00~1.75	0.30~1.00	0.30
ZE63A		5.50~6.00		2.00~3.00	0.30~1.00	
ZK61A		5.70~6.30			0.30~1.00	

B 变形镁合金

变形镁合金的化学成分和机械性能见表2-3-5。

表2-3-5 变形镁合金锭化学成分和机械性能

牌 号	Al/%	Zn/%	Mn/%	Zr/%	总杂质/%	抗拉强度/MPa	屈服强度/MPa	伸长率/%
AZ31B	2.50~3.50	0.60~1.40	0.20~1.00		0.30	220~250	110~150	7~8
AZ31C	2.40~3.60	0.50~1.50	0.15~1.00		0.30			
AZ31D	2.50~3.50	0.60~1.40	0.20~1.00					
AZ61	5.80~7.20	0.40~1.50	0.15					

续表 2-3-5

牌　号	Al/%	Zn/%	Mn/%	Zr/%	总杂质/%	抗拉强度/MPa	屈服强度/MPa	伸长率/%
AZ61A	5.80～7.20	0.40～1.50	0.15～0.50		0.30	250～270	110～165	7～8
AZ80A	7.80～9.20	0.20～0.80	0.12～0.50		0.30	290 310～325	190 205～230	3～8 4
ZK40		3.50～4.50		0.45	0.30	275	250	4
ZK60A		4.80～6.20		0.45	0.30	275～295 305～315	195～215 230～260	4～5 4
Mg-Mn	<0.01		0.50～1.30		0.30			

3.6.4　镁牺牲阳极

镁牺牲阳极主要用于保护浸泡在海水中的钢结构件，如轮船船体，或者保护埋在土壤中的石油管道。镁阳极被大量用于热水槽的保护，目前，大多数家用热水器内的胆都采用镁阳极保护，镁牺牲阳极如图 2-3-9 所示。

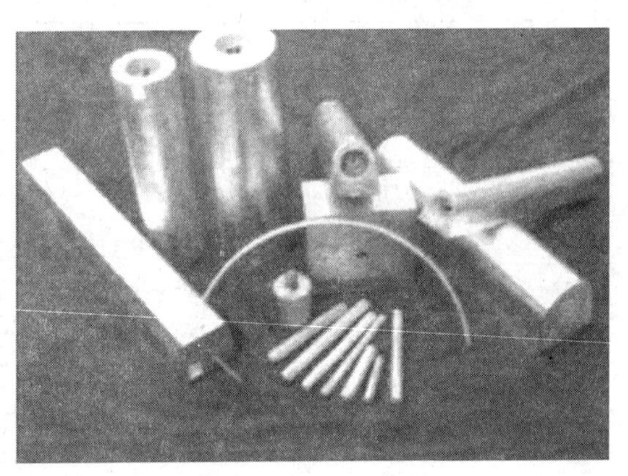

图 2-3-9　镁牺牲阳极

铸造镁阳极可分为标准电位和高电位两种，广泛应用于地下钢质管道及其他地埋钢铁构筑物的防腐保护。挤压镁阳极根据客户对特殊阴极保护装置规格要求，有不同的直径和长度，挤压镁阳极主要取材于标准合金（AZ31）和高电位合金。

3.6.4.1　挤压镁阳极

A　"D"型镁牺牲阳极

"D"型镁牺牲阳极规格见表 2-3-6，如图 2-3-10 所示。

表 2-3-6　"D"型镁牺牲阳极规格

型　号	质量/kg	镁牺牲阳极/mm		
		A	B	C
9D2	4.082	69.9	549.3	76.2
20D2	9.072	69.9	1212.9	76.2
9D3	4.082	88.9	352.4	95.3
17D3	7.711	88.9	641.4	95.3
48D5	21.772	139.7	765.2	146.1

B　"C"型镁牺牲阳极

"C"型镁牺牲阳极规格见表 2-3-7，如图 2-3-11 所示。

表 2-3-7 "C"型镁牺牲阳极规格

型 号	直径/mm	高电位阳极 L/mm	AZ63 阳极 L/mm	质量/kg
C25	75	336	325	2.56
C41	114	230	220	4.2
C77	114	431	412	7.8
C100	114	560	536	10.2
C145	146	494	472	14.7
C274	114	1528	1462	28.2

C "S"型镁牺牲阳极

"S"型镁牺牲阳极规格见表 2-3-8，如图 2-3-12 所示。

表 2-3-8 "S"型镁牺牲阳极规格

牌 号	质量/kg	规 格/mm			
		A	B	C	L
5S3	2.3	96.5	76.2	76.2	195.6
9S3	4.1	96.5	76.2	76.2	345.4
17S3	7.7	96.5	76.2	76.2	650.2
32S5	14.5	127.0	106.7	127.0	538.5
40S3	18.1	96.5	76.2	76.2	1524.0
60S4	27.2	101.6	81.3	101.6	1574.8

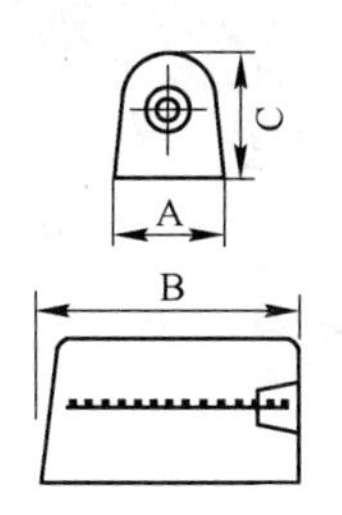

图 2-3-10 "D"型镁牺牲阳极示意图

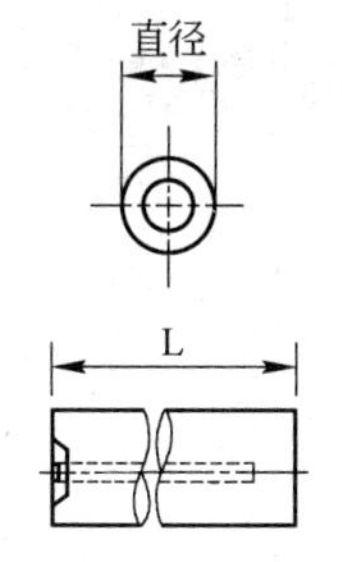

图 2-3-11 "C"型镁牺牲阳极示意图

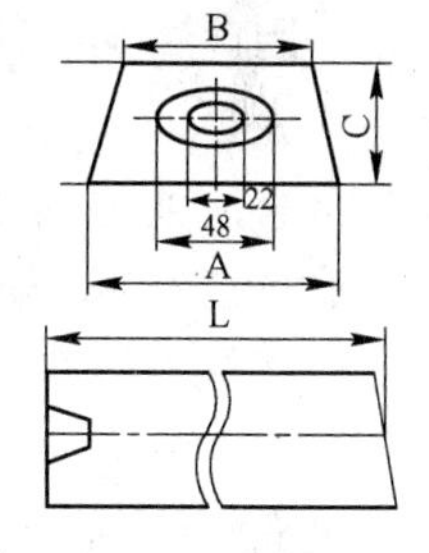

图 2-3-12 "S"型镁牺牲阳极示意图

3.6.4.2 铸造镁阳极

铸造镁阳极化学成分见表 2-3-9。

表 2-3-9 铸造镁阳极化学成分 (%)

元 素	高电位	AZ63B（HIA）	AZ63C（HIB）	AZ63D（HIC）	AZ31
镁	余 量	余 量	余 量	余 量	余 量
铝	<0.01	5.30~6.70	5.30~6.70	5.0~7.0	2.70~3.50
锌	—	2.50~3.50	2.50~3.50	2.0~4.0	0.70~1.70
锰	0.50~1.30	0.15~0.70	0.15~0.70	0.15~0.70	0.15~0.60

续表 2-3-9

元 素		高电位	AZ63B（HIA）	AZ63C（HIB）	AZ63D（HIC）	AZ31
硅（最大）		0.05	0.10	0.30	0.30	0.05
铜（最大）		0.02	0.02	0.05	0.10	0.01
镍（最大）		0.001	0.002	0.003	0.003	0.003
铁（最大）		0.03	0.005	0.005	0.005	0.005
其余杂质（最大）	单一	0.05	—	—	—	—
	总量	0.30	0.30	0.30	0.30	0.30

铸造镁阳极的电化学性能见表 2-3-10。

表 2-3-10 铸造镁阳极的电化学性能

项 目	开路电位/V（一伏 甘汞参比电极）	闭路电位/V（一伏 甘汞参比电极）	实际电容量 /A · h · 磅$^{-1}$	电流效率 η
高电位	1.70 ~ 1.78	1.52 ~ 1.62	500	50
AZ63	1.50 ~ 1.55	1.45 ~ 1.50	550	55
AZ31	1.55	1.45 ~ 1.50	550	55

3.6.5 镁合金表面处理

虽然纯镁的力学性能很差，但与铝、锌、锆和稀土等构成的合金及热处理后其强度大大提高。因此，镁合金在航空工业、汽车工业和电子通讯工业中得到广泛的应用。但是镁的化学稳定性低，电极电位很负（-2.34V）。镁及其合金在大多数介质中都不稳定，耐蚀性较差，因此必须进行表面处理才能达到耐蚀耐磨的需求；其次，对于外观极其讲究的电子产品外壳更需要进行合适的表面处理，以适应市场的需求。

镁合金表面处理方法有：

（1）化学转化膜处理；

（2）化学氯化处理；

（3）阳极氯化处理；

（4）等离子微弧阳极氯化处理；

（5）表面渗层处理；

（6）金属涂层处理；

（7）激光表面处理；

（8）有机物涂层及其他。

作为绿色环保材料的镁合金将大量应用于汽车、航天、电子等工业领域，同时镁合金的表面处理也将得到迅猛发展。镁合金的铬化处理污染环境且生产中危害工人健康。欧美国家的研究者正在研究无铬转化涂层和合适的涂抹方法。磷化处理是镁合金防锈前处理中有发展前途的方法，有取代铬化处理的趋势。

微弧等离子阳极氧化将是镁合金阳极氧化的发展方向之一，开发无污染的阳极氧化液是研究的重点之一。现在这方面的研究和应用还处在初步阶段。镁合金表面渗层处理和激光处理也是镁合金表面处理的发展方向，开发能实际应用的表面处理工艺，这两种处理方法要比其他表面处理对环境的污染小得多，有很重要的研究意义。

镁合金表面处理将有广阔的市场，但是也存在许多问题，亟待表面工程工作者去努力解决和开发新的表面处理工艺。

3.6.6 镁合金新材料的发展方向

近年来，镁合金及其成型技术的研究和应用获得了重大进展，镁合金新材料质量不断提高而生产成本不断降低，因此镁合金的研究与开发成为近年来新金属材料领域的热点。当前，镁合金新材料开发主要围绕以下几个方向：

3.6.6.1 超塑性镁基合金

镁合金获得超塑性的前提是要具有细的晶粒（小于10μm）。为获得细小晶粒的镁合金，主要有两种方法：（1）使用快速凝固粉末的粉末冶金法；（2）挤压比大于100的高挤压比法及等径角向挤压法。一般而言，大的超塑性只有在非常缓慢的应变速率下才能得到，比较典型的应变速率往往都小于$1\times10^{-3}s^{-1}$。由于超塑性镁合金可实现一次成形，因而可简化工艺，节约材料，提高产品竞争力，这是目前研究的热点。超塑状态下镁合金具有非常低的流变应力，进行超塑性成形时有可能以压缩气体作为成形动力，因此可实现复杂形状构件在固态下的近净成形。

3.6.6.2 镁基大块非晶材料

镁基合金具有强的非晶形成能力，是目前最重要的非晶合金之一，有着比传统晶态材料更为优异的性能，一直受到广泛重视。其中三元镁基非晶合金力学性能优异，如Mg-Y-Ni、Mg-Y-Cu合金抗拉强度最高达800MPa以上，是传统镁基合金的2倍。通常大块非晶合金组元一般应满足3个原则：（1）合金由三种以上元素组成；（2）组成元素原子尺寸差大于12%；（3）主要组成元素间的混合焓为负值。

3.6.6.3 镁基复合材料

镁合金的基体组织具有优越的与颗粒物质以及陶瓷粒子相结合的能力，通过与SiC、Al_2O_3、ZrO_2或G等相的复合强化可大幅度提高镁合金的力学性能。粒子强化镁合金材料可提高合金的抗耐磨性，如果同时与SiC、Al_2O_3、ZrO_2或G等增强相复合，可进一步提高镁合金的强度、刚度、耐磨性以及耐高温强度。目前比较典型的镁基复合材料为ZC71/SiCp12Vol%，其室温下抗拉强度为400MPa、屈服强度为370MPa，伸长率为1%，在150℃时，其蠕变强度提高了近一倍。

3.6.6.4 镁基贮氢材料

众所周知，镁贮氢能力非常大，Mg与Ni的化合物Mg_2Ni是一种最有前途的蓄电池阳极材料，Mg_2Ni材料的理论放电能力为1000mA·h/g，大约是$LaNi_5$的2.7倍。目前存在的问题是Mg_2Ni的充放电是在高温200~300℃的条件下。改变Mg_2Ni的化学成分，用少量的Y和Al取代部分Mg，并采用机械合金化方法制备的MG-$Mg_{1.95}Y_{0.005}Ni_{0.92}Al_{0.08}$在室温的充放电反应将得到明显改善。当前镁基贮氢材料值得进一步研究与开发。

3.7 镁的市场及中国镁竞争力

3.7.1 国内外镁市场需求分析

国内外镁市场需求分析如下：

(1) 世界原镁供应格局发生战略性转移:“十五”期间,全球原镁生产一直呈现西方国家减产中国增产两大走向。2001~2004 年美国西北合金公司、法国普基镁厂、加拿大诺兰达曼格诺拉镁厂、澳大利亚镁业公司(AMC)先后停产或破产,使得西方国家减产在 19.54 万 t 以上。西方人士称:“中国镁迫使西方生产商价格降低至临界点并导致工厂关闭。”进而,国外企业投资转移,搞镁合金及其深加工产品,生产高端产品,把铝合金添加元素用镁及钢铁脱硫用镁的市场让给中国。近 5 年来,全球镁市场需求量呈不稳定增长。全球镁市场需求增长变化见表 2-3-11。

表 2-3-11　全球镁市场需求增长变化　　(%)

需求增长变化	2001 年	2002 年	2003 年	2004 年
全球需求	-10.00	10.50	5.80	8.00
铝合金需求	-13.50	2.00	8.60	4.00
压铸需求	-1.90	16.80	7.70	13.00
脱硫需求	-18.7	36.80	2.50	5.00
其他需求	-6.80	-7.2	-7.40	-3.50

2004 年全球镁市场需求增长 8%,镁的压铸产品增长 13%,镁在铝合金上的需求增长 4%。欧洲是全球镁消费最多的地区,占全球 35%,亚洲近两年需求增长也很快。

(2) 中国镁国内市场消费突破 10 万 t:中国原镁生产供大于求,出口贸易开始发生转移,不再追求长期的过大的资源性镁产品出口,而转向国内市场,生产高附加值的镁产品。

中国原镁出口与国内消费比例在发生变化,2005 年,在原镁继续增产的情况下,出口量在减少,国内消费在增加,中国镁国内消费达到 10 万 t 以上,个别压铸件产品已经出口。

近五年中国镁国内消费领域变化情况见表 2-3-12。

表 2-3-12　近五年中国镁国内消费领域变化情况　　(万 t)

消费领域	铝合金	铸　件	炼　钢	球墨铸铁	金　属	稀　土	其　他
2000 年	1.01	0.40	0.11	0.37	0.35	0.31	2.55
2004 年	2.30	1.80	1.50	0.50	0.45	0.50	7.05
2005 年	3.01	2.59	1.92	0.95	0.65	0.60	10.55
2005 年各领域占比/%	28.53	24.55	18.20	9.00	6.16	5.69	7.87

从表 2-3-12 可见,2005 年国内消费虽然同比增长 49.65%,同 2000 年比,增长 313.73%,增幅很大,翻了 3 番多。资料显示国内消费总量只占总产量的 22.56%,因此国内对镁的消费有待大幅度提高。

2005 年中国进口镁产品同比在减少,见表 2-3-13。进口的总量中,以镁合金为主,占进口的 53.6%。进口的镁废碎料,多半是作回收重熔用。

表 2-3-13 中国进口镁产品同比在减少 (t)

类 别	2004 年	2005 年	同比/%
镁 锭	27	32	18.52
镁合金	4007	2395	-40.22
镁废碎料	1468	1433	-2.38
镁粒、镁粉	751	347	-53.79
锻轧镁	61	7	-88.52
镁制品	169	246	45.56
合 计	6483	4462	-31.17

(3) 2005 年国内镁应用市场不断拓宽：镁及镁合金产品在航空航天、军工、民用领域的应用市场不断拓宽。如采用挤压技术生产的高品质镁合金型材已产业化；用于纺织机械、照相机三角架、自行车用管材等；镁合金自行车，累计出口 20 万辆，国内销售 10 万辆；12 种镁合金压铸件在摩托车上的应用，目前已累计装车 100 万辆；采用稀土镁中间合金开发的 MB26 镁合金材料，供用户制作了神舟 6 号载人飞船上的电器箱，实现减重 13kg，对中国航天事业做出了重要贡献。

手动工具用镁合金压铸件及部分 3C 产品用镁合金压铸件出口日本、德国。镁作为铝合金添加元素；镁粉用于钢铁脱硫；镁合金用于交通及 3C 产品的压铸件三大应用领域以外，镁合金牺牲阳极用于防腐；医药上用镁，其他如稀土镁合金，钛、锆还原，化工、球墨铸铁的球化剂用镁，火箭燃料，烟火、照明弹、燃烧弹等。镁的应用领域不断拓宽、市场需求不断扩大。

3.7.2 中国镁应用水平现实分析

与发达国家相比，我国镁应用水平还很低，主要原因是镁加工技术开发相对滞后，相关产业协调配合不够，产业化水平低。中国有色金属协会镁业分会常务副会长兼秘书长孟树表示："在中国未来可持续发展中，资源合理地开发与利用是头等大事。而中国镁业是真正具有资源和生产优势的产业，镁及镁合金材料的大量应用，对减重、节能、环保、提高产品性能都具有重要作用。"据镁业分会统计，目前，我国开展镁及镁合金加工生产的企业已超过 80 家。高品质镁合金生产、手机、笔记本电脑等 3C 产品外壳生产，汽车、摩托车用镁压铸件生产等成为投资与产业化的重点方向。

中国有色金属协会镁业分会副秘书长董春明不无感慨地说："目前，我国电脑以及家电产品的外壳等大量使用工程塑料，这种塑料不利于回收再利用，大量被淘汰的手机、电脑等电子产品，对环境造成很大污染，如果在 3C 等电子产品中，以金属镁代替大量使用的工程塑料，将对我国建设资源节约型社会以及可持续发展都有着积极的意义。"

有关资料显示，日本已经通过了"家电回收法"以限制工程塑料的使用，而且已率先将镁合金用于笔记本电脑、移动电话、数码相机、摄像机上，并计划推广到家电和通信器材等领域。

3.7.3 中国镁竞争力的分析

中国镁工业在新的世纪里呈现蓬勃发展态势，中国原镁产量不断提高，出口量不断增长。2003 年上半年产镁已超过 15 万 t；出口镁达 13.738 万 t。随着欧盟取消反倾销诉求之后，国外一些镁厂相继关闭，国际镁市场价格一度上扬，刺激国内市场异常活跃。一些大的镁企业开始了新一轮的扩产和新建项目。从中国国内镁企业的分布来看，山西、宁夏、河南三省区的产能、产量占全国的 92% 以上，国内新建、扩建的企业全部集中在这三个省区。在原镁产能方面主要集中在山西，其产量占国内的 60% 以上，可以说，这三个省区的兴衰变化将是国内的晴雨表，同时也是国际镁业中一支不可忽视的力量。中国镁竞争力的分析如下：

（1）中国镁是最具有竞争力的可持续发展的优势产业：镁资源丰富，可实现持续发展。目前铜、铝、铅、锌、钢铁等一些金属原料每年需要进口，唯独镁不需要进口。在很多金属趋于枯竭的今天，镁的资源丰富，并可部分代替钢、铝、锌的铸件，大力开发金属镁材料是实现可持续发展的重要保证，镁可为制造业提供减重、节能、环保等诸多功效。

（2）中国镁具有生产规模优势，连续 8 年成为世界镁生产大国：2005 年，中国原镁生产能力 81.57 万 t，几乎近一半产能闲置，一旦价格上扬，市场需求旺盛，中国镁产量还将快速发展。中国镁冶炼企业产量在 10000t 以上的已经有 10 家，最大一家产量在 76000t 以上。

（3）“十五”期间，镁冶炼企业不断依靠科技进步，技术创新，不断提升工艺装备水平，开始向科技型、环保型、效益型并具有机械化、自动化、上规模、上水平的新型镁冶炼企业迈进。

（4）中国国产镁合金压铸机占国内 50% 以上市场份额：力劲集团深圳领威科技有限公司研制的镁合金冷、热室专用压铸机，已完成从 160t 到 3000t 共 10 个机型的开发，基本覆盖了从汽车、摩托车到 3C 产品对镁合金压铸机的需求。

（5）中国幅员辽阔，具有良好的资源能源条件及具有比较廉价的劳动力资源，具有投资成本低的优势。

因此，中国镁工业在国际市场竞争中显现出了后发优势，具有很强的竞争力。

3.7.4　当前制约中国镁工业发展的突出问题

随着国家经济结构调整不断深入，在我国镁工业经济运行中还存在一些亟待解决的困难和问题。

虽然 2005 年国内应用突破 10 万 t 大关，但总量还不到产量的 1/4，供需矛盾突出，需要大力开拓国内应用市场。当前，影响应用市场开发的不利因素有：

（1）对镁的特性及在相关领域的应用宣传力度还不够，还没有引起有关方面的极大关注。镁资源多，可部分代替资源短缺的金属，为可持续发展提供保证。

（2）需进一步提高镁合金质量的稳定性，大力开发高强高韧、耐热耐蚀镁合金，扩大应用。

（3）镁及镁合金深加工技术，尤其镁板铸轧技术有待进一步开发与成熟，逐步走向产业化、商品化。

（4）镁的应用基础理论研究，应为使用设计部门提供综合性能数据库支撑、提供经济可承受性以实现材料与技术的高性能与低成本的统一性要求。

（5）缺少专门从事镁冶炼、加工的专门人才，尤其民营企业开发新产品、创品牌、搞深加工产品没有专门人才开展相关研究。

影响中国镁工业可持续发展的主要问题有：

（1）近些年来，镁产品结构虽有一定调整，但也还是初级加工产品多。2005 年原镁出口 18.19 万 t，虽然同比下降 20.11%，但仍占出口总量的 51.51%；出口总量 35.31 万 t，占生产总量的 75.51%，虽然同比下降了 7.97%，但 3/4 的镁及镁初级产品仍低价出口，牺牲了资源、牺牲了环保，不应追求过大的长期的出口镁资源性产品，而要进一步优化产品结构，生产高附加值、高科技含量的镁产品，扩大国内镁的应用，增强国际竞争力。

（2）与国内铜、铝等行业相比，金属镁产业集中度相对比较低，大多数镁冶炼、加工企业规模小而分散，多数企业缺乏规模竞争优势。

（3）虽然有些企业加大提升工艺装备水平力度，取得了一些可喜成果，但整体来看水平仍然不高，多数皮江法炼镁生产工艺技术装备水平相对落后，劳动生产率低。

（4）虽然有部分企业注重了能源结构调整，用上了清洁能源，能耗减少 1/3，但大多数企业仍然直接用原煤作能源，吨镁耗标煤 8.5t，仍属高耗能行业，必须下大力气推广新能源，节能降耗，走循环经济之路。

（5）当前，镁冶炼企业受能源、原材料、运输等因素制约，生产成本不断上升，镁产品价格却不断下滑，给很多企业在经营运作上带来了重重困难。

（6）一些生产企业对环保治理不投入、少投入，特别是对无组织排放治理力度不够，不符合环保要求。

总之，从上述情况看来，中国镁工业的发展优势明显，但是在专业人才引进、培养，镁应用基础理论研究、镁特性及在相关领域的应用宣传、镁及镁合金深加工技术等方面亟待加大投入，进一步寻求突破，这样才能适应国内外镁市场的变化，保持持续健康发展的势头。

参考文献

1 高子忠主编．轻金属冶金学．北京：冶金工业出版社，1992

2 邱竹贤主编．有色金属冶金学．北京：冶金工业出版社，1988

3 刘正，张奎等著．镁基轻质合金理论基础及其应用．北京：机械工业出版社，2002

4 李志华，戴永年，薛怀生．真空碳热还原氧化镁的热力学分析及实验验证．有色金属

5 http：//www.rigen-mg.com/productshow.sap？clsid=6

6 http：//www.chinamagnesium.org/

7 周惦武，庄厚龙等．镁合金材料的研究进展与发展趋势．河南科技大学学报（自然科学版），2004，3（25）

8 Gebert A，Wolf U，John A，et al. Stability of the Bulk Glass-Forming Mg65Y10Cu25Alloy in Aqueous Electrolytes. Materials Science and Engineering，2001，A239：125～135，2005，1（57）

9 内田博幸，新谷智彦．Estimation of Creep Deformation Behavior in Mg-Al Alloy by Projection Method. 轻金属，1995，45（10）：572～577

10 边风刚，李国禄等．镁合金表面处理的发展现状．材料保护，2002，3（35）

11　高波，郝胜智等．镁合金表面处理研究的进展．材料保护，2003，10（36）
12　石广福，王雪玲等．浅谈我国镁粉生产的发展历程．轻合金加工技术，2004，4（32）
13　姚素娟．镁粒的生产．轻金属，1997，(10)：43
14　伍上元．谈谈镁粉及颗粒镁的生产方法．轻金属，1999，(5)：40
15　张治民．镁及镁合金产业的现状及发展趋势．太原科技，2005，1（1）
16　刘正，王越等．镁基轻质材料的研究与应用．材料研究学报，2000，5（14）
17　我国镁工业十年发展回顾及未来规划，http：//www. eastmag. cn/new list. asp？ id＝20

4 钛

雷金辉 昆明理工大学

4.1 概述

早在1791年，英国门那新（Menaccin）山谷中静静地躺着一种黑色的矿砂，无人问津。牧师格利高尔（W. Gregor）是位矿物学的爱好者，当他在自己的教区内游览时，发现并带回了这种黑色的东西，经过分析，他宣称找到了一种未知的新金属。为了纪念黑色矿砂的发现地，格利高尔把这种金属称为Menaccin，把矿砂称为门那新矿（Menaccite），也就是现在所说的钛铁矿（$FeTiO_3$）。

1795年，德国科学家克拉普罗兹（铀的发现者）从匈牙利带回的矿物中成功地分离出一种新元素的氧化物，并很快确定他和格利高尔发现的是同一种元素。这种矿物就是钛的氧化物—金红石（TiO_2）。

克拉普罗兹把此元素命名为titanium（钛）取自神话中的“泰坦”（Titans），意指大地之神的儿子。

钛是近代崛起的新型金属，地壳中钛的含量非常丰富，仅次于铁、铝、镁，位居第四。它密度低，比强度高（在金属结构材料中是最高的），耐腐蚀，高温性能好，γ-TiAl合金的使用温度可达900℃。这些突出的优点使它一跃而跨入航空、航天、导弹等高空领域，曾被称为航空材料。

4.2 钛的物理化学性质

钛的原子序数是22，是第四周期第四副族（即B族）元素，密度为4.51g/cm^3，仅约为铁的57%。钛合金具有很高的比强度某些钛合金能在550℃和-250℃长期工作，是大型客机和先进战机的关键用材，所以人们常把钛称作“太空金属”。

纯净的钛是银白色的金属。钛外观似钢，具有银灰光泽。强度和硬度与钢相近。钛同时兼有钢（强度高）和铝（质地轻）的优点。高纯度钛具有良好的可塑性，但当有杂质存在时变得脆而硬。在室温时钛不与氯气、稀硫酸、稀盐酸和硝酸作用，但能被氢氟酸、磷酸、熔融碱侵蚀。但很容易溶解于HF+HCl（H_2SO_4）中。

钛是一种非常活泼的金属，其平衡电位很低在介质中的热力学腐蚀倾向大。但实际上钛在许多介质中很稳定。如钛在氧化性、中性和弱还原性等介质中是耐腐蚀的。这是因为钛和氧的亲和力很大，在空气中或含氧介质中，钛表面生成一层致密的、附着力强、惰性大的氧化膜，保护了钛基体不被腐蚀。即使由于机械磨损也会很快自愈或再生。这表明了钛是具有强烈钝化倾向的金属。介质温度在315℃以下钛的氧化膜始终保持这一特性。完全满足钛在恶劣环境中的耐蚀性。钛最突出的性能是对海水的抗腐蚀性很强，有人将一块钛沉入海底，5年以后取上一看，上面粘附着许多小动物与海底植物，本身却一点也没有被锈蚀，依然亮光闪闪。

钛是一种化学性质非常活泼的金属，原子价是可变的。在较高的温度下可与许多元素和化合物反应。钛吸气主要与 C、H、N、O 发生反应，使其性能裂化。掌握钛的吸气性能对钛的加热、机械加工、加工成型、铸造和焊接的使用，具有重要意义钛与氧的亲和力极强。加热初期，氧进入钛表面晶格中形成一层致密的氧化膜，这层氧化膜可阻止氧进一步向基体扩散。当加热到500°C 以上，钛的氧化膜成为多孔状变厚并容易剥脱，氧通过膜中的小孔不断地向基体扩散在钛的内部形成一层硬脆表面，使钛的塑性变低。因此，钛在热加工中要在保护性气氛中进行。钛在400°C 以上大量吸氢要引起氢脆。一般认为，钛基体中的氢质量分数超过（90 ~ 150）$\times 10^{-6}$ 时，就会沿着晶界或由晶界向晶内方向析出针状、片状或块状等氢化物的沉淀相（TiH_2），类似在钛基体中有微裂纹，在应力作用下扩展直至破裂。

当温度低于 0. 49K 时，钛显现超导特性，经过适当合金化，超导温度可提高到 9 ~ 10K。铌-钛合金在温度低于临界温度时，显现出零电阻和完全抗磁性。制成的导线可通过任意大的电流而不会发热，没有能耗，是输送能量的最佳材料。

钛还具有耐海水、盐类和硝酸腐蚀的能力，因此人们又把钛称作“海洋金属”，在海洋开发、化工、冶金、能源等领域有广泛的应用。

钛还具有储氢、无磁等优异性能。可以说，钛是高新技术的支撑材料，是具有战略意义的新金属，一个国家用钛量的多少，从一侧面反映了一个国家的发展程度。

4.3 钛的资源状况

4.3.1 钛的矿物

钛在地球上储量十分丰富，在地壳中含钛矿物有 140 多种，但现具有开采价值的仅十余种。已开采的钛矿物矿床可分为岩矿床和砂矿床两大类，岩矿床为火成岩矿，具有矿床集中、贮量大的特点，FeO（相对于 Fe_2O_3）含量高，脉石含量多，结构致密，且多是共生矿，这类矿床的主要矿物有钛铁矿、钛磁铁矿等，矿石选矿分离较为困难，产出的钛精矿 TiO_2 含量一般不超过 50%。

砂钛矿床是次生矿床，由岩矿床经风化剥离再经水流冲刷富集而成，主要集中在海岸、河滩、稻田等地，矿物有金红石、砂状钛铁矿、板钛矿、白钛矿等，该矿物的特点是：Fe_2O_3（相对于 FeO）含量较高、结构疏松、杂质易分离，选出的大部分精矿含 TiO_2 达 50 单位以上。见表 2-4-1。

表 2-4-1 世界各地钛铁矿精矿的化学组成 （%）

国别及地区	矿床类型	TiO_2	FeO	Fe_2O_3	SiO_2	Al_2O_3	P_2O_3	ZrO_2	MgO	MnO	CaO	V_2O_3	Cr_2O_3
弗吉尼亚(美)	岩矿	44. 3	35. 9	13. 8	2	1. 21	1. 01	0. 55	0. 07		0. 52	0. 16	0. 27
阿拉德(加)	岩矿	34. 3	27. 5	25. 2	4. 3	3. 5	0. 015	—	3. 1	0. 16	0. 9	0. 27	0. 1
挪 威	岩矿	43. 9	36	11. 1	3. 28	0. 85	0. 03	1. 09	3. 69	0. 33	0. 18	0. 2	0. 03
乌拉尔(俄)	岩矿	48. 07	12. 21	24. 59	1. 54	4. 66	0. 16	—	0. 75	2. 25	0. 62	0. 084	3. 25
乌克兰	岩矿	58. 46	—	27. 8	0. 34	4. 04	0. 19	—	0. 98	0. 86	0. 2	—	3. 58

续表 2-4-1

国别及地区	矿床类型	TiO_2	FeO	Fe_2O_3	SiO_2	Al_2O_3	P_2O_5	ZrO_2	MgO	MnO	CaO	V_2O_5	Cr_2O_3
攀枝花(中国)	岩矿	47	34.27	5.55	2.89	1.34	0.01		6.12	0.65	0.75	0.095	
印度喀拉邦	砂矿	54.2	26.6	14.2	0.4	1.25	0.12	0.8	1.03	0.4	0.4	0.16	0.07
斯里兰卡	砂矿	53.13	19.11	22.95	0.86	0.61	0.05	—	0.92	0.94	0.26	0.19	0.09
马来西亚	砂矿	55.3	26.7	13	0.7	0.59	0.19	0.10	0.02	0.7	0.5	0.07	0.03
卡伯尔(澳)	砂矿	54.57	25.15	16.34	0.53	0.1	0.13	—	0.32	1.67	0.3	1.18	0.04
巴　西	砂矿	61.9	1.9	30.2	1.6	0.25	—	0.07	0.3	0.3	0.1	0.2	0.1
新西兰	砂矿	46.5	37.6	3.3	4.1	2.8	0.22	—	1.2	1.2	1.4	0.03	0.03
佛罗里达(美)	砂矿	64.1	4.7	25.6	0.3	1.5	0.21	—	0.35	1.35	0.13	0.13	0.1
广西(中国)	砂矿	50.94	28.61	16.68	2.27	1.07	0.071		0.6	2.57	0.07		
云南(中国)	砂矿	48.93	32.37	14.86	0.81	0.97	0.03		1.15	0.62	0.23	0.84	

4.3.2 钛资源储量情况

据介绍，钛在地壳中的含量为0.63%，在金属世界里排行第七，含钛的矿物多达140多种、在海水中含量是1μg/L，在海底结核中也含有大量的钛。具有工业开采价值的钛资源，全世界约有19.7亿t，分布在亚洲、非洲、北美、欧洲、大洋洲等地，其中在已探明的工业储量中，99%的钛矿物为钛铁矿、钛磁铁矿，1%的矿物为金红石。钛铁矿砂矿主要分布在南非、印度、澳大利亚、美国等地，岩矿主要分布在中国、挪威、加拿大、美国、前苏联等地，金红石主要分布巴西、澳大利亚等地。

根据20世纪80年代末的统计，全世界已探明的经济性TiO_2的总储量为12.61×10^8t，其中中国占7.04×10^8t，约占世界总储量的56%。中国是钛资源最为丰富的国家，钛与稀土和钨并称为中国三大优势资源。

中国钛资源储量约占世界总储量的40%以上，绝大部分为钛铁矿，金红石储量极小。在中国20个省区探明钛资源表内储量（TiO_2）9.7亿t中，钛铁矿岩矿型（TiO_2）为9.3亿t，占中国表内储量96%，集中在四川攀西、承德大庙等地；钛铁矿砂矿型约3000万t，占表内贮量2.6%，分布在广东、广西、海南、云南、陕西、安徽等省；金红石矿（TiO_2）1000万t，占中国国内表内贮量0.1%。中国的钛资源储量比加拿大、挪威、印度、前苏联、澳大利亚、南非和美国等7个国家储量总和还多，是首屈一指的钛资源大国。

4.4 钛的生产状况

4.4.1 全球钛原料的生产、供应

钛原料通常包括钛矿（含钛精矿）、钛渣和天然金红石等。2001年全球钛原料供应增长了3.1%，TiO_2达到472×10^4t。2000年，澳大利亚是世界最大的钛原料供应国，主要供应钛矿和金红石，约占总供应量的30%，其本国几乎不加工钛渣。全球钛原料产量继续被钛渣主宰（包括UGS），共有37%的市场份额。钛渣份额自1990年超过钛铁矿后，

已经成为最主要的钛原料。氯化渣（包括 UGS）和酸溶性钛铁矿分别是最大钛原料产品，每类产品占总供应量的 20% 多。全球钛渣生产主要集中在少数几个国家，见表 2-4-2。

表 2-4-2 2000 年世界主要钛渣生产商及其产能

国家（公司）	地 址	产能/$t \cdot a^{-1}$	原 料
OIT	加拿大索雷尔	125×10^4	35% TiO_2 岩矿
RBM	南非里查兹湾	105×10^4	焙烧 49% TiO_2 砂矿
Namakwasands	南非 Saldanha 湾	23.5×10^4	砂矿 48% TiO_2
TTI	挪威 Tyssedal	20×10^4	Telles TiO_2 45% 岩矿和少量砂矿
哈萨克斯坦	UKTMC	12×10^4	51% 钛铁矿
俄罗斯	Berezniki	不清楚	乌克兰钛铁矿

注：数据来源：TZMI。

4.4.2 钛白粉和海绵钛工业分析

4.4.2.1 钛白粉工业

钛白粉的生产对钛原料的需求占据了相当大的比重，2000 年钛白粉生产消耗了全球 94% 的钛原料，钛白粉工业对钛原料工业的发展具有决定性的影响。

A 钛白粉产能

至 2000 年年底，全球钛白粉产能为 45×10^4t，比 1999 年增加了 11.8×10^4t。增加的产能主要来自几个工厂瓶颈问题的解决。包括：科美基在 Hamilton 的扩建，美联在 Stalling Borough 的扩建，杜邦在 New Johson Ville 新建的生产线，以及东欧、中国、印度和马来西亚产能的增长。产能的增长主要在于氯化法工艺，目前氯化法钛白粉的产能已占世界产能的 57%。1999 ~ 2005 年全球钛白粉产能状况见表 2-4-3。

表 2-4-3 1999 ~ 2005 年全球钛白粉产能

年 代	氧化法产能/t	比例/%	硫酸法产能/t	比例/%	总产能/t
1999	252.8×10^4	57	194×10^4	43	447×10^4
2000	260.4×10^4	57	198.2×10^4	43	459×10^4
2001	264.6×10^4	57	199.1×10^4	43	464×10^4
2002	269.1×10^4	57	201.8×10^4	43	471×10^4
2005	298.8×10^4	61	190.5×10^4	39	489×10^4

数据来源：TZMI。

世界前五位钛白粉生产商的产能占世界钛白粉产能的 73%，如果产能扩建完成之后，到 2002 年年底将达到 75%。

2005 年，世界钛白粉产能的 6% 采用氯化法工艺，到 2010 年此比例将提高到 65%。产量的增长主要来自于氯化法钛白粉厂。由于到 2005 年没有重大的扩建计划，所以必须要提高工厂产能利用率。2000 ~ 2005 年全球氯化法产能利用率从 91% 增长到 93%，硫酸法产能利用率从 81% 增长到 86%，整体产能利用率从 87% 增长到了 90%。

B 钛白粉产量

2000 年全球钛白粉产量为 398×10^4t，比 1999 年增长了 5%。其中氯化法钛白粉产量

为 237×10^4t，占全球产量的60%，硫酸法钛白粉产量为 161×10^4t。大部分钛白粉产于北半球，距离主要用户比较近。美国生产的钛白粉占全球钛白粉产量的35%，西欧占30%，亚太地区占20%，其余的主要分布在东欧、中南美和中东地区。美国钛白粉产量为 140×10^4t，见表2-4-4。

表 2-4-4 1999～2000 年美国钛白粉工业状况

状 况	1999 年/t	增长率/%	2000 年/t	增长率/%
总产量	135×10^4	2	140×10^4	4
总出口量	38×10^4	-4	47×10^4	22
总进口量	22×10^4	13	22×10^4	-3
消耗量	116×10^4	2	115×10^4	-1
年底存货量	147×10^4	41	14×10^4	3
年生产能力	152×10^4	3	156×10^4	2

数据来源：美国统计局。

在西欧，钛白生产商为了满足市场强劲需求提高了产能利用率，2000 年产量增加了约7%，达到 123×10^4t。在亚太地区（不包括日本）产量也较 1999 年增加了 7%，达到了 55×10^4t，主要是由于澳大利亚和中国的产量增加。2000 年，日本的钛白粉产量为 2×10^4t，与 1999 年相比，没有大的变化。

全球钛白粉产量从 2000 年的 398×10^4t 提高到了 2005 年的 442×10^4t，年均增长率为2.1%。产量的增加，有 81% 来自于氯化法钛白粉厂，剩余的部分由硫酸法钛白粉厂提高产能利用率来弥补。

4.4.2.2 海绵钛工业

海绵钛对钛原料需求仅占非常小的比例，2000 年仅占 3% 左右，相当于 11.3×10^4t TiO_2。

2000 年对钛材的需求比较平稳，增加的供应量主要来自于库存，全年海绵钛的产量为 6.2×10^4t。随着飞机制造业需求的增加，2001 年海绵钛的产量为 6.8×10^4t。在随后的三年，年增长率为5%，然后降到3%左右。基于此，2005 年海绵钛产量达到 8×10^4t，但仍低于 1997 年的高峰产量。

目前全球钛材主要是美、日、俄三国生产，呈现垄断局面。其中美、日两国产量约占世界钛材总量的70%。中国钛材仅占国际市场很小一部分。

4.4.2.3 其他需求钛原料的领域

作为电焊条添加剂的钛原料消耗所占比例是非常小的，但是对钛原料市场来说是非常有价值的。电焊条的需求主要与建筑市场联系密切，用于此行业的钛原料是人造金红石、天然金红石等。2000 年，用于此行业的钛原料消耗量为 15.2×10^4tTiO_2，比 1999 年提高了4%。这主要归功于亚洲建筑市场的活跃，这是电焊条的主要市场。到 2005 年此行业对钛原料需求的增长率为 2.5% 左右。

4.5 钛的消费结构

4.5.1 钛白粉消耗

1999 年全球钛白粉消耗量增长率为 3.1%。2000 年增长 4.1%，达到 393×10^4t。大

部分消耗量的增长发生在上半年，下半年降低，主要是因为受到美国经济发展减缓和北半球季节性（冬季）需求低迷的影响。

2000 年上半年，美国的消耗量比 1999 年同期增长了 7.6%；西欧消耗量增长了 10%；亚洲钛白粉的需求显示出持续增长的态势，但 2000 年的增长率却低于 1999 年的增长。2001 年全球钛白粉需求增长率大约为 2%，预计到 2005 年，钛白粉消耗的年平均增长率为 2.7%，消耗量可达到 445×10^4t。

钛白粉总体供求平衡关系显示出，在 2000 年有 5.6×10^4t 的过剩，在 2001 年也同样如此。

4.5.2　钛原料在钛白、海绵钛及其他领域的消耗分配

1999～2005 年钛原料消耗量见表 2-4-5。

表 2-4-5　1999～2005 年钛原料消耗量（TiO_2）　　（万 t）

用　途	1999 年	2000 年	2001 年	2002 年	2005 年
钛白粉	410	431.3	440.3	451.8	447
钛　材	12.1	11.6	12.7	13.4	15.3
其他用途	14.6	15.3	15.8	16.1	17.2
总消耗量	436.7	458.2	468.8	481.4	509.5
年增长率/%	0	4.9	2.3	2.7	5.8

注：数据来源：TZMI。

在 2000 年，由于钛白粉的产量提高（全年钛白粉产量增加了 5%），使钛原料消耗量增加了 5%，达到 458×10^4t（TiO_2，下同）。在 2001 年，钛原料的消耗量又增加了 2.3%，这主要是由于钛白粉产量的进一步提高，以及钛材行业的恢复性增长。分析显示：到 2005 年钛原料的消耗量将增加 51.3×10^4t，达到 510×10^4t，比 2000 年增长 11.2%。在此期间，对氯化法钛原料的需求增长 16%，对硫酸法钛原料的需求仅增长 4%。

4.6　钛的价格走势

4.6.1　钛原料的价格状况

总的来说，2000 年钛原料的平均名义美元价格增长了 5%。钛铁矿的价格显示出多变的趋势，主要是汇率的因素。以澳元为基础报价，澳大利亚钛铁矿出口价比 1999 年增长了近 8%，但由于澳元对美元的汇率持续疲软，以美元为基础报价，都比 1999 年下降了 4%。2000 年美国钛铁矿的平均进口价增长了 5%，达到 88 美元/t（FOB），包括从澳大利亚和乌克兰进口。

2000 年，酸溶性钛铁矿（52%～60% TiO_2）价格增长了近 9%，达到 147 澳元/t（FOB，下同），但按美元平均价格仅为 85 美元/t，比上年下降了 2%，氯化法钛铁矿（58%～61% TiO_2）的出口价也有相同的走势，平均价格为 119 澳元/t，比 1999 年增长了 2.6%，但以美元计算价格则为 69 美元/t，下降了 8%，氯化法钛铁矿主要是杜邦公司使

用。需要注意的是，现存长期合同中平均价格是比较低的，在2000年新签订的氯化法钛铁矿的价格为90美元/t。

2000年高品位钛原料的价格走势是非常积极的。氯化渣一直作为氯化法钛原料价格的参考标准，2000年的平均价格为406美元/t，比1999年提高了2%。天然金红石的价格相对平稳，美国的进口价为463美元/t，上升了1%，澳大利亚的出口价为471美元/t，下降了1%。酸溶渣的价格走高，增长了4%，达到319美元/t，人造金红石的价格也比上年提高了，达到380美元/t。然而，在2000年下半年，价格下降得较多，主要是由于大多数合同是以澳元为结算单位，而澳元的汇率又持续走低。1998～2000年钛原料平均价见表2-4-6。

表2-4-6 1998～2000年钛原料平均价（FOB）

产品	价格来源	单位	1998年	1999年	变化/%	2000年	变化/%
钛铁矿	澳大利亚出口价	澳元/t	110	128	17	138	8
	美国进口价	美元/t	69	82	19	80	-4
金红石	澳大利亚出口价	澳元/t	804	741	-8	818	10
		美元/t	505	477	-6	471	-1
	美国进口价	美元/t	490	458	-7	463	1
人造金红石	美国进口价	美元/t	375	375	0	380	1
钛渣： 南非氯化渣	美国进口价	美元/t	387	399	3	406	2
加拿大酸溶渣	美国进口价	美元/t	307	307	0	319	4

数据来源：澳大利亚统计局、英国统计局。

钛白粉价格在2000年是逐步增高的，这主要得益于世界主要地区的强劲需求和相对过紧的市场条件。钛白粉的实际价格因区域不同而有很大的差别，见表2-4-7。在很多区域，价格表上的价格比市场价格高出10%～15%。2000年美国价格表平均是2270美元/t（发货价），在欧洲，发货价低于美国10%，为2025美元/t，亚太地区的价格低于其他地区，发货价大约为1900美元/t。

表2-4-7 1998～2000年钛白粉平均价格

地区	价格	单位	1998年	1999年	变化/%	2000年	变化/%
澳大利亚	出口至（包括日本在内的）亚太地区（FOB）	澳元/t	2873	2826	-3	3324	18
		美元/t	1806	1820	1	1920	6
	出口至所有地区（FOB）	澳元/t	2865	2849	-1	3022	6
		美元/t	1800	1835	2	1741	-5
美国	出口至所有地区（FOB）	美元/t	1589	1635	3	1686	3
	国内发货价	美元/t	2120	2238	6	2270	1
欧洲	欧洲发货价	欧元/t	2104	2218	5	2202	-1

数据来源：澳大利亚统计局、美国统计局。

在2001年初，生产商宣布进一步涨价，然而，大多数客户却没有接受，主要原因是客户还有过高的库存和经济减缓降低了对钛白粉的需求。

2000年钛白粉的平均价格为2000美元/t，2005年达到2150美元/t。

4.7 钛冶炼生产工艺

4.7.1 Kroll法

首先用电弧熔炼法或湿法浸出处理钛铁矿得到TiO_2含量高的富钛物料，然后将富钛物料和焦炭粉送入液态化的沸腾炉，氯化后得到粗$TiCl_4$，后采用化学精馏法净化提纯以去除杂质得精制$TiCl_4$，再用Mg热还原，经真空蒸馏除去反应中过剩的Mg和$MgCl_2$，得到海绵状金属钛，其流程如图2-4-1所示。

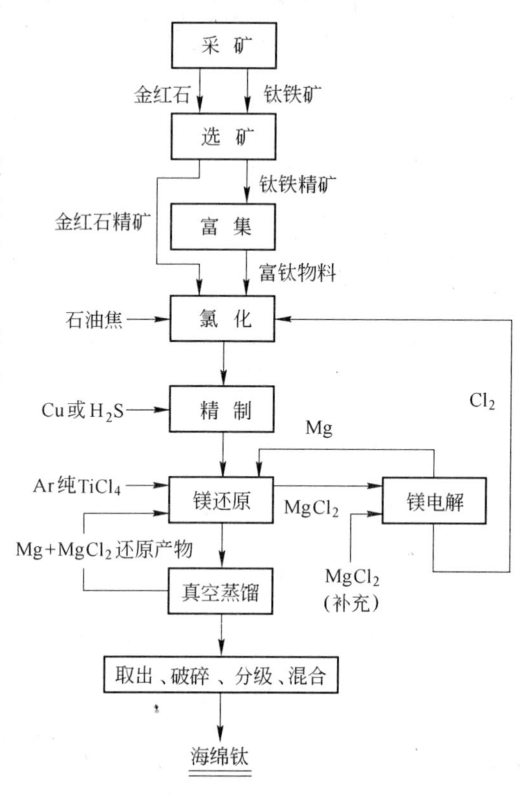

图2-4-1 $TiCl_4$镁热还原法流程图

4.7.2 工艺新动向

4.7.2.1 钙热还原法

以可溶性石墨为阳极，器壁为阴极，钙和氯化钙共同组成介质。TiO_2粉末从反应槽顶部加入，被钙还原后生成的钛沉积到反应槽底部。在两极之间加3.0V（高于CaO而低于$CaCl_2$的分解电压）的电压，反应生成的副产物CaO被电解还原再生钙，还原反应和电解在同一设备中同时完成，实现了工艺的连续化。

4.7.2.2 $TiCl_4$电解法

该方法常采用碱金属或碱土金属的氯化物为电解质。电解温度选择在600～1000℃，并在惰性气体保护下进行电解。

4.7.2.3 TiO_2的直接电解法

将TiO_2还原成钛的碳化物或氧化物，再将它作为可溶阳极在熔盐中电解，但钛和氧的亲和力太强，要想避免产物被氧污染十分困难。

4.7.2.4 TiO_2电解还原制取海绵钛的FFC剑桥工艺

在钛坩埚中，二氧化钛被制作成熔盐电解槽的阴极，石墨作阳极，熔融的$CaCl_2$作电解液，通上适量的电流，氧作为氧离子离开了氧化物，扩散到阳极处，与碳结合生成CO_2，在那里放出，钛金属被留了下来。整个工艺过程中不存在液态钛或离子态钛，这是与传统电解工艺的主要区别。

4.7.2.5 制取金属钛的其他主要方法

表2-4-8简要介绍了制取金属钛的其他方法，这些方法都仅仅在实验室获得成功或取得进展，但要实现工业化生产仍存在诸多需要研究的问题，包括能耗、设备、环保、经济等。在这些方法中熔盐电解法被认为是最具潜力的方法。

表 2-4-8 制取金属钛的其他主要方法

方 法	原 料	还原剂/还原方法
Al-Ti 法	Na_2TiF_6	Al-Zn
铝热还原法	TiO_2	Al
碳热还原法	TiO_2	C（在熔融 Sn 中）
Li-Ca 合金还原法	TiO_2	Li-Ca
熔盐电解法	TiF_4、$TiCl_4$、TiS、Na_2TiF_6、K_2TiF_6	电 解
锰还原法	$TiCl_4$	Mn
熔融氟化物还原法	TiF_4	Na 或 K
等离子还原法	$TiCl_4$	H_2 或 Na
氮化物热分解	TiN	真空热分解
Solex 法	$FeTiO_3$	Al

4.8 钛的再生资源及回收

利用工业企业中产生的大量含钛废弃物资源通过再加工处理和回收各种废弃钛产品再加工，既变废为宝，又加强了环保。

据报道，攀枝花蕴藏着储量巨大的铁、煤炭以及具有重要战略意义的稀有金属、非金属等70多种矿藏，其中钒的储量占全国的87%、全球的11%，钛的储量则占全国的94%、全球的35%。作为以资源开发为主的工业城市，攀枝花市曾长期存在着资源利用率低的突出问题，其中尤以钒钛资源利用率低为甚。在国家有关部门的高度重视和支持下，攀钢艰辛的技术创新努力终于结出硕果：一批具有自主知识产权的高新技术、专利填补了国内空白，其中一些成果居世界领先水平，先后获国家科技进步一等奖、全国科学大会奖等。通过实施这些技术，攀钢经过9年努力建起了世界一流的微细粒级钛精矿生产线，年生产能力达到14万t，到2004年12月已累计生产钛精矿35万多t，产值1.8亿多元。攀钢还在攀枝花及重庆、锦州等地设立钛白粉专业生产企业，使钛白粉年生产能力达到6万多t。随着“转炉提钒”以及五氧化二钒、三氧化二钒、钒铁和钒氮合金生产技术等拥有自主知识产权的高新技术和生产工艺及产品质量的不断完善，攀钢钒资源产业日益壮大，一举成为世界第二大产钒企业，钒产品占据国内市场份额的80%、国际市场的20%，使我国由钒资源的进口国一跃成为钒产品的出口国。攀钢近年来还先后投入5亿多元用于自主研发，相继开发出具有广阔市场前景的钒、钛系列产品，使钛资源的回收率由过去的15%提高到目前的27%左右，综合利用率由过去的4.5%提高到14.3%；钒资源的综合利用率则达到50%以上。

钛的再生资源与回收的途径：

（1）从工业废料回收、加工、再利用，如废钛渣中的钛回收、钛白粉等回收；

（2）金属废料回收钛，如各种废弃钛制品等。

4.9 钛的深加工

钛材在民用工业中的应用发展迅速，在化工、石化、制盐等行业设备更新和技术改造中得到越来越广泛的使用，替代不锈钢和其他材料，取得明显的社会和经济效益。中国钛材民用仅有20多年的历史，这是一个钛应用逐步被认识、探索、尝试，到逐步应用的历史。其间尚有宣传不够，推广力度不足等问题，而一些应当深入开拓的领域未被涉及或未被开发，相当巨大的潜在市场和潜在效益等待着去开拓、去占领。

钛材料的深加工生产所涉及的为钛材料应用中的几个方面是钛应用的各种合金材料、钛设备、钛钢复合管、钛管件及钛的医疗、日用品、工艺品等。

4.10　钛的发展

4.10.1　中国钛工业的发展

钛元素发现于1789年，1908年挪威和美国开始用硫酸法生产钛白，1910年在试验室中第一次用钠法制得海绵钛，1948年美国杜邦公司才用镁法成吨生产海绵钛——这标志着海绵钛即钛工业化生产的开始。

中国钛工业是在党和政府的关怀和指导下发展起来的。1954年开始制取海绵钛的工艺研究，1956年国家把钛当作战略金属列入了12年发展规划，1958年在抚顺铝厂实现了海绵钛工业化生产。20世纪60～70年代中国先后建立了以遵义钛厂为代表的10余家海绵钛生产单位，建立了以宝鸡有色金属加工厂为代表的数家钛材加工单位，同时也形成了以北京有色金属研究总院为代表的钛生产和应用的科研力量，成为继美国、前苏联和日本之后的第四个具有完整钛工业体系的国家。

1980年，中国海绵钛产量达到2800t，然而由于军工订货量不大，社会上对新金属钛尚未认识，钛材价格也较高，钛加工材的产量仅200t左右，中国钛工业陷入困境。在这种情况下，由当时的国务院副总理方毅同志倡导，朱镕基和袁宝华同志支持，于1982年7月成立了跨部委的全国钛应用推广领导小组，此后，以带项目带资金进行钛应用推广、海绵钛及钛加工材减免税、在国家经贸委建立钛专项技术改造项目等有力措施，促成了20世纪80年代中期至90年代初期中国海绵钛和钛加工材产销两旺、钛工业快速平稳发展的良好局面。在这段时间里，中国钛工业也为国防军工和国民经济建设提供了大量优异材料，支持了国家的发展。

中国钛工业发展大致可分为3个阶段，即20世纪50年代的开创期，60～70年代的建设期，80～90年代的初步发展期。在新世纪，中国钛工业将迎来深入发展的成熟期。

4.10.2　对钛发展的建议

经过几十年的发展，中国已形成了完整的钛工业体系，并积累了可迅速发展的储备力。由于钛工业与国防军工紧密相关，因此我们不可能靠国外的力量把它壮大起来，我们只能够、也完全能够靠自己的力量把它发展、壮大起来。我们的目标是，以钛的应用推广为先导，军民结合，在2006年把中国海绵钛产量搞到年产6000t，达到基本的经济规模，在2010年把海绵钛和钛加工材的年产能都提高到1万t，使中国成为钛工业强国，为此，我们有如下建议：

（1）以服务为宗旨，协调和规范行业发展：协会是联系政府和企业的桥梁和纽带。我们应坚持双向服务的方针，协助政府全面规划、协调、规范中国钛行业，使中国钛行业有序、平稳、持续发展。国家也应大力支持行业协会的工作，使之有权威性、有事做、能有效地把行业凝聚起来，整体发展。

（2）政府加大对钛行业的支持力度：无论是美国、前苏联，还是日本，其钛行业的发展都得到国家的大力支持。中国钛工业还处在发展期，还没有达到经济规模，就是说还比较脆弱，更需要国家继续给予有力的支持，应增加钛科研项目；增加支持度；设立钛的专项贴息贷款项目；在近几年时间里，适当地减免税等。

（3）大力支持钛行业的骨干企业改制上市：钛行业是极具发展潜力的高科技产业国家应重点支持中国钛行业中海绵钛、钛加工、钛设备制造、钛科技型企业方面的骨干企业改制上市，筹集资金，实现跨越式发展。

（4）继续打击钛材走私，规范国内钛市场：在前一阶段打击钛材走私的基础上，继续打击钛材走私，尽快制定钛材生产经营的许可证制度，对于促进中国钛行业的持续发展十分必要。

参考文献

1 朱峰，张杰等，钛的新天地——民用钛的开发与前景，世界有色金属，2001(4):32
2 高兆祖．关于发展我国钛工业的几点建议．钛工业进展，2002(4):13
3 白木，周洁．金属钛的性能、发展与应用．矿业快报，2003(5):1 ~ 7
4 邹建新，王刚等，全球钛原料现状与市场展望，钛工业进展，2003(1):5 ~ 11
5 余家华，刘洪贵．国内外钛矿和富钛料生产现状及发展趋势．世界有色金属，2003(6):4
6 刘美凤，郭占成．金属钛制备方法的新进展．中国有色金属学报，2003，10(13):5
7 郭胜惠等．海绵钛生产过程的能耗分析及新技术的提出．云南冶金，2002，6(31):3
8 许原，白晨光等．海绵钛生产工艺研究进展．重庆大学学报，2003，7(26):7
9 高敬，屈乃琴．海绵钛生产工艺概述．钢铁钒钛，2002，9(23):3

5　铜

何蔼平　昆明理工大学

5.1　概述

铜是人类最早制取和使用的金属，据考证，早在一万年前，西亚人已用铜制作装饰品之类的物件。公元前4000年伊朗就有人工冶炼与铸造、冷加工和退火制成的铜器。我国是世界上四大文明古国之一，在甘肃兰州东乡马家窑出土了距今4800多年前的青铜器（铜锡合金含Sn6%～10%）和炼铜的炉渣。夏代（公元前21世纪～公元前16世纪）中国进入了青铜时代。商周（公元前16世纪～公元前221年）已是青铜器的鼎盛时期，这一时期的青铜器是中国古代青铜器的代表。其高度的历史价值，艺术价值和精湛的铸造技术举世闻名。河南二里头出土的商代早期铜爵是目前所知最早的青铜容器，用组合陶范浇铸，冶铸技术已具有相当水平。郑州出土的重达80kg的方鼎是商代中期（公元前14世纪前后）的代表。商代后期青铜冶铸技术进一步发展，青铜器形状复杂，花纹复杂而精美，物品种类繁多，有礼器、乐器、兵器、车马器、生活用具和生产工具，河南殷墟出土的司母戊鼎和湖南宁乡出土的四羊铜尊是其中的代表。在河南、江西有多处商周的冶铸遗址，留有可铸造锛、凿、斧、刀、镞、戈等多种工具的石范（模子）。在湖北大冶铜录山发现了春秋时代（公元前770～公元前476年）世界上最早的炼铜竖炉当时的矿石主要是氧化铜矿。云南江川李家山的古墓群出土了距今2500年前具有滇文化特色的大量精美青铜器皿，说明那时的云南已具有较高的炼铜技术。

铜是一种重要的原材料，在国民经济体系中起基础性作用，也是使用得最广泛的金属之一。其产量仅次于铝居有色金属第二位。今天铜已经广泛的应用于家庭、工业、高技术等场合，未来对铜的需求不仅数量上要增加，对质量的要求越来越高，对品种的要求也越来越多。这就意味着铜的深加工将越来越发展。

铜还是所有金属中最易再生的金属之一，目前，再生铜约占世界铜总供应量的40%。

5.2　铜的资源状况

据美国地质调查局估计，2003年世界陆地铜资源量16亿t，深海海底和海山区锰结核及锰结壳中的铜资源7亿t，主要分布在太平洋。此外，洋底或洋底热泉形成贱金属硫化物矿床中也含有大量的铜资源。世界铜储量和储量基础见表2-5-1。

中国的资源储量基础排名第三，而储量只排第七位，再加上中国大型铜矿少，品位不高，富矿少，所以是一个铜资源相对贫乏的国家，国内资源不能满足国民经济发展的需要，目前需进口大量铜精矿。以2003年为例，铜产量的66%依靠进口原料。中国铜的资源状况见表2-5-2。

表 2-5-1 世界铜储量及储量基础 (万 t)

国 家	储 量	储量基础	占世界储量基础的比例/%
智 利	15000	36000	38.42
美 国	3500	7000	7.47
印 尼	3200	3800	4.06
秘 鲁	3000	6000	6.41
波 兰	3000	4800	5.12
墨西哥	2700	4000	4.27
中 国	2600	6300	6.72
澳大利亚	2400	4300	4.59
俄罗斯	2000	3000	3.20
赞比亚	1900	3500	3.74
哈萨克斯坦	1400	2000	2.13
加拿大	700	2000	2.13
其他国家	6000	11000	11.74
世界总计	47000	93700	100.00

表 2-5-2 中国铜的资源状况

品 种	储量/万 t	储量基础/万 t	资源量/万 t	保证程度①/a
铜	1847.08	2966.89	3785.28	18.9

①按 2002 年产量的保证程度，以储量基础计。

从表 2-5-2 可见，中国铜的保证程度很差。

云南省已查明铜矿床（点）217 处，探明产地 156 个，探明储量 958.88 万 t。1994 年保有储量 849.48 万 t，占全国同期保有储量的 13.59%，仅次于江西、西藏，居第三位。近 10 年来云南省的地质工作者先后在滇西三江成矿带找到了景谷民乐、德钦羊拉及栗家坡等 100 万 t 级的大型铜矿，预测铜资源量 1220.3 万 t。在全省保有储量中硫化矿占 46.56%，氧化矿占 30.82%，混合矿占 22.62%。为云南铜业的发展提供了资源保障。但是云南的铜矿资源有相当部分处于高海拔和交通条件较差的地区，开发难度较大。

5.3 铜的生产状况

从世界格局看，1992 ~ 2003 年期间，美国、加拿大和赞比亚等国家精炼铜的产量下降，美国和加拿大利用跨国公司将冶炼业向拉丁美洲转移；而智利、墨西哥和秘鲁等国家的精炼铜产量迅速增加；欧洲国家经济发展较为平稳，产量平稳增加；在亚太地区，中国和韩国的经济高速发展，需求旺盛，不但本国产量迅速增加，还带动了哈萨克斯坦和澳大利亚精铜产量的增加。主要产铜国家 1992 ~ 2003 年的精铜产量及增长率见表 2-5-3。

表 2-5-3　主要产铜国家 1992 ~ 2003 年的精铜产量及增长率

国　家	1992 年产量/万 t	2003 年产量/万 t	增减/万 t	1992 ~ 2003 年期间增减率/%	1992 ~ 2003 年年均增减率/%
美　国	214.4	131.0	-83.4	-38.90	-4.38
智　利	124.2	290.2	166.0	133.66	8.02
日　本	116.1	143.0	26.9	23.17	1.91
中　国	65.9	177.2	111.3	168.89	9.41
德　国	58.2	59.1	1.6	2.75	0.25
俄罗斯	62.1	81.8	19.7	31.72	2.54
加拿大	53.9	45.5	-8.4	-15.58	-2.79
波　兰	38.7	53.0	14.3	36.95	2.9
比利时	36.7	41.3	4.6	12.53	1.07
秘　鲁	25.1	51.7	26.6	105.98	6.79
赞比亚	47.2	36.0	-11.2	-23.73	-2.43
哈萨克斯坦	33.7	43.2	9.5	28.19	2.28
墨西哥	19.1	36.4	17.3	90.58	6.04
澳大利亚	30.3	48.4	18.1	59.74	4.35
韩　国	20.9	51.0	30.1	144.02	8.44

从表 2-5-3 可见，中国、韩国和智利是精铜产量增长率最快的 3 个国家，中国年均增长率达 9.41%，居第一位。

2000 ~ 2005 年中国 10 种有色金属的产量见表 2-5-4。

表 2-5-4　2000 ~ 2005 年中国 10 种有色金属的产量　（万 t）

金　属	铜	铝	铅	锌	镍	锡	锑	镁	海绵钛	汞	总产量
2000 年	137.11	298.92	109.99	195.70	5.09	11.24	11.33	14.21		203	783.81
2002 年	163.25	451.11	132.47	215.51	5.24	8.18	12.32	23.5	3648	495	1012.00
2003 年	183.63	596.20	156.41	231.85	6.47	9.81	8.99	34.18	4080	612	1228.00
2004 年	203.51	655.75	175.35	253.71	7.148	11.7247					1480.00
2005 年	260	779									

注：镁和海绵钛的产量是 t。

2002 年中国 10 种有色金属的产量首次突破千万吨大关，超过美国成为世界第一大生产国。2003 年和 2004 年增长均较快，2005 年 10 种有色金属产量已达 1635 万 t。

2002 年中国铜产量 163.25 万 t，居世界第二位，2003 年铜产量比 2002 年增长 12.5%，达到 183.63 万 t，居世界第一位，2004 年铜产量比 2003 年增长 10.8%，达到 203.51 万 t，2005 年铜产量比 2004 年增长 27.7%，达到 260 万 t。

2004 年中国主要铜冶炼企业的产量见表 2-5-5。

表 2-5-5 2004 年中国主要铜冶炼企业的产量 (万 t)

企 业	江 铜	铜 陵	云 铜	金 川	大 冶	上海大昌	上海鑫冶
产 量	34.31	33.73	18.71	13	11.89	5.34	5.09

按省计，10 种有色金属产量近几年排名见表 2-5-6。

表 2-5-6 按省计，10 种有色金属产量近几年排名

排 名	第 1 名	第 2 名	第 3 名
2002 年	河 南	湖 南	云 南
2003 年	河 南	湖 南	甘 肃
2004 年	河 南	云 南	湖 南
2005 年	河 南	云 南	湖 南

由表 2-5-6 可见，2002 年河南省 10 种有色金属产量跃居全国第 1 名，湖南省第 2 名，云南省第 3 名。2003 年前两位不变，甘肃省上到第三位。2004 年河南 10 种有色金属产量 237.5 万 t，仍居第一位；云南产量 129.42 万 t，跃居第二位；湖南产量 117.43 万 t，居第三位。2005 年河南 10 种有色金属产量 294.9 万 t，居第一位；云南 147.44 万 t，仍居第二位；湖南 125.66 万 t，仍居第三位。

5.4 铜的用途及消费结构

5.4.1 铜的用途

铜可锻、耐蚀、有韧性，而且是电和热的优良导体；铜和其他金属如锌、铝、锡、镍等形成的合金，具有新的特性，有许多特殊用途。

在各种家庭设备和器具中，为了导电导热，都要用铜，在通讯、水和气的输送及屋顶建造中也要用铜。铜还可作为保护植物和农作物的杀菌剂。铜的合金，如青铜，可用于艺术品如铸像的铸造。铜广泛用于电气系统，它的强度、延展性和耐蚀性使它成为建筑物电路的优良导体，它也用作高、中、低电压的动力电缆，还是制造电动机和变压器的材料。国际铜研究组织指出，在部分通讯系统中，光导纤维虽已取代铜，但在“最后 1 英里”或区段，铜仍是优先选用的材料。在个人计算机和硬件中，广泛使用铜接线电缆。在屋顶建造中，为了抵抗极端气候，用铜是值得的，暴露于各种气候环境中的铜，表面形成铜绿（碱式碳酸铜），保护铜不再受腐蚀，这是铜用于屋顶建造的特点。

铜和黄铜广泛用于自来水管道系统，使该系统提高抵抗细菌能力。

运输业的主要部门用铜，包括船舶、汽车和飞机。船身用铜镍合金可防止生物污垢的形成，降低阻力。据国际铜研究组的数据，每辆汽车的平均用铜量为 27.6kg，每架波音 747 飞机的用铜量为 4000kg。铜的导热性，强度和耐蚀性使它能用作汽车散热器。

在重型机械中，铜合金用于制造齿轮、轴承和涡轮机叶片。在其他方面，铜可用于压力容器和大槽。铜合金能抗盐的腐蚀，因而用于海运业是有利的，包括海岸装备、海滨发电站和脱盐设备。铜也存在于人体内及动物和植物中，它对保持人的身体健康是不可缺少的。

在 20 世纪 80 年代中期，美国、日本和西欧的精铜消费结构中，电气工业占 47.8%，机械制造业占 23.8%，建筑业占 15.8%，运输业占 8.8%，其他占 8%。20 世纪 90 年代

后，铜消费的行业分布发生了巨大变化，如1998年美国的消费结构中，建筑业消费比例提高至41.4%，电力电气工业退居第二位，仅占26.0%，运输业占12.4%，机械制造业占11.2%，其他占9.0%。建筑业中管道用铜增幅显著，行业影响日渐重要，当时美国住房开工率就成为影响铜价的因素之一，1994年、1995年铜价的上涨，原因之一就来自于建筑业的发展。

由于铜的用途广泛，而资源又是有限的，随着世界经济的发展2004年以来铜价一直上涨。

5.4.2　铜的消费结构

精铜主要消费在下列领域：电力工业、电子与通讯业、建筑业、工业机械与设备、消费品及日用品和交通业等。如图2-5-1所示为中国、亚洲、欧洲和美国1998年、1995年及1997年铜的消费结构。

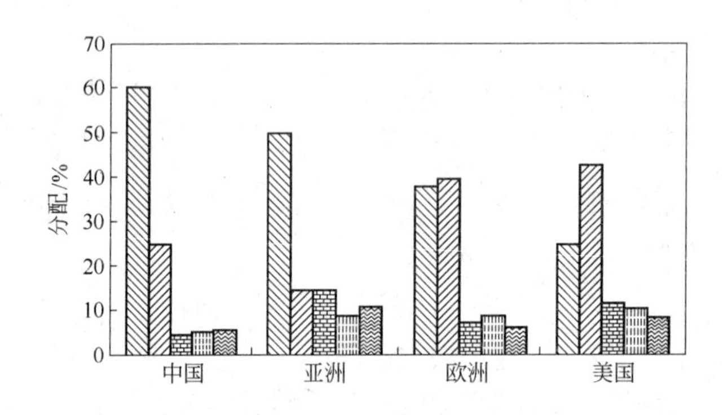

图2-5-1　中国、亚洲、欧洲和美国铜的消费结构

▧—电力和电子；▨—建筑；▤—交通；▥—工业机械和设备；▩—消费品和其他日用品

比较图2-5-1可见，中国用于电力和电子工业方面的铜量比其他国家和地区大得多，已超过60%。

随着国民经济的快速发展，尤其是家用电器、仪器仪表、汽车电子电器及电力行业的高速发展中国对铜及铜材的需求快速增加。表2-5-7给出了中国近年铜消费量的增长。

表2-5-7　中国近年铜消费量的增长

年　份	1995	1996	1997	1998	1999	2000	2001	2004
消费量/万t	183.5	169.3	184.9	170.6	181.2	219.3	246.6	330
增长率/%	100	-7.74	+0.76	-7.03	-1.25	+19.51	34.39	

从表2-5-7可见，1995年至1999年中国铜的消费量基本维持在180万t左右，2000年以后增长较快。2003年中国铜消费量达320万t，占全球消费总量的21%，超过美国居第一位。中国在全球铜市场中举足轻重。2004年中国电子电气业需铜达170万t，汽车制造业达6.2万t。

表2-5-8给出了中国近年铜材的产量和进出口情况。

表 2-5-8 中国近年铜材的产量和进出口情况

年 份	生产量/万 t	进口量/万 t	出口量/万 t	年 份	生产量/万 t	进口量/万 t	出口量/万 t
1993	72	20. 8	4. 3	1999	128. 2	63. 2	10. 2
1994	77. 8	28. 3	6. 1	2000	159. 7	74. 1	14. 4
1995	157. 2	35. 0	8. 7	2001	185. 8	73. 1	12. 3
1996	135. 1	42. 3	8. 1	2002	251. 2	91. 7	17. 1
1997	146. 3	48. 5	9. 9	2003	319. 60	105. 58	23. 29
1998	125. 2	54. 7	9. 3				

对比表 2-5-7 和表 2-5-8 可见，中国铜材的生产量 1995 年有大的发展，从 1994 年的 77. 8 万 t，一举增加到 157. 2 万 t。但是铜材消费量的增长比生产量的增长快，尤其是 2000 年以来消费量年均增长超过 19%，生产量年均增长约 10%。所以，进口量远大于出口量。

其中近年中国铜板带的产量和消费量见表 2-5-9。铜管近年的消费量见表 2-5-10。

表 2-5-9 近年中国铜板带的产量和消费量 （万 t）

年 份	1995	1996	1997	1998	1999	2000	2001	2002	2003
产 量	22. 7	26. 17	32. 69	30. 28	31. 8	33. 8	37. 8	43. 3	58. 21
消费量	28. 56	33. 02	40. 24	39. 61	43. 21	47. 49	52. 63	60. 71	

表 2-5-10 中国铜管近年的消费量 （万 t）

年 份	2000	2001
表观消费量	38	39. 62

随着国民经济的发展，中国铜材的需求还将高速发展，表 2-5-11 列出了中国铜市场需求预测。

表 2-5-11 中国铜市场需求预测

年 份	2010	2020	年 份	2010	2020
生产量/万 t	260	450	消费量/万 t	450	650

中国不仅铜生产量居世界第一位，消费量也跃居世界前列。以铜板带为例，2002 年全球铜板带消费量为 310. 9 万 t，我国铜板带材的消费量为 60. 71 万 t，约占世界总消费量的 20%，列世界第一位。

5. 5 铜的价格走势

如图 2-5-2 所示为 1950 年至 2000 年国际市场铜的价格走势，如图 2-5-3 所示为近几年中国铜的价格走势。

由于铜需求的不断增加，从 2002 年以来国际市场铜价一直上升。国内更是因为铜资源的不足和需求的增加，铜价上涨。从图 2-5-3 可见，中国市场从 2002 年以来铜价一直是上涨的趋势，2004 年 1 号电铜涨到 3 万多元/t，还一度接近 3. 3 万元/t。2005 年以来铜价一直上涨，到 11 月涨到接近 4 万元/t。国际市场的铜价曾一度突破 4000 美元。据有关人

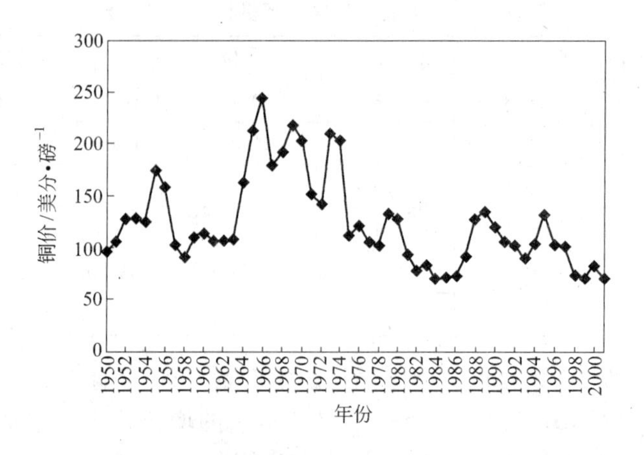

图 2-5-2　1950～2000 年国际市场铜的价格走势

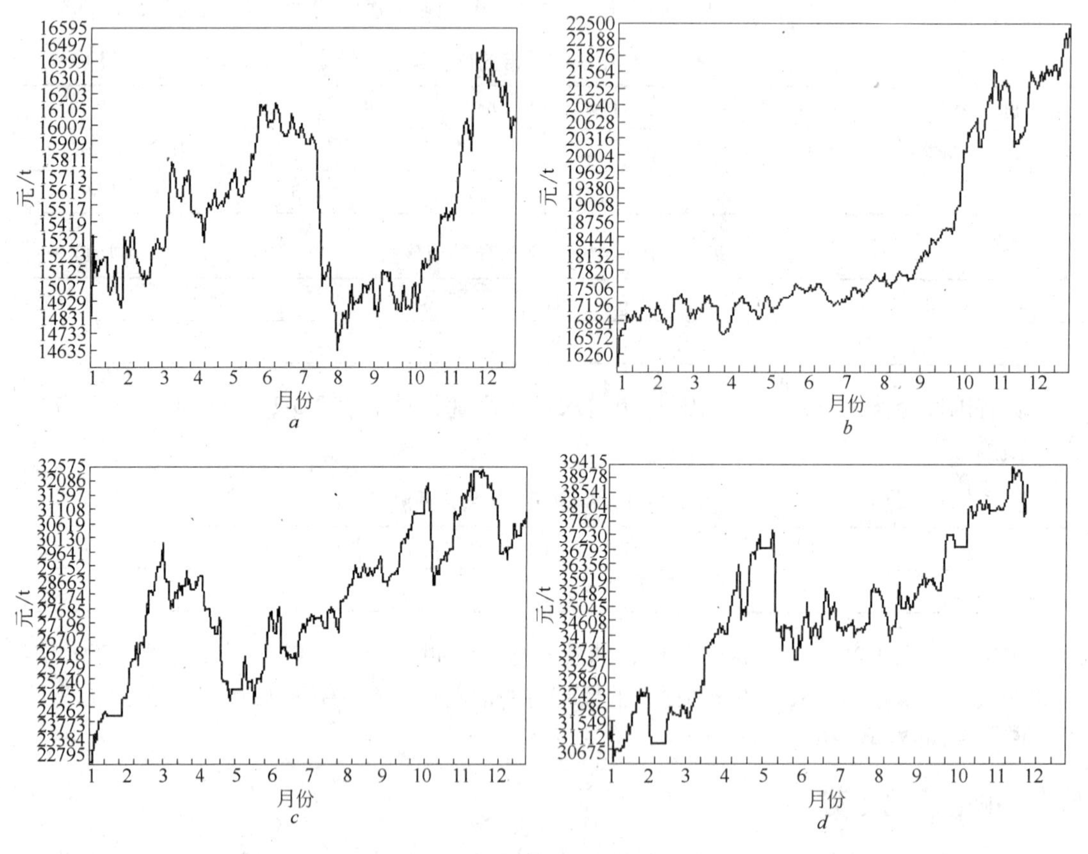

图 2-5-3　近几年中国铜的价格走势

a—2002 年 1 号电解铜走势图；*b*—2003 年 1 号电解铜走势图；
c—2004 年 1 号电解铜走势图；*d*—2005 年 1 号电解铜走势图

士估计，由于铜的供应偏紧和美元汇率上升的前景不明，所以铜的价格仍然会保持高价位。

5.6 中国铜冶炼工艺

随着世界经济的全球化，中国铜冶炼企业面临更严峻的竞争和挑战。为了增加竞争力，中国大型铜企业都进行了技术改造，使中国铜冶炼技术，尤其是火法冶炼技术有较快的发展和进步，其技术水平接近世界先进水平。

5.6.1 火法冶炼

5.6.1.1 铜熔炼

闪速熔炼技术目前仍然是世界铜熔炼的主流工艺技术。该技术成熟可靠，热强度高，单炉处理量大，炉子寿命长，环保效果好。贵溪冶炼厂采用此工艺生产多年。其完成不久的三期工程将闪速炉的喷嘴改为中央扩散型喷嘴，使入炉物料和空气及氧气的混合更均匀，冶金反应进行得更彻底。并通过提高精矿品位；提高热强度等措施，使处理能力从原来的单炉 9 万 t/a，提高到单炉 30 万 t/a，成为世界上第四家单炉产量超过 30 万 t/a 的铜工厂。

氧气顶吹炼铜技术是一种正在发展的技术。该技术对物料的要求不高，不需深度干燥，投资较低，过程强化，热效率高。在发展中需要解决的问题是提高高炉寿命和喷枪寿命。目前两种氧气顶吹炼铜技术：澳大利亚的芒特艾萨和奥斯麦特技术均已进入中国。中条山有色金属公司侯马冶炼厂是世界上首家采用奥斯麦特技术的工厂，有一台奥斯麦特熔炼炉，经过一段时间的努力，熔炼炉已能维持生产。云南铜业股份公司引进艾萨技术取代原来的电炉熔炼，成为世界上第三家采用艾萨技术的工厂。该技术成熟可靠，该炉设计能力 14 万 t/a，实际可超过 20 万 t/a。投产后使矿产粗铜的工艺能耗从原来每吨的 0.934t（标煤）下降到 0.561t（标煤），粗铜电单耗从 2341kW·h/t 下降到 1394kW·h/t，总硫利用率从 79.35% 上升到 95% 以上。此后，铜陵有色金属公司金昌冶炼厂也引进了该技术。

5.6.1.2 铜锍吹炼

随着铜熔炼能力的增加，要求转炉吹炼设备大型化。各大型冶炼厂都通过改造，使转炉大型化。还通过提高铜锍品位，采用富氧吹炼强化吹炼技术。此外在机械设备方面和转炉烟罩的密封方面都做了工作，使转炉作业更稳定，漏风率大大下降。

美国肯尼科特冶炼厂的闪速吹炼技术具有单炉产量大，烟气浓度高，烟气量波动小，吹炼的铜锍品位高，环境污染小，综合能耗低等优点。但目前国内还没有工厂采用。

中条山有色金属公司侯马冶炼厂有一台奥斯麦特技术吹炼炉，国内还有一些小厂采用连吹炉，但吹炼炉作业率低，最终将随密闭鼓风炉一起被淘汰。

5.6.1.3 火法精炼

铜在电解之前要经过火法精炼，除去一些杂质，制成阳极供电解精炼。国内大型冶炼厂采用大型的固定式阳极炉或转动式阳极炉。江铜贵溪冶炼厂二期从国外引进 350t 的阳极炉，云铜为自己设计的 350t 固定式阳极炉，金隆为 300t 阳极炉。贵溪冶炼厂三期为自行设计的 350t（4.57m×10.7m）转动式阳极炉和引进的 100t/h 的双圆盘阳极板浇注机。转动式阳极炉在传热和传质方面都比固定式阳极炉好。云铜在改造时，也选定了 350t 的转动式阳极炉。而且采用固体燃料和固体还原剂，它是中国第一台采用粉煤做燃料和采用固体还原剂的阳极炉，对少油地区以煤代油意义重大。

目前国外工厂应用较多的还有一种倾动式阳极炉，是德国 Maerz 公司研制开发的。对处理废杂铜、粗铜、残极等有其独特的优点，集中了固定式和转动式阳极炉的优点。贵溪冶炼厂三期工程杂铜处理车间引进 350t 倾动式阳极炉。

5.6.1.4　电解精炼

电解精炼方面，国外主要有大极板和不锈钢阴极技术。

大极板技术采用大跨度厂房，大电解槽，厂房面积可以减小。配备相应的机械设备可以使机械化自动化水平大为提高。目前国内已有贵溪、金隆、沈新和金川等公司的冶炼厂采用，使工厂的装备水平大为提高，还为今后扩产留下较大空间。

不锈钢阴极技术采用不锈钢板代替传统的始极片，无始极片制造系统，简化了工艺。由于不锈钢阴极平直，减少了生产过程中的短路现象，提高了产品质量，还可以采用较高的电流密度和较小的极距。贵溪冶炼厂引进该技术的 20 万 t/a 电解车间已投入生产，标志着我国铜电解技术已达到国际先进水平。

5.6.2　湿法炼铜

为了解决二氧化硫对环境的污染问题，解决低品位矿石的开发问题和复杂矿石及二次资源的综合利用问题，20 世纪 70 年代以来湿法冶金进入了快速发展的阶段，其中湿法炼铜技术发展迅速。

随着化学工业的发展出现了有机萃取剂，可以有效地从贫铜溶液中萃取铜，1968 年美国亚利桑那州蓝鸟矿建成了世界上第一个工业规模的浸出—萃取—电积工厂，经过 30 多年此法不断发展和完善，目前全世界采用此工艺生产的铜量已超过 200 万 t/a，占全球矿产铜量的约 20%。智利是世界上最大的湿法炼铜生产国。1998 年产量达到 116.9 万 t，占该国铜产量的 31.66%。1997 年智利建成世界上最大的浸出—萃取—电积（简称 L-SX-EW）法炼铜工厂，其生产能力为 22.5 万 t/a，产品达到伦敦金属交易所（LME）A 级铜标准。此法由于工艺流程短，产品质量高，加工成本低，且能从铜矿废石等含铜很低的原料中提取铜，日益成为一种重要的炼铜方法。2000 年世界 L-SX-EW 法的产量约为 240 万 t，占世界铜产量的 20% 以上，为中国同期铜产量的一倍多。

L-SX-EW 法流程短，投资省，成本低。国外吨铜投资约 1200 美元，生产成本约 800 美元。而火法炼铜吨铜投资约 2000 美元，生产成本约 1400 美元。

湿法炼铜特别是 L-SX-EW 技术，由于具有流程短，仅三、四道工序，取消了花钱最多的选矿和火法熔炼，可称为是一次技术革命；原材料消耗低，主要消耗为硫酸、萃取剂和稀释剂，其消耗大体与选矿药剂消耗相当；扩大了铜原料选择的范围，经济上合算的资源均可提取，国外甚至含铜 0.04% ~0.07% 就可利用，降低了能耗，节约了大量燃料、电力和耐火材料等；对环境的污染小，不产生污染环境的 SO_2，流程自成回路，基本上没有废水，只有浸出废渣要做处理，环保治理费用低；成本较火法流程低，故湿法炼铜发展迅速。预计未来 10 年内湿法炼铜产量占总产量的比例将提高到 25% 左右。

L-SX-EW 技术在中国也有较大发展，1983 年在海南岛建成了中国第一个 L-SX-EW 工厂，20 世纪 80 年代中期在云南大姚铜矿也建成 L-SX-EW 工厂，以后陆续建了 8 座工厂，1995 年电积铜产量 2800t，居中国首位。接着牟定铜矿也建设了年产电积铜 1000t 的广通厂及几座小厂，电积铜最高年产达 1600t，居全国第二位。此后，此项技术得到很大发展，据不完全统计，目前中国约有200多个工厂采用此工艺处理铜矿或铜精矿生产电铜，其产能已达2万t左右。德兴铜矿建成了采用细菌浸出技术，处理含铜品位0.1～0.25的废石工厂。1997年5月开始喷淋，10月产出A级电解铜，为中国低品位硫化铜矿的细菌浸出法处理和产业化翻开了新的一页。中条山有色金属公司在大量科学研究的基础上，成功开发了适于处理难采、难选氧化铜矿的原地爆破浸出技术，并在国内首先实现铜资源万吨级原地破碎工业化浸出，建成年产500t电铜的SX-EW工厂，取得了较好的经济效益和社会效益。1999年设计能力年产1000t阴极铜，海拔3900米的西藏尼木铜厂投入生产，产出高质量阴极铜，为中国高海拔地区铜矿资源的开发提供了可靠的经验。1999年位于北纬50°13′，东经125°49′的黑龙江多宝山矿L-SX-EW工厂建成投产，标志着中国已具有高纬度寒冷地区的堆浸技术。1999年，新疆伽师L-SX-EW工厂投产，该厂处理含氯化铜的氧化铜矿、浸出用地下水含碱高等问题均得到有效解决，产出纯度超出国家一号电解铜标准的阴极铜。由北京矿冶研究总院和云南东川矿务局合作研究开发了处理高碱性脉石难选氧化矿的氨浸—萃取—电积工艺，建成年产500t电铜的试验工厂。2000年，北京有色金属研究总院与福建紫金矿业股份有限公司联合开发细菌浸出提取含砷低品位硫化铜矿的细菌浸出—萃取—电积工艺。建成年产300t阴极铜的细菌浸出L-SX-EW工厂，运行几年来取得较好的经济效益，并实现细菌浸出工艺“零”排放，取得较好的社会效益。云南铜业集团大红山铜矿进行了低品位硫化铜矿井下细菌堆浸研究。

总之，中国的湿法炼铜技术取得了许多进展，然而与国外相比还有不少差距，工厂规模较小，国外最大的铜L-SX-EW工厂已达年产27万吨，而中国最大的L-SX-EW工厂年产量不足万吨；适合处理中国硫化矿矿石特点的细菌浸出菌种，尤其是中温和高温菌种还需要研究；就地浸出的若干问题、老矿山含铜废石的处理等应加强研究，加快发展。

5.7 铜的再生资源及回收

从再生资源中回收有色金属，是有色金属工业实施可持续发展战略的一部分，日益受到各国政府、环保部门和企业的关注。铜还是所有金属中最易再生的金属之一。

从再生资源中回收有色金属其优点如下：

（1）保护和节约了原生矿产资源，在金属储量一定的条件下，再生金属利用得越多，原生金属矿藏就用得越少，延长了矿产资源的使用寿命。中国的铜资源紧缺，再生资源的利用就更为重要。

（2）节约了能源，生产原生铜和再生铜的能耗比较见表2-5-12。

表2-5-12 生产原生铜和再生铜的能耗比较 （kJ/t_{Cu}）

从矿石中生产铜	从金属废料中生产铜	生产再生金属节约能耗的比例/%
1.16×10^6	1.9×10^5	83.6

从表2-5-12可见，从金属废料中回收铜，其能耗大大低于从矿石中生产铜，大约只为四分之一。

（3）保护环境，与从矿石中生产铜相比，从金属废料中生产铜二氧化硫的排放量大大减少，有利于环境保护。国外非常重视再生金属的回收，美国等一些国家2001年废铜回收所占份额见表2-5-13。

表 2-5-13　美国等一些国家 2001 年废铜回收所占份额

国　别	美　国	欧　盟	德　国	日　本
铜的总消费量/kt	2620			
废铜消费量/kt	1260			
废铜回收率/%	48	35 ~ 45	54. 11	53. 74

由此可见，美国和欧盟废铜的回收率都较高。目前，再生铜约占世界铜总供应量的 40%。

中国的废铜一直在回收，解放前和解放初期，中国铜的生产主要靠再生资源。这些年回收率也逐年在上升，目前已达到 63. 6%，超过世界平均水平。中国目前每年自产约 80 万 ~ 90 万 t 的废杂铜。除了处理国内的自产废杂铜外，还大量进口国外的废杂铜，表 2-5-14 给出了中国废杂铜的进口情况。

表 2-5-14　中国废杂铜的进口情况　（万 t）

年　份	1996	1997	1998	1999	2000	2001
进口实物量	70. 75	78. 59	94. 48	169. 02	249. 09	332. 01
铜　量	21. 30	24. 00	28. 70	33. 80	49. 80	66. 40

据海关统计的数据，2005 年 1 ~ 9 月中国已进口铜（金属量）116. 32 万 t，同比增长 10. 6%，其中，废杂铜 41. 84 万 t，同比增长 30. 6%。现在中国长江三角洲、珠江三角洲和环渤海地区已形成 3 个废杂铜的重点拆解、加工和消费区。在江苏的苏南地区，浙江的永康、台州，广东的南海，河北的清苑、安新等地已成为中国新兴的再生有色金属生产地。

近年来中国有色金属循环经济发展取得进展，再生有色金属连续几年保持略快于原生金属的发展速度，成为有色金属工业越来越重要的组成部分。2004 年，中国再生铜产量 115 万 t，同比增长 14%，再生有色金属产量达到 320 万 t，占有色金属总产量的 22%。到 2020 年，中国有色再生资源利用产值将达 2400 亿元以上。中国有色金属工业协会会长康义表示，到 2020 年，再生金属利用量达到 1200 万 t，占总量的 40%。

云南虽然远离大海，但是为了补充国内省内铜资源的不足，也需大量进口铜原料。坚持利用国内、国外两种资源，两个市场。在进口铜精矿的同时，进口铜废料，同时还要注意收集和处理省内及东南亚地区的废杂铜。

5. 8　铜的深加工

5. 8. 1　铜的深加工概况

中国铜加工业经过 50 多年的建设、技术改造，已经发展成为能够基本满足国民经济需要的重要基础原材料工业。铜材产量从 1949 年的 0. 2 万 t 增加到 2001 年的 185. 8 万 t，产量增加了 929 倍，平均年递增率达到 14. 0%。2003 年达到 319. 60 万 t，2005 年 1 ~ 8 月达 317. 33 万 t，增幅明显。

据报道，1995 年和 2002 年中国铜材加工业上了两个台阶。1995 年铜材产量从 77. 8 万 t，增加到 157. 2 万 t，增加 79. 4 万 t 增加 1. 39 倍；2002 年从 185. 8 万 t 增加到 251. 2

万 t，增加 65.4 万 t，增加 35%。然而进口量仍然很大。这说明中国铜加工业的产量增加还不能满足需求的增长，还需进一步发展加工业。此外还由于一般铜材的产量虽然增加，但是某些特殊产品、高质量、高精度的产品还不能满足市场需要。

2003 年中国铜加工材及铜盘条产量见表 2-5-15，主要省份铜加工材生产能力见表 2-5-16。

表 2-5-15 2003 年中国铜加工材及铜盘条产量 （万 t）

项 目	铜加工材									铜盘条
	板 材	带 材	排 材	管 材	棒 材	箔 材	线 材	丝 材	其他材	
产 量	19.90	38.31	4.08	63.38	30.18	7.89	117.11	5.91	29.85	61.81

表 2-5-16 2003 年中国主要省份铜加工材生产能力 （万 t）

省 别	浙 江	江 苏	广 东	河 南	安 徽	云 南	合 计
产 量	118.63	68.09	41.74	19.33	14.66	0.71	319.60

按铜加工产量浙江、江苏、广东、河南、安徽分别列 1～5 位，云南省列第 18 位。从表 2-5-16 可见，中国铜加工的生产能力已接近 320 万 t。对比表 2-5-15 和表 2-5-16 可见，云南精炼铜生产量在国内名列前茅，而加工能力仅列第 18 位，很不相称，应加速云南铜加工业的发展。

从铜加工业的地域分布看，主要分布在长江三角洲、珠江三角洲和环渤海地区。这些沿海地区区位优势明显，随着世界制造业移向中国，这些地区需要的铜材量剧增，铜加工业也就近发展起来。尤其是以浙江、上海、江苏为中心的长三角沿海产业带，聚集了中国 80% 的铜加工企业。浙江省已成为中国铜加工第一大省，2002 年铜加工生产量 82 万 t，产量和产能均占全国的 1/3，连续 6 年居全国第一。

中国铜加工业已呈现国际化趋势。主要表现在标准国际化，市场国际化，合作国际化，技术装备国际化，原料市场国际化，铜加工区国际化。

当今世界有色金属深加工发展有四个趋势：（1）深加工技术向低成本、无污染、高效益方向发展；（2）深加工产品向高纯化、细晶化、超硬化、高精化方向发展；（3）深加工生产设备向大型化、连续化和自动化方向发展；（4）深加工的工艺过程广泛采用先进的监控仪表和计算机控制技术，极大地提高了生产效率。

中国的铜加工业已有较大的发展，但是仍存在不少问题。有相当数量的铜加工企业技术装备水平较低，产品质量差，能耗高，环境污染相当严重，铜加工业生产的集中度不高，部分高质量的产品还不能生产。为了赶上世界先进水平，发展我国的铜加工业，必须坚持技术进步，加快企业的技术改造；调整产品结构，提高产品质量；积极发展以全球经营为目标的大型企业。

5.8.2 铜深加工产品需求情况

1995 年以来中国铜材进出口量直线上升，1995～2002 年我国铜材进出口情况见表 2-5-17。

表 2-5-17　1995～2002 年中国铜材进出口情况　　(t)

年份		合计	板带	箔材[①]	管材	型棒线	粉	其他
1995	进口	350375	82229	40828	22253	201829	2236	1000
	出口	87217	23670	22840	3686	33149	553	3419
1996	进口	423303	83781	45515	29787	262092	1342	785
	出口	80705	15342	24454	4850	31480	464	4114
1997	进口	484679	104027	62754	24553	291048	1227	1070
	出口	99439	28359	25102	6294	33251	432	5820
1998	进口	545867	111385	70591	30704	330959	1669	759
	出口	93143	18126	23572	8825	31514	956	10150
1999	进口	631941	137642	103710	44790	344027	1737	35
	出口	104490	23522	41835	16955	18353	1308	2517
2000	进口	740965	170476	138844	43259	385646	2739	1
	出口	143832	31691	74583	19620	16265	1673	
2001	进口	740625	167964	128739	47061	393436	2769	629
	出口	123772	19680	63000	26469	13230	1393	
2002	进口	917727	201966	184246	36041	385929	3744	105801
	出口	171710	26871	87400	37208	18435	1797	

①箔材贸易量中包含有绝缘材料量。

为了看清楚趋势，计算了各种材的净进口量和各种材的进口量占当年进口总量的比例，见表 2-5-18 和表 2-5-19。

表 2-5-18　各种材的净进口量　　(t)

年份	板带	箔材[①]	管材	型棒线	粉	其他
1995	58559	17988	18567	168680	1683	-2419
1996	68439	21061	24937	230612	878	-3329
1997	75668	37652	19259	257797	795	-4750
1998	93259	47019	21870	299245	713	-2482
1999	114120	61875	27835	325674	429	-9391
2000	138785	64261	23639	369381	1066	-2482
2001	148284	65739	20592	380206	1403	629
2002	175095	96846	-1167	367494	1947	105801

①箔材贸易量中包含有绝缘材料量。

从表 2-5-18 可见，板带、箔材、管材、型棒线、粉和其他从 1995 年到 2002 年进口都是增加，板带增加了 2.99 倍，箔材增加了 5.38 倍，型棒线增加了 2.18 倍。其他项从净出口，2001 年后变成进口。管材进口量增至 1999 年，以后随着国内管材厂的建立进口量逐渐减少，到 2002 年出口量大于进口量。特别是高精度、高效散热铜管深受国际市场欢迎。从表 2-5-18 可见，板带进口的比例变化不大；随着电子工业的发展，箔材的进口比例增加了 1 倍；型棒线材进口的比例一直较大，虽有下降，仍然占 40% 还多，应该发展型棒线材，减少进口的比例。

表 2-5-19 各种材的进口量占当年进口总量的比例 (%)

年 份	板 带	箔材[①]	管 材	型棒线	粉	其 他
1995	23.47	11.65	6.35	57.60	0.64	0.29
1996	19.79	10.75	7.04	61.92	0.32	0.18
1997	21.46	12.95	5.06	60.05	0.25	0.22
1998	20.41	12.93	5.62	60.59	0.30	0.14
1999	21.78	16.41	7.09	54.44	0.27	0.01
2000	23.01	18.74	5.84	52.05	0.37	—
2001	22.68	17.38	6.35	53.12	0.38	0.08
2002	22.01	20.08	-3.93	42.05	0.41	11.53

①箔材贸易量中包含有绝缘材料量。

从表 2-5-19 可见，比例变化最大的是箔材和型棒线，由于电子、通讯、计算机等行业的飞速发展，用于制造集成线路板原料的箔材需求很旺，中国国内生产的箔材不能满足要求，使箔材的进口量大大增加，其所占比例从 11% 增加到 20%。而型棒线材所占的比例从 57% 下降到 42%。管材也从进口到 2002 年出口大于进口。尤其是国产的高质量冷却铜管出口受到国外的好评。

表 2-5-20 给出了 2003 年铜产品的进出口情况。

表 2-5-20 2003 年铜产品的进出口情况

项 目	出口数量/t	出口创汇/万美元	进口数量/万 t	进口用汇/万美元
铜		81995		821890
未锻轧铜	65034	11341	1438401	258033
其中：精炼铜	64381	11211	1357329	246458
铜合金	653	130	81072	11575
铜 材	232880	69022	1055765	278339
其中：铜粉	2028	584	4488	2013
铜条杆型材	7442	1540	105168	19966
铜 丝	15335	3699	429809	84056
铜板带	30837	7742	237276	61451
铜 箔	109224	35796	245275	96401
铜 管	53218	13926	31898	12527
铜制管子附件	14794	5735	1850	2285
铜金属制品	33329	13316	26028	22608

注：铜金属制品未计入进出口额。

从表 2-5-20 可见，随着中国加工业的发展，在铜管材 2002 年出口超过进口后，铜制管子附件和铜金属制品出口数量和创汇均超过了进口；而进口数量前 3 位为精炼铜、铜丝和铜箔；进口用汇前 3 位为精炼铜、铜箔和铜丝。可见应增加精炼铜、铜箔和铜丝的产量。

5.8.3　中国铜材加工的主要厂家

中国铜材加工的主要厂家分如下几类：

（1）铜线坯主要生产厂家：中国采用先进的连铸连轧工艺生产铜线坯的厂家主要有10家左右。其中实力较强的有南京华新、常州鑫源，产能均在10万t以上。铜陵有色金属公司投资兴建万吨特种漆包线和10万t/a连铸连轧生产线。江铜投资引进美国南线和德国涅霍夫的设备和技术建设15万t/a的铜线坯生产线和拉丝生产线。

（2）铜板带材：中国铜板带材的主要生产厂家是洛铜集团、上海金泰铜业、北京金鹰、宁波兴业、广州铜材、芜湖恒鑫、沈阳有色金属加工厂等。目前，洛铜集团、北京金鹰、上海金泰铜业、江西洪都钢铁公司、铜陵有色金属公司正积极开展一批高精度铜板带项目。

（3）铜管、棒材：截至2002年底中国的铜管材产量超过25万t/a，居世界第一位，不仅满足了国内的需求，还有部分出口。主要的厂家有浙江海亮、河南金龙、江苏高新张铜集团3家。近期已建成或拟建的项目有洛铜集团的大管、大棒项目，海亮内螺纹管二期工程，河南金龙扩大精密铜管生产能力，江苏高新张铜集团的内螺纹管项目，日本古河电工在上海合资建设的上海日光铜业的内螺纹管生产线，奥托昆普铜管（广东中山）有限公司的铜管生产线。

（4）铜箔：目前中国有一定规模的铜箔生产厂家约有15家。主要有铜陵中金、苏州福田、广州佛冈、广东惠阳、三井铜箔（广州）有限公司、河南灵宝华鑫铜箔有限公司、招远金宝等。铜陵是中国唯一的高档黄铜箔生产厂家。其二期技改新建的5000t/a高档电解铜箔项目主要生产12μm和18μm的高档电解铜箔，现在其年产量已经达到6800t/a。

（5）铜型材：主要有铜陵有色金属公司与香港合资的黄铜装饰异型材生产线，云南铜业股份有限公司与日本古河电工合资建设的云南铜业古河电气有限公司，生产高速列车用铜及铜合金接触网材料，项目具有一定规模，2005年已经盈利。

5.8.4　中国急需发展的铜深加工产品

中国铜加工业有很大的发展，然而还有很大的发展空间。目前世界及一些发达国家的铜材人均消费见表2-5-21。

表2-5-21　目前世界及一些发达国家的铜材人均消费　　（kg/（人·a））

国　别	世　界	意大利	美　国	德　国	日　本	中　国
人均消费	3.0	25.5	16.54	16.29	14.3	1.69

从表2-5-21可见，中国的铜材人均消费还远低于世界平均水平，比起发达国家差距更大。要达到世界平均水平将达到年产铜材390万t，达到5kg/（人·a）将达到年产铜材650万t。

几种铜加工产品具有较大的市场需求。

5.8.4.1　电解铜箔

电解铜箔是电子信息产业的基础材料，电解铜箔主要用于制造印刷电路。随着电子、通讯和计算机的发展，印刷用铜箔消费量剧增，全球1990年消费铜箔7.5万t，1995年消费11.5万t，2000年增加到19.0万t，其中90%是电解铜箔。2005年需要5万~6万t，有2万~3万t的缺口。

随着电子产品的更新换代及电子元件向超薄型、细微化、高频化、高精度、高稳定性、组件化、模块化发展对电解铜箔的要求越来越高。根据尺寸及允许偏差、力学性能、电性能（质量电阻）、工艺性能（可焊性）、针孔、渗透点及表面质量等指标，电解铜箔可分为高档铜箔和普通铜箔，目前高档铜箔的缺口更大。高档铜箔主要指厚度小于18μm，对其物理化学性能的要求较高，用于计算机和电子通讯的玻璃布基覆铜板的铜箔。普通铜箔是以厚度35μm为主，性能要求一般，用于家用电器等的纸基覆铜板的铜箔。目前普通铜箔基本能满足需求，主要缺高档铜箔。

中国已有的电解铜箔工厂见表2-5-22。

表2-5-22 中国已有的电解铜箔工厂

序 号	企 业 名	生产能力/$t \cdot a^{-1}$	技术来源	备 注
1	本溪铜箔厂	1000	自行开发	
2	上海金宝铜箔公司	1000	美国MTI	可生产18μm铜箔
3	西北铜加工厂	700	自行开发	
4	招远金宝电子材料公司	3500	自行开发	可生产18μm铜箔
5	陕西咸阳电子材料厂	800	招远金宝技术	
6	江西九江铜箔厂	1200	招远金宝技术	
7	陕西蓝田铜箔厂	1200	招远金宝技术	
8	联合惠州铜箔有限公司	600	美国Gate技术	可生产18μm铜箔
9	苏州福田铜箔有限公司	6600	日本福田	日本独资
10	铜陵中金铜箔有限公司	10000	日本技术	
11	广东福冈铜箔有限公司	10000	日本技术	
12	广东惠阳铜箔有限公司	2000		台湾独资
13	合 计	29800		

从表2-5-22中可见，铜箔企业都集中在东部，西部没有铜箔工厂。

5.8.4.2 引线框架铜带

引线框架铜带是制造集成电路的基础材料。“十五”期间我国集成电路年均增长30%~35%，集成电路的增长见表2-5-23。

表2-5-23 集成电路的增长

年 份	2000	2005	2010
集成电路/亿块	41	150	5000
需引线框架铜带/万t	0.4	1.5	50

从表2-5-23可见，引线框架铜带需要量增加很快，2003年中国的生产量仅为0.2万t左右，不但产量不能满足国内市场的需要，而且产业规模不大，产品质量不稳定。目前80%依靠进口，主要购自日本和韩国，需要大力发展。

5.8.4.3　铜水管

铜水管与镀锌钢管、塑料管、不锈钢管相比，具有耐腐蚀、耐高温、耐低湿、回收价值高等明显优点。而且具有杀菌功能，许多对人体有害的细菌在铜管中不能存活，所以在发达国家铜水管的普及率已达85% ~95%。目前我国铜水管的普及率仅为1% ~2%，铜水管年耗量约为6400t。建设部等四部委已有文件规定，从2000年6月1日起，新建住宅禁止使用冷镀锌钢管，这为铜水管的推广提供了政策支持。铜水管在我国极具发展潜力，特别是大、中水管道缺口很大，是迫切需要解决的关键品种，具有广阔的发展空间。

5.9　关于云南铜的深加工发展的建议

云南铜业是云南有色金属行业的主要产业，“九五”期间共产铜63.72万t，居全国第3位。其中云南铜业集团产铜55.5万t，占云南全省铜产量的87.1%。截至2000年云南铜业集团总资产已从组建时的37亿元增加到84亿元；净资产从14亿元增加到28亿元，翻了一番。主产品电解铜从9万t增加到15万t。2005年集团公司电解铜产量达到32万t，销售收入超过100亿元，实现利润超过50亿元，高新技术产业形成雏形，多元化经济有较大发展，主要技术经济指标达到国际先进水平。在铜业集团公司的推动下，云南省的铜产量突飞猛进，2001年和2002年铜产量分别达到18.85万t和21万t。2002年5月云南铜业集团总投资6.5亿元建成的富氧顶吹铜熔炼系统一次投产成功，该工艺具有熔炼能耗低，生产成本低，产量大，环境效益好的优点。达产达标可产粗铜12.5万t，硫利用率达95%以上。2004年获中国有色金属行业技术进步二等奖。如果将富氧含量提高到60%，可达年产粗铜25万t，可使产量翻番。目前云铜集团是中国铜业第三强，进入全球铜业20强。

但是中国国内铜原料短缺成为铜工业发展的瓶颈，虽然云南省铜资源有一定优势，探明储量958.88万t，1994年保有储量849.48万t，占中国同期保有储量的13.59%，居全国第三位。有100万t以上的大型铜矿2处，中型铜矿24处，小型铜矿127处。全省铜矿平均品位0.978%，大于1%的富矿占全省铜保有储量的46.1%占全国铜保有储量的14.11%。其中硫化矿占46.56%，氧化矿占30.82%，混合矿占22.62%。特别是近10年来，云南省的地质工作者先后在滇西三江成矿带找到了景谷民乐、德钦羊拉及栗家坡等地100万t级的大型铜矿预测铜资源量1220.3万t，为云南铜业的发展提供了资源保障。储量虽然大，但是开发程度和可开发利用的资源却不足。已建成、在建和拟建的铜矿山开发的储量仅占保有储量的33.88%，有50.76%的储量需进一步勘探或升级才能利用，还有15.36%的储量因为种种原因目前难以利用。中国铜资源与世界总水平相比，储量少、丰度差、富矿少、资源开发程度较低。所以要发展云南铜业必须利用国内、国外两种资源，国内、国外两个市场。2005年云南铜业集团与老挝签约，共同开发老挝的铜资源，就是利用国外资源的一个例子。

云南铜冶炼业有一定规模，连续几年产量居国内第3位，然而加工业却很落后。虽然昆明电缆厂是中国第一根电线的诞生地，享有“中国电线电缆摇篮”的美誉。但现在云南省的加工业却很薄弱，2000年全省铜加工能力仅为4万多吨。而且铜加工产品品种少，产量低，技术含量不高，主要以冶炼产品出省、出口，又以市场价格购入所需的铜加工产品，使云南既失去了加工增值和产业经济效益迭加的机会，又使云南省铜业的自我发展受到严重制约。所以云南必须在发展铜冶炼业的同时，大力发展铜加工业，提高云南铜业的整体经济效益。

在发展中要借鉴浙江省大力发展铜加工业的经验。充分发挥区位优势，发挥云南面向东南亚的区位优势，发挥云南地处泛珠江区域的优势；争取与国外合资或国外投资，建立高起点的大企业，如江西铜业与美国耶兹公司合资建设铜箔项目，芬兰奥托昆普公司投资广东中山大型铜管企业；密切关注长三角、珠三角和东南亚市场的需求，借势壮大。

在发展中注意发展高技术，不再搞低水平的重复。注意发挥自己的优势，云南的铜产量已接近 20 万 t，昆明电缆厂是国内最早的电线电缆厂，可以生产上万种电线电缆，包括航空航天电线电缆，在国内有一定的技术优势。

最近据昆明海关的消息，在制造业的需求下云南省有色金属进口呈现新的增长势头，2005 年 1 ~ 8 月进口 1. 1 亿美元，增长 2. 4 倍，成为云南省列金属矿砂和木材之后的第三大进口商品。云南省进口的有色金属主要是电解铜和锡锭，1 ~ 8 月分别进口 5308 万美元和 4796 万美元，较上年同期增长了 6. 8 倍和 24. 1 倍，增长迅猛。2005 年 1 ~ 8 月，有色金属、机电产品、化肥、烟草和黄磷仍是云南省出口前五位的商品，有色金属出口金额为 2. 1 亿美元。

由此可见，云南省经济的发展势头很好，应抓住机遇快速发展。向深加工推进，延长产业链，努力提高经济效益。为此提出以下建议。

（1）增加电力用铜材的产量：云南的水力资源相当丰富，已经作为云南的支柱产业，将大力发展。相应需要大量铜导线，所以是一个大市场。云南铜加工业要紧紧抓住这个市场机遇，发展电力用铜材。

昆明电缆厂长期生产电线，有一定技术基础。

云南铜业股份公司 1987 年从美国南方线材公司引进 3 万 t/a SCR-1300 连铸连轧生产线，主要生产 ϕ8 mm 电工铜线坯（又称低氧光亮铜线杆）。经过 10 多年的生产已经取得用户信任，曾获省优和用户信得过产品称号。2000 年该公司又从美国南线公司引进第二条 SCR-1300E（SCR-1600）生产线。该线比第一条线有较大改进，并配备了较先进的仪表和自动控制系统，2 条线已形成 6 万 t/a 生产能力，并占有一定市场。可进一步发展。

接触线是一种传输电的裸线线缆，广泛应用于铁路、公交、煤矿、冶金等系统，其中用量最大的是电气化铁路。根据铁道部的“十五”规划，“十五”期间我国建设和改造电气化铁路里程 8000km。按铁道部有关部门统计，接触线需求量为 3000 ~ 4000km/a 左右，按 110 型接触线计算，相当于 3000 ~ 4000t/a。

云铜股份公司与日本古河电气有限公司合资，成立云南铜业古河电气有限公司，已形成 3000t/a 的高速机车用接触网导线的生产能力。该项目针对西部高原电气机车的市场，技术先进，还可进一步做大做强。

省内的裸铜线、电磁线和导电铜排有一定生产能力，但在技术方面处于一般水平。如果要发展应该站在较高的高度，引进国外最先进的设备，生产一流的产品。

（2）发展铜板带材的生产：铜板带是一大类铜材，其中包括制造集成电路的基础材料——引线框架铜带。2004 年中国引线框架铜带消耗量约为 3 万 t，预计 2006 年引线框架铜带需求量为 5. 2 万 t 左右。国内市场的缺口较大，可考虑发展。

国内主要有洛铜集团、北京金鹰、宁波兴业、上海金泰 4 家工厂，但是规模较小，这 4 家生产的引线框架铜带总产量还不足 4000t，而且在品种和质量方面与国外有较大差距，

0.2mm 以下的铜带不能生产。

目前，国内仅电子分离器件用引线框架铜带的自给率较高，洛铜集团的市场份额占50%以上。其余部分主要依靠进口，尤其铜板带材高端产品尚需大量进口。如集成电路用引线框架铜带，国内仅有洛铜集团供应几百吨；异形带市场情况也如此，进口部分主要以日本为主，国内以洛铜的“U”、“T”形带为主，江浙一些厂家生产少量的单边异形带。

所以，通过市场细分，可考虑以目前国内不能生产的高端产品为目标。

（3）发展高品质无氧铜和单晶铜：随着电气工业和电子工业的发展，对铜导线的要求越来越高，要求生产导电率更高的无氧铜和单晶铜。

目前，许多发达国家都有无氧铜标准，中国也有最新的无氧铜标准（GB/T5231—2001），见表 2-5-24，现将无氧铜标准比较如下。

表 2-5-24　无氧铜标准

牌号 / 化学成分	中国 GB/T5231—2001			美国 ASTM（0201，1999 版）				
	TU0	TU1	TU2	OFE C10100	OF C10200	OFS C10400	OFS C10500	OFS C10700
Cu + Ag（不小于）	99.99	99.97	99.95	99.99	99.95	99.95	99.95	99.95
Ag	0.0025	—	—	0.0025	—	0.027	0.034	0.085
Bi（小于）	0.0001	0.0001	0.0001	0.0001	—	—	—	—
Sb（小于）	0.0004	0.002	0.002	0.0004	—	—	—	—
As（小于）	0.0005	0.002	0.002	0.0005	—	—	—	—
Fe（小于）	0.0010	0.004	0.004	0.001	—	—	—	—
Ni（小于）	0.00010	0.002	0.002	0.001	—	—	—	—
Pb（小于）	0.0005	0.003	0.004	0.0005	—	—	—	—
Sn（小于）	0.0002	0.002	0.002	0.0002	—	—	—	—
S（小于）	0.0015	0.004	0.004	0.0015	—	—	—	—
Zn（小于）	0.0001	0.003	0.003	0.0001	—	—	—	—
Se（小于）	0.0003	—	—	0.0003	—	—	—	—
Te（小于）	0.0002	—	—	0.0002	—	—	—	—
Mn（小于）	0.00005	—	—	0.00005	—	—	—	—
Cd（小于）	0.0001	—	—	0.0001	—	—	—	—
P（小于）	0.0003	0.002	0.002	0.0003	—	—	—	—
O（小于）	0.0005	0.002	0.003	0.0005	0.001	—	—	—

OFE 和 OF 是世界公认的 2 个典型的无氧铜牌号。中国的 TU1 无氧铜品位界于 OFE 和 OF 之间。

OF 无氧铜具有高的导电率（退火态至少 100% LACS），良好的热导率，良好的变形性能，很好的焊接和钎焊性能。主要作为高导电材料，用来制广播、移动通讯、雷达等的同轴电缆，海底光导电缆用其做屏蔽保护光导纤维。在对高质量镀层进行的特种电镀工艺中，选用纯度较高的 OF 无氧铜作为阳极材料。OF 无氧铜还被用来制造导线、开关、感应线圈、波导管和各种电器接插件等。

OFE 无氧铜由于纯度更高，所以导电性能更好（LACS 101%以上），还由于氧含量和高温易挥发的杂质元素极低，其性能更好，故在电子电器领域中具有特定的用途。OFE 无氧铜主要用来制造真空电子器件。如制造各种高频波导管，粒子加速器的腔体，电子射线管，X 射线管，微波仪表中的高频发射源，真空开关管，真空减压器等元件。特别是适于制造用电子束焊接方法连接的元器件。

中国国内目前只有洛铜集团 1996 年从美国引进了一套现代化的、完整的无氧铜机组，可以生产 TU1、TU2 无氧铜，还可按照美国 ASTM 标准大量生产 C10200 无氧铜，正在研制 C10100 无氧铜。

无氧铜电缆带材是通讯电缆用的关键原材料，适用于所有的屏蔽电缆、射频同轴电缆等。随着电讯产品的快速升级换代，中国国内市场对无氧铜电缆带的需求量日益增大，其中有相当一部分依赖进口。

最近，洛铜研制生产的无氧铜电缆带比传统的电缆用纯铜带具有更高的导电导热性、更优良的焊接性能等优点，带材的氧含量在 10^{-6}以下、导电率在 100% IACS 以上，材料的抗拉强度及屈服强度控制在相对稳定合理的范围，易实现焊接及成型，产品的技术水平达国际先进水平。

国外无氧铜的用途很广泛，需要量大。国内随着电子电器行业的发展，对无氧铜的需要量也将不断增加，应看到这一市场，发展无氧铜。云铜已有生产低氧铜的丰富经验，可在此基础上发展无氧铜[34]。

（4）开发铜水管生产：前面已简述了铜水管的发展前景，在此再进一步说明。某些国家和地区铜水管在供水和供暖系统中的应用已占很大比例，见表 2-5-25。

表 2-5-25 某些国家和地区铜水管在供水和供暖系统中的应用所占比例

国　别	英　国	澳大利亚	美　国	香　港	新加坡	加拿大
比例/%	90	85	81	70	67	52

目前，中国铜水管的应用主要集中在高级宾馆、饭店、写字楼及大型公共设施。民用建筑铜水管的应用还不普遍，主要集中在经济发达地区，如上海、北京、深圳、广州、大连、青岛等城市。原因在于：（1）这些地方经济比较发达，人们的生活水平较高；（2）这些城市与国际接轨，人们的观念较新；（3）国际铜业协会在上海地区推广使用铜水管。1998 年国际铜业协会开始在上海做工作，到 2002 年，上海地区建筑供水系统中，铜水管的应用已占 21%。近年来中国铜水管的消费增长见表 2-5-26。

表 2-5-26 中国铜水管的消费增长

年　份	1998	1999	2000	2001	2002
消费量/t	6500	7000	9600	14000	20000
增长率/%		7.69	37.14	45.83	42.85

从表 2-5-26 中可见，中国铜水管的消费增长很快。中国建筑用铜水管的消费量 2005 年达 5 万 t，2010 年将达到 26 万 t。所以铜水管将成为企业新的利润增长点。再则铜水管具有几乎可以 100% 回收的特性，所以在建筑中推广使用铜水管，可以看作是对铜资源的战略储备。云南也可考虑将建筑用铜水管作为一个铜加工的发展点。

参考文献

1 吴树春，何蔼平等．金属王国的第二集团军．济南：山东科学技术出版社，2001
2 张莓．1992～2003 年世界铜矿回顾与展望．世界有色金属，2005，（2）31～38
3 苟护生等．我国有色金属工业的现状及发展对策的探讨．有色金属（冶炼部分），2004（4）2～4
4 黄仲权．把资源优势转化为经济优势——发展云南省铜工业的思考．世界有色金属，2002（7）20～22
5 邹韶禄．国内铜冶炼企业面临的原料状况技术特征和资源策略．有色冶炼，2001（12）4～10
6 中国有色金属工业协会统计部．2003 年有色金属工业统计资料汇编，2004
7 国家统计局．http：//www. stats. gov. cn
8 我国有色金属产量世界第一．http：//www. snfm. com 2005. 10. 24
9 我国 2004 年铜铝铅锌产量排名前 5 位的企业．http：//www. snfm. com 2005. 1024
10 10 种有色金属 2005 年 1～8 月产量．http：//www. cnmn. com. cn，2005. 11
11 铜的应用．http：//www. cnmn. com. cn，2005. 8
12 朱祖泽．铜．红河州新材料产业发展规划研究．昆明：昆明理工大学材冶学院．红河州经济贸易委员会 2002，10，124～150
13 禹建敏等．我国铜加工业现状及对云南铜加工业的思考．有色冶炼，2003（5）87～91
14 中国铜需求．http：//www. snfm. com，2005. 5
15 李宏磊等．中国铜板带市场观察．世界有色金属，2004（3）45～49
16 王硕等．中国铜管制造业现状及特点．世界有色金属，2004（7）21～28
17 价格趋势．http：//www. snfm. com，2005. 10
18 今日市场评述，http：//www. cnmn. com. cn，2005. 10
19 姚素平．我国铜冶炼技术的进步．中国有色冶金，2004（1）1～4
20 孔繁义．用艾萨熔炼技术改造云铜熔炼系统．有色冶炼，2003（5）1～4
21 杨小琴等．铜冶炼系统节能降耗技术改造效果评价．有色冶炼，2003（5）5～9
22 马继伦．发展湿法炼铜技术，提高我国铜资源利用率．铜镍湿法冶金技术交流及应用推广会议文集．厦门：中国有色金属学会，2001. 5. 50～54
23 钮因健．大力发展铜湿法冶金技术是“十五”我国铜工业技术进步的重要任务．铜镍湿法冶金技术交流及应用推广会议文集．厦门：中国有色金属学会，2001. 5. 24～29
24 何蔼平等．铜的湿法冶金湿法炼铜技术与进展．云南冶金，2002.（3），94～100
25 兰兴华．从再生资源中回收有色金属的进展．世界有色金属，2003（9）61～65
26 徐传华．中国再生有色金属生产现状及前景．世界有色金属，2004（4）9～15
27 我国对再生金属产业支持力度加大．http：//www. cnmn. com. cn，2005，10
28 汪鸣．浙江省铜加工产业国际竞争力因素分析、应对思路．世界有色金属，2003（8）12～17
29 当前世界有色金属深加工发展的四个趋势．http：//www. cnmn. com. cn，2005. 10
30 田明焕．浅议我国部分铜加工企业的退出．世界有色金属，2004（11）4～8
31 王俊才．新时期我国铜加工业的发展与对策．世界有色金属，2003（10）8～12
32 黄仲权等．云南铜业发展的回顾与前瞻．世界有色金属，2004（7）35～37
33 中国有色金属网．http：//www. cnmn. com. cn，2005. 9. 30
34 钟卫佳等．高品质无氧铜的生产．世界有色金属，2003（9）8～11
35 姜国峰等．建筑用铜水管市场分析．世界有色金属，2003（1）56～58
36 云铜股份 2005 年年报．http：//www. yunnan-copper. cn

6 镍和钴

何蔼平 昆明理工大学

6.1 概述

镍和钴在人类物质文明中起着重要作用。古代中国、埃及和巴比伦人都曾用含镍很高的陨铁制作器物。古代云南出产的白铜中含镍很高为银白色，故欧洲曾称白铜为“中国银”。早在纪元前2250年古波斯的蓝色玻璃珠内就含钴，中国早在唐代已在陶瓷生产中广泛应用钴的化合物做着色剂。然而，直到18世纪才能制取镍钴。1751年瑞典矿物学家克朗斯分离出不纯的金属镍，1804年才真正从矿石中生产出金属镍。1735年瑞典化学家布兰特首次分离出钴，1780年伯格曼将钴确定为一种元素。长期以来，钴的化合物和矿物一直用作陶瓷、玻璃和珐琅的釉料。镍和钴应用于工业上是20世纪的事。

解放前中国没有镍钴工业，20世纪50年代在江西和广东建立了从钴土矿生产钴的工厂，开始从钴土矿中提钴，1960年建立了第一个处理砷钴矿的工厂——赣州钴厂，从进口砷钴矿中提钴，1969年处理硫钴精矿的工厂投产。1954年上海冶炼厂首次从炼铜副产物中生产出电解镍。20世纪60年代开始大规模生产镍。60年代后期金川公司从镍矿中提钴，80年代逐步形成中国的钴冶炼系统。甘肃金川有色金属公司是中国重要的镍钴基地。1998年中国镍产量4.01万t，为世界第7位。钴产量为409t。近几年，镍钴产量逐年上升，2003年镍产量为6.47万t，2004年达到7.148万t，钴产量为8900t。

镍和钴耐腐蚀、熔点高、具有强磁性等优良性能，是生产各种特殊钢、耐热合金、抗腐蚀合金、磁性合金、硬质合金的重要原料。而这些合金广泛应用于航空、航天、机械制造、电气仪表和化学工业等部门，所以镍和钴是重要的战略金属。

6.2 镍

6.2.1 镍的资源状况

据2003年美国地质调查局《Mineral Commodity Summaries》统计，2002年底世界镍的总储量为6100万t，储量基础为14000万t。各国的镍储量见表2-6-1。

表2-6-1 各国的镍储量 （万t）

国家或地区	储　量	储量基础	国家或地区	储　量	储量基础
澳大利亚	2200	2700	新喀里多尼亚	440	1500
俄罗斯	660	920	南　非	370	1200
古　巴	560	2300	中　国	360	760
加拿大	520	1500	印度尼西亚	320	1200

续表 2-6-1

国家或地区	储　量	储量基础	国家或地区	储　量	储量基础
菲律宾	94	520	博茨瓦纳	49	92
哥伦比亚	90	110	希　腊	49	90
多米尼加	69	100	津巴布韦	1.5	26
巴　西	67	600	其他国家	130	510
委内瑞拉	61	61	世界总计	6100	14000

世界镍资源是非常丰富的，按近年镍矿山产量计算，储量和储量基础的静态保证年限分别为50年和100年以上，而且还不断发现新的镍矿资源。此外，海洋中的多金属结核中蕴藏着丰富的镍资源，其含量在1亿t以上。

从表2-6-1可见，中国的镍矿资源可以说比较丰富，列世界第7位。但是中国的镍矿资源主要分布在甘肃（占60%）、新疆、云南和吉林，这些地区交通不便，开发利用的基础设施较差，开采难度大；有的又是蛇纹石类型的氧化矿，难以利用。所以必须利用国外的镍资源。表2-6-2列出了近年来进口镍矿的情况。

表 2-6-2　中国近年来进口镍矿情况

项　目	进口镍矿量/t	耗汇/万美元	同比增长/%
2002年		341	
2003年	9297	510	138.5
2004年1～10月	19118	1051	149.6

云南省有全国最大的氧化镍矿——元江镍矿，然而伴生的镁量和硅量远大于镍量，开发利用较为困难。但是，就在2005年2月24日元江哈尼族彝族傣族自治县政府、云南锡业集团有限责任公司、云南坤能矿冶研究有限公司正式签订了合作开发元江镍矿的协议，使储量53万t的全国第二大镍矿的开发提速。位于红河州的金平镍矿是硫化镍矿，已经开发。目前炼成高镍锍外卖。

6.2.2　镍的生产状况

6.2.2.1　产量

在过去的十多年里，随着镍需求的不断增加，镍的产量也不断增加。镍精矿含镍量从1993年的84.6t增加到2002年的123.7万t，年增长率为4.3%。精炼镍量从79.68万t增加到117.7万t，年增长率为4.4%。1998～2002年世界镍精矿含镍和精炼镍产量见表2-6-3，表2-6-4。

表 2-6-3　1998～2002年世界镍精矿含镍产量　　（万t）

国家或地区	1998年	1999年	2000年	2001年	2002年
俄罗斯	27.0	26.0	26.6	27.3	26.7
澳大利亚	14.4	12.5	16.7	20.6	21.1
加拿大	20.8	18.6	19.1	19.4	18.8
新喀里多尼亚	12.5	11.0	12.9	11.8	10.0

续表 2-6-3

国家或地区	1998 年	1999 年	2000 年	2001 年	2002 年
印度尼西亚	7.6	7.6	7.1	8.5	10.4
古 巴	6.8	6.7	7.1	7.7	7.5
中 国	4.9	5.0	5.0	5.2	5.5
其 他	19.9	18.9	19.4	21.3	23.7
世界总计	113.9	106.5	113.9	121.8	123.7

表 2-6-4 1998～2002 年世界精炼镍产量 （万 t）

国家或地区	1998 年	1999 年	2000 年	2001 年	2002 年
俄罗斯	23.4	23.3	24.2	24.8	24.3
日 本	12.7	13.2	15.8	15.1	15.6
加拿大	14.7	12.4	13.4	14.1	14.4
澳大利亚	8.0	8.6	11.3	12.8	13.3
挪 威	7.0	7.4	5.9	6.8	6.8
芬 兰	4.3	5.3	5.4	5.5	5.7
中 国	4.0	4.4	5.1	4.9	5.4
其他国家	27.0	28.8	29.6	30.5	32.2
世界总计	101.1	103.9	110.7	114.5	117.7

从表 2-6-3、表 2-6-4 可见，俄罗斯、澳大利亚、加拿大是世界原生镍的主要产地，2002 年这 3 个国家的镍产量约占世界总产量的 54%。俄罗斯、日本和加拿大是世界精炼镍的主要产地。

中国近年镍产量见表 2-6-5。部分省的产量见表 2-6-6。

表 2-6-5 中国近年镍产量 （万 t）

年 份	1990	1995	1996	2000	2001	2002	2003	2004
产 量	2.75	3.89	4.46	5.09	5.2	5.24	6.47	8.025

表 2-6-6 中国部分省镍的产量 （t）

年 份	全国总计	天津	河北	辽宁	吉林	上海	江苏	浙江	山东	河南	重庆	四川	陕西	甘肃	青海	新疆
1976	8609	—	—	298	—	652	—	—	—	—	—	659	—	6901	—	—
1977	6837	—	—	96	—	150	—	41	—	6	—	972	—	5520	—	—
1978	9451	—	—	—	—	337	—	—	—	—	—	986	—	8007	—	—
1979	10303	—	—	—	—	276	—	71	—	10	—	895	—	9003	—	—
1980	11362	—	—	—	—	280	—	111	—	30	—	1625	—	9313	—	—
1981	10952	108	—	—	—	202	—	140	—	27	—	1812	—	8641	—	—
1982	10956	16	—	—	—	—		157	—	50	—	2025	—	8707	—	—
1983	12714	—	—	10	—	—	—	157	—	67	—	2463	—	10016	—	—
1984	17895	—	—	—	—	—	—	154	—	71	—	2668	—	15002	—	—
1985	22708	—	—	—	—	—	—	123	—	33	—	2551	—	20001	—	—
1986	23157	—	—		—	—	—	75	—	2	—	2558	—	20522	—	—
1987	24917	—	—	19	—	—	—	68	—	56	—	2919	—	21855	—	—

续表 2-6-6

年 份	全国总计	天津	河北	辽宁	吉林	上海	江苏	浙江	山东	河南	重庆	四川	陕西	甘肃	青海	新疆
1988	25616	—	—	16	—	—	—	135	—	84	—	2780	—	22601	—	—
1989	26576	—	—	9	—	—	—	78	—	76	—	2803	—	23610	—	—
1990	27538	—	—	18	—	—	—	100	—	84	—	2925	—	24411	—	—
1991	27889	—	—	23	192	—	127	171	—	107	—	2966	—	24303	—	—
1992	30754	—	—	31	354	—	33	176	—	112	—	3102	—	25740	—	1206
1993	30514	—	—	13	—	—	52	125	—	46	—	2474	—	26478	—	1326
1994	31323	—	—	28	—	—	105	110	—	73	—	3386	—	27100	—	521
1995	38923	—	2	—	—	16	—	1918	102	—	—	4164	—	31600	67	1054
1996	44600	—	—	—	420	9	209	141	—	1446	—	4893	—	36250	—	1231
1997	43252	—	—	—	1051	—	127	2517	—	39	1328	4509	—	32150	—	1531
1998	40138	—	—	—	—	—	6	—	—	18	714	4429	—	33450	—	1521
1999	50900															
2002	52400															
2003	64711	—	—	—	—	—	—	—	—	—	1613	260	—	60788	—	2050

从表 2-6-6 可见，中国的金属镍主要产自甘肃、四川和重庆，到 2003 年云南省还不生产镍。近年来中国镍材产量见表 2-6-7。

表 2-6-7 中国近年来镍材产量 (t)

名 称	板 材	带 材	管 材	棒 材	箔	线	其 他	总 计
1998 年	46	32	23		1	85		187
1999 年	46	27	45	20	3	306	1	448
2000 年	31	46	3	38	3	280	2	403
2003 年								204

从表 2-6-7 可见，中国镍材产量很低，2000 年镍材产量不足镍产量的 1%，2003 年也仍不足镍产量的 1%，深加工产品太少，产品结构十分不合理。

6.2.2.2 镍的冶炼工艺

由于资源不同，能源条件不同，经济发展状况不同，及市场要求不同，镍的冶炼方法多种多样。

镍的原生资源主要有两类：硫化矿和氧化矿。氧化矿因其颜色多为红色，又称为红土矿。因矿的性质不同，其冶炼方法也不同。

A 硫化矿的冶炼方法

硫化矿可以通过选矿的方法富集成为硫化镍精矿，通常用火法冶金处理，其原则流程为：硫化镍精矿-闪速炉、电炉、鼓风炉造锍熔炼-低镍锍-转炉吹炼-高镍锍-选矿分离铜镍-镍精矿-反射炉熔炼/焙烧熔炼-高镍锍阳极/粗镍阳极-隔膜电解-电解镍。中国金川公司和成都电冶厂都采用此工艺。

硫化镍矿也可采用湿法冶金处理，如：（1）硫化镍精矿-加压氨浸-氢还原-镍粉；（2）硫化镍精矿-预氧化焙烧-常压氨浸；（3）硫化镍精矿-硫酸化焙烧-浸出；（4）硫化镍精矿-氧压浸出-置换。但是实际上，由于各方面的原因，很少采用湿法冶金处理。这些方法主要用于高镍锍的精炼。

B 氧化矿的冶炼方法

氧化矿无法通过选矿的方法富集，只能处理原矿。

对于品位较高的氧化矿，可以直接用电炉炼成镍铁。镍铁可以作为产品卖给钢铁厂冶炼不锈钢。这是从氧化镍矿提取镍的主要工艺，但是其中的钴难以回收。

湿法冶金可以处理资源丰富的低品位氧化矿而且能综合回收钴，其流程主要有两个。（1）还原焙烧-氨浸：适合处理含硅酸盐多的镍矿石。镍矿石-干燥-磨矿-选择性还原焙烧-碳氨浸出-分离钴-蒸氨-碳酸镍-煅烧-氧化镍-还原烧结-烧结镍。（2）加压酸浸：适合处理低镁的红土矿，以减少酸耗。湿氧化镍矿-浆化-泵入反应釜在温度200～250℃，压力3.6MPa下，用硫酸浸出，使镍、钴、镁浸出，铁水解-用H_2S沉淀镍钴-精炼分离镍钴-镍和钴。该工艺流程短，能耗和物耗低，镍钴浸出率高，有人认为是镍冶金的发展方向。

中国主要的镍冶炼厂有：金川公司、吉林镍业公司、新疆阜康冶炼厂、四川铜镍有限责任公司、镇江金威集团有限责任公司等。

新疆喀拉通克铜镍矿在国内首家采用湿法冶炼新工艺进行镍钴的生产，其生产流程如图2-6-1所示。

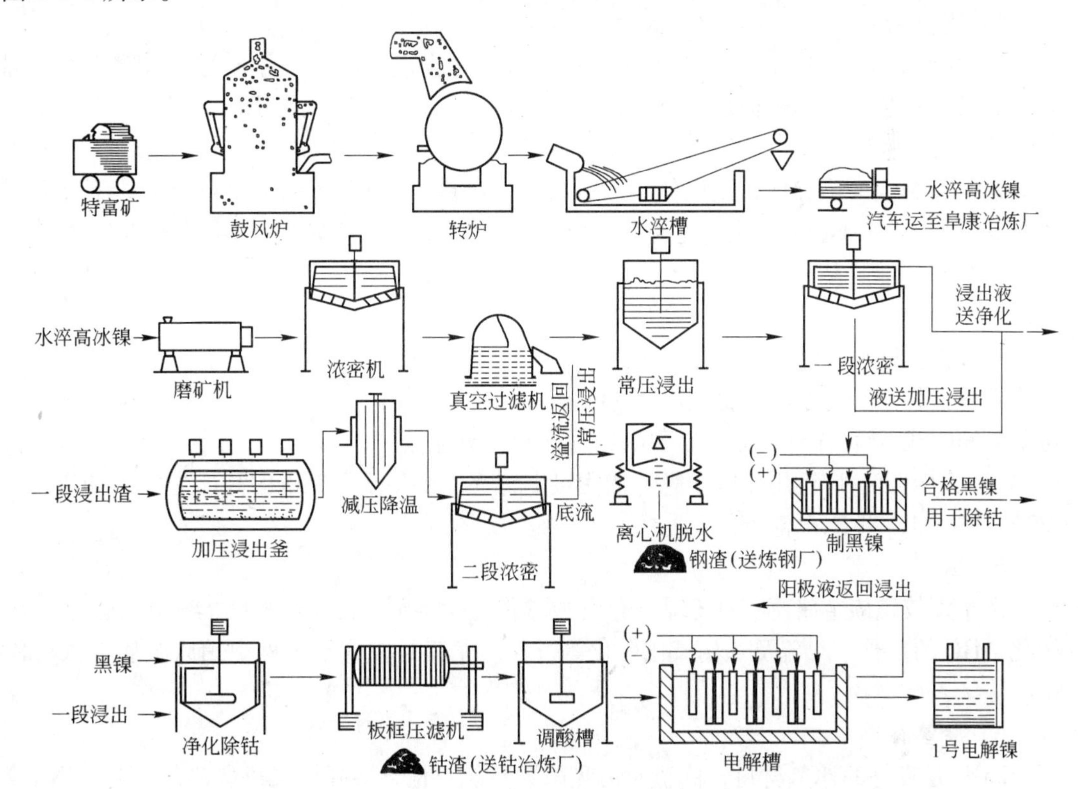

图2-6-1 新疆喀拉通克铜镍矿湿法精炼新工艺原则流程图

6.2.2.3 镍的消费状况

镍是一种重要的战略金属，用途广泛。1998 ~ 2002 年世界主要国家镍的消费见表2-6-8。

表 2-6-8 1998 ~ 2002 年世界主要国家镍的消费 （万 t）

国家及地区	1998 年	1999 年	2000 年	2001 年	2002 年
日 本	15.1	16.4	19.2	19.9	17.1
美 国	11.6	14.0	14.7	15.0	10.6
德 国	9.0	9.7	12.6	10.3	11.7
中国台湾	8.0	10.4	10.6	9.2	10.4
韩 国	7.2	9.0	9.0	5.9	9.6
中国内地	4.2	3.9	5.8	8.5	8.5
其 他	40.3	42.3	45.3	49.0	52.7
世界总计	95.4	105.2	117.2	117.8	120.6

从表2-6-8 可见，日本是镍的第一大消费国，美国第二，德国第三。1998 年至 2002 年镍的消费增长了 26.42%，年均增长 6.6%。

镍的主要用途如下：

A 不锈钢

用于生产各种规格的不锈钢，至今仍是镍的最主要的用途。

B 耐热合金

Ni 与 Fe、Co、Cr 和 Mn 等金属可形成固溶体合金，具有高熔点，耐海水腐蚀及高温氧化，断裂强度大，易机械加工等优点。如：可用于制造燃气涡轮机。

C 磁性材料

镍具有最大的磁导率，是最佳软磁材料，如坡莫 Ni-Fe 及 Fe-Ni-Si 合金是典型高导磁性材料，而 Al-Ni-Fe-Co 合金，还可做永磁（硬）性材料。又如 Co-Ni-P 合金是高密度磁性记录材料的薄膜基体。Co-Ni 合金膜记录磁带亦日益广泛用于信息工程。Fe-Ni-Co 是一种非晶态磁材料，运用于磁头及变压器。

D 电子及电气材料

镍可制作各种传感器。锰康铜（58Cu41NiMn）和康铜（60Cu40Ni）可制作应变器的电阻，NiO 或 Ni 可作为还原气氛中的传感器和光盘存储器，$Ni(OH)_x$ 作为光电显示材料；镍易于发射电流，广泛用作电子管等的阴极。镍还广泛用于可充电的高能电池，如Ni-Cd、Zn-Ni、Fe-Ni、Ni-H_2电池等。

E 触媒

由于镍较铂族金属便宜且不易毒化，故常作为触媒剂，用于有机物的氢化、氢解、异构化、HC 的重整、脱硫及气相氧化催化等过程。尤其是在重整过程中铂族金属无法替代镍。

F 储氢材料

$LaNi_5$是良好的储氢材料，低温时可吸附大量氢，稍升温降压又可释出。而且 $LaNi_5$较为便宜，在低压下储运氢安全又经济，故得到广泛应用。

G 形态记忆合金

Ti-Ni 形态记忆合金在加热和冷却循环中，具有双向性反复记忆原形的特性，且耐热蚀性强，故应用广泛。在医学领域用作血栓过滤器、脊柱矫形棒、牙齿矫形唇弓弦、脑动脉夹、接骨板、人工关节、股骨头帽、人造心脏用人造肌肉、人造肾脏用微型泵。在工业方面用于喷气机的油压控制，各种油管连接器，海底油田的油管接头，电缆连接器。在家电方面，做微波炉加热器的循环振动机构，电流过热感测器，烘衣机、电烤箱和医疗器械等设备中的热风装置开关。

H 各种镍粉

由于各种规格的镍粉各有特殊性质和用途，且产品附加值高，目前市场容量逐步看涨。近年来镍粉市场较为稳定，世界各国的生产企业和研究机构都将镍的粉末材料的开发列为重点。镍粉产品主要用途有：（1）超细镍粉：粉末平均粒度 5μm 以下。在电池、电子工业中均有特殊用途；（2）特殊氧化镍粉：在电子、特种合金、精细化工方面有良好的市场；（3）电解镍粉：平均粒度 8～20μm，主要用于粉末冶金；（4）还原镍粉：用氢或 CO 等还原剂还原草酸镍、碳酸镍等镍的化合物而得，广泛用于电子工业、精细化工和精细陶瓷等领域；（5）复合镍粉：将镍和其他金属和非金属元素，通过物理和化学方法制成的具有混合均匀、性能特殊的镍复合粉。主要用于硬质合金和功能材料改性等；（6）纳米镍粉：粉末平均粒度在 1～100nm 的镍粉。纳米镍粉在光、电、磁等方面有许多特殊性能，其制备方法和用途均在开发中。是各国新材料研究和开发的热点和难点。

6.2.2.4 镍的价格状况

1960 年以来伦敦金属交易市场镍的价格变化见表 2-6-9，中国 2002～2005 年镍的价格趋势如图 2-6-2 所示。

表 2-6-9 镍价格历年变化情况

年 份	美元/磅	年 份	美元/磅	年 份	美元/磅	年 份	美元/磅
1960	0.740	1970	1.290	1980	2.960	1990	4.021
1961	0.777	1971	1.235	1981	2.709	1991	3.701
1962	0.199	1972	1.345	1982	2.183	1992	3.177
1963	0.790	1973	1.490	1983	2.180	1993	2.402
1964	0.790	1974	2.000	1984	2.164	1994	2.877
1965	0.787	1975	1.865	1985	2.258	1995	3.734
1966	0.789	1976	2.080	1986	1.761	1996	3.404
1967	0.878	1977	2.035	1987	2.193	1997	3.144
1968	0.950	1978	1.885	1988	6.252	1998	2.101
1969	1.054	1979	2.958	1989	6.050	1999	1.192

从图 2-6-2 可以看出镍价变化的趋势。由于国内有色金属的价格已基本与国际接轨，所以国际镍价的变化趋势也类似。由图 2-6-2 可见，2002 年镍价一路走高，从年初的 5.5 万元升到年底的 7.6 万元。2003 年继续走高，从年初的 7.6 万元升到年底的 14 万元还多。2004 年有些波动，最低时 11 万元，最高时几乎突破 17 万元，年底降到 15.5 万元。2005 年初镍价稍有下降，随后又上升，最高的 5、6 月份突破 17 万元大关，此后随着不锈钢的

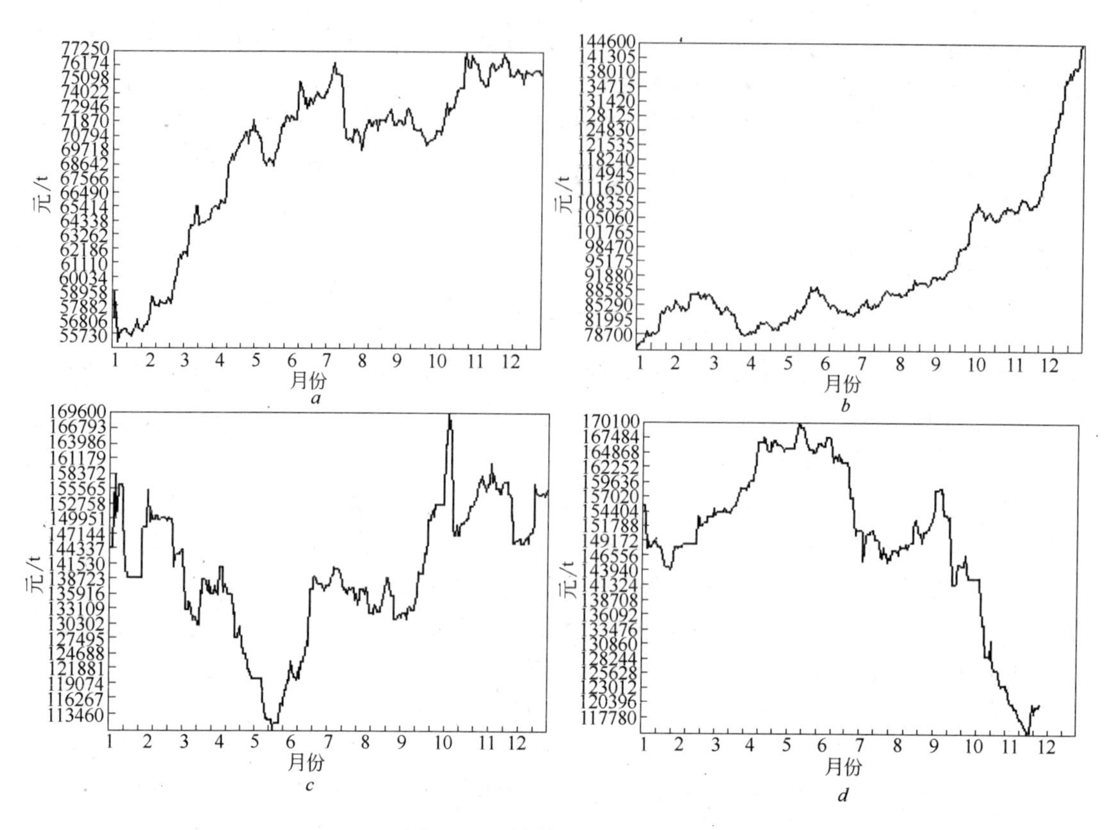

图 2-6-2　镍价格变化曲线图

a—2002 年 1 号电解镍走势图；*b*—2003 年 1 号电解镍走势图；
c—2004 年 1 号电解镍走势图；*d*—2005 年 1 号电解镍走势图

减产，镍价也跌到了 11.7 万元，11 月份稍有回升，在 12 万元左右。

镍价下跌据专家分析主要有以下几方面的原因。（1）不锈钢产量过剩，对镍的需求减少。不锈钢同镍的价位紧密相关。镍的主要消费集中在不锈钢工业上。在中国需求强劲增长的刺激下，国内不锈钢生产商纷纷扩产，努力提高产量。2005 年上半年，中国不锈钢产量累计为 169 万 t，同比增长 48%，进口同比增长 32.7%。而与此同时，西方国家的需求不断减弱。不锈钢生产过量造成下半年减产，故镍价下滑。（2）高镍价开始制约了消费，导致替代品不断研发、应用。由于镍价过高，促使生产企业大力推广以锰、铬等代镍的非镍不锈钢，也导致镍价下降。（3）镍市场供过于求。过高的镍价，刺激了投资，造成了产量过剩。镍的生产最低成本为 5000～5500 美元/t，而成交价格足以使镍生产业者有丰厚的利润，因此全球镍生产业者都加班加点开足设备投入生产。镍市在 2005 年第一季度供应短缺，第二季度有所缓解，从第三季度开始镍市场出现过剩，总之，2005 年世界镍消费增速低于产量增速。以上这些原因造成镍价下跌。

2005 年国内镍的价格处于较高水平，5 月份最高时接近 17 万元/t，以后略有下降，9 月份为 14.3 万～14.5 万元/t。而 100～300 目的电解镍粉价格为 210～220 元/kg，每吨差 700～800 元，可见深加工的重要。

6.2.2.5 镍的再生资源及回收

因为镍的矿产资源是不可再生的，再加上镍的价格昂贵，故必须再生回收。采用镍废料进行生产，可以使原料成本降低5%～10%。

由于镍在废物料中以合金组分存在，不易识别；还由于镍的商业敏感性，所以难以精确统计。据粗略统计，欧盟消费的镍35%～45%为再生镍，美国有40%～50%为再生镍。

国外再生镍的原料99%来自不锈钢、超耐热合金和蓄电池的各种含镍废料。

含镍废料分两类：（1）不锈钢加工过程的“新废料”；（2）不锈钢和含镍器件报废后产生的“旧废料”。“新废料”来源和组成都已知，通常直接返回熔炼；“旧废料”则因成分、状态差异很大，要分类处理。

在建立循环经济的今天，应注意含镍废料的再生。

6.2.2.6 镍的深加工发展趋势

目前，世界和中国都在进行产业结构的调整。用高科技、高效益的产业代替高污染、高能耗、低效益的产业。在此形势下冶金企业也进行了产业结构和产品结构的调整，使企业得到新的发展。调整主要有三种类型：一业为主，多种经营；产品系列化；产品延伸，即深加工。调整均以高科技为依托，生产高附加值的产品，创造高效益。

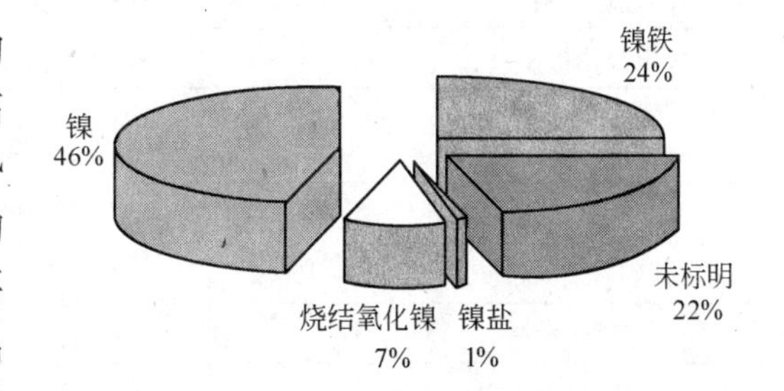

图2-6-3 世界镍冶炼产品品种比例

镍冶金的主要发展趋势是产品多元化，世界镍产品的品种比例见表2-6-10、如图2-6-3所示。

表2-6-10 世界镍产品的品种比例

品 种	金属镍	烧结氧化镍	镍 盐	镍 铁	其 他
比例/%	46	7	1	24	22

世界镍冶炼产量中金属镍：镍铁：氧化镍约为7：3：1，而我国镍冶炼产品几乎均为金属镍，产品单一，亟待改进。

中国进口镍量见表2-6-11，出口镍量见表2-6-12。

表2-6-11 中国进口镍量 (t)

商品名称	1992年	1993年	1994年	1995年	1996年	1997年	1998年
镍矿砂及其精矿	26.1	485	312.4	97.8	237.2	2661.5	1813
镍 锍	88.1	1.2	3.0	5.1	238.6	1.4	2
氧化镍烧结物及冶炼其他中间品	923.3	5.5	204.6	13.4	250.1	38.5	556
未锻造的非合金镍	5484.1	2375.2	63.1	530.5	861.8	899.6	4771
未锻造的合金镍	1.3	198.2	35.3	38.6	54.5	216.6	211
非合金镍条杆型材及异型材	540.3	225.2	212.2	247.6	571.6	709.2	1012
镍合金条杆型材及异型材	279.0	157.8	103.1	130.4	435.0	604.1	800

续表 2-6-11

商品名称	1992 年	1993 年	1994 年	1995 年	1996 年	1997 年	1998 年
非合金镍丝	16. 9	20. 1	34. 1	24. 9	26. 8	29. 3	30
镍合金镍丝	41. 0	68. 8	119. 7	179. 3	169. 7	191. 9	234
非合金镍板片带箔	4942. 1	4939. 8	779. 0	1211. 6	2673. 2	3734. 3	3672
镍合金板片带箔	1448. 4	609. 9	570. 4	733. 5	1153. 7	977. 9	1472
镍 粉	289. 9	431. 7	934. 5	677. 7	945. 4	586. 3	1712
非合金镍管	63. 5	22. 2	4. 4	16. 9	14. 6	20. 7	
镍合金管	163. 7	181. 0	240. 4	404. 3	288. 6	330. 1	286
镍管子附件	0. 7	1. 0	2. 5	1. 1	8. 9	33. 8	39
镍废料	284	96	165. 9	413. 0	42. 5	36. 3	70
电镀用镍阳极	—	1519. 5	1383. 4	1769. 8	2178. 1	—	3214

表 2-6-12 中国出口镍量 (t)

商品名称	1992 年	1993 年	1994 年	1995 年	1996 年	1997 年	1998 年
镍矿砂及其精矿	100. 2	—	—	—	—	4008. 6	—
镍 锍	—	0. 4	0. 3	3. 6	—	78. 5	40
氧化镍烧结物及冶炼其他中间品	—	5	0. 8	887. 6	75. 8	—	—
未锻造的非合金镍	177. 9	3. 1	5541. 1	1474. 0	300. 0	4548. 4	12953
未锻造的合金镍	993. 5	—	3. 4	6. 0	8. 7	200. 0	2097
非合金镍条杆型材及异型材	0. 9	5. 0	308. 0	—	—	19. 0	—
镍合金条杆型材及异型材	—	6. 6	2. 6	0. 6	0. 7	—	—
非合金镍丝	65. 5	50. 4	10. 3	18. 7	13. 4	0. 3	30
镍合金镍丝	24. 9	3. 7	7. 0	122. 2	31. 7	63. 3	85
非合金镍板片带箔	—	299. 0	12794. 8	1628. 7	411. 1	66. 2	118
镍合金板片带箔	0. 3	0. 5	22. 7	1. 3	1. 7	132. 7	87
镍 粉	8. 7	4. 6	1. 7	4. 2	9. 0	32. 4	306
非合金镍管	—	—	—	17. 2	—	—	—
镍合金管	—	—	—	1. 6	10. 2	22. 4	9
镍管子附件	0. 9	—	—	1. 4	148	11. 2	7
镍废料	176. 8	135. 0	204. 6	445. 6	76. 8	905. 3	779
电镀用镍阳极	—	6. 5	76. 7	1. 5	1. 9	—	3

其中，1998 年中国电镀用阳极镍进口的国家和地区见表 2-6-13。

表 2-6-13 1998 年中国电镀用阳极镍进口的国家和地区

国家或地区	加拿大	日 本	挪 威	美 国	英 国	德 国	芬 兰	中国香港	中国台湾
进口量/t	882	288	368	213	365	128	210	172	281

2003 年镍进出口状况见表 2-6-14。

表 2-6-14　2003 年镍进出口状况

类 别	出 口				进 口			
	出口数量		出口创汇		进口数量		进口用汇	
	数量/t	比例/%	数量/万美元	比例/%	数量/t	比例/%	数量/万美元	比例/%
未锻压镍	10572	90.42	9098	90.17	80779	77.10	63863	79.13
其中：非合金镍	10564		9087		67627		59034	
合金镍	8		11		13151		4829	
镍 材	872	7.46	836	8.29	14453	13.80	16297	20.19
镍 矿	—	—	—	—	9297	8.87	510	0.63
镍废碎料	248	2.12	156	1.54	242	0.23	33	0.04
镍金属制品①	733				6602		5573	
合 计	11692	100.00	10090	100.00	104771	100.00	80703	100.00

①未计入合计。

从表 2-6-12 和表 2-6-13 可以看出，中国出口的初级产品，如未锻造非合金镍和未锻造合金镍占大多数。1998 年未锻造非合金镍和未锻造合金镍分别占出口总数的 78.85% 和 12.77%，合计占 91.62%。而进口镍以镍材占大多数。1998 年进口的镍材占进口总量的 63.04%。其中，非合金镍板片带箔占 18.46%，电镀用阳极镍占 16.16%，镍粉占 8.61%，镍合金板片带箔占 7.40%。

对比表 2-6-12 ~ 2-6-14 可见，2003 年与前些年不同，进口用汇 80703 万美元，出口创汇 10090 万美元，进口用汇已大于出口创汇。进口的镍材比例下降为 13.80%，而镍矿和废料数量的比例上升为 9.10%。

近年来随着科学技术的发展，镍的深加工有如下发展趋势：

(1) 超细镍粉。近几年来，由于移动电话、计算机及其他电讯设备的迅猛发展，市场对超细镍粉的需求不断上升。据统计，世界对镍氢电池的需求年均增长 20%，电子产品的多层陶瓷电容器对超细镍粉的需求也十分强劲。

为了满足市场快速增长的需求，美国、日本等国家不断投入巨资扩大镍氢电池所需镍粉的生产量。如日本川铁采矿公司 2004 年投资 1900 万美元，对其 1995 年建立的年产 24t 的超细镍粉厂进行扩产，预计 2005 年底该厂超细镍粉的产量将达 384t，成为世界上最大的超细镍粉厂家。国际镍公司也投资 1400 万美元扩大位于英国的镍精炼厂电池材料的生产能力，该厂生产的特殊粉末产品（ISP）的产值 2004 年已达到 4 亿美元。

中国的移动电话、计算机以及镍氢电池的发展也十分迅速。全国仅电池行业对镍产品的需求已由前几年的 200t 左右上升到 2004 年的 4000t 左右，而国内的镍粉生产无论从产量或质量上都不能满足市场的需求，2004 年我国镍粉的产量仅为 59t。尤其是超细镍粉的生产，更是供不应求。由于镍氢电池产品的严格要求和电子产品中多层陶瓷电容器内层电极的技术需要，除了在化学成分、杂质含量等方面对超细镍粉有较高要求外，还对产品的物理性能、包括粉末粒度、表面性能、颗粒形状、均匀程度提出了很高的要求。中国镍粉的生产技术和工艺装备与发达国家相比还存在一定的差距，为了满足镍氢电池的质量要求，国内许多电池生产企业主要采用进口超细镍粉作为原料，这个市场我们应该占领。

（2）氧化镍等镍盐。氧化镍主要用于制造磁性材料、电子元件材料、搪瓷涂料、陶瓷和玻璃的颜料、镍盐及镍催化剂的原料及锂离子电池、燃料电池等。中国这几个领域的发展状况均很好。

中国磁性材料产品应用市场随着 IT 产业的发展迅速扩大，国内市场对与元器件配套的磁性材料需求越来越大。根据中国 21 世纪初期规划目标：增加程控交换机 80000 万台、移动电话 3000 万部、彩电 6000 万台、黑白电视机 1500 万台、录像机 440 万部。“十五”汽车产量 320 万辆，其中轿车预计配套电机 1000 多万套；预计 2005 年摩托车总产量突破 1500 万辆，需要起动电机 1000 万套/每年；21 世纪初国内市场需扬声器 12 亿只、受话器 3. 6 亿只、耳机 300 万副。要满足和达到上述元器件、组件的配套能力，磁性材料需求量很大。

随着环境保护的要求，无油汽车、摩托车是发展方向，这将给稀土永磁体的发展带来广阔的市场，随着节能灯的发展，需要使用大量的高档铁氧体软磁滤波磁芯、抗干扰磁芯等。

据专家分析，预计 2005 年铁氧体永磁市场需求将达到 221 万 t 左右，铁氧体软磁市场需求将达到 10 万 t 左右，稀土磁体约 10000t。

由于中国建筑业快速发展和出口增长，使中国陶瓷行业也快速发展。中国建筑陶瓷产量已连续 7 年居世界第一，产量约占世界建筑陶瓷总产量的近一半。这些材料中都需要氧化镍。

近年来，中国的玻璃工业迅猛发展，已成为世界玻璃产量最大的国家。2002 年产量约为 2. 28 亿箱，约占世界总产量的 1/3。

中国目前已经是世界最大的电池生产国。据中国电池工业协会统计，2002 年中国电池产量达到 209 亿只，比 2001 年增加了 15%；电池出口量达到 170 亿只，比 2001 年增加 16. 88%，出口创汇额达到 21. 24 亿美元，比 2001 年增加约 30 %。中国电池产量已连续超过世界电池总产量的 1/3，成为世界电池主要生产地，也是国外采购电池的首选。

中国 2002 年充电电池总产量为 10. 51 亿只，占全球总产量的 33. 8%。中国电池企业积极抓住发展机遇、投资兴建充电电池生产线、扩大产能。如深圳比亚迪经过几年的飞速发展已经成为世界第二大镍镉电池、第五大锂离子电池生产企业，河南环宇电源股份公司已经具有年产 4. 5 亿只电池的生产能力，天津力神电池和青岛华光电池也分别投资 4 亿元建设充电电池生产线等。国外有专家估计，中国通过未来不长时间的发展，充电电池的产量将会超过日本，与韩国成为世界充电电池生产强国。

综合氧化镍主要应用行业的发展，可以看出我国氧化镍的应用市场不断扩大。随着上述行业的发展，对氧化镍的需求将不断增加。

另外，国内外有关专家普遍看好化学镀镍的发展前景。化学镀镍在电子工业、轻金属（镁、铝）防护方面将有重要增长，在油田，采矿和化工工业保持稳定，而在汽车工业发展潜力很大。有专家估计在不远的将来计算机硬盘化学镀镍仍将是化学镀镍的最大市场。与此相应的镍盐将有较好的市场前景。

（3）耐蚀镍合金。研究开发耐蚀合金也是一个重要的研究方向。日本“下一代金属复合材料研究开发协会”研制出了一种比不锈钢耐蚀性能高 100 倍的镍合金。据说这种合金是一种在 Ni 里添加了 Ta、P、Cr 等成分的非晶态合金并采用新技术加工。该技术通过在 1h 内把温度升高到 800℃，并严格控制加热温度及轧制速度等，制造出厚度为 2mm

的非金态镍基合金薄片。

6.2.2.7 对今后镍深加工发展的建议

中国镍金属储量共计667.92万t，云南金平镍矿镍金属储量6.30万t，属于硫化镍矿；元江镍矿镍金属储量52.6万t，属于氧化镍矿。

A 金平镍矿

云南省金平镍矿储量不大，不适合建大的工厂，只适合建规模适当，产品附加值较高的工厂。目前金平有一个小冶炼厂，采用鼓风炉熔炼-转炉吹炼生产高冰镍，2000年产高冰镍1274t，2001年产高冰镍1345t。高冰镍外销，销路和效益都较好，有发展前景。从当地实际出发，在维持现行结构的基础上，建议加大地质勘探力度，加强深部找矿，进一步扩大储量，根据储量可适当拓展冶炼能力。

对比表2-6-11和2-6-12可见，电镀用阳极镍1998年进口3214t，出口仅3t；镍粉1998年进口1712t，出口306t。这两种产品在国内有一定的市场，尤其是不同档次的镍粉均有不同的用途；从技术的难度看，生产电解镍粉和电镀用阳极镍技术难度也不算太大；生产规模与金平镍矿目前的储量相当。故建议开发和研究生产这两种产品，并逐渐开发由高冰镍制取微细镍粉的技术并实现产业化，有较好的市场前景。

储氢材料是清洁能源的重要原料，需求量较大。随着生产和技术的发展，可向储氢材料和电池材料方面拓展。

B 元江镍矿

元江镍矿资源量大，为52.6万t。但是品位不高，仅为0.8%，难以开发利用。然而2005年元江哈尼族彝族傣族自治县政府、云南锡业集团有限责任公司、云南坤能矿冶研究有限公司正式签订了合作开发元江镍矿的协议，使全国第二大镍矿的开发提速。目前，该矿已采用堆浸-萃取-电积流程进行生产，产出阴极镍。并将分3000t/a、5000t/a和10000t/a 3个阶段进行建设，以缓解我国镍紧张的状况。近期可采用该流程稳定生产，从长远考虑，可以生产各种规格的镍粉。从易到难，先生产主要用于粉末冶金、平均粒度8~20μm的电解镍粉；再逐步生产广泛用于电子工业、精细化工和精细陶瓷等领域的，用氢或CO等还原剂还原草酸镍、碳酸镍等镍的化合物得到的还原镍粉；还可考虑生产平均粒度5μm以下，在电池、电子工业中均有特殊用途的超细镍粉。

C 生产各种镍盐

从前面的分析可见，氧化镍、硫酸镍等镍盐在磁性材料、电子元件材料、搪瓷涂料、陶瓷和玻璃的颜料、镍盐及镍催化剂原料及锂离子电池、燃料电池等领域的应用看好，可以生产相应的产品。

6.3 钴

6.3.1 钴的资源状况

中国钴的地质储量为87万t左右，但是贫矿多、富矿少，共生、伴生矿多，单独的钴矿床少，还因为有不少资源品位低，交通不便，能源难以解决等问题，而暂时不具备开采条件。

6.3.2　钴的生产状况

6.3.2.1　钴的产量

20 世纪 90 年代，世界钴的冶炼能力从 2 万 t 发展到 3 万 t 左右。刚果（金）和赞比亚的生产能力分别为第一和第二位，其产钴量占世界钴产量的 60%。

20 世纪 90 年代以来中国钴的产量一直在增加。由于国内资源不足，大量依靠进口。1992 ~2004 年的 13 年间，中国钴精矿的进口量年均增长率为 48%。1992 年进口量约为 5000t，1999 ~2003 年进口量保持在 4 万 t 的水平，而 2004 年超过 10 万 t。钴精矿大部分来自非洲。

据有关权威部门统计，2004 年全球精炼钴的供应量达 52149t，消费量达 48936t，供大于求，过剩 3213t，过剩率达 6.6%。其中，中国钴产量迅猛增加是世界钴供大于求的重要原因。

2004 年中国精炼钴的产量 8900t，几乎是 2003 年的 2 倍，占世界钴总产量 17%，成为仅次于芬兰的全球第二大钴生产国。其中金川公司生产 2400t，占总产量的 27%。2005 年金川公司的精炼钴产量将增加到 4000 多 t，另外国内还有将近 1 万 t 钴精矿加工能力可能投产，所以 2005 年中国精炼钴产量可望超过芬兰，成为世界第一大钴生产国。

6.3.2.2　钴的生产工艺

中国钴冶炼厂约有 20 多家，主要从硫化铜镍矿、钴硫精矿、进口砷钴矿、含钴废料等提取钴。由于原料不同，生产工艺也各不相同。其主要工艺流程有如下几种：

A　砷钴矿的提取工艺

砷钴矿-沸腾焙烧脱砷-硫酸浸出-浸出液-溶剂萃取法除铁、铜、锌、锰、镍等杂质-纯净钴溶液-草酸沉钴-煅烧-氧化钴；也可将浸出液-中和沉铁-硫化沉淀法沉铜-沉淀粗氢氧化钴-反射炉烧结-电炉还原熔炼-粗钴阳极板-电解精炼-电解钴。

B　硫钴精矿的提取工艺

钴硫精矿-硫酸化焙烧-浸出-萃取-如前制取氧化钴或电解钴。

C　镍系统钴渣提钴工艺

工艺一：镍系统钴渣-还原溶解-黄钠铁矾法除铁-二次沉钴—氢氧化钴-煅烧-电炉还原熔炼-粗钴阳极-可溶阳极电解-电解钴。该法技术条件容易控制，电钴质量较高。但是流程较长，回收率较低。

工艺二：镍系统钴渣-还原溶解-黄钠铁矾法除铁-用 P204 萃取除铜、铁、锌等杂质-P507 萃取分离镍钴-产出的硫酸镍返回镍系统；有机相-反萃钴-纯净的氯化钴溶液-用草酸胺沉钴-草酸钴-煅烧-精制氧化钴。此法是炼钴的新技术，流程短，劳动强度低，金属回收率高，生产成本低。在我国的钴冶炼厂已广泛采用此技术。

D　水淬富钴锍提取钴

富钴锍-加压氧浸-除铁-硫代硫酸钠除铜-P204 除杂质-P507 萃取分离镍钴-产出的硫酸镍返回镍系统制作精制硫酸镍；有机相-反萃钴-纯净的氯化钴溶液-用草酸胺沉钴-草酸钴-煅烧-精制氧化钴。

中国主要的钴冶炼厂有：金川有色金属公司、赣州钴冶炼厂、成都电冶厂、重庆冶炼厂、淄博钴业股份有限公司等。

6.3.3 钴的消费状况和钴的市场

6.3.3.1 钴的消费状况

从20世纪90年代以来，世界钴的消费量一直处于上升的趋势，年均增长率约2.6%。

2001年以前美国是世界钴的第一大消费国，55%的钴用于制造超级合金。2002年以后日本成为世界钴的第一大消费国，2004年钴的消费量达到13191t，其中60%用于电池生产。

1998~2004年，中国精炼钴的消费量以每年20.7%的速度迅速增长，2004年钴的消费量达到9500t，仅次于日本居世界第二位。中国钴的消费结构见表2-6-15。

表2-6-15 中国钴的消费结构

项 目	电 池	色釉料	硬质合金	磁性材料	其 他
比例/%	57	14	11	8	10

从表2-6-15可见，电池行业是我国钴的第一大用户。随着中国电池行业的发展，钴在电池行业中的应用还会进一步增加。

中国硬质合金、金刚石工具产量居世界第一位。钴粉在硬质合金中作为黏结剂，平均含量10%左右，消耗很大。中国在未来几年内可能成为世界钴消费的第一大国。

据国外商品研究机构战略分析部门的预测，2004年全球钴的需求约4.3万t，同比增长8%，按此增速计算，到2010年钴的需求将增至5.7万t。其中增长主要来自亚洲，主要是中国市场，可充电电池生产企业的增长最为迅速。英国SFP金属公司的分析认为未来两年内，随着航空业与充电电池生产企业需求逐步增长，钴消费量将大幅增长。据估计2005年钴需求将同比增长5%~8%。

此外，随着能源工业天然气液化技术的发展，钴作为催化剂的用量也将大大增加。目前全球天然气液化厂只有8家，但计划建造的超过30家。据业内人士估计，一家新的天然气液化厂每年将消耗2000t钴。因此，即使只有几家天然气液化厂投产，也会使钴的需求增加万t以上。还有的金属交易专家认为，钴在天然气液化领域的应用，足以在今后30年内大大影响市场。

6.3.3.2 钴的市场状况

在1999~2002年国际市场的钴价逐渐下滑。但是近来由于钴需求的不断增加，而钴资源又是有限的，所以钴的价格不断上升。2003年10月国际市场钴价为11美元/磅，2004年钴价最高达到30美元/磅。此后开始下降，2005年3月降到最低的14.9美元/磅。2005年5月钴价已脱离低价缓慢上升，5月底，自由市场的钴价为15.5~16.5美元/磅。

2005年国内钴的价格也较高，5月份1号钴37.3~38.3万元/t，9月份为30.2~31万元/t。9月份200~300目的钴粉400~520元/kg。

从2002年起，中国开始出口一些金属钴。2004年总的出口量约为2000t，有史以来首次超过进口的数量。近些年中国钴的氧化物、氢氧化物的进出口量逐年增加，尤其是2004年，进口量约为2400t，同比增加71.4%，出口量达1077t，同比增长217%。

6.3.4 钴的深加工发展趋势

6.3.4.1 用于电池行业的钴酸锂和锰酸锂

由于国内电池行业发展较快，用于锂离子电池的钴酸锂需求旺盛；还因为加工钴酸锂产品附加值较高，当市场上金属钴价格约43万~44万元/t时，含钴量只有60%的钴酸锂售价可达41万~42万元/t。所以中国稍具规模的钴酸锂生产企业已达20多家，若按照各公司所报产能，总产能已达万吨以上。

用于大容量动力型锂离子电池的锰酸锂生产技术，国内已经研究成功。天津大学研发的年产100t中试基地获得成功，为进一步加快锂离子电池正极材料的国产化创造了条件。

铜陵金泰电池材料有限公司研制的“控制梯度熔盐热氧化法生产高密度、大颗粒、低衰减钴酸锂”项目，该工艺符合环保要求，产品振实密度、容量衰减率等性能指标已达国内领先水平。通过了安徽省科技厅组织的专家鉴定。目前，钴酸锂的一次合格率达到92%以上，深受市场青睐。

6.3.4.2 金属钴粉及钴合金粉

据有关资料报道，未来几年世界钴粉的消费量约增加8000~10000t，用量急剧上升。

中国硬质合金、金刚石工具产量占世界第一位，在硬质合金中钴粉主要用于黏结剂，其平均含量约为10%，国内消耗量已达到800t/a，占全国钴总消耗量的33%，并以每年近5.4%的幅度递增。

近年来，由于全球电池行业迅猛发展，钴粉用量急剧上升。从2002年起，中国电池行业钴粉需求量已超过硬质合金行业，成为国内钴消费的第一大行业。

天津成功研制出用于高级汽车发动机高温排气阀、核电站锅炉阀门制造等高新技术领域的钴铬钨硬面合金粉末新材料。该新材料既提高了合金涂层的强度和耐磨性能，而且更适合于700~800℃温度下机械工作部件的耐磨、耐蚀、抗氧化，具有较好的发展前景。

随着科学技术的高速发展，人们对材料提出了不同的要求，超微粒子具有明显的小尺寸效应和表面效应，长期以来引起众多研究者的兴趣。晶粒尺寸小而均匀、团聚度低，比表面积大、化学活性高的粉末，为新材料的开发提供了广阔的前景。超微Ni-Co合金粉由于具有不同于单质镍、钴金属粉末的特殊性能（物理、化学和机械性能）以及特殊的表面磁性，在硬质合金、磁性材料、催化剂、电池等行业具有广泛的应用前景，例如由于晶粒细化，在记忆磁钴、磁卡等电子产品方面得到了广泛的应用。

6.3.4.3 钴合金

（1）镍钴储氢合金电极材料。储氢合金是一种能在晶体的空隙中大量储存氢原子的合金材料。这种合金具有可逆吸放氢的神奇性质。它可以存储相当于合金自身体积上千倍的氢气，其吸氢密度超过液态氢和固态氢密度，既轻便又安全，显示出无比的优越性。

（2）镍钴合金镀层。它是抗腐蚀性能很好的合金镀层之一，可以适用于手表、自行车零件等的电镀，作为镀半光亮镍、镍或镍-铜后的代铬镀层。因它具有良好的焊接性，很适于在电子元件和印刷电路板中使用。由于钴的加入，改善了镍镀层的光泽，使其更具有饱满度，并提高了纯镍层的硬度和强度，而且接触电阻低，所以它不仅可作为防护装饰性镀层，而且还可以作为机械镀层使用。由于其较高的硬度还可用于电镀。

当前磁记录技术已经成为信息新技术中的重要部分，对磁记录的主要要求是提高其记录密度、记录容量和记录设备的小型化，这对磁记录介质和磁记录头提出了更高的要求。而镍钴合金由于具有临界各向异性和低导热系数的特性，成为一种很重要的磁性材料，特别在磁质伸缩传感器材料方面。

6.3.4.4 亚微米覆盖技术

河南豫超超硬材料公司采用了接近于“纳米”技术的“金属表面超微金属钴覆盖技术”，在普通金属粉和合金粉表面覆盖上一层极薄的金属钴，其厚度仅为几百个纳米，这样可使钴的用量降低几十倍，其性能与高钴配方相当，同时对所有有效成分均采用最先进的“低温还原工艺”，并使用国际上最先进的三维立体混料机，大大缩短了粉料与空气接触时间，极大提高了各种粉末表面的低温活性，保证在较低热压温度下进行有效烧结，增强了对金刚石的结合力，提高了金刚石的切削利用率，并且省电、省工省时，又减少差错，提高工效，可使整个金刚石刀头的生产成本大大降低。

6.3.4.5 轮胎用羧基钴盐类黏合剂

近年，中国汽车及轮胎业发展迅速，2003 年中国客车轮胎的需求增长到 6000 万件，预期未来会有 20% 的年增长率；而卡车和公交车轮胎的需求，已经达到 8000 件，并且预期会以超过 40% 的速度增长。中国轮胎业的发展，将引起羧基钴盐类黏合剂需求的激增。

6.3.5 对钴深加工发展的建议

云南省的钴资源较少，目前只有几个用二次资源生产氧化钴的小厂。这些厂可考虑在生产氧化钴的同时，生产市场容量较大的钴酸锂。

其次，注意从锌的副产物——钴渣中回收钴。锌精矿中含有钴，其量很微，国内锌精矿的含钴量为 0.0005% ~0.036% 之间。但在生产过程中富集于净化钴渣中，可富集到 1.67% ~5.72%。云南省某厂的钴渣含钴可富集到 10% ~12%（干重）。若以云南省年产 30 万 t 锌，粗略计算含钴量约为 20t。按吨钴 30 万元，回收率 90% 计，价值 540 万元，不是一个小数。应注意从副产物中回收钴，并适时生产相关的产品。

利用云南省既有镍资源，又有钴资源的优势，还可生产不同级别的镍-钴合金。

参 考 文 献

1 吴树椿，何蔼平 . 21 世纪学科发展丛书：有色金属——金属的第二集团军 . 济南：山东科技出版社，2001

2 中国有色金属工业协会 . 2003 年有色金属工业统计资料汇编 . 2004

3 国家统计局 2005 年 1 月公布有色金属产量

4 张守卫，徐卫东 . 镍的资源、生产及消费状况 . 世界有色金属，2003（11），9 ~ 14

5 W. Gordon Baco. 2000 ~ 2010 镍的展望 . 千年采矿会议文集 . 何焕华译 . 加拿大：2000

6 国家有色金属工业局 1999 年有色金属工业统计资料汇编

7 中国有色金属工业协会信息统计部 . 2000 年有色金属工业统计资料汇编 . 2001

8 中国有色金属工业协会信息统计部 . 2002 年有色金属工业统计资料汇编 . 2002

9 张多默 . 增强市场观念，加大科技投入，积极开展产品结构的调整和产品升级 . 加速技术创新、推进产品结构的调整战略研讨会论文集 . 金昌：金川有色金属公司，2000

10 何焕华，蔡乔方 . 中国镍钴冶金 . 北京：冶金工业出版社，2000

11 张敖生 . 新疆阜康冶炼厂技术改造成就 . 有色金属，1997. 增刊：2 ~ 8

12　何蔼平．镍．红河州新技术产业发展规划研究．昆明：昆明理工大学材冶学院，红河州经济贸易委员会，2002. 10. 164 ~ 175
13　上海有色金属网历史资料，http：//www. sfnm. com. cn
14　付亚波．镍价缘何走低．http：//www. smm. com. cn，2005. 11
15　兰兴华．再生镍回收简况．世界有色金属，2004（1）：51 ~ 52
16　董明．金川镍资源、产品结构与发展战略分析．加速技术创新、推进产品结构的调整战略研讨会论文集．金昌：金川有色金属公司，2000
17　屠海令等．有色金属冶金、材料再生与环保．北京：化学工业出版社，2003
18　冯德茂．金川公司镍产品多元化的对策．加速技术创新、推进产品结构的调整战略研讨会论文集．金昌：金川有色金属公司，2000
19　超细镍粉成市场新宠．http：//www. cnmn. com. cn，2004. 12. 23
20　金川集团有限公司分析员．我国氧化镍市场需求行业发展状况．http：//www. jnmc. com. cn，2004. 5. 12
21　金川集团有限公司分析员．我国充电电池行业的发展将带动镍的消费．http：//www. jnmc. com. cn，2004. 5. 12
22　化学镀——一个有生命力的表面处理技术．http：//www. jnmc. com. cn，2005. 8. 24
23　比不锈钢耐腐蚀 100 倍的镍合金研制成功．http：//www. jnmc. com. cn，2005. 9. 29
24　徐爱东．从出口贸易结构看中国钴市场现状．http：//www. cnmn. com. cn，2004. 12. 27
25　中国钴产品进出口贸易特点．http：//www. cnmn. com. cn，2004. 12. 27
26　铜陵金泰电池公司钴酸锂项目通过鉴定．http：//www. cnmn. com. cn，2005. 8. 22
27　行业动态．未来几年世界钴粉消费量将增加 8 ~ 10kt. http：//www. cnmn. com. cn，2004. 11. 9
28　双苹．金属表面超微金属钴覆盖技术．http：//www. cnmn. com. cn，2005. 3. 20
29　镍钴合金粉应用前景不错．http：//www. jnmc. com. cn，2005. 3. 15
30　金川集团有限公司分析员．我国子午线轮胎工业用羧基钴盐生产消费情况．http：//www. jnmc. com. cn，2004. 5. 12

7 硒和碲

杨部正 昆明理工大学

7.1 概述

硒是根据希腊文月亮的名称而得名，碲也是来源于希腊文“地球”而得名。硒、碲是元素周期表中第六族元素。硒和碲能形成无定形的结晶。硒已知的有两种结晶变体，最稳定的是六方结晶的灰色硒和金属硒，它们是在熔融硒缓慢冷却的条件下获得的。

硒是从溶液中沉淀时获得的，硒呈红色疏松的粉状。红色硒为单斜晶体结构，加热到120℃时，红硒变成灰硒，熔融硒迅速冷却得到灰色玻璃体硒。当温度升到50℃左右时，玻璃体硒开始软化，温度较高时转为结晶灰硒。

碲蒸气冷凝时获得结晶碲，它是银白色。现在已知碲有两种碲的变体，即 α 碲和 β 碲。这两种变体是相互转变的，它们的转变温度为354℃。

硒于1912年在世界上开始生产，而碲于1942年在世界上开始生产。硒、碲在中国开始生产的时间比较晚，硒于1955年开始生产，碲于1957年开始生产。

迄今为止，还没有发现有价值的、能独立开采的含硒、碲的矿床。

硒和碲的物理性质见表2-7-1。

表2-7-1 硒和碲的物理性质

元 素	Se	Te
原子序数	34	52
相对原子质量	78.96	127.6 ~ 127.61
原子体积/$cm^3 \cdot mol^{-1}$	17.72（单斜硒） 16.50（六方，无定型硒）	20.4 ~ 20.5
原子半径/mm	11.6 ~ 16	17 ~ 137
熔点/℃	178 ~ 180（红硒） 217 ~ 220.5（灰硒）	449.8 ~ 452
沸点/℃	684.9 ~ 700	994 ~ 1090
电阻率/Ω·cm	$(1.2 \sim 12) \times 10^{-6}$	$(0.016 \sim 0.3) \times 10^{-6}$

硒、碲金属的固态密度和液态密度分别列于表2-7-2和表2-7-3。

表2-7-2 硒、碲的固态密度

元 素	Se	Te
固态密度/$g \cdot cm^{-3}$	4.28 ~ 4.3（无定型硒） 4.48 ~ 4.5（红硒） 4.792 ~ 4.86（灰硒）	5.85 ~ 6.15（无定型碲） 6.2 ~ 6.42（晶体碲）

表 2-7-3　某温度下硒、碲的液态密度

元　素	t/℃	d/g · cm^{-3}	t/℃	d/g · cm^{-3}	t/℃	d/g · cm^{-3}
Se	250	3.97	300	3.91	400	3.79
Te	460	5.79	600	5.72	700	5.67

硒、碲及部分化合物的蒸气压见表 2-7-4。

表 2-7-4　硒、碲及部分化合物的蒸气压与温度对照表

金属或化合物		133.32 /Pa	266.64 /Pa	666.61 /Pa	13333.22 /Pa	2666.44 /Pa	5332.88 /Pa	7999.32 /Pa	13332.2 /Pa	26664.4 /Pa	53328.8 /Pa	101324.7 /Pa
温度/℃	Se	356	—	413	429 ~ 442	473	506	527	547 ~ 554	594	637 ~ 640	680 ~ 685
	SeO_2	157	187.7	—	202.5	217.5	234.1	244.6	258	277	297.8	317
	Te	520	605	—	633 ~ 650	697	753	789	792 ~ 838	910	900 ~ 997	962 ~ 1087
	TeO_2	—	—	—	233	253	273	287	304	330	360	392

典型的半导体材料硒在室温下导电性差。硒的导电性大小取决于照明强度，在光线较亮处导电性要比在暗处大 10000 倍，是一种较好的光电智能材料。

碲比硒有较好的导电性，并且其电阻在高压下能迅速增大。

这两种元素在常温下是脆的，但在加热时能承受塑性变形。

7.1.1　硒、碲原子的电子亲和能

原子的亲和能是表示元素在气相中，当一个原子和一个电子反应形成一个负离子时所释放的能量。将硒、碲原子的电子亲和能数据列于表 2-7-5。

表 2-7-5　硒、碲原子的电子亲和能

金属元素	Se	Te
电子亲和能/eV	2.02	1.9 ~ 1.97

7.1.2　硒、碲的电离势

所谓电离势是指从金属一个最低能态的气体原子上转移去一个电子所需的能量。原子失去一个电子成为一价正离子时所需能量称为第二电离势，以此类推为第三、第四电离势。现将硒、碲金属电离势列于表 2-7-6，硒、碲金属的配位数列于表 2-7-7。

表 2-7-6　硒、碲金属电离势

金　属	Se	Te	金　属	Se	Te
第一电离势	9.75 ~ 9.752	9.009 ~ 9.01	第三电离势	30.82 ~ 33.0	27.96 ~ 31
第二电离势	21.19 ~ 21.5	18.6 ~ 18.8	第四电离势	42.9 ~ 42.944	37.41 ~ 38

表 2-7-7 硒、碲金属的配位数

金属	价态	离子半径/nm	配位数	金属	价态	离子半径/nm	配位数
Se	-2	18.8~19.8	6	Te	-1	25.0	—
	-2	19.0	8		-2	25.1	—
	+1	6.8	—		+4	5.2~6.0	3
	+4	5~6.9	6		+4	6.6	4
	+6	2.8~3.7	4		+4	8.1~9.7	6
	+6	4.2	6		+6	4.3	4
					+6	5.6	6

硒、碲在常温时不与氧起反应。在空气中加热时会燃烧氧化，生成 SeO_2 和 TeO_2。硒燃烧带蓝色火焰，而碲是带绿色边的蓝色火焰。硒燃烧时散发出一种特殊的气味。水和无氧化性的酸（稀硫酸和盐酸）对硒、碲不起作用。元素 Se、Te 能溶于浓硫酸和硝酸以及热浓碱液中。

在制取硒和碲的工艺中所利用的硒和碲的重要性质是能溶解于硫化碱中生产多种硫化物。该硫化物容易被酸分解而相应析出硒和碲。

硒溶解于亚硫酸钠的溶液中生成硫代酸盐 Na_2SeSO_3 型的化合物，这种化合物在酸化时分解而析出元素硒。

元素碲不与氢直接化合，而硒则在 400℃时间与氢开始起反应。

硒和碲与所有卤素在常温下起反应。它们与金属生成与硫化物相似的硒化物和碲化物（如 Na_2Se、Ag_2Se 等）。硒和碲能生成气态的硒化氢（H_2Se）和碲化氢（H_2Te）。这两种气态化合物是酸对硒化物和碲化物作用而生成的。硒化氢和碲化氢是带有与硫化氢相似的臭味的无色气体。硒化氢和碲化氢能溶于水。

7.2 硒和碲的国内外资源

硒和碲是稀散金属，也是分布量最少的元素。硒在地壳中的质量含量仅 $10^{-4}\%$、碲为 $10^{-6}\%$。世界上现已发现含硒的矿物有 64 种，含碲的矿物有 91 种。中国最佳可利用的含硒、碲的工业矿床在表 2-7-8 中列举。

表 2-7-8 中国最佳可利用的含硒、碲的工业矿床

元素	矿产类型	品位/%	利用状况	矿产地	可开采品位/%
Se	卡岩铜及铜锌矿	0.0009~0.01		江西城门山	0.0014
	多金属矿	0.0008~0.0065	已利用	广东大宝山	0.0009
	铅锌矿	0.0011~0.012	已利用	江西东乡	0.0016
	黄铁矿	0.0063	已利用	甘肃小铁山	0.0063
	铜 矿	0.0001~0.0057		辽宁杨家杖子	0.0057
	锡 矿	0.011		广西贺县	0.011
Te	卡岩铜及铜锌矿	0.0001~0.003	已利用	江西城门山	0.0028
	多金属矿	0.00038~0.0016		广东大宝山	0.00038
	铅锌矿	0.0019~0.053	已利用	江西东乡	0.00304
	脉金矿	0.001		吉林海甸	0.001

世界上一些地区和国家的硒、碲储量列于表 2-7-9（不包括中国在内）。

表 2-7-9　世界一些地区和国家的硒、碲储量　　（万 t）

地　区	Se	Te	地　区	Se	Te
北美洲	18.46	3.76	非　洲	3.86	1.18
美　国	8.26	2.45	扎伊尔	1.14	0.36
加拿大	9.03	0.95	赞比亚	2.04	0.64
其　他	1.23	0.36	其　他	0.68	0.18
南美洲	8.85	2.67	亚　洲	1.95	0.59
智　利	5.81	1.77	大洋洲澳大利亚	1.68	0.59
秘　鲁	1.45	0.45	世界其他	4.99	1.54
其　他	1.59	0.45	全世界共计	41.09 ~ 62.88	10.62 ~ 14.85
欧　洲	1.23	0.26	世界远景储量	1001.1	16.12

以上叙述的矿物中硒和碲主要是以硒化物和碲化物存在，其中硒与铜、银、汞结合，较少与铅、镍、钴、铋结合，而碲则与铜、铅、汞、铋、镍、铂结合，较少与金、银结合。硒和碲呈类质同相杂质状态分散在硫铁矿（铁、铜、锌、铅的硫化物）和天然硫中。

7.3　硒、碲的制取与提纯

目前，制取硒和碲的原料的主要来源：一是铜电解精炼的阳极泥；二是在处理硫铁矿过程中焙烧炉获得的烟尘；三是生产硫酸或纸浆的渣泥。在硫酸电解液中进行的粗铜电解精炼时的阳极泥，大致含硒为 3% ~ 18%，含碲为 0.3% ~ 5%。在焙烧硫铁矿的烟尘中含硒可达 45%。在硫酸厂中从洗涤酸的沉降泥中含 Se 可达 3% ~ 15%。下面分别介绍几种回收硒、碲的一些主要方法。

7.3.1　硫酸化焙烧回收硒和碲

这种方法是使阳极泥与浓硫酸混合加热，最初过程是按以下反应式发生铜、硒和碲的氧化：

$$Cu + 2H_2SO_4 \xlongequal{} CuSO_4 + SO_2 + 2H_2O$$

$$Se + 2H_2SO_4 \xlongequal{} SeO_2 + 2SO_2 + 2H_2O$$

$$Te + 2H_2SO_4 \xlongequal{} TeO_2 + 2SO_2 + 2H_2O$$

然后温度升至 400 ~ 500℃，这时大部分硒以 SeO_2 形态升华，而大部分 TeO_2 则残留在焙砂中。然后用水浸出焙烧过的阳极泥（焙砂），以提取硫酸铜，用苛性钠液浸出沉淀 TeO_2，再用碱熔、电解或碳还原的方法提取碲。所用流程如图 2-7-1 所示。

采用下述工艺，硒的回收率可达到 93% 以上，碲的回收率可达到 70% ~ 85%。方法简单，可综合回收贵金属。

7.3.2　苏打熔炼法回收硒、碲

铜阳极泥经过脱铜后，在氧化气氛中加 Na_2CO_3、经高温（1050 ~ 1250℃）熔炼，硒

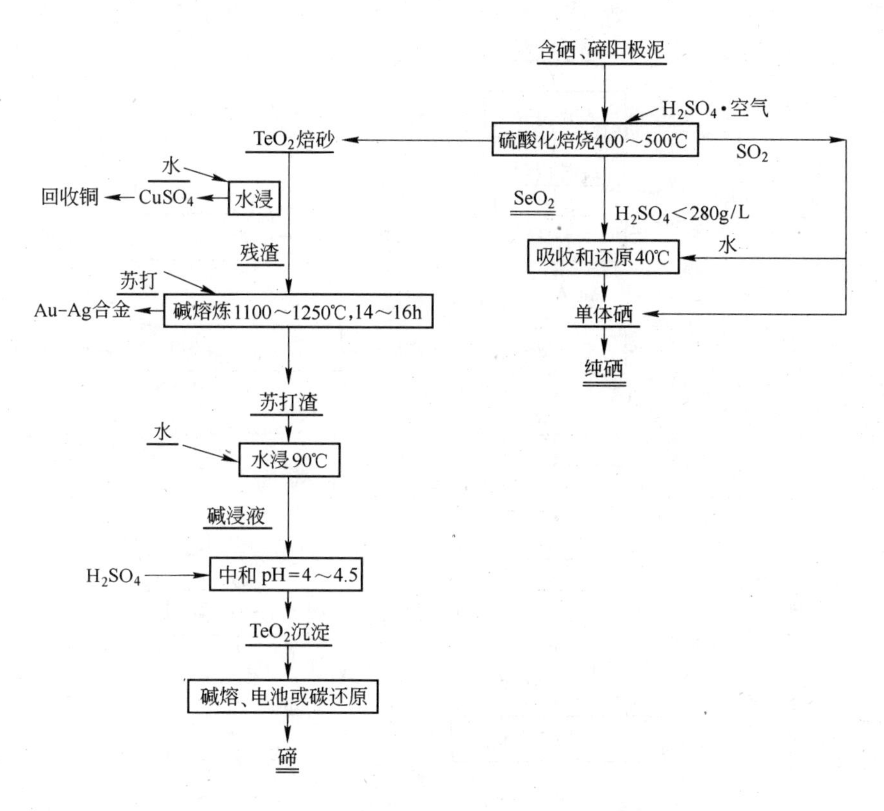

图 2-7-1 硫酸化焙烧提取硒、碲工艺流程图

和部分碲被氧化生成溶于水的亚硒酸钠和亚碲酸钠

$$Se + Na_2CO_3 + O_2 = Na_2SeO_3 + CO_2$$

$$Te + Na_2CO_3 + O_2 = Na_2TeO_3 + CO_2$$

产生的苏打渣用水浸出，提取硒、碲，金银合金再专门回收金银。

苏打法回收硒、碲的工艺流程如图 2-7-2 所示。

硒碲的获得都是从有色冶金和化工生产的副产物中回收。中国某厂硒的回收开始于1958 年，利用铅鼓风炉烟灰做原料，经火法富集和湿法处理而制得，其工艺流程如图2-7-3所示。铅鼓风炉烟灰采用反射炉火法熔炼使硒碲一起挥发而富集。挥发富集的烟尘通过布袋收集后再经硫酸浸出，在氧化剂的作用下硒进入溶液，再从溶液中用亚硫酸钠还原得到海绵硒而与碲分离。硒绵进一步提纯得工业硒。硒还原后液再进一步提取碲。

图 2-7-3 流程的特点是：方法简单易行，设备易制造，苏打可再生。该法适于处理高含金银的物料，可产出较高纯度的硒碲。

7.3.3 硒、碲的提纯工艺

（1）从有色金属冶炼厂的硫酸中回收硒，可用离子交换法、硒化物通过热分解法、

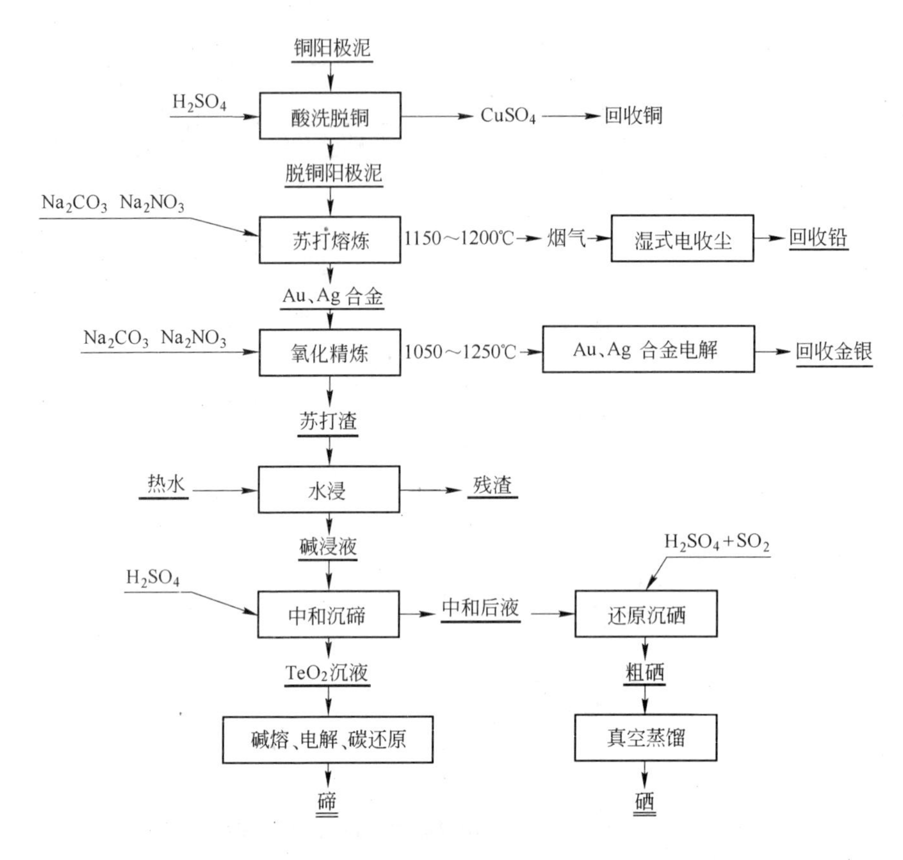

图 2-7-2　苏打熔炼法提取硒、碲流程图

二氧化硒气相氨还原法及纯净硒酸的 SO_2 还原法及真空蒸馏法制取 5N 品级的硒，其工艺流程如图 2-7-4 所示。

（2）从有色金属冶炼厂的铜电解精炼的阳极泥中回收碲。铜电解精炼的阳极泥中的主要杂质有重金属和硒。为了使工业碲得到进一步的提纯，可用电解法和真空蒸馏法制取。在阳极上加塑料微孔隔膜进行电解，阴极采用不锈钢板。电流密度 200A/m^2，电解温度为 45℃。在含 Te100g/L，苛性钠 160g/L 的碱性电解液溶液中进行。得到的电碲再用真空蒸馏方法进行精炼即可得到 5N 品级的高纯碲，其工艺流程如图 2-7-5 所示。

（3）硒碲工业产品质量技术标准见表 2-7-10 和表 2-7-11。

表 2-7-10　工业硒产品质量技术标准（GB1477—79）

产品牌号	硒含量/%（不小于）	化学成分/%									
		铜	汞	砷	锑	碲	铁	铅	锡	镍	杂质总和
		杂质含量/%（不大于）									
Se-1	99.992	0.0005	0.0005	0.0005	0.0005	0.0005	0.001	0.001	0.001	0.001	0.008
Se-2	99.9	0.001	0.002	0.003	0.001	0.007	0.04	0.03		0.002	0.1
Se-3	99										

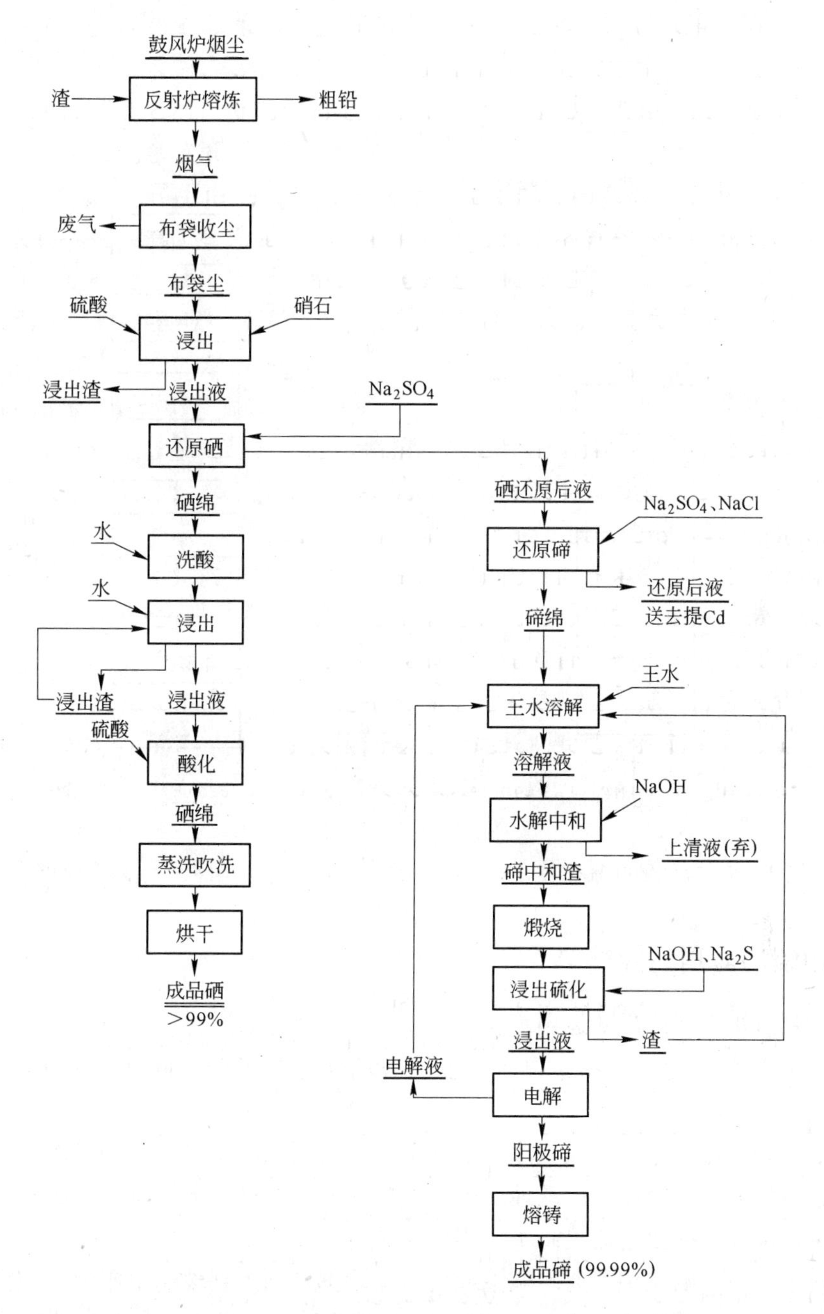

图 2-7-3 铅鼓风炉烟尘回收硒碲工艺流程图

表 2-7-11 工业碲产品质量技术标准（GB1477—79）

产品牌号	碲含量/%（不小于）	化 学 成 分/%											
		铜	铅	铝	铋	铁	钠	硅	硫	硒	砷	镁	杂质总和
		杂质含量/%（不大于）											
Te-1	99.99	0.001	0.002	0.001	0.001	0.001	0.003	0.001	0.001	0.002	0.0005	0.001	0.01
Te-2	99.9	0.004	0.005	0.003	0.002	0.005	0.006	0.003	0.001	0.05	0.001	0.002	0.1
Te-3	99												1.0

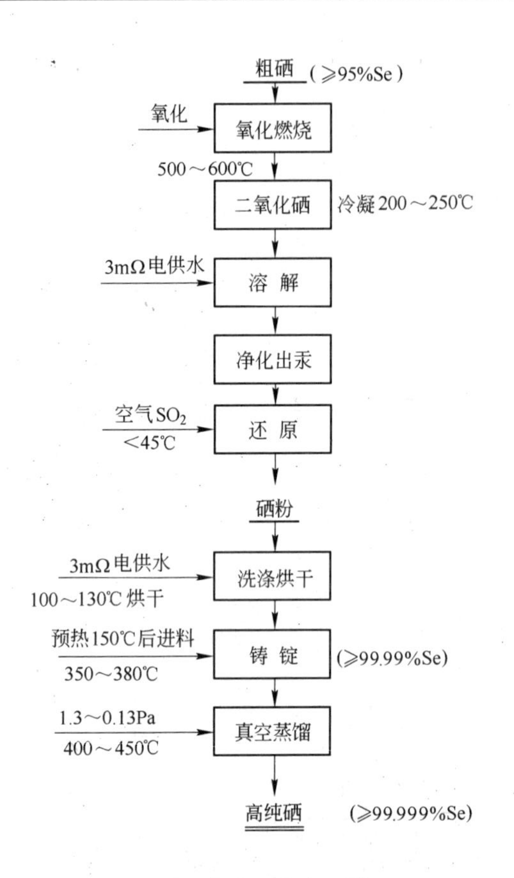

图 2-7-4　提纯硒的流程图

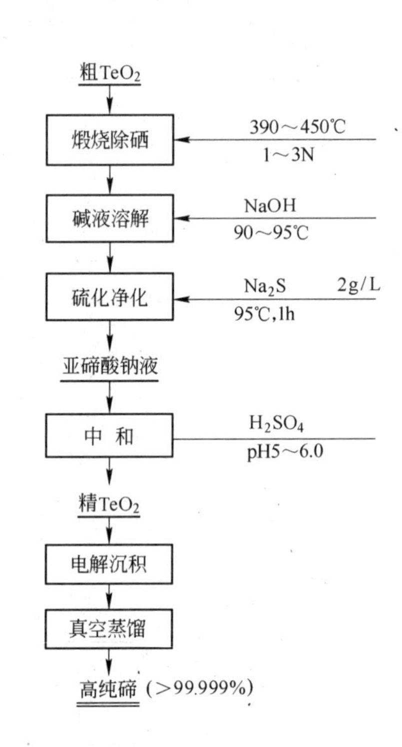

图 2-7-5　提纯碲的工艺流程图

7.4　硒和碲的应用与发展

硒、碲具有重要而广泛的运用范围：

（1）硒及其化合物主要用于电气工业、玻璃和橡胶工业，近年来也在冶金、医药、感光等领域得到广泛的应用。

基于硒在光的作用下能够猛烈改变其导电性，可用来制造光电管、光度计以及各种各样的无线电信号装置。硒还被广泛地用来制造整流器，这种整流器有很大的电稳定度，容许有较高工作温度，致使电器提高了使用性能和寿命。

在玻璃生产中，硒酸钠和亚硒酸钠或者氧化硒都可加入到玻璃组成中，使得玻璃呈现出橙色或者红色（视硒的浓度而变）。将硒加入被杂质铁污染成绿色的玻璃组成中，可使玻璃变成无色透明。

在橡胶工业中，制造轮船、绝缘材料时，硒可单独或与硫混合用于橡胶硫化过程中。

硒还可以作为钢和某些合金中的合金元素。硒的加入并不改变钢的机械性能，而会大大改变钢的防腐性能和机械加工性能。硒加在铜合金中能改善机械加工性能而不会发生热脆性。

硒在石油热裂和煤氢化过程中，可用硒化合物作接触剂，并可用于颜料生产，也可用来制造消灭农业害虫的毒药。

硒根据其纯度的不同，还可应用到很多领域，如纯度在 99.5% 的硒多用作玻璃、铅蓄电池材料及冶金添加剂。而纯度为 99.9% 以上的硒多用作动物饲料、医药、半导体及感光材料等。硒盐可治疗地方病，如克山病等。也可防治酸雨的危害，还可用来消除水域中铅和汞的污染。目前用硒量大的是复印行业和玻璃工业。由于硒复印材料的性能优良(见表 2-7-12)，所以在日本和一些发达国家，硒在复印业中的用量居首位。

表 2-7-12 硒和其他复印材料的比较

感光材料	As_2Se_3	Se-Te	CdS	α-Si	OPC
辊筒单价/万日元·台$^{-1}$	5	1	1	17	0.5
耐用次数/万次	75	5	5	75	2
平均费用/日元·次$^{-1}$	0.7	2	2	2.2	2.5

硒感光板对诊断乳腺癌十分灵敏，光传导硫族玻璃 As-Te-Se 已在印刷和摄像制作中进入了实用阶段，所以硒的应用前景是非常广泛的。

(2) 碲主要用于合金的添加剂、电气工业、玻璃陶瓷工业以及橡胶工业等。

碲在冶金行业的应用，如在低碳高速切割钢、高强度合金钢、铜基合金和铅基合金中添加 0.01% ~0.5% 的碲，就能改善这些钢及合金的加工、机械的化学性能。

碲在橡胶行业中可做橡胶硫化剂。在玻璃制造的陶瓷工业中，碲化物用来使釉和搪瓷玻璃成蓝色。在复印机材料的应用领域也在不断扩展。

据报道，硒在光伏发展计划中是不可缺少的元素之一，全球光伏产业近几年来以每年 30% ~40% 的速率增长。开发研究低成本、高稳定性的光伏电池是国际光伏界的热点。铜铟硒（$CuInSe_2$ CIS）薄膜太阳能电池成本低、性能稳定、抗辐射能力强、光电转换效率高，综合性能居目前各种薄膜太阳能电池之首，被国际上称为下一代的廉价太阳能电池，吸引了众多机构及专家进行研究开发。铜铟硒薄膜材料对太阳能的吸收系数高达 105 个数量级，最适合太阳能薄膜化，电池厚度可以做到 2 ~3μm，降低了昂贵的材料消耗。不但抗辐射性能好，而且光电转换效率几乎无衰退。随着科学技术的不断发展，硒是高效薄膜太阳能电池中最有前途的光伏材料之一，具有很强的竞争力。

参 考 文 献

1 周金冶．稀有金属冶金．北京：冶金工业出版社，1988
2 刘英俊等．元素地球化学．北京：科学出版社，1984
3 蔡志全．分散元素矿物鉴定表．北京：地质出版社，1977
4 全国矿储量委员会办公室．矿产工业要求参考手册．北京：地质出版社，1987
5 中国有色金属学会稀散金属学术分会．全国首届（1980）、第二届（1983）、第三届（1987）稀散金属会议论文集
6 Г. А. 麦耶尔松，А. Н. 泽里克曼．稀有金属冶金学．北京：冶金工业出版社，1960
7 稀有金属手册编委会．稀有金属手册．北京：冶金工业出版社，1995
8 天津科技，2005 年，第 2 期

8　铅

魏　昶　昆明理工大学

8.1　铅资源

铅是人类从铅锌矿石中提炼出来的较早的金属之一，呈蓝灰色，密度大，固态时为11.34g/cm^3，液态时为10.632g/cm^3。铅的熔点为327.502℃，沸点为1525℃。纯铅在重金属中是最柔软的，硬度只为莫氏1.5，而且铅为热的不良导体。易与其他金属（如锌、锡、锑、砷等）制成合金。

铅是常用的有色金属之一，铅的相对原子质量是207.21。常温时铅在完全干燥的空气中，不会起化学变化，但是当在潮湿空气且含有CO_2气体时，其表面将生成Pb_2O薄膜。铅与氧生成四种化合物，分别为PbO、Pb_2O、Pb_3O_4和Pb_2O_3，其中最稳定的是PbO，其余都不稳定，只是冶金过程中的中间产物。铅易溶于硝酸、硼氟酸、硅氟酸等酸，因表面生成$PbCl_2$及$PbSO_4$几乎不溶解于稀盐酸及硫酸。

铅是古代七种有色金属（铜、锡、铅、金、银、汞、锌）中的一种。铅用途广泛，是电气工业部门制造蓄电池、汽油添加剂和电缆的原材料；由于铅具有很高的抗酸、抗碱的能力，故它广泛用于化工设备和冶金工厂电解槽做内衬；铅能吸收放射性射线，用在原子能工业和医学中做防护屏；铅也能与许多金属形成合金，所以铅也以合金的形式被广泛应用，如铅基轴承、活字金、焊料等；铅的化合物用于颜料、玻璃及橡胶工业部门。其中，铅蓄电池的年均耗铅量一般占统计消费总量的60%～70%。在有色金属的消费结构中，世界铅的年消费量与生产量基本相当。

在旧中国时期铅工业基础薄弱，只有几个规模小的矿山和工厂，采矿、选矿、冶炼基本上土法生产。新中国成立后，铅业发展很快。经过50多年来的大规模地质勘查，探明了丰富的铅矿产资源，建设了一大批国营大中型铅矿山和冶炼厂，形成了较大的采选冶生产能力，产量居于世界前列。

近几年来，中国大型铅冶炼企业虽然在产品深加工上取得了一定成绩，开发了铅锑合金、铅钨合金、铅材、防腐及以铅为母料的化工产品等。但与发达国家相比还有很大差距，如国内初级产品比重较大，技术含量高的深加工产品及新产品较少，铅产品的深加工是铅冶炼行业的发展方向之一。

8.1.1　铅资源储量情况及其分布

据1999年美国地调局统计，世界已查明的铅资源量约为14×10^7t。储量基础较多的国家有澳大利亚、中国、美国和加拿大，均在1000×10^4t以上，合计占世界铅储量基础60%以上。其他储量基础较多的国家还有秘鲁、南非、哈萨克斯坦、墨西哥、摩洛哥和瑞典等（详见表2-8-1）。按1997年世界铅矿山产量279.47×10^4t计，现有的储量和储量基础的静态保证年限分别为23年和50年。不过现在铅储量和储量基础分别只占铅查明资源的4.4%和9.3%，说明全球铅的勘查潜力仍很大。

表2-8-1 1999年世界部分国家铅储量和储量基础①

国 家	储量/kt	储量基础/kt	国 家	储量/kt	储量基础/kt
澳大利亚	18000	33000	哈萨克斯坦	2000	2000
中 国	9000	30000	墨西哥	1000	2000
美 国	6500	20000	摩洛哥	500	1000
加拿大	3500	12000	瑞 典	500	1000
秘 鲁	2000	3000	其他国家	21000	33000
南 非	2000	3000	世界总计	66000	140000

①本资料引自：Mineral Commodity Summaries，1999。

8.1.2 国内铅资源

8.1.2.1 国内铅资源状况及分布

中国是世界铅生产、消费和进出口大国，铅资源总量居世界第二位，但能有效利用的储量不多，人均拥有资源量也相对贫乏。1999年累计探明铅储量（金属量）4199.2万t，其中A+B+C级1161万t；人均占有铅矿保有储量0.03t，其中人均A+B+C级储量0.01t。同上年相比保有储量减少1%。见表2-8-2。

表2-8-2 中国铅储量统计①

年 份	保有储量		累计探明储量	
	总计/kt	其中A+B+C/kt	总计/kt	其中A+B+C/kt
1994	33760	11612	41990	19030
1995	34893	11812	43700	19620
1996	35728	11851	45110	20090
1997	35307	11569	45360	20290
1998	35110	11322	45590	20420

①本资料引自：中国矿产储量数据库，1994～1998。

据1999年保有储量统计，目前已开发利用的铅保有储量为2086万t，占其总保有储量的59.7%，其中占铅已利用总储量的73.6%，目前保有储量只能维持10年左右的生产时间。随着中国东、中部地区铅资源的不断消耗，大部分老矿山资源的逐渐枯竭，铅资源分布西移特征十分明显。西部已成为中国铅资源主要集中区和铅原料的主要供应基地。

中国储量列居世界第二位，储量基础占世界1/5以上，中国铅矿产地736处，有28个省、区、市发现并勘查了储量。相对集中在岭南、川滇、滇西兰坪、秦岭-祁连山及狼山-阿尔泰山等五大地区。

中国对铅矿进行了深入的勘查，截至1998年底，铅矿保有储量达到详查和勘探程度的合计为3017.13×10^4t，占总保有储量的85.9%，而普查程度的储量仅占总保有储量的14.1%，详见表2-8-3。

表2-8-3　中国铅矿保有储量勘察程度统计①

项　目	普　查	详　查	勘　探	合　计
矿区数/个	204	382	150	736
铅的保有储量/kt	4938.5	16296.8	13874.5	35109.8
其中A+B+C/kt	78.9	3509.0	7733.8	11321.7
占总储量的百分比/%	14.21	46.4	39.5	100

①本资料引自：中国矿产储量数据库，1998。

截至1998年底，全国已开发利用的铅矿区295处，保有储量1872.8×10^4t，占总保有储量53.3%，主要集中在云南、广东、湖南、甘肃、广西、内蒙古、青海等省区。

可供规划利用矿区275处，保有储量1215.7×10^4t，占总保有储量的34.6%，主要集中在内蒙古、江西、四川、云南等省区。

暂难利用矿区166处，保有储量422.5×10^4t，占总保有储量的12.1%。

《全国矿产勘查重点选择研究》资料显示，1995~2010年间，如果有足够的地质勘查投入，中国铅锌矿储量有望增加1900~2400万t。铅储量增加潜力较大的勘查区主要在西南三江地区、华北陆块北缘、华南活动带西部、滇东南和西部、湘桂地区等。

中国铅矿资源重要远景区有秦岭、祁连山、川黔滇、豫西、额尔古纳地区、大兴安岭和阿尔泰地区。

8.1.2.2　中国铅资源的特点

A　矿产地分布广泛，但储量主要相对集中在几个省区

目前，已有28个省、区、市发现并勘查了铅资源，但从富集程度和现保有储量来看，铅矿保有储量在150万t以上的有10个省、区，依次为云南609.71万t、广东412.97万t、内蒙古335.24万t、甘肃274.40万t、江西263.09万t、湖南246.75万t、四川200.56万t、广西181.22万t、陕西175.78万t、青海171.30万t，这10省区的合计储量占全国铅储量的80%。铅矿储量在东部、中部、西部三大经济地带分布比例：东部沿海地区占26.2%；中部地区占30.8%；西部地区占43%。

B　成矿区域和成矿期也较相对集中

从目前已勘探的超大型、大中型矿床分布来看，主要集中在滇西、川滇、西秦岭-祁连山、内蒙古狼山和大兴安岭、南岭等五大成矿集中区。成矿期主要集中在燕山期和多期复合成矿期。据《中国内生金属成矿图说明书》统计的铅矿床的成矿期，前寒武期占6%、加里东期占3%、海西期占12%、印支期占1.3%、燕山期占39%、喜马拉雅期占0.7%、多期占38%。

C　大中型矿床占有储量多，矿石类型复杂

在全国700多处矿产地中，大中型矿床的铅储量占81.1%。矿石类型多样，主要矿石类型有硫化铅矿、氧化铅矿以及混合铅锌矿等。以锌为主的铅锌矿床和铜锌矿床较多，而铅为主的铅锌矿床不多，单铅矿床更少。

D　铅矿床物质成分复杂，共伴生组分多，综合利用价值大

大多数矿床普遍共伴生Cu、Fe、S、Ag、Au、Sn、Sb、Mo、W、Hg、Co、Cd、In、

Ga、Ge、Se、Tl、Sc等元素。有些矿床开采的矿石，伴生元素达50多种。特别是近20年来，通过综合勘查和矿石物质成分研究，证实许多铅锌矿床中含银高，成为铅锌银矿床或银铅锌矿床，其银储量占全国银矿总储量的60%以上，在采选冶过程中综合回收银的产量，占全国银产量的70%~80%，金的储量和产量也相当可观。

E 贫矿多、富矿少，结构构造和矿物组成复杂的多、简单的少

目前开采的矿床，铅锌平均品位3.74%，锌高于铅，铅锌比为1∶2.5，国外多为1∶1.2。矿石组分复杂，有的入选矿石达30多种矿物，不少矿石嵌布粒度细微，结构构造复杂，属难选矿石类型，给选矿带来了困难。

8.1.2.3 中国铅资源在开发中存在的主要问题

A 铅矿山资源供应形势日趋严峻

按照国际标准套改，到2000年中国铅储量和储量基础分别为688万t（占世界的10.75%，位居世界第二位）和1135万t。按照2001年中国生产铅精矿量估计，中国铅储量和储量基础静态保证年限分别为10.2年和16.8年，中国铅资源静态保证年限还不及世界平均水平的一半。另外中国铅矿储量利用程度较高，已利用储量比例较大，可供利用储量，特别是近期利用和计划近期利用的储量不多，后备资源不足，铅矿山资源供应形势日趋严峻。铅矿资源中，大型矿床少，中低品位资源占50%以上，探明的储量中已开发利用的比例已近55%，未被开发利用的储量大多集中在建设条件和资源条件不好的矿区。所以，中国铅矿资源并不能满足行业需要，要进口铅精矿来满足生产。

B 中国铅资源储量家底不清

中国铅资源储量家底不清，从国家储量表上统计的储量消耗量与实际生产中储量消耗量存在巨大差距。根据《中国矿产资源年报》上的储量统计，从1991年~2000年10年累计消耗铅保有储量大约为502万t，但按从1991~2000年中国每年生产铅精矿量计算，实际上10年累计铅储量消耗至少有800万t。这种现象主要是一些矿山企业向国家上报储量时少报和新增储量不报造成的。这明显在加剧铅资源的消耗和浪费。

C 铅冶炼能力仍继续扩张，铅矿原料市场竞争激烈，铅精矿进口逐年增加

近年来中国铅冶炼能力增长较快，都在以10%以上的速度递增。到2000年底，国内铅冶炼能力已达到111.3万t/年（指粗铅与电解配套能力），其中粗铅冶炼能力91.9万t/年。由于中国铅精矿的生产主要是以中小型矿山为主，矿山增长乏力，再加上中国多数国有矿山已进入中晚期，可采储量急剧下降，2001年矿山铅精矿产量仅为67.6万t，冶炼能力远远超过国内矿山的供应能力，国内原材料供应日趋紧张。值得一提的是中国有许多冶炼厂都没有自己原料供应的矿山，其原料全依靠国外进口。目前，国内短缺的原料从国外进口量越来越大，2002年中国进口铅精矿量38.9万t。据调查，现在一些地区为了本地区经济发展，2002~2005年间投产和计划投产的改扩建和新建铅冶炼项目6个，拟增加的精铅生产能力至少23万t。按现在这样发展，估计到2005年中国铅冶炼能力将达到150万t，铅的国内原料市场竞争更加激烈，对国外依赖程度越来越高。

D 中国铅矿采选业以零散的小生产者为主，存在采富弃贫、乱采滥挖现象，加剧了资源紧张的局面

2001年中国铅矿开采的矿山905个，其中大型矿山只有3个，中型矿山只有17个，小矿山个数为885个（占总数的97.8%）。这说明中国铅矿采选业以零散的小生产者为

主。另外2000年和1990年相比，中国铅采矿出矿量和处理能力增加并不多，但铅金属的产量则翻了一番。这一方面反映出中国正规化的采选能力比较低，矿石量的统计很难完整；另一方面反映出近年来中国铅矿山由于经济的原因转入开采富矿，存在严重的采富弃贫现象。更有在一些地区还出现了无秩序的乱采滥挖，严重破坏和浪费资源，如在陕西与甘肃交界的西成地区和凤太地区，云南的兰坪地区，四川的甘洛地区，广西的河池地区等。

E　再生铅工业滞后，大大落后于世界先进水平，其产业结构不合理、回收率低、能耗高、污染严重

中国再生铅工业与世界发达国家相比存在很大差距。发达国家再生铅产量几乎占全部铅产量的60%，而中国再生铅在1990年只有2.82万t，从1995年开始年产量才超过10万t，2000年30万t左右，仅占精铅总量29%。从总体水平看，再生铅企业数量多、规模小、耗能高、污染重、工艺技术落后、综合回收利用率低，特别是我国立法滞后，低水平重复建设严重。目前，中国再生铅企业规模较大、较正规的仅有徐州春兴集团、湖北金洋公司两家企业。再生铅工业整体水平仅相当于国际20世纪60年代水平。

8.1.3　有关铅资源可持续发展的建议

A　加强矿产资源储量核查工作，对铅资源储量进行动态管理与监测，对现有宝贵铅资源进行有效合理的利用

坚决贯彻《矿产资源法》有关法规，对现有的铅矿产开发进行清理整顿，严格核查矿山储量，实行资源储量登记和开采利用计划管理制度，对矿山实施动态跟踪监测。同时，对凡是没有储量报告、没有配备技术人员、浪费资源、污染严重、安全隐患大、技术装备落后的矿山不予换发新的采矿许可证，并严厉打击和取缔非法采矿。

B　适当增加铅矿资源勘查费用，加大矿山地质探矿力度，增加探明金属储量，在未开发利用的储量中，增加可供经济利用的储量地，从而延长我国铅储量开采年限

老矿区附近是成矿地质条件最有利的地区，由于有丰富的找矿信息和已知矿床（矿体）可资类比，老矿山周围找矿成功率远高于新区。在老矿区探矿新资源，可充分利用已有设施和技术力量，一方面增加新储量，另一方面增加可供经济利用的储量。另外在陕西、青海、云南、四川等西部地区铅矿勘查程度相对较低，有相当的找铅潜力。要利用中国实施西部大开发战略时机，加大西部地区的勘查力度，增加中国铅资源储量。

C　大力提倡节约铅资源和发展再生铅锌工业

铅在所有金属中再生率最高，回收废铅物料与从矿石中提取铅相比，前者成本低38%，劳动生产率高1.9倍，能耗少1/3；如果中国每年再生铅产量能从现在的30万t，增加到50万t或更多，就是说占到精炼铅产量的50%左右，那么将大大节约中国铅矿资源，加之地质勘探方面的增储、保储，冶炼方面的节约，那么铅储量开采年限可延长到20年以上，从而真正实现中国铅工业可持续发展。具体建议为：

（1）政府和有关部门应高度重视废铅的回收，通过电视、广播、报刊等媒体广泛宣传回收废铅的必要性，提高全民资源回收利用意识。同时对有成效的再生铅企业给予大力表彰，并鼓励他们走出国门学习发达国家生产管理的经验。

（2）政府和有关部门应制定一系列鼓励、扶持措施和强制废铅回收的法律和法规。

对再生铅生产企业给予政策扶持，如将再生铅列为给予优惠政策（即免征增值税）的资源综合利用产品目录中，对取得生产许可证企业生产的再生铅锌产品免征增值税。在未实行生产许可证制度之前，可先行制定再生铅生产企业的有关经济技术标准，只有达到该标准的，才可享受优惠政策。

（3）在鼓励和加大再生铅生产的同时应与环境保护协调发展。在再生铅工业刚刚起步阶段，就要扼杀住规模小、耗能高、污染重、工艺技术落后、综合回收利用率低、低水平重复建设等严重问题，使中国再生铅工业能够进行良性运作。

（4）鼓励再生铅企业与科研单位、大专院校联合，共同攻克无污染再生铅工艺技术，提高铅锌资源回收率。

D 控制生产总量，不要盲目发展冶炼厂

由于中国铅工业企业缺乏经验，进口铅精矿的运作基本操纵在国际跨国公司手里，市场价格起伏直接影响到原料供应的稳定，影响到铅冶炼成本。再加上近几年西方经济不景气，铅出口的价格持续下跌，中国铅冶炼业濒临全行业亏损的边缘。2001 年在国际铅锌价低迷和中国铅矿供应紧张的条件下，中国铅出口量仍占世界第一位，这一方面说明中国铅产量大大过剩，同时也预示中国铅冶炼行业稳定盈利的时代已经结束。再者按照目前保有储量，中国铅矿山生产能力已经发展到了极限，不能再盲目扩产，否则资源可供年限将大大缩短。我们不能在几年或十几年内把铅资源挖光采尽，这不是可持续发展方针，而且还需要考虑资源战略储量，保障国家安全问题。因此我们要适当控制生产总量，不要盲目发展冶炼厂。根据“十五”规划和可持续发展要求，到 2010 年国内铅精矿含铅量生产能力保持在 72 万 t。

E 向境外转移铅冶炼能力，实现全球化生产，从而缓解国内铅冶炼能力增长过快，原料供应紧张的局面

近年来中国铅冶炼能力发展过快，国内铅原料供应不足，为了缓解这个矛盾，建议组织国内有实力的地质勘查企业到海外开展铅富矿的风险勘查找矿，争取短期内掌握几个铅富矿的采矿权，然后向境外转移铅冶炼能力，实现全球化生产。另外我国是“巴塞尔公约”的签字国，承担了不进口污染环境的固体废料的义务，因此禁止废旧蓄电池进口。但是世界上一些国家和地区没有再生铅生产企业，又不能向其他国家出口废旧蓄电池，宝贵的资源不能利用，反而造成环境污染。中国铅冶炼企业可去那里寻求发展机会，从而缓解国内铅冶炼能力增长过快，原料供应紧张的局面。目前中国的一些企业在这方面已经开展了积极的工作。如中国有色建设集团公司与江苏春兴集团公司合作，在泰国建设了一座以废旧蓄电池为原料的再生铅冶炼厂，经过几年的努力，该厂已成为泰国的明星企业，取得了良好的经济效益。该企业为我国铅冶炼企业走向世界开创了一个范例。

8.2 铅的生产、消费及其市场预测

8.2.1 国外铅生产、消费和价格统计

近 10 年世界铅矿产量（指铅精矿含铅量，以下同）在 300×10^4t 左右徘徊，生产比较平衡，没有大的起落（表 2-8-4）。世界年产铅量在 10×10^4t 以上的国家共有 7 个，依次为澳大利亚、中国、美国、秘鲁、墨西哥、加拿大和瑞典，2000 年 7 国合计产量占世

界总产量的78%，澳大利亚居第一位、中国居第二位。近几年铅矿山产量增长较快的国家主要有澳大利亚、美国、秘鲁、爱尔兰和哈萨克斯坦；产量下降的国家主要有加拿大、墨西哥、南非和朝鲜。澳大利亚铅资源丰富，现已开发了 Brokon Hill、Mc Arthur River、Mount Isa 等五座特大型铅锌矿。

表 2-8-4　世界部分国家铅矿山铅产量①　　（万 t）

国家名称	1995 年	1996 年	1997 年	1998 年	1999 年	2000 年	年均递增率/%
澳大利亚	45.3	52.2	53.1	61.7	68.1	69.9	9.06
中　国	51.9	64.3	71.2	58.1	54.9	56.9	1.86
美　国	48.8	44.4	45.8	49.1	51.4	43.8	1.43
秘　鲁	23.3	24.9	25.8	27.1	27.1	27.1	3.07
加拿大	21.0	25.7	18.6	18.9	16.1	14.9	-7.1
墨西哥	19.9	16.7	17.5	16.6	12.6	15.6	-2.99
南　非	8.7	8.8	8.3	8.4	8.0	7.5	-3.01
瑞　典	10.0	9.9	10.9	11.4	11.6	10.7	1.36
摩洛哥	6.7	7.2	7.4	7.0	6.9	8.2	4.12
爱尔兰	4.6	4.5	4.5	3.7	4.4	5.9	5.10
哈萨克斯坦	2.5	2.9	3.0	3.0	3.4	3.9	9.3
朝　鲜	5.5	4.0	3.5	3.1	2.6	2.6	-16.17
世界合计	281.6	304.9	305.1	302.0	299.0	305.2	1.62

①本资料引自：World Metal Statistics，2001。2001 年年均递增率以 1995 年为基准计算。

世界上重要的炼铅国家和地区近 30 个，其中年产精铅 20×10^4t 以上国家共有 12 个，依次为美国、中国、德国、墨西哥、英国、日本、加拿大、法国、意大利、澳大利亚、韩国和哈萨克斯坦（表 2-8-5）。2000 年 12 国合计产量占世界总产量的 79.6%，其中美国精铅产量居世界第一位、中国为第二位。近几年世界精铅产量平衡增长，增幅较大的国家是中国、德国、墨西哥、意大利、韩国和哈萨克斯坦，美国也有一定增长；法国和澳大利亚精铅产量略有下降，其他国家基本持平。在铝、铜、锌、铅四种常用金属中，铅产量增幅是最小的，主要原因是由于传统消费领域趋于饱和。

表 2-8-5　世界部分国家精炼铅产量①　　（万 t）

国家名称	1995 年	1996 年	1997 年	1998 年	1999 年	2000 年	年均递增率/%
美　国	131.0	139.8	144.9	142.1	138.1	143.7	2.02
中　国	60.8	70.6	70.8	75.7	82.1	100.9	10.66
德　国	31.4	23.8	32.9	38.0	37.4	41.5	5.74
墨西哥	21.6	22.6	24.6	26.3	26.9	33.8	9.37
英　国	32.1	35.1	88.4	34.9	34.8	33.4	0.80
日　本	28.8	28.7	29.7	30.2	29.4	31.2	1.61

续表 2-8-5

国家名称	1995 年	1996 年	1997 年	1998 年	1999 年	2000 年	年均递增率/%
加拿大	28.1	31.1	27.1	26.5	26.3	28.4	0.21
法　国	29.7	30.1	28.3	29.0	27.9	26.8	-2.08
意大利	18.0	20.9	21.2	19.9	21.5	23.4	5.39
澳大利亚	23.2	22.8	22.9	19.8	27.2	22.3	-0.88
韩　国	17.9	13.9	17.4	18.3	19.4	22.2	4.40
哈萨克斯坦	8.9	6.7	8.2	11.9	15.9	20.8	18.5
世界合计	555.1	506.0	597.4	601.4	617.5	664.1	3.65

①本资料引自：World Metal Statistics，2001。2001 年年均递增率以 1995 年为基准计算。

从 2001 年起，全球精铅需求量逐步增长，自 649 万 t 增加到 673 万 t，平均增长率达 1.8%。2004 年中国和印度的经济继续保持快速增长，亚洲精铅消费仍然比较旺盛。美国、日本等西方经济的逐步复苏，使得全球铅需求持续增长，精铅消费量将达到 698 万 t。而从铅的供给看，全球精铅产量在短时间内难以大幅度提高，一是因为全球铅精矿产量有限，无法满足冶炼能力的要求，而且这种局面近期内难改观。我们预计，2004 年西方矿产量将达到 209 万 t，同比增长 13%，但这仍比 2001 年的产量减少了。二是环保要求越来越严格，限制了全球精铅产量的提高。据安泰科预测，2004 年全球精铅产量同比提高 1.9%，将达到 690 万 t，全球精铅供应将短缺 8 万 t。伦敦标准银行的技术分析师表示，2005 年全球的铅供求缺口将达到 8.8 万 t。表 2-8-6 列出近几年世界部分国家和地区的精铅消费量。表 2-8-7 列出一些主要铅消费国的消费构成。

表 2-8-6 世界部分国家和地区精铅消费量[①] （万 t）

国家及地区名称	1995 年	1996 年	1997 年	1998 年	1999 年	2000 年	年均递增率/%
美　国	147.2	154.0	165.0	172.6	174.5	166.0	2.43
中　国	44.8	46.4	52.8	53.0	52.5	66.3	8.16
德　国	36.8	30.3	33.9	36.2	37.4	38.9	1.12
日　本	33.4	33.0	32.9	32.2	31.8	34.3	0.53
韩　国	26.4	23.1	29.5	26.0	25.6	30.9	3.20
英　国	28.5	27.3	27.0	27.6	28.3	30.1	1.10
意大利	24.7	28.8	25.9	26.2	26.5	27.9	2.30
墨西哥	11.3	7.5	15.9	18.5	20.3	19.5	11.53
西班牙	11.5	14.4	17.0	18.8	19.2	16.9	8.0
中国台湾	13.2	12.4	14.2	13.3	14.4	14.8	2.31
印　度	7.8	10.4	8.8	8.8	5.6	5.6	-6.85
巴　西	9.8	8.1	11.5	10.8	10.8	12.1	4.31
世界合计	554.8	560.0	601.9	608.6	611.4	624.4	2.39

①本资料引自：World Metal Statistics，2001。2001 年年均递增率以 1995 年为基准计算。

表 2-8-7　1998 年一些主要铅消费国的消费构成[①]　　(%)

消费形式	美国	日本	德国	英国	法国[②]	意大利	澳大利亚[③]
蓄电池	90.9	72.9	56.5	33.7	70.4	60.8	66.0
电缆护套	0.4	1.0	1.0	3.1	5.1	1.5	3.1
铅管、铅片、合金等	5.5	9.8	2.3	38.3	14.5	14.8	28.7
颜料、化工产品	0	10.5	21.8	18.0	8.9	15.4	0.95
其他	3.2	5.8	0.3	6.9	0.9	3.6	1.2

①本资料引自：World Metal Statistics, Sep. 1999。

②法国为 1997 年数据。

③澳大利亚为 1996 年数据。

由于铅供应的紧张，导致全球库存出现加速下降，伦敦金属交易所 2004 年初和年终的库存分别为 10.89 万 t 和 4.07 万 t，下降幅度为 63%，一度达到 1990 年 6 月以来的最低点。伦敦金属交易所铅现货价格从年初的 750 美元/t 上涨到年终的 1055 美元/t，期货价格从年初的 739 美元/t 上涨到年终的 1010 美元/t，上涨幅度为 36.67%，是 1992 年以来的最高价。基于 2005 年全球铅供求仍存在 8.8 万 t 的缺口，预计铅价仍将有望维持在 850 美元/t 以上的高位运行。

8.2.2　中国铅的生产与消费

中国铅生产在 20 世纪 70 年代以前，处于供不应求状况，依靠进口补充，曾累计进口铅约 60 万 t。自 20 世纪 80 年代以来，在积极发展铅方针指导下，发挥中国铅资源丰富的优势，扩建和新建一些矿山和冶炼厂，引进和开发一些先进的采选冶技术，更新和改造了厂矿技术装备，使铅产量迅速增长，自 1989 年以来铅自给有余，并出口进入国际市场。

中国铅主要应用领域是蓄电池、电缆护套和氧化铅（红丹和黄丹），三项年均耗铅量占国内铅年均消费总量的 85% 以上。其消费结构比例，据 1990 ~ 1994 年调查统计（5 年平均比例）：蓄电池占 64.8%、电缆护套占 9.2%、氧化铅占 11.1%、铅材占 3.1%、其他占 11.7%。铅在各部门消费比例，据 1990 年调查统计：机械电子部门占 76.2%、轻工部门占 9.2%、化工部门占 0.2%、铁道部门占 1%、交通部门占 0.1%、航空航天部门占 0.2%、邮电器材部门占 4%、石油、化工部门占 0.3%、船舶部门占 8.9%。见表 2-8-8。

表 2-8-8　中国铅的消费结构及预测[①]　　(万 t)

消费形式	1995 年		2000 年		2005 年			2010 年		
	消费量	比例/%	消费量	比例/%	需求量	比例/%	年均递增率/%	需求量	比例/%	年均递增率/%
蓄电池	25.5	57.7	37	63.8	48	69.9	5.3	59	73.8	4.2
电缆护套	2.0	4.5	2.7	4.7	2.8	4.1	0.7	2.5	3.1	-2.2
铅材及合金	6.5	14.7	8.3	14.3	8.5	12.3	0.5	8.7	10.8	0.5
氧化物	6.3	14.3	7.5	12.9	8.2	11.9	1.8	8.5	10.6	0.7
其他行业	3.9	8.9	2.5	4.3	1.5	2.1		1.3	1.6	
全国合计	44.2	100.0	58	100	69	100	3.5	80	100	3.0

①2005 年年均递增率以 2000 年为基准计算，2010 年以 2005 年为基准计算。

自1989年以来，国内铅市场出现供大于求。主要原因是一大批地方中小型矿山和冶炼厂相继投产或达产，使铅产量大增，不仅满足了国内市场需求，而且还出口了一批铅产品。据统计1990～1996年出口铅产品共计79.33万t，其中1996年出口21.6万t，占世界精炼铅出口量第一位。

8.2.3 未来铅市场预测

中国国民经济正处于持续、快速、健康发展时期，需要大量铅金属及其材料。预计，2005年后，中国铅用量的增长将会超过产量增长，这将进一步使得中国的铅出口下降，届时铅价肯定会上涨。由于国内市场铅价的增幅高于LME，因此中国的铅生产商更愿意在国内市场上销售。

2004年10月末，LME三月期铅合约已经涨至每吨617美元，这是四年多来的最高水平，这主要是受秘鲁铅生产商多伦公司（DoeRun）裁员以及在意大利的韦斯梅港铅锌冶炼厂（PortoVesme）从10月1日开始停产一年的消息的影响。

据中国海关的统计数据显示，中国未加工铅出口在去年前8个月内下降了1%而至31.0626万t，而进口却提高了16%而至3.4768万t。2002年，中国精炼铅的净出口总量为36.4万t，比2001年下降1.6%。

国际铅锌研究组织称，全球都必须对中国的铅用量保持密切关注。据国际铅锌研究组织称，2002年，中国是全球第二大铅生产商，同时也是全球最大的精炼铅生产商。至于人民币对美元的升值压力方面，人民币的升值将会提高中国原材料的进口。另一方面，人民币的升值也会打击包括铅锌在内的中国的出口，但预计金属用量的高速增长将能够消化原本用于出口的金属。

8.3 国内外铅工业概况及发展趋势

8.3.1 国内外铅矿的开采

世界勘查和开采铅矿的主要类型有喷气沉积型（Sedex型）、密西西比河谷型、砂页岩型、黄铁矿型、矽卡岩型、热液交代型和脉型等，以前四类为主，它们占世界总储量的85%以上；尤其是喷气沉积型，不仅储量大，而且品位高，世界各国都很重视。

铅锌在自然界里特别在原生矿床中共生极为密切。它们具有共同的成矿物质来源和十分相似的地球化学行为，有类似的外层电子结构，都具有强烈的亲硫性，并形成相同的易溶络合物。它们被铁锰质、黏土或有机质吸附的情况也很相近。铅在地壳中平均含量约为15×10^{-6}，在有关岩石中平均含量：砂岩7×10^{-6}、碳酸盐岩9×10^{-6}、页岩20×10^{-6}。

目前，在地壳上已发现的铅锌矿物约有250多种，大约1/3是硫化物和硫酸盐类。方铅矿等是冶炼铅的主要工业矿物原料。尽管现在已发现了那么多种含铅矿物，但可供目前铅工业利用的仅有11种。其中以方铅矿为主。详见表2-8-9。

自然界中铅矿成单一矿床存在的很少，多数是多金属矿，最常见的是铅锌混合矿。表2-8-10列出了几种铅矿石的化学成分。

表 2-8-9　各种铅矿物

矿物名称	化学式	含铅量/%	硬　度	密度/$g \cdot cm^{-3}$	颜　色
方铅矿	PbS	86.6	2.5	7.4～7.6	
脆硫铅锑矿	$3PbS \cdot Sb_2S_3$	58.8			
车轮矿	$2PbS \cdot Cu_2S \cdot Sb_2S_3$	42.40			
脆硫锑铅矿	$2PbS \cdot Sb_2S_3$	50.65			
白铅矿	$PbCO_3$	77.55	3～3.5	4.66～6.57	白、灰
铅　矾	$PbSO_4$	68.30	3.0	6.2～6.35	白
角铅矿	$PbCl_2 \cdot PbCO_3$	76.0			
磷酸氯铅矿	$3Pb_3(PO_4)_2 \cdot PbCl_2$	76.37	3.5～4.0	6.9～7.0	褐、绿、黄
砷酸铅矿	$3Pb_2(AsO_4)_2 \cdot PbCl_2$	69.61	3.5～4.0	7.2	黄、绿
铬酸铅矿	$PbCrO_4$	64.10			
彩钼铅矿	$PbMoO_4$	58.38	3.0	6.7～7.0	黄、白、灰
褐铅矿	$3Pb_3(VO_4)_2 \cdot PbCl_2$	73.15			
铅重石（钨铅矿）	$PbWO_4$	45.50			

表 2-8-10　几种铅矿石的化学成分

序　号	化　学　成　分/%						
	Pb	Zn	Fe	Cu	SiO_2	S	CaO
1	4.47	8.84	—	0.009	9.20	26.28	14.83
2	5.50	13.00	9.4	—	18.00	—	
3	8.50	13.80	1.8	1.000	20.00	—	—
4	9.00	13.00	8.5	0.500	19.00	16.00	—
5	12.53	16.52	—	0.090	6.02	26.24	10.25

8.3.2　中国铅矿的选矿工艺

矿石技术加工选冶试验，是地质勘探工作的重要组成部分，是评价矿床能否作商品矿石开发的重要依据之一。矿石一般含铅不高，现代开采的矿石含铅一般为3%～9%，最低含铅量在0.4%～1.5%范围，必须进行选矿富集，得到适合冶炼要求的各种金属的铅精矿。表2-8-11所列为国内外一些铅精矿的成分。

表 2-8-11　铅精矿成分实例　（%）

序 号	Pb	Zn	Fe	Cu	Sb	As	S	MgO	SiO_2	CaO	Au/$g \cdot t^{-1}$	Ag/$g \cdot t^{-1}$
1(国内)	66.0	4.9	6	0.7	0.1	0.05	16.5	0.1	1.5	0.5	900	3.5
2(国内)	59.2	5.74	9.03	0.04	0.48	0.08	19.2	0.47	1.55	1.13	547	
3(国内)	60	5.16	8.67	0.5	0.46		20.2		1.47	0.46	926	0.8
4(国内)	46	3.08	11.1	1.6		0.22	17.6		4.5	0.48	800	10
5(国外)	76.8	3.1	1.99	0.03		0.2	14.1	0.2		0.75		
6(国外)	74.2	1.3	3	0.4		0.12	15	0.5	1	1.7		
7(国外)	50	4.04		0.47	0.03	0.004	15.7		13.5	2.3		
8(国外)	49.4	11.7		2.3			17.2		3.16	0.65		

8.3.3 铅的生产方法介绍

现代铅的生产方法都是火法，铅的湿法冶金目前还处于实验研究阶段，工业上还未采用。

8.3.3.1 传统火法炼铅方法

A 反应熔炼

利用一部分 PbS 氧化生成 PbO 和 $PbSO_4$与未氧化的 PbS 相互反应生成铅

$$PbS + 2PbO = 3Pb + SO_2$$

$$PbS + PbSO_4 = 2Pb + 2SO_2$$

反应熔炼可在膛式炉或反射炉进行，又称为膛式熔炼。此法只适于处理高品位的精矿。

B 沉淀熔炼

利用铁作沉淀剂置换铅

$$PbS + Fe = Pb + FeS$$

此法在工业上应用更少，但这个反应常常在火法炼铅中来提高铅的回收率。

C 焙烧—还原熔炼

是现今采用最普遍的方法，烧结焙烧-鼓风炉熔炼占铅生产总量85% ~90%，铅锌密闭鼓风炉熔炼占8% ~10%，而反射熔炼仅占2%。

其主要反应为

$$PbO + CO = Pb + CO_2$$

硅酸盐在1023 ~1073K 时已熔化，在其经焦炭层时小部分被还原

$$2PbO \cdot SiO_2 + C = 2Pb + SiO_2 + CO_2$$

为使硅酸盐中的铅较完全地反应，应用强碱性氧化物 CaO 和 FeO 将硅酸盐中的 PbO 置换出来

$$2PbO \cdot SiO_2 + CaO + FeO + 2CO = 2Pb + CaO \cdot FeO \cdot SiO_2 + 2CO_2$$

焦炭燃烧反应

$$C + O_2 = CO_2 + 408766J$$

$$CO_2 + C = 2CO - 162377J$$

此法的特点：

(1) 生产规模大，生产稳定易于操作，且回收率高。

(2) 炉料的适应性强，生产过程易于掌握和控制金属回收率高，工艺成熟可靠。

(3) 能耗大，环保不易彻底解决，劳动强度大，机械强度高，生产环境差等。

8.3.3.2 几种直接火法炼铅工艺

A 基夫赛特法（Klvcet-Cs Process）

基夫赛特法以闪速熔炼为主的一种直接炼铅工艺，是由前苏联全苏有色金属科学研究院开发的。该院于20 世纪60 年代进行实验研究，80 年代建设了工业生产工厂，经多年

生产运行，基夫赛特法已成为工艺先进，技术成熟的现代化直接炼铅法。这种方法的核心设备是基夫赛特炉，由带火焰喷嘴的反应塔、填有焦炭过滤层的熔池、立式余热锅炉、铅锌氧化物的还原挥发电热区组成。

基夫赛特法有如下好处：

（1）系统排放的有害物质含量低于环境保护允许的标准，操作场地具有良好的卫生环境；

（2）产出 SO_2 烟气浓度高（20% ~50%），体积少，有利于烟气净化和制酸；

（3）炉料不需要烧结，生产在一台设备内进行，生产环节少；

（4）焦炭消耗量少，精矿热能利用率高，能耗低，生产成本低。

尽管基夫赛特法有诸多优点，但它对原料的制备要求较高，入炉的物料粒度需小于1mm，水分需小于1%，这就增加了备料的复杂程度。此外，该工艺需要用含氧浓度大于90%的工业氧气，因此必须配套建设制氧厂，这样就增加了投资。

B 氧气底吹炼铅法（Queneau-Schuhmann-Lurgi Process，QSL）

QSL法这方法是由德国鲁奇公司依据同两位美国申请专利的教授的合作而发展起来的。该法是将铅精矿加入炉内，鼓入富氧，在硫化铅被氧化成氧化铅时，会放出大量热量使过程自热，氧化铅和硫化铅交互反应生成金属铅，部分反应不完全的氧化铅在还原区加还原剂还原成金属铅。硫氧化成二氧化硫。因采用富氧熔炼，烟气中的二氧化硫浓度高达15%左右，有利于制酸。

QSL法改善了卫生条件，简化了操作，比传统流程的投资少，生产成本低，二氧化硫浓度高，但其烟尘率达25%，必须返回处理。此外，渣含铅高，一定要配台烟化炉才能得到弃渣。

C 艾萨熔炼法（ISA Smelting Process of Lead）

艾萨法是由澳大利亚芒特·艾萨矿业公司和澳洲熔炼公司共同在澳洲熔炼公司浸没熔炼法的基础上开发出来的。该法的炉体为固定式圆筒型，赛罗喷枪从炉顶插入，并没入炉渣。炉料从炉顶加入，炼出的金属和炉渣从炉子的下部放出。炉渣连续地进入还原炉内，用焦炭还原这种高氧化铅渣，产出粗铅。

该技术的核心是采用了空气冷却的钢制喷枪，将冶炼工艺所需的气体和燃料（需要的话）输送渣面以下的液态炉渣层中，由此产生的强烈搅动加快了传热和传质，加快了化学反应的进行，所以单位炉容积能力很高，并且提高了燃料的利用率。钢制喷管通过特别的挂渣作业在喷枪上形成一层渣保护层，从而提高了喷枪的寿命。

D 奥托昆普法

奥托昆普法由芬兰的奥托昆普公司开发，是一种闪速熔炼法。和基夫赛特法相似，混合好的炉料以悬浮状态通过立式反应室，自上而下，完成氧化和熔化。过程是连续的。整个工艺分干燥、闪速熔炼、炉渣贫化和烟气处理等几个部分。奥托昆普炉的体积较小，密闭性好，可避免铅和硫对工作环境的污染。精矿中的硫被氧化成二氧化硫进入烟气，产生的熔融粗铅和炉渣在炉子的沉淀区聚集，粗铅的硫含量非常低，通过较彻底的氧化，可使粗铅的含硫量小于0.1%。燃烧器的效率很高，而且通过它能对氧化过程进行严格控制，因此在该工艺中，氧气的利用率接近100%。在炉子的沉降槽中，熔融的颗粒从烟气流中分离出来，形成炉渣层。贵金属进入粗铅，和粗铅一道从沉降槽底部连续放出。由于使用氧气，铅和二氧化硫的逸出量很少。采用奥托昆普法，可将所有的过程，包括炉渣贫化放在一个设备中进行，粗铅的产率较高，而炉渣的产率较低。炉内的温度较低，能处理湿的物料。

E 密闭鼓风炉炼铅（ISP）法

该法是英国帝国熔炼公司在1939年开始研制的，它合并了铅和锌两种火法流程。20世纪60年代在世界范围内得到了推广使用。至今已有11个国家采用共13座炉子用此法生产，年产铅锌量占世界总产铅锌量的3.1%。

该法的特点：

（1）对原料有较广泛的适应性，既可处理单一的铅精矿，又可处理难以选别的铅锌混合精矿；

（2）生产率和燃料利用率高。采用直接加热，热利用率高，能耗低，冶炼设备能力大大提高，而且有利于实现机械化和自动化，提高劳动生产率；

（3）建筑投资费少。该法以一个系统代替一般的炼铅，锌两种独立的系统，简化了冶炼工艺流程，建产占地面积较少，减少设备台数；

（4）可综合利用原矿中的有价金属，比如，金、银、铜等富集于粗铅中予以回收；

（5）镉、锗等可以从其他产品或中间产品中回收。

但是，该法炼铅需要消耗较多质量好，价格高的冶金焦炭；该法的技术条件要求较高，如生产过程需要热焦炭，热风；对烧结块物理、化学规格要求高，特别是烧结块的残硫要低于1%，致使精矿的烧结过程控制复杂；炉内和冷凝器内部不可避免的产生结瘤，要定期清理，劳动强度大。

综上所述，国内外的这些直接炼铅技术既充分利用了硫化物氧化放出的热量，降低了能耗，又完全回收利用了硫，防止了对环境的污染，均避免了传统烧结焙烧-鼓风炉熔炼工艺大量返料的问题。

8.3.4 对传统工艺的反思

20世纪80年代之所以涌现出上述直接炼铅工艺，是因为冶炼界普遍认为烧结焙烧-鼓风炉熔炼工艺具有一些该工艺固有的弊病：即生产环节多、流程长、返料多、不能充分利用精矿的表面能和燃烧热。特别是由于该工艺生产环节多，产生粉尘、烟尘的污染源也随之增多，因此烟气难以治理。

发达国家的铅冶炼厂在不断地比较新旧方法在经济和技术方面的孰优孰劣。新方法在技术方面的优势十分明显，但都有一个投资庞大的弊端。从铅价不好的20世纪80年代中期到整个90年代，投资过大的弊端严重地制约了新方法的推广和应用。在这种情况下，许多发达国家的铅冶炼厂仍保留了传统的烧结焙烧-鼓风炉熔炼工艺，全力搞好设备密封和烟气治理，同样达到了治理环境污染和改善工业卫生的目标。

由于直接炼铅法已存在了十几年，已不能称为新冶炼方法了。因此铅冶炼在近些年中并无实质性进展，只有一些针对上述工艺的局部改进。而由于铅价低迷，使得传统的烧结焙烧-鼓风炉熔炼工艺仍在铅生产中占据着主导地位，且由于拥有传统工艺的厂家作了一些针对性改造，加强了自动化仪表控制，使得传统工艺仍显示出勃勃生机。

未来的硫化铅冶炼厂将是完全的连续熔炼、使用高强度的冶炼设备、全自动化和装备有能严密监控流量、温度和化学过程的全套检测设备，而这些都通过集散控制系统管理，全部操作过程在密封的室内完成，无任何烟气外泄。

8.3.5 湿法炼铅工艺

烧结焙烧-鼓风炉还原熔炼的所谓传统火法炼铅流程是一种成熟的炼铅方法，然而，该法产出的烟气中二氧化硫浓度低，不易回收，因而会对大气造成严重污染；冶炼过程中含铅逸出物也会造成对生产环境和大气的污染；能源消耗也较大。尽管像基夫赛特法和QSL法这样一些现代火法炼铅过程能产出高二氧化硫浓度的烟气可以用于制酸，但是，制酸尾气和含铅逸出物的污染也难以根除。此外，火法炼铅方法不适合处理低品位矿和复杂矿。随着炼铅工业的发展，高品位和易处理铅矿越来越少，而低品位和复杂铅矿会逐渐增多。因此，近年来冶金工作者开展了大量湿法炼铅的试验研究工作。湿法炼铅过程不产生二氧化硫气体，含铅烟尘和挥发物逸出极少，对低品位和复杂矿处理的适应性也较强。随着地球环境保护政策和工业卫生规范要求日趋严格，湿法炼铅的试验研究工作越来越受到重视。

根据近年来的资料报道，试验研究所采用的湿法炼铅方法是多种多样的。从Pb-S-H_2O系热力学分析，铅矿湿法处理归纳为3个途径：

（1）硫化铅矿直接还原成金属铅；

（2）硫化铅矿的非氧化浸出；

（3）硫化铅矿的氧化浸出。

湿法炼铅早期研究的对象为难选矿物及不适宜火法处理的成分复杂的低品位铅矿和含铅物料，如浮选中矿、含铅灰渣、烟尘与废料以及氧化铅锌矿等。近年来对硫化铅矿也进行了大量的湿法冶炼的试验。湿法炼铅概括起来大致可分为下列四类方法：

（1）氯化浸出法；

（2）碱浸出法；

（3）胺浸出法；

（4）含氨硫酸铵浸出法。

8.4 再生铅的生产

随着国民经济的发展，铅的使用量也越来越多，因此，铅废件和废料势必日益增加。再生铅生产便是以这些铅废件和废料为原料，生产精铅、铅基合金或铅化合物过程。

根据世界金属统计局公布的资料，世界产铅总量的51%用于生产蓄电池，而总铅产量的40%是由再生铅生产获得的，废蓄电池则占再生铅生产原料的90%。

除铅蓄电池以外，再生铅原料还有各种废旧铅板、铅皮、铅管、蛇形管、电缆包皮、印刷铅合金、轴承铅合金、弹丸合金、焊料以及各种铅屑、下脚料和铅灰、铅渣等。这些原料来源不一，组成也极为复杂。表2-8-12所列为再生铅原料的典型成分。

由于再生铅原料是作为各种各样的废品回收的，物理形态和化学组成相差都很大。而且在各种铅废件和废料中经常混杂有不同的杂物，因此在熔炼前必须根据原料的不同特点进行预先处理。

表 2-8-12 再生铅原料的典型成分 (%)

名 称	Pb	Sb	Sn	Cu	Bi
蓄电池栅板	85~94	3~8	0.03~0.5	0.03~0.3	<0.1
印刷合金	66~77	15~20	7~13	0.3~0.6	0.2~0.5
电缆包皮	96~99	0.11~0.6	0.4~0.8	0.02~0.8	<0.03
铅板和铅管	94~98	<0.5	0.01~0.2	<0.1	<0.1
软铅管	97~98	1.5~2.5	0.02	0.05~0.1	
弹 丸	90~94	4~8	0.6~0.8		
硬 铅	85~92	3~8	0.1~1.0	0.1~0.8	0.2~0.5

再生铅原料的炼前处理可包括分类、解体、分选、防爆检验、取样以及细小物料的烧结等。分类就是根据含铅废料的性质及其混杂程度和状态，分门别类储存。解体就是将含铅废料与其他材料和金属解离，并将其整理为合乎规定大小的铅块。如大块的铅皮、铅板、铅管、蛇形管等，应切成规定大小的废料块；废蓄电池的解体有的只将箱体和隔板与铅料分开，有的则将铅料再分成栅板和填料，然后分别处理。铅废料的分选包括手选、电磁分选，重介质分选和浮选等方法，在原料分类、解体和分选过程中，将炮弹头、子弹筒、信管等爆炸危险物挑选出来，并妥为处理。如果采用鼓风炉熔炼，粉状或细粒含铅废料则需烧结或制团。

由于废蓄电池是再生铅最主要的原料，所以其炼前处理也很受关注、从废蓄电池回收铅的整体熔炼，因其熔炼温度高，金属回收率低，渣含铅高，而且产生大量的含铅、二氧化硫和酸雾的烟气，很难处理使其达到排放标准的要求。因此，将废蓄电池解体后冶炼得到了广泛的应用。废铅酸蓄电池主要由金属（铅锑合金和活性铅粉)、化合物（硫酸铅、过氧化铅、氧化铅和硫酸）和有机物（橡胶和塑料）三部分组成。解体便是将这三部分分开。

再生铅熔炼可用坩埚炉、鼓风炉、反射炉、短窑、电炉等火法冶金设备，也可用湿法冶金处理。

8.4.1 国外再生铅回收利用现状

铅是所有金属中再生率最高的，世界再生铅的生产主要集中在北美洲、欧洲和亚洲。世界上一些经济比较发达的国家都很重视废铅回收和再生，制定了一系列鼓励、扶持和强制废铅回收再生的法律法规，再生铅工业发展很快。美国、德国、意大利、英国、法国、日本等许多国家再生铅产量已超过了原生铅的产量，其中美国的再生铅产量高达 106.5 万 t，占精铅总量的 75.8%，再生铅冶炼技术达到了很高的水平。以意大利帕特诺厂和德国布劳巴赫厂为代表的对废旧蓄电池进行分类处理，将铅膏进行脱硫，在短窑中低温冶炼技术代表了世界再生铅回收技术的发展趋势。目前这两个企业再生铅的金属回收率达到 95% 以上，铅蒸汽、二氧化硫和粉尘等环境问题已彻底解决。

8.4.2 中国再生铅生产与国外的差距

中国再生铅生产虽然取得了长足发展，但与世界主要产铅国家相比仍存在差距，主要表现在：

（1）再生铅产量占精铅产量的比率还比较低，以 1999 年世界主要产铅国家的铅产量为例，美国 138.08 万 t，中国 91.84 万 t，德国 37.36 万 t，英国 34.76 万 t，日本 29 ~ 35 万 t；同年再生铅的产量为美国 79.5 万 t，中国 9.74 万 t，德国 12.4 万 t，英国 12.2 万 t，日本 11.6 万 t；再生铅产量占精铅产量的比率分别为：美国 57.58% 万 t，中国 10.61% ，德国 33.19% ，英国 35.10% ，日本 39.52% ，可见，中国是最低的。

（2）再生铅企业的数量多、规模小、污染重，多属作坊式设备陈旧和工艺技术落后状态，低水平重复建设严重，生产能力从几十吨到上万吨不等，2 万 t 以上的企业屈指可数。目前中国有专业再生铅厂 220 多家，多为乡镇及个体企业，生产规模一般仅为1000 ~ 5000t/a，年生产能力在万吨以上只有 5 ~ 6 家。而国外像布劳巴赫（德国），美国的 RSR 公司等企业，其生产规模都在数万吨至十多万吨以上。

（3）工艺上主要采用传统的小反射炉熔炼，极板和浆料全部混炼，排放出的铅蒸汽、铅尘和二氧化硫超过国家标准几倍甚至几十倍，中国每年大约有 2 ~ 4 万 t 铅在熔炼过程中流失掉，整体水平仅相当于国外 20 世纪 60 年代水平。采用无污染炼铅技术仅“春兴”、“金洋”、“飞轮”等几家企业。国外普遍采用无污染炼铅法，即采用分选-铅膏湿法脱硫-短窑熔炼工艺流程，金属回收率高，综合利用好。由此可见，加大力度对再生铅技术改造和推广无污染再生铅技术势在必行，刻不容缓。

8.5　铅及铅制品深加工和发展方向

8.5.1　铅基合金

铅主要用于制造合金，按照性能和用途铅合金可分为：耐蚀合金用于蓄电池栅板，电缆护套，化工设备及管道等；焊料合金用于电子工业，高温焊料，电解槽耐蚀件等；电池合金用于生产干电池；轴承合金用于各种轴承生产；模具合金用于塑料及机械工业用模型。

铅合金种类很多，如铅钙合金、铅锡合金、铅锑合金、铅砷合金、铅铝合金和湿法炼铜、炼锌的不溶性阳极等多元合金。

铅锡合金、铅锑合金、铅砷合金的成分分别见表 2-8-13 ~ 表 2-8-15。

表 2-8-13　铅锡合金化学成分

牌　号	主要成分/%		杂质含量/%（不大于）							
	Pb	Sn	Sb	As	Bi	Fe	Zn	Mg	Ca + Na	总和
$PbSn_2$	余量	1.2 ~ 2.5	0.01	0.005	0.06	0.005	0.005	0.01	0.04	0.50
$PbSn_4$	—	3.5 ~ 4.5	—	—	—	—	—	—	—	—
$PbSn_6$	—	5.5 ~ 6.5	—	—	—	—	—	—	—	—
$PbSn_8$	—	7.5 ~ 8.5	—	—	—	—	—	—	—	—
$PbSn_{10}$	—	9.5 ~ 11	—	—	—	—	—	—	—	—
$PbSn_{13}$	—	12 ~ 15	—	—	—	—	—	—	—	—

表 2-8-14 铅锑合金化学成分

牌 号	主要成分/%		杂质含量/%（不大于）						
	Pb	Sb	Sn	As	Bi	Fe	Zn	Ca + Na	总和
$PbSb_{0.5}$	余量	0.3 ~ 0.8	0.008	0.005	0.06	0.005	0.005	0.03	0.15
$PbSb_2$	余量	1.5 ~ 2.5	0.008	0.01	0.06	0.005	0.005	0.03	0.20
$PbSb_4$	余量	3.5 ~ 4.5	0.008	0.01	0.06	0.005	0.005	0.03	0.20
$PbSb_6$	余量	5.5 ~ 6.5	0.01	0.015	0.08	0.01	0.01	0.05	0.30
$PbSb_8$	余量	7.5 ~ 8.5	0.01	0.015	0.08	0.01	0.01	0.05	0.30
$PbSb_{10}$	余量	9.5 ~ 11	0.01	0.015	0.08	0.01	0.01	0.05	0.30
$PbSb_{12}$	余量	10 ~ 14	0.01	0.015	0.08	0.01	0.01	0.05	0.30

表 2-8-15 铅砷合金化学成分

牌 号	主要成分/%			杂质含量/%（不大于）				
	Pb	As	Cu	Bi	Zn	Fe	Co	Cu
Pb-As-1	余 量	4 ~ 5		0.003	0.005	0.005	0.005	0.005
Pb-As-2	余 量	5 ~ 7		0.003	0.005	0.005	0.005	0.005
Pb-As-3	余 量	4 ~ 5	0.2 ~ 0.5	0.003	0.005	0.005	0.005	

湿法炼铜、炼锌的不溶性阳极是新开发的一种铅合金材料，这种含铅的材料作阳极，寿命长，节能。

湿法炼铜的不溶性阳极成分（%）：Sn 1.75、Ca 0.075、Al 0.01、Pb 余量。

湿法炼锌的不溶性阳极成分（%）：Ca 0.05、Ag 0.5、Pb 余量。

铅铝合金也是一种新型合金，专用作蓄电池的材料，比以往的蓄电池合金材料密度小，有良好的导电性，且机械性能能得到改善，并使蓄电池的质量减轻，成本降低。

8.5.2 铅蓄电池合金产品

2005 年中国铅蓄电池工业耗铅约 48 万 t 左右，占中国铅总消费量的 70% 左右，随着铅蓄电池工业的快速发展，这一比例还在进一步扩大（部分发达国家已达 80% 以上）。所以现在铅及铅制品深加工的方向主要在铅蓄电池合金的研发和生产上。

8.5.2.1 国内铅蓄电池合金产品

在铅蓄电池工业中，铅用来制造铅电池的正负极栅板和活性物质铅粉，在这些铅中约有一半是由再生铅工业提供的，另外 50% 是由原生铅企业通过还原熔炼和电解精炼工艺生产的，生产出的精铅大多数用以配置铅电池的栅板合金，如铅钙系列合金和铅锑系列合金等。

中国铅合金的生产主要集中在一些大型冶炼企业中，这些企业的生产设备先进，拥有一批优秀的专业人才，而且生产规模较大，配置合金的熔铅锅容量可达 20 ~ 60t，容量愈大，配置的合金成分愈稳定，加上这些企业拥有先进的辅助设备，如大型搅拌机、铅泵、铸锭机和先进的分析设备，使得他们生产的铅合金质量十分稳定。这些企业有株洲冶炼厂、韶关冶炼厂等，这些企业均是采用电解精铅生产铅合金。还有一些企业是国内的再生铅企业，如江苏春兴集团、湖北金洋集团和上海飞轮集团等，这些企业主要以废蓄电池为原料，生产还原粗铅，再采用火法精炼（火法精炼中的两三个步骤）生产出精铅或铅合金。该过程是一个纯物理过程，因此能耗低、金属回收率高，采用这种方法不但可以获得显著的经济效益，而且对环境保护极为有利。

另外还有许多家年产量只有几十吨到几千吨的小型再生铅企业，也在生产铅合金。但这些企业由于他们工艺技术落后，设备简单，致使金属回收率很低，只有 80% 左右，造成大量的铅以铅蒸汽和铅氧化物形态散布在我们周围的环境中，给我们赖以生存的环境造成了极大污染。

8.5.2.2　国外铅蓄电池合金的发展趋势

发达国家已经开始大规模使用含铋铅，特别是美国的 RSR 公司早在 1983 年以前生产的铅和铅合金中，铋含量就达 0.02% 左右。为提高蓄电池产品质量，国外蓄电池厂家积极推广铅粉加铋，并将其作为蓄电池发展方向加以重点推广。国外有关专家证实，铅粉中含 0.05% ~0.06% 的铋对阀控密封蓄电池有益，并且将用 Pasminco 生产的精铅（含铋 0.05% ~0.06%）所制得的铅粉与用中国生产的电解精铅（99.99%）、加拿大生产的电解精铅（99.99%）所制得的铅粉在用于蓄电池后进行容量、循环寿命等多方面的对比试验。结果表明，用含铋的电解精铅制得的铅粉优于中国和加拿大的电解精铅所制得的铅粉。实践证明，栅板合金和铅粉中含有一定量的铋确实能够提高铅酸蓄电池的性能。

发达国家之所以大量使用含铋铅，还有另外一个重要的原因，这就是与他们所采用的炼铅工艺有关。目前精铅产量的 80% 是采用火法精炼工艺生产的，这说明火法精炼比电解精炼有更多的优越性，比如投资少、占地面积小、生产周期短、最终产品成分容易控制等，特别适合铅合金的生产，所以才得到世界上大多数国家的广泛采用。目前世界上采用电解精炼工艺的国家只有中国、加拿大和日本等国。中国由于一些历史原因一直采用电解精炼工艺，致使中国生产铅合金流程长，生产成本高。

目前中国铅精炼行业已开始关注火法精炼工艺，特别是一些生产铅合金的企业部分已开始采用火法精炼工艺，例如江苏春兴集团已将火法精炼工艺应用到生产实践中，取得了很好的经济效益。该公司董事长杨春明先生对火法精炼工艺予以高度重视，极力倡导中国粗铅精炼行业采用火法精炼工艺。实际上中国第一座完善的粗铅火法精炼工厂已在白银有色金属公司西北铅锌冶炼厂建成，并进行了成功的负荷试车，摸索出了中国火法精炼史上的第一手生产实践经验。我们已经具备了采用火法精炼生产铅合金的条件。在中国蓄电池领域中，由于历史原因对含铋精铅和含铋铅合金的使用和推广不够，为推动蓄电池行业与国际接轨，建议中国铅酸蓄电池企业大量采用价廉物美的含铋铅合金和含铋精铅，这样不但可以提高蓄电池的性能，而且可以降低蓄电池的制造成本，从而增强中国加入 WTO 后在国际市场上的竞争能力。

8.5.2.3　中国铅蓄电池合金发展方向

中国只有大力推广粗铅火法精炼工艺，大批量生产含铋精铅及铅合金，同时铅蓄电池企业要相应大量使用含铋铅，才能降低我国铅蓄电池的制造成本，逐步提高蓄电池的性能，从而逐步增强中国加入 WTO 后所面临的挑战能力。

目前，蓄电池企业与生产铅合金的企业的合作不够紧密，在连续生产上脱节比较严重，往往是蓄电池企业将铅合金买来后重新熔化浇铸栅板，在此过程中不但造成大量铅及合金元素的氧化和合金元素的偏析，而且还造成二次铅污染。因此建议蓄电池企业与铅合金企业紧密联合起来，在铅合金工厂直接生产栅板和铅粉，这样不但可以降低生产成本，而且还有利于环境保护。

8.5.3 铅的化工产品

过去铅化工产品主要用作颜料的铅化合物有铅白、铅丹、铅黄及密陀僧；盐基性硫酸铅、磷酸铅和硬脂酸铅用作聚氯乙烯的稳定剂。但是铅深加工以后的发展主要在适销对路、附加值高的铅化工产品上。例如陶瓷材料（$BaPbO_3$）等。$BaPbO_3$陶瓷作为新型多功能陶瓷已经引起人们的注意，其室温电阻率为$5.0\times10^{-4}\sim8.0\times10^{-4}\Omega\cdot cm$，可以作为导电陶瓷使用，并已经作为以$Cr_2O_3$为基础的陶瓷湿度传感器电极。此陶瓷还具有PTC特性，居里温度可高达750℃左右，是一种高温PTC材料，可用于大功率高温发热体和电流控制系统，制备方法较简单。

8.5.4 铅深加工的发展方向

因为铅对X射线的γ射线具有良好的吸收能力，广泛用作X光机和原子能装置的防护材料。近年国外正在研究将铅用于电动汽车、重力水准测量装置、核废料包装物、氡气防护屏、微电子和超导材料等，有的已进入实用阶段。

8.6 中国铅工业的未来

8.6.1 新形势下中国铅工业的发展

2001年中国加入WTO后，国外铅冶炼企业将逐步进入广阔的中国市场，直接与本土企业竞争，从而使国内本行业的竞争加剧，竞争将会在产品、营销、人才和技术等方面全面展开。另外，加入WTO后，国外金属期货交易市场交易价格进一步影响国内电解铅市场价格，这无疑对国内铅冶炼企业应对市场波动能力提出了更高的要求。

随着加入WTO及国内国际两个市场的融合，国内炼铅企业应该立足于成本管理，同时通过采用新工艺、新技术以及发挥规模优势，进一步降低生产成本及相关费用，并将更加充分地关注电解铅、白银等产品的价格变动趋势，及时制定对策，采取合理措施降低产品价格波动对经营业绩的影响。

高速公路等基础设施的大发展，给重型载货车、大型客车等的消费市场带来巨大发展空间，随着中国鼓励家庭轿车消费政策的实施及加入WTO，中国汽车需求量有较大幅度提高，对车用蓄电池需求量会相应增加，电讯业及计算机网络的高速发展，也给蓄电池行业提供了无限商机。另外，铅合金、铅材、防腐及相关化工产品需求量的增长，必将带动国内电解铅消费量的稳步增长。对此，国内企业应加大技术改造力度。加大铅产品的延伸力度，逐渐减少对铅产品的依赖。同时进一步提高产品质量和产量，完善成本指标细化分解及购销比价工作，完善“内部模拟市场”，实行全员过程成本控制，努力降低生产成本，以更优的产品性价比赢得用户、获取更大的市场份额。

8.6.2 中国铅工业发展面临的问题与发展前景

8.6.2.1 *存在问题*

中国铅锌工业存在着诸多问题，突出表现为能耗高、综合利用率低和环境污染严重，而保护环境和实施可持续发展战略是中国基本国策和重大的经济政策。面对世界经济衰退和加入 WTO 的挑战，中国已连续几年实行了积极的财政政策，已筹集（且仍在继续）巨额国债用于支持企业的节能降耗、治理环境、扩大出口、替代进口、淘汰落后等为目标的重点技术改造项目。中国铅工业由于设备、技术、工艺总体上十分落后，已成为破坏环境的一个重要污染源。因此，广大铅企业中只有紧紧围绕淘汰落后、节能降耗、治理环境这个主题，以科技进步为动力，才能抓住国家实施财政政策的机遇，推进铅工业科技进步。铅是有色金属中回收利用率最高的金属，再生铅是资源综合利用的重要组成部分，也是社会发展中一项长远的战略方针，其对节约能源，改善环境，提高经济效益，促进经济管理方式由粗放型向集约型转变，实现铅资源优化配置和可持续发展都具有重要意义。

8.6.2.2 铅在中国的发展前景

铅在中国有色金属工业的铝、铜、铅、锌四大品种中是最有发展潜力的品种，具有以下有利条件：

（1）铅矿产资源丰富，为发展铅业提供了足够的资源保证。除现有铅锌保有储量（A+B+C+D）12956.92 万 t（铅、锌合计储量）外，还有 9 个成矿区（带）有较大的找矿潜力。有关部门预测这 9 个区（带）铅锌资源潜量可达 3792 万 t。

（2）铅市场前景看好。国内许多专家和有关部门分析，铅的需求将能保持一定的增长速度，认为由于国内汽车工业的发展，蓄电池领域对铅的需求将增长。在电缆护套领域，尽管目前出现全塑电缆代替纸力铅包皮电缆的趋势，但高压充油纸力电缆仍需要用铅作护套。因而纸力铅包皮电缆仍有一定市场。在氧化铅和铅材以及其他行业用铅（军工、炼钢、轻工、建材、电子、印刷、医药、医疗器械、放射性防护和防腐用铅等），也需要一定数量的铅金属和铅材。

（3）发展铅业，矿山是基础。尽管有些矿山进入生产晚期，有的已闭坑，有的即将闭坑，但仍有接续的矿山。“八五”、“九五”期间对两个超大型铅锌矿床甘肃厂坝和云南金顶兴建大型矿山以及一些大中型矿山的扩建和采选技术更新、改造，增强了矿山采选能力，因而为铅锌冶炼生产提供所需要的矿物原料是有可靠保证的，不仅能够满足国内的需求，而且还可适度出口一部分铅锌精矿和冶炼与加工产品。

总之，汽车工业、交通运输业、建筑业和电信业等产业的发展，是对铅需求保持旺盛势头的主要推动力。预测 21 世纪的头 10 年将是中国铅业发展良好的机遇，机不可失，时不待我。只要适度增加产量，加快调整产品结构，大力开发新品种，提高产品质量，增强竞争能力，进一步开拓国内外市场，中国铅业发展前景是广阔的。

参 考 文 献

1 中国有色金属工业主编．加入 WTO 对我国有色金属的影响．2002

2 中国有色金属工业协会主编．中国有色金属工业年鉴．2002

3 铅锌资源政策研究报告．国土资源部．2003（内部资料）

4 中国铅锌信息．中国有色金属工业信息中心，2002～2003

5 陶遵华．有色金属工业环境与发展．上海有色金属网，2004

6 周敬元，游力挥．国内外铅冶炼技术进展及发展动向．世界有色金属，1999（6）：7～12

7　冯君．从2002年铅锌市场分析和展望——锌价将在低水平徘徊，铅价谨慎乐观．北京安泰科信息开发公司，2003
8　2005年铅价格走势预测．中国电池在线网，2004
9　2005年国内有色金属市场近况及前景分析．铁矿市场信息，2005
10　宋清山．铅酸蓄电池的发展及用途．实用电子，1999（7）：37～38
11　马进，王积瑶．我国铅蓄电池合金的生产现状及改进建议．世界有色金属，2003（8）：4～6
12　张邦安．我国再生铅生产及与国外的差距．中国资源综合利用，2003（8）：5～6
13　包有富，胡信国，童一波．废旧铅酸电池的回收和再利用．科技发展，2001（11）：41～43
14　何蔼平，郭森魁，郭迅．再生铅生产．上海有色金属，2004（3）：40～42

9　铋

刘永成　昆明理工大学

9.1　概述

9.1.1　铋的物理性质

铋在化学元素周期表中属第六周期第五族元素。原子序号为 83，相对原子质量为 208.980，常用的原子价为三价。

金属铋为银白色而略带玫瑰红色的金属，有强烈的金属光泽，属斜方晶系，它既具有共价键，又有金属键的特性，这种结构使铋具有一系列特殊的物理化学性能。

铋性脆，无延展性，易成粉末，莫氏硬度 2.5，布氏硬度为 9.3。

铋的物理性质见表 2-9-1。

表 2-9-1　铋的物理性质

项　目	性　质	项　目	性　质
原子序号	83	沸点/K	1853
相对原子质量	208.98	气化潜热（1900K）/$J\cdot g^{-1}$	854.79
原子容积/$cm^3\cdot g^{-1}$（原子）	21.3	蒸汽压（1193K）/Pa	133.3
密度/$g\cdot cm^{-3}$		导热系数（293K）/$J\cdot cm^{-1}\cdot s^{-1}\cdot K^{-1}$	0.0836
293K	9.8		
544K（固）	9.74	线膨胀系数/K^{-1}	1.33×10^{-6}
544K（液）	10.07	固化时体积的膨胀/%	3.32
熔点/K	544	表面张力（573K）/$N\cdot m^{-1}$	376×10^{-5}
熔化潜热/$J\cdot g^{-1}$	52.3	比电阻/$\mu\Omega\cdot cm$	
热容/$J\cdot(g\cdot ℃)^{-1}$		173K	75.6
293K	0.123	273K	106.2
544K	0.142	373K	160.8
		晶格（斜方）	$\alpha_0=4.7457$，$\alpha=57°14'13''$

9.1.2　铋的化学性质

在常温下，铋不与空气起作用，加热至接近熔点时，表面覆盖有灰墨色氧化物（Bi_2O_3）。

在常温下，铋不与水反应，在炽热态铋能缓慢分解出水蒸气。

铋与卤族元素能直接结合成化合物。铋不溶于稀硫酸，稀盐酸或浓硫酸，热而浓的盐酸对铋的作用也很慢。铋能溶于浓的热硫酸内，更能溶于热的或冷的硝酸或王水中。

铋在电化学上位于氢以下，不能置换酸中的氢。铋电极不论在碱性或酸性电解液中均有钝化倾向，在电化学上是两性的，即在阳极或阴极均能溶解。

铋具有大约与铅相等的吸收 X 射线的能力。对热中子有低的宏观吸收力，此外，铋无毒，不致癌，是一种可以安全使用的金属。

9.2 国内资源状况

中国铋资源丰富，储量总计约 50 万 t。铋矿主要伴生在锌、锡多金属矿和钨矿中（占总量的 70%）；与铅铜矿伴生次之（17%）；少量在铁、钼、铌、钽等稀有金属矿床中。铋矿是以辉铋矿为主，其次是泡铋矿，铋华和自然铋。中国铋资源集中分布在湖南、广东、江西、云南四省，并集中于表 2-9-2 所示的 6 个矿区中（占总量的 79%）。特别是湖南柿竹园，它为一特大型钨锡钼铋多金属矿床，铋储量占全国总量的一半以上，具有品位高、易开采等特点，是中国最重要的铋原料基地。2003 年，中国铋及其制品出口额 2830 万美元，进口额 147 万美元，2004 年中国铋产量约 5000t 左右，墨西哥和秘鲁的产量分别在 1000t 左右。中国是国际铋市场的主要供应者之一。

表 2-9-2 中国主要铋矿产地

铋矿产地	矿石类型	储量/万 t	品位/%	共、伴生矿产
湖南柿竹园	多金属辉铋矿	26	0.1260	钨、锡、钼
广东大宝山	多金属辉铋矿	6	0.0378	铜、硫、铅、锌
江西下桐岭	辉铋矿	2	0.0510	钨
内蒙朝不楞	多金属辉铋矿	2	0.0980	铁
湖南新田岭	多金属辉铋矿	1	0.0110	钨、钼
新疆可可托海	类型不明铋矿石	1	0.0230	锂、铍、钽、铌

9.3 铋的生产方法

铋的冶炼主要经过粗炼与精炼两个阶段。粗炼是将含铋原料通过火法和湿法流程进行初步处理，产出中间产物粗铋；精炼是将粗铋进一步精炼。粗炼与精炼的方法很多，常根据原料不同而选择不同的方法。

9.3.1 粗炼

（1）铋精矿的反射炉熔炼，铋精矿与还原剂煤粉，置换剂铁屑，熔剂纯碱等配料混合后，加入反射炉混合熔炼产出渣，冰铜和粗铋。

（2）氧化渣的转炉熔炼，将铅阳极泥还原熔炼产出的贵铅，装入分银炉吹炼，在氧化吹炼过程中产出的贵铅，装入分银炉吹炼，在氧化吹炼过程中产出的氧化铋渣，与黄铁矿配料，加入转炉熔炼，产出渣、冰铜和铅铋合金。

（3）铅浮渣的碱性熔炼，将火法精炼铅时产出的铅镁铋渣与氢氧化钠混合熔炼，产出铅铋合金。

（4）浸出-沉淀法，将铜转炉烟尘氯化浸出，使铋进入溶液，随后可采用水解法或置换法，分离铋沉淀，然后熔铸成粗铋。

9.3.2　精炼

（1）火法精炼，将粗铋装入钢质精炼锅，经熔析精炼，氧化精炼，碱性精炼，加锌精炼，最终精炼等程序，除去其中的铜、砷、锑、碲、银、铅等杂质，产出精铋。

（2）电解精炼，粗铋经初步火法精炼后，铸成阳极板，采用氯盐溶液或硅氟酸盐溶液作电解液，产出电解铋，再进一步火法精炼成精铋。

9.4　铋的应用及发展趋势

铋的应用范围较广，而且还在不断扩大，作为工业原料的铋，包括铋金属，铋合金及铋的各种化合物三种。

9.4.1　冶金添加剂

钢中加入微量铋，可改善钢的加工性能，可锻铸铁加入微量铋，能使可锻铸铁具备类似不锈钢的性能。

Cu-Bi 多元合金可以取代目前饮水管件上用的含铅铜合金，成本相差不大，可解决自来水铅污染问题。

$CuSn_3Zn_8Bi_{2-7}$合金以铋代替铅可获得相同类似的复合材料，达到类似的铸造、机械和加工性能。

在铝、镁和青铜中加入铋，可改善机械加工性能和耐磨性能。

9.4.2　铋基低熔点易熔合金

易熔合金的熔点一般在 38 ~ 230℃，在熔点下不易受温度和压力的影响而发生变化。英国研究出一种无铅锡合金焊料，其成分 Sn > 82、Zn6.0 ~ 4.5、In 约 3.5、Bi 约 1.0。合金无毒性，适合作易于过热受损晶体管组装电路板焊接用。

铋铝配制的合金作弯曲薄壁管的填充料，能保持管内壁平滑光洁，且填料可多次反复使用。

铋锡合金配制的合金制作模具，用作金属薄板材的冷冲压成型，不低于钢模的温度，而且成型快，更新快，合金可多次返回使用。

铋与铝、锡、镉、铟组成的一系列低熔点合金，制作电器、保险器，自动装置讯号器等。用铋锡合金子弹代替铅弹。

9.4.3　医药治疗

铋化合物具有收敛、止泻、治疗胃肠消化不良症，次碳酸铋和次硝酸铋，次橡胶酸铋钾用于制造胃药，外科利用铋药的收敛作用来处理创伤和止血，在放射治疗中，用铋基合金代替铝为患者防止身体其他部位受到辐射制造护板，随着铋类药物的发展，现已发现某些铋类药物具有抗癌作用。

9.4.4 铋在阻燃剂方面的应用

在阻燃剂的添加剂中，Bi_2O_3的效果比Sb_2O_3更好，而且安全无毒，燃烧时发生的烟气致死性极小，同时不影响阻燃制品的稳定性。

9.4.5 铋在化工中的应用

铋黄颜料是钒酸铋和钼酸铋的混合体。用于取代铅、镉等颜料具有双晶面的黄色颜料，具有更好的表面抗化学腐蚀性，而且黏合力极强，色泽光亮，又不易脱落褪色，用于黄色汽车外壳最后一道工序的喷漆，黄色工业涂料，电气线圈用材的涂料，及橡胶、塑料制品印刷油墨的着色。

铋盐在生产人造纤维制品的一种原料丙烯腈时，需要大量铋盐作催化剂。

氧化铋，2005 年日本计划用铋代替铅，用于生产汽车玻璃，这种玻璃含铅 10%，生产商将用铋取代这部分铅，生产环保无铅玻璃。化学试剂、铋盐、高折光率玻璃，核工业玻璃和核反应堆燃料。

氢氧化铋用在塑料中作添加剂，使产品焕发美丽的珍珠光泽，还可用于制造无铅颜料和化妆品。

氯化铋用于还原燃料性的柏油、杂酚油和非干性油。

9.4.6 电子陶瓷

含铋的电子陶瓷如锗酸铋晶体，是一种新型闪烁晶体，用于核辐射探测器，X 射线层面扫描仪、电光、压电激光等器件制造；铋钙钒（石榴型铁氧体是重要的微波旋磁材料和磁包材料）、掺氧化铋的氧化锌压敏电阻，含铋的边界层高频陶瓷电容器，锡铋永磁体，钛酸铋陶瓷和粉末、硅酸铋晶体，含铋易熔玻璃等 10 多种材料也均开始在工业上应用。

9.4.7 半导体

用高纯铋与碲、硒、锑等组合、拉晶的半导体元件，用于温差电偶，低温温差发电和温差制冷。用于装配空调器和电冰箱。用人工硫化铋可制造光电动设备中的光电阻，增大可见光谱区域的灵敏度。

9.4.8 核工业

高纯铋（99.999% Bi）用于核工业堆中作载热体或冷却剂，用于防护原子裂变装置材料。

9.5 铋的应用前景及发展方向

铋除了主要用于医药、化工（颜料）、低熔点合金（保险丝、军事火箭筒）上，还作用于冶金添加剂。近几年来，许多发达国家重新制定的饮用水标准，水源受法律管制要求无铅化，美国用铋取代铅用于陶瓷、渔具、化妆品、食品加工设备和无铅铜管乐器。日本在 2005 年计划用铋代替铅生产汽车玻璃。目前这种玻璃含铅 10%，生产商将铋取代部分铅，生产环保的无铅玻璃。2006 年欧盟将加强实施《关于电子电气设备中禁止使用某些有害物质指令》的法规，全面禁止在电气产品中使用铅、汞、镉等六种有害物质。绿色环保无铅化潮流将成为所有电子制造业的主旋律。由于铅的毒性，铋将取代铅在电子工业的无铅焊接保温保险丝、消防易溶栓、电视和计算机屏幕的辐射屏蔽中发挥越来越重要的作用。

随着高技术产品的兴起，日本等发达国家率先开拓了铋在新材料领域的应用。例如温差电源、温差制冷材料、压敏电阻、Bi-Zn-Ni 电池、铋系列高温超导体和各类铁氧体、永磁体等。美国和日本已把铋列为重点开发研究的战略金属资源中，作为高技术所需新材料家族。可喜的是，中国第一条铋系列高温超导材料生产线已在北京建成投产，并出口韩国。这种铋系高温超导材料制成电缆后，仅用于北京电网，每年可使输送中的电能减少损失 5 亿元。

目前中国已成为全球最大的金属铋生产国和出口国，但中国铋出口基本上属于资源型出口。初级铋产品供大于求，内需开发不足，深加工规模小，都是制约中国铋产业发展的屏障。必须加大宣传力度，进一步推动中国铋在各行各业的应用。要以金属铋产品应用促进铋产业的健康发展。一方面要继续扩大铋在医药、化工、易熔合金及冶金添加剂等传统产业的应用，另一方面要努力推动金属铋在蓄电池用含铋取代铅，加铋无铅焊料等新兴产业的应用。

更为重要的是，中国还要花大力气，努力探索铋产品应用的新领域，瞄准世界科技发展的新动向，研究开发铋应用的新产品，加快铋产业的产业延伸，向广度深加工，高附加值产品发展，将发展终端铋产品作为铋产业当前的主战略。尤其是加大对半导体制冷材料新型功能材料、铋系高温超导材料等代表新材料最新发展方向领域的研发和生产实践，才能为中国的科技发展和经济建设做出更大的贡献。

9.6　对云南省铋深加工发展的建议

2003 年，云南省的铋资源储量 27388t，居全国第五位，云南锡业公司等生产铋金属 130t。云南省铋主要伴生在铜、铅、锌的金属矿物中，是冶金生产中的副产品，独立的铋矿较少。据近年报道，在云南个旧矿区发现了斜方辉铅铋矿，在云南腾冲大峒厂铅锌矿床也发现了多种铋的独立矿物，例如自然矿、辉铋矿、辉铋铅矿及硫碲铋矿 A 等矿。云南省铋的用途主要用于制药业和少量的金属合金、纯金属等初级产品的出售。作为地处云贵高原和中西部开发省，云南物流业主要依靠汽车运输为主，铅资源比较丰富，推动铋在蓄电池用含铋精铅，进行深加工开发提高资源的附加值。随着社会的发展，对环保提出更高的要求，以铋代铅是环保发展的趋势，对电子工业无铅焊接，保温保险丝以铋代铅，可用云南锡业公司产锡的优势转变产品结构，从原来生产 Sn-Pb 转变为 Sn-Bi 焊料和保险丝市场前景无量。随着高科技发展，靶材、高温超导、ITO 粉等对高纯金属的需求也在上升，铋采用真空蒸馏的方法可生产出 99.99% ~99.999% 该工艺流程短，投资少，见效快，是一种深加工附加值高的新工艺。由于云南省铋资源都是伴生矿，可采用不同工艺直接从含铋物料中提取铋，如昆明冶金研究所的“焊锡阳极泥除砷及回收铜、铋”取得了很好的效益。可喜的是，云南省云铜稀贵铋业有限公司注册 660 万元的铋生产项目在 2005 年上半年投产，祥云飞龙公司 8 万 t 电解铅厂和项目配套建设的蓄电池厂将在 2006 年投产，这都将推动云南有色金属向深加工、高附加值产品方向发展。

参考文献

1 汪立果．铋冶金．北京：冶金工业出版社．1986
2 《有色金属提取冶金手册》编辑委员会编．有色金属提取手册：锌镉铅铋．冶金工业出版社．1992
3 秦雯．我国铋矿资源的生产和应用现状．矿产保护与利用．1991. 3：23～24
4 高合明．云南个旧矿区斜方辉铅铋矿、硫锑铜银矿和含锌、银锑黝铜矿矿物等初步研究．矿物学报．1994. 12
5 战新志等．云南大石同厂铅锌矿床中的硫碲铋矿．矿物学报．1995. 12
6 匡立春．浅谈绿色金属——铋的深加工产品应用．株冶科技．1999. 11

10　锌

陈为亮　昆明理工大学

10.1　概述

锌见证了人类文明的发展史，青铜和黄铜分别为铜锌锡合金和铜锌合金。我国炼锌的历史悠久，是世界上最早制造和使用黄铜的国家，早在唐朝以前就炼出了金属锌，到明朝时炼锌技术已经达到很高水平。后来，生产锌的方法由中国传到欧洲，欧洲在15世纪才有小规模锌的生产，但在生产过程中遇到很大的困难，锌的生产在欧洲长期处在停留状态，直到19世纪蒸馏法炼锌才得到较大发展。

湿法炼锌直到20世纪20年代才正式应用于工业生产中，此后湿法炼锌技术不断发展、进步，产量不断增加，目前湿法炼锌的产量已占世界锌总产量的80%以上，中国湿法炼锌的产量约占70%左右。

10.1.1　锌的性质及其化合物

10.1.1.1　金属锌的物理性质

锌为ⅡB族元素，原子序数为30，相对原子质量为65.38。金属锌是银白色略带蓝灰色的金属，熔点和沸点分别为419.58℃和906.97℃，莫式硬度为2.5，标准电位是-0.763V。锌在常温下密度为7.1g/cm^3，液态锌为6.48g/cm^3。

锌的质地较软，仅较铅、锡稍硬。锌在常温下延展性差，加热至100～150℃时延展性变好，当加热到250℃时则失去延展性而变脆。

锌的晶体结构为密排六方晶格，随温度升高呈有α、β、γ三种结晶状态，转化温度分别为170℃和330℃：α锌在170℃以下存在；β锌在170℃与330℃之间存在；γ锌在330℃与其熔点419℃之间存在。

锌在熔点附近的蒸气压很小，液体锌蒸气压随温度的升高急剧增大，这是火法炼锌的基础。液体锌蒸气压随温度变化的关系如下：

温度/℃	450	500	700	907
蒸气压/Pa	52.5	189	8151	101325

锌的蒸气压随温度变化的公式如下：

$$\lg p^* = -6620/T - 1.255\lg T + 14.465 \text{（熔点 ～ 沸点）}$$

10.1.1.2　金属锌的化学性质

锌具有较好的抗腐蚀性能，在常温下不被干燥的空气、不含二氧化碳的空气或干燥的氧所氧化。但与湿空气接触时表面生成一层灰白色致密的碱式碳酸锌（$ZnCO_3 \cdot 3Zn(OH)_2$）薄膜，保护内部锌不再被腐蚀。锌在熔融时与铁形成化合物，冷却后保留在铁表面上，保护钢铁免受侵蚀。

纯锌不溶于任何浓度的硫酸或盐酸中。商品锌由于含有少量杂质，极易溶于硫酸或盐酸中并放出氢气，溶解的速率视杂质量的多少而定。由于锌的结晶不同，铸锌较辊轧加工所得锌难溶解。锌也可溶于碱中，但溶解速度较在酸中慢。

常温下无空气的水对锌没有作用，但在红热的温度下，锌易分解水蒸气生成氧化锌。金属锌在空气中加热至505℃，即可燃烧生成非晶形的氧化锌。二氧化碳与水蒸气的混合气体可使锌蒸气迅速氧化，生成氧化锌及一氧化碳。

10.1.1.3 锌的主要化合物

A 氧化锌（ZnO）

俗称锌白，为白色粉末，但在加热时会发黄，可溶解于酸和氨液中，氧化锌的真密度为5.78g/cm^3，熔点为1973℃。氧化锌在1000℃以上开始挥发，1400℃以上挥发激烈。

氧化锌为两性氧化物，可与酸和强碱反应生成相应的盐类，在高温下可与各种酸性氧化物、碱性氧化物，如SiO_2、Fe_2O_3、Na_2O等，生成硅酸锌、铁酸锌、锌酸钠。氧化锌能被碳和一氧化碳还原成为金属锌。

B 硫化锌（ZnS）

纯硫化锌为白色物质，但工业上用的硫化锌由于内部含有方铅矿、赤铁矿、黄铁矿等杂质常带褐色、褐黑色、褐黄色、灰红色。硫化锌在自然界常以闪锌矿出现。闪锌矿的真密度为4.083g/cm^3。硫化锌在常压下不熔化，在高温下经过液相阶段直接气化挥发。硫化锌在空气中加热易氧化生成氧化锌，在温度为600℃时反应已较剧烈。在氮气流中1200℃即可显著挥发，如在氧化气氛中加热时由于挥发后的硫化锌蒸气氧化生成氧化锌和二氧化硫，更加速了硫化锌挥发的进行，这对硫化锌精矿的沸腾焙烧有重要意义。

硫化锌可溶于盐酸和浓硫酸溶液中，但不溶于稀硫酸，可以采用各种氧化剂，如高铁离子Fe^{3+}将溶液中的硫离子S^{2-}氧化成元素硫（S）即硫磺，降低溶液中S^{2-}浓度，使溶解过程加快进行。硫化锌精矿直接酸浸的可能性就在于此。

C 硫酸锌（$ZnSO_4$）

硫酸锌极易水化，通常生成含有7个结晶水的水化合物七水硫酸锌$ZnSO_4 \cdot 7H_2O$，锌矾、硫酸锌溶液蒸发结晶时或加热脱水时按控制的温度不同可形成一系列水化合物，其中主要有$ZnSO_4 \cdot 7H_2O$、$ZnSO_4 \cdot 6H_2O$、$ZnSO_4 \cdot H_2O$等。全脱水和部分脱水后的硫酸锌吸水能力很强。

硫酸锌加热时最先生成碱式硫酸锌$2ZnSO_4 \cdot ZnO$，随后进一步分解成ZnO，硫酸锌约在650℃开始离解，在750℃以上离解将激烈进行。硫酸锌离解压和温度的关系如下：

温度/℃	674	690	720	750	775	800
离解压/kPa	0.71	0.81	3.24	8.11	15.20	252.3

硫酸锌在水中的溶解度很大，在20℃和100℃时其在水中的溶解度（以100g水中溶解的物质的克数表示）如表2-10-1所示。

表2-10-1 硫酸锌在水中的溶解度（以100g水中溶解的物质总数表示）

温 度	20℃	100℃	温 度	20℃	100℃
$ZnSO_4 \cdot 7H_2O$	96.5	663.6	$ZnSO_4$	54.4	80

D 碳酸锌与碱式碳酸锌

碳酸锌是炼锌原料之一，自然界以菱锌矿的状态存在，在350～400℃开始分解，易溶于稀硫酸、碱和氨水中。

碱式碳酸锌 $ZnCO_3 \cdot 2Zn(OH)_2 \cdot H_2O$ 为白色细微无定形粉末，密度4.42～4.45g/cm^3，无臭无味，加热到300℃分解生成ZnO。不溶于水、醇、酮，微溶于氨水、铵盐，能溶于稀酸、强碱。

碱式碳酸锌主要用作轻型收敛剂，作炉甘石原料，也用作皮肤的保护剂；也是生产乳胶薄膜、橡胶、人造丝、氧化锌及锌盐的重要原料。

锌的主要化合物的性质如表2-10-2所示。

表2-10-2 锌的主要化合物的性质

性 质	ZnS	ZnO	$ZnSO_4$
密度/g·cm^{-3}	4.0	5.78	3.474
熔点/K	升 华	约2273	分 解
沸点/K	1938		
$\Delta H^{\ominus}$/kJ·mol^{-1}	-202.903	-348.359	-976.754
$\Delta G^{\ominus}$/kJ·mol^{-1}	-197.903	-318.402	-911.693
$C_{p(298K)}$/J·mol^{-1}·K^{-1}	46.86	38.49	117.94
$S^{\ominus}$/J·mol^{-1}·K^{-1}	57.74	43.72	128

10.1.2 锌的用途、消费、产量及价格

锌的消费仅次于铜、铝，在十大有色金属中居第三位。自1990年以来，中国对锌的消费持续增长，目前国内锌的消费量已突破150万t/a。金属锌的最大用途是镀锌，约占总耗锌量的40%以上；其次是用于制造各种牌号的黄铜，约占总耗锌量的20%；压铸锌约占15%左右；其余20%～25%主要用于制造各种锌基合金、干电池（中国约26万t/a）、氧化锌、建筑五金制品及化学制品等。它们广泛用于航天、汽车、船舶、钢铁、机械、建筑、电子及日用工业等行业。

世界锌锭消费量、2000年西方部分主要锌消费国的消费构成如表2-10-3和表2-10-4所示，1990～2001年中国锌消费量如图2-10-1所示。

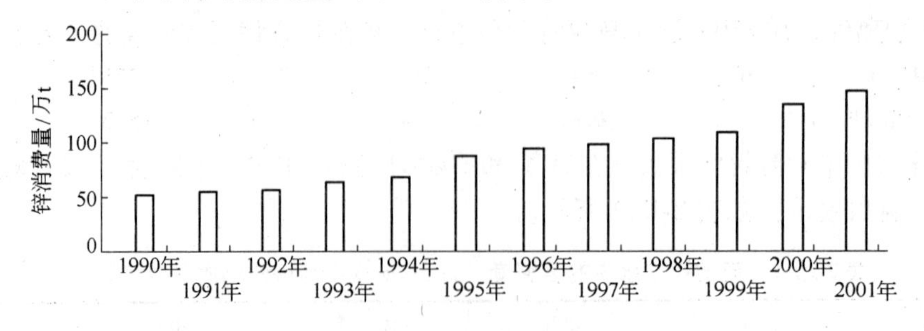

图2-10-1 1990～2001年中国锌消费量

表 2-10-3 世界锌锭消费量 (万 t)

国家或地区	1998 年	1999 年	2000 年	国家或地区	1998 年	1999 年	2000 年
美 国	129.04	134.14	131.46	墨西哥	18.25	17.88	17.88
中 国	112.78	119.55	128.75	巴 西	17.7	18.18	19.38
日 本	65.92	63.41	67.42	加拿大	17.01	16.45	16.88
德 国	57.28	56.39	53.17	俄罗斯	11	11.43	9.29
意大利	37.34	33.55	38.45	波 兰	11.16	8.97	9.01
韩 国	30.2	47.2	41.92	南非和纳米比亚	9.1	9.1	12.63
比利时	26	27	27.5	荷 兰	9.51	9.58	9.6
法 国	30.23	33.08	36.47	土耳其	8.75	8.46	11.79
中国台湾	24.02	27.55	29.35	泰 国	6.17	8.66	9.41
印 度	24.12	22.22	22.43	印度尼西亚	5.99	5.57	8.63
英 国	18.79	19.89	20.65	秘 鲁	6.3	10.8	9.12
澳大利亚	19.2	20.1	19.25	其 他	86.67	88.56	87.34
西班牙	19.7	19.5	19.5	世界总计	802.23	838.03	857.48

表 2-10-4 2000 年西方部分国家锌消费结构

消费形式	法 国	德 国	意大利	英 国	日 本	美 国	澳大利亚
镀 锌	45.8	29.7	20.3	49.8	65.6	53.6	85
压铸合金	9.8	6.7	14.3	19.2	8.6	18.7	-
黄铜、青铜	10.9	27.0	57.5	14.2	-	14.0	6.2
轧制锌材	23.8	27.7	3.0	1.4	0.7	-	1.3
锌氧化物	8.0	8.6	4.6	9.0	20.8	-	6.2
其 他	1.7	0.3	0.3	6.4	4.3	13.7	1.3

2000 年，世界生产锌锭 891.2 万 t。中国是世界产锌大国，锌冶炼工艺以湿法冶炼为主，目前湿法工艺占 70%，火法占 30%。在火法工艺中，ISP 占 9%、竖罐炼锌占 18%，电炉、平罐、马槽炉炼锌占为 3%。中国锌产量连续 9 年居世界第一位，2004 年中国锌产量为 251.94 万 t，约占世界总产量的 24.7%，同比增长 9.65%，是 1995 年的 2.34 倍，年均递增速度为 9.9%。2004 年世界锌产量为 1015 万 t，锌消费为 1024 万 t，2004 年首次出现 91000t 缺口；2005 年锌产量预计为 1030 万 t，同比预计增长 1.5%，消费量为 1068 万 t，同比预计增长 4.3%，这样全球锌的消费缺口将达 34 万 t。近两年，随着镀锌板产量的高速增长，中国锌消费也呈现出快速增长的势头。2004 年消费达 253 万 t，产量仅为 251.94 万 t。中国锌供应由过剩转为短缺，并从锌净出口国变为净进口国。世界锌锭产量如表 2-10-5 所示，1995 ~ 2004 年中国金属锌的生产情况如表 2-10-6 所示。

图 2-10-2 为 1990 ~ 2002 年伦敦金属交易所金属锌（0 号）的价格。截止到 2005 年 12 月 2 日，LME 金属锌（0 号）的报价为 1731.0 ~ 1731.5 美元/t，国内金属锌（0 号）的收市价为 15750 ~ 16500 元/t。

表 2-10-5　世界锌锭产量　　　　（万 t）

国家或地区	1998 年	1999 年	2000 年	国家或地区	1998 年	1999 年	2000 年
中　国	148.65	168.46	184.26	荷　兰	21.71	22.14	21.3
加拿大	74.21	78.08	77.96	巴　西	17.71	18.7	19.18
日　本	60.79	63.34	65.44	哈萨克斯坦	24	24.93	26.6
美　国	36.76	37.13	36.3	秘　鲁	17.47	19.7	20.02
西班牙	38.94	38.5	36.3	波　兰	17.8	17.78	16.02
韩　国	39.01	42.98	47.3	俄罗斯	19.63	23.13	19.64
德　国	33.4	33.29	35.65	印　度	17.18	17.27	17.64
法　国	32.04	33.11	34.77	挪　威	12.81	13.26	12.58
澳大利亚	30.04	34.42	48.9	南　非	10.74	11.4	11.6
意大利	23.16	14.53	17.03	英　国	9.96	13.28	9.96
墨西哥	22.89	21.89	33.69	其　他	70.32	68.45	71.87
比利时	20.5	23.24	25.17	世界总计	799.81	839.01	891.22

表 2-10-6　1995 ~ 2004 年中国金属锌的产量　　　　（万 t）

年　份	1995	1996	1997	1998	1999	2000	2001	2002	2003	2004
产　量	107.7	118.5	143.4	148.6	170.3	195.7	203.7	215.5	229.2	251.94

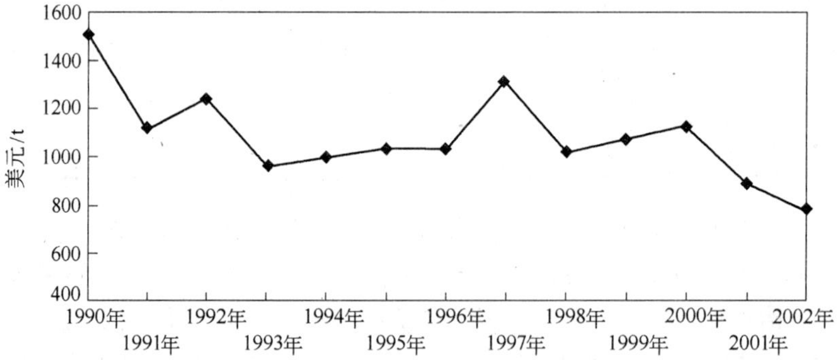

图 2-10-2　伦敦金属交易所锌现货价格

10.1.3　锌的资源及炼锌原料

世界锌资源较多，在 10 种常用有色金属中，锌年产量仅次于铝和铜。据美国地调局统计，世界已查明的锌资源量约为 19 亿 t，2001 年世界锌储量为 19000 万 t，储量基础为 44000 万 t。储量较多的国家有澳大利亚、中国、美国、加拿大、秘鲁和墨西哥等国（如表 2-10-7 所示）。按 2000 年世界锌矿山产量 868.86 万 t 计，现有锌储量和储量基础静态保证年限分别为 22 年和 51 年。

表 2-10-7 2001 年世界锌储量及储量基础 （万 t）

国家或地区	储量	储量基础	国家或地区	储量	储量基础
澳大利亚	3200	8000	秘鲁	800	1300
中国	3400	9300	墨西哥	600	800
美国	2500	8000	其他	7400	13000
加拿大	1100	3100	世界总计	19000	44000

中国锌资源十分丰富，锌矿储量居世界第一位，保有储量为 8400 万 t，遍布全国 29 个省、市、自治区，相对集中在滇西兰坪、秦岭-祁连山、狼山-阿尔泰山、南岭及川滇等五大地区。目前已探明有锌矿产地 797 处，保有储量 9278 万 t，其中，A + B + C 级储量 3424 万 t。锌保有储量主要集中在云南、内蒙古、甘肃、广西、湖南、广东和四川等七省区，其保有储量合计占全国总保有储量的 71%。此外保有储量较多的省区还有河北、江西、陕西、浙江、青海、福建等地，其保有储量合计占全国总储量的 18%。但从整体上讲，中国的锌资源大型矿床少，高品位资源少，而且未被开发利用的储量大多集中在建设条件和资源条件不好的矿区。

云南的锌资源条件最好，在全国居首位，在世界也居前列，锌储量占全国 21.8%，一是矿山分布广、品位高、矿床大、铅锌共生，许多矿点铅加锌品位达到 8%，而且含锌品位高于铅，符合锌的需求量比铅大，效益也好的市场规律，此外还共生银。兰坪铅锌矿是中国目前已探明储量最大的铅锌矿床，金属储量高达 1400 多万吨，占全省储量的 60%，且具有储量集中、埋藏浅、铅锌比大等独特优势，较易开采，为世人所瞩目。除铅锌外，还伴有镉、铊、锶、银等多种金属，据专家估算，潜在经济价值约为 1000 亿元人民币。

锌冶炼的原料有锌矿石中的原矿和锌精矿，也有冶炼厂产出的次生氧化锌烟尘。按原矿石中所含的矿物种类可分为硫化矿和氧化矿两类。在硫化矿中锌呈 ZnS 或 $n\mathrm{ZnS}\cdot m\mathrm{FeS}$ 状态。氧化矿中的锌多呈 $ZnCO_3$ 和 $Zn_2SiO_4 \cdot H_2O$ 状态。自然界中锌矿石最多的还是硫化锌矿，氧化锌矿一般是次生的，是硫化锌矿长期风化的结果，故氧化锌矿常与硫化锌矿伴生。

锌的矿物以硫化矿最多，单一硫化矿极少，多与其他金属硫化矿伴生形成多金属矿，有铅锌矿、铜锌矿、铜锌铅矿。这些矿物除含有主要矿物铜、铅、锌外，还常含有银、金、砷、锑、镉、铟、锗等有价金属。硫化矿含锌约为 8.8% ~17%，氧化矿含锌约为 10%，而冶炼要求锌精矿含锌大于 45% ~55%，因此必须对低品位多金属含锌矿物进行选矿，分开矿石中的主要金属，成为各种金属的精矿。选矿一般采用优先浮选法，硫化矿石易选，经选矿得到的精矿中含锌量一般在 40% ~60% 之间。

氧化锌矿的选矿至今还是难题，富集比不高，故目前氧化锌矿的应用多以富矿为对象，一般将氧化锌矿经过简单选矿进行少许富集，或直接冶炼富矿。

此外，炼锌原料有含锌烟尘、浮渣和锌灰等。氧化锌烟尘主要有烟化炉烟尘和回转窑还原挥发的烟尘。

10.1.4 锌的冶炼方法

现代炼锌方法分为火法炼锌与湿法炼锌两大类，以湿法冶炼为主，约占世界锌总产量的 80%。火法炼锌包括平罐炼锌、竖罐炼锌、密闭鼓风炉炼锌及电热法炼锌；湿法炼锌即为电解法。矿源有硫化矿和氧化矿之分。硫化矿湿法冶炼工序，可归为备料、焙烧、浸出、净化、电解、铸锭等六道工序。氧化矿湿法冶炼不需要焙烧。硫化矿火法冶炼工序可归为备料、焙烧（或烧结）、还原熔炼（或蒸馏）、冷凝、精馏、铸锭六道工序。氧化矿火法冶炼不需焙烧，但有些工艺要求烧结。

无论火法炼锌或湿法炼锌，生产流程皆较复杂，在选择时，应根据原材料性质。力求技术先进可行，经济合理，耗能少，环境保护好，成本低等原则。冶炼原则工艺流程分别如图 2-10-3 和图 2-10-4 所示。

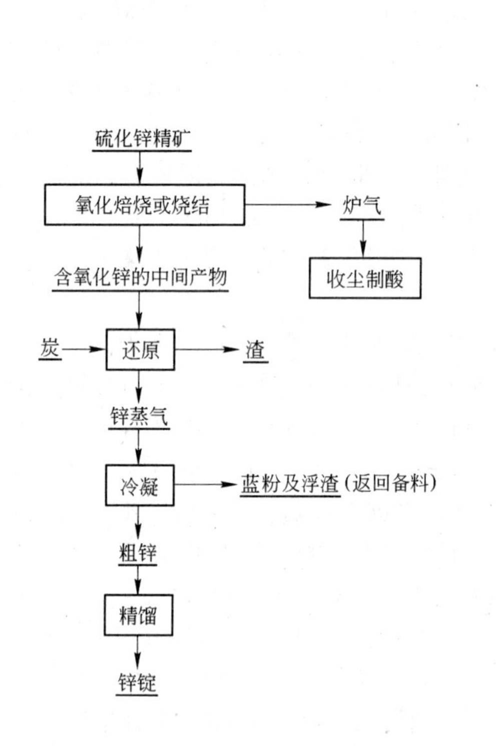

图 2-10-3　火法炼锌原则工艺流程图

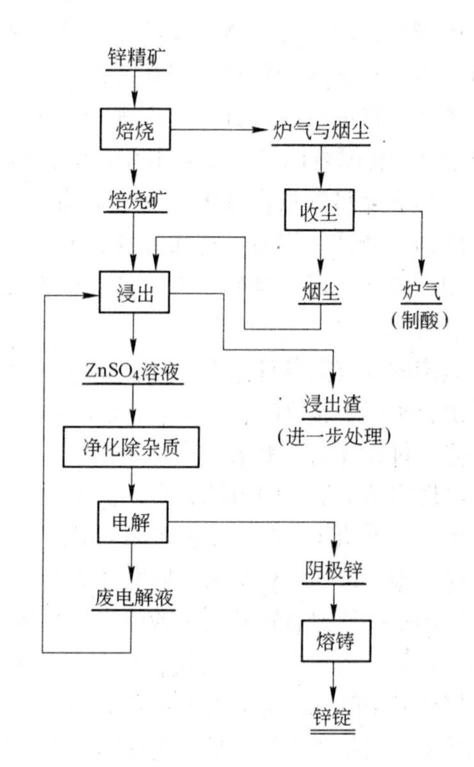

图 2-10-4　湿法炼锌原则工艺流程图

10.1.5　中国锌的主要生产企业

中国是世界产锌大国，锌冶炼工艺以湿法冶炼为主，目前湿法工艺占 70%，火法占 30%。中国的锌主要生产企业有葫芦岛锌厂、株洲冶炼锌厂、岭南铅锌集团（韶关冶炼厂）、白银有色金属公司、柳州锌品股份有限公司、云南驰宏锌锗股份有限公司（原会泽铅锌矿）、祥云飞龙实业有限责任公司等，表 2-10-8 为 1999 年中国主要锌冶炼企业的产锌量。

表 2-10-8　1999 年中国主要锌冶炼企业的产锌量

企业名称	产量/万 t	企业名称	产量/万 t
葫芦岛锌厂	28. 36	水口山矿务局	4. 97
株洲冶炼厂	26. 35	龙城化工总厂	4. 48
韶关冶炼厂	15. 00	总计	106. 93
白银有色金属公司	14. 17	全国总计	169. 51
柳州锌品股份有限公司	7. 92	占全国总产量/%	63. 08
会泽铅锌矿	5. 68		

云南省电锌冶炼能力已超过40万t。因云南电价较低，所以云南铅锌极具竞争力。云南驰宏锌锗股份有限公司（原会泽铅锌矿）目前正在进行10万t/a电锌冶炼厂的建设，到“十五”末期形成年产铅锌18万t、锗产品20t、硫酸26万t的生产能力。祥云飞龙实业有限责任公司是云南省最大的民营锌冶炼企业，现年生产规模为电锌11万t、硫酸8万t、电炉锌粉5000t、精镉1500万t、热镀锌合金3万t、铅锌选矿日处理2000t，并综合回收固体废渣中的锌、镉、银、铟、铅、铜、钴等系列有价金属，8万t电锌技改项目正在建设中。云南云冶锌业股份有限公司已形成年产锌焙砂8万t、电解锌锭5万t、工业硫酸8万t、氧化锌粉2.8万t、电炉锌粉2000t、锌基合金2万t、精镉400t的生产能力，同时能回收银、铜、铟、锗等多种有色金属和稀贵金属，并积极开发其他锌延伸产品和锌深加工新技术。云南冶金集团总公司曲靖有色基地建设规模为年产粗铅6万t、电铅10万t、电锌5万t、焙砂5万t、硫酸28万t、白银150t、黄金200kg。罗平锌电股份有限公司现在的生产能力为年产3万t电锌，公司目前正在进行的技术改造，预计到2006年二季度生产能力可达到年产电锌6万t。此外，云南兰坪有色金属有限责任公司年产10000t电解锌锭；云南永昌铅锌股份有限公司的电锌生产能力为1.2万t。

为保持国际铅锌价格，云南不宜过度增加铅锌冶炼能力，而应发展矿山，使铅锌产量控制在一定水平即可。

10.1.6 中国锌冶炼工业现状及存在的问题

10.1.6.1 中国锌冶炼工业现状

中国生产锌的历史悠久，早在唐朝以前就开始炼锌。中国的炼锌工艺应有尽有，已建成多工艺、多产品、综合回收较好的锌工业体系。

中国锌冶炼工艺以湿法冶炼炼锌为主，火法炼锌其次。据1998年统计，其中湿法炼锌占67%，火法炼锌占33%，高于国外。火法冶炼有竖罐炼锌、密闭鼓风炉（ISP）炼锌、电炉炼锌、平罐炼锌及土法炼锌（如马槽炉、马鞍炉、四方炉等炼锌方法），其中竖罐法占20%、ISP法约占10%、其余约占3%。

中国开发利用的锌资源，以硫化矿为主，氧化矿数量有限。氧化锌矿难以选矿富集，低品位氧化矿多通过回转窑挥发焙烧，得到品位较高的氧化锌尘作为火法或湿法炼锌原料。

中国锌产量60%以上集中在几家大中型冶炼企业，其中葫芦岛锌厂、株洲冶炼厂、韶关冶炼厂、西北铅锌厂四大锌的生产基地，年产锌量占中国锌总产量的50%以上。这些厂的生产规模、装备水平、环保条件，与国外同类企业基本相当，有的处于世界先进水平，生产成本低于世界平均水平，产品价格在国际上具有一定的优势。

中国锌产量的60%以上集中在几家大中型冶炼企业，冶炼能力10万t以上的有7家，原料95%以上是硫化矿。中国主要的锌冶炼企业有葫芦岛锌厂（生产能力33万t/a，其中竖罐20万t/a，湿法13万t/a）、株洲冶炼锌厂、岭南铅锌集团（原韶关冶炼厂）、白银有色金属公司、柳州锌品股份有限公司、祥云飞龙实业有限责任公司、云南驰宏锌锗股份有限公司（原会泽铅锌矿）。

中国在湿法炼锌方面取得了很大进步，高热酸浸出新工艺已用于生产，传统湿法炼锌技术成功地采用了两段连续浸出技术，实现了沸腾层连续净化除铜、镉，采用管式过滤机过滤净液矿浆，锌冶炼直流电耗降到2966～3160kW · h/t。

株洲冶炼厂是中国采用常规流程中最大的湿法炼锌厂，1999 年产电锌 26 万 t/a，其唯一的缺点是浸出渣含锌高，一般达 20%～22%，需要进一步用回转窑挥发焙烧，回收渣中的铅锌等有价金属。会泽铅锌厂、水口山锌厂、葫芦岛锌厂湿法炼锌分厂、开封冶炼厂、原沈阳冶炼厂锌车间等均采用常规浸出工艺炼锌。浸出渣处理，除葫芦岛锌厂采用该厂自行开发的漩涡炉挥发焙烧外，其余都是采用回转窑处理。

白银西北冶炼厂锌系统是中国采用新的黄钾铁矾法炼锌最大的冶炼厂，设计年产电锌10 万 t，采用了热酸连续浸出和黄钾铁矾除铁新工艺。该厂锌系统设计采用新工艺、新设备、自控及装备水平是世界一流的。

柳州锌品厂、赤峰冶炼厂、温州冶炼厂、池州冶炼厂等也采用热酸浸出黄钾铁矾法除铁工艺生产锌。水口山锌冶炼分厂原设计采用热酸浸出、赤铁矿法沉铁，投产碰到一些工程问题后改为常规浸出工艺。

中国的火法炼锌工艺完善。中国葫芦岛锌厂采用竖罐炼锌，开发了高温沸腾焙烧、自热焦结炉、大型蒸馏炉、大型精馏炉、双层煤气发生炉、罐渣旋涡熔炼挥发炉等新技术，将竖罐炼锌技术提高到一个新水平，如竖罐内腔尺寸已达到宽 × 长 × 高为 310mm × 4610mm × 10900mm，受热面积达 $100m^2$，日产锌 20t，回收率为 94.07%。有关技术经济指标，高于国外水准，并先后建成了 20 万 t/a 竖罐炼锌产能、13 万 t/a 常规湿法炼锌产能，总规模达 33 万 t/a，成为中国最大的锌冶炼厂。由于竖罐炼锌对原料适应性较强，可以处理含氟和砷、锑较高的原料及二次物料；产品灵活性大，可直接生产 99.99% 以上高纯锌，还可直接产生高纯氧化锌及锌粉；锌的总回收率可达 95%～96%，硫利用率大于 94%。但从能源、环保、劳动生产率和可持续发展战略看，竖罐炼锌技术属逐步淘汰范围。

鼓风炉炼锌又称 ISP 法（帝国熔炼法），最适宜于处理铅锌共生精矿，能有效回收物料中伴生的金银等贵金属。采用密闭鼓风炉炼锌技术有新成就，如烧结机面积已达 $110m^2$，采用刚性滑道密封、柔性传动、多点啮合结构，密封性好，便于烧结烟气制酸。中国建有 3 套密闭鼓风炉炼锌装置，1999 年共产锌 18 万 t，占当年中国锌总产量 10% 以上。韶关冶炼厂采用鼓风炉炼锌，1999 年实际产铅锌 21.3 万 t，锌的总回收率达 93.8%。工厂总体技术处于世界同类企业的中等水准。鼓风炉炼锌和鼓风炉炼铅一样，环保问题较为突出，全世界先后共建设了 17 套鼓风炼锌系统，在发达国家有的已经关闭。

电炉炼锌主要分布在甘肃、河北、云南、四川、贵州等省，已建十几台套。目前生产规模都很小，单台电炉产锌量在 1000～2500t/a，吨锌电耗在 4000～5000kW · h。由于投资省，有廉价劳动力，绝大多数小型电炉炼锌厂均可获利，环保条件尚可，在电力充裕的边远山区仍有一定生命力。目前正在生产的电炉功率多为 2000kV · A/台，准备开发 5000kV · A/台较大规格的电炉，预计单台炉产锌可达 5000t/a。

10.1.6.2　中国锌冶炼工业存在的问题及对策

中国锌产量的 60% 以上虽然集中在几家大中型冶炼企业，这些厂的生产规模、装备水平、环保条件，与国外同类企业基本相当，生产成本低于世界平均水平，但中国目前尚有不少土法炼锌和小型锌冶炼厂，污染严重、回收率低、资源浪费，有待淘汰。因此，要鼓励大、中型锌冶炼企业，围绕提高技术装备和综合利用水平、降低消耗和生产成本，改善环境，采用国内外先进的冶炼工艺和低浓度二氧化硫制酸工艺进行技术改造，实现产业升级。由于目前锌精矿已大量进口，要严格控制新建锌冶炼企业和现有企业生产能力扩大，加快淘汰土法炼锌的工艺及设备。

1994年国家采取积极发展铅锌的政策后，中国锌冶炼能力仍继续扩张，每年在以10%以上的速度递增，国内原材料供应日趋紧张。从2000年开始，中国锌资源出现持续性、普遍性的供应紧张，国内锌精矿供应存在较大缺口。按照2001年中国生产169.32万t的锌精矿含锌量计，中国现有锌储量和储量基础静态保证年限分别为14.1a和21.8a，中国锌资源保证年限还不及世界平均水平的一半，后备资源严重不足。国内缺口的原料全依靠国外进口，且进口量越来越大，2002年进口锌精矿达78.47万t。据预测，到2005年中国锌冶炼能力将达到320万t，国内原料市场竞争更加激烈，对国外依赖程度越来越高，严重制约了我国锌冶炼工业的发展。同时，由于中国锌矿采选业以零散的小生产者为主，存在采富弃贫、乱采滥挖现象，更加加剧了资源紧张的局面。

因此，针对中国锌资源供应的不足，目前的主要应对措施应该是加大矿山地质探矿力度，增加探明金属储量，增加可供经济利用的储量，大力提倡节约锌资源和发展再生锌工业，向境外转移锌冶炼能力，实现全球化生产，从而缓解国内锌冶炼能力增长过快、原料供应紧张的局面。针对云南省的锌冶炼企业，要充分利用紧靠东南亚国家的地理优势，加强与周边东南亚国家的合作，在缅甸、越南、老挝等国建立稳固的原料供应基地。

10.2 金属锌的深加工及高附加值锌产品的延伸

锌是很重要的有色金属，锌和锌合金对世界经济的发展有着举足轻重的作用。锌锭是锌冶炼企业的初级产品，由于其价格与经过深加工产品价格差别较大，促使冶炼厂必须使冶炼产品延伸，进行产品结构改革，扩大产品的深加工，开发新产品，使产品多样化，以提高经济效益和社会效益，从而推动技术进步，拓宽锌的用途，扩大锌的市场，促进锌冶金工业的发展。

锌冶炼厂产品多样化的途径主要有三个：锌基合金制造、锌材深加工、锌粉及锌的化工产品生产。其中锌粉及锌的化工产品生产已渗透到市场经济和人类生活的各个部门，已成为人们日益重视的朝阳产业。

10.2.1 锌基合金

10.2.1.1 概述

自1980年以来，锌的消耗量实际以2.2%的速度增长，2000年全世界锌的消耗量达到857.48万t。锌及其锌合金具有易加工，良好的耐腐性，焊接性及表面处理能力，且价格低廉，因而广泛用于电镀、钟表、印刷、日用五金、建筑、汽车制造、机械运输、电器及包装等部门，在国民经济中也是重要的基础材料之一。

镀锌所消耗的锌量占了锌应用的最大部分，约为总消耗量的50%。铸造合金是锌应用的第二大领域，约占锌消耗量的17.5%。变形合金约占锌消耗量的6%，主要包括槽板、屋面板和其他建筑用板。

锌合金的种类很多，除铸造锌合金是按加工方法分类外，还可按成分、特性及用途来分类：

（1）按合金成分分类：锌合金按成分可分为四类，即Zn-Al系、Zn-Cu系、Zn-Pb系和 Zn-Pb-Al 系合金。第一类一般都含有少量 Cu、Mg 以提高强度和改善耐蚀性。第二类是抗蠕变合金，一般还含 Ti，即实际使用时多以 Zn-Cu-Ti 三元为基的合金，有时为进一步改善其抗蠕变性能也加有少量 Cr。第三类是 Zn-Pb 系合金多作为冲制电池壳用，并可制成各种小五金及体育运动器材等。第四类是镀锌用 Zn-Pb-Al 合金。

（2）按加工方式分类：锌合金按加工方法简单地分为三类。一是铸造合金；二是变形合金；三是热镀锌合金。铸造合金中又可按铸造方法不同而分为压力铸造合金、重力铸造合金等。Zn-Al 合金和 Zn-Cu-Ti 合金既可直接铸造，又可进行变形加工，其中超塑性 Zn-Al 合金曾引起人们极大的兴趣。

（3）按性能和用途分类：

1）抗蠕变锌合金：即为 Zn-Cu-Ti 合金，它可通过变形生产所需要的零件，也可以直接压铸制品。

2）超塑性锌合金：Zn-Al 二元合金在一定的组织条件和变形条件下，能呈现出极高的延伸率。对于加工一些形状复杂的零件，有独到之处。从 20 世纪 70 年代，美、英、日等国开始大力研究锌合金的超塑现象。目前，在工业上已获得一定的应用。

3）阻尼锌合金：这是一种很有发展前途的新型结构材料。国内又叫减震锌合金，它可以降低工业噪声和减轻机械振动。

4）模具锌合金：锌合金模具在第二次世界大战初期就开始使用，当时称“简易模具”。这项技术在日本、西欧一些国家已成功地使用于汽车制造工业，日本标准定名为“冲压用锌合金”，即 ZAS。

5）耐磨锌合金：锌合金轴承具有摩擦系数低，对油有较高的亲和力，机械性能优异等特点。早在 1940 年前后，德国就因缺铜，而用锌合金代替青铜作轴承材料。

6）防腐锌合金：包括牺牲阳极以及作为喷镀、热浸镀等用的锌合金。

7）结构锌合金：Zn-Cu-Ti、Zn-Al 合金都可用来制造结构零件，其中早期的 Zn-Al 压铸合金在这方面用量较大，而近期发展起来的高强度 Zn-Al 合金的应用范围正在扩大。

10.2.1.2　热镀锌合金

由于锌具有牺牲阳极保护钢基的作用，可以大大延长钢铁工件的使用寿命。因此，很早人们就把镀锌作为钢铁常见的长效防腐的措施，热镀锌成为锌的最重要用途。

国外已制造出多种系列及品牌的热镀锌合金，其性能均优于传统的热镀锌（Galvanized）。早期使用的 Galvalum 合金（Zn-55% Al 及 Zn-55% Al-1.5% Si）具有优良的抗蚀性能。近期发展的 Galfan 合金（Zn-5% Al-0.1% 稀土）熔点低，流动性好，能更好地保护钢的裸露边角，使用于恶劣的海水中比传统镀锌钢抗腐蚀性提高 30% ~50%，稀土的加入可防止产生微小的腐蚀点，还具有延展性、可塑性、点焊性及深冲性能与着色性能改善等优点。

中国某厂生产的锌-铝-铅合金，用于钢板热浸镀，系以锌为基础，加入适量的铝和铅在功率为 540kW 的 20t 感应电炉内熔制而成。所用原料的化学成分如下（%）：

电解锌：Zn >99.99，Pb0.005，Cu <0.001，Cd <0.002，Fe <0.003；

铝：Al >99.99；

电解铅：Pb >99.99，Cu <0.0004，Bi <0.003。

其生产工艺为：电解出锌→电炉熔化→扒渣→按计量加入铝和铅→合金化→扒渣→铸

锭。

该合金具有成分稳定、熔点低、流动性好、对钢板附着力强等特点，并作钢管及其他钢件的热浸镀材料。

热镀锌合金化学成分列于表2-10-9中。

表2-10-9 热镀锌合金的化学成分 （%）

名 称	Zn	Al	Pb	Si	Ce	La	Fe	Ca	Sn	Cu
Zn-Al-Pb三元合金（中国）	>99.3~45	0.31~0.3655	0.20~0.25	—	—	—	0.006	0.03	0.03	0.03
Galvalum合金（美国）	>35	55		1.5						
Galfan合金（日本）	>94	5.0	<0.003	—	0.065	0.035	—	<0.001	<0.001	—

目前，中国有大型钢板连续镀锌生产线13条，年耗锌约达9.5万t；带宽在500mm以下的钢带连续镀锌生产线12条，耗锌约1万t；钢管镀锌厂家约80余家，年耗锌达5.5万t左右；金属制品镀锌厂约300余家，年耗锌约5万t；锌型钢结构件镀锌厂约350余家左右，年耗锌约11万t。综上所述，目前我国镀锌行业生产镀锌产品约380万t，年耗锌量达32万t左右。

随着人们生活水平的不断提高，中国对镀锌钢材的需求日益增加，尤其是对镀锌钢板的需求增加更快。据预测，2005年镀锌钢板生产量为240万t，年耗锌达16.8万t。2005年中国镀锌板消费领域及需求量预测如表2-10-10所示。

表2-10-10 2005年中国镀锌板需求量

序 号	消费领域	2005年需求量/万t	序 号	消费领域	2005年需求量/万t
1	建筑业	56	5	汽车工业	41
2	轻工业	20	6	其他行业	40
3	农牧渔业	24	7	合 计	270
4	家用电器	89			

10.2.1.3 锌铝合金

锌铝合金是以Zn、Al两种元素为主，Cu、Mg为辅的多元化合金。锌铝合金因其具有良好的力学性能和耐磨性好、熔化温度低、铸造和机械加工性能优良、成本低等一系列优点而受到关注。20世纪30年代以来，在铸造业中一直作为压铸材料应用，60年代研究出了适于重力铸造的ZA12合金，在工业上部分代替青铜、黄铜和铸铁制作耐磨零件和模具。ZA27还具有良好的超塑性。

锌铝合金的性能具有以下特点：

（1）锌铝系列合金具有较高的强度和硬度，其中ZA27合金的强度几乎超过所有的铸造有色合金、铸铁，同时仍保持了良好的塑性和韧性；锌铝系列合金与常用锡青铜的机械性能对比见表2-10-11。

表 2-10-11 锌铝系列合金和锡青铜的机械性能对比

性 能	ZA27	ZA12	ZA8	ZCuSn6Zn6Pb3
抗拉强度/MPa	390～426	310～404	221～275	175～200
屈服强度/MPa	365～390	260～320	207	105～110
布氏硬度/N	（1050～1200）$\times 10^6$	（900～1000）$\times 10^6$	（850～1000）$\times 10^6$	（650～720）$\times 10^6$
延伸率/%	8～11	1～5	1～3	8～10
切变强度/MPa	325	296	275	215
压缩屈服强度/MPa	385	269	252	137.9
冲击韧性/J	13	29	42	19
疲劳强度/MPa	145	105	—	110
密度/$g \cdot cm^{-3}$	5.0	6.01	6.03	8.82

（2）锌铝系列合金具有良好的摩擦性能，其摩擦系数低于或相当于锡青铜，但磨损率、摩擦表面的温升等均明显低于锡青铜，使用寿命比锡青铜长 3～5 倍。因此，特别适用于重载、中低速的工作条件（速度不大于 7.8m/s）。摩擦磨损性能比较见表2-10-12。

表 2-10-12 机油润滑条件下的摩擦磨损性能

性能（1500N）	ZA27	ZA12	ZCuSn6Zn6Pb3
摩擦系数	0.0060～0.65	0.0044～0.77	0.104
磨损率（20h）/mg	0.2	2.56	4.4

（3）锌铝系列合金具有良好的铸造工艺性能，其流动性优于青铜，不易出现分散缩孔，对各种铸造工艺均有较强的适应性。

由于锌铝系列合金的熔化温度低，因此吸气倾向小而无需覆盖，也不必精炼；使得熔化工艺简单，且不污染环境，降低了熔化耗能。锌铝系列合金在熔化时合金元素的烧损率较低，因此，合金的重熔性能好，重熔五次仍不会改变合金的性能。但锌铝系列合金存在严重的比重偏析，特别是 ZA27 合金在铸造大型铸件时，容易出现“底缩”现象。一般可利用冷铁顺序浇铸，加设保温冒口或分型面等措施来解决。

（4）锌铝系列合金具有良好的成型性能，表面容易进行电镀、阳极处理等装饰加工。

（5）锌铝系列合金的气密性优于锡青铜，适于在各种要求密封的场合工作。此外锌铝合金无磁性，受冲击不产生火花，适于在有防爆的场合工作。

锌铝系列合金作为耐磨材料是其应用最多的一个方面，可制造在低速、重载条件下工作的各种耐磨零件，使用寿命和价格均比常用的锡青铜为优。例如，美国 IDAHO 的一家采矿公司用 ZA12 锌铝合金解决了矿井通风机轴承的裂纹问题，原来使用青铜材料的轴承工作不到 3360h 就出现裂纹，改用 ZA12 锌铝合金在使用 4000h 后进行拆检，轴承几乎没有磨损，工作 6500h 后仍可正常使用，成本比原来降低了 30%。美国 Kidd Creek 矿业公司分别在 55m^3 电铲和 Wagnzer ST8 装载机上进行了锌铝合金与青铜轴瓦的对比实验，在相同的工况下运行了 4093h。实验结果表明，青铜轴瓦比锌铝合金轴瓦的磨损量多 35%，对配对轴的磨损量多 38%。

在运输业使用锌铝合金可制造悬架和车轴、轴承、传动件等工作温度不超过120～150℃而又要求耐磨的零件。美国主要的电力车辆制造厂——斯罗德格拉斯及罗斯福公司已开发了使用锌铝合金制造制动器传动装置和转动轴台的技术；著名的Austin Rover也选用了锌铝合金制造Maestro轿车发动机托架。

含铝22%共析锌合金，在200℃时显示出明显的超塑性，该合金如果以薄板形式在廉价模具中可以用真空吹膜法得到100%的延伸率。在锌基合金中超塑性材料不仅局限于共析合金，含铝从0.1%～50%的合金中都获得了超塑性。当合金中添加微量铜、镁、锰等元素，可改善该合金的机械性能。与塑料相比具有刚性及无毒的特点。用作各种压铸件可加工成板、带、管、棒等型材。也用作超塑性锌合金模具。

中国是一个锌、铝资源丰富而贫铜的国家，铜的自给率一直徘徊在50%～60%左右。随着中国经济的发展，铜的需求量日益增加。因此，立足国内资源，大力发展锌铝系列合金的研究与应用，替代紧缺的铜合金，具有重大的技术经济意义。

从经济效益方面分析，锌铝系列合金除具有工艺简单，熔化能耗低，成品率高，加工方便，使用寿命长等优点外，锌铝系列合金与锡青铜的价格比可达1∶6左右，可见其经济效益是显著的。

因此，锌铝系列合金在未来将有一个很大的发展，对锌铝系列合金的成分、组织、性能的研究将更加深入；锌铝系列合金的应用，将主要集中在定期更换的耐磨件、易损件或其他一些服役期限较短的零件上，并广泛应用于制造小批量的塑料模具和大型成型模具。

10.2.1.4 压铸锌合金

压铸锌合金系用锌合金进行铸造和轧制。该类合金熔点低，能够铸成精细复杂的各种构件，具有高的机构强度、耐腐蚀性、延展性及优良的可锻性和灵活的通用性，广泛用于制造高质量元件和产品。

压铸合金可分为铸造、加工两大合金系列。

铸造类包括压铸锌-铝合金、重力铸造锌-铝合金及压铸锌-铜-钛抗蠕变合金等，用于压铸件及各种自由铸造件如轴承、耐磨零件、模具和减震零件等。

加工类包括超塑性锌-铝合金、变形性锌-铜-钛合金等，可生产半成品如带、管、棒、线、型材和超塑成型零件，用于建筑、机械、仪表、汽车和电子工业等部门。

压铸锌合金要求高的耐腐蚀性及优良的物理及机械加工性能，因此对杂质要求甚严，如Pb<0.003%、Cd<0.002%、Sn<0.001%，在制合金时必须使用Zn>99.99%的最纯锌。合金成分也要求高的纯度。

压铸锌合金是指含4%Al、0.1%～0.3%Cu、0.03%～0.1%Mg的锌基合金系列。该类合金在共晶点附近流动性最好，但在高温高压条件下蠕变速度太大。为了进一步提高锌基合金的物理，铸造机械加工性能，改变合金元素及其组成而形成新的压铸锌合金系列。

中国压铸工业已经发展成为一个新兴的产业，锌合金压铸件作为其中一个重要部分，得到了快速发展。据中国铸造协会的不完全统计，1991～1998年间，我国锌合金压铸件的年产量以9.93%的速度递增，1998年为84153t，同期该行业耗锌量年平均递增11.3%。

中国锌合金压铸件的生产集中在广东、福建和华东地区。澳大利亚太平洋金属矿业有限公司所生产的“澳洲3号”铸造锌合金，由于产品质量稳定，自20世纪80年代进入中国市场以来，一直深受中国用户的好评。中国铸造合金锭的标准如表2-10-13所示。

表 2-10-13　中国铸造锌合金锭化学成分表（GB8738—1988）

序号	牌　号	化学成分/%											主要用途
		主要成分					杂质（不大于）						
		Al	Cu	Mg	Pb	Zn	Fe	Pb	Cd	Sn	Si	Cu	
1	ZnAlD4A	3.9 ~ 4.3	—	0.03 ~ 0.06	—	余量	0.03	0.003	0.003	0.001	—	0.03	用于压铸较大铸件及仪表汽车零件外壳
2	ZnAlD4	3.9 ~ 4.3	—	0.03 ~ 0.06	—	余量	0.1	0.005	0.003	0.002	—	0.03	
3	ZnAlD4-0.1	3.5 ~ 4.3	0.10 ~ 0.15	0.05 ~ 0.1	—	余量	0.1	0.005	0.003	0.003	—	—	
4	ZnAlD4-0.5	3.5 ~ 4.3	0.5 ~ 0.9	0.08 ~ 0.15	—	余量	0.1	0.015	0.01	0.005	—	—	广泛用于压铸零件
5	ZnAlD4-1A	3.9 ~ 4.3	0.50 ~ 1.25	0.03 ~ 0.06	—	余量	0.03	0.003	0.003	0.001	—	—	广泛用于压铸零件,用于复杂形状铸件
6	ZnAlD4-1	3.9 ~ 4.3	0.50 ~ 1.25	0.03 ~ 0.06	—	余量	0.1	0.005	0.003	0.002	—	—	
7	ZnAlD4-3A	3.9 ~ 4.3	2.50 ~ 3.50	0.03 ~ 0.06	—	余量	0.05	0.003	0.003	0.001	—	—	用于压铸各种零件
8	ZnAlD4-3	3.9 ~ 4.3	2.50 ~ 3.50	0.03 ~ 0.06	—	余量	0.1	0.005	0.003	0.002	—	—	
9	ZnAlD5-1	4.5 ~ 6.0	0.8 ~ 1.8	0.02 ~ 0.05	—	余量	0.1	0.03	0.005	0.005	—	—	用于硬模铸造及压铸零件
10	ZnAlD-5-1	4.5 ~ 5.5	4.5 ~ 5.5	—	0.05 ~ 1.5	余量	0.1	—	0.005	0.002	—	—	用于铸造矿山圆锥破碎机护板
11	ZnAlD6-4	6.5 ~ 7.5	3.5 ~ 4.5	0.03 ~ 0.06	—	余量	0.2	0.007	0.005	0.005	—	—	用于军械零件,仪表零件,印刷钢字
12	ZnAlD9-1.5	9.0 ~ 11.0	1.0 ~ 2.0	0.03 ~ 0.06	—	余量	0.1	0.02	0.015	0.01	0.03	—	用于复杂形状铸件及制造轴承
13	ZnAlD10-1	9.0 ~ 11.0	0.6 ~ 1.0	0.02 ~ 0.05	—	余量	0.1	0.03	0.02	0.01	—	—	用于制造轴承

续表 2-10-13

序号	牌号	化学成分/%											主要用途
		主要成分					杂质(不大于)						
		Al	Cu	Mg	Pb	Zn	Fe	Pb	Cd	Sn	Si	Cu	
14	ZnAlD10-2	9.0～12.0	1.5～2.5	0.03～0.06	—	余量	0.2	0.03	0.02	0.01	—	—	用于制造机床、水泵等轴承
15	ZnAlD10-5	9.0～12.0	4.5～5.5	0.03～0.06	—	余量	0.1	0.02	0.015	0.01	0.03	—	用于制造轴承
16	ZnAlD11-1	10.5～11.5	0.50～1.25	0.015～0.03	—	余量	0.075	0.004	0.003	0.002	—	—	用于硬模铸件

重力铸造锌合金为高强度、高韧性耐磨合金，具有优良的加工性能和铸造性能，用于代替铜及铜合金（青铜）作轴承材料，成本仅为青铜的1/2～2/3，用作轴承、轴瓦、蜗轮等。国际上流行的有ILZKO和ZA两个系列。该合金存在老化问题。

10.2.1.5 黄铜

黄铜是铜-锌合金，含锌20%～40%，有时添加其他金属。黄铜包括铜锌系合金、铜锌铅系合金、铜锌锡系合金，共121个牌号。

铜锌系合金计18个牌号，其含铜量一般为59%～96%，其余为锌，主要用途为：弹壳、弹匣、雷管、散热器件、管道、热交换器管板、硬币、奖章、景泰蓝底板、锁链、小五金、灯头、电池箱、笔套、乐器、钟表材料及仪表元件等。

铜锌铅系合金（铅黄铜），计37个牌号，含铅1%～3%，有较好的切削性能，主要用作机构零件（如齿轮）、建筑小五金、铰链、卫生管件，冷却器管板、弹药底火、手表后盖、钟表夹板、仪表盘及锁头等。

铜锌锡系合金（锡黄铜）计31牌号，含锡约为0.5%～2%，具有较好的耐腐蚀性及强度，主要用作电器接插件、光电部件、板簧、开关、压力计、止推垫、轴瓦、海洋用小五金零件及热交换器管板等。

其他铜锌系合金计31个牌号，包括锰黄铜、锰青铜、铝黄铜、硅黄铜等，主要用作高强度和耐蚀、耐磨零件。

黄铜生产工艺较为成熟，一般铜加工厂皆能生产。

10.2.1.6 高阻尼性锌合金

虽然共析点的锌-铝二元合金具有较高的阻尼性（减振），但强度较低。当锌合金中添加硅、铜和锰，可提高强度，又不降低其固有的高阻尼性。其中，硅降低合金熔点，提高合金强度，铜提高合金抗腐蚀性能，锰提高合金的抗剪切强度。

10.2.1.7 变形锌合金（抗蠕变锌-铜-钛合金）

当添加少量钛时，可改善合金的抗蠕变性能。锌-铜-钛合金是高强度、抗蠕变的优良合金，耐腐蚀、防老化性能好，主要用于建筑业。它们是Zn-Ti-Cu系的ILZRO14和Zn-Ti-Cu-Cr的系的ILZRO16压铸合金，可直接进行压铸生产，适于冷室压铸作业；又可作加工材料，直接制板、带、管、棒、型材及箔材。

10.2.1.8 模用锌合金

该合金材料是以锌为基体的锌、铜、铝三元合金（加微量镁），熔点380℃，浇铸温度420～450℃，具有熔点低，耐磨性、润滑性、铸造性好，易研磨和机械加工，可以重复使用等特点。采用中温铸造工艺可制成各种合金模具，如拉延模、成形模、弯曲模、冲裁模以及注塑模、橡胶模、陶瓷模等，属于简单、快速、经济模具，其成本为钢模具的1/7～1/10。模用锌合金广泛用于汽车、航空、轻工、电子、机械、仪表、日用五金及家用电器等行业。

模具锌合金成分见表2-10-14。

表2-10-14 模用锌合金成分 (%)

名称	合金成分			不纯物				
	Cu	Al	Mg	Zn	Pb	Cd	Fe	Sn
锌基合金标准成分	2. 85～3. 35	3. 90～4. 20	0. 03～0. 08	其余	<0. 003	<0. 001	<0. 02	微量
中国合金	2. 96	3. 96	0. 034	其余	<0. 005	<0. 002	<0. 01	微量
ZAS（日本）	3. 02	4. 10	4. 049	其余	<0. 0015	<0. 0007	<0. 009	微量
Kiskasite（美国）	3. 09	3. 95	0. 049	其余	<0. 0018	<0. 0011	<0. 02	<0. 003

10. 2. 2 锌材深加工

锌材深度加工主要指在冶炼厂将初级产品锌或锌基合金铸造并轧制成板、带、箔材，以及进一步冲制为电池用锌饼等，供用户直接制成成品。锌材的主要用途是干电池外壳、增板印刷板、微晶锌板、门窗挡风雨条及日用五金制品等。

锌铸造普遍采用连铸连轧法生产锌坯带和线坯，如美国新泽西锌公司采用哈兹列特连续铸造机连铸12. 7mm×762mm截面的锌合金带坯供连轧，铸造速度为13. 125t/h；德国莱荔枝锌厂采用哈兹列特机铸造16mm×1200mm带坯供五机架连轧。国外还采用水平连轧生产厚6～20mm带坯，供连轧生产电池用锌带坯料。变形锌合金轧制用扁锭厚25～100mm，轧制带材最宽可达2m，厚度可达0. 1mm或更薄。箔材厚度为0. 025毫米或更薄。日本自20世纪60年代就开始生产电池锌饼，目前已全部用锌饼源冲成锌筒。其生产由两部分组成：（1）连铸机生产3. 7～7. 7mm厚锌带；（2）冲压生产线将锌带卷冲成锌饼。

电池锌板和锌饼的化学成分如表2-10-15所示。

表2-10-15 电池锌板及锌饼化学成分

用途	标准	Zn	Fe	Cd	Pb	Cu	Sn	总和
电池锌板	GB1978—1988	余量	0. 011	0. 20～0. 35	0. 30～0. 50	0. 002	0. 002	0. 02
		余量	0. 008～0. 015	0. 03～0. 06	0. 35～0. 80	0. 002	0. 003	0. 025
锌饼	GB3610—T3	余量	0. 015	0. 03～0. 06	0. 35～0. 80	0. 002	—	0. 01

10. 2. 3 锌粉

金属锌粉有雾化锌粉（>10μm）和蒸馏粉（<10μm）、超细粒度锌粉（－325目）、标准粒度锌粉（80～120目）、高级锌粉（Zn>99%）和合金锌粉（Zn85%～95%）之分，主要用于以下各领域：

（1）化工生产。用于保险粉（次硫酸钠）、立德粉（锌钡白）、雕白块（次硫酸氢钠甲醛）、染料中间体等生产中，作为还原剂，用量较大，粒度较涂料锌粉稍粗，国外某企业生产的一般化工用途锌粉平均粒径为6～9μm。

（2）锌防腐涂料生产。钢铁构件的防腐是金属锌的最主要用途，涂覆的方式有热镀、电镀、热喷涂、富锌涂料、粉末镀等，其中热镀是最主要的方法。富锌涂料主要用于不适宜热镀和电镀的大型钢构件，如大型户外钢结构（海洋工程、桥梁、管道等）、船舶、集装箱等的涂覆。根据成膜基料的不同，富锌防腐涂料可分为有机富锌涂料和无机富锌涂料。有机富锌涂料常用环氧酯、环氧树脂、氯化橡胶、乙烯系树脂和聚氨酯树脂为成膜基料，锌粉在干膜中的含量高达85%～92%。无机富锌底漆以水玻璃、正硅酸乙酯或水泥浆等为基料，在干膜中锌粉含量达92%。随着建设规模的扩大及人们对防腐问题的日益重视，富锌涂料正日益得到广泛的应用。日、美等国生产防腐涂料年耗锌粉均达数万吨以上，国内仅与大秦铁路配套的秦皇岛煤码头一项工程，耗富锌防腐涂料达800t以上。与化工用途比较，涂料锌粉要求粒度更细，根据生产厂家和涂料配方、用途的不同，一般要求平均粒径为2～3μm和5～7μm两种规格，同时要求粉体呈窄粒级分布，分散性好。

细粒级锌粉除用于富锌涂料外，还用于热喷涂、粉末镀等方面，涂覆于钢铁表面，起防腐作用。

（3）湿法冶金。用于溶液净化及金属置换回收等，此项消耗很大。如湿法炼锌，用于溶液净化的锌粉消耗一般为50～70 kg/t，一般大、中型湿法炼锌工厂都采用气雾化法自产锌粉；冷凝法生产的锌粉，经分级后粒度较粗的部分，可供给少数无自产锌粉的小型湿法炼锌厂。

（4）医药和农药：锌粉作为还原剂用于生产水杨酸、氨基比林等，作为原料用于生产代森锌、磷化锌等。

（5）电池：特制电池锌粉用于碱性锌锰电池。

（6）片状锌粉应用前景广泛，可用在富锌粉料，湿法炼锌等领域。

生产锌粉的原料有纯锌、硬锌、锌焙砂、锌烟尘、锌氧化矿、熔铸锌浮渣、热镀锌渣等。金属锌粉的生产方法见表2-10-16。

表2-10-16　金属锌粉的生产方法简介

生产方法	技术简介及特点	产品应用领域
气雾化法	属雾化制粉法。采用高压空气将熔体击碎，使其形成粉末，生产能力大，成本低，但一般只能生产325目以上粉末。粉末为类球状。本法生产过程简单，技术成熟。近年来开发并形成热点的电池锌粉也采用此法生产，但对合金成分、产品及粒度有特殊要求	湿法冶金中溶液净化和金属提取；化工和医药生产中作还原剂。特制的电池锌粉用于碱性锌锰电池制造
冷凝法	冷凝法分为蒸发-冷凝和还原挥发-冷凝两种，前者采用金属锌为原料，后者采用锌焙砂或其他含锌氧化物料为原料。可生产细粉末，粉末形貌为球状。生产过程较气雾化法稍微复杂，技术成熟，是金属锌粉的主要生产方法	富锌涂料生产；湿法冶金中溶液净化和金属提取；化工和医药生产中作还原剂
电解法	在Na_2ZnO_2-NaOH-H_2O体系中电解，电流密度为1000A/m^2。粉末为树枝状或其他不规则形状。国外曾进行试验，但未见正式生产报道	预计可用作置换剂、还原剂和涂料生产

10.2.3.1　无汞锌粉

碱性锌锰电池使用电解二氧化锰（EMD）-石墨的混合物为阴极，碳棒为集流体，氢氧化钾溶液为电解质以及一个多孔隔膜及氧化锌包裹的锌阳极。与锌锰干电池相比，碱性锌锰电池具有工作电压平稳、大电流连续放电性能优良、贮存时间长（可达3～5年）、内阻低、效率高、低温性能和防漏性能好等特点，是民用电池中最有发展前途的产品之一，自20世纪90年代以来得到了迅猛的发展。

据统计，碱锰电池在美国已占整个原电池产量的85%～88%，西欧占65%～70%，日本占55%。我国是电池生产和出口大国，年产量达200多亿只，居世界第一，但90%以上为中低档的中性锌锰电池，计划到“十五”末期碱性锌锰电池产量达到近30亿只/a，需无汞锌粉10500～12000t。

传统碱锰电池普遍存在锌粉与碱液发生反应在贮存期自放电析氢的现象，使电池在贮存和使用过程中容量降低，密闭电池变形、爬碱甚至爆炸。为了减缓锌的溶蚀，抑制电池的自放电，长期以来使用汞作缓蚀剂。汞虽然缓蚀效果好，汞是极易挥发的剧毒物质，对人体和环境会造成极大的危害。随着人们环保意识的增强，世界各国逐步禁止在锌锰电池中加汞。早在1992年，美国杜拉塞尔，英国罗尔斯顿，日本富士、松下等公司的碱锰电池就已实现无汞化，发达国家已相继立法禁止生产含汞电池。

为实施可持续发展战略，保持电池生产和电池贸易的不断增长，使中国电池工业走向国际市场，满足国内外环保要求，就必须尽快发展无汞电池。1997年中国轻工总会等九部委联合发出通知，规定从2001年1月1日起，禁止生产含汞高于0.025%的电池，自2005年1月1日起禁止生产含汞高于0.0001%的电池。要实现电池的无汞化，必须解决电池原辅材料的无汞化问题，尽快开发高性能无汞锌粉的制备技术，为无汞电池工业解决关键原材料的供应问题，这对于提高电池生产企业的经济效益，增强市场竞争力及推动电池无汞化技术的发展具有重要意义。

实现碱锰电池无汞化包括开发无汞锌粉、提高原材料纯度、改进黏结剂和隔膜、改进导电材料以及优化工艺等方法。开发耐腐蚀、低析气的无汞锌粉的有效措施是在锌粉制备过程中加入析氢过电位高的元素，如铅、镉、钙、铟、镓、铋、铝、铊等元素。

锌粉作为碱性锌锰电池的负极材料，对电池的放电性能、贮存性能等有着决定性的影响，因而制备出合格的无汞锌粉是实现碱锰电池无汞化的关键。中国现有的几家无汞碱性电池厂所需无汞锌粉原材料均需从国外进口，国外对无汞锌粉的生产技术严格保密。就中国目前锌粉的生产现状来看，国内生产的无汞锌粉的质量多数仍达不到国外同类产品水平，现有的几家无汞碱性电池厂所需无汞锌粉均需从国外进口，因而，要实现碱锰电池的无汞化，必须加快无汞锌粉制备技术的研究。

目前，中国无汞电池锌粉基本以进口为主，国外进入中国市场的无汞锌粉已有多家，主要有比利时五矿（UM），德国格里洛，加拿大罗连达，日本三井金属公司、东方锌等公司，其中以日本三井金属公司质量最佳，价格最高，其无汞锌粉售价达4万元/t。

比利时五矿在上海的工厂和上海百洛达金属有限公司生产的无汞锌粉主要型号有004/68、004/123、004/050690、004R/414、L004R。合金成分见表2-10-17，颗粒度分布百分数见表2-10-18。

表 2-10-17 几种无汞锌粉的合金成分 （$\times10^{-6}$）

杂质成分	004/68	004/123	004/050690	004R/414	L004R
Pb	≤30	<30	400~600	25~45	400~600
Bi	400~600	100~200	400~600	90~130	—
In	400~600	400~600	400~600	170~230	—
Al	40~90	20~45	—	70~130	—
Fe	<3	1.5~3.5	<3	<3	<3
Cd	<10	<10	<10	<10	—
Cu	<5	<10	<2	<5	—
Hg	<5	<5	<5	<5	—
Mo、Sb、As	<1	<1	<1	<1	—

表 2-10-18 几种无汞锌粉的颗粒度分布百分数

颗粒度/μm	004/68	004/123	004/050690	004R/414	L004R
>425	0	0	0	<1	<0.5
425~250	21~35	21~35	21~35	10~30	10~25
250~150	31~45	31~45	31~45	25~45	30~50
150~105	19~31	19~31	19~31	10~30	25~40
105~75	4~10	4~10	4~10	5~25	<15
<75	≤3	≤3	≤3	<8	<4

国内无汞锌粉市场统计见表 2-10-19。

表 2-10-19 国内无汞锌粉市场统计

分 类	1998 年	1999 年	2000 年	2001 年	2002 年	2003 年	2004 年	2005 年
碱性锌锰电池产量/亿只	10	12	15	17	19	22	>22	>22
锌粉总消耗/t	4000	4800	6000	6800	7600	9000	>9000	>9000
无汞锌粉消耗/t	400	960	3000	6000	6000	7200	>8100	>9000
无汞化比率/%	10	20	50	60	70	80	90	100

常规的蒸馏法锌粉已不再适用于无汞化碱锰电池的制作，目前碱锰电池用无汞锌粉制备的方法大致有三种：

（1）将高纯锌与其他金属（Pb、Cd、Ca、Tl、Bi、In、Al、Ga 等）熔融混合均匀，以一定压强的惰性气体将合金喷射雾化成一定粒度分布，即喷雾法。该工艺锌粉成分及其他指标易于控制，且产能大，是生产无汞锌粉较成熟的方法。铅、镉、钙、铟、镓、铋、铝、铊等元素可以提高析氢的过电位，延缓锌的腐蚀。其中尤其以加入一定数量的铟和镓效果最好，既可防止锌腐蚀又能提高电池的放电性能。此外还可加入铅、铝等元素以高锌的防腐能力。但从环保的长远角度考虑，铅、镉、铊等有毒金属仍会造成二次污染。因此，绿色电池用无汞锌粉中不应添加这类元素。同时，无汞锌粉必须严格控制杂质铁的含量。

（2）在水溶液或非水溶液中使微量金属覆盖在锌粉表面，即化学置换法。此法与汞齐化原理十分相似。

（3）锌的电解共沉积法，目前主要是在氯化物溶液中进行，但添加金属的沉积电位与锌相差很大，还有待进一步研究选用合适的络合物使之在同一电位下发生均匀沉积。在碱性溶液中以高电流密度进行锌合金共沉积也进行了探索。电解法产出的合金锌粉成分的均匀性难以控制，其结构形貌也不利于电池性能的改善。

此外，无汞锌粉的制备方法还有真空蒸发-冷凝法、化学置换法、电解共沉积法等。

比利时联合五矿公司已在上海建立无汞锌粉生产工厂并于 1999 年五月投产。水口山矿务局于 2000 年 6 月投资 4300 万元兴建的 5000t 无汞锌粉工程，成为中国碱性锌锰电池锌粉生产基地，对推动中国电池工业向绿色环保型发展起到积极的作用。

10.2.3.2 纳米锌粉

纳米晶体是一种多晶体，每个晶粒的直径为毫微米数量级，晶粒本身是长程有序，而晶粒的分界面既非长程有序，又非短程有序，纳米晶体材料的这种结构特点使得它与传统材料具有极不相同的性能，在磁性材料、电子材料、光学材料以及高强、高密度材料、催化剂、传感器等方面具有广阔的应用前景，因而越来越受到人们的重视。

金属锌纳米粒子作为一种崭新的材料，在化工、光学、电学以及生物医学表现出了很多独特的性能。作为高效催化剂，锌及其合金纳米粉体由于效率高、选择性强，可用于二氧化碳和氢合成甲醇等反应过程中的催化剂。郭广生等以单模 100W CW CO_2激光器为光源，以金属锌或醋酸锌为原料，采用激光蒸凝法在氢气气氛下制备了粒径可控、分散性良好的金属锌纳米晶。

金属纳米粒子的制备方法有惰性气体蒸凝法、等离子体法、化学气相反应法、γ 射线辐照法、反相微乳液法、模板合成法等。

10.2.4 铜金粉

铜锌合金粉又称铜金粉，是一种以铜、锌为主要原料，经熔炼、喷粉、湿球磨、退火、精球磨、抛光等工序加工而成 800～1500 目极细微的鳞片状金属粉末。铜金粉具有层次丰富、色彩鲜艳，并由于其金黄色金属光泽，从而起到了烘托主题和引人注目的效果，在塑料、高级画报、高档包装、香烟外壳、证券印刷等方面得到广泛的应用。作为金属颜料之一，铜锌合金粉最大特点就是具有随角异色现象，该现象与金粉表面的平整性有关，材料表面越平整，亮度越高。

目前，铜锌合金粉主要是以球磨法生产为主，球磨过程中把铜锌合金粉颗粒锻打成一个个金属薄片，但因为磨球本身加工过程中的缺陷，还有粉体间相互摩擦，粉体加工过程中表面难免出现凹凸不平现象，当光线照射到金粉上时漫反射增加，降低了金粉的亮度。目前生产上主要是以精磨和抛光两道物理工序对粉体表面处理，达到提高金粉光泽度的目的。

近年来，中国的印刷技术及设备有了长足的发展，以胶印、凹凸印为主体的印刷技术正逐渐成为整个印刷业的主流，传统工艺生产的铜粉质量已难以满足技术要求，每年需大量从国外进口。目前中国在凹印、服饰、建筑、涂料、机械和旅游产品等各行各业中，铜金粉的年需求量已突破 7000t，云南省仅用于烟草行业印刷香烟外壳的凹印金粉每年用量多达 160t。

德国爱卡公司铜金粉的生产工艺是首先将电解铜、锌、铝按一定的比例进行熔炼，熔化的铜合金经水雾化喷粉后，放入湿球磨机中粉碎，湿磨粉经退火、干燥送入精球磨机中精磨，精磨后的粉末经分级、捕集、抛光后即成产品。

凹印金粉的主要技术经济指标如表 2-10-20 所示。

表 2-10-20 凹印金粉的主要技术指标

<table>
<tr><th>颜色</th><th>青金</th><th colspan="2">颜色</th><th>青金</th></tr>
<tr><td>粉末形状</td><td>鳞片状</td><td rowspan="4">颜料在相关应用方面的评价</td><td>细度</td><td>细</td></tr>
<tr><td>平均粒径（D-50）/μm</td><td>10</td><td rowspan="2">覆盖率</td><td rowspan="2">好</td></tr>
<tr><td>粒度分布/%</td><td>9～11μm 占 90</td></tr>
<tr><td>水面遮盖率/$cm^2 \cdot g^{-1}$</td><td>8000～10000</td><td>亮度</td><td>优秀</td></tr>
</table>

10.2.5 锌的化工产品

锌的化工产品种类繁多，主要有氧化锌、活性氧化锌、纳米氧化锌、七水硫酸锌、一水硫酸锌、锌钡白（又称立德粉）、氯化锌、氧化锌晶须等。

10.2.5.1 氧化锌（ZnO）

氧化锌为白色粉末，由无定形或针状小颗粒组成，分子式为 ZnO，相对分子质量 81.38，密度 5.606g/cm^3。在高温时呈黄色，冷却后又恢复白色，熔点 1975℃。着色力是铅白的二倍，遮盖力是二氧化钛和硫化锌的一半。无毒、无味、无砂性。氧化锌是两性氧化物，易溶于酸、碱、氯化铵和氨水中，不溶于水和醇。湿法生产的活性氧化锌为白色或微带黄色球状细微粉末，粒度极细达 0.02μm，比表面积达 45m^2/g（易分散于橡胶或乳胶中），系抗热剂。氧化锌能消毒杀菌，具有导光性能及半导体性能，并能吸收紫外线，它还像叶绿素那样能将太阳光转变为化学能。

氧化锌用途极其广泛，主要用于橡胶、塑料、油漆、石化、玻璃、陶瓷、颜料、电池、水泥、医药及饲料等行业，还用于摄像及静电复印、宇宙飞船涂料、制造焰火及烟幕弹、硝铵炸药甚至香烟的过滤嘴等方面。

橡胶工业在国内外都是最大的氧化锌市场，它大量地用于轮胎生产中，其占有的市场份额在中国占 50% 左右，在美国约占市场总额的 60%，在西欧约为 40%，在日本约占 48%，而且有继续增长的趋势。

氧化锌的第二大市场在国内外有所不同。在中国为涂料工业，其市场份额为 25% 左右；在美国为化学品工业，市场份额约 21%；西欧为陶瓷及玻璃工业，占市场总额的 15%；日本则为锌铁氧体生产，市场份额约为 11%。

（1）橡胶工业：在橡胶硫化过程中，氧化锌能改进硫化橡胶的物理性能，增强促进剂的活性，缩短硫化时间，改进橡胶耐磨性和抗拉机械性能。其次用作橡胶的补强剂和着色剂，亦可用作氯丁橡胶的硫化剂及增加导热性能的配合剂。

（2）油漆涂料工业：主要应用其着色力、遮盖力以及防腐、发光等作用。常用来生产白色油漆和磁漆。氧化锌略带碱性，能与微量游离脂肪酸作用生成锌皂，使漆膜柔韧、坚固、阻止金属氧化等。

（3）在印染工业上，氧化锌用作防染剂；化学工业上，氧化锌用作催化剂。此外，还用作生产乳白玻璃、锌白品种的油彩和水彩颜料，以及化妆品和各种锌盐的原料。

中国在 1995 ~ 2000 年间氧化锌在各行业的消费情况列于表 2-10-21。

表 2-10-21　1995 ~ 2000 年中国氧化锌的消费情况　　（%）

年　份	橡胶工业	涂料工业	玻璃及陶瓷工业	催化剂、脱硫剂及电子工业
1995	50	25	5 ~ 7	13
1996	48	24	5 ~ 7	13
1997	51	24	5 ~ 7	13
1998	54	26	5 ~ 7	13
1999	55	26	5 ~ 7	13
2000	55	26	5 ~ 7	13

近年来精馏法生产氧化锌在火法炼锌厂发展迅速，已形成规模。精馏法氧化锌以其纯度高、能耗低、经济效益好等优势，突破了氧化锌生产的传统格局。

工业上生产氧化锌有直接法和间接法两种。直接法是从锌矿直接加工制成氧化锌，间接法是将锌矿先炼制成锌锭，再用锌锭为原料生产氧化锌。冶炼厂主要以锌矿砂为原料，采用直接法生产氧化锌，化工厂则用商品锌为原料采用间接法生产氧化锌。直接法生产的氧化锌，由于受还原反应及煤燃烧产物的污染，含杂质多，色泽白度差颗粒较粗，通常呈针状或棒状结晶。间接法生产的氧化锌，不像直接法那样被燃料燃烧产物所污染，因而其产品纯度高，重金属杂质含量低，产品洁白，颗粒细，分散性好，通常呈球状结晶。

直接法生产氧化锌的方法主要有维特里尔炉法、电热竖炉法和回转窑法。间接法生产氧化锌的方法主要有陶土坩埚炉法和精馏法。直接法和间接法生产氧化锌的工艺流程见图 2-10-5，氧化锌的产品质量要求见表 2-10-22。

表 2-10-22　氧化锌的产品质量要求

指标项目	直接法	间接法	
		坩埚法	精馏法
颜色（与标准样品比）	符　合	符　合	纯　白
氧化锌（ZnO）含量/%	99.54	99.85	9997
氧化铅（PbO）含量/%	0.057	0.0191[1]	<0.001[1]
氧化铜（CuO）含量/%	0.0038	无[2]	无[2]
氧化镉（CdO）含量/%	0.016	—	—
氧化锰（以 Mn 计）含量/%	<0.0001	无	无
金属锌含量/%	无	无	无
盐酸不溶物含量/%	0.011	0.0023	0.001
灼烧减量/%	0.20	0.108	0.05
水溶物量/%	0.25	0.017	0.01
筛余物量（320 目筛）/%	0.036	0.014	0.009

续表 2-10-22

指标项目	直接法	间接法	
		坩埚法	精馏法
颜色（与标准样品比）	符合	符合	纯白
水分含量/%	0.1	—	0.02
遮盖力/$g \cdot m^{-2}$	97.8	80	84
吸油量/%	11.8	10.41	11
消色力/%	95	116	100
结晶型状（镜析）	针棒状	球状	球化状

①以 Pb 计。

②以 Cu 计。

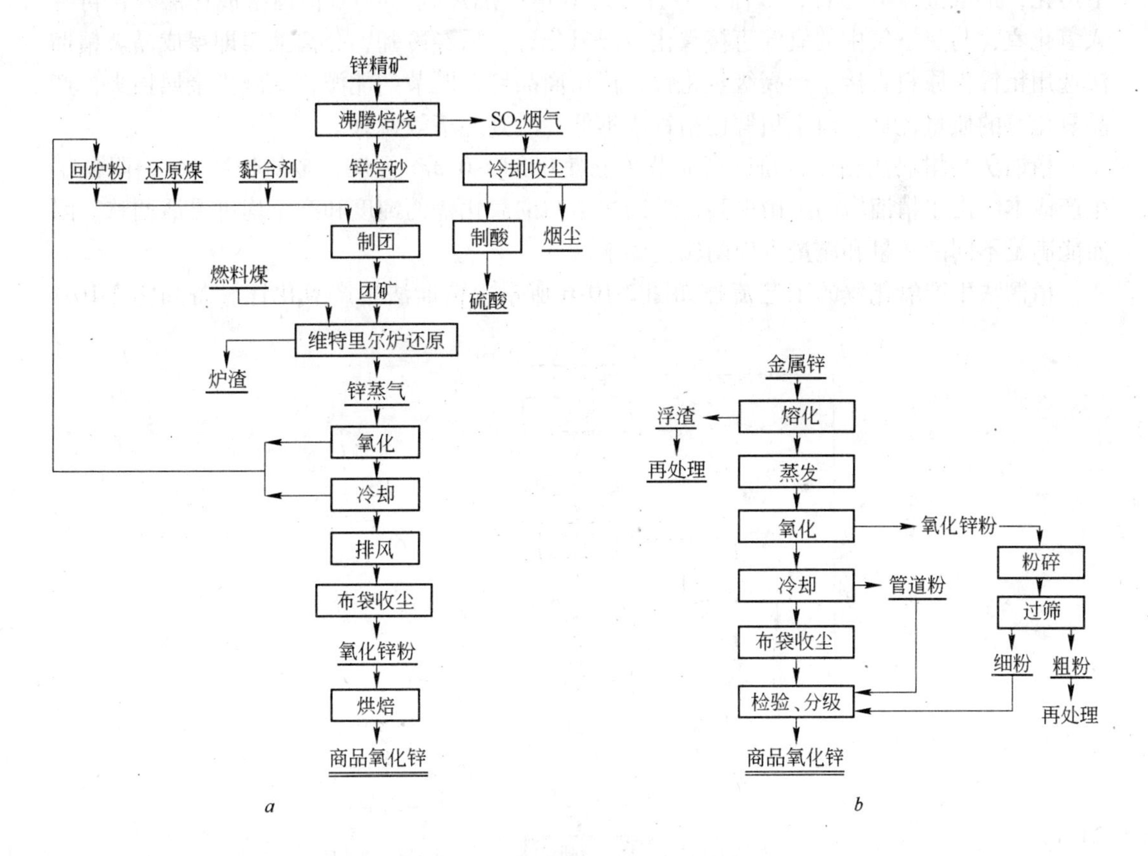

图 2-10-5 氧化锌生产工艺流程图

a—直接法；*b*—间接法

据中国无机盐信息总站全国锌盐协作组调查显示，中国已有氧化锌生产厂家近百家，从区域分布上看，主要集中在华东、中南和东北地区，这 3 个地区氧化锌生产能力约占全国的 80% 以上，我国主要的氧化锌生产企业均分布在这些地区，它们是柳州锌品集团、柳州有色冶炼股份有限公司、湖南水口山二厂、上海京华化工厂、辽宁葫芦岛锌厂等；从规模上看，生产能力在 10000t 以上的生产企业有 14 家，5000t 以上的企业有 33 家，约占生产企业总数的 1/3，年生产能力在 1000t 以上的生产企业有 75 家，占生产企业总数的 78%，该部分企业的生产能力之和约占总生产能力的 95%；从氧化锌生产工艺看，采用

"韦氏炉"技术直接法工艺生产的氧化锌约占总生产能力的30%，采用湿法工艺生产活性氧化锌的企业生产能力约为20%，另有50%左右的氧化锌是采用间接法生产的。

目前，中国氧化锌年产量在6万t以上（不包括冶炼厂副产的次氧化锌）。其中直接法占三分之一，间接法占三分之二。自1982年起精馏法生产氧化锌在我国火法炼锌厂相继建成投产以来，已形成规模，其产量已占间接法氧化锌总产量的三分之一。

用精馏高纯锌蒸气直接生产氧化锌的精馏法是间接法工艺的重大改进。根据原料有锌无镉的特点，设备由一个铅精馏塔或由一个镉塔与一个串联的铅塔组成。冶炼厂锌精馏系统增建一座B号锌精馏塔（铅塔式），既可生产氧化锌，也有化工厂用粗锌（含Zn98%以上）用镉塔和铅塔组合生产氧化锌。金属锌（B号锌）在熔化炉中加热到600～700℃下熔化，形成液体B号锌，液体B号锌导入B塔中加热到1300℃精馏生成锌蒸气，再导入氧化室，与热空气中的氧气直接氧化生成氧化锌，后经冷却，分离捕集即得成品。精馏法选用粗锌作原料直接生产高级氧化锌，比用商品锌，既节约能源，又减少金属损失，产品氧化锌的质量优良。由于粗锌比精锌成本低，故其经济效益好。

精馏法与坩埚法相比，每吨产品节约能耗0.33～0.38t标煤，多回收锌1%，降低了生产成本。由于精馏塔的灵敏度高，精馏法生产的氧化锌的纯度和产量均可灵活调整，因而能满足不同的产量和质量方面的应变要求。

精馏法生产氧化锌的工艺流程如图2-10-6所示。精馏法生产氧化锌设备如图2-10-7

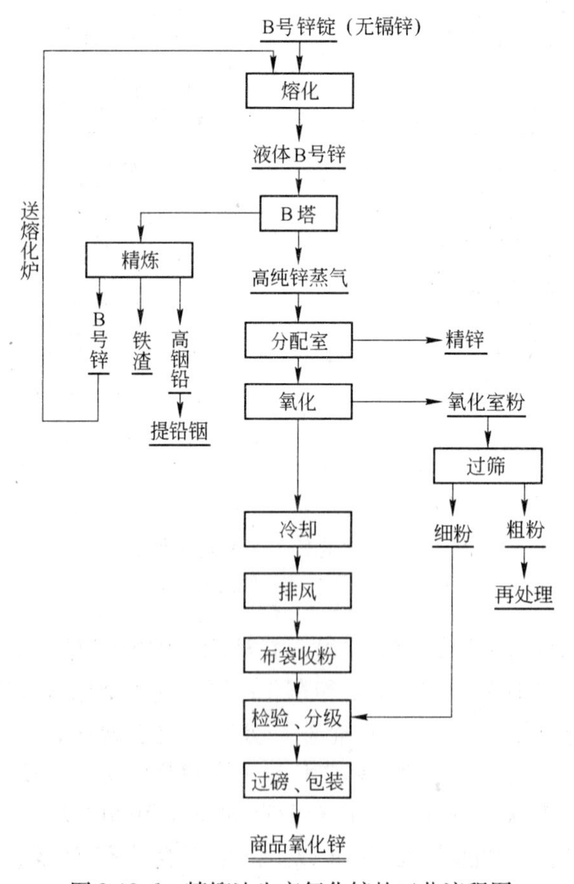

图2-10-6　精馏法生产氧化锌的工艺流程图

所示。

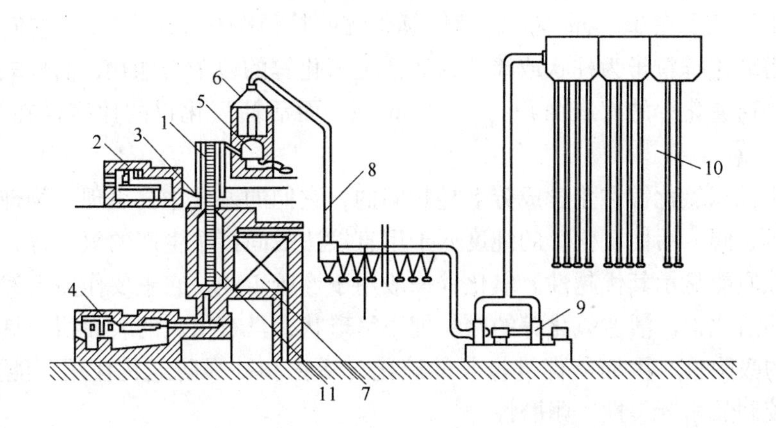

图2-10-7 精馏法生产氧化锌工艺设备流程图

1—熔析精炼炉；2—熔化炉；3—锌液导管；4—塔体；5—分配室；
6—氧化室；7—空气、煤气燃烧室；8—冷却管；9—风机；
10—布袋收粉箱；11—燃烧室

中国普通等级氧化锌的消费市场已趋饱和，而优级品氧化锌的供应还不能满足国内市场的需求，需要大量进口高品质的氧化锌。据调查资料显示，近几年，中国高等级氧化锌的进出口量都有较大幅度的增长。进口氧化锌的主要市场是涂料工业，进口氧化锌的第二大用户是橡胶工业，使用经过造粒和深加工后的优级品氧化锌作为橡胶硫化的活化剂、合成橡胶（如氯丁橡胶和硫化橡胶）的促进剂。进口氧化锌价格高昂，如每年从德国拜尔公司和莱茵公司进口的预分散优级品氧化锌约6000t，2000年售价45000元/t左右。它用作橡胶工业高级子午线轮胎里的添加剂，使用量约占轮胎总质量的5%，主要作用是增强轮胎的耐磨和抗拉伸强度，以满足汽车轮胎高速行驶时耐磨和抗拉伸要求。此外，化工工业氮肥生产用的柱状氧化锌脱硫剂，进口量约5000t/a，2000年售价26000元/t左右；电视显像管用高纯氧化锌进口量约10000/a，随着涂料工业、橡胶工业及日用品、医药、石油加工等行业的发展，对高附加值的高等级氧化锌市场需求量将越来越大。预计到2005年，中国将需求高纯氧化锌6万~7万t。因此，生产高等级氧化锌是氧化锌生产企业面临的发展机遇。

10.2.5.2 活性氧化锌

活性氧化锌为白色或微黄色球状微细粉末，密度5.47g/cm^3，熔点1800℃，不溶于水，溶于酸、碱、氯化铵和氨水中。在潮湿空气中能吸收空气中二氧化碳生成碱式碳酸锌。

活性氧化锌的物理化学性能与工业级普通氧化锌类似，只是颗粒更细，活性更高，其平均粒径0.1~0.51μm左右。粒径为0.5μm活性氧化锌的折射率为2.015~2.068，膨胀系数40×10^{-6}m/K，导热率25.2W/m·K，导电率（n）$10^{-7}\sim10^{-5}$S/cm，压电性（添加剂）为石英的4倍，磁导率（196℃）0.2×10^{-6}H/m，热电流密度6.8mA/m^2·s·K，是一种N型半导体材料，禁带为3.4eV/V，其具有半导体性、压电性、荧光性和光电效应等。

与普通氧化锌相比，活性氧化锌有着明显的不同，其特点为：活性氧化锌的粒径细小，普通氧化锌粒子在0.5μm左右，活性氧化锌的粒径在0.2μm左右。它们的粒子形状也不同，普通氧化锌粒子为柱状或棒状，而活性氧化锌的粒子为球状；活性氧化锌的比表面积较大，普通氧化锌的比表面积为1～5 m^2/g，而活性氧化锌的比表面在35～55m^2/g或更大些。

活性氧化锌和氧化锌在化学成分上是相同的，它们的差异主要表现在物理性质上，因而用途也不尽相同。活性氧化锌的纯度低于用直接法或间接法生产的氧化锌，但其特有的物理、化学性质能显示其优越性。氧化锌一般用于橡胶工业，它主要作为天然橡胶、合成橡胶及乳胶的活化剂。活性氧化锌的颗粒细小呈球状，具有很大的表面积，具有良好的分散性与良好的吸附性，因而能促进橡胶的硫化、活化和补强防老化作用，能加强硫化过程，提高橡胶制品耐撕裂性、耐磨性。

活性氧化锌还用于白色乳胶的着色剂和填充剂、氯丁橡胶中的硫化剂、塑料工业的光稳定剂、合成氨工业中的脱硫催化剂，还可用于涂料、搪瓷、颜料等化工工业。在橡胶工业中用活性氧化锌比用普通氧化锌可减少1/3～1/4的用量。

工业活性氧化锌（HG/T2572—1994）化工部部颁标准如表2-10-23所示。该标准适用于碳酸锌分解制得的工业活性氧化锌，该产品主要用作橡胶或电缆的补强剂、活化剂（天然橡胶）、天然橡胶和氯化橡胶的硫化剂。

表2-10-23　工业活性氧化锌标准（HG/T2572—1994）

项　目		指　标	
		一等品	合格品
氧化锌（ZnO）含量/%	（≥）	95～98	95～98
水分含量/%	（≤）	0.7	0.7
水溶物含量/%	（≤）	0.5	0.7
灼烧减量/%		1～4	1～4
盐酸不溶物含量/%	（≤）	0.02	0.05
氧化铅（以Pb计）含量/%	（≤）	0.01	0.05
氧化锰（以Mn计）含量/%	（≤）	0.001	0.003
氧化铜（以Cu计）含量/%	（≤）	0.001	0.003
细度（45μm试验筛筛余物）/%	（≤）	0.1	0.4
比表面积/$m^2 \cdot g^{-1}$	（≤）	45	35
堆积密度/$g \cdot cm^{-3}$	（≤）	0.35	0.40

国内外活性氧化锌产品标准的比较见表2-10-24。

自德国I. G. Farbenindustrie公司的生产活性氧化锌方法被公布后，制备活性氧化锌的技术有很多，而且得到了很大的改进，活性氧化锌的制备方法有液相法、气相法和固相法。液相法主要有直接沉淀法、均匀沉淀法、溶胶-凝胶法、醇盐水解法、微乳液法、水热合成法、硫酸法、氯铵法、碳铵法、氨浸法、沉淀-热分解二步法和硫铵法；气相法主要有化学气相氧化法、喷雾热解法和精馏法；固相法主要有固相反应法和硫酸铵焙烧法。

表 2-10-24 国内外活性氧化锌产品标准

指 标	德国拜耳标准	中国 HG/T2572—1994
氧化锌（ZnO）含量/%	≥95	≥95 ~ 98
水分含量/%	≤0.7	≤0.7
水溶物含量/%	≤0.5	≤0.5
灼烧减量/%	1 ~ 4	1 ~ 4
盐酸不溶物含量/%	≤0.02	≤0.02
氧化铅（以 Pb 计）含量/%	≤0.003	≤0.01
氧化锰（以 Mn 计）含量/%	≤0.001	≤0.001
氧化铜（以 Cu 计）含量/%	≤0.001	≤0.001
铁含量/%	≤0.004	—
镉含量/%	≤0.003	—
比表面积/$m^2 \cdot g^{-1}$	≥40 ~ 80	≥45
堆积密度/$g \cdot cm^{-3}$	—	≤0.35

液相法是自水溶液中生成沉淀以得到微颗粒的微粉体制备法。该法与固相法、气相法相比具有如下特征：制备多组分体系的颗粒时，因液相组成能达到均匀，所以利用这一均匀性可得到组成均匀的固相颗粒；工业上生产成本低；颗粒表面具有活性；通过改变条件可以控制颗粒大小，形态，结晶构造等。

气相法是使金属化合物原料气化，发生化学反应，结晶析出，易于高纯度化，易于得到0.01μm 以下的超微颗粒，不易团聚，分散性好。尤其适用于合成用其他方法难以得到的物质。

固相反应法是将金属盐或金属氧化物按一定比例充分混合、研磨后进行煅烧，通过发生固相反应，直接获得超细粉体，或利用草酸盐、碳酸盐等热分解制得氧化锌超细粉体。

在以上所有这些方法中，最具实用性的还是直接沉淀法、精馏法和氨配合物法。

氨配合法制备活性氧化锌包括络合、蒸氨、洗涤、烘干和焙烧等工序。氨配合物法是用碳酸氢铵和氨水来浸出粗氧化锌或锌烟尘、菱锌矿等物料，使氧化锌溶解生成锌氨配合物，再净化溶液，锌氨配合物分解即得活性氧化锌。主要反应如下

$$ZnO + 3NH_3 \cdot H_2O + NH_4HCO_3 = Zn(NH_3)_4CO_3 + 4H_2O$$

$$3Zn(NH_3)_4CO_3 + 2H_2O = ZnCO_3 \cdot 2Zn(OH)_2 \cdot H_2O \downarrow + 12NH_3 \uparrow + 2CO_2 \uparrow$$

$$ZnCO_3 \cdot 2Zn(OH)_2 \cdot H_2O = 3ZnO + 3H_2O + CO_2 \uparrow$$

氨配合物法的生产活性氧化锌流程如图 2-10-8 所示。

云南省内几家大型的锌冶炼厂都没有生产活性氧化锌，有几家私人企业在生产活性氧

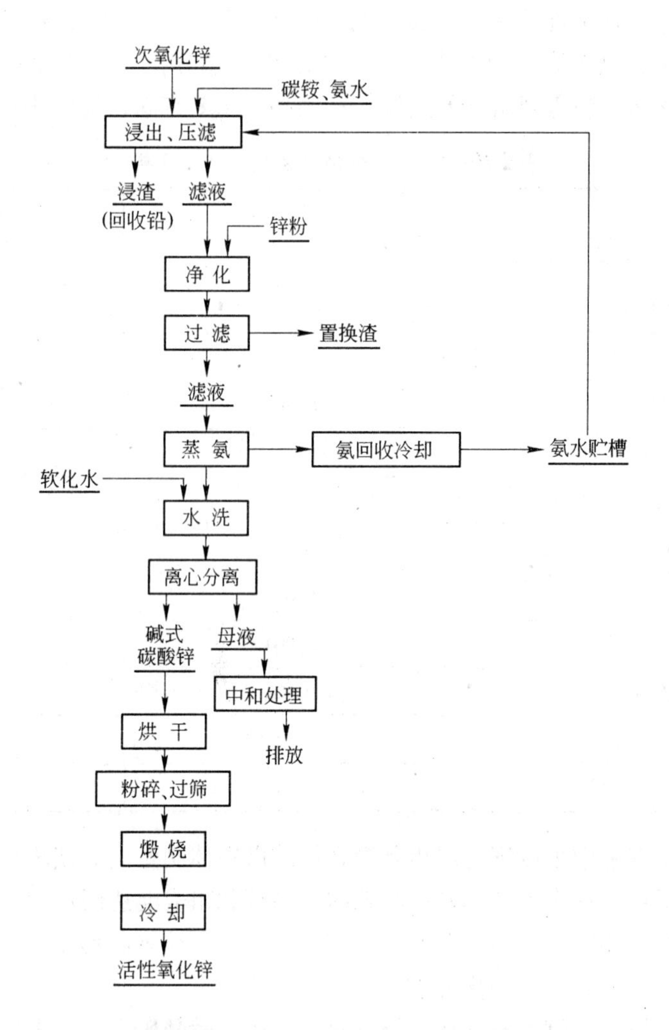

图 2-10-8 氨配合物法生产活性氧化锌工艺流程图

化锌，其产品纯度不高、杂质含量超标、颜色发黄、粒度粗、成本高。云南省是中国的第二大橡胶基地，橡胶工业是氧化锌的最大用户，氧化锌的用量约为氧化锌总量的 56%。云南省政府已经决定，在“十五”期间，将本省橡胶加工业发展成为与云烟有同等影响的经济支柱产业。另外，还有交通橡胶厂、昆明电缆厂、各地州市县的橡胶厂在“十五”期间也将会有很大的发展，氧化锌的用量即将大大增加。活性氧化锌以独特的活化性能和比表面积大的特点，深受橡胶行业特别是轮胎行业的欢迎，它应用于橡胶业，不仅能增加胶料硫化速度和活化性能，同时能减量 30% 代替普通氧化锌。随着市场逐步扩大，活性氧化锌的用量将逐步增加。此外，氧化锌的另一个重要市场是涂料市场，尽管近年来因钛白粉颜料的兴起而受到冲击，但是仍占有相当大的比例。若能利用这些锌资源生产活性氧化锌进入市场，可以改善云南的锌产品结构，而且对提高经济效益具有积极的重要意义。

10.2.5.3 纳米级氧化锌

尺寸小于 100nm 的颗粒称为纳米颗粒。纳米氧化锌属于纳米级金属氧化物，加压下熔点约 1800℃，常压下 1720℃升华，呈针状或球状结构，是一种新型高功能精细无机产品。纳米材料的小尺寸效应、表面与界面效应、量子尺寸效应和宏观量子隧道效应四大效应在纳米氧化锌上同样得到充分体现，使其在众多领域表现出巨大的应用前景。2003 年中国市场纳米锌消耗量达 2 万 t，亚洲其他国家消耗量约 10 万 t，其中日本石侨公司每年需求量达 5000t。目前中国所需的纳米锌均从德国、日本进口。而中国尚未有年产万吨以上规模的纳米锌的厂家，所以中国国内纳米氧化锌产品，都是有市无价，没有货源供应。

A 纳米氧化锌的用途

纳米级氧化锌的应用主要分为微米级或亚微米级氧化锌的替代市场和根据其纳米特性开发的新兴市场两大类。纳米氧化锌的主要用途如下：

(1) 抗菌添加剂。纳米氧化锌在阳光，尤其是在紫外线照射下，在水和空气、氧气中，能自行分解出自由移动的带负电的电子（e），同时留下带正电的空穴（h^+）。这种空穴可以激活氧和氢氧根，变为活性的氧和氢氧根。反应所生成的活性氧和氢氧根具有极强的化学活性，能与包括细菌中的有机物在内的多种有机物发生氧化反应，将其分解成无害的无机物，从而把大多数细菌、病毒杀死。纳米级氧化锌定量杀菌试验表明，在浓度为 1% 的氧化锌悬浮液中，5min 内金黄色葡萄球菌的杀菌率为 98.86%，大肠杆菌的杀菌率为 99.93%。

针对这些特性，将纳米氧化锌添加到化妆品中，可以起到抗菌除臭的功能。在熔融纺织过程中添加纳米氧化锌和二氧化硅，可以生产出具有防臭、除菌功能的纤维，用于制造医用消臭敷料、绷带、手术服、护士服、内衣、尿布、睡衣、窗帘及卫生间用品等。在陶瓷行业中使用纳米氧化锌，不仅可以降低陶瓷制品的烧结温度（约 400～600℃），使陶瓷制品光亮如镜，而且给陶瓷制品赋予了抗菌除臭、分解有机物的自洁净功能。因而纳米氧化锌在浴缸、地砖、墙砖、操作台面等陶瓷制品领域也得到广泛应用。

在石膏中掺入纳米氧化锌及金属过氧化物粉末后，可制得色彩鲜艳、不易褪色的石膏产品，有着优异的抗菌性能，适用于建筑、装饰材料行业。

纳米氧化锌与氢氧化钙、硝酸银、磷酸盐等其他物质配合使用，也可制成抗菌涂料。

(2) 防晒剂。研究表明，纳米氧化锌吸收紫外线能力强，对 UVA（长波 320～400 nm）和 UVB（中波 280～320 nm）均有屏蔽作用。在传统化妆品市场，UVB 是用纳米氧化钛来防护，UVA 的防护是使用有机物，但目前新的趋势是用纳米氧化锌替代有机物。与有机防晒剂相比，不仅无毒、无味，对皮肤无刺激性，不分解不变质，热稳定性好，而且本身为白色，只需简单着色，价格也相对便宜，因而在防晒化妆品市场备受青睐。

利用添加纳米氧化锌纤维制成的帐蓬、日光伞、夏装、阿拉伯长袍等，不仅能抗菌除臭，而且具有优秀的抗紫外线功能，起到防止过度日晒、保健皮肤、减少皮肤癌发病率的作用。

将利用纳米氧化锌制造的涂料喷涂在玻璃表面，可以使这种玻璃具有屏蔽紫外线的功能。从而在汽车玻璃、幕墙玻璃制造领域也得到应用。

(3) 压电材料。自从 1968 年日本松下公司研制成功氧化锌压敏电阻以来，由于其造价低廉，制造方便，因而广泛运用于各个领域。理论研究和实践表明，氧化锌晶粒尺寸决定了材料的击穿场强。因而纳米氧化锌具有更好的非线性性能和电涌吸收能力，可以制备超高击场强的材料。作为优秀的压敏电阻器在电子电路等系统中被广泛地用来稳定电压，抑制电涌及消除电火花。此外，利用纳米氧化锌制成的无机压电薄膜，可以制成极薄的微波超声换能器与半导体材料集成化。

（4）催化剂。在催化研究领域，人们一直在寻找新的高效催化剂。由于纳米材料对催化氧化、还原和裂解反应都具有很高的活性和选择性，对光解水制氢和一些有机合成反应也有明显的光催化活性。国际上已把纳米材料催化剂称为第四代催化剂。纳米氧化锌由于尺寸小、比表面积大，表面的键态与颗粒内部的不同，表面原子配位不全等，导致表面的活性位置增多，形成了凸凹不平的原子台阶，加大了反应接触面。纳米氧化锌的光催化功能已被广泛用于纤维、化工、环保、建材等行业。

（5）橡胶添加剂。氧化锌是制造高速耐磨橡胶制品的原料，如飞机轮胎、汽车轮胎等，起到抗老化、抗摩擦着火、延长制品寿命等作用。橡胶工业约消耗将近50%的氧化锌产量，而且氧化锌是橡胶工业不可缺少的添加剂，长期以来只有间接法氧化锌才能满足该领域需求。用纳米氧化锌代替普通的活性氧化锌，不仅同样可以作为橡胶产品的硫化活性剂、补强剂、白色橡胶的着色剂、氯丁胶的硫化剂和增强导热性能的配合剂，而且其效果比间接法氧化锌更强。

纳米氧化锌的用量只是间接法氧化锌的60%～70%，从而降低了生产成本。表2-10-25为两种氧化锌在汽车轮胎中应用效果的对比表。

表2-10-25　纳米氧化锌在轮胎中应用对比试验

项　目　结　果	间接法氧化锌（按要求量加）	纳米氧化锌（减量50%）
硬度（邵氏）	71～71	70～71
定伸（300%）/MPa	7.2～7.8	7.6～7.9
应力（500%）/MPa	13.8～14.7	14.4～15.1
拉伸强度/MPa	15～15.4	15.7～16.1
伸长率/%	520～584	528～544
永久变形率/%	20～26	20～26
撕裂强度/kN·m^{-1}	110～112	110～112
磨耗量/cm·g·km^{-1}	0.105～0.111	0.099～0.118

其他应用研究表明，纳米氧化锌在印刷胶辊的面胶胶料中作为活性剂、交联剂代替普通氧化锌和活性氧化锌，结果其胶料的抗溶性比普通氧化锌的高1个多百分点，在亚麻仁油中浸泡24h（室温），质量变化率为0.3%（普通氧化锌为1.6%），该胶辊能满足彩印及塑印要求。在邵氏硬度为85度的彩印橡塑并用胶辊胶料中，使用纳米氧化锌的胶辊的永久变形比使用普通氧化锌者减少7个百分点，明显改善和提高了产品质量。

（6）气体传感器。纳米氧化锌随所处环境气氛中气体组分的变化，其电学性能也发生变化。利用这一特性可以用于对气体的检测和定量测定。已开发出新型气体报警器和温度计等产品。在制备瞬态薄膜传感器过程中，纳米氧化锌易于喷涂，质量易控制，便于极化与转向，表现出理想的电特性和动态特性。

（7）荧光物质与陶瓷电容器。在低压电子射线下，纳米氧化锌可发出蓝色和红色的荧光，这是纳米氧化锌的独特性能。添加了纳米氧化锌等金属氧化物的陶瓷微粉，可用作烧结制造电容器的材料，不仅可以大大降低烧结温度，节约能源，而且制品表面微细平滑，具有高的介电常数。

(8) 图像记录材料。纳米氧化锌根据制备条件不同，可获得光导电性、半导体性和导电性等不同性质。利用这种变异，可用作图像记录材料；还可利用其光导电性质用于电子摄影；利用半导体性质可作放电击穿记录纸；利用导电性作电热记录纸等。其优点是无三废公害，画面质量好，可高速记录，能吸附色素进行彩色复印，酸蚀后有亲水性可用于胶片印刷。

(9) 吸波材料。吸波材料是指能有效吸收入射雷达电磁波，并使其散射衰减的一类功能材料。纳米氧化锌等金属氧化物质量轻，厚度薄，颜色浅，吸波能力强，是雷达波吸收材料研究的热点之一。利用纳米氧化锌制成吸波材料，在国防上具有重大意义。如制造成涂料用于隐形飞机等，可以提高武器系统的生存和突防能力。

(10) 导电材料。纳米氧化锌等氧化物颗粒具有半导体性质。在室温下，其导电性能比常规的氧化物高。同时，纳米氧化锌为白色粉末，这样就可以开发出白色的静电屏蔽涂料；或与其他类似性质的纳米氧化物，如绿色的三氧化二铬、褐色的三氧化二铁调色，克服传统炭黑静电屏蔽涂料只有单一颜色的缺陷。日本松下公司已成功研制出这一类型产品，应用于涂料、树脂、橡胶、纤维、塑料和陶瓷中，从而使制品具有抗静电等特殊性能。

B 纳米氧化锌的制备方法

纳米材料的制备在当前材料科学研究中占据极为重要的位置，新的制备工艺和过程的研究对纳米材料的微观结构和性能具有重要的影响。

目前，试验室试验制备纳米氧化锌的方法主要分化学法和物理法两大类方法，见表2-10-26。目前国内已经工业化应用的纳米氧化锌生产方法，主要有均匀沉淀法和热解-气化-冷凝法，工艺流程图分别如图2-10-9和图2-10-10所示。

表2-10-26 纳米氧化锌的主要制备方法及特点

方法		制备	特点
化学法	溶胶凝胶法	先制备出金属化合物，再经溶解、溶胶、凝胶过程而固化，再经低温热处理得到纳米粉体	产物颗粒均匀，过程易控制，但需经后处理，产品有一定的团聚
	水热合成法	高温高压在水溶液或水蒸气中合成，再经分离和后续处理得到纳米粉体	不需高温烧结，产物直接为晶态，团聚较少，粒度均匀，形状规则
	有机液相合成法	采用在有机溶剂中能够稳定存在的金属有机化合物和某些特殊性质的无机物为反应原料，在适当的反应条件下合成纳米粉体	纯度高，性能好，可以制备出具有半导体性质的纳米材料
	直接沉淀法	在含在一种或多种粒子的可溶性金属盐溶液中加入沉淀剂后，在一定的反应条件下形成不溶性的氢氧化物或盐类从溶液中析出，并将溶液中原有阴离子洗去，热分解后得到纳米粉体	原料简单、价廉，过程易控制，但也需经后处理，产品有部分团聚现象
	固相配位化学法	以草酸和醋酸盐为原料，在室温下利用固相配位化学法反应首先制得前驱物，如二水合草酸锌，进而前驱物经热分解制得纳米粉体	无须溶剂、产率高，反应条件易掌握
	其他化学法	如电化学法、气溶胶法、化学气相沉淀法等	能制备质量较高的纳米材料，对设备要求较高，不利于大规模生产

续表 2-10-26

方法		制备	特点
物理法	气相冷凝法	通过真空蒸发、加热、高频感应等方法使原料气化或形成等离子体，再经气相骤冷、成核，控制晶体长大，制备纳米粉体	纯度高、工艺过程无其他杂质污染，反应速度快，结晶组织好，但技术设备要求较高
	物理粉碎法	通过机械粉碎、电火花爆炸等得到纳米粉体	操作简单，产品纯度低，粒度分布不均匀
	深度塑性变形法	原料在准静压作用下发生严重塑性形变，使材料的尺寸细化的纳米量级	材料纯度高，粒度可控，设备要求高
	其他物理法	物理气相沉积法、低能团簇束沉积法	能生产纳米薄膜材料等，但仪器设备要求高，生产成本较高

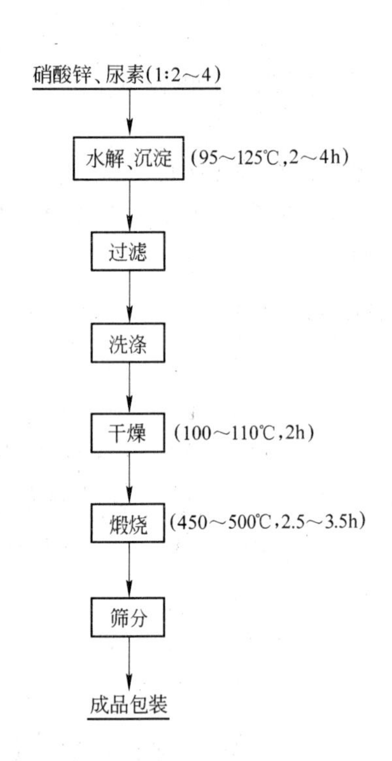

图 2-10-9　均匀沉淀法生产纳米级氧化锌一般工艺流程图

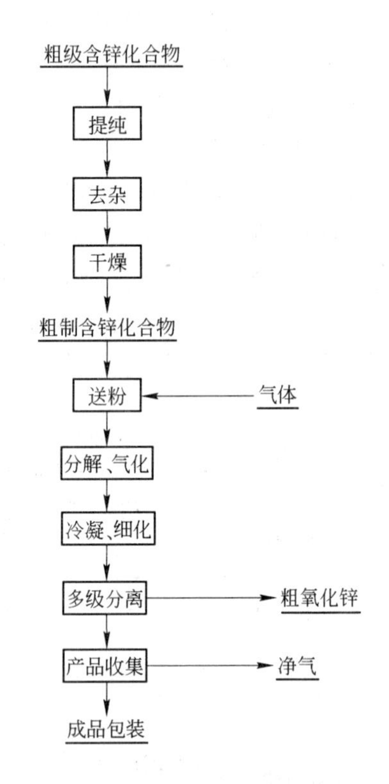

图 2-10-10　热解-气化-冷凝法生产纳米氧化锌一般工艺流程图

随着纳米材料科学技术的进一步发展，新的制备合成工艺被不断地提出并得到应用。德国拜耳公司（Bayer Co.，Ltd.）首先向市场提供纳米氧化锌产品，之后又出现比利时的产品，而目前的主要供货厂家却来自日本和美国。

表 2-10-27 列出部分国外有关厂家的产品技术指标。

表 2-10-27 部分国外企业纳米氧化锌技术指标

技术指标	Nanophase Tech. Co., Ltd.	American Chemet of Zinc	Bayer Co., Ltd.	Silox Co., Ltd.
w(ZnO)/%	99.00(USP)	96.50	95.00	95.00
w(Pb)/%	0.003	0.0025	0.003	0.003
w(Cd)/%	0.003	0.015	0.003	0.003
w(Fe)/%	0.004	0.006	0.004	0.005
w(As)/%	0.0002	0.002	—	—
w(Mn)/%	—	0.001	0.001	0.001
w(Cu)/%	—	0.001	0.001	0.001
w(S.A)/$m^2 \cdot g^{-1}$	15~35	21.00	40~80	40.00

10.2.6 对锌深加工发展的建议

云南省的锌保有储量2500万t，占全国21.8%，在全国居首位，而且锌资源条件最好。云南省电锌冶炼能力已超过40万t，在国际市场上有一定的地位。中国是电池生产大国，无汞电池锌粉的需求量很大。烟草行业是云南省的支柱产业，每年仅用于烟草行业印刷香烟外壳的凹印铜金粉用量就超过160t。云南省是中国的第二大橡胶基地，而且比邻盛产橡胶的东南亚，橡胶工业是氧化锌的最大用户。活性氧化锌以独特的活化性能和比表面积大的特点，深受橡胶行业特别是轮胎行业的欢迎。因此，云南省的锌深加工业应充分利用以上这些优势，大力发展无汞电池锌粉、铜金粉、氧化锌粉和活性氧化锌粉等科技含量较高的产品，提高企业的经济效益和竞争能力。

参考文献

1 梅光贵，王德润，周敬元，等．湿法炼锌学．长沙：中南工业大学出版社，2001

2 彭容秋主编．铅锌冶金学．北京：科学出版社，2003

3 彭容秋主编．重金属冶金学（第二版）．长沙：中南大学出版社，2004

4 魏昶．湿法炼锌理论与应用．昆明：云南科技出版社，2003

5 徐鑫坤，魏昶．锌冶金学．昆明：云南科技出版社，1996

6 12月2日LME正式报价（铜铝铅锌锡镍）．http：//www.cnmn.com.cn/News/news_detail_search.asp?id=82471&ys=2286，2005

7 上海现货行情基本金属（铜铝铅锌锡镍）．http：//www.cnmn.com.cn/News/news_detail.asp?id=82391&ys=2286，2005年12月2日

8 柳正．我国铅锌资源供需状况及应对措施．http：//www.calre.net.cn/guojingcan/gjc0309.htm，2003

9 康义．我国有色金属工业发展与科技进步．中国有色金属学会重有色金属冶金学术委员会．第二届全国重冶新技术新工艺成果交流推广应用会论文集．北京：2005年：76~92

10 汪旭光，潘家柱．21世纪中国有色金属可持续发展战略．北京：冶金工业出版社，2001

11 郭广生，顾福博，王志华，等．激光蒸凝法制备不同形貌的锌纳米晶．中国有色金属学报，2004，14（10）：1747~1751

12 叶红齐，王锦良．提高铜锌合金粉光泽度的研究．应用化工，2003，32（3）：13~15

13 叶红齐，王锦良．过氧化氢氧化铜锌合金粉的研究．河南化工，2003，（4）：17~18

14　唐爱勇，李辉，刘朗明．碱锰电池用无汞锌粉的研究．湖南有色金属，2001，17（2）：15～17
15　朱启安，杨立新，谭仪文．无汞碱锰电池用锌粉综述．电池工业，2004，9（5）：260～263
16　朱启安，谭仪文，石荣恺．无汞碱性锌锰电池用锌粉的制备．电池，2005，35（1）：61～62
17　池克．无汞锌粉的现状及展望．电池工业，2000，5（2）：85～87
18　罗远辉，黄小珂，王颖等．无汞锌粉制备工艺研究．37～41
19　叶红齐，王锦良．提高铜锌合金粉光泽度的研究．应用化工，2003，32（3）：13～15
20　周锦鑫，马紫峰，廖小珍等．超细铜金粉生产制造工艺优化及改造研究．新技术工艺，2003，（3）：31～33
21　朱晓云．铜锌合金粉在凹版印刷中的应用．云南冶金，2000，29（6）：34～36
22　陈智和．我国氧化锌工业现状及发展方向．湖南有色金属，2002，18（2）：14～16
23　陈智和．采用精馏法提高氧化锌产品档次．有色冶炼，2002，（2）：9～13
24　黄可龙．重有色金属精细化工产品生产技术．长沙：中南工业大学出版社．1996，12
25　戴自希，张家睿．世界铅锌资源和开发利用现状．世界有色金属，2004，（3）：22～29

11 镉

陈为亮 昆明理工大学

11.1 概述

11.1.1 镉的性质

镉属于重有色金属之一，位于元素周期表内的第ⅡB族，与锌、汞同族，原子序数为48，相对原子质量为112.411。金属镉是一种银白色的金属，镉质地柔软，莫氏硬度为2，富有延展性，抗腐蚀、耐磨性好。

镉的标准电位是-0.403V，因此镉能置换酸中的氢。镉的化学性质类似于锌，能溶于硝酸放出NO

$$3Cd + 8HNO_3 \xlongequal{} 3Cd(NO_3)_2 + 2NO + 4H_2O$$

镉溶于硝酸铵水溶液中形成络离子

$$Cd + H_2O \xlongequal{} CdO + H_2$$

$$CdO + 4NH_4NO_3 \xlongequal{} [Cd(NH_3)_4](NO_3)_2 + H_2O + 2HNO_3$$

镉能溶解于稀盐酸和稀硫酸中，但溶解较慢，并有氢放出。

红热的镉可使水分解，常温下的干空气实际上不与镉作用，这是表面生成的氧化膜起了保护作用的缘故。

常温时镉的密度为8.650 g/cm^3，在熔点下固态镉为8.366g/cm^3，液态镉为8.017 g/cm^3。随温度的升高，镉的密度减小，其关系的表达式为

$$d = 8.02 - 0.011(t - 320)$$

金属镉的熔点和沸点较低，分别为321.07℃和767°C。

镉的蒸气有毒，镉的蒸气压比锌大，镉的蒸气压随温度变化的公式如下

$$\lg p^*/\mathrm{Pa} = -5819/T - 1.257\lg T + 14.412 \quad (594 \sim 1050\mathrm{K})$$

镉的性质如表2-11-1所示。

镉的主要化合物有CdS、CdO、$CdSO_4$和$CdCl_2$。CdS的相对分子质量为144.47，CdS是自然界常见的辉镉矿，常与闪锌矿共生。在1065kPa氩气压力下，CdS的熔化温度是1748±15K。熔点时的熔化热是6104±209$J \cdot mol^{-1}$。CdS容易挥发，其蒸气压随温度的变化见表2-11-2。

在空气中加热CdS会氧化为CdO成$CdSO_4$。

镉在空气中加热可变为棕色氧化镉。镉有两种氧化物：Cd_2O（黑色）、CdO（黑棕色）。

表 2-11-1　镉的性质

项　　目	性　质	项　　目	性　质
原子量	112.411	汽化热/kg · mol^{-1}	100
原子半径（计算值）/nm	0.155（0.161）	熔化热/kg · mol^{-1}	6.192
共价半径/nm	0.148	电负性	1.69（鲍林标度）
范德华半径/nm	0.158	比热/J · $(kg \cdot K)^{-1}$	233
晶体结构	六角形	电导率/m · Ω	13.8×10^6
密度/g · cm^{-3}	8.650	热导率/W · $(m \cdot K)^{-1}$	96.8
熔点/K	594.22（321.07℃）	第一电离能/kg · mol^{-1}	867.8
沸点/K	1040（767°C）	第二电离能/kg · mol^{-1}	1631.4
摩尔体积/$m^3 \cdot mol^{-1}$	13.00×10^{-6}	第三电离能/kg · mol^{-1}	3616

表 2-11-2　CdS 的蒸气压与温度关系

温度/K	1225	1258	1271	1293	1333	1363	1398	1427	1448
蒸气压/kPa	0.493	0.773	0.919	1.266	2.412	3.572	6.118	8.717	10.743

CdO 的相对分子质量为 128.41，人工合成 CdO 的密度为 $7.28 \sim 8.27g/cm^3$，在异极矿上形成的自然 CdO 膜的密度为 $6.153g/cm^3$。CdO 的熔点为 1658K。CdO 易升华，升华的蒸气压随温度变化的关系为

$$\lg p/\mathrm{Pa} = -194.48/T - 0.23\lg T + 5.24$$

CdO 易被 H_2、C 和 CO 还原为金属镉。

CdO 易溶解于各种酸中。在硫酸锌溶液中发生如下平衡反应

$$CdO + H_2O + ZnSO_4 \rightleftharpoons CdSO_4 + Zn(OH)_2$$

$CdSO_4$的相对分子质量为 208.47。$CdSO_4$易溶解于水中，随温度升高其溶解度增大。

$CdCl_2$的相对分子质量为 183.32，密度为 $4.05g/cm^3$，熔点为 841K，沸点为 1233K 或 1240K。$CdCl_2$溶于水，并随温度升高溶解度增加。

镉在镉盐中的化合价是二价。虽然其硫化物为黄色或橙色，镉盐大多数为无色。通常大多数镉盐均不溶于水，但易溶于无机酸。氯化镉、硝酸镉和硫酸镉均溶解于水。

氢氧化镉 [$Cd(OH)_2$] 与氢氧化锌不同，氢氧化镉是碱性化合物，它不溶于碱。

11.1.2　镉的用途、生产与消费

镉广泛应用于电池、电镀、电子、汽车及航空、颜料、烟雾弹、合金、焊药、冶金去氧剂、原子反应堆的中子吸收棒、油漆、印刷等行业。镉的硬脂酸盐是很好的稳定剂，在塑料工业中的应用也日益增加。颜料用镉红即为硫化镉、硒化镉和硫酸钡组成；镉黄为硫化镉与硫酸钡组成。纯度为 99.9999% 的高纯镉可用于生产镉-碲太阳能电池。

由于金属镉具有一定的毒性，消费方式的多样化增加了对环境污染的机会，使控制镉污染成为综合问题。近年来研究证明，无论是从毒性还是蓄积作用来看，镉都将是继汞、铅之后污染人类环境、威胁人类健康的第三个金属元素。工业发达国家在 20 世纪 90 年代末，对镉的使用做出了严格的规定。由于欧美国家限制镉的使用，促使全世界的金属镉消

费量下降，而镉的供应一度随着锌产量增长而增长，造成镉市场较长时间供应过剩，价格曾持续三年下跌，长时间在2美元/磅左右徘徊。随着中国、印度等发展中国家镍镉电池生产的发展。镉的需求逐渐回升。使全球镉的供求关系发生变化。镉价也经过三年多的低迷之后，终于从2002年9月份开始有所回升。据国际镉协会的资料，2000年全世界消费的金属镉为21750t，2001年降为19500t，但2002年消费量开始迅速恢复上升。镉的市场价格也在2003年初开始从2002年夏季的0.44~0.46美元/kg上升到1.32~1.87美元/kg，到2005年12月2日已达到6.8~7.1美元/kg（6800~7100美元/t），约为2003年初的4~5倍左右。截至2005年12月2日，国内市场0号镉的价格为34000~38000元/t。

当西方国家的初级镉、精炼镉的产量和消费量逐步下降时，亚洲的生产和消费量却迅速上升。特别是中国，以惊人的消费速度上升，消费量为产量的二倍。据国际镉协会估计，2003年中国的金属镉产量大约是2500t，而其消费量大约是5400t。

世界主要的镉生产国有韩国、中国、墨西哥、日本和加拿大。从各国的情况看，估计2004年全球精镉产量为18850t，比2003年增加9%左右。2004年增产的主要是韩国、中国、哈萨克斯坦、加拿大、比利时和荷兰，这些国家镉生产都随着锌产量的增长而增长，见表2-11-3。在西方国家，要不是环保的限制，锌厂一般都回收镉。韩国和哈萨克斯坦是近年来锌冶炼能力扩张最快的两个国家，镉产量增长也最快，日本镉的用量一直比较稳定，因此，镉的生产也相对稳定。

表2-11-3 世界主要镉生产国的镉产量 (t)

国家	2000年	2001年	2002年	2003年	2004年（估计）
中国	2468	2607	2626	2805	2900
日本	2439	2467	2426	2496	2370
加拿大	1491	1429	1706	1739	1889
墨西哥	1268	1421	1399	1606	1626
韩国	1910	1879	1825	2175	3670
比利时	1148	1236	112	—	—
哈萨克斯坦	257	170	479	785	860
美国	1890	680	700	700	610

中国已经成为世界最大的镉生产国。国内的镉主要由锌冶炼厂生产，随着中国锌冶炼能力的提高，能够回收镉的企业也在增加，估计全中国镉的生产能力在3000t以上。葫芦岛锌厂、株洲冶炼厂、中金岭南韶关冶炼厂、水口山有限公司等几家锌生产企业因为锌的生产能力最大，镉的产能也最高，估计2004年全国产量在2900t左右。

据报道，目前金属镉的主要用途是制造镍-镉电池，约占世界镉总消耗量的75%。尽管有锂离子电池和镍氢电池可以替代镍镉电池，但是由于镍-镉电池具有循环寿命长（可达2000~4000次）、电池结构紧凑、牢固、耐冲击、耐振动、自放电较小、性能稳定可靠、可大电流放电、使用温度范围宽（-40~+40℃）等优点，镍-镉电池在今后的较长时间内仍有一定的市场。

目前，国内外镉主要用在镍镉蓄电池上，美国电池用镉大约占78%，颜料占12%。电镀占8%，塑料稳定剂占1.5%，合金占0.5%。在日本，镉在镍镉电池的用量占35%。

中国自20世纪90年代以来，镍镉电池的产量一直保持10%以上增长率，镉的消费快速增长，中国不仅成为世界最大的消费国，也成为世界第二大进口国。估计2004年中国电池总产量达到270亿只左右，其中镍镉电池在20亿只以上。世界主要镉消费国的镉消费量见表2-11-4。

表2-11-4　世界主要镉消费国的镉消费量　(t)

国　家	2000年	2001年	2002年	2003年	2004年
中　国	5182	5810	7569	9389	10270
日　本	6810	4650	5372	6062	2720
比利时	3559	4426	4775	3643	4833
美　国	2010	679	560	616	695
法　国	1000	306	241	241	241
英　国	585	584	589	591	600
德　国	412	593	499	631	638

颜料市场对镉的需求量大约是2500t/a，约占世界镉的总消费量的13%。

11.2　金属镉的生产

镉在地壳中含量很少，大约为百万分之五。在自然界中，镉常与铅、锌硫化物伴生在一起，至今尚未发现有单独的镉矿床，因此通常从伴生有镉的重金属矿冶炼过程中的副产品中提取镉，约95%的镉是从锌生产过程中回收的。在冶炼过程镉分别富集于焙烧烟尘、高镉锌、富镉蓝粉及铜镉渣中。从这些原料中冶炼提镉的方法有火法、湿法及联合法。

镉的消费量中约有四分之三被用于制造镍-镉电池。由于镍-镉电池易于回收，大部分的二次镉来自镍-镉废电池。

11.2.1　从铜镉渣中回收镉

以硫化镉矿物存在于铅锌共生矿中的镉含量在0.01%～0.7%之间，经选矿之后绝大部分镉进入到铅锌精矿中。尽管镉及其化合物易挥发，但在锌精矿焙烧时，镉以CdO及$CdSO_4$不挥发物存在于焙砂中，在焙砂浸出时与锌一起进入硫酸锌溶液中，在硫酸锌溶液净化时以铜镉渣的形式而富集。

硫酸锌溶液净化产出的铜镉渣一般含镉6%～10%，Cu1.5%～4.5%，Zn30%～50%。中国某厂净化所产铜镉渣成分列于表2-11-5中。

表2-11-5　中国某厂提取镉的原料成分　(%)

元　素	Zn	Cd	Cu	Co
原料（铜镉渣）	30～50	6～10	1.5～4.5	0.02～0.06
元　素	Fe	As	Sb	Ni
原料（铜镉渣）	1～2	0.002～0.01	0.01～0.02	0.05～0.08

湿法炼镉是目前镉生产中较为完善的方法，铜镉渣中含有铜、镉、锌等，其中镉主要以金属及氧化物形式存在，铜镉渣直接用稀硫酸浸出得到硫酸镉（$CdSO_4$）溶液，再从硫酸镉溶液中提取镉。

铜镉渣采用湿法流程提取镉的主要工序有：铜镉渣浸出、置换、沉淀海绵镉、海绵镉溶液溶解、硫酸镉溶液的净化、镉电解沉积和阴极镉熔化铸锭，其冶炼流程如图 2-11-1 所示。因硫酸锌溶液净化流程不同，产出的铜镉渣成分也各有差异，故提取镉的流程也有差别。

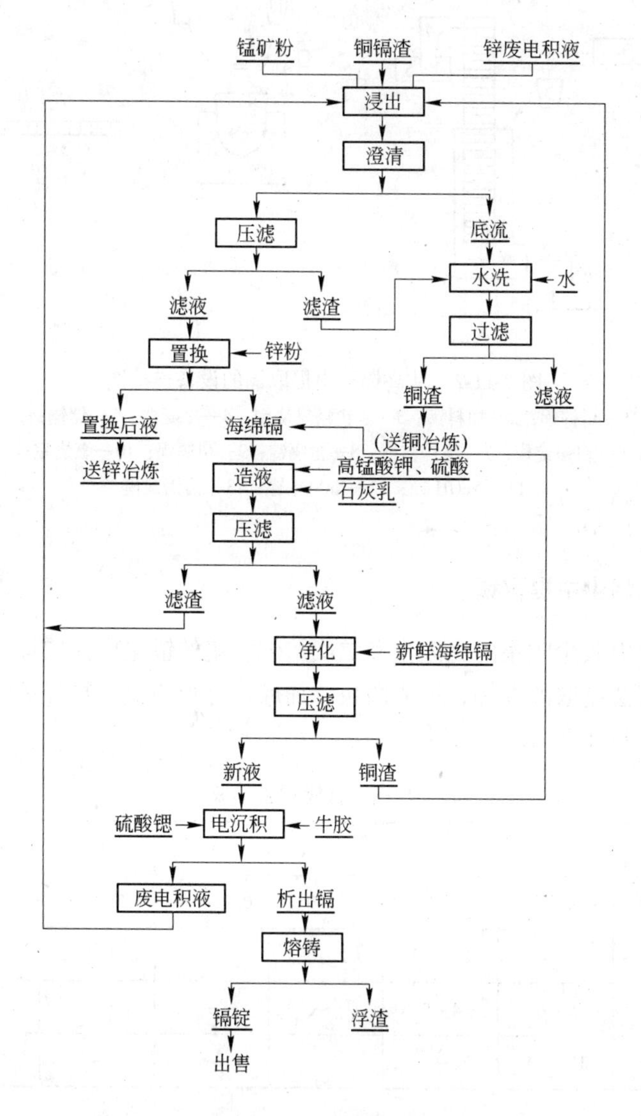

图 2-11-1 镉的冶炼流程图

近几年来，一些工厂用较纯净的锌粉二次置换所得的较纯的海绵镉，不经电沉积，直接压团熔铸，成品镉铸锭含镉在 99.995% 以上。

湿法炼镉是目前生产镉中较为完善的方法，有电积法与置换法两种工艺，中国湿法炼锌厂大部分采用电积法工艺生产金属镉。

11.2.2　从高镉锌（锌镉合金）中提取镉

火法炼锌厂都是采用精馏精炼制得精锌。在粗锌精馏过程中从镉塔产出一种含镉在15% ~30%或5.6% ~20.8%的高镉锌。从这种高镉锌中提取镉一般采用精馏塔分离高沸点的杂质制得精镉，然后加 NaOH 和 $NaNO_3$进行碱性精炼除去残余的锌得纯镉，其生产流程如图 2-11-2 所示。

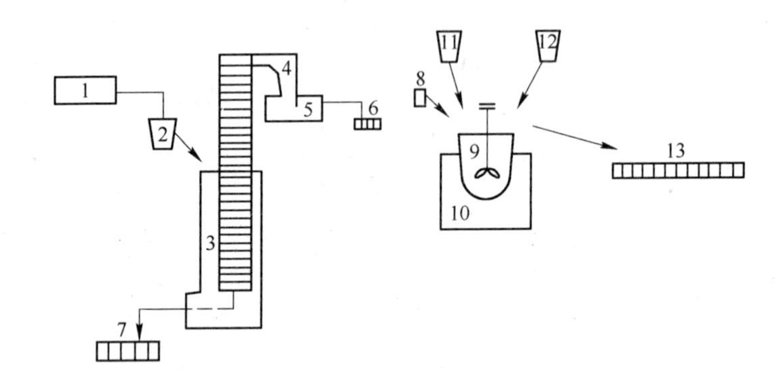

图 2-11-2　从高镉锌中提取镉的设备连接图

1—熔锌锅；2—加料锅；3—小镉塔燃烧室；4—冷凝器；5—储镉锅；6—粗镉锭模；7—粗锌锭模；8—粗镉锭；9—精镉锅；10—燃烧室；11—NaOH 罐；12—$NaNO_3$ 罐；13—精镉锭模

11.2.3　从锌焙烧烟尘中提取镉

从锌焙烧高温电收尘收集的高温尘和二次焙烧收集的镉尘中回收镉采用联合法。首先从含镉烟尘中用湿法制取海绵镉，压成团块、加碱熔炼得粗镉，再经火法精馏制精镉。含镉烟尘成分如表 2-11-6 所示。

表 2-11-6　含镉烟尘的成分　　（%）

锌焙烧烟尘	Zn	Cd	Pb	Cu	As	Fe	S（S）	S（SO_4）
双旋灰	47 ~ 52	0.8 ~ 1.1	6 ~ 12	0.4 ~ 0.7	0.2 ~ 0.8	11 ~ 13	1 ~ 2	2 ~ 4
电　尘	35 ~ 40	2 ~ 4	15 ~ 25	0.2 ~ 0.3	0.3 ~ 1	0.3 ~ 1.2	1.2 ~ 3	2 ~ 4
高温尘	40	5 ~ 6	4 ~ 5	—	—	—	—	—
镉　尘	18 ~ 20	18 ~ 23	—	—	—	—	—	—

采用湿法-火法联合流程处理含镉烟尘生产镉流程如图 2-11-3 所示。

11.2.4　从镍镉电池厂的废料中提取镉

目前镉大量消费在 Ni-Cd 电池生产中。电池厂产生大量的含镉废料，从这种废料中回收镉的生产流程如图 2-11-4 所示。

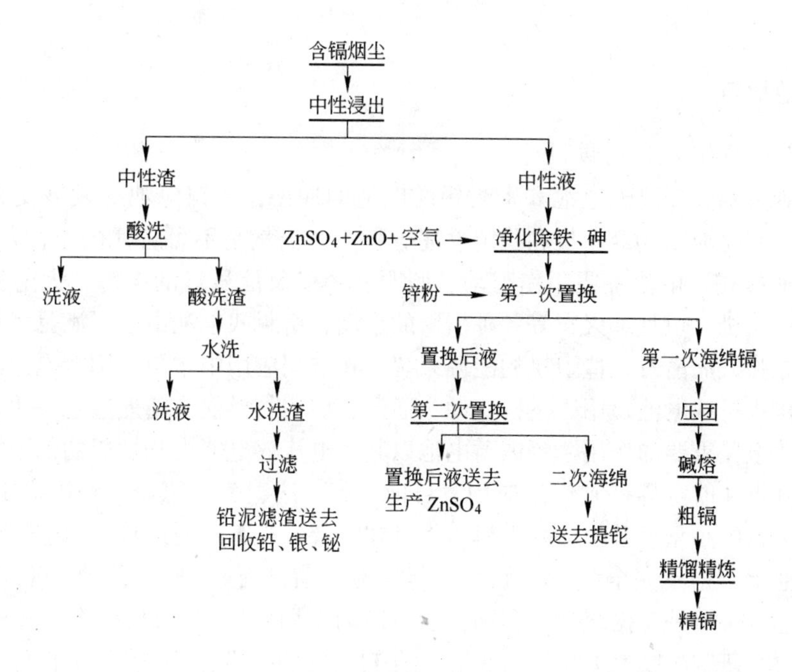

图 2-11-3 从含镉烟尘回收镉的湿法-火法联合流程图

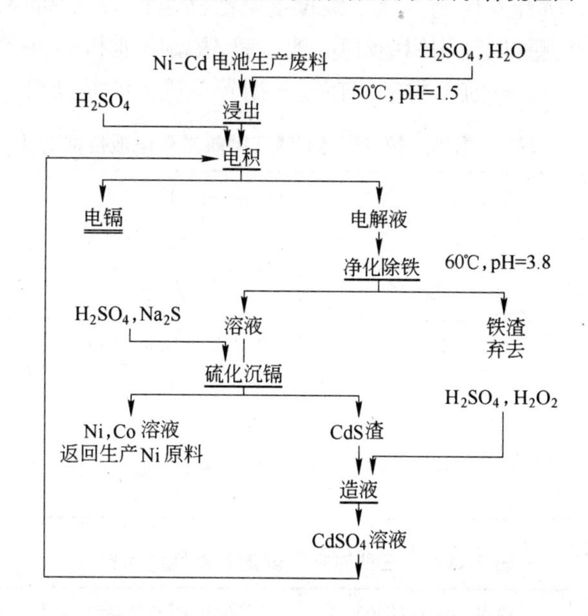

图 2-11-4 从 Ni-Cd 电池废料中回收镉

11.3 高附加值镉产品的延伸

如前所述，镉广泛应用于电池、电镀、电子、汽车、航空、颜料、油漆、烟雾弹、冶金、原子能、印刷等行业。由于金属镉具有一定的毒性，在北欧国家中现在已经禁止将镉用作抗腐蚀镀层和用于颜料与稳定剂中。目前，镉的消费量中约有四分之三用于制造镍-镉电池，使电池行业成为镉的最大用户。随着电子工业的发展，镉在电子工业中的用量将逐渐增大。

11.3.1　电池材料

11.3.1.1　镍-镉电池电极材料

虽然受到氢镍、锂离子电池和密封铅酸电池的冲击，镉镍电池的发展受到了一定影响。但是，镉镍电池以其寿命长和稳定性高等特点，仍然是不可替代的碱性蓄电池产品。极板盒式（或袋式）电池主要用作起动、照明、牵引及信号灯的电源，大电流放电的烧结式电池用于飞机、坦克、火车等各种引擎的启动，密封式电池由于可满足大功率放电的要求，用于导弹、火箭及人造卫星的能源系统，在空间应用中常与太阳能电池匹配。

蓄电池作为机载电池，用于飞机起动、通讯、照明、导航及随航应急备用，在飞机安全飞行中起着至关重要的作用。镉镍蓄电池以其大电流放电能力和理想的低温性能以及工作寿命长等优点在航空界得到广泛应用。目前，英、法、美、德等一些国家不仅用镉-镍蓄电池大量装备中小型直升机、歼击机，而且在波音、空客、麦道等大型运输机上也使用了镉镍蓄电池组。据不完全统计，航空镍蓄电池目前已有 30 多个品种、90 多种组合形式，能装备上百个机种。据统计，我国目前引进的军用和民用飞机 35 个机种的数百架飞机以及我国自行研制的“直 8”、“直 9”、“直 11”、“飞豹”、“猎豹” 等机种均采用了镉镍蓄电池作机载电源。所开发研制的航空镉镍蓄电池已达到 12 个品种，已装备 30 多种不同机型的飞机。三种航空蓄电池用铅-酸蓄电池、锌-银蓄电池和镉-镍蓄电池的代表性产品的基本性能见表 2-11-7，三种航空蓄电池在同一型号飞机上的起动对比试验见表 2-11-8。

表 2-11-7　镉-镍、锌-银、铅-酸三种航空蓄电池性能对比

电 池 型 号	镉-镍（20GNC40）	锌-银（15XYG45）	铅-酸（12-HK-28）
额定容量/A · h	40	45	28
标准电压/V	24	22.5	24
外形尺寸/mm	411 ×208 ×266	322 ×129 ×255	406 ×210 ×256
最大质量/kg	36.5	16.7	30
允许使用最低温度/℃	−30	5	0
寿命/a	3	1.5	2

表 2-11-8　三种航空蓄电池起动性能对比

电 池 型 号	锌-镍（20GNC40）	锌-银（15XYG45）	铅-酸（12-HK-28）
峰值时电压/V	18.5 ~ 19	14 ~ 15	16.0
发动机转速 n/%	16.5	14.6	15.0
启动时间/s	43	50	47
飞机排气温度/℃	605	678	703
电解液温度/℃	8.5	12	15
备 注	寿命后期	寿命后期	新电池

可见，由于航空镉镍蓄电池以上种种优点，使其成为优选机载电源，服务于航空工业。

大容量、高性能、满足快充要求的圆柱密封镉镍蓄电池和方形液密以及阀控少维护镉镍蓄电池的开发和生产，已成为行业发展的热点。由于目前用于生产的镍电极（除袋式外）利用率都比较高，而镉电极包括烧结式、黏结式、电沉积式、泡沫式等的镉利用率都只有50%～70%，镉电极的低利用率限制了大容量电池的发展。如何提高镉电极的利用率，提高镉电极的氧复合能力已成为快充型大容量圆柱密封镉镍蓄电池和方形液密、阀控式少维护镉镍蓄电池开发的关键。解决这一问题的关键是优选物质的结构和组成，以及优化极板的制造工艺。

A　氧化镉的制备

氧化镉是镉电极的主要活性成分，其质量的好坏直接影响着镉电极的性能。因此，控制好氧化镉的结构和组成非常重要。严格控制氧化镉的生产条件，保证氧化镉的晶粒粒径分布范围尽可能小，这有利于极板的厚度均匀性，有利于每个晶粒都参加电化学反应，保证氧化镉有较高的利用率。

氧化镉的制备采用直接氧化法，将金属镉在900～1000℃升华，升华的镉蒸气喷入氧化室（串联三个氧化室）氧化，使氧化镉颜色由黄橙色向深红色变化。

深棕红甚至紫红色的氧化镉晶体为完整立方晶体，晶粒较大，平均粒径一般在1μm以上，和粉时较易混合均匀，和浆时用黏合剂量少，但镉利用率相对较低。浅棕色或棕黄色氧化镉中除立方晶粒外还有许多非常细的无定形颗粒，其平均粒径一般在0.5μm以下，其比表面积较大，和粉时易结团，不容易和均匀；和浆时需要黏合剂，用水量较多，但镉利用率较高。

生产过程中升华温度越高，冷却速度越慢，则氧化镉颜色越深。所以，生产过程中，应根据升化时喷嘴的大小、氧化室的大小、风机风量大小，调整升化温度和冷却水流速，保证氧化镉颜色适中，即晶粒适中。在保证氧化镉一定比表面积的情况下，尽量减小其视比容，氧化镉视比容越小，极板中氧化镉的装填量越大，其容量就越高。另外还可以通过改善氧化镉升化的条件，控制镉蒸气的氧化程度，使氧化镉中含有一定量的金属镉超细微粉，提高氧化镉的镉含量，增加负极板中活性成分含量，提高导电性，改善负极的综合性能。

B　其他镉材料

除以氧化镉或氢氧化镉为镉电极的主要活性物质外，还有电解海绵镉粉、金属镉粉和氢氧化镉作活性物质或辅助材料。

电解海绵镉主要成分为海绵状金属镉粉和氢氧化镉，它们具有较高的电化学活性，也可单独作为负极活性材料，但因其价格较高，一般与氧化镉混合使用在高性能电极中，特别是直封式电池。其密度较氧化镉大，但比金属镉粉小。

金属镉粉是纯镉粉末，其纯度高达99%以上，其密度是镉材料中最大的，导电性是最好的，但其电化学活性很小，国外一般在电极中代替镍粉使用。它与镍粉相比，同样具有良好的导电性，而且还具有一定的活性，没有镍粉的一些副作用 但它没有对氧复合的催化作用。目前，国内由于其价格比海绵镉还高，使用厂家很少。

$Cd(OH)_2$的制备是将$CdSO_4$（密度1.15～1.23g/cm^3）、NaOH（密度1.05～1.20

g/cm³）按并流方式加入反应釜中、搅拌，所得沉淀在 80～110℃下一次烘干，使含水量低于30%，然后洗去 SO_4^{2-} 和 Na^+，在 110～140℃下二次烘干。

11.3.1.2 铅镉锑合金

目前，人类生活对环境的需求越来越高，而汽车和燃油助动车排放的大量废气已给我们的城市带来极大的负面影响，并危及到人们的生存。近年来，电动助动车和电动汽车已被人们推向市场。为走可持续发展道路，推动电动车的发展，研制开发新型的电动蓄电池就成为当务之急。

电动车用铅酸蓄电池要求质量轻、体积小、能量大，特别是在深循环、免维护等技术上有着特殊的要求，铅镉锑多元合金能够满足上述要求。

镉是镉镍、镉银等碱式蓄电池的主要原料，20 世纪 80 年代，法国和美国已经开始在铅合金中添加金属镉。将镉作为一种主要添加剂加到铅合金中，在合理的成分配比下，铅镉锑合金能集镉与锑的优点于一身，并具备传统“钙合金和锑合金”的优点，进而使电池具有较高的性能：

（1）具有良好的铸造工艺性能和力学性能，不易产生裂隙；

（2）具有较好的强度，抗蠕变能力强，铸出的板栅质量也好，适于制造薄型板栅；

（3）具有细的结晶结构，使板栅腐蚀均匀，有较强的耐腐蚀性；

（4）用于电池正极板栅时，能与活性物质很好的结合，有利于电池的深循环放电寿命，避免了铅钙合金的早期容量损失；

（5）用于电池负极时，具有较高的氢析出电位，使电池的失水、析气量减少，具有较强的免维护性能；

（6）改善了蓄电池的耐过充电能力，延长了蓄电池的使用寿命；

（7）镉能有效地阻止 $PbSO_4$ 钝化膜的生成，而且在放电时，此合金生成的是内阻很小的腐蚀层，从而增大了蓄电池的容量；

（8）镉是作为添加剂来提高产品性能的，因其独特的成核性能，使其合金配制范围窄小，与锑的比例要求高，冶炼温度控制严格。

铅镉锑合金成分列于表 2-11-9。

表 2-11-9 铅镉锑合金化学成分 （%）

牌 号	Pb	Cd	Sb	Se	Ag	Ca	Bi	As	Sn	Zn	Fe	杂质总和
1 号铅镉锑合金	余量	1.6～1.8	1.5～1.7	—	0.0005	0.001	0.003	0.0005	0.001	0.0005	0.0005	0.0006
	余量	1.8～2.0	1.8～1.9	0.3～0.4	0.0005	0.001	0.003	0.0005	—	0.0005	0.0005	0.0006

该合金特别适用于做深循环牵引型免维护铅酸电池，它可使蓄电池具有耐腐蚀、免维护、长寿命、高容量、强充电接受能力及强深循环能力等优点，是电动助力车、电动三轮车、电动摩托车、电动旅游车和电动汽车等电源理想的蓄电池板栅合金，具有良好的发展前景。另外，该合金主要用于蓄电池板栅，所以也可称作“板栅合金”。

11.3.2 电子材料

11.3.2.1 CdTe 材料

目前，晶体硅太阳能电池是最主要的太阳能电池材料。然而，硅并不是理想的光伏材料，光的吸收率很低，在波长 0.5 ~ 1.0μm 范围内，光的吸收系数低于 $10^4 cm^{-1}$，因此要吸收 90% 的光，所需硅材料的厚度至少为 100μm，成本很高。另外，硅的禁带宽度为 1.12eV，并非对应最佳产生光伏响应的禁带宽度 1.5eV，因此硅材料太阳能电池的理论转换效率较低，约为 25%。现在实验室最高的转换效率已经达到 24.7%，多晶硅太阳能电池为 19.8%，但其成本非常高。目前的研究表明，单一发展晶体硅太阳能电池无法与常规能源相竞争。为了制造低成本高效率的太阳能电池，研制新材料新结构的太阳能电池变得非常必要。

作为一种非常重要的薄膜材料，CdTe 的禁带宽度为 1.45eV，其禁带宽度随温度变化系数为（2.3 ~ 5.4）$\times 10^{-4}$eV/K，非常接近光伏材料的理想禁带宽度，而且它是直接带隙材料，具有很高的光吸收系数，如在可见光部分，其光吸收系数在 $10^5 cm^{-1}$左右，就只需要几个微米的厚度便可以吸收 90% 的光。CdTe 太阳能电池的理论转换效率在 29% 左右。

虽然同质结 N-CdTe/P-CdTe 也可以作太阳能电池，但是转换效率很低，一般小于 10%，其原因是：CdTe 的光吸收系数很高，使大部分光在电池表面 1 ~ 2μm 内就已被吸收并且激发出电子和空穴对，但是这些少数载流子几乎在表面就被复合掉，即在电池的表面形成“死区”，从而导致其转换效率低。为了避免这种现象，一般是在 CdTe 的表面生长一层“窗口材料” CdS 薄膜。CdS 是宽禁带半导体材料，带隙为 2.42eV，与 CdTe 有相对较好的晶格、化学和热膨胀匹配。目前，实验室里 CdTe/CdS 太阳能电池的最高转换效率为 16.5%，距其理论转换效率还有不小的差距。

N 型 CdS 窗口材料是制作高效率 CdTe 太阳能电池的必要的组成部分，其掺杂浓度为 $10^{16} cm^{-3}$，厚度在 50 ~ 100nm 之间，而且薄膜均匀以减少短路效应。生长 CdS 薄膜的方法很多，如物理气相沉积（PVD）、金属有机物气相沉积（MOCVD）、封闭空间升华-凝华法（CSS）、化学水浴法（CBD）、丝网印刷法（SP）、化学气相输运法（CVTG）和电沉积法（ED）。其中，化学水浴法是应用最广泛的生长方法，该法具有可控性好、均匀性好、成本低等特点。

作为太阳能电池的主体材料，只需要约 2μm 厚均匀的 CdTe 薄膜就可以降低红外区的响应，而且足以吸收有效光子，从而制作出高效率的太阳能电池。制备 CdTe 薄膜的方法有很多种，包括：升华-凝华法、化学喷射法、电镀沉积法、丝网印刷法、金属有机物化学气相沉积、物理气相沉积、溅射法和分子束外延（MBE）等。其中电沉积法是最常用的制备方法，采用简单的电沉积方法就能制备出均匀的、化学计量比可控的 CdTe 薄膜。经典的制法是用可控制温度的三电极法。虽然不同的水浴液都可以作为电沉积液，但最常用的是硫酸溶液，这是因为用此电沉积液不仅可以制备出 N 型 CdTe 薄膜，而且还可以制备出 P 型的 CdTe 薄膜，且沉积的温度和毒性都较低。

目前，国外 CdTe/CdS 太阳能电池的制备工艺日趋成熟，至少有 2 家年产量 10MW CdTe/CdS 太阳能电池的厂家已经建成，但在制备工艺中仍然存在不少问题。首先是背结的制备，如何选择合适的材料或结构制备稳定的、低串联电阻的背结；其次是 CdTe/CdS 界面作用机理问题，理解它对高效率 CdTe/CdS 太阳能电池的作用是进一步提高效率的关键；最后是 CdS 作为窗口材料，其禁带宽度为 2.4eV 左右，导致高能光子在表面被接受而产生的电子和空穴对在表面复合，从而降低了电池的短路电流。现在可采用不同的途径来解决这个问题，但是转换效率还是相对较低。

11.3.2.2 碲镉汞材料

碲镉汞（HgCdTe）材料是目前最重要的红外探测器材料，它有调节的能带结构，探测器可覆盖 1～25μm 的红外波段，它有较大的光吸收系数，因而 10～15μm 厚的探测器可产生 100% 的内量子效率。HgCdTe 光伏探测器具有响应速度快、探测率高、功耗低、对光电流直接耦合和适于大阵列和较高的工作温度等优点。近年来，HgCdTe 光伏的焦平面器件得到了快速发展，主要出现了以 B^+ 注入 n^+2on2p 平面结和原位掺杂 p^+2on2n 台面异质结为代表的两类器件。

理想的 HgCdTe 探测器相对有较高的工作温度等特点。HgCdTe 材料与器件的发展已有 30 多年的历史，由于晶体材料制备工艺的不断改进与完善，已制备了很高水平的材料。国外已有许多著名厂商，例如 SBRC、Texas Instruments、Loral Infrared Imaging Systems、SAT Mullard 和独联体的一些厂所等等已达到批量生产阶段。20 世纪 80 年代初美国用体晶生长法研制的块状材料研制了 60、120、180 元光导型长波 HgCdTe 通用组建，组建数已超过了 60000 支。20 世纪 80 年代初同时发展了 LPEHgCdTe 薄膜生长技术至今已相当成熟，是目前国外光伏列阵器件的主要材料。

MCT 晶体是研制航天、遥感、遥测用红外探测器的重要基础材料。合成 MCT 晶体所用碲、镉、汞，其纯度高达6 个9，为防止杂质对 MCT 晶体性能的影响，要求用于合成反应和晶体生长的石英玻璃装料管至少应在4 个 9 以上，纯度愈高愈好。碲、镉、汞，特别是汞，在高温下的蒸气压很高，合成温度在 650～900℃时，熔封的石英管内的气体压力达4.5～6MPa，合成、结晶、晶体热处理时间长达 30～40 天，普通的石英装料管，如果在高温下持续受压的时间较长，会产生结构疲劳而炸裂。

11.3.2.3 碲锌镉材料

碲锌镉（CZT）单晶体是一种性能优异的三元化合物半导体室温核辐射探测器材料，具有闪锌矿面心立方结构。CZT 具有较高的电阻率、较低的暗电流、较好的热稳定性、较大的迁移率寿命积和较大带隙、较高的探测分辨率等诸多优异的性能。用 CZT 单晶制成的探测器可在室温下工作，工作温度范围宽，能量探测范围宽，对 X 射线、γ 射线能量分辨率高，在 X 射线、γ 射线成像、天体物理研究、工业探测、安全检测、核辐射探测、核废料监控、X 射线荧光分析（XRF）、X 射线断层扫描和核医学以及远红外探测器材料碲镉汞（MCT）的外延衬底等方面有重要用途。

11.3.2.4 铁酸镉气敏材料

铁酸镉（$CdFe_2O_4$，空间群 Fd3m）作为一种尖晶石型结构的多元复合氧化物，其磁学性能早已受到人们的普遍关注。近年来，$CdFe_2O_4$ 被发现具有良好的气敏性能，是一种新的 N 型半导体气敏材料。$CdFe_2O_4$的制备方法主要有物理法和化学法。采用化学共沉淀法可制备纳米 $CdFe_2O_4$。$CdFe_2O_4$气敏元件对乙醇具有较高的灵敏度、好的稳定性和选择性及响应恢复特性。

11.4 对镉深加工发展的建议

（1）镉-镍电池由于具有长寿命和高稳定性，仍然具有氢镍、锂离子电池不可替代的优越性，在一定时间内仍有很强的生命力。国内的镉主要由锌冶炼厂生产，云南省电锌冶炼能力已超过40万t，为镉的生产提供了充足的物质保证。因此，云南省应充分利用好这一优势，加大在镉-镍电池材料方面的科研和生产的投入力度，成为镉-镍电池材料的生产基地。

（2）云南省地处热带和亚热带地区，日照时间长，太阳能资源十分丰富。CdTe薄膜材料具有比目前太阳能电池用晶体硅高的光吸收系数，提高了理论转换效率，从而可降低成本。因此，云南省应加在大CdTe薄膜材料方面的投入力度，充分开发太阳能资源，推动太阳能产业的发展。

参 考 文 献

1 陈寿椿．重要无机化学反应（第二版）．上海：上海科学技术出版社，1982

2 梅光贵，王德润，周敬元，等．湿法炼锌学．长沙：中南工业大学出版社，2001

3 彭容秋主编．铅锌冶金学．北京：科学出版社，2003

4 《有色金属提取冶金手册》编辑委员会．北京：有色金属提取冶金手册——锌镉铅铋．北京：冶金工业出版社，1992

5 魏昶．湿法炼锌理论与应用．昆明：云南科技出版社，2003

6 徐鑫坤，魏昶．锌冶金学．昆明：云南科技出版社，1996

7 冯君从．供应紧张，镉价飞涨．中国铅锌锡锑，2005，（5）：43～46

8 东元．全球金属镉的需求形势．世界有色金属，2004，（4）：37～38，45

9 2005年12月2日欧洲战略小金属报价．http：//www. cnitdc. com/price/pricenews/2005-12-5/20051205C152318. html，2005年12月5日

10 12月2日上海小金属现货行情．http://www. cnitdc. com/price/pricenews/2005-12-2/2005 1202C130249. html，2005年12月2日

11 武占耀．镉电极材料综述．电池工业，2001，6（3）：128～131

12 顾秀峰，张忠明．铅镉锑合金的研制．上海有色金属，2005，26（1）：11～15

13 王家捷，王永红，穆举国，等．航空镉镍蓄电池的应用前景．电池工业，2002，7（5）：264～265

14 沃银花．CdTe/CdS太阳能电池材料的研究进展．材料导报，2005，19（4）：31～34

15 高德友，赵北君，朱世富，等．碲锌镉单晶体的（110）面蚀坑形貌观察．人工晶体学报，2004，33（2）：180～183

16 叶振华，吴俊，胡晓宁，等．碲镉汞p^{+}2on2n长波异质结探测器的研究．红外与毫米波学报，2004，23（6）：423～426

17 杨留方，赵鹤云，唐启祥，等．超细铁酸镉材料的制备及其气敏性能研究．电子元件与材料，2004，23（3）：23～25

18 刘哲芹，徐正良，沈瑜生．新型乙醇气敏半导体材料$CdFe_2O_4$．云南大学学报（自然科学版），1997，19（2）：147～149

19 葛秀涛．银掺杂对$CdFe_2O_4$电导和气敏性能的影响．化学物理学报，2001，8：485～490

12　铟

刘大春　昆明理工大学

12.1　铟的性质、用途及市场

12.1.1　铟的性质及用途

铟（indium）是元素周期表第五周期ⅢA 族元素，属稀散金属。元素符号 In，是一种银白色、质软、易熔的金属，为面心正方形结晶。具有低熔点、高沸点、传导性好且冷加工无硬化现象等特性。铟的主要物理参数见表 2-12-1。

表 2-12-1　铟的主要物理参数

项　目	性　质	项　目	性　质
原子序数	49	线膨胀系数（20℃）	33×10^{-6}
相对原子质量	114.82	比电阻/Ω · cm	
密度/$g\cdot cm^{-3}$	7.31（20℃）	固体（0℃）	8.2×10^{-6}
熔点/℃	156.6	液体（155℃）	8.2×10^{-6}
沸点/℃	2072	布氏硬度（HB）	约 1.0
比热 卡/（g · ℃）		弹性模数/$kg\cdot mm^{-2}$	1110
固体（0～150℃）	0.056	标准电极电位/V	−0.34
液体（155℃）	0.062		

铟有 +1、+2、+3 三种价态，+3 的化合物最稳定。铟有 34 个同位素，其质量数为 106～124。常温下铟不为空气氧化或硫化，加热到超过熔点时，铟迅速与硫化合。铟在赤热时燃烧，生成不溶于水的氧化铟。在加热时，铟可直接和卤素、磷、砷、锑、硒和碲等反应，生成相应的化合物。铟溶于热的无机酸，但沸水、碱及大多数有机酸不与块状铟起作用。铟的化合物具有工业价值的有氧化铟、氢氧化铟、氯化铟、硫酸铟和硫化铟等。

金属铟具有熔点低、沸点高、稳定性好、耐腐蚀性强，对光的反射能力强等特点，它和第Ⅴ族元素形成的化合物具有半导体和光电效应等性质，因而广泛用于生产透明电极、荧光材料、半导体、易熔合金和焊料等材料。

由于铟及其化合物具有的特殊性质，使其在电子工业、核工业、军事工业及其他高科技方面得到了广泛的应用。

（1）半导体电子工业。现在所生产的铟 5% 左右用于半导体电子工业。在这个领域内，既用纯铟，也用它的化合物。铟是作为半导体锗及其晶体管的掺杂剂和接触剂。还可用于生产电子管时的焊料及生产锑化铟、磷化铟、砷化铟等半导体材料。其中研究和应用最早的是锑化铟，而最受重视并具有潜在应用前景的是磷化铟，它在通讯激光光源和太阳能电池材料方面，都展现了可喜应用前景。锑化铟和砷化铟在红外探测、光磁器件、磁质电阻器以及太阳能转换器等方面也有广泛应用。

高纯铟主要用于生产 $A^{Ⅲ}B^{Ⅴ}$ 型的金属化合物。由于它有着巨大的电流迁移率，所以被用作精密仪表制造的半导体材料，例如制造霍尔电动势发送器。另外由于在红外区有光传导性，铟的亚砷酸盐和锑化物被用于制造在红外区工作的照相机材料。

（2）涂层。铟主要用于防腐涂层。通常在施加涂层后，将零件加热到稍高于铟熔点的温度，此时，铟扩散到表层，以保证生成不剥落的涂层。同时铟涂层具有大的反射能力，与银涂层不同，铟涂层不变暗，经久保持自己的反射系数，它的这个特点用于反射镜的制造。

（3）合金的生产。铟和铅、锡、银、镉以及铋的某些合金具有工业意义。合金具有良好的热传导率、耐腐蚀性、坚固性和足够的热中子捕获截面。在核技术中，不久前开始用含 19% In、71% Ag 和 10% Cd 的合金做调节棒，它比铪调节棒便宜。合金 In-Cd-Bi、In-Pb-Sn、In-Pb 等用来作为联结金属、玻璃、石英和陶瓷的焊料。在真空技术中，为联结玻璃和玻璃或金属，采用铟和锡的合金（50% In 和 50% In）作为焊料，它可保证联结的真空致密性。

（4）低熔点合金。铟低熔点合金用作低电阻的接点材料、有热差的金属与非金属间的接点材料及低压负荷下的冷焊剂。不仅机械性好，且防腐蚀，又可保持高导电性能。铟的二元或三元低熔点合金具有较高的高温抗拉强度及抗疲劳强度，铟合金焊料远比 Pb-Sn 及 Au-Sn 优越。在低温下的延展性十分可靠，不脆化、不开裂。低熔点合金还可用作异型薄壁管的弯曲加工时的填充料，它易于清除，可多次使用、避免了用砂填充的易滑动或用铅填充的易断裂之弊、且确保产品质量。

（5）硒铟铜（$CuInSe_2$）多晶薄膜太阳能电池。硒铟铜（简称 CIS）多晶薄膜太阳能电池是在 20 世纪 80 年代发展起来的，CIS 电池在提高效率、扩大面积、降低成本等方面获得了显著进展。最好的 Cd/CIS 太阳电池转换效率已达 14%。美国国际太阳能电力技术公司的研究人员认为，在不远的将来，CIS 太阳电池的效率将提高到 16% 以上。CIS 等Ⅰ—Ⅱ—Ⅵ三元化合物薄膜半导体材料，由于价格低廉，性能良好和工艺简单的优点成为今后大力发展太阳能电池工业的一个重要方向。

（6）原子能工业。由于铟对中子辐射敏感，可用作原子能工业的监控剂量材料及反应控制。

（7）电视方面的应用。最近，日本索尼公司发明了以铟代替钪的新阴极，这样每根电子枪的成本就降低到了掺钪电子枪的 1/10 左右。因此，在电视机大功率输出、长寿命方面，铟的应用发展前景特别引人注目。

（8）光纤通讯方面的应用。铟的潜在市场是在光纤通讯中。铟的磷化物可用作外延四元半导体铟-镓-砷化物-磷化物的衬底。此多层装置便是发射光信号的光发射二极管主要材料，在光纤通讯中不可缺少。

（9）电池方面的应用。日本三井金属矿业公司在研究过程发现了铟对电池防腐蚀有很好的效果，因此现在的日本电池厂家和电池材料厂家使用铟彻底解决了腐蚀问题。日本发现负极材料所使用的锌粉腐蚀时产生氢气，使电池的性能和寿命降低，为了防止腐蚀原来添加了水银，但是用完的电池处理时出现了公害问题。因此，从 1984 年开始以实现无水银为目的而进行负极材料的开发，为铟开辟了新的用途，日本的锰电池和碱性锰电池在 1992 年实现了无水银化。在此新用途中，铟的添加量约为 100×10^{-6}，日本 1992 年在电池的负极材料中消费了铟 2t 多，1994 年和 1993 年都消耗铟约 3t。

（10）铟锡氧化物（ITO）方面的应用。由于铟锡氧化物（ITO）具有可见光透过率 95% 以上、紫外线吸收率高于及等于 70%，对微波衰减率高于及等于 85%、导电和加工性能良好、膜层既耐磨又耐化学腐蚀等优点，作为透明导电膜、已获得广泛的应用，特别是作为透明电极用的 ITO 的需要量迅速增加，ITO 是铟应用的最大市场。日本是世界最大的铟消费国，占世界铟总消费量的 60% ~70%。2000 年的铟消费量为 336t，其中的 286t 用于铟锡氧化物（ITO）透明电极。液晶厂家认为，ITO 是所需特性得到满足的最好的材料，目前还无其他代用材料。随着液晶的开发和实用化的进展，它广泛地用于使用液晶的显示装置、电视机、钟表、个人计算机等显示面板及太阳能电池等方面。彩色荧光屏中的薄膜晶体管（TET）、液晶显示器（LCD）是铟锡氧化物（ITO）市场增长的主要方面。ITO 还用于低压钠灯、建筑玻璃、炉门、食品冷冻显示器及飞机、火车、汽车玻璃窗镀膜，有很好的去雾和除霜作用。

（11）铟在其他方面的用途。除了以上用途外，利用铟合金熔点低的特点还可制成特殊合金，用于消防系统的断路保护装置及自动控制系统的热控装置。由于铟具有较强的抗腐蚀性以及对光的反射能力，制成军舰或客轮上的反射镜，既可保持光亮长久不衰，又能耐海水的腐蚀。另外，铟作耐磨轴承、牙科合金、钢铁和有色金属的防腐装饰体、塑料金属化以及传统首饰纪念物的用途仍在继续增长。

12.1.2　铟的市场及价格

近 20 年来，铟的市场价格曾有过几次大波动，20 世纪 80 年代平均价格在 200 ~ 300 美元/kg，最高价是 1980 年达到 650 美元/kg，最低价为 70 ~ 90 美元/kg；90 年代平均价格在 200 ~ 300 美元/kg，最高价是 1995 年达到 580 美元/kg，最低价为 115 美元/kg；进入 2000 年后，由于亚洲金融危机的影响，世界最大消费国日本经济不景气，导致铟价不断下滑，在 2002 年达到历史最低价为 58 美元/kg。2003 年，随着世界经济的繁荣，日本经济恢复，消费市场中由于液晶显示器市场（手提电脑、移动电话、液晶和等离子电视机等）及镀膜玻璃需求的飞速发展，带动金属铟用量及价格的迅猛增长。2004 年世界铟消费量约为 460t 左右，而且今后以 20% ~30% 的速度在增加。在生产量上，全世界 2004 年原生金属铟不到 300t，除了消耗掉往年的库存外，原生铟产量明显不能满足消费的要求。生产与消费的不平衡带动铟市场价格也节节攀升。4N 精铟的价格从 2003 年初的 60 ~ 70 美元/kg 涨到 2005 年 1 月的 1000 多美元/kg，最高达到 1100 美元/kg，国内铟价（4N）最高也涨到 10000 多元/kg，涨幅已超过十几倍，达到一个历史新高点。

12.2　铟的资源

铟在元素周期表中被称为“稀散元素”，就是因为铟的资源稀少而且分散。在自然界几乎不存在单独的具有工业开采价值的矿体，在地壳中的丰度为 0.1×10^{-6}，主要伴生在锌、铅、锡等矿中。现已发现约有 50 多种矿物中含有铟，但含铟大多在 $n \times 10^{-6}\%$

($n=1\sim9$)数量级,其中含铟最高的是含硫的铅锌矿,其他矿物如锡石、黑钨矿及普通的角闪石也常含较多的铟。目前具有工业回收价值的矿物主要为闪锌矿,含铟一般为0.001%~0.1%(有时可高达1%)。据美国地质调查局1999年调查统计，除中国以外的世界铟的储量为4700t，而中国仅与铅锌矿床共生的铟统计结果已超过1万t，位居世界之首。国家储委稀散金属储量统计报告表明，我国已探明的铟资源主要集中于西部地区的广西、云南、内蒙古和广东等地，这四省的储量约占全国储量的80%。其中广西储量约4700t（主矿体已遭严重破坏，专家评估可规模利用铟储量不足3000t)，云南铟储量约4600t，内蒙古铟储量约600t左右，其他地区如青海、湖南、江西等也有小部分含铟矿物。另外，一些含铟的电子废料及废弃元器件也是回收铟、镓、锗等稀散金属的重要资源。这些含铟的资源如表2-12-2~表2-12-4所示。

表2-12-2　世界铟金属的典型矿床

主元素	矿床类型	矿床成因	伴生稀散元素	规模	实例
Cu	矽卡岩铜矿或钼矿	接触交代	Ga, In, Ge, Re, Se, Te	小~中	铜录山
	黄铁矿型铜矿	火山沉积	Ga, In, Ge, Tl	大	白银，扎伊尔
Pb、Zn	矽卡岩多金属矿	接触交代	Ga, In, Ge, Tl	小~中	八家子，连南
	多金属矿	高中温热液交代	Ga, In, Ge, Tl, Se, Te	小~中	大宝山，马关
	脉状多金属矿	低温裂隙充填	Ga, In	小~中	姚林，铜仁
	黄铁矿型多金属矿	火山热液	Se, Te, In, Ga, Ge	中~大	祁连山
	多金属矿	中低温热液	Se, Te, In, Tl	小~中	凡口，常宁
Sn	矽卡岩型锡石矿	接触交代	In, Ge, Ga	中~大	个　旧
	石英脉钨锡矿	高温热液	In, Ge, Ga, Se, Te	小~中	
	锡石-硫化物矿	中温热液	In, Ge, Se, Te	中~大	大厂，个旧
	砂锡矿	残坡积	In, Ge, Ga	小~中	大　厂
Au	金-银矿	火山汽液	In, Tl	中~大	台　湾

表2-12-3　中国铟金属的工业矿床

矿产类	品位/%	利用状况	矿产地	品位/%
锡　矿	0.002~0.112	已　用	广西大厂	0.112
铅锌矿	0.0003~0.006	已　用	青海锡铁山	0.006
多金属矿	0.004~0.01		云南都龙	0.0052
硫化铜矿	0.0002~0.004		湖北吉龙山	0.004

表2-12-4　含铟稀散金属的再生资源

再生资源名	含稀散金属	一般含量/%	中国回收状况
半导体化合物切磨抛废料	Ga, In, Ge, Se, Te, Tl	99%~99.999%$^{+}$	Ga, In, Ge
半导体废器件	Ga, In, Ge, Se, Te, Tl	99%~99.999%$^{+}$	Ga, In, Ge
含稀散金属的合金加工废料	Ga, In, Tl, Ge, Se, Te, Re	0.1%~N×10%$^{+}$	Ga, In, Ge, Re
腐蚀液	Ga, In, Ge, Te		
废催化剂	Ga, In, Tl, Ge, Se, Te, Re	0.1%~N×10%	Re, Ge
含稀散金属的废器件	Ga, In, Tl, Ge, Se, Te, Re		

12.3 铟的生产方法

12.3.1 置换法提铟

含铟原料经过酸浸，得到含铟溶液（如液中铟含量较低，则通过萃取得到的富铟溶液）。利用较铟的电极电位（表 2-12-5）更负的金属（Me），通常用的是锌或铝从溶液中将铟置换（还原成金属）：

$$In^{3+} + Me = In\downarrow + Me^{3+}$$

表 2-12-5 金属的标准电极电位 (V)

金属电极	Al^{3+}/Al	Zn^{2+}/Zn	Ga^{3+}/Ga	Fe^{2+}/Fe	Cd^{2+}/Cd	In^{3+}/In	Tl^{+}/Tl	Sn^{2+}/Sn	Pb^{2+}/Pb	As^{3+}/As	Cu^{2+}/Cu	Tl^{3+}/Tl
标准电极电位	-1.6	-0.763	-0.53	-0.44	-0.403	-0.342	-0.336	-0.136	-0.126	0.248	0.337	0.72

考虑置换的技术控制：如从 $HInCl_4$ 溶液中置换铟，宜加入 NaCl 或 HCl，使溶液中氯离子浓度约达 20g/L，pH 1.5 ~2，温度 40 ~50℃，置换槽保持负压抽风，用锌与铝片置换；如从 $In_2(SO_4)_3$ 溶液置换铟，也宜加 NaCl 达 5 ~ 10g/L，保持 H_2SO_4 15 ~50g/L，温度 30 ~40℃，用锌或铝片置换。一般约 8 ~24h 置换完成，刮取得含铟约 90% ~95% 的海绵状铟，储于水中以防氧化。铸型时从水中捞出，经压团，放入不锈钢锅内，上覆约为铟重 50% ~60% 的碱，加热至 320 ~350℃熔炼 2h，使杂质(Me′)入渣并获得 In≥99% 的粗铟：

$$Me'(\text{II})/2\ Me'(\text{III}) + 2NaOH \longrightarrow Na_2Me'O_2/2NaMe'O_2 + H_2\uparrow$$

此法简便经济适用。

12.3.2 硫酸化提铟法

含铟烟尘或渣（铟主要呈 MeO）等配入 H_2SO_4，投入沸腾焙烧炉或回转窑进行硫酸化焙烧得 $In_2(SO_4)_3$，同时挥发除去砷及氟等的工艺，它分湿式与干式硫酸化，中国及哈萨克斯坦等国多用湿式：

$$In_2O_3 + 3H_2SO_4 = In_2(SO_4)_3 + 3H_2O\uparrow$$

向含（%）：In 0.006，Ge 0.004，Tl 0.056 及 As 1.23 的烟尘中加入料重 110% 的浓硫酸及 3% 木炭，制粒得 -5 ~ +3mm 粒料，投入沸腾焙烧炉于 300℃下焙烧，则铟、锗、铊与铅、锌等转为硫酸盐。而 85% ~95% 的砷、氟及硒等则挥发入烟气，收尘后可综合利用。$In_2(SO_4)_3$焙砂用水于 80℃、液固比 3、硫酸 10g/L 溶解 2h，所得含 In 0.012g/L 及 Tl 0.18g/L 溶液，用 ZnO 中和到 pH =3 ~4 水解得 $In(OH)_3$

$$In_2(SO_4)_3 + 6H_2O = 2In(OH)_3\downarrow + 3H_2SO_4$$

用 H_2SO_4（控制终酸 H_2SO_4 为 30 ~40g/L）溶解此沉淀物，则铟入液，当加热至 70 ~80℃时加入硫酸铜及铁屑除砷，过滤后在残酸 H_2SO_4 <5g/L、50 ~70℃下用锌粉置换得海绵铟，经 H_2SO_4 分解后电解得 99% 铟。回收率约 80%。

湿式硫酸化污染环境与危害人身，故发展用 $FeSO_4$ 代替浓 H_2SO_4 在 500 ~600℃下进行干式硫酸化焙烧：

$$2In_2O_3 + 6FeSO_4 + \frac{3}{2}O_2 = 2In_2(SO_4)_3 + 3Fe_2O_3$$

12.3.3 电解铟法

分含铟 Pb-基合金（Pb-Me-In）与粗铟电解，前者为了铟与杂质 Me′分离而富集，后者为提纯得产品。

（1）Pb-Me-In。电解的原料为含铟的粗铅或 Pb-Sn 或 Pb-Sb 等，电解工艺如图 2-12-1 所示。

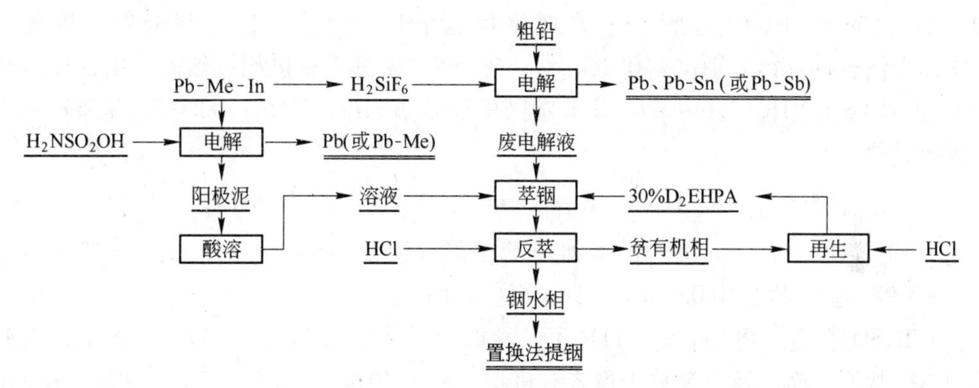

图 2-12-1 电解法工艺流程图

此法简易、产品质佳且无污染。

另有硅氟酸电解法提铟，中国与加拿大均已工业化。中国从硅氟酸电解 Pb-Sn 时，铟基本转入废电解液（含 H_2SiF_6 210 ~ 260g/L，Sn 125 ~ 140g/L，Pb 50 ~ 60g/L，及 In 7.4 ~ 5.9g/L）中回收铟。利用 30% D_2EHPA 对 In^{3+} 与 Sn^{4+} 的萃取动力学差异，在 O/A = 1/4 定量萃铟，然后用 6mol/L HCl 反萃，获得铟水相经加 Na_2CO_3 调至 pH = 3 中和沉出杂质锡，继用前期所得海绵铟置换再除锡后，调整 pH = 1.0 ~ 1.5。于 65℃下用锌板置换铟。铟回收率约 70%。加拿大矿冶联合公司（Cominco）将 Sn-Pb 铸成阳极，以纯 Sn-Pb 为阴极，电解于 H_2SiF_6 电解液中获得纯 Sn-Pb，铟以 Sn-In 形式进入阳极泥，经硫酸化焙烧后水浸得 $In_2(SO_4)_3$ 溶液，滤后用粗铟片置换除铜后，用锌或铝片置换得海绵铟，经电解得 99.99% 铟。

（2）粗铟电解。含 In 98% 左右的粗铟在 H_2SO_4 或 HCl 介质中电解得 99.99% 铟，典型的 $In_2(SO_4)_3$ 电解液含 In 80 ~ 100g/L，NaCl 80 ~ 100g/L，控制 pH = 2.0 ~ 2.5（较低时必须杂质特少），添加剂（如明胶、甲酚、甘油或聚丙酰胺）约 0.1 ~ 1.0g/L，粗铟为阳极，纯铟或钛板为阴极，在 0.25 ~ 0.35V 槽电压、电流 80 ~ 100A/m^2 及 20 ~ 30℃下电解得 99.99% 铟。典型的 $InCl_3$ 电解液含铟 40 ~ 80g/L，NaCl 100g/L，（如用 NH_4Cl 只需 50g/L），添加剂同前，在 pH = 2.0 ~ 2.5，60 ~ 100A/m^2，0.25 ~ 0.35V 及室温下电解得 99.99% 铟。

得到的电解铟如含杂质铊多，可配以 NH_4Cl 与 $ZnCl_2$ 为铟重的 1.5% 与 4.5% 于 280℃下熔炼使铊入浮渣而综合回收。如含镉多可用碘化法：200℃下加 I_2、KCl 及甘油使镉以 K_2CdI_4 溶入甘油；或在 900℃下真空挥发镉而除去并综合利用。

12.3.4　萃取铟法

含铟烟尘或废渣经预处理使铟转入 H_2SO_4 或 HCl 介质中后，国内外多采用萃取法提铟。在 $In_2(SO_4)_3$ 溶液中可用 D_2EHPA，异构羧酸 Versatic 等（前者更适合于从大量重金属与碱土金属杂质的溶液中萃取铟）；在 $HInCl_4$ 溶液中可用 D_2EHPA、Versatic、N503（CH_3CONR_2）、TBP 或 MiBK 等均可定量萃取铟，均有工业化报道，实践中以 N503 较为优越。

（1）HCl 介质：用 20% Versatic911 H/煤油从含（g/L）：In 0.275，Fe 3.85，Cu 1.50 及 Al 8.56 的 $HInCl_4$ 溶液中，在严格控制 pH = 2.5 ~ 3.5 时萃取铟，萃取率达 97.8%，而铜、铁及铝分别仅有 0.2%、1.6% 及 5.7% 进入有机相；然而，用 20% ~ 40% N503 从含铟 1g/L、HCl 2.6 ~ 6.0mol/L 溶液中于 O/A = 1/3 下经 3 级即可定量萃取铟，其机理为形成盐

$$HInCl_{4(a)} + CH_3CONR_{2(O)} = [CH_3CONR_2H^+ \cdot InCl_4^-]_{(O)}$$

然后用 1mol/L HCl，O/A = 10，4 ~ 6 级反萃获得含铟 20 ~ 40g/L 铟水相，经置换与电解得 99.99% 铟。贫有机相用 0.1mol/L HCl 再生返用。

（2）H_2SO_4 介质：用 Versatic911H 可共萃铟与（镓），萃取率达 97% ~ 98%，溶液中杂质铜不被萃取，而铁及铝等只少量入有机相。或用 30% D_2EHPA 萃铟，如综合法所述。

（3）离心萃取器萃取铟：采用铁钒法提锌而处理高含 In ~ 0.1% 的锌精矿时，矿中铟约 95% 进入热酸浸出液，该液含（g/L）：In ~ 0.12，Fe 15 ~ 20，H_2SO_4 25 ~ 15。基于液中 In^{3+} 与 Fe^{3+} 在 D_2EHPA 萃取时的动力学差异，选用离心萃取器而用 30% D_2EHPA/煤油进行离心萃取铟（O/A = 1/15，1 级，1min）萃铟率大于 90%，而萃铁率小于 4%，富铟有机相经用 4mol/L HCl + 3mol/L $ZnCl_2$ 反萃（O/A = 15，4 级），反萃铟率大于 99%，获得含 In 20g/ L 与 Fe < 1g/ L 的铟水相。然后经置换与电解得 99.99% 铟。或者向热酸浸出液加入 Na_2SO_4 进行沉钒处理，使液中铟与铁共沉淀，所得含铟钒渣经焙烧转化后，酸浸，渣中铟转入酸浸液，经萃取提铟。

12.3.5　离子交换提铟法

20 世纪 60 年代西德杜依斯堡（Duisburg）铜厂采用钠型亚氨二醋酸弱酸型阳离子树脂（Lewatit SP100）从含铟的锌镉渣的酸浸液中提铟，如图 2-12-2 所示。

含铟的 Zn-Cd 渣配上 10% NaCl 于 600℃下氯化焙烧，水浸出后加锌粉置换得富含铟的 Zn-Cd 渣，用 H_2SO_4 溶解此渣，控制终点 pH = 2.5，则铟转入溶液，过滤后滤液直泵入装有 Lewatit SP 100（IDA-Na）之交换塔

$$3IDA\text{-}Na + In^{3+} = (IDA)_3\text{-}In + 3Na^+$$

树脂饱和后，经水洗涤，以 1 ~ 2mol/LH_2SO_4解吸：

$$2(IDA)_3\text{-}In + 3H_2SO_4 = In_2(SO_4)_3 + 6IDA\text{-}H$$

从解吸的铟液中提铟采用置换/电解法得铟。而解吸后的 IDA-H 树脂，加 NaOH 再生转型返用

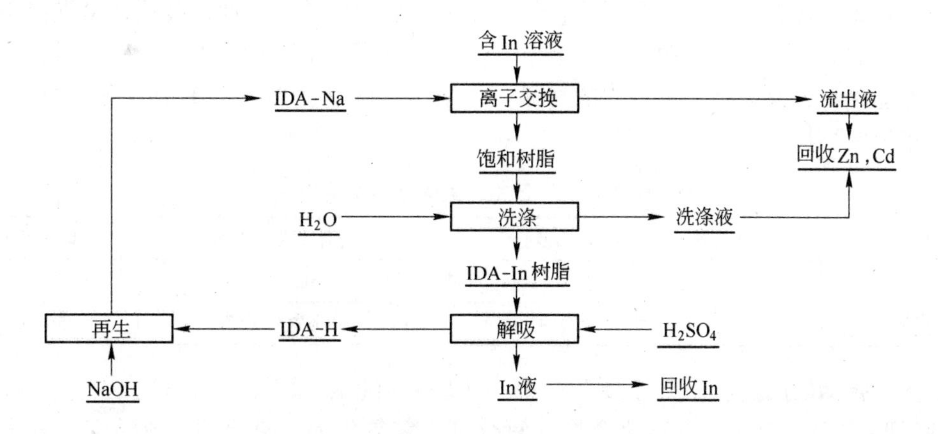

图 2-12-2 离子交换法工艺流程图

$$IDA\text{-}H + NaOH = IDA\text{-}Na + H_2O$$

在1～3mol/L HCl 介质中可用 H 型 KY-2 强酸性阳离子交换树脂吸附铟，后用0.2mol/L HCl 或 NH_4NO_3 从饱和树脂解吸铟。此法具有铟与杂质分离好、简易、无污染及可综合回收锌与镉等优点，发展前景取决于树脂质量与价格。

12.3.6 火法冶金中有效提铟法

（1）氧化造渣法：基于铟对氧的亲和力远大于铅，将粗铅中铟富集于氧化浮渣中。如含 In 0.4%～1% 的粗铅在熔化锅内熔化，达 820～850℃时向熔池鼓入空气，粗铅中铟形成含 In 1%～5% 的浮渣与铅分离，将渣用酸浸出转入溶液或萃取，或直接置换，然后电解得 99.99% 铟，我国葫芦岛锌厂采取该工艺每年生产铟 20t 左右。

（2）氯化造渣法：秘鲁中央矿业公司（Centromin Peru SA）及比利时荷博肯（MHO）将含铟浮渣经高温还原熔炼得 Sn-In，配以 $ZnCl_2$ 及 $PbCl_2$ 进行氯化熔炼，Sn-In 中铟与锡进入氯化渣，磨细后酸溶，经置换，电解得铟。日本日曹熔炼公司将含铟锌浸出渣先经1300℃还原挥发得铟与镓挥发物，投入回转窑并加入 NaCl 及硫进行氯化挥发，铟再富集于氯化烟尘，经酸溶、置换、电解得铟。但是，此法存在工艺长、污染大及设备易受腐蚀之弊。

（3）烟化法：前苏联及加拿大采用烟化法处理含铟的锌浸出渣或锡渣，从烟化尘中回收铟。

（4）真空蒸馏法：该方法是中国拥有自主知识产权的新方法，上世纪 90 年代初开始研究，90 年代末开始在中国韶关冶炼厂全面应用，将粗锌经精馏塔产出含铟 0.1%～0.3% 与含锗 0.1%～0.3% 的硬锌，采用真空蒸馏方法而使铟与锗富集于真空炉渣达 8～10 倍，然后用碱土金属氯化蒸馏法得锗，从氯化残液回收铟。该法流程短、无污染、金属回收率高，近几年又推广在云南、贵州等地用于处理含锌铟的物料，取得了可观的经济和社会效益。

12.4 铟的深加工产品

由铟、镓、锗等稀散金属可与一些金属组成一系列化合物半导体、电子光学材料、新型功能材料、特殊合金及有机金属化合物等，由它们制成的元器件及装置，是支撑当代电子计算机、通讯、宇航、能源、医药卫生、工农业及军工中高新技术的基础材料，其应用广泛，性能独特，有些是无可替代的材料。日本、美国是世界上金属铟消费的两大国家，其近几年消费结构见表2-12-6。

表2-12-6　日本、美国铟消费结构

国　家	ITO系列	焊料及合金	半导体及荧光材料	其他用途
日　本	80%～85%	8%～10%	5%±	5%±
美　国	40%～50%	15%～30%	12%～15%	5%±

根据金属铟的用途，铟的主要产品有：（1）高纯铟（5N、6N、8N）；（2）有机铟（三甲基铟、三乙基铟）；（3）化合物（氧化铟、氢氧化铟、硫化铟、硫酸铟、氯化铟及锑化铟、磷化铟、砷化铟等）；（4）低熔点焊料及合金；（5）ITO系列产品（粉、靶、膜、透明电极等）。生产这些产品的方法很多，技术性很强且各国都是保密的，标准也不统一。因此，只能根据客户的要求选择适当的方法进行生产。下面简单介绍几种产品的生产方法。

12.4.1　高纯铟的生产方法

在金属铟的使用中，制备Ⅲ-Ⅴ化合物半导体时，纯度必须在5N或6N以上，有些特殊需要8N（超高纯）以上。用4N铟精炼生产高纯铟的方法有电解精炼、真空蒸馏、真空溅射、局域熔炼及定向凝固等方法，这些方法要求交替使用、多次进行才能满足多种纯度产品的需要。如4N铟，经化学清洗、真空蒸馏、电解精炼，可得5N铟，再经局域熔炼、真空溅射或定向凝固，可获得6～7N高纯铟。如有需要，再经过反复多次（有报道称20次以上）局域熔炼可获得8～9N超高纯铟。

12.4.2　有机铟的生产方法

金属铟重要的有机化合物是高纯三甲基铟和三乙基铟，它们是制造半导体微结构材料的铟源，可以与ⅤA族元素（磷、砷等）的气态氧化物沉积到合适的基体上制成性能及其优良的半导体材料。其制备技术复杂，条件苛刻，一般分为两个步骤：

第1步：以高纯铟或高纯三氯化铟为原料合成三甲基铟、三乙基铟。合成方法分为化学合成、电化学合成两种方法，其中化学合成技术成熟，是采用较多的合成方法。化学合成方法又分为以铟为原料的合成方法和以三氯化铟为原料的合成方法。详细的反应步骤、工艺介绍可见专门著作和文献，本文不再赘述。

第2步：三甲基铟和三乙基铟的纯化。由于半导体材料对杂质元素含量的高标准要求，需要对合成的三甲基铟和三乙基铟进行纯化处理，使杂质含量小于1×10^{-5}，以满足半导体材料制造的要求。纯化的方法有加合-分解-蒸馏法和逐区提纯精炼法。加合-分解-蒸馏法就是将聚醚加入到合成的产物中形成加合物，常压蒸馏除去挥发性杂质，然后加热分解，减压蒸馏使三甲基铟或三乙基铟以气态形式与聚醚分离，冷却后得到高纯产物。该方法操作简单，可将产物提纯到10^{-6}级，是目前使用较广的提纯方法。逐区提纯精炼法是一种以连续的液固相平衡为基础的反复纯化技术，将原料加入精炼器的液固相平衡管中，在化合物的流动过程中，使杂质与产物分离，需要反复多次进行，直到纯度合乎要求。该方法需使用特殊装置，操作简单，可连续进行，缺点是产物的回收率较低。

12.4.3 ITO产品的生产方法

ITO（Indium-Tin-Oxide）是一种重要的铟产品，包括ITO粉体、ITO靶材、ITO透明（导电）薄膜等，约占铟消费总量的60%～70%，在信息、家电、建筑、交通等行业得到广泛应用。

12.4.3.1 ITO粉体制取方法

ITO粉体是制取ITO靶材的初级材料，其中含铟（In_2O_3）90%～95%，含锡（SnO_2）10%～5%，一般化学组成为In_2O_3: SnO_2 =9:1（可根据需要改变配比），纯度要求为4～5N。粒度方面须满足靶材的要求，制作高密度（相对密度大于或等于98%）靶材，粉体的平均粒径小于0.1μm，对于低密度（相对密度小于95%）靶材，平均粒度可放宽到1～3μm，最大粒径小于或等于20μm。目前制取ITO粉体的方法分为湿法和干法两大类：

（1）湿法制取方法有尿素沉淀法、共沉淀法、有机溶剂共沸法、有机溶剂共沉淀法等，后两种方法因成本高，应用较少；前两种方法工艺较为成熟，应用较多，特别是共沉淀法，已被普遍采用。其生产过程首先将金属铟在硝酸溶液中溶解，然后将此溶液和硫酸锡溶液按In_2O_3: SnO_2 = 9:1的比例混合，强烈搅拌均匀。在一定温度（70℃）下加入添加剂［$NH_3 \cdot H_2O$或$(NH_4)_2CO_3$］调pH值进行共沉淀，控制到一定的酸度（pH=7.5～8），期间强烈搅拌生成ITO复合粉颗粒沉淀，沉淀物经过滤、洗涤、烘干、煅烧等工序而获得球形粉体，平均粒径小于或等于50nm，比表面积30m^2/g左右，分散性好，质量稳定。

（2）干法制取方法即喷雾燃烧法，将金属铟和锡按比例配好熔化，搅拌均匀后倒入有氧气的雾化室，被高速气流冲击雾化成金属微粒，同时发生氧化反应而制成ITO粉体。该法简单方便，在国外已工业化使用。但由于多方面的原因，详细的技术数据、指标、产品的理化性质等资料未见。在中国也没有进行干法制粉研究的报道，因此还需要进行研究。

12.4.3.2 ITO靶材制取方法

以ITO粉体为原料，通过一定的加工方法将ITO粉体制成ITO靶材，以便用来进一步制造ITO薄膜。ITO靶材目前的生产方法有：冷模压法、热模压法、热等静压、冷等静压等方法。其工艺过程如图2-12-3所示。

ITO靶材生产除了以上几种方法，有人建议采用爆炸成型工艺，该工艺能在瞬间（10^{-6}秒）产生高压（10^5MPa），使粉体间达到要求的黏结及高的密度，而且爆炸过程的温升替代了烧结工序，降低对粉体粒度的要求，生产出的靶材致密，性能稳定。但未见有工业化使用的报道。

12.4.3.3 ITO薄膜制取方法

生产ITO透明导电薄膜的方法有下面几种：

（1）物理气相沉积（PVD）。该法以透明的均匀非晶SiO_2涂层的钠钙玻璃为衬底材料，将ITO靶材通过物理气相沉积方法镀在玻璃表面层上，制成透明的导电薄膜。根据物理气相沉积的手段不同还分为：电子束蒸发法（EB）、低压直流溅射法（DCSP）、高密度

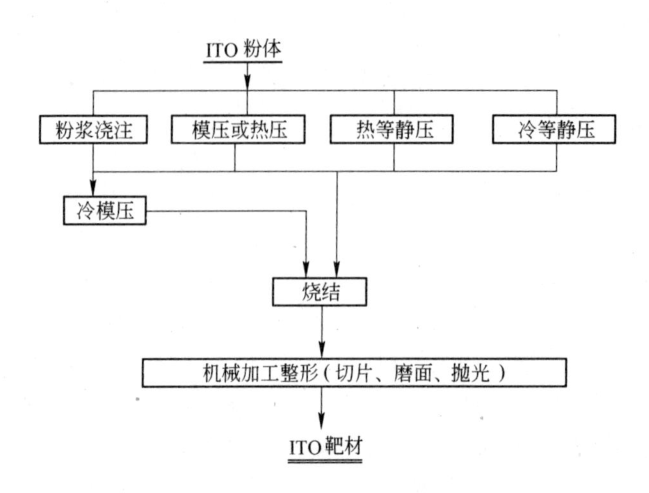

图 2-12-3　ITO 靶材生产工艺流程图

等离子体蒸发法（HDPE）。这三种方法工艺成熟，可制出质量稳定，厚度为 200～400nm 的透明导电薄膜。该法已广泛应用于生产。

（2）化学气相沉积（CVD）。该法是以气态反应物（铟锡有机化合物）为原材料，通过在衬底表面发生化学反应（化学气相沉积热分解和原位氧化）制取 ITO 薄膜。制取的 ITO 薄膜电阻率低、可见光透射率高，但高蒸发速率的反应前驱体制备成本较高，影响了该法的应用范围。

（3）溶胶-凝胶（SoL-GeL）。将铟锡的有机物[$In(OC_3H_7)_3$、$Sn(OC_3H_7)_4$]溶于溶剂中，进行混合、加热等手段制成均匀溶液，然后在抛光玻璃表面上用旋涂法（Spin-Coating）或浸涂法（Dip-Coating）在表面制膜。该法优点是能大面积沉积成膜，缺点是成本高。

12.5　云南省铟产业的现状及发展建议

云南的铟矿物基本是以伴生在闪锌矿的形式存在的。2002 年底，在文山州都龙矿区，探明的铟储量为 3779t（其他还有锡 200 万 t、锌 237 万 t）；在另一矿区（白牛厂）铟储量约 700t。全省铟储量占全国储量的 40%～50%，全世界储量的 25% 左右，目前是铟储量最大的省。

金属铟无独立的矿床，只能从锌、锡、铅、铜等产品冶炼过程中以副产品的形式回收。我国在铟方面的起步较晚，直到 20 世纪 90 年代才开始进行铟的回收和生产。起初铟锭的年产量只有 12t（1991 年），到 2000 年以后铟产量发生巨大的变化，年产量到了一百多吨（2000 年 98t；2001 年 165t；2002 年 160t；2003 年 130t），基本占据了全球铟年产量的 60% 以上，成为了世界上铟第一生产大国。生产企业也由当初的几家企业（株洲冶炼厂、韶关冶炼厂、葫芦岛锌厂）变为几十家，每年的总的生产能力也接近 300t。因为原料问题 2004 年的实际产量大约也只有 140t 左右。

云南省虽有很好的铟资源，但铟产业却起步很晚。在 2003 年之前只有云南锡业公司一家企业从锡电解液中回收铟，每年的精铟产量只有几百公斤。2003 年开始，宣威金沙工贸公司与昆明理工大学真空冶金与材料研究所合作，利用该所的专利技术建立了一条年产精铟 20t 的生产线，从火法炼锌的含铟物料中回收金属铟，该生产线自 2004 年 1 季度投产以来，已生产金属铟达 15t。2005 年，生产的精铟（99.995%）全面销往日本、韩国、欧盟等国际市场，1~5 月份已出口精铟 4t，实现销售收入 400 多万美元，而且该公司计划与昆明理工大学真空冶金与材料研究所继续合作进行铟的深加工产品的开发。云南省还有另外几家企业从进口废料及其他含铟物料中回收金属铟，由于原料有限，每年的精铟产量也只有几吨。在资源的主要贮藏地文山州至今还没有铟的生产，每年生产出的锌焙砂约有 6 万 t，其中含铟为 300~800g/t 不等。这样开采出的铟的量就有 20~40t 左右，这部分铟随锌焙砂被销往省内外的锌冶炼厂，其中有相当一部分没有得到回收，矿中含铟的经济价值也没有得以体现。2004 年在文山、蒙自两地分别成立了两家锌铟股份有限公司，在炼锌的同时回收其中的金属铟，拟打造亚洲最大的金属铟生产基地。另外还有几家湿法炼锌企业正在进行技术改造，回收渣中的铟及其他稀贵金属。三年内如果全面投产后，云南省铟的年产量可达 100t 以上，占世界原生铟产量的 40% 左右，将成为铟生产的大省。

目前，中国虽然在铟资源和产量成为了世界第一，但是在高新技术研发、深加工产品的生产、市场占有及经济效益方面与发达国家有很大差距。目前国内铟产量的 70~80% 都出口到了国外（日本、美国及英国等），而增值几倍甚至几十倍的深加工产品又销回国内。在金属铟的整个产业中形成初级产品（铟锭）大量出口，高端产品（ITO 靶材、铟盐、低熔点焊料及高档 LCD 等）却依赖进口的局面。造成中国铟产业的发展极不平衡，经济利益也得不到充分体现。云南省铟产业正在起步，怎样能够快速有序的发展？认为有以下几个方面的问题需要重视：

（1）从资源入手，以保护和开发兼顾的方针进行有序的开采利用。矿产资源是属于全人类的宝贵财富，是不可再生的资源。因此对已有的矿物资源必须实施可持续发展的科学态度，进行保护性开发，严禁滥采乱挖，提高资源的利用率，使有限的资源得到最大限度的利用。广西在铟资源方面有着深刻的教训，政府有关部门管理不到位，致使矿山滥采乱挖现象严重，主体矿遭到破坏，而且出现了严重的人身伤害事故和环境的严重污染。云南省在其他矿产资源的管理同样也有类似的教训。这些都是我们的前车之鉴，在宝贵的铟资源的开发管理上再也不能重蹈覆辙，应该在政府有关部门的监管下统一规划进行开采和生产，实现资源开发、经济发展及环境保护的平衡发展。

（2）开发金属铟的新用途，培育平衡的消费和销售市场。特别是带有自主知识产权的新产品的开发尤为重要，可以打破别国的技术封锁和技术壁垒。

（3）加大科研投入，增加技术开发、产品开发的能力，并尽快的转变为生产力。由于多方面的原因造成中国铟产业的现状，其中一个重要原因就是在铟的产品开发利用方面投入的科研力量及资金太少，国外发达国家日、美及部分欧洲国家在 20 世纪八九十年代就已经投入重金进行这方面的科研工作，以至目前形成多项高端技术作为秘密掌握在这些国家。因为铟的深加工产品市场经济利益巨大，2003 年全世界仅 LCD 的产值近 400 亿美元，所以别人不可能轻易转让和公开其技术，中国铟产业要想有大的作为，就必须加大科技方面的投入，建立高水平的技术开发平台，组织有关部门的科研人员进行科技攻关和产品开发，只有自己掌握了有关技术，尽快投入生产，才能将资源优势真正变成经济优势。

（4）有计划的审批有关项目，避免低水平重复上马的项目，有意识地提高产品的竞争力和经济价值。目前，在利益驱动下，不少企业、个人又在积极进行铟项目的建设，多数项目还是以生产铟锭（3N、4N）为最终产品，产品档次低，可能会形成铟锭过剩、竞相压价出口、国际铟价下滑的局面。因此这就要求在审批有关项目时，严格把关，使新上企业的产品结构更加合理，在企业上马初始时就有意识地提高产品的竞争力和经济价值。

在铟的深加工方面，中国与日本、美国等发达国家相比，从数量、技术水平、价格等方面差距很大。国内仅有峨嵋半导体材料厂、南京锗厂等少数几家企业生产 5 ~ 7N 高纯铟，产量很有限；价格昂贵的铟的高纯度无机、有机产品在个别研究院和高校有研究性开发，未见有企业规模化生产的报道；ITO 靶材的生产国内已有株洲冶炼集团、华锡集团、宁夏 905 集团投资建成生产线进行工业化生产，打破了进口靶材一统天下的局面，但因质量及技术水平与进口产品有差距，还不能占据国内的主要市场。国家在“九五”重点技术开发计划中就把铟的深加工项目作为重点，重点开发的技术有：（1）ITO 靶材生产；（2）有机铟（三甲基铟、三乙基铟）；（3）绿色电池用铟盐；（4）核电站用 Ag-In-Cd 合金等。云南省将很快成为金属铟生产大省，要想在铟产业上有所作为，除了对资源有政策性保护进行有序的开发外，必须依靠高科技技术走深加工、生产高附加值产品的道路，形成粗铟→精铟→高纯铟→铟盐→靶材、低熔点合金等完整的产业链，然后发展显示器（LCD）、电子材料等高技术产业，最后形成有资源、有产业、有巨大经济效益的基地。

参 考 文 献

1 周令治等．稀散金属冶金学．北京：冶金工业出版社，1988

2 周令治，邹家炎．稀散金属手册．长沙：中南工业大学出版社，1993

3 刘世友．铟的生产、应用和开发．稀有金属与硬质合金，1994(12)：49 ~ 53

4 王顺昌等．铟的资源、应用和市场．世界有色金属，2000(12)：22 ~ 24

5 刘大春，杨斌，戴永年等．云南铟资源及其产业发展．广东有色金属学报，2005，15(1)：1 ~ 3

6 杨斌，戴永年等．硬锌提锌和富集锗铟技术的研究与应用．真空科学与技术，1999(10)：166 ~ 168

7 屠海令，赵国权，郭青蔚等．有色金属冶金、材料、再生与环保．北京：化学工业出版社．2003

8 舒万艮，李雄等．三甲基铟、三乙基铟制备的研究进展．稀有金属，1999，23(3)：224 ~ 226

9 Jacobus S C，Jan V A，Maria G J. WO 04438，1994

10 何小虎，韦莉．铟锡氧化物及其应用．稀有金属与硬质合金，2003，31(4)：51 ~ 57

13 镓

韩 龙 昆明理工大学

13.1 概述

镓是由法国的 Boisbaudran 先生于 1875 年发现的。这一名称是由拉丁语“Gallia”一词转换而来，商业回收开始于 1943 年。

镓在自然界中分布极广，但数量极少，因此人们把它划分为稀散金属。它在自然界中的丰度与铅相当，但是没有独立的矿床。最富的镓矿源含镓量也不过只有 0.5% ~ 1%。锗石是镓的标准富矿矿石，颇为罕见，仅在南非有小量发现。硫镓铜矿石非常稀少的镓矿物，伴生在西南非楚麦布和加丹加的新矿石中。某些锌矿石和煤中含有可供工业利用的镓，铝土矿中含镓 20×10^{-6} 左右，因此用拜尔法生产氧化铝的残液是镓的最普遍的来源。

13.2 镓的性质

13.2.1 镓的物理性质

镓是一种银白色金属，元素符号为 Ga，原子序数 31，相对原子质量 69.72。其特性接近Ⅸ族的相临元素铝和铟，它的出现和用途也与这两个元素有关，同时与Ⅴ族的锌和锗相似。它的熔点很低，只有 29.8℃，而沸点为 1983℃，是元素中液态温度范围最宽的金属；且在极低温度能呈过冷状态。高纯镓的过冷现象非常显著，在凝固点以下仍能长期的保持液态。镓与水、铋和锗一样，凝固时体积膨胀。镓晶体为斜方晶型，多晶镓容易破裂，但单晶镓延伸性能颇好。镓的各向异性极为显著，其三个晶轴的电阻比为1∶3.2∶2.7；三个晶向的线热膨胀系数比为 31∶16∶11；其欧姆电阻的变化比其他任何金属都大。镓的物理性质见表 2-13-1。

表 2-13-1 镓的物理性质

项 目	数 值	项 目	数 值
原子序数	31	熔点/℃	29.75
相对原子质量	69.72	沸点/℃	1983
晶格类型	斜方面心晶格	比电阻/Ω·cm	
晶格常数/nm	$a=0.45167$ $b=0.45107$ $c=0.76648$	固体（0℃）	53.4×10^{-6}
密度/$g \cdot cm^{-3}$		液体（30℃）	27.2×10^{-6}
固 体	5.904	标准电极电位/V	0.52
液 体	6.095		

13.2.2　镓的化学性质

镓位于周期表ⅢA族铝和铟之间，故化学性质与两者相似。在金属镓表面上常有一层薄的氧化膜，但即使在红热时也不易进一步被空气或氧气所氧化。在不加热的情况下，镓能缓慢溶解于硫酸和盐酸中，加热时则迅速溶解并析出氢。镓易溶于氢氟酸，氟化镓可从氢氟酸直接溶解金属来获得。

镓能迅速扩散到某些金属的晶格内，在高温下镓与大多数金属，如与锡、锌、铝、镉、镁、铟、钠等形成合金。在500～1000℃下，大多数金属为镓所强烈腐蚀，抗镓腐蚀最佳的是钨，其次是铌、钽和钼。

硫、硒、碲和磷、砷、锑在高温下与镓结合而形成化合物。砷化镓是这些化合物中最典型的例子。

13.3　镓的矿物资源

13.3.1　镓的矿床

目前已经发现的镓的金属矿物有3种，分别为硫镓铜矿、硫铜镓矿和锗石。镓在地壳中的含量为$1.5\times10^{-3}\%$，比锑、银、铋、钨、钼均高，但并未发现镓的单独矿床。中国最佳的镓的矿床如表2-13-2所示。

表2-13-2　中国最佳镓工业矿床

元素	矿产类型		最佳工业矿床	
	矿产类	品位/%	矿产地	品位/%
Ga	铝土矿	0.001～0.011	河南巩县	0.001～0.06
	铅锌矿	0.0009～0.0046	广东凡口	0.0035
	多金属矿	0.0012～0.0124	广东大宝山	0.0124
	钒钛磁铁矿	0.0026	四川攀枝花	0.0026
	硫化铜矿	0.0001～0.0009	江西德兴	0.002～0.0031
	硫化钼矿	0.001	吉林大黑山	0.001
	煤　矿	0.004～0.0045	四川永川	0.004～0.0045
	锡　矿	0.0037	云南个旧	0.0037

13.3.2　镓矿床的工业评价

为适应中国稀散金属的采矿及综合利用的要求，结合国家需要、技术水平、矿床地质特征、开采条件、矿石加工性能、矿区交通情况、辅助材料的供应条件及综合回收技术等，以确定矿石的最低工业品位极为重要，为此有必要对稀散金属矿床进行工业评价。镓的矿床有关工业评价如表2-13-3所示。

表 2-13-3 镓矿床的工业评价

元素	矿床	稀散金属主要载体	品位/%	评价
Ga	热液矿床	多金属矿和铜锌矿 黄铁矿型矿	0.001～0.01 0.02～0.03	可综合回收 铁矿中含 Ga0.001%便有综合回收价值
	与碱性岩有关的岩浆矿床	磷灰石-霞石	0.01～0.04	可综合回收
	外生矿床	铝土矿 煤　矿 明矾石	0.002～0.01 0.003～0.005 0.0022～0.0044	可综合回收 可综合回收 可综合回收

13.3.3 镓的原料

镓主要以类质同象状态分布在铝矿物、铁矿石、铅锌铜的硫化矿中。铅锌矿、锡矿中也含有镓，镓还与锗一道存在于煤中。

镓与铝结合在一起是因为这两种元素的化学性质相似，因此镓离子能取代铝工业矿物——铝矾土晶格中的铝离子，铝矾土中含镓量在0.03%～0.0001%之间。

锗石中含有镓。纳米比亚（西南非洲）楚麦勃矿是一种铜铅锌混合矿，含锗0.015%～0.017%，其中锗的矿物主要为锗石，锗石中含镓为0.1%～0.8%。扎伊尔加丹加的铜锌矿含锗很高（0.01%～0.02%），锗主要呈硫锗铁铜矿存在，其中含镓1%以上。这两种矿物是目前已知的含镓最丰富的矿石。

某些煤的分析证明其中也含有镓。在煤的煤气化过程中，镓则富集于烟尘中。如英国煤气厂的烟尘就含有0.38%～0.75%的 Ga_2O_3 及0.29%～1.24%的 GeO_2。镓富集在烟尘中是由于镓的低价氧化物挥发的缘故。

目前，可以作为提镓原料的主要物料是铝和锌生产中的中间产物和废料；其次也从铜冶金和磷生产的烟尘中提取镓。

13.4 镓的提取方法

目前世界上90%的镓是作为炼铝工业的副产品获得，其余10%主要是从锌冶炼的残渣中回收，少量是从煤灰等其他的产物中回收。从铝矿中回收有比较成熟的工艺，例如沉淀-电解法、萃取法、电化学法，具有回收方便，回收率较高等特点，而从冶锌工业废渣中回收锗与铟较易，回收镓难度较高。

13.4.1 从铝冶炼的物料中富集提镓

目前提取镓的主要原料是铝矾土，在用拜耳法生产氧化铝的过程中，镓呈镓酸钠随铝一道进入溶液。当用搅拌分解使铝酸钠水解成氢氧化铝时，氢氧化铝在氢氧化镓之前析出。因此，搅拌分解过程的母液及碳酸分解过程最后沉出的那一部分沉淀物或母液都富集有镓，这两种产物就可作为回收镓的原料。

从氧化铝生产的母液中富集回收镓的工艺流程如图2-13-1所示。

由此法得到的镓精矿，Ga_2O_3 含量为1%～2%。镓精矿经过萃取除杂、电解便可制得

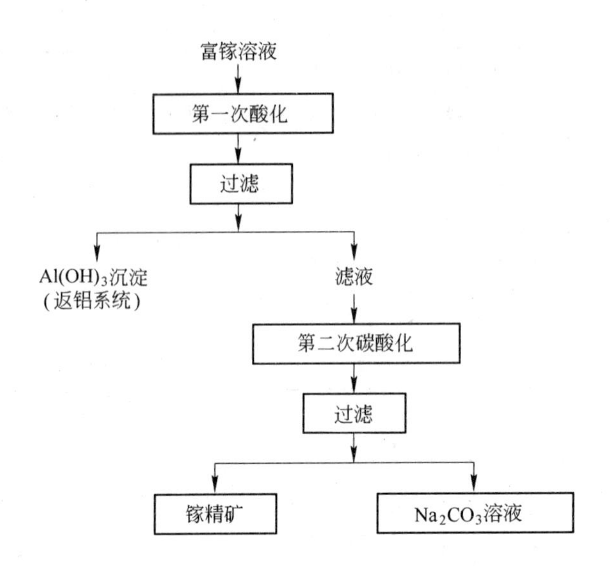

图 2-13-1　从氧化铝生产母液中提取镓的工艺流程图

金属镓。

13.4.2　从锌工业废渣中回收镓

锌精矿一般皆含有镓，硫化精矿在焙烧后用硫酸溶液浸出，成为硫酸锌溶液，经过中和处理，得到铁渣，渣中含镓 0.07%、铝 10%，铁 15%。渣用碱液浸出，用 NaOH 浸出时，铝和镓及一些杂质溶解，溶液用酸中和，即有氢氧化物沉淀出来，然后经过过滤，滤饼进行脱水处理，再用盐酸浸出，得出氯化镓溶液。目前研究从锌渣的酸浸液中回收锌的方法主要有：萃取法、液膜分离法、中和沉淀法、树脂吸附法等方法。

13.4.2.1　萃取法

以仲辛基苯氧基乙酸（简称 CA-12）为萃取剂，在盐酸体系中可有效地萃取镓，有机相为 CA-12 的煤油溶液，CA-12 的浓度为 4.6×10^{-3}mol/L，有机相与水相的体积比为1∶1，pH = 4.2，室温下萃取 30min，镓的萃取率可达到 100%。除了用 CA-12 外，用 2-乙基己基磷酸-单-2-乙基己基脂、有机磷化合物，Cyanex 925 等作萃取剂，均能有效地从浸出液中萃取稼。

13.4.2.2　液膜分离法

乳状液膜法是一种高效、快速、节能的新型分离方法，特别适合低含量物质的分离回收，在环境保护、石油化工、湿法冶金等领域已得到应用。国内有用 P204、TBP、TRPO 作流动载体从湿法炼锌系统中分离回收 Ga^{3+} 的研究，对用内水相结晶的乳状液膜法分离富集镓的条件和效率的研究，结果表明：LMS2（表面活性剂代号）TRPO 磺化煤油的乳状液膜体系可快速、有效地迁移 Ga^{3+}，对含 Ga^{3+} 0.045g/L 的模拟料液，镓的提取率可达 98% 以上，Fe^{3+}、Ge^{4+}、Cu^{2+} 等杂质对 Ga^{3+} 的迁移基本无影响，含 Zn^{2+} 的料液可返回炼锌系统。用 P204 和 C_{5-7} 羟肟酸协同载体，pH = 3.2 的 NH_4F 溶液为内水相试剂，使 Ge^{4+} 以溶液状态而 Ga^{3+} 则以 $Ca(OH)_3$ 沉淀同步迁移进入内水相并分别回收的液膜体系。经过

研究影响 Ga^{3+}、Ge^{4+} 迁移的各种因素，经正交实验确定了分离稼和锗的最佳液膜组成及操作条件，并用加入铁粉法除去了杂质 Fe^{3+} 和 Cu^{2+} 对 Ga^{3+}，Ge^{4+} 迁移的干扰。所得镓和锗的回收率分别为 94.7% 和 98.6%，纯度为 97.8% 和 96.3%。Zn^{2+} 离子损失仅 2.15%，回收镓和锗后的萃余液可返回冶锌系统。以二异十八烷酰磷酸为载体组成的支撑液膜也可有效地萃取和分离浸出液中的镓。

13.4.2.3 树脂吸附法

用 CL-TBP 萃取树脂可以从酸浸溶液中吸附分离稼，在 6mol/L 的盐酸介质中，静态吸附 15 min，镓的吸附率可以达到 94.5%。被吸附的镓可用 0.5 ~ 1.5 mol/L 的 NH_4Cl 溶液定量洗脱，洗脱率达 100%。所用的 CL-TBP 萃取树脂是以苯乙烯-二乙烯苯为骨架，共聚固化中性磷萃取剂磷酸三丁酯制备而成的，磷酸三丁酯以小液滴形式存在于固化锁闭的骨架中。

13.4.3 从煤气厂烟尘中提取镓

煤气厂所用煤中含镓和锗时，二者富集于烟尘中。还原熔炼是处理这种含镓、锗烟尘的重要方法之一，其原理是根据镓的亲铜性质和锗的亲铁性质，将烟尘配以氧化铜、苏打、石灰、煤等，在反射炉中进行熔炼，便可产出含镓 1.5% ~2%、锗 3% ~4% 的镓锗铜铁合金。进一步处理这种合金便可分别制得镓、锗的纯化合物。

13.5 镓的生产现状

13.5.1 原镓的生产

镓是氧化铝的副产品。世界上主要的铝土矿资源在澳大利亚、几内亚和巴西，这三个国家占世界总矿石开采量的 60%。但是，它们不回收镓，尽管澳大利亚曾经是重要的生产国。值得注意的是，世界上只有为数不多的几家氧化铝厂生产这种副产品。这倒不是因为镓特别难萃取或不是有价值的副产品。一种观点是铝的营销和销售与镓不同，镓的数量太少而不值得去回收和营销；法国 Rhodia 公司日本分公司的销售经理曾做过评论“原镓业务的风险非常大”，因为再生镓可以满足消费者大部分需要。

德国的 Stade 氧化铝厂拥有镓的生产线。镓业务原来属于法国的罗纳-普朗克公司，1999 年美国的 GEO 化学公司从其手中收购。2000 年 GEO 扩建，镓的产能翻了一番，当年的产量达到 33t。

哈萨克斯坦 Pavlodar 氧化铝厂是该国最大的氧化铝厂，其产镓的能力也非常大。2000 年，镓的产量达 23t。

俄罗斯生产镓的主要特点是：镓的储藏量非常大，但回收量非常低。俄罗斯有多家铝厂，如 Achinsk 氧化铝厂、Boksitogors 铝厂、Pikalevo 铝厂、Vokhov 铝厂。这几家工厂生产镓的能力较小，分别为 5t，2t，2t 和 1t。到目前，尚没有从冶炼铜和锌的过程中回收镓的报道。

乌克兰只有一家氧化铝厂——Nikolaev 氧化铝厂，所用矿石从巴西、几内亚和牙买加进口，2001 年初的镓产能只有 1.8t。据报道，其产能正在扩大。

匈牙利的氧化铝厂——Akja 氧化铝有限公司是世界上较早生产镓的工厂之一，他们采用的是汞电解法。其镓的产能为每年5t，产品基本上出口日本。

日本虽然没有氧化铝厂，但盛产锌矿。目前，同和矿业是世界上唯一从锌矿中提取镓的公司，其产镓的能力在20t。

13.5.2 再生镓

日本是世界上最大的从废料中回收镓的国家。同和矿业是世界上最大的废镓回收厂，年回收能力为50t。Rasa工业每年可回收12t。日亚化学公司、住友化学和住友金属矿山也从废料中回收少量的镓。

根据美国地质报告，美国国内不生产原镓。位于犹他州的Recapture Metals公司，从砷化镓废料中回收，据说每年有20t的再生能力，但其生产数据从来没有公布过。Eagle-Picher技术公司每年可回收镓12t。

13.6 镓的市场需求状况

自1995年以来，世界市场对金属镓的需求为每年160t，而20世纪90年代初期只有100t。需求最旺的是光电应用，特别是发光二极管（LED）。预计LED的消耗量占全世界镓需求量的50%左右。

日本是世界上最大的需求国，2000年为140t，其中结晶用镓64～66t，外延用镓73.5～74.5t，其他用量为1t。

美国是镓的第二大需求国，2000年需求为50t。据美国地质调查局报道，美国95%的镓是以GaAs的形式消费的，主要用于LED（发光二极管）、LD（激光器）、光检测器、太阳电池及IC等方面，与国防有关的开发研究用镓占总消费量的7%。世界一些国家对金属镓的需求见表2-13-4。

表2-13-4 世界一些国家对金属镓的需求

国家或地区	1995年	1996年	1997年	1998年	1999年	2000年	2001年
日　本	115	92	113	101	110	140	120
美　国	25	40	36	38	41	50	40
欧　洲	6	7	9	10	11	13	10
其　他	5	6	6	7	7	9	7
合　计	151	145	164	156	167	212	177

13.7 镓的价格和价格趋势

作为一种副产品金属，镓的价格趋势受宏观经济因素影响小，但深受供应量的影响。20世纪60年代，价格从每千克3000美元降到800美元，主要是回收和提纯工艺方面技术进步的结果。Ga的价格随着市场的需求量而起伏，2001年3～6月的价格为1700～2300美元/kg，而到2002年11月7日其价格则降到了150～250美元/kg，2002年11月下旬的成交价格又由150美元/kg上涨为180美元/kg。2003年，每千克镓高达600美元。随着市场需求的不断变化，镓的价格有所波动，最近两年其价格趋于平稳，基本保持在400美元/kg。

13.8 镓的应用领域及发展前景

13.8.1 电子工业

高纯镓是制取化合物半导体砷化镓、磷化镓等的原料，这是镓的最大的、也是最重要的应用领域。其次是作锗和硅半导体的掺杂元素。

作为半导体材料，镓在晶体管、光导体、光源、激光以及冷冻器件等领域中获得非常重要的应用。镓基化合物具有很好的半导体性质，特别是它可以在比锗、硅更高的工作温度，更低或更高的工作频率下使用。

在制备锗、硅晶体时，加入微量的高纯镓，就形成 P 型晶体。将制成的单晶薄片，在惰性气氛中送入镓蒸气，从表面渗透而制成 P-N 结。

13.8.2 低熔点合金

镓能与大多数金属形成合金。由于镓的熔点低，能降低合金的熔点，镓与铋、锌、铅、锡、镉、铟、铊的合金都是熔点低于60℃的易熔合金。各种低熔点合金多用于自动化、电子工业及信号系统、过真空的密封，涂润金属改善性能和自动防火装置等方面。

13.8.3 冷焊剂

镓可用作金属与陶瓷间的冷焊剂，适于对温度导热等敏感的薄壁合金，使用时只需将液态镓与焊接材料的金属粉末混合，然后将它涂在金属与陶瓷欲焊接处，凝固后即焊接成功。

13.8.4 氮化镓（GaN）

利用 GaN 宽禁带半导体耐高温的特性，研制出可以在 300 ~ 600K 范围工作的器件，可用于航空、航天、石油化工、地质勘探等部门。氮化镓基材料内外量子效率高，具备高发光率、高热导率、抗辐射、耐酸碱、高强度和高硬度等特性，可制成高效蓝、绿、紫、白色发光二极管，以氮化镓为第三代的半导体材料是目前世界上最先进的半导体材料，是新型半导体光电产业的核心材料和基础器件。

13.8.5 砷化镓（GaAs）太阳能电池

砷化镓是一种性能与锗、硅相似的半导体。目前它是被研究得最多，最受重视的半导体材料。砷化镓的主要用途是制造微波半导体器件，由于材料和器件生产工艺的改进，大大发展了以体积小、重量轻和可靠性好为特点的微波半导体器件。目前，砷化镓器件的种类越来越多，在人造卫星、宇宙飞船、导弹、雷达、散射通信、导航设备、电子对抗以及遥测系统等尖端应用中日趋重要。

砷化镓的另一主要用途是用于太阳能电池方面。在硅、硫化镉等太阳能电池材料中，砷化镓是最有希望的材料。它的理论效率是最高的，达 26%，但由于硅生产工艺的飞跃发展，目前最好的太阳能电池器件是由单晶硅制造的。随着砷化镓生产工艺的不断发展，砷化镓太阳能电池的实际最高转换率达 18%。如对这种太阳能电池进一步改进，其效率可能更高。

砷化镓太阳能电池材料具有以下优点：砷化镓的吸收系数高，阳光被吸收在几微米的表面内，它的禁带宽度与太阳光能很好的匹配，因此适用于制造大面积薄膜太阳能电池；砷化镓能在比较高的工作温度下提供有效的功率输出。

13.9　镓的发展前景及建议

中国丰富的铝土矿中含有大量的稀有金属镓，但目前镓的回收利用水平极低。由于镓的利用价值巨大，其回收利用必须引起高度重视。

镓主要用于国防科学和高性能计算机的集成电路上。1998 年，清华大学成功地制造出氮化镓半导体一维纳米棒，使中国在国际上首次把氮化镓制造成一维纳米晶体。砷化镓是继硅之后研究最深入、应用最广泛的半导体材料。它推动了光电子技术和现代信息技术的高速发展，被广泛应用于移动通信、光纤通讯和卫星通信等领域。

国际上，对镓的研究、利用正在加速。2003 年 4 月，加州大学伯克利分校化学家杨培东研制出单晶体氮化镓纳米管，应用前景广阔。最近，美国科学家发现镱、镓、锗三种金属组成的一种新型混合型金属，为曾经威胁航天飞机的安全隐患提供了解决方案。日本物质材料研究所用液态金属镓制成“碳纳米温度计”，是世界上最小的温度计。

镓在国际市场上的价格极高，市场前景看好。日本每年消耗的高纯镓达 100 多吨。全球 2000 年消耗在镓上面的资金达 9.5 亿美元，且以每年 30% 以上的速度在增长。随着经济的发展和技术的进步，镓将出现供不应求的局面。中国的铝土矿资源丰富，铝土矿中镓含量普遍较高，只要加强冶炼回收，在国际市场上会大有作为。

目前，中国镓回收技术进一步成熟。中国铝业股份有限公司研发中心研发的“树脂法回收金属镓”已成功实现成果转化。中铝河南分公司通过引进国外先进技术和科技攻关，已建成年产 5 万 t 纯镓生产线并投入商业化运行。

要把镓的回收利用作为专项工作来抓，要在氧化铝生产线中增加镓的回收，加大和完善回收技术装备和配套回收能力，防止镓流失。应借鉴中铝河南分公司的技术生产高纯镓，或将粗镓的精炼和镓的深加工等后续产业链交给中铝河南分公司等企业，共同加快镓的回收利用。

参 考 文 献

1　周重阳．金属镓出口战略研究．大连理工大学，2002

2　沈华生．稀散金属冶金学．上海：上海人民出版社，1976

3　《稀有金属应用》编写组．稀有金属应用（下）．北京：冶金工业出版社，1974

4　《稀散金属知识》编写组．稀散金属．北京：冶金工业出版社，1978

5　Г. А. 麦耶尔松，А. Н. 泽里克曼．稀有金属冶金学教程（下）．冶金工业部有色金属工业管理局编译科，中南矿冶学院稀有金属冶金教研组．北京：冶金工业出版社，1960

6　李洪柱．稀有金属冶金学．北京：冶金工业出版社，1990

7　《稀有金属手册》编辑委员会．稀有金属手册（下）．北京：冶金工业出版社，1995

8　龙来寿．从冶锌工业废渣中综合回收镓、铟、锗的研究．广东工业大学学报，2004

9　杨晓婵．镓．现代材料动态，2002(12)：21 ~ 23

10　杨守春．镓．现代材料动态，2003(12)：24 ~ 26

11 杨守春．镓．现代材料动态，2004(12)：17～19
12 国际市场小金属价格．国外金属矿选矿，2003(5)：45
13 王金超．镓生产工艺及用途．四川有色金属，2003(4)：14～19
14 赵秦生．镓的市场、生产、价格与发展．稀有金属与硬质合金，2001(147)：42～44
15 邓苏勇．稀有金属镓回收利用亟待重视．http：//www. gx. xinhua. org/newscenter/2004-06/02/content 2234870. htm，2004. 6. 2

14　锗

周里一　昆明理工大学

14.1　概述

锗金属及其化合物是当代高科技新材料的支撑材料之一。随着科学技术的不断发展，锗的应用领域不断扩大，它不仅是为满足经济的需要，更重要的是发展现代高科技和现代化军事工业不可缺少的主要战略物资之一；同时在医药、催化剂及其他方面也都需要锗。

中国锗资源十分丰富，储量居世界首位。中国锗的生产在世界上占有重要的地位，是世界主要的产锗大国。云南是中国锗资源比较丰富的省份，总储量居全国第二位。云南不仅锗资源储量有优势，而且有较成熟的从铅锌矿和煤中提取锗的生产工艺技术；锗产量占全国产量的30%左右，目前已成为锗生产的大省。

中国锗工业的发展是从20世纪50年代开始的，至今已有50多年的历史。我们解决了锗材料由研究到实现工业化的3个基本问题，即原料来源和富集工艺、提纯工艺、单晶及其他锗产品生产工艺。

锗材料应用领域研究的发展和应用范围的扩大，锗需要量的增大，锗工业也必将迅速发展。

现代高科技、现代军事技术、现代工农业、环境保护等的发展，都与高科技新材料的支撑材料、饰物锗在内的稀散金属密切相关。同时，相应地对这些金属材料在品种、纯度、理化性能等方面提出了更高更多的要求。针对云南当前锗金属深加工发展不够充分，导致金属产品科技含量较低，对其他工业发展支持力度不够，相应地产量不够高、经济效益不够显著等状况，我们对锗金属如何强化生产、应用、市场、深加工等问题，进行了探讨研究，结合地区实际提出一些意见和建议，供领导和有关方面参考，为云南经济繁荣和社会发展作微薄的贡献。

14.2　锗的资源及生产概况

14.2.1　锗的资源

锗是一种稀散元素，它在地壳中的含量并不算少，其丰度为$(1.4 \sim 1.5) \times 10^{-4}\%$，比金高出上千倍。但锗在自然界没有单一的矿床，都是以微量杂质状态丰硕于其他矿物之中，特别是大多伴生于铅、锌、铜等有色金属矿，以及铁矿和煤矿中。

世界锗的资源比较缺乏，20世纪90年代已经探明的储量（不包括中国）约为0.86万t，其中美国0.69万t、加拿大0.09万t、欧洲0.1万t、非洲0.24万t。

中国锗的储量十分丰富，资源量总计近1万t，在世界上占有明显的优势。已经探明的锗储量分布在全国12个省（区）。其中广东、云南、吉林、四川、广西和贵州等7省

（区）的储量较多。近年来，在内蒙古锡林郭勒盟又探明了储存于胜利煤田的高品位锗资源，使中国锗的储量进一步增加。

1999年经勘探查明，内蒙古煤中锗资源储量1626t，成为国内锗资源储量第一的省区。2002年底，云南会泽铅锌矿经省矿产储量评审中心评定，锗的储量增加了350t，从而云南锗资源总储量达到了1475t，名列全国第二位。

中国锗金属保有储量在各种矿物中的健在情况为：铅锌矿69.30%、煤矿17.00%、铜矿11.34%、铁矿2.30%、其他0.06%。

中国锗的主要工业来源之一是铅锌矿伴生的锗，这种资源按成因分为三类：一为热液交代型铅锌矿床，如湖南水口山。二为沉积改造型铅锌矿，如广东凡口。上述这两类铅锌矿中，锗以类质同象赋存于方铅矿、闪锌矿等硫化矿中，锗品位平均分别为0.0017%和0.0015%。第三类为砂铅锌矿床如云南会泽、贵州赫章，锗以类质同象散布于氧化锌矿石中，锗品位平均为0.039%。

锗的另一个工业来源是沉积煤矿床中伴生的锗，以有机化合物形式存在，平均品位约为0.0017%，云南临沧地区第三纪褐煤中伴生有丰富的锗资源，为中国特大特富的锗矿之一，储量吨，品位高达0.0176%，具有很高的利用价值。

锗的再一个工业来源是锗的再生资源。在锗产品的生产和应用过程中会产生一些锗的废料，其锗含量较高，也是提锗的一种重要原料。可回收的锗再生资源主要有：半导体化合物切、磨、抛加工过程中的废料，一般含锗99%～99.999%；半导体废器件，一般含锗99%～99.999%；含锗合金废料和废催化剂，一般含锗0.1%～$n \times 10\%$；还有腐蚀液及其他含锗器件，含量不一。

14.2.2 锗金属的生产现状及发展趋势

锗是一种稀有分散元素，它主要赋存于各种金属矿物和煤矿中，而且锗含量很高的原料（矿物、煤矿等）不多。由于含锗原料的多样性，而且锗品位都比较低，这就决定了锗的提取方法比较复杂，提取过程也很长。

世界上从含锗矿用选矿法（浮选）生产锗精矿主要是在非洲。包括中国在内的其他国家，主要是从以下三种原料提取锗：一是各种金属冶炼过程中锗的富集物，如各种含锗烟尘、炉渣等；二是煤燃烧的各种产物，如烟尘、煤灰、焦炭等；三是锗加工过程中的各种废料。

锗的提取过程通常可分为4个阶段：一是锗在其他金属提取过程中逐步富集，二是从富锗物料中生产锗精矿；三是从锗精矿制取金属锗；四是锗金属的提纯加工，制取高纯锗和单晶锗。由于含锗原料繁多，锗提取过程前两个阶段的方法必然是多种多样、千差万别的，而后两阶段的生产和加工方法基本上都是相同的。

世界生产锗精矿、二氧锗、金属锗的主要国家有比利时、美国、德国、法国、日本、意大利、奥地利、俄罗斯、乌克兰和中国。

根据2000年的报道，美国产锗60t，比利时产锗50t，法国、德国和日本各产锗35t，以上国家合计215t。自2001年以后我国每年从原矿产锗达50t以上，已成为世界主要产锗大国。

中国锗的生产最早是从回收煤中的锗开始的。1956年在国家制定的《1956～1967年科学技术发展规划纲要》中，将稀有元素和稀有分散元素的开采、提取和利用，以及半导体技术的建立列为纲要内容。同年科研部门便从煤气厂的烟道灰中提炼出中国第一批还原锗。1957 年双用这批锗制成的高纯锗，拉制出了中国第一根锗单晶。

自此以后，中国在提取锗的科研和生产上得到了迅猛的发展，先后开发了从炼焦废氨液回收锗；从煤矿、赤铁矿、铅锌矿以及其他原料中提取锗的工艺技术，建立了一批生产锗的工厂。

早在 1954 ~ 1956 年间，在云南会泽铅锌矿中发现含有锗。1958 年在对该矿进行烟化炉挥发试验中发现锗随铅锌挥发富集于烟尘中。烟尘含锗达 0. 0025% ~ 0. 30% 富集比为 6 ~ 8 倍。这种烟尘便成为一种提取锗的很好的原料，同年用此烟尘生产了 74. 5g 金属锗，成为国内从铅锌矿中提取锗的先驱。1959 年国家科委决定会泽矿区为全国以锗为主的稀有分散元素工业基地之一，建立了国内第一个具有生产规模的锗工厂。鉴于国防工业对锗的迫切需要，又扩建成为年产 2t 的生产能力的大型厂。以后经多次改扩建，会泽铅锌矿年产锗达到 10000kg 以上。

1958 年发现云南临沧褐煤中含有锗，通过挥发富集，提取出 400 余克锗。为集中回收临沧锗资源，建立了临沧冶炼厂。20 世纪 90 年代采用"一步富集提锗新工艺"提高了烟尘含锗量，烟尘可直接氯化蒸馏生产粗四氯化锗，大大缩短了工艺流程，降低了成本，提高了企业的竞争能力。

在生产高纯锗方面，中国 1958 年掌握了还原锗制备技术，1959 年掌握了区熔提纯技术，1963 年确定了从锗精矿生产纯锗的工艺流程、调和技术条件。1956 年建成年生产能力 6t 高纯锗和 1. 5t 锗单晶的生产车间。1982 年区熔锗的质量达到国外同期水平。

在锗单晶制备方面，中国 1958 年用自行设计制造的单晶炉，首次制造出锗单晶，随后制出 n 型和 p 型 7 个电阻率规格的锗单晶，供军工部门使用。1961 年研究成功了掺杂工艺，掌握了锗单晶的掺杂技术，并制备了许多种掺杂元素的锗单晶，保证了国防的需要。

20 世纪 90 年代以来，是中国稀散金属产量唯一高速发展的时期，10 年间奠定了我国在世界市场的地位。到目前为止，中国已经建立了一大批生产各种类型锗产品的工厂，生产技术不断提高，产量稳步增长，晶体管用锗片、晶体管用锗棒、红外光学用锗晶体、区域锗锭、光纤用四氯化锗等五种产品产量就达 20t 以上，目前，中国锗的生产世界上占有很重要的地位。

云南省生产锗的历史早，生产规模大，锗产量 2000 年和 2001 年分别为 13800kg 和 14600kg，分别占当年全国总产量的 29. 0% 和 28. 9%，在全国占有很重要的地位，云南省已成为锗生产的大省。存在的问题主要是锗深加工程度低，产品品种较少，这正是需要研究解决的重要课题。

14. 3　锗的应用领域及发展前景

14. 3. 1　锗的应用领域

锗作为稀散元素，从发现到现在已经有 100 多年的历史，自 1948 年美国贝尔实验室发明半导体锗晶体管后，便引起了人们的重视，首先是在国防军事和现代科学技术上做出了显著的贡献。随着经济和科学技术的发展，锗已被广泛应用于军事、经济、科学技术、工农业生产、人们日常生活等各个领域。现主要从以下几个方面介绍它的重要用途。

14.3.1.1 电子工业用锗

早先锗的主要用途是制造半导体，包括晶体管、二极管和整流器，但自1969年以来，因为大部分锗器件已被硅器件所代替，半导体器件用锗逐年下降。但锗半导体器件具有比硅半导体器件更适应于高频和大功率的优越性能，所以锗在电子工业上的应用仍占有重要的地位。例如：（1）锗隧道二极管被广泛用作航天航空的各种仪器的高速开关器件。（2）锗核辐射推测器广泛用于核工业的探矿、核科学上的高能物理研究、石油探测以及空间宇宙辐射的研究等。（3）BGO（$Bi_4Ge_3O_{12}$）闪烁体辐射探测器被广泛用于核医学高能物理、宇宙天体物理以及其他工业部门。（4）锗硅合金单晶核辐射探测器和锗硅合金温差发电材料，非常适用于通信领域的高度集成的混合信号集成电路。（5）作为半导体温差发电材料，它具有高的温差电势、大的电导率、小的热导率、结构紧凑、重量轻、寿命长和无噪声等优点，被广泛用于宇航、潜艇、南、北极考察、航标等工业制造上。

目前用于半导体器件的锗占锗总用量的5%～7%。

14.3.1.2 光导纤维用锗

光纤通讯是通讯时代的基础。光纤通讯具有容量大、频带宽、抗干扰、保密性强、稳定性好、损耗低、质量轻、成本低、中继距离长等综合优点，因此得以飞速发展，已成为世界各国重点发展的通讯技术。

锗在光通讯系统中作为光导纤维中的添加剂，可提高折射率，减少光纤的色散和传输损耗。

世界各国都十分重视光导纤维在军事通讯中的应用，大量增加投资。美国20世纪80年代末光纤产量达600万km，5年间增长了12倍。我国从事光导纤维研究的时间不长，据有关部门和研究机构指出，“八五”末我国从事光导纤维，并铺设了短距离光缆线路。

14.3.1.3 红外光学材料用锗

红外光学材料是指在红外成像与制导技术中用于制造透镜、棱镜、窗口、滤光镜、整流罩等的一类材料。这些材料都具有良好的红外透明性和较宽的投射波段。

锗的特殊能带结构所确定的电子-光子和光子-声子作用，导致锗对红外辐射有宽阔的光学稻秧范围，所以在做红外光学材料方面用途非常广泛。用作红外光学的锗材料主要有以下这些：（1）锗晶体。锗晶体为金刚石结构，并在红外波段有良好的透明性，不溶于水，化学性质稳定，不透过可见光。因此广泛地用于制件高级锗透镜、棱镜及锗滤光片等红外器件。为适应高分辨率及遥感技术的要求，红外锗向大型化发展，目前可制备的锗单晶体尺寸为350mm以上。（2）锗红外玻璃。锗红外玻璃可近似地视为一种过冷的无定形熔融体，与其他红外光学材料，特别是和单晶材料比较，具有光学均匀性好，制造工艺简单，可熔铸成各种规格、尺寸，易于加工，价格低廉等优点。含锗的玻璃有锗的氧化物玻璃和锗的硫系倾倒物玻璃，它们在光学方面都得到广泛应用。我国在红外玻璃方面已有许多应用，如华润光电技术研究所将锗玻璃应用于远望号测量船、西昌卫星发射的追踪、搜索和弹道测量。北京建筑材料研究院用高纯二氧化锗制作红外锗玻璃用作导弹整流罩。中国在这方面的用量，占中国耗锗量的5%～10%。（3）锗倾倒物材料。除锗晶体和含锗玻璃外，锗倾倒物也是具有很大发展潜力的红外光学材料。如莫来石（$3Al_2O_3 \cdot GeO_2$）和锗铝酸锌（$ZnO \cdot Al_2O_3 \cdot GeO_2$），它们的膨胀系数低，均可用来作为红外探测器窗口或导弹头的红外导流罩，成为受人注目的红外电子陶瓷材料。（4）红外探测器材料。锗红外探测器早已获得应用，其中有掺杂的锗探测器、锗硅合金探测器和锗酸盐红外探测器等，它们对红外线的响应范围为整个红外区域，并且可以室温下工作。

锗红外光学材料（窗口、透镜、棱镜、滤光片等）与锗或其他半导体红外探测器所组成的红外光学系统，目前主要用于夜视仪（前视仪）和红外成像仪。夜视仪由锗的红外透镜、客串配合激光器组成，广泛地用于收音机、坦克和直升机等上面，不论在夜里还是云雾、雨天，都能全天候行驶或观察目标。红外成像仪大都设置于人造卫星、宇宙飞船中，用来拍摄月球等天体表面及地球上的军事目标的照片。其应用范围还扩展到军事以外的工业，如公安、气象、医疗、考古以及资源勘探等部门。

14.3.1.4 催化剂用锗

金属锗和锗的氧化物，都可以用作石油化工上的催化剂。金属锗用作一系列脱氢或分解反应的催化剂。1969 年因用二氧化锗作生产聚酯纤维（PET）的催化剂，而使锗的消耗量骤增。这是由于 PET 可制成薄膜、片或容器等，而且具有无毒、透明、耐热、耐压以及气密性好的特性，所以广泛作人们日常生活所需的饮料瓶及食物、液体的容器等等，市场需求量特大。二氧化锗还用于纺织工业上漂白的催化剂。

14.3.1.5 医药用锗

自 1972 年在国际脉管医学会上，有研究者发表了含锗药物对治疗高血压有显著疗效的文章以来，锗在医药方面的应用受到了研究部门的广泛关注，研究成果不断涌现。有研究发现，蒜和朝鲜参的锗储量高达 0.075% ~0.03%，野生灵芝、野生山参都含有锗。这种有机锗的生物活性和它在人体中所起的特殊医疗保健作用，受到了世界上化学家、药理学家及营养学家的极大兴趣和关注。有机锗被称为“21 世纪生命的源泉”。

有机锗用于医药和保健领域，主要有以下几方面：（1）药物。据研究认为有机锗的药理作用主要表现在其具有独特分子结构中 3 个带氧的键，口服吸收能向全身细胞提供大量的氧，改善新陈代谢，增强抗癌能力，抑制癌细胞的形成，还能降低血液黏稠度，增加血流量，改善循环和器官功能，降低血压，防止血栓形成，还有抗衰老作用，消除更年期不适等功效。由于有机锗的这些药理作用，有望应用于临床，可治疗多种疾病，如各种癌症、高血压心血管病、骨质疏松病、糖尿病等等。（2）保健仪器及饮料。研究表明，有机锗添加于食品、饮料中，可壮体防病、延年益寿。我国在这方面从科研到应用，硕果累累。例如，已制成了锗糖、锗蜜、锗醋、锗面、锗茶等。有机锗矿泉水、有机锗系列饮料、有机锗保健茶等均有生产，并已进入市场。（3）化妆品，有机锗具有清洁皮肤增强皮肤和毛发摄取营养的功能，已做成皮肤清洗剂、护肤冷膏和头发滋补剂等多种化妆、护肤和护发用品。（4）此外，有机锗还可作为植物增长剂、蔬菜保鲜剂、大蒜油脱臭剂等。

14.3.1.6 锗在其他方面的用途

除上述主要用途以外，锗还可以用于：（1）超导材料的主成分之一。（2）光电源用锗。二氧化锗与锗酸镁是良好的发光材料，用于荧光管内壁上的涂层或调色剂，每年大约消耗 9t 锗。（3）金属合金用锗。如金-锗合金在首饰生产、精密铸造和半导体生产中作金属钎焊料；在金铜中加入少量锗能提高金属的硬度；此外，锗铟合金、锗金合金和锗银锡铜合金可作牙科材料。

14.3.2 锗的供应和消费状况

14.3.2.1 锗产品的种类

锗产品按其用途可分为以下6大类：(1) 电子工业用锗；(2) 光导纤维用锗；(3) 红外技术及红外光学材料用锗；(4) 催化剂用锗；(5) 医药用锗；(6) 其他方面用锗如超导材料、光电源、金属合金等。锗产品按品种种类可分为：(1) 二氧化锗；(2) 高纯四氯化锗；(3) 粗锗（还原锗）；(4) 高纯锗；(5) 锗单晶；(6) 单晶锗片；(7) 锗镜；(8) 有机锗等。

14.3.2.2 锗的消费结构

锗的消费结构随时期而变化，不同的产品品种在不同时期的消耗比例变动很大。1993~1996年世界锗的用途及分配率见表2-14-1。

表2-14-1 世界锗的用途及分配率

用途	1993年		1994年		1995年		1996年	
	用量/t	比例/%	用量/t	比例/%	用量/t	比例/%	用量/t	比例/%
半导体	5	6.5	5	6.3	5	5.6	5	5.5
红外	14	18.2	15	18.8	15	16.7	14	15.4
光纤	22	28.7	25	31.3	33	36.7	33	41.8
催化剂	17	22.1	19	23.8	21	23.3	22	24.2
医药	2	3.9	3	3.8	3	3.3	3	3.3

我国2000年锗的消费结构见表2-14-2。

表2-14-2 2000年国内锗的消费结构

项目	锗晶体管和热像仪	四氯化锗	二氧化锗	其他	合计
消耗量/t	4	5	4	2	15
比例/%	26.67	33.33	26.67	13.33	100

(1) 半导体器件用锗。20世纪60年代锗半导体占半导体器件的90%，而1969年以后，由于硅半导体大规模集成电路的出现，使锗在这一领域用量下降，到80年代只占半导体器件的20%，占锗总消费的7%左右。

(2) 红外方面用锗。红外光学用锗在20世纪80年代后期得到了飞速发展，到1988年全世界红外用锗占总消费的42%，是锗的最大消费领域。由于红外用锗主要是军事用途，从1984年至20世纪末，每年增长率为5%。

(3) 光导纤维用锗。近几年来，由于信息产业的飞速发展，使在光纤通讯上的用锗增长率高达20%。1988~1996年，日本在这一方面增长18.5%~21.1%，其生产光纤量从1978年的0.22万km猛增至1985年的10.28万km。预计到2010年世界上主要地区将建成信息高速公路网，用于光导纤维的四氯化锗量占锗总消费量将会进一步增加。目前，光线用锗量占锗总消费量的比例，已从1990年的16.8%增至50%。中国今后的信息产业的大力发展，将会使光线用锗从1987年的0.3%增至2010年的7%，出口将从1987年的73%降至2010年的60%左右。

（4）催化剂和荧光管用二氧化锗。从1982年起一直总体持平，占锗总消费量的15%左右。我国由于化工的进一步发展（如乐凯彩色胶卷生产的发展），催化剂二氧化锗预计可能年增长5%。日本在催化剂用锗方面十分发达，其用量占日本国内锗总用量的32%。

（5）医药有机锗。有机锗从20世纪50年代以来发展很快，但大批量生产投入市场还需要一段时间。目前还大多数处于临床试验或研制阶段，估计未来10年增长率将有所提高，但预计到2010年其用量不会超过锗总消费量的3%。

14.3.2.3　锗的供应与消费情况

世界自1946~2000年的锗金属量见表2-14-3。

表2-14-3　世界历年生产锗金属量

年　份	产量/t	年　份	产量/t
1946	0.1	1980	94.1
1950	0.9	1985	80.0
1968	54.5	1990	76.0
1970	84.44	1995	45.0
1975	70	2000	70.0

有资料认为20世纪90年代中期，世界原生锗的生产能力每年约为85t，以后原生锗产量逐年有所增加，但供给量远不能满足需求量。

近年来，世界锗的供应和需求是：2001年产量为92t，到2002年降为90t，减产约2%；2003年降到80t，减产10t，而需求量为90t，缺口只能由再生锗和库存来弥补。

就世界上锗生产和消费最大的国家来看：美国锗产量远远不能满足自己消耗的需求，需要从国外进口。例如，1987年生产只有23t，而消耗量达40t，进口金属锗17t；1996年进口高达27.5t，以后进口量逐年有所下降。另外，近年来美国锗的消费量比20世纪80年代也有较大幅度的下降，这是由于锗的半导体用途大部分为硅所取代，以及1999年受亚洲金融危机的影响。

日本是锗的消费大国，占世界总消耗量的30%左右。也是锗产品的生产大国，但它的锗资源非常少，需要大量进口二氧化锗和金属锗。例如，1995年从中国、英国、比利时、德国、俄罗斯、乌克兰、美国等国家进口二氧化锗42.913t，金属锗4.982t；2000年两种产品进口分别增到44.107t和6.478t。

中国是锗生产大国，2000年锗产量为47.600t，2001年达50.600t。但我国的消费水平低，消费量比较小，2000年锗消费量只是15t，中国锗产量远远大于消耗量，便对外大量出口，特别是对日本出口。

1991~1995年，中国对日本出口二氧化锗和金属锗的情况见表2-14-4。

表2-14-4　中国对日本出口锗产品的情况

分　类		1991年	1992年	1993年	1994年	1995年
二氧化锗	数量/kg	600	1200	1900	4245	9649
	增长率/%	100	200	316.67	707.5	1608.17
金属锗	数量/kg		947	2412	1743	2735
	增长率/%		199	254.71	184.05	288.81

14.3.2.4 锗的库存

锗作为战略物资，许多国家都有库存。其中，美国锗的库存量很大，2001 年计划处置数达 8.00t，实际处置数 5.928t，这样大的库存量，对市场价格有很大的影响。

14.3.3 锗的价格、关税与市场

锗的价格、关税和市场形势随锗的用途、生产供应及消费情况，以及世界重大国际事件等因素的变化而变化、波动幅度及变化情况很大。

锗的价格总的趋势是逐年上升，这是由于锗应用领域不断扩大，需求量不断增加。但也由于上述因素的影响，例如，有时供需不平衡，还有美国国防储备及库存增减的变化等，都对市场价格产生影响，在某一时期出现时升时降的情况。

锗的进出口关税主要取决于各个国家的利益保护原则，例如美国的进口关税就反映其对物料的控制，他们对原料实行免税，对未加工品（如锗的半成品等）实行低税，而对产品则实行高税。

中国 2005 年初上海现货市场金属锗锭售价为 5500～6000 元/kg，二氧化锗售价 3500～4000 元/kg，有机锗售价 7000 元/kg。云南驰宏锌锗股份有限公司售价锗锭 6000～6300 元/kg，二氧化锗 3800～4000/kg，锗粒 4000 元/kg。

近期锗的市场形势可概述如下：1996～1997 年是锗的价格高峰年，锗价达到了 1700 美元/kg。此后有所下跌，这是由于 1999 年加拿大和中国向国际市场增加了锗的输出量，再加上 2002 年芬兰利用刚果民主共和国炼钴废渣，建了一条年产锗 20t 的生产线，世界锗精炼厂的产量增加。尽管光纤生产增加了锗的需求，但由于聚乙烯酯（PET）塑料和人造卫星行业的需求量减少，因此，全球的锗供大于求，致使锗的销售价格下降。例如，2002 年 12 月，日本向中国购买二氧化锗的到岸价每公斤仅为 216 美元，比当年年初下降了 51%。虽然到 2003 年 1 月上升至 230 美元，但以后一直在 250～350 美元徘徊。

然而，鉴于世界各国竞相用一些耗锗的高科技武装自己，如用于生产光纤和聚乙烯酯（PET）量的增加；汽车夜视系统在 2000 年开始流行，并延伸到公共汽车和货车的零备件市场；化工催化剂用量的增大；安全领域中红外线方面应用的需求增大；锗作为砷化镓装置的潜在替换增加；硅锗半导体在无线电通讯领域的增大；再加上光纤每十五年需要更换对锗的大量需求等等。这些，都预示着锗的用途有着长期光明的未来。

对中国而言，一方面由于中国现代化建设的飞速发展，在国内经济、科技、国防等领域对锗的需求将会大大增加；另一方面，国外锗资源欠缺，从发展趋势看它将供不应求，而中国锗资源十分丰富，这就促使像美国那样一些企业纷纷与中国合作开发锗的原因。如美国公司与江苏南京锗厂、内蒙古自治区锡林郭勒盟煤炭有限责任公司组建中美内蒙古通力锗业有限公司就是一例。因此，中国锗的生产和应用发展的前景无疑是非常美好的。

14.4 国内外锗深加工的现状及发展动向

锗的深度加工是指将一般金属锗和锗的化合物通过进一步加工，使之达到一定技术标准，能够满足各种实际用途的产品。其中包括锗单晶、超高纯锗单晶、重掺杂锗结晶、锗合金、高纯四氯化锗、医药用有机锗等的制备，现分别简述如下。

14.4.1　锗单晶的制备

区域熔炼法和定向结晶法提纯的金属锗多为多晶锗，晶粒排列和取向不同，各项异性，并存在大量晶格缺陷和晶界聚集大量杂质，不符合使用的需要。因此要将其制成完整的单晶体。

培育单晶的方法有直拉法、浮锅直拉法、水平法、定向结晶法、斯捷潘诺夫法、旋转晶片法、垂直梯度凝固法、热交换生长法等。这些方法各有其优缺点，可根据单晶用途和具体情况选择使用。

14.4.2　超高纯锗单晶的制备

制备高纯锗探测器需要超高纯锗单晶作为原材料，其制取的方法主要有多次再结晶法、区域提纯与拉单晶法两种。

14.4.3　重掺杂锗单晶的制备

这种锗单晶主要用作二极管电子产品以及红外探测器。制备的方法有直拉法、溶剂蒸发法和水平法等。后者工艺比较简单成熟，而且还有设备成本低、操作方便等优点，但单晶掺杂浓度低于溶剂蒸发法。

14.4.4　锗合金的制备

锗合金主要应用于红外探测器、超导材料、催化剂、冶金用锗的添加剂以及医药用锗。制备方法主要是高频炉熔融冷却法，此外还有平移法、淬火法和直拉法等。

14.4.5　高纯四氯化锗的制备

高纯四氯化锗主要用作光纤生产中的添加剂，用量很大，质量要求很高。其生产方法用金属锗产品提纯后生产，也可用粗四氯化锗提纯生产。

14.4.6　几种有机锗的制备

20 世纪 50 年代科学家发现，一些贵重滋补中药如灵芝等，含有丰富的锗元素，并发现锗以有机锗的形态存在。其中以二羧乙基锗的倍半氧化物（简称锗-132）为代表的锗丙烯酸化合物及其衍生物，有很高的药用价值。因此引起了科学家对有机锗的关注，对此进行了大量的研究。有机锗产品的发展很快，如倍半氧化物、倍半硫化物类、氨基酸类锗、呋喃类锗等等，这些有机锗都使用化学方法制成。

锗的深加工对于锗工业的发展至关重要，除能满足锗在各个方面的用途外，还可开拓新的应用领域；同时还可增加国家或者一个地区、一个企业的经济效益。所以许多科研部门和科技工作者都在不遗余力地进行研究锗的深加工新技术。例如，锗薄膜材料的制备就是一个研究热点。因为一般半导体材料都具有明显的对力、热、光、磁等的敏感性质，所以半导体传感器的研究开发异常活跃，已成为市场的主流。用蒸发、溅射、化学气相淀积等方法制备的半导体薄膜，由于质量小、响应快、形状易于加工、工艺上与集成电路工艺相容等特点，颇为引人注目。此外，有人研究了一种锗单晶制备的新技术，即球面锗单晶生长方法。用于红外光学系统的锗单晶最终还得加工成锗透镜等光学元件。用直拉法生长的锗单晶，需要经过切割头尾、滚磨、切片等多道工序，才能加工成毛坯，工艺复杂，锗材料的损耗也比较大。因此人们试图用直接成形的方法，即在晶体生长过程中，直接将其生长成透镜或其他所需形状的毛坯，以简化工艺，减少材料损耗，降低成本。在这方面，我国学者研究了一种称为“可控双球面锗单晶生长法”的新技术。其核心是用一个特殊设计的模具，只需改变模具和相关条件，就可制作双球面锗单晶透镜毛坯。同时，由于航天事业的发展，已经开始研究在太空中生产锗硅等合金半导体晶体，克服了在地球上生产由于重力的影响会产生合金成分偏析、不均匀的现象。在航天飞机中的实验表明，在太空中生产出来的合金半导体质量很好，将可能成为改进的半导体材料，应用于新一代的通讯系统和高档计算机中。科学家们正在探索，将在国际空间站中生产合金半导体晶体。

14.5 关于云南拓展锗深加工途径及措施的建议

中国是世界主要的产锗大国。云南则是中国主要的产锗大省。云南得天独厚，拥有丰富的锗资源，到2002年底，会泽铅锌矿矿产储量评审中心评定，通过深部有关矿体的铅锌储量，使该矿的铅锌储量大为增加，锗的储量也相应增加了350t。临沧煤矿是我国特大特富的锗矿之一，锗品位高达0.0175%，储量占全国的9.43%。到目前为止，云南已探明的锗资源总储量为1475t，名列全国第二位。云南不但锗资源占有优势，而且有较成熟的从铅锌矿和煤矿中提取锗的生产技术。早在20世纪50年代，会泽铅锌矿便开始从铅锌矿火法挥发的烟尘中提取并生产出金属锗，成为国内从铅锌矿中提取锗的先驱。在同一时期发现临沧煤矿含有锗，70年代便建成了生产锗的冶炼厂。半个多世纪来，云南锗工业稳定持续发展，生产规模逐年扩大，产品品种相应增加，产品质量不断提高，技术不断进步，已经成为国内最大的锗生产和出口基地，为中国国防、航空航天科技事业的发展作了重大贡献。就锗产量而言，云南在2001年年产量就达到14600kg，占全国总产量的三分之一，到“十五”计划末期将扩大到年产锗20～30t的规模，成为全国锗生产的大省。

云南锗工业当前存在的主要问题是深加工程度不够高，产品品种还不够多，影响经济效益的提高，未能充分的把资源优势转化为产业优势，为此提出以下建议：

（1）加大投入开发锗深加工产品品种，提升锗系列产品科技含量及附加值，增加经济效益。在这方面的潜力很大。例如，把金属锗深加工成单晶锗，便可大大增加产值。以2005年初鹿特丹仓库价格计算，每千克金属锗平均售价600美元，如果深加工成直径250mm以上的锗单晶，则每千克平均售价升为3750美元，这样每1kg锗便可增加产值3150美元，即增加了525%，假如以年产10t计，每年便可增加3150万美元的产值，扣除加工成本等，利润也是可观的。

除生产单晶以外，结合云南拥有先进的光学玻璃制造业和半导体器件制造业的情况，还可考虑增加制备锗红外成像仪、红外探测器、夜视仪的窗口、棱镜、透镜、转鼓材料等锗红外光学材料。还有，发挥云南生物工程和医药工程的优势，开发制备医疗、锗碲合金等发电温差材料，以及生产锗酸铋晶体、锗化合物玻璃等等。总之，为充分利用云南丰富的锗资源，尽可能的开发各种锗材料和锗器件，使资源优势变为产业优势。

（2）实施深部资源综合开发利用环保节能技改工程，引进世界和国内先进的工艺技术与自己的技术创新相结合，形成新的环保节能工艺。通过技术进步，提高产品质量，降低生产成本，促进技术成果产业化，提高市场竞争力，拓宽销售市场。

（3）加强锗生产和开发利用的实验研究工作，武装先进的测试手段，提高生产和产品开发利用的技术水平；并加强市场行情工作，建立锗金属专家数据库，形成一个具有能迅速提供锗金属研究、生产与经营的咨询服务系统，为锗工业的开发利用与销售迅速而正确的抉择服务。

（4）进行必要的锗资源整合及行业整合，加强科技协作，综合发挥云南锗资源优势和企业技术潜力，强化和加快云南锗工业的发展。

（5）继续加强全省锗资源的调研和勘查，扩大锗的原生资源储量，同时加强再生锗资源的回收利用，为今后持续稳定发展锗工业创构长远的原料基础，强化提取锗的生产和锗深加工的后劲。

参考文献

1　邓明国，秦德先．滇西褐煤中锗富集规律及远景评价．昆明理工大学学报：理工版，2003，28（1）：1～3，7

2　邓卫，刘侦德等．凡口铅锌矿锗和镓资源与回收．有色金属，2002，54（2）：54～57

3　罗海基编译．2004年日本锗市场综述．中国铅锌锡锑，2006，1：45～47

4　周智华，莫红兵．稀散金属锗富集回收技术的研究进展．中国矿业，2006，15（2）：64～67

5　黄和明，李国辉，杭清涛．从含锗石英玻璃废料中提取锗工艺的探讨．广东有色金属学报，2006，16（1）：6～7

6　刘华英．锗渣浸出锗的研究．有色金属：冶炼部分，2005，6：27～28

7　张玉兰，李延君，吕凯等．锗金属单晶材料性能及加工技术研究．长春理工大学学报，2005，28（4）：106～109

8　颜雪明，陈水生，张华．具有生物活性的有机锗化合物研究．广东微量元素科学，2005（12）3：1～4

9　吴成春．提锗工艺的技术改造．有色金属：冶炼部分，2005，3：36～39

10　李兵．锗——重要的半导体材料．金属世界．2005.1：47

11　林文军，刘全军．锗综合回收技术的研究现状．云南冶金，2005，34（3）：20～23

12　日本锗价格坚挺．中国铅锌锡锑，2005，3：56

13　日本锗市场状况．中国铅锌锡锑，2005，5：46～48

14　陈燕．直拉法生长锗单晶的水平放置工艺实践．云南冶金，2002，31（6）：36～38

15　张玉兰，李延君，吕凯等．锗金属单晶材料性能及加工技术研究．长春理工大学学报，2005，28（4）：106～109

15 铊

姚顺忠 西南林学院

15.1 概述

15.1.1 铊的物理性质和化学性质

铊（Thallium），元素符号为Tl，它的地壳平均丰度值很低，仅为0.45×10^{-6}，一直作为伴生组分，主要存在于黄铁矿中，也存在于硒铊铜银矿、铅锌硫化物矿床、硫砷铊铅矿和红铊矿等中。铊与镉、锗、镓、铟、硒、碲、钪、铼等属于稀散元素。1861年英国化学家和物理学家William Crookes（1832～1919年）在用光谱分析鉴定硫酸厂的残渣时，发现了铊。1862年法国化学家C. A. Lamy用电解法制备出单质铊。

铊是蓝白色至银白色、重而软的金属，密度为$11.85g/cm^3$，莫氏硬度为1.2～1.3，熔点303.7℃，沸点为1457℃，比热为0.13J/g·K，蒸发热为164.1kJ/mol，熔化热为4.142kJ/mol，电导率为0.0617×10^{-8}/cm·Ω，热导系数为0.461W/cm·K。金属铊有两种结构，一种是原子紧密堆积六方晶系的α-Tl，Tl-Tl间距约3.4，一种是立方面心结构的β-Tl，Tl-Tl间距3.36。当温度大于232℃时，α-Tl转变成β-Tl。

铊位于化学周期表的第六周期第三主族中最末一个元素，与镓、铟同族。铊的原子序数为81，相对原子质量为204.3833，原子半径为0.208nm，离子半径为0.15nm，共价半径为0.148nm，原子体积为$17.2cm^3/mol$，电子构型为$1s^22s^2p^63s^2p^6d^{10}4s^2p^6d^{10}f^{14}5s^2p^6d^{10}6s^2p^1$，具有18个电子组成的外电子层。铊有两个稳定的同位素即Tl^{203}、Tl^{205}，各占29.46%、70.54%，和多种放射性同位素。

在自然界中铊有两种价态，即一价态和三价态，一价态较三价态稳定。铊的晶体化学性质与亲石元素K、Rb、Cs、Ca及亲硫元素Pb、As、Sb、Bi、Zn、Hg、Fe等性质相近。

室温下，铊就能与空气中的氧作用，失去光泽变得灰暗，生成厚的氧化亚铊Tl_2O膜。铊与氧作用还能生成Tl_2O_3。室温下，铊就能与卤素作用生成TlX，TlX_3不稳定，没有$TlBr_3$和TlI_3。高温时，铊能与硫、硒、碲、磷反应。

铊不溶于碱和液氨，与盐酸作用较慢，但能迅速溶解在硝酸、稀硫酸中，生成可溶性的盐。

有机铊化合物一般只有3价是稳定的，环戊二烯基铊（Ⅰ）是唯一稳定的1价铊的化合物。

铊还可与多种其他金属相拌生成合金。

15.1.2 铊的主要化合物

15.1.2.1 铊的氧化物和氢氧化物

Tl 与氧生成 +3 或 +1 的氧化物，+3 氧化态的化合物趋于不稳定，+1 氧化态的化合物趋于稳定。

Tl_2O_3几乎不溶于水，也难溶于碱，但可溶于酸；是最容易被还原的，在 373K 时可分解为黑色的 Tl_2O_3。在 Tl^{3+} 盐溶液中加碱沉淀出棕色的 $Tl_2O_3 \cdot 1.5\ H_2O$ 水合氧化物，但溶液中存在有 $[Tl(OH)(H_2O)_6]^{2+}$ 和 $[Tl(OH)_2(H_2O)_4]^+$ 离子。Tl 的氧化物和氢氧化物只有氧化物为 +1 的 Tl_2O 和 TlOH 是碱性的，并且易溶于水。+1 氧化物是铊的常见稳定氧化态。

Tl^+ 离子的大小和性质与碱金属离子和 Ag^+ 离子相似，如 TlOH 的水溶液呈强碱性，碱性强度与 NaOH 相近，能吸收空气中的水蒸气和 CO_2，并能腐蚀玻璃。加热蒸发 TlOH 溶液可以得到黄色的 TlOH 晶体，加热到 373K 脱水生成黑色的 Tl_2O（熔点 870K）。

15.1.2.2　铊的卤化物

铊（Ⅰ）化合物比铊（Ⅲ）化合物稳定，铊（Ⅲ）的卤化物加热即分解为铊（Ⅰ）的卤化物和卤素。另外铊（Ⅲ）没有溴化物和碘化物。

铊（Ⅰ）的卤化物的制备方法和性质均与银（Ⅰ）的卤化物相似，例如氟化铊在水中的溶解度很大，而氯化铊、溴化铊、碘化铊则不溶于水，见表 2-15-1。

表 2-15-1　铊（Ⅰ）的卤化物与银（Ⅰ）的卤化物的溶解度比较

化合物	F	Cl	Br	I
Tl(Ⅰ)溶解度/mol·dm^{-3}	3.49	1.25×10^{-2}	1.48×10^{-3}	1.7×10^{-4}
Ag(Ⅰ)溶解度/mol·dm^{-3}	14.20	1.25×10^{-5}	8.77×10^{-7}	1.22×10^{-8}

当溶液中有过量的卤离子时，可以形成 TlX_2^-、TlX_3^{2-}、TlX_4^{3-}，使其溶解度增大。铊的卤化物在光敏性质上与相应的卤化银类似，即见光能分解。铊（Ⅰ）卤化物和银（Ⅰ）卤化物的差别是 TlCl 不溶于氨水，而 AgCl 溶于氨水。

铊（Ⅰ）盐与相应的碱金属（K、Rb 等）盐是同晶型的，所以 Tl^+ 可以和碱金属离子相互替代。

还有其他盐类和有机铊化合物，如 Tl_2SO_4、Tl_2S、Tl_2CO_3、Tl_2CrO_4、$(C_2H_5)_2TlNO_3$ 等。

15.1.3　铊的毒性

铊会导致环境的污染，如土壤、水、植物、动物、空气等污染。铊及其化合物对人体和生物体都有毒，吸入或者皮肤接触了铊及其化合物的粉尘，或者是食用受铊污染的食物和水会造成中毒。能伤害神经系统，主要症状是疲乏无力、肢体疼痛、脱发、脱皮甚至失明。工业废水中允许含铊 2μg/L，空气中铊的最高容许含量为 0.1mg/m^3，致死量为 1.75g 硫酸亚铊。其毒性强于 Pb、Cd、Hg，是氧化砷的 4 倍。

15.2　铊的资源概况

15.2.1　铊的世界资源

由于铊的地壳丰度值很低，一直作为伴生组分，主要从铜矿床和铅锌硫化物矿床中作为综合利用对象而被回收。长期以来，人们认为铊不成矿。

在自然界，铊主要是与 Hg、As、Cu、Pb、Sb、Fe 等金属元素形成硫化物、含硫盐和硒化物以及铊的氧化物和含氧盐等矿物种类。至今已发现和正式报道的 56 个铊矿物中，已经被国际矿物学会新矿物与矿物命名委员会（CNMMN，IMA）正式承认的铊矿物有 45 种。按矿物晶体化学的性质和特征可将它们分为六大类，其中铊的硫化物类矿物（45 个）占铊矿物总数的 80.3%，铊的硒化物（3 个）占 5.3%，铊的锑化物（1 个）占 1.8%，铊的氧化物（2 个）占 3.6%，铊的氯化物（1 个）占 1.8%，含氧盐（4 个）占 7.1%（见表 2-15-2）。在铊矿物种类中，硫化物占了绝大多数，而其他种类的铊矿物数量相对较少。而且其他金属与铊伴生形成铊矿物的几率不同，出现频率较多的元素有 S、As、Sb、Cu、Fe、Pb、Hg、Ag，尤以 As 的出现频率最高，如图 2-15-1 所示。

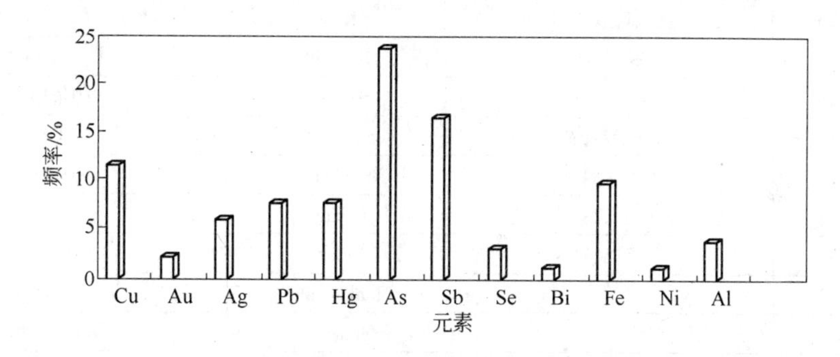

图 2-15-1　与铊形成铊矿物的主要化学元素频率图

表 2-15-2　铊矿物一览表

分　类	序 号	中文名称	英文名称	化　学　式
硫化物	1	辉铊矿	Carlinite	Tl_2S
	2	硫锑铊铁铜矿	Chalcothallite	$(Cu, Fe)_6Tl_2SbS_4$
	3	斜硫砷汞铊矿	Christite	$TlHgAsS_3$
	4	硫砷铊银铅矿	Hatchite	$(Pb, Tl)AgAs_2S_5$
	5	红铊铅矿（硫砷铊铅矿）	Hutchinsonite	$(Pb, Tl)_2AsS_9$
	6	红铊矿	Lorandite	$TlAsS_2$
	7	斜硫锑铊矿	Parapierrotite	$Tl(Sb, As)_5S_8$
	8	辉铁铊矿	Picotpaulite	$TlFe_2S_3$
	9	硫锑铊矿	Pierrotite	$Tl_2Sb_6As_4S_{16}$
	10	硫铁铊矿	Raguinite	$TlFeS_2$
	11	硫砷铅矿	Rathite	$(Pb, Tl)_3As_5S_{10}$
	12	硫锑铜铊矿	Rohaite	$TlCu_5SbS_2$
	13	硫砷汞铊矿	Routhierite	$TlCu(Hg, Zn)_2(As, Sb)_2S_3$
	14	硫铊铁铜矿	Thalcusite	$Cu_{3-x}Tl_2Fe_{1+x}S_4$
	15	硫镍铁铊矿	Thalfenisite	$Tl_6(Fe, Ni, Cu)_{25}S_{26}C_1$
	16	硫砷锑汞铊矿	Vrbaite	$Tl_4Hg_3Sb_2As_8S_{20}$

续表 2-15-2

分　类	序 号	中文名称	英文名称	化 学 式
硫化物	17	铜红铊铅矿	Wallisite	$TlPb(Au, Ag)As_2S_5$
	18	维硫锑铊矿	Weissbergite	$TlSbS_2$
	19	硫砷锑铅铊矿	Chabourneite	$(Tl, Pb)_{21}(Sb, As)_{91}S_{147}$
	20	硫砷铜铊矿	Imhofite	$Tl_6CuAs_{16}S_{40}$
	21	贝硫砷铊矿	Bernardite	$Tl(As, Sb)_5S_8$
	22	硫铊银金锑矿	Criddleite	$TlAg_2Au_3Sb_{10}S_{10}$
	23	硫砷铅铊矿	Edenharterite	$TlPbAs_3S_6$
	24	硫砷锡铊矿	Erniggliite	$Tl_2SnAs_2S_6$
	25	硫铊砷矿	Gillulyite	$Tl_2(As, Sb)_8S_{13}$
	26	银板硫锑铅矿	Raite	$Pb_8(Ag, Tl)_2Sb_8S_{21}$
	27	硫锑铊砷矿	Rebulite	$Tl_5Sb_5As_8S_{22}$
	28	新民矿	Simonite	$TlHgAs_3S_6$
	29	硫砷锌铊矿	Stalderite	$TlCu(Zn, Fe, Hg)_2As_2S_6$
	30	硫铊汞锑矿	Vaughanite	$TlHgSb_4S_7$
	31		Fangite	Tl_3AsS_4
	32	硫砷铊矿	Ellisite	Tl_3AsS_3
	33		Jankovicite	$Tl_5Sb_9As_3SbS_{22}$
	34		Jentschite	$TlPbAs_2Sb_3S_6$
	35		Sicherite	$TlAg_2(As, Sb)_3S_6$
	36		Galkhaite	$(Cs,Tl)(Hg,Cu,Zn)_6(As,Sb)_4S_{12}$
	37		Unnamed	$TlHgAs_3S_6$
	38		Unnamed	$MHgAsS_3$,（M－Tl, Cu, Ag）
	39		Unnamed	$TlCu_3S_2$
	40	铊黄铁矿	Unnamed	$(Fe, Tl)(S, As)_2$
	41		Unnamed	$TlSnAsS_3T$
	42		Unnamed	Tl_2AsS_3
	43		Unnamed	$Cu_3(Bi,Tl)S_4$
	44		Unnamed	Tl_3AsS_4A
	45		Unnamed	$Au(Te, Tl)$
硒化物	46	硒铊铁铜矿	Bukovite	$Cu_{3+x}Tl_{12}FeSe_{4-x}$
	47	硒铊银铜矿	Crookesite	$Cu_7(Tl, Ag)Se_4$
	48	硒铊铜矿	Sabatierite	$TlCu_4Se_3$
锑化物	49	锑铊铜矿	Cuprostibite	$Cu_2(Sb, Tl)$
氧化物	50	褐铊矿	Avicennite	Tl_2O_3
	51		Unnamed	$Fe_2TlAs_3O_{12} \cdot 4H_2O$
氯化物	52		Unnamed	$TlCl$
硫酸盐	53	水钾铊矾	Monsmedite	$H_8K_2Tl_2(SO_4)_8 \cdot 11H_2O$
	54	铊明矾	Lanmuchangite	$TlAl(SO_4)_2 \cdot 12H_2O$
	55		Dorallcharite	$Tl_{0.8}K_{0.2}Fe_{3+3}(SO_4)_2(OH)_6$
硅酸盐	56		Perlialite	$K_8Tl_{14}Al_{12}Si_{24}O_{72}20H_2O$

注：本表中空缺表示尚未有正式中文名称。

从现有资料看，铊矿床的产地并不多。全球铊矿床的空间分布极不均匀，大多数铊矿床集中分布于北半球的欧洲、亚洲与北美洲，少数分布在南半球的南美洲、大洋洲（见图 2-15-2)，其中欧洲最多，其次是美洲和亚洲。铊矿床最多的国家是前南斯拉夫、瑞士、美国、法国和中国。铊矿床主要集中在 4 个典型的低温成矿域内，即地中海-阿尔卑斯低温成矿域、中国黔西南成矿域、北美卡林成矿域和俄罗斯北高加索成矿域，这 4 个成矿域中产出的铊矿床占全部铊矿床的 80% 以上。世界上主要铊矿床的分布（见表 2-15-3）。

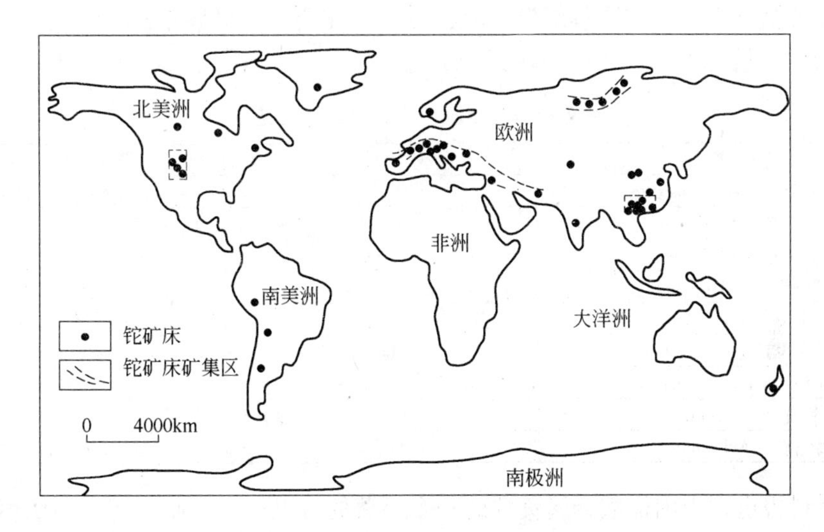

图 2-15-2 全球主要铊矿床分布示意图

表 2-15-3 世界上主要铊矿床一览表

洲 名	国家或地区	铊矿床或产地
欧 洲	马其顿	Alsar 矿床、Lojane 矿床
	法 国	Limousin 省 Viges 矿床、Hautes-Alpes 地区 JasRoux 矿床
	瑞 士	Valais 地区 Lengenbach 矿床、格陵兰 Illimaussaq 矿床
	德 国	海得尔堡 SegenGottesMine 矿床、萨克森地区 Weintranbe 矿床
	瑞 典	Smaland 省 Kalmar 地区
	捷 克	波希米亚 Ronaz 矿床、摩拉维亚 Bukov 矿床
	俄罗斯	东西伯利亚 Murun 山区、东西伯利亚 Noril'sk 矿床、北高加索地区、Beshtau 矿床、南高加索 VerkhnyayaKvaisa 矿床、乌拉尔山 Turzinsk 地区
北美洲	加拿大	ThunderBay 地区赫姆洛矿床、Saint-Hilaire 地区 Poudrette 矿床
	美 国	犹他州 Mercur 矿床，内华达州 Getechell 矿床，Carlin 矿床、新泽西 Franklin 矿床，怀俄明州 Rambler 矿床等
南美洲	阿根廷	Catamarca 省 Capillitas 矿床、LaRioja 省 Tuminico 矿床
	秘 鲁	圣地亚哥省 Quiruvilca 矿床
亚 洲	中 国	贵州滥木厂、丫他、弋塘，安徽香泉，云南金顶、南华，广西益兰，陕西铜木沟、铜家湾，广东云浮，江西城门山等
	伊 朗	Takab 地区 Zarehehouran 矿床
	印 度	拉贾斯坦邦 Rajpura-Dariba 矿床
	日 本	北海道秋田郡 Kuroko 矿床
	乌兹别克	马尔罕 Zirabulaksk 山区
大洋洲	新西兰	Rotokawa 地区

15.2.2　中国铊矿物资源

中国铊资源丰富。含铊矿床比较多，如广东云浮含铊黄铁矿、云南兰坪含铊铅锌矿、广西益兰含铊汞矿、贵州弋塘含铊锑金矿和客寨含铊硒矿、四川东北寨含铊金砷矿和江西城门山含铊铅矿床等。到目前为止，已发现铊的独立矿物 9 种，见表 2-15-4，主要集中在云南南华、贵州滥木厂、西藏洛隆毛水和和安徽香泉。其中铊明矾是 2001 年刚刚发现的一种铊的硫酸盐新矿物。按同等级资源相比，中国铊资源占世界首位，但按人均矿产量不及世界人均矿产量的 1/3，排名 100 位以后。

表 2-15-4　中国已发现铊的独立矿物

矿物名称	化学式	发现地及资料来源
硫砷铊铅矿（Hutchinsonite）	$PbTlAs_5S_9$	云南南华，张宝贵
辉铁铊矿（Picotpaulite）	$TlFe_2S_3$	张　忠
硫砷铊矿（Ellisite）	Tl_3AsS_3	张　忠
铊黄铁矿（TlPyrite）	$(Fe, Tl)(S, As)_2$	张宝贵
红铊矿（Lorandite）	$TlAsS_2$	贵州滥木厂，陈代演
斜硫砷汞铊矿（Christite）	$TlHgAsS_3$	李锡林
铊明矾（Lanmuchangite）	$TlAl[SO_4]_2 12H_2O$	陈代演
硫铁铊矿（Raguinite）	$TlFeS_2$	李国柱
褐铊矿（Avicennite）	Tl_2O_3	西藏洛隆，毛水和

根据资料报道，中国稀散金属资源的一个显著的特点是，分布的省区和赋存的某些矿床较为集中，被形象地称谓稀散元素“不稀散”。就铊而言，铊的分布 90% 以上的储量富集在云南兰坪金顶铅锌矿床中。综合报道资料可得出结论：云南省是一个铊资源大省。

15.3　铊的生产状况

从有关资料知道，Tl 的高品位矿床很少见，世界上铊主要来源于 Zn、Pb、Cu 等金属冶炼厂和硫酸厂的副产品的回收，其中，烟道飞灰被用做 Tl 的主要原料。不同冶炼厂 Tl 的回收生产工艺随矿物性质有很大不同，主要有联合浸取技术、化学钝化技术、沉降技术、分步结晶技术、分馏技术和电解技术等。根据有关资料报道，从铊矿物中可采用湿法直接提取铊。

从相关资料可见，世界范围内铊的产量很低。1987 年和 1988 年铊的总产量为 17t。德国、比利时、日本是铊的主要生产国，在德国铊的年产量为 8t。美国也曾是铊的生产国，年产量 3t，但在 1981 年美国中断了铊的生产。我国铊的产量较少。

铊的生产或提取方法按浸出方式主要有酸浸出-萃取法、酸浸出法、碱浸出法、盐类浸出法、水浸出法、氧化焙烧-水浸法、离子交换法等，以及电解法、选冶联合法、真空冶金法等其他方法。下面介绍几种常见的生产方法。

15.3.1　铊矿湿法提取高纯铊

15.3.1.1　*基本原理*

红铊矿 $TlSeS_2$、硒铊银铜矿 $(Cu、Tl、Ag)_2Se$、辉铊锑矿 $Tl(As、Sb)_2S_5$ 等含铊矿物，经过焙烧，铊可转化为硫酸亚铊 Tl_2SO_4。用溶剂对焙烧矿进行浸取，硫酸亚铊 Tl_2SO_4 进入溶液，与大量矿渣分离。将氯离子放入溶液，沉淀出氯化亚铊 TlCl，可使铊与其他溶出元素进一步分离，获得纯净的氯化亚铊 TlCl：

$$Tl_2SO_4 + 2NaCl \longrightarrow 2TlCl + Na_2SO_4$$

氯化亚铊 TlCl 经硫酸溶解后制取纯净的硫酸亚铊 Tl_2SO_4 溶液，用锌片置换可得金属铊：

$$2TlCl + H_2SO_4 \longrightarrow Tl_2SO_4 + 2HCl$$

$$Tl_2SO_4 + Zn \longrightarrow 2Tl + ZnSO_4$$

15.3.1.2 工艺流程

根据实验室试验和工业试验结果，利用含铊 1.5% 的矿石，由此工艺可获取纯度达 99.99% 的金属铊，铊的回收率达 90% 以上。此法设备简单，操作方便，建设周期短，固定资产投资少，生产规模可大可小，金属铊回收率高，产品质量好，生产成本低等优点。

铊矿湿法制取高纯铊和工艺流程如图 2-15-3 所示。

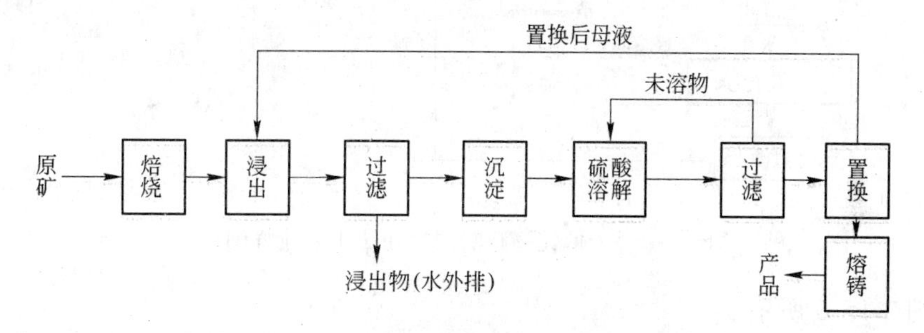

图 2-15-3 铊矿湿法制取高纯铊的工艺流程图

15.3.2 酸浸出法

据未立清等人报道，用炼锌厂的二次海绵物为原料，可以提取纯度达 99.9% 的金属铊。一般采用硫酸浸出铊，铊的浸出率可达 95% 以上，但必须进行铊与镉等的分离。采用氯化沉淀较为便宜，但大量的 Cl^- 进入溶液给生产硫酸锌带来危害。而且铊以 TlCl、$CdCl_2$ 形态沉淀，必须经熬沸洗掉 $CdCl_2$ 后再进行硫酸化焙烧等处理，流程长。工艺流程见图 2-15-4。

李静存等人用低铊物料为原料，提取纯度达 99.9% 的金属铊。一般采用硫酸浸出铊，用 CO_3^{2-} 将杂质元素以 $MeCO_3$ 的形态除去，流程长。实验室试验直收率达 78% 以上，小型工业试验直收率达 37%。工艺流程如图 2-15-5 所示。

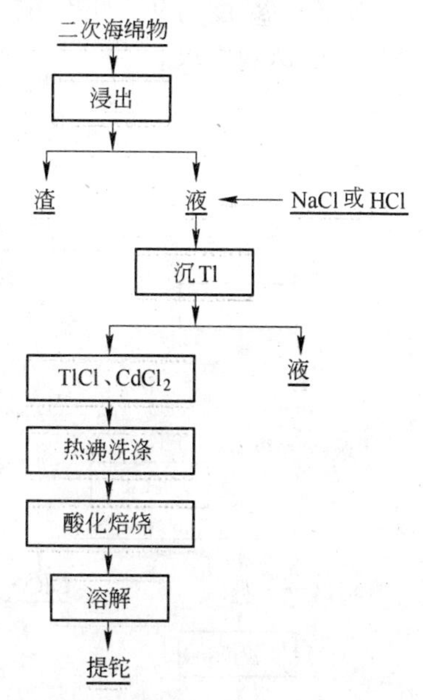

图 2-15-4 含铊二次海绵酸浸出铊法工艺流程图

15.3.3 水浸出法

未立清等人用炼锌厂的二次海绵物为原料，提取纯度达 99.9% 的金属铊。用自然水浸出铊，铊浸出率达 60% 左右，但浸出渣经镉系统回收镉后，铊仍进入二次镉海绵物可继续回收。该法简单稳妥、方便，不需增添任何设备，只需调整一下操作即可生产，成本低廉。工

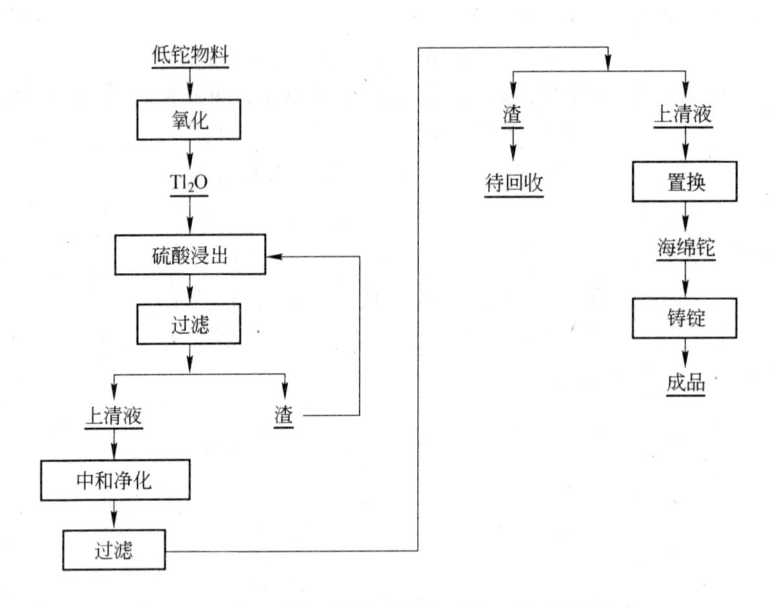

图 2-15-5　低铊物料酸浸出铊法工艺流程图

艺流程如图 2-15-6 所示。

15.3.4　酸浸-萃取法

据未立清等人报道，用炼锌厂的二次海绵物为原料，可以提取纯度达 99.99% 的金属铊。采用酸性浸出二次置换海绵物，再用溴水氧化并络合 P204 萃取回收铊，直收率仅达 55%，工艺多而复杂，成本高，劳动条件差，溴水有毒。工艺流程如图 2-15-7 所示。

一般获取纯度为 99.999% 的高纯铊，可用纯度为 99.99% 的金属铊，经过 2 ~ 3 次电解精炼，可达到要求。

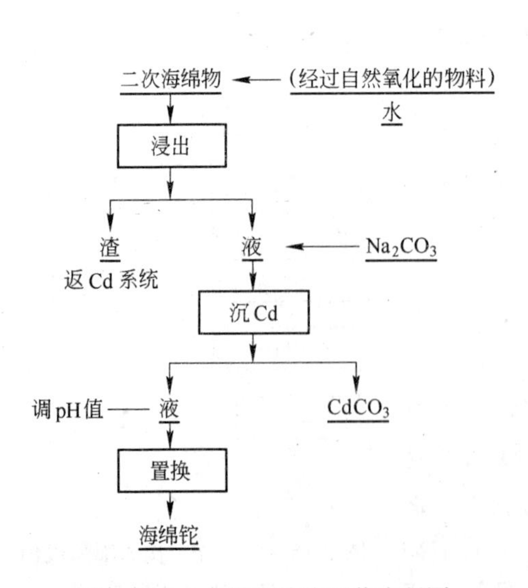

图 2-15-6　水浸出铊法工艺流程图

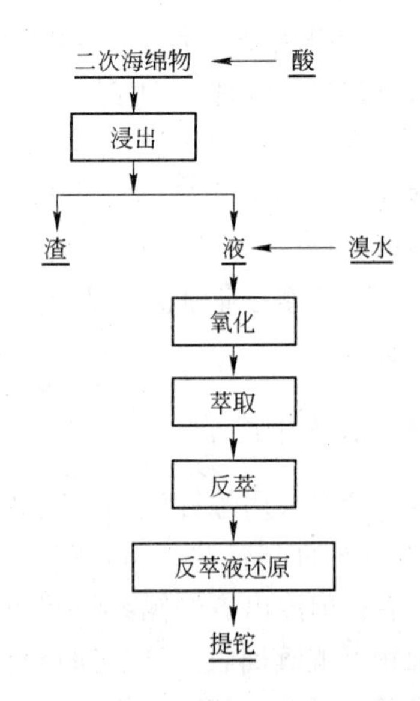

图 2-15-7　酸浸-萃取铊法工艺流程图

15.3.5 酸浸-氯化沉铊法

据周令治报道，用含 Tl 2% ~20% 的锌镉渣或铜镉渣，也可用于含 Tl 0.02% ~0.6% 的烟尘，回收铊。此法在澳、前苏联等国投入生产，较为实用。工艺流程如图 2-15-8 所示。

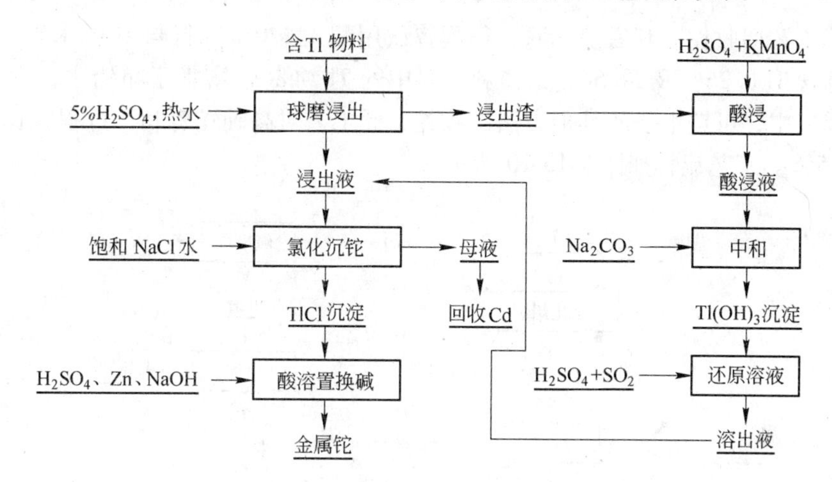

图 2-15-8 酸浸-氯化沉铊法流程图

15.3.6 酸浸-铬盐沉淀法

据周令治介绍，秘鲁 Cerro De Pasco 厂从铅鼓风炉尘中生产铊。含 Tl 0.05% ~0.13% 的铅烟尘配以溶剂后投入反射炉熔炼挥发，料中 Tl 基本进入烟尘，经过硫酸浸出得含 Tl 15g/L 的 Tl_2SO_4 液，当调酸到 3 ~4g/L 时加入 Na_2CrO_4（或 K_2CrO_4）沉 Tl：

$$Tl_2SO_4 + Na_2CrO_4 = Tl_2CrO_4\downarrow + Na_2SO_4$$

Tl_2CrO_4经过两次（20% H_2SO_4与50% H_2SO_4）与90℃下的酸分解 1 ~2h，滤液经过加 Na_2S 除杂质后，用锌置换得海绵铊，经过压团后于 320℃ 下加碱熔铸得 99.99 铊。此工艺沉铊不完全，铊的回收率低；但选择性较好，富集方法简短。工艺流程如图 2-15-9 所示。

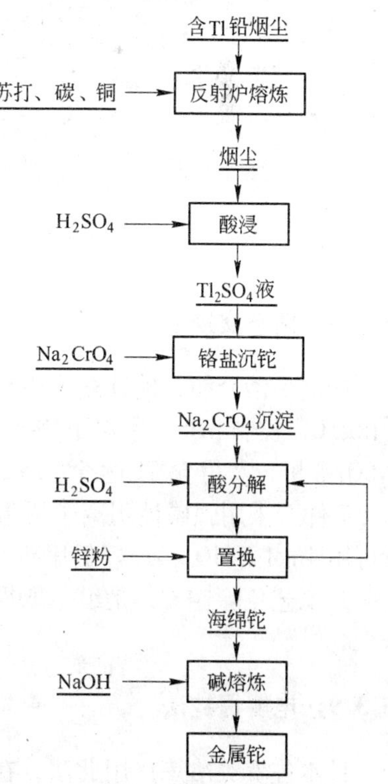

图 2-15-9 酸浸-铬盐沉淀法流程图

15.3.7 碱浸-硫化沉铊法

据周令治介绍，前苏联采用从含 Tl 0.01% ~0.10% 的烟尘中提铊，并综合利用料中的镉和锌。利用 Tl_2O 容易溶于碱，当加 5% 料重的 Na_2S 从加热到 90℃的含 Tl 0.65g/L 的滤液中将 90% 的铊沉出，

$$Tl_2CO_3 + Na_2S = Tl_2S\downarrow + Na_2CO_3$$

得含 Tl 71% 及 As 7% ~ 10% 的沉淀，经过加 Na_2S 液使砷形成多硫化物 Na_3AsS_3 形态而除去，使沉淀物含 Tl 上升到 78%，再用稀硫酸于 90℃ 下浸出 2 ~ 3h，则料中 Tl 的 96% 以上转入溶液：

$$Tl_2S + H_2SO_4 \longrightarrow Tl_2SO_4 + H_2S\uparrow$$

按前述工艺回收铊。其后前苏联、德国曾试用配入 130% 苏打与 10% 木炭，在 950 ~ 1000℃ 熔炼含 Tl 0.26% 及 Pb 56% 的渣料，料中的 Tl 约 80% 富集于粗铅中，当精炼时 Tl 基本转入浮渣中，可按本法或其他方法回收铊。此工艺对高砷铊有利，过程冗长，铊的回收率仅为 75%。工艺流程如图 2-15-10 所示。

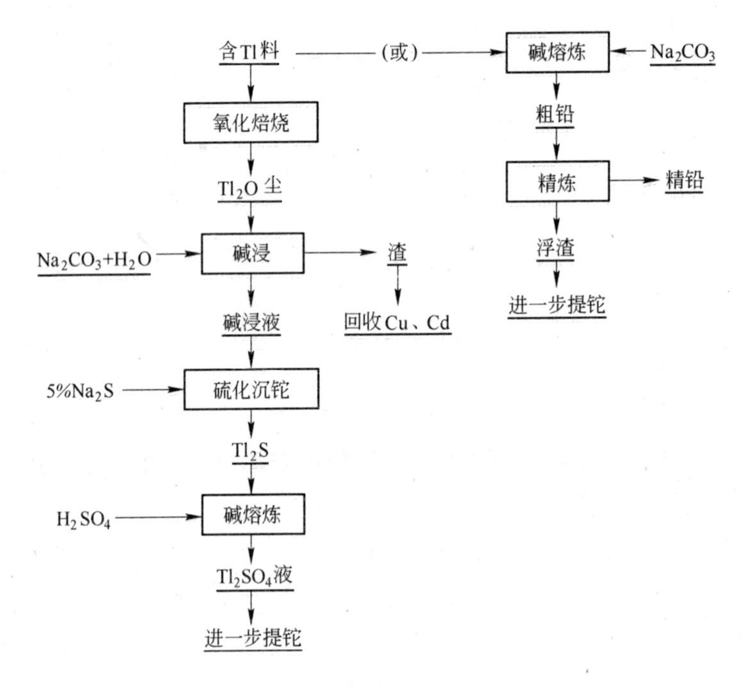

图 2-15-10　碱浸-硫化沉铊法流程图

15.3.8　离子交换法

据周令治介绍，前苏联齐姆肯特铅厂用此法从铅烧结尘中提铊。水溶液含 Tl 0.10 ~ 0.18g/L，控制 pH8，室温下用 KY-1 强酸性阳离子交换树脂吸附 Tl，饱和后用 5% ~ 10% H_2SO_4 解析，获得含 Tl 达 5 ~ 15g/L 的解析液。如 HCl 浸出含 Tl 烟尘，则可在 1 ~ 4mol HCl 条件下采用强碱性阴离子树脂，如 Bayзкс-1 或 Amberite IAR400 等能定量吸附 Tl、解析可用 4mol $HClO_4$，最好仍用硫酸解析。从解析液中提铊可用前述工艺。

此工艺免除铊害，是继萃取提铊的又一种有前途的工艺。其工艺流程如图 2-15-11 所示。

15.3.9　电解提铊法

日本佐贺关冶炼厂用此法，在 25℃ 下以石墨与不锈钢分别作阳极与阴极，采用低电流密度从脱铅后的硅氟酸铅电解液中电解提铊。

也有从含 Tl 15g/L，H_2SO_4 10g/L 的 Tl_2SO_4液中，采取 18 ~ 20℃与 500 ~ 1000A/m^2条件电解，生产出海绵铊，经过压团与碱熔得 99.98% 铊。工艺流程如图 2-15-12 所示。

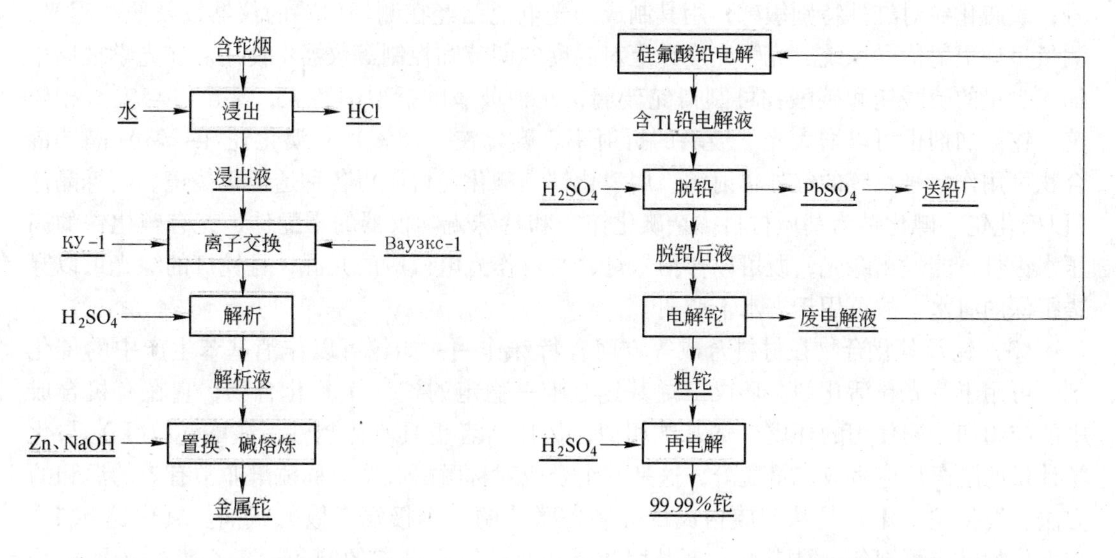

图 2-15-11 离子交换法提铊流程图 图 2-15-12 电解提铊法流程图

15.3.10 选冶联合法

黄铁矿一般均含 Tl，在硫铁矿选矿时，料中 Tl 绝大部分进入尾矿，并在白云母及绢云母中富集，可采用优先浮选，结合前述工艺回收铊。

至于含 Tl 黄铁矿或硫磺生产硫酸时的酸泥，以生产纸浆所产出的洗涤泥有的富含 Tl 0.004% ~0.08%，可试用此法提铊。

15.4 铊的应用及发展前景

15.4.1 铊的应用

由铊的化学性质可知，铊可与其他非金属元素和酸类化合生成盐类和化合物，与金属元素合成生成合金材料。近几十年来，随着科学技术的发展，铊已广泛应用于国防、军工、航天、化工、冶金、电子、通讯、卫生等各个方面。

（1）铊能与大多数金属形成合金，某些铊合金具有特殊的性能，如 72% Pb、15% Sb、8% Tl 和 5% Sn 组成的轴承比铅基轴承优越；由铊和银组成的轴承合金具有高耐久性和低磨损系数以及良好的抗酸性能，在机械性能方面优于 Pb/Ag 和 Pb/Cu 合金；由金银铊组成的轴承合金（25% ~50% Au、25% ~50% Ag、1% ~40% Tl）有很高的耐腐蚀性能和耐久性能；铊、铝、银组成的合金（1∶1∶8）能在空气中长期保持光亮；锡铊合金具有抗酸、碱腐蚀的能力。在铜的电解中可使用由（70% Pb、20% Sn、10% Tl）组成的不溶性阳极。少量铊添加到钨灯丝中可以延长灯泡的寿命。高纯铊及其合金均为优良的半导体材料，可作高压硒整流片、无线电传机、原子钟的脉冲传送器等器件。最独特的是铊的铊汞合金（含 8.7% Tl）具有 -59℃的凝固温度，可用于低温温度计、电键、锁合和密封等场合。

（2）铊盐对光有特殊的敏感性及其他一些特殊光性能，如铊激活的碘化钠晶体用于制作光电倍增管；硫化铊和硫氧化铊用于制造对红外线灵敏的光电管，在黑夜里接受信号；氧硫化铊对红外特别敏感，用其制成的光电池已经在测辐射热的仪器以及照相曝光、测量星球辐射信号系统、光学光度计上对温度的调节和控制等仪器中使用。在光学玻璃中加入少量的硫酸铊和碳酸铊可制得铊玻璃，此种玻璃的折射率特大，甚至可与宝石相媲美；铊添加剂也可以增大光学玻璃的折射率。碘化铊（58%）和溴化铊（42%）晶体混合物可用作信号系统的红外辐射源；用溴化铊、碘化铊可制得各种透镜、棱镜、闪烁晶体（以碘化铯、碘化钠为基质材料掺杂碘化铊）和特殊光学仪器的零配件；充有碘化铊的高压水银灯，能发出绿光，既可以作信号灯，又可作光电效应的光源，且铊灯的绿光可以穿透很深的海水，故可用于海水下照明。

（3）铊及其化合物在材料合成等方面有特殊作用，如铊可以作消基苯生产中的催化剂，可用于荧光粉活化剂。环戊二烯基铊是唯一稳定的铊（Ⅰ）化合物，它在有机合成中的应用和普遍使用的环戊二烯基钠相似，但比后者更具有优越性。羧酸铊（Ⅰ）与化学计量的酰卤反应生成定量酰酐，这是一个合成对称酰酐或非对称酰酐非常有效的温和的方法。溴化铊（Ⅰ）是从芳族格氏试剂制备联苯的一个极端有效的试剂。氧化铊（Ⅰ）与卤代物反应可制备α-酮基腈，氰基甲酸酯和氰基三甲硅烷的制备。三乙酸铊（Ⅲ）是多种芳族化合物控制溴化的极好的催化物，与一般方法相反，这个溴化方法只生产单一的纯一的溴化物，对单取代苯来说，只生成对位溴代物。三氟醋酸铊（Ⅲ）是芳族取代中一个特别活泼的铊化试剂，它所生成的有机铊衍生物也是芳族取代中新中间体，通过这些中间体制备多种芳烃衍生物。三硝酸铊作为氧化剂比其他铊盐（Ⅲ）的应用范围更广，具有选择性强，产率高，反应条件温和等优点，广泛应用于烯烃、酮、有机硫和有机硒及酚类的氧化，尤其是一些特异的反应性能可用于其他方法难以合成的或产率不高的化合物的制备。

（4）铊及其化合物在医学及药品方面的应用。铊的同位素被广泛用于心脏、肝脏、甲状腺、黑素瘤以及冠状动脉类疾病的检测诊断。硫酸铊曾用于治疗梅毒、淋病、痛风、痢疾、盗汗、皮肤癣菌等病，并用作脱毛剂、杀虫剂、灭鼠药和农药。由于其副作用和高毒性，铊已经被发达国家陆续禁止使用和限制生产。

（5）铊在高温超导领域中具有重要应用价值。高温超导电性的进展，会对磁悬浮列车、更强大的对撞机、小而快的计算机，还有可控核聚变反应等作出巨大贡献。原始配方用的是铜、钡与铊这三种元素的氧化物，在混合物中加入了一点钙，使超导温度首次突破100K达到105K，甚至达到125K，可望高达200K，这是其他不加铊的所有材料达不到的纪录。铊在高温超导方面扮演着其他材料暂时无法取代的作用。

（6）铊是金矿床重要的指示元素。从铊既与K、Rb等碱金属共生，又与Hg、As、Sb等元素的硫化物有密切关系，且这些元素均在矿体和蚀变带中富集的地球化学特点出发，选用铊与特征元素比值能突出体现金矿体和蚀变带的异常特征，来寻找金矿床具有可行性和重要意义。

铊的一些化合物也是放射线的屏蔽窗、低温开关等的重要材料。铊还可用于生产烟火（绿）、染料、颜料、木材以及皮革防菌浸泡剂和阻止发霉原料等。

15.4.2 铊的应用前景

铊及其化合物的一些独特性能，如前面提到的高温超导性能、优良的光敏性能和半导体性能，尤其是红外线方面的性能、以及在各种检测仪器、低温用材、化工催化剂和轴承合金等方面的优越性能，使铊得到了越来越广泛的应用。

由于铊及其化合物的高毒性和稀散性,使铊及其化合物的应用受到一定限制,以前在世界范围内 Tl 的产量和用量很低。1987 年和 1988 年 Tl 的世界总产量为 17t,1991 年 Tl 的世界用量为 10 ~ 15t。美国 Tl 用量为:1940 ~ 1984 年 0.5 ~ 1.1t/a,1984 ~ 1989 年 1.1 ~ 1.5t/a,主要用于电力、电子工业。中国 Tl 的用量约为 3t/a,主要用于光电管生产上。

从有关资料得知，Tl 的价格为 170 美元/kg（99.9%）和 230 美元/kg（99.999%），但 Tl 的同位素是 Tl 的价格的几十倍。金属铊（99.99%）1800 元/kg。

若在防止、治疗和克服“铊毒”方面的研究工作有新进展，铊及其化合物的应用有进一步研究，铊也会像有毒金属铅、砷、汞、铍、镉及其化合物等一样，获得更广泛的应用。

15.5 对云南省今后铊的深加工的建议

15.5.1 云南省铊生产的必要性和紧迫性

云南省拥有富含铊的兰坪和南华两个铊矿区，兰坪矿区含 5894.22t 铊和南华矿区含 131.8t 以上，在加上赋存于亲硫元素 Hg、Pb、S、Fe、As、Sb、Zn、Cu、Ag、Au、Cd 等中的铊，在全国占有 90% 以上铊储量，具有得天独厚的铊资源优势，是铊资源大省。

铊及其化合物是高毒有害物质，它可通过食物链、皮肤接触让人中毒。铊可从冶炼厂的炉气、炉尘、炉渣、洗涤水或洗涤液等中获得，一些含铊矿中也存在含铊超标的尾砂、矿渣和废水，从中也可获取铊。若没有被充分回收，在空气、土壤、水源、动植物中含量超标，必然导致人群慢性中毒，甚至急性中毒。铊及其化合物的回收对于冶金行业和材料工业可持续发展，保护生态环境，造福子孙后代，具有重大的生态效益和社会效益。

铊是一种稀散的高科技金属材料，随着科技的发展其用途越来越广泛，尤其在高温超导、航空、航天和国防方面的应用。铊的价格昂贵，仅兰坪铅锌矿和南华砷矿中的铊就含 6026.02t 以上，按 1800 元/kg 计算，共达 108.468 亿元人民币以上，如果继续进行铊的深加工，效益可能会翻十倍甚至百倍。所以在云南省提取和开发铊资源具有巨大的经济效益。

15.5.2 铊产品生产的建议

根据云南省的实际情况和铊的特性，对于铊产品生产建议如下：

（1）首先开展提取铊材料的工作，铊的纯度可为 99.9%、99.99% 和 99.999% 三个等级，具体提取纯度等级可根据市场而定。原料主要来源从提取锌、铅和镉后的含铊渣和提取砷、铅后的含铊剩余物，其相应的提取方法最好采用真空法，此法的优点是投资少、低能耗、无污染、流程短、回收高、生产规模和等级灵活、效益好。另外，来自于炉气、炉尘、洗涤液中的铊，可用湿法、结合电解法或者真空法联合生产。同时急需加强铊提取真空技术的研究。

（2）应该开展铊的同位素获取和铊的产品生产工作，同时也应该投入相关环节的研究资金，使铊这个稀散元素，物尽其用，为中国的高温超导行业、航空航天和国防以及云南省经济建设做贡献。

参 考 文 献

1　刘英俊，曹励明，李兆麟，等．元素地球化学．北京：科学出版社，1984

2　高振敏，李朝阳．分散元素矿床地球化学研究．见：中国科学院地球化学研究所．资源环境与可持续发展．北京：科学出版社，1999：256～263

3　未立清，张宇光，谷国山，等．竖罐炼锌过程中铊的回收．有色矿冶，1999，20（3）：39～45

4　铊．http：//www. chenwindow. net. 2005 年 9 月 10 日

5　Wedepohlk，et al.，Handbook of Geochemistry（81-A，Crstalchemistry），V. 114，Springer-Verlag Berlin，Heidelberg，Variouspagings，1974

6　王艳．铊及其应用．河南师范大学学报（自然科学版），1996，24（3）：98～99

7　铊．http：//myweb. yzu. edu. cn/wjhx/yszs/Tl. htm 19K. 2004 年 9 月 8 日

8　谢文彪，陈永亨，陈穗玲，王甘霖，常向阳．云浮硫铁矿及其焙烧灰渣中元素铊的组成特征．矿产综合利用，2001，2：23～25

9　涂光炽，高振敏．分散元素成矿机制研究获重大进展．中国科学院院刊，2003，22（5）：258～242

10　涂光炽．分散元素地球化学及成矿机制．北京：地质出版社，2004

11　张忠，龙江平．金汞砷锑矿床中的铊．地质找矿论丛，1994，9（2）：67～75

12　Gabrie，Voicu et al. 铊矿床成矿规律．地质科技情报，2005，24（1）：55～60

13　范裕，周涛发，袁峰．铊矿物晶体化学和地球化学．吉林大学学报（地球科学版），2005，35（3）：284～290

14　李德先，高振敏，朱咏喧，饶文波．铊矿物及铊的植物找矿．地质与勘探，2003，39（5）：44～48

15　陈永亨，谢文彪，吴颖娟，王正辉．中国含铊资源开发与铊环境污染．深圳大学学报（理工版），2001，18（1）：57～62

16　陈代演，王华，任大银，邹振西．我国铊矿物研究的回顾与前瞻．欧阳自远．世纪之交矿物学岩石学地球化学的回顾与展望．北京：原子能出版社，1998，56～57

17　资源状况．矿业交易网．2005 年 9 月 10 日

18　谢文彪，常向阳，陈穗玲，陈永亨．铊资源的分布及其利用中的环境问题．广州大学学报（自然科学版），2004，3（6）：510～513

19　李静存．低铊物料直接浸出的研究．有色冶炼，2001，6：26～29

20　王献科，李玉萍．液膜法提取铊．上海有色金属，2002，Vol. 23，No. 1：24～27

21　杨春霞，陈永亨，彭平安，谢长生．铊的分离富集技术．分析测试学报，2002，Vol. 21，No. 3：94～98

22　C. Briese，F. Nessler，R. Liebscher. Production of Thallium and Its Significance in the Different Politicalenonomics. Wiss Humbodt-Univ（berlin）Math-Natruruiss Reihe，1985，34：750～760

23　G. Kanzantzis. A. Thallium . Handbook in Toxicology of Metals.（2nd ed）. New York：Elsevier Science Publishers，1986. 549～567

24　方元．铊矿湿法制取高纯铊的研究．贵州化工，2000，25（4）：1～4

25　US BM. Mineral Commodity Summaries 1989. Washington，DC，US Bureau of Mines/US Geological survey，1990

26 US BM. Mineral Commodity Summaries 1992. Washington, DC, US Bureau of Mines/US Geological survey, 1993

27 周令治，邹家炎．稀散金属手册．长沙：中南工业大学出版社，1993. 364～366，405～407

28 贾大成，胡瑞忠．金矿勘查中铊的找矿意义．地质与勘探．2001，37（6）

29 北方地区有色金属现货价格信息．http：//www. met-cn. com. 2005 年 5 月

30 戴永年，杨斌．有色金属材料的真空冶金．北京：冶金工业出版社，2000

16　锶

朱　云　昆明理工大学

锶，原子序数38，相对原子质量87.62。元素名来源于它的发现地地名。1790年克劳福德在苏格兰斯特朗申的铅矿中第一次识别了自然界存在的碳酸锶；1792年霍普证实并分离了钡、锶、钙的化合物；1808年戴维利用汞阴极电解氢氧化锶，第一次得到纯的金属锶，并命名。锶在地壳中的含量为0.02%，主要矿石为天青石和菱锶矿，锶也在动、植物中与钙共存。锶有四个天然同位素。

锶是一种活泼金属，熔点769℃，沸点1384℃，密度2.63g/cm^3。

锶能与水直接反应，与酸猛烈反应；锶与卤素、氧、硫都能迅速反应；锶在空气中会很快生成保护性氧化膜；锶在空气中加热会燃烧；在一定条件下可与氮、碳、氢直接化合；由于锶很活泼，应保存在煤油中。

锶的挥发性盐在火焰中呈现红色，可用作焰火、照明灯和夜光弹的材料；放射性锶可治疗骨癌。

16.1　锶资源

锶在地壳中的含量仅有0.02%～0.03%，是碱土金属中丰度值最小的元素，很少富集成大矿。锶属于稀有矿产（主要是天青石矿），其资源在世界范围内都十分有限，且不可再生。自然界中具有工业开采价值的锶矿物主要是天青石（主要成分$SrSO_4$）和菱锶矿（主要成分$SrCO_3$）。

16.1.1　世界锶资源分布

全世界168个国家中只有26个国家拥有锶矿资源，而且其中只有16个国家生产锶矿。世界主要锶资源国的储量和储量基础（以$SrSO_4$矿物量计）见表2-16-1。

表2-16-1　世界主要锶资源国的储量和储量基础　(kt)

序　号	国家或地区	储量	储量基础	备　注
1	中　国	25914	46828	$SrSO_4$矿物量
2	西班牙	1500	6000	矿石储量×$SrSO_4$75%
3	墨西哥	1023	6385	矿石储量×$SrSO_4$90%
4	伊　朗	910	2730	矿石储量×$SrSO_4$91%
5	加拿大	750	2250	矿石储量×$SrSO_4$75%
6	美　国	—	3092	锶金属136万t+0.44
7	土耳其	5760	1920	矿石储量×$SrSO_4$96%
8	卡塔尔	—	1580	锶金属70万t+0.44
9	阿尔及利亚	450	—	矿石量50万t×$SrSO_4$90%

16.1.2 中国锶资源分布

中国锶矿资源比较丰富，占到全世界锶矿储量和储量基础的60%。目前最主要的锶矿资源是天青石（Celestite）。中国是世界上最大的天青石生产国，年产量达50余万吨。据统计，中国13个省（区）有矿床（点）分布，已探明天青石矿产地8处，储量约2.9×10^7t。矿床主要分布在青海、四川、江苏、湖北、云南、陕西等省区，其中青海的大风山天青石资源储量就2.46×10^7t，位居全国之首。但矿石以中低品位居多，$SrSO_4$含量一般低于60%，大都需要进行选矿富集。并且工业储量所占比例相对较少，矿区勘查程度较低，全国性、区域性锶矿地质研究工作水平落后于其他化工矿产。

根据中国天青石矿床成矿规律研究，将中国天青石矿床划分为7个成矿远景区，见表2-16-2。

表 2-16-2 中国天青石矿床7个成矿远景区

成矿远景区	范围	类型	备注
四川东南部成矿区	川东褶皱带西部，华蓥山帚状褶皱束	海相沉积-热卤水改造型	已探明铜梁西峡、合川干沟、大足兴隆三个大型矿床
青海柴达木盆地西北部成矿区	大浪滩-大风山-察汉斯拉图一带	陆相湖泊化学沉积型	已发现大风山、尖顶山两个特大型天青石矿床，约占全国总储量的60%
苏南成矿区	江苏南部溧水和宁芜地区	火山（岩浆）-热液型	在溧水地区有爱景山、卧龙山矿床。在宁芜有泰山、戴山、小山、祖堂山及鸡笼山、云台山等矿区
鄂东南成矿区	以黄石地区为主	岩浆热液型	已发现黄石狮子立山大型矿床一处和一些矿（化）点
云南云龙-维西成矿区	处于兰坪-思茅中生代坳陷的北段收敛区	陆相沉积-热卤水改造型	已探明兰坪金顶（特型）、兰坪河西（中型）矿床，发现多处矿（化）点、异常区
陕西黄龙铺成矿区	位于陕西洛南黄龙铺一带	碳酸岩脉型	已探明黄龙铺大型矿床一处，华阳川、小夫峪、驾鹿稀土元素矿床（点）
四川攀西成矿区	大地构造位置属扬子准地台南缘康滇地轴中段	碳酸岩脉型	在德昌大陆稀土矿床（中型）中，锶含量（$SrSO_4$）高达25.73%～27.68%，已达工业品位

16.1.3 云南省锶资源

云南是中国的金属大省，其中锶资源也很丰富，位居全国前五，储量约4.5×10^6t。云南锶资源主要集中在兰坪-思茅矿带。目前云南锶资源尚处于小规模开采生产阶段。

16.2 锶的生产、用途及市场

16.2.1 锶的生产

锶的生产以锶（天青石）矿石和锶化合物两类产品统计，其中最主要的锶化合物为碳酸锶。据资料分析，目前全球主要有 16 个国家生产锶矿，以墨西哥为最，中国次之。绝大多数国家的锶及锶产品均需通过进口满足。日本、美国是世界主要的锶化合物生产国，也是世界最大的锶化合物消费国，国内的锶化工生产完全依靠国际市场进口锶矿石加工。

中国是世界上主要的产锶国之一，最大的锶工业基地在重庆，国内锶矿需求 80% 依赖于此。而最大的碳酸锶基地在青海，年产碳酸锶 3×10^5 t。此外，江苏、湖北、陕西等地亦有生产。

云南省虽然有大量锶矿资源，但目前尚处于小规模开采生产阶段。

16.2.2　锶的用途

在金属、非金属、橡胶、涂料等材料中，添加适量的锶及其化合物可改善其某种性能或使其具有特殊的性能。因此，锶及其化合物广泛应用于电子信息、化工、轻工、医药、陶瓷、冶金等十多个行业。随着应用范围的扩大，金属锶及其合金延伸产品的需求量日益剧增，而对金属锶的纯度要求亦越来越高，根据外贸部门的信息，有的外商要求提供 99.5% 的高纯金属锶产品。

目前至少已开发出了 50 余种锶产品，但金属锶的实际应用很少，大多数以锶合金及其化合物应用。锶产品中最主要的锶化合物是碳酸锶，约占锶产品总量的 80% 以上。金属锶及其合金主要应用于冶金工业，约占锶及其合金总量 85% 以上，有“金属味精”之称。锶化合物主要还有硝酸锶、钛酸锶、铁酸锶等，其主要应用见表 2-16-3。锶各种用途所占的比例如图 2-16-1 所示。

表 2-16-3　主要锶化合物的应用

锶化合物	应　　用
碳酸锶	彩色显像管（40%）、磁性材料（25%）、陶瓷及釉料、电解锌、制糖、涂料、锶玻璃、锶合金、药物牙膏、烟火、信号弹等
硝酸锶	烟火、信号弹、分析试剂、化学玻璃和医药等
钛酸锶	介质材料、半导体陶瓷、压电陶瓷材料、功能材料、存储器等

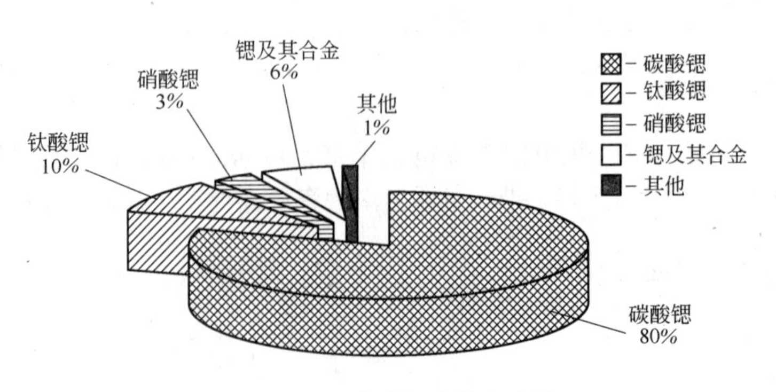

图 2-16-1　各种锶产品占比例

16.2.3 锶的市场

近年来，日本、美国、德国、俄罗斯、东欧和东南亚等锶矿主要消费国和地区，都先后从中国进口天青石和碳酸锶，国际市场对碳酸锶和锶矿石需求潜力很大。据有关专家预测，未来10年内，全球碳酸锶需求量可望增长到1×10^6t，比2004年高出一倍。目前中国已有9个省份的20多家企业从事碳酸锶生产，总年产量在4×10^5t左右。

2004年碳酸锶市场的价格行情为：湖北95%含量碳酸锶2800元/t，湖南97%含量碳酸锶3300元/t，江苏97%含量碳酸锶3600元/t，上海99.5%含量碳酸锶24000元/t。

16.3 锶加工技术

锶的加工技术研究主要集中在锶化合物，特别是碳酸锶、钛酸锶和锶合金的加工技术方面，主要解决锶化合物生产中原料消耗、高纯化、精细粉体或造粒技术、三废处理等问题。

16.3.1 碳酸锶加工技术

碳酸锶为白色粉末或颗粒，是一种重要的锶化合物。其他锶盐产品、金属锶、锶合金等都是以碳酸锶为原料加工而成的。由于碳酸锶对X射线具有屏蔽作用，因此被广泛应用于彩色显像管、磁性材料、陶瓷等行业。随着电子行业的迅猛发展和高纯碳酸锶在高科技领域的应用，世界上许多国家都高度重视高纯碳酸锶的发展，对含量大于99%、杂质含量符合严格要求的高纯度碳酸锶的需求量大增。中国锶矿资源丰富，如果能够开发出适宜的工艺路线生产高纯度碳酸锶产品，必将带来良好的经济效益和社会效益。

中国碳酸锶生产方法主要有三种：碳化法、复分解法、转化法。此外，还有酸法、热法、硝酸锶法、醋酸锶法等。

16.3.1.1 *碳化法*

碳化法生产工艺流程如图2-16-2所示。将天青石和煤按矿石中锶含量和煤中含碳量采用适当的矿煤配料比配料，将配料送转炉，于1100～1200℃下焙烧1～1.5h。在温度为90℃、液固比为1∶8的条件下，将熔块用水浸取约3h。溶液中加入硫酸除去其中的钡。加入硫酸的量为理论量的1.25倍，然后过滤分离，将硫化锶清液用泵打入碳化塔，用石灰窑产生的二氧化碳碳化1h，锶浆用离心机过滤，锶饼在180℃左右干燥得成品。过程的主要反应

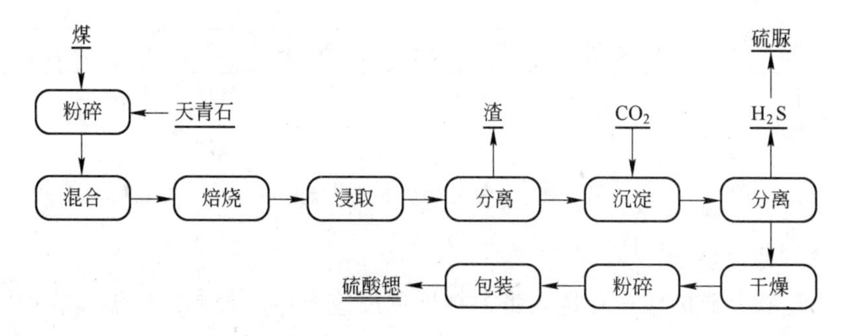

图2-16-2 碳化法生产工艺流程图

$$SrSO_4 + 2C \longrightarrow SrS + 2CO_2\uparrow$$

$$2SrS + 2H_2O \longrightarrow Sr(OH)_2 + Sr(HS)_2$$

$$SrS + Na_2CO_3 \longrightarrow SrCO_3\downarrow + Na_2S$$

$$Sr(OH)_2 + Sr(HS)_2 + NH_4HCO_3 \longrightarrow SrCO_3\downarrow + NH_4HS + H_2O$$

$$Sr(OH)_2 + Sr(HS)_2 + Na_2CO_3 + CO_2 \longrightarrow 2SrCO_3\downarrow + 2NaHS + H_2O$$

$$Sr(OH)_2 + Sr(HS)_2 + CO_2 \longrightarrow 2SrCO_3\downarrow + 2H_2S$$

16.3.1.2　复分解法

将天青石粉碎为200目，在反应器中与水搅拌，缓缓加入工业盐酸，再通蒸气搅拌以除去钙盐。然后倾析并洗涤，至中性为止。将洗涤后之料浆，再用水搅拌，加入纯碱，通入蒸气加热，反应7 h。反应如下

$$SrSO_4 + Na_2CO_3 \longrightarrow SrCO_3\downarrow + Na_2SO_4$$

将生成的碳酸锶用水反复洗涤至中性，洗去 Na_2SO_4 及未反应的 Na_2CO_3。然后缓缓向其中加入50%的稀硝酸或盐酸进行酸化，物料 pH 值到4～5时，通入蒸气加热。其反应为

$$SrCO_3 + 2HNO_3 \longrightarrow Sr(NO_3)_2 + H_2O + CO_2$$

在反应液中，加入饱和 NaOH 溶液，使可溶性的钙、铁盐生成不溶性氢氧化物，过滤除去，此时 pH 值为14。往此溶液中加硝酸中和到 pH 为6，再加纯碱溶液或碳酸氢铵进行复分解

$$Sr(NO_3)_2 + Na_2CO_3 \longrightarrow SrCO_3\downarrow + 2NaNO_3$$

所得之浆状物料用离心机分离，滤饼在150～180℃下干燥，即得成品。传统复分解法的工艺流程如图2-16-3所示。

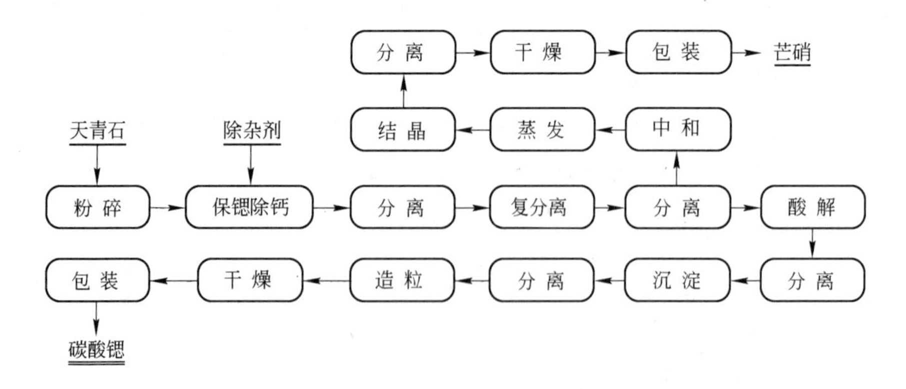

图2-16-3　复分解法的工艺流程图

16.3.1.3　转化法

将天青石矿粉与碳酸铵一并送入带搅拌器的反应器中，控制反应温度在60～100℃，反应压力为0.05～0.5MPa，进行复分解反应0.5～5h。将反应液过滤分离，滤液经蒸发

结晶得副产品硫酸铵。滤饼为粗碳酸锶，用铵盐转化剂在沸腾温度下反应2.5～4h，转化成可溶性锶盐。同时生成的碳酸铵送至复分解工序循环使用。过滤分离所得的锶盐溶液中，再加入碳酸铵沉淀剂，沉淀后经过滤、干燥、粉碎，可获得碳酸锶成品。

以上各种方法都各有利弊，或流程过于冗长，成本过高，或资源浪费较多，或环境污染严重，背离可持续发展战略思想，不利于国家经济建设的发展。所以，刘祥丽等提出了碳酸锶绿色生产工艺，其主要工艺流程如图2-16-4所示。

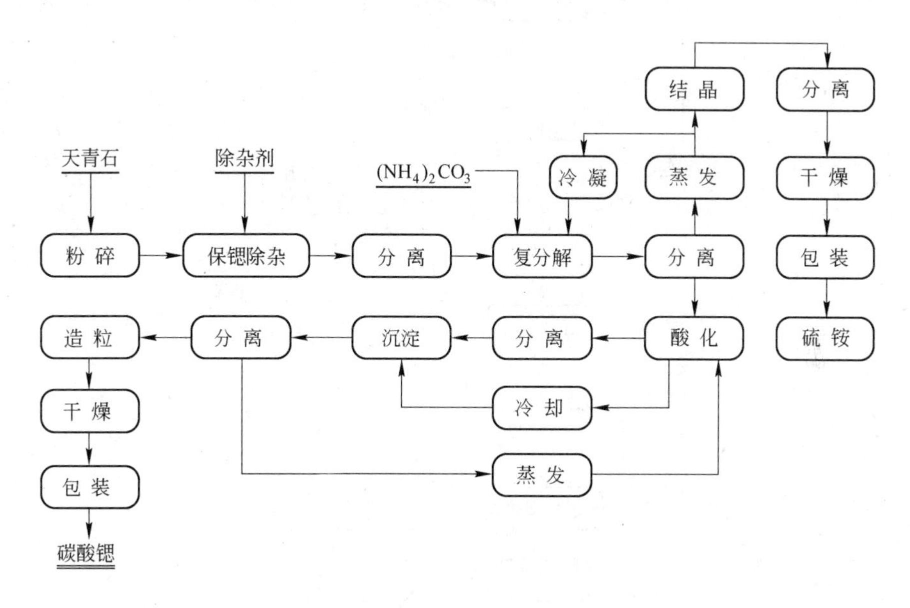

图2-16-4 碳酸锶绿色生产工艺流程图

16.3.2 高纯碳酸锶加工技术

随着中国国内外电子工业日新月异的发展，对高纯度碳酸锶的需求量也日益增加，并且对碳酸锶纯度的要求也越来越高。一般可以通过两条路线来制取高纯碳酸锶，一是以工业硝酸锶为原料，通过重结晶、除钡和钙后与碳酸铵合成；二是以工业碳酸锶为原料，与硝酸锶合成转化为醋酸锶后，除钡和钙，再与碳酸铵合成。两条路线都可以制得纯度为99%以上的高纯碳酸锶。

但传统方法存在着无法避免的缺点:工艺流程复杂,原料及辅料消耗大,锶损失率高,产品质量不稳定,生产成本高等。为了解决以上存在的缺点,梁开玉等提出了碳还原法制高纯度碳酸锶的生产工艺。其主要工艺流程如图2-16-5所示。此工艺通过一次结晶$Sr(OH)_2$就可以达到除钡、钙等杂质,并且有着操作简单,便于控制,原料消耗少,无须加入酸碱等优点。其生产的高纯碳酸锶回收率为44%,工业碳酸锶回收率为50.7%,矿石中锶总回收率95%。但产品高纯碳酸锶的Ba、Ca含量还达不到试剂级高纯碳酸锶的要求。

郭志余则对PTC用的高纯碳酸锶的制备进行了研究，其试验工艺流程如图2-16-6所示。采用该法生产的高纯碳酸锶纯度达99.75%，并且已为多家企业首肯。该工艺采用$(NH_4)_2SO_4$除钡，既在反应过程中不增加杂质离子，又不腐蚀设备，因而有显著的技术经济效益和社会效益。

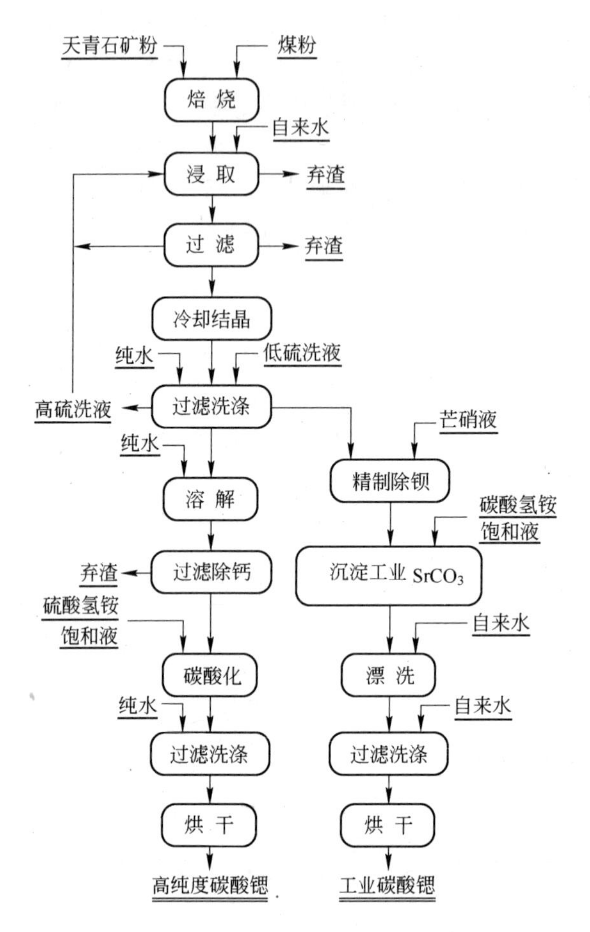

图 2-16-5 制取高纯碳酸锶工艺流程图

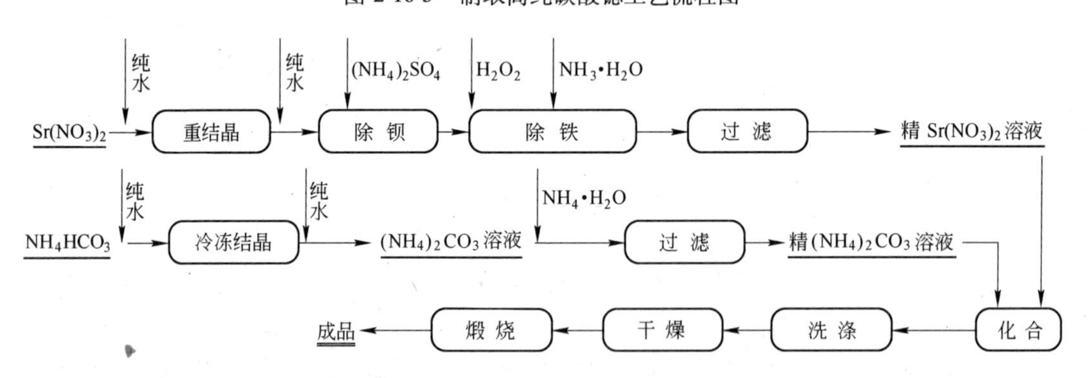

图 2-16-6 高纯碳酸锶试验工艺流程图

16.3.3 钛酸锶加工技术

钛酸锶具有超导性、半导性、气敏性、热敏性及光敏性，介电损耗低、色散频率高，另外还有高介电常数、低电损耗等优点。与钙材料相比，钛酸锶具有更好的温度稳定性和高耐压强度，因此是电子工业中应用较广的一种电子陶瓷材料。它在电子元器件中占组成的5% ~15%，用以制造自动调节加热元件和消磁元器件、高压电容器、晶界层电容器、压敏电阻、热敏电阻及光催化电极材料等。

目前钛酸锶的制备方法主要有：溶胶-凝胶法、化学沉淀法、高温固相法、微波法、等离子体法以及水热法。

目前 $SrTiO_3$粉料的制备方法主要是固相反应法、液相法和气相法。固相反应法在工业上被采用，但因其生产出的粉料在纯度、粒度及组成均匀性等方面较差，已无法适应高级陶瓷之需要；液相法中的草酸盐沉淀法、醇盐水解法虽能制得高性能粉料，但前者需经高温热分解方能得到 $SrTiO_3$粉料，能耗大，后者操作复杂，原料价格昂贵，生产条件苛刻，不利于工业化生产。气相法设备复杂，费用高，亦影响其工业化推广。

16.4 金属锶的制备工艺研究现状

金属锶的化学活性比 Li、Mg、Ca 更高，电极电位更负，在常温空气中与氧气快速反应生成氧化锶，进而与水反应生成氢氧化锶，因此金属锶的生产过程十分困难。目前，金属锶的制备方法主要有真空热还原法、熔盐电解法和“熔-浸”热还原法。

16.4.1 真空热还原法

真空热还原法是利用 Sr 在高温下蒸气压较高的性质，用还原剂在真空条件下还原 SrO 而制备成金属 Sr。还原剂一般采用纯铝粉，其还原反应式为：

$$2Al_{(l)} + 4SrO_{(s)} = 3Sr_{(g)} + SrO \cdot Al_2O_{3(s)}$$

真空热还原法的一般工艺流程如图 2-16-7 所示。该工艺仅能生产出普通金属锶产品，原因是锶的饱和蒸气压与钙、钡、镁等杂质金属的饱和蒸气压相差较小，单纯的负压蒸馏难以获得高纯度金属锶。且现有工艺为间隙式生产，工艺环节中金属锶多次、长时间与大气接触而被污染，影响产品纯度和外观。目前该工艺制备的金属锶纯度为98% ~99%，且质量控制极不稳定。

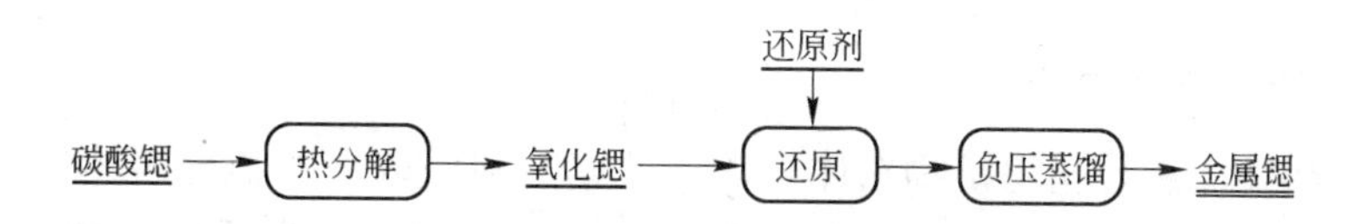

图 2-16-7 传统真空热还原法制备金属锶流程图

重庆大学与重庆某锶业公司正在联合攻关研究一套高纯金属锶生产工艺。该工艺将区域熔炼、真空重熔、直接罐装等技术应用于金属锶的生产工艺之中，实现了还原、熔炼、提纯、罐装于一体的高纯金属锶生产技术，即高纯金属锶的全连续-封闭式生产工艺，如图 2-16-8 所示。全连续-封闭生产工艺通过负压真空精细蒸馏、区域重熔工艺来降低金属锶中钙、钡、镁、锌等杂质金属的含量；利用全封闭罐装技术避免金属锶与大气之间多次、长时间接触，从而减少锶的氧化，提高金属锶的纯度及外观（纯度高达99.7%）。目前，该工艺正在进一步研究中。

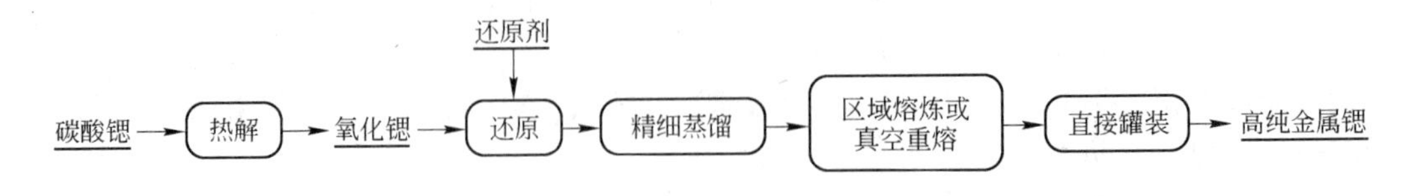

图 2-16-8　全连续-封闭式真空热还原法制备高纯金属锶流程图

16.4.2　熔盐电解法

以熔融的锶的氯化物或氟化物和氟化物络合物等为电解质，以固态或液态金属或液态金属合金作为阴极进行电解反应，从而制备出锶合金，然后再经真空蒸馏而制备出纯金属锶。余仲兴等以熔融 $SrCl_2$-KCl 为主电解液（700℃左右）、SrF_2 等为添加剂，采用自耗阴极法制备出 Cu-Sr 合金，并研究电解质温度、阴极电流密度、电解时间、添加剂等因素对该工艺的影响。将该工艺制备的 Cu-Sr 合金经真空蒸馏即可获得纯金属锶。

杨宏伟等则采用液态阴极法，也以熔融 $SrCl_2$-KCl 为主电解液制备出 Al-Sr 合金，同时研制出液态阴极法制备 Al-Sr 合金的工艺参数，并对该工艺进行了扩大化试验研究，结果证明该工艺的工业化是可行的。乔欢等则对 Al-Sr 合金在 $SrCl_2$-KCl 熔盐中的溶解损失行为进行研究，得出锶在 $SrCl_2$-KCl 熔盐中的损失率随工艺参数的变化规律以及锶与熔盐体系之间的相互作用机制，从而进一步完善了液态阴极法制备 Al-Sr 合金的工艺参数。而杨宝刚等则利用氟化物熔盐体系（Na_3AlF_6-$SrCO_3$）以液态阴极法制备 Al-Sr 合金，并对该工艺的化学反应机理、工艺参数等进行研究，结果发现 Na_3AlF_6-$SrCO_3$，电解体系可在工业铝电解槽中进行电解，这大大降低了 Al-Sr 合金的生产成本。杨宝刚等认为该工艺是目前为止最有发展前景的 Al-Sr 合金生产方法，但该方法的缺点是 Na_3AlF_6-$SrCO_3$熔盐体系的电解温度（950～970℃）高于 $SrCl_2$-KCl 熔盐体系的电解温度（750～800℃）。

张明杰等用液铅为阴极，以 $SrCl_2$-KCl-SrF_2熔盐为电解体系制备 Pb-Sr 合金，并测定出 Pb-Sr 合金中 Sr 的浓度和电流效率的变化规律，为工业化生产 Pb-Sr 合金打下了坚实的基础。

16.4.3　“熔-浸”热还原法

“熔-浸”热还原法是指将矿物粉体与作为还原剂和浸取液的金属熔体发生还原反应，该方法一般在标准大气压下进行。在该工艺中，熔融金属液作为反应剂和溶剂。Langlais 等对用铝热还原法从碳酸锶中提取金属锶的热力学、动力学、反应机理等进行试验研究。研究表明，在搅拌作用下，采用铝与 $SrCO_3$ 的混合熔体来提取金属锶是可行的，说明 $SrCO_3$在熔融的铝液中发生分解-还原反应，从而制备出 Al-Sr 合金。添加剂 Mg、Bi 等可提高锶的收得率，亦可加快还原反应速度。

16.4.4　真空热还原法、熔盐电解法、“熔-浸”热还原法的优缺点比较

现有真空热还原工艺制备的金属锶纯度可达 98% 左右，在纯金属锶一般使用条件下，可直接满足要求，但是该方法的锶提取率低（70%），还原设备复杂且使用寿命短、生产过程不连续，产品成本较高，应当对现有生产工艺进行改进。熔盐电解法制备的 Al-Sr 合

金、Pb-Sr 合金中的锶的浓度较低（$<10\%$），不宜用于提纯高纯金属锶；而制备的 Cu-Sr 合金中的锶含量高（可达 60%），该合金可在 1000℃ 左右真空蒸馏出高纯金属锶。总的来讲，在熔盐电解法中，锶的提取率较高（可达 90%），且生产成本较低。而在“熔-浸”热还原法中，锶合金中的锶浓度更低（$<2\%$），更不适于提纯高纯金属锶，而只能作为一般锶合金使用。“熔-浸”热还原法工艺简单，成本低，但是锶的提取率较低（60% ~ 70%）。

16.5 锶合金的研究现状

锶合金广泛应用于冶金、航空航天业等。锶合金的制备方法一般分为：对渗法、液态阴极电解熔盐法、“熔-浸”还原法等。其中液态阴极电解熔盐法、“熔-浸”还原法如上所述。而对渗法是指将纯金属锶通过搅拌、混合、溶解于熔融的金属液中，从而形成所需成分的锶合金。

16.5.1 Al-Sr 合金

Al-Sr 合金是一种新型的高效变质剂，主要用于铝、镁、锌等合金的变质和细化晶粒。Al-Sr 合金的制备方法主要有对渗法和液态铝阴极电解法。

制备工艺的不同对 Al-Sr 合金的性能的影响亦不同。国内有人分别用对渗法和液态铝阴极电解法制备出 Al-Sr 合金，并对其组织的形成与演变过程进行研究，发现两种方法制备 Al-Sr 合金的组织均由 Al_4Sr 初晶体 +（$Al_4Sr + \alpha$-Al）共晶体组成，但有差异。液态铝阴极电解法制备的 Al-Sr 合金中的 Al_4Sr 初晶体组织为细小的枝晶态，而对渗法制备的 Al-Sr 合金中的 Al_4Sr 初晶体则呈粗大片状。秦敬玉等研究了对渗法制备的 Al-Sr 合金在变形条件下的组织演变过程。

有人系统研究了快速凝固技术对 Al-Sr 合金的热容、微观组织等的影响。Al-Sr 合金的热容随着温度的升高而增大；在 Sr 含量相同时，快速凝固对 Al-Sr 合金的热容影响不大，表现为快速凝固 Al-Sr 合金与常规铸态 Al-Sr 合金的热容基本相同；但是，随着锶含量的增大，快速凝固 Al-Sr 合金与铸态 Al-Sr 合金之间的热容差距越大。Al-Sr 合金微观组织随着凝固速度的增大也发生改变。Al-Sr 合金的铸态组织为 Al_4Sr 初晶体 +（$Al_4Sr + \alpha$-Al）共晶体组成；随着凝固速度的增大，Al-Sr 合金的组织向 Al_4Sr 初晶体 + α-Al 转变；当凝固速度超过某一临界值时，Al-Sr 合金的组织转变为（$Al_4Sr + \alpha$-Al）共晶体。快速凝固也对 Al_4Sr 枝晶的形态以及 Al_4Sr 枝晶的生长方向都有重要的影响；而快速凝固 Al-Sr 合金的退火态组织的演变过程亦与常规铸态合金不同。

随着 Sr 合金的广泛应用，发现 Al-Sr 二元合金有时无法满足生产的需求。因此，科研人员开始研究含 Al-Sr 的多元合金。Bian 等对 Al-Sr-Ti 三元合金进行研究，发现快速凝固组织与常规铸态组织明显不同：快速凝固组织由 Al_4Sr、α-Al、Al_3Ti、$Al_{23}Ti_9$ 相组成，而常规铸态组织则由 Al_4Sr、α-Al，Al_3Ti 相组成；此外，快速凝固 Al-Sr-Ti 三元合金中的 Al_3Ti 相的数量远远少于相同成分的铸态组织。国内有人则对 Al-Ce-Sr 三元合金进行研究，发现其铸态组织由 Al_4（Sr，Ce）初晶体 +（$Al_4Sr + \alpha$-Al）共晶体 +（$Al_{11}Ce_3 + \alpha$-Al）共晶体 +（Al_4Sr + $Al_{11}Ce_3 + \alpha$-Al）三元共晶体组成，而快速凝固组织则由（$Al_4Sr + \alpha$-Al）共晶体 +（$Al_{11}Ce_3 + \alpha$-Al）共晶体组成。而 Argyropoulos 等研究了 Sr-Al-Mg 三元合金的混合热力学、合金加热冷却过程行为等，并将该合金用作 A356 铝合金的变质剂。

16.5.2　Sr-Si 合金

Sr-Si 合金是一种新型的高效铁合金，主要用作钢铁工业的高效孕育剂。Sr-Si 合金具有脱氧能力强（比铝的脱氧能力高两个数量级）；合金密度大，有利于钢液的吸收、减轻钢液处理时的反应激烈程度并提高钢液的洁净度；改善钢的组织结构，提高钢或铸铁的综合机械性能。吕俊杰等分析了碳热还原法和硅热还原法制备锶硅合金的热力学和动力学反应条件，并分别用上述两种方法制备出 Sr-Si 合金、Sr-Si-Ca-Ba 等系列合金。

16.5.3　其他锶合金

新的锶合金种类亦不断出现。Ovrelid 等研究 Sr 对镁合金的影响，发现 Sr 的加入可细化镁合金的晶粒，减小镁合金的气孔率，其原因是 Sr 与［H］反应形成 SrH_2 化合物。Argyropoulos 等采用专用设备对 Mg-Sr 合金及其多元合金进行研究，并将 Mg-Sr 合金用于铝合金的变质研究。陆庆桃等则采用熔盐电解法制备 Cu-Sr 合金，并将其用作铜冶炼工业的脱氧剂，结果发现 Sr 具有显著的净铜能力和脱氧能力，并能改善铜的导电性能，但对铜合金无变质和晶粒细化作用。张明杰等也采用熔盐电解法制备 Pb-Sr 合金，并用此合金来制造蓄电池的电极板栅，发现锶的加入使电极板栅的耐腐蚀能力明显提高，还可提高电极板栅的焊接性能。

16.6　锶合金相图及热力学的研究进展

目前，对锶合金相图及其热力学参数的研究也越来越多。王达健等运用 Pelton 和 Blander 近似化学理论，研究 Al-Sr 二元体系溶液的有序性特征并进行热力学计算，发现随着 Sr 含量的增加，溶液呈现有序性特征，即趋于形成高熔点的金属间化合物；计算分析证明了在熔盐电解法中形成的高熔点金属间化合物 Al_4Sr 及 Al_xSr_y 使锶的合金化速度降低，致使阴极“钝化”。张鉴对 Sr-Al 熔体的作用浓度计算模型进行研究，并通过计算确定了 Sr-Al 二元体系的热力学参数，发现该计算模型获得的计算结果与实际熔体基本相符。Wang 等利用 Calphad 方法对 Al-Sr 相图进行研究，并建立相关的数学模型，发现 Al-Sr 二元体系中存在 Al_4Sr，Al_2Sr，Al_7Sr_8 金属间化合物，同时计算出各金属间化合物的形成范围及反应生成热。以上 Al-Sr 合金的热力学研究对于 Al-Sr 合金的制备、锶变质剂用量的选择等都有重要的理论参考价值。

锶与其他金属之间的热力学研究亦有一定的进展。Risold 等对 Sr-Cu 二元系统的热力学进行优化分析，建立相关的计算模型，分析 Sr-Cu 体系中存在的相及其生成热，计算 Sr-Cu 二元系统中 Sr 的活度并对 Sr-Cu 体系的相图进行试验模拟，该结果对熔盐电解法制备 Sr-Cu 合金具有重要的理论指导作用。另外，Risold 等也用该方法对 Sr-O 二元体系进行优化分析，为纯金属锶的制备与存放提供了一定的理论依据。Alqasmi 分别对固态 Pd-Sr 和 Au-Sr 合金的热力学进行研究，结果表明，在 Pd-Sr 合金中存在 Pd_5Sr、Pd_3Sr、Pd_2Sr 相；而在 Au-Sr 合金中则存在 Au_5Sr、Au_2Sr 相，同时亦计算上述两种合金中各存在相的吉布斯生成能。而 Ivanov 等则对 Ag-Sr 合金熔体的混合反应热进行研究，得出 Sr 在 Ag-Sr 熔体中的活度变化规律。

16.7 金属锶及其合金的应用现状

目前，金属锶及其合金主要用于冶金工业，约占锶用量的85%以上。金属锶是一种较强的还原剂，可用作炼钢的脱氧剂、脱硫剂、脱磷剂、除气剂、除杂剂以及难熔金属的还原剂；还用作炼铜工业的脱氧剂，其效果远远好于铝。

普通炼铜炼钢工业采用铝饼进行脱氧，脱氧剂用量大，但效果并不好。其原因是铝的密度小，易浮在渣层中与空气接触烧损，真正发挥作用的铝量是有限的。硅钡铝锶复合脱氧剂代替纯铝脱氧，由于合金中Sr和Ba元素有很强的化学活性，易于与钢中氧作用生成SrO和BaO，脱氧产物容易上浮进入渣中，脱氧能力强，脱氧产物易于清除，减少了钢液夹杂，且夹杂物颗粒细小，在钢中均匀分布。提高了铸件塑性，从而降低了废品损失。钢液纯净，流动好，铸件表面质量得到改善。吨钢节约铝量63g/t，成本略有降低。

金属锶及其合金可作为Al、Mg等合金的变质剂和晶粒细化剂，该方面一直是科研人员研究的热门课题之一，如锶的变质机制、锶与其他元素交互作用影响、锶对熔体除气除杂的影响等。

在高温固硫反应中Sr具有促进作用。在以钙系化合物作为固硫剂时，在有锶化合物存在的情况下，形成物相$SrSO_4$和$3CaO \cdot 3Al_2O_3 \cdot CaSO_4$，使硫酸盐稳定性提高，使固硫效果得到改善，这一结果将有利于高硫煤的排烟中二氧化硫污染的缓解，对净化空气、保护环境有促进作用。

此外，金属锶及其合金也是一种特殊功能材料，在航空航天、军事、电器等工业中都有广泛的应用。高纯金属锶可用于制备高性能锶蒸汽激光器；在电真空技术中，用作高效吸气剂；在电池工业中，用于制备电池材料和耐久性电池等。

16.8 锶发展趋势与云南锶工业发展方向建议

近年来，日本、美国、德国等锶产品生产国由于矿脉枯竭、能源费用上涨、环境污染等因素，锶产量逐年下降。世界锶市场转而从中国进口。中国已成为世界锶产品的主要生产国，年产量约占世界产量的50%～60%，其中80%以上出口。然而，中国高品质锶产品研究、开发、生产起步晚，基础薄弱，碳酸锶深加工技术匮乏，生产成本高，产品品质差，出口价格低（仅及国际市场价格的25%～33%），市场竞争力差。可以预见，按目前的开采、加工、出口速度，不出20年，中国将成为锶资源贫乏国，届时，将不得不以高昂的代价进口我们以廉价出口的锶产品，损失将极其惨重。可以说，我国的锶产业在“开采-加工-出口”的“繁荣”景象背后，埋藏有深层次的锶资源“开发-利用”危机。因此，从锶产业可持续发展的战略高度出发，充分利用中国锶矿资源优势和庞大的碳酸锶加工基础，对尽早攻克以碳酸锶为主要原材料的高纯度金属锶及其合金产业化关键技术，将中国的锶资源优势转化为锶经济优势，提高出口创汇能力和效益，实现中国锶产业可持续发展都具有深刻的现实意义和历史意义。

云南省锶资源丰富，矿产加工仅有一个初级产品生产厂（河西锶盐厂），产品质量和产品结构急需调整。为此建议：

（1）重视锶资源的保护，禁止乱挖乱采；加强锶资源的地质勘探工作，提高锶资源的探明储量；

（2）加强锶工业的政策扶植，尽快赶上国内水平，发展云南省的锶工业；

（3）重视以碳酸锶为主要原材料的高纯度锶盐产品系列研究，包括显像管级碳酸锶、半导体级钛酸锶等生产的关键技术，将云南省的锶资源优势转化为锶经济优势，提高出口创汇能力和效益，实现云南省锶产业可持续发展；

（4）结合云南省有色金属产业对电极材料（钙锶板）需求大的实际，建立金属锶冶炼基地；同时注意攻克以锶为主要原材料的高纯度金属锶及其合金产业化关键技术，实现锶产业可持续发展。

参考文献

1　高延林，翼康平，聂树人．80年代我国的锶研究进展．青海科技，1994
2　李钟模．综合信息．IM&P 化工矿物与加工，2003，（6）
3　刘琰，喻学惠等．云南兰坪富锶文石的发现及其研究．岩石矿物学杂志，2003，22（3）
4　刘琰，邓军等．云南兰坪富锶文石的振动光谱特征．岩石矿物学杂志，2005，24（2）
5　刘琰，喻学惠等．云南兰坪富锶文石玉石的宝石学特征．宝石和宝石学杂志，2002，4（4）
6　周珊．金属锶及其化合物的应用．化学世界，1996（10）
7　刘相果等．金属锶及其合金的研究现状与应用．稀有金属，2004（4）
8　王晓妍，苏继灵．碳酸锶的市场前景及其技术分析．河南化工，1996（2）
9　田世光．论青海省锶资源的开发与利用．无机盐技术
10　蔡玉平等．钛酸锶低温时的自发极化．人工晶体学报，2005，34（3）
11　高翔．钛酸锶生产工艺及市场分析．青海科技，2004（6）
12　陈英军．我国碳酸锶工业现状及发展方向．非金属矿，2002，25（3）
13　刘祥丽，陈学玺．碳酸锶生产方法及前景．IM&P 化工矿物与加工，2002（12）
14　刘鸿健等．碳酸锶碳化工艺改进研究．化工时刊，1997，11（6）
15　梁开玉等．碳还原法制高纯度碳酸锶的生产工艺研究．渝州大学学报，2001，18（4）
16　郭志余．PTC 用高纯碳酸锶的研制．山东化工，2001，30（3）
17　李新怀等，钛酸锶高纯超细粉制备新工艺的研究．湖北化工，1995，（4）
18　杨水彬等．钛酸锶合成方法研究进展．绝缘材料，2004
19　李金丽，张明杰，郭清富．真空铝热还原法生产金属锶-$SrCO_3$ 热分解．东北大学学报（自然科学版），2002，23（8）：776
20　余仲兴，万纪忠，张传杰等．铜自耗阴极法制取 Cu-Sr 合金．上海金属（有色分册），1992，13（4）：8
21　陆庆桃，梁琥琪，黄良余．金属锶的应用与制取．上海金属（有色分册），1990，11（1）：1
22　陆庆桃，余仲兴，万纪忠等．接触阴极法制取金属锶．上海金属（有色分册），1992，13（3）：1
23　Yu Zhongxing，Lu Qingtao，Chen Shiguan. Preparation of Master Alloy Cu-Sr by Molten Salt Electrolysis with Consumable Cathode. Rare Metals，1994，13（2）：130
24　杨宏伟，徐建华，邱社麟等．熔盐电解法制取铝锶合金的扩大试验研究．铝镁通讯，2002，1：34
25　徐建华，陈建华，邱社麟．电解法制取铝锶合金的．轻金属，2001，8：36
26　张明杰，陈立栋．熔盐电解法生产铝-锶合金．轻金属，1993，4：25
27　乔欢，李国勋．铝锶合金在 $SrCl_2$-KCl 熔盐中的溶解损失的研究．稀有金属，1995，19（3）：196
28　杨宝刚，高炳亮，杨振海等．制取铝锶合金在我国的研究进展．轻金属，1999，1：33
29　Yang Baogang，Yu Peizhi，Li bing，et al. Preparation of Al-Sr Master Alloy in Aluminum Electrolysis Cell. Rare Metals，2000，19（3）：192

30 张明杰，陈立栋．熔盐电解法生产铅-锶合金的研究．江苏冶金，1993，2：13~17，21

31 Langlals J.，R. Harris．沈千碧译．用铝热还原法提取锶．四川有色金属，1997，2：59

32 Langlais J. Strontium Extraction by Aluminothermic Reduction. Mcgill University, Montreal, Canada, 1991

33 Zhang Z, Bian X, Wang Y. Formation of Microstructures of an Al-10% Sr Alloy Prepared by Electrolysis and Mixing. Materials Letters, 2003, 57: 1261

34 秦敬玉，边秀房，韩秀君等．变形 Al-Sr 中间合金的变质遗传效应．材料研究学报，1999，13（2）：162

35 Wang Y, Zhang Z, Bian X, et al. Effect of Rapid Solidification on Heat Capacities of Al-Sr Alloys. Journal of Thermal Analysis and Calorimetry, 2003, 73: 323

36 Zhang Z, Bian X, Wang Y, et al. Microstructures and Modification Performance of Melt-spun Al-10Sr Alloy. Journal of Materials Science, 2002, 37: 4473

37 Zhang Z, Bian X, Wang. Preferred Orientations of Primary Al_4Sr Dendrites in a Rapidly Solidified Al-Sr Alloy. Materials Characterization, 2002, 48: 2424

38 Zhang Z, Bian X, Wang. Growth of Dendrites in a Rapidly Solidified Al-23 Sr Alloy. Journal of Crystal Growth, 2002, 243: 531

39 Zhang Z, Bian X, Wang Y, et al. Annealing-induced Microstructural Evolution in Melt-spun Al-10% Sr Alloy. Materials Characterization, 2002, 48: 297

40 Bian X, Liu X. Function of Modification and Refinement of Rapidly Solidified Master Alloy Al-Ti-Sr. Journal of Materials Science, 1998, 33: 99

41 Zhang Z, Bian X, Wang Y. Microstructural Characterization of a Rapidly Solidified Al-Sr-Ti Alloy. Materials Research Bulletin, 2002, 37: 2303

42 Zhang Z, Bian X, Wang Y, et al. Solidification Microstructure Formation of an Al-Ce-Sr Alloy Under Conventional and Rapid Solidification Conditions. Journal of Alloys and Compounds, 2002, 346: 134

43 Argyropoulos S A, Chow G L S. An Experimental Investigation on the Assimilation and Recovery of Strontium-Magnesium Alloy in A356 Melts. Journal of Light Metals, 2002, 2: 253

44 吕俊杰，杨治明．锶系合金的生产与应用．铁合金，1998，2：45

45 吕俊杰，陈超，鲁宁．Si-Ca-Sr-Ba 复合合金冶炼的热力学分析．铁合金，2000，3：13

46 陈超，吕俊杰．Si-Ca-Sr-Ba 四元复合合金的试验研究．重庆工业高等专科学校学报，2000，15(5)：32

47 Ovrelid E, Floistad G B, Rosenqvist T. The Effect of Sr Addition the Hydrogen Solubility and Hydride Formation in Pare Mg and the Alloy AZ91. Scandinavian Joumal of Metallurgy, 1998, 27: 133

48 陆庆桃，陆芝华，张士新等．碱土金属锶钙在无氧铜熔炼中的行为．上海有色金属，1997，18（2）：49

49 王达健，施哲，谢刚．铝锶二元有序溶液的热力学性质．昆明理工大学学报，1996，21（6）：1

50 张鉴．Mg-Al，Sr-Al 和 Ba-Al 熔体的作用浓度计算模型和热力学参数确定．包头钢铁学院学报，2001，20（3）：214~218，231

51 Wang C, Jin Z, Du Y. Thermodynamic Modeling of Al-Sr system. Journal of Alloys and Compounds, 2003, 358: 280

52 Risold D, Hallstedt B, Gauchler L J. Thermodynamic Optimization of the Ca-Cu and Sr-Cu Systems. Calphad, 1996, 20(2): 151

53 Risold D, Hallstedt B, Gauchler L J. The Strontium-oxygen Systems. Calphad, 1996, 20 (3): 353

54 Alqasmi R A. Thermodynamic of Solid Pd-Sr Alloys. Journal of Alloys and Compounds, 1995, 226: 19

55 Alqasmi R A. Thermodynamic of Solid Au-Sr Alloys. Journal of Alloys and Compounds, 1999, 292: 148

56 Ivanov M I, Usenko N I, Witusiewicz V T. Miring Enthalpies in Liquid Ag-Sr alloys. Journal of Alloys and Compounds, 2000, 302: L17

57　李玉强．硅钡铝锶复合脱氧剂在炼钢炉上的应用．热加工工艺，2001，6：56～57

58　王玉霞，何洪云．硅铝钡锶铁复合合金脱氧试验研究．山东冶金，1996，18（5）：35～38

59　廖恒成，丁毅，孙国雄．Sr 对共晶 Al-Si 合金中 α 枝晶生长行为的影响．金属学报，2002，38（3）：245

60　王伟民，边秀房，秦敬玉．液态 Al-Si 合金中的共价键及 Sr 的影响．金属学报，1998，34（6）：645

61　边秀房，刘相法，王先娥等．Al-Sr 中间合金变质效果的遗传效应．金属学报，1997，33（6）：609

62　Liao H，Sun G. Mutual Poisoning Effect Between Sr and B in Al-Si Casting Alloys. Scripta Materialia，2003，48：1035

63　Liao H，Sun Y，Sun G. Effect of Al-5Ti-1B on the Microstructure of Near-eutectic Al-13.0% Si Alloy. Journal of Materials Science，2002，37：3489

64　Li J G，Zhang B Q，Wang L，et al. Combined Effect and Its Mechanism of Al-3% Ti-4% B and Al-10% Sr Master Alloy on microstructure of Al-Si-Cu Alloy. Materials Science and Engineering A，2002，328：169

65　Liu L，Samuel M A，Samuel F H. Influence of Oxides on Porosity Formation in Sr-treated Al-Si Casting Alloys. Journal of Materials Science，2002，38：1255

66　Shabestari S G，Miresmaeili S M，Boutorabi S M A. Effect of Sr-modification and Melt Cleanliness on Melt Hydrogen Absorption of 319 Aluminium Alloy. Journal of Materials Science，2002，38：1901

67　肖佩林，沈迪新，林国珍等．高温固硫反应中锶化合物的促进作用．环境化学，1994，13（5）：389～394

68　刘相果，彭晓东，谢卫东等．金属锶及其合金的研究现状与应用．稀有金属，2004，28（4）：750～755

17 锡

魏 昶 昆明理工大学

17.1 锡资源

锡是一种化学元素，其化学符号是 Sn（拉丁语 Stannum 的缩写），它的原子序数是50。它是一种主族金属。纯的锡有银灰色的金属光泽，它拥有良好的伸展性能，它在空气中不易氧化，它的多种合金有防腐蚀的性能，因此它常被用来作为其他金属的防腐层。锡的主要来源是它的一种氧化物矿物锡石。

锡是一种可延展的、柔软的、高晶体的、银白色的金属。它的晶体在被弯曲折断时会发出响声。在无菌的海水和自来水中锡不腐蚀，但在酸、碱和酸的盐中它可能腐蚀。它可以催化溶液中的氧对金属的攻击。

在空气中加热后锡可以形成 Sn_2。Sn_2 是弱酸性的。与碱性氧化物反应后可以形成锡酸盐。锡可以被擦亮，往往被用来作为其他金属的防腐层。它可以直接与氯和氧反应。在稀酸中它可以取代氢离子。在室温下它有延展性，但加热后它变脆。

锡很容易与铁结合，它被用来做铅、锌和钢的防腐层。涂锡的钢罐多用于贮藏食物，这是金属锡的一个重要市场。

其他用途：

（1）锡是一些重要合金如青铜的组成部分。

（2）氯化锡在印刷术中被用作一种还原剂和媒染剂。锡盐喷在玻璃上可以形成导电的涂层。这些涂层被用在防冻玻璃上。

（3）一般玻璃板是将熔化的玻璃浇在锡板上形成的，来保证玻璃面的平坦和光滑。

（4）焊锡含锡用来连接管道和电子线路。此外锡还被用在多种化学反应中。

（5）锡纸常用来包装食物或药品。

在3.75K 的低温下锡成为超导体。锡是最早被发现的超导体之一。超导体的一个特别特征，迈斯纳效应，就是首先在锡晶体中被发现的。由于铌-锡-混合物 Nb_3Sn 拥有较高的临界温度（18K）和较高的临界磁场（25 特斯拉），它被用来制作商业的超导电磁铁的线。一个数千克重的超导电磁铁产生的磁场可以与一个数吨重的普通电磁铁产生的磁场相比。

全球年锡用量约为 30 万 t。其中约 35% 用为焊锡，30% 用为锡片和 30% 用为化学原料或颜色。由于越来越多的锡-铅-焊锡被无铅焊锡（含 95% 以上的锡）代替，全球的锡用量每年约提高 10%。2003 年在伦敦金属交易所上锡的价格为每吨 5000 美元左右，2004 年的价格达每吨 8000 美元到 1 万美元。2003 年世界上最大的 10 个用锡国或地区为中国、美国、日本、德国、其他欧洲国家总计、韩国、其他亚洲国家总计、中国台湾、英国和法国。

中国曾经是世界上锡资源最富有的国家，但是，随着 2001 年下半年大厂矿田尤其是高峰100号矿体被糟蹋殆尽，中国锡矿山进入贫矿开采期，破天荒开始从南美和东南亚进口锡精矿。如何开发锡资源，使中国锡工业保持可持续发展，成为一道不好解决的难题。

17.1.1 国外锡资源及其分布

据美国地质调查局资料，2000年世界锡资源的储量按锡含量计大概有960万t，见表2-17-1，而储量基础在1200万t以上。按理论上计算，如果以全世界平均每年生产精锡24万t的数量推算，世界锡资源储量及储量基础的静态保证年限将有40年。但是，根据国际矿产资源评估后的结果进行分析，目前世界锡资源储量及储量基础的静态保证年限缩短为30年。如果考虑到非法开采的破坏因素，这一期限还将大大缩短。

表2-17-1 2000年世界锡资源储量及储量基础 （万t）

国 家	储 量	储量基础	国 家	储 量	储量基础
世界总计	960.00	1200.00	玻利维亚	45.00	90.00
中 国	350.00	400.00	俄罗斯	30.00	35.00
巴 西	220.00	250.00	澳大利亚	21.00	60.00
马来西亚	120.00	140.00	葡萄牙	2.5	2.5
泰 国	34.00	40.00	秘 鲁	30.00	40.00
印度尼西亚	80.00	90.00	其他国家	18.00	20.00

全世界有锡资源的国家约为35个，几乎每个洲都有重要的产锡国。主要分布在锡成矿条件好的环太平洋的东部，主要产锡国为中国、马来西亚、印度尼西亚、巴西、玻利维亚、泰国、秘鲁等发展中国家以及俄罗斯、澳大利亚等国。其中，中国的锡资源占世界总储量的36.5%左右，居世界首位；巴西占22.9%；马来西亚占12.5%。

马来西亚曾经是世界锡冶炼中心，1991年，该国的锡精矿与精锡产量分别是2.1万t和4.3万t。但由于该国为赚取外汇过度消耗高品位富矿，锡资源被破坏殆尽，1997年的锡精矿产量只剩0.51万t，而精锡产量为3.58万t，2000年该国精锡产量为2.55万t，不得不用高额外汇进口锡精矿。但马来西亚仍是目前世界上主要的产锡国之一。

自1991年起，印度尼西亚已经成为世界上第二锡生产国。印尼的锡产量保持了快速增长，锡精矿产量的年递增率为3.5%，精锡产量以年均2.2%的速度递增，分别占世界总产量的20.6%、17.4%，2001年锡精矿及精锡产量分别为6.17万t、5.32万t。印度尼西亚并没有吸取马来西亚的过度消耗资源的教训，目前印尼似乎也在亦步亦趋追随后尘。而南美甚至发达国家由于对锡资源进行保护性开采，作用和地位会慢慢上升。

17.1.2 国内锡资源

17.1.2.1 国内锡资源状况及分布

中国锡资源主要分布在广西、云南、湖南、广东、江西等13个省区，储量分布比较集中，大型矿床多。云南和广西是中国锡资源的主要集聚地，其保有储量分别占全国保有储量的31.4%和32.9%。云南的资源又集中在个旧、文山两大矿区，广西则集中于著名的大厂矿田。湖南省郴州市的砂锡矿储量位居第三。滇桂两省区的锡保有储量以原生脉锡矿床为主，占80%以上，并且以多金属硫化矿的形式赋存。

中国到底还有多少可采的锡资源？由于统计口径和资料来源不同，再加上诸如保有储量、远景储量、地质储量等名词混淆运用，中国的锡资源数据可谓混乱不堪。据1993年的《Mineral Comodity Summaries》，1992年全世界锡的工业储量为752万t，其中中国有156万t，马来西亚和巴西各为121万t，泰国为94万t，印度尼西亚为75万t，扎伊尔51万t，玻利维亚45万t。将中国的工业储量定为156万t，在当时无疑是准确的。十年以来，中国的一些文献一直引用这个数字，给读者一个中国还是锡资源富裕国的假象。

据有关资料称，1997年底，中国锡保有储量407.42万t。其中工业储量和远景储量各占200万t。这组数字是不可信的，当时，大厂矿田的锡资源正遭到前所未有的破坏，保守估计，每年减少的锡金属达到10万t以上。

据中国有色金属工业协会介绍，截至1999年底，中国锡金属工业储量仅为97.2万t，按当年中国有色金属矿石产量和资源利用水平预测，锡的静态保证年限只有6.7年。最近地质统计套改后的结果表明，锡工业储量仅有86.4万t。这两组数字切合中国实际情况，也可以说是权威性数据。

云南锡业集团是世界第二大、中国第一大锡联合企业，据一份资料显示，1998年其矿山锡保有储量为56.9万t。

柳州华锡集团是世界第三大、中国第二大锡联合企业，2000年的工业储量按0.8%的品位统计，其自有矿山仅达到33万t；按0.5%品位统计59万t。从理论上来说品位0.8%以下的资源是不能开采的。

以上的分析显示，中国已从锡富裕资源国家转入贫锡国家；中国面临的锡资源危机所带来的影响，对中国自身或世界都是及其深远的。

17.1.2.2　国内锡资源开发中的典型

大厂矿田位于广西河池地区南丹县大厂镇境内，属于地质学上的江南古陆南缘晚生代的北西向丹池断陷盆地内。矿田由长坡、巴里、龙头山、大福楼、茅坪冲、拉马、拉么等七大矿床组成，矿床划分为层状、细状和大脉状三种类型矿体。其中层状矿体锡储量占矿床总储量的80%，主要矿体有91号、92号、100号和105号等。大厂矿田以“特富和风暴式的品位”闻名于世，被国外称为“矿物学家的天堂”。

1950年9月，国家着手对大厂矿田进行全面勘探和开发，1958年成立隶属中央的大厂矿务局，1995年国务院有关部门同意大厂矿务局改制为国有独资的柳州华锡集团有限责任公司，是代表国家开发的唯一合法主体。如果对大厂矿田进行合理有序的开采，静态预计可以满足中国50年的消费需求。20世纪80年代末，社会上倡导“大矿大开，小矿小开”的风气，各种势力云集大厂矿田，连续十年的灾难使矿田的富矿损失殆尽，矿山服务期减缩了30多年。100号特富矿属锡石多金属硫化矿矿石，1985年提交的初勘报告认为，矿石总量为1069万t，平均品位锡为2.4%，锌为9.7%。实际开采平均品位为：锡1.79%、锌10.10%、铅5.21%、锑4.8%、银156.9g/t、金0.3g/t、铟0.031%、镉0.07%。综合品位达到20%以上，有的矿段竟达60%，为世界罕见。100号矿体原由华锡集团高峰矿开采，设计年限为40年。因为地方利益发生冲突，在国家有关部门同意下，和地方共同组建股份制企业，结果短短三年的时间，至2000年底，让外国矿物学家羡慕的100号特富矿彻底的消失了。

大厂矿田锡资源的萎缩说明中国锡资源缩减不是自然的过程，而是人为原因造成的。在这个过程中，受损失最大的是国家和国有企业，受益的是小部分群体。

17.1.2.3　锡资源萎缩带来的问题

随着富矿资源的消失和大厂矿区治理整顿的深入，中国锡工业进入了一个非常时期，世界锡工业也受到影响。影响如下：

（1）中国锡精矿供应开始吃紧。中国锡生产能力在20世纪80年代为4.3万t，90年代9.3万t，2000年底已达到13.9万t，矿山生产能力开始下降，锡精矿供应能力缺口逐渐加大。

（2）中国锡冶炼企业面临何去何来的严峻形势。由于资源匮乏，一些老牌企业已到了山穷水尽的地步。

（3）世界锡工业格局发生变化。

（4）十几年后，如果没有特富矿的被勘查发现，中国会沦落为锡净进口国，可持续发展难以为继。

17.2　锡的生产、消费及其市场预测

17.2.1　国外锡生产、消费和价格统计

世界锡生产和精锡产量受世界经济形势、市场价格、资源状况、品位和生产成本高低等因素影响很大。据各方面的统计资料显示，进入20世纪90年代后，世界锡精矿与精锡产量一直保持了平衡的增长态势。1991～2001年世界主要产锡国锡产量见表2-17-2。

表2-17-2　1991～2001年世界主要产锡国锡产量　（万t）

国家或地区	1991年	1992年	1993年	1994年	1995年	1996年	1997年	1998年	1999年	2000年	2001年
中　国	3.64	3.96	5.21	6.78	6.77	7.15	6.77	7.93	9.08	11.24	9.16
印度尼西亚	2.52	2.75	3.08	4.35	4.42	4.90	5.26	5.40	4.94	4.64	5.32
马来西亚	4.27	4.56	4.07	3.74	4.10	3.81	3.84	2.79	2.75	2.6	2.87
泰　国	1.13	1.06	0.82	0.76	0.82	1.10	1.22	1.56	1.71	1.74	2.25
玻利维亚	1.47	1.44	1.86	2.01	1.80	1.67	1.69	2.04	1.01	1.08	1.01
秘　鲁		0.90	1.53	2.04	2.20	0.08	0.88	1.39	1.80	3.13	2.30
巴　西	2.95	2.07	2.33	2.39	1.70	1.81	1.75	1.43	1.19	1.20	1.24
世界统计	21.85	20.07	20.97	21.36	21.18	20.52	21.41	22.54	24.63	26.58	25.64

当前世界锡的主要消费国仍是工业发达国家：美国、日本、德国、英国、法国、俄罗斯等，占世界锡消费量的70%左右，其中消费量最多的国家是美国。在1992～1997年间，美国每年的锡消费量3～4万t，自1998年后锡消费量有较大增长，年均消费量在5.0万t以上。在1992～2000年间，日本锡的消费在2.5～3.0万t。其他工业发达国家的锡消费量基本保持在一定的水平，重要的变化是：中国及亚洲、拉丁美洲的发展中国家锡消费量有不同程度的增长，特别是中国跨入锡消费大国的行列。

2004年12月份锡价的表现让所有市场人士都有了一种高处不胜寒的感觉。在经历了连续9个月8000～9000美元/t左右的高位宽幅振荡之后，锡价突然下跌，23日一日之内

跌幅达到10%，连续洞穿8400美元/t、8000美元/t的支持位，直至7200美元/t左右。创下了2004年3月底以来的最低价。此番价格的下跌只用了3个交易日，跌幅达15%左右。虽然在本次锡价下跌的过程中，基金操盘是主要因素，但是近期锡市场基本面的疲软也是价格走低的一个因素。

2004年12月份锡的月平均价创下了自2004年4月份以来的最低的价格，另外，现货月平均价自2004年以来首次低于三月期货月平均价。这表明基本面上2004年供应短缺的利好已经出尽，短期内在消费没有大的改变下，价格难有好的表现。

国内价格在11月下旬下调至84000元/t以后，12月月初在该价位稳定了一段时间，但是月底随着国际价格的大幅下跌，国内价格也难保其身，再次下调。国内各生产资料市场报价均有所下跌，最低报价达到79000元/t，企业交易价甚至更低。本月国内生产资料市场平均价为92069元/t，与上月相比下降了4.82%。

产量增长、库存增加对价格形成压力，但中长期依然看好。

今年价格的高涨，促进了亚洲锡产量的大幅增加，其中中国、马来西亚和泰国的产量增幅很大。今年下半年，价格稳定在每吨8500~9200美元的范围之后，需求由于上半年的大幅增长，下半年已经逐渐趋于稳定并减缓，市场等待更多的是供应方面的消息。显然，价格的上涨大大促进了供应的增加，但同时供应的增加也为打压价格形成了潜在的压力。年底，各国产量均有增长，中国产量将突破11万t的消息，使得欧洲交易商开始大肆打压价格，市场上空头乘机做市。

供应的增加也使得LME连续9个月6000多吨的锡库存发生了变化，目前该库存已增长至8000t以上，与一个月前相比，增加了2000t左右，而这个增加仅用了短短的7个交易日。这对目前下跌的锡价来说，无疑是一个最大的压力。虽然基本前景良好已达成共识，但是在价格如此大幅下滑的现状下，供求双方对未来价格的走势都有所顾忌。

从技术分析上来看，锡价今年近3000美元的涨幅，到目前已经下跌了60%左右，7000美元在短期内将会是一个比较强的支撑位。美元反弹，基金操盘和基本金属大盘走势，将会是短期内影响价格的主要因素。

目前国内价格与国际价格相比仍有1万元左右的价差，加上春节前需求较弱的影响，国内价格相对于国际价格升势较弱，而且进一步下跌的危险随时存在。不过下游消费商的逢低买入可能会支持价格，如果国际价格保持在目前的水平，那么国内价格跌幅有限。

17.2.2 国内的锡生产、消费

中国是世界最大锡生产国和消费国，在中国的锡消费中，电子信息工业方面用锡居主导地位，主要以焊锡和易熔合金的形式消费，占中国锡消费总量的70%以上。镀锡板消费锡占15%。化工用锡占锡消费总量的9%~10%。随着中国经济持续高速发展，特别是电子信息工业和镀锡板材料工业的迅速发展，使中国精锡消费量迅速增长到7.4万t/a，居世界第一位。由于国际锡砂价格和精锡价格均低于国内市场价格，因此近年来中国锡砂和精锡进口量不断增加。精锡出口量从原来居世界第一位下降到目前的排在印尼和新加坡之后居第三位。

从2004年11月份开始，国内价格下滑，而精矿价格居高不下，加上各地区限电的影响，国内锡产量下降。据中国有色金属工业协会数据显示，11月份中国锡产量为8868t，

与10月份相比减少了1074t，其中大部分主要锡生产企业产量均有所减少。1～11月份中国累计生产锡10.14万t，同比增加了18.38%，预计全年产量可能接近11万t，创历史最高。

据海关数据显示，虽然1～11月份中国锡产量达到了10.14万t，与2003年同期相比增加了18.38%，但是出口量与2003年同期相比仅增加了2.65%，达到29348.08t。中国在国际锡出口市场上的主导地位已经在下降，国内市场成为生产商争夺的焦点。长期来看，中国成为锡产品的净进口国大势已定。

虽然年底国内锡消费有所减弱，但是从全年的情况来看，2004年中国锡消费达到8.3万t的历史高点。根据精锡的供需平衡来看，1～11月份中国表观消费量达到了79793t。中国锡消费的增长迅速，也使得锡冶炼企业纷纷向深加工领域发展，中国锡工业格局正在发生巨大变化。

17.2.3 国内外市场需求情况和预测

17.2.3.1 全球锡市场的供需情况

锡金属价格高和900美元/t的交割延期费，吸引中国锡生产厂家抛出库存锡，LME锡库存量目前为4610t，锡三个月期货价格在8500～9000美元/t的较低价位波动。

锡金属较高的价格，也促使一些锡矿重新启动闲置的生产能力。因此，今年二季度以来，一些锡生产厂的生产数字呈上升趋势，澳大利亚Bluestone公司已经有计划重开RenisonBell锡矿。2004年的资料表明，世界锡金属缺口在1.7万t左右。

从锡生产的长期情况来看，有以下一些新的生产信息：俄罗斯新西伯利亚获得州政府对贷款的财政补贴，澳大利亚Bluestone重开RenisonBell锡矿，中国云南削减精锡出口量，中国锡业集团电力缺乏，全球的锡国际公司寻求较高的关税保护，印度锡板公司计划投资新建锡项目。

2004年，锡在全世界范围内消费会超过30万t，似乎2005年会进一步增加。锡矿产量够用吗？锡金属将来自哪里？这些都是关键问题。特别是DLA虽然锡年产能具有1万t，但会在3年内用完库存原料。

对于澳大利亚Bluestone公司来说，在未来产量会增加。其正在筹备重开年产能5000t的RenisonBell锡矿和年产能3000t的Collingwood锡矿，后者于2005年中期投产，前者会稍晚些时候投产。当这些新项目都投入运行时，Bluestone公司将成为世界的锡金属生产大公司之一。

再详细介绍其他锡生产商是非常困难的，因为小型锡矿占到了世界金属总产量的45%～50%。从长远角度来看，这是一个问题。因为这些矿山是由许多非常小的公司管理或者仅仅为私人所有，只要拥有一块土地、料桶和铁锹就足够了，他们花费非常少，在勘探上也可不做任何投资。尽管亚洲锡矿储量占到世界已知储量的50%还多一些，但亚洲地区勘探费用在2003年要比1997年低80%。另一个问题是，小型锡矿只愿意开采冲积层的锡矿，因为这样一来，其所需投资非常少，生产成本也非常低。和坚硬的岩石开采相比，这些小矿主几乎不需要做前期开发工作，就可以进行锡矿开采，实际上在没有资金投入条件下就能生产非常廉价的锡。所以，这使得预测未来生产和价格变得十分困难。

17.2.3.2 *未来市场预测*

CRU 为制定锡金属长期价格，基本上基于大型锡矿产量长期成本来确定长期锡价，但预测未来仍然显得非常之困难。

世界锡金属生产的这种状况，明显影响了锡金属价格，有两个非常清楚的价格系列，即国际锡协议书之前价格和之后价格，主要的区别是在这两个价格系列之间，小型锡矿开采的迅速增加，这出现在 20 世纪 90 年代初期，首先是在巴西，然后是在中国，现在是在印尼。

由于不知道下一次采锡热会出现在哪里，还有，有的时候采集数字时，当地政府不提供帮助。例如在泰国，有一个限制性矿区采用组织机构对锡价上涨同步征税，实际上，在目前锡价状况下，该国一个锡矿公司要付 25% 矿区使用费。这些不确定性影响了对未来锡价的预测。总之，全世界锡矿储量足可以满足未来需求，但为了最佳利用目前可供开发的资源，世界锡工业需要重新制定某些规则。

世界锡消费的增长速率高于锡产量的增加，锡的具有应用前景的几个领域：一是锡基阻燃剂行业；二是汽车和无铅焊料产品。国际锡研究所认为，锡基阻燃剂——锡酸锌（ZS）羟基锡酸锌（ZHS）自 1990 年开始取代三氧化二锑用于阻燃剂以来，在欧洲正以 11% 的速度增长，每年的耗锡量已有 700t，如果其市场份额能达到 15%，则锡在这方面的用量每年将增至 5400t；而锡在电子焊料、热交换焊料和电池方面的消费量每年也有 7000t。随着汽车工业的稳定发展，锡在这一领域保持一定的增长；无铅焊料的全面推广应用，会使锡的消耗每年增长约 15000t。因此，2005 年底达到 30 万 t 左右。

17.3 国内外锡工业概况及发展趋势

17.3.1 国内外锡矿的开采

锡矿开采的历史悠久，可以追溯到青铜器时代。随着科学技术的进步，锡矿开采技术也在不断发展。

国内外锡矿的开采都受矿体开采的制约，技术的多样性和发展水平的参差不齐是客观存在的。在露天开采中，既有最原始的人工淘洗开采，也有现代化的采锡船开采。在地下开采中，既有镐挖人背的小洞开采，也有无轨设备的机械化开采。

锡矿的开采品位，随着矿种的不同，锡价的波动和开采方法的差别，变动范围很大。普遍存在的问题，是开采品位不断下降，砂锡矿开采品位已降为 0.009% ~0.03%，最低仅 0.005%；脉锡矿开采品位一般在 0.5% 以上，易处理的伟晶岩锡矿多金属矿床中，锡的开采品位可低于 0.3%。

锡矿开采的特点：以露天开采砂锡矿为主，逐步转向开采地下脉锡矿。由于砂锡矿赋存在地表，用露天开采比地下开采容易，工艺简单，基建投资少，建设周期短，成为各国着重开采的对象，从砂锡矿中所产出的锡占世界锡总产量的 65% 以上。

17.3.1.1 *砂锡矿开采*

砂锡矿主要采用水力机械化（水枪-砂泵）开采和采锡船开采。开采。开采残（坡）积砂锡矿和海滨砂锡矿的方法有：人工挖采（淘洗）、机械干式开采、水力机械化开采和各种采锡船开采，以后两种方法所占比重最大。

17.3.1.2　脉锡矿开采

由于脉锡矿是露出地表或接近地表的矿床（矿体）极少，大都埋藏于地下，且距地表较深，因而对于脉锡矿的开采大都以地下开采为主，仅在个别矿山采用过露天开采。

17.3.2　中国锡矿的选矿工艺

中国的锡资源丰富，储量居世界前列，然而大多为锡石多金属共生矿床及其次生的氧化脉锡矿和残坡积砂锡矿。与世界锡资源相比，中国锡矿石从总体上说具有“贫、细、杂”三大特点，即同类矿石锡平均品位低、锡石粒度细、伴生矿物多，矿物组分复杂、共生关系密切，致使锡石的选收及有价矿物综合回收困难。经过长期科学研究和生产实践，使中国的锡选矿具有独特的选矿工艺，锡矿石重选及锡石浮选具有世界先进水平。

17.3.3　锡的冶炼工艺和生产实践

17.3.3.1　奥斯麦特炉炼锡工艺

澳大利亚奥斯麦特技术（Ausmelt Technology）也被称为顶吹沉没喷枪熔炼技术（Top Submergedlance Technology），它是由澳大利亚奥斯麦特公司在赛罗熔炼技术（Sirosmelt Technology）基础上开发成功的有色金属强化熔炼技术。

奥斯麦特炉炼锡系统由炼前处理、配料、奥斯麦特炉、余热发电、收尘与烟气治理、冷却水循环、粉煤供应和供风系统等 8 个部分组成。奥斯麦特炉是一个高 8.6m、外径 5.2m、内径 4.4m 的钢壳圆柱体，上接呈收缩的锥体部分。圆锥体通过过渡段与余热锅炉的垂直上升烟道连接，炉子总高约 12m，炉子内壁全部衬砌优质铬镁砖。炉顶为倾斜的平板钢壳，内衬带钢纤维的高铝质浇注料，其上分别开有喷枪口、进料口、备用烧嘴口和取样观察口。在炉子底部则分别开有相互成 90°角的锡排放口和渣排放口，渣口比锡口高出

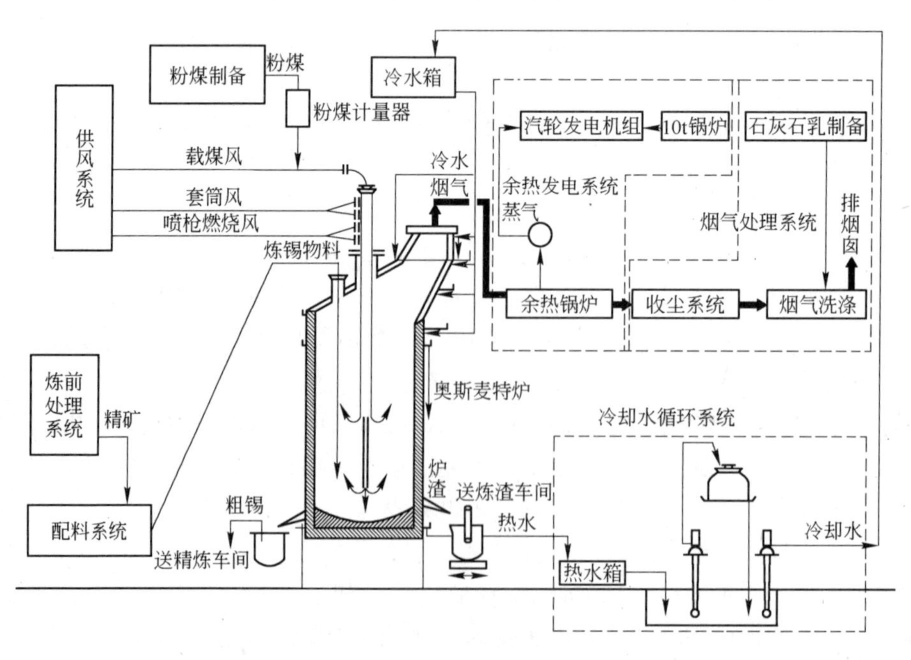

图 2-17-1　奥斯麦特炉系统图

200mm。如图2-17-1所示为奥斯麦特炉系统。

熔炼过程中，经润湿混捏的物料从炉顶进料口加入熔池，燃料（粉煤）和燃烧空气以及为燃烧过剩的含CO、C和SnO、SnS等的二次燃烧风均通过插入熔池的喷枪喷入。当更换喷枪或因其他事故需要提起喷枪时，则从备用烧嘴口插入。备用烧嘴以柴油为燃料。

喷枪是奥斯麦特技术的核心，它由特殊设计的三层同心套管组成，中心是粉煤通道，中间是燃烧空气，圆外层是套筒风。喷枪被固定在可上下运行的喷枪架上，工作时随炉况的变化由DCS系统或手动控制上下移动。

奥斯麦特炉炼锡分如下三个阶段周期性进行：

（1）熔炼阶段。锡精矿还原熔炼温度1150℃左右，连续6h不间断加入物料，最终熔池深度1.2m，炉渣含锡约15%。其间放粗锡三次，粗锡放入炉前锡锅，经适当冷却捞出浮渣后泵入锡罐车，送精炼车间处理。放完第三次粗锡后，进入渣还原阶段。

（2）渣还原阶段。加入还原煤，对炉渣进行深度还原，使炉渣含锡由15%降到5%左右。这时熔池温度上升到1250℃，持续时间约1h。

（3）排渣阶段。还原阶段结束后，停止加入一切物料，提起喷枪，开渣口排出炉渣，用渣包运送烟化炉处理，直到渣池深度下降到350mm左右为止；渣还原阶段生成的高铁锡合金则留在炉内参与下阶段反应。

上述过程全部DCS系统自动控制。包括各种物料的配比、喷枪的风煤比及鼓风量、燃烧空气过剩系数、喷枪进入炉内程序、喷枪高度、炉内温度和负压等参数的检测、控制、记录以及备用烧嘴的升降等，也包括对余热锅炉的状况（蒸气量、蒸气温度、蒸气压力等），烟气处理系统各工序的进出口温度和压力等监测。整个熔炼过程基本实现自动控制。

17.3.3.2 Ausmelt技术生产实践

针对反射炉、电炉和鼓风炉传统熔池熔炼过程的不足，世界各产锡国自20世纪60年代以来，对锡精矿还原熔炼过程的强化进行了多种方案的探索和实践，主要有回转短窑熔炼技术、卡尔多炉熔炼技术等，这些都因冶炼技术自身存在的突出弱点而未能被广泛推广。

Ausmelt技术具有很高的熔炼强度，它可以通过控制喷枪的升降和喷入炉内燃料及空气量比例，方便地调节炉内气氛和控制过程的进行。由于设备简单，投资和运行费用相对较低；对物料的适应性较强，炉料准备过程简单；炉子开孔少，密闭性能好，从根本上解决了对环境的污染问题，大幅度地改善了作业条件；熔炼过程基本实现了计算机控制，极大地提高了劳动生产率，是目前锡精矿还原熔炼比较理想的冶炼技术。

云锡公司是世界第二家、中国第一家采用Ausmelt熔炼炉进行锡精矿熔炼的企业。实践证明，引进这一技术改造锡粗炼系统的决策是正确的，设计、施工、建设、试生产是成功的。

17.4 锡及锡制品深加工和发展方向

17.4.1 中国锡及锡制品深加工产品

17.4.1.1 镀锡板（马口铁）

镀锡板是指在薄钢板的两面镀上了锡层，以达到为钢板提供防腐的目的。镀锡薄板既有薄钢板的可加工性、可焊性、高强度，又有锡良好的耐腐蚀性，并且锡接触食品不会产生有害物质，所以镀锡板罐成为镀锡板主要的消费领域。不论是作为食品、饮料，还是作为其他物品的包装材料（药品、油脂、油漆、化妆品、喷雾器等），都以其能长时间保鲜、不易污染、易于回收、成本较低等优点而广泛使用。

1997 年中国饮料总产量为 1069 万 t，2000 年增长到 1350 万 t，罐装饮料消费美国人均每天 1 罐，日本人均 0.8 罐，而中国才 0.05 罐，按此推算，中国全年饮料罐产量 230 亿个左右，如在将来达到人均 0.8 罐的水平，则需生产 3600 亿罐，镀锡板的需求将会从现在 90 万 t 的水平上有很大的增长。

近年来，镀锡板在镀锡板罐市场受到铝罐、无锡钢罐和各种聚酯（PET）瓶的挑战和竞争。它们以各自的优势抢占食品、饮料及其他物品的包装市场。以日本为例，1996 年生产 500mL 聚酯瓶为 5 亿个，1997 年达 20 亿个，1998 年增加到 34 亿个，1999 年生产 54 亿个，2004 年竟达到 100 亿个，聚酯瓶的增长数正好等于金属罐的减少数。1.5L 规格的聚酯瓶饮料在饮料市场独领风骚，已经完全取代了镀锡板罐。聚酯瓶以其生产简单、质量轻、成本低的优势正向金属罐发起挑战，镀锡板罐的形势不容乐观。

镀锡板价格从 2004 年 6 月份开始一路攀升，使金属包装以镀锡板为主要原料的包装行业陷入困境。同时也引发了金属包装众多下游行业的连锁反应。价格的暴涨特别影响农副产品的深加工。由于镀锡板的一路攀升已使 1500 多家的微利企业陷入困境，特别是对投资大、设备先进年耗镀锡板万吨以上的大型企业损害更大。包装行业有 30 多家大型企业，他们的用量占总耗量的 1/3，这些大型企业都是规模企业船大无法调头，从原来毛利仅有 5% ~10% 的微利或亏损的企业已导致全面亏损面临倒闭关头，只好停止运行。国产镀锡板在中国钢铁总产量中所占比例极小，但与人民生活息息相关，特别影响农副产品的深加工。如果镀锡板价格持续上涨，某些金属包装企业有可能使用其他替代品，对镀锡板未来的发展极为不利。

17.4.1.2　锡的有机化合物

有机锡是锡消费量增长最快的领域，具有品种繁多、用途广泛的特点。中国锡化学工业制品中锡的消费占锡的总消费的 10% 左右，其中有机锡仅占 30%，具有较大的发展潜力。

A　有机锡热稳定剂

其中有机锡应用最大的就是做聚氯乙烯的热稳定剂。因为随着中国塑料工业的发展，塑料加工用稳定剂需求量会较快。国外对食品包装和房屋内装饰塑料制品、水管等 PVC 制品均已禁用铅、镉盐作稳定剂。随着环保意识的增强，国内锡稳定剂取代铅镉稳定剂已不可避免。但中国有机锡热稳定剂的生产和消费占整个热稳定剂总量的比例与发达国家相比，差距较大。中国复合型及有机锡类仅占消费总量的 15% 左右，其中有机锡类仅为 6.2%。国内有机锡稳定剂因为生产工艺不过关，成本太高，所以目前中国国内市场上进口产品占主导地位。

B　有机锡农药

有机锡农药占有机锡消费总量的 10%，具有高效低毒，对非特定目标的生物缺少抗药性的优点，而且因为会分解成无毒的无机锡残留物，不会对环境造成长期的污染。中国是农业大国，有机锡的市场前景广阔，有巨大的发展潜力。

C 有机锡防污涂料

1999年国际海事组织（International Marine Organization，简称IMO）提出了《控制有害防污涂料系统国际公约》，公约规定，从2003年开始到2008年，逐渐禁止使用有毒舰船涂料，从2008年1月1日起，不再允许任何涂有有机锡涂料的舰船在海面上航行。有机锡类防污涂料将慢慢退出海洋应用领域，而这是防污涂料最大的市场。中国相关生产企业只有加快有机锡类防污涂料的替代研究，才能适应公约的实行。

D 有机锡催化剂

催化剂通常用来加速PU体系的反应速度。不同类型的催化剂，适用于不同的反应体系。有机锡类通常催化OH－NCO反应体系，特别是避免OH的副反应的应用中。除提高总反应速度外，它还能使高分子量多元醇与低分子量多元醇的反应活性取得一致，从而使得到的预聚物具有较好的分子量分布和较低的黏度。二丁基锡具有化学反应活性，故作为PVC膜、塑料制品的稳定剂或聚合时的催化剂。有机锡类催化剂比酸类催化剂有以下优点：

（1）副反应少，获得的产品纯度高，减少了处理的麻烦，无离子残余物；

（2）减轻设备腐蚀；

（3）催化效率高、用量少，生产周期快。

17.4.1.3 锡的无机化合物

锡的无机化合物主要包括锡的氧化物、锡的氯化物、锡的硫化物、锡酸盐。广泛应用于锡及合金电镀、陶瓷釉及颜料、催化剂、玻璃等工业生产。

近年来，世界上用于生产无机锡化合物的金属锡，年耗量在8000t以上。用途广泛，需求量逐渐增大。据统计，1980年世界上各种无机锡化合物的年消耗量约1.355万t，1986年增加到1.6万t，至20世纪90年代消耗量已达2.5万t，广泛用于锡及合金电镀、陶瓷釉及颜料、催化剂、玻璃等工业生产，见表2-17-3。主要有锡的氧化物、锡的氯化物、锡的硫化物、锡酸盐等。

表2-17-3 无机锡化合物消耗比例

用 途	锡及合金电镀	陶瓷釉及颜料	催化剂	玻 璃	其 他
比例/%	37.5	21.9	18.7	18.7	3.2

A 锡的氧化物

a 氧化亚锡（SnO）

氧化亚锡是一种稳定的具有高度金属光泽的蓝黑的结晶物。主要用作还原剂，还用于电镀工业、玻璃工业及某些亚锡盐的制造，一般是将它作为制造其他锡化合物的中间物料使用；在制造Au/Sn和Cu/Sn红宝石玻璃的玻璃工业中也少不了它的作用。

据统计数据表明，近年来随着国际经济的迅速发展，对SnO的需求逐步增大。目前国内外的SnO年耗量为400t，市场前景是乐观的。

b 二氧化锡（SnO_2）

二氧化锡是一种特殊的多种用途的产品，其制造方法有火法（气化法）和湿法两种。主要用于锡盐的制造；电子、陶瓷工业；有机聚合物的阻燃剂；大理石等磨光剂；织物媒染剂和增重剂等。其用途举例如下：

（1）陶瓷釉和颜料：二氧化锡在陶瓷釉中作遮光剂使用。当其含量为4%～8%时，具有极好的光泽、流动性和遮光性。由于锡的成本高，因此只限于工艺美术品和需要最高反射率、最纯颜色、最大强度和抗磨性的工业陶瓷。以锡钒氧化物和锡铬氧化物为基质的蓝灰色颜料应用最广泛。

（2）工业：二氧化锡是一种很有前途的电热材料。在玻璃制造业中主要用作电熔炼中的供热电极。其优点主要是导电性、导热性好，对熔融玻璃有极强的抗腐蚀能力，不使玻璃着色，安装的电极可随炉子加热和冷却而不影响电极寿命。同时，二氧化锡还有作坩埚、热电偶保护管等数十种用途。此外，二氧化锡还可用于制造光度弱的玻璃板、荧光灯、示波管、防冻玻璃。涂有 SnO_2 薄膜的玻璃有明显的抗碎作用，并可降低热辐射。

（3）催化剂：二氧化锡在催化剂领域的应用愈来愈广泛。在烃类氧化中，二氧化锡具有深度氧化的催化活性。在一系列多元氧化物体系的多相催化剂中，二氧化锡是重要组分之一。常与其配位的有钒、锑、钼、磷等。强 SnO_2-V_2O_5 可使苯甲醛氧化成氨锡香酸；在由乙醛氧化制取乙酸的反应中，SnO_2 与 CuO 组合效果甚佳；在由喹啉氧化制取乙酸时，不用催化剂转化率只有14%，但使用 SnO_2-$Sn(VO_3)_4$ 作催化剂时，转化率可提高到75%，新发展的锡铂催化剂和锡铼催化剂，可提高石油化工一系列重要反应的催化活性，如脱氢反应、脱氢环化反应、裂变反应以及碳氢化合物的异构化反应。作为催化剂使用的二氧化锡，其活性的高低与其比表面的大小关系密切。比表面越大，活性越高。

（4）电子工业：二氧化锡在电子陶瓷工业上有广泛的用途。主要用作电磁流量计用的陶瓷电极材料，其特性是可耐各种浓度强酸的侵蚀，常温导电性能好。用此陶瓷代替现行的白金电极，要节省大量白金，降低成本99%。此外，还可用作太阳能电池电极。

总之，作为一种重要的工业原料，随着科技的不断发展，SnO_2 的用途、用量有不断扩大之势。目前，仅作为玻璃基质涂层 SnO_2 电极、聚氯乙烯稳定剂、阻燃剂等用途，国外 SnO_2 的年消耗量约为3500t。

c　偏锡酸（H_2SnO_3）

偏锡酸及酸法二氧化锡属于同一类锡无机化工产品，具有广泛的工业用途。主要用作陶瓷和搪瓷的釉料和着色剂；电子工业用于制造能鉴别有毒气体并报警的气体传感器；玻璃和陶瓷工业用于基片镀膜以增加强度，依膜层厚度的不同具有不同性能；有机化工用作聚合物的阻燃剂；大理石和花岗岩生产用作抛光研磨介质；水合二氧化锡粉末在离子交换方面用于从锗中分离镓；此外，化学工业在某些氧化反应中作为催化剂和贵金属催化的活化接受体。

目前，偏锡酸的国内主要用户主要分布在华中、华南及东部沿海一带，国外用户主要为日本等国。根据近期市场调查表明，国内偏锡酸及酸法二氧化锡需求量为2600t/a，其中仅广东地区年消耗1000多吨；国外市场据不完全统计，年消耗偏锡酸及酸法二氧化锡6500t。

d　纳米二氧化锡（SnO_2）

随着现代工业的发展，高技术含量的纳米二氧化锡用途逐渐显现。目前其主要用途为：纳米二氧化锡气敏材料、白色或浅色导电材料、纳米复合光催化材料，并已经显示出现实的市场和潜在的巨大市场。

以纳米 SnO_2 为基本原料，添加少量其他材料而制成的气体传感器，具有比表面积大、相对气体阻抗变化大的优点，因而可以满足气体传感器灵敏度高、使用温度低、检测范围大的要求，能广泛应用于天然气、煤气、石油、化工等部门，及时准确地对易燃、易爆及有毒气体进行监测预报和自动控制。

以纳米 TiO_2 为核表面包覆 Sb_2O_3-SnO_2 的粒子制成导电材料及抗静电材料，具有很好的分散性及白度，在获得满意的色泽的同时，又可得到优秀的表面导电性，并且不受湿度及温度的影响，具有稳定的导电性能，可用于抗静电涂料（抗静电地板、抗静电墙面等）、抗静电塑料及橡胶、抗静电纤维（织物、地毯等）、其他静电记录纸、调色剂等。

与二氧化钛等材料复合用于环保产业的纳米 TiO_2/SnO_2 复合光催化材料，具有净化空气和自清洁、抗菌功能，可用于各类建筑物表面涂装材料中，不但能净化空气，还能节省大量清洁费用和劳力；用于抗菌荧光灯、抗菌建材、抗菌涂料和抗菌陶瓷卫生设施等领域，为医院、宾馆、家庭提供理想的抗菌除臭新材料。

B 锡的氯化物

a 氯化亚锡（$SnCl_2 \cdot 2H_2O$ 及 $SnCl_2$）

氯化亚锡是与电镀有关的、用量最大的锡化学制品之一，有无水氯化亚锡（$SnCl_2$）与结晶氯化亚锡（$SnCl_2 \cdot 2H_2O$）两种，用途基本一致。其中无水氯化亚锡具有纯度高、更稳定且易保存、附加值高等优点。

除用于电镀外，氯化亚锡主要用于制造染料中间体的还原剂；用于制镜中的镀水银的敏化处理，形成的银膜亮度好，使水银与制品结合牢固；超高压润滑油的组分；漂白剂；电镀工业用于机械零件的镀锡、镀铜锡；在 ABS（属新型高分子材料，由丙烯腈（A）、丁二烯（B）、苯乙烯（S）等原料聚合而成）塑料电镀时用于敏化处理，使镀层不易脱落；还用于医药品的合成，作有机合成催化剂；丁基橡胶制品硫化时的硫化剂；染色时的媒染剂和印花拔染工艺中的防染剂；香料工业的稳定剂；食品还原剂、抗氧化剂；在玻璃工业中作制取 SnO_2 薄膜；毛织品的阻燃剂；放射性药物扫描检查剂；陶瓷釉料和颜料，紫外线荧光磷活化剂。此外，氯化亚锡可以取代硫酸用作醋酸酯（化学、食品工业重要原料）合成的催化剂，具有酯化时间短、选择性好、酯化率高等特点。其中无水氯化亚锡的催化性能优于二水氯化亚锡。

据了解，国内结晶二氯化锡年耗量约为 400～500t，国际市场年耗量约 3000t。从目前的生产来看，国内厂家大多产量小，中国每年还要从韩国、日本等国进口一部分。无水氯化亚锡国内外年耗量大致为 3000 余吨。

b 四氯化锡（$SnCl_4$、$SnCl_4 \cdot 5H_2O$）

四氯化锡分为无水四氯化锡和结晶四氯化锡两种，它们是极有价值并具有相当市场生命力的无机锡化工产品。从性状和用途来看，无水氯化亚锡和结晶四氯化锡是两个独立的产品。其性状各有差异，无水四氯化锡是一种无色发烟液体，呈碱性，溶于水并放出大量的热，其稀溶液因水解而产生沉淀；结晶四氯化锡是含有 5 个水的白色或浅黄色的晶体，有盐酸气体，具有吸湿性，易溶于水，其水溶液也各有不同。它们的用途也各有不同。无水四氯化锡广泛用于合成有机锡的原料、某些有机物阳离子聚合物催化剂、晒图纸和感光纸等。而结晶四氯化锡一个重要用途是用作合成无机锡化合物系列的初始原料，同时广泛用于电子工业、媒染剂、分析试剂等，此外，结晶四氯化锡还有许多其他应用，只是用量较小，如制造品红、色淀染料、陶瓷颜料、加重丝织物以及稳定卫生香皂中的香味等；在丝绸料的染色中作为一种媒染剂。另外还有一项新用途就是用于玻璃容器的表面处理，以增强玻璃容器的强度，改善其耐磨性能。这种方法广泛用于生产玻璃瓶和玻璃容器以及家用玻璃器皿等。

从生产过程来看，无水四氯化锡是结晶四氯化锡的中间体。据调研的资料显示，四氯化锡的国内外耗量在 3300t 以上。

C　锡的硫化物

a　硫酸亚锡（$SnSO_4$）

硫酸亚锡光亮镀锡是 20 世纪 60 年代初发展起来的。主要用于金属表面光亮电镀，金属材料电镀、着色以及印染工业中纺织物的媒染剂等。不仅可以节省昂贵的黄金，而且解决了外引线焊接性能差的难题，可满足电子整机装联技术的重大变革的需要。随着电子行业的迅猛发展，目前对硫酸亚锡的需求量日增；另一方面，由于建筑业及装潢业的异军突起，对铝型材的需求量猛增，而茶色铝型材的电镀工艺需要 $SnSO_4$（$2\sim3kg/t_{Al}$）作光亮剂。至今据不完全统计，其耗量已达数千吨，市场前景更是看好。

b　二硫化锡（SnS_2）

结晶二硫化锡为黄色透明有光泽的鳞状或片状结晶。无定形二硫化锡为黄色，不溶于水或稀酸。结晶二硫化锡具有灿烂的颜色，目前在工业上主要作为一种着色剂使用，目前，最新的应用是作为颜料及半导体使用。用作着色剂常用来处理木板、水泥板等。此外，古文物的装饰用黄铜彩色也用硫化锡。最新的研究表明，以鳞片状的 SnS_2 为原料，可取代现在广泛使用的金粉漆（铜粉）用于城建、广告、印刷、装潢、美术、纺织、服装等领域，以克服金粉漆易氧化、耐候性、耐酸碱性和耐热性差等缺点。

D　锡的氟化物

氟硼酸亚锡（$Sn(BF_4)_2$）用于镀锡和镀锡-铅的酸性电镀。与硫酸亚锡相比，氟硼酸亚锡电镀液在有适合的添加剂时，具有较好的均镀能力及覆盖能力，电镀速度相对较高，可广泛用于带材和线材液（例如电镀铜线）的连续电镀，年耗量在 1300t 左右。该工艺的缺点是氟硼酸亚锡严重污染环境，腐蚀性强且废水较难处理。

E　锡酸盐

a　锡酸钠（Na_2SnO_3）

锡酸钠是应用较早的锡化工产品，最重要的用途是用于电镀工业碱性镀锡及其合金（例如锡-锌、锡-镉、锡-铜和锡-铝合金）。此外，还在纺织工业中用作防火剂、增重剂；染料工业用作媒染剂；也用于玻璃、陶瓷等工业。在电镀工业中，其性能稳定可靠，易于操作并能获得高质量镀层，且对钢无腐蚀；此外，能在经过适当处理的基体表面镀上平滑但无光泽的镀层，且不需要加入添加剂。该镀层经过“流动熔化”处理可变得光亮。在纺织工业中，经其处理后的棉织物具有较好的阻燃性能。锡酸钠也用于浸没镀锡，可在汽车铝合金活塞等零件上形成光洁镀层。另外，锡酸钠还用于制造在相当大的温度范围内具有均匀介电常数的陶瓷电容器的基体、颜料和催化剂。

b　锡酸钾（K_2SnO_3）

锡酸钾的使用同锡酸钠相似，主要用于电镀工业中碱性镀锡及其合金。其优点是不需要添加剂，而且镀液具有较高的溶解速度和高超的均镀能力，镀层均匀，且坚固，特别适合于装配式物品的电镀、汽车汽缸活塞的镀锡及其他电镀。

从20世纪80年代起，锡酸钠及锡酸钾的市场一直看好。目前国内锡酸钠、锡酸钾的国内年销售量在600~800t，同时国内每年还从马来西亚、日本、英国进口一定数量的锡酸钠及锡酸钾。据化工部有关部门统计，锡酸钠全球年消耗量在2100t以上，锡酸钾年消耗量1600t。

c 锡酸锌（$ZnSnO_3$）、羟基锡酸锌（Zn_2SnO_4）

锡化合物可作为棉花、亚麻、人造丝、纸张、木材及聚合物等产品的阻燃剂，锡基阻燃剂的阻燃效果好，发烟性小、烟气毒气含量低。锡的无机化合物和有机化合物均能作为阻燃剂原料使用，锡化合物与氧化锑复配成的无机阻燃剂及阻燃促进剂综合性能更为优良。

锡酸锌和羟基锡酸锌在大多数聚合物中具有极其良好的阻燃消烟性能，特别是在抑制烟雾的毒性方面有着上佳的表现。有利于保护环境，是很好的安全环保型锡基阻燃添加剂，且对基质材料不发生褪色作用，能保持较好的物理性能。主要是作为卤代聚合物配方中的三氧化二锑的替代物，用于陶瓷电容器、电解体的配料和作为新型锡基无毒阻燃添加剂应用于有机聚合物的生产上。其优点如下：

（1）无毒、安全、容易操作；

（2）具有阻燃作用和烟雾抑制作用；

（3）添加剂量少，性能好；

（4）与卤素和填充剂有良好的协同效果；

（5）颜料适配性无限制；

（6）应用领域广泛。

研究证明锡酸锌这种新型阻燃剂，其阻燃效果是最优异的。随着国家现代化建筑及工业的迅速发展，由于锡酸锌在阻燃及消烟方面的优越性能以及无毒的性质必将使其在国内外的需求量与日俱增。预计锡酸锌、羟基锡酸锌等几种同效产品在20世纪90年代末期可使锡的实际消费量增长到3500~4000t。据专家预测至2002年锡酸锌的市场容量约为7000t。

锡酸锌在世界范围内发展很快，根据市场调查（欧洲阻燃剂化工市场 Frost & Sullivan 1997）结果表明，近年来锡酸锌/羟基锡酸锌在欧洲市场消耗量已超过1500t/a，并以每年10%以上的速度增长。据分析和预测，锡基阻燃剂在世界其他地区也同欧洲市场一样将会有一个显著的增长，特别是美国和日本。美国年消耗三氧化二锑阻燃剂2.1万~2.5万t。若按三分之二的三氧化二锑逐步被锡基阻燃剂代替（其阻燃效率为三氧化二锑的2倍）测算，在美国市场锡基阻燃剂市场容量大约是8000t/a。按此计算，日本市场锡基阻燃剂市场容量大约是3000t/a，其他国家的市场容量大约是5000t/a。中国目前用于阻燃添加剂的三氧化二锑大约是6000t/a，按三分之一的用量被锡基阻燃添加剂所代替，国内市场近期也有近1000t/a的容量，随着国家对环保的日益重视，安全环保型阻燃剂的需求量将迅速增加，其在国内远景容量大约是3000t/a。

F 锡盐

a 醋酸亚锡 $Sn(C_2H_3O_2)_2$

醋酸亚锡是一种无色的结晶盐类。可以在煤的高压氢化作业中作为催化剂使用。在化纤的染色工业中作为促进化纤吸收染料的促进剂使用。

b 辛酸亚锡 $Sn[CH_3(CH_2)_6COO]_2$

2-乙基己酸亚锡俗称辛酸亚锡，是一种浅黄色油状液体。能有效地促进聚酯型多元酸及聚酯型多元酸中的羟基与异氧酸酯中的异氧酸根发生反应、交联，可作为聚酯泡沫塑料、聚氨酯弹性体、聚氨酯漆、聚氨酯黏合剂等多种聚氨酯制品的催化剂，不饱和树脂聚酯的无色透明促进剂、硅橡胶的硫化剂、塑料制品的稳定剂。是目前世界上生产聚氨酯泡沫塑料较为理想的催化剂，还可用于塑料制品行业中提高塑料制品透明度，是一种重要的锡化工产品。

据调查，全世界聚氨酯年产在 1000 万 t 以上，其中软质泡沫塑料产量占 40% 左右，按辛酸亚锡 0.2% ~0.3% 的添加量计，仅用于聚氨酯软质泡沫塑料一项，全世界每年消耗辛酸亚锡约 8000 ~12000t。国内目前年需求量在 1000t 以上，仅西南三省每年约消耗 100 ~150t，而且随着近年来中国聚氨酯工业的迅速发展，其用量还以每年 10% 的速度增长。中国辛酸亚锡研究及生产起步较晚，目前整体生产工艺技术水平较低，产品质量与国外产品相比有较大差距，且产品质量不稳定。因此，中国每年 90% 以上的辛酸亚锡需要从国外进口。

c　焦磷酸亚锡和焦磷酸锡（$Sn_2P_2O_5$、SnP_2O_5）

用作合金电镀液、放射性药物扫描检查剂，附加值较高。

17.4.1.4　*焊料*

锡焊料是锡的主要用途之一。目前汽车水箱、水管、电光源所用锡焊料用量巨大，并且由于锡有较好的流动性和导电性，所以还被大量的使用在电子工业。现在锡价居高不下，低锡焊料的开发应用，可带来比较巨大的经济效益。因为需要焊接的金属和用途不同，特种焊料在一定的领域就能满足某些特殊的要求，虽然每种产品用量不大，但仍有较大的应用价值。从焊料的组分来看，大多数焊料都是锡、铅两元合金的组合，含锡由 5% ~95% 变化，其中以含锡 40% ~63% 的应用最为广泛，铅对环境污染较大，所以随着环保意识的增强，环保法规的制定，无铅焊料的市场需求会逐步加大。

17.4.1.5　*锡合金产品*

含锡合金包括以锡为主的锡合金（锡铅焊料除外），以及锡为主要添加元素的合金，是锡消费的重要出路，占锡消费总量的 23% 左右。主要用于汽车、机车、拖拉机轴瓦。

由于锡价昂贵，多数国家都致力于开发低锡合金或代锡合金。但由于锡所具有的某些优异性质及不可替代性，总的来说锡合金的应用及耗锡比例保持较为稳定。

巴氏合金在轴承中的使用比例逐步下降，其他合金用量则逐步加大，这是客观存在的趋势，目前应积极开发铝基高锡合金复合钢带，铜铅基低锡合金复合钢带，以及可以代替巴氏合金的锡合金，如高锡铝合金（Sn 20% ~30%）、铜铅合金（Sn 3.5% ~15%）、铝铅合金（Sn 3% ~5%）、锡青铜（Sn 6% ~10%）、低锡铝合金（Sn 6% ~10%）等。

17.4.2　中国锡深加工产品与国外先进产品的差距

中国在锡加工方面，目前精锡品种及质量已达到国际先进水平；焊锡锭、条的生产及国家标准与发达国家的水平基本相符，基本上能满足国内的需求，并能部分出口。因为无论是在产品品种、还是在质量及档次与国外相比仍有很大的差距，所以中国每年还要进口大量的国外锡深加工产品。比如发达国家的有机锡用量占锡消费量的比重较大，而中国在这以领域才刚刚起步，几十项焊锡主要的传统品种也不过是产量大而已，目前的品种也只有 30 多种，而国外已有上百种。

从锡的贸易看，中国既是世界锡的生产大国、出口大国，但又是锡深加工产品的进口大国，且进口量呈逐年上升之势。

17.5 国内外废杂锡资源的回收与利用

锡金属的再生回收主要包括以下两大方面：（1）冶炼厂的锡渣回收再生；（2）锡的深度加工产品的再生回收，如：废罐头盒（含锡、铁）、锡合金（青铜、黄铜、巴氏合金）、电子工业的焊锡渣、镀锡元件焊脚及某些锡的化工产品等。回收锡的原料主要是指马口铁的边角废料、合金灰渣或废轴瓦等。也可从焊锡，例如汽车水箱中回收锡。在回收锡的同时也伴随着回收其他有价金属，如铜等。在这种情况下，往往其他金属的价值将决定回收处理工艺的简单与繁杂程度。

17.5.1 国外再生锡回收利用现状

美国是西方最重要的工业发达国家，有色金属产量、消费量均居世界首位。该国十分重视再生资源的利用。2004 年美国精锡消耗量为 5.38 万 t，其回收再生的类别包括锡渣、锡废料、马口铁下脚料、马口铁罐头、汽车水箱合金和化工制品。美国钢铁厂很重视铁质罐头容器回收，将它们视作生产物料来源的一部分，并已取得显著成功。美国国家制罐公司和北美废物料管理局双方签订合同，同意共同进行金属罐的再生回收生产。这个新的企业——包装容器再生联盟，已建立起金属罐处理回收和生产的部门，而废物料管理局通过各地的网点、部门和系统供给原料。

英国是锡物料回收最好的国家，以 2004 年为例当年产锡约 1.24 万 t，但消费仅 1.01 万 t，其中相当一部分是回收的再生锡，其再生锡的产量占总产量的 46. 17%，达 0.7 万 t 左右。英国废料再生处理的 AMG 资源局，开始对马口铁废料进行再生回收是在西班牙与 AHV 铁钢厂合作进行的，AMG 提供技术并为西班牙地方当局进行技术咨询，建立街道废罐收集站，解决罐头来源等项目。初期 AMG 计划在西班牙中部的里奥加建立一个工厂，将所有收集的废料在该厂进行处理。另外的工厂建立在巴塞罗那和毕尔巴鄂。AHV 是西班牙最大的马口铁生产厂家，该冶炼厂的再生物料来源广泛，其中包括镀锡板，化工产品，焊锡产物以及其他冶炼厂的物料，其中有些废渣可由其他冶炼厂处理并回收其中的贵金属。

17.5.2 国内再生锡回收的发展前景

中国目前正处于经济发展时期，对有色金属的需求量是很大的。中国已成为矿产资源的消费大国，但矿产资源的综合利用率很低，单一矿产资源利用率低（一般采 2t 回收 1t），多金属矿的综合回收率低（一般 40% 以下），金属的再生利用率低。近几年来中国对金属的回收、再生、利用工作虽有了进一步的认识，但仍存在不少的问题。虽然有关部门组织了相应机构从事科研工作，但再生金属回收工作还很不完善，再把分散设点（分散收集、小点冶炼再生）变成定点，在具有一定规模的冶炼厂冶炼再生，最大限度地回收、并用于适合再生金属用途的制造厂家等方面，尚有较大差距。

17.6 中国锡工业的未来——问题与对策

17.6.1 中国加入 WTO 对中国锡工业的影响

中国有色金属是较早进入国际市场的，与国际市场融通较早，因此，入世后从宏观方面来看，影响程度较其他工业为小。虽然入世后，精锡、合金及加工企业的市场造成一些影响，但就锡的如下几个消费结构方面来看，其影响程度则又不相同。

（1）精锡的进口：由于关税的降低，进口量有所增加，尤其是来自印度尼西亚精锡的进口量增加，因为印尼砂锡矿的采选冶的成本低。秘鲁精锡价低，由于运费关系，出口中国，其价格优势就大打折扣。

（2）锡合金方面：进口量可能会有所增加，但国内具有生产价格优势，这样不会受太大的影响。

（3）马口铁方面：目前中国优马口铁生产企业 10 家，合计产能 50 万 t，其中除宝山钢铁集团、武钢公司两家分别有薄板生产能力外，其余 8 家镀锡所用薄板均需要进口。由于薄板的短缺，国内马口铁产量从未达到设计能力。

国外公司深知中国镀层薄板产量的不足，为了垄断国内马口铁市场，抑制马口铁的产量提高，即使在国际市场钢材不景气的情况下，也不时的提高对中国出口薄板的价格。如近年日本出口到中国各种薄板（热、冷轧、镀层板）价格也有较大的增长。

（4）锡化工制品方面：锡化工制品可分为两大类，即锡无机化工产品和锡有机化工产品。

1）锡无机化合物：主要是锡的氧化物、氯化物、硫酸盐等。目前国内已有成熟的生产技术和规模，并有一定量的出口，入世后对中国的生产企业的影响不大。

2）锡有机化合物：中国的有机锡研究和生产与西方发达国家相比有较大的差距。在农用方面的研发较大些，已有一定量的规模和产量并将其产品用于农用杀虫方面；但是在轻工、医药等方面则有差距，尤其是在量大面广的 PVC 热稳定剂的研发和产业化方面，有机锡的进展不大。迄今，生产塑料的二丁基锡、二辛基锡这种中间体，目前国内还不能制造，尚完全依靠进口。

现在，随着进口关税的降低，国内需求的增长，受技术和产能的限制，对塑料生产中有机锡热稳定剂的需求和依靠增加。这样塑料的大量进口，必然冲击国内的 PVC 市场，导致国内 PVC 产品的大量进口，将会使有机锡热稳定剂生产企业在先天不足的情况下，后天又受到冲击，这些困难是在短期内难以解决的。

（5）锡铅焊料方面：当前，中国已正在成为世界上最大的信息电子产品生产基地。但是发达国家利用专利技术上的优势，制定一些市场技术准入规定，来限制中国产品的进入，在电子产品中免清洗助焊剂和无铅焊料是我们面临的最大挑战。同时，也应看到，国外企业会在一些技术含量高、利润丰厚的产品领域封锁关键技术，使中国产品处于二流水平。可见，锡焊料面临着诸多挑战。

17.6.2　中国锡工业发展面临的问题与对策

17.6.2.1　*存在问题*

中国锡工业发展面临如下一些问题：

（1）矿产资源紧缺，形势严峻。锡矿资源比较丰富，但富矿多数已开发利用。由于长期以来普遍存在的滥采乱挖，采富弃贫，使资源损失严重，资源优势逐步减弱，已面临无好矿可建的局面。

（2）产品结构不合理。到 2000 年底，10 种有色金属矿山原料年生产能力 550 万 t，而冶炼能力达900万t，矿山建设严重滞后于冶炼。高新技术产品、高精度产品满足不了国民经济各行业发展的需求，按价值量计算占有色金属进口总额的45%。

产品品种单一，缺乏技术含量高的深加工生产企业，生产企业不具备抵御国际金融危机和经济动荡能力。

（3）生产集中度低。2000年国内有关部门统计，中国锡工业企业有334家，其中计有217家采选企业和112家冶炼企业。云南锡业集团和柳州华锡集团的生产规模分列世界冠军和亚军地位。几年过去了，中国的锡生产企业没有缩减，而是呈几何级数的增长。

（4）技术装备落后，环境污染严重。按生产能力计算，目前技术装备达到国际先进水平的不足20%。大多数中小企业技术装备落后，生产工艺滞后，众多小冶炼企业仍采用土法工艺，浪费资源，污染严重，企业依赖高速消耗资源和环境恶化来维持。

（5）部分产品市场秩序混乱。受经济利益驱动，部分有色金属产品生产、流通秩序混乱。甘肃、陕西、广西、湖南、江西等地区有色金属矿产资源无证开采屡禁不止，浪费严重；锡的初级产品大量出口、无序竞争，给国家造成极大经济损失。

17.6.2.2　措施与对策

措施与对策如下：

（1）联合重组加快，产业集中度提高。为了适应市场竞争，国外大企业近年来普遍加快了收购、兼并、联合步伐，组建更大规模的跨国公司（多数为采选冶加工联合企业），实现规模化运营，扩大市场份额。

（2）初级产品向资源丰富国家转移。有色金属工业属资源开发型产业。随着市场竞争进一步加剧，受资源条件、能源供应、劳动力价格等因素影响，有色金属初级产品生产向资源条件好的国家转移。

（3）依靠科技进步，生产成本不断降低。随着科学技术的不断发展，有色金属生产成本不断下降。

（4）新材料发展迅速。世界新材料发展迅速，大直径半导体硅材料、磁性材料、复合材料、智能材料、超导材料生产技术的开发、完善，使得结构材料复合化及功能化、功能材料集成化及智能化得以不断实现。既开拓了新的有色金属消费领域，又促进了新材料产业的发展。

（5）国际贸易日趋活跃。

17.7　中国锡工业的科技发展展望

中国锡工业要想发展，精锡产量必须加强调控，中国的锡深加工产品的比例要不断提高，这是形势的使然和要求。几十年来，中国的生产企业研制出氯化亚锡、二氧化锡、二硫化锡、硫酸亚锡、四氯化锡、氟硼酸亚锡等化学产品，锡粉、抗氧化焊料等产品已有突破。但是，中国的深加工产品品种仍然较少，产品规模效益不大，难以和发达国家的终端产品抗衡。

随着锡资源的日益萎缩，锡深加工产品的生产变得日益重要。国内锡工业企业应该加大科技投入，使深加工产品的附加值超过抛售原材料的收益。这是一个漫长而艰辛的过程，也是充满希望和憧憬的过程。

参 考 文 献

1　黄位森．锡．北京：冶金工业出版社，2000
2　李万青，李伟丰．当前我国锡工业现状及发展存在的问题．有色金属工业，2003（12）：85～91
3　孟广寿．锡市场形势和加入“WTO”后对中国锡工业的影响．世界有色金属，2002（9）：4～9
4　段德炳，边万增．锡市场将缓慢趋好．世界有色金属，2001（8）：40～42
5　罗德先．世界镀锡板工业的回顾与展望．世界有色金属，2001（9）：10～12
6　黄书泽．锡精矿的强化还原熔炼与奥斯麦特技术．云锡科技，1999（2）：26～34
7　Dr Paul Cusack. 二氧化锡的多种用途．国外锡工业，1999（4）：50～52
8　《中国的矿产资源政策》白皮书．中华人民共和国国务院新闻办公室，2004
9　苏鸿英．世界锡金属生产趋势浅析．网易，2005
10　李红生，王文丽．涂料工业的现状分析及发展趋势．国家金属腐蚀控制工程技术研究中心，2002
11　杜长华，黄迎红，陈方等．云锡材料深度加工发展现状．云锡科技，1995（4）：33～38
12　红河州新材料产业发展规划研究．昆明理工大学材冶学院，红河州经济贸易委员会，2003
13　孟广寿，郑维亚．国外再生锡回收利用现状．世界有色金属，1992（18）：2～4

18 锑

魏 昶 昆明理工大学

18.1 锑资源

锑是元素周期表中第五周期的VA族元素。原子序数51，化学符号为Sb，相对原子质量121.75，锑的密度是6.691g/cm^3，熔点63℃，沸点1440℃。锑的脆性很大，不能进行压力加工。锑与砷同属于半金属元素，但锑的金属性质较明显。

锑是十大有色金属产品之一。锑及其化合物在交通运输、阻燃剂、化工、陶瓷、玻璃、颜料、橡胶、塑料、机械制造和军事工业等领域中有着广泛的用途。金属锑因性脆，很少单独使用；而含锑合金及锑化合物则用途十分广泛，特别是它的氧化物在工业上有着更加广泛的用途。锑白为搪瓷、陶瓷、橡胶、油漆、玻璃、纺织及化工工业的常用原料。超细粒锑白生产的阻燃剂，可增强产品的防火性能，近年来广泛用于塑料、油漆、纺织、橡胶工业。

中国是世界锑资源大国，锑储量、产量均居世界首位，锑资源量占世界总量的50%以上。中国锑矿以大型锑矿床居多、矿石质量好而著称于世。然而，由于多年来大规模不合理开采和出口，使资源大量流失，中国锑资源可持续发展面临着严峻的考验。只有认真分析现状，展望未来，客观地制定出发展战略，才能稳健地发展中国的锑工业。为中国的工业化和实现全面小康以及国防的强大提供坚实的基础。

18.1.1 国外锑资源及其分布

据美国地质调查局资料，2000年世界锑资源储量210万t，储量基础为320万t。按2000年世界锑矿山产量计算，储量及储量基础的静态保证年限仅有15~23年。另外世界锑的资源估计为510万t，找矿尚有潜力。

世界锑矿床集中在环太平洋构造成矿带，地中海构造成矿带和中亚天山构造成矿带。特别环太平洋构造成矿带集中了世界77%的储量，其中以中国储量最多，而且勘查程度高，开发条件好。世界主要锑矿床为热液层状锑矿，储量占50%以上，产量占60%。次要矿床还有层状锑矿和热液脉状锑矿。2001年世界锑储量和储量基础见表2-18-1。

表2-18-1 2001年世界锑储量和储量基础 （万t）

国 家	储 量	储量基础	国 家	储 量	储量基础
中 国	90	190	吉尔吉斯斯坦	12	15
俄罗斯	35	37	塔吉克斯坦	5	6
玻利维亚	31	32	其他国家	2.5	7.5
南 非	24	25	世界总计	210	320

注：资料来源为Mineral Commodity Summaries，2000年。

18.1.2　国内锑资源

18.1.2.1　国内锑资源状况及分布

中国国内锑资源状况及分布呈如下特点：

（1）中国锑储量分布集中，大中型矿多。截至1999年底，中国锑累计探明储量为427.04万t，其中A+B+C级（中国储量级别）储量238.9万t；保有储量239.45万t，其中A+B+C级储量79.07万t。

全国已探明锑储量的矿区共117个，分布于18个省（区），但储量相对集中，主要分布于广西（占总量的34.4%，下同）、湖南（21.2%）、云南（12.2%）、贵州（10.2%）、甘肃（6.4%）和广东（5.0%）6省（区），合计保有储量占全国总储量的89.4%。

其中大型锑矿区12处，保有储量130.58万t，占总量的54.6%；中型锑矿区41处，保有储量88.66万t，占37.0%；二者合计占总保有储量的91.5%，小型矿区64处，保有储量20.12万t，占8.40%。

（2）储量开发程度高。中国锑矿已利用程度较高，可设计的、规划利用的储量逐年减少，后备基地不足，难利用储量少。1999年全国已利用的锑矿区77处，合计保有储量193.16万t（含锑量，下同），占总保有储量的80.7%。

可设计和规划利用的锑矿区36处，合计保有储量45.15万t，占总保有储量的18.8%。

主要有广西的南丹大厂巴力—龙头山105号矿体（16.30万t）；广东梅县嵩溪银锑矿区宝山区段（4.37万t）和贵州的晴隆县隆锑矿支余矿区（3.68万t）。

近期难以利用的锑矿区4处，合计保有储量1.18万t，占总保有储量的0.5%。难以利用的原因是：交通困难、经济效益差、地质条件复杂、矿体小而分散和埋藏深、矿石品位低，以及矿石综合利用问题未解决等。

（3）中国锑保有储量已呈下降趋势。新中国成立以来，锑矿取得了良好的找矿成果，锑保有储量从1957年的39.3万t增加到1999年最高水平的239.45万t，年增长率达4.4%。1996年锑矿储量达到历史最高水平，为278.16万t，之后随着找矿难度的加大，加上锑产量的增大对储量的消耗，锑保有储量呈下降趋势，1996～1999年4年间锑保有储量下降13.9%，年均下降4.9%。锑矿储量消耗速度大于储量增长速度。截至1999年底，中国著名的锑矿山累计探明储量为85.33万t，保有储量17.58万t，已消耗掉近80%的保有储量。开采强度惊人。

（4）有一定的找矿潜力。据最新推测，锑资源总量可达700万～750万t。近年来，不但对西藏锑矿的勘查取得了重大的进展，而且在四川、新疆二省（区）也发现锑矿。但由于位置偏僻，交通不便，未进行进一步的工作。

18.1.2.2　国内锑资源的特点

中国国内锑资源的特点如下：

（1）储量丰富、矿床多、规模大。中国是世界上锑资源最丰富的国家之一，其储量和产量均居世界首位。世界上知名的54个大型锑矿产中，中国占15个。探明的大型锑矿储量占全国锑矿储量的54.6%。

（2）锑矿工业类型的储量构成以单锑硫化物矿床储量为主。全国以单锑硫化物为主的锑矿储量占全国锑总量的67%，规模大，以大中型为主，有的为超大型，矿石成分简单、品位高，以辉锑矿为主，易采、易选、易炼，经济价值大。随着锡矿山锑资源的耗竭，中国锑矿量大的优势虽尚可维持，但质佳的特点将消失。

（3）成矿地质条件优越，分布高度集中。中国锑矿主要分布在环太平洋成矿带上，主要集中在湘、桂、滇、黔等省区。超大型矿床有湖南锡矿山矿田、广西大厂锡铅锌锑矿床；大型矿床有湖南安化渣滓溪锑矿、沅陵湘西金锑钨矿，广西河池五圩箭猪坡、南丹茶山锑矿，贵州晴隆锑矿、独山半坡锑矿、云南广南木利锑矿。中国以层状和脉状为主，其储量分别约占全国32%和26%；与火山类有关的似层状矿床资源潜力较大，是一个有远景的工业类型。

18.1.2.3 国内锑资源的开发中存在的主要问题

中国国内锑资源的开发中存在的主要问题：

（1）锑产量严重失控，导致锑资源大量流失，加速锑资源消耗；

（2）滥采乱挖现象十分严重，造成锑资源严重浪费；

（3）多头出口、竞相压价，扰乱国内外市场，锑价暴跌；

（4）初级产品产量和出口量比例过大；

（5）污染严重，“三废”问题突出。

18.2 锑的生产、消费及其市场预测

18.2.1 国外锑生产、消费和价格统计

近年来，世界锑的消费水平变化不大，每年约12万～15万t之间。美国是锑品最大消费国，每年消费锑品在2.5万～2.7万t（其中原生锑1.3万～1.5万t，再生锑约1.2万t）；其次是日本，每年消费锑品在1万t左右。另外，欧盟各国的消费量估计约为2.6万～3.0万t。

目前，全世界有15个国家开采锑矿，世界矿产锑的年产量保持在13万t左右，其中中国矿产锑的产量最大，占世界总产量的80%左右，其次为俄罗斯、南非、塔吉克斯坦、玻利维亚和澳大利亚。世界矿产锑的产量虽然低于消费需求量，但加上再生锑，锑市场的供应仍是较为充裕的。

近年来，随着科学技术的发展，世界锑的消费结构发生了较大的变化。从美国近年锑消费结构分析，金属锑消费比例从1996年的23%，降至1999年的12%，而氧化锑消费比例从1996年的77%，增至1999年的88%。用作阻燃剂的氧化锑按含锑量计算，目前每年需6000t左右，占原生锑消费量的50%左右，说明美国应用在阻燃剂方面的耗锑量增长很快。日本的阻燃剂耗锑量，近15年间也增长了近9倍；同样，其他西方工业发达国家锑的消费结构也有较大变化，尤其是氧化锑在阻燃剂等新兴工业领域中的应用是工业化国家的主要方向。

目前，世界锑的消费中，蓄电池用量减少，金属锑需求下滑，而阻燃系列产品的耗锑增加，氧化锑消费需求逐年增长。近年来关于锑在各行业的消费比例分析，用于铅酸蓄电池的用锑量约占10%～15%，阻燃剂用锑量占60%～70%，化工10%，搪瓷和塑料等占

10%左右。

18.2.2　国内的锑生产、消费

中国锑的消费结构与工业发达国家有所不同，精锑消费量仍占50%左右，主要用于蓄电池（占精锑消费量的80%左右），其次用于铅材、电缆护套、焊料、轴承、枪弹等；氧化锑消费量约占35%，主要用于搪瓷、玻璃、合成纤维、颜料、涂料、油漆等行业。目前中国阻燃剂的应用还未立法，起步很慢，消费量很少。但随着经济发展，阻燃剂的需求也将逐步增长。

目前中国锑品消费量维持在1.2万t左右。但仍以精锑及其他初级锑品消费为主，锑的深加工产品市场消费量少。预测中国锑的需求量将随着经济的发展会有所增长，至2005年有可能达到1.5万t左右。2000年中国锑消费量及消费结构见表2-18-2。

表2-18-2　2000年中国锑消费量及消费结构

分　类	精　锑	氧化锑	生　锑	锑酸钠	醋酸锑	合　计
消费量/t	5700	4335~5555	502	1750	106	12393~13613
比例/%	41.87~45.99	40.81~34.98	3.69~4.05	12.86~14.12	0.78~0.86	100

尽管中国汽车产销量增速有所减缓，并且蓄电池中铅锑合金含锑比例下调以及推广使用免维修的铅钙合金蓄电池，但锑在汽车蓄电池应用领域的增长量依旧可观。专家预计，2005年中国汽车产量将突破500万辆。尽管中国汽车产量增长较快，但人均数量和西方国家相差甚远，2004年中国每千人汽车拥有量仅20辆。预计随着中国经济的增长，汽车数量还将保持快速增长。

蓄电池是目前国内锑品比较大的一个消费领域，最新海关统计数据显示，2004年10月份中国进口铅酸蓄电池186.4万只，1~10月份累计进口1767.1万只，其中用于活塞电机蓄电池为31.4万只，同比下降22.35%，其他领域用蓄电池为1735.7万只，同比增长49.5%。10月份中国出口铅酸蓄电池988.5万只，1~10月份累计出口9959.7万只，其中活塞电机用蓄电池为1403.9万只，同比增长5.03%。其他领域用蓄电池为8555.8万只，同比增长25.31%。

中国汽车工业的发展，给锑品带来了更大的消费空间。据有关信息：今年中国汽车的生产量接近500万辆，汽车保有量在2600万辆左右，按每辆汽车年需一只蓄电池计算，一年需要3000万块，按目前每只蓄电池用锑0.15千克左右计，汽车蓄电池行业的用锑量应在4500t/a。有关专家预测，到2020年，中国汽车销量将以每年1560万辆的速度增长，到2014年，中国将以不可阻挡之势超越日本，成为世界第二大汽车生产国。到2020年，中国很可能赶超美国，继而成为世界最大的汽车生产国。

18.2.3　国内外市场需求情况和预测

18.2.3.1　全球锑市场的供需情况

中国锑品的生产与出口对于影响国内锑市供求关系和价格走势起到决定性作用。自2001年7月份的南丹事件令国际锑价走出了长期低迷的危机，并刺激了中国其他地区的生产，湖南等地原料的生产在一定程度上弥补了广西的减产，但总供应量难以恢复到

2001 年之前的高水平。从 2003 年底开始，西方市场锑精矿供应量下降，中国主产区原料库存已经耗尽，贸易商和生产者普遍采取惜售的策略，在南丹矿区恢复生产之前，中国锑生产难以持续回升，未来供应出现下降趋势，这种状况将支持锑价保持在较高水平。

由于国内锑精矿供应锐减，自 2002 年开始，锑价持续走强且不断创出近年来的高点，市场供需关系发生转变，从以往的买方市场转化为卖方市场。2004 年锑市场走势渐趋平稳。

以后，随着中国对广西河池地区矿业秩序的治理力度不断加大，当地绝大多数锑采选厂都已被关停整顿，因此当地的锑产量锐减，尤其是锑精矿供应极度短缺，大大改善了此前精锑市场供应严重过剩的局面，中国锑产量大幅下降引发市场供应紧张。

经过 2004 年 12 月份的短暂回调，2005 年 1 月份，锑市场波澜又起。1 月 19 日，英国《金属导报》公布的规格为 99.65% 的锑锭的鹿特丹仓库价为 3000 ~ 3100 美元/t，路透社公布的欧洲小金属 1 号和 2 号锑价也分别上调至 2950 ~ 3050 美元/t 和 3050 ~ 3150 美元/t，而其在 2004 年 12 月份的英国《金属导报》的报价最低达到 2750 ~ 2850 美元/t，2004 年同期为 2470 ~ 2600 美元/t。可以说，锑价这次上涨的势头是非常强劲的。

18.2.3.2 未来市场预测

A 国际市场预测

2004 年以来世界有色金属价格多有上升。截至 2004 年 11 月，铜价较 2003 年 12 月上升 41.9%，铅、锑价分别上升 39.8% 和 34.1%，锡价更剧升 49.7%。预计随着世界经济的持续复苏和回升，有色金属需求增长，价格还将坚持。

这次上涨行情的到来，在许多人的预料之中，但是上涨目标究竟可以到多少，难以预测。2004 年的锑市场让人们已经清晰地看到，锑精矿供应紧张的情况愈加明显，市场正逐步由供求平衡转向供应短缺，价格的底部支撑不断抬升，也增加了人们对锑市场的信心。如果这次上涨能够突破 3200 美元/t 的高点，将会给 2005 年的锑市场一个良好的开端。

B 中国锑需求预测

中国经济有望保持较快增长的预测将拉动商品需求。从近几年特别是 2004 年情况看，中国经济发展情况对世界主要商品价格走势产生十分重要的影响。2005 年，中国宏观调控措施将着眼于中央经济工作会议提出的“加大发展循环经济和构建节约型社会”。居民消费结构升级以及工业化、城镇化、市场化、国际化程度不断提高等支撑中国经济进入新一轮上升周期的利好因素仍未改变，对商品需求的动力仍较强劲。从目前情况看，对钢材、有色金属、石油等工业品的需求增速将会回落，但总量仍然稳定在较高水平。

贸易商反映，国际锑价的强劲回升受中国行情的影响很大。首先，中国国内的存货在继续下降，企业对未来预期更好，不愿马上出货，锑价一直处于坚挺状态，迫使国际价格回升；其次，2004 年，中国锑精矿的产量虽然有所增长，但大的新增矿源还没有出现，另外进口精矿明显下降，对于精锑增产有很大的限制，往年积累的各类含锑物料被充分利用，2004 年锑产量的恢复应该是在消耗库存物料的基础上实现的，这意味着次年锑的产量增长潜力不大。中国锑精矿的显著减少，将有效地改善锑市场供过于求的矛盾。南丹地区的部分复产并没有影响锑精矿短缺的格局，今后锑市场将逐步趋向平衡或出现供应缺口。再者，人们对 2005 年锑的整体走势看好，逢低买进推动了需求。

分析未来几年的锑市场，不利于锑价上升的因素有：石油价格的上涨影响了汽车的销量和使用，进而影响蓄电池的消耗；走私出口依然严峻，影响锑市场的稳定；《阻燃法》尚未制定，锑系阻燃剂的一些缺点未彻底解决，如在材料中不易分散、燃烧产生较大黑烟等，使应用范围受限制。有利于锑价上涨的因素是，预计2004～2010年中国GDP年均递增7%左右，将保持强劲增长，势必带动原材料的消费。

18.3　国内外锑工业概况及发展趋势

18.3.1　国内外锑矿矿床

地质界目前尚无公认的锑矿床分类方案。国外一般以锑矿物从热液中沉淀的温度及其构造地质状态为标志作为分类基础，将锑矿分为高温、中温和低温热液矿床三大类型。根据中国锑矿形成的条件，国内将锑矿分为中温、低温热液矿床和氧化锑漂砾矿床三大类型。但实用中一般按锑矿的种类和共生矿物的情况，将锑矿分为单一锑矿和复合锑矿。

18.3.2　中国锑矿的选矿工艺

锑矿的选矿工艺，应根据矿石类型、矿物组成、结构构造和嵌布特性等物化性质作为基本条件选择外，还应考虑有价组分含量高低和适应锑冶金技术的要求等因素。一般先用正反手选产出部分锑矿或脉石，或者用重介质丢弃一部分尾矿；对单锑矿一般用浮选法回收；对混合矿则先淘汰产出混合精矿，然后经过硫化矿浮选，氧化矿重选，分别产出锑精矿；对钨锑金矿石，先用摇床选别，产出金精矿、混合精矿和尾矿，然后将混合精矿浮选，获得金锑混合精矿，其尾矿浮白钨；对汞锑矿石则直接浮选产汞锑混合精矿；对锡铅锌锑矿石，先用重选，然后全浮硫化矿，再磨分离出铅锑精矿、锌精矿、砷黄铁矿，其尾矿入摇床选锡。

18.3.3　锑的冶炼工艺和生产实践

用以生产锑的工业矿物主要是辉锑矿（Sb_2S_3），即硫化矿；其次是方锑矿（Sb_2O_3），即氧化矿；还有含铅、汞、贵金属的复杂硫化锑矿。中国将高品位（大于40%）的脉矿称“青砂”；低品位（小于20%）的层矿称“花砂”。含锑低于10%的花砂需进行选矿富集。锑的生产方法随矿石种类、品位、形态的不同而异，可分为火法与湿法炼锑两类。

火法处理硫化锑矿，其冶炼工艺有三大工序：（1）氧化挥发熔炼；（2）还原熔炼；（3）精炼。氧化挥发熔炼由于所处理原料及使用设备的不同，在中国形成了四种代表性工艺流程，即直井炉焙烧—反射炉熔炼工艺流程、鼓风炉挥发熔炼—反射炉熔炼工艺流程、含金锑精矿鼓风炉熔炼工艺流程和脆硫锑铅矿精矿火法处理流程。

湿法炼锑有碱法和酸法两种，碱法已实现工业生产，即用硫化钠和苛性钠的混合液对硫化锑精矿进行浸出，然后对浸出液电积，阴极锑经精炼而产出精锑。湿法炼锑的锑总回收率可达97%以上（直回收率大于93%），硫利用率液超过80%，因此没有火法炼锑那样的SO_2烟害，对保护环境有利。但湿法炼锑的每吨阴极锑需消耗烧碱1.1～1.2t，直流电2652～2854kW·h（综合电耗达2700～3500kW·h），当碱、电、水价高时，单位生产成本高于火法。中国锡矿山曾建成年产精锑11kt的世界最大湿法炼锑厂，1978年试产成功。由于当时碱价和电价高，生产经营处于亏损状态而被迫停产。

18.3.3.1 单一硫化矿、氧化矿火法处理及适应性

单一矿石的处理，目前主要采用：（1）挥发焙烧—还原熔炼及精炼的工艺；（2）鼓风炉挥发熔炼—反射炉还原熔炼及精炼工艺。

A 挥发焙烧

典型的生产炉型主要有直井式焙烧炉和平炉两种：

（1）直井焙烧炉采用的少进多次、低负压、红渣层、细致松渣的操作方法。

（2）平炉是结合直井式焙烧两种炉型的优缺点改造而成的炉型，其生产特点是炉头强鼓风、薄料层、周期作业。

B 鼓风炉挥发熔炼

采用热炉顶、低料柱、薄料层的操作方法。在近 30 多年的生产实践中，鼓风炉工艺不断完善，已显示出生产能力大，金属回收率高，对原料适应性强等特点。

对于处理单一的硫化矿、氧化矿或者硫氧混合物，直井炉、平炉和鼓风炉相比较，前两者处理能力低劳动强度大，但显示出能耗低、成本低、高质量等特点，而鼓风炉属于熔炼范畴，存在着高焦率、高能耗、高成本等特点，从 1995 年以来，锑市场一直走低谷，市场形势严峻，为求生存，迫使许多中小企业放弃了鼓风炉生产，而选择了直井式、焙烧炉和平炉的挥发工艺生产粗锑氧粉。

18.3.3.2 复杂锑矿的处理

炼锑技术的发展主要是研究处理复杂锑矿，如采用真空蒸馏技术处理锑汞矿，用湿法工艺处理锑金砷矿和锑铅矿等新工艺。中国产出的复杂锑矿石主要以广西河池地区（南丹县）脆硫铅锑矿为代表，其中有部分湖南湘西的锑金混合矿；不同的矿石化学成分，决定着不同的生产工艺和方法。

处理脆硫锑铅矿（$Pb_4FeSb_6S_{14}$）通常采用先流态化焙烧、焙砂再还原熔炼的冶炼工艺，其焙烧烟气含 SO_2 达 8% 左右，可以制酸，解决了烟气的污染问题。随着单一辉锑矿资源的日益减少，多金属的复杂锑矿将成为今后炼锑主要原料，如黝铜矿（$4Cu_2S \cdot Sb_2S_3$）、硫锑铅矿（$Pb_5Sb_4S_{11}$）、硫汞锑矿（$HgS \cdot 2Sb_2S_3$）、锑金矿等。处理这些原料（包括辉锑矿）最宜采用湿法冶炼工艺。碱性湿法炼锑不仅锑总回收率分别比直井炉和鼓风炉熔炼高出 5 个和 2 个百分点，而且有可能实现无渣集存（可送炼铅厂）的作业，更无烟气污染。因此，当锑价高、碱价和电价低时，湿法炼锑就不失为一种可供选择的无污染的炼锑工艺流程。

18.3.4 锑品深加工和发展方向

18.3.4.1 国内锑品深加工产品

中国锑矿资源丰富，锑品生产历史悠久，锑品产量多年来稳居世界首位，是锑资源和锑品生产大国。但是在 1990 年以前，中国主要以锑的初级产品，即精锑、普通型锑白、生锑、锑精矿投放国内外市场，然后又从国外以高价购回中国所需的锑深加工产品。近十多年来，中国在锑深加工产品方面作了大量的研究工作，取得了显著的成绩。一些锑深加工产品不但取代了进口产品，而且还批量出口国外。

目前，中国的锑深加工产品主要有如下几种。

A 超细三氧化二锑

超细三氧化二锑是一种纯净洁白的微细结晶粉末，又名"锑白"，细度大于1200目(0.3~0.8μm)，其立方晶体大于96%，白度大于98%，纯度大于99.9%，广泛应用于精细化工、橡胶油漆、化工塑料、医药塑料、光学玻璃、高档搪瓷、电子声像、网络通讯、纳米材料等高科技领域，作为无机阻燃助剂或增效剂。

其生产方法分为火法与湿法两类，以火法为主（占90%以上）。锡矿山矿务局所产零级锑白产品 Sb_2O_3。含量为99.5%、As_2O_3 <0.06%、PbO <0.12%、杂质总和 <0.5%、平均粒径1.3~1.5μm，质量优于美国的蓝星牌锑白。火法锑白主要用作阻燃助剂。当用于树脂等产品的阻燃助剂时，锑白颗粒粒度的减小，将大幅度提高其抗冲击性。而用作涤纶、丙纶的阻燃助剂，则要求锑白的平均粒径为0.25~0.3μm，最大粒径不超过4μm。锡矿山矿务局采用自热氧化挥发工艺，经过技术改进，生产出了平均粒径为0.20~0.22μm的超细锑白。湖南益阳锑品厂采用火法工艺，通过控制工艺条件和分级收尘，生产出了平均粒径为0.38~0.43μm等几个不同粒度级别的超细锑白。南宁锑品厂、湖南益阳八三锑品厂等采用等离子体生产工艺，分别生产出了平均粒径≤0.5μm、0.035~0.07μm的超细锑白。中国超细锑白的年生产能力在10000t以上。

B　高纯三氧化二锑

高纯三氧化二锑（99.8%的三氧化二锑）是一种纯净洁白的微细粉末，其立方晶格达98%以上，高纯三氧化二锑产品广泛用于纯白塑料、高能电缆料、橡胶、油漆、化织等工业。

C　表面改性三氧化二锑

用活性剂对三氧化二锑表面进行改性，使其表面以无机亲水向有机亲油过渡，以增加氧化锑与树脂等有机基体间的相容性，从而改善制品的物理机械性能和加工性能，此产品用途同三氧化二锑。

D　抑烟型三氧化二锑

由三氧化二锑、抑烟剂及高能协效剂等组成，经特殊工艺处理制得，具有优良的阻燃和消烟双重作用，特别适合PVC电缆料。

E　高效阻燃氧化锑

高效阻燃氧化锑是以优质零级三氧化二锑为原料，按不同粒度要求加工而成，其化学成分等同于零级三氧化二锑。

F　无尘氧化锑系列产品

无尘氧化锑是一种具有高度分散性的微细粒子。它是将氧化锑粉末的表面进行化学处理，使之呈微润状态，从而有效地消除使用过程中粉尘飞扬给人体带来的危害，同时达到高效阻燃和增塑的目的。本品主要用于聚乙烯、合成纤维、合成橡胶、乙烯基树脂等作阻燃添加剂和增效剂。根据用户需求，可采用不同比例的有机聚合物，如矿物油、氯化石蜡、乙二醇、苯二甲酸酯二门辛酯、苯二甲酸二乙癸酯等。

G　胶体五氧化二锑

胶体五氧化二锑具有颗粒超细和高度分散的特点，用作聚合物阻燃增效剂具有三氧化二锑难以比拟的优点，尤其适合作合成纤维、织物、塑料的阻燃增效剂。国内主要采用优质三氧化二锑双氧水氧化法生产胶体 Sb_2O_5，有的厂家还采用金属锑粉氯化水解法生产胶体 Sb_2O_5，该产品以五氧化二锑水溶胶（Sb_2O_5 含量40%~60%，颗粒粒径0.007~

0.04μm）和胶体干粉（$Sb_2O_5$78%～82%，颗粒粒径10～20μm）两种形态出售。其中液态五氧化二锑产品，粒度分布窄、流动性好，贮存期长；固态五氧化二锑黄色粉末，通过特殊工艺处理后，易分散于水、乙醇、苯、醇多种溶剂中，产品返溶性好，方便用户使用。胶体干粉可代替三氧化二锑用于电子器件的阻燃。胶体五氧化二锑的生产厂家主要有锡矿山矿务局、湖南益阳锑品厂、上海无机化工研究院等。

H　YT阻燃剂 $Sb_2O_3(OH)_x$

YT阻燃剂是一种高度分散的超微细的乳白色胶体。其粒径一般在0.01～0.03μm。它可溶于甲醇、乙醇、丙酮等有机溶剂，见表2-18-3。

表2-18-3　胶体五氧化二锑

分　类	Sb_2O_5	pH	As	Pb	Fe
酸　性	50%	2～6	0.03	0.05	0.01
中　性	50%	6.1～8	0.03	0.05	0.01

用途：可使塑料、纤维、涂料、纸张等具有高效阻燃性能。它与卤素化合物配合能产生良好的协同效应，特别适用于环氧树脂层压绝缘板。树脂透明性好，阻燃效果明显。

I　催化型三氧化二锑

a　纯度

作为聚酯合成催化剂的催化型三氧化二锑，纯度是一个十分重要的因素，杂质含量高将会大大降低其催化活性，并较大程度影响聚酯产品含量。国内一般生产厂家采用精锑为原料，火法吹炼。因精锑产地不同，质量参差不齐，杂质含量波动很大，故产品纯度难以保证。而如果催化型三氧化二锑的生产采用的是火法吹炼出的优质氧化锑做原料，其三氧化二锑含量已达99.6%，再经过独特的工艺，两次提纯，其铁、砷、硒等大部分有害杂质均已除去，氧化锑含量达99.8%，杂质指标远远低于日本和国内其他产品，非常适宜做合成聚酯催化剂。

b　催化活性

催化性能是用户非常重视的另一个因素，催化型三氧化二锑产品催化性能的高低直接影响用户聚酯合成的生产效率和聚酯产品的质量。一般用户认为日本锑催化型的活性好，而通过选用特殊络合剂，产出的催化型三氧化二锑产品结晶面发达，颗粒形态良好，通过X光衍射和电镜分析表明该产品与日本锑催化型物理结构一样，催化活性高。

c　光稳定性

催化型三氧化二锑产品，光稳定性一直是锑催化剂科技工作者研究的重要课题。一般湿法工艺生产的锑催化剂见光不稳定，易变色，用户认为这点对聚酯切片质量影响很大。研究表明，见光不稳定主要是结晶形态所致。

d　分散性

涤纶树脂的生产工艺中，作为对苯二甲酸乙二酯的聚合催化剂，若催化型三氧化二锑在乙二醇中的溶解性差，将会使它分散性不好，造成聚合体局部催化剂过量，生成高熔点环状三聚物，影响产品质量。如果催化型三氧化二锑在生产中严格控制结晶过程的时间、温度等参数，产品费氏平均粒径细小，粒度分布合理，颗粒形貌良好，使催化型三氧化二锑在乙二醇中的溶解度有了较大的提高，在聚酯体系中的分散性得到改善。

J　锑酸钠（$NaSbO_3$）

锑酸钠主要用途：

用于黑白、彩色电视显像管、荧光灯管、摄像管、照明灯具、红宝石玻璃等许多高档玻璃的澄清剂、褪色剂。能抗暴晒，日久光照不变色，灯工性能极好，是一种性能十分优良的玻璃澄清剂。用于塑料、橡胶、纺织等工业中作阻燃助剂。用于工程塑料作阻燃剂，着色力低，可节约颜料的使用。

18.3.4.2　国内锑品深加工技术开发

A　锑合金新产品

近年来国内开发的锑合金新产品主要有砷锑合金、镓锑合金、锑稀土合金和砷锑铟合金等。而且开发研究又主要集中在砷锑铟合金等方面。例如，锑铟合金在多元红外探测器和红外图像传感器中的应用研究，锑化铟磁敏电位器芯片和薄膜型锑化铟磁阻元件的研制，并在这些方面取得了良好的成效。

B　锑化合物新产品

20 世纪 80 年代以来，国内对锑化合物新产品的开发较为活跃，开发出了锑酸钠、醋酸锑、硫酸锑等 20 余种深加工产品，并形成了 8 万 t 的生产能力。

目前采用粉碎法、分级法、等离子体法、自热氧化挥发法等工艺，能生产出平均粒径为 0.2 ~ 0.4μm 的超细粒三氧化二锑，已取代了进口产品。采用等离子体法和自热氧化挥发法，可生产出平均粒径为 0.005 ~ 0.01μm 的超微粒三氧化二锑。

能批量生产取代进口用于聚酯聚合催化剂的立方和斜方晶型的三氧化二锑，用于电子和半导体材料工业的高纯三氧化二锑，用于电子产品阻燃，平均粒径为 0.005 ~ 0.01μm 和 0.015 ~ 0.04μm 的胶体五氧化二锑水分散体、有机溶剂分散体及其干粉。

能生产出湿粒状 Sb_2O_3 > 75% 的无尘三氧化二锑等产品，并已进入国际市场。

以普通锑白为原料，可制取醋酸锑（Sb 40% ~ 50%，Cl、Fe < 0.01%）、锑酸钠、焦锑酸钠、五氧化二锑和用于塑料阻燃产品的三氧化二锑浓缩母粒料，以及含锑阻燃母粒等产品。

高纯锑粉、粗粒三氧化二锑、高纯超微锑白等产品的开发也取得了成功。

锑化合物新产品的开发应用，适应了中国阻燃、化纤、电子等新兴工业发展的需要，使中国经济建设所需要的锑深加工产品品种绝大多数实现了国产化，摆脱了长期以来进口的局面，有的产品已进入了国际市场。

C　深加工锑品生产新工艺和新技术

目前已研究开发的主要是采取湿法以锑精矿或粗锑氧微原料，直接制取锑白、高纯锑白、锑酸钠以及胶体五氧化二锑等产品的工艺技术。

18.3.4.3　国外锑品深加工发展趋势

美国和日本是世界上深加工锑品开发最早、消费量最大的国家，其开发和消费动向，可代表世界深加工锑品的发展趋势，美国和日本在金属锑的应用领域，近年来有所拓展，金属锑的消费量有较大幅度的增长。主要是在建筑屋面盖板和大功率铅锑蓄电池方面有了较大发展。美国和日本除生产铅锑合金外，还大量生产铜基含锑合金和锡基含锑合金。铜基锑合金含锑量一般在 0.03% ~ 0.8%，含锑在 0.1% 以上的产品牌号有近 500 种。铜基含锑合金用途广泛，价格较高。锡基含锑合金大约有 60 余个牌号，含锑量一般在 0.1% ~16%之间，含锡量则在50% ~95%之间。

锑品的应用和开发上，最为活跃的是锑系阻燃剂产品随着合成材料应用领域的不断拓展，美、日近年来在锑系阻燃剂系列产品的迅速发展。

18.3.4.4 中国锑深加工产品与国外先进产品的差距

A 品种

在锑合金方面，国外有工业意义的含锑合金有200 种以上，而中国只有 10 余个品种，主要是铅锑合金，近年来虽然开发了砷锑镉合金，但因其用量小，总体上仍然是传统的铅锑合金占主导地位。铜基含锑合金和锡基含锑合金开发基本上是空白。

在锑的化合物方面，中国目前已开发出 10 余个品种，而国外的锑化合物系列产品品牌达 1000 种以上。中国在产品品种数量上落后于美、日等发达国家甚远，特别是锑基复合阻燃剂系列产品的开发更为落后。从实际生产的锑品品种数量比重来看，仍以初级产品为主，目前中国的锑品深加工能力约 3 万 t，占锑品总产能的 20%，但实际产量仅 6000t 左右，占实际锑品产量的 6% 左右。1990 年以前，中国锑品出口以精锑和锑矿砂为主，近几年氧化锑出口量才有较大幅度的上升，但中国出口的氧化锑产品，主要是普通型氧化锑（俗称锑白）。据《ANTIMONY》报道，从中国进口的氧化锑价格，长期只与美国厂商报价的下限基本相同。近几年中国出口到美国和日本的氧化锑数量多，但价格便宜。而同期中国从美、日进口的是增值高的深加工产品，其价格是中国出口价的 2 ~4 倍或以上。日本从中国进口的氧化锑价格是最低的，而出口的氧化锑价格比进口价格有大幅度提高。

B 质量

近十年来，中国已开发了多种深加工产品，但除了锑酸钠有部颁标准外，其他深加工产品尚未制订统一的质量检验标准。从产品质量看，一般大中型企业和科研院所生产的深加工产品质量，都能达到或接近国外同类产品质量水平。

中国生产的超细粒氧化锑（平均粒径 0.2 ~0.22μm），可达到国外同类产品细化水平。然而据了解，实际产品的细化程度稳定性差。

锑酸钠是中国锑深加工产品中，产能最大，实际产能仅次于细粒氧化锑的产品，锑酸钠产品中铁、铜和铬的杂质含量比国际上畅销的比利时产品指标要低，Na_2O 的控制也严格一些。但是杂质三价锑的允许含量比比利时产品高，Sb_2O_5 含量的控制范围也宽一些。再者，国外产品对镍、钴、铅、砷等杂质均有严格要求，但中国的产品标准对这些杂质无具体的控制指标。

中国的醋酸锑和催化型三氧化锑产品质量已达到国外同类产品的规模要求，目前已基本取代进口产品，在生产实际中取得了满意的使用效果。

中国近几年开发的粒状无尘氧化锑，胶体五氧化二锑和微粒三氧化二锑等产品，已经形成了一定的生产能力。据有关资料介绍，产品可达到或接近国外同类产品组分质量和细化质量水平。但由于产品市场竞争力差，产品细化质量稳定性不理想，近年这些产品的实际产量很小，几乎为零。中国主要国有企业的初级产品质量稳定，名牌多，市场信誉高。但深加工产品则无相应的国家标准可参照，仅锑酸钠产品有部颁标准，深加工产品质量与国外先进水平比，均有不同程度的差距，主要是细化质量的稳定程度差，某些特殊要求尚不能满足。

C　工艺与装备

火法分级法、气流粉碎法和自然氧化挥发法生产超细氧化锑工艺，其工艺过程本质上都是采用火法原理，通过调节和控制温度、风量、氧化速度、加料量和加料时间等条件，来达到形成合适的锑氧化速度和晶型的目的。由于相关的生产装备，均为几十年的传统设备，基本上是由人工控制加料量和加料时间等，加上氧化温度和风量的控制设备稳定性的精度差，因此工艺条件控制范围宽、精确度低、随意性大，不能达到稳定工艺的最佳化。这是中国锑深加工产品细度粒化质量稳定性差的根本原因。

总的来说，近几年中国锑深加工产品虽有一定发展，但与美国和日本相比差距很大，主要是品种少，产品结构不合理，含锑合金开发面窄，锑基阻燃系列产品进展缓慢；系列化程度低，粒度分布范围宽，质量稳定性差；生产工艺和技术装备水平低，工艺控制技术相当落后；锑深加工产品长期不能形成生产批量和市场能力，锑资源优势远没有转变成产品优势、产业优势和经济优势。

18.3.4.5　中国锑深加工产品发展方向

锑产品结构的调整，是关系到中国锑生产企业的发展和生存的大问题，也是有效保护锑矿资源的有效利用和开发的关键所在。从中国锑品抢占国际市场的长远效益和营销利益出发，也只有从调整现有的产品结构入手，优化品种和质量，适应市场的广泛需求，才是促进中国锑工业发展的有效途径。

根据目前和长远的国内市场需求趋势，中国锑品深加工的重点，应放在开发各类阻燃剂大量需求的各种不同平均粒度和粒度分布范围较窄的氧化锑品种上、开发各类高纯度氧化锑和直接加入塑料制品中阻燃的含锑阻燃母粒（料）的研制生产上。因为目前美国、日本和西欧等阻燃工业较发达的国家，也是世界上消耗锑品最多的国家，这些国家锑消耗量相当于世界总耗锑量的60%以上；而用于各类阻燃剂的锑，又占其本国总耗锑量的80%～90%；其用锑的品种主要要求是各种平均粒度、分布粒度范围较窄的三氧化二锑。而目前最受欢迎的是适合不同配方和各类阻燃剂的含锑阻燃母粒（料）；其中用于塑料阻燃制品所需的母粒（料）又占绝大部分。所以中国锑产品结构的调整，应该着眼于阻燃剂需求品种的开发，并应立足于高起点、高品质、高品牌的基础上。

18.3.5　国内外废杂锑资源的回收与利用

长期以来对复杂锑矿冶炼和锑产品使用过程中及使用后的废品回收中，有大量的含锑废杂料不能回收利用，造成了巨大的锑资源浪费。据权威机构统计报道，全国十三个有锑矿资源的省市建有大小锑矿开采点和锑冶炼厂上千家，在几十个工业行业中，有数以万计的用锑厂家，总共每年有50kt左右含锑20%以上，有的高达60%的锑杂废料不能回收使用，已累积达上百万吨的锑废杂料被各大小冶炼厂和使用厂家抛弃或堆放于露天。不但造成了锑资源的浪费，而且严重污染环境、危害社会、影响人民的身心健康。如果能利用这些含锑废料生产锑产品和在生产锑产品时不产生含锑废渣，不但能使过去几十万吨的锑资源得到开发利用，为国家创造大量财富，更重要的是消除污染、变废为宝，能降低炼锑、用锑、废旧物质回收企业的生产成本和大幅度提高经济效益。

目前世界再生锑的年平均产量在5.5万～6万t之间徘徊，约占消耗总量的一半。随着科技的发展，再生锑占有越来越重要的地位。而中国的再生锑资源还没受到应有的重视，与国外差距仍很大。这是一个薄弱环节，因此要重视提高冶炼技术水平，加大回收力度，将再生锑纳入国家计划。

18.4 中国锑工业的未来——问题与对策

18.4.1 中国加入 WTO 对国内锑工业的影响

中国加入 WTO 对国内锑工业既有机遇，也有挑战。中国贸易的全球化将会有力地带动锑工业的发展，同时也不可避免地存在竞争和风险。从有利方面看，由于锑国内外市场早已融通，加入 WTO 将有利于中国利用国外技术、资金和市场，加快发展中国锑工业。与此同时，加入 WTO 也会带来一些不定因素。一是对国内锑市场有一定影响；目前国内锑产量约占世界总产量的 80%。交通运输、阻燃剂、化工、陶瓷、玻璃、颜料、橡胶、塑料、机械制造等行业是有色金属的消费大户，这些行业在中国加入 WTO 后，将不可避免地受到不同程度的冲击。二是加入 WTO 后，开放服务贸易，国外期货经纪公司有可能进入中国期货交易市场，可能引起锑国内市场价格的波动。

加入 WTO 对锑出口量不会有大的影响。中国目前出口的主要产品是铅、锌、锡、锑、镁、钨、钼和稀土金属。这 8 种产品中国有资源优势，稀土、钨、锡、锑出口的都是初级品，目前在国际市场上处在主导和支配地位，产品成本比较低。这些产品在国际市场上今后仍有很强的竞争力。

18.4.2 中国锑工业发展面临的问题与对策

18.4.2.1 *存在问题*

A *锑的原料型品种资源消耗量大*

尽管报告的产量增长幅度比较大，但业内人士普遍感到实际产量增长幅度没有报告的那么大，尤其是进口原料下降，加重了生产者对未来供应的担心。而出口增加表明国际市场需求比较旺盛，因此锑市场未来预期良好。中国有色金属工业协会的统计数字表明，中国 2004 年 1～12 月的精锑产量仍有 12.49 万 t，即比 2003 年同期增加了 12.03%。而 2004 年 1～12 月份锑精矿产量为 4.91 万 t，其中，广西地区产量为 1.33 万 t，同比增加近 38.12%；湖南地区产量为 2.81 万 t，同比增加了 11.42%；云南产量同比减少 9.09%，为 2460t。锑精矿与锑金属之间的巨大差距，除了再生利用的因素外，一方面说明有很大一部分是非法开采的产量，另一方面说明实际的锑产量可能没有报告的多。业内人士估计 2004 年全国锑产量在 9 万 t 左右，比 2003 年有所增加。国内锑精矿产量下降，迫使国内多数锑冶炼厂因为原料短缺而不得不减产或停产，而有些企业则需要进口精矿以维持生产经营。中国海关统计的数据显示，2004 年 1～12 月份，中国共进口了约 1.8 万 t 锑精矿，比 2003 年下降 20.62%，进口的主要地区是湖南、广东和广西等省区，而 2003 年同期的精矿进口量为 2.27 万 t。从出口的产品来看，2004 年中国共出口了近 4.93 万 t 的氧化锑，比 2003 年同期提高了 28.18%，成为当前中国锑类产品出口的主导品种。同时，精锑的出口却比 2003 年有所减少，1～12 月份中国共出口精锑 2.15 万 t，同比下降 14.88%。

按近年年产锑品 10 万 t 的水平计算，以采、选、冶总回收率 45% 计算，生产 1t 锑品需要消耗锑金属资源 2.2t，每年锑品 10 万 t，年消耗锑金属储量 22 万 t。据《湖南锑工业研究》的调查资料显示：中国 2000 年锑金属保有储量为 239 万 t，按此储量推算，在今后没有新的锑矿储量接替的情况下，中国在 10 年后将把现有储量消耗掉，锑资源优势将会随之消失。因此，资源开采失控、锑产品粗制滥造给锑资源破坏带来的灾难性的结局，应该引起锑行业主管和炼锑企业领导的关注和重视。

B 南丹矿区大面积关闭的影响仍在延续

2002 年前锑冶炼粗加工企业，由于缺乏宏观控制，不顾市场容量、资源保护和工艺技术条件，从地方的局部利益着眼，盲目进行新建、扩建；出现大部分的锑企业产品积压、资金困难、经济效益下滑的情况。

广西南丹矿区大面积关闭是 2002 年锑价走出谷底的直接原因，其影响在今天仍在延续。锑价回升之后，南丹部分矿山恢复了生产，但锑供应量增加非常有限。据了解南丹复产的矿山只有 5 个：五一锡矿、拉么锌矿、茶山锑矿、大山铅锌矿、高峰矿业公司，而其中五一锡矿、拉么锌矿、大山铅锌矿基本上不产锑，茶山锑矿年产锑含量约 1000t，五个复产矿山中只有高峰矿对锑产量有值得讨论的影响。高峰矿复产对象是 100-1 号和 100-2 号小矿体，该矿体的设计开采年限只有 2～4 年，其开采量仅为“7·17”以前的 20%，并且复产后高峰矿的年供应量还不及该矿区停采期间原库存矿对市场的供应量。南丹矿区复产后锑产量恢复约 2.0 万 t/a，大厂锑矿山产量仍要减少 7 万 t/a 左右（锑含量）。

C 分散管理和地方保护主义严重制约了锑产品结构的有效调整

中国的锑企业分布在 18 个省区，其中属于中国有色金属工业总公司直属企业的只有湖南锡矿山矿务局和大厂矿务局锑冶炼厂；属冶金部黄金公司直属的有湖南湘西金矿；其余 300 家锑冶炼加工企业均分别属于省（区）、地、县、乡镇管理的地方企业；还有 20 余家私营锑企业。由于隶属关系复杂，锑企业的生产、销售都按各自的利益行事，所以对锑产品结构如何统一按市场的需求，进行协调和调整，非常困难。

D 阻燃法规部完善制约了锑品深加工向锑系阻燃剂方面开拓

在美、日等工业发达国家，氧化锑的用途 80% 以上是用于各类阻燃制品中。这些国家，对各类生产、生活用品，都作了明确的必须阻燃的法律规定。但中国没有阻燃立法，虽然每年由于易燃物引起的各类火灾不断，仍然没有引起国家的足够重视。虽然在上海、北京、广州等大城市，对高层建筑的室内装饰，在公安消防部门都作了必须阻燃的规定，但这类阻燃制品均从国外进口，因为认为国内没有阻燃立法，国内的产品在检测手段上不完善，达不到阻燃标准的要求。而实际情况并不是这样，根据检测，中国的很多阻燃材料都达到了国际阻燃标准的规定。由于国内没有阻燃立法，阻燃材料和制品的生产均受到销路的限制，本来锑品的深加工在国外最理想的产品就是各类含锑阻燃母粒，阻燃效果是目前阻燃材料中最好的一种。

18.4.2.2 措施与对策

依法禁止锑资源的非法开采和滥采乱挖，坚决制止破坏锑矿产资源的行为。改变过度开采和超量出口的现状，对锑等矿产资源实行保护性开采，控制生产和出口总量，使资源优势转化为实实在在的经济优势。

锑工业必须以市场为导向，加快产品结构、组织结构、技术结构、资本结构和人员结构的调整，实现整体优化和产业升级。对钨、锡、锑和稀土资源实行保护性开采，使资源优势转化为产业优势，限制锑冶炼和初级产品的发展，禁止新建锑冶炼和一般加工项目，不再扩大锑冶炼产品，依法关闭技术落后、效益低下、污染严重、浪费资源的企业，淘汰土法炼锑冶炼工艺。

18.5 中国锑工业的可持续发展战略

中国锑工业的未来面临着许多需要解决的问题，存在着良好的发展机遇，也并存着许多挑战。只有与时俱进地发展已经取得的成就，中国锑工业才会出现新的局面。从以上国内外情况分析出发，今后的中国锑工业应该遵循如下的发展战略。

（1）严格控制锑产量，保护、合理开发锑资源。

（2）严格控制出口量。

（3）依靠科技进步，调整锑产品结构，大力发展深加工产品，提高采选冶回收率。

（4）中国锑品深加工的重点着眼于阻燃剂需求品种的开发。

（5）国家应从出口政策上对调整锑品结构给予扶植和支持。

（6）重视废杂锑金属的再生回收。

（7）加强锑矿地质勘查工作，寻找后备资源。

（8）以重点锑企业和国内重点科研院所联合组建锑产品开发研究中心。

（9）改革现行分散的管理体制，走集约化、集团化的道路。

（10）锑品的出口实行在集团公司领导下的统一经营。

（11）加速阻燃立法促进锑系阻燃剂系列制品的发展。

参考文献

1 赵振军. 2005年锑市场分析与展望. 上海有色金属网，2005
2 有色金属工业当前形势及加入WTO对中国有色金属工业的影响. 期货网吧，2000
3 严旺生，匡岳林. 锑品深加工和发展方向. 世界有色金属，1997（4）：39～43
4 刘述平. 中国的锑深加工产品. 矿产综合利用，2003（1）：29～32
5 2005年世界商品价格水平展望. 商务部网站，2005
6 《中国的矿产资源政策》白皮书. 中华人民共和国国务院新闻办公室，2004
7 伍永田. 南丹矿区复产与锑和铟价格长期走势. 中国金属通报
8 欧庭高. 中国近代炼锑技术的发展. 广西民族学院学报（自然科学版），2002（2）：38～42
9 2004版中国有色金属行业市场研究报告. 中国报告大厅市场研究网，2004
10 中南大学博士学位论文. 阻燃用氯氧化锑的制备、应用性能及阻燃机理研究
11 李正元. 现代阻燃剂的发展. 江苏化工，1992（3）：33～36
12 陈习宜. 中国锑工业产品结构调整战略的几点思考. 锡矿山科技，1997（2）：1～6
13 李介长. 锑工业的现状分析及发展建议. 锡矿山科技，1997（2）：7～14
14 王淑琳. 中国锑资源现状及可持续发展问题探讨. 世界有色金属，2001（8）：16～18
15 陆磊. 锑的冶炼工艺和生产实践. 云南冶金，2002（8）：23～25
16 任朝晖，卿仔轩，陈志宇. 锑市场现状及发展趋势分析. 世界有色金属，2002（7）：23～25
17 《有色金属工程设计项目经理手册》编委会. 有色金属工程设计项目经理手册
18 赵天从. 锑. 北京：冶金工业出版社，1987

19 铂族、金银

张昆华 昆明贵金属研究所

19.1 贵金属的特点

金（Au）、银（Ag）、铂（Pt）、钯（Pd）、铑（Rh）、铱（Ir）、锇（Os）、钌（Ru）等八种元素，通称为贵金属。其中 Au、Ag 与 Cu 位于周期表 IB 族，通常称为铜族元素；位于第Ⅷ族中第五、六周期的 Ru、Rh、Pd、Os、Ir、Pt 等六个元素称铂族金属。Ru、Rh、Pd 的相对原子质量约为 100，密度约为 $12g/cm^3$，称轻铂族金属；Os、Ir、Pt 的相对原子质量约为 190，密度约为 $22g/cm^3$，称重铂族金属，贵金属元素在周期表中的位置，见表 2-19-1。

表 2-19-1 贵金属元素在周期表中的位置

周期	族			
	Ⅷ			ⅠB
4	26 Fe $3d^6 4s^2$ 铁 55.84	27 Co $3d^7 4s^2$ 钴 58.93	28 Ni $3d^8 4s^2$ 镍 58.7	29 Cu $3d^{10} 4s^1$ 铜 63.54
5	44 Ru $4d^7 5s^1$ 钌 101.1	45 Rh $4d^8 5s^1$ 铑 102.9	46 Pd $4d^{10}$ 钯 106.4	47 Ag $4d^{10} 5s^1$ 银 107.87
6	76 Os $d^6 6s^2$ 锇 190.2	77 Ir $5d^7 6s^2$ 铱 192.2	78 Pt $5d^9 6s^1$ 铂 195.0	79 Au $5d^{10} 6s^1$ 金 196.97

贵金属具有以下特点：

贵金属元素在地壳中含量少，而且非常分散，很少有集中矿床。这就使开采、提炼这些金属相当困难，因而成本高，价格贵。贵金属元素在地壳中的含量见表 2-19-2。

表 2-19-2 贵金属元素在地壳中的含量 (g/t)

元素	Ag	Au	Pt	Pd	Rh	Ir	Ru	Os
	0.1	0.01	0.005	0.01	0.001	0.001	0.001	0.001

贵金属具有特殊的使用性能。银在所有金属中具有最好的导电性、导热性和对可见光的反射性；金具有极好的抗氧化性，不易氧化，不易与一般试剂发生化学反应，能较长时间地保持其合金性质及瑰丽的色泽；铂具有优良的热电稳定性、高温抗氧化性和高温抗腐蚀性；钯可以吸收比其体积大 2800 倍的氢，而且氢可在钯中“自由通行”；铑、铱在高

温下能抗多种熔融氧化物的侵蚀，而且具有很高的高温机械性能；钌能与氨结合，类似某些细菌所具有的特性。铂族金属的催化活性很强。

贵金属具有良好的加工性能。可以加工成半透明的，贵金属中多数能轧成极薄的箔，极细的丝，可加工成任何形状的零件，还可制成各种浆料，且在加工过程中不改变其使用性能。

19.2 贵金属的资源状况

19.2.1 铂族金属资源状况

铂族金属矿按矿床成因分为岩浆、热液、表生三类。地质上则分为以下三种类型：第一种是与基性-超基性岩有关的硫化铜-镍矿型铂族金属矿床，是世界铂族金属储量和产量的最主要来源。如著名的南非布什维德杂岩体铜-镍硫化物铂族金属矿床，俄罗斯诺里尔斯克含铂族金属铜-镍硫化物矿床等；第二种是与基性-超基性岩有关的铬铁矿型铂族金属矿床。如南非布什维尔德杂岩体中与 UG－2 铬铁矿层有关的铂族金属矿床和俄罗斯的与纯橄榄岩中巢状铬铁矿体有关的铂族金属矿床等；第三种是砂铂矿床。主要分布于哥伦比亚、美国、加拿大和前苏联。从提取冶金角度则可分为砂铂矿，原生铂矿，铂族、铜、镍共生硫化矿三类。2000 年世界铂族金属储量为 63000t，储量基础 79000t，资源量估计在 10 万 t 以上。约 99% 集中在南非（储量 63000t，储量基础 70000t）、俄罗斯（6200t，6600t）、美国（800t，890t）和加拿大（310t，90t），形成垄断态势。

中国已发现的铂族金属资源较少。截至 1996 年，保有储量为 310.1t（其中 A＋B＋C 级 23.5t），约占世界 0.6%，主要集中在甘肃和云南。至今未发现可供利用的砂铂矿资源。金川伴生铂族金属硫化铜镍矿中铂族金属品位 0.2～0.3g/t（Pt ∶ Pd＝2 ∶ 1，贵金属占矿石总价值的 5%），是中国目前正在开发的唯一大型资源，保有储量约 100t。与加拿大和俄罗斯的类似共生矿相比品位是最低的。

云南省发现八处低品位铂矿（品位小于 1.5g/t），储量约 73t，与南非和美国的类似矿床相比品位是最低的。云南金宝山钯铂矿是目前唯一具有开发前景的资源，1984 年提交普查报告，按 Pt＋Pd＝1.53g/t、Cu 0.14%、Ni 0.17% 品位圈定的矿石量 3108 万 t。云南省储量委员会批准的云南金宝山贵金属储量见表 2-19-3。

表 2-19-3 云南金宝山贵金属储量

元 素	Pt＋Pd	Rh	Ir	Os	Ru	Au	Ag
含量/t	45.25	1.1	1.5	0.45	0.46	1.19	55.66

全矿区富矿（Pt＋Pd 平均品位 4.58g/t）矿石量 210 万 t，Pt＋Pd 储量 9.633t，按人民币 15 万元/kg 计价，总价值 11.5 亿元。由于富矿资源总量不大，根据合理开发年限，选定 300t/d 采矿规模，服务 20 年。首采矿区 Pt＋Pd 平均品位 5.01g/t，矿石量 96 万 t，按 300t/d 采矿规模可服务 10 年。首采矿区中有富矿矿石量 61.2 万 t（占首采矿区矿石量的 64%），Pt＋Pd 平均品位 5.86g/t，Pt＋Pd 储量 3.595t，按 300t/d 采矿规模可服务 7 年。高于 3g/t 的富矿段可优先开采，其中铂、钯约占矿石总产值的 75%。经济分析认为综合利用在经济上可行。其他矿点的品位及综合利用价值皆较低；短期内难于开发利用。

19.2.2　金资源状况

金矿主要分为岩金、砂金和伴生金三类。2000 年时世界金的储量 48000t，储量基础（确定储量与推定储量的总和）77000t。金矿广泛分布于世界各地，高品位及储量大的矿床集中在南非、美国、澳大利亚、俄罗斯、印度尼西亚、加拿大、巴西等国，占世界目前保有储量的 73%。中国的黄金资源丰富，储量约占世界的 1/10。

中国在“七五”、“八五”10 年间黄金探明储量和新增生产能力较前 35 年显著增长，1996 年末全国金矿保有储量 4287.78t，约占世界同期储量（45000t）的 9.5%。其中岩金 2519.38t（占全国总储量的 59%），伴生金 1208.54t（占总储量的 28%），砂金 559.86t（占总储量的 13%）。

金矿点遍布全国各地，有些地区成群成带，非常集中，新矿点不断发现。岩金主要分布在 16 个矿化集中区，特别是胶东、秦岭、东北和湘西四个地区品位较高，易于开采和用氰化法提取。山东、河南、陕西、吉林、河北、辽宁、四川、广东、湖南等成为中国的产金大省。其中山东的招远、尹格庄、三山岛、焦家、新城、玲珑，河南、陕西间的小秦岭，江西金山，河南银铜坡，四川东北寨，贵州烂泥沟，云南镇源，甘肃格尔柯，新疆阿希金矿，黑龙江的乌拉嘎和吉林的晖春、夹皮沟，河北张家口，广东河台和中国台湾的北港等都是有名的特大型或大型金矿床产地。但全国有很多品位低，矿物粒度细、赋存状态复杂，含硫、砷较高，难用氰化法提取的“难浸金矿”，很难形成生产能力。

伴生矿类型很多，分布相当广泛。Cu、Pb、Zn、Ni、Mo、W、Bi、Fe 等单金属或多金属共生硫化矿床中都含微量金，其中 90% 以上伴生在硫化铜矿中。

砂金虽在总储量中所占比例不大（13.1%），但分布广、易开采。目前在生产中占有重要地位，主要分布在四川（1999 年储量上升至首位）、黑龙江（过去大型矿区多集中在此）、陕西、甘肃、江西、内蒙古、青海等地。

云南省的可规划储量 135.31t、可开发储量 120.2t，占全国保有工业储量的 6.58%（其中岩金 98.62t、占 82%），居全国各省排序第 11 位。已开发并具一定规模的黄金矿山有镇源、沅江、墨江、元阳、潞西、北衙、祥云等七座，地勘局还开发氧化型金矿 2 ~ 3 座。

19.2.3　银资源状况

银矿资源都是多金属共生资源，以银在矿石中的价值比例主要分为两类：一类是以 Cu、Pb、Zn、Ni、Mo、Au 等金属共生的伴生矿，目前银资源以伴生矿为主；另一类是以银为主的银矿，但资源较少。

中国是世界主要产银国之一，银资源储量在美国、加拿大、墨西哥、澳大利亚之后，居世界第 5 位。到 1996 年底，全国保有储量 116516t。储量最多的是江西，次为云南、广东、内蒙古、广西、湖北等省。90% 以上与硫化铅锌矿共生，少量与硫化铜矿和黄铁矿型多金属矿伴生。银资源还会随着铅锌储量的增加而增加，2001 年中国新增白银储量 5202t。

云南省保有可规划储量 10234t、可开发储量 7567t，占全国的 27.5%，目前仅次于江西省居全国第二位。其中蒙自白牛场银铅锌共生矿银储量 5000t，鲁甸银矿 265t。景谷火山斑岩型铜矿按0.2%～0.4%边界品位圈定Cu储量45.3万t，伴生银1200t（品位15g/t）。铅锌矿的地表氧化带铁锰土中银储量1000t，需研究回收。澜沧江流域（从兰坪北部开始向南至西双版纳）有大量硫砷铜矿（含银200g/t、铜2%），铜储量200万t，银储量2万t，尚未开发。云南的铅、锌、锡储量居全国第一，预计银资源在国内将占有更重要的地位。

19.3 贵金属的生产

19.3.1 矿产铂族金属的生产

铂族金属是近两百年来才陆续发现的新金属，直至20世纪40年代后才在工业上广泛应用。自人类发现并命名至今的200多年来，全世界共生产8000多吨，其中近5000t是近30年所产。1823年前，哥伦比亚砂铂矿是全球铂族金属的唯一来源，在1778～1965年间共生产铂104t。俄国乌拉尔大型砂铀矿，在1824～1925年的百年间为世界主要产地，1911年占世界产量的93%，到1930年共产铂约245t。1969年起全世界矿产量开始超过100t，1996年为380t，现年产量大约450t。

到20世纪末，世界矿产铂族金属的生产可大致分为三类：

（1）南非和俄罗斯是世界上的最大生产国，共约占世界总产量的90%。

（2）加拿大、美国、津巴布韦为主要生产国。美国是在开发斯蒂尔瓦特钴铂矿并生产以来，才成为主要生产国，1999年斯蒂尔瓦特公司铂、钯产量估计为16.3～17.9t；津巴布韦则依靠开发Great Dyke联合矿区，目前的铂族金属年产量小于10t，三国的产量合计约占世界总产量的7%。

（3）中国、哥伦比亚、日本、德国等为次要矿产国。哥伦比亚每年自砂矿中生产约500kg；日本主要靠副产回收，20世纪60年代年产量约100kg，70年代末期包括从进口矿物原料中回收，年产量可达600～1000kg；西德从有色冶金副产品中综合回收，年产量可达200～500kg。这种生产格局估计将维持较长时期，至少近10～20年内不会有根本性变化。

稀有铂族金属（Rh、Ir、Os、Ru）的总产量约为铂、钯总产量的1/10。其产量随Pt、Pd生产量而变，而且和Pt、Pd一样，几乎全靠南非、俄罗斯和加拿大供应。三国分别占：58%、36%及6%，其产量的平均比例为：铑28%，铱16%，锇46%，钌10%。近年世界主要国家铂产量见表2-19-4，近年世界主要国家钯产量见表2-19-5。

表2-19-4 近年世界主要国家铂产量 （t）

国 家	1997年	1998年	1999年	2000年	2001年	2002年	2003年	2004年
南 非	125	117	131	114	120	134	151	163
俄罗斯	17	17	27	30	29	35	36	36
美 国	2.61	3.24	2.92	3.11	3.61	4.39	4.17	4.2
加拿大	7.5	7.57	5.44	5.45	5.5	7	7.4	8.6
其 他	1.84	1.55	2.6	1.53	2	3.4	6.43	6.5
合 计	153.95	146.36	168.96	154.09	160.11	183.79	205	218.3

表 2-19-5 近年世界主要国家钯产量 (t)

国 家	1997 年	1998 年	1999 年	2000 年	2001 年	2002 年	2003 年	2004 年
南 非	55.9	57.3	63.6	55.9	61	64	72.8	78.2
俄罗斯	47	47	85	94	90	84	74	74
美 国	8.4	10.6	9.8	10.3	12.1	14.8	14	14.2
加拿大	4.81	4.81	8.59	8.6	8.8	11.5	11.5	13.4
其 他	2.89	2.93	7	5.36	7.2	6.9	9.7	10.4
合 计	119	122.64	173.99	174.16	179.1	181.2	182	190.2

中国属于次要矿产国，1958 年第一次从铜冶炼厂阳极泥中提出 Pt + Pd 约 9kg，1965 年金川资源开发后才逐步建立矿产铂族金属生产基地。现在中国矿产铂族金属几乎完全由金川提供，自 1965 年创业时铂产量 8.6kg 开始至今已生产 10t 以上。1980 年前产量较低，每年约生产 100 ~ 200kg。1980 年“从二次铜镍合金提取贵金属新工艺”投产，1981 年产量突破 300kg，平均 1 万 t 镍的生产规模提取铂族金属约 100kg。经过近 40 年的开采，现采矿石主要由二矿区中部富矿提供，同时购进少量四川丹巴含铂族金属的镍精矿，2001 年镍产量已超过 5 万 t，副产铂、钯产量首次突破 1t（另有信息获知实数 1080kg），副产铑、钌、铱、锇的产量合计约 40kg（另有信息获知实数 80kg），副产金 250kg。金川 2000 ~ 2001年贵金属产量见表 2-19-6。

表 2-19-6 金川 2000 ~ 2001 年贵金属产量 (kg)

金 属	Ag	Au	Pt	Pd	Rh	Ir	Ru	Os
2000 年	1800	142	580	300	10	9	16	9
2001 年	—	228	774	227	5	2	23	7
合 计	约 3000	370	1354	527	15	11	39	16

国内其他大型有色金属冶炼厂每年均可从铜冶炼系统中伴生回收少量铂、钯（合计约 30 ~ 40kg）。云南冶炼厂铂约 2kg、钯约 12kg（2000 年实际产量），大冶有色金属公司副产蒸硒渣含铂 33.8g/t，钯 76.9g/t，处理能力 3t/d，江西铜业公司贵溪冶炼厂 Pt + Pd 约 6kg（估算），白银有色金属公司铂约 3kg、钯约 10kg（估算）。全国合计的铂族金属产量约占世界产量的 0.25%。

目前云南铂族金属产量很少，除云南冶炼厂每年生产 10 ~ 12kg 外，主要从缅甸进口砂铂矿（含锇铱矿）每年约 100 ~ 150kg，含铂 40 ~ 60kg，锇 20 ~ 30kg，铱 15 ~ 25kg，钌 5 ~ 10kg。主要由私营企业收购提取 Pt，锇铱渣及天然锇铱矿主要售至南京化工厂回收。

云南金宝山低品位铂钯矿是中国发现的第一个有工业价值的原生铂矿，建设中国第二个矿产铂族金属生产基地，预计 2010 年后每年生产铂族金属约 300 ~ 500kg。

19.3.2 矿产金的生产

金是人类最早开发和利用的金属。截至 1980 年，人类已生产金达到 11.66 万 t。1981 ~ 2000年，西方主要生产国产金为 2.16 万 t，加上其他国家的产量，将超过 4 万 t，故估计全球已累计生产黄金约 16 万 t。据另一统计，世界累计黄金产量为 124349.2 万 t，其中20世纪的产量占总产量的76.5%（95147.2t）。近年世界金产量见表2-19-7。

表2-19-7 近年世界主要国家金产量 （t）

国家	1997年	1998年	1999年	2000年	2001年	2002年	2003年	2004年
南非	492	464	449	431	402	399	373	344
美国	360	366	341	353	335	298	277	247
澳大利亚	311	312	303	296	285	273	282	242
中国	175	178	170	180	185	190	202	212
俄罗斯	115	104	104	126	152	170	170	180
加拿大	169	166	158	154	160	149	141	171
秘鲁	—	—	128	133	138	138	172	160
印度尼西亚	—	—	130	125	130	135	140	120
巴西	59	55	—	—	—	—	—	—
乌兹别克斯坦	75	80	—	—	—	—	—	—
其他	660	735	735	735	783	798	830	800
合计	2416	2460	2518	2533	2570	2550	2587	2474

20世纪80年代初矿产金主要集中在南非、俄罗斯和乌兹别克斯坦，年产量约为300t（据报道1969年曾达450t），约占世界产量的2/3，到20世纪末则降至约1/5。现在主要产金国是南非、美国和澳大利亚（年产量大于300t）。年产量在100t以上的有：印度尼西亚、中国、加拿大、俄罗斯和秘鲁等。

中国产金历史悠久，1888年产量就达13.45t，占世界总产量的17%，居第5位。此后很长一段时间，产量不高，1955年产量仅339t。经过恢复1972年超过历史最高水平，1975年进入快速发展时期，1995年达108t，产量居世界第6位。1998年以后超过170t，进入主要产金国行列。

云南省矿山产金主要由镇源、沅江、墨江、元阳、潞西、北衙和祥云金矿生产，2000年产金2.376t（占全省47.2%），伴生金主要有云冶生产，2000年产金2.658t（占全省52.8%）。

19.3.3 矿产银的生产

据统计，1493～1983年的500年内，全世界生产银87万t。1977年起，世界新产银的年产量已超过1万t。到20世纪末全世界累计矿产银的总量估计约110万t，其中约73万t为近百年所产。

1999年全世界共有41个国家和地区开采的矿山产出银（其中包括银矿山或伴生银矿山）。据统计，从有色金属矿回收的银约占总产量的80%。1999年据不完全统计：原生银矿山产银占总产量的22.7%，其余为伴生银。其中：40.2%来自铅锌矿山，22.5%来自铜矿山，13%来自金矿山，其他矿山1.5%。目前居于世界前列的国家是：墨西哥、秘鲁、美国、澳大利亚、智利、中国、加拿大和波兰等国家，年产银都在1000t以上。八个国家合计占世界总产量的78%左右。近年世界主要国家银产量见表2-19-8。

表 2-19-8　近年世界主要国家银产量　(t)

国　家	1997 年	1998 年	1999 年	2000 年	2001 年	2002 年	2003 年	2004 年
墨西哥	2678	2680	2340	2338	2760	2748	2569	2850
秘　鲁	2059	1934	2220	2217	2350	2687	2774	2800
中　国	1030	1190	1330	1588	1800	2500	2500	2600
澳大利亚	1106	1469	1720	1720	2100	2077	1870	2230
智　利	1088	1337	1380	1400	1400	1350	1250	1300
加拿大	1288	1179	1250	1246	1270	1344	1309	1300
美　国	2182	2060	1950	1860	1740	1420	1240	1200
波　兰	1038	1098	1092	1120	1200	1200	1200	1200
其　他	3831	3445	4428	4231	4080	4600	4100	4000
新产银合计	16300	16392	17710	17720	18700	19926	18812	18180

在中国，银也是古老的金属之一，公元前已经生产。在 1983 年前国家对金银实行统购统配管理体制，生产发展缓慢。1983 年 6 月国务院发布《中华人民共和国金银管理条例》对白银生产、收购等提出了明确的法规，促进了银的生产发展，1994 ~ 1998 年发展更是突出。1999 年国家开放了白银市场，再生回收发展迅速。

国内银的生产主要来自独立银矿、铅锌铜金副产、再生回收三个领域。矿产银伴生铅锌的占总产量 40% ~50%，伴生铜矿的白银占矿产银产量的 20%，独立银矿产银占总产量的 15%，伴生其他矿（金矿、锡矿）的白银占总矿产银产量的 15% ~25%。

中国独立银矿多数是原中国有色金属工业总公司通过白银开发基金、外汇分成、专项贷款、地勘基金支持发展起来的企业。其中以陕西银矿、江西贵溪银矿、河北丰宁银矿、河南桐柏银矿、吉林四平银矿、湖北银矿等最大，很多企业为鑫达金银开发中心参股控股企业。中国原已查明的一些大而富的银矿和共（伴）生银矿，多数目前尚未投产，有些地方还需进一步勘探查明可供开采的储量。现在的问题主要是缺乏资金。

铅锌铜企业副产白银是中国矿产白银最主要的部分。随着铅、锌、铜产量的增长，银产量也随之递增。据推测，2002 年中国伴生于铅锌铜中的银产量超过 1400t，2003 年超过 1700t。2003 年河南豫光金铅公司银产量为 301t，矿产银产量全国第一；云南铜业股份有限公司银产量为 297t，居全国第二位，株冶集团、郴州市金贵有色金属加工厂、中金岭南银产量分别为 296t、292t、234t，位居第 3、4、5 位。

2000 年开放白银市场以后，白银再生回收发展迅猛，已经成为白银供应的又一重要组成部分。目前形成了两大再生银生产基地：湖南郴州永兴县号称中国银都，2003 年仅永兴金银冶炼产业的银产量为 1680t，完成总产值 40 亿元；2004 年达到 1800t，完成总产值近 54 亿元。浙江台州仙居县银年产量预计为 600 ~ 800t，仅仙峰贵金属有限公司就已经形成年产 500t 以上感光级和国标 1 号银的生产能力。目前中国电子垃圾中银等贵金属的回收也在起步。由全球性电子废弃物处理专业环保企业、新加坡上市公司伟城集团总投资额达 6500 万美元的国内首家专业环保电子废弃物全程无污染处理工厂已在无锡正式破土动工，每年将有 3 万 t 电子废弃物得到妥善处理。

云南省 1996 年矿产银 122.66t，占同期全国矿产银（981.3t）的 12.5%，仅次于湖南、辽宁居全国第3位。2000年产435t。除云冶（150t）、昆冶（42t）、云锡（20t）、蒙自白牛场银铅锌矿（银储量5000t，产量25～30t）和鲁甸银矿区（银储量265t、产量16t）外，还有许多地方及民营企业在铅锌铜矿冶炼中伴生回收，详细情况见表2-19-9。

表2-19-9　云南省地方主要企业2000年产银产量　（t）

企业名称	性　质	阳极泥数量/$t \cdot a^{-1}$	银品位/%	金属银量/$t \cdot a^{-1}$
澜沧冶炼厂	国　有	铅泥400	10	40.0
蒙自银丰厂	私　营	铅泥480	5.0	24.0
沙甸电冶厂	集　体	铅泥500	3.0	15.0
师大马子鹤	—	纯银	—	24.0
沙甸兴沙冶炼厂	私　营	铅泥300	4.0	12.0
成功冶炼厂	私　营	铅泥360	3.5	12.6
鸡街冶炼厂	国　有	铅泥360	3.33	12.0
沙甸振兴冶炼厂	股　份	铅泥240	4.5	10.8
东川大东公司	股　份	铜泥12	20	2.4
刘建民冶炼厂	私　营	铅泥600	1.5	9.0
永生冶炼厂	私　营	铅泥420	1.0	4.2
中远公司	私　营	铅泥420	2.0	8.4
合　　计				177.34

19.4　贵金属二次资源及回收

二次资源是指矿产资源以外的各种再生资源，如生产、制造过程中产生的废料或已丧失使用性能而需要重新处理的各种物料。二次资源中贵金属含量大大高于原矿中的含量（一般都在几百倍以上），组成相对单一，因此处理工艺比较简单，从中回收比从原矿中提取成本低得多，经济上有利，世界各主要工业发达国家都比较重视贵金属二次资源的综合回收利用。

贵金属二次资源的主要特点如下：

（1）品种繁多，规格庞杂：由于贵金属使用面广，因而废料的种类、形状、性质、品位各异；既有各种型材（管、丝、片、箔）、异型材，又有颗粒、粉末以及各种制成品（如废弃的货币、器皿、工艺品，各种工业用元器件等）；既有纯金属和合金，又有化合物、配合物、复合材料及各种废液、废渣。品位则从万分之几到几乎纯净的金属。

（2）流通多路，来源多样。主要来源有：1）在生产或制造过程中产生的废料。包括加工过程中产生的废料、边角料及次生、派生的各种含贵金属物料。2）产品经工厂或部门集中使用后，性能变差或外形损坏，需重新加工者。如含贵金属的失活催化剂，用坏的器皿、用具，性能变坏的电气、电子、测温材料等，以及次生的含贵金属物料，如废耐火材料、炉尘等。3）分散在众多消费者（多数为个人或零星加工业者）手中，已丧失使用价值的含贵金属制品，如用具、饰品、家用电器及耐用消费品上的贵金属零件等。

（3）多保持原状，价值犹存。由于贵金属具有物理化学性质的高度稳定性，因而即使某种使用性能丧失后一般仍保持原来的形态，且因价值高，消费者乐于保存而可以回收。

贵金属的二次资源物料主要有：

金、银二次资源主要集中在电子工业方面，主要有废电子元器件、废催化剂、废感光材料、废 X 光照片、镀件、含银炉渣等。

铂族金属二次资源主要有汽车尾气净化催化剂、石油化工催化剂、硝酸工业催化剂、玻璃玻纤的坩埚与漏板、仪表电子及其他工业废料等。

19.5　贵金属价格

（本节所有价格数据来源于 www. kitco. com）。

贵金属的价格由多种因素决定。由于贵金属具有重要的战略地位，与世界政治、经济形势关系密切，故其价格往往被视为世界政治、经济形势的晴雨表。人们一向对贵金属特别是黄金价格的变动十分敏感和重视。以贵金属为主业的企业和单位更是随时关注贵金属价格的变动情况，下功夫研究它的变化原因、规律，争取能够预见其变化趋势，以抓住机遇为己所用。

纵观 20 世纪百年来影响贵金属价格的主要因素是：

（1）贵金属资源在世界范围内分布不均，生产相对集中，在一定程度上具有垄断性，贵金属生产成本在很大程度上取决于矿石品位、开采难易及采、选、冶技术的创新和实用技术水平。

（2）金长期作为首饰（装饰品）、货币和货币基础、保值储存及国际收支的最后支付手段，与世界金融、经济形势密切相关，且具有很强的投机性。

（3）现代科学技术及工业（及相关行业）对贵金属的需求和应用领域正以很快的速度不断拓展或替代，经常可能在一段时期内出现某种金属的新的供求矛盾。

19.5.1　铂的价格

铂族金属由于具备持久稳定的使用寿命、独特的生物催化活性及其他金属无可比拟的综合优良物理化学性质，成为广泛应用且不可或缺和替代的特殊金属，先后被称为“现代工业维生素”和“第一重要的高技术金属”。随着铂族金属用途增加，其与金价关系的密切程度逐渐降低，主要由供需关系决定。由于产量不大，生产过分集中（1996 ~ 2000 年，南非占铂产量的 67. 8%，俄罗斯占钯供应量的 68. 7%，两国合计约占世界总供应量的 90%），因此一种新用途对某个金属的需求量剧增或打破原有的供需格局，都必将引起价格的激烈波动，典型的例子是铑和钯。

1960 ~ 1977 年期间，由于市场供需大体平衡，铂在 1966 年之前的年平均价位在 81 ~ 100 美元/盎司之间，约为金价的 2. 5 倍。1967 年以后，供需矛盾引发铂的价格变动。当时一方面世界最主要的铂族金属产地南非的产量持续增长，但同时，美国新建的石油精炼厂等工业对铂的需求量增长更快，因而对铂价格的上扬起到了促进作用，铂的年平均价格在 1968 年升至 256. 33 美元/盎司，其后几年内大致在 110 ~ 200 美元/盎司的范围波动。

1978 ~ 1989 年期间由于前苏联入侵阿富汗、伊朗政局发生巨变、美国驻伊大使馆人员被扣为人质、南非反种族隔离运动的兴起、中东局势紧张等国际政治因素的影响，以及美国、日本、欧洲等国家立法，严格限制汽车尾气排放标准等，刺激铂、钯价格略有上涨、铑的价格增长幅度更大。国际形势的动荡加之需求的增加，铂的价格随金价一起猛涨，最高年平均价位达1980年的677.31美元/盎司。1980年3月5日更高达1040美元/盎司。以后随金价一道迅速下降。

由于约有一半的铂用于饰品，因此其价格和世界经济形势的关系比其他铂族金属更为密切。1980年以后铂价一直下跌，1985年低至291.47美元/盎司，1986年回升，1987年达552.57美元/盎司。以后缓降，1992年又低达355.81美元/盎司，1999年价格又开始上涨，2000～2001年后大致稳定在540美元/盎司。之后一路上扬，2003年上涨到691.31美元/盎司，2004年至845.31美元/盎司，2005年到896.87美元/盎司。表2-19-10列出了1995～2005年期间铂价格的月平均数据，如图2-19-1所示为1992～2005年铂价格的年平均数据。

表2-19-10　1995～2005年期间铂价格月平均数据

（美元/盎司）

时间	1月	2月	3月	4月	5月	6月	7月	8月	9月	10月	11月	12月
1995年	411.55	413.05	412.43	443.50	431.36	435.14	430.80	421.57	425.05	409.81	409.00	406.03
1996年	412.71	415.85	408.90	401.77	399.11	389.88	391.16	398.23	388.35	382.77	380.82	369.04
1997年	357.10	358.68	375.57	367.23	381.62	413.57	407.14	414.67	418.86	417.82	89.67	359.05
1998年	374.49	386.58	398.67	41.23	389.00	355.57	378.20	369.44	359.62	342.9	348.43	349.93
1999年	353.94	364.55	370.14	357.14	315.93	356.56	349.02	348.89	370.93	421.29	434.02	438.89
2000年	441.70	515.43	479.24	498.00	525.18	558.07	560.52	577.50	591.90	579.34	593.30	610.21
2001年	620.89	600.92	584.23	594.74	610.32	579.10	530.84	451.62	458.15	431.17	429.61	460.60
2002年	472.07	471.15	512.14	540.40	534.20	555.44	526.20	545.71	556.79	580.11	588.00	596.15
2003年	629.66	682.89	675.00	624.10	661.24	661.24	681.67	692.20	705.34	732.48	760.13	807.16
2004年	849.82	845.44	899.76	878.47	807.81	801.78	809.43	846.50	847.82	841.43	854.41	848.55
2005年	858.98	864.32	867.38	864.56	866.35	880.05	873.70	898.18	914.64	931.00	962.64	978.89

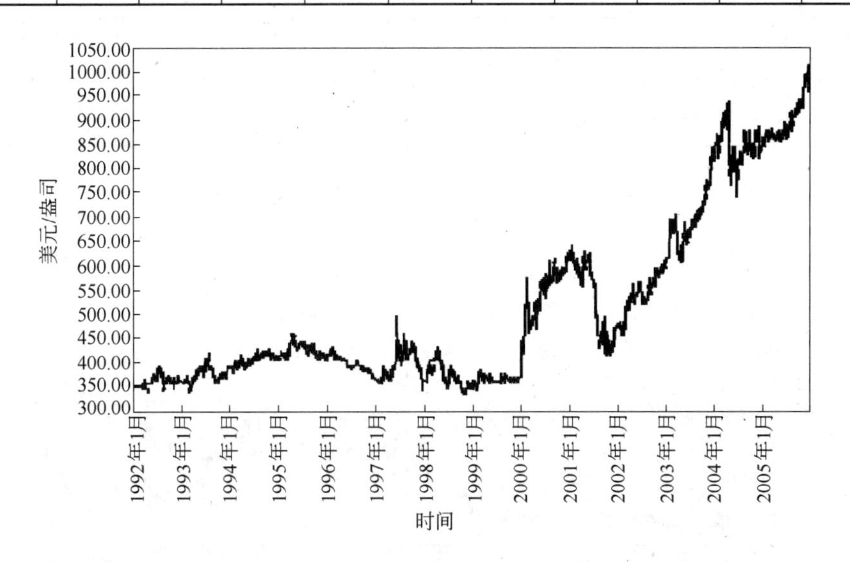

图2-19-1　1992～2005年铂价格年平均曲线图

19.5.2　钯的价格

1968～1978年间，钯的价格除1974年曾达126.26美元/盎司外，多处于35～60

美元/盎司之间，1979～1996 年钯价多在 100～150 美元/盎司上下波动。1994 年以后由于汽车工业发展迅速，汽车尾气净化催化剂对钯的需求刺激了钯价。1994 年汽车尾气净化催化剂用钯量为 30. 3t，1996 年猛升为 73. 4t，1998 年为 152. 1t，2000 年达到 160. 49t，钯价也相应猛增。特别是由于钯的主要供应国（俄罗斯）惜售，2000 年 1～9 月平均 640. 76 美元/盎司，超过同期铂价（528. 93 美元/盎司）。2001 年 1 月达 1041. 55 美元/盎司，此后则不断下降，9 月降为 445. 80 美元/盎司，又低于同期铂价（458. 15 美元/盎司），2002 年平均价格为 337. 57 美元/盎司，2003 年 3 月最低，为 162. 40 美元/盎司。此后价格不断上扬，2003 年平均价格为 200. 27 美元/盎司，2004 年平均价格增到 229. 373 美元/盎司，2004 年 10 月开始下降，2005 年 1～9 月维持在 180～190 美元/盎司，从 2005 年 10 月后增加，到 2005 年 12 月涨到 246 美元/盎司。表 2-19-11 列出了 1995～2005 年期间钯价格的月平均数据，如图 2-19-2 所示为 1992～2005 年钯价格的年平均数据曲线图。

表 2-19-11　1995～2005 年期间钯价格月平均数据　　（美元/盎司）

时 间	1月	2月	3月	4月	5月	6月	7月	8月	9月	10月	11月	12月
1995 年	156. 56	156. 79	163. 26	169. 39	160. 30	158. 45	155. 41	149. 73	143. 33	136. 67	134. 06	131. 72
1996 年	129. 56	139. 35	138. 04	136. 13	132. 00	129. 73	131. 84	126. 91	121. 42	117. 46	117. 03	117. 27
1997 年	121. 68	137. 27	148. 79	153. 47	170. 95	201. 98	187. 40	213. 00	190. 48	205. 02	207. 90	198. 53
1998 年	225. 84	237. 03	262. 20	323. 63	353. 42	286. 25	306. 45	286. 53	282. 95	278. 42	278. 63	296. 67
1999 年	321. 81	351. 14	352. 72	359. 51	328. 13	336. 71	332. 68	340. 00	361. 20	387. 00	400. 84	424. 55
2000 年	452. 84	635. 10	664. 35	573. 61	572. 64	647. 55	704. 81	761. 05	728. 85	739. 77	784. 14	910. 59
2001 年	1041. 55	971. 60	779. 41	698. 21	654. 48	613. 71	524. 50	454. 64	445. 80	335. 09	328. 91	298. 65
2002 年	409. 00	374. 15	374. 70	369. 52	356. 45	334. 83	322. 74	324. 95	327. 68	316. 78	286. 35	242. 22
2003 年	255. 32	253. 32	223. 83	162. 40	166. 85	179. 48	173. 22	181. 93	210. 91	201. 11	196. 75	197. 88
2004 年	216. 58	235. 75	269. 66	293. 13	245. 78	227. 06	219. 99	215. 44	211. 50	218. 14	213. 70	191. 63
2005 年	186. 03	182. 03	197. 82	198. 86	189. 60	186. 55	184. 50	186. 55	188. 91	207. 89	245. 30	265. 45

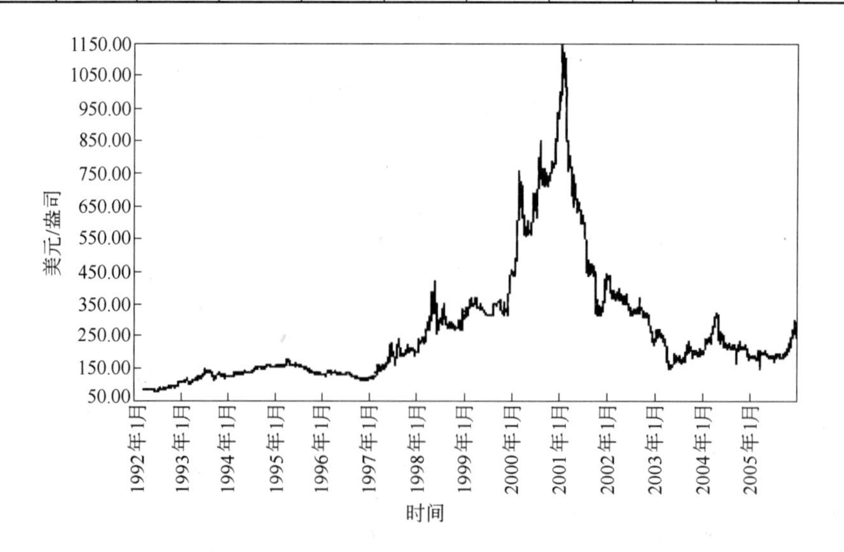

图 2-19-2　1992～2005 年钯价格年平均曲线图

19.5.3 铑的价格

1972 年铑年均价为 195.00 美元/盎司，随着用量增加铑价不断上扬，1982 年为 600 ~ 650 美元/盎司。特别是汽车尾气三元催化剂广泛使用后铑需求骤增，从 1984 年占铑总用量的 49%，提高到 1987 年占 73%（用量 7.01t），1990 年再增到 86.7%（9.98t），铑价不断上涨，1990 年初已到 1700 美元/盎司。由于海湾战争爆发和前苏联解体（前苏联铑的供应量占世界总供应量的 35% 以上），南非一家生产铑的工厂暂时停产，导致供应紧张，铑价进一步上扬，1991 年达到历史最高峰，飙升至 4500 ~ 5000 美元/盎司（7 ~ 10 月平均价），最高达 7000 美元/盎司。伴随俄罗斯政府对储备铂族金属的销售和出口大幅度增长，南非铑生产厂恢复生产，铑价又开始大幅度降低，1992 年底到 2050 ~ 1850 美元/盎司。以后随着库存的利用，陆续降低，1993 年底降到 1000 美元/盎司，至 1995 年回到 1983 年的水平。1997 ~ 2000 年由于俄罗斯急剧减少并一度中断铂族金属出口，使铑价开始上扬，至 2002 年 7 月达到 2453.57 美元/盎司。后俄罗斯恢复出口，铑价开始持续下跌，2001 年 10 月跌破 1000 美元/盎司，2004 年 1 月跌至最低 452.38 美元/盎司。随后由于市场对铑的需求增加和国际资本的投入，铑的价格持续上扬，2004 年 12 月突破 1000 美元/盎司，2005 年 9 月达到 2355.68 美元/盎司，12 月达到 2948.18 美元/盎司，接近 3000 美元/盎司大关。可以看出，俄罗斯的进出口量是影响铑价主要因素之一。表 2-19-12 列出了 1995 ~ 2005 年期间铑价格的月平均数据，如图 2-19-3 所示为 1995 ~ 2005 年铑价格的平均曲线图。

表 2-19-12 1995 ~ 2005 年期间铑价格月平均数据 （美元/盎司）

时 间	1 月	2 月	3 月	4 月	5 月	6 月	7 月	8 月	9 月	10 月	11 月	12 月
1995 年	583.25	538.68	453.48	441.25	513.18	502.27	470.75	385.00	321.75	326.19	296.43	257
1996 年	262.62	314.50	310.95	307.77	312.27	310.00	305.23	308.18	275.15	224.18	222.79	215
1997 年	204.52	182.89	207.62	257.95	288.57	317.86	293.18	279.76	270.00	289.09	304.72	322
1998 年	372.50	442.50	507.50	582.00	623.50	632.27	615.00	597.50	601.25	620.00	625.00	669
1999 年	786.25	840.00	837.00	817.75	831.25	892.10	890.90	881.11	877.04	864.50	860.00	850
2000 年	1330.00	2169.52	1743.48	1630.00	1842.05	2280.68	2453.57	2356.74	1989.29	1657.95	2051.14	2065
2001 年	2138.64	2263.75	2077.27	1905.00	1844.32	1718.81	1697.05	1522.83	1282.25	933.33	844.53	967
2002 年	836.36	874.00	914.52	932.73	785.43	803.50	736.52	699.09	705.24	691.74	682.50	553
2003 年	504.13	564.74	538.10	454.00	472.27	455.95	445.45	458.00	454.50	460.00	453.00	444
2004 年	452.38	497.77	518.45	753.33	757.50	791.43	889.05	1162.50	1113.75	1200.24	1234.32	1259
2005 年	1341.19	1526.00	1486.96	1435.46	1493.88	1750.68	1899.53	1984.57	2355.68	2864.52	2932.73	2948

19.5.4 铱、锇、钌的价格

铱、锇、钌的价格近年的总趋势在上扬。钌因电子工业，特别是浆料用钌增长（电气工业 1993 年用钌约 3.36t，2000 年 7.22t）加上虚假的投资需求和人为的供给紧张状况，导致钌的价格从 2000 年初 40 美元/盎司的月平均价格上涨至 118.72 美元/盎司（2000 年 1 ~ 9 月）；最高到 170 美元/盎司的价位。以后回落，2001 年 1 月达 159.76 美元/盎司，目前约为 100 美元/盎司。

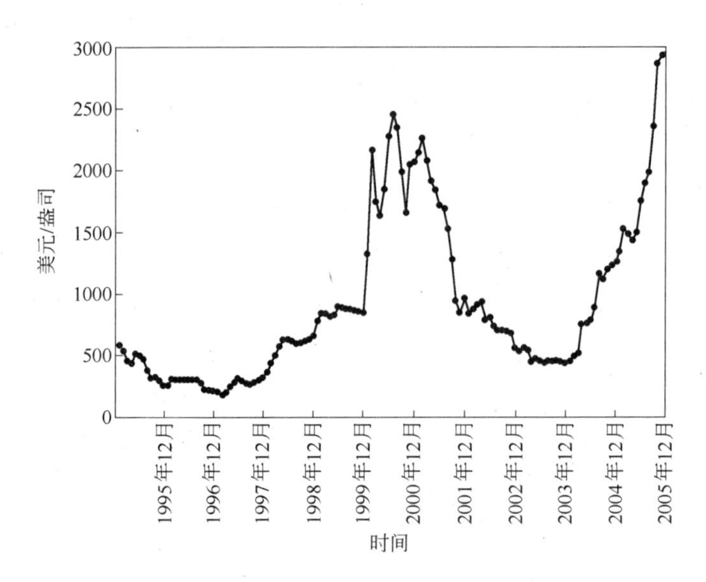

图 2-19-3　1995～2005 年铑价格年平均曲线图

铱从 1996 年月平均 60 美元/盎司上扬，1998 年达约 580 美元/盎司，以后回落至约 410 美元/盎司。

锇用量很少，从 20 世纪 90 年代以来，基本保持在 400～450 美元/盎司年平均价位的水平，波动极小。但在 20 世纪初期，因谣传 Os 有特殊用途，也曾一度被炒至天价。

19.5.5　影响铂族金属价格的主要因素

影响铂族金属价格的主要因素有：

（1）世界范围的贵金属资源分布及生产能力是影响价格的重要因素。

南非和俄罗斯的铂族金属资源占了世界总资源的 90%，2000 年两国铂、钯、铑的产量占了世界总产量 91.8%。南非和俄罗斯的铂族金属在矿层中的品位大不相同，南非矿层中的铂品位比俄罗斯的高，而俄罗斯矿层中铂品位平均比南非高出 4 倍以上。因而，南非和俄罗斯每年的贵金属产量也就成为主宰当年世界贵金属价格基本走势的主要因素。两国所受的影响也不尽同：铂主要受南非（占总供应量的 71.8%）左右；钯却主要受制于俄罗斯（总供应量的 66.7%）。

（2）国际政治经济形势的突变对铂族金属的价格产生重大影响。

如：1979 年前苏联入侵阿富汗，20 世纪 80 年代初期伊朗政局发生巨变，美国驻伊大使馆人员被扣为人质，南非反种族隔离运动的兴起，中东局势紧张等，当时铂族金属，主要是铂的价格有较大的波动。

（3）需求量的重大变化对单个金属的价格影响很大。

各国政府颁布的法令，制定的经济发展政策，如果涉及贵金属及相关领域的发展以及贵金属材料领域的潜在应用拓展及替代研究工作等方面，均会对贵金属的价格产生影响，各类投资需求也是影响铂族金属价格的因素之一。如：美国、日本、欧洲等国家在 20 世纪 70 年代立法，严格限制汽车尾气排放标准等，都曾引起铂、钯、铑价格飙升。

由于铂族金属，特别是稀有铂族金属（特别是 Rh、Ir、Os、Ru）基本上是按一定的固定比例生产，不大可能为了市场需要而单独大量地只生产某种金属。因此，在某个金属需求量打破原有格局而猛增时，必然导致该金属的价格猛涨，铑、钯就是典型事例。

19.5.6 金的价格

从 1900 年以来，黄金价格变化可大致分为 3 个时期：

（1）1900 ~ 1967 年期间，世界主要国家采用金本位制，金保持官价，长期稳定。英国在 1816 年首先采用金币本位制，美国于 1879 年实行金铸币本位制，西方大部分国家也相继采用金本位制。从 1837 年开始，Au 官价定为 20.75 美元/盎司，维持了差不多 100 年。经过两次世界大战后，美国金储备急剧增长，成为世界经济霸主，1944 年 7 月的联合国金融会议签署《国际货币基金协议》，确定美国规定的 35 美元/盎司为黄金确定货币价值固定比率原则，建立并完善了黄金—美元汇兑本位制，1961 年西方七国建立了“黄金总库”，继续维持稳定金价在 35 美元/盎司的官价水平。

（2）1968 ~ 1980 年期间，金价格由官价到市场价，进入激烈振荡期。从 1950 年美国发动朝鲜战争开始，西方世界经过几次美元危机和通货膨胀后，1968 年 3 月又爆发了抛售美元，抢购金的风潮，“黄金总库”的金在短短几个月中损失 400 万盎司。进入 20 世纪 70 年代后，随着美元危机越来越严重，美国金储备逐年下降，1971 年时锐减到 1935 年以来的最低点，以后大致稳定在 8200t。西方国家的财政部长举行会议，达成共识，美元贬值 7.8%，进而再贬值 10%，金市场波动。由于金储备减少，价格上涨，美国政府 1971 年 8 月 15 日单方面停止美元对金的官价兑换，“黄合总库”被迫宣布解散，世界出现了“黄金双轨制”。1973 年 1 月 13 日美国和西欧 6 国达成废除黄金双价制协议，实行金价单一的自由市场价格。1978 年 4 月 1 日国际货币基金组织对其基金章程作了修改，废除了金的官价，完全采用市场供求关系决定金的价格。1978 年的金年平均价格为 193.22 美元/盎司，比 35 美元/盎司的官价上涨了 452%。由此金的价格完全依赖于市场。此后，由于世界经济、政治等原因，国际市场金价格一路攀升，1980 年 1 月 21 日，金价格升到了历史最高位，达到 850 美元/盎司。

（3）1980 ~ 2000 年期间，金由货币保值功能向商品属性转变，金价格进入调整期。随着国际形势渐趋稳定，国民的信心指数上升，抢购金的热潮降温，1981 年金价格急剧回落；1982 ~ 1988 年，世界金流通交易的价格在 360 ~ 450 美元/盎司上下波动。20 世纪后期，随着经济全球化进程的加快，巨额资本流动电子化的日趋普遍，国际支付手段向多元化发展，以美元为代表的西方主要发达国家的货币已逐渐成为国际支付的主要手段，金作为国际货币储备和国际支付结算手段的职能逐步减弱，有的发达国家和国际组织开始抛售黄金、减少储备，金的价格逐渐下降，在 1997 年底和 1998 年初跌破 300 美元/盎司大关，大部分时间在 260 ~ 280 美元/盎司之间。

2000 年后，东亚和东南亚消费市场的崛起和国际资本的投入，市场对金的需求大大增加，金的价格基本呈振荡缓升之势，金的价格持续上扬，2002 年 4 月突破 300 美元/盎司，2003 年 12 月达到 400 美元/盎司，2005 年 12 月高达 509.76 美元/盎司，估计今后金价格还将振荡缓升。表 2-19-13 列出了 1995 ~ 2005 年之间金价格的月平均数据，如图 2-19-4所示为 1995 ~ 2005 年金价格年平均的曲线图。

表 2-19-13　1995 ~ 2005 年金价格月平均数据　（美元/盎司）

时 间	1 月	2 月	3 月	4 月	5 月	6 月	7 月	8 月	9 月	10 月	11 月	12 月
1995 年	378.55	376.64	382.12	391.03	385.12	387.56	386.23	383.81	383.05	383.14	385.30	387.44
1996 年	400.27	404.79	296.25	392.83	391.86	385.27	383.47	387.46	383.14	381.07	377.85	369.00
1997 年	354.11	346.58	351.81	344.47	343.97	340.76	324.10	324.01	322.80	324.87	306.04	288.74
1998 年	289.15	297.49	295.94	308.29	299.10	292.32	292.87	284.11	288.98	296.22	294.77	291.62
1999 年	287.07	287.22	285.96	282.62	276.88	261.37	256.08	256.70	266.60	310.72	293.01	282.37
2000 年	284.32	299.94	286.39	279.86	275.31	285.73	281.55	274.47	273.68	270.00	266.01	271.45
2001 年	265.49	261.86	263.03	260.48	272.35	270.23	267.53	272.39	283.47	283.06	276.16	275.85
2002 年	281.65	295.50	294.05	302.68	314.49	321.18	313.29	310.25	319.16	316.56	319.15	332.43
2003 年	356.86	358.97	340.55	328.18	355.68	356.53	351.02	359.77	378.95	378.92	389.91	407.59
2004 年	413.89	405.33	406.67	403.02	383.45	391.99	398.09	400.48	405.27	420.46	439.39	441.76
2005 年	424.15	423.35	434.24	428.93	421.87	430.66	424.48	487.93	456.04	469.90	476.67	509.76

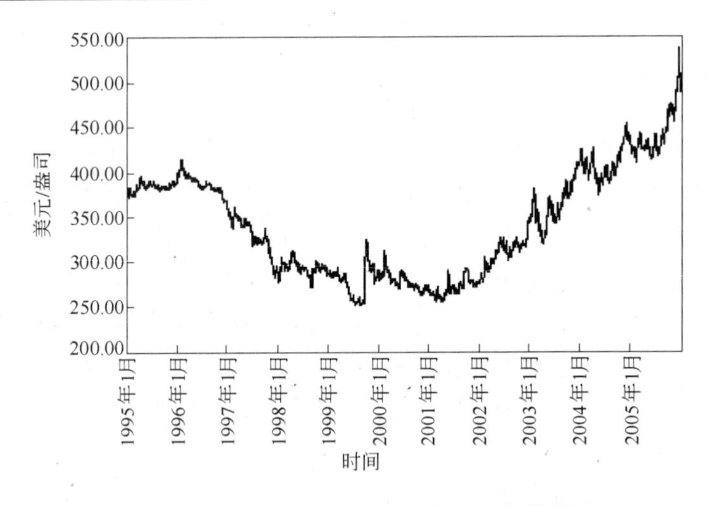

图 2-19-4　1995 ~ 2005 年金价格年平均曲线图

19.5.7　影响金价格的主要因素

近百年来，黄金价格起伏波动很大，其市场运行格局变化有着十分深刻的内在原因和外部环境的影响。实际上黄金价格不仅由多种错综复杂的因素综合决定，同时在短期内还在很大程度上受金融市场投机行为和突发事件所左右。黄金价格不仅有长期走势的变化而且往往在短期内，甚至是几天或一天内都可能有不小的波动。从长期走势来看，世界黄金资源、提取技术、供求关系及世界政治、经济发展的状况，是导致 20 世纪黄金价格走势波动的最基本和最重要的因素。

未来黄金价格的走势，仍脱离不了基本面与技术面的影响。从需求角度看，黄金主要用于饰品和保值手段，因而仍将在很大程度上取决于世界的经济形势。美国打击恐怖主义的军事行动以及由此而引起的世界政治、经济格局的变化，世界经济和美国经济的走势，美元利率、汇率、股市及对通货膨胀的预期、消费者信心指数等方面的因素将成为影响未来一段时期国际黄金价格走势的主导因素。金价有可能进入缓升阶段。近几年，由于黄金的货币职能逐渐退化，商品属性凸现，其供应和需求的市场化程度比以往增加；特别是在动荡时期黄金的保值避险功能显现，黄金再次成为了国际贵金属市场的焦点。

19.5.8 银的价格

银为人类的首饰用品、器具以及作为货物交换的等价物即货币功能的作用已存在上千年之久，银在现代工业中有着广泛的应用。因此，工业的实际需求量、投资领域的买卖需求量和世界银的供应量主宰了世界白银市场的价格。

与金价格变化相比，近代银的价格可大致分为 3 个时期：

(1) 1900 ~1960 年期间，银价大致维持在 0.6 ~0.9 美元/盎司的较低水平。虽然因为金受官价限制保持稳定，使银价变化也相对比较平稳，但仍主要根据供求关系的变化，有较大波动，最低 0.304 美元/盎司，最高达 1.336 美元/盎司。20 世纪 50 年代，基本上在 0.9 美元/盎司上下波动。

（2）1961 ~1980 年期间银价由缓慢上升到猛涨阶段。20 世纪 60 年代美元的持续贬值，使银年平均价格略为上涨，大部分时间在 1.293 美元/盎司上下波动；1967 ~1977 年美国及全世界经济不景气，70 年代 OPEC（世界石油输出国组织）禁运石油以及美元的贬值，银价微跌后由于货币的贬值呈现上升态势，年平均价位突破 4.0 美元/盎司关日。1978 ~1980 年，银的价格由于美国经济增长缓慢，全世界石油危机等世界政治、经济形势的影响，使民众的信心指数下降，抛售货币来囤积银。特别是一些大公司的介入，导致市场银价大幅上扬，达到历史性的最高峰。其年平均价位升至 21.793 美元/盎司的水平，最高价格曾高达 50 美元/盎司。

（3）1980 ~2000 年期间，银价急剧下降后渐趋稳定阶段。1979 年银价猛涨导致许多国家的旧银币、首饰和废旧原料被大量回收并重熔精炼，使 1980 年的再生银产量比 1979 年增加 60%，达 5100t。20 世纪 80 年代，由于世界矿产银产量的增长和银二次回收技术的进步，以及廉价材料替代银工作的开展，银供应量相对过剩，同时巨大的库存和官方储备也是压制白银市场的重要力量。1980 年以后银价持续下跌，1992 年 3.71 美元/盎司。1993 年由于世界银的消费已消化盈余的银，在 12 年连续下跌后开始回升，1997 年为 5.945 美元/盎司。1998 ~2003 年基本维持在 4 ~5.5 美元/盎司。2004 年以后由于工业产品，特别是电子、信息产业的迅速发展，对银的需求量逐渐增加，银的价格一路上扬，2004 年突破 6 美元/盎司，2005 年突破 8 美元/盎司，并有继续上升之势。表 2-19-14 列出了 1995 ~2005 年之间银价格的月平均数据，如图 2-19-5 所示为 1995 ~2005 年银价格年平均的曲线图。

表 2-19-14 1995 ~2005 年之间银价格月平均数据 （美元/盎司）

时 间	1 月	2 月	3 月	4 月	5 月	6 月	7 月	8 月	9 月	10 月	11 月	12 月
1995 年	4.7622	4.7237	4.6483	5.5029	5.5453	5.3635	5.1647	5.3897	5.4352	5.3742	5.3150	5.1796
1996 年	5.4796	5.6501	5.5299	5.4145	5.3659	5.1613	5.0649	5.1297	5.0368	4.9274	4.8313	4.8225
1997 年	4.7758	5.0719	5.2161	4.7723	4.7590	4.7547	4.3745	4.4962	4.7316	5.0345	5.0739	5.7990
1998 年	5.8781	6.8314	6.2413	6.3314	5.5605	5.2610	5.4570	5.1820	4.9983	4.9956	4.9748	4.8748
1999 年	5.1459	5.5181	5.1909	5.0701	5.2751	5.0299	5.1791	5.2746	5.2314	5.4115	5.1556	5.1098
2000 年	5.1866	5.2498	5.0638	5.0502	4.9860	4.9956	4.9692	4.8843	4.8901	4.8302	4.6794	4.6413
2001 年	4.6628	4.5504	4.3997	4.3671	4.4290	4.3626	4.2543	4.2000	4.3520	4.4012	4.1217	4.3549
2002 年	4.5076	4.4223	4.5325	4.5710	4.7078	4.8935	4.9186	4.5475	4.5525	4.4029	4.5129	4.6336
2003 年	4.8093	4.6524	4.5283	4.4945	4.7404	4.5262	4.7963	4.9910	5.1706	5.0021	5.1777	5.6260
2004 年	6.2995	6.4221	7.2254	7.0129	5.8328	5.8686	6.3200	6.6660	6.4034	7.0950	7.4926	7.1040
2005 年	6.6093	7.0300	7.2561	7.1110	7.0171	7.3105	7.0145	7.0419	7.1536	7.6702	7.8725	8.6331

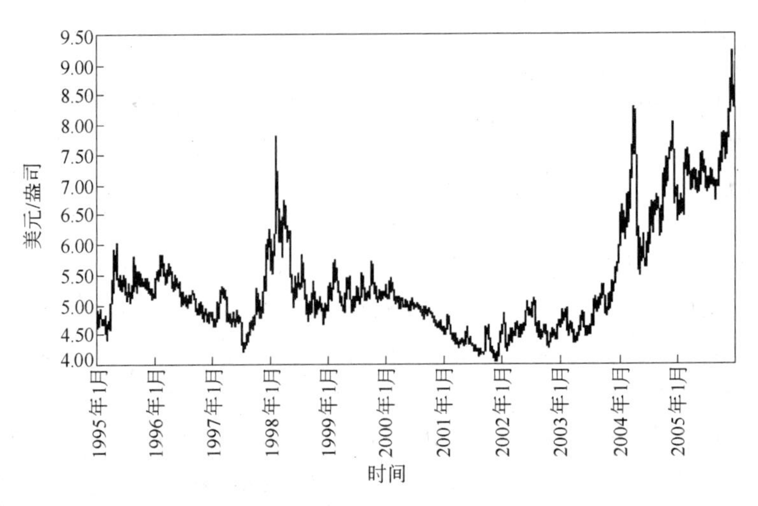

图 2-19-5　1995 ~ 2005 年银价格年平均曲线图

19.5.9　影响金价格的主要因素

工业的实际需求量、投资领域的买卖需求量和世界银的供应量是影响世界白银市场价格变化的最主要因素。世界矿产银产量的增长和银二次回收技术的进步，以及廉价材料替代银工作的开展，都将导致白银价格上下波动；同时巨大的库存和官方储备也将抑制银价的上涨幅度，全球政治经济形势的突变等因素都会引起白银市场价格的变动。

19.6　贵金属材料应用及市场

19.6.1　电接触材料

贵金属在电学、热学、机械及化学方面具有优良的综合特性，是很好的电接触材料。Ag、Au、Pt 和 Pd 以及以 Ag、Au、Pt 和 Pd 为基的合金、复合材料作为电接触材料得到广泛的应用。就贵金属材料在电学方面的应用特性而言，贵金属电接触材料大体可分为大负荷（大接触力、高电压或电流）和低负荷（低接触力、弱电流）材料。大负荷电接触材料主要是 Ag 合金和各种 Ag 基复合材料。主要应用于电压从几伏到数千伏、电流的中、低压电器。Ag 基电接触材料用量最大，近年国内产量见表 2-19-15，所在的电工合金行业 2004 年产品销售收入 19.7 亿元，实现利润总额 1 亿元，产品直接出口创汇 1000 万美元。由微细金丝制备的 Au 纤维电刷材料也可承受大电流。低负荷电接触材料包括 Au、Pd 和 Pt 及其合金。Au 化学性能最稳定，不形成氧化物和硫化物，在有机气氛中不生成“褐粉”，接触电阻低而稳定，是高可靠电接触材料，适于制作接触压力小而电压很低的精密接点，尤其电流在 1 ~ 10μA、电压 1 ~ 50μV 条件下所用接点材料非 Au 合金莫属。Pd 与 Pt 及其合金也是可靠电接触材料，它们的主要缺点是在有机气氛中形成有害的“褐粉”。Pd 合金主要用作电话交换继电器中接点材料，Pt 合金则主要用作航空航天发动机中点火接点和火花塞材料以及 Ag 基、Au 基、Pd 基材料不能胜任的其他接点材料。

贵金属电接触材料常用的制备方法有熔炼法、内氧化法、粉末冶金法、化学共沉淀法、反应合成法、喷雾法、电镀法等。

表 2-19-15　Ag 基电接触材料近年的国内产量　(t)

产　品	2000 年	2001 年	2002 年	2003 年	2004 年
产　量	370	350	400	560	650

经过约半个世纪的发展，电接触材料至今已有完整的体系和繁多的规格品种。其主要材料与合金体系见表 2-19-16。主要 Ag 基电接触材料的基本性能见表 2-19-17，主要 Au、Pd 基电接触材料的基本性能见表 2-19-18。

表 2-19-16　电接触材料主要材料

材料类型	材　料　名　称
Ag 基合金	Ag-Au 系、Ag-Cd 系、Ag-Cu 系、Ag-Pd 系、Ag-Re 系、Ag-Zr 系、Ag-Mg-Ni 系等
Ag 基复合材料	Ag/MeO 系列（CdO、CuO、In_2O_3、MgO、SnO_2、RuO_2、ZnO 等以及复合氧化物）、Ag/难熔金属（Fe、Mo、Ni、Ru、W）、Ag/C 系、Ag/MoS_2 系、Ag/NdSe 系等
Au 基合金	Au-Ag 系、Au-Cu 系、Au-Cr 系、Au-Ni 系、Au-Pt 系、Au-Ag-Cu 系、Au-Ni-Cr 系、Au-Ni-Re 系、Au-Ni-In 系、Au-Ag-Cu-Mn（Zn）系、Au-Ni-Fe-Zr 系、Au-Cu-Pt-Pd-Rh-Ni 系等
Au 基复合材料	Au/氧化物（CeO_2、TiO_2、ThO、Y_2O_3）等
Au 基涂层材料	Au/Cu 系、Au/Ni 系、Au/Ni/Cu 系，以及 Au 合金（Au-Ag 系、Ag-Cd 系、Au-Cu 系、Ag-Co 系、Au-Ni 系、Au-Sb 系、Au-Ag-Sb 系）等为镀层的涂层材料
Au 基纤维材料	以 20μmAu 丝制作的电接触材料
Pd 基合金	Pd、Pd-Ag 系、Pd-Cu 系、Pd-Ir 系、Pd-Rh 系、Pd-Ag-Cu 系、Pd-Ag-Co 系、Pd-Ag-Ni 系、Pd-Ag-Cu-Au-Pt-Zr 系等
Pd 基复合材料	Pd/C 系、Pd-Ag/C 系、Pd-Cu/C 系等
Pt 基合金	Pt、Pr-Ir 系、Pt-W 系、Pt-Ru 系、Pt-Ir-Ru 系等
Pt 基复合材料	Pt/ThO_2 系、Pt/Al_2O_3 系等

表 2-19-17　主要 Ag 基电接触材料的基本性能

材　料	密度 /g·cm^{-3}	熔点 /℃	电阻率 /μΩ·cm	电阻温度系数 /K^{-1}	热导率 /W·(m·K)$^{-1}$	弹性模量 /kN·mm^{-2}	硬度/N·mm^{-2}
Ag	10.49	961	1.59	4.1×10^{-3}	419	79	$(3.0\sim7.0)\times10^2$
AgAu10	11.0	978	3.6	1.9×10^{-3}	—	91	2.8×10^2
AgC3	9.1	961	2.1	3.5×10^{-3}	325	—	4×10^2
AgC5	8.5	961	2.3	3.3×10^{-3}	318	—	4.0×10^2
AgCd10	10.3	910	4.3	1.4×10^{-3}	150	60	$(3.6\sim10)\times10^2$
AgCd15	10.1	850	4.8	2.0×10^{-3}	109	60	$(4.0\sim11.5)\times10^2$
AgCu10	10.3	779	2.08	2.8×10^{-3}	335	85	$(6.5\sim12.0)\times10^2$
AgCu20	10.2	779	2.17	2.7×10^{-3}	335	85	$(8.5\sim13.0)\times10^2$
AgNi0.5	10.5	961	1.8	3.5×10^{-3}	—	—	$(3.5\sim9.0)\times10^2$
AgNi10	10.2	961	1.8	3.5×10^{-3}	310	84	$(5.0\sim9.0)\times10^2$
AgNi20	10.0	961	2.1	3.5×10^{-3}	270	98	$(6.0\sim10.5)\times10^2$
AgNi40	9.7	961	2.7	2.9×10^{-3}	210	129	$(6.0\sim12.0)\times10^2$
AgPd30	10.9	1150	15.6	0.4×10^{-3}	60	116	$(8.5\sim12.0)\times10^2$

续表 2-19-17

材　料	密度 /g·cm^{-3}	熔点 /℃	电阻率 /μΩ·cm	电阻温度系数 /K^{-1}	热导率 /W·(m·K)$^{-1}$	弹性模量 /kN·mm^{-2}	硬度/N·mm^{-2}
AgPd40	11.1	1225	20.0	0.36×10^{-3}	46	134	$(7.5\sim14.0)\times10^{2}$
AgMo30	10.5	961	2.0	—	—	—	7.5×10^{2}
AgMo40	10.47	961	2.2	3.9×10^{-3}	234	—	9.5×10^{2}
AgW30	11.9	961	2.3	1.9×10^{-3}	326	—	$(11.0\sim13.0)\times10^{2}$
AgW60	14.2	961	3.4	—	292	—	$(14.0\sim16.0)\times10^{2}$
AgW80	16.3	96	4.6	—	239	—	$(18.0\sim22.0)\times10^{2}$
AgCdO10Ag	10.2	961	2.1	3.6×10^{-3}	330	—	$(6.0\sim10.0)\times10^{2}$
CdO12	10.2	961	2.2	3.6×10^{-3}	325	—	$(6.5\sim11.0)\times10^{2}$
AgCdO15	10.1	961	2.3	3.6×10^{-3}	315	—	$(7\sim12.5)\times10^{2}$
AgSnO8	10.0	961	2.0	3.6×10^{-3}	315	—	$(5.8\sim9.5)\times10^{2}$
AgSnO10	9.9	961	2.1	3.6×10^{-3}	315	—	

表 2-19-18　主要 Au、Pd 基电接触材料的基本性能

材　料	密度 /g·cm^{-3}	熔点 /℃	电阻率 /μΩ·cm	电阻温度系数 /K^{-1}	热导率 /W·(m·K)$^{-1}$	弹性模量 /kN·mm^{-2}	硬度/N·mm^{-2}
Au	19.3	1064	2.19	2.23×10^{-3}	297	78.6	$(3.2\sim3.4)\times10^{2}$
AuAg10	17.8	1058	6.3	1.25×10^{-3}	147	82	$(4.0\sim8.5)\times10^{2}$
AuAg20	16.4	1040	10.0	0.86×10^{-3}	75	89	$(4.0\sim9.5)\times10^{2}$
AuNi5	18.3	995	13.3	0.71×10^{-3}	52	83	$(11.5\sim16.0)\times10^{2}$
AuNi9	17.5	990	20.0	0.97×10^{-3}	—	96	$(18.6\sim26.5)\times10^{2}$
AuPt10	19.5	1150	12.2	0.98×10^{-3}	54	95	$(8.0\sim10.0)\times10^{2}$
AuAg20Cu10	15.1	880	13.7	0.52×10^{-3}	66	87	$(12.0\sim19.0)\times10^{2}$
AuAg25Pt5	16.1	1060	15.9	0.54×10^{-3}	46	93	$(6.0\sim11.0)\times10^{2}$
Pd	12.02	1552	10.75	3.8×10^{-3}	72	175	$(7.0\sim11.0)\times10^{2}$
PdCu10	11.7	1420	29.4	0.8×10^{-3}	47	175	$(7.0\sim11.0)\times10^{2}$
PdCu40	10.6	1200	33.3	0.36×10^{-3}	38	175	$(8.0\sim12.0)\times10^{2}$
PdIr10	12.6	1555	26.0	0.133×10^{-3}	—	—	12.5×10^{2}
PdIr18	13.5	1555	35.1	0.75×10^{-3}	—	—	19.5×10^{2}
Pt	21.45	1772	10.6	3.9×10^{-3}	72	154	$(3.7\sim9.5)\times10^{2}$
PtIr5	21.5	1777	22	1.88×10^{-3}	42	190	$(8.0\sim15.0)\times10^{2}$
PtIr25	21.7	1840	33	0.50×10^{-3}	16.4	250	$(24.0\sim35.0)\times10^{2}$
PtRu5	20.67	1800	31.5	0.90×10^{-3}	—	—	$(13.0\sim21.0)\times10^{2}$
PtRu10	19.94	1800	43	0.83×10^{-3}	—	235	$(19.0\sim28.0)\times10^{2}$

19.6.2　焊接材料

贵金属钎料使用历史悠久，随着科学技术的发展，贵金属钎料的品种和数量不断增加，至今已经实现系列化和标准化（仅450～600℃温区钎料品种较少），各国都制定了相应的国家标准。贵金属钎料使用范围广泛，几乎可以焊接所有有色金属、黑色金属、陶瓷、半导体、超导体、石墨制品等基体材料。通过特殊的焊接技术，贵金属也可以与玻璃、有机聚合物等固态物质相结合。

按照熔化温度，贵金属钎料可分为软钎料（T_m＜450℃）、中温钎料（450℃＜T_m＜1000℃）和高温钎料。贵金属软钎料主要包括含 Ag 与 In、Sn、Pb 等元素以及 Au 与 Ge、Sb、Si、Sn 等元素形成的低熔点钎料；中温钎料主要包括部分 Ag 合金、部分 Au 合金；高温钎料包括熔点高于1000℃的部分 Au 合金、Pd 合金钎料和 Ru 基钎料。

按照合金组元，贵金属钎料可分为 Ag 基钎料、Au 基钎料、Pd 基钎料。

Ag 基钎料的特点是熔点低、强度高、塑性和加工性能较好，在各种介质中有良好的耐蚀性以及良好的导电性，但大部分 Ag 基钎料的高温强度都很低。大体可分为低 Ag 钎料、以 Ag-Cu 共晶为基础添加其他元素形成的三元或多元合金钎料、Ag 与 Mn、Pd 等形成的固溶体型钎料。这些钎料的大体合金及体系见表2-19-19，表2-19-20，表2-19-21。

表2-19-19　部分 Ag 基钎料及其用途

钎料体系	合金体系	主要用途
低 Ag 钎料	低 Ag 软钎料（T_m＜450℃：Sn-Ag、Pd-Ag、In-Ag、Pd-Sn-Ag 等）	主要用于电子工业镀 Ag 或镀 Au 膜钎料
		钎焊不锈钢、镀 Ni 不锈钢、可伐、无氧铜等
	Ag-Cu-Si 系（中温钎料）	钎焊铜与铜合金等
	Ag-Cu-P 系（中温钎料）	
Ag-Cu 系钎料（共晶型）	Ag-Cu28 共晶钎料	低蒸气压，用于电子管与真空器件钎焊
	Ag-Cu-In（Sn）	低蒸气压，用于电子管与真空器件钎焊
	Ag-Cu-Zn（Cd）	高蒸气压，钎焊铜合金、不锈钢与碳钢等
	Ag-Cu-Li	自钎剂钎料，钎焊不锈钢
	Ag-Cu-Ti（In）	活性钎料，用于金属－陶瓷钎焊
	Ag-Cu-Pd	低蒸气压，用于电子管与真空器件钎焊
	Ag-Cu-Mn	钎焊不锈钢，W、WC 等
Ag-Mn（Pd）钎料（固溶体型）	Ag-Pd	低蒸气压，钎焊真空器件
	Ag-Pd-Mn	钎焊不锈钢，镍基合金等
	Ag-Mn（Li）	钎焊不锈钢，镍基合金等

Au 基钎具有比 Ag 基钎焊料更好的耐蚀性和更小的蒸气压，并有很好的流动性和浸润性，特别适用于钎焊高真空系统中使用的零件。工业上应用的 Au 基焊料主要有 Au-Cu、Au-Ni、Au-Ag-Cu、Au-Ag-Ni 系和 Au-Sn、Au-Ge、Au-S、Au-Sb 系及以其为基础添加其他元素组成的三元与多元合金系，前者为高温固溶体型钎料，主要用于钎焊 Cu、Ni、Fe、Co、Ta、Ho、W、Nb、可伐、不锈钢、石墨制品，广泛应用于航空工业与电子工业器件钎焊；后者为低熔点共晶型钎料，主要用于电子工业中半导体器件的钎焊。主要的 Au 基钎料体系见表2-19-20。

Pd 基钎料主要是 Pd 与 Au、Ag、Cu、Ni、Co 等元素组成二元和三元合金。其优点是蒸气压低，具有良好的流动性，并对多种基体材料有良好的润湿性，非常适于 Ni 基以及 Ni 基合金同其他材料的钎焊。Pd 基钎料在钎焊时化学性质比较稳定，基本不腐蚀基体材料，因而能钎接很薄的材料。大多数Pd基钎料具有良好的加工性能，可以加工成各种形状使用，可用各种加热方法钎焊。主要的Pd基钎料体系见表2-19-21。

表2-19-20　部分Au基钎料及其用途

钎料体系	合金体系	主要用途
高温固溶体型钎料	Au-Cu及其三元、多元系 Au-Ag及其三元、多元系 Au-Pd及其三元、多元系 Au、Au-Ag-Cu及其多元系	钎焊碳钢、不锈钢、耐热合金、难熔金属等 电真空钎料、电子管一级钎料等 钎焊Fe基、Ni基耐热合金、难熔金属、不锈钢等 开金饰品、牙科合金钎料
低温共晶型钎料	Au-Sn系、Au-Si系、Au-Ge系、Au-In系等	用于电子工业半导体、电子元器件钎料

表2-19-21　部分Pd基钎料及其用途

钎料体系	合金体系	主要用途
电子工业用钎料	Pd-Ag系、Pd-Cu系、Pd-Ni系、Pd-Ag-Cu系等	主要钎焊各种电子元件
高温耐热型钎料	Pd-Ni系、Pd-Co系、Pd-Mn系等	适于钎焊Ni基、Co基高温合金、不锈钢及难熔金属
自钎剂钎料	Pd-Ag-Cu-In-Li系等	

19.6.3　测温材料

由于贵金属及其合金具有优良抗氧化性、较高的热电势、稳定的热电特性、大的电阻温度系数以及电阻和热电势对温度的单值线性函数关系等性能，故贵金属及其合金是特别重要的温度敏感与测温材料，即热电偶材料与电阻温度计材料。各类电阻温度计材料和热电偶材料已经系列化，构成了从低温到高温的测温体系，广泛应用于冶金、化工、航天航空、电器、磁场、核场等领域的温度测量核监控。

贵金属热电偶材料有稳定的物理—化学综合性能，有高而稳定的热电势，Au、Pd、Pt、Ir、Rh等金属与合金相互匹配所形成的热电偶都具有这种特性。由贵金属电阻温度计和热电偶所组成的测温材料可以测量从10K到2300℃以上高温的广泛温度范围。在贵金属中，Ru和Os的稳定性较差，且很难加工，所以只有Au、Ag、Pd、Pt、Ir、Rh及其合金才能加工成测温元件，主要有

低温热电偶：AuCo/AgFe、AuFe/NiCr、Rh/RhFe

中-高温热电偶：Au合金AuPd/AuPdPt

Pt合金S型：Pt/PtRh（10）

R型：Pt/PtRh（13）

B型：PtRh（6）/PtRh（30）

其他Pt-Rh热电偶：如PtRh（20）/PtRh（40）、Pt/PtRh（20）等

高温热电偶：Ir/RhIr（40）、IrRh/IrRe、Ir/PtIr、Rh/PtRh等

快速反应测温探头：由直径ϕ0.03～0.5mm细丝组成的S. R. B型铂合金热电偶，

F0.008～0.02mm 超细高纯 Pt 丝（$R_{100}/R_0>1.3926$）制作的微型测温探头。

核场测温材料：Pd-Si-Cr 非晶态合金温度计，Pt/PtRu、PtMo/PtMo 等。

铂族金属电阻温度计材料，要求电阻温度系数值大。金属纯度越高，电阻温度系数越大。同时，电阻与温度的关系尽量接近线性，物理化学综合性能稳定。高纯铂丝和某些合金被用作电阻温度计材料主要如下：

基准温度计：采用纯度等于 99.999% 的 1 号 Pt 丝材（Pt01），电阻比 $R_{100}/R_0>1.3925$（13.8K～630.74℃）。

高纯铂丝温度计：采用纯度为 99.999% 的 2 号 Pt 丝材（Pt02），电阻比 $R_{100}/R_0>1.392$（630.74～1064.43℃）。

普通温度计：电阻比 $R_{100}/R_0>1.3850$

合金电阻温度计：采用 PtCo 合金、RhFe 合金材料等。

19.6.4 电阻材料

贵金属精密电阻合金主要用于高精密电位器绕组材料与应变材料。电位器绕组材料一般要求电阻系数较高，而且稳定；在常温或尽可能宽的温度范围内（-60～+100℃），电阻温度系数和二次温度系数要小；对铜热电势小，特别是应用在直流电表上；良好的化学稳定性，抗氧化性；接触电阻值小而稳定，保持最低的噪声电平；良好的机械性能等。用作精密电位器绕组材料的贵金属电阻合金主要是以 Pt、Pd 和 Au 为基的合金，Ag 及其合金因易硫化问题未能解决，故很少用作电阻材料。这些合金的电阻率涵盖从低阻（小于 20μΩ·cm）到高阻（大于 200μΩ·cm）广泛的区域。电位计绕组材料主要是：

Pt 合金：Pt-Ir、Pt-Cu、Pt-W、Pt-Mo、Pt-Pd-Mn、Pt-Pd-W 等

Pd 合金：Pd-Ir、Pd-Ag、Pd-Ag-Cu、Pd-Cu、Pd-Ni、Pd-W、Pd-V、Pd-Mn 等

Au 合金：Au-Cr、Au-Ni、Au-Ni-Cr（Fe、Cu、Re）、Au-Ag-Cu（-Mn）以及以 Au-Pd 为基体添加过渡金属元素的 Au-Pd 系多元合金。

早在 1856 年就发现了电阻应变现象，但直到 1937 年才开始制造电阻应变计。开始用贱金属电阻合金作应变计，但随着飞机、宇航、火箭、原子能、潜艇以及其他工程的发展，电阻应变栅的工作条件越来越苛刻，电阻应变栅发展到由贵金属合金制备。电阻应变材料主要特点包括：高度的结构稳定性，在较宽的温度范围内电阻温度系数为零或恒定，电阻系数一般大于 400μΩ·cm，抗氧化和耐腐蚀能力强等。贵金属组应变材料按其使用温度可分为三类，即低温（室温）、中温（<500℃）、高温（>500℃）应变材料。非晶态 Cu-Ag-P 系合金具有高强度和高电阻率，可用作自补偿应变电阻合金材料。但这个非晶态合金结晶温度约 120℃，故只能在室温附近温度使用。中温区使用的电阻应变材料主要是以 Au-Pd 合金为基础添加少量其他元素组成三元与多元合金。如 Au-Pd-Mo、Au-Pd-Cr、Au-Pd-Cr-Ni、Au-Pd-Cr-Al、Au-Pd-Cr-Al-Pt、Au-Pd-Cr-Pt-Fe-Al 等。高温电阻应变合金主要以 Pd-Cr 和 Pt-W 合金为基础添加一些提高强度与降低电阻温度系数的元素（Re）以及提高抗氧化能力的元素（如 Ni、Cr、Y 等）构成 Pt-W、Pt-W-Re、Pt-W-Re-Ni、Pt-W-Re-Ni-Cr 等合金。

19.6.5 饰品材料

由于贵金属在常温、常压下化学性质稳定，不易被空气和水分腐蚀。同时对酸、碱、

高温等也有很好的抵抗力，一般不会褪色、变色、变形，故是饰品材料的首选。贵金属饰品材料主要有 Ag、Au、Pd、Pt 以及它们的合金实体材料与镀层材料。

国标 GB11887—2002 对首饰用贵金属纯度及命名进行了规定，见表 2-19-22。贵金属首饰在打印记时应以贵金属的纯度千分数（K 数）前冠以贵金属中文名称、元素符号等。如 Au990、G24K、Pt850、Ag925、S990、Pd990 等。

表 2-19-22　贵金属饰品的标注方法

贵金属及其合金	纯度千分数最小值	纯度的其他表示方法
Au 及其合金	375	9K
	585	14K
	750	18K
	916	22K
	990	足金
	999	（千足金）
Pt（白金）及其合金	850	
	900	
	950	
	990	足铂（足白金）
Ag 及其合金	800	
	925	
	990	足银
钯及其合金	500	
	950	

银具有柔和白色光泽，对可见光反射率高（91%），具有较高化学稳定性，广泛用于首饰、装饰品、银器、餐具、礼品、奖章、纪念币以及民间饰品，少数民族的装饰品等应用也很广泛，世界银饰品用 Ag 量逐年增高。目前饰品用 Ag 量占世界银总消费量的 1/5 左右。作为货币与饰品合金，Ag 的含量通常高于 80%。Ag 饰品合金主要有 Ag-Cu、Ag-Pd 和其他硬化银合金。按千分比，Ag-Cu 合金主要有 925 斯特林银（又称纹银，AgCu7.5 合金）和 958 布里塔里亚银（AgCu4.2 合金），另外还有 916Ag、900Ag、875Ag 等。在 Ag 中添加 Au、Pd、Pt 元素可以解决抗硫化问题，由于 Au 与 Pt 价格高，故 Ag-Pd 合金得以发展，成为抗硫化饰品材料。向 Ag 中添加少量 Mg、Ni 然后进行内氧化，形成 MgO、NiO 弥散增强的 Ag 基材料，既可以提高 Ag 饰品的硬度，又可保持 Ag 饰品的纯度在 99% 以上。在 Ag 合金中添加少量 Cu、Zn、Sn 可改善铸造性。含少量 Pd、Cu、In、Al、Zn 等的 Ag 合金具有一定抗变色作用。对 Ag 合金进行表面处理，可获得红色、黄色、蓝色和黑色光泽表面。

金因其美丽颜色，高的化学稳定性和收藏观赏价值自古以来就被用作首饰与饰品。随着人民生活水平提高，黄金饰品种类日益增多，需求量日益增大。20 世纪 80 年代末期，西方珠宝首饰业用 Au 量约占加工制造业用 Au 总量的 2/3，而在 90 年代初上升到 80%。70 年代黄金饰品业主要在欧洲、北美和东南亚地区三大生产与贸易中心。欧洲以意大利为代表，占欧洲总产量的 50%，北美以美国为代表，东南亚以香港为代表。80 年代以后，在中东、印度和远东地区形成了很大的生产与贸易市场。从材料的发展来看，要针对不同消费对象发展不同材料。比如东方人喜爱纯金饰品，但纯金太软，不能用于镶嵌宝石。近年来针对这群消费对象，发展了微量元素合金化强化的高强 24 开金和称为 23.76 开 990Au 的 AuTi1 合金。既具有美丽金黄色，又具有足够高的硬度与强度，能够用于镶嵌宝石。西方人喜爱 10K、14K 和 18K 金饰品，于是发展多种多样黄色、橘红色、白色等各种开金合金。近年特种金饰品也得到发展，尤其是基于结构特征的“斯斑金”饰品得到发展，它具有像钻石一样的斑斓闪烁效果。随着黄金饰品业的发展，饰品的花样款式不断增加，成分与结构越来越复杂。黄金饰品主要品种如下：

颜色开金饰品：Au、Au-Ti、Au-Ag-Cu-Zn 系

白色开金饰品：Au-Pd-Ag 系、Au-Ni-Cu 系

特殊合金饰品：

蓝色合金：$AuIn_2$、$AuGa_2$

紫色合金：Au-Al 系

表面着色合金：有些 Au 合金经表面着色处理，可得到黑色、宝石蓝色、橄榄绿色等着色饰品。

斑斓花纹饰品：利用 Au 合金的马氏体和类马氏体转变所产生的表面浮突及精细孪晶结构对光的反射所制备的斑斓闪烁饰品。如 Au-Al 系和 Au-Cu 系。

造型饰品：采用粉末冶金技术制作的丰富多彩造型饰品。

用于瓷器的装饰材料：金水、银水、抛光金、加西阿斯紫色珐琅、金胶体、部分 Au-Ag-Cu 开金饰品性能。

部分开金的基本性能见表 2-19-23。

表 2-19-23　部分开金的基本性能

分　类	Au/%	Ag/%	Cu/%	颜　色	密度/g·cm^{-3}	熔点/℃
22 开	91.6	8.4	—	黄　色	—	—
	91.6	3.2	5.1	深黄色	17.8	964～982
	91.6	—	8.4	粉红色、玫瑰色		
21 开	87.5	4.5	8.0	黄色—粉红色	16.8	940～964
	87.5	—	12.5	红　色	16.7	926～940
18 开	75.0	25.0	—	绿黄色		
	75.0	12.5	12.5	黄　色	15.45	885～895
	75.0	9.0	16.0	粉红色	15.3	880～885

铂饰品又称铂金饰品。铂呈银白色，质地纯软，化学性能稳定，其镶成的首饰是高贵、纯洁、典雅的象征。近年来 Pt 饰品销售量急剧增高，除了美、欧、日本的销售量增高之外，连一向喜爱黄金饰品的中国人民也日益喜爱 Pt 饰品。2002 年世界铂饰品销售 88t，比 2001 年增长 9%；同年中国 Pt 饰品销售 46t，比 2001 年增长 14%，占世界 Pt 饰品年销售总量的 52%，中国已成为 Pt 饰品销售大国。由于 Pt 饰品销售量的急剧上升，一年一度在瑞士召开的世界规模最大的首饰商品展销会承认：世界已进入“白色时代”。

Pt 饰品材料是由 Pt 或 Pt 合金和钻石（宝石）或其他具有美学价值的稳定材料制作的用于人与其环境装饰的艺术品，主要有经典首饰和各种工艺品或装饰品。其成色一般不低于 800Pt，最好保持在 900Pt 和 850Pt 以内。这样既保持了高的耐腐蚀性，也具有足够的硬度、强度和耐磨损性，适于镶嵌钻石或宝石。Pt 饰品材料具有良好的工艺性能，包括良好的铸造性、加工性和焊接性。在这些性能中，最重要的当属光学性能与化学稳定性。Pt 的价格昂贵，镶嵌钻石的铂首饰，银白中闪烁着光彩，极显华贵典雅，是饰品中的上品，是永恒、高贵和纯洁的象征。

常用的 Pt 合金饰品材料有二元系：Pt-Au 系、Pt-Co 系、Pt-Cu 系、Pt-Pd 系、Pt-Ir 系、Pt-Ru 系、Pt-W 系等，以 Pt-Pd 系发展的三元系合金：Pt-Pd-Cu 系、Pt-Pd-Ru 系、Pt-Pd-Co 系。

在 Pt 合金饰品材料中，以 Pt-Pd 合金或以 Pt-Pd 合金为基体的三元和多元合金具有较好的综合性能和相对较低的价格，具有较大的发展情景。尤其在中国，更应发展 Pt-Pd 合金和以 Pt-Pd 合金为基体的三元和多元合金。主要 Pt 合金饰品的性能及用途见表 2-19-24。

表 2-19-24 主要 Pt 合金饰品的性能及用途

纯 度	合金/%	熔点/℃	硬度 HV	密度/g · cm^{-3}	应 用	主要用地
Pt950	PtCu(5)	1745	120	20.38	一般应用(铸态)	欧 洲
	PtCo(5)	1765	135	20.34	硬铸件、加工件	欧洲、美国
	PtIr(5)	1795	80～100	21.5	一般应用(加工件)	欧洲、美国、日本
	PtRu(5)	1795	130	21.0	一般应用(加工件)	欧洲、美国
	PtW(5)	1845	135	21.34	硬弹簧	欧 洲
	PtAu(5)	1755	90	21.3	精美加工件	日 本
	PtPd(5)	1765	70	20.98	精细铸造	中国、日本
Pt900	PtPd(10)	1755	80	20.51	铸件、加工件	中国、日本
	PtIr(10)	1800	110～130	21.56	铸件、加工件	美 国
	PtPd(7)Cu(3)	1740	100	20.7	一般应用(加工件)	中国、日本
	PtPd(5)Cu(5)	1730	120	20.5	加工件	中国、日本
	PtPd(7)Co(3)	174	125	20.4	铸 件	日 本
Pt850	PtIr(15)	1820	160	21.62	硬饰件	日 本
	PtPd(15)	1750	90	20.03	硬饰件	日 本
	PtPd(10)Cu(5)	1750	130	20.3	加工件	日 本
	PtPd(12)Co(3)	1730	135	20.1	铸件、加工件	日 本
Pt800	PtPd(15)Co(15)	1730	150	19.9	硬饰件	日 本
	PtIr(20)	1830	200	—	弹簧、细丝件	德 国

19.6.6 贵金属齿科材料

牙科材料要求耐腐蚀、抗晦暗及与人体生理相容性。在金属材料中能满足这些要求的材料并不多，贵金属则是首选材料。贵金属牙科材料主要包括 Ag 合金、Au 合金、Pd 合金。

Ag 合金用作牙科材料有银汞齐合金与 Ag 合金。银汞齐合金是 Ag-Sn 合金，添加少量 Cu 和 Zn，因而构成 Ag-Sn-Cu-Zn 系。通常使用的银汞齐合金分高 Ag 合金（Ag 含量 70% 左右）与低 Ag 合金（Ag 含量 60%），Sn 含量一般在 12% ~23%。对于高银合金，Cu 含量较低，约 1% ~3%，另加 1% ~2% 的 Zn。对于低 Ag 合金，Cu 含量较高，达到 10% ~14%，通常不添加 Zn。牙科汞齐在使用中易晦暗，晦暗层为 Sn_2S_3。向汞齐合金中添加少量 Pd 可提高耐腐蚀性，添加少量稀土元素可提高抗氧化性。汞齐合金先做球形和不规格形混合粉末，使用时与汞调和固化，用作牙科填充材料。

牙科 Ag 合金多为铸造合金，按其熔点分为 Ⅰ 型（650℃以下）和 Ⅱ 型（750℃以下），前者用于镶嵌，后者用于齿冠与齿板。牙科 Ag 合金主要有：Ag-Pd 系列和 Ag-Cu 系列。

所有牙科 Au 合金的成分基本上是 Au-Ag-Cu-PGMs 系列，为保证牙科材料的耐腐蚀，高档牙科材料一般要求其 Au + PGMs 总量高于 70%。牙科 Au 合金材料有铸造合金、加工合金、烤瓷合金等。

铸造合金按其 Au + PGMs 总量分为 Ⅰ、Ⅱ、Ⅲ、Ⅳ 型，含量分别为 83%、78%、78%、75%，其硬度依次增高，分别可用作镶嵌物、牙背、牙冠、牙托架、齿桥、卡环、牙构架等。这四型铸造合金中 Pd 含量低于 5%，一般呈黄色。因为 Pd 是 Au 的最有效漂白元素，增大 Pd 含量到 10% ~25% 和相应减少 Au 含量便可得到白色铸造合金。

加工态 Au 合金主要以丝材使用，主要用作卡环。这类合金具有高强度以及高弹性与韧性的结合，并容易加工，其中以含高 Pt 的 Au 合金具有最佳性能。

烤瓷合金是陶瓷齿冠的金属骨架材料，除具有高的机械性能、好的化学稳定性和不污染陶瓷外，还应与陶瓷冠有相近的热膨胀系数。因此，贵金属合金成为首选材料。贵金属烤瓷合金主要由 Au-Ag-Pt-Pd 系添加少量 Ir、In、Cu、Sn、Si、Fe 元素组成。

19.6.7 化工催化材料

催化剂是一类能加速化学反应速度而本身又不受损失的材料。主要有环保催化剂、炼油催化剂和化工催化剂三大类，废催化剂的回收也包括在催化剂的领域中。贵金属催化剂具有良好的催化活性、选择性及稳定性。

环保催化剂对铂族金属的需求最大，仅汽车尾气用催化剂消耗的贵金属，在 2000 年铂量占世界 Pt 总需求量的 32.86%，占 Pd 总需求量的 63.48%，占 Rh 总需求量的 98.27%，而且需求量还有增加的趋势。化学工业用的催化剂的类型见表 2-19-25。

表 2-19-25 化学工业用的催化剂的类型

项 目	产品类型	催化剂类型	项 目	产品类型	催化剂类型
无机化工	硝 酸 合成氨 双氧水	PtRh、PtPdRh 等 Ru-Rh_2O 石墨等 Pd-Al_2O_3	有机化工	乙炔氧化制环氧乙烷 乙烯氧化制乙醛 二甲苯氧化制醋酸乙烯 烯烃（脱氢）	Ag/Al_2O_3 $PdCl_2/CuCl_2$ Pd/Al_2O_3 Pt-ZnO

炼油催化剂包括加氢裂化、石油重整、异构化和烷基化等催化剂，石油精炼生产高辛烷值的石油和芳构化生产芳香烃需用 Pt、Pd 载体催化剂。

化学工业用的催化剂主要是贵金属催化剂，其品种繁多，应用范围广。有机化工和无机化工使用的催化剂各有不同。

精细化学工业涉及农药、医药、硅酮、香料、染料中间体、橡胶促进剂和乙苯生产等。精细化工使用的催化剂有多相催化剂，均相催化剂，不对称催化剂。

19.6.7.1　多相催化剂

多相催化剂具有很高的稳定性、催化剂与产品容易分离、便于回收的特点。目前在精细化工的工艺中80%左右为多相反应，催化剂多为Pt、Pd、Ag的载体催化剂。以Pd为主，其次是Pt，载体以活性炭为主，其次是Al_2O_3。多相催化剂的基本性能见表2-19-26。

表2-19-26　多相催化剂的基本性能

催化剂类型	催化反应特征	原　料	产物名称
Pd/C	硝基还原为胺基 歧化反应	硝基苯、对硝基苯酚 松香	扑热息痛 歧化松香
$Pd/CaCO_3$	选择性氢化三键为双键	炔基化合物	维生素A
Pt	选择性氢化醛基为醇基 立体胺基化	链霉素 1-羟基-1-苯基丙酮	双氢链霉素 麻黄碱
Pt/C-Bi	氧化卡醇为醛基醇	甲氧基羟基苯甲	香兰素
Ag/SiC	氧化脱氢	1，2-丙二醇	丙酮醛

19.6.7.2　均相催化剂

均相催化剂具有很高的选择性和催化活性，反应条件更温和，产率更高等特点。均相反应的催化剂以三苯基膦、羟基和$RhNO_3$为主，Ru、Pd配合物为次。为解决均相催化剂与产物分离困难和催化剂回收再生利用等问题，又研究开发了负载型均相催化剂，这种催化剂把均相催化剂选择性、活性高的特点与多相催化剂便于分离回收的优点结合在一起，应用前景广阔。均相催化剂的基本性能见表2-19-27。

表2-19-27　均相催化剂的基本性能

催化剂类型	催化反应特征	原　料	产物名称
Rh化合物/I_2	羟基化反应	取代苯乙醇、一氧化碳	α-苯基丙酸衍生物，如布洛芬
$Rh_4(CO)_{12}$	羟基化反应	丙炔醇、CO	β-内酯
$Pd(OAC)_2$	C-C偶联	芳香族硼化合物	嘧啶衍生物
$RuCl_3$	氧化分解	丙苯	苯乙醛

19.6.7.3　不对称催化剂

医药、农药、香料、食品添加剂这些与人体和动物发生作用的物质中，许多是具有旋光性的手性化合物。在这些化合物中往往是某一构型具有活性，而其对应体无活性。随着社会的进步，生活质量的提高，人们对高对应纯的药物、香料、食品添加剂等化合物的需求日益增大，这使得通过不对称合成反应，直接合成具有特定构型的光学纯化合物的研究日益重要，并成为当今有机化学的前沿学科之一。

贵金属不对称催化剂的制备方法是先合成具有旋光性的手性配位体而后再与金属络合或螯合而制得。目前，常用的手性配位体有DIOP、（-）-BAVAP、（+）-BINAP、CA-NIP、DIPAMP、PNNP等，不对称催化剂用的贵金属主要是Rh，其次是Ru。

19.6.8　贵金属电子浆料

贵金属电子浆料是电子浆料中的一类，它包括：电阻浆料、导体浆料和电极浆料。它们由功能相、玻璃料或树脂、有机载体组成。贵金属电子浆料中使用最多的是导体浆料和电极浆料。

厚膜集成电路一直是使用电阻浆料的主要领域。电阻浆料也大量应用于分立元件，如各种电位器。电阻浆料产品按系列提供，每一个系列的方阻范围（O/口）通常为10(O/口)~100(O/口)。按方阻值10为底数的指数值分档，相邻方阻值的两种浆料，可按一定的比例混合而得到中间方阻值的浆料。电阻浆料的主要技术指标为：电阻温度系数门(TCR)、电阻电压系数（VCR）、噪声（dB）、高稳定性、长期稳定性、负荷寿命、耐焊料腐蚀性等。

导体浆料主要用于电子线路的布线，包括线路中各种电阻、电阻、电容、电感等元件的端接处。导体浆料的主要技术指标为：方阻（O/口）、附着强度、分辨率、耐焊性、抗迁移性等。其中Ag浆料有优良的导电性，但它的耐焊性和抗迁移性比较差，限制了其在厚膜集成电路上的应用。但作为低温固化型银浆料，大量应用于膜开关电路上。Au浆料也有优良的导电性，而且其抗迁移性强。高分辨率（0.125mm线宽和线间距）的Au浆料通常应用于多层布线的氧化铝基板上，通过Au-Si共晶焊工艺，外贴半导体芯片制备大规模混合集成电路。厚膜集成电路上通常使用Ag-Pd浆料和Ag-Pt浆料，要求特别高的电路中须用焊锡工艺经常更换分立元件的部位，使用Au-Pt浆料或Au-Pd浆料。

电极浆料是一类使用最多的浆料，主要是Ag浆料和Ag-Pd浆料。当前，圆片电容器、热敏电阻器、压敏电阻器使用大量的Ag电极浆料，太阳能电池的集流和轿车后玻璃上的除霜发热体等也使用大量的银浆料。而Ag-Pd浆料主要使用在多层陶瓷电容器的内电极中。

19.7　贵金属领域国外新近开展的研究领域

19.7.1　贵金属特种粉末

贵金属特种粉末分为超细粉末、复合粉末、预合金粉末和粉末冶金粉体材料4个方面，是指颗粒尺寸为0.1~30μm的粉末。这类粉末具有明显的效应——体积效应和表面效应，即当颗粒直径小于某一值时，单个颗粒便具有一系列特殊的物理性能。这种贵金属粉末的优异特性使其在电子材料、光学材料、微孔材料、催化剂材料、新型电工合金，生物医药、能源等领域获得广泛的应用，并且取得较好的经济效益和社会效益。贵金属特种粉末的研究和产业化技术是高科技领域比较热门的课题之一，世界各科技和工业发达国家纷纷把它列为高新材料技术和产业发展项目。

贵金属粉末的制备技术分为机械研磨粉碎法、电解法、化学共沉淀法、溶液反应法和气相凝聚法等。今天，贵金属粉末技术正朝着制粉设备的研究、粉末粒度的控制，以及粉末生产率的提高等技术方面发展。国内外已开发的方法有：机械粉碎法、化学沉淀法、电解法、蒸发-凝聚法、等离子体法等。

超细粉体材料和粉末冶金新材料的产业化生产是一项综合工程，除了本行业外，还可带动电工材料、颜料粉末领域、电子导体浆料、钎料等产业发展，以及带动机械加工、冶金、化工、自动控制、分析测试等相关行业的发展，形成可持续发展的新型产业。

19.7.2　贵金属纳米材料

纳米科技是20世纪90年代初出现的一门全新科学技术，纳米材料研究是材料学科当前最活跃的研究领域，贵金属纳米材料又是其中最富创新性的一个重要分支。研究贵金属纳米材料制备方法，探索并发掘贵金属纳米材料的特征，开发纳米材料的应用，是当前贵金属纳米材料研究的主要内容，也是今后长时间内的重要研究内容。在当前，贵金属纳米材料制备方法很多，并已制备出各种形态的纳米材料，纳米材料的应用研究尚少，实用纳米材料更少。将贵金属材料固有的优异物化特性与纳米材料的表面效应、量子效应等特殊性能结合起来，充分发挥贵金属纳米材料的优异化学活性、催化活性与选择性，优异电学、光学特性，使之在21世纪人类社会可持续发展中发挥更大作用，是贵金属材料在新世纪可持续发展的一个重要领域。金属纳米材料将在环境保护、能源开发、微电子工业、冶金化工等产业中发挥重要作用并形成贵金属纳米材料新产业。

贵金属纳米材料包括纳米颗粒、纳米胶体、原子簇、纳米棒、纳米丝、纳米管、纳米片、纳米薄膜、纳米复合材料等形态。主要应用在金属催化剂、载体催化剂、微电子元件、传感器、光导纤维材料、红外反射材料、非线性光学材料、高效透氢材料、燃料电池电极材料、高强高导电性材料等。

19.7.3　贵金属薄膜材料

采用各种制备技术制备的厚度小于1μm的薄膜材料可以认为是在原子尺度人工合成的一类新型二维材料。薄膜材料具有巨大表面效应和量子效应，具有广阔应用前景，贵金属薄膜也是当前研究热点之一。贵金属的优异物化性能与薄膜材料的表面效应、量子效应、量子隧道效应相结合，必将产生实体材料不具备的特异光学、电学、磁学、化学性能。贵金属新型薄膜材料的开发与发展直接关系到信息技术、微电子技术、计算机科学技术的发展与进程。贵金属薄膜材料的研究内容主要集中在两方面。

采用各种薄膜制备技术，制备贵金属薄膜，这些技术包括溅射、化学气相沉积、电沉积、有机金属化合物气相沉积（MOCVD）、分子束外延伸（MBE）、激光分子束外延（L-MBE）、溶胶-凝胶（Sol-Gel）、化学流体沉积膜、LB膜、离化团簇束制膜（ICB）、纳米组装与自组装制膜等。

特种贵金属薄膜性能研究主要包括：贵金属导电膜、光学薄膜、光电薄膜、磁性薄膜、气敏LB膜、超导体薄膜、透氢薄膜、保护膜、电极薄膜、催化剂薄膜等。

19.7.4　贵金属先进复合材料

复合材料被誉为“21世纪材料”，贵金属复合材料既可充分发挥贵金属的特性并改善其综合性能，又能节约贵金属资源，将是21世纪贵金属材料重点发展方向之一。贵金属复合材料的发展，一方面要扩大传统层状、纤维和颗粒复合材料的品种和应用范围，另一方面发展新的先进复合材料。当前的研究工作有：

采用大变形复合技术制备高强高导纳米纤维复合材料：主要包括Ag/Cu、Ag/Ni、

Ag/Pd、Cu/Pd 等。这类材料主要可用于高强脉冲磁场导体材料、集成电路引线框架材料、高能粒子加速器的聚焦和加速线圈、受控热核反应装置的壳体、超导技术和其他需要高强高导合金的地方。

Ag/碳纳米管复合材料：传统 Ag 基复合材料中碳通常以颗粒状或纤维状存在，由于碳纳米管具有比炭纤维更高的强度与导电率，故将纳米碳管弥散分布在 Ag 基体中预期可以获得高强高导复合材料。这一研究工作目前尚处于探索研究阶段，尚未见实际产品和性能报道。类似的工作还有 Cu/碳纳米管复合材料研究。这类复合材料研究成功，还可推广到其他贵金属基体中形成贵金属/碳纳米管复合材料。

复合型导电聚合物：以 Ag、Au 粉末与纤维，或镀 Ag 镀 Au 粉末，或纤维，或 RdO_2 和其他陶瓷导电粒子，或以 Au（Ⅰ）有机化合物等导电粒子或纤维与共轭体系聚合物复合形成的材料。这类复合材料具有导电性，称为导电聚合物，主要可用于大规格集成电路、印刷电路、液晶显示器、发光二极管等处作导电材料。

纳米复合材料：纳米技术的发展，使纳米复合材料的形式越来越多。目前在研究的主要有纳米介孔填充复合材料，贵金属纳米颗粒/载体（氧化、碳、聚合物）复合材料，纳米组装模式复合材料等。这类复合材料已经初步用作催化剂试验。

Ag/钙钛矿结构型铜氧化物复合材料：高温超导体氧化物具有钙钛矿型结构，呈脆性，加工困难。Ag 或其合金具有高导电性和良好可加工性。Ag/钛矿结构型铜氧化物复合材料既解决了氧化物超导材料的加工性又保持其超导性，为其实用奠定了基础。

复合氧化物弥散强化铂或铂合金：传统 ZGS 和 ODSPt 或 Pt-Rh 合金是以单一氧化物为弥散强化相的复合材料。最近有研究表明，采用 Zr、Y、La、Ce、Mg、Ca、Al 等两种或两种以上元素的氧化物形成复合增强相弥散强化相铂或 PtRh 合金的复合材料可使用到 1600℃高温，用于玻璃工业作坩埚、漏板和其他器具。

19.7.5 难熔金属间化合物

以铂族金属为基的难熔金属间化合物或以这些金属间化合物为弥散相的铂族金属超合金具有高熔点、高强度、高抗氧化抗腐蚀，是当前高温合金研究的热点之一，是继 Ni-Al 和 Ti-Al 系金属间化合物之后新一代金属间化合物，极有可能开发为新一代超高温高强材料。

19.7.6 金催化剂

实体 Au 只有弱催化性，纳米技术赋予 Au 新的催化活性，在许多化学反应中，Au 的催化活性与选择性甚至超过 Pt、Pd。在非均相催化中，Au 催化剂可用于乙炔的氯氢化反应、CO 低温氧化、烃类催化燃烧、CO 和 CO_2 的氢化反应、水与 CO 的反应等。在均相反应中，Au 催化剂可用于烯烃的裂化反应、炔基胺的环化反应等。为了获得最佳催化活性，在载体催化剂中，Au 以纳米颗粒分布在其中；对于气相反应，适用纳米 Au 颗粒/氧化物载体催化剂；对于液相反应，适用纳米 Au 颗粒/碳载体催化剂。金载体催化剂的主要制备方法有：浸渍法、共沉积法、沉积析出法、溶胶法、化学气相沉积法、共溅射法等。

19.8 “十一五”期间国家基金拟重点研究的贵金属领域

燃料电池电极材料的研究内容：开展 Pt/C 催化电极材料制备科学研究，研究 Pt/C 催化电极材料中 Pt 微粒的粒径及其分布、表面结构、晶体取向等的控制及与催化活性的关系，将电催化剂载铂量降低到 0.1mg/cm^2，应用于千瓦级燃料电池，使燃料电池作为机动车辆能源尽快获得使用，探索金催化剂在燃料电池中应用的可行性。

贵金属纳米材料的研究内容：除继续开展贵金属纳米微粒研究外，还应开展对纳米管外表面沉积贵金属、纳米管内腔填充贵金属及贵金属化合物的纳米纤维复合材料的研制；在纳米管内腔填充贵金属药物应该是今后贵金属纳米材料的发展方向，如在具备生物物理特性和生物活性的肽纳米管内腔填充顺铂、卡铂、奥沙利铂等贵金属药物及化合物；进一步研究、制备、应用开发其他贵金属纳米线（棒）以及纳米阵列等。

贵金属薄膜材料的研究内容：出于对材料性能、元器件小型化和集成化，以及节约贵金属资源的考虑，低维化是贵金属材料发展的方向之一。要研究贵金属薄膜材料中晶体的形核、生长、迁徙、取向和表面结构，薄膜的质量转移效应，薄膜的表面形貌，薄膜与底衬材料间的附着和界面结构的影响因素及规律，以及对贵金属薄膜理化性能及使用性能的影响机制；采用量子力学和分子动力学的组合程序，以及从半经验、紧束缚到伪势的 LDA 的各种技术模拟，支撑金属团簇和金属表面的方法，解决分子模拟和动力学模拟过程间的界面问题，建立结构性能物理模型；采用相图计算进行材料的显微组织和工艺设计，探索贵金属薄膜材料微观结构和宏观性能之间的关系，实现贵金属薄膜材料成分、结构、性能和制备参数的最佳组合。

贵金属合金相图和相变研究内容：为满足开发航天航空新材料的需要，开展对铂族金属与ⅥB、ⅦB 族等难熔金属组成的三元和多元合金系的研究；为以 Au 取代铂族金属，开发新型 Au 基功能材料，开展 Au 与过渡金属组成的三元和多元合金系的研究；为发展新型催化材料、燃料电池电极材料、电解电极材料，开展贵金属与ⅢB、ⅣB、ⅤB 族元素及 C 组成的三元和多元合金系的研究；为开发新型电工材料、电接触材料，开展 Ag 与过渡金属组成的三元和多元合金系的研究；为开发新型氢能源材料，开展 Pd 与过渡金属及氢组成的三元和多元合金系的研究等。

以上相图研究工作的开展，伴随着众多新合金、新中间相及新相变的发现，必将极大地指导和促进人类对现代新材料的开发和应用。

贵金属复合材料的研究内容：开展纳米尺度复合材料的研究，如将纳米碳管弥散分布在 Ag 基体中、纳米介孔填充、贵金属纳米颗粒/载体（氧化物、碳、聚合物）复合、纳米组装模式等复合材料研究，预期可以获得新型高强高导复合材料；开展计算机模拟材料设计研究，对不同复合形式，建立结构性能物理模型，以获得最佳材料性能与最大限度节约贵金属的结合。

贵金属功能材料的研究内容：如功能导电涂料；净化催化材料；贵金属材料功能与结构一体化的基础理论研究；贵金属功能材料的质量控制，实验检测分析方法等。

贵金属药物：贵金属不但具有卓越的物理化学性质，而且具有重要的生物作用，在重大疾病的治疗中占有重要的地位，如铂类抗癌药是临床治疗肿瘤的首选药物之一，目前癌症治疗的化疗方案的 80% 都要用到铂族抗癌药物。金药物是常用的抗类风湿关节炎的药物。尽管目前天然药物是中国药物研发的主导方向，但由于贵金属药物作用机制独特，仍是国际上研究和开发的重点。

主要研发方向包括：具有空间阻的铂类抗癌药的设计和合成；多核铂抗癌药物的设计

和合成；新型抗类风湿金药物的设计和合成；清除 NO 的 Ru 化合物的设计和合成。

参考文献

1 《贵金属材料加工手册编写组》编著．贵金属材料加工手册．北京：冶金工业出版社，1978
2 卢宜源，宾万达编著．贵金属冶金学．长沙：中南大学出版社，2004
3 杨天足等编著．贵金属冶金及产品深加工．长沙：中南大学出版社，2005
4 赵怀志，宁远涛编著．金．长沙：中南大学出版社，2003
5 宁远涛，赵怀志编著．银．长沙：中南大学出版社，2005
6 唐武军，石和清．中国白银生产、流通消费现状及发展前景．有色金属再生与利用．2004
7 陈京生．电工合金行业 2002～2003 年基本情况分析．电工材料．2004
8 陈京生．2004 年电工合金行业情况分析．电工材料．2005
9 堵永国．常用触点材料的物理性质．电工材料．2002
10 刘泽光，陈登权，罗锡明等．微电子封装用金锡合金钎料．贵金属．2005，26（1）：62～65
11 Paul Goodmam. Current and Future Uses of Gold in Electronics. Gold Bulletin. 2002，35（1）：24
12 Giles Humpston，David M Jacobson. Gold in Gallium Arsenide Die-attach Technology. Gold Bulletin. 1989，22（23）：84
13 宁远涛．铂合金饰品材料．贵金属．2004. 25（4），67～72
14 张永俐，李关芳．首饰用开金合金的研究与发展（1）：彩色及白色开金合金，贵金属．2004，25（1）：46～54
15 Mark Grimwade. A Plain Man's Duide to Alloy Phase Diagrams：Their Use in Jewellery Manufacture-part 2. Gold Technology，2000，30：8～15
16 Cortie M，Wolff I，Levey F，et al. Spangold a Jewellery Alloy with an Innovative Surface Finish. Gold Technology，1994，（14）：30～36
17 John C McCloskey，Shankar Aitthal，Paul R Welck. Silicon Microsegregation in14 K Yellow Gold Jewelry Alloys. Gold Bulletin，2001，34（1）：3～13
18 Massimo Poliero. White Gold Alloy for Investment Casting. Gold Technology，2001，31：10～20
19 黎鼎鑫，张永俐，袁弘鸣．贵金属材料学．中南大学出版社，1991
20 李关芳．医用贵金属材料的研究与发展．贵金属．2004，25（3）：54～61
21 杨滨，赵怀志，史庆南．铂族金属载体催化剂薄膜材料的研究与发展．2004，25（1）：39～44
22 张爱敏，宁平，黄荣光．汽车尾气净化用贵金属催化材料研究进展．2005，26（3）：66～70
23 Arai N，Tsuji H，Motono M，et al. Formation of Silver Nanoparticles in Thin Oxide Layer on Si by Negative-ion Implantation. Nuclear Instruments and Methods in Physics Research B，2003，206：629～633
24 Chen W，Zhang J. Ag Nanoparticles Hosted in Monolithic Mesoporous Silica by Thermal Decomposition Method. Scripta Materialia，2003，49：321～325
25 Xu J，Yin J S，Ma E. Nanocrystalline Ag Formed by Low-temperature High-energy Mechanical Attrition. Nanostructured Materials，1997，8（1）：91～100
26 Chang H B，Sang H N，Seung M P. Formation of Silver Nanoparticles by Laser Ablation of a Silver Target in NaCl solution. Applied Surface Science 2002
27 Fitz-Gerald J，Pennycook S，Gao H，et al. Synthesis and Properties of Nanofunctionalized Particulate Materials. Nanostructured Materials，1999，12：1167～1171
28 胡昌义，李靖华，高逸群．CVD 在铱涂层和薄膜制备中的应用．贵金属．2002，23（1）：53～56
29 胡昌义，戴姣燕，陈松等．贵金属化学气相沉积的研究进展．贵金属．2005，26（2）：57～63

30 Goto T, Hirai T, Ono T. Ir Cluster Prepared by MOCVD as an Electrode for a Gas Sensor. Transactions of the Materials Research Society of Japan, 2000, 25 (1): 225 ~ 228

31 宁远涛. 贵金属复合材料成就与展望:(Ⅱ) 复合材料类型与制备技术. 贵金属. 2005, 26 (4): 58 ~ 65

32 Heywood A E, Benedek R A. Despersion Sterngthered Gold-platinum, Platinum Metals Rev., 1982, 26 (3): 2 ~ 8

33 Qiaoxin Zhang, Dongming Zhang, Shichong Jia, et al. Microstructure and Properties of Some Dispersion Strengthened Alloys. Platinum Metals Rev., 1995, 39 (4): 167 ~ 171

34 周华, 董守安. 纳米金负载型催化剂的研究进展. 贵金属, 2004, 25 (2): 48 ~ 54

35 Corti C W, Holliday R J, Thompson D T. Developing New Industrial Applications for Gold: Gold Nanotechnology. Gold Bulletin, 2002, 35: 111 ~ 117

36 Grisel R, Westrte K-J, Gluhoi A, et al. Catalysis by Gold Nanoparticles. Gold Bulletin, 2002, 35 ~ 49

37 邹旭华, 齐世学, 安立敦. 不同方法制备的负载型金催化剂对 CO 的催化性能. 中国学术期刊文摘, 2000, 6: 505 ~ 506

20 稀　　土

徐宝强　昆明理工大学

稀土被人们称为新材料的"宝库"，已被美国、日本、西欧等国家列为战略元素和国家有关部门发展高新技术产业的关键元素。最新开发的高技术材料中有四分之一含有稀土元素，稀土元素的开发应用，将会引发一场新的技术革命。云南省有着较为丰富的稀土资源，但至今未予开发。因此，掌握和分析稀土研究、应用的现状，为云南省稀土资源的开发利用提供参考是十分必要的。

20.1　稀土概况

稀土元素包括镧、铈、镨、钕、钷、钐、铕、钆、铽、镝、钬、铒、铥、镱和镥15个元素以及与他们电子结构和化学性质相近的钪和钇，它们分别占据门捷列夫元素周期表的57至71以及21和39号位置，共17个元素。稀土的发现从1794年芬兰化学家J. Gadolin发现"钇土"（混合稀土）到1947年J. A. Marinsky，L. E. Glendenin和C. E. Coryell分离出最后一位元素钷，共经历了150余年的历史。根据稀土元素间物理化学性质和地球化学性质的某些差异和分离工艺的要求，稀土被分成轻重两组，镧、铈、镨、钕、钷、钐、铕为轻稀土，亦称为铈组稀土，钆、铽、镝、钬、钇、铒、铥、镱、镥为重稀土，亦称为钇组元素。

20.1.1　稀土工业的发展

从1886年奥地利人采用钍化合物掺稀土制造成气灯纱罩，进而推动人类开始开采稀土矿，从而拉开了世界稀土工业的序幕。开始时稀土是作为副产品处理的，它的应用也只局限于打火石、电弧碳棒、玻璃着色及镁稀土合金的应用等。第二次世界大战后，由于原子能工业的发展，需要处理大量的独居石，以获得核燃料铀和钍。20世纪50年代初，美国埃姆斯实验室斯佩丁博士发明了离子交换法分离稀土，制得了各种单一稀土产品。60年代以来，人们将离子交换和溶剂萃取工艺广泛用于分离高纯单一稀土，使稀土工业进入一个崭新阶段，从而推动了稀土在冶金、石油化工、玻璃陶瓷、彩色电视、磁性材料、电子工业、原子能工业、能源、医药和农业等领域的应用。

中国的稀土工业起步于20世纪50年代，稀土元素的回收被列入第一、第二个国民经济发展五年计划，"一五"期间，国内开发了以独居石为原料的稀土冶金工业，主要产品是稀土和钍的化合物和混合稀土金属，主要用于打火石、氟碳电极和气灯纱罩方面，生产和应用处于极低水平。1958年开始实施第2个五年计划，同时开始执行"十二年科技发展规划"，先后研究开发成功离子交换和有机溶剂液-液萃取等分离工艺；提出了熔盐电解法、金属热还原法制备稀土金属和合金的方法，利用这些方法，中国第一次取得了除元素钷外的所有单一稀土氧化物，金属和合金；并于其他方法结合制得了各种稀土盐，这些为中国的稀土走向工业化迈出了可贵的一步。20世纪60年代，跃龙化工厂在上海建成，开创了中国稀土工业的先河。此期间，随着包头钢铁公司钢铁生产的发展，白云鄂博矿的开采量逐年扩大，中国稀土开发的注意力集中到这个世界上最大的稀土矿的综合回收利用方面。也就在这期间，用高炉渣为原料炼制稀土硅化物并将其用于延性铁生产这两项成果取得成功。随后在广东、甘肃、内蒙古、湖南、江西等地有不少稀土冶炼厂相继建成和投产，是中国稀土生产能力猛增。特别是70年代以来，一批稀土萃取分离新工艺应用于工业生产，串级萃取理论建立和应用，使许多新工艺的技术指标有了显著的提高。80年代，由于串级萃取理论的广泛应用和稀土工业生产的迅速发展，出现了一种萃取剂在一个体系中分离15种稀土元素的全萃取工艺，近年来又出现了多出口工艺。某些新工艺处于世界领先地位，稀土分离技术促进了中国稀土工业的发展。“六五”和“七五”期间，张国成院士发明的第二、第三两代高温硫酸化焙烧及萃取工艺加之徐光宪院士的串级理论及其计算机一次模拟放大技术构成了中国南北两大稀土产业链的主体工艺框架。据统计，中国现有稀土企业200余家，稀土产品的产量、品种、质量和生产技术都处于世界前列。

目前，中国已成为世界最大的稀土生产国和供应国，产品产量达到世界总产量的80%以上。2003年中国稀土矿产品和冶炼分离产品产量继续保持适度增长。全年矿产品产量为9.2万t（以REO计，下同），全年稀土冶炼分离产品产量达到7.8万t，同比增长4%。截至2003年底，中国稀土年分离能力达15万t以上，大大超过当前全球稀土年均总需求量（约9万t/a）。

20.1.2 稀土资源概况

20.1.2.1 世界储量

稀土元素在地壳中的分布十分广泛，17种元素的总量在地壳中占0.0153%，即153g/t。整个稀土元素在地壳中的丰度比一些常见元素还要多，如是锌的4倍，是铅的10倍，是金的3万多倍。稀土矿物有200多种，50余种工业价值，作为主要的工业原料的有独居石、氟碳铈矿、磷钇矿、硅铍钇矿、易解石、黑稀金和离子型稀土矿等十几种矿物。

目前已知的稀土矿床和矿化产地广泛分布于世界各大洲（除南极外），但稀土资源和稀土储量相对地集中于中国、美国、印度、澳大利亚、前苏联和巴西6个国家。2001年英国Roskill Information Services（罗斯基尔信息服务公司）认定世界稀土工业储量1亿t，世界稀土远景储量1.1亿t，以中国国家储委批准的中国稀土工业储量修订后，世界稀土工业储量应为1.3亿多t，世界稀土远景储量应为2.7亿多t，表2-20-1列出了2001年Roskill Information Services关于世界稀土资源的情况。

表2-20-1 世界稀土资源的数据

（以中国国家储委批准的中国稀土资源总储量修订稿）（REO）

国家	工业储量		远景储量	
	万t	%	万t	%
中国	7130	53.51	21000	77.21
俄罗斯和吉尔吉斯斯坦	1900	14.26	2100	7.72
美国	1300	9.76	1400	5.15
澳大利亚	520	3.9	580	2.13

续表 2-20-1

国 家	工业储量		远景储量	
	万 t	%	万 t	%
印 度	110	0. 83	130	0. 48
扎伊尔	100	0. 75	100	0. 37
加拿大	94	0. 71	100	0. 37
巴 西	28	0. 21	31	0. 11
马来西亚	3	0. 02	3. 5	0. 01
南 非	39	0. 29	40	0. 15
斯里兰卡	1. 2	0. 01	1. 3	—
泰 国	0. 1	—	0. 11	—
刚 果	0. 1	—	0. 1	—
其 他	2100	15376	2100	7. 72
合 计	13325	100. 00	27200	100. 00

20. 1. 2. 2 中国的稀土资源

稀土是中国的优势矿物资源，具有储量大、分布广、矿种全、类型多的特点。其中轻稀土矿探明储量 12170 万 t，工业储量 6708 万 t，主要集中分布于内蒙古包头白云鄂博、山东微山、四川凉山等地，见表 2-20-2；而中重稀土主要集中于离子型稀土矿中，离子型稀土矿的储量及分布见表 2-20-3。

表 2-20-2 中国轻稀土资源主要产地、矿物类别及储量

产 地	矿物类别	探明储量/万 t	工业储量/万 t	远景储量/万 t
白云鄂博	氟碳铈矿（70%） 独居石（30%）	10600	5738	>13500
山东微山	氟碳铈矿	1270	400	>1300
四川凉山	氟碳铈矿	300	150	>500
南方七省区	离子型矿	—	约 210	
总 计		12170	6708	>15300

表 2-20-3 中国南方诸省（区）离子型稀土资源总储量 REO （万 t）

省 份	探明储量 B + C + D 级			评价预测储量 E 级 1 +2 级	总 计
	表 内	表 外	合 计		
江 西	47. 2054	7. 5185	54. 7239	228. 5296	283. 2535
广 东	42. 145	2. 4022	44. 5472	224. 6633	269. 2105
广 西	29. 1919	4. 4149	33. 6068	50. 7007	84. 3075
湖 南	11. 0717	0. 0160	11. 0877	24. 3375	35. 4252
福 建	4. 3762	—	4. 3762	114. 1101	118. 8163
云 南	(13. 6000)	—	(13. 6000)	—	(13. 6000)
浙 江	(0. 7161)	—	(0. 7161)	—	(0. 7161)
总 计	148. 6063	14. 3516	162. 6579	642. 6712	805. 3291

注：云南、浙江两省为 1990 年后的地质勘查储量，因未分表内、表外储量，暂作表内处理，加用圆括号以示区别。

云南不仅有丰富的有色金属，同时也有丰富的稀土资源。但至今未对云南省的稀土资源进行深入探查。2004 年 4 月和 7 月江西信息网和易盛信息网相继报道出，杨耀民博士的研究证明，云南昆阳群存在丰富的稀土矿床，其矿床元素组合比白云鄂博还多，矿产前景喜人。据初步探查，云南的稀土矿床主要有独居石、氟碳铈矿和离子型稀土矿等，其中独居石主要分布于勐海地区以及碧罗雪山-临沧-勐海成矿带的景洪，氟碳铈矿主要是四川矿床的延伸带，陇川等地区则主要以离子型稀土矿为主。

由于云南省地处濒太平洋及特提斯-喜马拉雅构造域的交接部位，地质构造复杂，岩浆活动强烈，变压作用广泛，地层发育齐全，稀有稀土金属成矿地质条件较好，其找矿前景十分广阔，稀土矿床的储量应该会有非常好的前景。

综上所述，中国的稀土资源储量巨大，同时云南省的稀土资源也具有良好的前景，这为我们发展稀土下游产品提供了充分的物质保障。

20.2　稀土的分离及冶炼

由于稀土元素之间化学性质相似，而且稀土元素往往与其他元素共生形成较复杂的矿物，因此给稀土的分离和稀土金属的制取造成了很多的困难。从矿物中提取稀土元素工艺的确定，主要根据矿物的基本物理化学性质、矿物的组成和工业产品的要求来定，主要包括三个阶段：精矿分解、稀土纯化合物的提取、稀土金属的制备。

20.2.1　精矿分解

精矿分解是利用某些化学试剂与精矿作用，将矿物的化学结构破坏，使稀土元素与伴生元素初步分离或富集的过程，其中又分为火法和湿法两种。

20.2.1.1　*火法分解*

火法分解如下：

（1）碳酸钠焙烧法：是利用碳酸钠与精矿（如氟碳铈矿）在 600～700℃下进行反应，使稀土变为可溶于酸的氧化物等。

（2）浓硫酸焙烧法：该法是利用精矿（如混合型轻稀土精矿）与浓硫酸混合加热至 500～600℃，稀土与钍生成可溶性硫酸盐，从而达到与其他元素初步分离的目的。

（3）氯化法：该方法是将精矿（如氟碳铈矿或独居石）在高温和有碳存在的条件下，使稀土元素与氯作用而转化成稀土氯化物，根据蒸气压的不同与杂质氯化物达到初分离。

20.2.1.2　*湿法分解*

湿法分解如下：

（1）氢氧化钠分解法：这种方法是将精矿（如混合型稀土矿或独居石）与浓 NaOH 溶液在 135～140℃下反应，使稀土留在固相，其他杂质迁入溶液，以达到初步分离。

（2）硫酸分解：在 230～250℃用浓 H_2SO_4 与精矿（如独居石）作用，使稀土转化成易溶于水的可溶性化合物。

（3）盐分解：这主要用于南方离子型稀土矿，将矿物用 $(NH_4)_2SO_4$ 或 NH_4Cl、NaCl 等溶液浸出，即可直接得到相应的稀土溶液。

20.2.2　稀土单一化合物的制取

稀土单一化合物的制取如下：

(1) 一般化学分离方法：主要利用稀土硫酸复盐或草酸盐的难溶性，使之于非稀土杂质元素分离，或利用稀土硝酸铵复盐进行分级结晶使之提纯，以及利用氧化还原沉淀法进行稀土某些元素的分离或提取。

(2) 溶剂萃取法：该法利用有机萃取剂把稀土元素从相应的水溶液中提取出来，从而使之与杂质元素分离并达到提纯的目的。

(3) 离子交换法：这是利用有机离子交换树脂，可以将稀土全分离，以制取高纯稀土化合物。

除此之外，萃取色层和液膜分离等方法，也是当前制取稀土纯化合物的有效方法。

20.2.3 稀土金属的制备

制取稀土金属的方法目前主要有金属热还原法和熔盐电解法，对轻稀土元素多采用熔盐电解法，重稀土元素则以金属热还原法为主。

20.2.3.1 金属热还原法

金属热还原法通常都以钙为还原剂，氟化物热还原是将无水稀土氟化物与超过理论量10%～15%的金属钙颗粒混合压实，装入钽坩埚，置于高真空电炉中，充入惰性气体，在高于渣和金属熔点50～100℃温度下，按下式进行还原反应

$$2RF_2 + 3Ca \xrightarrow{1450 \sim 1750^\circ C} 2R + 3CaF_2$$

在反应温度下保持约15min，然后冷至室温，除去渣并取出金属，金属回收率为95%～97%。但产品含钙0.1%～0.2%、钽0.05%～2%，含氧、氟等杂质亦高，需再经高真空重熔和蒸馏（或升华）除去杂质。此法可制取除钐、铕、镱和铥以外的镧系金属。

氯化物热还原过程常用的还原剂为锂或钙，还原反应式为

$$RCl_3 + 3Li_{(g)} \xrightarrow{800 \sim 1100^\circ C} 3LiCl\uparrow_{(g)} + R_{(s)}$$

或

$$RCl_3 + 3Ca_{(g)} \xrightarrow{800 \sim 1100^\circ C} 3CaCl\uparrow_{(g)} + R_{(s)}$$

金属钐、铕、镱和铥的蒸气压很高，以蒸气压较低的金属如镧、铈，甚至铈族混合稀土金属为还原剂，在高温和高真空下还原 Sm_2O_3、Eu_2O_3、Yb_2O_3 和 Tm_2O_3，同时进行蒸馏，可以得到相应的金属。采用经过灼烧的 R_2O_3 粉料和表面清洁的金属还原剂混合压制成块，在0.133Pa和1300～1600℃条件下，经过0.5～2h还原蒸馏，可以得到较高的金属回收率。这种方法也是用于制取金属镝、钬和铒，只是需要更高的温度和真空度。Eu_2O_3 的还原反应激烈，还原温度较还原钐、镱、铥的氧化物低100～500℃，操作应在惰性气氛中进行。

20.2.3.2 熔盐电解法

熔盐电解法是制取稀土金属的主要工业生产方法。主要是生产铈族混合稀土金属，其次是金属铈、镧、镨和钕。按稀土熔盐电解体系分为两类，以使 RCl_3-KCl（NaCl）体系，电解稀土氧化物；二是 RF_3-LiF-BaF_2（CaF_2）体系，电解稀土氯化物。氯化物体系电解的电解质是由35%～50%无水 RCl_3 和KCl配制的。电解温度高于金属熔点，电解制取混合稀土金属和铈时为850～900℃，电解制取镧时为900～930℃；电解制取镨钕合金时约为

950℃。用钼棒作阴极，电流密度为 3 ~ 5A/cm²。用石墨作阳极，电流密度小于 1A/cm²。槽电压 8 ~ 9V，极间距是可调的。金属直收率为 80% ~ 90%，纯度为 98% ~ 99.5%。

20.2.4　稀土金属的提纯

用熔盐电解和金属热还原生产的稀土金属中，杂质总含量一般为 1% ~ 2%，其中非稀土杂质主要来自原料（如稀土卤化物）、还原剂（如钙）、容器和环境等渠道。如采用纯度较高的原料及严格的操作制度，稀土金属中杂质总含量可降至 0.5% 左右。

由于科学研究和高技术发展的需要，对稀土金属的纯度提出了越来越高的要求，因此推动了稀土金属提纯技术的发展。目前主要有四种提纯方法在使用，即真空熔融、真空蒸馏或升华、电迁移和区域熔炼。

20.2.4.1　*真空熔融法*

将蒸气压较低的稀土金属，如钪、钇、镧、铈、镨、钕、钆、铽和镥，在真空度大于 1.33×10^{-4}Pa、温度高于金属熔点 200 ~ 1000℃ 的温度下进行熔融提纯。在这种情况下，蒸气压高的杂质如碱金属、碱土金属以及氟化物、低价氧化物能被蒸馏出去，但对钽、铁、钒、铬这些沸点高的杂质的去除效果较差。

20.2.4.2　*真空蒸馏法*

在真空度为 1.33×10^{-4} ~ 1.33×10^{-7} Pa 和温度为 1600 ~ 1725℃ 下蒸馏提纯钇、钆、铽、镥以及在 1550 ~ 1650℃ 下蒸馏提纯钪、镝、钬、铒、铥、钐、铕、镱。在这种条件下，钽、钨等蒸气压低的金属杂质和含碳、氮、氧的化合物便会留于坩埚中。此法往往同真空熔融法并用。

20.2.4.3　*电迁移法*

将稀土金属棒在超高真空或惰性气氛中通上直流电，在比金属熔点低 100 ~ 200℃ 下保持 1 ~ 3 周。在高温和直流电场作用下，各种杂质元素因为有效电荷、扩散系数和迁移率不同，便沿试棒向两端富集。切去试棒两端，中段可再次进行电迁移提纯。在实验室中用电迁移法对镧、铈、镨、钕、钆、铽、钇、镥进行提纯，去除碳、氧和氮这些杂质的效果显著。

20.2.4.4　*区域熔炼法*

稀土金属棒在区域熔炼炉中以很慢的速度（如提纯钇时为 0.4mm/min），进行多次区熔，对去除铁、铝、镁、铜、镍等金属杂质有明显效果，但对氧、氮、碳、氢无效。此外，电解精炼、区熔-电迁移联合法提纯稀土也有一定效果。

20.3　稀土的应用

稀土元素具有的许多特殊的性质，使其被广泛应用于许多领域。大体可分为传统产业和高新技术产业两大领域。传统产业的应用主要是指应用于冶金、玻璃陶瓷、石油化工、农林以及轻工印染等行业；而高新技术主要是指稀土作为磁性材料、贮氢材料、发光材料、汽车尾气净化催化材料以及稀土抛光材料等功能材料。

20.3.1　稀土在传统产业的应用

20.3.1.1　*稀土用于冶金行业*

微量稀土加入钢中，可以有效地变质钢中的有害杂质、消除和降低微量低熔点元素的危害作用、净化和强化晶界、改善铸态组织、细化晶粒、减少成分偏析、细化组织以及影响钢的相变点等。对于大量稀土添加入钢中可有效提高钢的强韧性、热强性、耐磨性、耐蚀性、抗疲劳性能、改善焊接性能、提高抗氢致脆性、改善低温性能、提高抗氧化性等。另外，稀土在超强韧钢、不锈钢、管线钢、重轨、高碳钢、工模具钢、耐磨钢、耐热耐候钢、高强耐候钢、抗氢裂钢等合金钢中也大有所为。目前中国用稀土处理钢有81个品种，但大量应用稀土的只有10余种，稀土处理钢的年产量仅100万t左右。相比之下，美国稀土处理量占总钢产量的2%～10%，而中国只有0.5%。

稀土在铸铁中除有除气净化作用外，还可使石墨形态球化，细化晶粒，从而提高铸铁的硬度、耐磨性以及铸造性能等。稀土处理的铸铁主要应用于冶金行业的轧辊、钢锭模，以及汽车和拖拉机行业的曲轴、气缸体、变速箱、履带，机械行业的各种齿轮、凸轮轴、各种机座，建筑行业的各种口径的输水管道和暖气片等。

同时，在有色金属中加入稀土会产生许多奇特效应。比如向含硅量较高（0.08%～0.15%）的电工纯铝中加入适量稀土，可使其导电率提高到61%～63%IACS，耐蚀性同时也得到明显改善。在Al-Mg、Al-Li和Al-Zn-Mg等合金中添加少量钪可明显提高合金强度、韧性、耐热性和焊接性能。在纯铜中添加0.1%～0.2%稀土后，不仅延缓了铜晶粒长大的速度，较大幅度地提高材料的强度和硬度，而且还可提高材料的抗高温氧化性能。在金属镁或镁合金中添加稀土，可以提高镁及其合金的许多性能，例如在变形镁合金MB21、MB25、MB1中添加0.25%～0.5%的铈钕钇或富钇混合稀土后，合金的室温强度和高温强度都得到明显提高，可以代替部分中强铝合金用于飞机的受力构件。另外，稀土还在贵金属、硬质合金、钨钼合金、钛合金、铅合金、锡合金等有色金属合金中发挥着重要作用。

总之，稀土是冶金行业的优良添加剂，在冶金领域的用量正在逐年递增，表2-20-4和表2-20-5分别列出了近几年来中国稀土在钢铁和有色合金中的用量。

表2-20-4　近几年中国稀土在钢铁中的用量

年　份	1998	1999	2000	2001	2002
稀土在钢中应用的消费量/t	372	400	400	400	400
稀土钢的产量/万t	44.5	80.0	77.89	74.66	83.10

表2-20-5　近几年中国稀土在有色合金中的用量

年　份	全国稀土总消费量/t	在有色金属合金中的用量/t	占全国稀土总消费量的比例/%
1999	17720	920	5.2
2000	19270	1100	5.7
2001	22600	1210	5.4
2002	24780	1800	7.3
2003	30800	2000	6.5

20.3.1.2　稀土用于玻璃陶瓷

稀土在用于玻璃陶瓷方面，主要以氧化物的形态用于稀土抛光粉、稀土玻璃脱色剂、陶瓷颜料、稀土光学玻璃等。稀土可使玻璃着色，如铈钛氧化物能使玻璃变黄，添加氧化钕的玻璃为鲜红色，高品位的氧化镨可使玻璃变成绿色。在玻璃中添加少量稀土可制作各种特种玻璃，如含氧化镧的低硅或无硅玻璃，有很高的折射率，低色散和良好的化学稳定性，可用于制造高质量的照相机镜头和潜望镜头。

以氧化钇、氧化镝为主，配以其他稀土而制得的高温透明陶瓷及红色、绿黄色玻璃，他们对于远红外光透光率达 80%，可用于制作激光窗、高温透镜、自动制导火箭的红外窗。

添加二氧化铈的白色釉，遮盖力强，坯体可用低质陶土，且釉面光亮、莹润、白度高。在硅酸锆基的釉料中，加入 3% ~5% 的镨黄，具有鲜艳的柠檬黄色，纯洁度和亮度都好，而且耐蚀、耐热性优良，着色磁体的成品率亦高。

20.3.1.3　稀土用于石油化工

在此领域，稀土主要起着催化裂解的作用，稀土的分子筛催化剂，用于炼油业作石油裂解的催化裂化剂，可以提高汽油等轻质油的产率 5%，提高裂解装置能力 20% ~30%。目前世界上 90% 的炼油裂化装置使用含稀土的催化裂化剂。另外，稀土催化剂已成功地用于合成性能与天然橡胶相似的异戊橡胶。

20.3.1.4　稀土用于农、林、牧

在这方面中国处于世界先进水平，大量研究表明，稀土可以增加种子活力、提高萌发率、成活率和发芽率，稀土对营养元素的吸收有明显的促进作用，对氮磷钾的吸收率提高 20% 以上。同时，稀土元素能提高植物对自然界高温、低温、干旱、水涝、盐渍、酸雨和重金属污染的抵御能力。据不完全统计，现有对粮食作物、油料作物、棉、麻、芦苇、橡胶树、茶树、烟草、蔬菜、瓜果、药材、花卉、林业以及畜禽类的实用技术共 129 种，一般增产 8% ~10% 或更高，并有改善品质，提前成熟、防腐抗病的作用。

20.3.1.5　稀土用于轻工印染行业

稀土催干剂，代替钴及其他传统的有色金属催干剂，具有无铅、低毒等优点，广泛用于油漆行业。以 30% 的氧化镧为主要原料的稀土应用产品可以用作 PVC 的稳定剂。此外，稀土用于无机颜料具有不易褪色、无毒、环境友好的优点，也已在塑料、油墨、油漆和涂料中得到应用。据报道，仅在美国和欧洲的塑料工业中每年就需 2000t 以上的颜料，全世界年消费量超过 4300t。

稀土在印染工业上作为助染剂，可节约 8% ~15% 的染料，并可提高一级品率；产品具有色泽鲜艳、手感柔软和抗静电性等优点。稀土在皮革鞣制中，也有良好的效果，其成革具有粒面细微、平整、毛孔清晰、柔软丰满、弹性好、部位差小、松面率低、颜色均一、成品率高等特点。

20.3.2　稀土在高新技术领域的应用

进入 20 世纪 90 年代以来，稀土高新材料的应用得到迅猛的发展。在中国的稀土市场上，2004 年各类稀土产品产量继续增长，见表 2-20-6。在产量增长的同时，消费结构也相应的在不断发生变化，表 2-20-7 列出了近十几年来中国的稀土消费量结构。可以看出，近五年来稀土在冶金、机械、石油、化工以及农业、轻纺等传统领域的消费比例逐年降低，在玻璃、陶瓷尤其是新材料（包括永磁、荧光、储氢、催化等）方面的消费比例大幅度增长。可以预见，在未来几年中，尤其是“十一五”期间，随着稀土应用向高技术方向的不断深入，在陶瓷、荧光、储氢、永磁等新材料的消费比例仍会不断扩大。

表 2-20-6 2004 年各类稀土产品产量

品 种	产量/万 t	同比增长/%	品 种	产量/万 t	同比增长/%
稀土矿产品	9.83	6.84	稀土新材料	2.689	79.3%
稀土冶炼分离产品	8.67	11.1			

表 2-20-7 近十几年来中国稀土消费量结构

年 份	冶金/机械		石油/化工		玻璃/陶瓷		新材料		农业/轻工		总 计
	消费量/t	比例/%	消费量/t	比例/%	消费量/t	比例/%	消费量/t	比例/%	消费量/t	比例/%	
1991	3786	45.7	2500	30.2	740	8.9	120	1.4	1140	13.2	8286
1993	4300	43.5	2700	27.3	950	9.6	400	4.0	1540	13.8	9890
1995	4450	34.2	3200	24.6	1300	10.0	1130	8.7	2920	15.6	13000
1997	4960	32.9	3700	24.6	1540	10.2	1850	12.3	3010	22.5	15070
1999	5100	28.8	4200	23.7	1800	10.2	3520	19.8	3100	20.1	17720
2001	5500	24.5	4500	20.0	2900	12.8	6300	27.9	3400	17.5	22600
2003	6462	21.9	—	—	6000	20.3	10000	34	—	15.0	29500
2004	5000	15.0	4000	12.0	6200	18.6	15911	47.6	2300	6.8	33411

20.3.2.1 稀土磁性材料

A 稀土永磁材料

稀土永磁材料作为一种极其重要的功能材料，已被广泛运用于能源、交通、机械、医疗、计算机、家电等领域，深入国民经济的方方面面，稀土永磁的发展是推动稀土工业发展的重要支柱，是现代信息产业的基石之一，稀土永磁材料的产量与用量已成为衡量一个国家综合国力与国民经济发展水平的重要标志之一。

从 20 世纪 60 年代以来，稀土永磁材料已形成了具有规模生产和使用价值的两大类、三代稀土永磁材料：第一大类是 Sm-Co 永磁，或称 Co 基稀土，它又包括两代，即第一代稀土永磁是 1∶5 型 SmCo 合金，第二代稀土永磁是 2∶17 型 SmCo 合金；第二大类是 RE-Fe-B 系永磁，或称铁基稀土永磁材料，第三代稀土永磁，是以 NdFeB 合金为代表的 Fe 基稀土永磁合金。

第三代钕铁硼稀土永磁由于其极强的磁性，被俗称为“永磁王”。全球钕铁硼行业基本保持了一个快速增长的势头，世界市场需求以每年 25% 的速度递增，并将在今后很长时间（至少 10 年）保持这个发展速度。中国开展对稀土永磁材料的研究始于 1969 年，比西方晚 5 年，多年来，欧洲、美国和日本一直在稀土永磁产业领域占据主导地位，但自 2002 年起，全球稀土永磁产业的格局发生了重大变化，中国的地位开始突显。从 1999 年起，中国烧结钕铁硼的产能和产量每年以大于 35% 的速度增长，预计这种势头还会延续 8～10年。表 2-20-8 列出了 1996 年以来中国钕铁硼磁体的产量情况。尤其是“九五”以来，在稀土永磁重大攻关项目计划和“863”计划重大项目“高档稀土永磁钕铁硼的产业化”完成后，中国已能批量生产 N42、N45、N48、N50 系列高档烧结钕铁硼产品，从而缩小了与发达国家的差距。

表 2-20-8　1996 ~ 2004 年中国钕铁硼磁体产量统计

种　类	年份	1996	1997	1998	1999	2000	2001	2002	2003	2004
烧　结	产量/t	2602	3340	4000	5100	6500	8000	9000	13700	25000
	增长/%	43	28	20	27	27	23	12.5	52	82.5
黏　结	产量/t	70	112	140	180	450	500	1000	1300	1500
	增长/%	71	60	25	30	150	11	100	30	15.3

从市场需求角度来看，由于稀土钕铁硼永磁材料是支撑现代电子信息产业的重要基础材料之一，信息、计算机、通讯、各类永磁电机等高新技术产业领域以及现代汽车工业、电动车辆产业等传统产业和支柱产业对其的需求也将不断增多，因此，钕铁硼永磁的市场前景乐观，表 2-20-9 显示出“十五”期间稀土永磁市场需求预测。

表 2-20-9　“十五”期间稀土永磁市场需求预测

种　类	地　区	2001 年	2002 年	2003 年	2004 年	2005 年
烧结 NdFeB	中　国	7500	8600	9900	11300	13100
	世　界	14600	16800	19300	22200	25600
黏结 NdFeB	中　国	300	400	500	600	700
	世　界	2260	2490	2740	3010	3320
合　计	中国 NdFeB	7800	9000	10400	11900	13800
	全球 NdFeB	16860	19290	22040	25210	28920

B　稀土超磁致伸缩材料

稀土超磁致伸缩材料（GMM）与压电陶瓷（PZT）和传统的磁致伸缩材料 Ni、Co 相比，在室温下，具有超大的磁致伸缩应变，应变量达到（1500 ~ 2000）$\times 10^{-6}$，为压电陶瓷的数倍，Ni、Co 等的数十倍，稀土超磁致伸缩材料具有能量密度高、转化效率高、响应速度快、输出功率大等特点。在有源减震、精密机械控制、机械传动机构、燃油喷射系统、IT 技术等领域有广泛的应用前景，同时，由于具有卓越的低频性能，在水声中主要用于远距离目标探测，在军事上，低频、大功率、深水换能器已成为现代主动声纳换能器的主攻研究方向，因此，稀土超磁致伸缩材料是美国等西方国家列为对中国禁运的功能材料。

中国从 20 世纪 80 年代开始该种材料的研究，经过 20 多年来的研究，在对材料成分、制备工艺和物理基础进行了较为系统的研究，产业化也取得了一定的进展，但器件研究在中国才刚起步，远落后于西方发达国家，现在只能制造传统的水声换能器。稀土超磁致伸缩材料的应用可以引发一系列的新技术、新设备、新工艺的出现，是 21 世纪战略性功能材料。

C　稀土磁制冷材料

稀土磁制冷材料是无污染的制冷工质材料，用磁制冷材料取代目前使用的氟利昂制冷的冷冻机、电冰箱、空调器等可以消除由于氟利昂所造成的环境和对大气臭氧层的破坏。2010年中国将全面禁止生产和使用作为制冷剂的氟利昂等氟氯碳和氢氟氯碳类化合物。

在磁制冷材料、技术和装置的研究开发领域，美国和日本目前居领先水平。2002年美国能源部在依阿华州立大学埃姆斯实验室的科研人员已研制出世界第一台能在室温下工作的磁冰箱。中国的北京科技大学、钢铁研究总院、南京大学等已开展了此方面的工作，对LaFeSi、Gd_5Si_4、$Gd_{80}Tb_{20}$、Gd_3Al_2等稀土合金磁制冷材料的磁卡效应进行了深入研究，以取得了重要进展。

D　其他磁性材料

除上述稀土磁性材料外，还有像稀土永磁薄膜、巨磁电阻材料等高新技术功能材料在计算机集成电路、信息通信、电子、能源、汽车等工业有广阔的应用前景。

20.3.2.2　稀土发光材料

稀土元素特殊的电子构型使其成为新材料的宝库，而稀土发光材料则是这宝库中五光十色的瑰宝。稀土发光材料主要是以应用铕、铽、钆、钇等高纯中、重稀土为特色，其品种多、应用领域广泛，目前已知的稀土发光材料品种达到300种以上。按其应用领域，大致可分为三大类：（1）显示用稀土发光材料，主要包括阴极射线管（CRT）用荧光粉、投影管用荧光粉、等离子显示（PDP）用荧光粉、场发射显示（FED）用荧光粉等；（2）照明用稀土发光材料，主要包括灯用稀土三基色荧光粉、白光发光二极管（白光LED）用荧光粉、稀土卤化物发光材料等；（3）特种稀土发光材料，主要包括稀土长余辉荧光粉、X射线增感屏用荧光粉、上转换荧光粉等。

就稀土发光材料的市场而言，根据“稀土信息”刊登的来自“稀有金属新闻”的统计和预测，2002年全球的荧光粉产量为17000～18000t,其中稀土荧光粉的产量为3300～3500t,占荧光粉总量的19.5%。预计到2005年荧光粉的用量会稳中有升，稀土荧光粉将有较大的增幅，预计可增长到4300～4500t,需要指出的是，尽管目前稀土荧光粉的产量只占荧光粉总产量的19.5%，但由于其价格远高于非稀土荧光粉（根据种类不同，大致高3～10倍），故其产值约占荧光粉总产值的70%左右，2005年稀土荧光粉的产值所占比例有较大增长。

目前中国的电视机、显示器和照明光源的产量均居世界首位，这极大地带动了中国稀土发光材料的迅速发展。根据中国彩电2002年5000多万台、2003年6000多万台的产量推测，2002年彩电粉的需求量应在1500t左右，2003年彩电粉的需求量在1800t左右。另外，2002年中国紧凑型节能荧光灯的产量为8亿多支，可推测该年灯粉的需求量约为900t；2003年中国生产三基色荧光灯约为12亿支，生产荧光粉约1300t。可以预测，随着今后显示市场以及照明市场节能灯具的普及扩大，未来十多年间，稀土发光材料的消耗量将逐年大幅增加。

20.3.2.3　稀土贮氢材料

在金属氢化物贮氢材料中，稀土氢化物贮氢材料的性能最优异，应用也最为广泛，应用领域已扩大到能源、化工、电子、宇航、军事及民用等各个方面。

稀土贮氢合金最大的用途是做成负极用于镍氢电池中，这是利用了合金与氢的可逆反应将化学能转变为电能的原理。镍氢电池具有能量密度高、功率密度高、可快速充放电、循环寿命长以及无记忆效应、无污染、免维修、使用安全等特点，尽管近年来受到锂电池的冲击，但在小型移动通讯设备、笔记本电脑、便携式摄像机、数码相机等领域仍占有较大的份额。动力型镍氢电池则用于电动工具、电动自行车、电动摩托车以及电动汽车等领域。

燃料电池是利用氢能的最有希望的体系之一，而如何提供燃料电池的氢源仍存在很多问题。当前采用的压缩氢、液态氢、金属氢化物、甲醇重整等氢燃料贮存技术中，金属氢化物技术因具有特有的安全性和高体积贮氢密度，一直受到普遍青睐。

国外用于制造镍氢电池负极的贮氢合金粉厂家主要集中在日本，最著名的公司有三井、中央电器（CDK）、三德、重化学工业（JMC）、信越化学、三菱材料等公司。其中前4家公司的年生产能力已达到18000t，欧洲生产贮氢合金的厂家有德国的GFE公司和奥地利的Treibacher公司。中国贮氢合金的生产企业已经有20多家，年生产能力估计为8000～9000t。2002年世界生产镍氢电池约9亿Ah，消耗贮氢材料约9000t。预计2005年，世界市场用于通讯、动力车和电动工具等的镍氢电池的产量可达23亿Ah，对各种贮氢合金粉的需求将达2万多吨。2002年中国生产镍氢电池约3.5亿支，使用贮氢合金约3600t，2003年稀土贮氢合金的实际产量大约5000t。预计2005～2010年国内镍氢电池生产量将达到10亿支，镍氢电池的应用领域也会逐渐扩大，从移动通讯用小型电池转向动力型镍氢电池。镍氢电池的发展对稀土贮氢合金产生激增的新需求。另外，随着质子交换膜燃料电池的开发和推广应用，作为氢源用的金属氢化物贮氢器也会得到大力发展，这种贮氢器也要大量使用稀土贮氢材料，因此，稀土贮氢材料的大规模生产及其应用是极具前途的新兴产业。

20.3.2.4　稀土催化材料

稀土元素具有未充满电子的4f轨道和镧系收缩等特征，表现出独特的化学性能，已在许多重要的化学过程中得到应用，如石油化工、化石燃料的催化燃烧、机动车尾气净化和有毒有害气体的净化、烯烃定向聚合、CI化工、燃料电池（固体氧化物燃料电池）等。稀土催化材料按其组成大致可分为：稀土复合氧化物、稀土-（贵）金属、稀土-分子筛、稀土杂多酸、稀土配合物等。

从20世纪60年代中期开始，国内外对稀土化合物的催化作用进行了广泛的研究。研究表明，稀土在催化剂中可以起到如下作用：（1）提高催化剂的贮氢能力；（2）有利于提高活性金属的分散度，改善活性金属颗粒界面的催化活性；（3）降低催化剂中的贵金属用量；（4）提高涂层材料的热稳定性；（5）促进水汽转化和蒸汽重整反应；（6）增大提高晶格氧的能力。总之，稀土可以明显提高许多催化剂的性能。同时，大力开发使用稀土催化剂可以缓解中国稀土工业大幅度消耗中重稀土和钕大量生产稀土永磁、荧光粉材料所造成的高丰度元素铈、镧等的大量积压。从表2-20-10列出的2000年中国与美国稀土消费量对比表中，看出中国在稀土催化方面的应用还与美国有较大差距。因此，稀土催化剂的开发使用还有很长的路要走，还有很大的上升空间。

20.3.2.5　稀土抛光材料

稀土抛光粉是稀土的一个重要应用领域，氧化铈基抛光粉的抛光强度和抛光性能明显优于其他类抛光粉，因此，玻璃抛光和大部分晶体抛光都选用铈基抛光粉。按CeO_2的含量可将铈基抛光粉分为两大类：一类是CeO_2含量高的高铈抛光粉，一般CeO_2/TREO（总稀土氧化物）不小于80%，另一类是CeO_2含量在50%左右或更低的低铈抛光粉。高铈抛光粉抛光能力强，使用寿命长，特别是用于硬质玻璃的长时间循环抛光，抛光效果好，价格也相对较高。低铈抛光粉一般由稀土矿经机械粉碎得到，抛光能力弱，抛光效果差，但成本低，一般用于平板玻璃、显像管玻璃、眼镜片抛光等。

表 2-20-10 2000 年中、美稀土消费量对比（REO）

<table>
<tr><th rowspan="2">应用领域</th><th colspan="2">美 国①</th><th colspan="2">中 国①</th><th colspan="2">中 国②</th></tr>
<tr><th>消费量/t</th><th>所占比例/%</th><th>消费量/t</th><th>所占比例/%</th><th>消费量/t</th><th>所占比例/%</th></tr>
<tr><td>催化剂</td><td>9500</td><td>55.4</td><td>2000</td><td>10.4</td><td>4300</td><td>22.3</td></tr>
<tr><td>玻璃和陶瓷</td><td>1750</td><td>10.2</td><td>2000</td><td>10.4</td><td>2000</td><td>10.4</td></tr>
<tr><td>抛光粉</td><td>2000</td><td>11.7</td><td>2000</td><td>10.4</td><td>—</td><td>—</td></tr>
<tr><td>冶 金</td><td>1750</td><td>10.2</td><td>5500</td><td>28.6</td><td>5200</td><td>27.0</td></tr>
<tr><td>永磁体</td><td>1500</td><td>8.7</td><td>3500</td><td>18.2</td><td rowspan="2">46.20</td><td rowspan="2">24.0</td></tr>
<tr><td>荧光粉</td><td>500</td><td>2.9</td><td>1000</td><td>5.2</td></tr>
<tr><td>其 他</td><td>150</td><td>0.9</td><td>3200</td><td>16.7</td><td>3150</td><td>16.3</td></tr>
<tr><td>总 计</td><td>17150</td><td>—</td><td>19.200</td><td>—</td><td>19.270</td><td>—</td></tr>
</table>

① 数据来源于英国罗斯基尔信息服务公司 2001 年的统计数字。

② 数据来源于 2004 年中国稀土年鉴。

就市场而言，自 20 世纪 70 年代发明了浮法制备平板玻璃生产工艺以来，平板玻璃用抛光粉市场份额逐渐缩小，同时随着塑料眼镜片的使用，玻璃眼镜片抛光粉用量将会逐年减少。但近年来，稀土抛光粉的应用不断扩大，据统计，2000 年全球用于稀土抛光粉的稀土量达到 11500t，日本 2000 年销售氧化铈为 5000t，其中抛光粉就占了约 50%。美国稀土抛光粉的用量居世界第二，2000 年消费稀土抛光粉约 2000t。目前，中国铈系稀土抛光粉的年生产能力达到了 4000t，实际产量约 2400t，出口约 1400t，居世界之首，国内用量在全球排第三位。同时，随着电子工业的高速发展，国内稀土抛光粉消费量增长迅速，电视、电脑及各种显示器玻壳生产规模迅速扩大，生产的各种玻壳 1.5 亿套左右，稀土抛光粉的年需求量为 5000 ~ 6000t 左右。预计到 2010 年，国内产量增加 3000 ~ 4000t，总产量达到12000t/a。

20.4 中国稀土行业存在的问题

中国的稀土工业经过 40 余年的发展，生产水平和产品质量都产生了质的飞跃。尽管中国已成为世界最大的稀土资源国、世界最大的稀土生产国、世界最大的稀土供应国以及世界最大的稀土消费国，但是中国的稀土工业仍存在如下许多的问题：

（1）资源浪费严重：从 20 世纪 70 年代以来，各地乱采滥挖、采富弃贫、丢矿压矿现象严重，资源利用率不足 30%，有时仅为 15% ~ 20%。自开始开采以来，江西省已为采收 13.4 万 t 离子型稀土付出消耗资源 46.3 万 t，流失资源达 33 万 t。同时还造成植被的严重破坏，水土流失等环境问题。包头市白云鄂博矿，多年来实行以铁为主的综合利用方针，稀土利用率现为 10% 左右，大量稀土资源堆存于尾矿坝。自 1967 年选矿至今，以排除尾矿累计达 1.5 亿 t，含稀土氧化物 1000 多万 t。

（2）产销失衡，竞争无序，价格下滑：随着稀土应用领域不断开发，高新开发对稀土功能材料的需求增加，稀土产品价格本应看好，但由于受利益驱动，造成稀土矿乱挖、生产企业低水平重复乱建、产品无序出口的“三乱”局面。过大的开采和分离能力导致稀土产销失衡，产品积压，企业之间恶性竞争严重，出口平均价格严重下滑，1998～2003年中国稀土出口平均价格见表2-20-11。

表 2-20-11　1998～2003 年中国稀土出口平均价格　（美元/t）

品　名	1998 年	1999 年	2000 年	2001 年	2002 年	2003 年
氧化稀土	8257	6038	7796	7597	5144	4959
稀土金属	8478	7703	9481	5997	3449	5090
稀土盐类	2940	2117	1808	2734	1793	1618

（3）应用失衡，部分产品大量积压：各单一稀土产品应用严重失衡，主要表现在：南方离子矿中的铽、镝、镥、铕、钕含量少，用量大，而钇的含量高，用量少，造成钇的大量过剩；北方矿中的铕、钕、镨、镧的销路好，而大量的铈堆积。有些企业为追求利益盲目的扩产，造成铈、钇、钆、钐等产品的大量库存。

（4）产品结构需进一步调整：虽然中国已成为世界稀土大国，但还不是稀土强国，目前国内的稀土产品主要还是稀土氧化物、单一稀土金属为主，所拥有的稀土永磁、稀土发光材料的功能材料也属于低、中档次的产品，在世界市场上的竞争力有限，高新产业发展所需的高档次稀土产品仍以进口为主，形成了低端出口，高端进口的局面。表2-20-12，列出了中国与美国进出口稀土产品价格情况。

表 2-20-12　中国与美国的出口稀土产品平均价格对比统计　（美元/t　REO）

中国出口美国			美国出口中国	
1999 年	2000 年	2001 年	2003 年	2004 年
2657.8	3468.6	4182.2	9926.7	6717.8

（5）稀土应用技术含量偏低：中国已成为世界最大的稀土消费国，2003 年稀土消费量超过 3 万 t，稀土的应用涉及的领域多，市场大。但是稀土产品和稀土应用的技术含量较低，目前的整体状况是“跟踪仿制多，独立创新少”。尤其在高新技术、新材料方面，几乎没有自主知识产权的技术和产品。致使某些我们掌握了生产技术的产品进不了市场，即使进了国内市场也无法进入国际市场。比如，中国生产的稀土永磁材料要出口必须先购买别国的专利许可证，至今受到拥有知识产权的日本、美国企业的高额盘剥。此外，中国在汽车尾气排放净化这个大市场面前，也无法打开局面。因此，组织攻关拥有自主知识产权的高新技术和产品已迫在眉睫。

20.5　对云南省稀土工业发展的建议

前述对中国目前整个稀土工业以及稀土的应用进行了概括地介绍，同时提出了中国稀土工业目前面临的困难，以此为我们云南省的稀土工业发展提供参考。

由于各种原因，云南省到目前为止还没有一家生产稀土产品的企业，云南省应在国家统筹安排的前提下，做好开发利用稀土资源的准备，建议今后云南省稀土工业应注重以下几方面的工作：

（1）继续投入加大探矿力度，详尽地摸清资源情况：云南省稀土金属矿产地质工作始于20世纪50年代后期，以60年代初至中期所做工作相对较多，通过已进行地质探察工作，加之有利的稀土成矿地质条件，证明云南省的稀土矿床储量应该有较大前景。但具体的储量及分布还不是十分详实，应加大此方面的投入，这是开发利用稀土资源的最基础的工作。

（2）在对已明确的稀土矿床开采以前，须充分分析稀土配分，切实评估其开采应用价值，争取做到合理有效的利用资源，避免应用失衡，造成其他资源的积压。

（3）加大稀土在有色金属材料的应用：无论从资源还是有色金属产品上看，云南省都是有色金属大省。可以积极探索稀土与云南省的优势有色金属之间的作用，开发合金产品，如稀土-铜、稀土-铝、稀土-锡以及稀土-锌等，为这些有色金属产品的深加工提供补充。

（4）投入发展稀土高新材料：新材料已成为世界各国经济增长的助推器。美国、日本以稀土为代表的新材料、新产品的增长速度远远高于传统产业的增长速度。2003年中国稀土在高新技术领域的消费量已达10600t，占稀土总消费量的34.7%，在拉动中国稀土产业发展的同时，也成为中国稀土出口创汇的新增长点。

云南省可以针对目前国内过剩的铈、钇、镧、钆等稀土元素，直接投入制备技术较为成熟的稀土抛光材料、稀土催化材料等高新材料，尽快进入稀土市场。为云南省今后稀土开发做好技术储备。

另外，随着国外生产和应用稀土新材料的工业企业不断向中国集中，稀土永磁材料、稀土荧光材料、稀土电池材料、稀土超磁致伸缩材料的市场将继续呈现强劲的增长势头。云南省应以此为契机，抓住这个良好的机遇，特别注重稀土永磁材料、稀土发光材料、稀土电池材料的动向，实行后跟进的战略，引进国内外现成的技术和装备，投入人力财力启动稀土高新材料的研发和生产。

总而言之，云南省应该注意到稀土在高新产业中的重要性，必须尽快启动稀土新材料的研发，实行后跟进、跨越式的发展模式，充分利用好自身的优势资源，与时俱进，尽快努力跟上高新技术产业发展的步伐。

参考文献

1　刘光华．稀土固体材料学．北京：机械工业出版社，1997
2　张安文，夏国金．轻稀土矿的资源状况、选矿和冶炼工艺．稀土应用发展战略研究，2004，1～19
3　郑子樵，李红英．稀土功能材料．北京：化学工业出版社，2003
4　王龙妹，谈荣生．稀土在钢铁及有色金属中的应用．稀土应用发展战略研究，2004，81～93
5　国家发展和改革委员会稀土办公室．中国稀土——2004年．稀土信息-特别报道，2005，（3）：4～7
6　李卫，胡伯平，李传健等．稀土磁性材料．稀土应用发展战略研究，2004
7　洪广言，庄卫东．稀土发光材料．稀土应用发展战略研究，2004
8　刘思德译．2002年世界荧光粉市场回顾．稀土信息，2003，（4）：18
9　蒋利军，詹锋．稀土贮氢材料．稀土应用发展战略研究，2004
10　卢冠忠，郭云．稀土催化材料．稀土应用发展战略研究，2004
11　张进起，朱兆武．稀土抛光材料．稀土应用发展战略研究，2004

12　红枫．中国稀土产业发展战略及发展政策建议．稀土应用发展战略研究，2004
13　刘广志，李建初．关于立即调整白云鄂博超大型稀土铁矿开发对策的建议．工程院院士建议（内部刊物），2005
14　李红卫，黄小卫．稀土进出口现状与对策．稀土应用发展战略研究，2004
15　张烨．如何看待今后的世界稀土市场走势．稀土信息-市场评述，2005，(252)：14

21 钢 铁

谢蕴国 昆明理工大学

21.1 世界钢铁工业发展概况

高新技术的应用、客户对钢铁产品品种质量的要求越来越高、全球钢铁产能过剩、市场竞争激烈、积极研究开发高新技术产品、钢铁生产企业的联盟重整向纵向一体化发展。降低成本、改进技术、开发、抢占新市场，已成为各大钢铁公司竞争取胜采取的主要战略。这就是当今和今后一段时期全球钢铁产业状况的重要特征。

中国自1996年钢产超过1亿t，成为世界第一产钢大国以来，钢铁年产量已连续9年夺冠，保持世界第一地位，预计2005年钢产可达3.3亿t，产能达4亿t/a。目前，中国钢铁生产的某些生产技术、装备水平和技术经济指标已处于世界领先或世界先进水平。但是，从全国的“平均状况”看，中国钢铁产量是大幅增加了，但是在投资结构、产业结构、产品结构、科技水平、资源利用、高效节能、清洁环保、生态环境、循环经济、国际市场竞争力等多方面，存在的问题十分突出。中国一方面是产钢大国，同时也是钢的进口大国，进口的主要部分是钢铁高科技产品、技术含量高的产品、高附加值产品，所以说，中国是“钢铁大国”而不是“钢铁强国”。对一些省或地区而言，更存在钢铁工业求大而不强的问题。

例如某地区，规模最大的某钢铁企业（简称企业），近二十年进行了大规模的技术改造和扩建，在生产工艺流程、生产技术、装备现代化、高新技术应用、产品结构调整等方面，都取得了显著的成绩，有的方面已跨入国内先进行列。但是，企业除存在上述问题外，铁矿资源短缺、主工艺流程不太完善、配套不尽合理、产品结构有待调整、在国内国际市场竞争力弱等问题更加突出。另外，在国内钢铁市场的刺激和宏观调控不力的情况下，该地区内还建设投产了许多生产规模小、生产技术和装备落后或十分落后的小钢铁厂，特别是小炼铁厂，生产的产品都是初级钢铁原材料产品，几乎没有高技术含量和高附加值产品。通俗地讲，更谈不上产品的深加工或深加工程度低。

钢铁产品包括铁制品、钢制品、铁合金等，仅常用的钢种、品种、规格，已形成了数以千计的产品大家族，而且这个家族的成员还在不断的增加。本文不可能也没有必要花大量篇幅去简要叙述各种钢铁产品的生产工艺、技术、设备和用途，这些知识请阅读有关的书籍、资料、文献。本文也不打算从钢铁产品大家族中挑出几个或一些作钢铁深加工的论述对象，并介绍其生产工艺、技术、设备、用途及市场情况。对一个地区的钢铁工业或钢铁企业，产品的深加工问题，就是钢铁产品的结构问题。而钢铁产品结构的调整优化，不仅仅是选择什么产品作生产对象，了解该产品的具体冶炼、加工技术的问题，而是涉及国家钢铁产业发展政策、全国钢铁工业合理布局、市场的发展与竞争、企业的基础和环境等多方面因素的问题。

对钢铁企业来讲，最重要的是，在发展中要形成新一代的生产力，特别要依靠先进的工艺流程来调整钢厂的产品结构、工艺技术结构、装备结构的水平与能力，并以此来决定钢厂合理的规模、市场定位合理的有竞争力的钢厂。先进的工艺流程结构、先进的工艺技术结构、先进的装备结构是形成新一代生产力的必要且充分的条件，是钢铁企业实现跨越式发展的关键，也是企业是否有能力适应市场变化，及时调整产品结构，抢占新市场的关键。

前面已述，本文不讨论钢铁产品“深加工”的技术等具体内容，而是从较“宏观”的角度和发展来探讨，并通过对一个地区钢铁工业发展的粗浅分析，说明依靠先进的工艺流程，调整钢铁的产品，争得市场的合理定位，创造后发技术的优势，是钢铁企业的必走之路。

21. 1. 1　煤、铁资源和再生钢产量

煤：世界储量为10391. 82 亿 t。以 1992 年产量 44. 87 亿 t 计算，煤资源静态保证年限为 232 年。

铁：世界铁矿储量基础为 2300 亿 t，储量 1500 亿 t。以 1992 年产量 9. 04 亿 t 计算，铁资源静态保证年限为 151 年。

再生钢产量：1991 年世界主要发达国家再生钢占钢总消耗量的比例已经很大。例如：美国 75%、日本 42%、德国 42%，当时世界平均约 42%。现在发达国家的再生钢比例有更大提高。这意味着，1992 年美国生产的 9813 万 t 粗钢中有 7350 万 t 不是靠消耗地球铁资源来生产，而是靠铁的可再生循环资源来生产的。在美国，煤在钢铁工业上的消耗也大大下降，原生资源消耗大幅度降低，走上了循环经济的道路。

21. 1. 2　世界钢铁生产概况

钢铁工业曾是世界工业化进程中最具成长性的产业之一，在过去的 100 多年中，钢铁工业得到飞速的发展。进入 21 世纪，钢铁仍然是人类使用的不可替代的原材料，是衡量一个国家综合国力和工业水平的重要标志之一。

现在世界钢铁生产可分为两大块，一块是发达国家，一块是发展中国家。对发达国家钢铁生产可用四句话来描述：曾经辉煌显耀，昔日风光不再，发展高新产品，一般向外转移。20 世纪 70 年代以前，钢铁、汽车、石油一直是资本主义大国的主要支柱产业。钢铁大王、汽车大王、石油大王曾显赫一时。20 世纪 70 年代以后，科学技术飞速发展，新兴产业兴起，钢铁工业的重要性有一定程度削弱，在发达国家，钢铁工业已经成为一个微利行业。发达国家的粗钢产量近 30 年来保持平稳波动或下降的趋势，如图 2-21-1 所示，一般技术含量的产品生产重心已向外转移到发展中国家，特别是有一定资源的发展中大国，如中国、巴西、印度等。在发达国家，一些高附加值的产品的生产能力也远远大于需求，例如不锈钢、镀锡板、镀锌板等设备开工能力只有 40% ~ 70%，在国际市场上，高附加值钢铁产品的竞争白热化，一些世界著名的钢铁企业不惜耗费巨资对现有的已经很先进的生产线进行超前性的技术改造，创造后发技术优势，以保证高附加值产品领域的竞争优势。

同一时期，即 20 世纪 70 年代以后至今，发展中国家钢铁生产高速增长，以中国为

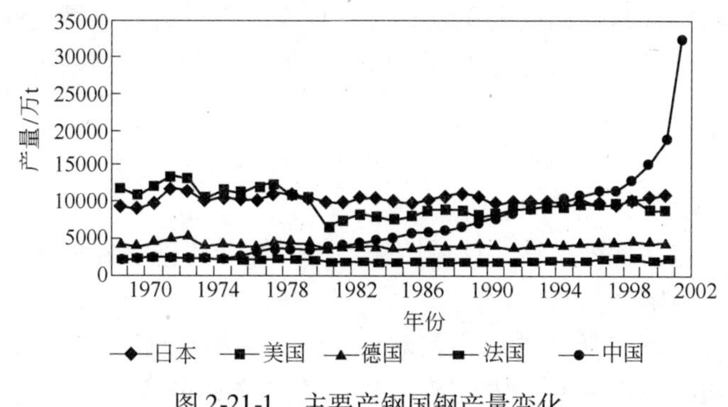

图 2-21-1 主要产钢国钢产量变化

例，1970 年，中国粗钢产量是日本的 19.06%，是美国的 14.91%，是德国的 39.50%，是法国的 74.84%。到 2002 年，中国粗钢年产量比 1970 年增长 9.245 倍，达到 18225 万 t。2002 年日本、美国、德国、法国粗钢产量仅为中国粗钢产量的 59.12%、50.25%、24.7%、11.22%。与 1970 年相比较，2002 年日本、美国、德国、法国粗钢年产量分别增长 15.46%、-22.93%、-0.67%、-14.77%。到 2005 年，中国粗钢产量可达 30000 万 t 以上，而日、美、德、法的产量变化不大。可见一般技术含量产品的生产重心已移向发展中国家。

从全球企业排行看，钢铁企业已不像 20 世纪中、末期排在前列，以 1999 年世界 500 强企业排位为例，当年世界最大、最先进的日本新日铁公司，也只能跻身于第 170 名。钢铁在世界经济发展中的重要性相对下降了。

21.1.3 产业结构

发达国家主要产钢国已完成了该国国内钢铁产业结构的调整与优化。突出的特征是：产业集中度高、企业生产规模大、生产专业化程度较高。例如：日本 5 家钢铁企业钢产量占全国钢产量的 75% 以上，法国尤西诺钢铁公司几乎囊括了法国的钢铁生产，韩国浦项一家钢铁厂产量占全国 65% 以上，欧盟 15 国 6 家钢铁企业产量占欧盟钢产量的 74%，美国长流程企业规模也大，短流程企业在世界上也是大规模企业之一。

发达国家的大型钢铁企业集团，虽然多数也是由多个生产厂组成，但是已经基本上实现了产品生产的专业化分工，钢铁大集团之间也基本上形成了大类产品的分工，企业都不是“万能型”工厂。

进入 21 世纪，随着炼铁、炼钢材料的多样化，钢铁产品的替代品的增加，客户对钢铁产品的品种质量的要求越来越高，越来越严格，市场竞争也越来越激烈。国外钢铁企业为降低生产成本、增强实力、占领市场，纷纷走上联盟、重组的道路，有的采用纵向一体化的战略。这种联盟、重组、纵向一体化不仅表现在国内，还扩展到国际。例如，2000 年 8 月以前钢铁企业的重组有德国克虏伯公司同蒂森公司的合并，法国北方钢铁联合公司同比利时科克里尔桑不尔钢铁公司重组，卢森堡法比卢联合钢铁公司与西班牙冶金公司联姻。2000 年 8 月以后，联盟、重组、合并纵向一体化已构成国际钢铁产业的主流。例如，韩国浦项制铁与新日铁宣布战略联盟，共同发展基础技术，并扩大第三国的合资事业和情报资讯合作，以及扩大相互之间的持股比例。接着 2001 年 2 月 20 日，法国尤西诺、卢森堡雅贝德和西班牙阿塞拉西亚钢铁公司宣布合并，组成当时世界上最大的钢铁公司，年产量将达到4000万t。世界第二大发展中国家印度也都参与到世界钢铁行业结构大调整的浪潮之中。

21.1.4　产品结构

常用的钢铁产品包括各种生铁、球墨铸铁、特殊性能铸铁、各种铁合金以及众多品种的钢制品。本节只涉及钢产品。

常用的钢产品（还不包括特殊用途如航空、航天、核能等用的产品）的结构（即一般称的钢铁产品结构）可以从两个方面来分析，一是产品的钢类，一是产品的类型。通常讲的产品结构问题就是按上述两方面划分，并分析生产的各种产品（或产品类）在产品生产总量中所占的比例。这些产品及其所占比例，即构成产品结构。从钢铁产品的结构和消耗的钢铁产品结构，可以反映出一个国家社会、经济发展的水平和钢铁工业的水平。

钢铁产品是一个大家族，其成员之多，远远超过任何一种金属材料的产品。钢类包括技术含量和附加值低的碳素结构钢（有人称普通钢）。技术含量和附加值高的不锈钢等20个钢类。产品类型包括了型钢、钢板及钢带、钢丝和钢丝绳以及钢管四大类型近100多个品种。每一个钢类又包括了许多钢号。每一个产品类型，又包括了钢号、尺寸、形状、用途、处理技术等更为细分的产品，这样排列组合，钢铁产品大家族成员就数以千计。

钢铁产品门类众多，但各种产品产量相差很大，产量最大的钢类如碳素结构钢、优质碳素结构钢和低合金钢。随科技、经济的发展，不锈钢、合金结构钢等的需求量越来越大。从产品类型看，发展中国家在工业化进程初、中期，对型钢需求量很大，特别是基本建设，城镇兴起所需的建筑、交通等用钢。但随社会、经济的发展，钢板、钢带需求将超过型钢。发达国家生产的板带比例就大大高于型钢。

在讨论钢铁产品结构时，也有用“普通钢”、“高级钢”所占比例来描述，但这种描述是含糊的，因为大的分类就是含糊的概念。从产品的钢类和类型可看出，生产每一种产品的技术难度是不一样的，可理解为产品的技术含量高低不同。每种产品的升值也不一样，即产品的附加值大小不同。所以，用技术含量、附加值来分类描述产品结构更为合理，当然技术含量和附加值与钢类和产品类型是密切相关的。

当今发达国家调整钢铁产品结构以发展高技术含量、高新技术含量、高附加值产品为主，对一般技术含量和附加值低的产品，则转移到国外生产。2002年，日本、欧洲、美国三大主要钢铁组织还宣布，今后新的钢铁产品应有益于资源的重复利用、应有利于建设生态友好的社会。这就把产品开发的目标进一步提高到可持续发展、循环经济、绿色经济、节约经济、效益经济的高度。三大组织还认为，今后研究和开发的重点，应放在对流程的改进和开发上，从而能处理一些焦点问题，例如资源、能源、环保和回收，以及为满足客户的需要而进行的产品开发和应用技术。这样就把传统的产品结构问题和调整产品结构的思路，从狭窄的、简单的选取不同产品，构成新的结构，提高到了对流程的改进与开发上，抓住这一根本，企业就能适应变化的市场需求来调整产品结构，而且能处理上述焦点问题。

21.1.5 国际钢铁贸易及市场竞争

国际钢铁产品市场竞争日趋激烈。竞争的焦点集中在高技术含量、高附加值产品上。例如，1999 年国际钢材贸易量为 2.7 亿 t，其中高附加值钢材贸易量就占 65% 以上。日本、欧盟、俄罗斯、韩国等国家在全球钢铁产品出口贸易中占主导地位。2000 年钢铁出口量约 2.2 亿 t，日本居第一，俄罗斯次之，德国第三，乌克兰第四，比卢联盟居第五位。其中，日本、韩国、欧盟出口以高附加值的不锈钢、冷轧硅钢片、汽车面板、大尺寸造船板为主，而俄罗斯、乌克兰由于技术装备水平相对较差，出口以附加值较低的钢，建筑用钢材为主。

21.1.6 技术进步和创新

钢铁工业是技术、资金、资源、能量密集型产业，而且产业关联度大。尽管现代钢铁工业的生产工艺技术已经相当完善和成熟，一些消耗高、产品质量差、不经济、环境污染严重的落后工艺技术、装备，如平炉炼钢、模铸、小生产设备等都已淘汰，但人们仍围绕技术、资金、资源、能源、环境等中心问题，不断地追求进步与发展，以求抢占新市场和在竞争中取胜。

21.1.6.1 主导生产工艺流程的改进与优化

20 世纪 90 年代以来，钢铁工业技术进步加快，在生产工艺流程方面，总的趋势是向紧凑化、连续化、系统化、自动化、集成化方向发展。钢铁生产工艺流程经过长期的发展与选择，当今主导生产工艺流程有两种：一是以氧气转炉炼钢工艺为中心的长流程。一是以电炉炼钢为中心的短流程。

A 长流程

长流程及其发展情况如图 2-21-2 所示流程 1 ~7。传统的长流程，即工艺流程 1，炼铁原料加入高炉炼铁，铁水进入混铁炉（高炉与转炉中间的柔性环节）供转炉炼钢，钢水、

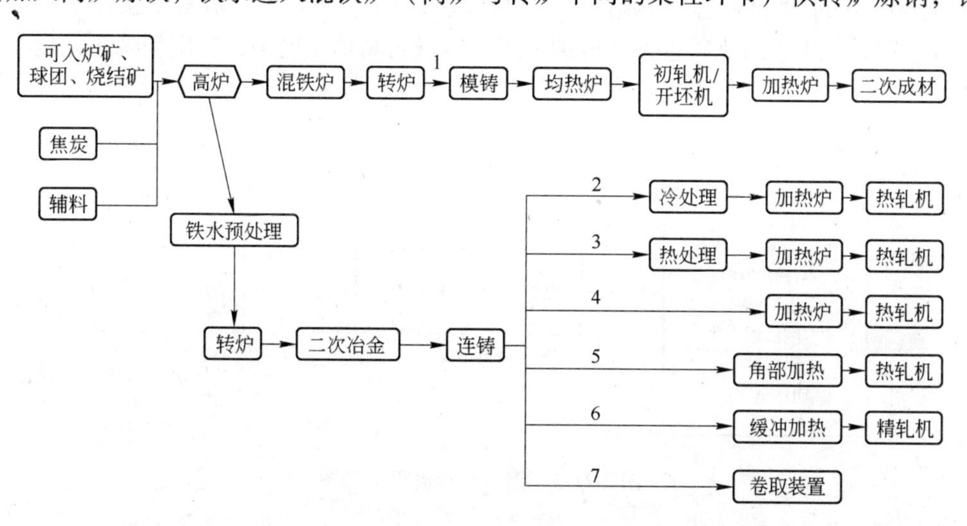

图 2-21-2 钢铁生产长流程工艺发展

1—模铸钢锭冷装轧制；2—连铸坯冷装炉轧制；3—连铸坯热送轧制；4—无缺陷连铸坯直接热装炉轧制；5—连铸坯热送轧制；6—薄板坯连铸连轧；7—薄带连铸

模铸成钢锭，钢锭经均热炉加热，用初轧机/开坯机轧成钢坯，钢坯二次加热，再由不同类型轧机轧成不同的钢材。该工艺流程可简称模铸流程。

模铸流程存在的突出问题是：第一，从铁水炼成钢水的全部过程和任务，如脱硅、脱磷、脱硫、脱碳、升温和温度控制、钢水成分控制和调整，都在一个反应器——炼钢转炉中（或包括出钢过程）来完成，炼钢转炉任务重，且一些化学反应条件相互制约。第二，模铸间隙性作业，劳动条件差，钢水到钢锭，钢的回收率低，钢锭质量难以稳定和提高。第三，钢锭以后的轧制过程，反复加热冷却，能量浪费大，且轧制过程钢材收得率低。第四，流程周期长，流程不紧凑，生产效率低，产品质量较差，且稳定性差。

流程2到流程7为发展、优化的新流程。这些流程有4个突出的特点，也是工艺流程创新的4大突破和成就。其一，传统流程从铁水到钢水浇铸是高炉－转炉二元结构。新工艺流程结构则是多元结构。高炉与转炉之间增加了铁水预处理结构环节，它的任务是预脱铁水中的硅、硫、磷或提取铁水中的其他有价回收元素，如钒等，在铁水预处理环节（或单元），可以针对所需要的冶金反应，在专用的反应器内创造最佳的热力学、动力学和反应工程学条件，以达到最佳的冶金效果。其二，在转炉单元之后加入了二次冶金（或称炉外精炼）单元，该单元包括功能各异，高效的各种二次精炼反应器（装置）和工艺技术，这样就把钢水精炼任务放到二次精炼来完成，而转炉充分发挥其脱碳和提温的优势作用。其三，用连续作业的连铸替代落后的模铸。其四，连铸与连轧多种工艺流程的开发。整个工艺流程是分步优化炼钢与连铸连轧的有机结合系统，这样的系统为高新技术应用，系统冶金的开发创造了良好的条件。

工艺流程结构的创新，也促进了生产技术结构和装备结构的创新与优化，这就形成了当今先进的长流程。

B 短流程

随着电力资源的充裕，社会废钢资源的足够积累，非高炉炼铁技术的逐渐成熟，从20世纪60～70年代起兴起了短流程，如图2-21-3所示。现代的短流程不仅用于冶炼特殊钢、合金钢，也用于冶炼碳素钢。电炉采用大容量超高功率电炉，二次精炼工艺繁多，功能各异，冶炼之后工序，仍发展连铸连轧。

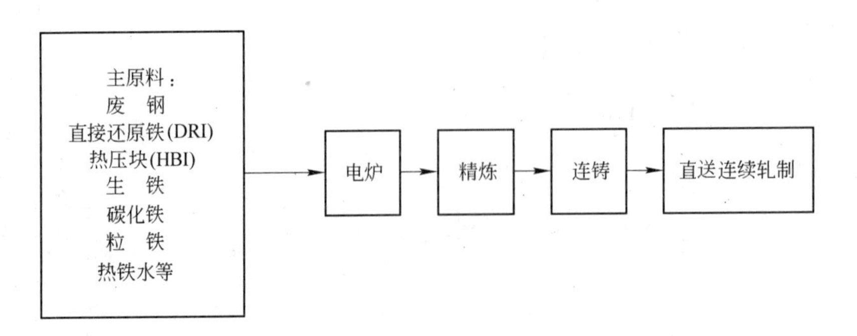

图2-21-3 钢生产短流程工艺图

短流程能耗主要是电能，包括潜在产能巨大的核电和可再生的水电等。原料主要是再生资源废钢等。从经济角度看，短流程具有优势。到20世纪末，全世界短流程产钢已占钢产量的1/3以上，如美国、韩国已占近50%。短流程更适合于规模较小的钢厂。

C　不同工艺流程的间隙连续与紧凑的比较

如图 2-21-4 所示为 5 种工艺流程的比较。各种工艺流程的起点都是钢铁生产原料，包括铁矿石、焦炭、溶剂和其他辅料。所以图 2-21-4 是一个以非再生铁资源为基础的长流程比较。从图可见，从流程 1～6 可知，5 种工艺流程情况一样，即到转炉出钢以前，情况都差不多。新的紧凑的流程的开发发展，主要是钢的浇铸以及后序工艺的进步。

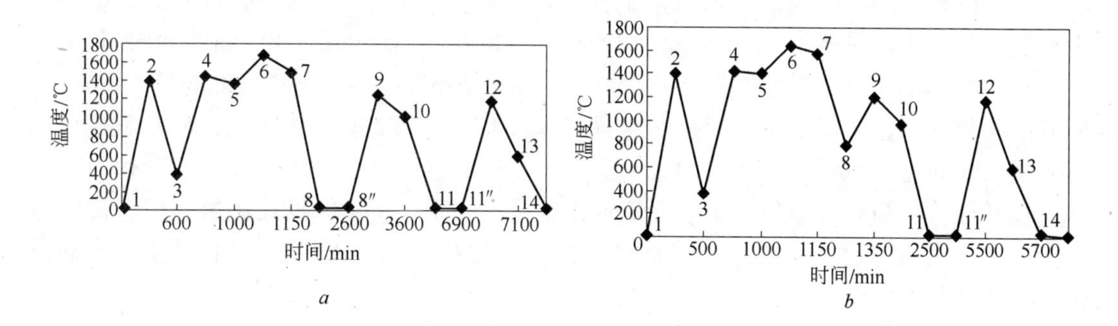

a—模铸-钢锭冷装流程；*b*—模铸-钢锭红送流程

1—原料；2—烧结；3—矿槽；4—高炉出铁；5—兑铁；6—转炉出钢；7—浇铸；8（8″）—钢锭；9—均热炉；10—初轧机；11（11″）—板坯库；12—加热炉；13—精轧-卷取；14—成品库

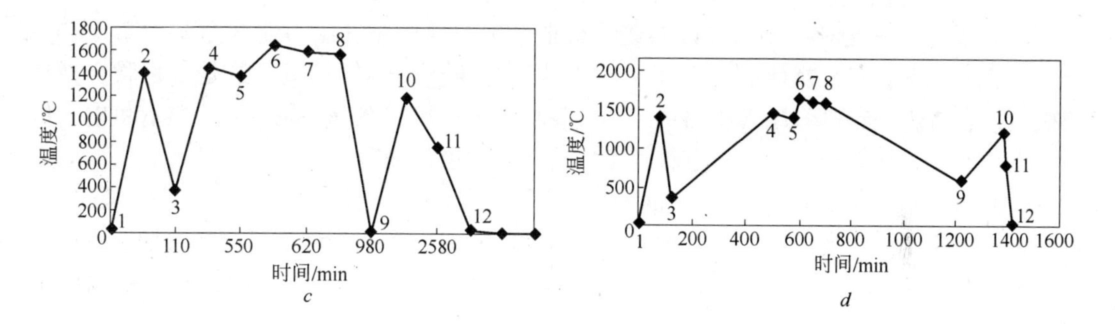

c—连铸-冷装流程；*d*—连铸-热装热送流程

1—原料；2—烧结；3—矿槽；4—高炉出铁；5—兑铁；6—转炉出钢；7—精炼；8—连铸；9—板坯库；10—加热炉；11—轧制-卷取；12—成品库

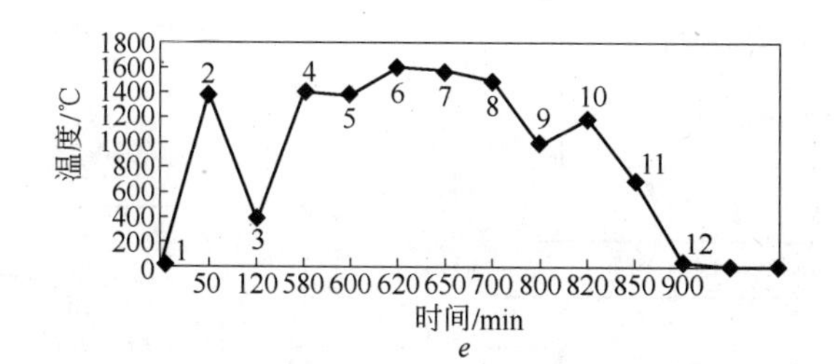

e—薄板坯连铸-连轧流程

1—原料；2—烧结；3—矿槽；4—高炉出铁；5—兑铁；6—转炉出钢；7—精炼；8—连铸；9—板坯输送；10—加热炉；11—轧制-卷取；12—成品库

图 2-21-4　不同钢铁生产工艺流程的间隙连续与紧凑比较

21.1.6.2　高炉炼铁

高炉炼铁的技术进步主要有以下几个方面：

（1）精料：提高矿石、焦炭质量，采用低温烧结和球团烧结精矿，烧结矿分级入炉，小块焦回收和中心加焦技术。

（2）大型化：国外高炉大型化使高炉生产率提高，能耗下降，质量提高且稳定，成本下降。例如，2003 年底，日本四家钢铁公司就拥有有效容积 4000m³ 以上高炉 16 座，分别为：NSC（新日铁）有 5751m³，5245m³，4884m³，4650m³，4250m³，4063m³ 共 6 座；JFE（NKK 和川崎制铁合并后的公司）有 5753m³，4907m³，4826m³，4664m³，4359m³，4288m³ 共 6 座；SMI（住友金属）有 5050m³，4800m³ 共 2 座；KSC（神户制钢）有 4555m³，4550m³ 共 2 座。

（3）长寿：高炉长寿是一项综合技术，也是一项系统工程。发达国家高炉寿命已达 15 年以上。若寿命达 20 年以上，高炉就可称为半永久性的工业装置，从而减少巨大的投资对生铁成本的影响。

（4）高风温：发达国家高炉的热风风温已达 1300～1400℃。

（5）喷煤粉：富氧喷煤粉是替代焦炭的有效手段，并促进炼铁整体水平的提高和经济环境效益的改善。一大批高炉喷煤吨铁已达 200kg 以上，有的将达到 250～300kg，使炼铁焦比降到 300kg 以下。

（6）发电：一是利用专门设计的透平机把高炉炉顶的煤气压力能（通常为 2.0×10^5 Pa）转化为电能。二是新研制开发了完全燃烧高炉煤气的燃气轮机，这是一种联合循环的机组，它将燃气轮机、煤气压缩机、蒸气轮机、发电机连在一根轴上，它具有供电、供热双重功能，其热能利用率、热电转换率均比一般火电厂高。

（7）计算机控制：国外主要产钢国都采用了计算机控制高炉，其水平日本最突出。从控制论的角度看，高炉过程是一种时间常数大的非线性系统。计算机应有长期、中期和短期三个水平控制功能。如图 2-21-5 所示为高炉过程控制的概念图。现代高炉可以说是

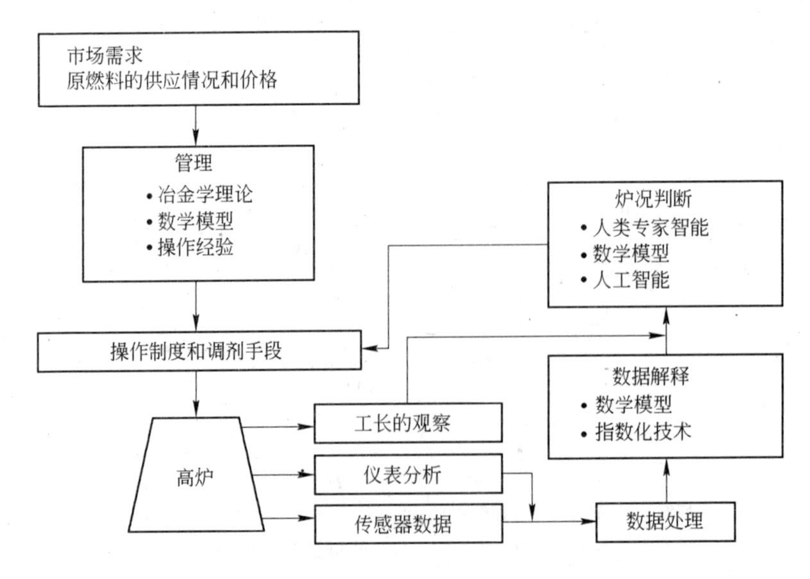

图 2-21-5　高炉过程控制的概念图

应用高科技最多、最系统的冶金装置之一。

21.1.6.3 炼钢

转炉方面:

(1) 转炉大型化:转炉公称容量在120t以上,国外主要产钢国多数在200t以上。

(2) 顶底复吹:在氧气顶吹转炉的底部增加底吹气系统,最常见的是惰性气体喷射,加强了熔池的搅拌,带来许多冶金上的优点。

(3) 溅渣护炉技术:是近几年开发的一种提高转炉炉龄的新技术。最早由美国Praxair气体公司开发,美国共和钢公司Great Lakes分厂最先应用。使转炉炉龄由原来的几百炉提高到25000炉,实现了"永久性"炉衬,提高了转炉生产率,降低了消耗。

(4) COJET氧枪的开发:是近年美国Praxair公司开发的新型氧枪,称凝聚射流(Coherent Tet,简称COJET)氧枪。使用这种氧枪,熔池搅拌力大大加强,可取消底吹系统。脱碳速度加快,提高了生产率。喷溅小,渣中铁含量低,金属收得率高。钢中终点[O]降低,减少了脱氧剂消耗,氧枪寿命长。

(5) 冶炼过程自动控制:可分静态控制、动态控制和全自动吹炼控制。静态控制是以物料平衡、热平衡建立的数学模型为基础模型,从发展看有理论模型、统计模型、增量模型。

动态控制是在静态控制上,应用副枪等测试手段,将吹炼过程中有关信息传给计算机,依据所测信息对吹炼参数进行即时修正以达到预定的吹炼目标。

全自动吹炼控制弥补了动态控制存在的缺点,是转炉控制的进一步发展。

电炉方面:

(1) 超高功率电炉。指变压器的额定功率(kV·A)与电弧炉额定容量或实际平均出钢量(t)之比在700~1000kV·A/t的电炉。

(2) 无渣出钢技术。超高功率电炉冶炼工艺一个最大特点是将还原期移到二次精炼炉中进行,所以氧化渣不能进入精炼炉。采用偏心底出钢(EBT-Eccentric Bottom Tapping)技术,解决了这一难题。

(3) 电炉底吹Ar、N_2搅拌,最早1980年在德国蒂森公司110t底出钢电炉上使用,当今,大容量电炉都采用该技术。

(4) 炉门碳氧喷枪加速废钢熔化、熔池脱碳、即时造渣。喷枪是超音速氧枪,同时配有喷炭粉的枪。分消耗式和水冷式两种。例如美国燃烧公司(ACI)Pyrelance氧枪系统。

(5) 二次燃烧技术。由多支炉枪二次燃烧喷嘴或炉门二次氧枪提供二次燃烧氧。此技术是一项降低电耗、提高生产率的新技术。

(6) 废钢预热技术,例如目前最成熟的,可以对电炉炉料实现连续预热并加料的Consteel电冶工艺。

(7) 双炉壳电炉。20世纪70年代瑞典SKF公司制造了第一座双炉壳电炉,20世纪90年代后,双炉壳电炉得到迅速发展。此工艺使电炉非通电时间大大缩短,生产率大幅度提高,节电效果显著。

(8) 直流电炉。1989年日本东京钢铁公司九洲厂建成投产一台130t直流电炉,到目前大功率直流电炉已近百座。

（9）EBT 氧枪技术。偏心炉底出钢（EBT）实现了无渣出钢，但 EBT 区成了冷区之一。在偏心炉侧上方安装 EBT 氧枪对该区助熔，实现 CO 再燃烧。解决了冷区问题。

二次精炼（炉外精炼）方面：

炉外精炼就是把转炉或电炉初炼后的钢水移到另一个反应器中进行精炼的过程。精炼通过加热、添加物料、真空处理和搅拌等基本操作来实现。现代先进的炼钢工艺，无论长流程、短流程，钢的精炼任务都放到炉外精炼来完成。

炉外精炼的方法很多。如图 2-21-6 所示为常用的炉外精炼工艺。

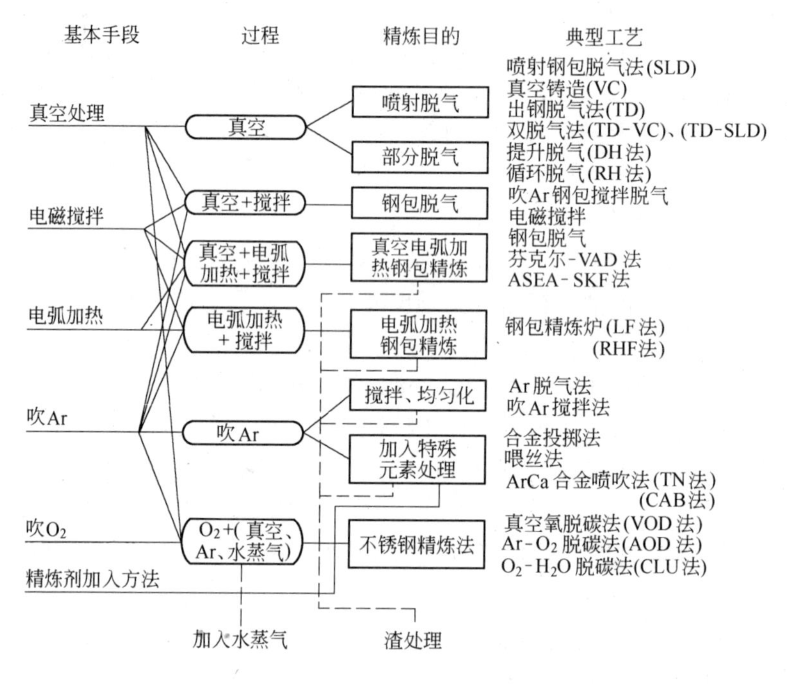

图 2-21-6　钢水炉外精炼工艺

21.1.6.4　连铸

连铸的技术进步，在冶金领域是最突出的技术进步之一。取得的技术进步项目很多。在此只介绍几项最新的成果。

（1）高效连铸。高效连铸指整个连铸坯生产过程是“五高”，即：高拉速、高质量、高效率、高作业率、高温铸坯。高效连铸是一项系统的整体技术，要从钢水准备、中间包冶金、结晶器工作、保护渣浇铸、二冷区冷却控制、连续矫直技术应用等多环节多方面采取技术措施，以保证“五高”的实现。

（2）近终形连铸技术。指浇铸坯尺寸和形状接近最终产品尺寸和形状的浇铸技术。主要包括：浇铸厚度 40 ~ 80mm 的薄板铸坯，该坯可以直接进入热精轧机。浇铸厚度不大于 10mm 的薄带坯，可直接作冷轧的坯料。浇铸不大于 1mm 的薄带非晶带坯。浇铸异型断面坯，H 型钢连铸机。浇铸中空圆坯等。

（3）液相穴压下技术。如，轻压下技术（SR-Soft Reduction）、重压下技术（HR-Heavy Reduction）、连续锻压技术（Continuous Forging）、热应力压下技术（Thermal Soft Reduction）。

21.1.6.5　轧钢

轧钢正朝着高速度、高精度、连续化方向发展。都以提高产品质量、降低成本和高效化为目标。

（1）高速棒线材轧机。棒材最高轧制速度36m/s，线材最高轧制速度140m/s。

（2）棒线材无头轧制技术。将加热好的钢坯，出炉后经高压水除磷，用闪光焊接法将其头部与头部已轧入粗轧机的钢坯的尾部在行进中焊接在一起，经焊接部位清理，形成更长的钢坯，这是一种连续轧制方式。可分焊接型无头轧制，如EWR工艺和EBROS工艺。另一种是铸轧型无头轧制，如Lunq工艺。后者是将高效连铸和直接热轧结合在一条生产线上。

（3）棒材精密轧制技术。精密轧制产品的公差范围控制在国际通用标准（DIN. ISO. JIS. AISI）规定公差范围在1/2～1/10以内。例如：HPP高精度轧机（High Precision Rolling）、Tekisun二辊式机型定径机、PSB定径机等。

（4）线材减径/定径机组。如RSB减径定径机组、RSM减径定径机组、双模块高速精轧机组等。

（5）无扭轧棒材筒卷技术，如Ferriere Nord工艺。

21.1.6.6　连铸连轧

这是发展的一个重要方向，首先在板带上突破。连铸连轧技术向棒、线材乃至异形坯领域扩展，已是必然趋势。

（1）CSP工艺（Compact Strip Production），也称紧凑式热带生产工艺，是德国西马克公司开发的连铸连轧工艺。流程为：电炉—精炼炉—薄板坯连铸机—均热（保温）炉—热连轧机—层流冷却—地下卷取。

（2）ISP生产线（Inline Strip Production），也称在线热带钢生产工艺，是德国曼内斯曼-德马克（MDS）于1989年开发的薄板坯连铸连轧工艺。它采用了固液铸轧技术，所以也称无头轧制工艺。

（3）FTSRQ工艺（Flexible Thin Slab Rolling for Quality）称为生产高质量产品的灵活性薄板坯轧制工艺，是意大利达涅利（Danieli）公司开发的工艺。

（4）Conroll工艺是奥钢联开发的生产不同钢种的连铸连轧工艺。

（5）CPR工艺（Casting Pressing Rolling）。由西马克、蒂森公司和法国尤西诺尔·萨西洛尔（Usinor Sacilor）公司开发，是一种铸轧工艺。

21.1.6.7　直接还原和熔融还原

直接还原和熔融还原属非高炉炼铁法，即不用焦炭的炼铁方法。直接还原法是以气体燃料、液体燃料或非焦煤为能源，是在铁矿石（或铁团块）呈固态的软化温度以下进行还原获得金属铁的方法。按还原剂分类，直接还原可分为气体还原剂法和固体还原剂法。按反应器形式分类，可分为竖炉法、回转窑法、流化床法和固定床法等。

熔融还原法则是以非焦煤为能源，在高温熔态下进行铁氧化物还原，渣铁能完全分离，获得类似高炉铁水的方法。有学者指出，熔融还原和近终形连铸是跨世纪钢铁工业新流程的两大前沿课题。如图2-21-7所示为未来世界钢铁冶金流程的预测工艺。

21.1.6.8　冶金系统工程的发展

中国学者李士琦等首次提出冶金系统工程命名。顾名思义，冶金系统工程是应用系统

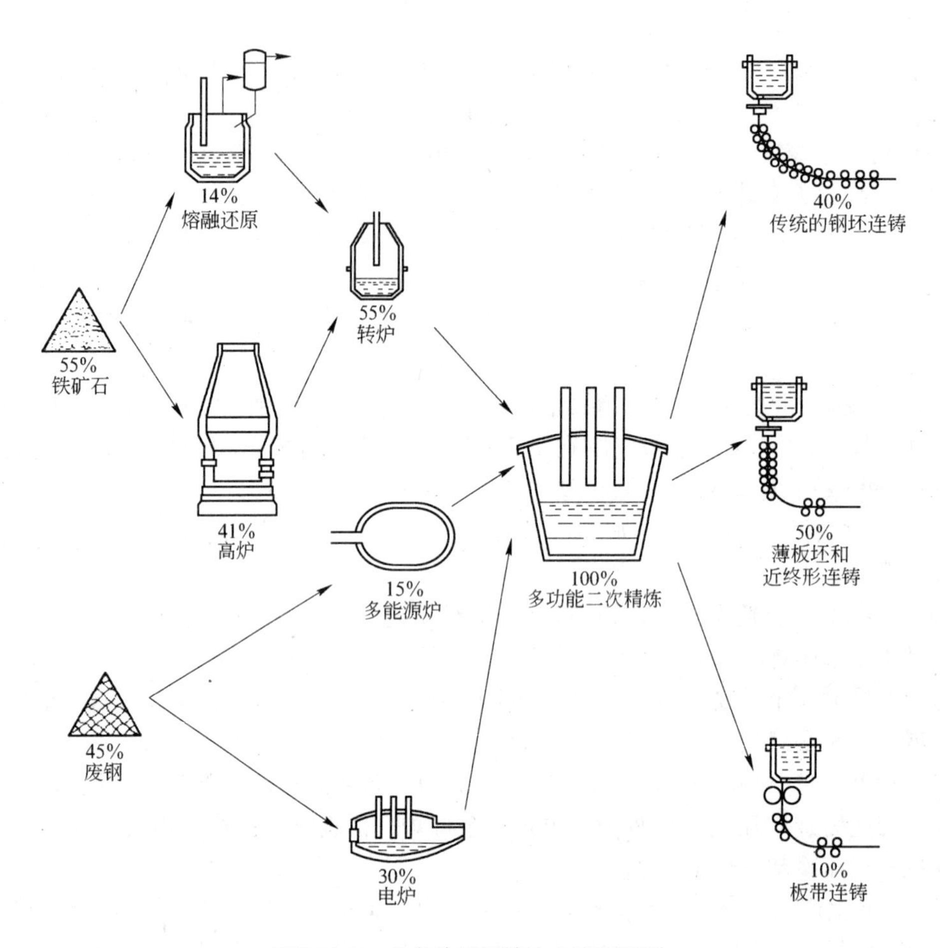

图 2-21-7　未来世界钢铁冶金流程预测

工程的观点、原理和方法来研究、阐述和处理冶金工程问题。而系统工程可理解为研究大型复杂系统中的总体和运行问题和对现有系统的运行、管理和改造、优化进行研究，以获得整体优化的效果。

冶金生产是一个典型的过程系统，所谓过程系统是具有下列特征的人造有目的系统，特征一：系统的功能（目的）是实现工业生产过程中物质和能量的转换；特征二：系统的元素为进行物质及能量的转换、输送与存储的单元装置或单元装置组；特征三：单元装置（组）之间借物质流和能量流相连，形成一定的关系；特征四：系统的高效协调运行依赖于一个完善的信息及管理系统。

近些年，现代集成制造技术与信息化技术在冶金的应用，事实上在推动着冶金系统工程的发展。我们可以展望，21 世纪将是系统冶金发展的世纪。

中国学者提出了现代集成制造系统（Contemporary Integrated Manufacturing Systems）CIMS 的概念、方法和技术，扩展了美国学者提出的计算机集成制造系统（Computer Integrated Manufacturing Systems）的内涵。钢铁工业 CIMS 是在冶金工程技术、信息工程技术、控制工程技术、计算机技术、管理工程和系统科学基础上，将企业生产、经营活动所需的各种自动化系统有机地集成起来，并根据市场变化的要求，高效益、高柔性的智能生产系统。可以说，CIMS 是多学科结合的更高层次，是工业生产应用计算机的更高阶段。

目前，世界主要产钢国家（包括中国）都把冶金现代集成制造技术作为重点研究开发，作为创造后发技术优势的重要课题之一。

21.1.6.9　连续炼钢及核能利用的研究开发

在钢铁生产过程系统中，许多环节都已实现了连续性生产（作业），例如：烧结、高炉炼铁、连铸、连轧等，唯独炼钢环节（含炉外精炼）未实现连续生产，致使钢铁工业生产被视为典型的混合型过程工业，即，既有连续型工业生产的特征，各工序连续/准连续，又有离散型工业生产的特征，工序之间的衔接离散。研究开发连续炼钢新工艺一直是冶金工作者十分重视的课题，并已做了大量的研究，但至今还没有可大规模商业运行的工艺。连续炼钢仍是当今和今后重要的研究开发项目。

钢铁工业生产是耗能大户，而高炉炼铁几乎占总能耗的 60% ~70%，而短流程又需要充裕、便宜的电力供应，因此，核能利用是很好的路子。事实上，美国已在各行业生产中利用核能。把核反应发电与钢铁生产有机地结合，这也是重要的研究开发方向。

以上用了较大篇幅简要介绍钢铁工业的技术进步和创新，是因为技术进步和创新是钢铁工业可持续生产或可持续发展的重要支撑，离开技术进步和创新，单纯地来讨论钢铁材料深加工是没有意义的。高技术含量，高附加值产品的生产是建立在先进工艺技术基础上的。上述技术进步和创新，也包括了中国钢铁工业的技术进步和创新。了解这些内容我们可以找差距，迎头赶上，创造后发技术优势，这才是争得市场合理定位，具有一定市场竞争力的关键所在。

21.2　中国钢铁工业概况

21.2.1　强劲的国内市场需求拉动中国钢铁工业快速发展

中国国民经济的高速发展，促使钢铁工业快速发展。自 1996 年年产粗钢 10124 万 t，跃居世界第一位以来，至 2005 年已连续 10 年钢产量在世界上夺冠。2005 年预计粗钢产量可达 33000 万 t，比日本、美国、法国、德国的年产量之和还要多出 5000 多万吨。1970 ~2005年每 5 年中国粗钢产量增长情况见表 2-21-1。

表 2-21-1　1970 ~2005 年每 5 年中国粗钢产量的增长情况

年　份	粗钢产量/万 t	增长比/%	年　份	粗钢产量/万 t	增长比/%
1970	1779		1990	6535	39.67
1975	2390	34.35	1995	9536	45.92
1980	3712	55.31	2000	12850	34.75
1985	4679	20.67	2005	约 33000	157

从表中可以看出，产量增长最快的是 2000 年以后，2001 年为 15163 万 t，比 2000 年增长 18%。2002 年为 18225 万 t，比 2001 年增长 20.19%。2003 年为 22234 万 t，比 2002 年增长 22%。2004 年为 25200 万 t，比 2003 年增长 13.34%。2005 年约为 33000 万 t，比 2004 年增长 30.95%。2000 年后，每年以平均高于 20% 的速度增长。这种增长源于强劲的市场拉动和钢材价格的上涨。以 2003 年为例，2003 年中国 GDP 为 116694 亿元，同比

增长9.1%。在国民经济发展中，拉动钢铁生产的主要是三方面：第一，2003年全社会固定资产投资达55118亿元，比上年增长26.7%，全年固定资产投资比上年增加1.16万亿元，促使钢材消耗快速增长；第二，2003年，重工业发展高增长，主要是耗钢强度大的制造业，如发电设备、汽车及其他运输设备制造业；第三，外贸出口总额达4383亿美元，其中耗钢较多的机电产品占51.9%。总而言之，由于工业化、城镇化进程加快和社会消费结构升级，拉动了房地产、汽车、机械、通讯产品等行业和城镇基础设施的高速增长，这种增长的特点是对钢铁材料持续的要求，为中国钢铁工业发展提供了有利的外部条件。

另外，钢材价格在波动中大幅上升，例如：钢材综合价格指数（中国钢铁工业协会指数），2003年1月为84.43，12月为105.86，2004年3月为120.14，9月达到最高值为161.2，以后由于产能显现过剩和国际钢材价格下降，2005年3月为138.33，6月末为123.85。现在稍有下降，但基本稳定。以123.85计，还是比2003年初高出近50%，销售收入利润率仍高于全国工业企业平均销售收入利润率。

一个市场需求旺盛，一个钢材价格上涨，这就拉动了全国钢铁产能的快速增长。一方面是重点大中型企业的技术进步和改扩建增加产能。另一方面一些地方和企业不顾资源、能源、环境、运输条件，盲目投资竞相低水平扩大钢铁生产能力。2001～2004年又出现钢铁投资高潮，一大批项目的产能将在5年内释放。总地说，中国钢铁总体产能增长过快。2005年上半年供大于求已显现，下半年供大于求比上半年更严重。一些竞争力弱的企业，面临严重的挑战。

21.2.2　中国钢铁工业的技术进步和结构调整

中国钢铁工业的快速发展，不仅体现在数量的大幅增长，更重要的是体现在一大批重点大中型企业的科技进步和钢铁厂结构得到调整和优化。主要体现在以下6方面。

（1）一大批钢铁厂在改革、发展过程中加快了企业规模的经济合理化和大型化。1990年，全国粗钢产量在100万t以上的只有14家，到2003年，年产粗钢100万t的已达59家，其中500万t以上的达15家，其中宝钢集团达2000万t以上，鞍山钢铁公司、首钢公司、武汉钢铁公司等都是1000万t级的特大企业。产业结构调整明显见效。

（2）中国钢铁行业技术经济指标明显改善，有的指标已进入世界先进行列。

（3）钢铁工业整体技术装备水平上了一个大台阶。20世纪90年代只有宝钢、武钢等极少数企业装备了为数不多的现代生产线。现在几乎所有的重点大中型企业都有一条或几条具有国际先进水平的生产线。

（4）钢铁产品结构发生了很大变化。特别是扁平（板）材产能迅速扩大。例如：1990年，扁平材产量为1372万t，约占钢总产量的20.99%。而2005年上半年，产钢材17311.89万t，其中扁平（板带）材为6686.42万t，扁平材比为38.62%。高技术含量、高附加值的产品如冷轧板卷、电工钢、模具钢、镀层板、不锈钢、涂层板等的比例大幅上升。上半年板管带比已达45.31%。品种结构调整的步伐大大加快。高技术、高附加值产品进口减少，出口增加，改变了长期钢材纯进口的局面，变成有进有出。

（5）20世纪90年代以来，在全国大中型重点企业，开发推广了6项关键性共性技术。对钢铁生产发展，上水平起到重要作用，这6项关键性共性技术是：连铸技术；高炉喷吹煤粉技术；高炉一代炉役长寿技术；棒、线材连轧技术；流程工序结构调整的综合节能技术；转炉溅渣护炉技术。

（6）世界上最新开发的一些先进技术，已在中国开花结果，并得到新的发展。

21.2.3 中国钢铁工业状况

近些年中国钢铁工业的状况，除了上述产量的高速增长和技术进步、企业结构调整以外，可以用10个“共存”来大体描述。这10个“共存”可以说是中国钢铁工业状况的10个表观的特殊现象。

（1）国家宏观调控和地方盲目增量共存：1996年全国产粗钢超1亿t。1997年、1998年、1999年产量以7.578%、5.21%、8.169%速度增加，但同时忽略了产品结构的调整和质量。因此，在经济降温后，供求严重失调，国内钢铁企业盈利迅速下降。许多企业面临困境。1998年，铁、钢、材产量都增长了，而同期实现利润从最高时294亿元下降到20亿元，降幅达90%以上。另外，产品成本高，档次低，销售服务不到位，竞争力弱。根据国际、国内严峻的形势，国家对钢铁工业采取“控制总量、调整结构、淘汰落后”的产业政策。2000年增长率降到3.67%。但是从2001年起，产能又大幅增加，特别是一些企业和地方，只考虑近期利益，盲目投资扩大低水平产能。2001～2005年，年平均增长率达20.9%。上述产业政策基本失效。2004～2005年，粗钢增长高达30.95%。2005年上半年，供大于求已显现。

（2）先进产能与落后产能共存：2005年上半年产粗钢16486.37万t，估计2005年粗钢可达3.3亿t。总体产能过剩的同时，落后产能比例很大，约占8000万t左右。也就是说，中国钢铁产能中有近1/4是发达国家早已淘汰的产能。这个数量很大，几乎相当美国2005年的产量。

（3）先进（生产力）与落后（生产力）共存：通过技术进步、改扩建，重点大中型企业较先进，有的还步入世界先进行列。但几年来，低水平扩大产能带来的是企业数众多，规模小（几万t、几十万t）、高耗能、高污染、资源浪费大，工艺技术装备落后或十分落后的中小企业遍布全国，特别集中于经济发展模式属于资源推动型经济的地区和省。

（4）资源不足与大量消耗资源并存：截止1997年底中国已探明铁矿资源为462亿t，可采保有储量为290亿t，实际开采资源为160亿t。相当一部分20世纪50、60年代建设的矿山，产能锐减，3/5已关闭。按1992年开采量，铁矿保证年限只有50多年，远低于世界150年的水平。中国是发展中国家，废钢积累量不多，铁矿是钢铁生产的主要资源。随着中国钢铁产量的猛增，国内铁矿开采强度加大，2005年，国内铁矿产量估计在4亿t以上，这样大的开采强度，国内铁矿石保证年限已大大低于50年。事实上，中国早已成为铁矿石进口国，以满足巨大炼铁能力的需要。1995年进口铁矿4115万t，2000年为6997万t，2005年预测要进口24000万t，大大超过原铁矿进口第一国日本（约为进口12000万t），作为钢铁生产大国，实施国际资源战略是必须的，但问题是国内有些地处内陆而且有铁矿资源的省份，由于建设众多小炼铁厂消耗大量铁矿资源，地方重点企业资源不足，从海外进口铁矿来满足生产，甚至满足炼铁扩产能的需要，这不仅成本高，而且海运、铁路、公路运输齐上阵，给运输等带来很大压力。同时，地方小铁厂装备、技术落后、小高炉吃富弃贫、吃块弃粉、资源、能源浪费很大。

（5）普通产品产能过剩，高端产品产能不足并存：2003年，中国成品钢材产量

24119 万 t，其中，长材产量 13228 万 t，占 54.84%。2003 年钢材表观消费量 27140 万 t，其中长材表观消费量 13146 万 t，长材产需基本平衡。热轧、冷轧窄带钢、无缝钢管、焊管供需也基本平衡。板材需求量为 9073 万 t。其中特厚、中厚板圈 3797 万 t，冷轧、热轧薄板和涂层板 4934 万 t，硅钢片 342 万 t。而 2003 年上述板材产量分别为 3413 万 t、2396 万 t 和 193 万 t，总缺口 3071 万 t 需由进口弥补，产品结构矛盾突出。

到 2005 年上半年，自给率大于 100% 的品种有线材、螺纹钢、棒材、大型材、特厚板、厚板、中板、中厚宽带钢、热轧窄带钢、冷轧窄带钢、无缝管、焊管等品种。中小型材自给率 99.85%，钢轨 97.97%，热轧薄板卷 90.21%。下半年将有 2510 万 t 产能投产，这些品种也可能出现供大于求。而自给率低的有：电工钢 63.52%、镀层板 61.84%、涂层板 83.15%、冷轧薄板卷 67.8%。从 2005 年上半年及下半年预测看，对全国而言，产品结构调整步伐加快，但仍存在普通产品过剩，高端产品不足的问题。

（6）生产成本大幅上升与钢铁产品销售价格大幅波动共存：由于原燃料及陆上运输等价格上涨，吨钢成本上涨很多。如纳入统计的重点大中型钢铁企业，吨钢成本 2004 年比 2001 年上升 46.73%，今年预计在 2004 年基础上还会上涨 15%。制造成本占完全成本的比重，2001 年为 86.68%，2004 年上升到 90.64%，2005 年比例还会上升。但钢铁市场方面出现几次大幅度波动，表明 2002 年开始的钢材价格上升周期已结束，转入新一轮波动调整期，当价格下跌时，高端产品价格相对稳定，有的不降反升。一般产品下跌幅度大，比如线材、螺纹钢下跌幅度大，对许多以一般产品为主的企业面临市场压力就增大。总之，一般产品的高价位时代已经过去。

（7）钢铁企业盈利增加与亏损扩大并存：2005 年上半年在钢材市场波动的情况下，纳入钢协统计的 68 户大中型钢铁企业实现利润 492.33 亿。其中宝钢、鞍钢、武钢三大企业就占利润总额一半以上。实现利润最多的是宝钢，136.78 亿元。鞍钢 70.18 亿元，武钢 42.56 亿元，说明盈利已呈现明显向先进的、规模大的优势企业集中的趋势。2005 年，钢材价格下跌，在 55 户大中型钢铁企业中统计，平均吨材利润为 486 元/t，但各企业情况各异，差距很大，利润最高的为 1932 元/t，最低的为 -776 元/t（亏损），有 4 户利润在 1000 元/t 以上。17 户在 100 元/t 以下，处于微利和亏损状态，与 2004 年比较，亏损户增加，亏损总额加大。地方中小型钢铁企业，在市场波动中受冲击更大，利润空间已大大压缩，许多出现亏损。表现在，全国日产钢量中重点大中型日产钢量稳步上升，中小型企业日产钢量已呈下降趋势。

（8）多种销售方式共存：中国绝大多数钢铁企业销售方式不利于市场稳定。重点企业直供销售的比重只占 20.58%，通过流通环节中间商销售比重达 61.12%，中间商行为对市场影响很大，不利于市场的健康发展。

（9）条块影响共存：这里讲的条块指全国行业，块指省、区、市等地域、行政区划。这种影响源于历史的原因和体制的不完善，主要表现在块对企业（在该块上的企业）诸如规划、发展等方面的影响。更有甚者一个企业在某一省、市、区，就把这个企业看作某省、某市、某区的产业。这种观念和影响是对现代钢铁工业的发展不利的，甚至起到障碍作用。

（10）进出口并存：中国长期以来是钢铁进口国。随着国内钢铁工业的发展，进口持续下降，出口继续增长，出现进出并存的局面。如 2005 年上半年，进口出口相抵，净进口钢材 164.7 万 t，净出口钢坯 404.54 万 t。但应注意的是，进口仍以高端产品为主，而出口产品档次较低，表现如：2005 年上半年进口钢材 1321.95 万 t，平均进口价 978.87 美元/t，出口钢材 1157.25 万 t，平均出口价 631.92 美元/t。以美元兑人民币 8.1：1 计，钢材进出口贸易逆差达 455.67 亿元。每吨进口钢材与出口钢材，附加值就相差 2810 元之多。

以上 10 个“共存”可以从另一角度大体反映中国钢铁工业的状况。

21.2.4 中国钢铁工业面临的问题和挑战

21.2.3 节所述的 10 个“共存”，其中已反映了一些当前存在的问题。下面对几个突出的问题和挑战再深入讨论。

21.2.4.1 国内铁矿资源严重不足，焦煤、焦炭供应紧张

中国铁矿资源主要分布在鞍山、本溪、冀东、攀西、包头、山西五台山等地，占全国资源的 80% 以上。许多矿山已开采多年，储量下降。随国家经济的发展，钢铁需求量增加很快。先行发展的华东、华南地区，缺乏铁矿资源，上海宝钢的建成，标志着中国钢铁工业利用国内国外两种资源，实行全球资源战略的突破性进展。作为钢铁大国，这是必要和正确的选择。目前，进口铁矿已占铁矿消费量的一半以上，这既是必须，又是挑战。

钢铁工业发达国家十分重视境外稳定的原料基地的建设。日本每年进口高质量铁矿 1.2 亿 t，它们在海外已建立了原料基地，西欧每年进口铁矿 1.4 亿 t 以上，也靠海外基地的支撑。2002 年韩国 Pasco 与澳大利亚 BHP 比利顿公司签署合同，联合开发大型铁矿，根据合同 Pasco 在 25 年内可稳定地获得近亿吨铁矿供应。中国也早在十几年前开始了海外原料基地的建设，如中澳合资的恰那铁矿公司、首钢收购秘鲁铁矿、宝钢与巴西合资宝瑞华矿业公司等。但中国在海外办矿比例太小，在进口矿中基地提供矿石不到 30%，大量还是市场采购，这就存在一定的风险，近年铁矿出口国一下提价 71.5%，就是例子。中国许多内地中小企业，也“吃”海外矿，这就存在更大的问题和挑战。

据 2005 年上半年数据，上半年中国进口铁矿已占全球铁矿石海运贸易量的 30% 以上，全球铁矿海运贸易的增量 90% 流向了中国，进口铁矿基本上是靠海运，那沿海钢铁企业就有有利条件。比如，2005 年 5 月份进口铁矿石到厂采购成本，42 家大中型企业平均为 629 元/t，有 9 家低于平均值，宝钢最低进厂成本只有 441.57 元/t，而 33 家位于内陆的企业，进厂成本均高于平均值，最高达 1050 元/t。

中国虽然是煤炭生产大国，但优质炼焦煤所占比例有限，大量耗能高的中小型炼铁厂，其焦比要比先进的大型高炉高出 2～3 倍。全国焦煤和焦炭供应早已出现紧张状况。这又诱发了大量小焦炉，甚至土法炼焦上马，加大了炼焦资源紧张的情况。

21.2.4.2 产业集中度底、产品结构性矛盾仍突出

钢铁产业由于其技术、资金、资源、能源密集的特点，应该是集中度高的产业。世界上发达国家钢铁产业的集中度都很高。在中国，由于历史上的计划经济和现在看来十分陈旧落后的战略思想，强调分散，隐蔽。使中国钢铁工业形成了十分分散的局面，除鞍钢、武钢等少数企业规模较大外，其他都属中小型钢铁企业，且分散于除西藏以外的各省、区、市。从隶属体制看，又有中央企业和地方企业之分，形成条块分割。省以下还有省属、地属、县属之分。省地县属的观念十分顽固，各自发展自己的地方工业，包括钢铁工

业，似乎理所当然。近十几年，特别是近几年，钢铁需求增加、价格攀升，加上地方政府的利益冲动和投资者的急功近利。使全国钢铁生产企业数量迅速扩大到目前的1000余家。这更加加大了全国钢铁产业的分散度。前面所讲到的8000多万吨落后产能，就集中于这些分散的中小企业。其产品几乎全部是档次底的产品，这就加大了低档次产品供大于求的程度，尽管重点大中型企业产品结构调整效果显著，但就全国而言，产品结构性矛盾仍然突出。

21.2.4.3　水、电、运输压力巨大，生态、环境问题严重

中国是水资源短缺国家，而钢铁生产又是耗水大户。吨钢耗新水先进的指标是12t，按年产钢3亿t，耗新水达36亿m^3，何况现在大多数钢厂耗水高于上述指标。又如，中国北方是属于严重缺水的地区，而该地区钢产又占全国钢产的近50%。水的问题已成为中国钢铁工业可持续发展的制约环节。

近几年，全国发电量以15%以上的速度增加，但各地区缺电，限电情况严重，钢铁生产若自身不发电自给，则是用电大户。拉闸限电已是一些企业常遇的问题。

钢铁生产物流量巨大，生产吨钢的物流量，接近钢量的近6倍，物流运输已成为钢铁工业生产的重要因素。全国50%的铁矿由海运到港，卸矿能力不足，造成压港严重，内陆钢铁厂到港矿石还要经铁路，甚至成本很高的公路运输，给陆上运输带来巨大压力。如2004年全国铁路运输总量约21亿t，钢铁产业运量占的比例很大，一艘载10万t铁矿的货轮靠岸，几乎要20列火车才能运走10万t矿，因此，内陆钢铁企业大量用海外矿，不仅成本高，而且涉及面大。

分散且规模小的钢铁生产，给生态、环境保护治理带来极大困难，生态被破坏、环保压力越来越大。例如，目前国家规定的酸雨、SO_2“两控区”内，就承担着全国75%钢产的生产任务，可见，钢铁企业的环保治理和改造任务十分重。小钢铁厂的三废任意排放也给生态和环境带来严重问题和后患。

21.2.4.4　中国钢铁工业的竞争力

由于中国钢铁工业集中度低，工艺装备先进的重点大企业与落后的地方中小企业并存，全行业结构调整和产业升级任务艰巨，企业自主开发创新能力不足，近年又出现大规模的低水平产能扩张，因此，总体来讲，虽然总产量在10年中位居世界第一，但在国际市场上综合竞争力与钢铁工业发达国家相比，差距很大。当今，国际钢铁市场上，高技术含量、高附加值产品为日本、欧盟、韩国主宰。一般产品市场俄罗斯、乌克兰等占主导。

中国近年才开始有钢材、钢坯出口，但产品还只是一般产品。在国内钢铁市场上，市场竞争力的差距也在拉大。例如，2005年5月份，纳入统计的55户大中型钢铁企业，钢铁主业吨材平均销售收入为4054元/t，由于产品结构的差异，吨钢材销售收入最高的太钢为7839元/t，宝钢为7296元/t，而最低的2户企业，只有2826元/t，高低差距达2.7倍。地方小企业，市场半径极小，主要满足当地一般建筑钢材的需求，有的甚至在地方保护下，才能生存。

21.2.5　中国《钢铁产业发展政策》

尽管中国钢铁工业有了很大发展，但存在的问题也比较严重，这些问题可归纳为：（1）生产布局不合理；（2）产业集中度低；（3）产品结构矛盾突出；（4）技术创新能力

较弱；（5）低水平产能过大；（6）资源消耗高；（7）综合竞争能力不强；（8）资源、能源、运输制约突出；（9）生态环境压力大；（10）一些地方、企业盲目投资、低水平扩大钢铁产能，更加剧了产业结构不合理的矛盾。面临国际激烈的竞争形势和上述问题，经国务院同意，2005 年 7 月 8 日，国家发展和改革委员会发布了《钢铁产业发展政策》以指导钢铁行业的健康发展。《政策》共九章 40 条，涉及政策目标、产业发展规划、产业布局调整、产业技术政策、企业组织结构调整、投资管理、原材料政策、钢材节约使用和其他 9 个方面。《政策》为中国钢铁产业指明了前进的方向和发展的要求，是中国钢铁工业有史以来最为完整系统的产业政策，是指导钢铁工业可持续发展的纲领性文件。

三个"重在"和一个"根本转变"是贯彻落实《政策》过程中的指导思想和奋斗目标。三个"重在"指：重在增加高附加值的产品，提高质量，不能片面追求数量扩张；重在提高产业集中度，加强现有企业的改组改造，不能单纯依靠铺新摊子，上新项目；重在降低消耗，提高企业和产品的竞争力，不能依靠消耗资源和污染环境。一个"根本转变"，就是要坚持走新型工业化道路，实现中国从钢铁大国到钢铁强国的根本转变。

21.3　云南钢铁工业的可持续生产和可持续发展

首先，有两个概念需加以说明：其一，地区钢铁工业指在某一省、区域内的钢铁工业，而非传统概念所指的地区所有的钢铁工业；其二，可持续生产和可持续发展是既有联系又有区别的两个概念。

21.3.1　铁矿资源形势分析

21.3.1.1　省内铁矿资源及其特点

铁（矿）资源是发展钢铁工业的基础之一，该地区的矿床（点）共 285 个，铁矿资源总量（含预测）约 36 亿 t。表内保有储量 21.86 亿 t。全区铁矿分布广泛但又相对集中。

云南省内地区铁矿资源总量看起来不少，保有储量在全国占第 7 位。但该地区铁矿资源以下特点很大程度制约了铁矿的开发利用，地质储量中大部分难于经济开发，从这个角度看并不属于铁矿资源丰富的省份。特点如下：

（1）贫多富少。在保有储量中，富矿只占 14.98%，贫矿占 84%。多年开采后，富矿已更少。

（2）在 6 个大型矿中只有一个矿已进入开发阶段，该矿采用先进的采矿工艺技术和先进的运输系统长距离运送精矿，预计每年可提供铁精矿 350 ~ 400 万 t，折合铁金属量约为 220 ~ 260 万 t。其余 5 个大型矿由于还有大量前期工作要做，如选矿技术的突破、交通问题、菱铁矿的利用，高磷矿的利用等问题还未解决而暂时或相当一段时期无法大量开发。

（3）矿石质量和交通条件都好的可露采的中型矿床不多，有的矿山经多年开采资源已枯竭，有的已经闭矿。开发条件较好的中型矿多数又是采用群采的方式，采矿技术落后，资源浪费很大，储量下降很快。

（4）在全区的铁矿床（点）中，一半以上是储量小的小矿床或矿点，不具备正规开发的条件（有的适于群采）。

鉴于区内铁资源的特点和已多年开采，以及地方小炼铁厂大量的兴起，目前重点骨干钢铁企业区内铁矿的自给率极低，2004 年仅为 12%。按 2003 年的储量和开采能力计算，铁矿的保障年限仅为 10～15 年，大大低于世界和全中国的铁矿资源保有年限。

21.3.1.2 省外可利用铁矿资源

可分三部分：

四川攀西地区（攀枝花铁矿）铁矿：目前已探明保有储量 93.933×10^8t，是质量很好的钒钛磁铁矿，已探明矿床 13 处，其中，红格、白马、攀枝花、太和矿区是特大型钒钛磁铁矿床。已开采的矿区，开采规模大，采用先进的现代开采技术和选矿技术。到攀枝花距离不远，运输方便。

周边国家有较丰富的铁矿资源，估计储量达 20～30 亿 t，但地勘工作程度低。相对而言，该区具有地质勘探、采矿、选矿、冶炼、加工、材料方面的技术优势和相对资金优势，为开拓周边国家铁矿资源创造了良好条件和机遇。但同时也应看到进入他国矿产资源市场的时机选择和该市场的不规范性以及周边各国国情不同可能带来的风险和不稳定性。

远程海外资源：例如澳大利亚铁矿、巴西铁矿、印度铁矿等。这是中国利用国外铁资源的主要渠道。该区虽然可以利用广西出海口进口铁矿，但还得经过较长距离的陆上运输，造成成本高，运输压力大等不利方面。例如：巴西矿进厂价，比上海宝钢进口矿的平均价格要高出近 2 倍。一艘 10 万吨级海轮卸矿，就是 20 列火车运输量，若每年进口几百万吨，则给铁路运输、港口带来极大的压力。正因为如此，国家《钢铁产业发展政策》规定，大型、特大型钢铁厂主要布局于沿海地区。总而言之，从总体上看，内陆地区钢铁企业依赖海外进口矿石，不是好的选择。

21.3.2 云南钢铁工业概况

21.3.2.1 云南钢铁在全国的位置及其优劣势

2005 年该省将形成年产 500 万 t 粗钢的能力。以 2005 年预计产粗钢 500 万 t 计，从数量上也只占 2005 年全国预计粗钢产量 3.3 亿 t 的 1.515%，所占比例甚小。

从产品品种结构看，钢铁产品中除有 40 万 t/a 冷轧板带属高附加值产品产能外，其他产品均属技术含量和附加值不高的一般产品或“大路货”。在产品品种、质量方面还没有“拳头产品”，在全国也占不到重要位置。

21.3.2.2 产业结构

该省钢铁产业结构可以用两句话来概括：炼钢相对集中，炼铁极度分散。先进产能与落后产能共存。

目前主要炼钢企业都属长流程，炼钢转炉都属于装备水平不高，科技水平不高的小转炉。相应配套的连铸机也是产能不大的小型机，生产小方坯和小板坯。

全区炼铁高炉数量很多，高炉有效容积总数已达 18000m^3，其中只有一座现代化大型高炉一座中型高炉，其余都是小于 450m^3，且大部分为 13～100m^3 的小高炉。也就是说，现代化的大高炉只占全省高炉总容积的 11%，而 89% 的容积属于落后或十分落后的产能。大量的小高炉分散在一些地、州、县、镇、乡。从所有制看，有地方国有、地方国家控股、合资、乡镇所有、私营等。可见，炼铁的集中度极小，这种状态，对炼铁资源的充分合理利用、节约，环保和炼铁技术进步都是十分不利的。

21.3.2.3 昆明钢铁股份有限公司

A 企业简介

该企业是一个烧结、炼焦、炼铁、炼钢、轧钢各工序齐全、具有350万t钢综合生产能力的钢铁联合企业，是中国工业企业500强之一。

自20世纪80年代以后，企业进行了大规模的改扩建，扩大了生产规模，同时在技术进步方面取得显著成绩，企业面貌焕然一新。在生产流程结构完善、生产技术水平、装备水平等方面上了一个新台阶。

目前钢铁产品有4大类，40多个牌号，150多个规格。产品以本地区市场为主，部分销往国内市场。有的产品已销往国际市场，产品具有良好的声誉和一定的市场竞争力。

B 生产流程结构、工艺技术结构和装备结构水平

对钢铁企业而言，其生产流程的先进性、工艺技术的先进性、装备的先进性，决定了企业产品结构对市场的适应性和企业在市场中的竞争力，也是企业在市场中取得合理定位的基础，钢铁生产中一个新产品的生产和开发（或叫产品的深加工），总是决定于上述三个结构的水平，而不是单纯的产品深加工问题，它涉及到一个系统的协调与配合。例如，要生产高技术含量、高附加值的冷轧薄板。它就涉及到炼钢技术、连铸坯质量、热轧系统等前序工艺的先进性、能否生产出符合冷轧技术和质量要求的冷轧坯（板），就不仅仅是建一个冷轧厂的问题，这和某些其他金属材料的深加工有所不同。

昆明钢铁集团有限责任公司的生产流程已形成了现代先进的分步炼钢流程框架。从流程中各工序环节的工艺技术及装备水平看。以大型高炉为代表的炼铁子系统是比较先进的。需改造、改善、优化的环节是：第一，针对地区资源情况，高磷、中磷铁矿很多，而钢材对硫、磷等含量的要求越来越低，所以系统中尚缺预处理磷的工序，要重视从矿石到炼钢系统脱磷技术的开发；第二，炼钢转炉容量太小，小转炉上许多转炉炼钢的新技术无法应用，制约了炼钢环节的技术进步，第三，炉外精炼部分还需完善，以适应冶炼高质量钢和附加值高的钢种的技术要求。当然这些环节中改造一个，例如采用大吨位转炉，必将涉及连铸、二次精炼，乃至轧钢相应的变化。把从原料、烧结、炼铁、炼钢、轧钢作为一个系统来看待和优化，这才是先进生产流程的总目标，这就要求整个系统中各环节或各子系统间时间流、信息流、物质流、能量流的同步与协调。从长远和技术发展角度看，企业生产流程存在的不足应当设法予以解决，否则，近期还看不到其落后面，随着时间的推移，随世界、中国钢铁科技的发展，其落后面就会突显出来。

C 产品结构和销售市场

销售市场很大程度决定着产品结构。企业产品主要在本地区内销售。在本地钢材市场上占绝对优势。由于本地区经济、特别是制造业比较落后，钢板带消费量很低，主要消费是长材，尤以城镇建设、建筑，一般交通建设用钢材需求量为大。

企业钢材产品分四大类：高速线材、棒材、热轧板带、冷轧板带。现在的产能中，线材占20%；棒材占51.43%；热轧板带占17.14%；冷轧板带占11.43%。线材棒材归入长材范畴，占总产量的71.43%，板带占28.57%。

从全国钢铁产品结构看，线材、棒材、热轧板带都处于供大于求状态，而且这种状态还会更加严重。从这个角度看，企业产品中88.57%属于供大于求的产品，或大路货产品，只有11.43%附加值高的冷轧板带。

企业产品约有 40 个牌号，150 余个规格。

从产品看出，无论长材和扁材（板带），普通的一般用材占绝大多数，从钢的牌号看，大多数也是常炼的一般钢种。从钢类看多数是碳素结构钢和少量的优质碳素结构钢和低合金结构钢。

但是，只要企业有先进的生产流程结构、先进的工艺技术、先进的技术装备，企业适应市场发展调整产品结构的空间很大，提高高技术含量、高附加值产品比例的空间也很大。

D　企业面临的问题和挑战

过去，在分析一个企业面临的问题和挑战时，往往走入三个误区：其一，短期型思维，只针对当时面临的具体问题或挑战（压力），就事论事地来寻求对策，缺乏从战略高度、长远眼光来分析认识问题和挑战；其二，封闭型思维，即更多地是从企业或企业所在地域来分析思考问题，过分地强调地域的优势，而忽略了市场一体化的发展、忽略了市场竞争中靠地理条件或行政干预来维持优势的不可持续性。封闭型思维也是条块分割、计划经济的残余影响；其三，单向型思维，即考虑问题时重于我们可以采取什么措施来解决问题。而忽视了认真分析这些措施的可行性和可操作性。即忽视了环境可能出现的变化，或相关方的发展，变化及其采取措施的影响。单向型思维实质上是主观主义的一种表现，往往达不到预期的目的。分析企业面对的问题和挑战时，要走出上述三个误区，要把企业置身于世界钢铁工业、中国钢铁工业发展的主潮流之中，要以《政策》为指导和制约来思考问题。

面对的主要问题如下：

（1）铁矿资源保证问题。这是可持续生产或可持续发展的基础问题，目前，企业铁资源自给率只有百分之十几，大型铁矿达产后，铁资源缺口仍然很大，仍然需要大量外购铁矿补充。作为一个大型钢铁联合企业，缺乏可靠、稳定、能满足需求的资源基地将是现实的和潜在的大问题。

（2）企业今后的发展道路如何选择和确定。企业过去的发展，特别是 20 世纪 80 年代以后的发展有一个特点，即以技术升级和结构调整为重点的发展与低水平扩大产能的发展共存。钢铁工业是技术、资金、资源、能源密集型产业。钢铁工业发展的外部条件，已经由过去的相对比较宽松转向相对受到比较严重的制约，资源、能源、交通运输、水、环境容量等外部条件成为制约钢铁工业发展的突出因素。外部条件的优劣，已经成为影响钢铁企业竞争力的决定性因素。《政策》的公布实施也将对该地区钢铁产业产生重大影响。市场需求特别是局部地区市场需求已不是决定钢铁发展的唯一因素或重要因素。市场空间大并不等于对所有产品市场空间都大。有一种论点认为，中国的钢铁市场潜力是巨大的，但巨大的市场潜力不一定是中国钢铁企业的。本地和周边国家市场潜力是大的，但市场潜力也不一定是本地钢铁企业的。在新的形势及发展趋势下，企业今后的路怎么走？如何争得市场合理的定位和具有竞争力，已成非解决不可的问题。因为这个问题直接涉及规划的制定、投入的方向和最终的效果。

（3）企业已形成先进生产流程的框架，但有待完善和优化，充分发挥其先进性。因为，钢铁厂要依靠先进的生产流程来调整钢厂的产品结构、工艺技术结构、装备结构的水平与能力，并由此确定钢厂的合理规模、形成市场定位合理的有竞争力的钢厂。先进的生产流程也是适应市场变化，调整产品结构，解决深加工，产品升值的基础。

（4）近一步降低资源、能源消耗，走节约型企业、清洁企业、走循环经济道路、效益企业之路。

面对的主要挑战如下：

（1）铁矿供应不稳定风险的挑战。大部分矿靠外购，在铁矿资源短缺供不应求的情况下，在国内、区内铁矿市场，采购方没有多大话语权。特别是远程海外和周边国家的铁矿供应，都存在一定的不稳定性和风险，例如价格、运输、合同履行，他国的政策与策略及其自身发展所需。可以说在铁矿方面，中国没有多大话语权，特别是单独运作，且规模不大的企业更是如此。例如，原计划 2005 年从某周边国家进口铁矿百万吨以上，但该国政府一纸禁令，禁止向中国出口原矿。据专家分析，该国这一动作意在作为争取中国焦炭优惠政策的筹码。又如：国际铁矿（主要海外矿）价格上涨 70% 以上，也给企业带来巨大压力。如果国际形势出现大的波动，铁矿供应的不稳定性更大。

（2）国内钢铁产品价格的大幅波动是对企业竞争力的最大考验。由于国际钢材市场的影响，特别是国内钢材供求关系的变化，从 2002 年开始的钢材价格上升周期已经结束，转入新一轮波动调整期。国内钢材价格下跌，但高端产品价格相对稳定，有的不降反升。而企业的产品绝大部分属价格下跌之列。事实上，在全国，亏损的厄运开始陆续降临到一些钢铁企业头上。据 2005 年 7 月份资料，自 5 月份起钢材市场开始大跌，经销商生意难做，亏损百万以上不在少数。钢铁企业利润空间大大压缩。在钢材价格大幅波动的同时，铁矿、焦炭、煤、水、电、交通运输等已经上涨的价格，几乎不下跌，还有上涨的趋势，这就给企业带来极大的挑战，最终结果必是优胜劣汰。

（3）面临不远的将来，国内、周边国家钢材消费结构变化的挑战。一般大规模城镇建设，房地产、基础设施（如交通，电力等）的建设高峰期，是一般钢材消耗量最大的时期，但这个高消费期不可能无限长地延续下去，估计大约还可延续 10 ~ 15 年。事实上，中国钢材消费结构已开始发生变化，全国范围钢铁产品结构调整已初见成效。企业面对产品品种、质量的挑战是无疑的，而且也是更长时期的挑战。

（4）区域优势与劣势不是绝对的，随着经济、科技、交通等的发展，过去认为的区域优势会越来越小。地域相对封闭的状态越来越被打破，自给自足的经济模式和思维模式将被市场机制和竞争意识所取代，企业竞争力大小，是企业发展甚至生存的关键。企业是否能创造后发技术的优势是面临的最大挑战。

21.3.2.4 其他钢铁企业

其他钢铁企业总的说来都属于落后产能之列，道路两条：重组或被淘汰。中、小钢铁企业是重组还是被淘汰，关键是看其是否有核心竞争力、是否能有效利用资源、能源，是否对资源、环境、生态带来不利影响。针对中小企业情况，淘汰是绝大多数，有望重整而且重整后又具有竞争力的企业可能很少。当然，这有一个过程，某些技术装备较好的企业，在一段时期还可发挥一定作用。但造成资源、能源、环境、生态等严重破坏的企业，尽管目前或还有一段时间还可以赚钱，但从大局出发，必须引导、加快淘汰步伐。不能因老板还可赚钱，产品也卖得出去，甚至地方还可以得利而加以保护，甚至再投资（无论资金来源如何）扩大产能。

21.3.3 云南钢铁工业的可持续生产与可持续发展谋略

21.3.3.1 可持续生产与可持续发展

可持续发展有较严谨的科学定义。可持续生产是《政策》中提出的概念。《政策》中说“内陆地区钢铁企业应结合本地市场和矿石资源状况，以矿定产，不谋求生产规模的扩大，以可持续生产为主要考虑因素。”又进一步指出：“西南地区水资源丰富，攀枝花-西昌地区铁矿和煤炭资源储量大，但交通不便，现有重点骨干企业要提高装备水平，调整品种结构，发展高附加值产品，以矿石可持续供应能力确定产量，不追求数量的增加。”这也给考虑地区钢铁工业今后道路如何走指明了方向。

21.3.3.2 认真贯彻执行国家《钢铁产业发展政策》推动钢铁工业增长方式的转变

面对世界、中国钢铁工业发展中出现的新变化、新挑战。《政策》已为我们指明了前进的方向和发展的要求。要认真贯彻落实《政策》，改变增长方式，必须跳出“短期型思维”、“封闭型思维”和“单向型思维”的怪圈。以企业的技术升级和结构调整为唯一重点来推动钢铁工业的健康发展、走上现代化钢铁工业之路。从土地审批、工商管理、商务管理、金融、税收、质检、环保、领导问责等多方面，卡死违反《政策》项目的上马，彻底解决低水平扩大钢铁产能的现象。对已存在的中、小企业，积极引导转向与坚决淘汰相结合。对有条件整合的少数企业，提出科学的、符合《政策》的整合，重组方案，推动钢铁产业结构的合理化和进一步优化。

21.3.3.3 长期稳定的铁矿石基地谋略

在废钢积累量不充裕的中国，铁矿石是保证钢铁可持续生产和可持续发展的基础，企业是一个已具较大生产能力的钢铁联合企业，要可持续生产或发展必须有自己的长期稳定的铁矿石供应基地。21.3.1 节分析了铁矿资源形势。鉴于以上情况，保证企业长期稳定铁矿石供应有如下两种选择：

第一选择：区内铁矿 + 国外铁矿

区内矿包括：企业的基地铁矿 + 区内外购铁矿；国外矿包括远程海外矿和周边国家铁矿。第一方案即全部采用普通铁矿炼铁。

第二选择：区内铁矿 + 攀西钒钛磁铁矿 + 周边国家矿

此方案采用大量钒钛磁铁矿，企业冶炼流程的一部分或全部要适应铁矿变化而采取相应措施，企业产品范围也相应拓宽。

经各方面利弊及形势分析，从可持续发展考虑推荐第二种选择。

方案的选择并不影响区内暂时无法经济地利用的铁资源开发利用的研究，这部分“呆”资源能利用，就延长了保证年限，保证了可持续发展，方案选择并不影响在周边国家建立铁矿长期稳定供应基地各种措施的推行，如投资建矿而非单纯依靠采购等措施。

21.3.3.4 产业结构调整

国外主要先进产钢国为降低成本、增强竞争力，早已开始了联盟、重组、纵向一体化的进程。形成市场竞争力很强的大集团。中国政府颁布的《政策》也明确规定：“支持钢铁企业向集团化方向发展，通过强强联合、兼并重组、互相持股等方式进行战略重组，减少钢铁生产企业数量，实现钢铁工业组织结构调整、优化和产业升级。支持和鼓励有条件的大型企业集团，进行跨地区的联合重组。”

地区钢铁工业企业规模小，各自封闭分散，技术装备落后，又“散兵游勇”似的在市场上闯荡的状况，与世界、中国钢铁工业的发展和未来是背道而驰的。产业结构调整已成必然趋势，但绝对不能搞封闭式的组合，不能搞以强带弱的重组，不能搞弱小、落后企业的大拼盘。不能搞以局部地区“利益”出发为基础的所谓重整，整合。

根据世界钢铁产业发展趋势，中国钢铁产业结构调整的方向和政策，根据国内外市场的发展，根据铁矿资源、能源资源、交通运输、环境、生态等环境条件、按科学发展观，可持续发展以及实现循环经济、节约生产、清洁生产、效益企业的目的。应该主张跨省的强强联合重组。形成地处国家战略腹地、铁矿资源、能源资源保证程度高、外部环境好、有特色的2000万t级特大型钢铁企业。这不仅是一个钢铁企业联合重组问题，而且具有更深远的战略意义。

地区内其他钢铁企业，选个别有条件的或少数有条件的企业，以充分利用分散资源为基础，办出特色，从一定历史时期能争得市场合理定位并具有竞争力为目的，进行联合重组。对绝大部分中小钢铁企业，都应逐步淘汰，引导在非矿业领域发展。

21.3.3.5 企业的技术升级和结构调整

企业的发展要以技术升级和结构调整为重点。要形成新一代生产力、创造后发技术优势，一方面要充分利用现有存量资产中的先进部分，另一方面要靠战略投资，并以此手段来激活存量资产，或增加新的先进的资产，这样才会有“跨越式”的提高。

现有主生产流程的完善与优化，包括各子系统装备的大型化、现代化，子系统功能的完善与优化。要特别重视各子系统间随时间流的进程，物质流、能量流、信息流的合理、同步与协调以及整个系统的控制、优化与高新技术的应用。

若进一步改扩建新的生产系统，必须把流程结构，工艺技术结构、装备结构的先进性放在第一位。

21.3.3.6 产品结构的调整和市场半径的扩大

走不同的联合重组道路，不但企业的发展前途不一样，而且产品结构的调整和市场半径也大不相同。

若不跨省联合重组，则产品仍以区内市场为主，争取扩大邻国市场，少量销往国内和海外市场。由于主要市场区域内经济较落后，处于经济发展初期，制造业、高新技术产业不发达，而城镇建设、交通、电力的基础建设所需钢材仍占主导，即长材仍占主导，这个时期可能在10~15年。所以短期内现在的产品结构调整的幅度不会太大，应以提高产品质量、扩大钢的品种（牌号）为重点，扩大优质碳素结构钢和低合金高强度结构钢比例。进一步根据市场导向，可以生产的产品扩大范围，如：

高速线材：扩大硬线牌号、拉拔用软线、钢筋混凝土用热轧钢筋HR500、增加焊接用钢盘条牌号……。

棒材：500MPa热轧钢筋、低合金高强度结构钢圆钢……。

热轧板带：高强度钢板、优质碳素结构钢板及钢带、低碳钢钢板和钢带、高耐候性结构钢钢板带……。

冷轧板带：冲压用钢号、深冲用钢号、耐大气腐蚀钢号。

其他：镀锌板、镀锡板、涂层板。

根据市场调查，可增加部分适销对路的小型型钢。

若跨省联合重组，则市场半径可在国内大大增大，参与国际市场的竞争力增强，产品结构调整的范围也加大了。根据国内外市场的情况和国内大公司之间的协调以及西南铁矿的特点，逐步走实现产品生产的专业化分工的道路。

21.3.3.7　*发展铁制品深加工*

发展有特色的中、小型铁铸造制品厂，而不仅仅是生产铸造铁。可发展项目有：第一：离心球墨铸铁管。世界发达国家离心球墨铸铁管已占铸铁管总量的90%以上，同等口径情况下，这类铸铁管，管壁薄、质量轻、有近似钢管的韧性，可压扁到一定程度不破断或破裂，防锈性能比钢管好，寿命长。管内还可衬各种材料内衬套，以满足特殊介质输送要求。强度好，耐压高。用离心球墨铸铁管取代既浪费铁资源、质量低、又易破断的普通灰口铸铁管，是必然的趋势。中国离心球墨铸铁管所占比重太小，而且厂家大多在长江以北。第二，制造业需要的各种铸件。过去的模式往往是机械制造厂内设铸造车间来生产，今后发展专业化的，多种产品的铸造厂，这样有利于提高铸造的技术进步水平，有利于采用先进技术和先进装备，效益也会大大提高。这也包括发展过去在国内有名气，但后来未发展的耐磨铸铁及其制品生产。铸造业应走集中度高、专业化、多产品的道路。

21.3.3.8　*抓住机遇、创造条件、利用电能优势，发展短流程炼钢厂*

该地区江河纵横，地表水地下水资源丰富，地表水资源居中国前列，水能源储藏量1亿千瓦以上，居全国第三位，水力资源分布又相对集中，是中国水利资源最集中的地区之一，对开发水力发电极为有利。近二十年，已有几座大型水电站建成投产，还有几座更大容量的特大型水电站建设已进入前期工作。

随着中国经济和工业化的发展，社会废钢积累量和循环量将大大增加，一个电、一个废钢，有这两个基础，发展高效率、高效益、低能耗、清洁生产的短流程炼钢就有了保证，这也是钢铁工业走循环经济的必然之路。短流程工艺，既可生产长流程工艺生产的产品，也可以生产长流程工艺生产困难的特殊钢产品。

《政策》规定，“特钢企业要向集团化、专业化方向发展，鼓励采用以废钢为原料的短流程工艺，不支持特钢企业采用电炉配消耗高、污染重的小高炉工艺流程”。发展短流程，绝不能重走过去曾走过的小电炉到处上马的老路，必须在《政策》指导下，走出新的路子。

21.3.3.9　*引进、研究、开发直接还原、熔融还原新工艺技术*

根据铁矿资源的特点，有很大部分资源受到当前技术、交通、能源等条件的制约而暂时或相当一段时期无法开发利用。除了加强选矿技术的研究，改善交通运输条件外，采用直接还原、熔融还原新技术可能是一条可行的，经济有效的路子。生产直接还原铁、熔融还原产品，既可充分开发利用资源，又减小运输、环境、生态压力。这方面的引进、研究、开发工作应作重点加强，争取早日突破，形成新的生产力。

21.4　结语

钢铁材料的深加工问题就是产品结构问题，由于钢铁生产的特殊性，决定了产品结构是系统加工的结果。脱离钢铁生产过程系统和技术进步、创新来谈深加工，就失去了产品升级的基础。先进的生产流程结构、先进的工艺技术结构，先进的装备结构，是增强产品结构调整能力的基础和保证，是钢铁企业形成新一代生产力，创造后发技术优势，调整产品结构争得市场合理定位，有竞争力、可持续生产或可持续发展的关键和保证。

参考文献

1 殷瑞钰．中国钢铁工业的崛起与技术进步．北京：冶金工业出版社，2004
2 徐勇．我国矿产资源可持续利用对策．云南地理环境研究，1997，9（1）
3 中国地质矿产信息研究院．《形势与挑战》，1994
4 世界和中国钢铁行业的发展状况．中华人民共和国对外贸易经济合作部，2002，9，23
5 周建男．钢铁生产工艺装备新技术．北京：冶金工业出版社，2004
6 于勇．炼钢－连铸新技术800问．北京：冶金工业出版社，2004
7 杨天钧．熔融还原．北京：冶金工业出版社，1998
8 李士琦．冶金系统工程．北京：冶金工业出版社，1991
9 阴树标．我国进口铁矿石的必要性及对策．昆明理工大学学报（理工版）2003，28（5）：10
10 我国钢铁工业协会，2005年第三次信息发布会新闻稿
11 钢铁新政加速淘汰中小钢铁企业，仅1/3有望重组．南方日报．2005，7，19
12 黄伯权．云南铁矿资源与钢铁工业的发展．矿产保护与利用．2002，（1）：12～15
13 李志群．云南黑色金属资源及其可持续发展对策．中国工程科学（增刊）2005，4～27
14 苏鹤洲．目前云南钢铁工业发展的对策．云南冶金，2004，33（6）：46～51
15 云南生活新报．2005，6，21

22　磷　化　工

江映翔　朱浩东　昆明理工大学

22.1　概述

磷化工起源于磷化肥生产，随着工艺的不断发展和成熟，磷化工业已形成黄磷、磷酸生产为主要产品，以其他磷酸盐类、磷化物为次要产品的规模化生产行业。中国黄磷生产已居世界第一位，占世界的75%。现在中国磷化工行业生产主要存在技术落后、消耗高、能耗高、污染严重、效益差等问题。为了适应磷化工行业形势的发展，以提高本行业技术水平为契机，减少消耗、降低污染，大幅度地增加全行业的效益，本章立足未来技术发展的趋势，主要介绍了近年来磷化工行业"三废"治理的新技术、新研究，磷化工产品的深加工技术和研究。

22.2　黄磷生产过程中三废治理新技术

22.2.1　黄磷尾气综合利用新技术

每生产1t黄磷排放出的尾气量为2700~3000m^3（标态），黄磷尾气主要含以下成分：(CO) =85%~90%，(CO_2) =1%~4%，(H_2O) =1%~5%，(H_2) =1%~8%，(N) =2%~5%，(O_2) =0.1%~0.5%、P_4及H_3P的含量约1g/m^3，其热值为10.5~11.0MJ/m^3（相当于5500~6500m^3的城市煤气），因而黄磷尾气是很好的热源和合成气原料。

而由于中国大部分黄磷生产装置规模较小，尾气很难利用，所以大多数黄磷生产企业对尾气仍使用"火炬"放空燃烧，不仅造成资源、能源的极大浪费，而且对环境也造成不良影响。

中国国内部分企业利用黄磷尾气做燃料，如烘干矿石、硅石或做热源用于三聚磷酸钠和六偏磷酸钠的热缩聚反应，但是经济效益仍不高。这种利用仅是初步的、原始的。其实黄磷尾气的综合利用大有文章可做，但需将尾气以适当的方法净化提纯，其利用的路子才算完全打开。目前国内已有整套的黄磷尾气净化提纯技术，处理后的尾气中CO纯度达到98%~99%，磷、硫、砷化物及氟的含量在10^{-6}以下，完全可以满足化工合成对原料纯度的要求。净化后的尾气可用来生产羰基合成及碳一化学中多种产品如甲醇、碳酸二甲酯、甲酸、甲酸钠、甲酸钙草酸、苯乙酸和光气等产品，能够获得较好的经济收益。

目前有许多专家研究黄磷尾气开发利用新技术，本文介绍的如下两个较好的方案是利用黄磷尾气生产二甲醚和生产轻质碳酸钙的新工艺。

22.2.1.1　生产二甲醚的新工艺技术

二甲醚是一种洁净燃料，广泛的用于民用和车用燃料，其性能较好、无毒、无残液，并且在制药、农药等化工产品中有独特用途，可替代氟利昂作气雾剂、环保制冷剂，还可作为汽油添加剂、发动机燃料等。

二甲醚生产大国主要为美国、德国、英国和法国等。据有关资料介绍：目前世界二甲醚年产量已超过20万t，国内二甲醚产量约两万多吨。国内外二甲醚产量的80%用于生产气雾剂，仅气雾剂一项，世界二甲醚年需求量为375万t，国内年需求量为8万t，且每年以5%~8%的速度递增。二甲醚作为气雾推进剂、制冷剂、发泡剂仅仅是其用途的一小部分，其主要用途是替代汽车燃油、石油液化气和应用于城市煤气，是解决中国能源、经济与环境保护，坚持可持续发展的关键之一。由于二甲醚有较高的十六烷值，非常适合于压燃式发动机，因此是汽车燃料理想的替代品。二甲醚燃烧值高，使用二甲醚作为汽车燃料，发动机的功率可提高10%~15%，热效率可提高25%~30%，噪声可降低10%~15%，汽车尾气无需催化、转化处理，即可达到高标准的欧洲Ⅲ排放标准。二甲醚作为工业和民用燃料，与液化石油气相比有安全性能高和综合热值高、不析碳、无残液等优点，还可与液化气残液混合燃烧，使液化气残液燃烧完全。二甲醚的诸多优点，为其代替石油液化气奠定了基础。

利用黄磷尾气生产二甲醚可分为黄磷尾气初步净化和精制、甲醇合成和甲醇催化脱水制二甲醚三个工艺过程。黄磷尾气净化是综合利用的关键，这一过程需要达到两个目的。一是要协调正常黄磷生产与尾气综合利用的关系，二是要把尾气净化到生产二甲醚所需的纯度。尾气经过初步净化阶段，除去部分杂质，然后进入CO精制工序，对尾气做进一步的净化，达到生产二甲醚的纯度要求。

甲醇生产有低压法、中压法和高压法。国际上目前多采用较先进的低压法合成甲醇。此方法比中国国内采用的高压法及中压法省电50%~70%，节省投资30%以上。而且具有操作稳定，技术成熟可靠等优点。

生产二甲醚的方法较多，目前国内较先进成熟的方法有两种。一种是由原料气一次合成二甲醚的合成气法（也称一步法），另一种是先合成甲醇，再由甲醇蒸气通过固体催化剂，气相脱水生产二甲醚的方法，称为甲醇气相脱水法（也称为二步法）。黄磷尾气制二甲醚的工艺流程图如图2-22-1所示。

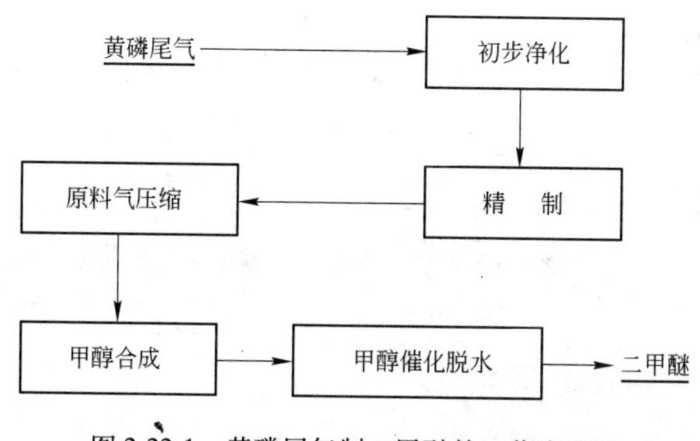

图2-22-1　黄磷尾气制二甲醚的工艺流程图

经工艺技术比较，黄磷尾气宜采用一步法合成制二甲醚；根据市场容量，宜生产燃料级二甲醚（$\omega=95\%$）；经技术分析，每生产1t黄磷，副产尾气可联产0.85t二甲醚，产值为2210元，纯利润为738元。若有6万t的黄磷生产装置，则可配套5万t/a的二甲醚，产值将达1.3亿元，纯利润将达4300万元/a；若加工成高纯二甲醚（$\omega=99\%$），则产值将达4亿元，纯利润将达1.4亿元。加上这是一个环保项目，因而具有经济和环保效益。

22.2.1.2　生产轻质碳酸钙的新工艺技术

轻质碳酸钙是一种重要的无机化工原料。其广泛应用于涂料、塑料制品、橡胶制品、油墨和造纸等工业部门，也大量用于冶金、玻璃、医药、牙膏、化妆品。

由于黄磷尾气中含有一定的杂质，主要杂质为SiF_4、H_2S、CO_2、P_4和HF。需要对其净化处理，净化的工艺采用水洗和碱洗相结合，主要的反应式为

$$3SiF_4 + 2H_2O \longrightarrow 2H_2SiF_6 + SiO_2$$

$$H_2S + 2NaOH \longrightarrow Na_2S + 2H_2O$$

$$CO_2 + 2NaOH \longrightarrow Na_2CO_3 + H_2O$$

$$P_4 + 3NaOH + 3H_2O \longrightarrow 3NaH_2PO_3 + PH_3$$

$$HF + NaOH \longrightarrow NaF + H_2O$$

含Na_2CO_3的洗涤液经苛化处理回收NaOH返回系统循环使用。

经净化后的气体直接燃烧

$$CO + O_2 \longrightarrow CO_2$$

将生石灰破碎为2~3cm以下的小粒，送入硝化槽，加水硝化成石灰乳$Ca(OH)_2$，然后打入碳化槽。通入燃烧后的气体进行碳化。

$$CaO + H_2O \longrightarrow Ca(OH)_2$$

$$Ca(OH)_2 + CO_2 \longrightarrow CaCO_3 + H_2O$$

其工艺流程如图2-22-2所示。

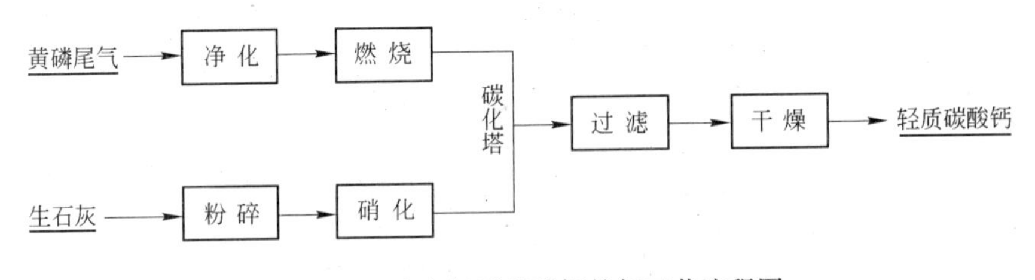

图2-22-2　生产轻质碳酸钙的新工艺流程图

22.2.2　固体废弃物综合利用新技术

22.2.2.1　磷渣综合利用新技术

黄磷渣是磷矿石热法生产黄磷过程中排放的工业废渣。在密封式电弧炉中，用焦炭和硅石作为还原剂合成渣剂，使磷矿石中的钙和二氧化硅化合，高温熔融，以硅、钙为主的熔融渣每隔4h从电炉上部排出，一般在炉前经高压水淬处理为粒状水淬渣，简称磷渣。

若自然慢冷，则形成块状磷渣。

每生产 1t 黄磷大约副产炉渣 8 ~ 10t，其数量及组成与所用的炉料（磷矿、硅石、焦炭）成分和配料比有关。炉渣的化学组成如下：$w(CaO) \doteq 40\% \sim 50\%$，$w(SiO_2) = 35\% \sim 42\%$，$w(Al_2O_3) = 2.0\% \sim 4.0\%$，$w(P_2O_5) = 1.0\% \sim 2.5\%$，此外还含有少量的 Fe_2O_3、MgO、F、K_2O、Na_2O 等。

以中国目前的黄磷生产能力，每年的磷渣排放量都在 700 万 t 以上，且逐年递增。但黄磷渣的有效利用率仅为 10% 左右，而且中国多数黄磷生产企业将磷渣作为废渣堆放，仅有少量作为建材原料和生产农用硅肥，导致大量的磷渣堆积如山。如此多的磷渣长年露天堆放，不仅造成了磷渣资源的巨大浪费，还占用了大量的土地，并且磷渣中的 P_2O_5 和其他有毒元素在雨水的冲淋下，会渗入地下造成土壤污染。因此，综合利用磷渣不仅具有很高的经济意义，而且还具有十分重要的生态和社会效益。

A 磷渣在建材原料中的应用

磷渣制水泥混合材，降低了水泥生产成本，给水泥厂带来了收益。近年一些企业注意到这一情况，与水泥厂建立联合企业，取得了比单纯卖磷渣更多的效益。

a 磷渣在水泥工业中的应用

磷渣在水泥工业中的应用主要包括以下两方面：一是作为水泥原料煅烧水泥熟料；二是作为水泥混合材，制磷渣硅酸盐水泥、少熟料磷渣水泥、无熟料磷渣水泥及复合硅酸盐水泥等。中国已制定了用于水泥中的粒化电炉磷渣的国家标准 GB6645—1986。标准对磷渣的技术要求为：磷渣的质量系数 K 不小于 1.10，P_2O_5 不大于 3.5%，松散密度不大于 $1300kg/m^3$。磷渣中不应出现泥磷等外来夹杂物，不应出现元素磷氧化时冒白烟的现象。

用磷渣配料煅烧水泥熟料，可以改善生料的易烧性，降低熟料的烧成温度和烧成热耗，同时提高熟料的强度。这是因为磷渣中含有 F、P_2O_5 等矿化离子，能够降低液相生成温度和黏度，促进固相反应；磷渣玻璃体中所含的 CS 微晶体具有晶核诱导作用，加速了 C_3S 的形成；石灰石用量的减少，降低了熟料烧成的热耗；F、P_2O_5 固溶于熟料矿物中，增加了熟料矿物的活性，提高了熟料矿物的强度。

磷渣作为混合材取代部分熟料生产磷渣硅酸盐水泥，一方面可以节约资源和能源，减少对环境的污染；另一方面，能够改善硅酸盐水泥的某些性能，如需水量小，水化热低，分层、泌水现象轻，抗渗性好、后期强度增进快等优点。

磷炉渣除用于普通硅酸盐水泥和矿渣水泥的生产外，还可用来生产白水泥。白水泥的原料混合物，可由磷炉渣、石灰石、高岭土和石英砂组成，也可单由磷炉渣和石灰石组成。此混合物是在 1400℃ 的温度下，烧结 15min 所得，其未吸收的氧化钙（CaO）为 0.15%。

b 磷渣在混凝土中的应用

磷渣作为混凝土掺和料，有以下好处：(1) 大幅度降低混凝土的水化热和绝热温升；(2) 降低混凝土的弹性模量，提高混凝土的极限拉伸值；(3) 混凝土的后期强度高，强度增长率大；(4) 磷渣的缓凝作用可满足大体积混凝土施工的需要；(5) 磷渣混凝土具有优良的抗海水和硫酸盐侵蚀的能力；(6) 提高混凝土的抗渗能力，抑制混凝土的碱骨料反应等。

由于磷渣掺入后能有效地提高混凝土抵抗温度裂缝的能力，因此，磷渣在水工大体积混凝土工程中得到了很好的应用。1994 年，云南昭通渔洞水库大坝工程中，选用了磷渣作为混凝土掺和料，基础混凝土磷渣掺量为 50%；水位变化区域混凝土，采用 0.50 水胶比时，磷渣掺量为 40%；过渡层、砌石混凝土，采用 0.55 水胶比时，磷渣掺量达 60%。1997 年，云南大朝山水电站工程中，采用了凝灰岩和磷渣各 50% 混磨作为混凝土掺和料。这两项工程都是利用磷渣在混凝土中的应用技术，都取得了很好的效果。

与粉煤灰、矿渣微粉一样，磷渣超细粉可用作矿物细掺料配制高性能混凝土。研究表明，磷渣超细粉对混凝土拌和物有流化作用和减水作用；对混凝土有显著增强效应，而且用磷矿粉配制的混凝土的 28d 强度和 60d 强度，显著高于用矿渣及粉煤灰配制的混凝土；磷矿粉与硅灰复合使用时，能有效地降低混凝土拌和物的黏度，减小混凝土的泵送压力；含有磷渣超细粉混凝土的抗冻性、抗渗性、抗盐蚀性和抗碳化性均有不同程度的改善。该磷渣高性能混凝土在云南昆明红十字会医院工程中得到了成功的应用。

B　磷渣在制硅肥中的应用

1998 年 12 月，国家科技部把硅肥生产技术引入了“九五”全国重点成果推广项目。有资料称硅肥将成为继氮、磷、钾之后的第四大肥料，它对水稻的增产效果特别明显。在水稻上施用硅肥后，可提高水稻对氮、磷的利用率；当土壤含硅量在 210mg/kg 以下时，施用硅肥的水稻具有一定的增产作用，平均增产率为 10.7%；在土壤含硅量较高时，施用硅肥对第二季作物无增产作用。在农业生产中配合农家肥作为底肥，起疏松、调节土壤作用，增加庄稼钙质吸收，从而起到壮杆、防倒的作用。

而以黄磷炉渣作硅肥原料，是最好的硅肥来源，因为黄磷炉渣的主要成分是活性的硅酸钙盐，其高温熔体经水淬后结构特殊，具有一定水溶性，易于被作物吸收，它还含有 0.5% 左右 P_2O_5 也是可溶性的，易于粉碎，加工成本低，为制磷副产物，生产成本大大低于其他方法；黄磷炉渣呈中性；便于运输和施用。此法另一优点是其产品的市场空间大，无产品销售后顾之忧。特别是目前黄磷主产区在云、贵、川、湖北、广西等西南地区，临近中国水稻的主要产区，因而非常有利于硅肥的推广和使用。

C　磷渣在生产微晶玻璃中的应用

利用黄磷渣 0.7t 可生产出 1t 微晶玻璃，每吨产品相当于 $13m^2$（20mm 厚）微晶玻璃，成本约为 62 元/m^2，市场售价 250 元/m^2，则毛利有 188 元/m^2；以每吨黄磷副产 10t 黄磷渣计，将联产出 14t 微晶玻璃，产值将达 46000 元，毛利将达 34000 元。一个 1.5 万 t/a 的黄磷生产装置可配套 20 万 m^2 的微晶玻璃生产装置，年产值将达 6.9 亿元，毛利将达 5.1 亿元，利润十分可观。

生产黄磷渣矿渣微晶玻璃在技术上是可行的，将出炉的熔融炉渣倒入附近保温的玻璃熔池，再补充少量热能，使加入的混合料均化澄清，用来生成玻璃，再进行微晶化热处理，还可以进一步获得高档的矿渣微晶玻璃产品。生产工艺流程如图 2-22-3 所示。

经测定该种微晶玻璃与天然大理石相比，性能要优越得多，放射性元素含量远低于大理石。微晶玻璃除可代替大理石外，还可用于热电厂输送灰料的铸石溜槽及铸石管，钢铁厂输送烧结铁矿石及焦炭的溜槽，耐火材料厂输送耐火粉料的溜槽，矿山水砂输送、水力输煤、除尘器的管道，石油化工系统耐腐蚀管道，耐磨地板砖，特殊用途的耐磨耐腐蚀地板砖，此外还用于路旁砖、雕像、屋瓦、排水管、楼梯、隔板、栅栏柱、窗台、文化砖、防滑砖和隧道衬里等，因而市场容量很大。

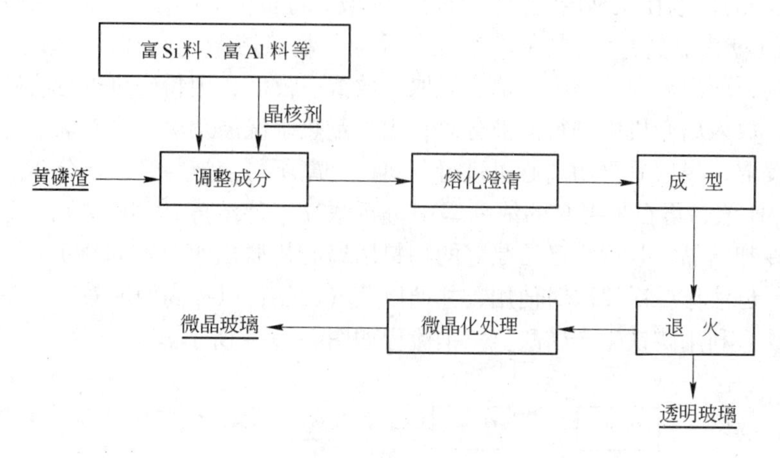

图2-22-3 黄磷渣热态成型工艺流程图

D 磷渣的其他应用

磷渣可替代部分或全部石灰石和黏土用于熔制钠钙普通瓶罐玻璃，但当玻璃中的CaO全部由磷渣引入时，玻璃的化学稳定性有所下降。磷渣还可用于熔制饰面玻璃。利用磷渣生产黏土烧结砖，可以使烧结温度降低150℃，节约大量的能源，而且砖的各项性能指标都有所提高。利用磷渣还可生产出性能优良的彩色地板砖，与普通大理石相比，具有抗压、抗折强度高、耐磨且成本低廉、经济效益显著的特点。

22.2.2.2 磷铁综合利用新技术

磷铁是由铁和磷化合而成。通常是黄磷电炉生产中生成的副产物，有多种化合物，其分子式为FeP_2、FeP、Fe_2P和Fe_3P。每生产1t黄磷副产磷铁80～150kg，其中含有20%～26%的磷和0.1%～6.0%的硅，固态物的密度为5.6～6.0（随含磷量的变化有所变化），并含有少量的锰、钒等其他元素。所以，磷铁也可认为是一种合金或金属。目前磷铁可供冶金工业炼制特种钢或作为冶炼的脱氧剂，也可用碱处理制成磷酸氢二钠或磷酸三钠或高磷肥料或制饲料磷酸氢钙。最新的研究表明在实验中许多专家用磷铁生产纳米级新材料。

在炼钢工业中，磷铁主要用作合金剂，要求其最大含硅量为2%，含磷量为23%～24%。但在电炉正常运转时，收得的磷铁，绝大部分不符合这种要求。因此，多用磷铁来制取包括含有3%～12%的磷和6%～20%的硅之各种铁合金，具有较好的浇铸性能。它们的物理性质和对磷酸硫酸及盐酸的耐腐蚀能力，与硅铁的性质差不多，主要用于浇铸。

近些年来，国内有些黄磷厂，成功地利用磷铁生产磷酸氢二钠、变废为产品，为磷酸氢二钠的生产提供了新的途径，与用纯碱中和磷酸生产磷酸氢二钠的方法相比，既节约了磷酸，又充分利用了磷铁。生产中的主要反应如下

$$4Fe_2P + 4Na_2CO_3 + 9O_2 \longrightarrow 2Na_4P_2O_7 + 4CO_2 + 8FeO$$

$$4FeP + 4Na_2CO_3 + 7O_2 \longrightarrow 2Na_4P_2O_7 + 4CO_2 + 4FeO$$

$$Na_4P_2O_7 + 13H_2O \longrightarrow 2Na_2HPO_4 \cdot 12H_2O$$

其工艺过程是：先将磷铁块的炉渣及其他杂质去除后，再进行破碎和球磨成细粉，并与纯碱为1∶1的比例在铁槽内充分混均匀（纯碱可过量1%），然后堆放在煅烧炉内煅烧（用电炉尾气CO为燃料），使物料熔融充分反应，趁热熔融状态（冷后结块难以出料），将煅烧好的物料取出放在铁槽内，加水浸取。放置一夜后，用粉碎机进行粉碎，粉碎后的渣水混合物，放入离心机中进行渣液分离，用少量热水洗涤几次，将浸取溶液洗下来，铁渣再以母液浸取，浸取后再用离心机进行分离，分离所得溶液与第一次分离溶液合并，加稀硫酸调整pH值，再在带夹套的浓缩锅中进行浓缩。待浓度达30～40波美度，即可放入结晶槽中冷却结晶。其后将已结晶好的物料用离心机脱出水分（母液），干物料即为成品包装入库。母液作二次浸取时使用，并通以蒸气加热，以提高浸取效率，铁渣可进一步加工成氧化铁。利用磷铁生产磷酸氢二钠流程如图2-22-4所示。

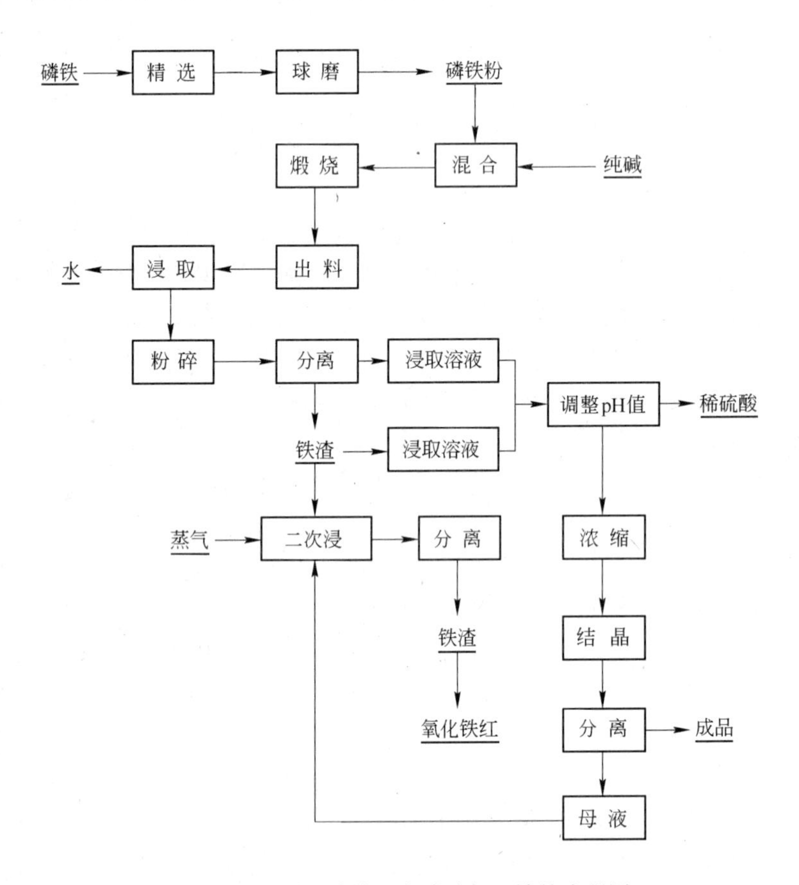

图2-22-4　利用磷铁生产磷酸氢二钠的流程图

在生产过程中，提高反应温度，延长物料煅烧时间，有利于反应的进行。对于渣液的分离，因物料中有硅酸盐及二价铁生成的胶体物，使分离出现困难。目前尚未找到比用离心机分离更理想的分离方法。至于物料浸取的工艺条件，还有待进一步摸索。仍存在残渣中的磷含量不完全按 $NaOH/H_2SO_4$ 比值上升而降低。在相同条件下，浸取后残渣中磷含量不理想，其原因是残渣中已生成的磷酸盐没有被浸取出来，使得磷的含量较高。生产过程的最佳工艺条件见表2-22-1。

表 2-22-1 生产过程的最佳工艺条件

项目名称	工艺条件	项目名称	工艺条件
磷铁细度	全部通过 100 目筛	浸取溶液 pH 值（$NaOH/H_2SO_4$）	0.98～1.02
煅烧温度	1000～1100℃	溶液浓缩浓度	冬季 30 波美，夏季 40 波美
煅烧时间	11～14h	浸取后物料粉碎粒度	全部通过 80 目筛
堆置高度	30mm 以下		

22.2.2.3 泥磷综合利用新技术

在黄磷生产过程中，不论大中小型电炉，有没有电除尘器，电炉出口气体中，总含有一定量的挥发分杂质与粉尘。在电除尘器中只能除去 60%～90%，并随炉气一起进入冷凝系统，在用水冷凝时，就有一部分泥浆状的泥磷产生，与水混合形成污水；另一部分和元素磷粘合形成粗磷，在粗磷精制过程中，被粉尘吸附夹带的磷和粗磷分离后，而与污水混合形成泥磷，其球状颗粒：1～2mm 至几微米之间不等，密度一般在 1.3～1.7 之间。一般磷含量在 10%～90%，固体杂质（SiO_2、CaO、Fe_2O_3、Al_2O_3 等）含量约 5%～40%，水的含量在 10%～80%。因其不是单一的物质，故没有确定的熔点，而熔化温度一般为 60～75℃。其中的含磷量占总磷量的 1%～5%；没有电除尘器的可达 10%～15%，经处理后可回收的磷占总量的 7%～10%。

据前苏联乌拉尔化学研究所研究结果，认为泥磷有两种结构，一种是富磷泥，其中磷是主要相，从显微镜中可以看出磷中夹有“链状”或网状结构的杂质。另一种泥磷结构是很细的（小于 20μm）球状或无定形的颗粒，像泥砂一样，简称粒化磷泥，通常是从污水中获得。

如何治理或利用泥磷，不仅可提高磷的回收率，降低生产成本，也可减少或消除对环境的污染。但对泥磷的处理，一直是一个比较麻烦的难题。世界各国都在试验摸索，寻找技术先进可靠、经济合理的治理方法。据国内外资料及报道，对泥磷的治理，最好是首先选择合适的原料，合理的电炉参数及优惠的工艺指标，从而减少生产中泥磷的生成量。尽可能设置电除尘器，先净化电炉尾气，使粉尘在进入冷凝系统前，在电除尘器内大部分被收集下来。其次才是选择最适宜的方法进行处理。

众多的泥磷处理方法中，可分为直接法和间接法两大类：直接法是将泥磷处理后，以磷的形式回收。该法又可分为蒸馏法（返回电炉或间歇和连续加热）、抽滤法（真空抽或加压）、化学试剂法（即盐酸硝酸法、重铬酸法是将磷氧化，不能回收）、氨水漂洗法。间接法是将泥磷处理后，以磷酸或磷酸盐形式回收。该法有泥磷制磷酸和制磷酸钠盐。值得开发研究的应是用泥磷试制次亚磷酸钠。

在上述方法中，均有不够完善的地方。蒸馏法不能将磷蒸尽，过滤法处理量大，而滤渣中 P_4 含量仍有 5%～30%，属中间收磷过程，还须再处理。化学试剂法虽效果较好，却不能回收磷，而残渣中含 P_4 仍在 5% 以上，也不彻底，不但增加生产成本，还增加化学药剂的毒性，造成二次污染。采用泥磷制磷酸，其燃烧设备，可采用简易燃烧炉，其效果较差，也可采用回转燃烧炉，要求泥磷中 P_4 含量不能大于 30%，否则回转炉不能正常操作。此法虽是比较彻底，但对制酸系统设备腐蚀严重，不能生产浓磷酸。经许多生产实践的研究所得出的结论是，对泥磷的处理，最好是将两种方阵联合进行。就迄今而言，国内已采用过的泥磷处理方法，均有不够完善的地方，且尚无一种可行实效的好方法能替代现有方法。现将其中已进行过的两种联合操作处理泥磷，并取得较好效果的处理方法，即南化磷肥厂和昆阳磷肥厂的泥磷联合处理法归纳介绍于下。

南化磷肥厂的工艺是：真空过滤→板框压滤→贫泥磷制酸的处理方法。其工艺流程如图 2-22-5 所示。

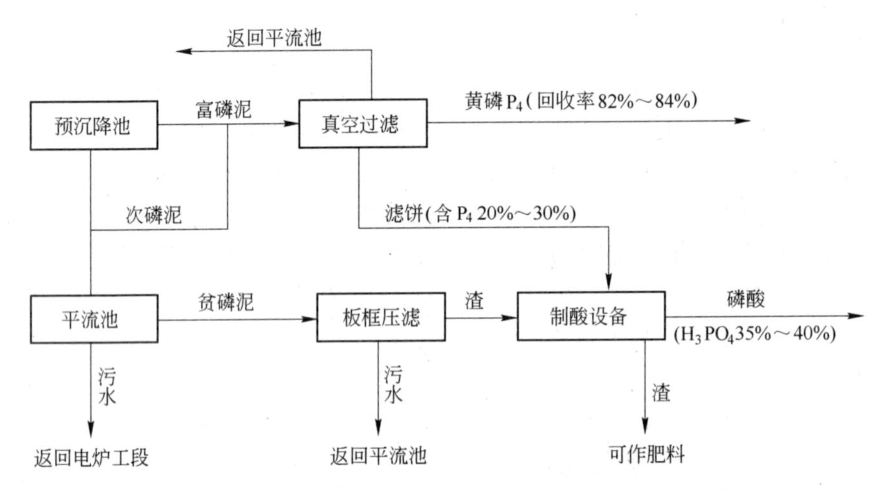

图 2-22-5　南化磷肥厂的泥磷处理法流程图

此法通过真空过滤，从泥磷中回收的黄磷约占总产量的 10% ~ 15%，烧制稀磷酸 430t/a，相当于回收黄磷 47t。但不能制得高浓度磷酸，因随酸浓度的提高，对制酸设备材质的腐蚀增强，无法继续生产。其工艺设备较复杂，投资也较大。

昆阳磷肥厂的工艺是：氨水（或热水）漂洗次泥磷经转炉燃烧制磷酸二氢钠的处理方法。其工艺流程如图 2-22-6 所示。

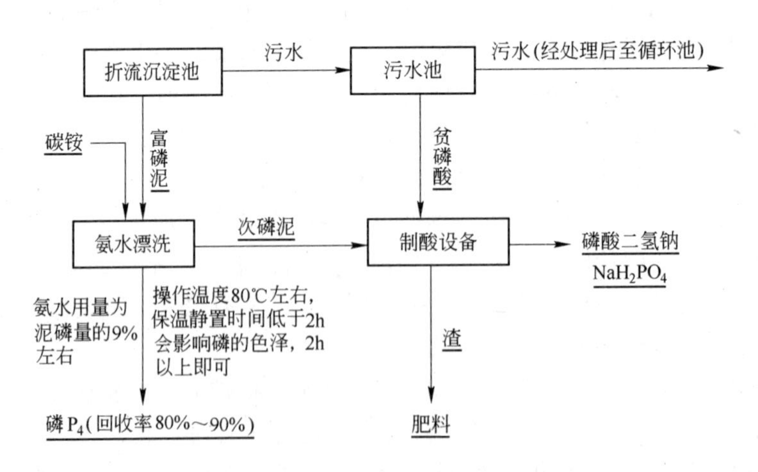

图 2-22-6　昆阳磷肥厂的泥磷处理法流程图

此法因不是磷酸产品，在水合吸收循环液中加入氢氧化钠，从而生成磷酸二氢钠循环液达一定浓度后，送去生产磷酸三钠和三聚磷酸钠。从而解决了生产中含氟磷酸对不锈钢水合吸收塔的腐蚀问题，也克服了固定燃烧炉泥磷燃烧不彻底，渣中残留 5% 的 P_4 而冒烟着火。同时也解决了固定燃烧炉加泥磷和出渣时劳动条件差的手工操作，而变成机械作业。也存在氨水漂洗过程中，在80℃温度下，氨受热挥发，既损失 NH_3 又造成二次污染。虽然整个生产流程较长，设备也多，投资较大。但权衡利弊，比较起来，认为较合理可行，可采用试之。

其他一些企业的泥磷利用情况为：山西春泉化工有限公司二分厂的黄磷装置（5600×2kV·A），富泥磷用化学处理法，贫泥磷用回转炉蒸磷法回收元素磷，磷的回收率较高。广西磷酸盐化工厂在南化集团设计院指导下，建成两套回转炉法制酸装置，泥磷处理所得的磷酸用于生产重过磷酸钙和三聚磷酸钠。德国 Piestritz 厂用泥磷生产次磷酸钠，供化学镀镍及作金属表面处理剂。

22.3 磷化工产品深加工新技术

22.3.1 纺织品阻燃剂的生产技术

当今，塑料、橡胶、纤维等已成为人们在生产和生活中不可缺少的材料。但这些材料大多数是可以燃烧的。特别是塑料，要将其应用在交通运输、建筑、电工器材、航空、宇宙飞行等方面，就迫切需要解决耐燃性问题。向聚合物材料中加入一种助剂，能够增加材料的耐燃性，这种助剂就称为“阻燃剂”。含有阻燃剂的聚合物材料，可以是不燃性的，但大多是自熄性的。

目前世界阻燃剂年用量为120万t，在塑料助剂中排第二位，且每年以6%~7%的速度增加。美国是阻燃剂的最大生产国和消费国，年消耗量近40万t，其中无机系产品占一半。中国阻燃科学研究起步较晚，阻燃剂用量很少。产品档次低，研制和生产的阻燃剂有无机阻燃剂、磷系阻燃剂、卤系阻燃剂三大类。

卤系阻燃剂不仅效果不好。而且在使用过程中易产生有毒气体和大量烟雾，对人体有害。因此，阻燃剂的发展方向是开发无卤阻燃剂取代卤素阻燃剂、无机阻燃剂取代有机阻燃剂。

磷系阻燃剂无疑是一种性能优良的阻燃剂，它品种繁多，阻燃性能优良，应用广泛。磷系阻燃剂按生产方法可分为添加剂型和反应型两类：按组成和结构可分为无机磷化合物和有机磷化合物。含磷无机阻燃剂因其热稳定性好、挥发少、毒性低等特点而得到广泛应用，主要品种有红磷阻燃剂、磷酸铵盐和聚磷酸铵等；有机阻燃剂主要有磷酸三苯酚、甲基磷酸二甲酯和丁苯系磷酸酯等。如用于 ABS 树脂的阻燃剂有很多种。而磷系阻燃剂因兼有阻燃和增塑双重效果，成为今后 ABS 树脂阻燃剂开发的方向。磷—氮系列的膨胀阻燃剂（如多元醇磷酸酯三聚氰胺盐）。由于在阻燃效果、环保和价格等方面有较好的综合优势，今后可能会得到更快发展。

本文简要介绍含卤素的磷酸酯典型品种有三（β-氯乙基）磷酸酯、三（2，3-二氯丙基）磷酸酯和三（2，3-二溴丙基）磷酸酯。

例：三（β-氯乙基）磷酸酯（TCEP）

将环氧乙烷与三氯氧磷在偏钒酸钠的作用下反应而成

$$3\,\overset{\overset{O}{\diagup\;\diagdown}}{CH_2—CH_2} + POCl_3 \longrightarrow (CLCH_2CH_2O)_3—P{=}O$$

（消耗定额 kg/t）：三氯氧磷 600、环氧乙烷 600、偏钒酸钠 1.6、NaOH（30%）100。生产工艺流程如图 2-22-7 所示。

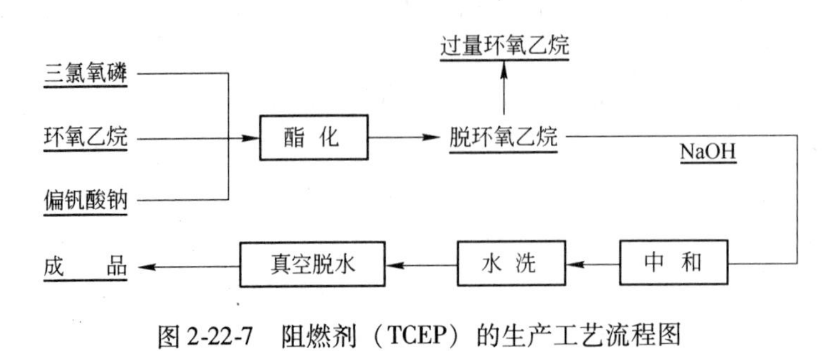

图 2-22-7　阻燃剂（TCEP）的生产工艺流程图

将催化剂偏钒酸钠与三氯氧磷在反应器中混合，于 45～50℃下通入计量的气态的环氧乙烷。保温反应两小时后脱磷除过量的环氧乙烷，然后用 30% 的 NaOH 水溶液中和，并水洗，以除去催化剂和酸性杂质，再脱除低沸即得成品。

有专家提出，对木材、纸张、布料、黏结剂甚至钢铁也要阻燃。日常用品阻燃更是发展的必然趋势，目前高档饭店窗帘、救火队员服装等都有这方面的要求。

22.3.2　黄磷半导体生产技术

半导体材料是信息技术中的重要材料，而半导体材料根据其化学组分的不同分为元素半导体、化合物半导体和固溶体等若干类，其中化合物半导体由于它独特的特性而得到迅速的发展。

化合物半导体分为有机化合物半导体和无机化合物半导体两种。由于有机化合物半导体至今尚未得到应用，故当今人们所称的化合物半导体主要指的是无机化合物半导体。

现在已知的化合物半导体有 600 种以上，但真正获得实际应用的不过十几种。如磷化镓（GaP）、砷化镓（GaAs）、磷化铟（InP）、锑化镓（GaSb）、锑化铟（InSb）、氮化镓（GaN）、碳化硅（SiC）、硫化锌（ZnS）、硒化锌（ZnSe）、碲化镉（CdTe）、硫化镉（CdS）和硫化铅（PbS）等等。化合物半导体得到广泛应用的是化合物的固溶体，如镓铝砷（GaAlAs）、镓砷磷（GaAsP）、碲镉汞（HgCdTe）、铟镓砷磷（InGaAsP）等。

化合物半导体具备硅（Si）所不具备或不完全具备的性能，例如，硅（Si）不能发光，迁移率不高，禁带宽度局限等，而化合物半导体则不同，它可以发出不同波长的光，有不同宽的禁带，所以微波毫米器件和交流交频器件多用化合物半导体。

半导体工业中用的磷化物主要有 InP、GaP 及磷化物与 InAsP、InAs 或 GaAs 等等及它们的固溶体分别制成太阳能电池（InP/InCdS 或 InGaAsP/InP）、场效应晶体管 FET（Field Effect Transistor）、高电子迁移率晶体管（HEMT）、微波 IC、激光管、光探测器、超高速电路、发光二极管（GaP、GaAsP）、磁敏、光敏器件等等分别应用于微波通信、光通信、计算机、显示装置、消费类电子和传感器等。

目前已经掌握了磷化镓、磷化铟的水平及直拉法掺杂砷化镓单晶的生长技术、全液相合成多晶技术及液封直拉法、LEC（Liquid Encapsulate Czochralski）法；2～3 英寸低位错 GaP 单晶生长技术。

22.3.2.1 磷化镓、磷化铟的直拉法技术

20世纪70年代英国皇家雷达研究所科研小组指出磷化铟作为振荡器材料有许多潜在的优点。这种物质之所以有很大的发展前途，是因为它依靠转移电子现象可以产生固体微波。而且微波混频管、变容二极管、场效应晶体管、光电器件、快速逻辑元件和雪崩二极管的进展对很多其他同类器件的发展也是有利的。

实践证明，适合于大多数化合物熔体生长的方法是乔赫拉尔斯基法，或称直拉法。在这个方法中一子晶缓慢地旋转，同时把盛在坩埚里面的熔体拉出来。用一层惰性液体覆盖住熔体来抑制其挥发是可能的，马林用氧化硼和压力生长室实现了对砷化镓的这种密封。这种工艺程序已经扩展到磷化铟，虽然极大的磷蒸气压需要压力室的压力达2.7MPa。

将溶液生长的结晶和偶尔用多晶材料作为磷化铟和磷化镓的原料，与相当干燥的B_2O_3块一起装进石英坩埚或玻璃态石墨坩埚中，把压力室密封并抽成真空，真空有助于基座的密封，然后用惰性气体，通常用氦气来充气加压到气体压力p_g，使之超过化合物的离解压。在磷化铟和磷化镓的情况中，p_g的值分别为2.5MPa和4MPa。当装料被熔化时，转动子晶并下降使其穿过密封剂直到与熔体黏润为止，然后便进入拉晶的标准操作。拉制的磷化铟和磷化镓的最大直径分别为11mm和15mm，熔点分别为1050℃和1470℃。

22.3.2.2 GaP纳米晶的合成技术

GaP纳米晶的合成，这里只作简单介绍：第一步是原料Na_3P和$GaCl_3$的合成。它们是依照下列方程式在高压釜内200℃时反应得到的

$$3Na + P \longrightarrow Na_3P$$

$$Ga_2O_3 + 3SOCl_2 \longrightarrow 2GaCl_3 + 3SO_2$$

$$Na_3P + GaCl_3 \longrightarrow GaP + 3NaCl$$

第二步是把Na_3P和$GaCl_3$混合后在高压釜内苯热条件下150℃反应制备GaP纳米晶。反应完成后先用苯抽滤得产物，再用高纯水抽滤粉末样品直到检测不出Cl^-离子为止。

22.4 展望

22.4.1 思路

22.4.1.1 全球化市场的观点

许多迹象表明：发达国家现在以多种方式将其部分精细磷化工生产能力转移到发展中国家。此外，国内精细磷化工产品的需求在不断增加。

中国加入WTO后，国外磷肥大量进入我国，磷肥市场竞争进一步加剧。因此，发展精细磷化工产业是云南省磷化工可持续发展的必由之路，也是提高云南省磷化产业经济效益的重要途径之一，具体应注意以下两点。

（1）发展国际化精细磷化工产业有前途：全球精细化工行业排名第三的法国罗地亚公司拥有数十万吨精细磷化工产品的生产能力。此外，美国Astaris公司、比利时Prayon公司、德国贝吉利尼化学有限公司、日本磷化学等都有相当规模的精细磷化工生产能力，这说明精细磷化工国际化联合的资源是广阔的。但发展精细磷化工不能急于求成，我们还

缺乏国际化合作的经验、人才。因此，必须一边发展，一边积累经验，一边培养和吸引人才。

（2）必须树立全球一体化意识，自力更生、“借船出海”并重，主要体现在两方面：一方面，尽量缩小与发达国家在同一领域的技术水平；另一方面要学习跨国公司的全球一体化战略，积极寻求与跨国公司合作，减少其对自身的冲击。省内精细磷化工做得比较好的几家企业都与国外公司进行过合作，从中引进技术或促进产品销售。中国已加入WTO，寻求与国内外企业进行技术和销售合作，对促进云南省精细磷化工的发展至关重要。

22.4.1.2 注重终端用户技术的开发

发展精细磷化工不仅要注重生产技术，而且要注重终端用户技术，因为中国国内不少用户对精细磷化工产品的使用方法尚不了解，需要提供使用并不断更新用户的终端技术，才能促进产品销售，而且使用产品应用技术能生产出功能更强、效果更佳的复配型产品。

22.4.1.3 建立跨行业、跨部门多维立体联合的机制

A 横向联合

发展精细磷化工要注重与相关优势产业结合。如云南省有色金属冶金工业较强，可适度发展金属磷化物，特别是半导体产品。发展有机磷化物时，要尽量选用省内就能生产的有机产品作为原料。云南省医药工业发展前景较好，可适度发展医药及磷制品等。

B 纵向联合

2003年年底，云贵两省四家大型高浓度磷复肥企业（含湿法磷酸），在两省磷化工协会的倡议组织下，建立了《4+2》论坛机制；云南五家重点黄磷企业在云南省磷化工协会的组织协调下，组建了以“交流、合作、协调”为宗旨的《5+1》协作组。这种机制将有利于企业间信息交流、发展中的合作、经营中的协调，其核心是在竞争中的“合作”，实现优势互补，共同发展。目前《4+2》、《5+1》机制运行正常，参加活动的企业在增加，在这之后，云贵川鄂同行业5个重点企业又建立了“峰会机制”，坚持不定期的交流。相信这种机制在实践中会不断深化创新，参与单位的范围也会进一步扩大，行业整体的优势将会得到不断的发挥。

C 克服瓶颈效应

传统产品的市场拓展与新产品适用技术的开发及引进，是云南磷深加工业发展中的两大“瓶颈”。整合云南磷化工产业、调整与优化结构，发展壮大大型骨干企业集团，加大资金投入，采取有效措施（例如，与国内高等院校、科研单位合作，与国外大型工贸公司、工程技术公司合作；与国内外大型商贸公司合作等），重点突破上述两大“瓶颈”，届时云南的磷深加工业将出现跳跃，开创新的局面。

22.4.1.4 自主的核心产品

发展精细磷化工要注重培养具有自主的核心竞争能力产品，一是不能单纯追求规模，要防止大而全和重复建设，避免过度竞争；二是要支持优势企业发展核心竞争力产品，使云南省的一些精细磷化工产品在国内外都有较强的竞争能力。

22.4.1.5 绿色产业目标

加大污染的防治力度，切实制订并落实磷化工的清洁生产指标体系，做好本行业的循环经济研究和相关的示范工程。

22.4.2 目标

22.4.2.1 总体目标

为了提高磷矿资源的综合利用率，把资源优势转化为经济优势，云南磷化工产业将从加快磷矿资源勘探和保护性综合开发着手，以建设国家级高浓度磷复肥生产基地为目标发展磷化工产业，鼓励磷化工企业走兼并、联合、集约规模化发展之路。“十一五”期间，进一步优化磷化工产业布局，发展高浓度磷复肥和专用肥，开发系列精细磷化工产品。

要政策扶持电价优惠、措施到位，充分发挥云南磷电结合、资源综合利用及多渠道融资的优势积极开发、研究新产品。以黄磷产品为原料，在昆明、曲靖、玉溪等地区重点发展磷酸盐阻燃剂、水处理剂、纺织助剂、燃料添加剂、食品添加剂、饲料添加剂和化学合成农药等领域内的精细磷化工产品，逐步形成系列精细磷化工产品产销中心。

云南磷化工产业总发展目标应以发展绿色行业为总体目标，形成合理的磷化工产业布局，整合现有企业，调整产品结构，形成两个主业突出、核心竞争力强的大型企业集团，加快发展，做大做强云南磷化工产业，在全球磷化工产业中具有较强竞争力，实现可持续发展的战略目标。

22.4.2.2 具体发展目标

云南磷化工产业近期的具体发展目标应定位在以下三个方面：

（1）集中力量将云南建设成为国家级磷复肥基地，到2010年全省高浓度磷复肥总产量占全国总产量的1/3（约250万~280万t）；

（2）磷电结合、热湿结合，大力发展磷的精深加工产品，提高经济效益，将云南建设成为国家级的磷化工基地。到2010年，全省磷的精深加工产品产量占全国总产量的1/4；

（3）建立磷化工产业的清洁生产指标，并落实为市场准入条件，逐渐改造老企业；研究本行业的循环经济机制，建设1~3个循环经济示范工程，建立全行业污染物达标排放监控体系。

22.4.3 重点

22.4.3.1 创建磷化工基地

2002年8月云南省政府发布了《关于支持10户大型工业企业集团加快发展若干措施的通知》，明确提出云南省要集中力量支持10户大型工业企业集团，力争用三年时间，形成一批主业突出、核心竞争力强、拥有自主知识产权的大型企业集团。

云南石油化工集团有限公司、云天化集团有限公司、云南电力集团有限公司位列10户企业集团中，为云南磷化工实行资产重组、产业整合、做大做强提供了有利的条件。

云南省深化国有企业改革工业领导小组已审定通过了《云南省化工行业整合方案》，为加快云南磷化工发展，突出发展重点，明确了具体实施步骤。要依托现有大型骨干企业，发展大型企业集团，重点培育2~3个企业集团，坚持“盘活存量、优势互补、联合开发、提高效益”的原则，实施产业整合，引进战略合作伙伴，引进资金，引进技术，引进市场，以较少增量资产盘活较多的存量资产，加快滚动发展，把云南建成全国和全球有影响力的磷化工基地。

22.4.3.2　特色产品的生产

生产特色产品要做到如下几点：

（1）加快饲料脱氟磷酸三钙的工业化开发速度。中国国内从事脱氟磷酸三钙技术的研究与开发的科研单位和企业不下几十家，各种方法均有研究，其主要根据各地的磷资源特点采用高温烧结法，有钠盐二磷酸法、高硅法以及磷酸烧结法，其规模均在 500 ~ 3000t/a，距工业化要求还有一段距离。

云南省化工研究院开发 1 万 t/a 工业性试验技术，经过近五年的运行和完善，其工业化程度较高，并已具备进一步工业化工程放大的技术条件，产品经广东省农业科学院畜牧研究所进行肉仔鸡养殖生物效价试验，其效果等同于同剂量的磷酸氢钙。

（2）根据资源优势选择合理的工艺路线云南、贵州、湖北和四川是中国磷矿资源均较为丰富的省份，具备脱氟磷酸三钙生产的基础条件，但磷矿品质较高的云南、贵州和湖北省均无天然气和重油燃料；而国外脱氟磷酸三钙技术均采用天然气和重油作为燃料，引进技术存在原料和燃料的差异。中国自行开发的 1 万 t/a 脱氟磷酸三钙技术采用以煤为燃料，其磷矿粉 2 磷酸 2AMP 工艺配方技术适合国内的磷矿资源，同时生产成本低，具有较好的市场推广前景。

（3）确立最佳经济规模，提高经济效益。国外脱氟磷酸三钙生产的规模一般为 5 万 t/a，其设备与中国水泥生产装置相似；借鉴国外的成熟经验，结合中国现有设备、加工技术的成熟性以及国内磷矿资源的特点；建议工业化生产脱氟磷酸三钙的规模至少在 3 万 t/a 以上。

参 考 文 献

1　张正清．黄磷副产物的综合利用介绍．云南化工，2003，30（6）：22 ~ 25
2　王鉴．云南化工行业的现状及展望．云南化工，2003，（3）：1 ~ 4
3　荀云川，钟家骥，叶苹莺．云南省合成氨工业现状及展望．云南化工，2003，（3）：22 ~ 23
4　http：//www. jiutaichem. com
5　张莉．利用黄磷尾气生产二甲醚的初步研究．云南环境科学，2003，22（3）：51 ~ 53
6　许松林，郑弢，徐世民．综合利用黄磷尾气生产二甲醚的可行性研究．化工技术经济，2003，21（4）：33 ~ 35
7　黄晓文．电炉法黄磷尾气制轻质碳酸钙的工艺研究．贵州化工，1998，（4）：13 ~ 17
8　刘冬梅，方坤河，吴凤燕．磷渣开发利用的研究．矿业快报，2005，（3）：21 ~ 25
9　张仁寿．电炉磷渣配料烧制水泥熟料作用机理．云南建材，1986（4）
10　曹庆明．磷矿渣——新型混凝土掺和料的应用．水利水电科技进展，1999，19（2）：61 ~ 63
11　冷发光．磷渣掺和料对水泥混凝土性能影响的实验研究．四川水利发电，2001，20（4）：75 ~ 77
12　冯乃谦，丁建彤等．磷渣超细混凝土流动性、强度与耐久性．低温建筑技术，1998（1）：2 ~ 4
13　冉隆文主编．精细磷化工技术．北京：化学工业出版社，2005
14　杨家宽，肖波，姚鼎文等．黄磷渣热态直接成型资源化．化工环保，2003，23：38 ~ 41
15　杨家宽，肖波，王秀芹．黄磷渣资源化进展与前景．矿产综合利用，2002，（5）：37 ~ 40
16　曹建新，林倩，陈前林等．电炉磷渣熔制钠钙瓶罐玻璃的研究．现代机械，2001（4）：78 ~ 79
17　白天和编著．热法加工磷的化学及工艺学．昆明：云南科技出版社，2001
18　杨先麟，吴壁耀，邝生鲁主编．精细化工产品配方与实用技术．武汉：湖北科学技术出版社
19　化合物半导体材料的发展．中国电子行业投资信息网，2002

20 科利弗 D. J.（David J. Colliver）. 1976. 李玉增，钱嘉裕，王富成译. 化合物半导体工艺《Compound Semiconductor Technology》. 北京：冶金工业出版社，1980

21 Mallin. J. B. 赫里蒂奇 R. J.，霍利德 C. H.，斯特朗 B. W.（英国皇家雷达研究所工艺部）.《液体覆盖高压拉晶》. Journal of Crystal Growth，Volume，3，4（1968）281~285

22 崔得良，尉吉勇，潘教青等. GaP 纳米复合发光材料的制备和性质. 功能材料，2001，32（5）：543~545

23 廖晓君. 云南精细磷化工发展思路探讨. 2002（10）：10~13

24 陶俊法. 云南磷深加工现状与展望中国工程科学（增刊）. 2005，（7）：345~356

25 陶俊法. 云南磷化工产业的发展趋势. 云南化工，2003，10~20

第三篇　先进材料及器件

1 高新技术材料

杨 斌 昆明理工大学

1.1 新材料概述

材料是用于制造有用物件的物质，是人类赖以生存和发展的物质基础。新材料是指新出现的或正在发展中的，具有传统材料所不具有的优异性能和特殊功能的材料；或采用新技术使传统材料性能有明显提高的材料；满足高技术发展的需要，具有特殊性能的材料。新材料是世界工业革命的推动力，是高技术发展的基础和先导，是现代工业的共性关键。新材料在人类社会进步和高技术的发展中具有重要的基础和先导作用，对提高国家的综合国力和国防实力具有重要意义。

新材料主要包括：信息材料、新能源材料、复合材料、生态环境材料和智能材料等。新材料产业范围较广，主要包括由新材料的性能、价值所主导的延伸产品“新材料制备、加工、处理的工艺及装备”新材料技术，即在不降低性能的基础上，能有效地降低材料的合成、加工、处理过程中的能耗、成本或减少污染等方面的技术（工艺、装备）。

1.1.1 新材料的发展趋势

由于新材料的飞速发展，对新材料的性能和质量提出了愈来愈高的要求，各类新材料的发展日新月异。新材料的发展正从革新走向革命。新材料的发展趋势为：

（1）结构材料的复合化和功能化；

（2）功能材料的多功能集成化、智能化、材料和器件一体化；

（3）按特定的应用目标开发新材料；

（4）依靠新的合成技术开发新材料；

（5）依靠计算材料科学设计新材料。

1.1.2 新材料发展的主要特点

新材料在发展高技术、改造和提升传统产业、增强综合国力和国防实力方面起着重要的作用，世界各发达国家都非常重视新材料的发展。随着社会和经济的发展、全球化趋势的加快，新材料产业的发展呈现出以下主要特点和趋势。

1.1.2.1 新材料多学科交叉性及多部门参与

新材料与信息、能源、医疗卫生、交通和建筑等产业的结合越来越紧密，材料科学工程与其他学科交叉的领域和规模都在不断扩大，如生物学、医学、电子学和光学等。对学科交叉的认知和有力推动将对一个国家材料产业的超前发展起到举足轻重的作用。新材料的发展还跨越多个相关部门，因此各国都致力于把材料发展纳入到产、学、研、官一体化的平台，以满足材料开发对各个部门提出的不同要求。

1.1.2.2　新材料产业上下游进一步融合

随着高新技术的发展，新材料与基础材料产业结合日益紧密，产业结构呈现出横向扩散的特点。基础材料产业正向新材料产业拓展，世界上很多著名的新材料企业以前都是钢铁、化工、有色金属等基础材料企业，利用积累的大规模生产能力、生产技术及充足的资金进入新材料领域。

伴随着元器件微型化的趋势，新材料技术与器件的一体化趋势日趋明显，新材料产业与上下游产业相互合作与融合更加紧密，产业结构出现垂直扩散趋势。这种趋势减少了材料产业化的中间环节，加快了研究成果的转化，降低了研发与市场风险，有利于提高企业竞争力。

1.1.2.3　新材料发展的驱动力由军事需求向经济需求转变

从20世纪来看，国防和战争的需要、核能的利用和航空航天技术的发展是新材料发展的主要驱动力。而在21世纪，卫生保健、经济持续增长以及信息处理和应用将成为新材料发展的最根本动力，工业和商业的全球化更加注重材料的经济性、知识产权价值和与商业战略的关系，新材料在发展绿色工业方面也会起重要作用。未来新材料的发展将在很大程度上围绕如何提高人类的生活质量展开。

1.1.2.4　新材料市场需求旺盛，产业规模急剧扩大

随着社会科技的进步和新兴产业的快速发展，对新材料需求的种类和数量都大大增加，新材料市场需求前景十分看好。以新材料为支撑的新兴产业，如计算机、通讯、绿色能源、生物医药、纳米产业等的快速发展，对新材料的种类和数量需求也将进一步扩大。例如：2003年全球半导体专用新材料市场规模为200亿美元；磁性材料以15%的年增长率发展，预计到2015年，仅中国市场就需要永磁铁氧体50万t，软磁铁氧体20万t，钕铁硼磁体5万t。目前全球生物医用材料的产值超过800亿美元，预计2010年将达到4000亿美元。目前世界纳米技术的年产值为500亿美元，预计2010年纳米技术将成为仅次于芯片制造的世界第二大产业，年产值将达14400亿美元。

1.1.2.5　新材料向多功能、智能化方向发展，开发与应用联系更加紧密

21世纪，新材料材料技术的突破将在很大程度上使材料产品实现智能化、多功能化、环保、复合化、低成本化、长寿命及按用户进行订制。这些产品会加快信息产业和生物技术的革命性进展，也能够给制造业、服务业及人们生活方式带来重要影响。总体来说，新材料的发展正从革新走向革命，开发周期正在缩短，创新性已经成为新材料发展的灵魂。

同时新材料的开发与应用联系更加紧密，针对特定的应用目的开发新材料可以加快研制速度，提高材料的使用性能，便于新材料迅速走向实际应用，并且可以减少材料的“性能浪费”，从而节约了资源。

1.1.2.6　跨国公司对新材料产业发展影响力加强

跨国公司及其分支公司在新材料产业的发展作用显著，这些企业规模大、研发能力强、产业链完善，它们通过战略联盟、大量的研发投入、产业技术及市场标准制定并控制知识产权，寻求在竞争中处于优势甚至垄断地位，一些新材料产业出现了被大型跨国公司垄断的现象或趋势。

半导体硅材料市场和生产已经形成垄断。2001年，信越、瓦克、住友、MEMC公司、三菱材料公司五家企业硅片销售占国际销售额的79.1%。有机硅材料则是Dow Corning公

司、GE 公司、Wacker 公司和 Rhone-Poulenc 公司及日本一些公司基本控制了全球市场。有机氟材料则是 Du Pont、Daikin、DN-Hoechst、3M、Ausimont、ATO 和 ICI 等七大公司占据全球 90% 的生产能力，在全球居于统治地位。

1.1.2.7 新材料发展和生态环境及资源的协调性备受重视

面对资源、环境和人口的巨大压力，各国都在不断加大生态环境材料及其相关领域的研究与开发的力度，并从政策、资金等方面都给予更大支持。

材料的生态环境化是材料及其产业在资源和环境问题制约下满足经济可承受性、实现可持续发展的必然选择。开发新材料将更加重视从生产到使用的全过程对环境的影响，资源保护、生产制备过程的污染和能耗、使用性能和回收再利用的问题。生态环境材料的三个特征是优异性能并节省资源、减少污染和再生利用。目的是实现资源、材料的有机统一和优化配置，达到资源的高度综合利用以获得最大的资源效益和环境效益，为形成循环型社会的材料生产体系奠定基础。

1.1.2.8 新材料产品标准化出现全球化趋势

在经济全球化日益加强的背景下，能否在世界不同地方对同一材料采用相同的标准是至关重要的。各国材料及其产品数据标准不一致将会引起混乱、低效并增加成本，不利于市场应用的国际化。因此对材料供应商和用户来说，不同的国家以相同方式测试材料特性是非常重要的，对于新兴市场上的新材料，这种要求尤其强烈。

1.2 信息材料

信息材料是信息技术和产业的基础，主要包括微电子材料、光电子材料、存储和显示材料、光纤传输材料、传感材料、磁性材料、电子陶瓷材料等。这些材料及其产品支撑着通信、计算机、家电与网络技术等现代信息产业的发展。目前，信息材料作为基础性的材料已渗透到国民经济和国防科技中各个领域，如以硅为代表的集成电路用材料是集成电路产业的基础，没有高质量的、以硅和砷化镓等为代表的微电子材料就不可能制造出高性能的电子元器件和集成电路。21 世纪是光电子时代，光电子产业的兴起和发展无不以光电子材料的发展为基础。如砷化镓、磷化铟等半导体材料的研制成功导致了新型激光器和光探测器的出现；当今世界 80% 的信息传输业务由光纤来完成，光纤及其网络技术的进步和普及正在改变着人类社会的交流和生活方式；存储和显示材料、磁性材料、电子陶瓷材料广泛应用于计算机、通信设备、家用电器、汽车、医疗设备、航空、航天等各个领域。

1.2.1 信息技术的发展趋势

信息技术的几个主要方面（获取、传输、存储、显示、处理）在 20 世纪下半叶获得了惊人的发展。从 1946 年世界上第一台存储程序式的电子数字计算机诞生以来，计算机获得了惊人的发展。它已从一种单纯的快速计算工具发展成为能高速处理一切数字、符号、文字、语音、图像以及知识等的强大手段。其应用领域已全方位地覆盖整个社会。计算机科学技术已经成为人类社会巨大的生产力。计算机与通信的结合更深刻地影响与改善了人类的生产与生活方式，大大促进了人类文明与进步。计算机、网络和通信结合以后，信息技术将成为社会运作的核心。

20世纪以来，信息技术是依靠电子学和微电子学技术发展的，如通信是从长波到微波，存储是从磁芯到半导体集成，运算使用的器件从电子管发展到以大规模集成电路为基础的电子计算机等等。所以，目前谈到信息技术都称为电子信息技术。从技术发展阶段而言，人类正处于电子信息时代，其特征是信息的载体是电子。电子技术，特别是微电子学技术，仍然是当前信息技术的主要支撑技术。

当代社会和经济发展中需求的信息量与日俱增，随着高容量和高速度信息的发展，已显示出电子学和微电子学具有局限性。由于光电子的速度比电子的速度快得多，光的频率比无线电的频率高得多，所以为提高除数速度和载波密度，信息的载体必然由电子发展到光子。光子会使信息技术的发展发生突破。目前，信息的探测、传输、存储、显示、运算和处理已由光子和电子共同参与来完成，产生的光电子学技术已应用在信息领域。光通信、光存储和光电显示技术的兴起和它们在近20年来的飞跃发展，已使人们认识到光电子技术的重要性和它广阔的发展前景。

今后将更注意光子的作用，继光电子学后，光电子技术正在崛起。如美国把电子和光子材料、微电子和光电子学列为国家关键技术，认为“光子学在国家安全与经济竞争方面有着深远的意义和潜力”，“通信及计算机研究与发展的未来属于光子学领域”。从电子学到光电子学和光子学是跨世纪的发展。所以可以认为，对于今后信息技术的发展，微电子材料是最重要的信息材料，光电子材料是发展最快的信息材料，而光子材料是最有前途的信息材料。

1.2.2　信息技术发展的几个主要方面及相关材料

信息技术几个主要环节的发展在很大程度上依靠材料和元器件的发展。信息材料是信息技术发展的基础和先导。

1.2.2.1　信息处理技术和材料

以大规模集成电路为基础的电子计算机技术仍是信息处理的主要技术。由于对计算机处理信息速度和容量的要求越来越高，因此对计算机处理器的速度和内存的要求也愈来愈高，随之对芯片集成度的要求也愈来愈高。

以硅材料为核心的集成电路在过去40年里得到迅速发展，它占集成电路的90%以上。可以预见，在21世纪，它的核心地位仍不会动摇。自1958年问世以来，硅集成电路器件集成度提高了100万倍，单位价格下降为100万分之一。这主要是靠光刻线宽缩小和成品率的提高，而单晶硅片的尺寸增大和质量提高也起到了重要作用。今后，硅单晶的尺寸、缺陷尺寸、表面粗糙度和杂质含量等要求将不断提高。目前大规模硅集成电路以MOS为主流技术。21世纪将迎来深亚微米硅微电子技术。那时器件最小沟道长度将缩小到30~50nm，栅氧化层厚度为2nm。这时，将带来一系列来自器件工作原理和工艺技术的问题，如强磁场效应、绝缘氧化物量子隧穿、沟道掺杂原子统计涨落、互联时间常数与功耗和光刻技术等，一般称为硅微电子技术的“极限”。

小于0.1nm的线条属于纳米范畴。它的线宽已与电子的德布罗意数相近。电子在此种器件内部的输运和散射会呈现量子化特性，因而设计器件时要利用量子力学理论进行。制作固体量子器件采用Ⅲ-Ⅴ族化合物半导体材料，但考虑到缺乏理想的绝缘介质和顶层表面暴露于大气而导致的氧化或杂质污染等，人们又把希望转向发展硅基材料体系。特别是近年来高质量 GeSi/Si 材料研制成功和走向实用化，为发展硅基固态纳米电子器件和电路提供了一个很好的基础。

光信息处理和计算早已被提出。因为当计算机浮点运算速度高于100亿次以上时，就需要考虑用光信息处理。光信息处理可充分发挥并列处理的优点，能高速处理信号。以图像为对象的光信息处理已研究多年。目前，以全光计算机为目标的、用光学系统完成一维或多维数据的数字计算机还处于探索阶段。目前，研制出高效低功耗的光子器件及相应的材料仍然是关键所在。

电子计算机电路中的电阻和电容使电信号的传递速度受到 RC 弛豫时间的限制，以及产生“时钟歪斜”、互联拥挤、电子信号容易自身干扰等问题，而应用光互联集成回路可以解决上述问题。若干光学开关和存储器以及光电转换元件用波导方式连成回路，这时信息处理器是光电混合型的。通过发展可寻址的光源阵列、光学双稳态门阵列、全息衍射光栅和检测阵列，并行通道可达10^6数量级。进一步发展光学神经网络、光计算算法和结构及高密度交叉光互联等技术，逐步发展成全光数字计算机。以上光子学器件大都还立足于Ⅲ-Ⅴ族化合物半导体材料，需要有高质量、结构完整的材料，利用材料的量子尺寸效应，做成量子阱、量子线和量子点。开拓硅基材料，如 SiGe/Si 的量子化材料是很有前途的。

1.2.2.2 信息传递技术和材料

自20世纪80年代以来信息传递技术有了飞速的发展。移动电话、卫星通行、无线通信和光纤通信已形成一个陆海空立体的通信网。宽带化、个人化、多媒体化的综合业务数字网获得很快发展。

把光子作为信息载体，即用光纤通信代替电缆和微波通信是20世纪通信技术的重大进步。20世纪70年代低损耗的石英光纤和长寿命半导体磁光器的研制成功，使光通信成为可能。20世纪末人们又发明了光学放大器，特别是半导体激光器光泵的掺铒光纤放大器。另一项有重大实用价值的是波分复用技术，即同一路光纤中传输若干个不同波长的光信号。今后光纤将代替电缆从主干线逐步进入通信网络的各个层次，即进入区域、进入路边、进入家庭和进入公寓。

发展新材料始终是光通信中的核心问题。由于光缆缆芯中的能量密度很高，可以产生受激布里渊散射、受激拉曼散射、四波混频、自位相调制等非线性现象，使光信号受到干扰。要发展新的光纤通信系统，必须首先发展光器件和材料。

1.2.2.3 信息存储技术和材料

数字信息存储的要求是高存储密度、高数据传输率、高存储寿命、高的擦写次数以及设备投资低和信息位低价格。计算机系统的存储方式分为随机内存储、在线外存储、离线外存储和脱机存储。根据内存储和外存储以及联机和脱机存储的关系，预计今后10年中将出现随机内存储、硬磁盘存储和光盘存储技术互相发展和互相匹配的局面。

随着光子技术的进展，目前的光热记录方式将向光子记录方式发展。21世纪的超高密度、超快速光存储主要向以下几个方面发展：

（1）利用近场光学扫描显微镜超高密度信息存储。此时，关键在于实用化的小于光衍射迹象的光点的产生及探测、光学头与记录介质间距的控制和近场区域瞬逝光与各类存储介质相互作用下的存储机理。

（2）运用角度多功、波长多功、空间多功与移动多功等的全息存储代替聚焦光速逐点存取的方法，可以作为缓冲海量信息存储，存储密度可达到100GB/cm^3。它的关键在于探索对激光有快速响应和有长存储寿命的光子存储材料。

（3）发展三维存储技术，如光子引发的电子俘获三维存储光盘和光谱烧孔存储等高密度光存储。21世纪初有可能研制出使用次数达到百万次的多层电子俘获三维光盘，能高速高密度地执行读、写、擦功能，实现能在室温下烧孔存储的光谱烧孔多维存储。

1.2.2.4　信息显示技术和材料

将各种形式的信息作用于人的视觉使人感知的手段为信息显示技术。最常用的静止信息的显示手段有打印机、复印机、传真机和扫描仪等。自20世纪初出现阴极射线管（CRT）以来，它一直是活动图像的主要显示手段。且CRT技术一直在发展，种类不断增多，性能不断提高，特别在扩大尺寸和提高分辨率方面有显著进展，但传统的阴极发光材料还需要提高纯度，以提高显示的亮度和色彩的质量。近二三十年来，平板显示技术有较快的发展，其主要指液晶显示技术（LCD）、场致放射显示技术（FED）、等离子体显示技术（PDP）和激光二极管显示技术（LED）等。在高清晰度电视、电视电话、计算机显示器、汽车用及个人数字化终端显示等应用目标的推动下，显示技术正向高分辨率、大显示容量、平板化和大型化方向发展。CRT不再是一枝独秀，它将与各种平板显示器一起形成百花争艳的局面。

1.2.2.5　获取信息的技术和材料

获取信息主要用探测器和传感器。目前光电子学技术是获取信息的主要手段。

按光电转换方式光电探测器可分为光电导型、光生伏打型和热电偶型。近期内，光电探测器最大的进展应在以下两个方面：（1）用超晶格结构提高了量子效率、响应时间和集成度；（2）制成了探测器列阵，可以用作成像探测。两者结合后最典型的例子是可以制成探测灵敏度高的HgCdTe红外焦平面列阵（FPA），并十分成功地应用于红外遥感、成像等。

目前应用于传感器的材料主要有两类：半导体传感器材料和光纤传感器材料。半导体传感材料又可分为光敏半导体材料和热敏半导体材料。光在光纤中传输时，受外场的作用能引起振幅、位相、频率和偏振态的变化，采用低损耗的长光纤，可以积累外场引起的光学变化，以此提高对外场的敏感性；也可以进一步制成特殊结构的光纤材料，如旋光材料、保偏光纤、椭圆双折射光纤、掺杂和涂层光纤等，加强对外场变化的灵敏度。光纤已成功地应用于压力、磁场、温度、电压等传感器。

1.2.2.6　激光材料和光功能材料

激光使人们有了一个高亮度的相关光源，它对信息技术的发展起了很大的推动作用。信息技术的几个重要环节都离不开激光器。当前和今后会迅速发展的是半导体激光器、半导体激光光泵的固体激光器、可调谐固体激光器以及光纤激光器和放大器。因此，要相应地开发新的激光材料。在光纤激光器方面，研究的目标是应用双光子吸收频率的转换机制在光纤中获得短波长的激光输出。泵浦的光源可采用近红外高功率半导体激光器。这样光纤集成的激光器在信息领域是很有用的。为提高能量转换效率，光纤玻璃基质也采用低声子的非氧化物玻璃。

在光电子学技术中频率变换元件、调制元件、Q开关、锁模都是十分重要的，是光通信、光存储和光信息处理中不可缺少的元件。以往这类材料主要是无机非线性光学晶体，还不断地在发展新的非线性晶体，并要求它们有高的非线性光学系数和激光破坏阀值以及高的光学透过率和宽的波段等。在光子学器件中，今后的材料将以薄膜和纤维态存在，而不再是体材料，以便于集成化。近年来开发出来的两种元件对锁模、调制和频率变换起了很大的作用。一种为半导体饱和吸收阱（SESAM），另一种是将非线性光学晶体进行性周期极化（Periodically Poled），形成微米或亚微米的超晶格。

1.2.3 信息材料产业及其展望

信息技术产品中材料与元器件是很难分的，特别像薄膜材料，往往是多层膜结构组成器件。具有规模生产的信息材料和元件产业大致上可分为以集成电路为基础的微电子技术产业和以光通信、光存储、光电显示为基础的光电子技术产业。半导体集成电路芯片是微电子技术的主流产品。近几年，用0.15μm 制备工艺生产的1～4GB 存储容量的DRAM 芯片是产品的代表，也是世界上各大公司的主攻产品。用铜代替铝作布线和用氮化物代替二氧化硅作绝缘层，可能是今后在IC 生产工艺上的两大革新。

计算机的外部设备主要为显示器和外存储设备。在线外存储介质主要为硬磁盘。近年来，迅速发展的网络成为企业和个人获得各种信息的主要渠道，这也就要求存储介质的容量更大；另外，网络计算、数据采集等都需要下载数据和存储数据，也提高了人们对容量的要求。不论是家用信息显示，还是专业用信息显示，跨入21 世纪后CRT 仍然是主要产品。2000 年，全球的产量为2.6 亿只，而平板显示器也在奋起直追，2001 年产值将达到400 亿美元。而光电子产业以光显示、光存储、光通信和输出输入设备为支柱产业。目前国际上公认光电子产业以日本最为发达。

光电子技术的主要技术突破产生于美国，在R&D 方面走在世界前列，而光电子产业的形成又往往在日本，这主要是因为日本注重生产技术和家用市场的开发。巨大的投资产生巨大的效益。至今，日本在半导体激光器、激光打印机、液晶显示器、光盘等产业一直处于世界领先地位。美国OIDA 在对比了美国和日本的光电子发展技术后，认为美国首先要在光电显示、光通信和光存储产业中加强生产技术的发展，光存储要加强研究开发。

中国光电子技术起步较晚，但近年来发展还比较快，1993 年的总销售只有3～4 亿元人民币，1995 年达到30 亿元人民币。随着家庭消费品的升温，如CD、VCD 光盘及光盘机、音响视频设备等用量的剧增，1998 年达500 亿元人民币。

在中国，数字化信息产业的发展，除依靠国家信息基础建设外，民用消费市场也是很重要的一部分。预计在数字化信息产品中PC 计算机及外部设备、个人数字通信设备、数字化电视机、数字化音视设备将占优势。到21 世纪初将各有千亿元人民币以上的市场。这也是信息材料和元件的发展方向。

1.3 新能源材料

1.3.1 新能源与新材料

新能源的出现与发展，一方面是能源技术本身发展的结果，另一方面也是由于新能源有可能解决资源与环境的问题而受到支持与推动。太阳能、生物质能、核能、风能、地热、海洋能等一次能源和二次能源中的氢能等被认为是新能源，其中氢能、太阳能、核能是有希望在21世纪得到广泛应用的能源。新能源的发展一方面靠利用新的原理（如聚变核反应、光伏效应等）来发展新的能源系统，同时还必须靠新材料的开发与应用，才能使新的系统得以实现，并进一步地提高效率，降低成本。

一些新材料可提高储能和能量转化效果。如储氢合金可以改善氢的存储条件，并使化学能转化为电能，金属氢化物镍电池、锂离子电池等都是靠电极材料的储能效果和能量转化功能而发展起来的新型二次电池。

新材料决定着核反应堆的性能与安全性。新型反应堆需要新型的耐腐蚀、耐辐射材料。这些材料的组成与可靠性对反应堆的安全运行和环境污染起决定性的作用。

1.3.2　新型二次电池材料

1.3.2.1　二次电池简介

在电池中，有一类电池的充放电反应是可逆的。放电时通过化学反应可以产生电能，通过反向电流（充电）时则可使体系回复到原来的状态，即将电能以化学能的形式重新储存起来。这种电池称为二次电池或蓄电池。

铅酸电池和镉镍电池是早已广泛应用的二次电池，但是理论比能量都很低，其商品电池一般只能达到30～40W · h/kg。同时，铅和镉都是有毒金属，对环境的污染问题已引起世界环境保护界的关注。因此，发展高比能量、无污染的新型二次电池体系一直受到科技界和产业界的重视。有几种新型二次电池体系，有采用储氢合金负极的金属氢化物镍电池（Ni/MH电池）和锂离子电池（LIB电池）。它们是20世纪90年代初刚问世便取得异常迅猛发展的新型二次电池体系。由于它们不含有毒物质，所以又被称为绿色电池。

1.3.2.2　Ni/MH二次电池及正负材料的发展现状

目前生产Ni/MH电池所用的储氢负极材料有AB_5型合金和AB_2型合金两种。在AB_5型合金方面，考虑到提高合金性能和降低成本的需要，已采用廉价的富Ce或富La混合稀土取代$LaNi_5$中的La，并对合金B则进行了多元合金化，研究开发出性能价格比良好的AB_5型混合稀土系多元合金。

到目前为止，日本、欧洲、亚洲以及美国的大多数电池厂家在生产Ni/MH电池中都采用AB_5型混合稀土系储氢合金作为负极材料。该类合金的比容量一般为280～330 mA · h/kg，易于活化，可以采用一般拉浆工艺制造电极，在电池中配合泡沫镍正极，不仅可以达到高的容量指标，而且可使电池月自由放电率低于25%，循环寿命超过500次（100% DOD，1C充放电）。

中国是稀土元素资源最丰富的国家。因此有效地利用这一资源，发展中国的新型金属氢化物镍电池和相关材料的产业一直受到中国“863”计划和国家科技部、信息产业部及国家计委的重视和支持。

1.3.2.3　金属氢化物镍电池材料的进展

Ni/MH电池的发展方向主要是进一步提高电池的能量密度及功率密度，改善放电以及提高电池的循环寿命等。这主要靠所用材料取得的进步。

（1）正极材料的改善：Ni/MH电池的容量为正极所限制。进一步改进球形$Ni(OH)_2$正极材料的性质对于提高电池的综合性能有重要意义。对正极材料的研究与开发着重在通过材料制备技术的研究，进一步控制$Ni(OH)_2$的形状、化学组成、粒径分布、结构缺陷及表面火星等，从而进一步提高正极的放电容量及循环稳定性等性能。

（2）AB_5型储氢合金的改进：研究开发中的储氢负极合金体系有AB_5型混合稀土系合金、AB_2型Laves相合金、AB型钛镍系合金、A_2B型Mg-Ni系合金和钒基固溶体型合金等。由于AB_5型混合稀土系合金具有良好的性能价格比，现在已成为国内外Ni/MH电池生产中使用最为广泛的负极材料。对AB_5型混合稀土系合金的进一步改进着重在合金的成分、结构的优化及表面改性处理等方面，力求进一步提高合金的综合性能。

（3）新型高容量储氢电极合金的研究与开发：由于AB_5型混合稀土系储氢合金的本征储氢量较低（理论容量约为348mA·h/g），难以满足Ni/MH电池不断提高能量密度的需求，因此对各种新型高容量储氢合金的研究与开发已受到人们的广泛关注。其中，AB_2型合金的放电容量可比AB_5型合金提高30%～40%，已在美国Ovonic公司的Ni/MH电池中使用。但是AB_2型合金目前还存在初期活化困难以及高倍率放电性能不如AB_5型合金等问题，有待进一步研究与改进。研究开发中的新型高容量储氢合金还有非晶态Mg-Ni系合金和钒基固溶体型合金，目前都还存在循环容量衰退速度较快、电极寿命短促等问题，有待于进一步提高。合金成分与结构的优化、合金制备技术与表面改性处理也是进一步提高新型储氢合金性能的主要研究方向。

（4）电池的再生利用：随着Ni/MH电池产业的迅猛发展，人们将面临着如何处理大量经过使用后而失效的Ni/MH电池废弃物的问题。通过采用火法或湿法冶金的方法对废弃电池进行再生处理，不仅可以减少或消除电池废弃物对环境的污染，同时还可使电池材料中的稀土元素、镍钴等有价金属得到再生利用。这对于金属资源的有效利用及降低电池的生产成本均有重要意义。

1.3.2.4　锂离子电池的发展现状及前景展望

自20世纪70年代以来，以金属锂为负极的各种高比能量锂原电池分别问世，并得以广泛应用。其中，由层状化合物γ、β二氧化锰作正极，锂作负极和有机电解液构成的锂原电池获得了最为广泛的应用，它是照相机、电子手表、计算器、各种具有存储功能电子器件或装置的理想电源。

产量大、用途广的商品锂离子电池主要是圆柱形和方形氧化钴锂型电池。除了氧化钴锂作为正极的锂离子电池外，日本NEC-MOLI公司也已生产方形氧化锰锂型锂离子电池。

采用氧化锰锂作为正极活性物质的锂离子电池，在尺寸条件下的容量低于采用氧化钴锂作为正极活性物质的锂离子电池。由于氧化锰锂的成本低于氧化钴锂，同时，电池过充电时该材料的最终反应产物为稳定的$\lambda\text{-}MnO_2$，不会有安全问题出现，因此，电池制造商都渴望推广氧化锰锂正极材料。但是，这种材料至今还只限于在小的方形电池中使用。氧化锰锂材料在较高的温度下的稳定性已引起极大关注，研究者正从不同角度寻求解决方法。

锂离子电池除了可以采用不同的正极材料之外，还可以采用不同电解质。聚合物锂离子电池便是目前国际上竞相研究开发的一种。锂离子电池自1990年问世以来发展速度极快，这是因为它正好满足了移动通信及笔记本计算机迅猛发展对电源小型化、轻量化、长工作时间和长循环寿命、无记忆效应和对环境无害等迫切要求。随着锂离子电池生产量的增加、成本降低及性能继续提高，它在诸如笔记本计算机及日益小型化的手机中的应用比例不断增长。

从技术发展方向看，以下三方面应该予以极大关注。

（1）发展电动汽车用大容量锂离子电池；

（2）开发及使用新的高性能电极材料；

（3）加速聚合物锂离子电池的实用化进程。

1.3.2.5　锂离子电池材料的进展

锂离子的发展方向都与所用材料的发展密切相关，特别是与负极材料、正极材料和电解质材料的发展相关。

A　炭负极材料

最早使用金属锂作负极，曾投入批量生产，但由于此种电池在对讲机中突发短路，使用户烧伤，因而被迫停产并收回出售的电池。这是由于金属锂在充放电过程中形成树枝状沉积造成的。现在实用化的电池是用炭负极材料，靠锂粒子的嵌入或脱碳而实现充放电，从而避免了上述不安全问题。使用的炭材料有硬碳、天然石墨或中间相微珠等。通过对不同炭素材料在电池中的行为的研究，使炭负极材料得到优化。

B　正极材料

目前使用的正极材料为 $LiCoO_2$。对此种化合物的晶体结构、化学组成、粉末粒度或粒度分布等因素对电池的性能影响进行了深入研究。在此基础上使电池性能得到改善。为了降低成本，提高电池的性能，还研究用一些金属取代金属钴。研究较多的是 $LiMn_2O_4$，目前正针对其高温下性能差的缺点进行改进。现在研究的还有双离子传递型聚合物正极材料。

C　电解质材料

研究集中在非水溶剂电解质方面，这样可得到高的电池电压。重点是针对稳定的正负级材料调整电解质溶液的组成，以优化电池的综合性能，还发展了在电解质中添加 SO_2 和 CO_2 等方法以改善炭材料的初始充放电效率。三元或多元混合溶剂的电解质可以提高锂离子电池的低温性能。开发聚合物电解质是锂离子电池的重要方向，它关系到薄型电池的发展。

1.3.3　燃料电池材料

1.3.3.1　燃料电池的类型及特征

燃料电池（Fuel Cell 缩写为 FC）是一种在等温下直接将储存在燃料和氧化剂中的化学能高效而与环境友好地转化为电能的发电装置。它的发电原理与化学电源一样，是由电极提供电子转移的场所。阳极进行燃料（如氢）的氧化过程；阴极进行氧化剂（如氧等）的还原过程。导电离子在将阴、阳极分开的电解质内迁移，电子通过外电路做功并构成电的回路。但是 FC 的工作方式又与常规的化学电源不同，更类似于汽油、柴油发电机。它的燃料和氧化剂不是存储在电池内，而是储存在电池外的储罐中。当电池发电时，要连续不断地向电池内送入燃料和氧化剂，排出反应产物，同时也要排出一定的废热，以维持电池工作温度恒定。FC 本身只决定输出功率的大小，储存的能量则由储罐内的燃料与氧化剂决定。

至今已开发了多种类型的 FC，按电解质的不同分类见表 3-1-1。

表 3-1-1　燃料电池的类型与特征

类　型	电解质	导电离子	工作温度/℃	燃　料	氧化剂	技术状态	应用领域
碱　性	KOH	OH^-	50～200	纯　氢	纯　氧	高度发展,高效	航天,特殊地面应用
质子交换膜	全氟磺酸膜	H^+	室温～100	氢气、重整氢	空　气	高度发展,需降低成本	电动汽车,潜艇,可移动动力源
磷　酸	H_3PO_4	H^+	100～200	重整气	空　气	高度发展,成本高,余热利用价值低	特殊需求,区域性供电
熔融碳酸盐	$(Li,K)CO_3$	CO_3^{2-}	650～700	净化煤气、天然气、重整气	空　气	正在进行现场试验,需延长寿命	区域性供电
固体氧化物	氧化钇,氧化锆	O^{2-}	900～1000	净化煤气、天然气	空　气	电池结构选择,开发廉价制备技术	区域性供电,联合循环发电

1.3.3.2　燃料电池材料的主要进展

研究开发燃料电池的目的是使其成为汽车、航天器、潜艇的动力源或组成区域供电。燃料电池材料的发展主要围绕提高燃料的发电效率、延长电池的工作寿命、降低发电成本等方面，主要有以下进展。

A　质子交换膜燃料电池（PEMFC）材料

PEMFC 开始用于宇航，由于其结构材料昂贵及高的铂黑用量阻碍了民用发展。最近 PEMFC 材料获得了突破性进展，有望取代汽车的现有动力源。现在 PEMFC 均使用 Pt/C 或 Pt-Ru/C 作电催化剂，以提高 Pt 的分散度，并向电极催化层中浸入 Nafion 树脂，实现电极的立体化以提高铂的利用率，使铂的用量降至原来的 1/10～1/20。另一项发展是试图用金属双极板取代目前使用的无孔石墨板，这要靠金属板表面改性技术来实现。这样可以大幅度缩小双极板的厚度，提高电池的比功率，并适于批量生产，使电池成本降低。

B　熔融碳酸盐燃料电池（MCFC）材料

熔融碳酸盐燃料电池的工作温度约 650℃，余热利用价值高，电催化剂以镍为主，不使用贵金属。现在的问题是成本高，降低成本的重要途径是延长电池的使用寿命。在材料方面主要是解决在电池的使用过程中阴极材料发生溶解、阳极材料发生蠕变、双极板材料发生腐蚀等问题。现用的阴极材料为锂化的 NiO，由于溶解，寿命不长，目前正在研究各种新型的阴极材料如 $LiCoO_2$ 等，以延长电池的寿命。最早使用的阳极材料为烧结镍，在工作温度下会发生蠕变，使用 Ni-Cr 或 Ni-Al 合金可使这一问题得到缓解。目前正在探索新的阳极材料，如金属间化合物。通常使用不锈钢作双极板，因其抗腐蚀性能差，现在将其导电部分用 Ni-Cr-Fe-Al 耐热合金包覆，非导电部分用 Al 包覆，提高了双极板的抗腐蚀性能。

C　固体氧化物燃料电池（SOFC）材料

固体氧化物燃料电池的优点是电解质为固体，无电解液流失问题，而且燃料的适用范围广、燃料的综合利用率高。对于平板型 SOFC，由于工作温度高造成选择材料困难，通过发展薄氧化钇、稳定氧化锆（YSZ）膜技术及探索新兴的中温电解质，有可能使中温 SOFC 电池走向实用化。对于管式 SOFC，目前正在探索廉价的 YSZ 膜制备工艺，以降低电池成本。

1.3.3.3　燃料电池的前景与挑战

碱性氢氧燃料电池（AFC）已在载人航天飞行中成功应用，并显示出巨大的优越性。为适应中国宇航事业发展，应改进电催化剂与电极结构，提高电极活性；改进石棉膜制备工艺，减薄石棉膜厚度，减小电池内阻，确保电池可在300～600mA/cm^{2}条件下稳定工作，并大幅度提高电池组比功率和加强液氢、液氧容器研制。

高比功率和比能量、室温下能快速启动的PEMFC作为电动车动力源时，动力性能可与汽油、柴油发动机相比，而且是与环境友好的动力源。当以甲醇重整制氢气为燃料时，每公里的能耗仅是柴油机的一半。它是电动车的最佳候选电源。PEMFC用作潜艇AIP推进动力源时，与斯特林发动机、闭式循环柴油机相比，具有效率高、噪声低和低的红外辐射等优点；在携带相同质量或体积的燃料和氧化剂时，PEMFC的续航力最大，比斯特林发动机长一倍。百瓦至千瓦的小型PEMFC还可作为军用、民用便携式电源和各种不同用途的可移动电源，市场潜力十分巨大。

尽管PEMFC具有高效、与环境友好等突出优点，但目前仅能在特殊场所应用和试用。若作为商品进入市场，必须大幅度降低成本，使生产者和用户均能获利。在降低PEMFC成本方面，国际上至今已取得突破性进展。由于在电催化剂和电极制备工艺方面的改进，尤其是电极立体化的发明，已使PEMFC电池用Pt量从MK5的13～8g/kW降低到小于1g/kW。Ballard在降低膜成本方面也取得了突破性进展，开发的三氟苯乙烯聚合物膜的运行寿命已超过4000h，而膜成本仅50美元/m^2。为降低双极板制造费用，国外正在开发薄涂层金属板、石墨板铸压成型技术和新型电池结构。

以净化煤气和天然气为燃料的MCFC和SOFC的发电效率高达55%～65%，而且还可以提供优质余热用于联合循环发电。这是一类优选的区域性供电电站。热电联供时，燃料利用率高达80%以上。据认为，它与各种大型中心电站的关系颇类似个人电脑与大型中心计算机的关系，二者互为补充。在21世纪，这种区域性、与环境友好的高效发电技术有望发展成为一种主要的供电方式。

对于SOFC，应主攻中温（800～850℃）SOFC电池，以减缓SOFC对材料的要求。途径之一是制备薄（小于35μm）而致密的YSZ膜；二是探索新型中温固体电解质，加速SOFC发展。

1.3.4　太阳电池材料

1.3.4.1　太阳电池与材料

太阳电池是利用太阳光与材料相互作用直接产生电能的，是对环境无污染的可再生能源。它的应用可以解决人类社会发展在能源需求方面的3个问题：（1）开发宇宙空间所需的连续不断的能源；（2）地面一次能源的获得，解决目前地面能源面临的矿物燃料资源减少与环境污染的问题；（3）日益发展的消费电子产品随时随地的供电问题。特别是太阳电池在使用中不释放包括CO_2在内的任何气体，这对改善生态环境、缓解温室气体的有害作用具有重大意义。因此太阳电池有望成为21世纪的重要能源，一些发达国家竞相增加技术与产业的投入以占领日益扩大的太阳电池市场。

太阳电池发电的原理是基于光伏效应（Photovoltaic Effect），由太阳光的光量子与材料相互作用而产生电势。作为地面电源用的太阳电池要形成组建，需将多片太阳电池连接在一起并起支撑与保护作用。太阳电池的组件通常成为光伏组件。因此太阳电池（光伏）材料主要包括产生光伏效应的半导体材料、薄膜用衬底材料、减反射膜材料、电极与导线材料、组件封装材料等。

1.3.4.2　太阳电池材料制备的主要方法

用来产生光伏效应的只有半导体材料，从半导体材料使用的形态与结构看，有晶片、薄膜、外延片，并在探讨使用量子阱结构，为此要使用相应的制备工艺与设备。太阳电池材料制备的主要方法见表3-1-2。

表3-1-2　太阳电池材料制备的主要方法

方法名称	方法特征	应用对象	开发现状
直拉法	获得单晶；可使材料进一步提纯；制作成本较高；需切片；片为圆形	单晶硅电池	已大量生产；现多使用150mm单晶
铸锭法	成本低；可制作大锭以提高效率降低成本；可使材料进一步提纯；需切片	多晶硅太阳电池	已大批量生产
蹼晶法	制出叠层单晶硅；不需切片；宽度小于10cm	准单晶硅电池	小批量生产
定边喂模法（EFG）	制作效率高；受模具材料污染	多晶硅电池	开始批量生产
涂布烧结法	方法与设备简单；厚度与质量难控制	CdS/CdTe薄膜电池	小批量制作
脉冲电沉积法	方法与设备简单；有水溶液造成环境污染	CdS/CdTe薄膜电池	小批量制作
双源蒸发法	控制组分良好；设备与工艺较复杂	$CdS/CuInSe_2$ 电池	技术开发
CVD法	设备较简单；质量参数难以控制	多晶硅薄膜电池	技术开发
辉光放电CVD法	制出能掺杂非晶体；可大面积制作；难控制电池的稳定性	非晶硅薄膜电池	技术开发
液相外延法	设备较简单；成本较低；难控制厚度	GsAs系薄膜电池	小批量制作
MOCVD	可精确控制组分与厚度；设备复杂	GsAs系薄膜电池	小批量制作
分子束外延	可在原子尺度上控制生长；设备复杂；生长慢	量子阱结构电池	试验研究

1.3.4.3　太阳电池材料的进展

太阳能是人类最主要的可再生能源。一方面太阳每年照射到地球上的能量远远超过人类所消耗的总能量；另一方面这巨大的能量却分散到整个地球表面，单位面积接受的能量强度不高。太阳电池材料的发展主要围绕提高转换效率、节约材料消耗、降低成本等问题进行研究。主要有以下进展。

（1）发展材料工艺，提高转换效率：材料工艺包括材料提纯工艺、晶体生长工艺、晶片表面处理工艺、薄膜制备工艺、异质结生长工艺、量子阱制备工艺等。通过上述研究与发展，使太阳电池的转换效率不断提高。单晶硅电池的转换效率已达23.7%，多晶硅电池达18.6%，砷化镓基电池达30%。

（2）发展薄膜电池，节约材料消耗：目前大量应用的晶体硅电池的材料属间接禁带结构，需较大厚度才能充分吸收太阳能。而薄膜电池，如砷化镓电池、碲化镉电池、非晶硅电池，则只需 1 ~ 2μm 的有源层厚度，这样可大幅度降低材料消耗。

（3）与建筑相结合：解决太阳电池占地面积问题的方法之一是与建筑相结合。除了建筑物的屋顶可架设太阳电池板之外，将太阳电池做在建筑材料上是值得重视的。

1.3.5　新能源材料的任务及开发重点

为了发挥材料的作用，新能源材料面临着艰巨的任务。作为材料科学与工程的重要组成部分，新能源材料的主要研究内容同样也是材料的组成与结构、制备与加工工艺、材料的性质、材料的使用效能以及它们四者的关系。结合新能源材料的特点，新能源材料研究开发的重点有以下几方面：

（1）研究新材料、新结构、新效应以提高能量的利用效率与转换效率：例如，研究不同的电解质与催化剂以提高燃料电池的转换效率，研究不同的半导体材料及各种结构（包括异质结、量子阱）以提高太阳电池的效率、寿命与耐辐照性能等。

（2）资源的合理利用：新能源的大量应用必然涉及到新材料所需原料的资源问题。例如，太阳电池若能部分地取代常规发电，所需的半导体材料要在百万吨以上，对一些元素（如镓、铟等）而言是无法满足的。因此一方面尽量利用丰度高的元素，如硅等；另一方面实现薄膜化以减少材料的用量。又例如，燃料电池要使用铂作触媒，其取代或节约是大量应用中必须解决的课题。当新能源发展到一定的规模时，还必须考虑废料中有价元素的回收工艺与循环使用。

（3）安全与环境保护：这是新能源能否大规模应用的关键。例如，锂电池具有优良的性能，但由于锂二次电池在应用中出现过因短路造成的烧伤事件，以及金属锂因性质活泼而易于着火燃烧，因而影响了应用。为此，研究出用炭素体等作负极载体的锂离子电池，使上述问题得以避免，现已成为发展速度最快的二次电池。另外有些新能源材料在生产过程中也会产生“三废”而对环境造成污染；还有服务期满后的废弃物，如核能废弃物，会对环境造成污染。这些都是新能源材料科学与工程必须解决的问题。

（4）材料规模生产的制作与加工工艺：在新能源的研究开发阶段，材料组成与结构的优化是研究的重点，而材料的制作和加工常使用现成的工艺与设备。到了工程化的阶段，材料的制作和加工工艺与设备就成为关键的因素。在许多情况下，需要开发针对新能源材料的专用工艺与设备以满足材料产业化的要求。这些情况包括：大的处理量、高的成品率、高的生产率、材料及部件的质量参数的一致性、环保及劳动防护、低成本等。

例如，在金属氧化物镍电池生产中开发多孔态镍材的制作技术、开发锂离子电池的电极膜片制作技术等。在太阳电池方面，为了进一步降低成本，美国能源部拨专款建立称之为“光伏生产工艺”（Photovoltaic Manufacturing Technology）的项目，力求通过完善大规模生产工艺与设备使太阳电池发电的成本能与常规发电相比拟。

（5）延长材料的使用寿命：现代的发电技术、内燃机技术使众多科学家与工程师在几十年到上百年间的研究开发成果。用新能源及其装置对这些技术进行取代所遇到的最大问题是成本有无竞争性。从材料的角度考虑，要讲的成本，一方面要靠从上述各研究开发要点方面进行努力；另一方面还要靠延长材料的使用寿命，这方面的潜力是很大的。这要从解决材料性能退化的原理入手，采取相应措施，包括选择材料的合理组成或结构、材料的表面改性等，并要选择合理的使用条件。

1.4 复合材料

材料的复合化是材料发展的必然趋势之一。在古代就出现了原始型的复合材料，如用草茎和泥土做建筑材料；砂石和水泥基复合的混凝土也有很长的历史。19世纪末复合材料开始进入工业化生产，20世纪60年代由于高技术的发展，对材料性能的要求日益提高，单质材料很难满足性能的综合要求和高指标要求。复合材料因具有可设计性的特点受到各发达国家的重视，发展很快，并开发出许多性能优良的先进复合材料，各种基础性研究也得到发展，使复合材料与金属、陶瓷、高聚物等材料并列为重要材料。有人预言，21世纪将是进入复合材料的时代。

1.4.1 复合材料的分类和品种

复合材料是由两种或两种以上异质、异形、异性的材料复合形成的新型材料。一般由基体组元与增强体或功能组元所组成。复合材料可经设计，即通过对原材料的选择、各组分分布设计和工艺条件的保证等，使原组分材料优点互补，呈现出了出色的综合性能。

复合材料按性能高低分为常用复合材料和先进复合材料。先进复合材料是以碳、芳纶、陶瓷等纤维和晶须等高性能增强体与耐高温的高聚物、金属、陶瓷和碳等构成的复合材料。这类材料往往用于各种高技术领域中或用量少而性能要求高的场合。复合材料按用途可分为结构复合材料和功能复合材料。目前结构复合材料占绝大多数，而功能材料有广阔的发展前途。预计21世纪会出现结构复合材料与功能复合材料并重的局面，而且功能复合材料更具有与其他复合材料竞争的优势。

结构复合材料主要用作承力和次承力结构，要求它质量轻、强度和刚度高，且能耐受一定温度，在某种情况下还要求有膨胀系数小、绝热性能好或耐介质腐蚀等其他性能。

结构复合材料基本上由增强体与基体组成。增强体承担结构使用中的各种载荷，基体则起到黏结增强体予以赋型并传递应力和增韧的作用。复合材料所用基体主要是有机聚合物，也有少量金属、陶瓷、水泥及碳（石墨）结构复合材料通常按不同的基体来分类，如图3-1-1所示。在某些情况下也以增强体的形状来分类，如图3-1-2所示。

1.4.1.1 高性能增强体

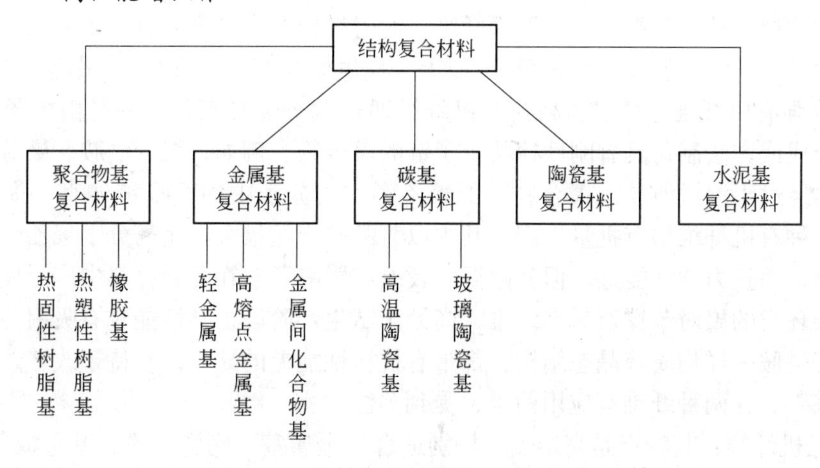

图3-1-1 结构复合材料按不同基体分类

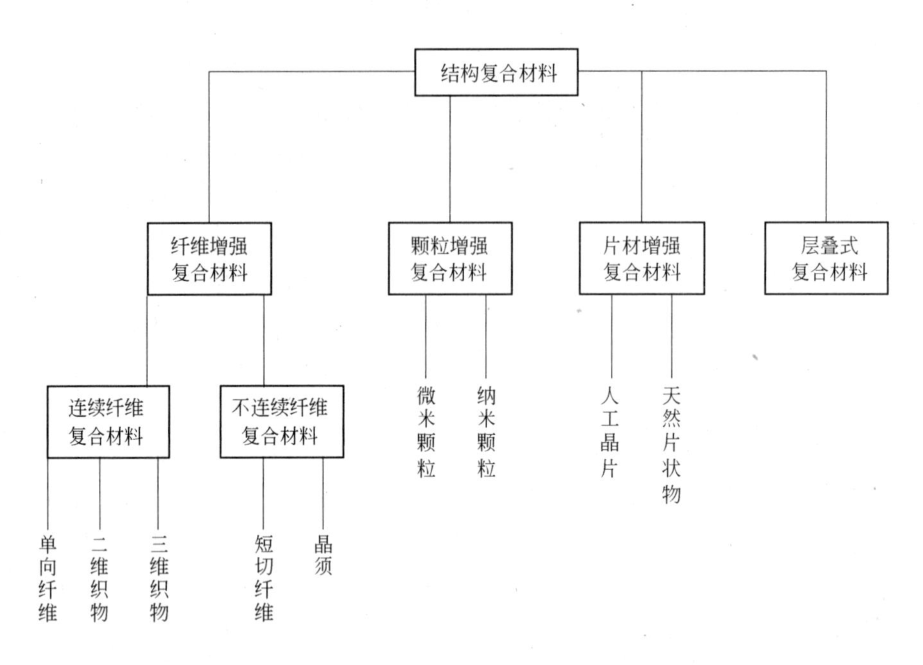

图 3-1-2　结构复合材料按不同增强体形式分类

增强体是高性能结构复合材料的关键部分，在复合材料中起着增加强度、改善性能的作用。增强体按来源分有天然与人造两类，但天然增强体已很少使用。按形态区分则有颗粒状（零维）、纤维状（一维）、片状（二维）、立体编织物（三维）等。一般按化学特性来区分，则有无机非金属（共价键）、有机聚合物类（共价键、高分子链）和金属类（金属键）。虽然可用作增强体的材料品种繁多，但是先进复合材料必须用高性能纤维以及用这些纤维制成的二维、三维织物作为增强体。主要的高性能纤维增强体有：

（1）炭纤维：炭纤维是先进复合材料最常用的增强体。一般采用有机先驱体进行稳定化处理，再在1000℃以上高温和惰性保护气氛下碳化，成为具有六元环碳结构的炭纤维。这样的炭纤维强度很高，但还不是完整的石墨结构，即虽然六元环平面基本上平行于纤维轴向，但石墨颗粒较小。炭纤维进一步在保护气氛下经过2800～3000℃处理，就可以提高结构的规整性，晶粒长大为石墨纤维，此时纤维的弹性模量进一步提高但强度却有所下降。商品炭纤维的强度可达3. 5GPa以上，模量则为200GPa以上，最高可达920GPa。

（2）高强有机纤维：高强、高模有机纤维通过两种途径获得。一是由分子设计并借助相应的合成或方法制备具有刚性棒状分子链的聚合物。例如，聚芳酰胺、聚芳脂和芳杂环类聚合物经过干湿法液晶链聚合物，如聚乙烯，由分子中的C-C链伸直，提供强度和模量。这几种有机纤维均有批量生产，其中以芳酰胺产量最大。超高分子聚乙烯也有一定规模的产量，而且力学性能好，但其耐温性较差，影响了它在复合材料中广泛使用。最近开发的芳杂环类的聚对苯撑双噁唑纤维，尚处于试生产阶段，其性能具有吸引力，但是这类纤维和芳酰胺一样均属液晶态结构，都带有抗压性能差的缺点，有待于改善。然而从发展的角度来看，这两种纤维有应用前景，受到关注。

（3）无机纤维：其特点是高熔点，特别适合与金属基、陶瓷基或碳基形成复合材料。中期工业化生产的是硼纤维，它借助化学气相沉积（CVD）的方法，形成直径为50～

315μm 的连续单丝，但由于价格昂贵而暂时停止发展。取而代之的是碳化硅纤维，它也用 CVD 法生产，但其芯材已由钨丝改用碳丝，形成直径为 100 ~ 150μm 的单丝。另一种碳化硅纤维是用有机体的先驱纤维烧制成的，其直径仅为 10 ~ 15μm。无机纤维类还有氧化铝纤维、氮化硅纤维等，但产量较小。

1.4.1.2 聚合物基复合材料

聚合物基复合材料是目前复合材料的主要品种，其产量远远超过其他基体的复合材料。习惯上常把橡胶基复合材料划入橡胶材料中，所以聚合物基一般仅指热固性聚合物（树脂）与热塑性聚合物。热固性树脂是由某些低分子的合成树脂在加热、固化剂或紫外光等作用下，发生交联反应并经过凝胶化阶段和固化阶段形成不溶的固体，因此必须在原材料凝胶化之前成型，否则就无法加工。这类聚合物耐温性较高，尺寸稳定性也好，但是一旦成型后就无法重复加工。热塑性聚合物即通常所称的塑料，该种聚合物在加热一定温度时可以软化甚至流动，从而在压力和模具的作用下成型，并在冷却后硬化固定。这类聚合物一般软化点较低，容易变形，但可再加工使用。

A 热固性聚合物基复合材料

热固性树脂在初始阶段流动性很好，容易浸透增强体，同时工艺过程比较容易控制，因此这类复合材料成为当前的主要品种。热固性树脂早期有酚醛树脂，随后有不饱和聚酯树脂和环氧树脂，近来又发展了性能更好的双马树脂和聚酰亚胺树脂。这些树脂几乎适合于各种类型的增强体。它们虽可以湿法成型，但通常都先制成预浸料，使浸入增强体的树脂处于半凝胶化阶段，在低温保存条件下限制固化反应的发展，并应在一定期间内进行加工。所用的加工工艺有手工铺设法、模压法、缠绕法、挤拉法、热压罐法、真空袋法以及最近才发展的树脂传递模塑法（RTM）和增强式反应注射成型法（RRIM）等。各种热固性树脂的固化反应机理各不相同，根据使用要求的差异，采用的固化条件也有很大差别。一般的固化条件有室温固化、中温固化（120℃）和高温固化（170℃以上）。目前正在发展一类树脂体系可以低温成型，然后在脱离模具的自由状态下加热后固化定型，受到很大关注。主要的树脂基体有环氧树脂和热固性聚酰亚胺树脂。

B 热塑性聚合物基复合材料

热塑性聚合物基复合材料发展较晚，从目前产量来看，似乎远比不上热固性复合材料，但这类复合材料具有不少热固性材料所不具备的优点，一直在快速增长。首先是聚合物本身的断裂韧性好，提高了复合材料的抗冲击性能；其次是吸湿性低，可改善复合材料的耐环境能力；最突出的是可以重复加工，而且工艺过程短，成型效率高。热塑性聚合物基复合材料必须先将聚合物基体与各种增强体制成连续的片状、带状和粒状预浸料，才能进一步加工成各种形状的复合材料构件。然而由于热塑性聚合物在熔融状态下的黏度也很高，因此带来预浸的困难。现用的预浸方法有：（1）薄膜法：将聚合物膜与增强体无纬布、织物、毡等交替层叠，再用热滚筒或热履带热压成连续片材；（2）溶液法：用溶剂溶解聚合物后浸渍增强体，然后将溶剂挥发制成预浸料；（3）熔融法：用聚合物熔体对增强体进行浸渍；（4）粉末法：将聚合物磨细，用流态床法或静电吸附法将其附着在增强体周围；（5）纤维法：将聚合物先纺成纤维再与增强体交织，然后加热；（6）造粒法：螺杆挤出机的螺杆将聚合物熔体与切短的增强体混合，由模口挤出细条状，再切成粒料。

1.4.1.3　金属基复合材料

金属基复合材料是20世纪60年代末才发展起来的。它的出现弥补了聚合物基复合材料的不足，如耐温性较差，在高真空条件容易释放小分子而污染周围的器件，以及不能满足材料导电和导热需要等。迄今为止，金属基复合材料由于加工工艺的不够完善、成本较高，还没有形成大规模批量生产，但是仍有很大的发展潜力和应用前景。金属基复合材料一般按增强体形式来分类，其主要类型有颗粒增强铝基复合材料、晶须增强铝基复合材料和纤维增强钛合金及其金属间化合物基复合材料。

1.4.1.4　无机非金属基复合材料

无机非金属基复合材料包括陶瓷基复合材料和水泥基复合材料。尽管这些材料目前产量尚不大，但陶瓷基和碳基复合材料是耐高温及高力学性能的首选材料，碳/碳复合材料是目前耐温最高的材料。水泥基复合材料则在建筑材料中越来越显示其重要性，可以预计将来会有可观的产量。现主要有碳化硅晶须补强氮化硅复合材料和碳化硅纤维补强碳化硅复合材料。陶瓷基复合材料的基体包括陶瓷、玻璃和玻璃陶瓷。陶瓷基复合材料的耐温性，以高温多晶（或非晶）陶瓷为基体的最高温度为1000～1400℃，玻璃和玻璃陶瓷为基体的复合材料则不能超过1000℃。其主要的复合工艺有：（1）类似传统的陶瓷成型工艺，即原料混合、压制和烧结，但由于增强体的存在，影响了材料的致密化，因此必须使用热压和热等静压来促进致密化；（2）适合与连续纤维增强的方法为有机先驱体法，即将纤维增强体与含无机元素的聚合物先驱体复合，再在保护气氛下高温烧成陶瓷。由于有机先驱体分解并释放出部分小分子，必然造成体积收缩和形成疏松结构，因此常在液态先驱体内加入一定的陶瓷粉体加以改善；（3）气相浸渗法和原位生长法等。碳基复合材料是以碳为基体、碳或其他物质为增强体组合成的复合材料。主要的碳/碳复合材料是耐温最高的材料，其强度随温度升高而增强，在2500℃左右达到最大值，同时它有良好的抗烧蚀性能和抗热震性能。

1.4.1.5　功能复合材料

功能复合材料目前正处于发展的起步阶段，根据复合材料的特点来看，它具备非常优越的发展基础。功能复合材料，是指除力学性能以外还提供其他物理性能的复合材料，是由功能体和基体组成的。基体除了起赋形的作用外，某些情况下还能起到协同和辅助的作用。功能复合材料品种繁多，目前也有不少功能复合材料付之应用。

1.4.2　材料复合新技术

众所周知，任何材料所表现出的性能除组成之外，特别依赖于它们的组织结构。这种结构包括原子、分子水平的微观结构，包括纳米、亚微米级别的亚微观结构，包括晶粒、基体与介于物相层次的显微结构，还包括肉眼可见的宏观结构。与其他材料相比，复合材料的物相之间有更加明显并呈规律变化的几何排列与空间织构属性。因此，复合材料具有更加广泛的结构可设计性，与之相应，其结构形成过程和结构控制方法也更加复杂。要得到具有指定性能和与之相应的组织结构的复合材料，复合手段与制备技术的创新与发展至关重要。从某种意义上讲，这种制备技术的发展水平在很大程度上制约着复合材料的功能发挥、同时制约着复合材料在更广阔领域、更关键场合的应用。换言之，没有先进的制备技术，新一代复合材料的出现将是不可能的。近年来，复合材料制备新技术的发展很迅速，主要有以下几种复合技术。

1.4.2.1 原位复合技术

原位复合来源于原位结晶和原位聚合的概念。材料中的第二相或复合材料中的增强相生成于材料的形成过程中，即不是在材料制备之前就有，而是在材料制备过程中原位就地产生。原位生成的可以是金属、陶瓷或高分子物相，它们能以颗粒、晶须、晶板或微纤等显微组织形式存在于基体中。原位复合的原理是：根据材料设计的要求选择适当的反应剂，在适合的温度下借助于基材之间的物理化学反应，原位生成分布均匀的第二相（或称增强相）。由于这些原位生成的第二相与基体间的界面无杂质污染，两者之间有理想的原位匹配，能显著改善材料中两相界面的结合状况，使材料具有优良的热力学稳定性；其次，原位复合省去了第二相的预合成，简化了工艺，降低了原材料成本；另外，原位复合还能够实现材料的特殊显微结构设计并获得特殊性能，同时避免因传统工艺制备材料时可能遇到的第二相分散不均匀，界面结合不牢固以及因物理、化学反应使组成物相丧失预设计性能等问题。1987 年，美国的 Kiss 首次将“原位结晶”的概念引入到各项同性聚合物和热致性液晶聚合物的共混物中，并冠以“原位复合材料”，来描述由热致性液晶聚合物纤维增强体的热塑性树脂共混物，因此产生了原位复合这一材料制备的新技术。由于原位复合材料表现出优异性能，原位复合技术得到了飞速发展，近年来已开发出许多原位复合体系及其相关制备技术，有些已得到实际应用。主要有：金属基原位复合技术、陶瓷基原位复合技术、聚合物基原位复合技术以及一些其他的原位复合技术。

1.4.2.2 自蔓延复合技术

自蔓延复合技术是在自蔓延高温合成的基础上发展起来的一种新的复合技术，主要用于制备各种金属-金属、金属-陶瓷、陶瓷-陶瓷系复合粉末和块体复合材料。自蔓延高温合成（SHS）是利用配合的原料自身的燃烧反应放出的热量使化学反应过程自发地进行，进而获得具有指定成分和结构产物的一种新型材料合成手段。它具有工艺设备简单、工艺周期短、生产效率高、能耗低、物耗低，合成过程中极高的温度可对产物进行自纯化的特点。自从 1967 年俄罗斯科学家 Merzhanov 提出了自蔓延高温合成的概念后，经过了 30 多年的发展，自蔓延高温合成技术已取得了显著的进步，已形成了包括 SHS 粉末技术、SHS 致密化技术、SHS 冶金技术、SHS 气相传质涂层技术和 SHS 焊接技术等技术系统，并且仍在不断深入发展之中。

1.4.2.3 梯度复合技术

1986 年首先由日本新野正之与平井敏雄等人提出梯度复合材料的概念。在面对高温氧化环境的一侧使用陶瓷类结构材料，以赋予材料耐热、抗氧化特性；在需要强制冷却的一侧使用金属材料，以赋予材料高热传导率和足够的机械强度；再通过结构控制技术使两侧的组分、结构、性能呈连续或准连续的变化，用以积极地缓和热应力。在这种材料结构模式引导下，十多年来热应力缓和梯度材料的研究取得了很大的发展，梯度复合材料的应用领域越来越广泛，如高效率热电变换型梯度材料、生物活性梯度材料、光学过滤梯度材料、阻抗连续变化型梯度材料以及电学结构、磁学结构、植物结构梯度功能材料等等。

目前，仿生技术、凝胶浇注技术、微波合成与烧结技术、分子自组装技术和超分子复合技术都有了相当的发展。复合技术的发展为复合材料的发展提供了广阔的前景。

1.4.3　复合材料的应用

世界的发展趋势是人类将进入高度信息化的社会，同时对生活质量和健康水平的追求也会更高。另一方面，地球存在非常严重的问题：首先是环境的污染已经到了不可容忍的地步；人口的极度膨胀使地球能提供的清洁淡水日趋紧张，提供食物的可耕地已经达到不堪重负的境地；更为严重的是，陆地可开采的资源在21世纪将面临枯竭和短缺，社会将陷入能源危机和原材料匮乏。这些情况无疑使复合材料的发展面临很大的机遇和挑战。

1.4.3.1　*在信息技术方面*

当前，复合材料对信息获得、信息处理、信息存储、信息传输和信息的执行都有一定的贡献。获得信息主要依靠各种敏感器件的检测，而敏感器件则由各种换能材料组成，这可依靠复合材料设计自由度大的特点获得高优值的换能材料，还可利用复合效应，特别是其中的“乘积效应”设计出高效的新型换能材料。随着电子技术的进步，电子芯片的集成度将越来越高，而芯片的散热问题将是发展的障碍。研究表明，碳化硅颗粒增强铝复合材料的导热系数以及与集成电路硅片的热膨胀匹配均能满足要求；目前用于信息写入、记录、存储和读出的磁性材料如磁带、磁盘等，大都是软磁质细粉混入聚合物基体制成的复合材料；信息传输中的光导纤维本身就是一种复合材料，光缆护套管也大量采用复合材料，微波通讯设备中，抛物线形反射板以及波导管等均用先进复合材料制造，且质量轻、刚度好，而通讯卫星中更是采用大量先进的复合材料作为星体的结构和天线；在信息的执行方面，复合材料的低密度、高刚度和高强度更能适合信息执行的机械动作。

1.4.3.2　*提高人类生活质量*

社会在不断进步，人们对生活质量的要求主要是提高舒适性、安全性和健康水平等。复合材料的轻质高强、隔音隔热、减振降噪的特点，正是提高舒适性所需要的；复合材料的抗冲韧性好，能吸收冲击能量，是制造各种抗冲击设备的优良材料；复合材料具有选材的自由度又有综合多种材料特点的可设计性，最适合用于修复和更换脏器与骨骼的植入型人造代用品。可以预言，未来的植入材料将大量采用复合材料。

1.4.3.3　*解决资源短缺和能源危机*

目前，人类使用的能源大部分是不可再生的石油、天然气、煤和铀等，最近对世界上能源资源贮量的调查发现，除煤以外的其他三种资源均在21世纪内枯竭。利用新型复合材料在开发新能源和节约能源、海洋和空间的开发、挖掘尚未充分利用的资源和延长基础设施的寿命等方面都起到重要的作用。

1.4.3.4　*治理环境污染*

随着人口的极度膨胀，生活需求推动生产迅速增长，在创造物质的同时也排出大量的固体、液体和气体废物，造成对生活环境非常严重的污染。从某种角度来看，目前某些复合材料确实难以回收、再生，似乎不利于环境；但从天然材料几乎全是复合材料的事实来看，表明复合材料是最合理的组成方式，能够接受自然界的长期考验并与之相容。相信在不久的将来，复合材料将可大大降低对环境的污染、可利用废弃物构成复合材料和开发出可自然降解的“绿色”复合材料。

1.4.4　复合材料的发展趋势

根据时代需求和现有科学水平，预计在21世纪功能、多功能、机敏、智能复合材料，纳米复合材料和仿生复合材料将是复合材料的发展重点。在基础理论方面，需要在界面问题和可靠性问题方面投入较大的精力。若能在设计和制备方法上有所突破，复合材料将会得到革命性的发展。

1.5　生态环境材料

1.5.1　生态环境材料的提出

21世纪是可持续发展的世纪。社会、经济的可持续发展要求以自然为基础，与环境承载能力相协调。认识资源、环境与材料的关系，开展材料流分析及相关理论的研究，从而实现材料科学与技术的可持续发展，是历史发展的必然，也是材料科学的进步。对材料科学工作者来说，有效地利用有限的资源，减少材料对环境的负荷，在材料的生产、使用和废弃过程中保持资源平衡，是一项义不容辞的重任。

从资源与环境的角度分析，在材料的采矿、提取、制备、生产加工、运输、使用和废弃的过程中，一方面它推动着社会经济发展和人类文明进步；而另一方面，又消耗着大量的资源和能源，并排放出大量的废气、废水和废渣，污染着人类生存的环境。各种统计表明，从能源、资源消费的比重和造成环境污染的根源分析，材料及其制品制造业是造成能源短缺、资源过度消耗乃至枯竭的主要责任者之一。并且，这种消耗速度在成倍增长。

因此面对非再生资源和能源枯竭的威胁以及日益严重的环境污染，应当积极探索既保证材料性能、数量要求，又节约资源、能源并和环境协调的材料生产技术，制定材料可持续发展战略，开发资源和能源消耗少、使用性能好、可再生循环、对环境污染少的新材料、新工艺、新产品。

国际材料界在审视材料发展与资源和环境关系时发现过去的材料科学与工程是以追求最大限度发挥材料的性能和功能为出发点，而对资源、环境问题没有足够重视，这反映在1979年美国材料科学与工程调查委员会给“材料科学与工程”所下的定义：“材料科学与工程是关于材料成分、结构、工艺和它们性能与用途之间的有关知识的开发和应用的科学。”这一传统的材料四因素体系没有充分考虑材料的环境协调性问题，或者说环境协调性在当时还没那么尖锐突出。

在20多年后的今天，我们认为在理解上述定义的内涵时应予以拓宽乃至修订补充，应该更明确地要求材料科学与工程工作者认识到：（1）在尽可能满足用户对材料性能要求的同时，必须考虑尽可能节约资源和能源，尽可能减少对环境的污染，要改变片面追求性能的观点；（2）在研究、设计、制备材料以及使用废弃材料产品时，一定要把材料及其产品整个寿命周期中，对环境的协调性作为重要评价指标，改变只管设计生产，而不顾使用和废弃后资源再生利用及环境污染的观点；（3）这个定义的拓宽将涉及多学科的交叉，不仅是理工交叉，而且具有更宽的知识基础和更强的实践性，不仅讲科学技术效益、经济效益，还要讲社会效益，把材料科学技术与产业的具体发展目标和全球、全国可持续发展的大目标结合起来。

生态环境材料正是在这样的背景下提出来的，是 21 世纪国际上材料科学与工程发展的最新趋势之一。这已在世界各国达成共识，并已逐渐兴起了全球性的生态环境材料的研究、开发和实施热潮。

1.5.2 生态环境材料的定义和研究内容

生态环境材料是指对资源和能源消耗尽可能少，对生态环境影响小，循环再生利用率高或可降解能够再使用的材料；也可指赋予传统的结构材料、功能材料以优异的环境协调性的材料，或是指那些直接具有净化和修复环境等功能的材料。生态环境包括：金属类生态环境材料、无机非金属类生态环境材料、有机高分子类环境材料、生物资源高分子材料、环境协调性产品、环境污染控制材料等。

对生态环境材料的研究分为理论研究和实用研究两大部分。理论研究包括：（1）对环境的性能评价。其中生命周期评估（Life Cycle Assessment，LCA）已经成为这一领域的主流方法。LCA 是指采用数理方法和试验量化方法，评价某种过程、产品和事件的资源、能源消耗，废弃物排放等环境影响，并寻求改善的可能。（2）材料的可持续发展理论。研究资源的使用效率，生态设计理论。（3）材料流理论（materials flow）和生态加工、清洁生产理论、再循环、降解、废弃物处理理论。使用研究包括：（1）环境协调材料、传统材料的环境材料化。是从人本的角度强调材料与环境的兼容与协调，使材料在完成特定使用功能的同时，减少资源和能源的用量，降低环境污染。如开发天然材料、绿色包装材料和绿色建筑材料等。（2）环境净化和修复材料。指各种积极的防止污染的材料，如分离、吸附、转化污染物的材料。（3）讲解材料，指通过自身的分界减少对环境的污染。

1.5.3 生态环境材料的发展趋势

围绕生态环境材料研究，国际上从资源效率和生态效率的角度开展了全面的工作。为了将生态环境材料的思想付诸实用化，无论在材料的环境协调性方面，还是在具体生态环境材料的设计、研究与开发方面，都取得了重要进展。

1.5.3.1 材料的环境协调性评价方法及其应用

LCA 的研究与应用不仅依赖于标准的制定，更主要地依赖于评估数据与结果的积累。在绝大多数的 LCA 个案研究中，都需要一些基本的编目分析数据，而这方面的工作量十分巨大。不断积累评估数据，并将这些数据建成数据库，在 LCA 研究中是非常重要的工作。

世界各国和国际组织将 LCA 的方法用于国家制定公共政策、法规和刺激市场等方面，最为普遍的是用于环境标志或生态标志标准的确定。奥地利、加拿大、法国、德国、北欧国家、荷兰、美国等许多国家和欧盟、世界经济与合作组织、国际标准化组织等国际组织都将 LCA 作为制定标志或标准的方法。

1.5.3.2 生态环境材料的设计、研制与开发

国际上生态环境材料的研究，已不局限于理论上的研究，众多的材料科学工作者在研究具有净化环境、防止污染、替代有害物质、减少废弃物、利用自然能和材料的再资源化等方面，做了大量的工作，并取得了重要进展。

环境协调设计（ecodesign）和环境协调制造在市场和绿色购买的压力下受到影响。国

际上的一些著名公司都在实施相应的研究发展计划，如：IBM 公司的“环境设计计划”、道化学公司的“减少废气计划”、Chevroint 公司的“节约资金、减少毒气计划”等。一些国际知名的大企业像佳能、东芝、日立、富士、索尼、西门子等从产品和技术开发的角度一直关注生态效率和资源环境效率，使其开发出的新产品不仅具有经济效益，还要具有环境效益，以保持未来的市场竞争力。

1.5.4 金属类生态环境材料

金属在人们使用的材料中仍占主导地位。传统的金属材料经历了长期的发展，在理论强化、评估与表征、应用与再生等方面已形成了较完整的理论与体系。随着生态环境材料的提出，材料工作者从生态环境的角度重新考虑现有材料的发展道路，将环境意识引入材料科学中，在现有理论与体系的基础上，相应地对材料的强化、评价与再生等方面均有新的思考。

在保证强度的前提下，金属材料环境材料化的思路是：尽量少用或者不用稀缺的、环境的元素，多采用硅一类储量丰富、容易获得的元素；尽量采用同种元素或者简单元素组合的制造材料。例如采用铁素体—马氏体双相钢就是一种很有前途的发展方向，或者采用钢纤维增强铁基超细粉形成 Fe-Fe 粉末冶金材料。

目前金属的环境材料化主要是针对金属的加工过程，如熔融还原炼铁技术、冶金短流程工艺、金属材料的近尺寸加工以及表面优化等技术。

(1) 熔融还原炼铁技术：传统的高炉炼铁系统包括焦化、烧结、高炉熔炼，具有技术完善、生产量大、设备寿命长等优点，但其流程长、投资大、污染严重、灵活性差。

以 COREX 法为代表的熔融还原炼铁工艺是近年来已趋成熟的新型炼铁方法。它能使用非炼焦煤直接炼铁，工艺流程短、投资省、成本低、污染少、铁水质量能与高炉媲美，能够利用过程中产生的煤气在竖炉中生产海绵铁。

(2) 金属材料的近尺寸加工——喷射成型：喷射成形式典型的近尺寸加工技术。它既可以进行材料生产，也可用于发展新型材料。

喷射成型法把液态金属雾化和沉积自然地结合起来，以最少的工序从液态金属直接制取接近零件形状的大块高性能沉积坯体。与粉末冶金相比，省去了包套、除气、热压或烧结等工艺，生产流程大大缩短，更加紧凑，可以认为是一种紧凑型的粉末冶金流程。它可大幅度节约能源，降低环境负担，比粉末冶金法降低生产成本 40% 以上。

1.5.5 无机非金属类生态环境材料

对于无机非金属材料，使用性能和环境协调性的矛盾十分突出。在无机非金属材料的环境材料化过程中要合理地处理高纯化和复合化，天然原料和合成原料之间的关系，开发低能耗，少污染的植被加工技术。如免烧和低温固化技术（水热热压、反应硬化型免烧陶瓷、电沉积陶瓷膜）、快速烧结（微波烧结、爆炸烧结）、反应烧结（反应烧结、自蔓延烧结）、近尺寸成型、可切削技术。

(1) 水热热压：水热法的基本原理是：在水热条件下，水可作为一种化学组分参与反应。水既是溶剂又是矿化剂，同时还可作为压力传递介质。因此，通过加速渗析反应并对反应过程中的物理、化学因素进行控制，在外加机械压力联合作用下，可以使无机非金属材料在低温发生固结和致密化。

(2) 陶瓷可切削技术：传统的可切削无机非金属材料主要指可切削玻璃陶瓷和炭素、石墨类材料，但是这类材料力学性能较差，限制了其应用范围。通过巧妙的微观结构设计，能够将优良的力学性能和可切削性统一起来，是未来开发可切削无机非金属材料的重要方向。

1.5.6 高分子类生态环境材料

目前，针对普通高分子材料环境材料化的努力主要是零排放技术、再生循环技术、可降解技术和天然化。

1.5.6.1 有机高分子材料零排放技术

高分子零排放是指其制品完成使用价值后，通过高效溶剂或能吞噬高分子材料废弃物的物质就地或异地转变，无毒地回归大自然或进入人类生态环境的系统工程。零排放技术的实质是降解技术、天然高分子开发应用技术、低负荷设计技术以及减少金属-高分子材料负荷构件等。

“降解”就是使高分子链断裂，转化为低分子化合物。降解技术的根本问题是要发现传统高分子材料废弃物的降解方法和开发新型可降解合成高分子材料新品种。也就是说，以光降解、生物降解、光-生物降解原理为基础，一方面寻找如水、氧、微生物以及促进降解的溶剂，有针对性地处理传统高分子材料废弃物；另一方面，利用共混或共聚法制备可降解高分子材料。

1.5.6.2 有机高分子材料再生循环技术

再生循环技术主要包括回收技术和再生利用技术。回收主要指废弃物的集中、运输、分类、洗涤、干燥等处理过程，只有先回收，才能再生或利用。再生循环技术可分为三类：一是通过原形或改制利用，以及通过粉碎、热熔加工、溶剂化等手法，使高分子材料废弃物作为原料应用，将此称为材料再生利用技术；二是通过水解或裂解反应使高分子材料废弃物分解为初始单体或还原为类似石油的物质，再加以利用，将此称为化学再生利用技术；三是对难以进行材料再生或化学再生的高分子材料废弃物通过焚烧，利用其热能，将此称为热能利用技术。也有学者把没有丧失使用功能的高分子材料废弃物的原形利用或改制利用称为一级再生利用；把高分子材料废弃物制备成再生材料的利用称为二级再生利用；把高分子材料废弃物分解成低分子化合物的化学利用称为三级再生利用；把高分子材料废弃物焚烧的热能利用叫四级再生利用。一级和二级又称为材料再生或机械再生。

1.5.7 环境降解材料

环境降解材料是指可以被环境自然吸收、消化、分解，从而不产生固体废弃物的材料。一些天然材料及其提取物往往属于环境降解材料。人工合成的环境降解材料目前主要有两大类：一类是生物降解磷酸盐陶瓷材料，另一类就是量大面广的生物降解塑料。

1.5.7.1 存在的问题

生物降解高分子材料的价格高，要高于通用塑料 5 ~ 10 倍，不易推广应用；降解高分子材料的降解控制问题有待于解决，如医学上应用要求降解比较快，而作为包装等材料的要求有一定的试用期；高分子材料的生物降解性评价方法有待完善；降解高分子材料的使用会影响高分子材料的回收利用，对使用后的生物降解材料需要建立处理的基础设施。

1.5.7.2 发展前景

未来高分子材料的降解工作将会集中在以下几个方面：

（1）利用分子设计、精细合成技术合成生物降解塑料。

（2）采用生物基因工程，利用绿色天然物质（如纤维素、菜油、桐油、松香等）制造降解高分子材料。据报道，英国科学家培育出一种能产生完全生物降解塑料的菜油。他们采用基因遗传技术将三种能产生聚合物的生物基因成功地植入油菜籽，使这种油菜籽的种子和叶片均含有大量的聚合物。将这种聚合物提炼后，即可加工成各种家用塑料制品及塑料管道。如果这种菜油能大面积种植的话，就会极大地降低降解塑料的生产成本，人们会乐意使用降解塑料，而为子孙后代留下优美的环境。

（3）通过对微生物的培养获得生物降解塑料。

（4）提高材料生物降解性和降低材料的成本，并拓宽应用。

（5）建立降解高分子材料的统一评价方法，明晰降解机理。

（6）控制降解速度的研究。

1.5.8 生态环境材料发展现状与趋势

1.5.8.1 国内发展状况分析

中国已将可持续发展作为国家的发展战略目标，政府十分重视和支持生态环境材料的研究与应用开发工作。近年来，中国在生态环境材料的研究开发等方面取得了可喜的成就，培养了一批有特色的生态环境材料研究力量，取得了一批具有自主知识产权的成果。

在生态环境材料的教育方面，国内的许多大学都面向大学生、研究生开设了生态环境材料的专门课程；一批专著在国内出版，对宣传生态环境材料这门新兴学科、推动生态环境材料在中国的应用发展及教育等方面起到了积极的作用。

作为自然资源人均占有量不足世界平均水平一半的国家，中国主要资源的回收利用率也较低，而且再生资源还远远没有形成一个产业，企业经营规模小，效益低，大量的固体废弃物没有得到利用，同时又污染环境。因此必须突破原有的思路，利用废弃物为原料制备新型的大宗材料，才能同时综合解决资源、环境可持续发展的问题。

中国在生态环境材料的科技发展上，目前主要局限于政府的科技投入，急需企业的参与和技术市场的完善。虽然也有一些企业开始认识到这类问题及其今后的发展前景，但尚未开始正式全面介入和开展相关科技活动。在中国这样一个人均资源和环境问题突出的国家，生态环境材料的科技及产业发展面临巨大的机遇，同时也将面对经济全球化的挑战。

1.5.8.2 国际发展状况分析

在环境材料科学研究和技术开发领域，欧盟、美国、日本等发达国家处于领先地位，他们在国家、企业、民间均已经构筑起协同体系，发挥了强大的作用。

在生态环境材料市场角逐中，发达国家也占绝对优势。美国的脱硫、脱氨技术，日本的粉尘、垃圾处理技术，德国的污染处理技术在世界上处于领先地位。目前，以占领世界市场为目的、争夺绿色技术制高点为中心的国际竞争已经开始。绿色技术产品的全球销售量已超过6000亿美元，其中美国、德国、日本的年总产值已超过1500亿美元。在无氟制冷技术上美国和欧洲展开了争夺，日本则与欧洲在资源回收项目上互相竞争。

各国都在积极发展利用自然资源和天然材料技术，对于枯竭性资源和人工化学物质建立闭锁循环技术体系。仿生制备技术、木质陶瓷、木材复合材料及木材混凝土的开发利用越来越受重视。污染物的清理和回收，包括土壤中的重金属离子的处理、生化产品的生物治理方法和技术等，环境工程材料，如固沙植被材料、水资源治理和保护技术等，都已形成了相当的规模产业群体。

1.5.8.3 小结

但总体而言，中国与发达国家相比还存在较大的差距，主要表现在中国完善的工业化体系尚未形成，仍然是一种粗放型投入产出的模式。目前，中国生态环境材料产业尚处于起步阶段，还只是少数企业零星生产销售一些绿色产品，目前主要集中在环境污染治理类的功能材料和产品方面，以废水、废气处理为主，包括少部分建筑材料，尚未形成规模产业。

中国生态环境材料的研发、产业化过程相对发达的国家而言进步较慢，环境材料及生态产品的市场占有率不够，竞争性不强。随着中国加入 WTO，经济的全球化及材料和制品的国际市场化，尤其是中国自然资源、人口、环境等方面的突出矛盾，促进包括环境材料和生态产品在内的环境产业的发展已是非常迫切的任务。

1.6 智能材料与智能系统

20 世纪 80 年代，人们提出了智能材料的概念。智能材料要求材料体系集感知、驱动和信息处理于一体，形成类似于生物材料那样的具有智能属性的材料，具备自感知、自诊断、自适应、自修复等功能。20 世纪 50 年代，人们提出了智能结构，当时把它称为自适应系统。在智能结构的发展过程中，人们越来越认识到智能结构的实现离不开智能材料的研究和开发。

智能材料来源于功能材料。一类是对外界（或内部）的刺激强度（如应力、应变、热、光、电、磁、化学和辐射等）具有感知的材料，通称感知材料，用它可做成各种传感器；另一类是对外界环境条件（或内部状态）发生变化作出响应或驱动的材料，这种材料可以做成各种驱动（或执行）器。智能材料是利用上述材料做成的传感器和驱动器，借助现代信息技术对感知的信息进行处理并把指令反馈给驱动器，从而作出灵敏、恰当的反应，并且，当外部刺激消除后又能迅速恢复到原始状态。这种集传感器、驱动器和控制系统于一体的智能材料，体现了生物的特有属性。

智能材料的提出是有理论和技术基础的。20 世纪因为科技发展的需要，人们设计和制造出新的人工材料，使材料的发展进入从使用到设计的历史阶段。材料科学与技术的发展已为智能材料的诞生奠定了基础，先进复合材料（层合板、三维及多维编织）的出现，使传感器、驱动器和微电子控制系统等的复合或集成成为可能，也能与结构融合并组装成一体。

1.6.1 智能材料概述

1.6.1.1 智能材料的内涵

20 世纪 80 年代中期，航空航天的需求驱动了智能材料与结构的研究与发展。人类力图借鉴生物体的功能特征从根本上解决工程结构的质量与安全监控问题，从而提出了智能材料系统与结构（Intelligent Material Systems and Structure，简称 IMSS）的概念。

正如生物体是通过各种生物材料构成一样，智能系统是通过材料间的有机复合或集成而得以实现。科学实践证明，在非生物体材料中注入“智能”特性是可以做到的。从仿生学的观点出发，智能材料内部应具有或部分具有以下生物功能：

(1) 有反馈功能。通过传感神经网络，对系统的输入和输出信息进行比较，并将结果提供给控制系统，从而获得理想的功能。

(2) 有信息积累和识别功能。能积累信息，能识别和区分传感网络得到的各种信息，并进行分析和解释。

(3) 有学习能力和预见性功能。能通过对过去经验的收集，对外部刺激作出适当反应，并可预见未来并采取适当的行动。

(4) 有响应性功能。能根据环境变化适时地动态调节自身并作出反应。

(5) 有自修复功能。能通过自生长或原位复合等再生机制，来修补某些局部破损。

(6) 有自诊断功能。能对现在情况和过去情况作比较，从而能对诸如故障及判断失误等问题进行自诊断和校正。

(7) 有自动动态平衡及自适应功能。能根据动态的外部环境条件不断自动调整自身的内部结构，从而改变自己的行为，以一种优化的方式对环境变化作出响应。

1.6.1.2 智能材料的定义

通过对智能材料的大量研究与探讨，智能材料可归结为以下几点：

(1) 智能材料的研究要立足于剖析、模仿生物系统的自适应结构和老化过程的原理、模式、方式与方法，使未来工程结构具有自适应生命功能。

(2) 材料可以看作智能材料的主体。它的范围可以从生物材料到高分子材料，从无机材料到金属材料，从复合材料到大型工程结构，它将用作制造汽车、飞机及桥梁等的新型材料，有关这种材料的理论也可指导人类器官和肢体的设计。

(3) 智能材料不仅仅简单地执行设计者预先设置的程序，而且应该对周围环境具有学习功能，能够总结经验，对外部刺激作出更为适当的反应。

(4) 智能材料不仅具有环境自适应能力，同时能够为设计者和使用者提供动态感知和执行信息的能力。

(5) 智能材料接近了人造材料与人的距离，增加了人机的“亲近感”。

设计智能材料虽然借助了生物体的启示，但智能材料与生物体又有本质的不同。生物体是由自然主宰的，经过亿万年的演化和进化来适应环境的变化，以维持自身的生存。而智能材料是由人设计和制造的，它要按照人的意愿完成人类设定的目标。后者要比前者落后很多。随着人类对生物体机制的深入理解和科学技术水平的不断提高，两者的差距将逐渐缩小，这也就是材料的“进化”。

1.6.1.3 耗散结构与材料的内禀特性

生物材料之所以具有活性，是因为它们在“服役”过程中不断与外界环境进行能量和（或）物质的交换。对于非生命系统，热力学第二定律的观点认为它们是一个孤立体系，即它们与环境没有能量和物质的交换，通常可以用下列函数关系来表达

$$P = f(C, S, M)$$

式中 P——材料的服役性能；

C——材料的成分；

S——材料的结构；

M——材料的形貌。

因此，它们的系统内部就不可能呈现生命的活性。

倘若通过众多的通道，例如，化学的、物理的以及生物的手段为材料提供物质和能量的输运，就可以用下列函数关系来表达材料的仿生设计

$$P = \phi(C,S,M,\theta)$$

式中　θ——环境变量，它意味着环境向材料提供能量和物质就可使“死”的材料变成“活”的材料。

1.6.1.4　材料的智能化

材料的智能性取决于它的自适应性。不少材料都能对环境产生自适应性。为了判断自适应性能力的大小，人们提出了材料机敏度和结构智商的概念。至今，材料的机敏度和结构的智商还只是个概念，尚无确定的内涵，也未见定量的计算方法，但它们很有新意。在不久的将来，材料的机敏度和结构的智商将可能作为衡量材料智能化的判据。

1.6.1.5　智能材料的复合准则

材料的多组元、多功能复合类似于生物体的整体性。由于各组元、各功能之间存在着相互作用和影响，如耦合效应、相乘效应等，材料系统的功能并不是各组元功能的线性叠加，而是复杂有效得多。未来智能材料的发展趋势应是各材料组元间不分界的整体融合型材料，拥有自己的能量储存和转换机制，并借助和吸取人工智能方面的成就，实现具有自学习、自判断和自升级的功能。

1.6.2　智能材料的基本组元

1.6.2.1　光导纤维

光导纤维是利用两种介质面上光的全反射原理制成的光导元件。含有光纤传感器的智能材料可分为智能结构和智能蒙皮。智能结构是指大型智能构件；智能蒙皮则用于机翼、潜艇外壳、推进器叶片等。近10年来，光纤智能结构和智能蒙皮的发展十分迅速。它使光纤传感技术融于材料工程，并以材料科学、化学、光电子和微电子学、力学和生物学、计算机软件科学为基础发展成为一门崭新的技术领域。

1.6.2.2　压电材料

压电材料包括压电陶瓷和压电高分子材料。压电材料通过电偶极子在电场中的自然排列而改变材料的尺寸，响应外加电压而产生应力或应变，电和力学性能之间呈现线性关系，具有响应速度快，频率高和应变小等特点。此种材料受到压应力刺激可以产生电信号，可用作传感器。压电高分子产生较少的热量，能储存能量，可用于精确定位，例如，用作打印机的打印头。目前正在研究利用压电陶瓷控制结构的振动及探测结构的损伤等。

1.6.2.3　电（磁）流变液

电（磁）流变液可作为一种执行器。流体中分布着许多细小可极化粒子，它们在电场（磁场）作用下极化时呈现链状排列，流变特性发生变化，可以使液体变得黏滞直至固化，其黏度、阻尼性和剪切强度都会发生变化。利用其黏度的变化，可调节结构的刚

度，从而改变振动的固有频率，达到减振的目的。

1.6.2.4　形状记忆材料

这种材料包括形状记忆合金、记忆陶瓷以及聚氨基甲酸乙酯等形状记忆聚合物。它们在特定温度下发生热弹性马氏体相变或玻璃化转变，能记忆特定的形状，且电阻、弹性模量、内耗等发生显著变化。但由于其冷热循环周期长，响应速度慢等原因，故只能在低频状态下使用。

1.6.2.5　磁致伸缩材料

磁致伸缩材料是将磁能转变为机械能的材料。磁致伸缩材料受到磁场作用时，磁畴发生旋转，最终与磁场排列一致，导致材料产生变形。该种材料响应快，但输出应变小。目前正在研究采用磁致伸缩材料主动控制智能结构的振动。

1.6.2.6　智能高分子材料

智能高分子材料是指三维高分子网络与溶剂组成的体系。其网络的铰链结构使它不溶解而保持一定的形状；因凝胶结构中含有亲溶剂性基团，使它可被溶剂溶胀而达一平衡体积。这类高分子凝胶溶胀的推动力与大分子链和溶剂分子间的相互作用、网络内大分子链的相互作用以及凝胶内和外界介质间离子浓度差所产生的渗透压有关。据此，这类高分子凝胶可感知外界环境细微变化与刺激。

1.6.3　智能材料的设计、合成及类型

1.6.3.1　智能材料的设计与合成

几种材料的简单组合并不能构成真正的智能材料系统，而应按严格、精确、科学的方法复合或组装才能构成智能材料。在复合智能材料的过程中，最重要的技术手段是把软件功能引入材料。软件在输入信息时，能依据过去的输入信息产生输出信息。过去输入的信息则能作为内部状态存储于系统内。因此，软件由输入、内部状态、输出三部分组成。它可由以下关系式来表达

$$M = (\theta, X, Y, f, g, \theta_0)$$

式中　θ——内部状态的集；

X，Y——输入信息和输出信息集；

f——现在的内部状态因输入信息转变为下一时间内部状态的状态转变系数；

g——现在的内部状态因输入信息而输出信息的输出系数；

θ_0——初期状态的集。

在材料的设计与合成上，也是从宏观—介观—微观来考虑的。从宏观的角度来说，研制具有较高智能的材料目前尚不现实，只能着眼于具有多功能和低级智能的材料研究。在材料的设计与合成过程中，还涉及到智能材料体系的本构关系、数学模型、仿生模拟及计算方法；体系的宏观及微观力学；体系稳定性及时效和失效；相变特征及滞性控制等问题。

1.6.3.2　智能材料的类型

智能材料的类型分为如下几类：

(1) 纤维及颗粒形式的复合：用颗粒或晶须增强制备金属基复合材料时，将金属或

半导体等细小颗粒弥散分布在第二种介质中构成薄膜状磁性材料等已得到广泛应用。将一种机敏材料颗粒复合在异质基体中也可获得优化的智能特性；在大的应变振幅下，铁弹性的形状记忆合金是高阻尼材料，但在小应变振幅下则具有低阻尼性能。铁基的铁磁合金则在小应变振幅范围有高阻尼性能，而在大应变振幅范围阻尼性较低。这两类合金不仅可以实现互补，而且有可能将铁弹性与铁磁性结合起来。

（2）多层薄膜复合：目前引起广泛重视的一些功能材料如形状记忆合金、压电陶瓷、磁致伸缩合金等各有优缺点。将两种或几种材料以多层薄膜复合，可获得优化的综合性能或多功能特性。

（3）多孔架材料组装：多孔材料因结构特征和独特性能而在许多方面有重要用途。以具有多孔空笼及孔道结构并具有某些特定功能及性能的材料为主体骨架进行材料复合组装，是创构智能材料的一种重要途径。

（4）材料内部结构周期的纳米化：大多数智能材料系统的智能效应来自材料内部的纳米尺度，尤其是电子陶瓷材料。在半导体材料中特别注重小尺度的效果，n/p/n 晶体管中的 p 层非常薄，有利于电子通过层间迁移扩散。还有含铝砷化锗半导体，其中量子阱薄层也只有纳米厚度。纳米量级的磁畴、电畴等微细区域现象也将是开发新型电子材料和智能材料的关注点。

（5）粒子复合组装：近年来，人们已能成功地直接对原子实施搬迁操作，这为在原子尺度上进行材料组装展示了技术途径。将具有不同功能的材料颗粒按特定的方式进行操作组装，可创造出新的具有多功能特性的材料。

1.6.4　智能材料和结构的应用前景

随着科学技术的日益发展，智能材料和结构的应用范围越来越广阔，其主要应用于以下领域：

1.6.4.1　用于航空、航天飞行器

多数的研究者认为，未来的飞机机翼系统将由智能材料结构部件复合而成。近期内，有可能在飞机控制、在线监控、无损检测及安全防护等方面的智能材料研究上取得突破。

1.6.4.2　用于建筑和工程结构中

将智能材料用于建筑和工程结构中，有可能研制出带有感知及判断能力，可自动加固及防护的自适应性智能结构，防止灾难性事故。另外，形状记忆合金和电流变体还可用于汽车冲撞吸收器等防护装置。在潜艇外壳上使用电流变体，由于可做成表面复杂的形状从而容易逃避敌方声纳的探测，使潜艇隐形。

1.6.4.3　用于机器人中

形状记忆合金能够感知温度或位移的变化，可将热能转换为机械能。如果控制加热或冷却，可获得重复性很好的驱动动作。用 SMA 制作的热机械动作元件具有独特的优点，如结构简单、体积小巧、成本低廉、控制方便等。近年来，随着形状记忆合金逐渐进入工业化生产应用阶段，SMA 在机器人中的应用前景十分引人注目。

1.6.4.4　用于日常生活

随着高技术的发展，智能控制和智能生活方式已逐渐进入日常生活。家电的控制及高级摄影设备均有智能结构，它们均包含有智能材料的组元，从而大大提高了人们的生活质量。

1.6.5　智能材料与结构展望

当前国际上智能材料与结构领域的研究主要集中在机敏材料的智能化复合技术与方法、智能材料系统及结构的数学和力学模型及控制等方面，其他相关的基础理论问题则研究得极少。这种基础研究的滞后已在不同程度上制约了这一领域的纵深发展。根据现已发表的资料，以下6个方面将成为今后研究的重点：

（1）智能材料概念设计的仿生学理论研究；

（2）材料智能内禀特性及智商评价体系的研究；

（3）耗散结构理论应用于智能材料的研究；

（4）机敏材料的复合-集成原理设计理论；

（5）智能结构集成的非线形理论；

（6）仿人智能控制理论的历史阶段。

智能材料的定义及内涵是十分广泛的，涉及的材料从金属、无机到有机，结构层次从宏观至微观。智能材料的重要性体现在两个方面：一方面，由于智能材料是多学科交叉的一门科学，与物理、化学、力学、电子学、人工智能、信息技术、材料合成及加工、生物技术及仿生学、生命科学、控制论等诸多前沿科学及高技术领域紧密相关，一旦有所突破将推动或带动许多方面的巨大技术进步；另一方面，智能材料与结构有着巨大的潜在应用背景，例如材料的智能和器件集成一体化更容易实现结构微型化，由于能在线“感觉”，并可通过预警、自适应调整、自修复等方式，预报以及消除危害性“病兆”，从而极大地提高关键工程结构件的安全性和可靠性，避免灾害性事故的发生。正是由于智能材料与结构的重要性，因而引起了个工业发达国家的重视。

预计在21世纪智能材料将引导材料科学的发展方向，其应用和发展将使人类文明进入更高的阶段。把生命功能植入非生物和人工制品似乎是幻想，但科学与工程界已经开始了为把智能材料与结构变为现实而进行的努力。在不久的将来，智能材料与结构会通过商业化的道路走进千家万户，改变人类的生活面貌。最重大的变化将是改变人们的观念。这些知识将会来自对大自然的了解。人们将从自然中获取力量，实现与环境的和谐相存。

1.7　西部地区新材料产业发展状况

西部地区工业化水平较低，具有相对比较优势的行业主要是与当地的自然条件和资源密切相关的资源型产业，同时也存在一些优势比较显著、具有地方特色的产业。从发展角度看，西部地区的材料产业具有一些有利的条件。

在西部现有的材料产业中，新材料产业的比重很低。部分省区的新材料产业在材料产业产值中仅为2%～3%。这说明西部地区材料产业尚以初级资源型产品为主，高附加值的高技术新材料产品较少，西部地区推进高质化、拉长产业链任重道远。

1.7.1　西部地区新材料发展特点

西部地区新材料发展特点有以下几点：

（1）矿产资源优势与能源电力优势并存，为发展新材料产业提供了基础保障。

西部地区蕴藏着丰富的矿产资源。全国60%以上的矿产资源储量分布在西部地区。

在全国已经发现的160多种矿产资源中，西部已探明具有一定储量的矿产有130多种，其中30多种矿产储量居全国首位。甘肃有23种矿产储量居全国前5位；青海已探明钾盐、碘、硫、硅石等8种矿产资源居全国首位；贵州素有“西南煤海”和“铝都”之称；广西的铟居世界首位，锰矿居全国首位；云南以丰富的有色金属和磷而著称；四川有国内最大的井盐产地；新疆有丰富的石油资源和国内最大的膨润土矿藏；包头的稀土产业已成为世界最大的原料供应基地。这些都为西部发展材料产业提供了优越的先天资源条件。

与此同时，西部地区电力资源十分丰富。西北地区是国家重要的能源基地。蕴藏着丰富的煤炭、石油和天然气；西南地区可开发水力资源占全国的70%，是中国“西电东送”的重要基地。西部已建成和在建的水电站及火力发电站众多，电价明显低于东部地区，丰富的能源电力资源为西部发展材料产业提供了充分的保障。

（2）具备发展材料产业的工业基础和技术开发潜力。

建国以来，国家在西部地区建立了大批重化工企业和军工企业，特别是能源和原材料工业企业，成为西部地区工业体系的重要组成部分。近年来，虽然这些国有企业经济效益不佳，但是，这些企业拥有良好的装备和技术人才，是一块有巨大潜力可以挖掘的经济体。从人才指标看，西部人口基数虽小于中东部地区，但每万人中科技人员有181.8人，超过了全国150.2的平均水平。据此，西部地区各省份若能依托现有的工业基础和技术能力，本着“有所为，有所不为”的原则，充分发挥各种生产力要素的效用，在优势特色领域选准切入点，集中精力，重点突破，西部地区材料产业是有望取得跨越式的发展，西部资源优势有望更好地转化为经济优势。

（3）相对区位优势日益凸显，经济全球化带来发展机遇。

这为西部地区材料产业及相关制造业的发展带来难得的机遇。尤其是国家西部大开发战略的实施，使得西部地区的区位相对条件发生了很大的变化，过去地处偏远、交通不便的局面得到了很大改观，部分地区的区位优势逐渐显现。云南省与东南亚、南亚距离最近，正在拟建的泛亚铁路和中国—东南亚、南亚经济贸易区为西南地区材料产业向东南亚拓展提供了机遇。西部大开发不但有利于推动东西部合作，促进东部和西部双向联动发展，而且还在政策上鼓励了西部地区向周边国家的开放，为西部地区发展材料产业提供了更大的市场空间。

（4）“西部新材料行动”掀起发展材料及新材料产业的热潮。

从中央到各级政府都把发展材料产业放在西部大开发的重要位置，并将其上升到战略高度，同时，在政策上和经济上给予支持。为落实西部大开发战略，提升中国特别是西部材料工业国际竞争力的需要，科技部于2002年推出“西部新材料行动”，旨在促进西部资源优势转化为经济优势，提高西部材料工业的竞争力，打造西部新经济，并决定在“十五”期间安排2亿元专项经费用于支持发展西部特色材料产业。目前，在这一行动计划的带动下，西部各地区纷纷着手区域性材料及新材料发展战略与规划研究工作，把攻克重大关键技术，培育有国际竞争力的新材料企业，形成有西部特色的新材料产业，凝聚和培养新材料人才，建设国家新材料产业化基地作为工作重点，可以预见，在不久的将来，西部材料产业将会取得快速发展。

（5）产业集中度有待提高，科技资源配置尚需加强，民营经济十分薄弱。

与东部沿海地区相比，西部地区材料企业尤其是新材料企业规模普遍偏小，尚没有形成较大规模，产业市场份额较少，产业集中度与产业关联度低。因科研投入、市场拓展以及人才等原因，材料产品升级换代缓慢，新材料比重低，尤其是产品结构极不合理，原料型初级产品多，高新技术深加工产品少。

1.7.2　西部地区新材料发展战略

西部地区要实现资源合理开发和特色资源深加工的基地建设。西南地区宜实施长江、珠江上游生态环境建设科技发展战略，特色资源综合开发战略；与东南亚、泛长三角、泛珠江三角洲等区域的经济技术合作发展战略。西北地区加强资源开发与经济发展关键技术攻关，为环境治理与生态重建提供环境材料技术支持，积极培育科技创新能力，加强区域创新体系建设。

总体布局为：借助陕西、四川和重庆科技资源的辐射效应，充分发挥核心城市的产业基础优势和特色资源优势，实现资源的合理开发和特色资源深加工。西部地区当前材料产业主要以资源初加工为主，资源开发破坏性较大，未来新材料产业基地建设将在充分注重可持续发展的基础上，以资源深加工为主要方向，如云南、贵州及广西地区的磷化工、有色金属及贵金属工业。

1.7.3　新材料发展的建议

建议如下：

（1）通过政策法规的建立和引导，促进材料科技和产业发展；

（2）建立有效的科技创新体系，提升材料科技创新能力；

（3）加大材料科技投入，建立多元化投融资体系；

（4）加强材料标准化和知识产权保护工作；

（5）加强材料人才队伍建设，完善材料教育体系。

参 考 文 献

1　陈光，崔崇．新材料概论．北京：科学出版社，2003

2　谭毅，李敬锋．新材料概论．北京：冶金工业出版社，2004

3　李俊寿．新材料概论．北京：国防工业出版社，2004

4　张晓强．《中国新材料产业发展报告》序［EB/OL］
http：//www.chinainfo.gov.cn/data/200501/1_20050107_100997.html 20050107

5　王占国．中国新材料产业的发展［EB/OL］
http：//www.chinainfo.gov.cn/data/200510/1_20051026_121114.html 20051026

6　吴玲，史冬梅，王滨秋．新材料产业发展热点和趋势［EB/OL］
http：//www.chinainfo.gov.cn/data/200504/1_20050406_107612.html 20050406

7　中国高新技术产业导报．新材料产业呈现六大趋势［EB/OL］
http：//www.chinahightech.com/chinahightech/News/View.asp？News Id＝2333138323 20050405

2 硅 材 料

马文会　昆明理工大学

2.1 硅的性能和用途

硅属元素周期表第三周期ⅣA族，原子序数14，相对原子质量为28.085，硅的化合物有二价化合物和四价化合物，其中四价化合物比较稳定。

硅是自然界中分布最广的元素之一，它在地壳上的丰度仅次于氧，为25.8%。

硅在自然界的同位素及其所占的比例分别为：^{28}Si 为 92.23%，^{29}Si 为 4.67%，^{30}Si 为 3.10%。硅晶体中原子以共价键结合，并具有正四面体晶体学特征。在常压下，硅晶体具有金刚石型结构，其晶格常数为 a = 0.5430nm，加压至15GPa，则变为面心立方型，a = 0.6636nm。

2.1.1 硅的物理性质、化学性质及电性能

2.1.1.1 硅的物理性质

硅有无定形和结晶形两种同素异形体。无定形硅呈棕色，密度为2.35g/cm^3。无定形硅呈粉末状，化学性质活泼，不导电，用途比较少。

结晶形硅为固体时呈暗灰色，并具有金属光泽，质坚而脆，其貌似金属，但化学反应中更多地显示出非金属性质，电导率介于金属和非金属之间，所以通常被称为半金属。

硅的主要物理性质，见表3-2-1。

表3-2-1　硅的主要物理性质

性　质	符　号	单　位	数　值
原子数目			14
原子质量	M	g/mol	28.09
原子密度	N_0	Atoms/cm^3	5.0×10^{22}
晶体结构			Diamond
单位晶胞原子			8
晶格常数	A	nm	0.543
相邻原子间距离		nm	0.235
硅原子半径	r_0	nm	0.118
击穿电场	E_{bd}	V/cm	约 3×10^5
熔　点	T_m	℃	1420
熔化热	L	kJ/g	1.8
蒸发热		kJ/g	165（熔点）
比　热	c_p	J/（g·K）	0.7
热导率（固/液）	K	W/（m·K）	150（300K）/46.84（熔点）

续表 3-2-1

性 质	符 号	单 位	数 值
线膨胀系数		1/K	2.6×10^{-6}
沸 点		℃	2355
密 度	ρ	g/cm^3	2.329 ~ 2.533
临界温度	T_c	℃	4886
临界压强	p_c	MPa	53.6
硬度（摩尔/莫氏）			6.5/950
弹性常数		N/cm	C_{11}：16.704×10^6 C_{12}：6.523×10^6 C_{44}：7.957×10^6
表面张力	G	mN/m	736（熔点）
延展性			脆 性
体积压缩系数		m^2/N	0.98×10^{-11}
磁化率	X	cm · g · s 电磁制	-0.13×10^{-6}
德拜温度	θ_D	K	650
介电常数	e_0		11.9
本征载流子浓度	n_i	个/cm^3	1.45×10^{10}
本征电阻率	ρ_i	Ω · cm	2.3×10^5
本征 Debye 长度	D_L	μm	24
电子迁移率	μ_n	cm^2/（V · s）	1350
空穴迁移率	μ_p	cm^2/（V · s）	480
电子扩散系数	D_n	cm^2/s	34.6
空穴扩散系数	D_p	cm^2/s	12.3
禁带宽度（25℃）	E_g（ΔW_e）	eV	1.11
少数载流子寿命		S	2.5×10^{-3}
导带有效态密度	N_c	cm^{-3}	2.8×10^{19}
价带有效态密度	N_v	cm^{-3}	1.04×10^{19}
器件最高工作温度		℃	250

2.1.1.2 化学性质

硅在自然界中主要以氧化物和硅酸盐的形式存在。硅晶体在常温下化学性质非常稳定，但在高温下，硅几乎能与所有物质发生化学反应。

硅几乎能与所有非金属反应生成化合物，如硅在高温下能与氧气反应生成一氧化硅或者二氧化硅

$$Si + O_2 \longrightarrow SiO_2$$

$$2Si + O_2 \longrightarrow 2SiO$$

其中，$2Si + O_2 \longrightarrow 2SiO$ 是工业硅生产中发生在电弧区的副反应。它可造成硅的挥发损失，降低冶炼中硅的实收率。

硅还能与二氧化硅反应，生产一氧化硅

$$Si + SiO_2 \longrightarrow 2SiO$$

在直拉法制备硅单晶时，常常发生此式反应，它主要是石英坩埚与硅熔体参与反应。反应产物 SiO 一部分从硅熔体中蒸发出来，另一部分溶解在熔硅中，从而增加了熔硅中氧的含量，它是硅中氧的主要来源。所以，在拉制单晶时，单晶炉内须采用真空环境或充以低压高纯惰性气体。

硅能与碳发生反应生成碳化硅

$$Si + C \longrightarrow SiC$$

SiC 具有良好的耐磨、耐高温性能，已由独立的生产部门生产。在工业上，SiC 是在电阻炉内用硅石、石油焦、木屑等制成的。主要用作磨料、耐火材料和电热元件。

硅能和卤族元素反应，生成相应的卤化硅

$$Si + 4F \longrightarrow SiF_4$$

$$Si + 2Cl_2 \longrightarrow SiCl_4$$

这是利用工业硅制取多晶硅的主要反应之一。

此外，硅还能与氮气在1000℃反应生成氮化硅。

硅对于任何浓度的酸都是保持稳定的，硅不溶于 HCl、H_2SO_4、HNO_3、HF 和王水。

但是硅能溶于 HNO_3 和 HF 的混合溶液。因而，通常采用1∶1浓度的混合稀酸发生如下反应

$$Si + 4HF + 4HNO_3 \longrightarrow SiF_4\uparrow + 4NO_2\uparrow + 4H_2O$$

$$3Si + 12HF + 4HNO_3 \longrightarrow 3SiF_4\uparrow + 4NO\uparrow + 8H_2O$$

在这两个反应中，HNO_3 主要起氧化剂的作用，没有氧化剂的存在，HF 就不易与硅发生反应。

这个特性可用于硅的化学分析中，即先将试样硅中的硅以氟化物形式挥发，而分析硅中的残留铁、铝、钙元素。

HF 和少量铬酸酐的溶液是硅单晶缺陷的择优腐蚀显示剂。硅能与碱反应也能显示硅中的缺陷。硅和 NaOH 或 KOH 能直接作用生成硅酸盐，同时放出氢气

$$Si + 2NaOH + H_2O \longrightarrow Na_2SiO_3 + 2H_2\uparrow$$

这同时也是野外制氢的好办法。

硅可与大多数熔融金属作用生成多种硅化物。$TiSi_2$、WSi_2、$MoSi_2$ 等硅化物具有良好的导电、耐高温、抗电迁移等特性，可以用于制备集成电路内部的引线、电阻等元件。

2.1.1.3　电性能

硅是一种半导体，其本征电阻率为 $4.3\times10^{-6}\Omega\cdot cm$，在300K时的禁带宽度为1.12eV。半导体材料的电学性能表现在以下两个方面：其一是导电性介于导体和绝缘体之间，其电阻率约在 $10^{-4}\sim10^{10}\Omega\cdot cm$ 范围内；其二是其导电型号和电导率对外界条件如磁、光、热等和杂质有高度的敏感性。在电子工业中使用的硅材料通常需要掺杂来增加电导率。作为硅的施主元素通常是以Ⅴ族元素为主，如磷、砷、锑等，它是以电子导电为主，成为N型硅。作为硅的受主元素通常是以Ⅲ族元素为主，如硼、铝、镓等，它是以空穴导电为主，成为P型硅。硅中P型和N型之间的界面形成PN结，它是半导体器件的

基本结构和工作基础。一般说来，通常将磷、硼作为掺杂元素。表3-2-2列出了用磷和硼掺杂的N型和P型硅的电阻率。

表3-2-2 用磷和硼掺杂的N型和P型硅的电阻率

掺杂能级/cm^{-3}	硼，P型	磷，N型	掺杂能级/cm^{-3}	硼，P型	磷，N型
10^{12}	1.3×10^{4}	3.8×10^{3}	10^{17}	0.2	0.085
10^{13}	1.3×10^{3}	400	10^{18}	0.045	0.023
10^{14}	130	43	10^{19}	8.5×10^{-3}	5.5×10^{-3}
10^{15}	14	4.5	10^{20}	1.2×10^{-3}	7.8×10^{-3}
10^{16}	1.5	0.52	10^{21}	1.3×10^{-4}	1.2×10^{-4}

2.1.2 硅材料链

硅材料能应用到很多方面，目前使用最广泛的是在半导体和有机硅方面。为了便于研究，本节将从硅石到最后硅的终端应用——半导体和光纤等方面进行阐述硅材料的流动——硅材料链情况。

处于硅链的最前端的是冶金级硅的生产。在工业硅生产中，它是以二氧化硅为原料，在电弧炉中采用碳热还原的方式生产冶金级硅。冶金级硅的杂质含量一般都比较高。冶金级硅一般用于如下3个方面：

（1）杂质比较高一点的冶金级硅一般用来生产合金，如硅铁合金、硅铝合金等，这部分约消耗了硅总量的55%以上；

（2）杂质比较低一点的冶金级硅一般用在有机硅生产方面，这一部分将近消耗了硅总量的40%；

（3）剩下的5%经过进一步提纯后用来生产光纤、多晶硅、单晶硅等通讯、半导体器件和太阳能电池。

在以上三方面中，其产品附加值各有不同，其中最后的5%所产生的附加值最大。

冶金级硅通常以氯气作为氧化剂，在密闭的反应炉中通过一些系列的反应，制备成硅氯甲烷类物质，如四氯化硅、三氯氢硅。通过对其进行精馏等方法，对四氯化硅和三氯氢硅进行分离。

分离出来的三氯氢硅用来生产多晶硅。生产出来的多晶硅通过直拉法、悬浮区熔法等方法制备成单晶硅。单晶硅最后通过一些物理处理，生产成我们所需的硅片。其中在处理过程中产生了大量的边角废料，这些边角废料目前已全部用在太阳能电池工业方面。目前产生的边角废料基本能满足太阳能电池的需求。生产出来的硅片经过加工后，制成半导体器件，最后投入市场。而分离出来的四氯化硅经过进一步处理后通过生产光纤最后也投入市场。

2.1.3 硅材料的应用

工业硅的用途十分广泛，可应用于冶金、炼钢、汽车制造、电子、光学、机械化工、医药、国防等领域。

2.1.3.1 冶金级硅

纯度相对比较低的工业硅，我们把它叫做冶金级硅。冶金级硅主要使用在生产各种合金。

首先，冶金级硅主要使用在生产铝硅合金方面，其用量约占其总用量的1/4以上。硅加入铝合金后，其耐热、耐磨性能得到了很好的提高，其抗氧化和耐腐蚀性能也有很大的改善；此外其热膨胀系数变小，密度变小，铸造性能好，合金铸件具有高抗冲击性和高压下的致密性。其广泛用于汽车制造业、航空工业、电气工业和船舶制造等方面。

其次，冶金级硅利用在生产硅铁合金方面。钢中含有一定量的硅后，钢的磁性得到了大大的改善，同时增大其磁导率，降低了磁滞和涡流损失。此外硅还是炼钢和非铁基合金冶炼必不可少的脱氧剂。

此外，冶金级硅还能生产铜基合金和其他合金。

2.1.3.2　有机硅

目前有机硅产品繁多，品种牌号多达万种，常用的就有4000余种，大致可分为原料、中间体、产品及制品三大类，用途如下。

有机硅产品的基本结构单元是由硅—氧链构成的，而其侧链则有硅原子和其他各种有机集团相连。在有机硅产品的结构中同时含有“无机结构”和“有机结构”。因此这种特殊的组成使得其集无机功能和有机结构于一身，具有耐高低温、耐气候老化、耐臭氧、电气绝缘、憎水、难燃、无毒无腐蚀和生理惰性等许多优异特性，有的产品还具有耐油、耐溶剂、耐辐射的性能。相对高分子材料，有机硅产品的最突出性能就是其优良的耐温特性、介电性、耐候性、生理惰性和低表面张力。

由于有机硅具有上面的优异性能，因此它的应用范围非常广泛。它不仅作为航空、尖端技术、军事技术部门的特种材料使用，而且也用于国民经济各部门，其应用范围已扩大到建筑、电子电气、纺织、汽车、机械、皮革造纸、化工轻工、金属和油漆、医药医疗等等。

有机硅主要分为硅油、硅橡胶、硅树脂和硅烷偶联剂四大类。以下就这四大类的用途分别进行叙述。

硅油及其衍生物应用在很多方面，如脱膜剂、减震油、介电油、液压油、热传递油、扩散泵油、消泡剂、润滑剂、疏水剂、油漆添加剂、抛光剂、化妆品和日常生活用品添加剂、表面活性剂、颗粒和纤维处理剂、硅脂、絮凝剂。

硅橡胶有高温硫化硅橡胶和室温硫化硅橡胶两种。高温硫化硅橡胶主要用于软管和管材、带材、电线电缆绝缘材料、外科手术辅助材料、医疗植入物、阻燃橡胶件、穿透密封材料、模压部件、压花辊筒、纤维涂料、汽车、点火电缆和火花塞罩、挤压部件、层压制品、导电橡胶、泡沫橡胶等多种材料；而室温硫化硅橡胶主要应用于密封剂、黏合剂、保形涂料、垫片、泡沫橡胶、模压部件、封装材料、电气绝缘、玻璃装配、制模材料等方面。

硅树脂主要用于清漆、绝缘漆、模塑化合物、保护涂料、封装材料、接合涂料、压敏胶、层压树脂、脱膜剂、黏合剂、砖石防水剂等方面。

硅烷偶联剂主要应用于油漆、塑料橡胶加工、黏合剂。

2.1.3.3　半导体硅

半导体材料的电学性质有两个十分突出的特点，一是导电性介于导体和绝缘体之间，其电阻率处于$10^{-4} \sim 10^{10}\Omega \cdot cm$范围内；二是电导率和导电型号对杂质和外界因素高度敏感。

硅和锗作为元素半导体，没有化合物半导体那样的化学计量比问题和多组元提纯的复杂性，因此在工艺上比较容易获得高纯度和高完整性的硅和锗单晶。硅的禁带宽度比锗大，所以相对于锗器件而言，硅器件的节流电流比较小，工作温度比较高，同时硅的储量非常丰富，比锗的丰度多得多。

化学级硅经过一系列工艺除杂，将工业硅提高到符合半导体要求的纯度，形成多晶硅。多晶硅一般是用来拉制单晶。经过切割、打磨、抛光等一些精致工序后的单晶硅制成硅薄片，经过一些简单的处理后，成为半导体器件的原料。

在晶体管诞生初期，由于硅的提纯及单晶拉制技术不过关，锗的应用超过了硅。但是由于相对于锗，硅有着上述的优点，随着工业的发展和高纯硅制取技术的提高，20 世纪 60 年代中期以来，硅的用量已经超过了锗。当今在新的产业革命浪潮中，社会已进入信息化，半导体硅制成的集成电路和大型集成电路，在世界上已应用于各个领域。进入 90 年代，集成电路的集成度进一步提高到微米、亚微米以至深亚微米水平。随着研究工作的进一步深入，单晶尺寸不断增加，晶片的加工质量不断提高，使得芯片成品率不断上升，计算机的功能越来越好，但其价格下降幅度很大。可以说，集成电路的发明和发展使人类文明发生了一个飞跃，成为人类进入“信息时代”的里程碑。

半导体级硅主要应用于电子方面，如整流器、晶体三极管、集成电路、探测器、传感器等多方面。

由于具有高稳定效率，低环境负荷以及其性能长期不降质等优点，硅是迄今为止太阳能光伏发电系统中最主要的光电转换材料。随着人类进入 21 世纪，太阳能电池得到了迅猛发展，因此硅的需求也得到了很好的增长。可以预计，半导体级硅将会进入一个新的发展阶段。

此外，化学级硅经过一些化学转化以后，可以生产纯度要求很高的光纤，光纤主要使用在国防通讯方面。

2.1.3.4 纳米级硅

长期以来硅被判定为非发光材料。因此，硅材料在半导体工业中的主导地位受到了严峻的挑战。硅作为微电子器件的主要材料，具有其他半导体材料无可比拟的优越性和良好的应用背景，人们一直致力于开发出基于硅材料的纳米电子学器件并实现实用化。作为制备硅纳米电子器件的关键一步，如何制备出高密度的、尺寸均匀、分布可控的硅纳米量子点成为近年来的研究热点。

自从 L. T. Canham 首次报道了多孔硅的可见光发射以来，已经有大量的关于纳米晶硅材料的研究工作发表，不少研究者已实验观测到了从红外到紫外波段的强可见光发射。

对于纳米硅的结构特征，尽管已采用各种光谱分析和显微检测手段进行了研究，但对其包含的大量结构信息还是不够清楚，尤其是晶间界面区域（如它的形成起因、键合形态、缺陷态性质等），晶界宽度及其对于纳米颗粒性能的影响等。因此硅纳米结构已成为硅大规模集成技术的最有兴趣和最具挑战性的研究方向。

2.1.4 国内外生产及消费概况

工业硅主要用于铁合金和化工业，此外一小部分用来生产半导体电子产品。随着世界铁合金和化工行业的不断发展，全球工业硅的消耗不断在增加。在工业硅消耗总量中，用于铁合金行业的冶金级工业硅消耗量最多，占总量的60%左右，而化学级硅的消费占总消耗量的40%。目前消耗工业硅最多的地区和国家，主要是欧盟，欧盟的国家中又以德国的消耗量最大，此外亚洲的日本和北美的美国的消耗量也比较大。

2.1.4.1　国内工业硅市场

中国工业硅生产近年来发展十分迅猛，到2002年底中国工业硅产量已经达到55万t，2004年产量已达到70万t，到2005年中国将成为世界上工业硅生产最主要的国家。目前，虽然中国工业硅生产厂家有三百家之多，但是却分散在贵州、四川、山西等地，产能在1.5万t/a以上的厂家仅有10家。这些生产厂家普遍采用3200～6300kV·A的小型电炉，而这种电炉在国外已被淘汰。在生产中，多数厂家的原料制备、配料和加料等工作仍然采用手工劳动。因此，与国外相比，中国工业硅生产规模小、装备水平低、能耗高、物耗大、环境污染比较严重。

中国是工业硅生产、出口大国，近年来大约每年出口量在25万～35万t，2004年中国工业硅出口量高达54.51万t。

中国工业硅消费结构与世界各国大致相同，主要用于铝合金，其次是化工、半导体和钢铁工业。据调查，2002年中国工业硅消费量约15万t，其中应用于铝合金方面的约10.5万t，占总消费量的70%，应用于化工方面的约3万t，占总消费量的20%，用于半导体和新型材料方面约1.5万t，占总消费量的10%，图3-2-1所示为2004年全球金属硅用途分布图。

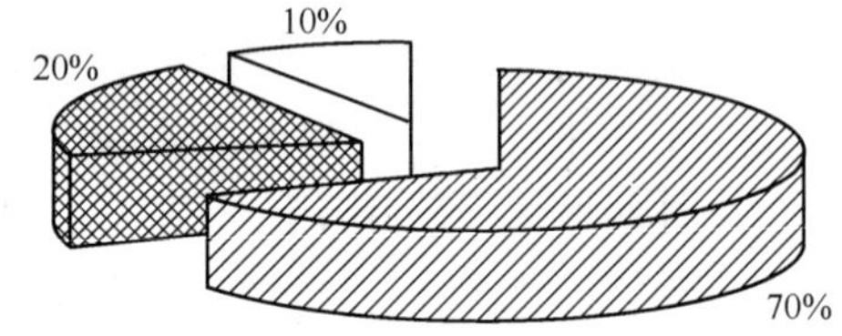

图3-2-1　2004年全球金属硅用途分布图

预计今后几年国内工业硅消费年均增长率为6%左右，到2005年国内工业硅消费量将超过100万t。

2.1.4.2　国外工业硅市场

世界工业硅的年产能在120万t左右，产量约90万～105万t，且呈减产态势。主要生产国家有美国、瑞典、意大利、俄罗斯、日本、印度、法国、挪威等。近年来，第三世界国家如巴西、中国等国家产能不断提高，成为世界工业硅生产大国。与此同时，世界工业硅的消费结构也在逐步变化。20世纪70年代，世界工业硅约75%是用于铝合金，80年代中后期下降至57%左右。同期工业硅在化工方面的应用却由20%上升至40%左右。在半导体和太阳能电池方面，工业硅用量有所增加，但所占比例不大。钢铁业用硅量越来越少，并且有逐渐被优质硅铁所取代的趋势。伴随着交通工具轻型化以及铝合金建筑结构的应用，用于铝合金方面的工业硅消费量不断增加。虽然，近年来铝合金用硅所占的比例逐渐缓慢下降，但其绝对量仍在增加。据报道，近十年，世界工业硅消费结构大致情况是：用于铝合金业的冶金级工业硅占工业硅总量的54%，用于化工行业的化学级工业硅占35%，用于IT集成电路半导体占6%，其他占5%。

2.1.4.3　市场预测

根据预测，今后国外对工业硅消费量年均增长率约为2%～4%，预计到2005年全世界工业硅消费总量将增至240万t。目前中国国内工业硅生产厂家采用的最大的工业硅炉是8000kV·A，这些电炉大多不能合格地生产化学级工业硅。国外生产厂家主要是巴西、挪威，但是生产成本高昂，价格比中国大约高300美元/t，并且这些国家都距工业硅需求大国的日本较远。因此，中国将成为工业硅出口大国和日本工业硅的主要供应国。据估计，1998～2005年国际市场化学级工业硅增加量为8%，到2005年，化学级金属硅需求量大约为100万t，其中需求缺口为60万t，需从中国和前苏联地区进口50万t。现实情况是，中国目前化学级工业硅供应能力不足8万t/a。如图3-2-2所示为2004～2005年世界主要工业硅生产国的总产量。

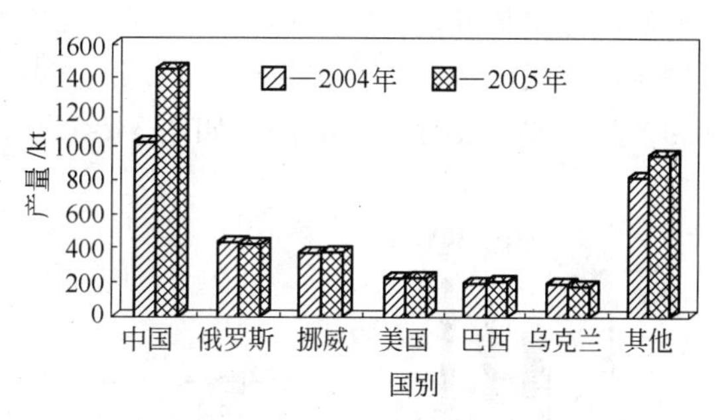

图3-2-2 2004～2005年世界主要工业硅生产国的总产量

2004年，中国大陆平均每天有一台电炉上马，且每年冶金级工业硅产量以7%的速度递增，化学级工业硅产量以8%的速度递增。中国工业硅产量在2005年将居世界第一位，年生产工业硅跨越100万t，国内需求量约60万t，其余全部出口。国际市场上工业硅消费地区主要是北美、南美、中东、日本、欧洲、澳洲等，年需求量约150万t。仅日本的信越化工公司、东芝有机硅公司、德山公司、东丽公司年需求化学级工业硅约15万t，且全部依赖进口。几年前，日本主要从巴西、挪威等国进口工业硅，但是由于成本高、路途远，自1997年以来，日本开始少量地进口中国化学级工业硅，进口量逐年增加。到2000年底，日本70%的化学级工业硅是从中国进口的。尤其是日本信越化工公司，现已在泰国筹建有机硅基地，每年需采购3万t化学级工业硅。根据以上分析，在2004年投产化学级金属硅，销售前景比较好。

虽然每年工业硅的价格有涨有跌，而且总的来看，呈逐年上涨的趋势，涨幅约为3%～10%，但是，工业硅的价格多年来均比较平稳。2003年5月，化学级工业硅FOB天津新港最低市价1200美元/t，最高价1500美元/t。每吨4-4-1型冶金级工业硅FOB天津新港最低价1000美元/t，平均每吨工业硅售价在国内市场折合人民币约8000多元/t，2004年年底工业硅价格有所上升。

2002年，纽约市场工业硅最低价1200美元/t。美国对中国的工业硅征收130%的反倾销关税，而欧洲对中国征收59%的反倾销关税，所以广济硅材料有限公司产品上市后利用上海广济的进出口金融权及海外关系，将自己生产的产品销售到欧洲、美国和日本具有得天独厚的价格优势。

2.2 硅生产、提纯工艺

2.2.1 冶金级硅生产工艺

目前国内外的工业硅生产，大都是以硅石为原料，碳质原料为还原剂，用电炉进行熔炼。不同规模的工业硅企业生产的机械化自动化程度相差很大。大型企业大都采用大容量电炉，原料准备、配料、向炉内加料、电机压放等的机械化自动化程度高，还大都有独立的烟气净化系统。中小型企业的电炉容量较小，原料准备和配料等过程比较简单，除采用部分破碎分机械外，不少过程，如配料，运料和向炉内加料等都是靠手工作业完成。无论大型企业还是中小型企业，生产的工艺过程都可大体分为原料准备、配料、熔炼、出炉铸锭和产品破碎包装等几个部分，如图 3-2-3 所示为工业硅生产工艺流程图。

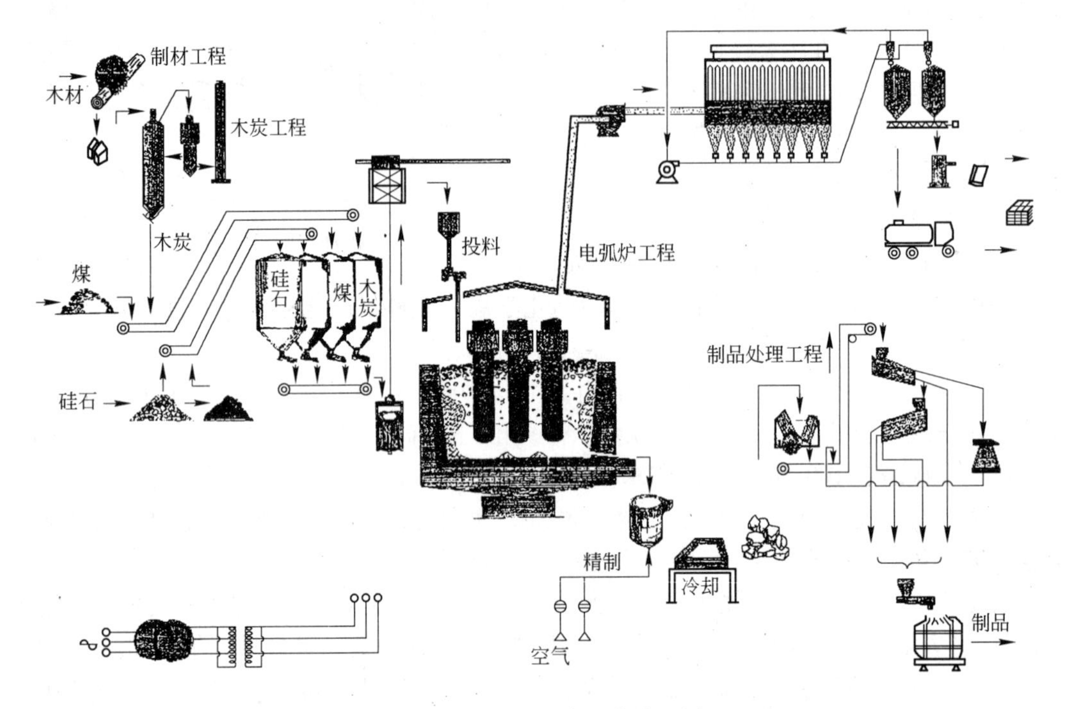

图 3-2-3　工业硅生产工艺流程图

2.2.2　多晶硅生产工艺

高纯多晶硅的生产方法大多数分为三个步骤：（1）中间化合物的合成；（2）中间化合物的提纯；（3）还原成纯硅。

历史上，人们对制备高纯多晶硅的方法进行了很多研究和应用。最早实现的是以四氯化硅为原料的锌还原法，由于在还原过程中锌的污染，产品还要经过区域熔炼等方法才能满足电子级的要求，整个过程不经济，所以现在已经被淘汰。用四碘化硅作为中间化合物也曾经被重视过，主要是由于提纯四碘化硅的方法很多，如精馏、萃取、区域熔炼等。但是结果不经济，且纯度也不优于其他方法也被淘汰。现在大量使用的方法主要是以四氯化硅为原料的氢还原法、以二氯二氢硅为原料的氢还原法、以三氯氢硅为原料的氢还原和甲硅烷热分解法。此外还有区域熔炼法、粒状多晶硅法等。其中以三氯氢硅氢还原法（即西门子法）和甲硅烷热分解法在国际上占主导地位。

2.2.2.1　西门子法

西门子法主要分为 3 个关键过程：一是硅粉和氯化氢在流化床上进行反应以形成中间化合物三氯氢硅（TCS）；二是将三氯氢硅进行分馏以获得 ppb 级高纯的状态；三是将超纯三氯氢硅用氢气通过化学气相沉积（CVD）还原成所需的产品——半导体级多晶硅。

这个可逆的基础反应为

$$Si_{(s)} + 3HCl_{(g)} \underset{CVD}{\overset{流化床}{\rightleftharpoons}} SiHCl_{3(g)} + H_{2(g)}$$

硅粉与无水氯化氢气体在 300～400℃会发生强烈的放热反应，反应的产物含有大约 90% 的 $SiHCl_3$，大约 10% 的 $SiCl_4$ 以及少量的 SiH_2Cl_2；与氢在一起的还有未反应的 HCl 以及一些挥发性的金属氯化物及非金属氯化物，如 BCl_3、PCl_3、$FeCl_3$、CuCl、$TiCl_3$ 等。在这种转化过程中，氯化氢的含水量控制是一个关键，同时反应温度也是一个比较重要的因素。此外硅粉的粒度对反应也有一定程度的影响。

三氯氢硅的提纯过程是保证硅纯度的一个十分关键的环节。目前工业上都采用精馏技术对其进行纯化。经过完善的精馏过程后，三氯氢硅中的杂质可以下降到 10^{-7}～10^{-10} 量级。精馏属于化学工程，它与石油化工中提纯过程很相似。由于能保持干燥，$SiCl_4$ 和无水 HCl 无论是气态还是液态均没有化学活性，因此可在普通的钢管和储罐中运输和储存，但是要保持无漏气的环境。最终我们得到了纯度比较高的三氯氢硅，使之进入下一个硅沉积的过程。

工艺的最后一个过程就是硅的沉积。目前世界上的主要生产者采用的都是西门子化学气相沉积方法（CVD）。尽管目前的很多设备都得到了很好的发展，但是其主要结构仍然是采用 20 世纪 50 年代中期提出来的模式。高纯的三氯氢硅使高纯硅沉积在 1100～1200℃的热载体上。载体通常采用很细的高纯硅棒，通以大电流使其达到所需的温度。在这个过程中，还原用氢必须提纯到很高的纯度，以免污染最后得到的高纯硅。在这个过程中，硅的收得率是非常低的，在尾气中含有未反应的 $SiHCl_3$ 以及 $SiCl_4$、HCl、H_2 和少量的其他组分。所有这些都要进行分离和再提纯到所需的纯度，然后返回到前面相应的反应阶段。一些 $SiCl_4$ 的副产品并不返回而有其不同的应用市场，$SiCl_4$ 主要用来生产硅酮，目前又用来生产光纤。

闭环生产多晶硅流程如图 3-2-4 所示。

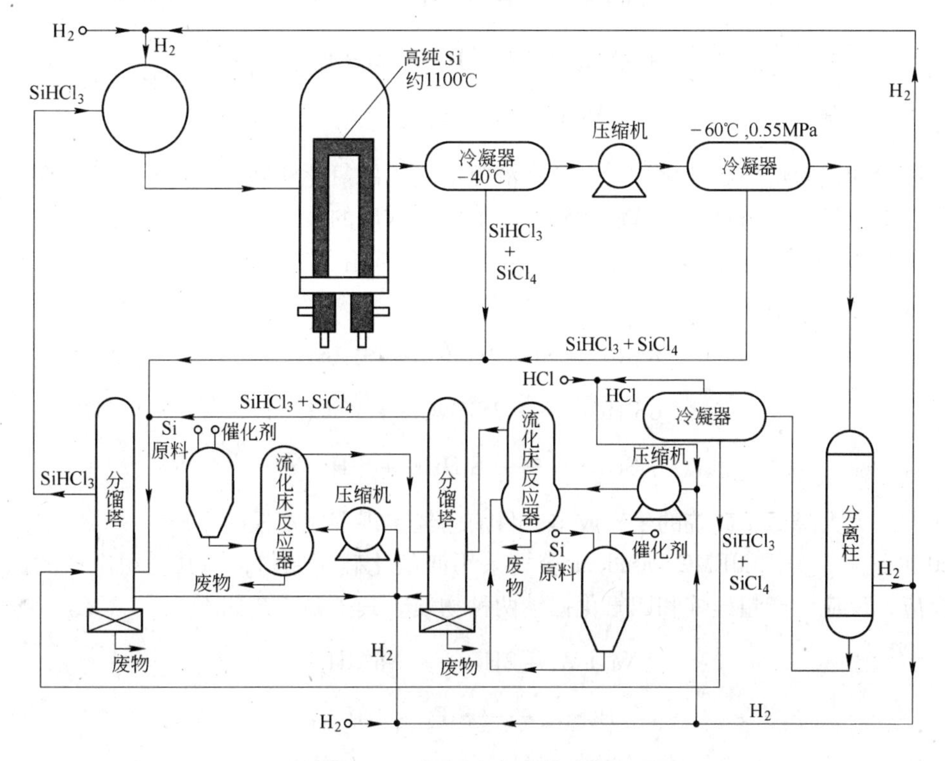

图 3-2-4 闭环生产多晶硅流程

2.2.2.2　*硅烷热分解法*

硅烷实际上是甲硅烷的简称。甲硅烷作为提纯中间化合物有其突出的特点：（1）硅烷易于分解，且还原能耗较低；（2）硅烷由于在常温下是气体，故易于提纯。不过硅烷法也存在一定的不足，如分解过程中的结晶状态不如其他方法好，且易于生成无定型物。

硅烷法也分为三个过程：（1）硅烷的制备；（2）硅烷的提纯；（3）硅烷的热分解。

A　硅烷的制备

制备甲硅烷的方法有很多种。一般说来分为以下几个步骤：

首先是氢化。其反应方程式为

$$Li + Al + 2H_2 = LiAlH_4$$

其次是硅烷的生成。上述生成的 $LiAlH_4$ 在乙醚溶液中与 $SiCl_4$ 作用，生成甲硅烷。其反应方程式为

$$LiAlH_4 + SiCl_4 = LiCl + AlCl_3 + SiH_4$$

在这个反应过程中，我们必须保持 $LiAlH_4$ 过量，因为过量的 $LiAlH_4$ 有利于杂质硼的去除。

有时候采用金属钠替代金属锂生成氢化钠铝或者是氢化钠替代氢化锂铝在乙醚或者四氢呋喃溶剂中跟 $SiCl_4$ 反应。但是这个方法危险系数比较高，而且相对前面的方法，不是很经济。

日本的小松公司也是采用硅烷法生产多晶硅。他们是采用如下的工艺

$$2Mg + Si \longrightarrow Mg_2Si$$

$$Mg_2Si + 4NH_4Cl \longrightarrow SiH_4 + 2MgCl_2 + 4NH_3$$

$$SiH_4 \longrightarrow Si + 2H_2$$

将镁粉和硅粉熔炼成硅化物，将其在液氨溶剂中的氯化铵在 0℃以下进行。在这个过程中硼与氯化铵合成为化合物从而达到了降低硼的浓度的效果。

20 世纪 80 年代，美国联合碳化物公司采用某种催化剂使氯硅烷发生歧化反应，最后生成硅烷。其工艺为

$$3SiCl_4 + Si + 2H_2 \longrightarrow 4SiHCl_3$$

$$6SiHCl_3 \longrightarrow 3SiH_2Cl_2 + 3SiCl_4$$

$$SiH_2Cl_2 \longrightarrow SiHCl_3 + SiH_4$$

该方法大大降低了硅烷的生产成本，目前已经实现了大规模的生产。

20 世纪末，美国 MEMC Pasadena 公司采用四氟化硅为原料，与其公司生产的四氢化铝钠反应，反应生产粗硅烷和四氟化铝钠两种物质。其主要工艺如下

$$Na + Al + 2H_2 \longrightarrow NaAlH_4$$

$$H_2SiF_6 \longrightarrow SiF_4 + 2HF$$

$$SiF_4 + NaAlH_4 \longrightarrow SiH_4 + NaAlF_4$$

反应产生了粗硅烷和四氟化铝钠两种物质。副产物四氟化铝钠是一种合成焊剂，它在铝的回收和其他金属熔炼工业上有多种用途。

B 硅烷的提纯

硅烷在提纯之前首先对其进行除硼和其他金属杂质。在生成硅烷的过程中，粗硅中的金属杂质先被大量除去。而在反应过程中，由于采用过量的四氢化铝锂或者硼在液氨溶剂中形成了稳定的化合物 BH_3：NH_3 加成化合物，从而使硼得到了大幅度的去除。因此在后面的除杂过程中，主要是一些碳化物和金属杂质。

硅烷提纯像三氯氢硅一样，也是采用精馏技术。其次就是采用吸附技术。因为硅烷常温下为气体，精馏过程必须在低温或者低温非常压下进行，其过程比其他精馏方法要复杂一些。目前很多厂家采用吸附法提纯。浙江大学提供的分子筛吸附使用在硅烷的提纯过程中，其效果比较好。

C 硅烷的热分解

不需要氢气，在操作温度较低的情况下（850℃）即可获得好的多晶结晶。而且硅的收得率可以达到90%以上。但是当温度为500℃时，甲硅烷比较容易分解为非晶硅。非晶硅易于吸附杂质，此外已是高纯度的非晶硅难以保持其纯度。硅烷法所得多晶硅的生产成本要比西门子法高。

2.2.2.3 区域熔炼

区域熔炼的原理是利用杂质在金属的凝固态和熔融态中溶解度的差别。在金属中混有的杂质多数是另一种金属，且在固相中以固熔体形式存在。固熔体一般是由于金属 A 的晶格中出现了金属 B 的原子，形成固体溶液，由于微量杂质的存在金属的熔点要发生变化，熔点可以降低，也可以升高，降低或升高的数值取决于杂质的含量。

2.3 太阳能电池产业的发展现状及趋势

日、德、美等发达国家目前在太阳能电池的研究和开发领域处于领先地位，近年来，中国在太阳能电池产业方面取得了较快的发展，2004 年在太阳能电池的产业规模上首次超过了印度，1995～2005 年世界太阳能电池产量及增长率见表 3-2-3。从太阳能电池的种类来看，硅材料太阳能电池仍占主导地位，特别是晶体硅太阳能电池，2002～2005年不同国家及地区的太阳能电池产量见表 3-2-4。如果考虑单晶硅、多晶硅和带硅电池，2004 年晶体硅电池所占比例超过了 94%。一般认为多晶硅电池所占比例将越来越大，但 2004 年单晶硅电池的比例上升，而多晶硅电池的比例却下降。主要原因是目前太阳能电池硅材料的来源受到限制，2000～2005 年世界不同技术类型太阳能电池产量及增长率见表 3-2-5。

表 3-2-3 1995～2005 年世界不同技术类型太阳能电池产量及增长率

年 份	1995	1996	1997	1998	1999	2000	2001	2002	2003	2004	2005
产量/MW	78.6	89.6	125.8	152.8	201.4	278	395	536	742	1194	1727
增长率/%	12.6	14	40.4	21.5	31.8	38	42.1	35.7	38.4	60.9	44.6

表 3-2-4 2002 ~ 2005 年不同国家及地区的太阳能电池产量

国家或地区	2002 年		2003 年		2004 年		2005 年	
	产量/MW	比例/%	产量/MW	比例/%	产量/MW	比例/%	产量/MW	比例/%
日 本	247.2	44.2	365.4	48.7	594.1	47.3	833	48.2
欧 洲	140.9	25.2	202.3	27.0	344.1	27.4	442	28.1
美 国	115.6	20.7	96.3	12.8	141.5	11.3	153	8.9
中 国	—	—	14.0	1.9	51.8	4.1	213	12.3
印 度	24.4	4.3	26.1	3.5	36.3	2.9	26	1.5
澳大利亚	9.7	1.7	26.2	3.5	33.1	2.6	37	2.1
中 东	—	—	—	—	1.4	0.1	—	—
其他亚洲国家	21.8	3.9	19.4	2.6	53.5	4.3	—	—

表 3-2-5 2000 ~ 2005 年世界不同技术类型太阳能电池产量一览表

电池种类		2000 年	2001 年	2002 年	2003 年	2004 年	2005 年
单晶硅		107.4	136.8	163	200	343	532
多晶硅		138.5	190.7	306.5	458.4	666	907
非晶硅		26.7	33.7	36	40	66	85
其他技术	CdTe	N/A	1.5	4.6	3.0	12	28
	CIS	N/A	0.7	3.0	4.0	5	6
	EFG Ribbon	N/A	13.6	16.9	6.8	35	35
	String Ribbon	0	0	0	2.8	7	14
	α-Si/Sc-Si	N/A	18	30	30	60	120
	其他合计	5.6	33.8	54.5	46.6	119	203
各种技术总计		278	395	560	745	1194	1727

2.4 太阳能级硅供求概况

自 1954 年太阳电池在贝尔实验室发明以来，硅就作为太阳能电池材料一直保持统治地位。这是由于硅是地球上除氧之外储量最多的元素，可以认为是永不枯竭的元素。此外，硅半导体耐高电压、耐高温、晶带宽度大，比其他半导体材料有体积小、效率高、寿命长、可靠性强以及性能稳定、无毒，且制备工艺成熟以及广泛的用途等综合优势而成为了太阳能电池研究开发、生产和应用的主体材料，它还是目前可获得的纯度最高的材料之一。多晶硅太阳能电池的实验室最高转换效率为 18%，工业规模生产的转换效率为 12% ~14%。

多晶硅原料是半导体工业和光伏产业共同的上游原材料，太阳能电池生产的原料是半导体工业的边角废料。一是在工业硅提纯过程中达不到电子级硅要求而产生的废料；二是也是主要的原料来源，拉成的单晶硅锭在做硅片切割时两头截去的部分，这部分经过重熔铸锭后生产太阳能硅片。由于半导体行业具有周期性，在半导体行业不景气时原本的半导体级硅就用来制造太阳能电池用硅。以上这些原料供应渠道在电子行业低迷时发挥了很大的作用，但是随着光伏产业的快速发展和半导体工业开始复苏，来自半导体行业的边角废料已经不能满足光伏产业生产发展的需要。由于光伏市场需求持续稳定增长，为了提高产量太阳能电池企业就不得不以较高的价格来购买半导体级硅来生产光伏电池，这无疑增加了光伏产业的成本，制约了光伏产业的发展。如图 3-2-5 和图 3-2-6 所示分别为世界太阳能电池产业生产规模预测趋势及2003～2013年太阳能电池消耗与IT产业可以提供的硅材料预测趋势图。

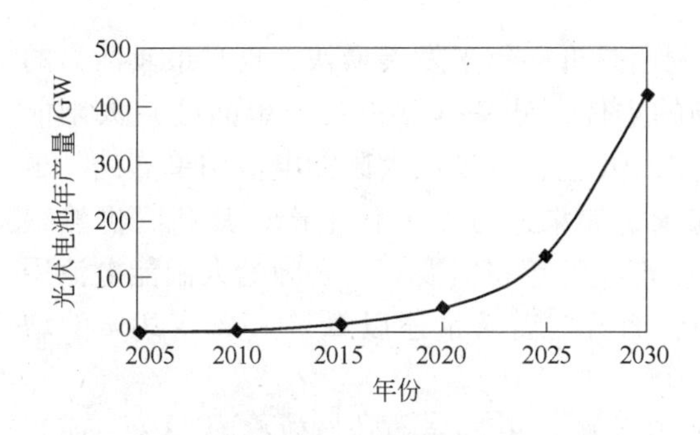

图3-2-5 世界太阳能电池产业2005～2030年生产规模预测趋势
（2005～2010年按照30%～35%增长速度预测，2010～2030年按照25%的增长速度预测）

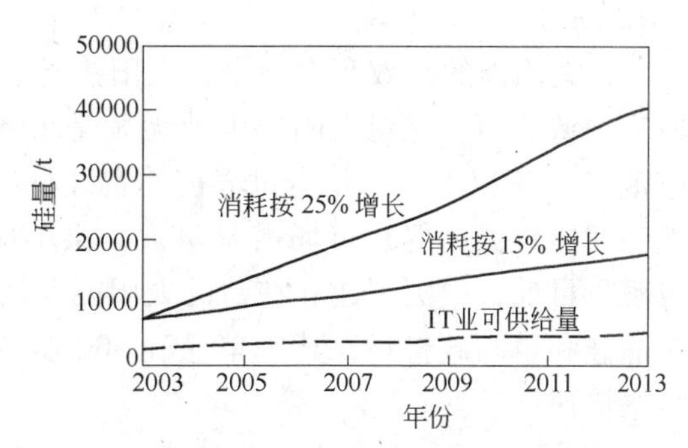

图3-2-6 2003～2013年太阳能电池消耗与IT产业可以提供的硅的预测

随着光伏产业的进一步发展，多晶硅的需求量会越来越大。在未来几年中光伏产业将以25%～30%的速度增长，表3-2-6给出了1998～2010年光伏产业太阳级硅供需平衡。

表3-2-6 1998～2010年光伏产业太阳级硅供需平衡（适中的估计）①

年 份	1998	1999	2000	2001	2005	2010
市场容量（未来的增长率为15%）/MW	120	185	252	300	500②	100③
用硅量每年递减5%④/t·(MW)$^{-1}$	19	18	17	16	13	10⑤
市场需求/t	2280	3330	4280	4800	5850	8000
半导体硅废料/t	2065	2200	2220	2100	2300	2400
硅供应缺口（15%）/t	215	1130	2060	2700	3550	5600
所有生产能力均实现后的缺口/t				3916	8943⑥	9920⑥

①到2005年，初级多晶硅生产企业用过剩的生产能力生产的半导体初级多晶硅可能满足这个需求的缺口，否则硅的供应将限制市场的发展。
②薄膜电池占10%的市场份额。
③薄膜电池占10%的市场份额。
④薄膜硅片，高效率，单多晶混合物。
⑤非常乐观的估计。
⑥所需的太阳级硅资源。

太阳级硅的市场需求到2010年将达8000t，较2001年增长近一倍，而太阳级硅主要来自于半导体工业的废料和次品，其来源几乎没有增长。专家预计到2010年世界光伏产业市场需求多晶硅原料4.73万t，严重阻碍了太阳能产业的发展，而直接使用传统氯化提纯工艺生产太阳能级硅虽然技术成熟但成本过高且降低潜力不大，因此不能满足国际太阳能电池工业发展的需求。例如中国太阳能级硅材料价格已由15美元/kg迅速涨到220美元/kg，且有购置不到原料的趋势。在不久的将来必须实现不依赖于现有半导体级硅生产技术的低成本太阳级硅工业化生产，才能满足太阳能电池产品迅速增长的需要。因此需要寻找一种不依赖于半导体工业的太阳能级硅供应体系是迫切的。

2.4.1　太阳能电池硅材料

2.4.1.1　单晶硅

在太阳能的有效利用当中，太阳能光电利用是近些年来发展最快，也是最具活力的研究领域。而硅材料太阳能电池无疑是市场的主体，硅基（多晶硅、单晶硅）太阳能电池占80%以上，每年全世界需消费硅材料3000t左右。生产太阳能电池用单晶硅，虽然利润比较低，但是市场需求量大，供不应求，如果进行规模化生产，其利润仍然很可观。目前，中国拟建和在建的太阳能电池生产线每年将需要680多吨的太阳能电池用多晶硅和单晶硅材料，其中单晶硅400多吨，而且，需求量还以每年15%～20%的增长率快速增长。

硅系列太阳能电池中，单晶硅太阳能电池在实验室里最高的转换效率为23%，而规模生产的单晶硅太阳能电池，其效率为15%，技术也最为成熟。高性能单晶硅电池是建立在高质量单晶硅材料和相关的成熟的加工处理工艺基础上的。现在单晶硅的电池工艺已近成熟，在电池制作中，一般都采用表面织构化、发射区钝化、分区掺杂等技术，开发的电池主要有平面单晶硅电池和刻槽埋栅电极单晶硅电池。提高转化效率主要是靠单晶硅表面微结构处理和分区掺杂工艺。在此方面，德国夫朗霍费费莱堡太阳能系统研究所保持着世界领先水平。该研究所采用光刻照相技术将电池表面织构化，制成倒金字塔结构。通过改进了的电镀过程增加栅极的宽度和高度的比率：通过以上制得的电池转化效率超过23%，最大值可达23.3%。Kyocera公司制备的大面积（$225cm^2$）单电晶太阳能电池转换效率为19.44%。国内北京太阳能研究所也积极进行高效晶体硅太阳能电池的研究和开发，研制的平面高效单晶硅电池（2cm×2cm）转换效率达到19.79%，刻槽埋栅电极晶体硅电池（5cm×5cm）转换效率达8.6%。

单晶硅具有完整的金刚石结构。它的能带结构可用求解单电子近似问题的薛定谔方程得到

$$\left[-\frac{h^2}{2m}\nabla^2 + V(r)\right]\Phi_t(r) = E_\lambda \Phi_\lambda(r)$$

从上式可得出单晶硅的能带结构和等能面形状。

通过掺杂得到n，p型单晶硅，进而制备出p/n结、二极管及晶体管，从而使硅材料有了真正的用途。由单晶硅—氧化物绝缘层—金属电极构成的场效应晶体管（MOSFET）是超大规模集成电路中最重要的器件。MOSFET被广泛地应用于每一芯片上容纳成千上万分立元件的半导体存储器和微处理器。

对单晶硅的研究至今都在深入进行中，不断有重要的新成果涌现出来。目前与单晶硅相关的重要的研究内容包括：

（1）硅材料的光电集成，这当中包括了最近几年才开始研究的Ge/Si超晶格，以及多孔硅、纳米硅等材料；

（2）超大尺寸单晶硅的制备以及相关的超大规模集成电路的设计、加工工艺；

（3）硅表面，包括表面晶格结构、表面电子态、表面重构等问题；

（4）基础物理现象，如MOSFET结构中发现的量子霍耳效应、分数量子Hall效应，重掺杂单晶硅中金属—绝缘体转变等问题都是目前凝聚态物理中的重要研究内容。

2.4.1.2 多晶硅

众所周知，利用太阳能有许多优点，光伏发电将为人类提供主要的能源，但目前来讲，要使太阳能发电具有较大的市场，被广大的消费者接受，提高太阳电池的光电转换效率，降低生产成本应该是我们追求的最大目标，从目前国际太阳电池的发展过程可以看出其发展趋势为单晶硅、多晶硅、带状硅、薄膜材料（包括微晶硅基薄膜、化合物基薄膜及染料薄膜）。从工业化发展来看，重心已由单晶向多晶方向发展，主要原因为：（1）可供应太阳电池的头尾料愈来愈少；（2）对太阳电池来讲，方形基片更合算，通过浇铸法和直接凝固法所获得的多晶硅可直接获得方形材料；（3）多晶硅的生产工艺不断取得进展，全自动浇铸炉每生产周期（50 小时）可生产 200kg 以上的硅锭，晶粒的尺寸达到厘米级；（4）由于近十年单晶硅工艺的研究与发展很快，其工艺也被应用于多晶硅电池的生产，例如选择腐蚀发射结、背表面场、腐蚀绒面、表面和体钝化、细金属栅电极，采用丝网印刷技术可使栅电极的宽度降低到 50μm，高度达到 15μm 以上，快速热退火技术用于多晶硅的生产可大大缩短工艺时间，单片热工序时间可在一分钟之内完成，采用该工艺在 $100cm^2$ 的多晶硅片上作出的电池转换效率超过 14%。据报道，目前在 50～60μm 多晶硅衬底上制作的电池效率超过 16%。利用机械刻槽、丝网印刷技术在 $100cm^2$ 多晶上效率超过 17%，无机械刻槽在同样面积上效率达到 16%，采用埋栅结构，机械刻槽在 $130cm^2$ 的多晶上电池效率达到 15.8%。

多晶硅太阳能电池具有独特的优势，与单晶硅比较，多晶硅半导体材料的价格比较低廉，但是由于它存在着较多的晶粒间界而有较多的弱点。多晶硅太阳能电池的实验室最高转换效率为 18%，工业规模生产的转换效率为 12%～14%。

目前，太阳能多晶硅主要有三个来源，一是半导体多晶硅的碎片；二是半导体多晶硅的副产品，三是半导体多晶硅厂商用多余的产能生产的太阳能多晶硅。因此，从总体上来说，太阳能多晶硅的产能受限于半导体级多晶硅的产能。半导体行业处于低谷时，多晶硅需求急剧下降，导致多晶硅产能严重过剩，多晶硅厂商用闲置的产能进行太阳能多晶硅的生产。虽然以上的产能释放能够局部缓解太阳能多晶硅的紧张状况，但仍然难以满足光伏行业年均 30% 以上的需求增长。

高纯多晶硅原料是半导体工业和光伏产业共同的上游原材料，由于 2001 年以来半导体为代表的 IT 产业不景气，多晶硅原料制造商富裕的产量得以满足光伏产业的原料需求。但随着这两年的半导体工业开始回暖，并且光伏市场需求持续高速增长，2003 年年底以来，光伏产业多晶硅原料供不应求，市场短缺非常严重。尽管已经有如 SGS 这样的制造商开始专供太阳能级多晶硅原料，并且相关制造商也在提升产能，但从市场需求发展和各制造商扩产计划来看，2007 年以前多晶硅原料短缺状况将一直延续。

多晶硅是由微米量级的硅晶粒组成的，晶粒之间为无序界面区。微米量级的硅晶粒的能带结构与单晶硅没有本质的区别，但界面区大量的缺陷态将捕获电子，形成的静电势场在界面区造成电子势垒，从而改变电子的输运方式。目前普遍采用 GBT 模型解释多晶硅的输运机制。多晶硅由于成本低，制备简单，并能与传统的硅工艺技术相容，因此它在一些场合成为单晶硅的替代品。

2.4.1.3 非晶硅（α-Si：H）

非晶硅太阳电池又称“无定形硅太阳电池”，简称“α-Si 太阳电池”。它是太阳电池发展中的后起之秀。虽然它从 20 世纪 70 年代中期才开始问世，但进展速度令人惊奇。世界上普遍认为，它将是人们最理想的一种廉价太阳电池。中国对太阳能电池的研究开发工作高度重视，早在“七五”期间，非晶硅半导体的研究工作已经列入国家重大课题；“八五”和“九五”期间，中国把研究开发的重点放在大面积太阳能电池等方面。

非晶硅作为最典型的非晶半导体材料具有以下主要特征：

（1）非晶硅的组成原子无长程有序性，但保持几个晶格范围的短程有序性；

（2）由于它的组成原子仍是共价键结合，形成连续的共价键无规网络，满足最大成键数目为（8 - N）的规则。它的物理性质是各向同性的；

（3）可以实现连续的物性控制。当连续改变其化学组分时，从反映原子性质的比重、玻璃转变温度到反映电子性质的电导率、禁带宽度等，都会随之变化。这为获得所需性能的新材料提供了广阔的天地。

非晶硅太阳电池的制备方法很多，最常见的是辉光放电法（简称 GD 法），此外还有反应溅射法（SP 法）、低压化学气相沉积法（LPCVD 法）、电子束蒸发法和热分解硅烷法等。利用辉光放电制取非晶硅薄膜的尝试早在 1969 年奇蒂克等人就已实现，但对此种半导体硅材料进行掺杂，则是在 1975 年以后才突破的。美国首先于 1976 年采用此种方法制成非晶硅太阳电池。

非晶硅作为太阳能材料尽管是一种很好的电池材料，但由于其光学带隙为 1.7eV，使得材料本身对太阳辐射光谱的长波区域不敏感，这样一来就限制了非晶硅太阳能电池的转换效率。此外，其光电效率会随着光照时间的延续而衰减，即所谓的光致衰退 S-W 效应，使得电池性能不稳定。解决这些问题的途径就是制备叠层太阳能电池，叠层太阳能电池是由在制备的 p、i、n 层单结太阳能电池上再沉积一个或多个 p-i-n 子电池制得的。叠层太阳能电池提高转换效率、解决单结电池不稳定性的关键问题在于：（1）它把不同禁带宽度的材料组合在一起，提高了光谱的响应范围；（2）顶电池的 i 层较薄，光照产生的电场强度变化不大，保证 i 层中的光生载流子抽出；（3）底电池产生的载流子约为单电池的一半，光致衰退效应减小；（4）叠层太阳能电池各子电池是串联在一起的。

非晶硅太阳能电池由于具有较高的转换效率和较低的成本及重量轻等特点，有着极大的潜力。但同时由于它的稳定性不高，直接影响了它的实际应用。如果能进一步解决稳定性问题及提高转换率问题，那么，非晶硅太阳能电池无疑是太阳能电池的主要发展产品之一。总之，α-Si 一直是人们重点研究的课题。

2.4.1.4 微晶硅、纳米硅和多孔硅

这三类硅材料有两个共同的特点：（1）硅晶粒都被限制在 100 ~ 10nm 的范围；（2）硅晶粒往往被非晶介质包围。国际上通常不严格区分微晶硅和纳米硅。国内，何宇亮与作者等人的观点是，通常的微晶硅晶态百分比低于 40%，晶粒间距较大。因此晶粒之间彼此孤立，不形成关联。由于硅晶粒尺寸都在纳米量级，这三种材料都体现出明显的量子尺寸效应。这使得它们的能带结构、电子态、声子谱都与晶体硅有本质的区别。

2.4.1.5 非晶硅材料应用及研究进展

目前，光伏市场的太阳能电池多为单晶硅太阳电池，多晶硅的市场份额正在逐年增长，非晶硅虽然也占有一席之地，但其市场份额只有百分之十几。

现在非晶硅电池研究也取得了突破性进展。美国联合太阳能系统公司以不锈钢板作衬

底，采用单层、双层、三层本征非晶硅薄膜结构，使非晶硅电池转换效率达到9%～13%，估计不久将会达到15%的目标。可以预见，由于更低的生产成本和较高的转换效率，非晶硅电池也将是太阳能电池的主要发展产品之一，有很好的市场发展前景。

1976年卡尔松和路昂斯基报告了无定形硅（简称α-Si）薄膜太阳电池的诞生。时隔20多年，α-Si太阳电池现在已发展成为最廉价的太阳电池品种之一。α-Si太阳电池成了光伏能源的一支生力军。对整个光伏洁净可再生能源发展起了巨大的推动作用。非晶硅太阳电池技术的日益成熟增强了人们对作为清洁可再生能源的光伏能替代一次性常规能源的信心。世界上总组件生产力在每年50MW以上。组件及相关产品销售额在10亿美元以上，涉及诸多品种的电子消费品、照明和家用电源、衣物，抽水、广播通讯台站电源及中小型联网电站等。非晶硅物理性能及制作工艺见表3-2-7。

表3-2-7 非晶硅物理性能及制作工艺

物理特性	制作工艺
1. 对可见光有较大的吸收系数	1. 可实现大面积薄膜淀积（PECVD，ECRCVD等）
2. 有较高的光电导，较低的暗电导	2. 沉积温度低，$100 < T_s < 380$
3. 具有大范围的价控性质	3. 通过混入杂质气体实现PN结
4. 可较大范围控制禁带的宽度	4. 能沉积在廉价的衬底上
5. 很容易制成异质结（相对低的界面效应）	5. 能容易地应用集成化工艺
6. 有一定的机械强度	6. 成本低，可实现规模化生产

从表3-2-7我们可以看出非晶硅在生产工艺上采用材料消耗低的薄膜工艺，沉积温度低，衬底材料便宜，沉积面积大，并可以通过单片集成将电池串联成大型PV组件。在节能、降耗、降低成本方面有很大的潜力。非晶硅的可见光吸收系数比单晶硅大得多，如图3-2-7所示，在可见光的一定领域内，非晶硅的吸收系数要比单晶硅的吸收系数大10倍左右，因此制作太阳能电池时，在耗材方面，要获得满意的吸收要求，单晶硅厚度为200μm。而使用非晶硅仅需要0.5～1.0μm，根据计算每生产1W电力，单晶硅用量为15～20g，而非晶硅用量仅为0.02g，这就大大减少了耗材，降低了成本。温度上，制作单晶硅电池一般需1000℃以上的高温，而非晶硅电池的制作仅需200℃左右。此外，非晶硅还可以沉积在廉价的衬底（如玻璃、不锈钢箔等）上。将非晶硅的物理性能及制造工艺的优点结合起来，即可制成大批量的自动化生产线，实现规模化生产，从而进一步降低成本。

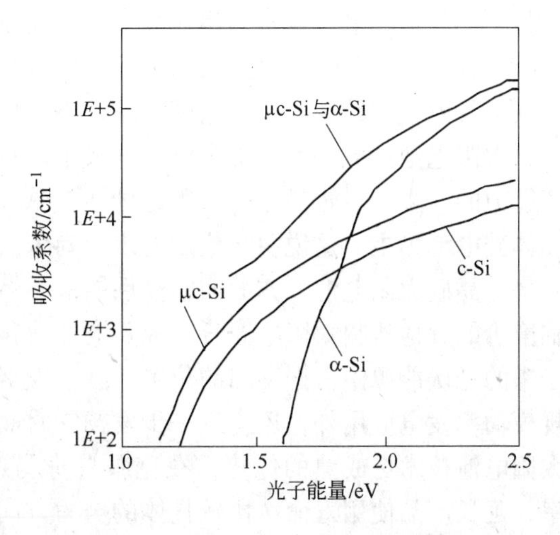

图3-2-7 c-Si，α-Si，μc-Si和μc-Si与α-Si合金对不同能量的吸收系数

在20世纪80年代中期，世界上太阳电池的总销售量中非晶硅占有40%。出现非晶硅、多晶硅和单晶硅三足鼎立之势。技术向生产力如此高速的转化，说明了非晶硅太阳电池具有独特的优势。这些优势主要表现在

以下方面：（1）材料和制造工艺成本低。这是因为衬底材料，如玻璃、不锈钢、塑料等，价格低廉。硅薄膜仅有数千埃厚度，昂贵的纯硅材料用量很少。制作工艺为低温工艺（100～300℃），生产的耗电量小/能量回收时间短。（2）易于形成大规模生产能力。这是因为核心工艺适合制作特大面积无结构缺陷的 α-Si 合金薄膜；只需改变气相成分或者气体流量便可实现 PIN 结以及相应的叠层结构；生产可全流程自动化。（3）品种多，用途广。薄膜的 α-Si 太阳电池易于实现集成化。器件功率、输出电压、输出电流都可自由设计制造，可以较方便地制作出适合不同需求的多品种产品。由于光吸收系数高，暗电导低，适合用作制作室内的低功耗电源，如手表电池、计算器电池等。由于 α-Si 膜的硅网结构力学性能结实，适合在柔性的衬底上制作轻型的大“电池”。灵活多样的制造方法，可以制造建筑集成的电池，适合用户屋顶电站的安装。

非晶硅太阳电池尽管有如上诸多的优点，缺点也是很明显的。主要是初始光电转换效率较低，稳定性较差。初期的太阳电池产品初始效率为 5%～6%，标准太阳光强照射一年后，稳定化效率为 3%～4% 在弱光下应用当然不成问题。但是在室外强光下，作为功率发电使用时，稳定性成了比较严重的问题。功率发电的试验电站性能衰退严重，寿命较短，严重影响消费者的信心，造成市场开拓的困难，有些生产线倒闭，比如 CHRONAR 公司。

由于发展势头遭到挫折，20 世纪 80 年代末 90 年代初，非晶硅太阳电池的发展经历了一个调整、完善和提高的时期。人们一方面加强了探索和研究，另一方面准备在更高技术水平上作更大规模的产业化开发。中心任务是提高电池的稳定化效率。探索了许多新器件结构、新材料、新工艺和新技术。其核心就是完美结技术和叠层电池技术。在成功探索的基础上，90 年代中期出现了更大规模产业化的高潮。先后建立了多条数兆瓦至十兆瓦高水平电池组件生产线，组件面积为平方米量级，生产流程实现全自动，产品组件面积在平方米量级。采用新的封装技术，产品组件寿命在十年以上。组件生产以完美结技术和叠层电池技术为基础。

非晶硅太阳电池无论在学术上还是在产业上都已取得巨大的成功。非晶硅太阳电池目前虽不能与常规电力竞争，但在许多特殊的条件下，它不仅可以作为功率发电使用，而且具有比较明显的优势，比如说，依托于建筑物的屋顶电站，由于它不乱占地，免除占地的开支，发电成本较低。作为联网电站，不需要储能装备，太阳电池在发电成本中有最大比重，太阳电池低成本就会带来电力低成本。目前世界上非晶硅太阳电池总销售量不到其生产能力的一半。尽管晶体硅太阳电池生产成本是 α-Si 电池的两倍，但功率发电市场仍以晶体硅电池为主。这说明光伏发电市场尚未真正成熟。

非晶硅太阳电池一方面面临高性能的晶体硅电池防低成本努力的挑战，另一方面又面临廉价的其他薄膜太阳电池日益成熟的产业化技术的挑战。如欲获得更大的发展，以便在未来的光伏能源中占据突出的位置，除了应努力开拓市场，将现有技术档次的产品推向大规模功率发电应用外，还应进一步发扬它对晶体硅电池在成本价格上的优势和对其他薄膜太阳电池技术更成熟的优势，在克服自身弱点上下工夫。进一步提高组件产品的稳定效率，延长产品使用寿命。比较具体的努力方向如下：

（1）加强 α-Si 基础材料亚稳特性及其克服办法的研究，达到基本上消除薄膜硅太阳电池性能的光致衰退；

（2）加强晶化薄膜硅材料制备技术探索和研究，使未来的薄膜硅太阳电池产品既具备 α-Si 薄膜太阳电池低成本的优势，又具备晶体硅太阳电池长寿、高效和高稳定的优势；

（3）加强带有 α-Si 合金薄膜成分或者具有 α-Si 廉价特色的混合叠层电池的研究，把 α-Si 太阳电池的优点与其他太阳电池的优点嫁接起来；

（4）选择最佳的新技术途径，不失时机地进行产业化技术开发。在更高的技术水平上实现更大规模的太阳电池产业化和市场商品化。迎接光伏能源时代的到来。

2.4.1.6 *硅薄膜材料应用及研究进展*

单晶硅太阳能电池转换效率无疑是最高的，在大规模应用和工业生产中仍占据主导地位，但由于受单晶硅材料价格及相应的繁琐的电池工艺影响，致使单晶硅成本价格居高不下，要想大幅度降低其成本是非常困难的。为了节省高质量材料，寻找单晶硅电池的替代产品，现在发展了薄膜太阳能电池，其中多晶硅薄膜太阳能电池和非晶硅薄膜太阳能电池就是典型代表。

非晶硅薄膜太阳能电池的研究工作开始于 1975 年。非晶硅（α-Si）属于直接转换型半导体，光的吸收率较大，较容易制造厚度小于 0.5μm、面积大于 $1m^2$ 的薄膜，并且易于与其他原子结合制造对近红外光高吸收的非晶硅锗（α-SiGe）集层光电池，是目前太阳能电池开发的热点之一。非晶硅薄膜太阳能电池的制备方法有很多，其中包括反应溅射法、PECVD 法、LPCVD 法等，反应原料气体为 H_2 稀释的 SiH_4，衬底主要为玻璃及不锈钢片，制成的非晶硅薄膜经过不同的电池工艺过程可分别制得单结电池和叠层太阳能电池。美国联合太阳能公司（VSSC）制得的单结太阳能电池最高转换效率为 9.3%，三带隙三叠层电池最高转换效率为 13%，见表 3-2-8。

表 3-2-8 美国联合太阳能系统公司制得的单结太阳能电池

电池结构	短路电流密度/mA·cm^{-2}	开路电压/V	填充因子	稳定转换效率/%
单结结构	14.36	0.965	0.672	9.3
相同能隙的双结结构	7.9	1.83	0.70	10.1
双能隙的双结结构	10.61	1.61	0.66	11.2
三结结构	8.27	2.294	0.681	13.0

上述最高转换效率是在小面积（$0.25cm^2$）电池上取得的。曾有文献报道单结非晶硅太阳能电池转换效率超过 12.5%，日本中央研究院采用一系列新措施，制得的非晶硅电池的转换效率为 13.2%。国内关于非晶硅薄膜电池特别是叠层太阳能电池的研究并不多，南开大学的耿新华等采用工业用材料，以铝背电极制备出面积为 20cm×20cm、转换效率为 8.28% 的 α-Si/α-Si 叠层太阳能电池。

要使光伏发电真正成为能源体系的组成部分，必须要大幅度地降低成本。薄膜太阳电池在降低成本方面具有很大的优势，其中，硅基薄膜电池的优势更大，因为：（1）硅材料储量丰富（硅是地球上储量第二大元素），而且无毒、无污染，是人们研究最多，技术最成熟的材料；（2）耗材少、制造成本低。硅基薄膜电池的厚度小于 1μm 即不足晶体硅电池厚度的 1/100，这便大大降低了材料成本；硅基薄膜电池采用低温工艺技术（200℃），这不仅可节能降耗，而且便于采用玻璃、塑料等廉价衬底；另外，硅基薄膜采用气体的辉光效电分解沉积而成，通过改变反应气体组分可方便地生长各种硅基薄膜材料，实现各种迭层结构的电池，节省了许多工序；(3) 便于实现大面积、全自动化连续生产。

由于“基薄膜大”电池在降低成本方面具有独特的优势，使其自 1976 年一诞生，立即在全世界范围内掀起对硅基薄膜太阳电池的研究热潮。至今二十几年来在研究水平和开发应用方面均取得了长足的进步，使其在光伏领域占据了不可替代的重要位置。

经过近 10 年来的深入研究，在提高硅基薄膜电池的稳定效率方面取得很大的进步与突破。目前硅基薄膜电池效率的光致衰退率降至 150A 以下，小面积电池的稳定效率已达到 13% 大面积电池的稳定效率超过 10%，产品组件稳定效率达 71%。技术上的进步与突破带来了硅基薄膜太阳电池更大规模产业化的新高潮，在 20 世纪 90 年代中期，国际上先后建立了数条 5～10MW 的高水平电池组件生产线，使硅基薄膜太阳电池的生产能力增加了 25MW。生产流程实现全自动化，组件面积为平方米量级，采用新型封装技术，产品组件寿命达到 10 年以上。预计到 2000 年，硅基薄膜电池的生产能力将扩展到 45MW，与单晶硅、多晶硅生产能力增加量（分别为 46MW 和 57MW）相当。

纳米硅薄膜的研究最早是由德国科学家 Veprek 开展的。进入 20 世纪 90 年代以来，国内外的许多研究小组采用各种生长方法制备了高质量的 nc-Si：H 膜，并对其结构特征与物理性质进行了富有成效的研究。结果指出，与非晶硅（α-Si：H），微晶硅（μc-Si：H）和多晶硅（pc-Si）相比，nc-Si：H 薄膜具有电导率高($10^{-3}\sim10^{-1}\Omega\cdot cm^{-1}$)、电导激活能低($\Delta E=0.11\sim0.15eV$)、光热稳定性好、光吸收能力强、易于实现掺杂、具有明显的量子点特征以及能在室温下发出可见光等特点。国内，何宇亮和彭英才等人曾详细对比了 nc-Si：H 膜与上述几种不同结构形态的硅材料特性的异同，其优异的物理性质显而易见。

纳米硅薄膜的研究涉及到许多领域，它的研究还没有达到成熟的阶段。在基础研究和应用研究方面都还有许多问题有待解决，归纳起来，主要有以下几个方面：

(1) 电输运机制的研究，由于纳米硅薄膜包含纳米相和非晶相，在不同的外场条件下这两相会有不同的体现方式，这使得薄膜的能带结构和电输运机制成为一个复杂的问题。要彻底搞清楚纳米硅薄膜的输运机制，一方面需要制备出薄膜成分、结构可调的样品，另一方面需测试这些样品在外场以及极端物理条件下的表观行为。值得注意的是，纳米硅在低温、强电场、强磁场下的行为还很少有人研究。

(2) 发光性能的研究，虽然纳米硅薄膜的可见发光现象已被广泛的观察到，但它的发光机理仍然不清楚。如何制备出发光强度高、稳定性好以及发光波长可调的光致发光和电致发光纳米硅薄膜无疑是今后研究的重点。

(3) 纳米硅薄膜的掺杂特性。我们知道，正是实现了非晶硅的有效掺杂，制备出非晶硅 pn 结，才使得非晶硅在许多方面得到广泛的应用。同样，对纳米硅薄膜进行有效可控的掺杂是把纳米硅薄膜推向应用的关键步骤。掺杂（如磷、硼）对纳米硅薄膜的结构、光电性能以及掺杂效率等方面的影响都是有待于系统研究的问题。

(4) 较之纳米硅材料，由它构成的器件方面的研究更为缺乏。然而制备出新型和高性能的纳米硅基功能器件是把纳米硅材料推向应用的必由之路，如纳米硅基材料的可见发光已被广泛的观察到，但要制备出真正意义上的硅基光电集成元件的研究才刚刚起步，离硅基光电集成电路更有很长的路。此外，利用纳米硅薄膜本身在电学、压力敏感等方面的特殊性能制备出各种新型功能元器件（如隧道二极管、异质结高速开关电路、压敏传感器等）应成为下一步研究的重点。

（5）我们认为，纳米硅薄膜最重要的应用之一是如何利用已发现的量子振荡现象来实现能在室温范围工作的量子功能器件。

多晶硅薄膜材料的制备方法有：高温技术（制备过程中温度大于600℃），工艺简单，高产率，可连续在线加工，晶粒大，效率高，但理想低成本衬底尚未找到，只能用昂贵的晶体硅或石英。低温工艺（温度小于600℃），可用廉价的玻璃作衬底，因此可大面积制造，但工艺复杂，产率低，晶粒小。多晶硅薄膜电池由于所使用的硅远较单晶硅少，又无效率衰退问题，并且有可能在廉价衬底材料上制备，其成本远低于单晶硅电池，而效率高于非晶硅薄膜电池，因此，多晶硅薄膜电池不久将会在太阳能电池市场上占据主导地位。

2.4.2 太阳能级硅新工艺

虽然现有的氯化提纯方法可实现工业化生产，但要生产廉价的多晶硅非常困难，为此必须向两个方向发展，在继续保证和发展半导体级多晶硅的同时，要研究和开发生产廉价的太阳能级多晶硅材料新技术。近几年来在制备太阳能电池用多晶硅新工艺、新设备和新技术等方面的研究开发非常活跃，并出现了众多的研究新成果和技术上的新突破，这也预示着世界多晶硅工业化生产技术一个新的飞跃即将到来。

2.4.2.1 改良西门子法

在电子级多晶硅生产工艺基础上，研发新的多晶硅反应器装置技术，实现低成本太阳能级硅的生产，这也是最有可能实现的低成本太阳能级硅的生产技术之一，目前日本、德国、美国等国家都在研究开发该技术。

2.4.2.2 硅烷热分解法

硅烷是甲硅烷的简称。甲硅烷热分解法的过程包括硅烷的制备、硅烷的提纯以及硅烷的热分解。后来美国的 MEMC Pasadena 公司以高纯硅烷气为原料生产粒状多晶硅，硅烷的生产过程中采用一种以四氟化硅为原料的无氯化工艺。这种工艺能够使产品不受四氯化硅的污染。

2.4.2.3 由冶金级硅直接提纯制备太阳能级硅

日本的 Kawasaki Steel 公司在日本 NEDO 的资助下提出了以下工艺：以冶金级硅为原料，分两个步骤对其进行提纯。在第一阶段，在电子束炉中采用真空蒸馏及定向凝固法除磷和初步除去金属杂质。在第二阶段，在等离子体熔炼炉中，采用氧化气氛除去硼和碳。熔化后的硅采用定向凝固法冷却，在凝固的过程中除去金属杂质。在两步定向凝固过程中，金属杂质在经过固/液分界面上直接凝固出来。在硅锭中间的每一个杂质的浓度在整个比较满意的过程中达到了太阳能级硅的要求。生产出来的太阳能级硅显示了 p-极性，其电阻系数保持在0.5～1.5Ω·cm。日本东京大学的森田一树教授针对该项目开发中存在的问题，热力学研究结果发现添加钙有利于金属硅中铁和钛杂质的去除，并提出了一个理论上可行的新工艺。

此外，还有一些专家提出了一些湿法精炼的方法。挪威和德国联合进行开发研究，其流程为先将冶金级硅合金化后进行固化处理，然后再进行酸浸及精炼处理，实验样品组装成太阳能电池的最高效率为14.8%，并研究了材料的电阻与电池效率间的关系，如图3-2-8所示，目前在开展中试研究。此外，Heliotronic/Wacker 公司首先采用酸浸，使得硅金属中的金属杂质进入溶液，随后对浸出后的渣滓进行熔化，最后进行定向凝固；而Bayer AG 公司首先也采用酸浸，然后在反应性气体（氢气、水蒸气、四氯化硅）中熔化，以除去其中的一些杂质，熔化后硅如图 3-2-9 所示。最后采用真空和定向凝固的方法，已达到除杂的效果；Elkem 公司的方法主要是：金属硅进行破碎后进入酸浸，然后采用加入高纯金属后，采用定向凝固等方法处理硅中的杂质。

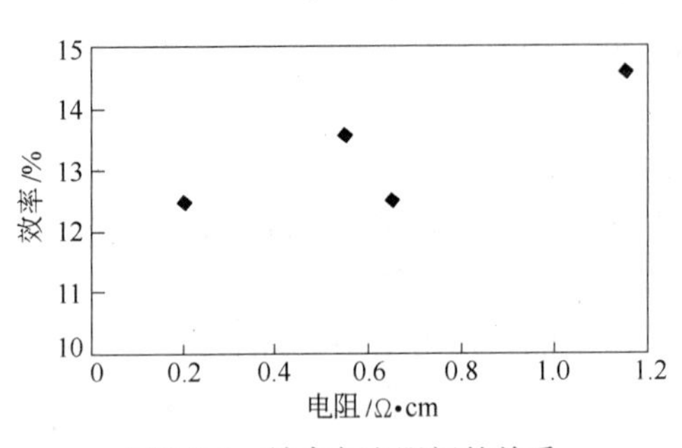

图 3-2-8　效率与电阻间的关系

图 3-2-9　酸浸处理后冶金级硅熔化照片

2.4.2.4　利用高纯试剂还原二氧化硅

Aulich 等报道了 Siemens 公司的先进的碳热还原工艺：在这里将高纯石英砂制团后用压块的炭黑进行还原，炭黑是用热 HCl 浸出过，使其纯度和氧化硅相当。因为在电弧炉中大约 10% 的碳是来自电极，因此碳中的有效杂质含量要高一些。尽管如此，杂质的含量得到了大幅度的降低。他们已经在理论上取得了一些进展，但是目前存在的主要问题就是碳的纯度得不到保证。炭黑的来源比较困难，主要从天然气中分解得到，其成本比较高，到目前为止还没有得到很好的应用。

基于铝氧化产生大量热来还原难熔氧化物，如 Cr_2O_3 和 MnO_2 的铝热工艺是热源的一个重要革命。将这种技术用于硅，形成了崭新的生产方法，这是由 Dietl 和 Holm 在德国 Wacker Heliotronic 公司将石英砂进行铝热还原，利用 $CaO\text{-}SiO_2$ 液相助熔剂在 1600 ~ 1700℃下按照下列反应进行的

$$3SiO_2 + 4Al \longrightarrow 3Si + 2Al_2O_3$$

这种助熔剂一方面可以熔解副产物氧化铝，同时又作为液-液萃取介质。一旦硅被释放出来，它与助熔剂是不互熔的，从而被分离开来。由于硅的密度较小，它浮在上层，经过一段时间，将其灌入铸模中进行有控制的正常凝固，以便分离分凝系数小的杂质。用这种新的、半连续的工艺能得到比通常冶金级硅纯度高的硅。它具有较低的硼、碳含量，然后将其进行破碎、酸洗和液-气萃取，这种材料可供太阳电池使用。

此外，采用高纯金属还原硅的卤化物也是一条比较理想的途径。目前许多学者对这方面关注比较多。他们采用不同的高纯还原剂还原硅的卤化物从而得到纯度比较高的太阳能级硅。

2.4.2.5　真空综合法制备太阳能级硅新技术

该技术利用冶金级硅中杂质分布特点，如图 3-2-10 所示，作者提出了采用真空冶金技术，组合真空干燥、真空精炼、真空蒸馏、真空脱气、真空定向凝固等新技术直接制备

太阳能级硅，目前硅产品纯度超过了99.995%，已申请国家专利。与日本东京大学合作开展深入系统研究，以期在现有技术基础上进行优化，达到太阳能级硅产品要求，尽快推动该技术的产业化试验研究。

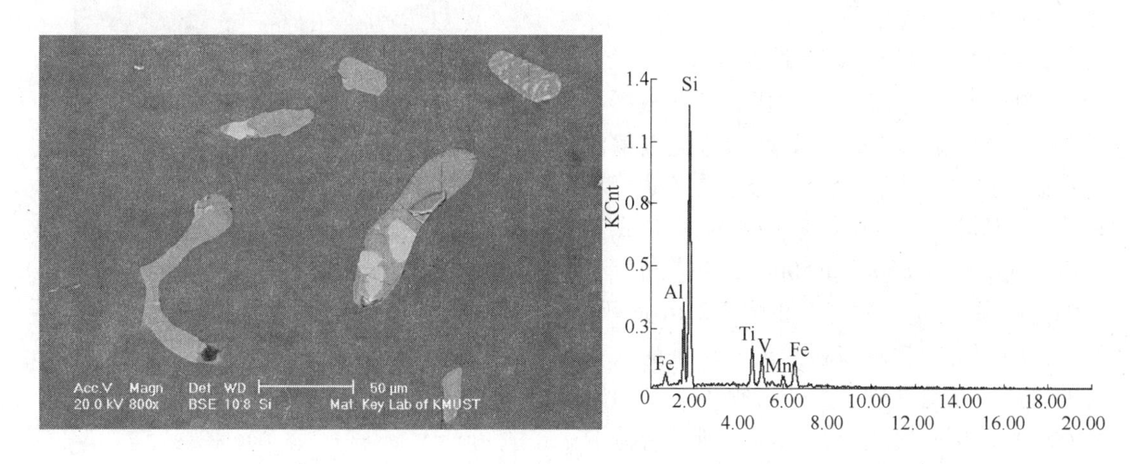

图3-2-10 冶金级硅产品杂质分布的SEM及杂质元素

2.4.2.6 从废旧石英光纤中提取高纯太阳能级硅

石英光纤主要由高纯度二氧化硅玻璃组成。随着通讯科技的发展，光纤增长非常快。2001年，日本光纤需求量为29800万km，其中包含二氧化硅为810t，相当于含有370t硅。而光纤的寿命一般为20年。此外，光纤的生产过程中还存在大量的次品。从另一个角度来说，目前使用过的光纤和生产过程中的次品将成为一种具有危险性的废品，如果没有经过满意的处理，将会导致高纯度二氧化硅资源和潜在的高能量的浪费，同时造成了对环境的破坏。作者与日本东京大学进行国际合作，共同开发处理具有很大潜在使用价值的废旧光纤和次品光纤制备太阳能级硅新技术。该技术以废旧光纤和光纤次品为原料，利用等离子体与分离技术来制备高纯太阳能硅，收到了较好的效果，如图3-2-11和图3-2-12所示。一方面此工艺为处理固体废弃物光纤和光纤次品找到了一条很好的出路，为解决光

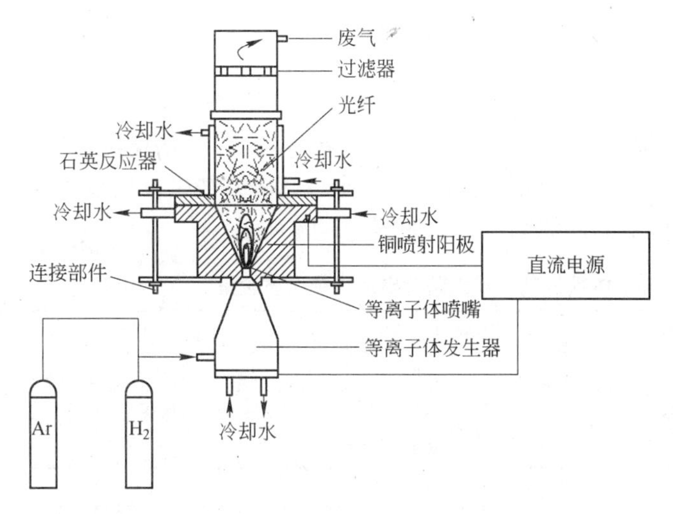

图3-2-11 等离子体热还原实验装置示意图

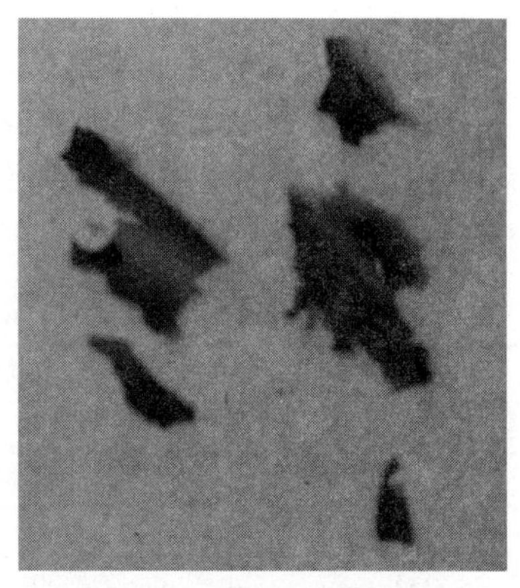

图3-2-12 代表性实验样品照片

纤带来的环境问题起到了很好的效果，此工艺符合清洁生产和循环经济要求；另一方面此工艺为解决目前太阳能级硅严重短缺找到了一个很好的思路。

2.4.2.7　熔融电解法制备太阳能级硅

2003 年日本京都大学的伊藤靖彦教授在《自然材料》杂志上发表了利用熔盐电解法低温制备硅新工艺，该研究分别在 $CaCl_2$ 和 $KCl-LiCl-CaCl_2$ 熔融盐体系中都能实现，其电解温度分别为850℃和500℃，并获得了少量的硅产品，如图 3-2-13 和图 3-2-14 所示。后来昆明理工大学对该新工艺开展了深入系统的研究。在此基础上，作者提出了利用废弃石英光纤预制棒废料为原料，利用熔盐电解法直接制备太阳能级硅新技术研究，目前正在开展实验研究，取得了一定的研究进展。

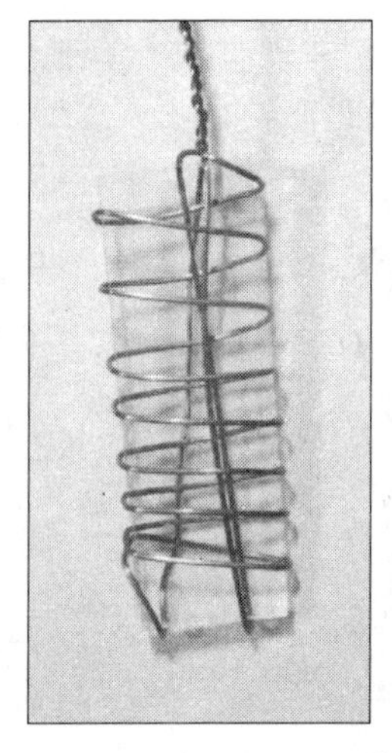

图 3-2-13　两类接触电极照片

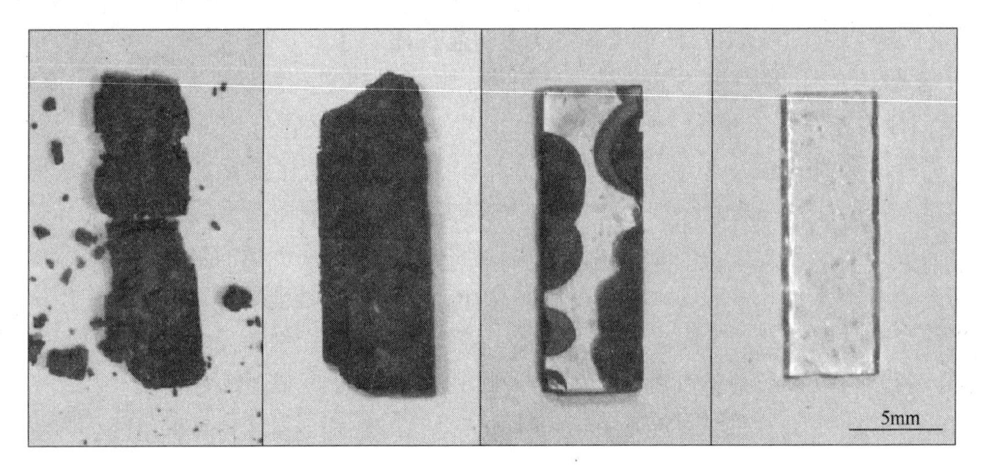

图 3-2-14　SiO_2 电解还原不同实验条件的样品照片

2.4.2.8　利用铝-硅熔体低温凝固精炼制备太阳能级硅

日本东京大学的森田一树副教授提出了利用 Al-Si 熔体降低精炼温度，利用硅和铝废料采用低温熔体凝固法制备太阳能级硅材料，目前已经取得了阶段性研究结果，见表 3-2-9，并提出了采用这种方法制备太阳能级硅的原则流程，如图 3-2-15 所示。

表 3-2-9　冶金级硅、铝-硅熔体精炼硅以及太阳能电池硅中杂质含量　（$\times 10^{-6}$）

元　素	冶金级硅	铝-硅熔体精炼硅	太阳能电池硅
Fe	3000	30	0.003
Ti	200	4	0.00004
Al	1500	500	1
P	30	1	0.1
B	30	1	1

2.5 云南省硅材料概况

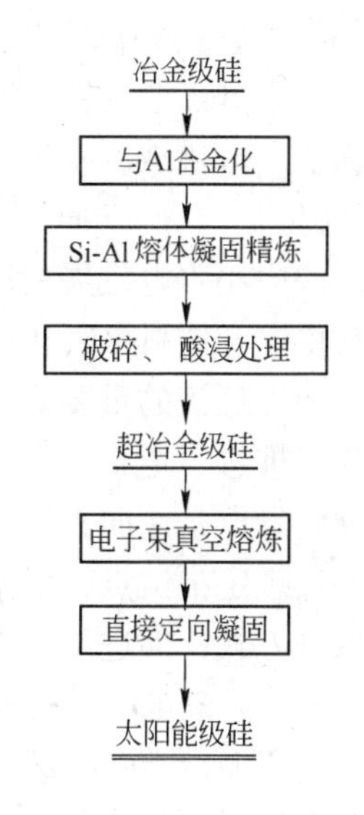

图 3-2-15 Al-Si 熔体制备太阳能级硅原则流程图

云南被称为中国四大硅工业省份之一，并被称为中国硅资源最丰富的省份之一，云南硅矿资源丰富，主要集中在滇西、滇西北的保山、德宏、怒江、迪庆、丽江以及滇南的文山、红河。且硅矿的品质较好，如泸水县古登乡念坪硅矿经州县国土资源部门勘探队做的地质普查，分析其化学成分见表 3-2-10。

表 3-2-10 硅石资源的各成分含量

化学成分	SiO_2	Fe_2O_3	Al_2O_3
含 量/%	98.25~99.22	0.324~0.378	0~0.012
化学成分	CaO	MgO	
含 量/%	0.1~0.6	0.09~0.14	

得益于云南省得天独厚的硅石和木炭资源，云南金属硅厂的产品品位普遍较高，许多厂家都以生产 2202 级别的硅为主，这在其他省份是不多见的。因此，目前云南金属硅企业销售状况普遍良好，基本上处于坐等买家上门的状态。同时，云南企业的信誉度普遍较好，在整个业内较有口碑，因此使得许多省外客商纷至沓来，到云南采购产品。但是，云南企业在销售中显得相对比较被动，缺乏主动开拓市场的魄力，坐等买家上门或者在省内销售，使许多原本属于厂家的利润拱手让人。自己主动出去做销售的较少。一方面是由于皇帝的女儿不愁嫁的缘故，同时，云南省内外贸人才的匮乏，铁合金行业内高端人才的紧缺也使得云南铁合金行业的发展相对故步自封，这也给许多外来企业以机会。

目前云南省大约有 40 多家企业生产金属硅产品，主要集中在保山地区和相邻的德宏傣族景颇族自治州，特别是在保山的龙陵县，德宏的盈江县盛产高品位的硅矿石，企业数量较多，规模较大。另外在丽江华坪还有一家大型工业硅企业金鑫硅业有限责任公司（6 台 6300kV · A 矿热炉），这是目前云南最大的金属硅企业。

云南省工业硅的年产量在 5 万~6 万 t 左右，仅占全国金属硅产量 40.7 万 t 的 10% 左右，占世界金属硅消费量的 3%，此外，到目前为止云南还没有一家工业硅深加工的企业，所生产的工业硅主要用做生产合金，附加值较低，这与云南硅资源大省、硅工业大省的地位是很不相称的。造成这种局面的原因是多方面的：首先是缺电，使大多数企业开工不足，生产能力闲置一半。电力瓶颈是目前云南省硅矿开发、硅冶炼等高耗能企业面临的最严峻的考验。其次是电价上涨。云南硅企业电价上涨，势必导致成本上升，效益下降，甚至被迫关闭、停产、转产。三是运输成本高，目前，从保山或文山到昆明东站的公路运费大约每吨 300 元左右。以一家原料企业合成品运输吨位计算，其运费远比东中部地区高。公路汽车还整顿超载，反超载又使硅石运输成本加大。四是企业规模小。云南省 40 多家金属硅生产企业，总共仅生产 6 万 t 左右的金属硅。规模过小，经不起风险，容易关闭破产，削弱云南硅工业的地位。五是技术落后。云南 40 多家硅工业企业，大多使用 3200kV · A 矿热炉。根据国家产业政策和环保要求，从 2005 年起，5000kV · A 以下炉型要全部淘汰，而云南金属硅企业的主要炉型是 3200kV · A、4000kV · A 和 5000kV · A。因此，云南硅工业的技术改造面临严峻考验，硅工业的地位可能因技术落后的小炼炉被淘汰而面临严峻挑战。

2003 年 10 月 17 日，云南省人民政府云政发［2003］138 号文件《云南省人民政府关于加快中小水电发展的决定》明确指出："中小水电是地方经济社会发展的基础产业，是农村供电和农村电气化的主力军，是培育以水电为主的电力支柱产业的重要组成部分，是发展地方经济的重要支撑和财政收入的重要来源。"同时要求，"加快推进'电矿'结合。积极推进'电矿联营'，重组水电企业与矿业企业资产，建立利益共同体，根据国家关于开发发电企业向大用户直接供电的有关规定，探索发电企业对矿业企业直供电的方式，并按规定批试点，电网经营企业要给予支持。通过实施'电矿联营'和'点对点'的直供电方式，促进高耗能工业发展，不断延伸产业链，将电能优势迅速地转化为地方经济优势，培育新的经济增长点。"这一政策为云南硅业的发展注入了新的活力。云南有丰富的水电资源，"矿电结合"的实施可以实现电融入矿，矿融入电，矿电结合，相互结合，互汇贯通，相得益彰，共同发展，对硅工业的发展具有改革创新的重要意义。

此外，从做大做强云南硅业考虑还需采取以下措施：

（1）扩大化学用硅生产，提高产品质量。

化学用硅是指有机硅和多晶硅生产的工业硅。近几年西方国家化学用硅消费量的年平均增长率达到 7%。中国随着国民经济的高速增长，这方面的消费也增长很快。现在西方国家化学用硅在工业硅总消费量中已占近 45%，今年将上升到 50% 以上。在国际市场正常情况下，每吨化学用硅比冶金用硅售价高 300 ~ 400 美元，所以，无论从满足出口和国内需要，还是从提高企业的效率来看，大力发展化学用硅都是必要的。

（2）寻找代替木炭的还原剂。

因为各种碳质原料的组成、结构和物理性能不同，所以他们满足熔炼硅需求的程度也不同。多年的生产实践证明，木炭是能满足熔炼硅要求的最重要的碳质原料，所以目前国内绝大多数厂家都不同数量地应用木炭。但是木炭的来源有限，价格也比较贵。因此，在工业硅生产中，需求木炭代用品，减少以致不用木炭，已势在必行。其实，从 20 世纪 60 年代中期开始，中国的工业硅企业都已经开始用木炭、石油焦和烟煤组成的混合还原剂，以石油焦和烟煤代替了部分木炭。

（3）采用氧气替代氯气精炼化学硅。

（4）改造短网采用新的节能技术降低工业硅生产电耗。

（5）采用计算机控制实现最优化生产改善各种技术经济指标，提高企业效益。

（6）提高管理和技术水平，加强硅产品深加工新技术的研究开发。

（7）发展多品种产品生产。

目前，中国生产和出口的工业硅大部分是用于配制铝合金的冶金级硅。虽然国内外这方面消费的工业硅一直比例很大，占总消费量的 60% ~ 70%，但从近些年的情况看，工业硅在有机硅和半导体方面消费的工业硅量增长很快。近几年，在国际市场上，每吨化学用硅比一般冶金级硅售价高 100 多美元。发展化学用硅生产，是各工业硅企业扩大出口和销售范围，增加企业收入的重要方面。此外，用于制取硅钢的特级钢和应用于其他领域的新品种硅的研制都应引起重视。

另外，20 世纪 70 年代以来，随着能源价格上涨，人们对新能源的开发十分重视。不少国家对太阳能利用的研究和开发做了大量工作。近年来，国内外不少研究者开展了太阳能级硅制取的研究工作。国外早在 20 世纪 50 年代就制成了使用单晶硅片的太阳能电池。现在人们已做到用晶型硅和非晶型硅制作太阳能电池。工业硅生产企业重视和采用这些研究成果，发展太阳能级硅生产，显然也是扩大产品品种不可忽视的方面。

因此，尽管云南硅业的优势在于原材料丰富，特别是高品质硅石和木炭，云南硅的品质在全国是最好的，但为了壮大云南省硅业，提高硅行业的整体竞争力，应积极引进多晶硅、单晶硅生产技术，特别是了解太阳能级多晶硅生产新技术发展动态。一旦新技术成熟，即上马兴建多晶硅生产基地，并依托优质的硅资源、丰富的水电资源，通过高科技投入，将硅业做大做强。

参 考 文 献

1 阙端麟等编．硅材料科学与技术．杭州：浙江大学出版社，2000
2 全书编辑委员会编．材料科学技术百科全书．北京：中国大百科全书出版社，1995
3 浙江大学物理无线电系．电机工程手册．北京：机械工业出版社，1978
4 Muller R. S.，Kamins T. I. Device Electronics for Integrated Circuits. John Willey & Sons，1977
5 Ghandhi S. K. VLSI Fabrication Principles. John Willey & Sons，New York，1983
6 Sze S. M. Physics of semiconductor Devices. John Willey & Sons，New York，1981
7 Xiaoge Gregory Zhang 编著，张俊喜，张大全，徐群杰等译．硅及其氧化物的电化学——表面反应、结构和微加工．北京：化学工业出版社，2004
8 马文会，戴永年，杨斌等．太阳能级硅供求现状及制备新技术研究进展．电子信息材料，2006，(1)：63 ~ 72

3　半导体材料

代建清　昆明理工大学

3.1　概述

3.1.1　半导体材料的基本性质

半导体材料的导电性能介于金属和绝缘体之间，其电阻率大体在 $10^{-4} \sim 10^{-10}\Omega \cdot cm$，完整纯净的半导体材料的电阻率随温度上升而指数下降，光照、掺杂容易改变其电阻率。半导体中有两种载流子（电子和空穴），可分为三种导电类型（N 型导电、P 型导电和本征导电）。半导体材料的数量十分庞大，可按化学组分、晶体结构、体积形貌、使用功能等不同的角度进行分类，目前一般文献中常用的是以化学组分为主的分类方法。按照该种分类方法，半导体材料可分为元素半导体、化合物半导体、固溶半导体、非晶及微晶半导体、微结构半导体、有机半导体以及稀磁半导体等。目前研究得比较深入、制备工艺比较成熟、得到实际应用的半导体材料数量不过几十种。

实用化程度较高的半导体材料的晶体结构主要有金刚石型、闪锌矿型、纤锌矿型和岩盐型四种结构类型；此外，有些三元化合物的半导体材料具有黄铜矿型结构。半导体单晶材料的化学键以共价键为主：元素半导体的化学键是纯共价键；化合物半导体的化学键中除共价键外还有一定的离子键成分。大多数半导体材料的每个原子都处于四面体顶点，形成四面体配位，具有四面体结构的半导体材料占有极其重要的地位。

大量原子组成晶体时，共有化运动显著的价电子由于受到晶格周期性势场的作用，其孤立原子的能级展宽形成能带。两个允许的能带之间被禁带隔开，禁带中不允许电子存在。最高的填满电子的能带称为价带，最低的没有填充电子的能带称为空带。半导体的能带结构以电子能量和波矢 k 的关系描述，导带底和价带顶的距离即为禁带宽度（或带隙）。价带底和导带顶在 k 空间同一点的为直接带隙，而价带底和导带顶不在 k 空间同一点的称之为间接带隙。带隙的大小以及是否为直接带隙对半导体材料的性能有直接的影响。

绝大多数实用半导体材料都是在纯度很高的材料中掺入适当杂质形成的 N 型或 P 型半导体。按照杂质在禁带中所形成的局部能级的位置可分为浅能级杂质和深能级杂质；按照杂质对导电性能的影响可分为电活性杂质（施主或受主）和电中性杂质；按杂质原子在晶格中的位置可分为替位式和间隙式杂质。作为器件应用的半导体材料一般用浅能级杂质控制所要求的载流子浓度和电阻率。半导体材料中的缺陷种类很多，行为也相当复杂，可分为结构缺陷和化学缺陷两类。杂质属于化学缺陷；结构缺陷可分为点缺陷、线缺陷、面缺陷、体缺陷四类。杂质和缺陷对半导体性能有非常大的影响，在材料制备过程中需要很好的控制。

3.1.2 半导体材料的应用及发展趋势

作为现代信息化社会的核心和基础的半导体材料，在国民经济建设、社会可持续发展以及国家安全中具有重要的战略地位，并发挥着极大的作用。50 多年来，半导体材料经历着从第一代半导体（元素半导体 Si、Ge）到第二代半导体（Ⅲ-Ⅴ族化合物半导体 GaAs、InP 等）和第三代半导体（超晶格量子阱、量子线、量子点等低维半导体材料和 SiC、GaN 等宽带隙半导体材料）的迅速发展过程。各种半导体材料之间相辅相成，各有自己的用途。

20 世纪中叶，半导体单晶硅材料和半导体晶体管的发明及其硅集成电路的研制成功，导致了电子工业革命，深刻地影响着世界的政治、经济格局和军事对抗的形式，彻底改变了人们的生活方式。20 世纪 70 年代初，石英光纤和 GaAs 等Ⅲ-Ⅴ族化合物半导体材料及其 GaAs 激光器的发明，促进了光纤通信技术迅速发展并形成高新技术产业，使人类社会进入信息时代。超晶格概念的提出以及半导体超晶格、量子阱材料的研制成功，使半导体器件的设计与制造从“杂质工程”发展到“能带工程”，使人类跨入到量子效应和低维结构特性的新一代半导体器件和电路时代。

半导体微电子和光电子材料已成为 21 世纪信息社会高技术产业的基础材料。它的发展将会使通信、高速计算、大容量信息处理、空间防御、电子对抗以及武器装备的微型化、智能化等这些对于国民经济和国家安全都至关重要的领域产生巨大的技术进步，因此受到了各国政府极大的重视。

除体效应器件外，半导体器件和集成电路的基本结构是各种半导体薄层材料所形成的 pn 结。这些薄层 pn 结是在由一定规格的单晶加工成的具有一定厚度和加工质量的单晶衬底上采用外延技术（或离子注入等技术）制备的，外延薄膜一般也是单晶材料。因此体单晶材料是半导体材料应用的基础；外延技术不仅能制备出异质结、超晶格等复杂结构的超薄层材料，还能生长出一般体单晶生长方法难以制备的固溶体材料。

半导体材料的发展趋势可概括如下：作为微电子技术基础的直拉硅（CZ-Si）单晶材料，从提高集成度和降低成本来看，增大直拉硅单晶的直径仍是 CZ-Si 发展的总趋势；化合物半导体材料 GaAs 和 InP 是微电子和光电子的基础材料，特别是在光电子器件和光电子集成方面具有独特的优势，随着生产规模的扩大和成本的下降，其应用范围将不断扩大；低维半导体材料的研制向实用化发展，使“能带工程”用于生产实践，对半导体材料和相应器件的电学特性和光学特性可以人工“剪裁”，必将出现更多高性能的新颖功能器件；大直径 Si 外延材料、Si 基异质外延材料的发展以及 Si 微结构材料的发展，将会延长 Si 作为主导半导体材料的“寿命”和扩展其应用领域。

3.2 硅及硅基半导体材料

3.2.1 微电子用半导体硅材料

Si 的晶体结构为金刚石型结构，晶格常数为 0.543nm，能带结构表明 Si 为间接带隙半导体，室温下的 Si 的带隙为 1.124eV、本征载流子浓度为 $1.07\times10^{10}cm^{-3}$、本征电阻率

为 $2.99\times10^5\Omega\cdot cm$。硅单晶的制备方法主要有直拉法和悬浮区熔法。直拉法适用于生产中低阻的无位错或低位错的硅单晶，主要用于制作晶体管、二极管以及集成电路等，目前用于电子器件的硅单晶 90% 是用直拉法生长的。悬浮区熔法是一种无坩埚生长技术，高温熔体不会被坩埚材料沾污，主要用于生长高电阻率的硅和探测器用的高纯硅单晶。硅是当前微电子技术的基础材料，目前使用的半导体材料中，98% 的半导体器件是由硅材料制造，一直处于主导地位，其统治地位预计到 21 世纪中叶都不会改变。

从提高集成电路成品率、提高性能以及降低成本来看，增大直拉硅单晶的直径、解决硅片直径增大导致的缺陷密度增加和均匀性变差等问题仍是今后硅单晶发展的大趋势。目前 8 英寸（1 英寸 =0.0254m）的硅片已广泛应用于集成电路的规模生产，硅集成电路工艺由 8 英寸向 12 英寸的过渡将在近年内完成。18 英寸的硅片预计在 2016 年投入生产，直径 27 英寸硅单晶的研制也在积极筹划中。12 英寸 0.18μm 工艺的超大规模硅集成电路已经建成投产，0.13μm 工艺生产线也将投入大规模生产。12 英寸 90nm 工艺已被一些大公司逐渐采用，32nm 的工艺也已在实验室研制成功。尽管直拉单晶硅在现代微电子技术中所起的主导地位在 21 世纪中叶都是无可质疑的，然而直拉单晶硅固有的高浓度间隙态过饱和氧和碳沾污，以及随单晶硅锭直径增大、长度增加而导致的缺陷密度增高和掺杂剂的纵向和径向分布不均匀已是制约直拉单晶硅质量的关键，特别是集成电路工艺过程中间隙氧的不均匀沉淀及其伴随的缺陷将严重限制硅集成电路集成度的提高。为克服上述困难，常采用磁控拉晶法或双液层拉晶法来控制氧、碳等杂质的沾污，提高硅的纯度和改进掺杂的均匀性，以便用于甚大和巨大规模集成电路的制造以及满足电力电子等高频大功率器件和电路的需求。

从进一步缩小器件的特征尺寸、提高硅集成电路的速度和集成度来看，研制适合硅深亚微米乃至纳米工艺所需的硅外延片将会成为半导体硅材料发展的另一个主要方向。实验结果表明，硅外延技术不仅能有效控制氧和碳等杂质的沾污，提高硅的纯度而改进外延层大面积掺杂均匀性外，还易获得完整性高、厚度均匀性好、界面质量高和过渡区小的 nn^+、pp^+ 和 pn 结结构，有效克服直拉单晶硅存在的问题。目前直径 8 ~ 12 英寸的硅外延片已成功应用于生产，更大尺寸的外延片也在开发之中。另外，以低功耗、高速和抗辐照为特点的绝缘体上半导体（SOI）材料的研制也取得重要进展，国际上已有直径 18 英寸的 SOI 商品材料出售，SOI 材料很可能成为 180nm 以下的存储电路的优先选用材料。

理论分析表明，20 ~ 30nm 左右将是硅 MOS 集成电路线宽的“极限”尺寸。这种极限包括量子尺寸效应对器件特性影响所带来的物理限制、光刻方法的技术限制以及硅和 SiO_2 自身性质的限制。尽管人们正在积极寻找高介电绝缘材料（如用 Si_3N_4 代替 SiO_2）、低介电互连材料（用 Cu 代替 Al 引线）以及采用系统集成芯片技术等来提高超大规模集成电路的集成度、运算速度和功能，但硅将最终难以满足人类不断增长的对更大信息量的需求。为此，除了积极探索基于全新原理的量子计算、光子计算、分子计算和 DNA 生物计算等之外，应把更多希望寄托在发展新材料、新效应和新技术上，如硅基半导体异质结构材料、Ⅲ-Ⅴ族化合物半导体材料、低维半导体材料等。

如前所述，硅是集成电路产业的基础，半导体材料中 98% 是硅，半导体硅工业产品包括多晶硅、单晶硅（直拉和区熔）、外延片和非晶硅等。其中直拉硅单晶广泛应用于集成电路和中小功率器件；区域熔单晶目前主要用于大功率半导体器件，比如整流二极管，硅可控整流器，大功率晶体管等。单晶硅和多晶硅应用最广。总的来说，中国半导体硅材料的技术落后，国内2000年和2001年单晶硅产量分别为400t和500t，2002年硅单晶年生产能力达到800t以上，硅抛光片生产能力达1亿平方英寸以上。从理论上讲，这完全可以满足境内集成电路芯片厂家的需求。但境内的8英寸集成电路芯片厂完全使用进口硅片，6英寸芯片厂主要也使用进口硅片，其主要原因有以下三个方面：

一是关键原材料需要进口。与国际先进企业相比，国内多晶硅企业在能耗和物耗上分别高2.5~23倍，污染大、规模小、生产手段落后，导致产品成本价格倒挂，生产企业由1984年的14家和144t年产量降低到1999年的2家和60t年产量，企业生存日渐艰难。2001年，国内生产单晶硅500t左右，需用多晶硅1000t。虽然目前世界上多晶硅总的年生产能力约为2.6亿t，基本满足市场需求，但国内年产量仅在100t左右，中间的巨大缺口要依靠进口填补。由于技术引进的障碍，这个缺口暂时还难以克服。此外，集成电路生产所需的高纯化学试剂、特种气体也面临类似的严峻形势。

二是国内厂家规模小，技术档次低。目前，国内硅材料厂家已超过35家，但产值超亿元的企业只有3家。硅材料产品中，用于太阳能用单晶硅和分立器件区熔硅单晶所占比例过高，用于集成电路的直拉单晶硅片只占很小的部分，当今国外IC生产的主流产品采用F8英寸硅晶片，并且正在向F12英寸硅片过渡。中国抛光硅片产量仅占世界产量的千分之五，直径以F4.5英寸为主，而国际主流产品即F8英寸的抛光片在中国尚处于试制阶段。

三是深加工能力低。直拉单晶硅的后续加工、腐蚀抛光，国产设备难以实现规模化生产，设备的引进一直受到国外制约，难以向集成电路企业提供足量的合格产品，制约了产品的价格和市场竞争力。

另外，加入WTO以后，对国产硅片的保护不复存在，不同的硅材料受到不同程度的影响，用于电力电子器件和分立器件的硅材料所受冲击较小。由于这类产品产量大，但档次低，附加值、产能和生产效率也比较低，竞争相对缓和，所受冲击较小；同时发达国家有将分立器件和相应硅材料工业向亚洲国家转移的趋势，这是入世后中国硅材料产业继续发展的重要基础。集成电路用大尺寸硅外延片与抛光片则受到巨大压力。这些产品利润最丰厚，但竞争也十分激烈。入世后，国内相关厂商与日本信越、德国Wacker Siltranic、三菱/住友、美国MEMC等国际一流厂商同台竞争，这对国内硅工业技术水平的提升形成巨大的压力。

3.2.2 硅基光电子材料

硅是微电子器件中应用得最为广泛的半导体材料，具有其他半导体材料无可比拟的优越性。但是一般硅集成电路只限于处理电信号，对光信号的处理显得无能为力。目前所用的光电子器件主要是Ⅲ-Ⅴ族化合物半导体材料，由于它们与广泛使用的硅技术无法兼容，且制造成本很高，因此限制了其使用领域。发展与硅技术兼容的光电子集成电路技术，实现硅基光电器件的集成，使硅技术的应用从微电子领域扩展到光电子领域一直是人们追求的目标。由于硅是间接带隙材料，其禁带宽度窄（仅为1.1eV），发光效率很低（近红外区域仅为10^{-6}，因此如何提高硅基材料发光效率成为亟待解决的问题。经过多年的研究，近年来在硅基Ⅲ-Ⅴ族化合物半导体材料、GeSi合金、硅基高效发光材料等方面取得了重大进展。

多孔硅：为在硅材料上制造光电器件，必须改变硅材料的能带结构。改变硅材料自身的结构特性即为改变能带结构的方法之一，其中多孔硅技术是最有代表性的一种。1990年 Canham 在 APL 上首次报道多孔硅（PS）在室温下强烈的光致可见光后，多孔硅的研究立即引起人们极大的兴趣，由于它本身就是一种硅材料，很容易与现有的硅技术兼容，是未来硅基光电集成电路的候选材料之一。制造发光多孔硅一般采用阳极极化方法，将单晶硅转化为孔隙率很高的多孔硅，材料中的纳米微孔构成量子线，量子线对电子空穴的束缚作用使硅的能带结构发生变化，禁带宽度增加，使多孔硅可发射从紫外到近红外的光。为提高多孔硅的发光效率，可采用光增强、磁增强以及脉冲电流替代直流电流等阳极极化增强技术。多孔硅的烘干和储存是其制备过程中的关键技术。要使多孔硅的发光效率较高，必须使其孔隙率大、层厚较大且表面完整，因此要采用超临界烘干法，使孔内液体在其临界点之上去除，以避免液气界面的表面张力导致的多孔硅材料出现裂纹和皱缩。另外，为避免其结构和光学特性的存储效应，需要采用一些特定的技术以改善其发光的稳定性。多孔硅的发光机理与其微结构之间存在密切联系，目前流行的多孔硅光致发光机理主要有量子限制效应和表面态模型。利用多孔硅的光生伏特效应可以制造光电池、光探测器等器件。为实现将多孔硅光电器件集成在现有硅微电子集成电路上的目标，除了需要解决器件本身的效率问题，还要解决多孔硅器件与现有硅集成电路工艺的兼容问题，使多孔硅在一定温度下的氧化环境中退火，形成富硅的氧化硅层，提高其化学稳定性和热稳定性。

GaAs/Si 异质结构薄膜：在硅衬底上沉积高质量 GaAs 薄膜形成的 GaAs/Si 异质结构材料是实现光电子混合集成的理想材料体系，具有如下特点：（1）把当代最先进、最成熟的硅微电子学工艺和 GaAs 优良的电学和光电性能结合起来；（2）可使用高质量、大面积、低价格的硅片及成熟的加工工艺和设备；（3）兼具 GaAs 器件抗辐射性强、硅片密度小的优点。但其生长属于极性半导体在非极性半导体衬底上的生长，由于晶格失配和热膨胀系数等不同造成的高密度失配位错而导致器件性能退化和失效，使其难以实用化，为此进行了大量的研究。最近 Motolora 等公司宣称在大尺寸的硅衬底上用钛酸锶作为柔性层成功生长出器件级的 GaAs 外延薄膜。研究表明，在硅衬底上生长薄层钛酸锶时，氧分子扩散到硅与钛酸锶界面处，并与下层的硅原子键合在硅与钛酸锶之间产生的非晶界面层。该非晶层使钛酸锶晶格常数弛豫，并与 GaAs 的晶格匹配得很好。目前美国的一些公司已开发出 12 英寸硅衬底上的砷化镓生长技术。大直径 GaAs/Si 复合片材的研制成功不仅给以 GaAs、InP 为代表的化合物半导体产业带来挑战，而且以廉价、可克服 GaAs 和 InP 大晶片易碎和导热性能差等缺点以及与目前标准的半导体工艺兼容等优点受到关注，其最大潜在应用是为实现光电集成电路提供技术基础。但是 GaAs/Si 等复合材料能否真正获得实际应用还有待时间考验。

SiGe/Si 应变层超晶格材料：SiGe/Si 材料由于具有许多优于硅材料的性能，其加工工艺又与硅工艺兼容，因而成为备受瞩目的硅基半导体材料。SiGe/Si 的带隙小于硅的带隙，是合适的基极材料，因其在新一代移动通信上的重要前景，成为目前硅基半导体研究的另一个重要方向。SiGe/Si 的调制掺杂场效应晶体管（MODFET）和 MOSFET 的最高截止频率已达 200GHz，HBT 的最高振荡频率为 160GHz，噪声在 10GHz 为 0.9dB，其性能可与 GaAs 器件相比，已有在手机中应用的报道。SiGe/Si 材料的生长方法主要又分硅分子束外延、化学束外延和超高真空化学气相沉积3种，从发展趋势看，超高真空化学气相沉积的方法具有较大的优势。目前8英寸的SiGe/Si外延片已经研制成功，更大尺寸的外延设备也在筹划之中。SiGe/Si材料一方面以其器件、电路的工作频率高和功耗小等优点优于硅材料；另一方面又因其价格便宜而胜于GaAs等化合物半导体材料。可以预料，SiGe/Si材料将在下一代移动通信的应用中占据一席之地。全球前20大芯片生产厂家绝大多数都在生产SiGe器件，据统计和预测，2006年SiGe外延材料和器件（不包括系统）的市场将达到12亿美元。

硅基氮化镓发光材料：以蓝宝石和SiC为衬底的高亮度蓝绿发光材料和器件已经商业化，但由于加工困难和价格昂贵等原因导致其成本难以下降。利用硅衬底的很多优点，如大尺寸、高热导率、成本低、易加工和可与硅微电子集成等，但由于GaN和Si之间大的晶格失配和热失配，而导致外延层龟裂、高密度的穿透位错和表面形貌差等问题，使其难以得到实际应用。日本Nagoya技术研究所的Egawa等人报道了在硅（111）衬底上应用MOCVD生长技术制备的InGaN基蓝绿发光管性能得到明显改善的结果。他们采用AlN/AlGaN缓冲层和AlN/GaN多层结构，在2英寸的硅衬底上生长出高结晶质量的无龟裂的GaN基发光管。其特性从总体上可与蓝宝石衬底的结果相比。最近的进展表明采用硅衬底制造的InGaN基蓝绿发光器件是一种很有应用前景的方法。

另外，英国Surrey大学的研究者在Nature杂志报道了一种所谓“位错工程”的新方法，将B离子注入到硅中，硼离子作为P型掺杂剂，可与N型硅形成PN结，同时又在硅中引入位错环；位错环形成的局域场调制硅的能带结构，使荷电载流子空间受限，提高硅发光二极管的量子效率。意大利卡特尼亚的ST微电子公司的研究人员发现，将稀土金属离子如Er、Ce等注入到包含有直径为1~2nm的富硅二氧化硅中，由于量子受限效应而抑制非辐射复合过程的发生，获得量子效率达10%的硅基发光管的纪录。

3.3 Ⅲ-Ⅴ族化合物半导体材料

Ⅲ-Ⅴ族化合物是第二代半导体材料，如GaAs以其电子迁移率快、禁带宽而用于高速、高温、高频、大功率器件，是移动电话的主要材料，又是光纤通讯所必需，现已广泛得到应用。目前得到实用的Ⅲ-Ⅴ族材料为GaAs、InP、GaP、GaN、InSb、GaSb、InAs以及它们形成的若干种固溶体。与目前大量使用的半导体硅材料相比，这些二元化合物具有如下独特的性质：（1）大部分实用的化合物半导体材料室温时带隙都在1.1eV以上，可耐受较大功率，工作温度更高；（2）大都为直接跃迁型能带，光电转换效率高，适于制作光电器件；（3）电子迁移率高，适合制备高频高速器件。除少数几种化合物常温常压下为铅锌矿结构外，其余Ⅲ-Ⅴ族化合物均为闪锌矿结构。闪锌矿结构晶格中除每个原子最近邻原子为异种原子外，与金刚石结构相同。Ⅲ-Ⅴ族化合物的化学键的极性（其共价键中含有一定的离子键成分）使得其物理、化学性质有如下特点：（1）主要解理面是{110}而不是{111}；（2）对含氧化剂的腐蚀液，B面（Ⅴ族原子面）的腐蚀速度比A面（Ⅲ族原子面）更快；（3）按[111]方向生长单晶时，沿B面较易生长出单晶，单晶位错密度也较低；（4）在晶片加工过程中引起的损伤层厚度、表面完整性等方面存在不对称性。与硅相比，Ⅲ-Ⅴ族化合物材料以其优异的光电性质在高速、大功率、低功耗、低噪声器件和电路、光纤通信、激光光源、太阳能电池和显示等方面得到了广泛的应用。

GaAs、InP 和 GaN 及其微结构材料是目前最重要、应用最广泛的Ⅲ-Ⅴ族化合物半导体材料。

3.3.1 砷化镓 GaAs

GaAs 单晶是目前研究的最为成熟、产量最大的化合物半导体材料。GaAs 是闪锌矿型晶体结构，其布里渊区与金刚石结构的布里渊区相同，但能带结构有所差别。GaAs 的导带极小值和极大值都在 $k=0$ 的位置，即为直接跃迁型。由于其电子迁移率高（为 Si 的 5～6倍）、带隙较大（1.43eV，Si 为1.1eV）、容易制成半绝缘材料（电阻率 $10^7 \sim 10^9 \Omega \cdot cm$）、抗辐射性好等特性，是目前最重要的光电子材料，也是继硅之后最重要的微电子材料；是制备多种高频、高速器件和电路、光电器件和光电集成电路的关键材料。

GaAs 中由于含有挥发性组分 As，熔点时 As 的蒸汽压约为 1×10^5 Pa，故其单晶生长比 Si 困难。控制 As 蒸气压主要有两种方法：一种是采用石英密封系统，系统置于双温区炉中，低温端放 As 源控制系统中的砷气压，高温端合成化合物并拉制晶体，整个系统的温度必须高于 As 源温度，以防止 As 蒸气凝结。该方法在密封石英系统中进行，污染较少、纯度较高。另一种是在熔体上覆盖惰性熔体再向单晶炉内充入大于熔体离解压的惰性气体抑制熔体离解。第二种方法可大批量生产大直径具有一定晶向的单晶，生产效率高。开发 GaAs 单晶的生长技术，自 20 世纪 50 年代一直到现在。现在较成功的工业化生长工艺主要有液封直拉法（Liquid Encapsulation Czochralski，LEC）、水平布里奇曼法（Horizontal Bridgman，HB）、垂直梯度凝固法/垂直布里奇曼法（Vertical Gradient Freeze/Vertical Bridgman，VGF/VB）和蒸汽压控制直拉法（Vapour Control Zochralski，VCZ）等。其中 LEC 法是目前生长半绝缘 GaAs 单晶的主要方法，VGF/VB 以及 VCZ 是将来生长 GaAs 单晶的最佳和最有前途的方法，而 HB 法仍然是目前制备用于 LD 和 LED 器件的标称直径 50mm 和 75mm 砷化镓衬底材料的成熟工艺。下面分别介绍各种方法。

3.3.1.1 LEC 生长方法

LEC 技术是一种“冷壁”技术，其可靠性好、易于生长大直径、大长度的单晶，是生长用于制备高频、高速器件和电路的准非掺杂半绝缘（SI）GaAs 单晶的主要工艺。Rudolph 等报道了采用多加热器生长炉可从 28kg 砷化镓熔体中生长直径 150mm 的单晶，且其 PBN 坩埚可重复使用，晶体生长通常在 2MPa 的氩气氛下进行。通过调整 B_2O_3 的含水量和控制晶体中的碳含量，EL2 浓度则主要通过晶锭退火调控。此法的主要优点是可靠性好、易生长大而长的单晶、碳含量可控、可得到圆柱形单晶、B_2O_3 对杂质有一定的吸附作用。该工艺的主要问题是：GaAs 易穿过液封剂 B_2O_3 损失，化学计量控制困难；温度场是高度非线性的，温度梯度可达 100～150K/cm，晶体中的位错密度（以晶面上的腐蚀坑密度，Etch Pit Density，EPD 计）高达 $(0.5 \sim 1) \times 10^5 cm^{-2}$ 而且分布不均匀；此外熔体中和气相中的不稳定对流，造成熔体中温度起伏较大而使晶体中应力场发生变化。为减少晶体中残余应力、提高晶体完整性和物理性质均匀性，除不断改进单晶生长的热场配置外，还常常需要对晶体或晶片进行退火处理。Flade 等最近详细报道了生长直径 150mm 的 SI GaAs 单晶工艺的现状。采用改进的新型多加热器高压单晶炉（该炉可装料 50kg）、直径 300mm 的热解氮化硼（PBN）坩埚，生长出直径 165 ±5mm、长度 100mm 的单晶。在生长中预先合成富 As 的多晶原料，通过在生长气氛中保持一定的 CO 分压进行碳控制，这样可较好控制晶体中的碳浓度和 EL2 浓度，从而控制其电阻率。所生长的单晶的 EPD 为(1.1 ~ 1.4) × $10^5 cm^{-2}$ [其直径 100mm 的 GaAs 晶体中 EPD 更低，为 (6.5 ~ 7.5) × $10^4 cm^{-2}$]，其材料质量可满足器件制造的要求。

3.3.1.2 HB 生长方法

HB（水平布里奇曼法）是目前大量生产半导体砷化镓（SC GaAs）的主要工艺，是利用石英舟管的热壁生长技术，可在常压下生长、可靠性好。该方法的优点是能利用 As 气雾精确控制固化时单晶的砷离解，使材料组分均匀、降低固液界面附近的温度梯度、减少固化后单晶的残余应力，从而达到降低位错的目的。此法生长的砷化镓晶体的 EPD 比相当尺寸的 LEC 法生长的晶体低一个数量级以上。用该方法生长的掺 Si 或掺 Zn 的砷化镓晶体是制备发光二极管（LED）和激光二极管（LD）的主要衬底材料。该方法设备投资低、技术比较成熟，但其主要缺点是难以生长准非掺杂的 SI GaAs 晶体，所生长的晶体界面为 D 形，加工成器件制备所需的圆片要造成一定的浪费。另外，因高温下石英舟的承重能力有限，难以生长直径大于 76mm 的砷化镓单晶。虽然标称直径 100mm 的晶体有过报道，但实际工业化大生产基本都是标称直径 50mm 和 75mm 的晶体。

3.3.1.3 VGF/VB 生长技术

VGF/VB 方法是近些年来开发的生长大直径、低位错、低热应力、高质量 GaAs 单晶的生长方法。在 20 世纪 80 年代末期，VGF/VB 技术开始用于生长低 EPD 的 GaAs 及 InP 等Ⅲ-Ⅴ族化合物半导体单晶，并逐步发展到批量生产的规模。其生长原理是把砷化镓多晶、B_2O_3及籽晶真空封入石英管中，炉体和装料的石英管垂直放置；熔融砷化镓接触位于下方的籽晶后，缓慢冷却，按〈100〉方向进行单晶生长。VGF 技术与 VB 技术的区别在于：VGF 生长系统中没有石英管相对于加热炉的移动，单晶生长完全依靠多个热区所形成的温度梯度来驱动。这两种方法既可生长 SC GaAs，也可生长 SI GaAs，且生长的晶体为圆柱形，晶体中残余热应力较小（约为 3 ~ 4MPa），仅为 LEC 晶体中的 1/10 以下，直径 75mm 晶体中平均 EPD 为 $240cm^{-2}$，直径 100mm 晶体中的平均 EPD≤$3000cm^{-2}$。较长时间以来，VGF 晶体中碳浓度的控制（对生长准非掺杂 SI GaAs 至关重要）较为困难。最近 C. Hanning 等人采用 C^{13}同位素作为掺杂剂放于坩埚上部，生长出碳浓度为 10^{14} ~ 10^{16} cm^{-3}的半绝缘 GaAs 单晶，较好地解决了此问题。另外，日本神户制钢所研制的用石墨电阻加热的蒸气压控制高压 VB 生长系统，最高压力可达 9.8MPa，最高温度可达 1650℃，控温精度 ±0.5℃，温度控制比一般的 VGF 炉更容易；所生长的直径 100mm 的半绝缘砷化镓单晶其 EPD 仅为 ~ $10^3 cm^{-2}$，比 LEC 晶体低一个数量级以上。可以说，VGF/VB 技术综合了 LEC 与 HB 技术的主要优点而克服了其主要缺点，是生长高质量 GaAs 单晶及其他化合物半导体材料的很有前途的工艺。其不足之处是生长晶体时，无法观察和判断单晶的生长情况。实现准确的温度控制需要进行大量的实验。若能采用计算机进行生长条件控制，则此问题便不难解决。因此，计算机多炉群控是实现工业化批量大生产的发展方向。

3.3.1.4 VCZ 生长技术

蒸气压控制直拉法（VCZ）是近年来开发的一种 GaAs 单晶的生长方法，是对 LEC 工艺的重大改进。它与 LEC 法的不同是，在 LEC 炉内设计了一个内存Ⅴ族元素气氛的密闭容器，砷化镓熔体在 B_2O_3覆盖下，在该密封容器中进行单晶拉制；该生长系统的温度梯度较低、化学计量配比的可控性好。晶体表面因无 As 挥发而保持有金属光泽，其位错腐蚀坑密度（EPD）比 LEC 晶体低一个数量级以上，且晶体具有更好的均匀性。VCZ 晶体中的残余应变小，其亚晶粒结构（Subgrain Structure）的网格尺寸大。此方法也是生长用于 GaAs 集成电路的大直径、高质量 GaAs 单晶的很有前途的方法。日本住友已用此法拉制成功直径 150mm 的 GaAs 单晶。但该方法的缺点是：生长过程不易实时观察、设备复杂、生产效率低；若用于工业化批量生产其成本压力较大。提高该工艺的重复性、可靠性、提高生产效率以及实现自动控制是未来的主要研究方向。

GaAs 单晶生长中有待解决的问题如下：（1）热对流与残余热应力问题：理论和实验已经确认，晶体生长过程中的热塑性弛豫与所采用的生长方法有关，晶体在高温区停留的时间越长，其残余热应力就越小。例如，不同工艺所生长的 GaAs 晶体中的残余热应变分别为：150mm 的 LEC 晶体为 1×10^{-5}，150mm 的 VCZ 晶体为 5×10^{-6}，100mm 的 VB 晶体为 3×10^{-6}。因此对晶体生长各阶段温度场的分析和控制极为重要，这就需要通过实验和数字模拟来分析和调控热场。目前主要采用两种方法，一是计算晶体中的热弹性应力场，二是利用结构定律（Constitutive Law）计算局部位错密度。（2）位错和亚结构：按 ASTM F1404 标准，所测量的代表性的直径 100mmGaAs 晶体中 EPD 的平均值分别为：LEC 晶体（5 ~8）$\times10^4$cm^{-2}，VCZ 晶体不大于 1×10^4cm^{-2}，VB/VGF 晶体不大于 5×10^3cm^{-2}；晶片上位错腐蚀坑的特性分布分别为 LEC 晶片呈 W 形，VCZ 晶片呈 U 形，VGF 晶片上有完全无位错区域。GaAs 中的位错形成网格（Cell）结构，随着 EPD 下降，网格尺寸变大。对于直径 100mm 的 SIGaAs，LEC 晶片的网格尺寸为小于 500μm，VCZ 晶片大于 1mm，VGF 晶片为 1 ~2mm。网格结构是由于应力促进位错多角化，因而也受温度场和冷却过程的影响。此外，晶体中还观察到滑移线、局部位错团、亚晶界、小角度晶界等。位错团可能与固液界面上的凹区有关（相应于局部热应力最大处），随着晶体生长的进行，局部 EPD 增加，形成亚晶界，并最终可能导致多晶生长。熔体和气氛中的不稳定对流也会造成晶体中应力变化，其对位错形成的影响有待深入研究。此外，关于位错排和亚晶界的形成与工艺技术的关系也需深入研究。（3）化学计量的问题：按 GaAs 的二元相图，化学计量晶体应从富 Ga3% 的熔体中生长，而且晶体中的位错密度在化学计量处有极小值。但因 GaAs 的半绝缘性能必须由富 As 熔体生长才能得到，所以 SI GaAs 的晶体是从富 As 熔体中生长的，偏离化学计量。生长的晶体在冷却过程中，As 的过饱和导致 As“粒子”在固态 GaAs 中沉淀，As 沉淀首先在位错上核化，这些不均匀核化在位错及位错网格周围形成 As 沉淀区。As 沉淀区会影响器件性能，对其浓度、尺寸和分布应进行很好的控制，进行适当的晶锭和/或晶片的热处理是一种有效的方法。

无论是现在还是未来，不管是国防还是民用，都对 GaAs 基的电子器件和发光器件有着较大的需求。砷化镓的生产厂家应根据不同器件的要求，提供符合器件参数要求的高质量低成本 GaAs 单晶。（1）用于 IC 的砷化镓材料，为提高 IC 集成度和达到批量化生产，要求晶片内阈值电压 V_{th} 必须低且均匀，且要求晶片之间及批与批之间的 V_{th} 具有重复性。为此需严格控制晶体的碳含量和降低位错密度。采用离子注入工艺制作 GaAs 电路时，要求注入层电学参数的重复性和均匀性都要好、高阻衬底的热稳定性要好，这就要求 GaAs 单晶中的固有缺陷，如 EL_2 浓度、各种残余杂质（如 Si、C）和位错密度等需要降低。（2）用于发光器件如 LED 和 LD 的 GaAs 材料，要求其缺陷密度低。因为缺陷会增加复合中心，降低发光强度，使器件特别是 LD 的性能退化，寿命缩短。（3）不管是用于 IC 还是发光器件，都要求尽可能降低成本。增加 GaAs 单晶的直径和长度无疑是降低成本的一种有效手段。不过由于 GaAs 单晶为两族元素材料，加上设备和工艺条件的限制，不可能将晶体直径扩到很大。另外，随着 GaAs 单晶直径的增大，晶片厚度也相应增加，而增加片厚又增加了成本，亦即直径的大小程度应以最低成本为最佳条件。目前，日本 GaAs 材料电子器件的衬底以直径 100mm 为主，而发光器件如 LED 和 LD 主要使用直径 50mm 和 63mm 的 GaAs 衬底。

目前世界 GaAs 单晶年产量为 200 多吨，日本是世界上最大的 GaAs 单晶生产国，其产量约占世界产量的 80%。GaAs 基集成电路的制造由 3 英寸向 4 英寸生产线过渡已经完成，6 英寸的 GaAs 的 IC 实验生产线已建成投产，GaAs 集成电路的产能处于过剩状态。中国化合物半导体材料行业因种种原因和条件的限制，研究基础较薄弱，发展较缓慢。从单晶生长到晶片加工和器件制造，这一条龙系列缺一不可，这些新技术很难从国外引进，特别是单晶生长和材料加工技术。这种状况极大制约了中国化合物半导体材料的发展。有资料报道国内目前 GaAs 单晶的年产量不足 1t，晶体直径主流为 50 ~ 75mm，所有晶片均未达到“开盒即用”的水平，与国际水平差距较大。最近报道，北京有色金属研究总院采用 VCZ 晶体生长系统，成功地拉制成国内第一根直径 100mm 的 VCZ 半绝缘砷化镓单晶，是中国成为继日本和德国之后第三个掌握此技术的国家。另外，中国电子科技集团公司第 46 研究所也研制出中国第一颗直径 6 英寸的 GaAs 单晶，等径长度为 120mm，电学参数指标达到国际商用水平。2005 年国内 GaAs 单晶的年生产能力约为 2 ~ 3t。GaAs 单晶的主要市场是手机射频发射部分的功率放大器和天线收发开关等器件。2002 年中国生产 1 亿部手机，消耗 9000 万只 GaAs 功率放大芯片和同样多的 GaAs 开关芯片，价值约 10 亿元人民币。预计今年手机和基站、CATV 对 GaAs 功放、控制器件的需求量有所提升。预计 2006 年国内 GaAs 器件的用量将相当于等效 6 英寸 GaAs 晶片 8.4 万片，主要用于手机配套。

3.3.2 磷化铟 InP

磷化铟（InP）是由ⅢA 族元素 In 和ⅤA 族元素 P 化合而成的一种Ⅲ-Ⅴ族化合物半导体。其晶体呈深灰色，质地软脆，分子量 145.8，密度 4.78g/cm^3，显微硬度 435 ± 20/mm。其晶体结构为闪锌矿型，晶格常数 0.5869nm。常温下其禁带宽度为 1.35eV，直接跃迁型能带结构，发射波长 0.92μm。其熔点为 1070℃，在熔点时 P 的离解压力 2.75MPa。

InP 是重要的化合物半导体材料之一，是继 Si 和 GaAs 之后最重要的半导体材料。InP 材料的出现以其高的电子迁移率和高的响应频率使得在同一芯片上实现光电集成成为可能，为光电子技术打下了基础。InP 单晶材料按电学性质主要分为掺硫 N 型、掺锌 P 型、掺铁或非掺杂退火半绝缘 InP 单晶。InP 作为衬底材料主要有以下几种应用途径：（1）n 型 InP 单晶用于光电器件，包括光源（LED、LD）和探测器（PD、APD）等，主要用于光纤通信系统。由于 InP 为直接带隙、闪锌矿结构的化合物半导体材料，能带宽度室温下为 1.35eV，与其晶格匹配的 InAsP、InGaAs 的带隙对应于 1.3 ~ 1.6μm 波段。以 n 型 InP 晶片为衬底制作的波长在 1.1 ~ 1.7μm 发光二极管和 PIN 探测器在石英光纤通信系统中的色散近乎为零、传输损耗最低，已经并将不断在光纤通信系统中发挥极其重要的作用。目前由于 MOCVD 技术的成熟，制造 PIN-PD 的 $In_{0.53}Ga_{0.47}As$/InP 外延层技术已经可以成功地应用于 10mm 掺硫 n 型 InP 衬底上，使得采用直径 100mm 晶片比 50mm 晶片节省 6 倍的成本。（2）半绝缘 InP 衬底用于电子器件，包括高频高速微波器件（MISFET、HEMT、HBT）和光电集成电路（OEIC）。由于 InP 材料具有电子漂移速度快、负阻效应显著等特点，半绝缘 InP 单晶衬底除制作光电器件、光电集成电路外，更是制作微波器件、高频高速器件的理想衬底材料。InP 基 HEMT 器件以其无与伦比的低噪声系数和高增益，使得它可在 1～100GHz 频段内作出性能极佳的低噪声放大器。InP 基晶格匹配 HEMT 是目前最适用于毫米波高端应用的低噪声器件，它们使用的衬底材料正是半绝缘的 InP，因此近年来国际上对半绝缘 InP 的研究正在逐步加强。（3）另外，p 型 InP 单晶主要用于高效抗辐射太阳能电池。近年来，InP 晶片的需求量以每年 15% 的速度递增，其中市场份额最大的是掺硫的 n 型 InP 衬底。专家预测用于近红外成像方面的 InP 产品的销售额将达到 10 亿美元的规模，其芯片尺寸为 13mm × 18mm。但半绝缘 InP 单晶衬底愈来愈受到重视。

与目前用量最大的化合物半导体材料 GaAs 相比，InP 在器件制作中具有下列优势：（1）高电场下（约 10^4V/cm），InP 中电子峰值漂移速度高于 GaAs（分别为 2.5×10^7cm/s 和 2.0×10^7cm/s），是制备超高速、超高频器件的良好材料。（2）InP 作为转移电子效应器件（即根氏器件）材料，其性能优于 GaAs，表现在其电流峰谷比较大，因而转换效率更高；其惯性能量时间常数只有 GaAs 器件的一半，故其工作极限频率比 GaAs 器件高；InP 的 D/μ（D 和 μ 分别为电子的扩散系数和负微分迁移率）值低，使 InP 器件具有更好的噪声特性。（3）InP 的直接跃迁带隙为 1.35eV，与其晶格匹配的 InGaAsP/InP、InGaAs/InP 发光器件、激光及光探测器件，响应波长为 1.3～1.6μm，是现代石英光纤通信中传输损耗最小的波段；这两种材料系统所制成的光源和探测器早已商品化，促进了光纤通信的发展。作为太阳能电池材料，InP 基电池不仅有较高的转换效率，而且其抗辐射性能还优于 GaAs 电池，加之 InP 材料表面复合速度小，所制电池寿命更长，是宇航飞行器上优良的候选电源材料。（4）InP 的热导率比 GaAs 高，所制同类器件有较好的热性能。（5）掺入适当的深受主（如 Fe）杂质，可制得半绝缘单晶；高纯单晶材料在适当条件下退火，也可得到半绝缘性能，因而 InP 也是制备高速器件和电路、光电集成电路的重要衬底材料。

虽然 InP 单晶作为衬底材料，与 GaAs 相比具有明显的优势，但由于其堆垛层错能和解离临界切应力较小，容易产生孪晶，其单晶制备工艺难度比 GaAs 大，成晶率较低，使得 InP 单晶的生产成本较高，其产量目前还远低于 GaAs。磷化铟单晶首先是由 Mulin 于 1968 年用高压液封直拉法（KEC）拉制成功的。进入 20 世纪 70 年代后期，以 InP 单晶为衬底制作的长波长激光器首次实现室温下激射后，InP 单晶开始引起人们的重视。20 世纪 80 年代以来，InP 单晶生长技术日趋成熟，拉晶设备不断改进，并实现自动控制，这些都大大促进了 InP 单晶质量的提高。同时，以 InP 为衬底制造的激光器实际应用于光纤通信工程中，InP 单晶初步进入实用阶段。20 世纪 90 年代大量的研究表明 InP 的高电场电子漂移速度比砷化镓（GaAs）高，更适合制造高速高频器件。此外，InP 的热导率、太阳能转换效率、抗辐射特性等均优于 GaAs，适合制造集成电路、太阳能电池等。因此用掺 Fe 半绝缘 InP 衬底制造 MISFET 和 OEIC 的研究已经广泛开展起来。InP 基 HBT 和 HEMT 器件等高频高速器件已接近实用化。InP 已成为继 GaAs 之后的又一重要的电子器件材料，在将来的毫米波器件、集成电路领域中将显示出其重要性。因此，自 20 世纪 90 年代以来，人们对 InP 单晶生长产生孪晶的机理、热场分布及晶体生长过程中热传输等进行了大量的研究，促进了 InP 单晶生长技术的成熟。目前光电器件用 InP 单晶以 50mm 和 75mm 为主，微电子器件用衬底已开始使用直径 100mm 的单晶，直径 150mm 的 InP 单晶也已经研制成功。国际上当前使用的 InP 晶片基本上由日、美等国的少数大公司垄断了整个世界市场。生长大直径单晶显然可以增加产量，并且促进新型器件的制造。大直径化合物半导体单晶生长能力在一定程度上也体现了一个国家的科技综合实力，美国、日本、欧洲等都加快在这方面的工作。近年来用于 InP 单晶制备的新技术和新工艺简述如下。

3.3.2.1 InP 多晶合成技术

目前合成 InP 多晶的方法大致可分为高压合成法、溶液扩散法和炉内直接合成法三类：（1）高压合成法：主要有高压水平布里奇曼法（HPHB）和高压温度梯度凝固法（HPGF）两种。由于 InP 在其熔点的离解压力高达 2.75MPa，要想合成化学计量比的多晶 InP，合成时反应温度应在其熔点 1070℃，磷的蒸气压应控制在 2.75MPa。但实际上由于压力太高，难以控制平衡，一般合成时压力稍低于 2.75MPa，控制在 2.0 ~ 2.5MPa；合成温度为 1000 ~ 1100℃。高压水平布里奇曼法和高压温度梯度凝固法均属于此类情况。用这两种方法合成的多晶 InP 的纯度较差，主要原因是由于高温下石英舟产生的硅沾污严重，降低了多晶 InP 的纯度。通常其低温（77K）迁移率为 15000 ~ 40000$cm^2/(V \cdot s)$，载流子浓度为$(2 \sim 30) \times 10^{15} cm^{-3}$。现在有人采用氮化硼舟以减少硅的沾污，合成效果较好。目前商品化的 InP 多晶合成主要采用高压水平布里奇曼法，然后经过清洗处理再装入高压单晶炉内进行 LEC 晶体生长，此种途径只能得到富铟或近化学计量配比的 InP 熔体。（2）溶液扩散法：合成反应温度较低，通常 800 ~ 900℃，所得多晶材料的纯度比较高，低温载流子浓度一般为 $3 \times 10^4 \sim 3 \times 10^{15} cm^{-3}$，迁移率为 126000 ~ 79000$cm^2/(V \cdot s)$。但由于合成速度很慢，合成量很小，合成生长单晶用的 InP 多晶材料一般不采用此种方法。（3）炉内直接合成法：可分为液态磷覆盖法和炉内磷注入法。液态磷覆盖法合成的 InP 纯度高，但对设备要求高，实际应用不多。炉内磷注入法合成速度快，纯度较高，是很有前途的合成方法。炉内原位磷注入法的基本工艺为，将纯度为 6N 的红磷装入磷源炉的磷泡内，再将磷源炉装入高压单晶炉内；抽真空后充入 2MPa 高纯氩气，然后升到预定合成温度；常温下固态的红磷在高温变为磷蒸气，在压力作用下从磷泡内注入到 In 熔体中，在 InP 熔点温度附近发生化合反应；通过控制磷源炉辅助电炉的输出功率控制固态磷的汽化速率以及 InP 的合成速度；合成后再进行常规的液封直拉（LEC）单晶生长。

3.3.2.2 InP 单晶生长技术的现状和发展趋势

InP 单晶生长主要有高压液封直拉法（HPLEC）和垂直温度梯度凝固法（VGF）两种，其中普遍采用的是高压液封直拉法。（1）高压液封直拉法的基本工艺是炉室内通入高压 N_2或 Ar，用脱水 B_2O_3（熔点450℃、密度 1.8g/cm^3、蒸汽压 13Pa）覆盖在 InP 熔体上面以抑制 P 的挥发。该方法的籽晶在熔体上部，利用自由生长界面拉制单晶。HPLEC 方法已经比较成熟，但其主要缺点是生长的单晶位错密度高。为了降低 InP 单晶的位错密度，除掺入杂质提高晶体滑移的临界分切应力外，近些年来人们对高压液封直拉法进行了一系列的改进，大大降低了生长过程中的纵向温度梯度，减小 InP 晶体所受的热应力。日本的 Katagiri 等人利用热保温罩降低纵向温度梯度，采用该方法生长的 3 英寸掺硫 InP 单晶表面未产生严重离解，每片上的 EPD 为 17 ~ 39cm^{-2}，为无位错单晶。日本的 Shimizu

等人采用复式加热器降低了纵向温度梯度，也生长出了低位错的 InP 单晶。另外日本 Tada 等人采用磷气氛下拉晶的方法以避免 InP 晶体的离解，生长出的直径 50mm 掺铁半绝缘 InP 单晶的平均 EPD 为 $2\times10^3\text{cm}^{-2}$。（2）垂直温度梯度凝固法（VGF，Vertical Gradient Freeze）的基本工艺是将物料和籽晶均放入生长舟（坩埚）中，籽晶部分熔化和熔体融合，纵向温度梯度由外部加热器控制，通过移动生长舟（或加热器）实现晶体生长。该方法的籽晶在熔体下部，晶体的形状由生长舟的形状决定。VGF 法的优点是生长过程中的纵向温度梯度很小，生长的 InP 单晶的位错密度低。美国贝尔实验室的 Monberg 等人于 1986 年首先使用该方法拉制 InP 单晶，由于晶体生长过程中的纵向温度梯度仅为 8℃/cm，生长出的直径 50mm 的 InP 单晶的位错腐蚀坑密度（EPD）不大于 500cm^{-2}，达到无位错水平，并且能保证 InP 单晶的化学配比。但其仅能生长〈111〉晶向的 InP 单晶，〈100〉方向的成晶率几乎为零。现在人们正在研究该方法的工艺条件，以便能生长出高质量的〈100〉方向的 InP 单晶。

如前所述，InP 单晶除了在光电器件中的应用外，在高频高速电子器件领域的应用已成为目前国际上最活跃的领域。未来的卫星通信将需要工作频率为 100GHz 的器件，InP 将是这一微波领域的主要成员。在 InP 晶体的制备方面，日本处于世界领先的地位，表现为发表的成果多、工艺技术先进、材料性能指标高。美国的 InP 晶体制备技术略逊于日本。另外，在北大西洋公约组织（NATO）国家中，大多数公司在 GaAs 和 InP 制造方面都有积极的研究计划，法国和德国几家公司正在对 InP 作积极的研究，法国致力于用于集成光学的 InGaAs/InP 结构的工作也表明了这一技术的巨大能力。以色列在化合物半导体材料方面也取得了进展。

总的来说，InP 单晶生长技术的发展趋势是，为获得高质量的 InP 单晶，炉内注入合成是一种很有前途的合成方法。中国电子科技集团公司第 13 研究所在自行研制的 LD-150 型高压单晶炉内，采用磷注入炉内合成工艺成功拉制出了直径 100mm 的掺硫 n 型 InP 单晶。从目前条件看，高纯 InP 的室温载流子浓度将达 $5\times10^{14}\text{cm}^{-3}$，迁移率应为 $5000\text{cm}^2/(\text{V}\cdot\text{s})$ 左右。降低 InP 单晶的 EPD 将是单晶制备的一项主要工作。VCZ 技术是一种生产低 EPD 的 InP 单晶的主要方法，将来会成为高压液封直拉法中最有前途的方法。VGF 是一种很有希望的生长低 EPD 的 InP 单晶的方法，但要提高其〈100〉方向的单晶的成晶率。最近，日本 Hashio 等人采用垂直布里奇曼法（VB，Vertical Bridgman）成功生长出了直径 100mm 的掺铁半绝缘〈100〉方向的 InP 单晶，其 EPD 是常规 VCZ 磷化铟晶片的一半，其性能的微观和宏观均匀性都超过了 VGF 的 InP 晶片，被认为是非常适合电子器件的应用。最近，中科院半导体研究所采用高温退火工艺研制成功一种新型的非掺半绝缘 InP 晶片，对于改善和提高 InP 基微电子器件的性能具有重要的意义。由于 InP 单晶的成本较高，为了促进 InP 单晶的应用，必须发展大直径、长晶锭的单晶生长技术，这样可以降低成本、增加 InP 单晶的用量，加速 InP 器件的实用化进程。

3.4　宽带隙半导体材料

宽带隙半导体材料主要是指金刚石、Ⅲ族氮化物、碳化硅、立方氮化硼以及Ⅱ-Ⅵ族硫、锡碲化物、氧化物（ZnO）及固溶体等，特别是 SiC、GaN 和金刚石薄膜等材料，因其具有高热导率、高电子饱和漂移速度和大临界击穿电压等特点，成为研制高频大功率、耐高温、抗辐照半导体微电子器件和电路的理想材料，在通信、汽车、航空、航天、石油开采以及国防等方面具有广泛的应用前景。另外，Ⅲ族氮化物也是优良的光电子材料，在蓝绿光发光二极管（LED）和紫、蓝、绿光激光器（LD）以及紫外探测器等应用方面也显示了广泛的应用前景。

3.4.1 GaN 半导体材料

GaN 是由 Johason 等人于 1928 年合成的一种Ⅲ-Ⅴ族化合物半导体材料，由于其晶体获得比较困难，所以对其特性的认识和应用前景未得到很好的进展。20 世纪 60 年代，在Ⅲ-Ⅴ族化合物 GaAs 材料制成激光器之后，才又对 GaN 重新产生了浓厚的兴趣。1969 年，新泽西州普林斯顿大学的 RCA 研究室制备出了 GaN 晶体薄膜，给这种材料带来了新的希望。但是，由于衬底材料的问题和外延技术的限制而未能发展起来。十几年前，日本名古屋大学赤崎教授所带领的研究小组在 GaN 的研究上迈出了新的步伐。之后，由于 MOCVD、MBE 等薄膜制备技术的成熟，以及高存储密度 DVD 技术的需要，使得 GaN 材料首先在蓝光的应用方面取得突破性进展。20 世纪 90 年代，对 GaN 的研究在全世界蓬勃发展起来。估计不久，蓝光 GaN 器件就将大批量进入 DVD 应用。

3.4.1.1 GaN 材料的特性

GaN 一般由金属 Ga 和 NH_3 在 600 ~ 900℃的温度范围合成，呈白色、灰色或棕色（含有 O 或未反应的 Ga 所致）。GaN 是极为稳定的高熔点材料，熔点约 1700℃，其电离度约 0.15，在Ⅲ-Ⅴ族化合物中是最高的。在常压下，GaN 晶体一般呈六方纤锌矿结构，其空间群为 $P6_3mc$（C_{6V}），晶格常数值 $a = 0.3189$nm，$c = 0.5185$nm。因其硬度高，又是一种良好的涂层保护材料。GaN 在室温下不溶于水、酸和碱，而在热的碱溶液中以非常缓慢的速度溶解。NaOH、H_2SO_4 和 H_3PO_4 能较快地腐蚀质量差的 GaN，因此用于 GaN 晶体的缺陷检测。GaN 在 HCl 或 H_2 下高温中呈现不稳定特性，在 N_2 下最为稳定。GaN 的电学性质是影响器件的主要因素。未掺杂的 GaN 在各种情况下都呈 N 型，最好的样品电子浓度约为 $4 \times 10^{16}cm^{-3}$。一般情况下所制备的 P 型样品都是高补偿的，有效的 P 型掺杂技术是近几年刚刚突破的技术难题。通过 P 型掺杂工艺和 Mg 的低能电子束辐照或热退火处理，已能将掺杂浓度控制在 $10^{11} \sim 10^{20}cm^{-3}$ 范围。

GaN 具有宽的直接带隙（室温下 3.39eV）、强的原子键、高的热导率等性质和强的抗辐照能力，其区别于第一代和第二代半导体材料最重要的物理特点是具有更宽的禁带，可以发射波长比红光更短的蓝光。因此氮化镓不仅是短波长光电子材料，也是高温半导体器件的换代材料。由于其具有许多硅基半导体材料所不具备的优异性能，包括能够满足大功率、高温高频和高速半导体器件的工作要求；而且Ⅲ族氮化物可组成带隙从 1.9eV（InN）、3.4eV（GaN）到 6.2eV（AlN）的连续变化的固溶体，因而可实现波长从红外到紫外全可见光范围的光发射。红、黄、蓝三颜色具备的全光固体显示就可真正实现，颜色纯正、光彩夺目的画面将使人们的生活更加艳丽，因此 GaN 蓝光产业开发热遍全球。GaN 半导体材料的商业应用研究开始于 1970 年，其在高频和高温条件下能够激发蓝光的独特性质从一开始就吸引了半导体开发人员的极大兴趣。但是 GaN 的生长技术和器件制造工艺直到近几年才取得了商业应用的实质进步和突破。1992 年被誉为 GaN 产业应用鼻祖的美国 Shuji Nakamura 教授制造了第一支 GaN 发光二极管（LED）；1999 年日本 Nichia 公司制造了第一支 GaN 蓝光激光器，该激光器的稳定性能相当于商用红光激光器。从 1999 年年初到 2001 年年底，GaN 基半导体材料在薄膜和单晶生长技术、光电器件方面的重大技术突破有 40 多个。

由于 GaN 半导体器件在光显示、光存储、激光打印、光照明以及医疗和军事等领域有着广阔的应用前景，GaN 器件的广泛应用将预示着光电信息乃至光子信息时代的来临。因此，以 GaN 为代表的第三代半导体材料被誉为 IT 产业新的发动机。近几年世界各国政府有关机构、相关企业以及风险投资公司纷纷加大了对 GaN 基半导体材料及其器件的研发投入和支持。美国政府 2002 年用于 GaN 相关研发的财政预算超过 5500 万美元。通用、飞利浦、Agilent 等国际知名公司都已经启动了大规模的 GaN 基光电器件商用开发计划。风险投资机构同样表现出很大的兴趣，近三年内向该领域总计投入了约 5 亿美元的资金。

3.4.1.2　GaN 产业市场前景诱人

作为一种具有独特光电属性的优异半导体材料，GaN 的应用市场可以分为两个部分：(1) 凭借 GaN 半导体材料在高温高频、大功率工作条件下的出色性能取代部分硅和其他化合物半导体材料器件市场。(2) 凭借 GaN 半导体材料宽禁带、激发蓝光的独特性质开发新的光电应用产品。目前 GaN 光电器件和电子器件在光学存储、激光打印、高亮度 LED 以及无线基站等应用领域具有明显的竞争优势。相关的商业专利已经有 20 多项，涉足 GaN 半导体器件商业开发和制造的企业也越来越多。其中高亮度 LED、蓝光激光器和功率晶体管是当前器件制造商和投资商最为感兴趣和关注的 3 个 GaN 器件市场。可应用于如下几个方面：(1) 大屏幕、车灯、交通灯等领域：GaN 基蓝、绿光 LED 产品的出现从根本上解决了发光二极管三基色缺色的问题，是全彩显示不可缺少的关键器件。蓝、绿光 LED 具有体积小、冷光源、响应时间短、发光效率高、防爆、节能、使用寿命长（使用寿命可达 10 万小时以上）等特点。因此蓝色发光二极管在大屏幕彩色显示、车辆及交通、多媒体显像、LCD 背光源、光纤通信、卫星通信和海洋光通信等领域大有用武之地。(2) 为半导体照明奠定产业化基础：在丰富了色彩的同时，GaN 基 LED 最诱人的发展前景是其用作普通白光照明。半导体照明一旦成为现实，其意义不亚于爱迪生发明白炽灯。按照目前的技术水平和发展趋势，半导体作普通白光照明市场的开始启动大约会在 2006 年前后，而某些特殊照明市场已经开始启动。(3) 带来数字化存储技术的革命：蓝色激光器（LD）将对 IT 业的数据存储产生革命性的影响。蓝光 LD 因具有波长短、体积小、容易制作、高频调制等特点，将取代目前的红外光等激光器（目前的 VCD 和 DVD 的激光光头为红外光源），在民用领域有着很大的潜在市场。(4) 军事领域有重要的用途：在军事上，可制成蓝光激光器，具有驱动能耗低，输出能量大的特点，其激光器读取器可将目前的信息存储量提高数倍，并大大提高探测器的精确性及隐蔽性，因此蓝光激光器将广泛用于军事用途。(5) 另外，蓝光 LD 还可应用于光纤通信、探测器、数据存储、光学阅读、激光高速印刷等领域。

据专家预测，在未来 10 年内，氮化镓材料将成为市场增幅最快的半导体材料，到 2006 年将达到 30 亿美元的产值，占化合物半导体市场总额的 20%。同时，作为新型光显示、光存储、光照明、光探测器件，可促进上千亿美元相关设备、系统的新产业的形成。根据美国市场调研公司 Strategies Unlimited 预测，即使最保守发展，2009 年世界 GaN 器件市场将达到 48 亿美元的销售额。专家认为，新的 GaN 基应用产品的出现和电子器件向光电乃至光子器件升级等因素将使得未来 GaN 市场很有可能呈突变性急剧增长态势。目前对于 GaN 基 LED 的投资相对较多，但同时有必要给予 GaN 基功率晶体管和 GaN 基蓝色激光器以更多关注，尽管现阶段其制造技术仍然不成熟，但预计一旦在衬底等关键技术领域取得突破，其产业化进程将会取得长足发展。

3.4.1.3 GaN 材料生长技术

由于 N_2 的分子十分稳定，Ga 和 N 不可能在常温下合成 GaN，只能采取微波或别的激励方式离解为 N 原子之后，才能与 Ga 进行合成反应。生长 GaN 体单晶很困难，尤其生长能提供作外延衬底的大尺寸晶体更困难。为了改善 GaN 材料的质量，发展材料制备方法是非常重要的。尽管人们对 GaN 体单晶材料的生长进行了许多积极的探索，但是目前 GaN 材料主要还是通过在其他衬底上进行异质外延生长的，常用的衬底是蓝宝石（Al_2O_3）和 6H SiC。在各种外延技术中，卤化物汽相外延（HVPE）、金属有机化学汽相沉积（MOCVD）和分子束外延技术（MBE）已经成为制备 GaN 及其相关三元、四元合金薄膜的主流生长技术。分别简述如下。

A 金属有机化学汽相沉积（MOCVD）

金属有机化学汽相沉积方法的生长速率适中，是唯一可以用来实现大规模商业生产的制备技术。它易于通过调节各种源气体的流量来控制外延层的组分、厚度、电导率；外延设备简单，可进行大面积和多片批量生长；外延层杂质分布可以作得陡峭，有利于生长理想的多层薄膜。最早用 MOCVD 生长Ⅲ族氮化物是在十几年前开始的，GaN 的生长源采用三甲基镓和氨气，利用氢气和氮气做载体，生长温度为 1050℃。增加三甲基铝和三甲基铟可以分别生长 AlGaN 和 InGaN，AlGaN 容易形成均匀的合金，而 InGaN 的制备相对比较复杂，富铟相有析出的趋势，导致不均匀的 InGaN 层。N 型掺杂用 Si 做浅施主，SiH_4 做 MOCVD 的源气体，P 型掺杂 Mg 是最适合的受主，用 Cp_2Mg 做源，为避免 H 钝化 Mg 受主，退火温度在 700℃左右。MOCVD 目前已经成为用得最多、生长材料和器件质量最高的方法。美国的 EMCORE 和 AIXTRON 公司以及英国的 Thomas Swan 公司都已经开发出用于工业化生产的Ⅲ族氮化物 MOCVD（LP MOCVD）设备。MOCVD 可用于生长多层Ⅲ族氮化物器件结构，但由于晶格失配，多层生长之间存在很大应力，因此，界面的粗糙度是需要探讨的问题，对器件的电学特性有重要的影响。

分子束外延（MBE）：分子束外延选区生长是制作先进高速 GaAs 基器件及平面单片光电子集成电路的最有希望的方法，并可生长量子线之类的低维结构。MBE 技术生长温度低，易于获得具有理想界面的多层薄膜，而且薄膜厚度、组分、掺杂浓度可精确控制，也是Ⅲ族氮化物实验研究常用的制备方法。这种方法有气源分子束外延（GSMBE）和金属有机分子束外延（MOMBE）两个分支。(1) 第一种方法直接以 Ga 或 Al 的分子束作为Ⅲ族源，以 NH_3 作为 N 源，在衬底表面反应生成氮化物。采用该方法可以在较低的温度下实现 GaN 生长。但在低温下，NH_3 的裂解率低，与Ⅲ族金属的反应速率较慢，生成物分子的可动性差，晶体质量不高。为了提高晶体质量，人们开展了以 RF 或 ECR 等离子体辅助增强技术激发 N 作为 N 源的研究，并取得了较为满意的结果。(2) 第二种方法以 Ga 或 Al 的金属有机物作为Ⅲ族源，以等离子体或离子源中产生的束流作为 N 源，在衬底表面反应生成氮化物。该方法可在较低的温度下实现 GaN 生长，同时解决了 NH_3 在低温下裂解率低的问题，有望得到好的晶体质量。分子束外延的生长速率较慢，对于外延层较厚的器件（如 LEDs 和 LDs），生长时间较长，不能满足大规模生产的要求。当采用等离子体辅助方式时，需要采取措施以避免高能离子对薄膜的损伤。

B　卤化物汽相外延技术（HVPE）

卤化物汽相外延技术是最早用于制备Ⅲ族氮化物的外延技术，具有设备简单，生长速度快的优点。采用 GaCl 和 NH_3在 1000℃左右在蓝宝石衬底上可以快速生长出质量极好的 GaN 薄膜，生长速度最快可以达到每小时几百微米，为制备 AlGaN，用 AlCl 把 Al 输送到生长区。在 HVPE 生长过程中，通过控制 O 的数量可以实现 N 型掺杂，另外，以 $MgCl_2$为载体控制 Mg 注入的数量可以实现 P 型掺杂。HVPE 方法可以快速生长出低位错密度的厚膜，这种厚膜可以在 MBE 和 MOCVD 生长器件结构时用作同质外延生长的衬底。在 350nm 波长，X 射线衍射宽度测量表明，用 HVPE 制备的 GaN 作衬底其典型器件的正常响应是以蓝宝石作衬底的器件的 6.5 倍，有效地改善了晶体质量；并且和衬底分离的高质量的 GaN 薄膜有可能成为体单晶 GaN 晶片的替代品。总之，与 MBE 和 MOCVD 比较，用 HVPE 能够生长多层结构并实现掺杂控制，但 HVPE 技术很难精确控制膜厚，反应气体对设备具有腐蚀性，会影响 GaN 材料纯度的进一步提高，因此尚需进一步研究。

C　横向外延过生长（ELOG）

由于材料和衬底间的晶格失配引起的线位错会严重影响器件的性能，所以需要发展新的技术。采用 ELOG 技术可以进一步减少位错密度，从而改善 GaN 外延层的晶体质量。首先在合适的衬底上（蓝宝石或碳化硅）沉积一层 GaN，再在其上沉积一层多晶态的 SiO_2掩膜层，然后利用光刻和刻蚀技术，形成 GaN 窗口和掩膜层条。在随后的生长过程中，外延 GaN 首先在 GaN 窗口上生长，然后再横向生长于 SiO_2条上。试验结果表明，生长于 SiO_2条上的 GaN 的位错密度比 GaN 窗口上的小几个数量级。目前 ELOG 技术已经应用于蓝光 LDs，并获得了满意的结果，连续发光的激光器寿命可以提高到 10000h。ELOG 技术为制备低位错密度材料提供了新方法，但该方法并非商用 GaN 器件的最终解决方案，只是 GaN 体单晶未成熟条件下的过渡，因为 ELOG 中涉及加工过程和至少一次再生长工艺，此外，在横向生长区域的 GaN 外延层易发生 c 轴的倾斜现象，在接合区域形成位错。

众所周知，以 GaN 为代表的Ⅲ族氮化物因为没有同质衬底材料，而只能生长在与其晶格失配很大的蓝宝石、碳化硅、硅或砷化镓等衬底上，大的晶格失配导致的高缺陷密度，严重地影响着器件性能和它进一步的应用。寻求晶体结构、机械性质、热学性质相匹配的材料，科学工作者做了长期的努力。最后倾向于 SiC 和蓝宝石衬底。在蓝宝石衬底（0001）C 面或（$11\bar{2}0$）A 面均能生长好的外延膜。蓝宝石的解理面为（$1\bar{1}02$）R 面，热膨胀系数为 $7.5\times10^{-6}K^{-1}$和 $8.5\times10^{-6}K^{-1}$，热导率为 0.5W/(cm·K)，GaN 与蓝宝石衬底之间失配度约 14%。在研究过程中，人们发现，直接在蓝宝石衬底上高温生长 GaN 薄膜，不能获得平整光洁的高质量膜，并且外延生长出来的膜，由于完整性不好、缺陷密度大，造成基体载流子浓度高，不能得到满意的半导体导电类型，如高阻抗 N 型膜和 P 型膜。为此，研究人员在以下几方面做了很多工作：（1）缓冲层生长和掺杂层制备：1986 年 Amano 等人发现在蓝宝石上生长很薄的一层 AlN 层，会对继续生长 GaN 层质量有帮助。AlN 能与 GaN 很好匹配，而对蓝宝石匹配不好，但由于它很薄（20nm 以内），低温沉积的无定形性质，作为缓冲层会在高温生长 GaN 时为 GaN 和蓝宝石晶格去偶（decoupling）。从而可通过缓冲层的生长获得高质量的 GaN 膜。Nakamera 等人 1991 年用生长

GaN 缓冲层方法，得到了平坦光滑的 GaN 膜。另外，还有 ZnO 缓冲层等多种方法。由于缓冲层技术的应用，GaN 外延膜质量取得显著的提高，用掺 Si 的办法比较容易获得 N 型 GaN。Amano 等人用掺 Mg 元素加低能电子射线照射的办法得到 P 型 GaN。Nakamura 等人用热处理办法同样获得了 P 型掺 Mg 的 GaN。（2）赝同质外延：在蓝宝石上异质外延取得了相当的成功，作出的蓝色发光二极管寿命可达 $10^4 \sim 10^5$h。缓冲层的生长虽然改善了 GaN 膜的质量，但由于衬底与外延层之间晶格常数的差异的热膨胀特性不一致，造成外延膜中仍存在着大量的缺陷，高达 $10^8 \sim 10^{11}$ cm^{-2}的密度。Lisa Sugiura 的研究认为，GaN 中位错移动速度极其低，较同温度下 GaAs 中低 10^{10}的数量级，故小电流工作下的 LED 未受到影响，但对大电流工作的 LD 则是致命的问题。所以降低位错等缺陷就成了 GaN 基器件制造的又一个攻坚课题。既然蓝宝石上薄的 GaN 缓冲层对 GaN 生长膜有益，那么生长一层厚的 GaN 层过渡膜，作为新的衬底，再在其上生长器件的结构层，应当对膜质量有改善。基于这种想法，人们努力寻找生长厚膜的方法来实现赝同质外延。选择区域外延的应用取得了重大的突破。名古屋大学 Y. Kato 等人研究了 GaN/蓝宝石衬底上选择外延生长 GaN、AlGaN 膜，得到利用 SiO_2掩膜选择外延生长 GaN 的成功结果。1997 年 NEC 公司光电实验室 A. Usui 等人用 HVPE 技术选择外延成功生长了厚层低位错 GaN 膜（$<6 \times 10^7$ cm^{-2}）。紧接着日亚化学公司中村等人利用选择外延技术，作成 ELOG（Epitaxially Laterally Overgrown GaN）衬底，再制作 LD，使蓝光 GaN 基 LD 寿命突破千小时大关。（3）同质外延：赝同质外延虽取得很大进展，但毕竟还在蓝宝石衬底上，它们之间晶格常数的差异构成的失配仍然存在，热胀系数的差别导致 LD 散热不好，对可靠性影响不能消除。因此真同质外延还是人们追求的目标。一方面片状 GaN 单晶的研究处于积极开发之中，只是面积尚小，最大 $50mm^2$。用作衬底的晶面选择和工艺处理可能存在问题。1994 年 T. Detch-prohm 等人用蓝宝石上生长 ZnO 缓冲层，再生长厚 GaN 膜（$>100\mu m$），然后去掉衬底和缓冲层，用厚 GaN 膜作衬底实现了同质外延。中村等人是在选择外延基础上，生长了 100μm 的 GaN 厚膜，将原来的蓝宝石衬底及缓冲层、掩膜层等去掉，剩下 80μm 的厚 GaN 膜。用这种膜层作为衬底，同质外延并直接利用解理面制作了 LD，得到了很好的结果。同质外延虽然实现了，但也付出了蓝宝石衬底及 ELOG 工艺等成本代价。当然，就 LD 寿命等参数来说，离实用化不远，但成本价格也仍是市场经济的主体因素。

总的说来，目前 GaN 基衬底材料的研制包含两方面的工作：一是采用各种生长技术制备块状 GaN 晶体，但进展不大，最大尺寸约 1cm 左右；另一个方法是采用氢化物汽相外延（HVPE）技术，首先在蓝宝石或 GaAs 等衬底上长厚约 0.5 ~ 1mm 的 GaN 外延薄膜，然后通过激光剥离技术将其与衬底分开并经表面加工，形成所谓的自支撑 GaN 衬底。经过多年的努力，日本的 Sumitonlo 公司于 2000 年底宣称“2 英寸自支撑 GaN 衬底制备获得突破，2001 年将有商品出售”。遗憾的是，至今尚未广泛地被采用，原因可能与价格昂贵或质量尚需提高等问题有关。尽管如此，自支撑 GaN 衬底制备成功与应用将对 GaN 基激光器和高温微电子器件和电路研制起着重要的推动作用。

随着 1993 年 GaN 材料的 P 型掺杂突破，GaN 基材料成为蓝绿光发光材料的研究热点。1994 年日本日亚公司研制成功 GaN 基蓝光 LED，1996 年实现室温脉冲电注入 InGaN 量子阱紫光 LD，次年采用横向外延生长技术降低了 GaN 基外延材料中的位错，使蓝光 LD 室温连续工作寿命达到 10000h 以上。目前，GaN 基蓝、绿 LED 已实现规模生产，年销售额已达数十亿美元。近年来，功率达瓦级（最大为5W）的GaN基蓝、紫光发光二极管的研制成功，使人们看到了固态白光照明前景诱人。固态照明与目前常用的白炽灯相比，不仅发光效率高，节约能源2/3，而且工作寿命可提高10倍以上，加之工作电压低、安全可靠和无污染等，是当前国内外研发的热点。国际上许多大公司，如GE、Philips和Osram等，都投入巨资从事固态白光光源的开发，希望能在这一具有巨大潜在商业利益的高技术领域占据优势地位。GaN基激光器的研制也取得进展，工作波长在400～450nm之间，最大室温连续输出光功率业已达0.5W以上。在微电子器件研制方面，GaN基FET的最高工作频率（f_{max}）已达140GHz，f_T=67GHz，也跨导为260ms/mm。HEMT器件也相继问世，发展很快。另外，在2001年，基于InGaAlN材料体系，波长短达280nm的紫外发光二极管和256×256太阳能AlGaN焦平面阵列探测器的研制成功，使其在军事上有着广泛的应用前景。

Ⅲ族氮化物系统与传统半导体系统的显著差别之一是Ⅲ族氮化物表现出很强的压电效应，其中AlN具有已知半导体中最大的压电系数。Ⅲ族氮化物系统，特别是AlGaN/GaN系统的这一特征使得其对材料中的应变及所处的电学环境异常敏感。在由Ⅲ族氮化物材料组成的异质结构中，晶格失配将引起应变，从而显著影响材料的能带结构，引起兼并能量状态的分裂，同时应变导致的压电效应能进一步调制能带，改变系统电子能级分布和态密度分布，表现出特异的、其他系统中不常见的效应。与传统半导体器件中通过掺杂改变材料中载流子浓度从而调制电导率不同，压电诱导能带工程主要通过调节材料中的应变（由衬底、晶向、材料组分和厚度决定）和压电系数（由材料组分决定）来改变材料中的极化电场，从而实现对材料能带的调制，改变材料的导电能力。在这种结构中，材料导电能力的提高将不受杂质浓度、散射和复合增强作用的限制。因此，采用这种结构的器件能够较容易地通过改变极化场的方向实现电子或空穴的积累，因而能有效避开目前在Ⅲ族氮化物材料中普遍存在的P型掺杂困难。这不仅有助于改善现有的场效应器件（FET）、二维电子（空穴）器件等新型器件的性能，而且大大有助于发展出目前难以实现的Ⅲ族氮化物双极型器件。目前科学家们对Ⅲ族氮化物压电诱导能带工程的机理和方法了解得很不全面，急需加以解决。

近年来具有反常带隙弯曲的窄禁带InAsN、InGaAsN、GaNP和GaNAsP材料的研制也受到了重视，这是因为它们在长波长光通信和太阳能电池等方面显示了重要应用前景。2002年，1300nm垂直腔面发射激光器（VCSELs）材料与器件研制方面取得了长足的进步。德国慕尼黑的信息技术所的H. Riechert等应用MBE和MOCVD技术，分别以$In_{0.35}Ga_{0.632}AsN_{0.018}$双量子阱和三量子阱为VCSEL的有源区，量子阱厚6nm，垒层20～25nm；上镜面和下镜面分别由28对Al0.8Ga0.2As/GaAs和32～34对AlAs/GaAs组成。氧化孔径为4mm×6mm的MBE生长器件，室温连续工作波长为1306nm，阈值电流2.2mA，边模抑制比优于30dB（传输速率2.5Gb/s，典型驱动电流5mA），输出功率大于1mW，器件直到80℃仍保持激射。采用氧化电流孔径为5μm，单模发射功率700μW的样品，传输速率2.5Gb/s，传输距离超过20.5km时，比特误码率低于10^{-11}。该小组应用MOCVD技术研制的InGaAsN基VCSELs，也取得了数据传输率为10Gb/s、背对背运用比特误码率低于10^{-11}的好结果。

3.4.2 SiC 半导体材料

近年来，随着半导体器件在航空航天、石油勘探、核能、汽车及通信等领域应用的不断扩大，人们开始着手解决耐高温、大功率、抗辐射的电子和光电子器件的问题。SiC 作为宽禁带半导体材料的代表首先引起人们的极大注意。人们很早就发现了 SiC 材料具有独特的物理、化学性质，尤其是半导体性质。对 SiC 的研究始于 1892 年，直到 20 世纪 50 年代才有较大的进展。20 世纪 80 年代，由于 SiC 体单晶和膜制备技术的进步，使 SiC 器件的研究蓬勃开展起来。近年来，改进的 SiC 体单晶制备技术的开发与进展，更是大大地促进了 SiC 半导体材料的应用与发展。

3.4.2.1 SiC 的基本特性

SiC 是Ⅳ-Ⅳ族二元化合物，也是元素周期表中唯一一种固态化合物。SiC 的基本结构单元是 Si-C 四面体，每个原子被 4 个异种原子所包围，具有强的共价键结构，使其具有高硬度、高熔解温度、高的化学稳定性和抗辐射能力。其结构属于密堆积结构，由单向堆积方式的不同产生各种不同的晶型，业已发现约 200 种。密堆积有 3 种不同的位置，记为 A、B、C，依赖于堆积顺序，SiC 键表现出立方闪锌矿或六方纤锌矿结构。如果堆积顺序为 ABCABC……，则得到立方闪锌矿结构，记为 3C-SiC（C = Cubic）或 β-SiC，此乃唯一的一种纯立方结构的晶型。若堆积顺序为 ABAB……，则得到纯六方结构，记为 2H-SiC（H = Hexagonal）。其他多型体为以上两种堆积方式的混合，最为常见的两种六方晶型是 4H 和 6H，其堆积方式分别为 ABCBABCB……和 ABCACBABCACB……。此外，尚发现有菱面体结构的 SiC（如 15R，21R）存在，它们也属于六方纤锌矿结构。在所有已发现的晶型中，能稳定存在的只有 3C、2H、4H、6H 和 15R。

不同 SiC 多型体在 Si-C 双层密排面的晶格排列完全相同，具有相同的化学性质；但是在物理性质，特别是在半导体特性方面则表现出各自的特性。利用 SiC 的这一特点可以制作 SiC 不同多型体间晶格完全匹配的异质复合结构和超晶格，从而获得性能极佳的器件。SiC 具有非常高的热稳定性和化学稳定性，在任何合理的温度下，其体内的杂质扩散都几乎不存在，室温下能抵抗任何已知的酸性蚀刻剂。这些性质使 SiC 器件可以在高温下保持可靠性，并且能在苛刻的或腐蚀性的环境中正常工作。

与 Si 和 GaAs 相比，SiC 具有带隙宽（室温下 2.3 ~ 3.3eV）、热导率高、电子饱和漂移速度大、化学稳定性好等优点，非常适宜制作高温、高频、抗辐射、大功率和高密度集成的电子器件。利用其特有的禁带宽度，还可制作蓝、绿光和紫外光的发光器件和光探测器件。另外，与其他化合物半导体材料如 GaN、AlN 相比，SiC 的独特性质是可以自然形成氧化层 SiO_2，这对制作各种以 MOS（Metal-Oxide-Semiconductor）为基础的器件（从集成电路到门电路绝缘功率管）非常有用。

3.4.2.2 SiC 体单晶生长

大多数半导体单晶都可以从熔体或溶液中生长，但 SiC 所具有的性质决定了至少在目前不能用这两种方法生长大单晶。SiC 的相图表明，常压下 SiC 在 2830℃时升华，而不能形成液态。根据相图计算，SiC 熔体仅在压强约大于 10^4 MPa、温度高于 3200℃时才能出现。这样的条件显然不适于商业化生产直径为 5 ~ 10cm 的半导体级 SiC 晶体。另外，尽管在 1412 ~ 2830℃之间 C 在 Si 熔体中的熔解度达到 0.01% ~ 19%，但当温度高于 1700 ~

1750℃时 Si 的气化增加，使生长过程变得极不稳定。通过向熔体中掺入一些金属（如 Pr、Tb、Sc、Nd 等）可以使 C 的熔解度超过 50%，在原则上使得从熔体中提拉 SiC 晶体成为可能，然而这种技术因目前没有合适的坩埚材料且存在溶剂挥发问题而没有得到发展。况且掺入的金属量太大，生长出的 SiC 质量难以保证。尽管如此，从熔体中生长 SiC 晶体近来也还有人尝试，方法是用石墨作为坩埚兼作碳源，在 2200℃、15MPa 条件下得到直径 3.5cm 的晶体，但成本非常高，几乎没有实用性。

SiC 晶体的获得最早是用阿切孙（Acheson）工艺将石英砂与 C 混合放入管式炉中在 2400~2600℃反应生成，这种方法只能得到尺寸很小的多晶 SiC。至 1955 年，Lely 用无籽晶升华法生长出了针状 3C-SiC 孪晶。此种方法的生长驱动力是坩埚内的温度梯度，整个反应体系接近于化学平衡态，由 SiC 升华形成的各种气相组分的分压随温度升高而增大，从而形成一个压力梯度，引起坩埚中从热区域向冷区域的质量输运。坩埚内的多孔石墨为无数小晶核提供成核中心，晶体就在这些晶核上生长和长大。晶体质量很高，其微管等缺陷的密度与其他生长方法相比至少低一个数量级。此法至今还被用于生长高质量的 SiC 单晶。不过，Lely 法生长的晶体尺寸太小（目前最大仅能达到 $200mm^2$），且形状不规则，一般为针状。

20 世纪 70 年代末至 80 年代初，Tairov 和 Tsvetkov 等对 Lely 法进行了改进（Modified Lely），实现了籽晶升华生长，又称为物理气相输运技术（Physical Vapor Transport，PVT）。它和 Lely 法的区别在于增加了一个籽晶，从而避免了多晶成核，更容易对单晶生长进行控制。该法现在已成为生长 SiC 体单晶的标准方法。其基本原理是：首先多晶 SiC 在高温（1800~2600℃）和低压下升华，产生的气相物质（Si、Si_2C、SiC_2）在温度梯度的驱动下到达温度较低的籽晶处，因产生过饱和度而在其上结晶。生长体系中可以改变的最重要因素是坩埚的设计以及与之相关的温度分布。

由于晶体趋向于沿等温线生长，因此对温度分布的设计必须十分精细。人们已探索多种设计，相互间的主要区别是原材料的位置。一般是将原材料放在坩埚底部，以使源表面与生长面相对，这样可以使源到籽晶的距离最小。但在大坩埚生长中，如何对原材料进行均匀加热是个难题。可部分解决此问题的方法是将原材料沿坩埚壁呈环状放置，这样可提高原材料的温控精度，对生长大晶体有利。但其缺点是 SiC 源到籽晶的距离增大，生长速率降低，对晶体形状也较难控制。升华法生长中所用籽晶是 Lely 法生长的晶体，由于生长时原始 Lely 晶体的良好性质很难被继承，因此得到的晶体可能会有相当高的缺陷密度。不过升华生长是逐渐优化的过程，每次生长都将最好的晶片选作籽晶，这样可以逐渐消除缺陷。

目前生长商业化 SiC 晶片均采用 PVT 技术。以美国 Cree 公司为代表，采用此法已逐步提高 SiC 晶片的质量和直径。直径 2 英寸（1 英寸 =0.0254m）的晶片已在 1998 年秋投入市场，1999 年将直径增大到 3 英寸。高质量的直径 4 英寸的 SiC 晶片也已经制出样品。目前中国山东大学晶体研究所和中科院物理所等单位也已经成功生长出了直径 2 英寸的高质量的 SiC 体单晶。

在晶体质量方面，微管缺陷是制作高质量 SiC 器件，尤其是高温和大功率器件的主要障碍之一。根据 Frank 理论，微管是具有很大柏氏矢量的螺位错中心的中空部分，通常仅在液相外延（LPE）时可以被封闭，但外延层必须足够厚。最近 TDI 公司发展了解决微管问题的新技术，其主要原理是先将微管通道填实，然后以此晶片为衬底进行外延生长。Cree 公司已经获得无微管缺陷的直径 1 英寸的 SiC，而 2 英寸直径晶片的最低微管密度也只有 $1.1cm^{-2}$，如此质量的晶片非常适于制作大面积的功率器件。Cree 公司的研究表明，尽管微管产生的理论机制与实验结果有出入，但已可稳步地逐年降低微管缺陷密度，因此他们乐观地预测在将来的几年内可以完全消除微管缺陷。SiC 晶片质量的另一个主要参数是背底杂质浓度。因为生长温度极高，生长炉材料的选择很重要，一般首选 C 基材料。目前，在 Cree 公司生产的未掺杂单晶 SiC 中的背底杂质相对浓度小于 10^{-7}（包括 N 元素在内）。尽管如此，在生长过程中还有几个难点（如对晶型和晶形的控制）有待克服。由于生长系统和 PVT 方法的复杂性，使得优化工艺和控制生长速率非常困难。其中最主要的问题之一是 SiC 生长体系中的热场分布尚不十分清楚。由于生长条件非常苛刻，因此没有可行的方法去直接测量温度、压力以及化学组分。基于此，对坩埚内的热场进行数学模拟成为研究生长过程的重要工具，这方面的研究正在深入开展之中。

3.4.2.3　SiC 薄膜生长

器件制作要求在特定的衬底上生长具有不同杂质浓度的 SiC 薄层，针对不同器件的要求，其厚度从零点几微米到几百微米不等。例如，功率器件要求低掺杂（$10^{13\sim15}cm^{-3}$）且厚度较大（30～100μm）的外延层，而高频器件则要求外延层比较薄（从小于 0.2μm 到几微米），掺杂水平从中度掺杂（$10^{17}cm^{-3}$）到重掺杂（$10^{19}cm^{-3}$）。SiC 薄膜的生长因衬底不同而分为异质外延和同质外延。在大尺寸 SiC 体单晶未使用之前，一般都采用单晶 Si 作衬底。异质外延遇到的主要问题是 SiC 与 Si 之间巨大的晶格失配以及热膨胀系数的差异（晶格失配度约 20%，热膨胀系数相差约 8%），这在薄膜中引入大量失配位错和应力。解决此问题的方法是在生长 SiC 薄膜前使 Si 衬底碳化，生成一层很薄的 SiC 缓冲层。该方法最先由 Nishino 等人在 Si 上生长 3C-SiC 薄膜时提出。自较大直径的 SiC 晶片商业化后，以 SiC 作为衬底进行同质外延生长发展很快，并发展了台阶控制外延技术（Step-controlled Epitaxy）和位置竞争外延技术（Site-competition Epitaxy）等。台阶控制外延通过选择衬底表面向某一晶轴的偏离角来控制生长台阶面的密度和宽度，使到达台阶的 Si、C 原子非常容易地迁移到二台阶面之间的阶梯位置，从而延续衬底的堆垛次序获得与衬底同晶型的外延层，以避免外延层中几种晶型的共生。而位置竞争外延技术则可在外延层中实现可控掺杂。这些技术的应用都使得外延膜质量有了很大提高。SiC 薄膜生长方法有化学气相淀积（Chemical Vapor Deposition，CVD）、分子束外延（Molecular Beam Epitaxy，MBE）、磁控溅射、脉冲激光沉积（Pulsed Laser Deposition，PLD）以及离子注入等。下面讨论几种最常见的 SiC 薄膜的外延技术。

A　CVD 法

化学气相沉积是目前其中最成熟和成功的方法，20 世纪 80 年代初，Nishino 等人首先用此法在 Si 衬底上获得单晶 3C-SiC 薄膜。其反应在石英管中进行（冷壁 CVD），核心部分是一个表面涂敷有 SiC 的石墨基座，以确保加热时在较大面积内的热均匀性。涂层材料的选取很重要，它可将污染降至最低限度以获得精确的 C/Si 摩尔浓度比。最近的研究表明，SiC 作为涂层并不理想，影响到外延层的质量。美国 Glenn 研究中心已研制出更好的 C 基涂层材料。反应气体通常是硅烷和短链烃，它们混合在 H_2 载气中，高速通过衬底上方。该工艺的生长速率主要受 3 个因素控制，即反应产物的解吸附、表面被侵蚀速率以及受扩散控制的原材料分子的质量输运。因此，CVD 法生长速率较小，一般每小时为几微米。在反应气体中掺入 N_2或三甲胺（TMA）可对外延膜进行 N 型掺杂。为提高生长速率，人们对该工艺进行了改进，发展了高温热壁 CVD 法生长技术。温度升高，成核-生长过程容易发生，因而生长速率增大。但温度升高后，对生长条件的精细控制变得更为困难。另外采用了垂直反应装置，可使生长速率达到每小时几十微米甚至高达 0.5mm/h。为提高薄膜的均匀性、可重复性和产量，还发展了行星式多衬底反应装置，这种技术由 Frijlink 等人首先使用，并经 Aixtron 改进用于商业化生产高度均匀的Ⅲ-Ⅴ族化合物半导体材料。在这种设计中，反应气体从反应器中心导入并随机地向外流动，每片衬底均围绕各自的轴心转动，从而可以生长出厚度和掺杂都很均一的外延膜。CVD 法生长的 SiC 品质比较好，目前已发展了许多用此外延膜制作的器件。尽管如此，CVD 法也有一些缺点，其主要问题是生长温度比较高，容易在外延层中引入晶体缺陷，并且由于在高温下 H_2对衬底的侵蚀加剧而引入 H 杂质。因此人们一直在探索改进各种生长条件以降低生长温度。

B 升华外延技术

对升华外延（Sublimation Epitaxy）生长 SiC 的研究近年来比较多。CVD 法虽然能生长具有器件质量的材料，但其生长速率很慢。升华外延技术能以大于 2mm/h 的生长速率生长出比较厚且表面平整的 SiC 外延层。其典型的生长炉是一个带有水冷不锈钢法兰的竖式石英管，里面是柱状石墨生长室，由一个底片和盖片组成。生长室安装在绝热的泡沫石墨中，用感应线圈加热。温度通过双色高温计在盖片的上部测量。生长是在高纯 Ar(99.9999%)气氛中进行，生长压力介于 $10^2 \sim 5\times10^3$Pa，原材料是多晶 3C-SiC。源到衬底的距离是 1mm，二者之间有石墨隔离物隔开，生长温度介于 1700 ~ 2000℃之间。在源与衬底之间建立一个由高到低的温度梯度，含 Si 和 C 的粒子便向衬底输运并在其上成核，可以通过改变生长室与感应线圈的相对位置来改变温度梯度。用升华外延生长 SiC 的难点是要保持一定的蒸汽压使 SiC 源与衬底不会发生石墨化。升华外延生长 SiC 须解决的问题是外延层的纯度，外延层中残余的杂质是从生长环境中引入的。通过使用高纯原材料并改变生长参数，可以改变杂质的相对含量。

C 脉冲激光淀积法（PLD）

脉冲激光淀积法的基本原理是用脉冲激光束照射靶材，使之汽化蒸发，在高温瞬间蒸发出来的粒子中，除中性原子和分子碎片外，还有大量的离子和电子，所以在靶表面附近立即形成一个等离子区。等离子体沿垂直于靶面的方向进行膨胀，形成一个细长的等离子区。膨胀后的等离子区迅速冷却，其中的离子最后在靶对面的衬底上凝结成膜。PLD 法生长 SiC 薄膜要求的衬底温度较低，且即时淀积速率可达每微秒一个原子层，比传统的 MBE 生长的膜高 6 个数量级。其蒸发粒子（主要是原子）的能量可达 10 ~ 40eV，比通常蒸发法产生的粒子能量要大得多，使得原子沿表面的扩散迁移更剧烈。而很低（几个赫兹）的脉冲重复频率则允许原子有足够的时间扩散到吉布斯自由能低的位置，这些都有利于薄膜的外延生长。另外，联合使用光扫描和靶扫描可以获得均匀、大面积的薄膜。近年来对 PLD 生长 SiC 薄膜的研究较多，也获得了很好的实验结果。

总的说来，在现今已开发的宽禁带半导体中，SiC 是技术最成熟的一种。它能耐 500℃以上的高温、1200V 以上的电压，具有功率大、电流强、功耗低、频率高的特点，适合大型牵引电气设备系统、火车、汽车的电气设备、武器装备系统、航空航天、导弹、火箭电气设备系统等应用。其耐恶劣环境的特性是 Si 和 GaAs 等传统半导体所无法比拟的。近几十年来，尽管 SiC 的优越性能渐为人们所知晓，然而使实用的 SiC 半导体器件和电路的大批量生产成为可能，却是一场大规模的、现实的革命。为了满足日益增强的能在极端条件下使用的半导体器件和电路的商业要求，近十年来在大直径高质量的体单晶和外延薄膜上投巨资做了很多努力，取得了突破性进展。SiC 单晶片尺寸逐渐增大、晶片质量逐年提高，制约器件应用的微管密度也逐渐下降。SiC 晶片的商品化迅速导致很多电子和光电器件的出现，因此 SiC 具有的优良特性和诱人的应用前景及巨大的市场潜力，必将引来激烈的竞争。可以预料，它既是科学家争先占领的高技术领域的制高点，又是能带来巨大商业利润的战场。目前 SiC 研究领域尽管取得了可喜的成绩，展现出美好的应用前景，但在 SiC 充分发展其潜力之前仍有一些重大技术难点有待克服。在未来几年 SiC 晶体材料的研究和开发中需要解决的问题包括：微管密度的降低直至消除、位错密度的降低、大直径足够长度的 SiC 单晶的可重复生长、降低成本、减少缺陷密度和改善上层掺杂及获得厚度可控的大面积晶片。随着器件加工和高温封装技术的不断成熟，性能优良的 SiC 器件和电路将以低廉的价格投放市场，从而满足日益增长的高新技术在极端条件下对器件的要求。

3.4.3　ZnO 半导体材料

ZnO 是一种具有半导体、发光、压电、电光、闪烁等性能的多功能晶体材料。室温下其禁带宽度为 3.4eV，激子结合能高达 60meV，对应紫外光的发射，可以开发短波长光电器件。1997 年，自然杂志高度评价了利用 ZnO 做成的激光器在提高光存储方面的应用前景。ZnO 的带边发射在紫外区非常适宜作为白光 LED 的激发光源材料，凸显了 ZnO 在半导体照明工程中的重要地位，并且与 SiC、GaN 等其他的宽带隙材料相比，ZnO 具有资源丰富、价格低廉、高的化学和热稳定性、更好的抗辐照损伤能力、适合做长寿命器件等多方面的优势。因此，ZnO 单晶及薄膜材料在半导体、短波长发光器件等方面的研究已成为国际前沿领域中的研究热点。

ZnO 晶体是熔融化合物，熔点为 1975℃，其不仅具有强烈的极性析晶特性，而且在高温下（1300℃以上）会发生严重的升华现象，因此该晶体生长极为困难。早在 20 世纪 60 年代，人们就开始关注 ZnO 单晶的生长，尽管尝试了很多种生长工艺，所得晶体尺寸都很小，一般在毫米量级，没有实用价值。鉴于体单晶生长存在很大的困难，人们逐渐把注意力更多地集中于 ZnO 薄膜的生长研究方面，一度冷落了对体单晶生长工艺的进一步探索。近年来，随着 GaN、SiC 等新型光电材料产业的迅速发展，对高质量、大尺寸的 ZnO 单晶基片的需求也越来越大，而 ZnO 单晶目前的生长状况难以满足市场的需求，ZnO 单晶生长研究才重新引起科学家的重视。

3.4.3.1　ZnO 单晶生长的研究现状

目前，采用助熔剂法、水热法、气相生长法等方法已经获得一定尺寸的 ZnO 体单晶，特别是水热法，已经生长出直径 2 英寸的高质量单晶，取得了突破性进展。

A　助熔剂法

助熔剂法是 ZnO 单晶生长一种常用的方法。1960 年，美国的 Nielsen 等采用 PtF 做助熔剂来生长 ZnO 单晶，将 ZnO 和 PtF 粉料在 1150℃熔化后于空气中保温 2 ~ 4h，然后以 1 ~ 10℃/h的速度冷却，得到了最大尺寸为 50mm 平板状晶体。后来，美国的 Chase 等同样采用 PtF 做助熔剂自发成核生长出尺寸为 5mm × 5mm × 3mm 的 ZnO 单晶。1970 年，英国的 Wanklyn 等分别采用 P_2O_5 和 V_2O_5 以及两者的混合物做助熔剂生长出最大尺寸为宽 20mm，厚 0.3mm 的板状 ZnO 单晶。1973 年，印度的 Kashyap 等采用 KOH 做助熔剂来生长 ZnO 单晶，得到尺寸为 ϕ0.2mm × 6mm 的针状 ZnO 单晶。在此基础上，1993 年，日本的 Ushio 等用 KOH、NaOH 和 KOH + NaOH 为助熔剂在 450 ~ 900℃温度范围内，通过使用大小不同的坩埚、不同的生长周期，生长出尺寸、颜色和质量各不同的晶体，并对 ZnO 单晶的形成机理进行了研究。采用 Pt、KOH、NaOH、P_2O_5 和 V_2O_5 为助熔剂，自发成核生长 ZnO 单晶，所得晶体尺寸都很小，难以满足实际应用的要求，因此必须寻找新的助熔剂，改进晶体的生长工艺，以便生长出大尺寸、高质量的 ZnO 单晶。2002 年，日本的 Kunihiko Oka 等分别以 $Mo_2O_3 + V_2O_5$ 和 $Bi_2O_3 + V_2O_5$ 为助熔剂，采用顶部籽晶溶液法和溶液传输浮区法来生长 ZnO 单晶。为了避免 ZnO 的挥发，生长温度控制在 1150℃，加热到 1150℃熔化后，保温 30min 然后进行提拉，籽晶的旋转速度为 20r/min，提拉速度为 0.5 ~ 1.0mm/h，熔体的冷却速度为 2 ~ 5℃/h，分别生长出最大尺寸为 10mm × 5mm × 2mm 和 2mm × 2mm × 2mm 的 ZnO 单晶，这是目前报道的采用助熔剂法生长的尺寸最大的 ZnO 晶体。ZnO 的熔点较高，必须选择合适的助熔剂来降低生长温度。高温下 ZnO 与 GaN、GaAs 等不同，不会与空气发生反应，从而保证了在空气中生长的可能性，因此选择合适的助熔剂在空气中生长 ZnO，无论在技术上还是成本上都可能是一条良好的途径。但就目前的情况看，虽然已经能用多种助熔剂来生长 ZnO 单晶，并且取得了一定的进展，但生长的尺寸都较小，为了生长出大尺寸的 ZnO 单晶，寻找更为合适的助熔剂以及改善单晶的生长工艺就成了当务之急。

B　水热法

最早使用水热法生长 ZnO 单晶的是美国的晶体学家 Laudise，1959 年他从 1mol/L 的 NaOH 溶液中生长出 ZnO 单晶，随后又用此方法生长出用做压电转换器和低、中电阻的 ZnO 单晶，晶体的尺寸也有所提高。1973 年英国的 Croxall 等采用 NaOH（6mol/L）和 LiOH（1mol/L）的混合溶液为培养基，生长温度控制于 365℃，温差控制在 10℃，生长出六面角直径为 15mm，厚度为 8mm 的 ZnO 单晶。中国国内也开始了对水热法生长 ZnO 单晶的研究，但可惜的是除了上海硅酸盐研究所 1976 年以 KOH 和 LiOH 的混合溶液为培养基，生长出重 60g 以上，面积 6cm^2 以上的 ZnO 单晶的报道外，至今就再也没有大尺寸 ZnO 单晶生长的报道。对水热法生长 ZnO 单晶研究较多的应该是日本的科学家，特别是 2003 年日本的 Ohshima 采用 KOH 和 LiOH 混合水溶液，生长温度控制于 300 ~ 400℃，压力为 80 ~ 100MPa，生长速度约为 0.2mm/d，生长出了 25mm × 15mm × 12mm 的大尺寸单晶。对晶体的（002）和（101）面摇摆曲线测定表明其良好的结晶习性，这也是迄今为止生长出的最大 ZnO 单晶。水热法作为目前 ZnO 单晶生长较为成熟的方法，能够生长出大尺寸的 ZnO 单晶，特别是 2 英寸单晶生长的成功，使人们对生长大尺寸 ZnO 单晶充满了希望，但水热法的生长周期长，效率低，实现 ZnO 单晶的商业化生产还有较大的困难。

C　气相法

气相法作为 ZnO 单晶生长一种常用的方法，生长时原料区的温度控制于 800 ~

1150℃，生长区和原料区的温度差控制于20～200℃，常用的输运载体为HCl、Cl_2、NH_3、NH_4Cl、$HgCl_2$、H_2、Br_2、$ZnCl_2$等。1966年，美国的Y. S. Park在氩气保护气氛下，分别加热升华ZnS、ZnSe、ZnTe使之处于气相状态，然后通入氧气反应生长出ZnO单晶。所得到的晶体为片状或柱状。1997年，美国的D. C. Look等以H_2为运输载体，生长出了最大尺寸是ϕ50mm×10mm的ZnO单晶，将ZnO粉料置于试管的热端（1150℃），通过载气H_2把原料输运到冷端（1100℃），在冷端通过复合反应，在籽晶上生长ZnO单晶。Mycielski等以H_2+C+H_2O或N_2+C+H_2O为运输载体，生长时ZnO粉料置于试管的热端（1100～1150℃），冷端的温度控制于1050～1100℃左右，生长的速度为1～2mm/d，得到最大尺寸为0.2～0.5mm、电阻率为0.05Ω·cm的单晶。1998年法国的Ntep等在H_2或Ar中加入微量的H_2O作为ZnO升华的催化剂，生长ZnO单晶。此后，他们又采用CVT方法来生长ZnO单晶，所用设备是密封的石墨管，运输载体是Cl_2，生长的过程中发现石墨管内的碳也充当着运输载体，ZnO粉料置于试管的热端，温度控制于1000℃，冷端的温度控制于970℃左右，生长40天后，得到尺寸为1cm×1cm×1cm的ZnO单晶。除此之外，还可以在敞开的试管中通过ZnI_2、ZnS、ZnSe、$ZnBr_2$、Zn的氧化和ZnF_2、$ZnCl_2$、ZnI_2的水解来制得ZnO单晶。

目前，尽管ZnO体单晶生长已经取得了很大的进步，但所得晶体尺寸普遍较小，ZnO单晶的生长技术和P型ZnO的制备方面还存在很多的困难。虽然水热法生长大尺寸ZnO单晶已取得突破，得到了2英寸的单晶，但难以实现单晶的商业化生产，因此ZnO单晶生长技术方面还需要有进一步的突破。因此，要实现大尺寸、高质量ZnO单晶的工业应用，还需要加强该晶体生长技术的探索以及相关基础理论研究。底部籽晶法有可能成为ZnO生长技术创新的一个突破口，探索合适的助熔剂和生长工艺，如果能够成功，将充分发挥坩埚下降法的优势，为ZnO单晶的产业化生产提供一条可行的途径。

3.4.3.2 ZnO薄膜的研究现状

作为压电、压敏和气敏材料，ZnO较早便得以研究和应用。此外ZnO还是一种新型的Ⅱ-Ⅵ族宽禁带化合物半导体材料，这是目前ZnO薄膜研究的主要方向。ZnO具有很大的激子束缚能（60meV），是GaN（28meV）的两倍，3μJ/cm^2下激子增益为300cm^{-1}，高于同条件下GaN的激子增益（约100cm^{-1}），而且ZnO以激子复合代替电子-空穴对的复合，在较低的阈值下便可产生受激发射，且激发温度较高（可达550℃），在LDs领域显示出很大的开发应用潜力。A. Ohtomo等人在蓝宝石（0001）衬底上制作出ZnO/$MgO_{0.2}Zn_{0.8}O$超晶格，周期为8～12nm，在4.2K的低温下观察到3.7eV的紫外激光发射。ZnO薄膜作为一种新型的半导体材料，在很多方面值得深入研究，如：如何改进生长工艺，提高薄膜的纯度，降低薄膜缺陷密度；如何实施掺杂，提高薄膜的稳定性，改善薄膜的性能，实现ZnO的P型转变；ZnO单晶薄膜/纳米薄膜和ZnO低维材料的研究；ZnO紫外发射机理的研究，以及ZnO基蓝色发光器件的实现等。而其中ZnO薄膜的P型掺杂一直是其研究中的主要课题。

由于不同器件对ZnO材料的要求不同，所以ZnO薄膜材料的掺杂分为N型低阻掺杂和高阻P型掺杂。一般未掺杂的ZnO薄膜具有N型电导，这是因为在未掺杂的ZnO中存在$V_{Zn}V_O$、Zn_i、O_i、O_{Zn}等本征缺陷，其中缺陷Zn_i和V_O为施主对N型电导有贡献，V_{Zn}、O_i及O_{Zn}为受主对P型电导有贡献。由于Zn的缺陷浓度比O的缺陷浓度大，因此Zn缺陷在 ZnO 的 N 型电导中起主要作用。ZnO 中 V_{Zn} 的形成焓为 7eV，而 Zn_i 的形成焓是 4eV，即 ZnO 中 Zn_i 的浓度比 V_{Zn} 的浓度大得多，所以 ZnO 薄膜的 N 型电导主要来自于 Zn_i 缺陷的贡献。对于 N 型低阻掺杂的 ZnO 薄膜多用于太阳能电池及其他器件的透明电极，其掺杂剂一般为含有 Al、In、Sn、Ga、B 等的化合物，以获得高质量、低阻和高光透过率的 ZnO 薄膜。高阻或 P 型 ZnO 薄膜多用于制作紫外光探测器和 P-N 结紫外或蓝光等光电器件，对于高阻 P 型掺杂其掺杂剂目前一般为 Li_2CO_3、NH_3 和 N_2O 等，且获得了电阻率高达 10^6 $\Omega \cdot cm$ 的高阻 ZnO 薄膜和电阻率为 $2 \sim 5\Omega \cdot cm$、载流子浓度为 $(3 \sim 6) \times 10^{18} cm^{-1}$、迁移率为 $0.1 \sim 0.4 cm^2/(V \cdot s)$ 的 P 型 ZnO 薄膜。由于 ZnO 薄膜多为富锌生长，得到的薄膜一般为低阻呈 N 型导电，生长高阻 ZnO 薄膜是获得 P 型导电薄膜的必经过程。

高温退火可在一定程度上提高薄膜材料的电阻率，但一般不能满足器件的要求，所以要通过掺杂来达到目的。ZnO 的 P 型掺杂是 ZnO 光电器件应用的关键技术和基础。掺杂的方法一般有生长后的热扩散方法、生长过程中的气相掺杂和离子注入等方法，但较常用的一般为热扩散法和生长过程中的气相掺杂方法。许多制膜技术，如磁控溅射、喷雾热分解、分子束外延（MBE）、脉冲激光沉积（PLD）、化学气相外延（CVD）等，均可用于 ZnO 薄膜的制备，但能有效进行 P 型掺杂的生长技术并不多，目前仅有扩散、CVD、PLD 三种方法可成功制备出 P 型 ZnO 薄膜。(1) 扩散技术：如 Y. Kanai 等人将一小片 Ag 置于 ZnO 晶体上，加热至 Ag 的熔点以上，Ag 向 ZnO 体内扩散，在 ZnO-Ag 接触处形成一薄层 ZnO：Ag 薄膜，Ag 作为受主存在。利用同样的方法，Y. Kanai 还实现了 Cu、Au 的掺杂。T. Aoki 和 Y. R. Ryu 等人利用扩散技术掺入 P、As 等元素也分别制备出了性能较好的 P 型 ZnO 薄膜。(2) CVD 技术：是制备 ZnO 单晶薄膜的一种有效方法，可以较为方便的实施掺杂，因而可用于生长 P 型 ZnO。K. Minegishi 等人以 Zn/ZnO（5N）= 10mol% 为原材料，H_2 为载气，通过鼓泡法带入 NH_3 作为 N 源，在 650 ~ 800℃ 生长 1 ~ 2h，得到 N 掺杂的 ZnO 薄膜，实现了 ZnO 的 P 型转变。(3) PLD 技术：是近年来发展起来的一种真空物理沉积工艺，与其他工艺相比，PLD 生长参数独立可调，易于实现超薄薄膜的制备和多层膜结构的生长，而且能够通入较高的氧分压（0.13 ~ 6.65Pa），也易于在不同的气氛下沉积薄膜，可较容易的实施掺杂，因而特别适于 P 型 ZnO 的生长和 P-N 结的制作。由于 PLD 采用光学系统的非接触式加热，避免了不必要的沾污，入射源一般采用 KrF（248nm，10Hz，30ns）或 ArF（193nm，20Hz，15ns）激光器，实施 P 型掺杂，生长气氛一般为 N_2O，并经电子回旋共振（ECR）或射频等离子活化。已有不少研究组利用该方法制备出了性能较为优异的 P 型 ZnO 薄膜。

ZnO 薄膜的许多制作工艺与集成电路工艺相容，可与硅等多种半导体器件实现集成化，而 ZnO 同质结是实现 ZnO 基 LEDs、LDs 等光电器件的关键技术，P 型掺杂的实现，必将进一步拓宽 ZnO 薄膜的应用领域。目前虽已实现了 ZnO 的 P 型掺杂，但因薄膜缺陷与杂质较多，器件制备工艺还不成熟，因而尚没有 ZnO 基 LDs 的报道。同时，制备 P 型 ZnO 薄膜的实验重复性不太理想，薄膜性能尚不能与 N 型 ZnO 相比，P 型 ZnO 的生长技术和工艺措施需要进一步完善，诸多性能也需要更加深入的研究，ZnO 基光电器件的应用还有很长一段路，因而 ZnO 薄膜的 P 型掺杂依然是其研究中的主要课题。最近，浙江大学硅材料国家重点实验室在“973”计划项目和国家自然科学基金重点项目的支持下，在 ZnO 薄膜的 P 型掺杂方面进行了系统深入研究并取得重大突破。课题组发明了三种 ZnO

的P型掺杂技术，其中使用N、Al共掺技术和用MOVCD混合气体掺杂技术制备的P型ZnO，电阻率最低为1.5Ω·cm，空穴浓度$10cm^{-3}$，空穴迁移率接近$10cm^2/(V·s)$，性能指标处于国际领先。此外，该课题组还研制出国际上第一个铝氮共掺的ZnO同质P-N结和第一个ZnO肖特基二极管。

3.5 低维半导体材料

若载流子（电子或空穴）仅在一个方向上受到约束，另外两个方向可以自由运动，称为量子阱材料；若载流子仅在一个方向可以自由运动，而在另外两个方向受到约束，则称为量子线材料；载流子在三个方向的运动都受到约束的体系称为量子点材料。随着材料维度的减小，量子尺寸效应、量子干涉效应、量子隧穿以及库仑阻塞效应等表现得愈加明显。

前已述及，除体效应器件外，半导体器件和集成电路的基本结构是各种半导体薄层材料所形成的PN结。半导体薄层材料可简单地分为两大类：常规薄层材料和超薄层微结构材料。所谓常规的薄层材料是指厚度为几个微米到亚微米之间的材料，可用常规的LPE和VPE方法制备。超薄层微结构材料，亦即人们通常所讲的超晶格、量子阱材料，此类微结构材料中的势阱宽度等特征尺寸已缩短到小于电子平均自由程或可与电子德布罗意波长相比拟的程度，它只能用薄膜淀积设备中最先进的技术如MBE和MOCVD等来实现，是基于先进生长技术的新一代人工构造材料。它以全新的概念改变着光电子和微电子器件的设计思想，即从过去的所谓“杂质工程”发展到“能带工程”，出现了以“电学和光学特性可剪裁”为特征的新范畴，是新一代固态量子器件的基础材料。

而对于低维（一维和零维）半导体材料而言，由于其不仅具有超高速、超高频（1000GHz）、高集成度（10^{10}电子器件/cm^2）、高效率、低功耗的特性，而且由于载流子在量子点中三维受限，导致的d态密度函数使量子点激光器具有比量子阱激光器更优异的性能，如超低阈值电流密度$2A/cm^2$（目前最好的QWLD为$502A/cm^2$）、高阈值电流温度稳定性（理论上T_0为无穷大）、超高微分增益（至少为QWLD的一个数量级以上）、极高的调制带宽、直流电流调制下无波长漂移工作和对衬底缺陷不敏感等特点。使得其在未来的纳米电子学、光子学和新一代超大规模集成电路（VLSI）等方面有着极其重要的应用前景，有可能触发新的革命，受到各国科学家和有远见高技术企业家的高度重视。

3.5.1 半导体超晶格、量子阱材料

如前所述，半导体超薄层微结构材料是基于先进生长技术（MBE、MOCVD）的新一代人工构造材料，它以全新的概念改变着光电子和微电子器件的设计思想，从过去的“杂质工程”发展到“能带工程”，是新一代固态量子器件的基础材料。目前用于微电子和光电子技术的超薄层微结构材料主要集中在以下几个材料体系。

3.5.1.1 Ⅲ-Ⅴ族半导体超晶格量子阱材料

目前，GaAs基的超薄层微结构材料如GaAlAs/GaAs、GaInAs/GaAs、AlGaInP/GaAs，以及InP基的超薄层微结构材料如GaInAs/InP、AlInAs/InP、InGaAsP/InP等晶格匹配和应变补偿材料体系已发展得相当成熟，成功地制造出了超高速、超高频微电子器件和单片集成电路。高电子迁移率晶体管（HEMT）和赝高电子迁移率晶体管（P-HEMT）器件最

好水平已经达到f_{max} = 600GHz、输出功率58mW、功率增益6.4dB；双异质结晶体管（HBT）的最高频率f_{max}也已高达500GHz，HEMT逻辑大规模集成电路研制也达到了很高的水平。基于上述材料体系的光通信用1.3μm和1.5μm的量子阱激光器和探测器，红、黄、橙光发光二极管和红光激光器以及大功率半导体量子阱激光器已经商品化，表面光发射器件和光双稳器件等也已达到或接近达到实用化水平。目前，研制高质量的1.5μm分布反馈（DFB）激光器和电吸收（EA）调制器单片集成InP基多量子阱材料和超高速驱动电路所需的低维结构材料是解决光纤通信瓶颈问题的关键。西门子公司已完成了80×40Gbps传输40km的实验。另外，用于制造准连续兆瓦级大功率激光阵列的高质量量子阱材料也受到人们的重视。

虽然常规量子阱结构端面发射激光器是目前光电子领域占统治地位的有源器件，但由于其有源区极薄（约0.01μm），端面光电灾变损伤、大电流电热烧毁和光束质量差一直是此类激光器的性能改善和功率提高的难题。采用多有源区量子级联耦合是解决此难题的有效途径之一。法国汤姆逊公司研制出了三有源区带间级联量子阱激光器，2000年年初在美国SPIE会议上，报道了单个激光器准连续输出功率超过10W的结果。中国早在20世纪70年代就提出了这种设想，随后又从理论上证明了多有源区带间隧穿级联、光子耦合激光器与中远红外探测器，与通常的量子阱激光器相比，具有更优越的性能，并从1993年开始了此类新型红外探测器和激光器的实验研究。1999年年初，980nm的InGaAs新型激光器输出功率达到5W以上，包括量子效率、斜率效率等均达到当时国际最好水平。最近，又提出并开展了多有源区纵向光耦合垂直腔面发射激光器的研究，这是一种具有高增益、极低阈值、高功率和高光束质量的新型激光器，在未来光通信、光互联与光电信息处理方面有着良好的应用前景。

为克服PN结半导体激光器的能隙对激光器波长范围的限制，基于能带设计和对半导体微结构子带能级的研究，1994年美国贝尔实验室发明了基于量子阱内子带跃迁和阱间共振隧穿的量子级联激光器（QCLs），突破了半导体能隙对波长的限制，成功地获得3.5～17μm波长可调的红外激光器，为半导体激光器向中红外波段的发展以及在光通信、超高分辨光谱、超高灵敏气体传感器、高速调制器、无线光学连接和红外对抗等应用方面开辟了一个新领域。自1994年以来，QCLs在向大功率、高温和单膜工作等研究方面取得了显著进展。2001年瑞士Neuchatel大学物理研究所的Faist等采用双声子共振和三量子阱有源区结构使波长为9.1μm的QCLs工作温度高达312K，连续输出功率3MW。目前，量子级联激光器的工作波长已覆盖近红外到中、远红外波段（3～70μm）。中科院上海微系统和信息技术研究所于1999年研制成功120K、5μm和250K、8μm的量子级联激光器，中科院半导体研究所于2000年又研制成功3.7μm室温准连续应变补偿量子级联激光器，使中国成为能研制这类高质量激光器材料为数不多的几个国家之一。

目前，Ⅲ-Ⅴ族超晶格、量子阱材料作为超薄层微结构材料发展的主流方向，正从直径4in（1in＝0.0254m）向6in过渡，生产型的MBE如Riber的MBE6000和VG Semion的V150 MBE系统，每炉可生产9in×4in，4in×6in或45in×2in；每炉装片能力分别为80in×6in，180in×4in和64in×6in，144in×4in；Applied EPI MBE的GEN2000 MBE系统，每炉可生产7in×6in片，每炉装片能力为182片（6in）和MOCVD设备（如AIX 2600G3，5in×6in或9in×4in，每台年生产能力为3.75×10^4片4in或1.5×10^4片6in；AIX 3000，

5in × 10in 或 25in × 4in 或 95in × 2in 也正在研制中）已研制成功，并已投入使用。EPI MBE 研制的生产型设备中，已有 50kg 的砷和 10kg 的钾源炉出售，设备每年可工作 300 天。英国卡迪夫的 MOCVD 中心、法国的 Picogiga MBE 基地、美国的 QED 公司、Motorola 公司、日本的富士通、NTT、索尼等都有这种外延材料出售。生产型 MBE 和 MOCVD 设备的使用，必然促进衬底材料和评价设备的发展。

总的来说，GaAs、InP 基超薄层微结构材料体系已经发展的相当成熟。如二位电子气（2DEG）材料低温电子迁移率高达 107cm²/Vs，微结构材料的掺杂、组分和厚度的均匀性（±1.5%）、缺陷密度和界面质量等可满足微电子、光电子器件和电路的要求，2 英寸、3 英寸和 4 英寸的外延片已经商品化，6 英寸的外延片也已经有产品出售。目前半导体超薄层微结构材料产业化的热点主要在以下几个方面：（1）高速信息网络用关键微电子和光电子材料与器件的产业化：如信息技术用 HEMT、PHEMT 以及 HBT 芯片制备技术；光纤通信用 10Gbs/s 的光发射模块的批量生产。（2）大功率量子阱激光器：用于制造连续和准连续大功率激光器和阵列的半导体量子阱材料是目前国际研发的另一个重要方向。（3）大功率全固态激光器和全色显示具有广阔的潜在应用前景。

3.5.1.2 *硅基应变异质结构*

硅基（失配）异质结构材料如 GeSi/Si、GaAs/Si 和 SiC/Si 等除自身各具有许多特殊性质外，是唯一与现有硅平面工艺兼容的材料体系，是具有极其重要应用前景的新型材料。

GeSi/Si 应变层超晶格材料是目前研究的主流，除 Ge_mSi_n 短周期超晶格（m、n 为原子层数，当 $m+n=10$ 时，通过布里渊区折叠效应可将原来的 Si 和 Ge 的非直接带隙变为 Ge_mSi_n 的准直接带隙）有希望在硅基光电子器件获得应用外，GeSi/Si 合金材料（为减小 GeSi 与 Si 衬底的失配，近年来 GeSiC 的研制也备受重视）的研制进展很快，如 GeSi/Si 调制掺杂二维电子气低温（1.4K）电子迁移率已达到 1.7×10^5 cm²/V · s，二维空穴气 77K 的迁移率也已超过 9000cm²/(V · s)。GeSi/Si 合金材料器件和电路应用发展更快，继 1989 年 HBT 的 f_T 突破 75GHz 后，最近 $f_{max}=160$GHz 的 HBT 器件又研制成功。由 3000 个 HBT 组成的 GeSi/Si 数模转换器的运算速度已超过目前市场上的 GaAs 12bit 的数模转换器，所需功率仅为其 1/4。此外，用于夜视的 400 × 400 像素焦平面阵列红外探测器也已经研制成功。更重要的是，这些器件可直接生长在大尺寸的硅衬底上和应用现成的硅平面标准工艺，这是 GaAs 所不能相比的。

生长 GeSi/Si 材料的方法主要有 Si-MBE、超低压 CVD 和 CBE 三种方法，各有其优缺点。但从发展趋势看，超低压 CVD 方法从规模生产和设备成本看具有较大的优势。最近，美国 IBM 和德国 Leybold 公司联合推出的“超低压 CVD 低温热壁天狼星 GeSi 多片沉积系统”很有吸引力，该系统背景压力$(1\sim5)\times10^{-9}$bar，工作压力 10^{-3}bar，每炉可装载 6 英寸硅衬底 10 ~ 30 片，GeSi 外延片厚度的均匀性可达 ±0.2%，沉积温度 500℃。由此可见 GeSi 材料走向工业生产的时代已不是很远。目前 IBM、Motorola 和日立等大公司正在集中力量力图在 21 世纪初突破 GeSi 器件及电路在通信等领域应用的关键技术，从而打开市场、为工业化生产打下基础。但应当指出，GeSi 面临的形势也很严峻，能否在 Si 和 GaAs 之间占据一席之地，取决于近几年的竞争结果。

此外，尽管 GaAs/Si 和 InP/Si 等异质结构材料集Ⅲ-Ⅴ族直接带隙和硅材料的价廉和成熟工艺于一身，是实现光电子集成最理想的材料体系，然而由于二者之间晶格失配和热膨胀系数相差较大，外延层中高密度的失配位错导致器件性能退化和失效是此材料体系走向产业化必须克服的难题。最近，Motorola 公司宣称在硅衬底上以钛酸锶为缓冲层，成功的生长了器件级的 GaAs 外延薄膜，取得了突破性的进展。

最后，硅基 SiC、CeO_2、$CoSi_2$ 等分别在高温半导体器件、SOI 抗辐照电路和新型器件及其未来的硅超大规模集成电路方面的潜在应用背景也受到重视，但尚处于实验室研究和开发阶段。

3.5.2　一维量子线、零维量子点材料

基于量子尺寸效应、量子干涉效应、量子隧穿效应、库仑阻塞效应以及非线性光学效应等的低维半导体材料是一种人工构造的新型半导体材料，在未来的纳米电子学、光子学和新一代超大规模集成电路等方面有着极其重要的应用背景。

目前低维半导体材料生长与制备主要集中在几个比较成熟的材料体系上如 GaAlAs/GaAs、In(Ga)As/GaAs、InGaAs/InAlAs/GaAs、InGaAs/InP、In(Ga)As/InAlAs/InP、InGaAsP/InAlAs/InP 以及 GeSi/Si 等，并在量子点激光器、量子线共振隧穿、量子线场效应晶体管和单电子晶体管和存储器研制方面，特别是量子点激光器研制上取得了重大进展。应变自组装量子点材料与量子点激光器的研制已成为近年来国际研究热点。1994 年俄罗斯和德国联合小组首先研制成功 InAs/GaAs 量子点材料，1996 年量子点激光器室温连续输出功率达 1W，阈值电流密度为 290A/cm^2，1998 年达 1.5W，1999 年 InAlAs/InAs 量子点激光器在 283K 温度下最大连续输出功率（双面）高达 3.5W。中科院半导体所在继 1996 年研制成功量子点材料、1997 年研制成功量子点激光器后，1998 年初研制成功 3 层垂直耦合 InAs/GaAs 量子点有源区的量子点激光器室温连续输出功率超过 1W，阈值电流密度仅为 218A/cm^2，工作寿命超过 3000h。2000 年以来，量子点激光器的研制又取得很大进展，俄罗斯约飞技术物理所 MBE 小组、柏林的俄罗斯和德国联合研制小组及中国科学院半导体所半导体材料科学重点实验室的 MBE 小组等研制成功的 In（Ga）As/GaAs 高功率量子点激光器，工作波长 1μm 左右，单管室温连续输出功率高达 3.6 ~ 4W。中国科学院半导体所半导体材料科学重点实验室的 MBE 小组于 2001 年通过在高功率量子点激光器的有源区材料结构中引入应力缓解层，抑制了缺陷和位错的产生，提高了量子点激光器的工作寿命，室温下连续输出功率为 1W 的工作寿命超过 5000h。2001 年，该小组在 InAlAs/AlGaAs/GaAs 红光量子点激光器的研制方面也取得了显著进展，其性能为目前国际报道的最好水平。俄罗斯约飞技术物理所和德国柏林技术大学联合实验组于 2002 年在大功率亚单层量子点激光器研制方面取得突破进展。亚单层量子点激光器（200μm 条宽、腔长 1040μm）的有源区是由被 12nm 的 GaAs 空间隔离层隔开的两组亚单层 InAs 量子点层组成，每一个亚单层量子点由 12 个周期、0.3ML 的 InAs/2.4ML GaAs 组成，置于激光器结构的两个波导层中心。量子点激光器的工作波长 0.94μm，阈值电流密度 290A/cm^2，单管室温连续输出功率高达 6W，特征温度 150K；器件输出功率在 0.8 ~ 6W，总转换效率高于 50%，为目前国际报道的最高水平。中国科学院半导体材料科学重点实验室 MBE 组的研究人员于 2002 年利用自组织量子点所固有的尺寸分布宽的特点，在国际上首次研制成功自组织量子点超辐射发光管。超辐射量子点发光管采用通常的分别限制结构和特殊的

倾斜条型电流注入结构（抑制 F-P 模式激光振荡），有源区由 5 层非耦合 InGaAs/InAs 量子点堆叠构成。在腔长为 1600μm、注入电流 1.4A 时，室温连续波工作（中心波长 1μm）的光输出功率大于 200mW、光谱半宽 60nm，为目前国际已报道的超辐射发光管的最好结果。超辐射发光管在光纤传感器、密集波分复用光纤通信和细胞组织干涉层析成像技术等方面有广泛的应用前景。

2002 年美国康奈尔大学和哈佛大学的科学家在 Nature 杂志上发表论文声称，他们成功地将大小相当于单个分子的原子团结构置于相距仅 1nm 的电极之间，由原子团包裹的单个过渡族金属原子传送或中断电流，其特性相当于一个晶体二极管，这是人们用单个原子或分子组装纳米机器研制方面取得的新进展。

中国科学院物理研究所表面物理实验室的薛其坤和贾金锋等利用“幻数团簇 + 模板”方法和分子束外延技术，成功地在硅衬底上制备出了尺寸相同、空间排列严格有序、面密度高达 $10^{13}/cm^2$ 的金属纳米团簇阵列。此种结构具有良好的热稳定性，并与硅平面工艺兼容，有望在超高密度存储方面得到应用。

与半导体超晶格、量子阱和量子点材料相比，高度有序的半导体量子线的制备技术难度更大。近年以来，量子线的生长制备和性质研究也取得了长足的进步。中国科学院半导体所半导体材料科学重点实验室的 MBE 小组利用 MBE 技术和 SK 生长模式，继 2000 年成功制备出空间高度有序的 InAs/InAl（Ga）As/InP 的量子线和量子线超晶格结构的基础上，又对 InAs/InAlAs 量子线超晶格的空间自对准（垂直或斜对准）的物理起因和生长控制进行了研究，并取得了较大进展。2001 年，王中林领导的乔治亚理工大学的材料科学与工程系和化学与生物化学系的研究小组基于无催化剂、控制生长条件的氧化物粉末的热蒸发技术，成功地合成了诸如 ZnO、SnO_2、In_2O_3 和 Ga_2O_3 等一系列半导体氧化物纳米带。它们与具有圆柱对称截面的中空纳米管或纳米线不同，这些原生的纳米带呈现出高纯、结构均匀和单晶体，几乎无缺陷和位错；纳米线呈矩形截面，典型的宽度为 20 ~ 300nm，宽厚比为 5 ~ 10，长度可达数毫米。这种半导体氧化物纳米带是一个理想的材料体系，可以用来研究载流子维度受限的输运现象和基于它的功能器件制造。同年，中国的香港城市大学材料科学与工程系的李述汤和瑞典隆德大学固体物理系纳米中心的 Lars Samuelson 领导的小组，分别在 SiO_2/Si 和 InAs/InP 半导体量子线超晶格结构的生长制备方面也取得了有意义的结果。

2002 年采用汽-液-固相反应（V-L-S）生长制备半导体纳米线和纳米线超晶格的工作又取得重要进展。美国哈佛大学的 Gudiksen 等分别利用激光协助催化方法和应用金纳米团催化剂结合化学汽相沉积技术，成功生长 2 ~ 21 层的组分调制纳米线超晶格结构 GaAs/GaP 和 P-Si/N-Si、P-InP/N-InP 调制掺杂纳米线超晶格结构。纳米线的直径和异质结或 PN 结界面组分与掺杂的陡度依赖于催化剂金等纳米团簇的大小，纳米线超晶格的直径从几个纳米到数十纳米不等，长度可达几十微米。发光和输运性质测量表明，这种纳米超晶格结构具有优异的光电性质，其潜在应用可覆盖从纳米条形码到纳米尺度偏振发光二极管的整个范围。加州大学伯克利的 Johnson 等利用镍催化剂和 V-L-S 方法，通过金属镓和氨在 900℃ 蓝宝石衬底上直接反应，合成了直径在几十到几百纳米之间、长达数十微米的 GaN 纳米量子线，X 射线衍射证实纳米线具有钎锌矿晶体结构。四倍频光参量放大器（波长 290 ~ 400nm，平均功率 5 ~ 10mW）用作泵浦激光器，在泵的单个 GaN 单晶纳米线（直径约300nm，长约40μm）的两端观察到了蓝、紫激光发射。激射波长随泵浦功率增加的红移，支持了高温下电子-空穴等离子体是GaN主要的激射机制的观点。上述研究结果将有力地促进实现基于纳米线的电注入蓝-紫相干光源的研制步伐。

美国加州大学和劳伦兹伯克利国家实验室的科学家杨培东等在2001年Science杂志报道成功研制了ZnO纳米线紫外激光器。他们认为紫外激光器将在信息存储和微分析等芯片实验室器件上有应用前景。单晶ZnO纳米线结构是在镀金的蓝宝石衬底上，以金作为催化剂，沿垂直于衬底方向生长出来的。纳米线长2～10μm，直径为20～150nm。ZnO纳米线和衬底之间的界面形成激光共振腔的一个镜面，纳米线另一端的六方理想解理面为另一个镜面。在266nm光的激发下，由纳米线阵列发出波长在370～400nm的激光。

低温工作的单电子晶体管早在1987年就已研制成功。1994年，日本NTT就研制成功沟道长度为30nm的纳米单电子晶体管，并在150K观察到栅控源-漏电流振荡。1997年，Zhuang等又报道了室温工作的单电子晶体管开关。近年来，中科院物理研究所王太宏小组在单电子晶体管研制方面也取得了很好成绩。利用单电子晶体管的电导对岛区电荷极为敏感的性质，可制成超快和超灵敏的静电计，比目前最好的商用半导体静电计分辨率高六七个数量级，可用来检测小于万分之一电子电荷的电量。按照目前的技术水平，制备室温工作的单个SET已无不可克服的困难，但由于所需要的不仅是单个器件，而是每个MPU芯片可集成数量为10^9～10^{10}功能完全相同的SET，以满足超高速运算要求。1998年Yano等采用0.25μm工艺技术实现了128MB的单电子存储器原型样机的制造，这是单电子器件在高密度存储电路的应用方面迈出的重要的一步，但要实现单电子器件的大规模集成，还有很长的路要走。目前，基于量子点的自适应网络计算机业已取得进展，其他方面的研究正在深入地进行中。

半导体量子点、量子线材料的制备方法虽然很多，但总体来看不外乎自上而下自下而上以及两者相结合的方法。细分起来主要有：微结构材料生长和精细加工工艺相结合的方法，应变自组装量子线、量子点材料生长技术，图形化衬底和不同取向晶面选择生长技术，单原子操纵和加工技术，纳米结构的辐照制备技术，以及在沸石的笼子中、纳米碳管和溶液中等通过物理或化学方法制备量子点和量子线的技术。目前发展的主要趋势是寻找原子级无损伤加工方法和应变自组装生长技术，以求获得无缺陷的、空间高度有序和大小、形状均匀、密度可控的量子线和量子点材料。

3.6 发展云南省半导体材料的建议

云南是矿产资源大省，矿产资源品种齐全、储量丰富，素有“有色金属王国”之称。至2000年底，共发现矿产142种，探明储量的矿产83种，保有资源储量列居全国前3位的矿产有21种。排列第1位的是锡、铅、锌、磷、铟等9种矿产，第2位的有铂族、锗、硅藻土等7种矿产，第3位的有铜、锑、镍等5种矿产，其中磷、锡、锌、铜、铅、锑、锗等矿产品的产量产值均居全国前列，成为中国重要的矿产资源基地。但总体来讲，云南省的矿产资源利用方式属于粗放经营，生产结构和产品结构失衡，以原料和初级产品为主，深加工能力薄弱，资源综合利用水平低。随着国家实施西部大开发战略，西部地区将是中国21世纪重要的能源和原材料接替地区。云南丰富的资源和相当实力的产业基础，具备做大做强有色金属产品深加工，特别是在高纯有色金属材料和半导体材料方面研发的条件和能力。

高纯金属材料广泛用于电子工业，特别是半导体材料工业。随着电子、光学和光电子等尖端科学技术的发展，各种高纯金属及其化合物材料需求逐年增加。云南省虽然近年来开发了一些高纯金属产品，但品种、规格、数量还不够多。还应继续在高纯锑、高纯锌、高纯锗、高纯铟、高纯镓、高纯砷、高纯硒、高纯碲、太阳能电池用多晶硅等方面加强产业化的研发步伐。云南省在半导体材料方面已经形成了一批科技成果，如昆明物理研究所在窄禁带半导体材料碲镉汞以及碲锌镉单晶的生长和红外探测器件等方面做出了重大贡献，化合物半导体材料 InSb 也在产业化进程之中；云南半导体器件厂在晶体硅太阳电池及配套应用产品方面取得了很好的成果；昆明冶金研究院现已开展半导体锗单晶的研究工作。此外，昆明光电子产业基地的开建，将会在红外热像仪、红外探测器、光电子材料及太阳能电池等方面对云南省的产业发展产生积极的推动作用。

如前所述，半导体材料作为现代信息化社会的核心和基础，在国民经济建设、社会可持续发展以及国家安全中起着重要的战略地位。半导体材料正经历着从第一代半导体（元素半导体 Si、Ge）到第二代半导体（Ⅲ-Ⅴ族化合物半导体 GaAs、InP 等）和第三代半导体（超晶格量子阱、量子线、量子点等低维半导体材料和 SiC、GaN 等宽带隙半导体材料）的迅速发展过程。其总体发展趋势为：作为微电子技术基础的直拉硅单晶的发展趋势仍是增大 CZ-Si 单晶的直径；作为微电子和光电子的基础材料化合物半导体材料 GaAs 和 InP 的应用范围将不断扩大；低维半导体材料的研制向实用化发展，使“能带工程”用于生产实践。云南省应充分利用“有色金属王国”的资源优势，在半导体材料所需的高纯金属材料的制备方面多下工夫。由于化合物半导体（例如 GaAs、InP、GaN 等单晶材料和薄膜材料）所需的生长设备（LEC 高压单晶炉、分子束外延生长设备等）投资巨大，有条件的单位可考虑在这方面做些工作。

参 考 文 献

1　马长芳．半导体材料（第 2 版）．北京：科学出版社，2004
2　邓志杰，郑安生．半导体材料．北京：化学工业出版社，2004
3　凌玲．半导体材料的发展趋势．新材料产业，2003（6）：6～10
4　管丕恺，张臣．半导体材料现状与发展．中国集成电路，2003（3）：99～104
5　王占国．半导体材料发展现状与趋势．世界科技研究与发展，2002，20（5）：8～14
6　宋大有．世界硅材料发展动态．上海有色金属，2000，21（1）：28～33
7　蒋容华，肖顺珍．半导体硅材料的进展与发展趋势．四川有色金属，2000（3）：1～7
8　蒋容华，肖顺珍．半导体硅材料的最新发展现状．半导体技术，2002，27（2）：3～6
9　蒋容华．国内外半导体硅材料最新发展状况．新材料产业，2002（7）：47～52
10　蒋容华，肖顺珍．我国半导体硅材料的发展现状．半导体情报，2001，38（6）：31～35
11　任尚昆，杜远东．硅基光电子材料的研究．周口师范高等专科学校学报，2001，18（5）：43～45
12　彭英才，何玉亮．纳米硅薄膜研究的最新进展．稀有金属，1999，23（1）：42～55
13　余明斌，李雪美，何玉亮．纳米硅薄膜的电致发光和光致发光．半导体学报，1995，16（12）：913～916
14　丁瑞钦．掺铒硅基材料发光的研究进展．材料导报，2003，17（2）：15～18

15 Alan Mills. Ⅲ-Ⅴ's Rev., 2000, 13 (1): 35 ~ 39
16 Sagam M. Ⅲ-Ⅴ's Rev., 2000, 13 (2): 19 ~ 24
17 邓志杰. GaAs 单晶材料的发展现状与展望. 世界有色金属, 2000 (10): 8 ~ 11
18 陈坚邦. 砷化镓材料发展和市场前景. 稀有金属, 2000, 24 (3): 208 ~ 217
19 管丕恺. GaAs 半导体器件、单晶的现状及发展动向. 半导体杂质, 1994, 19 (4): 1 ~ 7
20 江滢. 砷化镓-应用广泛的半导体材料. 中国电子商情——元器件市场, 2004 (1): 52 ~ 53
21 邓莉, 寿倩, 刘叶新. GaAs 体材料及其量子阱的光学极化退相特性, 物理学报, 2004, 53 (2): 640 ~ 645
22 李和委. 第二代半导体材料、器件及电路的发展趋势. 世界产品与技术, 2003 (11): 36 ~ 39
23 蒋荣华, 肖顺珍. GaAs 单晶生长工艺的发展状况. 光机电信息, 2003 (7): 11 ~ 17
24 蔡艳. 砷化镓芯片生产线——半导体产业布局中的新亮点, 半导体技术, 2003, 28 (4): 19 ~ 20
25 王松柏, 张声豪. 砷压热处理对半绝缘 GaAs 性能的影响. 福建师范大学学报 (自然科学版), 2003, 19 (1): 41 ~ 44
26 蒋荣华, 肖顺珍. 砷化镓材料的发展与前景. 世界有色金属, 2002 (8): 7 ~ 13
27 杨守春. GaAs 系的半导体出现复苏的征兆. 现代材料动态, 2002 (7): 14 ~ 15
28 周立军. 半导体材料的发展及现状. 半导体情报, 2001, 38 (1): 12 ~ 15
29 钱家裕. φ2VGF 法单晶炉和掺 Si 砷化镓单晶. 材料导报, 2001, 15 (2): 22 ~ 23
30 孔梅影, 曾一平. 我国 MBE GaAs 基材料如何从实验室走向产业化. 中国工程科学, 2000, 2 (5): 28 ~ 30
31 徐玉忠, 唐发俊, 杨连生. 非掺 Si-GaAs 单晶热处理的研究. 半导体情报, 1997, 34 (5): 36 ~ 39
32 Katsushi Hashio, Noriyuki Hosaka, Masato Matsushima. Development of 4-inch Fe-doped InP Substrate Using VB Method. SEI Technical Review, 2003, 56 (6): 41 ~ 45
33 Clark D A. Evalution of 4 Inch InP (Fe) Substrates for Productin of HBTs. 23th IEEE GaAs-IC Symposium, 2001
34 徐永强, 李贤臣, 孙聂枫. φ100mm 掺硫 InP 单晶生长研究. 半导体技术, 2004, 29 (3): 31 ~ 34
35 周晓龙, 安娜, 孙聂枫. 富磷熔体中生长的 φ100mm 掺硫 InP 单晶研究. 固体电子学研究与进展, 2004, 24 (2): 134 ~ 137
36 孙聂枫, 陈旭东, 杨光耀. 不同熔体配比的 InP 分析研究. 半导体情报, 1999, 36 (4): 41 ~ 45
37 黄火石. InP 基器件与电路的应用备受瞩目. 应用天地, 2003 (11): 61 ~ 66
38 董宏伟, 赵有文, 焦景华. 非掺半绝缘磷化铟晶片的制备及其均匀性. 半导体学报, 2002, 23 (1): 53 ~ 56
39 Youwen Zhao, Hongwei Dong, Jinghua Jiao. Preparation of Semi-insulating Material by Annealing Undoped InP. 半导体学报, 2002, 23 (3): 285 ~ 289
40 Bliss D. Journal of the Japanese Crystal Growth Society. 2000, 27: 45
41 Wada O, Hasegawa H, InP-based Materials and Devices, Physics and Technology. John Wiley & Sons, Inc., 1999: 109
42 Noda A, Suzuki K, Arakawa A. 4-inch InP Crystals Grown by Phosphor Vapor Controlled LEC Method. 14th Int. Conf. On Indium Phosphide and Related Materials, Stockholm, IEEE, 2002: 397
43 Sahr U, Grant I, Muller G. Growth of S-doped 2-inch InP Crystals by the Vertical Gradient Freeze Technique. 13th Int. Conf. On Indium Phosphide and Related Materials, Stockholm, Nara, IEEE, 2001: 533
44 王三胜, 顾彪, 徐茵. GaN 基材料生长及其在光电器件领域的应用. 国际光电与显示, 2002 (6): 23 ~ 27
45 Monemax B. Ⅲ-Ⅴ Nitrides-important Future Electronic Materials, J. Materials Science: Materials in Electronics, 1999 (10): 227 ~ 254

46　Jean-Yves Duboz，GaN as Seen by the Industry，C. R. Acad. Sci. Paris，Serie IV，2000：71～80
47　李效白．氮化镓基电子与光电子器件．功能材料与器件学报，2003，6（3）：218～227
48　何洪耀，谢重木．宽禁带半导体材料特性及生长技术．半导体杂志，1999，24（4）：31～39
49　顾忠良．GaN 半导体研究与进展．半导体情报，1999（4）：10～14
50　李雪．Ⅲ族氮化物材料制备．红外，2004（7）：24～27
51　郎佳红，顾彪．GaN 基半导体材料研究进展．激光与光电子学进展，2003，40（3）：45～49
52　谢崇木．光电子新材料 GaN 研究进展．半导体情报，1997，34（4）：1～8
53　张会肖．Ⅲ族氮化物量子点研究进展．半导体情报，2001，38（4）：22～26
54　李嘉席，孙军生，陈洪建．第三代半导体材料生长与器件应用的研究．河北工业大学学报，2002，31（2）：41～51
55　李效白．SiC 和 GaN 电子材料和器件的几个科学问题．微纳电子技术，2004，（11）：1～6
56　王玉霞，何海平，汤洪高．宽带隙半导体材料 S5C 研究进展及其应用．硅酸盐学报，2003，30（6）：372～381
57　Casady J B，Johnson R W. Status of Silicon Carbide as a Wide-bangap Semiconductor for High-temperature Applications：a Review. Solid State Electron，1996，39（10）：1409～1422
58　任学民．SiC 单晶生长技术及器件研究进展．半导体情报，1998，135（4）：7～12
59　胡小波，徐献刚，王继扬．6H-SiC 单晶的生长与缺陷．硅酸盐学报，2004，32（3）：248～254
60　Muller S G，Glass R C，Hobgood H M. The Status of SiC Bulk Growth from an Industrial Point of View，J. Cryst. Growth，2000，211（1～4）：325～332
61　Carter C H，Tsvetkov V F，Glass R C. Progress in SiC：from Material Growth to Commercial Device Development. Mater. Sci. Eng. B，1999，61～62：1～8
62　Muller S G，Glass R C，Hobgood H M. Progress in the Industrial Production of SiC Substrates for Semiconductor Devices. Mater. Sci. Eng. B，2001，80（1～3）：327～331
63　Syvajarvi M，Yakimova R，Tuominen M. Growth of 6H and 4H-SiC by Sublimation Epitaxy，J. Cryst. Growth，1999，197（1～2）：155～162
64　陈之战，施尔畏，肖兵．SiC 单晶生长研究进展．材料导报，2002，16（6）：32～35
65　陈之战，施尔畏，肖兵．大尺寸 6H-SiC 半导体单晶材料的生长．无机材料学报，2002，17（4）：685～690
66　赵杰，胡礼中，王兆阳．热氧化法制备 ZnO 薄膜及其特性研究．电子元件与材料，2005，24（3）：40～43
67　何建廷，庄惠照，薛成山．PLD 法生长硅基 ZnO 薄膜的特性．电子元件与材料，2005，24（5）：24～26
68　叶志镇，张银珠，徐伟中．ZnO 薄膜 P 型掺杂的研究进展．无机材料学报，2003，18（1）：11～18
69　刘大力，杜国同，王金忠．ZnO 薄膜的掺杂特性．发光学报，2004，25（2）：134～138
70　李新华，徐家跃．半导体 ZnO 单晶生长的技术进展．功能材料，2005，36（5）：652～657
71　巩锋，臧竞存，杨敏飞．半导体 ZnO 晶体生长及其性能研究进展．材料导报，2003，17（2）：35～37
72　宋词，杭寅，徐军．氧化锌晶体的研究进展．人工晶体学报，2004，33（1）：81～86
73　闫发旺，梁春广．Ⅲ-Ⅴ族磁半导体材料的研究与进展．半导体情报，2001，38（6）：2～7
74　Service R F. Science. 2000，287（5453）：561～563
75　贾金峰，薛其坤．科学发展报告．北京：科学出版社，2003
76　Zhang R Q，Lifshitz F，Lee S T. Adv. Mater. 2003，15：635～639
77　Lars S. Materials Today. 2003，22（6）：10

78　Gudiksen M S, Lauhonj L J, Wang J F. Nature. 2002, 415: 617 ~ 619
79　Mills Alan. Ⅲ-Ⅴs Review. 2000, 13: 23 ~ 26
80　Jeong H, Chang A M, Melloch M R., Science. 2001, 293: 2221 ~ 2223
81　王占国. 信息功能材料产业发展热点和难点. 新材料产业, 2003 (1): 12 ~ 17
82　王占国. 信息功能材料的研究现状和发展趋势. 化工进展, 2004, 23 (2): 117 ~ 126
83　王占国. 半导体材料研究的新进展. 半导体技术, 2002, 27 (3): 8 ~ 14

4 能源及环保材料

王 华 马文会 昆明理工大学

4.1 贮氢材料及其应用

4.1.1 氢能开发的重要性

能源历来是人类文明的先决条件，人类社会的一切活动都离不开能源。人类所消耗的一切产品都体现了能源的消耗，人们对物质需求的不断增长和精神生活的改善，都意味着对人均能源消耗需求的增加。资料表明，在人均 GDP 达到 1000 ~ 3000 美元的经济增长阶段，由于消费结构的升级和工业的加速发展，人均能源消费量呈现出大幅上升的趋势，而资源和环境的约束将导致经济滞缓甚至逆增长。目前，中国经济正处于新一轮经济周期的上升期，主要能源和初级产品、上游产品的供求关系和格局发生了较大变化，能源对经济发展的制约作用越来越大。突出的表现为，当前国内能源供应紧缺，出现了“电荒”、“煤荒”、“油荒”，能源的问题已成为制约中国经济运行中的“瓶颈”。尤为严重的是中国能源消费中，绝大部分是化石能源——煤、石油、天然气，2005 年中国已是世界上煤的第一大消费国，石油的第二大消费国，而化石能源日趋枯竭且大量的使用化石燃料会对环境造成严重的污染。以上的这些因素造成中国的能源形势十分严峻。

今后一段时期内，中国能源发展战略将集中在开发替代能源和新能源、节能降耗以及改革能源生产和流通体制、激发企业生产活力等方面。只有开发新能源和高效地利用能源才能从根本上解决能源问题。人们一直在不断地寻找一种不依赖化石燃料的、贮量丰富、能廉价制取，无毒无害、清洁的新能源。终于发现了氢能正是人们所期待的，因为氢能具有以下优点。

氢位于元素周期表之首，它的原子序数为 1，在常温常压下为气态，在超低温高压下又可成为液态。作为能源，氢有以下特点：

（1）所有元素中，氢质量最轻。

（2）所有气体中，氢气的导热性最好，比大多数气体的导热系数高出 10 倍，因此在能源工业中氢是极好的传热载体。

（3）氢是自然界存在最普遍的元素，据估计它构成了宇宙质量的 75%，除空气中含有氢气外，它主要以化合物的形态贮存于水中，而水是地球上最广泛的物质。据推算，如把海水中的氢全部提取出来，它所产生的总热量比地球上所有化石燃料放出的热量还大 9000 倍。

（4）除核燃料外氢的发热值是所有化石燃料、化工燃料和生物燃料中最高的，为汽油发热值的 3 倍。

（5）氢燃烧性能好，点燃快，与空气混合时有广泛的可燃范围，而且燃点高，燃烧速度快。

（6）氢本身无毒，与其他燃料相比氢燃烧时最清洁，除生成水和少量氮化氢外不会产生诸如一氧化碳、二氧化碳、碳氢化合物、铅化物和粉尘颗粒等对环境有害的污染物质，而且燃烧生成的水还可继续制氢，反复循环使用。

（7）氢能利用形式多，既可以通过燃烧产生热能，又可以作为能源材料用于燃料电池，或转换成固态氢用作结构材料。

（8）氢可以以气态、液态或固态的金属氢化物出现，能适应贮运及各种应用环境的不同要求。

鉴于以上种种优点，氢能的开发引起了人们极大的兴趣。从 20 世纪 90 年代起，美、日、德等发达国家均制定了系统的氢能研究与发展规划。其短期目标是氢燃料电池汽车的商业化，并以地区交通工具氢能化为前导，在 20 年左右的时间内，使氢能在包括发电在内的总体能源系统中占有相当的份额。长期目标是在化石能源枯竭时，氢能自然地承担起主体能源的角色。不难想像，随着科学技术的不断进步，氢能的应用不是遥远的将来。我们可望未来的经济将变为氢经济，氢能转化为动力、电能，走向家家户户，成为人类今后长期依靠的一种通用燃料，并与电力一道成为 21 世纪能源体系的两大支柱。

4.1.2 氢能技术

氢是宇宙中分布最广的元素，在地球上的分布也极广，它在地壳中的含量为 0.76%（质量分数）。氢主要以化合态存在于水、碳氢化合物以及生物组织中。氢能的应用主要包括：制氢、贮氢、输氢和氢的利用几环节。

4.1.2.1 制氢技术

制氢的历史长，方法多，这里简单的介绍几种主要的方法。

A 化石燃料制氢

迄今，全球 90% 以上的氢是由化石燃料制取的，这是过去及现在采用最多的方法。它是以煤、石油或天然气等化石燃料作为原料来制取氢气，是当前最具竞争力的制氢方法。主要方法有蒸气转化法、部分氧化法、煤气化法以及煤的高温干馏及炼油厂和石油化工厂副产氢。

B 水制氢

a 电解水制氢

电解水制氢是一种最基本的、成熟的、传统的制氢方法。电解水制氢具有产品纯度高和操作简便的特点，已经商业化 80 余年。目前利用电解法制氢的氢产量仅占氢总产量的 1% ~4%。

电解水制氢的缺点是耗能问题。以电能换氢能，成本很高。目前各国科学工作者们已采取一些措施以降低成本、提高效率、降低电耗。日本开发了高温加压法，将电解水的效率提高到 75%；美国建成一种 SPE（固体高分子电解质的电解工艺）工业装置，能量效率达 90%；中国研制了双向反应器制氢工艺。另外，通过太阳光发电或热发电以及海洋能、生物质能、地热能、非尖峰负荷的电站产生的电能来制氢，也可以降低氢的成本。发展高级带碱性电解液的电解器，以降低制氢能耗和改善工况指标等。

b 热化学循环分解水制氢

水的直接热分解需要4000K以上的温度，制氢系统需有耐高温的容器和产生高温的热源与设备，且投资成本高。因此，从20世纪60年代开始，提出了多种热化学循环制氢工艺。该方法是在水反应系统中加入中间物（金属），经历不同的反应阶段，最终将水分解为氢和氧，中间物不消耗，各阶段反应温度均较低。

典型的热化学循环制氢工艺有Markl工艺（意）、UT-3工艺（日）、硫化循环（美）、硫碘循环（美）、碘锂循环（美）、氯铁镁循环（美）等。由于热量是直接加入于循环反应过程中的含添加剂的水中，所以循环的最高工作温度虽不很高，但仍可得出较高的循环制氢效率，达40%～60%。与电解法相比，热化学法的特点是将热能直接变换为氢能，能源效率高、能耗小，有助于制氢成本的降低。其次，它可以和今后的长远战略能源，即核能和太阳能相匹配，在制氢能源上有着稳定可靠的保证。但热化学制氢也有不少缺点，如：

（1）反应阶段多、工艺复杂；

（2）装置投资费用高，制氢成本高；

（3）产物的循环泵送和分离过程相当复杂；

（4）对有些循环方案，其过程中产生有强烈腐蚀性甚至有毒物质，造成对设备的腐蚀和环境的污染。

目前对此法的褒贬不一，有的学者认为热化学循环制氢的前景并不乐观，有的人则认为，随着这些缺点的克服，此法就可成为今后一种有希望、有潜力的重要制氢方法。因此，此法尚需各国科学家的共同努力。

c　太阳能光化学分解制氢

这是一种入射光的能量使水分子分解或水化合物的分子通过合成以产生出氢气和氧气的制氢工艺。对应于1mol水，光解过程所需吸收的光能应为286kJ。利用太阳能光解时，主要靠紫外光的能量。而且，由于水对可见光是可透的，故需在水中加入少量的光催化剂，以帮助吸收入射的光能。目前，光化学分解制氢的效率很低，工艺和材料上尚存在不少问题，同时受光源所限，作为大规模制氢技术，有待进一步研究发展。

C　生物质制氢

生物质可通过汽化和微生物制氢。将生物质原料如薪柴、锯木、麦秸、稻草等压制成型，在汽化炉（或裂解炉）中进行汽化或裂解反应，可制得含氢燃料气。其汽化产物中氢气约占10%左右。随着转化技术的提高，生物质汽化已能大规模生产水煤气，且氢气含量已大大提高。

利用微生物在常温常压下进行酶催化反应可以制得氢气。生物质产氢主要有化能营养微生物产氢和光合微生物产氢两种。化能营养微生物是各种发酵类型的厌氧菌和兼性厌氧菌，以碳水化合物、蛋白质等为基质，通过发酵而放氢，目前已有利用碳水化合物发酵制氢的专利，并利用所产生的氢气作为发电的能源。利用生物质转化为沼气也是大有潜力的制氢技术。光合微生物产氢就是利用江河湖海中的某些藻类的光合作用产氢。如小球藻、固氮蓝藻等就能以太阳光作动力，用水作原料，源源不断地放出氢气来。

4.1.2.2　贮氢技术

在整个氢能系统中，贮氢是最关键的环节。各国对贮氢技术的开发尤为重视，目前也已取得了较大进展。总体来说，氢气贮存有物理和化学两大类。物理贮氢方法主要有：液氢贮存、高压氢气贮存、活性炭吸附贮存、碳纤维和碳纳米管贮存、玻璃微球贮存、地下岩洞贮存等。化学贮氢方法有：金属氢化物贮存、有机液态氢化物贮存、无机物贮存、铁磁性材料贮存等。

A　液化贮氢

这是一种深冷的液氢贮存技术。氢气经过压缩之后，深冷到21K以下使之变为液氢，然后贮存到特制的绝热真空容器中。常温、常压下液氢的密度为气态氢的845倍，液氢的体积密度比压缩贮存高好几倍，这样，同一体积的贮氢容器贮氢质量大幅提高。液氢贮存特别适宜贮存空间有限的运载场合，如航天飞机用的火箭发动机、汽车发动机和洲际飞行运输工具等。若仅从质量和体积上考虑，液氢贮存是一种极为理想的贮氢方式。但液化贮氢存在下列缺点：一是氢气液化要消耗很大的冷却能，这就增加了贮氢和用氢的成本；二是液氢贮存容器必须使用超低温用的特殊容器，因为液氢的熔点为－259.2℃，贮槽内液氢与环境温差大，为控制槽内液氢蒸发损失和确保贮槽的安全（抗冻、承压），必须严格绝热，因此，对贮槽及绝热材料的选择和贮槽的设计均有严格要求。目前，除用于火箭等特殊场合外，这种做法是不经济的。

B　氢气高压贮存

目前，工业上常用高压气瓶贮氢。氢气经过加压（约15MPa），贮存于钢制圆筒形容器中。这是一种传统的常用方法。其缺点是需要厚重的耐压容器，并要消耗很多的氢气压缩功。由于氢气密度小，在有限的容积中只能贮存少量的氢气。高压容器本身笨重，不易搬动。氢气的质量只占容器质量的1%～2%，且处于高压下，因此在经济上和安全上均不可取。要大规模贮存氢气可采用加压地下贮存。当有现成的密封良好而又安全可靠的地容或开采过的空矿井、地下岩洞等，可用于贮氢，且成本低廉，但受地域限制，运输不便。

C　金属氢化物贮存

某些金属或合金与氢反应后以金属氢化物形式吸氢，生成的金属氢化物加热后释放出氢气，利用这一特性就可有效地贮氢。有些金属氢化物贮氢密度可达标准状态下氢气的1000倍，与液氢相同甚至超过液氢。表3-4-1中列出了一些金属氢化物的贮氢能力。

表3-4-1　一些金属氢化物的贮氢能力

贮氢介质	氢原子密度/个·cm^{-3}	贮氢相对密度	含氢量/%（质量分数）
标准状态下的氢气	$5.4\times10^{-3}\times10^{22}$	—	100
氢气钢瓶（15MPa）	$8.1\times10^{-1}\times10^{22}$	150	100
－263℃液态氢	4.2×10^{22}	778	100
$LaNi_5H_6$	6.2×10^{22}	1148	1.37
$FeTiH_{1.95}$	5.7×10^{22}	1056	1.85
$MgNiH_4$	5.6×10^{22}	1037	3.6
MgH_2	6.6×10^{22}	1222	7.65

金属氢化物贮氢，氢以原子状态贮存于合金中。重新释放出来时，经历扩散、相变、化合等过程。这些过程受热效应与速度的制约，不易爆炸，安全性强。由于金属氢化物既可做贮氢材料，又可做功能材料，所以备受世人青睐。

D　非金属材料贮氢

非金属材料贮氢有两种形式，一种是化合物贮氢，另一种是物理吸附贮氢。氢可以与许多非金属元素或物质相作用，构成各种非金属氢化物。如碳氢化合物、氮氢化合物。

吸附吸氢材料主要有分子筛、活性炭、高比表面积活性炭和新型吸附剂等。前三种为常规吸附剂，吸附贮氢能力以比表面积高的活性炭为最佳。新型吸附剂是20世纪90年代初才出现的新型材料，以碳纳米管最为引人注目。

比表面积高的活性炭，单位质量表面积比常规活性炭大得多，吸附贮氢性能也较优越。活性炭吸附贮氢性能与贮氢的温度和压力密切相关。一般来说，温度越低、压力越高，贮氢能力越大。比表面积高的活性炭，其体积密度较小，贮氢量仅比常规活性炭大25%。所以应设法提高体积密度，它可使贮氢性能提高2倍。

碳纳米管贮氢是近10年才发展起来的，由于纳米碳中独特的晶格排列结构，其贮氢数量大大地超过了传统地贮氢系统，碳纳米管对氢的吸附量比活性炭大得多，可达9.9%（质量分数）；吸附速度快（数小时内完成），而且在室温下进行；解吸速度快（数十分钟内完成），可直接获得氢气，使用方便。缺点是需要高压（10MPa），价格较高。碳纳米管作为新的超级吸氢剂是一种很有前途的贮氢材料，目前尚未商业化。

玻璃微球也是一种很好的吸氢材料，常温下，贮氢量达15%~42%（质量分数）。与其他贮氢方法相比贮氢量最大，是一种具有发展前途的贮氢技术。但目前研究较少，更未见实用化报道。

E　有机液体贮氢

有机液体氢化物贮氢技术始于20世纪80年代。作为一种新型贮氢技术有很多优点：（1）贮氢量大，苯和甲苯的理论贮氢量分别为7.19%和6.18%（质量分数）；（2）贮氢剂和氢载体的性质与汽油类似，贮存、运输、维护保养安全方便，便于利用现有的油类贮存和运输设施，设备简便；（3）可多次循环使用，寿命可达20年。

以上这些贮氢技术，有的是成熟的，有的正处于研究开发阶段。液氢贮氢是一种较好的贮氢方法，贮氢密度高，但能耗较大。目前研究较多的、较为成热的是金属氢化物贮氢技术。金属氢化物的出现为氢的贮存、运输及利用开辟了一条新的途径。特别是金属氢化物在镍—金属氢化物电池上的应用，已达到大规模工业生产水平，其他方面的应用也正在积极广泛地开发。至于其他贮氢技术，虽处于研发阶段，但由于贮氢量大，发展前景方兴未艾。

4.1.2.3　输氢技术

氢气输送也是氢能系统中关键之一。它与氢的贮存技术密不可分。氢有多种多样的输送方式。具体的输送方案需视地点、用氢方式、距离、用量以及用户分布情况及输氢成本等因素进行综合考虑。

A　气体氢输送

气体氢的输送可以采用管道和高压钢瓶用车船输送。最近，由于金属氢化物的出现，也可装入氢化物桶（或罐）中由其他输送工具来运输。管道输送适用于短距离、用量大、用户集中、使用连续而稳定的地区。它可以利用现有输送天然气和煤气的管道稍加改造，用以输氢。但有两点需要注意，一是氢气的发热量为10798.59kJ/m^3，约为天然气甲烷的1/3，要输送相同能量，需加粗管道或提高压力；二是常温下氢的致脆性。高压钢瓶或钢罐装的氢气，通常用卡车或船舶等交通运输工具运至用户，由于贮氢质量只占总运输质量的1% ~2%，故此法不甚经济。

B　液氢输送

液氢输送可采用罐车、油轮或管道等。这种方式比气氢输送效率高。但由于贮氢容器和管道都需有严格的绝热措施，而且为确保安全，输氢系统的设计、结构与工艺均较复杂，故输氢成本较高。液氢管道输送一般不宜远距离，通常是把中心制氢站或大型贮氢液罐中的液氢短期而集中地连续灌输给发动机。远距离输送则采用绝热罐槽，用卡车、火车或船舶输送。

超导输能电缆是将液氢输送和远距离电力输送都放在一根共同的缆管中进行，用此法可节省投资费用并增大输送的能量。实际尚未见应用。

C　氢化物输送

用金属氢化物贮氢桶（或罐），贮氢密度与液氢相同或更高，可用各种交通工具运输，安全而经济。氢气贮存于有机液体中，贮氢量大，用管道或贮罐等输送更为方便。

4.1.2.4　氢的利用技术

氢的应用很广，其主要应用领域有以下几个方面：工业、交通运输、航空航天、氢能发电、家庭民用等。

A　工业应用

氢在工业中的应用技术较早而且比较成熟。尤以在化学工业中应用较多。据统计，在美国各种重要化工产品耗氢量的比例为：合成氨占31%，合成甲醇和合成羰基占11%，石油精制占51%，其他用途占7%。据称，此比例多年来变化不大，由于各国国情不同，在比例上会有不同，但耗氢的主要领域没有大的差别。

将氢气和氮气在有催化剂存在条件下合成氨；用氢与一氧化碳的混合气体合成各种化工产品及燃料油、甲醇、甲烷及羰基合成制醛等；炼油工业中用于加氢裂化及加氢精制；煤在氢压下和催化剂作用下，通过加氢转变为液体燃料，称为煤的液化，目前受到一些国家的广泛关注，相继开发出各种煤液化的方法，如溶剂精炼法（SRC）、埃克森供氢溶剂法（EDS）及氢煤法（H-Coal）。在冶金工业中，近年来开发了用氢制取海绵铁工艺，将精铁矿经制团后用氢在还原炉中还原成铁，用以电炉制钢；在有色金属冶炼中，以氢作还原剂，由金属氧化物制取纯金属粉末，如 Cu、Co、W、Mo 及通过金属块、锭制取高纯 Ti、Zr、Ta、Nb、La、Ce、Pr、Nd 等。在金属加工过程中，作为保护气体防止金属被氧化。用此法处理钢带材表面光亮无氧化层；用氢脆法制取贮氢材料合金粉等。在半导体工业中，用高纯氢制取多晶硅。在硅片氧化工艺、扩散工艺、外延工艺中均需使用高纯氢。其他工业中也大量用氢，如浮法玻璃生产中作保护气体，化肥、染料、塑料等生产中用作原料等。

B　在交通运输上的应用

在汽车、火车和舰船等运输工具中，用氢能产生动力来驱动车、船，无论从能源开发、能源节约及环境保护等方面，都可带来很大的经济效益和社会效益。氢能汽车根据用氢方式不同，有液氢汽车、金属氢化物汽车及渗氢汽油汽车以及 Ni-MH 电池汽车等。氢能汽车，由于其排气对环境的污染小，噪声低，特别适用于行驶距离不太长而人口稠密的城市、住宅区及地下隧道等地方。

美、日开发氢能汽车，用氢发动机和贮氢合金燃料箱结合的燃料供给系统，最高时速达100km，连续行驶里程为120km，用液氢的氢能汽车，行驶距离达400km。因此，各国一直在注重开发贮氢量大、质量轻的贮氢装置。中国也积极开发氢能汽车，1996年9月由北京有色金属研究总院研制出中国第一组电动汽车用100A·h、120V Ni-MH电池组，用于5人座轿车、一次行驶121km，最高时速112km/h。

C　在航空航天上的应用

液氢和液氧作为火箭发动机和航天飞机的燃料在航天领域中的历史已是渊源流长。早在第二次世界大战期间，氢即用作A-2火箭发动机的液体推进器。1960年液氢首次用作航天动力燃料。1970年美国发射的“阿波罗”登月飞船使用的起飞火箭也是用液氢做燃料。后来法国的阿里阿娜火箭、日本的H_2火箭以及中国的长城三号火箭的最后几级都是采用液氢作为推进剂的。现在氢已是火箭领域的常用燃料了。对于现代航天飞机而言，由于液氢能量密度很高，是普通汽油的3倍，这意味着燃料的自重可减轻2/3，这对航天飞机无疑是极为重要的。航天飞机以氢作为发动机的推进剂，每次发射需用1450m^3，质量约100t，足见氢在航空航天上的应用前景。

D　氢能发电

燃料电池通过氢气与氧气或空气的化学反应得到直流电。用燃料电池发电，能量密度大、发电效率高，如质子交换膜燃料电池（PEMFC）的效率可达70%以上，加之清洁无污染、性能稳定、工作条件温和、工作寿命长等优点深受世人关注。它用途广泛，既可做固定电站，又可做便携式电源，同时可作为航天、潜艇、电动汽车等领域的动力电源。它将成为21世纪的重要发电方式。其贮氢方法可选用金属氢化物贮氢，尤以稀土镍系和Ti-Mn系合金为佳。

E　太阳能-氢能系统

氢能除可自成体系外，尚可与太阳能、海洋能、风能、核能等可再生能源结合，组成各种清洁能源系统。将这些间断性、难贮存的能源转换成可连续输出、可贮存的能源加以利用。太阳能-氢能系统，就是太阳能-电能-氢能-电能的转换过程。把氢作为贮能介质，当阳光充足的夏季和白天，用光发电送入电解装置电解水制氢并通过贮氢材料贮氢，或以其他方式贮存起来。这样，就将太阳能转换成氢的化学能；夜晚和冬季通过燃料电池将氢转换成电能，也可以直接利用氢气作其他应用。

氢能与其他天然能结合，同样可组成复合能源系统，这里不一一介绍。

4.1.3　主要贮氢材料的研究进展

4.1.3.1　金属（合金）贮氢材料研究进展

金属贮氢材料是目前研究较多，而且发展较快的贮氢材料。早在1969年Philips实验室就发现了$LaNi_5$合金具有很好的贮氢性能，贮氢量为1.4%（质量分数），当时用于Ni-MH电池，但发现容量衰减太快，而且价格昂贵，很长时间未能发展，直到1984年，Willims采用钴部分取代镍，用钕少量取代镧得到多元合金后，制出了抗氧化性能高的实用镍氢化物电池，重新掀起了稀土基贮氢材料的开发。由$LaNi_5$发展为$LaNi_{5-x}M_x$。（M = Al、Co、Mn、Cu、Ga、Sn、In、Cr、Fe等）。其中M有单一金属的也有多种金属同时代替的。另一方面为降低La的成本，也采用其他单一稀土金属（如Ce、Pr、Nd、Y、Sm）、混合稀土金属（Mm—富铈混合稀土金属、ML—富镧混合稀土金属）、Zr、Ti 等代替 La。因此品种繁多、性能各异的稀土基 AB_5型或 AB_{5+x}型贮氢材料在世界各国诞生，并开展了广泛的应用研究。主要应用于贮氢及各种 Ni-MH 电池，其中 Ni-MH 电池用负极材料已在各国实现工业化生产。电化学容量达 320mA · h/g 以上。

AB2 型金属间化合物典型的代表有 ZrM_2、TiM_2（M = Mn、Ni、V 等）。1966 年 Pebler 首先将二元锆基 Laves 相合金用于贮氢目的研究。20 世纪 80 年代中期人们开始将其用于贮氢电极，并用其他金属置换 AB_2中的 A 或 B，形成了性能各异的多元合金 Ti-Zr-Ni-M（M = Mn、V、Al、Co、Mo、Cr 中的一种或几种元素）。此类合金贮氢容量为 1.8% ~ 2.4%（质量分数），比 AB_5型合金的贮氢容量高，但初期活化比较困难。目前 Laves 相贮氢合金电化学容量已达 360mA · h/g 以上。被日本和美国成功地用于各种型号的 Ni-MH 电池上。另一类体心立方（BCC）合金，有与 Laves 相共存的一个相，其吸氢行为与 Laves 相相同，此相称为与 Laves 相有关的 BCC 固溶体。BCC 固溶体能大量吸氢，吸氢量约为 4%（质量分数）。是有很大发展前途的贮氢材料。电化学容量达 420mA · h/g。

钛系 AB 型合金的典型代表是 Ti-Fe 合金，于 1974 年由美国的布鲁克海文国家研究所的 Reilly 和 Wiswall 两人首先发现，并发表了他们对 Ti-Fe 合金氢化性能的系统研究结果，此后 Ti-Fe 合金作为一种贮氢材料，逐渐受到重视。Ti-Fe 合金在室温下能可逆地大量吸放氢，吸氢量为 1.86%（质量分数）。其氢化物的分解压在室温下为 0.3MPa，而且二元素在自然界中含量丰富，价格便宜，因而在工业中已得到一定程度的应用。由于 Ti-Fe 合金活化较困难，采用其他元素代替 Fe 或 Ti，或添加其他元素，改善了初期活化性能。出现了 TiFexMy（M = Ni、Cr、Mn、Co、Cu、Mo、V）等三元或多元合金。这些合金在低温条件下容易活化，滞后现象小，而且平台斜率小，适于作贮氢材料用。

镁系 A_2B 型合金的典型合金是 Mg_2Ni。它是 1968 年由美国布鲁克海文国立研究所的 Reilly 和 Wiswall 两人发现的。Mg_2NiH_4，吸氢量为 3.6%（质量分数），253℃下的离解压为 0.1MPa，是很有潜力的轻型高能贮氢材料。但 Mg_2Ni 合金只有在 200 ~ 300℃才能吸放氢，且反应速度十分缓慢，故实际应用尚存在问题。

为了降低合金工作温度，采用机械合金化使合金非晶化，达到使合金在较低温度下工作的目的。目前已开发了 Mg-10%（质量分数）M。

Mg-23.3%Ni 合金［吸氢量 5.7%、6.5%（质量分数）］，用于输氢容器。利用废热作为氢化、脱氢的热源，仍是有优点的。

4.1.3.2　非金属贮氢材料的研究进展

非金属贮氢材料是指碳材、玻璃微球这类材料，如碳纳米管、石墨纳米纤维，它们具有优良的吸、放氢性能，因此引起了世界各国的广泛关注。美国能源部专门设立了研究碳材贮氢的财政资助，中国也将高效贮氢的纳米碳材研究列入 2000 年国家自然科学基金资助项目。碳纳米材料是一种新型贮氢材料，用它做氢动力系统的贮氢介质前景良好。其吸氢量可达 5% ~10%（质量分数）。碳纳米管的研究是近十多年的事，1990 年 Kratschmer 用石墨电极电弧放电首次宏观合成了碳数为 60 的 C60，1991 年日本 NEC 的 Lijima 用真空电弧蒸发石墨电极，对产物用高分辨透射电镜（HRTEM）观察时发现具有纳米尺寸的碳多层管状物—巴基管。此后在各国掀起了继 C60 后的又一次研究高潮。1998 年中国清华大学开始了在贮氢材料领域的研究。北京大学、中科院等都在积极开发。目前纳米贮氢材料的研究正在向吸、放氢性能优异、成本低且能大批量生产的方向深入发展。碳纳米管作为新的超级吸附剂是一种很有前途的贮氢材料。它的出现将推动氢-氧燃料电池汽车及其他用氢设备的发展。但作为商业应用还有一段距离，尚需继续努力。石墨纳米纤维也是近年来才发展起来的一种贮氢材料，吸氢量可达 8%（质量分数）。目前这种材料的研究还处于实验室阶段。玻璃微球是一种中空的玻璃球，直径在 25～500μm 之间，球壁厚度仅 1μm。在高压（10～200MPa）下加热至 200～300℃的氢气扩散进入玻璃空心球内，然后等压冷却，氢的扩散性能随温度下降而大幅度下降，使氢有效地存于空心微球中，使用时加热存贮器，就可将氢气释放出来。玻璃微球的贮氢量可高达 42%（质量分数）。玻璃微球贮氢特别适用于氢动力车系统，是一种具有发展前途的贮氢材料。关键在于制取高强度的空心微球，以及为贮氢器选择最佳的加热方式，以确保氢的完全释放。

4.1.3.3　有机液体氢化物贮氢进展

有机液体氢化物贮氢是借助不饱和液体有机物与氢的一对可逆反应——加氢、脱氢反应来实现的。加氢反应时贮氢，脱氢反应时放氢。有机液体作为氢载体，达到贮存和输送氢的目的。不饱和有机液体均可做贮氢材料，常用的有机物氢载体有苯、甲苯、甲基环已烷、萘等。用这些有机液体氢化物作贮氢剂的贮氢技术，是 20 世纪 80 年代开发的一种新型贮氢技术。1975 年，O. Sultan 和 M. ShaW 提出利用可循环液体化学氢载体贮氢的设想，开辟了这种新型贮氢技术的研究领域。1980 年 M. Tawbe 和 P. Taube 分析、论证了利用甲基环已烷（MCH）做氢载体贮氢，为汽车提供燃料的可能性。随后许多学者对为汽车提供燃料的技术开展了很多卓有成效的研究和开发工作；对催化加氢脱氢的贮存输送进行了广泛的开发；意大利正在研究用有机液体氢化物贮氢技术开发化学热泵；日本正在考虑把此种贮氢技术应用于船舶运氢；瑞士、日本等国正在研制 MCH 脱氢反应膜催化反应器，以解决脱氢催化剂失活和低温转化率低的问题。中国石油大学从 1994 年开始，较详细地研究了基于汽车氢燃料的有机液体氢化物贮氢技术。有机液体氢化物贮氢作为一种新型贮氢材料，其最大特点是贮氢量大（7%）、贮存设备简单、维护保养安全方便。许多国家都在积极开展研究。

4.1.4　贮氢材料的应用

贮氢材料种类多，用途广。以下主要就目前研究较多且发展较快的金属（合金）类贮氢材料的主要用途作简要的介绍。

4.1.4.1　贮氢材料在电池上的应用

A　在小型民用电池上的应用

自 20 世纪 60 年代发现了 Mg_2Ni 和 $LaNi_5$ 贮氢合金后，各种类型的贮氢合金相继出现，其广泛的应用研究也广为开展。起初，合金的研究与发展，主要集中在气相应用，如贮氢桶、氢提纯和化学热泵等方面。后来，随着低成本 M_nNi_5 合金的出现，又通过优化其组成、不同的处理工艺等使合金的抗粉化性、平衡氢压抗碱腐蚀性都得以控制，金属氢化物的电化学应用也就开始了。1990 年，Ni-MH（镍-金属氢化物）电池首先由日本商业化。这种电池的能量密度为 Ni-Cd 电池的 1.5 倍以上，不污染环境，充放电速度快，记忆效应少，可与 Ni-Cd 电池互换，加之各种便携式电器的日益小型、轻质化，要求小型高容量电池配套，以及人们对环保意识的不断增加，从而使 Ni-MH 电池发展更加迅猛，使 Ni-MH

电池在小型可充电池市场份额上比例越来越大。1997 年日本 Ni-MH 电池生产达 5.7 亿支，占包括 Ni-Cd、锂离子在内的市场的 40%，估计 1997 年日本稀土基贮氢合金大约生产了 5000t 用于 Ni-MH 电池。全球 1999 年生产了小型二次电池（包括 Ni-Cd、Ni-MH、Li 离子电池）共 29 亿支，其中 Ni-MH 电池为 11 亿支、占小型二次电池的 37.8%。2000 年世界 Ni-MH 电池为 13 亿支，2001 年为 14.8 亿支，预计 2005 年为 16.2 亿支。

中国在“863”计划的推动下，继美、日之后迅速进入产业化阶段，1995 年以来各年 Ni-MH 电池的产量见表 3-4-2。

表 3-4-2　1995 年以来各年 Ni-MH 电池产量

年　份	1995	1996	1997	1998	1999	2000
产量/万支	200	3140	5200	8000	8000	16000

据报道中国镍氢电池主要性能和生产工艺已达国外先进水平，已建成年产 10^7A·h、3×10^7A·h、5×10^7A·h 的 3 条示范生产线和 3 个示范基地，总产能力超过 6×10^8A·ha^{-1}，2000 年产量超过 3×10^8A·h，产值超过 10 亿元。中国“十五”规划中二次电池的发展见表 3-4-3。从表中可以看出，Ni-MH 电池的发展将以每年 45% 匀速度增长，说明 Ni-MH 电池在中国是很有发展前途的。

表 3-4-3　中国小型二次电池发展规划

小型电池/亿支	1999 年	2005 年	年均增长率/%
Ni-Cd	4.5	3.38	-5
Ni-MH	0.8	3.0	45
Li 离子	0.2	1.5	108

从表中可以看出，Ni-Cd 电池为负增长，这是因为镉对环境的污染以及其他两种电池性能均优于它的原因，这也是符合世界发展潮流的，不过它仍占有不少份额，因为其价格还有一定优势。随着 Ni-MH 电池价格不断降低，以及性能的不断提高，将会逐步取代 Ni-Cd 电池。Li 离子电池，由于性能优良，在移动通讯和笔记本电脑中得到广泛应用。因此镍氢电池受到 Ni-Cd 电池在价格方面的挑战，同时也受到 Li 离子电池性能上的挑战。所以，Ni-MH 电池必须在性能-价格比上不断提高，才能在竞争中取得一定份额。

日本在 Ni-MH 电池的研发和生产上都位于世界前列，从其发展的状况可知未来小型 Ni-MH 电池的发展方向。表 3-4-4 列出了近年来东芝公司 Ni-MH 电池容量上升情况表。表3-4-5为日本汤浅公司的圆筒形 AAA Ni-MH 电池的技术指标。从这里我们可以看出，Ni-MH电池的高容量化近年来进展是十分迅速的。

表 3-4-4　东芝公司 Ni-MH 电池容量进展

电池型号	1997 年	1998 年	1999 年	电池型号	1997 年	1998 年	1999 年
AAA	590	700	800	AA	1280	1500	1600
L-AAA	690	800	900	4/3A	3500	4000	4500
4/5AA	1120	1300	—				

表 3-4-5　日本汤浅公司 Ni-MH 电池的技术指标

型　号	规　格	质量/g	电　压	容量/mA·h
AAA750	ϕ10.5mm×44.5mm	13	1.2	750/700
AAA850	ϕ10.5mm×50.0mm	14	1.2	850/800

由上表中可以看出，汤浅公司 AAA 型电池已达到目前最高容量，可以与锂离子电池匹敌。据称，该电池具有良好的体积能量密度和耐高温性能、自放电与原来的产品相比减少了1/2。电池中采用了游离球状镉和高密度氢氧化镍活性物质。

据报道全世界目前年产 Ni-MH 电池 9×10^8A·h，年耗贮氢材料 9000t，球型 $Ni(OH)_2$6300t。到 2005 年，国际市场用于通讯、动力车和电动工具等的镍氢电池预计年产可达 23×10^8A·h。要满足 Ni-MH 电池生产需要，年需贮氢材料 2.3×10^4t，球型 $Ni(OH)_2$ 1.61×10^4t。

中国通过国家“863”计划、“七五”、“八五”、“九五”攻关，有力地推动了中国 Ni-MH 电池的发展。目前年耗贮氢材料 500t、球型亚镍 350t。到 2005 年，中国国内市场 Ni-MH 电池预计年产可达 5×10^8A·h，年需贮氢材料 5000t，球型亚镍达 3500t，见表 3-4-6。中国 2010 年预计将生产贮氢材料 2×10^4t，10^4t 外销。镍氢电池 10×10^8A·h。

表 3-4-6　2000 年和 2005 年世界及中国贮氢材料及稀土金属消费量

年　份	贮氢材料的消费量/t		稀土金属消费量/t	
	世　界	中　国	世　界	中　国
2000	9000	500	3300	185
2005	23000	5000	8510	1850

今后 AAA、AAAA 型高容量移动电话用电池是 Ni-MH 电池的重点发展方向。中国到 1999 年底手机持有量已达 4000 万部，占世界第二位，到 2003 年将为 1.5 亿部。移动电话的飞跃发展将促进 Ni-MH 电池的产业化进程。另外，中功率 5C 倍率的 D 型、F 型电动助力车电池和 30A·h 的摩托车电池；高功率 10C 倍率输出的电动工具用电池；超高功率 20C 倍率输出混合型电动汽车用 D 型电池也将大有发展前途。

B　在电动车用电池中的应用

由于受环境污染和化石能源枯竭的双重压力，促进人们高度重视电动车及相关技术的发展。美国、法国和中国的上海市等均相继通过立法限制燃油车、大力发展电动车。美国加州等 6 个州明确规定在 1999 年的汽车生产总量的 2% 为电动汽车，到 2003 年汽车销售的 10% 为零排放汽车。同样在马塞诸塞州和纽约及缅因州、马里兰州和新泽西州也要求到 2003 年有 10% 为零排放车。估计到 2018 年美国将超过 700 万辆电动汽车。日本电动车协会于 1991 年 10 月制定了 2000 年电动汽车普及计划，因而也大大推动了 EVs 用电池的发展。欧洲和亚太地区也相继制定了电动汽车的发展规划。目前电动汽车所使用的电池大致有铅酸、镉镍、Ni-MH 和锂离子等，表 3-4-7 列出了各种电动车用电池性能对比。

表 3-4-7　各种电动车用电池性能

电池种类	比能量 /W·h·kg^{-1}	能量密度 /W·h·L^{-1}	比功率 /W·kg^{-1}	循环寿命/次	价格（相对）	商品化程度
铅　镍	35	90	150	500	100	大量生产
镍　镉	50	80	200	1000	500	大量生产
Ni-MH	65	135	150	1000	400	试　制
锂离子	100	170	300	1200	1000	试　制

从表 3-4-7 中可以看出，目前能大量生产供应的电动车用电池只有铅酸蓄电池和镍镉蓄电池。由于镍镉电池性能价格比不如铅酸电池，而且存在镉污染，锂离子电池价格又太贵，所以性能优良的 Ni-MH 电池有可能很快进入市场。目前，电动车用 Ni-MH 电池主要在美国和日本进行开发。下面介绍一些国家 Ni-MH 电池在电动车上的应用的研发情况。美国 1993 年 GM Ovonic 的电池在 Chrysler 小巴士上进行证实性试验，证明 Ni-MH 电池是可用的。同年，在 Solectria 的 Force 车上装了 20 个 12V 的 GM Ovonic 电池组。此车在 1994 年 3 月 APS 赛上获得第一，在 104km/h 的速度下续驶里程到 200km。同年，在 CARB Dyno 试验中以 80km/h 的速度续驶里程达 272km。同年 4 月在公路比赛中达到 342km 的续驶里程。1996 年又达到 390km 的续驶里程。1995 年在 Solectria 的 910kg 的 4 座 Sunrise 车上装了 21 个 12V 的 GM Ovonic 电池组，总能量为 22kW · h。最高速度达 120km/h，（0 ~48） km/h 的加速时间为 6s，（0 ~96） km/h 的加速时间为 17s，在72km/h 的速度下续驶里程为 320km。1996 年 5 月装有 33kW · h 的 GM Ovonic 电池车用 Ni-MH 电池的 Sunrise 车，在公路比赛中续驶里程达到 600km。1998 年 GM 的 EV-1 轿车和 Chevy S-10 卡车，Ford 的 Ranger 轻便货车都装上 GM Ovonic 电动车用 Ni-MH 电池。EV-1 轿车续驶里程达 256km。美国 Ford 的 P2000 混合电动车采用的是金属氢化物-镍电池。一种是 220 个 VARTA 公司的 4A · h 电池组成 1. 1kW · h 的电池组，输出功率可达 22kW；一种是 280 个 11A · h 电池组成的 4kW · h 电池组，输出功率可达 45kW。GM Ovonic 还提供了 4 ~120A · h的金属氢化物-镍电池在电动助力车上进行了试验。

日本：1992 年松下公司在研制出 6V 130A · h 的电动车用 Ni-MH 电池组后，用 36 个电池组组成质量为 400kg 的 216V 电池组在车上进行了试验。电池组的能量密度为 70Wh/kg，充一次电的行驶距离是 140km，从 0 加速到 40km/h 的时间是 7s。电池循环寿命为 1500 次，行驶总里程可达 2 ×105km。1993 年日本古河电池公司和东北电力公司研制了两种电动车用金属氢化物—镍电池，分别装在 WAVE 车上作纯电动车和混合电动车用。WAVE 车外形尺寸为 4610mm ×1690mm ×1350mm，1300kg，4 座，装有最大功率为 24kW 的电机。在纯电动车中，有 10 个 12V、125A · h 的 Ni-MH 电池组，车的最高时速为 110km/h，（0 ~40） km/h 的加速时间为 3. 9s，在 40km/h 速度下的续驶里程为 150km。在混合电动车中有 20 个 6V、90A · h 电池组，车的总续驶里程（包括汽油发动机）为 200km。

1996 年日本丰田和本田推出了用 NIMH 电池的 RAV-4 和 PLUS 电动车。他们都采用松下公司的 EV-95 电池，用 24 个 12V 电池组串联。丰田的 RAV-4 最高速度达 125km。该车乘员 4 人，Ni-MH 电池质量比能量 64Wh/kg，电压 288V，电池容量 100A · h，电池总质量 450kg，1 次充电行驶距离 215km。电池寿命大于 1000 次，总行驶距离 150000km，驱动性能几乎与汽油车一样，但价格比汽油车贵 2 倍。本田的 PLUS 最高速度达 130km/h，续驶里程达 220km。

1999 年在 EV-16 上日本丰田和本田又推出了 Ni-MH 电池的微型轿车 E-Com 和 City-Pal。E-Coln 采用松下公司的 EV-28 型电池，用 24 个 12V 电池组，146kg，车的最高速度达 100km/h，续驶里程达 100km。City-Pal 采用 50A · h 电池，用 24 个 12V 电池组，能量为 15kW · h，250kg，车的最高速度达到 110km/h，续驶里程达 130km。日本丰田公司的 Prius 混合电动车采用松下的 EV6.5 型电池。该车除装有 1.5L 42.6kW 汽油发动机外，还装有 40 个 7.2V、6.5A · h 电池组，电压 288V、能量 6kW · h。输出功率可达 20kW。在高速行驶时采用汽油机动力；低速、起动、爬坡时采用电池动力。最高车速为 160km/h，一次加油（50L）可行驶 1400km，是普通燃油汽车的 2 倍。与普通燃油汽车相比，其 CO_2 排放量减少 50%，CO、CH 及 NO，排放量减少了 90%。这种混合动力车的售价为 18000 美元，约为纯电池动力车的 1/2。该车已投放日本市场，并在 1998 年形成热销，售出 18000 辆。目前的生产能力为每月 2000 辆。

日本松田汽车公司用 16 个三洋公司研制的 12V95A · h 电池组进行了装车试验，续驶里程达 110km。日本 Yamaha 公司的第 2 代 PAS 电动自行车采用 7A · h 的 D 型（5L32.3 × 58.4）Ni-MH 电池，170g，比能量为 49Wh/kg 和 48Wh/L，在 1.4A 下的放电能量为同型 Ni-Cd 电池的 130%，因此车的续驶里程也提高 30%，循环寿命大于 500 次。

法国：法国 SAFT 的电动车用 Ni-MH 电池在 Chrysler 的 Epic 小巴士上进行了试验。车上装 30 个 12V 单元和最大功率 74kW 的交流感应电机，该车的最高时速达到 125km/h，续驶里程达 150km。

韩国：1996 年现代汽车公司将 HM-90 型电池装在 Accent 车上，该车按城市运行模式续驶里程可达到 160km，在 64km/h 恒速下运行续驶里程可达 211km。1998 年又将 HM-80 型电池装在 Atoz 车上。

中国：1994 年 1 月初举行的电动汽车项目讨论会上，北京有色金属研究总院展示了以 Ni-MH 电池为动力的电动三轮车和电动自行车。以 35A · h、24VNi-MH 电池组作为动力源的电动三轮车，车速可达 18km/h，1 次充电行程 60km。在此基础上相继开发出 80 ~ 150A · h 的矩形电池。80A · h、24VNi-MH 电池组驱动的电动三轮车，1 次充电行驶 120km。150A · h、6V 电池组 1996 年 3 月通过清华大学汽车工程系国家重点实验室的测试，可以满足电动汽车使用。1996 年 9 月由北京有色金属研究总院研制出中国第一组电动汽车用 100A · h、120VNi-MH 电池组，并装车运行成功。该车为 5 人座轿车，1 次充电行驶 121km（40km/h），最高时速 112km/h，（0 ~ 40）km/h 加速时间 6.2s。2000 年研制的 100A · h、120VNi-MH 电池用于电动车上，1 次充电行驶距离可 225km，完成了北京—天津往返运行。平均时速（50 ~ 80）km/h，最高时速大于 100km。

综上所述，Ni-MH 电池主要用于纯电动汽车和混合型电动车上，世界各国各大汽车公司所用电动车的主要性能见表 3-4-8。

从以上介绍可以看出，Ni-MH 电池在电动车上使用是成功的，作为城市环保型汽车的应用很有前途。但是，目前价格较贵，势必影响其普及推广。混合型电动车既可以降低价格，又有利于环保、节能，是近期内的发展方向，但它不能做到完全零排放。因此，今后应开发高容量、高功率和低成本、长寿命的 Ni-MH 电池，以满足电动汽车发展的需要。

表 3-4-8　各种用 Ni-MH 电池的纯电动汽车和混合型电动车的主要性能

车　名	公 司	外形尺寸 /mm×mm×mm	空重/kg	载人数 /人	最高时速 /km·h^{-1}	续驶里程 /km	电　池	
							电压/V	容量/A·h
PLUS	本田	4045×1750×1630	1620	4	130	220	24×12	95
City Pal	本田	3210×1645×1645	995	2	110	130	24×12	50
RAV4	丰田	3980×1695×1675	1540	5	125	215	24×12	95
E-COM	丰田	2790×1475×1605	770	2	100	100	24×12	28
DEMIO	MAZDA	3800×1670×1535	1350	4	100	100	16×12	95
LIBERO	三菱	4270×1680×1540	1550	5	140	220	24×12	100
WAVE	东北电力	4610×1690×1350	1300	4	110	150	10×12	125
WAVE-HEV	东北电力	4610×1690×1350	1300	4	—	200	20×6	90
TEV	Chrysler	—	—	—	—	140	36×6	130
Solectria Force	Solectria	—	—	—	—	272 (80km/h)	20×12	—
Solectria Sunrise	Solectria	4470×1880×1320	909	4	120	320	21×12	85
EV-1	GM	4309×1766×1281	1350	2	—	256	—	—
Prius	丰田	—	—	—	—	—	40×6	6.5
Accent EV	现代	—	—	—	—	211	HM-90	90

4.1.4.2　贮氢材料在蓄热技术中的应用

热能是一种难贮存和输送的能源。为使热能作为稳定能源利用，要把热能集中起来后暂时贮存起来。这种贮存，有保持热能原有形式的蓄热法；也有经过热—化学能变换，先变为化学能，然后再以贮存、输送介质形式加以利用的贮存法；因此，使热能有效利用的能量变换技术很重要。我们知道化学反应具有能量变换机能。金属氢化物在高于平衡分解压力的氢压下，金属与氢的反应在生成氢化物的同时，要放出相当于生成热的热量 Q，如果向该反应提供相当于 Q 的热能，使其进行分解反应，则氢就会在相当于平衡分解压力的压力下释放出来。这一过程相当于热—化学（氢）能变换，称为化学蓄热。这些能量变换过程都是利用了贮氢材料的吸收与释放氢的化学反应过程。利用这种特性，可以制成蓄热装置。贮存工业废热、地热、太阳能热等热能。贮氢合金的这一特性为这些能源提供了可连续稳定使用的有效途径及重要的发展方向，即将这类能源通过贮氢合金转换成化学能并贮存起来，在需要时提供稳定的热能。

作为化学蓄热的贮氢材料应具备以下条件：（1）反应速度快；（2）单位质量或单位体积的蓄热量大；（3）可逆性好；（4）反应物和生成物无毒性、腐蚀性和可燃性；（5）价格低廉；（6）工作温度范围宽（-20～1000℃）；（7）热源温度下的平衡分解压力应为 0.1MPa 至几十兆帕。

一般而言，在对利用金属氢化物蓄热系统进行设计时，应充分了解所用金属氢化物的平衡特性和热源的温度范围。蓄热系统要使用两种金属氢化物：一是蓄热介质用金属氢化物，二是贮氢介质用金属氢化物。两种金属氢化物的平衡特性应该不同。氢气由前者流向后者时蓄热；反方向流动时放热。用金属氢化物蓄热应选择与各种废热温度相适应的金属氢化物。由废热提供金属氢化物分解热，即可把这种废热的热能贮存起来。可用于各种废热的贮存和变换的合金见表3-4-9。由表中可以看出：适于－50～0℃冷热源的有Ti-Cr-Mn系合金；适于0～100℃的有Mm-Ni系合金、TiFe系合金和Ca系合金；100～200℃的有La-Ni系合金、Ti-Co系和Ti-Ni-Fe系合金；适于300℃左右的有Mg系合金。

表3-4-9　用于各种蓄热的贮氢合金

热源温度范围/℃	热源			可利用的贮氢合金
	形式	实例	温度/℃	
－50～0	冷热	LNG等的冷热	－30～0	Ti1.2Cr1.2Mn0.8，Ti1.2CrMn，Ti0.9Zr0.1CrMn
0～100	温废水	高、中、低温水	60～80 30～60	LaNi5，LaNi4.7Al0.3，MmNi4.5Mn0.5，MmNi4.5Al0.5，MmNi4.15Fe0.85，MmNi4.5Cr0.5，MmNi4.5Mn0.5Zr0.05，MmNi4.7Al0.3Zr0.1，CaNi5，La1-xCaxNi5，Mm 1-xCaxNi5
100～200	废气	高、中、低温气体	150～200	LaNi4.5Al0.5，LaNi4.3Al0.7 TiFe0.8Ni0.2Nb0.05，TiFe0.8Ni0.15V0.05TiCo0.5Fe0.5Zr0.05， TiCo0.5Fe0.5V0.5， TiCo0.5Mn0.5Zr0.05，TiCo0.5Mn0.5V0.5 TiCo，TiCo0.75Ni，TiCo0.75Ni0.25
≤400	废气	中低温气	200～400	Mg2Ni，Mg2LaNi，Mg2.2La0.8Ni，Mg2.3La0.7Ni，CeMg1.2

利用外部热源的热能使蓄热槽的蓄热用贮氢材料的氢化物加热，则氢化物被分解，放出氢气。氢气经过流量调节阀进入贮氢槽，并与贮氢槽里的合金反应后，以氢化物形式贮存下来。即：热以氢化学能的形式贮存起来，这是蓄热过程。需要热能时，将贮氢槽加热，使氢化物分解就可得到氢气，并将氢气加热到高于氢化物蓄热槽温度下的平衡分解压力，然后送入蓄热槽里。在蓄热槽里，由于氢与合金反应为放热反应，就可以向热利用系统提供必要的热量，这是放热过程。选择适当的蓄热与贮氢用不同特性的贮氢合金，就可以适应很大温度范围的要求。当然，被选用的贮氢合金种类应根据热源而定。为增大蓄热量和放热量，蓄热用金属氢化物的生成热应尽量大，贮氢用金属氢化物的生成热应尽量小，而且这两种合金的热容量都应尽量小。

目前用金属氢化物做蓄热装置的实际应用报道不多，日本有几家单位进行了开发。如日本化学技术研究所开发的氢化热型蓄热装置，蓄热槽为管束结构，由19根气瓶组成，里面充填6.27kg Mg_2Ni 合金，蓄热容量约为8371kJ。装置的总传热系数为837kJ/(h·m^2·K)。该系统可有效利用300～500℃的工厂废热和用于间歇式反应槽热源的节能系统中。试验证明，该系统的答应性相当快。日本东海大学等从理论上探索了用金属氢化物蓄热装置的热学问题，对不同结构容器进行了试验。其中一种容器中充填5.46kg $TiFe_{0.9}Mn_{0.1}$氢化物，贮氢360.6L。

日本以科学技术厅为主开展风能变换成热能、贮存与利用技术的研究。利用风车的机械能驱动活塞，将空气绝热压缩后制取高温空气，用获得的高温空气将 Ti-Fe-O 系合金的氢化物容器加热，分解成合金和氢。风力不正常或夜间寒冷时，再使合金与氢反应生成金属氢化物，并产生反应热，将这种热能用于农业设施、房间取暖和融雪。这种 Ti-Fe-O 合金不经活化处理就能被氢化。在 40℃、1MPa 氢压下吸收 $H/M=0.5$ 以上的氢。该合金与 1mol H_2反应，可产生约 29.3kJ 的热能。蓄热时，将氢化物加热到 150℃，并将氢加压至 3MPa 后贮存在贮氢罐里。需要热时，再利用合金与氢的放热反应。

三洋电机公司对长期蓄热系统进行了开发。热管使用 $CaNi_5$合金，贮氢用 $LaNi_5$合金，对 1256kJ 级的热管蓄热系统进行试验，系统用容器直径 2cm，长 66cm，里面分别充填 3.5kg $CaNi_5$和 $LaNi_5$。另外还试制了适于长距离输热的热管型蓄热器，认为用热管完全可以满足长距离输热及其恒温性要求。使用良导热性套筒形热管构成的蓄热容器可提高蓄热效率，其热回收率可达 80% 左右。

从以上情况来看，应用氢化物蓄热系统在有效利用自然能和作为节能措施的废热有效回收技术方面，还是很有前途的。但目前离工业化应用尚有一段距离，关键是要有贮氢量大、价格低、寿命长、最适于蓄热温度条件的合金，以及高性能热交换反应器等。

4.1.4.3　其他应用

A　贮氢合金贮能发电

一般工业上或居民用电都会有高峰期和低峰期的问题，往往是高峰期电量不够，而低峰期则有过剩。为了解决低峰期电力过剩的存贮问题，过去主要采用建造扬水电站、压缩空气贮能、大型蓄电池组贮能。贮氢材料的发展为贮存电能提供了新的方向。即利用夜间多余的电能供电解水厂生产氢气，然后把氢气贮存在贮氢材料组成的大型贮氢装置内；白天用电高峰时使贮存的氢气释放出来。或供燃料电池直接发电，或将氢气做燃料生产水蒸气，驱动蒸气/透平机和备用发电机组发电。

B　利用贮氢合金变风能为热能

日本在 20 世纪 80 年代开始研制利用贮氢合金将风能转换成热能的系统。利用风轮机的机械能将空气绝热压缩成高温空气。由系统产生的热量，一部分直接供给能源用户，而大部分则导入金属氢化物容器中，使氢气从贮氢合金中解离出来，同时贮存起热能。在风况不正常或夜间寒冷时，则使贮氢合金与氢气再次反应，生成金属氢化物，同时放出热量供热。该系统使用的贮氢合金为 $TiFe_{1.15}O_{0.024}$。

C　利用贮氢合金的真空绝热管

利用贮氢合金的绝热管是将输送管管壁绝热层内装入一定数量的贮氢合金，利用贮氢合金的吸氢反应来维持管壁的真空，亦即贮氢合金起着真空泵的作用密封在输送管的双层壁内，能长期维持输送管管壁内的真空度。作为真空化使用的贮氢合金，必须在制造时和长期使用时能解决使合金表面劣化的杂质气体和从材料表面放出的氢气，以保持绝热层内维持小于 10^{-1}Pa 的真空度，还要特别注意氢气的高传热特性。根据各种贮氢合金系的试验结果，发现稀土系贮氢合金在耐杂质气体特性和长期保持对氢的活性方面是最好的材料。采用氢氟酸处理合金使合金表面形成氟化层，可显著提高合金的抗 CO 毒化的特性，合金表面的氟化层不仅能防止杂质气体的毒化，同时还具有促进氢分子共价结合离解的催化剂作用，为了长期保持这种真空绝热管双层壁内之高真空度，不仅要求贮氢合金具有真空泵作用的功能，同时还必须减少从绝热管材料本身放出的气体。因此，在绝热管的内壁表面加以陶瓷涂层，能有效地减低其气体放出率，比未涂层表面的气体放出率减少1个数量级以上。采用La-Ni系贮氢合金构成的真空绝热管，在连续输送200℃热流体时，其热损失为0.015W/km，这相当于一般绝热管损失（0.24W/km）的1/10以下。这种真空绝热输送管热损失很小，长期无需维护，耐用年限在40年以上。

4.2 热能材料

4.2.1 热能储存的方式

热能储存（Thermal Energy Storage）可以通过蓄热材料的冷却、加热、熔化、凝固、气化、化学反应等方式实现。它是一种平衡热量供需和使用的有效手段。热能储存按蓄热方式可分为三类，即显热蓄热、潜热蓄热和化学反应蓄热。

4.2.1.1 显热蓄热

显热蓄热（Sensible Heat Storage）是利用每一种物质都具有一定的热容的特性，随着温度的升高，物质的内能会增加，从而将热能储存起来。蓄热材料在储存和释放热能时，材料自身只发生温度的变化，而不发生其他变化。这种蓄热方式简单，成本低，但在储存和释放热能时材料的温度变化较大，不利于换热介质的温度控制，并且该类物质的储能密度低，从而导致相应装置的体积庞大。

显热蓄热材料主要有水、岩石、陶瓷和土壤等。蓄热装置一般由蓄热材料，容器，保温材料，防护外壳等组成，太阳能热水器的保温水箱是典型的利用水做蓄热介质的显热蓄热装置。为了使蓄热装置具有较高的容积蓄热密度，则要求蓄热材料具有较高的比热容和较大的密度。目前，应用的最多的蓄热介质是水和岩石。水的比热容大约是岩石的4.8倍，而岩石的密度只是水的2.5～3.5倍，因此水的容积蓄热密度比岩石大。在液体材料中，由于水价格便宜，比热高，所以水被认为最适宜显热储能，不过温度高于100℃时，蓄热装置必须在大于100℃饱和蒸气压力下才能够储存水，这样超过100℃的蓄热装置在成本上就会有陡增；岩石的比热虽然只有水的四分之一左右，蓄热密度小，贮存相同的热需要更大的体积，但岩石无毒性、成本低、密度大等优点。且岩石不像水那样具有有漏损和蒸发等问题。通常岩石床都是和太阳能、空气加热系统联合使用，岩石床既是蓄热器，又是换热器。当需要储存温度较高的热能时，以水作为蓄热介质会受到限制，通常可视温度的高低，选用岩石或高温氧化物材料作为蓄热介质。

A 水蓄热技术

在蓄热技术发展的初期，显热蓄热首先被提出并得到应用，应用最广泛的就是水蓄热技术。水蓄热是利用价格低廉、使用方便、比热容大的水作为蓄热介质，利用水的显热进行能量贮存。它具有投资少、系统简单、维修方便、技术要求低等特点，曾被广泛采用。水蓄热技术的缺点是：蓄热温差小、密度低，不能存储很大的能量。过去认为显热蓄热技术终将会被潜热蓄热技术所替代，其实不然，显热蓄热技术还具有很强的生命力，这就是采用地下水层或深层土壤蓄热。此法不仅简单有效，投资低廉，而且还可以储存冬季的冷能为夏季所用，储存夏季的热能为冬季所用，同时可以降低蓄热系统的运行费用。一般说来，水的蓄热温度为40～130℃范围内。根据使用场合不同，对于生活用水，蓄热温度为40～70℃；对于开水，可蓄热至100℃；对于末端为风机盘管的空调系统，一般蓄热温度为90～95℃。

水蓄热也适用于现有常规系统的扩容或改造，尤其在当前新工质制冷系统尚未完全成熟的情况下，应用该技术可以通过不增加氟里昂用量而达到增加制冷系统容量的目的，对于环境保护具有积极的意义。另外，水蓄热系统可以利用消防水池、原有的蓄水设施或建筑物地下室作为蓄热容器，从而降低水蓄热系统的初期投资，进一步提高系统的应用经济性。水蓄热技术在美国和日本有很多成功的应用实例。利用水池蓄热如图3-4-1所示，利用地下水蓄热如图3-4-2所示。

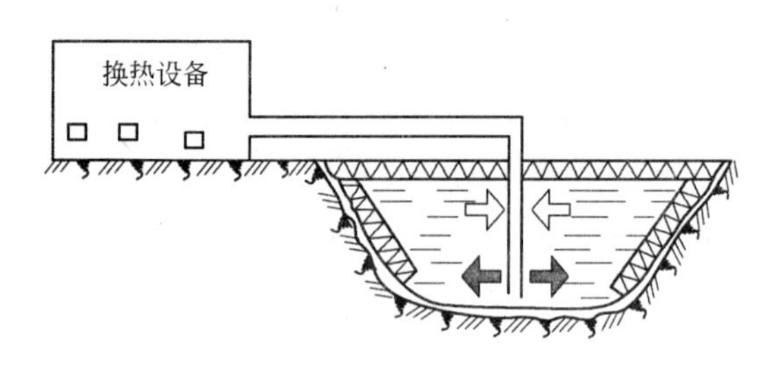

图3-4-1　利用水池蓄热

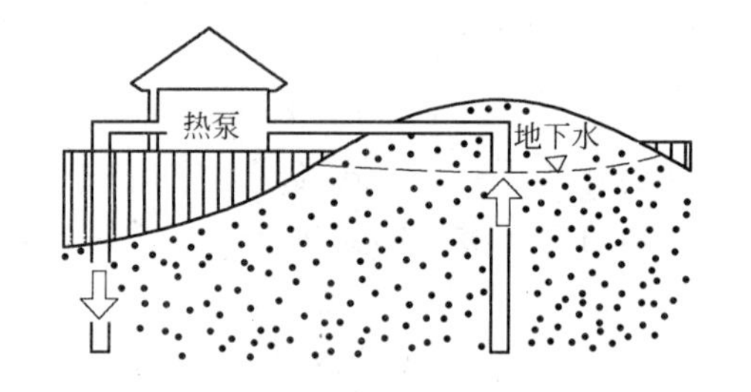

图3-4-2　利用地下水蓄热

B　*岩石床蓄热技术*

岩石床蓄热就是利用岩石的成本低、密度大和导热性能较好等优点，通过构筑岩石床，利用岩石的显热进行能量贮存。通常岩石床都是和太阳能、空气加热系统联合使用，岩石床既是蓄热器，又是换热器。

对于岩石床，空气和岩石之间的传热速率及空气通过岩石床时引起的压降损失是最重要的特性参数。从总体效果对这些特性参数进行权衡，是高效、经济的岩石床蓄热器设计的主要内容。岩石越小，床和空气的换热面积就越大，因此，选择小的卵石将有利于传热速率的提高；岩石小，还能使岩石床有较好的温度分层，从而在取热过程中可得到较多的能，以满足所需温度的热量。但岩石越小，给定空气通过岩石床时的压降就越大，因此，在选择岩石的大小时应考虑送风压降的消耗情况。若岩石的尺寸选择适当，将得到较大的传热速率和均匀的气流分布，也较易保持良好的温度分层。分层好的岩石床，在取热过程中，当气流离开岩石床时具有与岩石床顶部大致相同的温度；在蓄热过程中，自岩石床流出的气流的温度接近床底部的温度。对整个系统来说，可使供热场所得到接近于岩石床中最高温度的热空气，而进入空气加热气的则是接近于岩石床中最低的温度的气流，这是十分有利的。由于通过岩石床的有效导热较小，且不存在对流渗混，故同液体蓄热系统相比，岩石床可以保持很好的温度分层。为了解岩石床的热性能，即确定在给定岩石床的几何尺寸、进入床层的气流的流速和温度及其温度场和出口气流的温度随时间的变化关系，必须对岩石蓄热床进行理论分析和试验研究。具体的热性能的数值模拟方法可参见文献。

由于岩石的比热容较小，故岩石床的容积蓄热密度较小。当太阳能空气加热系统采用岩石床蓄热时，需要体积相当大的岩石床，这是岩石床的缺点。为了设法改进，出现了一种液体-固体组合式蓄热方案。例如，蓄热设备可由大量灌满水的玻璃瓶罐堆积而成，这种蓄热设备兼备了水和岩石的蓄热优点。蓄热时，热空气通过“充水玻璃瓶床”，使玻璃瓶和水的温度都升高。由于水的比热容很大，故这种组合式蓄热设备的容积蓄热密度比岩石床的大。其传热和蓄热特性很适合太阳能空气加热供暖系统。

C 中、高温蓄热介质及大容量蓄热技术

作为中、高温显热蓄热介质，无机物氧化物（碳化物）具有许多独特的优点，如高温时蒸气压很低，高温时物理、化学稳定性好，价格比较便宜，有时这点特别重要。但无机氧化物的比热容及导热率都比较低，这样蓄热和换热设备的体积将很大。若将蓄热介质制成颗粒状，会增加蓄热介质的换热面积，有利于设计较紧凑的换热器。可作为高温显式蓄热介质的有氧化镁（MgO）、氧化铝（Al_2O_3）、氧化硅（SiO_2）和花岗岩等。这些材料的容积蓄热密度虽然不如液体，但若以单位金额蓄存的热量来比较并不差，特别是氧化硅和花岗岩最便宜。

4.2.1.2 潜热蓄热

物质由固态转变为液态，由液态转为气态，或由固态转变为液态，由液态转为气态，或由固态直接转为气态（升华）时，将吸热相变热，进行逆过程时，则将释放相变热。潜热蓄热（Latent Heat Storage）是利用吸收或释放相变潜热达到蓄热目的，故也可以称为相变蓄热。根据相变种类的不同，相变蓄热一般分为四类：固—固相变、固—液相变、固—气相变及液—气相变。由于后两种相变方式在相变过程中伴随有大量气体的存在，使材料体积变化较大，因此尽管它们有很大的相变热，但在实际应用中很少被选用，固—固相变和固—液相变研究的较多。根据相变温度的高低，潜热蓄热又分为中、低温和高温相变蓄热。高温相变蓄热主要用于热机、太阳能电站、磁流体发电、工业余热回收以及人造卫星等方面。高温相变材料主要有高温熔融盐、混合盐和金属及合金。高温熔融盐主要包括氯化物、氟化盐、硝酸盐、硫酸盐等类物质；混合盐种类多，使用温度范围宽，熔化潜热大，但盐类腐蚀性严重，会在容器表面结壳或结晶延迟。因此，应用是要求较高；可用作相变材料的金属及合金一般有铝、铜、镍、铅、锡等，以及铝硅、铝铜硅等合金。中、低温相变蓄热材料主要有冰、水合盐、石蜡和脂肪酸等。

潜热蓄热利用相变潜热非常大的特点把热能储存起来加以利用，相变蓄热材料具有单位质量（体积）的蓄热密度大，在相变化温度附近的温度范围内使用可保持在一定温度下进行吸热和放热，化学稳定性好，安全性好，但相变化时液固两相界面处的传热效果差等特点。而对于固体显热技术中的蓄热材料来说，一般具有：化学和机械稳定好，安全性好，传热性能好，但单位（体积）的蓄热量较小，很难保持在一定的温度下进行吸热和放热等特点。两种蓄热方式相比较，潜热蓄热有两大明显优点：

（1）蓄热密度大，单位体积的蓄热量大；

（2）吸热过程和放热过程是几乎是在恒温条件下进行的，有利于与热源与负载相配合。

同时，同显热蓄热相比也有一些缺点：

（1）潜热蓄热介质大多数扩散系数小，加热放热速率低；

（2）有相分离的现象，受热时不连续溶解，部分仍然保持固态。如十水硫酸钠加热到熔点以后，会分离成溶液和固体硫酸钠，因固、液密度差而产生相分离。此外，放热凝结时在熔点附近易产生结晶，发生过冷现象，这些都影响吸热、放热速率。

（3）介质老化，反复吸热、放热的循环后，性能降低，蓄热能力降低。

4.2.1.3 化学反应蓄热

化学反应蓄热（Chemical Reaction Heat Storage）是利用一些可逆化学反应的热效应进行蓄热，如当反应正向进行时，将热能转换成化学能贮存起来，当反应逆向进行时化学能转变为热能放出，通过可逆反应进行热量的存储和释放。发生化学反应时，可以有催化剂，也可以没有催化剂。这些反应包括气相催化反应、气固反应、气液反应以及液液反应等。

除了化学反应蓄热以外，还有以下两种利用化学能形式进行储热的方式。

A　浓度差蓄热

浓度差蓄热是利用酸碱盐溶液当其浓度发生变化时会产生热量的原理来储存热量。典型的就是利用硫酸浓度差循环的太阳能积热系统，利用太阳能浓缩硫酸，加水稀释即可得到120～140℃的热源。浓度差蓄热多采用吸收式蓄热系统，也叫化学热泵技术。

B　化学结构变化蓄热

化学结构变化蓄热是指利用物质的化学结构的变化而吸热/放热的原理来蓄放热的蓄热方法。

其实，三种蓄热方式很难截然分开，如潜热蓄热时也会同时把一部分显热储存起来，而化学反应蓄热材料则可能把显热或潜热储存起来。

4.2.2　相变蓄热的研究进展

4.2.2.1　中低温相变蓄热的研究进展

A　中低温相变材料的种类及特性

相变材料根据相变的种类可分为：固—固、固—液、固—气及液—气型相变材料；根据材料的属性可分为：有机相变材料和无机相变材料；根据使用温度一般可分为：中低温相变材料和高温相变材料。根据相变材料用途不同，需要根据的其熔点来选择PCMs。材料的熔点低于15℃时，一般用于空调内蓄冷及低温蓄冷。材料的熔点高于100℃时，一般用于高温蓄热。熔点介于两者之间的相变材料一般用于太阳能取暖、平衡热负荷，这类相变材料是相变材料大家庭中研究的最多的一类。一般将熔点低于100℃的相变材料称为中低温相变材料，主要包括如下三类：

（1）石蜡：商用石蜡价格便宜，蓄热密度中等（约200kJ/kg），由于成分的差异具有较宽的熔融温度，化学稳定性好，几乎没有过冷现象和相分离。但因导热率较低（约0.2W/m℃），其应用受到一定的限制。纯石蜡较贵，因此从应用角度考虑一般选用商用石蜡作为相变材料。

（2）脂肪酸：脂肪酸类主要有羊蜡酸、月桂酸、棕榈酸和硬脂酸等以及它们的混合物。脂肪酸熔融温度在30～60℃之间变化，蓄热密度介于153～182kJ/kg。主要用于室内取暖、保温，是一类很有应用前景的相变材料。

（3）水合盐：水合盐类主要有 $Na_2SO_4 \cdot 10H_2O$、$Na_2HPO_4 \cdot 12H_2O$、$Na_2P_2O_7 \cdot 10H_2O$、$Na_2S_2O_3 \cdot 5H_2O$ 以及 $CH_3COONa \cdot 3H_2O$ 等。水合盐具有较高的容积蓄热密度（约350MJ/m^3），同石蜡相比具有较高的导热率（约0.5W/m℃）和适中的价格，也是一类很有应用前景的相变材料。但是过冷和相分离等问题限制了其应用。

B　中低温相变材料应用中的一些问题

影响潜热蓄热广泛应用的主要因素是PCMs-容器的使用寿命和在性能不降低的前提下PCMs的循环次数。对于中低温相变材料来说，物理稳定性、热稳定性、导热性和腐蚀性将直接应用。

对于水合盐，相分离、过冷和腐蚀等问题严重地影响了其广泛的应用。一些研究人员采取间接传热的方法，利用不容混的传热流体来搅动水合盐溶液，从而达到减小过冷并能防止相分离。另有文献报道采用增稠剂和成核剂来减小过冷和防止相分离。表 3-4-10 中列出了使用不同成核剂稠化后的 PCMs 的过冷温度范围。

表 3-4-10　使用不同成核剂稠化后的 PCMs 的过冷温度范围

PCM	稠化剂	T_m/℃	成核剂（尺寸）/μm	过冷温度/℃	
				无成核剂	有成核剂
$Na_2SO_4 \cdot 10H_2O$	SAP	32	硼砂（20×50～200×250）	15～18	3～4
$Na_2HPO_4 \cdot 12H_2O$	SAP	36	硼砂（20×50～20×250）	20	6～9
			碳（1.5～6.7）		0～1
			氧化钛（2～200）		0～1
			铜（1.5～2.5）		0.5～1
			铝（8.5～20）		3～10
$CH_3COONa \cdot 3H_2O$	CMC	46	Na_2SO_4	20	4～6
			$SrSO_4$		0～2
			碳（1.5～6.7）		4～7
$Na_2S_2O_3 \cdot 5H_2O$	CMC	57	K_2SO_4	30	0～3
			$Na_2P_2O_7 \cdot 10H_2O$		0～2

Cabeza 等研究了五种常用金属（铝、青铜、铜、钢、不锈钢）对熔融水合盐（六水硝酸锌、十二水磷酸氢钠、六水氯化钙、碳酸钠、碳酸氢钾、氯化钾、水、三水乙酸钠、五水硫代硫酸钠）耐腐蚀性测试。为了防止 PCMs 对容器的腐蚀，研究人员还尝试使用部分改性的塑料制品来封装 PCMs。

石蜡和脂肪酸类具有无毒性、化学稳定性好、热稳定好等特点，但它们的导热系数较低，严重的阻碍了其应用，一般采取增强换热的方法来改善导热性能。Morcos 等，Costa 等，Padmanabhan，Velraj 和 Ismail 等采用不同形状的翅片管用于潜热蓄热系统的增强换热；Siegel 研究了采用高导热率的粉末分散于熔融盐中来提高其凝固率；另外，还有利用在 PCM 中植入金属基来增强导热率。此外，还有大量的作者研究了石墨（或碳纤维）增强导热率，该方法不但能有效的提高 PCM 的导热率，而且对于水合盐能够减小过冷度，对于石蜡能够减小容积变化。

C　中低温相变材料的主要应用

中低温相变材料的主要应用于太阳能取暖、热负荷的移峰填谷、新型节能型建筑用材、空调内蓄冷及低温蓄冷。对于低温相变蓄冷方面，值得关注的是西安交通大学吴裕远教授及其合作者开展了类环状流微膜蒸发板翅式冷凝蒸发技术的研究，首创了类环状流沸腾传热强化新机理和紊流液膜冷凝传热强化新机理，开发的低温冷凝与蒸发相变换热器，该相变换热器广泛应用于制氧、乙烯、合成氨、尿素、硝铵等大型装置及其他许多石油化工和炼油装置中。

4.2.2.2　高温相变蓄热的研究进展

A　高温相变材料的种类

高温相变蓄热材料主要用于小功率电站、太阳能发电、工业余热回收等方面，它一般分如下五类：

（1）单纯盐：主要为某些碱或碱土金属氟化物、氯化物以及碳酸盐。氟化物中，还有一些其他金属的难熔物，是非含水盐，它们常具有很高的熔点及很高的熔化潜热，可应用于回收工厂高温余热等。氟化物作为蓄热材料时多为几种氟化物的混合物形成低共熔物，以调整其相变温度及蓄热量。氯化物和碳酸盐通常也具有较高的熔点和较大的潜热，也是较好的潜在的高温相变材料。

（2）金属与合金：所选的金属须毒性低、价廉，铝及其合金因其熔化热大，导热性高，蒸气压力低，是一种较好的蓄热物质。

（3）碱：碱的比热高，熔化热大，稳定性强。高温下，蒸气压力低，价格便宜，也是较好的蓄热物质。

（4）混合盐：混合盐同其他类高温相变材料相比，最大的优点是物质的熔融温度可调性，可根据需要将各种盐类配制成 100 ~ 890℃ 温度范围内使用的蓄热物质。很多混合盐同单纯盐相比，熔融时体积变化小，传热好。

（5）氧化物：大部分用作潜在相变材料的氧化物的使用温度很高，熔化热较大。

以上各类高温相变材料的使用温度范围和熔化热见表 3-4-11。

表 3-4-11 高温相变材料及其温度范围

分 类	温度范围/℃	材 料	转变温度/℃	熔化热/kJ · kg^{-1}
盐	100 ~ 1500	$AlCl_3$	193	272
		$ZnCl_4$	437	255
		LiBr	550	214
		LiH	699	2687
		NaF	993	750
		MgF_2	1271	936
		CeF_6	1459	281
混合盐	100 ~ 900	$AgNO_3$（47.9）-AgI	100	—
		$BeCl_2$（56）-LiCl	300	—
		$CaCO_3$(37APP)-$LiCO_3$	662	—
		$BaCl_2$（0.32）-$SrCl_2$	850	—
氧化物	700 ~ 2800	MoO_3	795	364
		BeO	1500	2847
		TiO	2020	917
		ZrO_2	2680	708
金属及其合金	100 ~ 1200	Li	181	435
		Al-Si（13.2）-Mg（5）	511	—
		Al	660	398
		Al（80）-Si	700	481
		Cu	1083	205
碱	150 ~ 850	NaOH · KOH	177	222
		KOH	400	155
		Sr $(OH)_2$	510	180
		Ca $(OH)_2$	835	389

B 高温相变材料的热物性

高温相变材料的一些重要性能要求，见表 3-4-12。表 3-4-13 列出了一些高温相变材料热物性的文献值。

表 3-4-12 高温相变材料的重要性能

热 性 能	物理性能	化 学 性 能	经 济 性
合适的相变温度	体积变化小	高温稳定性好高温腐蚀性小	丰富且低廉
高相变焓	密度大	与盛装容器兼容性好	
高导热系数（固相和液相）		无毒、无污染	

表 3-4-13 部分高温相变材料的热物性

物 质	熔化温度/℃	熔化热/$kJ \cdot kg^{-1}$	热导率/$W \cdot (m \cdot K)^{-1}$	密度/$kg \cdot m^{-3}$
$MgCl_2 \cdot 6H_2O$	116	165	0.694	1569
			0.704	1570
	117	168.6	0.570	1450
$Co(NH_2)_2$	133	251	—	1335
KHF_2	196	142	—	2370
$NaClO_3$	225	212	—	2490
$LiNO_3$	252	370	—	2370
$NaNO_3$	307	172	0.5	2260
	308	174	—	2257
KOH	380	149.7	0.5	2044
LiOH	471	876	—	1430
Li_2SO_4	577	257	—	2220
Al	659	401	—	2700
$MgCl_2$	714	452	—	2140
Li_2CO_3	720	606	—	2110
NaCl	800	492	5	2160
	802	466.7	—	
Na_2CO_3	854	275.7	2	2533
KF	857	452	—	2370
K_2CO_3	897	235.8	2	2290
MgF_2	1263	938	—	1945
BeO	1500	2847	—	

C 热物性的测量

相变材料的热物性主要包括：相变潜热、导热系数、比热、膨胀系数、相变温度。相变潜热、导热等直接影响材料的蓄热密度、吸放热速率等重要性能，相变材料热物性的测量对于相变材料的研究显得尤为重要。

Speyer 对各种热分析方法进行了总的评价，Eckert 等、Naumann 和 Emons 以及其他作者对相变材料的热分析方法进行了研究。相变材料的热分析技术一般包括：一般卡热计法、差热分析法（DTA）、差示扫描量热法（DSC）。因生产商提供的产品的性能有相当大的波动性，Gibbs 提出最好对相变材料进行 DSC 分析，以获得准确的热性能数值。

张寅平对上述三种热分析技术进行了评价并指出了局限性如下：

(1) 一些相变材料的性能与其质量有关，但分析时，只能对微量（1 ~ 10mg）进行测量。

(2) 分析仪器复杂、昂贵。

(3) 相变过程不能观察。

对于温度不高的固-液相变，张寅平提出了简单的方法来测量相变温度、焓、比热和热导率。

Marín 等改进了评价程序后，可得到比热、焓随温度变化值。该结果以焓-温图的形式显示，有助于试验的改进。

Delaunay 采用了另一种方法测量相变材料在相变温度时的热导率。该方法仅限于一维柱状导热的量测。

很多文献还报道了相变材料导热率增强的方法，如增加传热表面（增加金属翅，Sadasuke）或添加金属粉末（Bugaje）。Manoo 研究了在不同温度下一些翅片对导热率、焓的影响。

D　高温相变材料

高温相变材料通常具有一定的高温腐蚀性，在使用时通常需要封装，另外微封装的相变材料具有的许多优点，这些都促使了人们对此的研究。

Heine 等（1980）研究了四种金属对熔点在 235 ~ 857℃范围的六种熔融盐的耐腐蚀性能。

Lane 对不同的材料在不同尺寸下封装的优点和缺点进行分析，并对材料的兼容性进行了研究。

Revankar 等研究了太空换热器中，包封的相变材料中出现空穴的影响。

相变材料的微封装具有许多优点，如增加传热面积、减小相变材料同外部环境的反应及减小相变时带来的体积变化。

由于用途广泛，很多个人和公司如 BASE 已加入相变材料微封装的研究行列。

微封装相变材料在不同热控制领域的潜在应用将受到其成本的限制，但对于太空应用热控制性能远重于其成本，一些研究人员认为相变材料微封装技术将是太空技术的一个里程碑。

E　高温相变复合材料的研究进展

将相变材料同耐腐蚀性好的常规材料复合将是高温相变材料的研究方向之一。目前，高温相变复合材料可分为陶瓷基、金属基两大类。

邹向采用陶瓷技术将碳酸盐共熔物蓄热介质与陶瓷基体复合在一起，制成一种新的高温相变复合材料。该材料的致密度和高温相变潜热分别达到理论值的 90% 和 70%，使用温度可达 800℃。

王华等采用融浸工艺将性能优良的高温熔融盐分别用不同的金属基复合，得到一种新型高温相变复合材料。该金属基相变复合材料具有高吸热-放热率、高蓄热密度等优点。同时作者还进行了高温熔融盐相变蓄热材料和不同高性能陶瓷复合的研究，成功制备出燃料工业炉用高温相变复合材料。

F 高温相变材料的应用

高温相变材料的应用主要集中在空间站的太阳能利用、工业余热回收和电力削峰填谷等领域。

Strumf 和 Coombs（1988）采用 LiF-CaF_2（T_c = 769，H = 790kJ/kg）为相变材料的蓄热系统，研究了使用该系统用于 NASA 空间站的太阳能 Brayton 热机发电循环系统的设计和开发工作，设计输出功率 25kW，寿命 30 年。

Strumf 和 Coombs（1990）报道了 NASA 空间站的太阳能 Brayton 热机发电循环系统的实验研究工作，详细分析并给出了蓄热环状单元的结构、加工与循环相变特性和发电性能的测试结果。连续进行了 4500 次循环测试，其中 3300 次循环后曾对蓄热单元、传热管及壳体进行了观察，性能状况极好。

J. Yagi 和 T. Akiyama 采用 NaCl、$NaNO_3$、Al-Si 合金等为相变材料用于冶金、化工工业的高温余热回收。

日本松下公司将商品化楼板蓄热系统用于低谷电力加热。

4.2.3 相变蓄热的数值模拟与热力学优化

4.2.3.1 相变蓄热系统的数值模拟

对相变蓄热系统的数值模拟研究，一般是以半经验公式与数值求解相结合为主，纯数值模拟求解较少，该法计算难度大，但具有广泛的指导意义。目前，文献中提出的模型较多，但因系统结构、传热方式和相变材料的差异，模型的通用性较差。以下选出文献中对高温相变蓄热系统的数值模拟具有代表性的研究。

邢玉明等采用焓方法建立了以控制体单元为对象的单管相变蓄热模型，并对系统进行了数值分析，得到了循环工质气体出口温度、相变材料容器最高温度和平均壁温等参数的瞬态变化曲线，数值计算与试验结果吻合良好。

王华等建立了球形相变蓄热复合材料的放热模型，采用焓增法研究了相变材料的相变潜热、基体的导热系数、复合材料的尺寸以及复合蓄热材料与流体间的传热系数等因素对放热过程的影响。

Gong 等建立了管侧为传热流体壳侧填充相变材料的管壳式换热器的蓄-放热模型，研究了蓄热过程和放热过程对相变蓄热系统效率的影响。采用有限元法对导热型融解进行数值分析，表明导热型相变材料的蓄热系统的传热流体同侧布置较好。

Costa 等建立了二维矩形蓄-放热模型，对固-液相变应用能量方程，对边界层应用连续方程、动量方程、斯蒂芬方程。通过对三种相变材料（石蜡、镓和锡）进行分析，提出了半经验公式计算强关联方程的数值方法（SIMPLEC），通过同文献值比较发现在存在空穴的上部熔化区偏差很大。Costa 认为热惯性、系统不稳定、热损失、密度的变化、假定热物性为常数等因素造成理论值和实验值偏差较大。

Lacroix、Dincer 等认为对相变材料内部发生的物理现象进行研究时，传热数学模型很复杂；对于整个相变蓄热系统（TES）来说，因单个相变材料内的传热、相变可忽略或总结成经验系数，传热数学模型很简单。

近 15 年来，尽管很多科研人员对此领域进行了大量的有益的探索，但对相变蓄热系统（LHTES）的模拟仍是一项艰巨的任务。

4.2.3.2　相变蓄热的热力学优化

Bjurstrom 和 Carlson（1985）首次将火用分析引入相变蓄热系统，结果表明火用效率比人们预想的要低得多——只有 12%，与当时显热蓄热系统的火用效率相当，从而激励人们对热力学优化进行了进一步研究。

对实际应用的相变蓄热设备的热力学参数的优化和在给定热源与环境温度条件下相变材料的最佳相变温度的研究是相变蓄热热力学优化的重点。

Adebiyi 圆柱形单元蓄热系统进行研究，结果表明，虽然相变材料的蓄热密度大，但是火用效率可能低于显热蓄热系统。王剑峰等建立了组合式柱内封装相变材料熔化—固化循环相变蓄热系统的物理模型，用有限差分法进行了数值模拟求解，结果表明，组合相变材料可以提高相变速率 15% ~25% 左右。

Lucia 和 Bejan 对以导热为主和以对流为主的蓄热过程进行了火用分析，结果表明，当相变材料的相变温度 T_c 为环境温度 T_o 和热源温度 T_h 的几何平均值时，火用效率最高。1991 年 Lucia 和 Bejan 对上述结论的真伪进行了进一步的研究，结果表明，由于相变过程的不可逆性随温度的升高而单调减小，同时传热流体的摩擦阻力损失较大，他们所得出的最佳温度值偏低。

近年来，对高温相变蓄热的研究越来越广泛和深入，其在工业上的应用也得到了很大的推广。许多研究人员对大量潜在的高温蓄热材料的热物性及其测量进行了研究，同时对高温相变材料的封装和高温相变复合材料也进行了有意义的探索；对不同维数、几何形状的相变蓄热系统进行数值模拟和热力学优化得出了具有指导意义的结论。

4.2.4　相变蓄热技术的应用

人们对相变蓄热技术的研究虽然只有几十年的历史，但它的应用十分广泛，已成为日益受到人们重视的一种新兴技术。该技术主要有以下几个方面的应用。

4.2.4.1　工业过程的余热利用

工业过程的余热既存在连续性余热又存在间断性余热。对于连续性余热，通常采取预热原料或空气等手段加以回收，而间断性余热因其产生过程的不连续性未被很好的利用，如有色金属工业、硅酸盐工业中的部分炉窑在生产过程中具有一定的周期性，造成余热回收困难，因此，这类炉窑的热效率通常低于 30%。相变蓄热突出的优点之一就是可以将生产过程中多余的热量储存起来并在需要时提供稳定的热源，它特别适合于间断性的工业加热过程或具有多台不同时工作的加热设备的场合，采用热能储存系统利用相变蓄热技术可节能 15% ~45%。根据加热系统工作温度和储热介质的不同，应用于工业加热的相变蓄热系统可分为蓄热换热器、蓄热室式蓄热系统和显热/潜热复合蓄热系统三种形式。蓄热换热器适用于间断性工业加热过程，是一种蓄热装置和换热装置合二为一的相变蓄热换热装置。它采取管壳式或板式换热器的结构形式，换热器的一侧填充相变材料，另一侧则作为换热流体的通道。当间歇式加热设备运行时，烟气流经换热器式蓄热系统的流体通道，将热量传递到另一侧的相变介质使其发生固液相变，加热设备的余热以潜热的形式储存在相变介质中。当间歇式加热设备从新工作时，助燃空气流经蓄热系统的换热通道，与另一侧的相变材料进行换热，储存在相变材料中的热量传递到被加热流体，达到预热的目的。相变蓄热换热装置另一个特点是可以制造成独立的设备，作为工业加热设备的余热利用设备使用时，并不需要改造加热设备本身，只要在设备的管路上进行改造就可以方便地使用。蓄热室式蓄热系统在工业加热设备地余热利用系统中，传统的蓄热器通常采用耐火材料作为吸收余热的蓄热材料，由于热量的吸收仅仅是依靠耐火材料的显热热容变化，这种蓄热室具有体积大、造价贵、热惯性大和输出功率逐步下降的缺点，在工业加热领域难以普及应用。相变蓄热系统是一种可以替代传统蓄热器的新型余热利用系统，它主要利用物质在固液两态变化过程中的潜热吸收和释放来实现热能的储存和输出。相变蓄热系统具有蓄热量大、体积小、热惯性小和输出稳定的特点。与常规的蓄热室相比，相变蓄热系统体积可以减小30%~50%。

4.2.4.2 太阳能热储存

太阳能是巨大的能源宝库，具有清洁无污染，取用方便的特点，特别是在一些高原地区如中国的云南、青海和西藏等地，太阳辐射强度大，而其他能源短缺，故太阳能的利用将更加普遍。但到达地球表面的太阳辐射，能量密度却很低，而且受到地理、昼夜和季节等因素的影响，以及阴晴云雨等随机因素的制约，其辐射强度也不断发生变化，具有显著的稀薄性、间断性和不稳定性。为了保持供热或供电装置的稳定不间断的运行，就需要蓄热装置把太阳能储存起来，在太阳能不足时再释放出来，从而满足生产和生活用能连续和稳定供应的需要。几乎所有用于采暖、供应热水、生产过程用热等的太阳能装置都需要储存热能。即使在外层空间，在地球轨道上运行的航天器由于受到地球阴影的遮挡，对太阳能的接受也存在不连续的特点，因此空间发电系统也需要蓄热系统来维持连续稳定的运行。太阳能蓄热技术包括低温和高温两种。水是低温太阳能蓄热系统普遍使用的蓄热介质，石蜡以及无机水合盐也比较常用；高温太阳能蓄热系统大多使用高温熔融盐类、混合盐类、金属或合金作为蓄热介质。另外，能源储存技术也可以用在建筑物采暖方面。在夏天日照强烈时，利用太阳能加热器加热水并储存于地下蓄水层或隔热良好的地穴中，到冬天来临时，利用储存的热水就可取暖。1982年，美国已成功研制出一种利用 $Na_2SO_4 \cdot 10H_2O$ 共熔物作为蓄热芯的太阳能建筑板，并在麻省理工学院建筑系实验楼进行了实验性应用；美国明尼苏达州圣保罗市已完成地下蓄水层储热实验。

4.2.4.3 太空中的应用

早在20世纪50年代，由于航天事业的发展，人造卫星等航天器的研制中常常涉及到仪器、仪表或材料的恒温控制问题。因为人造卫星在运行中，时而处于太阳照射之下，时而由于地球的遮蔽处于黑暗之中，在这两种情况下，人造卫星表面的温度相差几百度。为了保证卫星内温度恒定在特定温度下（通常为15~35℃之间），人们研制了很多控制温度的装置，其中一种就是利用相变蓄热材料在特定温度下的吸热与放热来控制温度的变化，使卫星正常工作。当外界温度升高，高于特定温度（如30℃）时，相变蓄热材料开始熔融，大量吸收热量；而当外部温度降低，低于特定温度时，相变材料又开始结晶，大量放出热量，从而维持内部温度恒定在30℃左右。

蓄热技术在太空中的另一个应用便是空间太阳能热动力发电技术，空间热动力发电系统主要分为四大部分：聚能器、吸热/蓄热器、能量转化部分及辐射器。能量转化部分又主要包括涡轮、发电机和压气机。它的主要工作原理是：利用抛物线型的聚能器截取太阳能，并将其聚集到吸热/蓄热器的圆柱形空腔内，被吸收转换成热能，其中一部分热能传递给循环工质以驱动热机发电，另一部分热量则被封装在多个小容器的相变材料内加以储存。在轨道阴影期，相变材料在相变点附近凝固释热，当热机热源来加热循环工质，使得空间站处于阴影期时仍能连续工作发电。吸热/蓄热器的性能参数是空间热动力发电系统的关键参数之一。美国从20世纪60年代就开始了吸热/蓄热器的研究，Garrett公司先后设计了3kW、10.5kW的空间热动力装置，试制了各主要部件，并对它们进行了大量的性能试验（TES-1，TES-2）。在1994年和1996年，分别在哥伦比亚号和奋进号航天飞机上进行了两次蓄热容器的搭载试验，以验证空间环境下相变蓄热材料的蓄放热性能以及与容器材料的相容性能，采用的相变材料分别为LiF和80.5LiF-19.5CaF_2。如图3-4-3所示为TES-2的试验装置，左边为整个空间试验装置，右边为相变试验段。

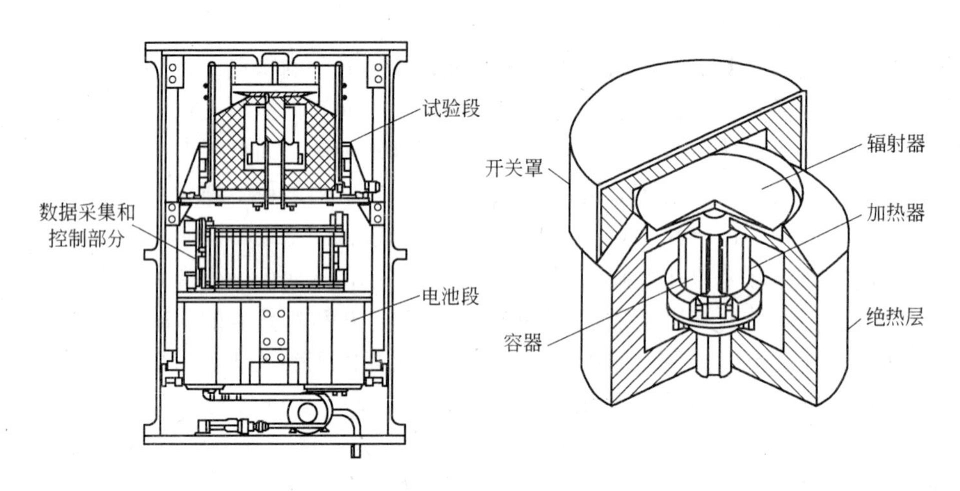

图3-4-3　TES-2的试验装置

作为一种先进的空间太阳能供电方式，空间太阳能热动力电站对未来的空间探索有着重要意义。随着人类对太空探索不断深入，如探索月球、火星，甚至到未来的探索太阳系以外的宇宙，特别是建立永久空间站，电力需求将是一个十分紧迫的任务。另外，这种先进的空间太阳能供电方式也将为解决地面的能源危机提供很好的解决方案。美国已经提出在21世纪中叶左右研发一个1.6GW的空间电站，再利用微波系统将电力传回地面利用。如果这一系统实现的话，将是人类能源技术的一个历史性的进步。当然要达到这一目标，还有大量的技术难题有待人类解决。

4.2.4.4　其他方面的应用

随着研究不断深入，相变蓄热材料的应用领域也不断地扩展。如PCMs（Phase Change Materials即相变材料）在建筑物采暖、保温以及被动式太阳房等领域的应用，是近年来PCMs研究领域的热点之一。早在1975年Telkes，Barkmann和Wessling就开始使用PCMs作为建材的组分用以控制建筑物内的温度。由于安全、经济和材料等因素，该项研究当时并未得到应用。随着研究的不断深入、材料制备技术的不断发展，PCMs在建筑物采暖、保温以及被动式太阳房等领域逐步走向实用阶段。近年Kedl，Stovall，Salyer和Sircar等提出了将石蜡熔渗入墙板，制成PCM－墙体用于被动式利用太阳能和建筑物采暖、保温。采用该工艺已能成功地制备大尺寸的复合墙体。同时还有大量的研究表明除了石蜡外，一些脂肪酸以及脂肪酸和石蜡的混合物也是适合的建筑用PCM。Athienitis等报道采用含有PCM质量比为25%的复合石膏板作为试验房的外墙，白天最多可降低室温4℃，夜间可以大大的降低加热负荷。中国1987年设计建造了一座农用被动式太阳房，内部设置了用相变材料制成的潜热蓄热增温器。它利用相变材料的特性，贮存农用栽培温室中白天过量的太阳能。当夜间温度下降到一定范围后释放出贮存的这部分热能，使一天之中温室内温度曲线的高峰区有所下降，而低谷区有所上升，昼夜之间温差变小，以保证冬季农作物的正常生长，而不需要另设常规的燃料增温设备，节约了蒸汽锅炉、燃油暖风机等设备的投资和日常运行费用。使用后发现，温室内冬季夜间最低温度可以提高6℃，增温效果明显。尽管PCMs在建筑物采暖、保温以及被动式太阳房等领域逐步走向实用，但仍存在着一些应用的主要障碍，如长期的热性能、适合室温应用的相变材料种类偏少等。

相变材料应用于人体取暖、温度敏感材料的运输和保存。近年来利用相变材料作为人体取暖已有许多报道，例如利用25℃左右的相变材料罐装于塑料床垫或睡袋中，这样构成的床或睡袋可以维持25℃恒温达数小时。英国日本等专利均先后报道了利用相变材料作塑料取暖袋，通常这种取暖袋的温度在50～60℃，供寒冷地区的工作人员使用，当热量释放完毕变硬后，重新放入热水中浸泡后又可继续使用。日本专利报道了一种人体取暖垫，将相变材料放置在柔软的、用硅橡胶涂在尼龙布上制成的包装材料中，制成柔软蓄热垫用于人体取暖。近年来中国国内市场上也有此类产品，相变材料也是水合盐，相变温度55℃左右，利用一块金属片作为成核材料，当用手挤压金属片时，使它表面成为晶体生长中心，从而结晶放热，达到取暖的作用。此外，相变材料还广泛的应用于温度敏感材料的运输和保存，如一些食物、药物的运输和保存都需要严格的控制在一定的温度范围，温度既不能高于一定值，也不能过低，在这种情况适合于采用PCMs来控制温度。PCMs的这种用途已经实现了商业化，市场上可见到很多此类产品。

另外，相变蓄热材料还可以应用于需严格控温的电子器件、仪表。采用相变材料制成的蓄热式马达，可以使马达在优化的工作温度下运行，有效地降低能耗，提高效率。含有相变材料的沥青地面或混凝土可以防止桥梁结冰。采用微粒或粗粒封装技术将相变材料颗粒植入纤维中，制成的衣服能大大地提高衣服在冷、热环境时的保温能力。由相变材料和热泵组成的夜间通风制冷系统，可以成为空调的替代品，有利于减少CO_2的排放并节约建筑用能。总之，相变蓄热材料在太阳能利用、节能、工程保温材料、医疗保健产品等方面都展示出广阔的应用前景。

4.3 燃料电池综述

4.3.1 燃料电池基础

4.3.1.1 燃料电池的原理

能源利用是人类社会生存和发展的基础，现在社会中，人们主要利用石油煤炭等化石燃料。100多年来，化石燃料的利用给人类提供巨大的方便之后，也给人类带来了巨大的环境灾难。现在，全球气候变暖，冰川融化，自然灾害频繁，严重地威胁着人类的生存。按照现在的能源消耗速度，地球的资源总有一天会被消耗殆尽，人们必须寻求新的可替代能源。

核能和太阳能是人类取之不尽，用之不竭的清洁能源。但是近几年世界上的核电站屡屡发生事故，限制了人们对核能的利用步伐。科学家正在积极开发利用太阳能，并取得可喜的进展。在科学发达的今天，我们可以将太阳能直接变成热能，也可以将太阳能直接变成电能，但是热和电的大规模直接储存的关键技术并没有得到很好地解决。太阳能的利用受到天气和地球自转位置的制约。为了解决这个问题，科学家们花费大量的精力去研究太阳能的储存，方法之一是利用太阳能电解水，将得到的氢气和氧气分别储存起来，然后再在需要的时候利用高效的发电技术，将氧气和氢气中的化学能转化为电能。

燃料电池就是不经过燃烧过程，就能等温地直接将燃料和氧化剂中的化学能转化为电能的发电装置。传统的火力发电装置，要先将燃料和氧化剂中化学能转化为热能，然后利用气轮机将热能转化为电能，在此过程中，不可避免地造成热能大量损失，从而造成燃料的化学能的利用率非常低。燃料电池发电的过程中，化学能利用燃料电池装置直接转化为电能，中间过程的能量损失比较小，能量利用率很高。因此发展燃料电池既是对现有燃料有效利用措施，也是为人类将来有效利用太阳能的前瞻性行动。

燃料电池的工作的构造示意图如图 3-4-4 所示。

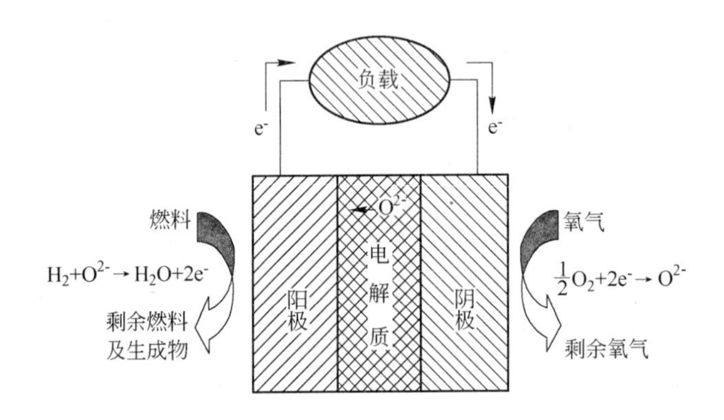

图 3-4-4　燃料电池的工作的构造示意图

由图 3-4-4 可以看出，燃料电池的核心构件包括阴极、阳极和电解质。阳极是燃料极，燃料为氢气、甲烷、一氧化碳等。阴极为氧化剂极，一般通入空气或者氧气。

以氢气作为燃料为例，燃料电池的化学反应可以用一个氧化还原反应方程式

$$H_2 + \frac{1}{2}O_2 \xlongequal{\quad} H_2O$$

此反应可以分为如下两个半反应

$$H_2 \longrightarrow 2H^+ + 2e$$

$$\frac{1}{2}O_2 + 2H^+ + 2e \longrightarrow H_2O$$

如果反应为氧离子为传导型，上述方程式可以如下表示

$$\frac{1}{2}O_2 + 2e \longrightarrow O^{2-}$$

$$H_2 + O^{2-} \longrightarrow H_2O + 2e$$

按照燃料电池反应方程式和工作原理，氧离子或氢离子经过电解质形成电荷定向移

动，形成电流。从理论说，只要在燃料极不断输入燃料，在阴极不断输入氧气，燃料电池就可以源源不断地输出电能。

4.3.1.2 燃料电池特点

燃料电池之所以能在科学界和社会上引人注目，主要因为与传统的火力发电、水力发电或核能等能量转换装相比，具有无可比拟的特点和优势，这些优势主要表现为，高的能源转换效率，性能安全可靠，污染小、噪声低、环境友好，操作方便灵活，适用能力强，发展潜力巨大等。

A 能量转换效率高

燃料电池能量转换效率比热机和发电机能量转换效率高得多。目前火力发电效率最大值为40% ~50%，当用热机带动发电机时，其效率仅为35% ~40%，还有其他物理电池，如温差电池效率为10%，太阳能电池效率为20%，均无法与燃料电池相比。从理论上讲，燃料电池可以燃料的化学能的90%转化为电能和热能，磷酸燃料电池的发电效率可以达到46%，熔融碳酸盐燃料电池的发电效率可以超过60%，固体氧化物燃料电池的效率更高，此外燃料电池的效率与其规模无关，所以即使是小规模的燃料电池发电站，其效率仍然可观。

B 性能安全可靠

传统的火力发电站的燃烧涡轮机和内燃料机，经常因为部件失灵等原因造成恶性事故，世界上的核电站在近几年也频繁发生核泄漏事故，与这些传统的发电装置相比，电池的运行部件很少，而且燃料电池发电装置由单个电池堆叠至所需规模的电池组构成。由于这种电池组是模块结构，因而维修十分方便。另外，当燃料电池的负载有变动时，它会很快响应，故无论处于额定功率以上过载运行或低于额定功率运行，它都能承受且效率变化不大。这种优良性能使燃料电池在用电高峰时可作为调节的储能电池使用。

C 污染小、噪声低，环境良好

传统的火力发电装置中，化石燃料的燃烧放出大量氮化物、硫化物、二氧化碳和粉尘等，这些排放物是造成酸雨，温室效应的重要原因。燃料电池作为大、中型发电装置使用时其突出的优点是减少污染排放见表3-4-14。对于氢燃料电池而言，发电后的产物只有水，可实现零污染。另外，由于燃料电池无热机活塞引擎等机械传动部分，故操作环境无噪声污染。

表3-4-14 燃料电池与火力发电的大气污染比较 (kg·(kW·h)$^{-1}$)

污染成分	天然气火力发电	重油火力发电	煤火力发电	燃料电池
SO_2	(2.5 ~230) $\times 10^{-6}$	4550 $\times 10^{-6}$	8200 $\times 10^{-6}$	(0 ~0.12) $\times 10^{-6}$
NO_x	1800 $\times 10^{-6}$	3200 $\times 10^{-6}$	3200 $\times 10^{-6}$	(63 ~107) $\times 10^{-6}$
烃类	(20 ~1270) $\times 10^{-6}$	135 ~5000 $\times 10^{-6}$	(30 ~104) $\times 10^{-6}$	(14 ~102) $\times 10^{-6}$
尘末	(0 ~90) $\times 10^{-6}$	45 ~320 $\times 10^{-6}$	(365 ~680) $\times 10^{-6}$	(0 ~0.14) $\times 10^{-6}$

D 建设和操作方便灵活

由于燃料电池的运行部件很少，既可以集中供电，也适合分散供电，因此燃料电池发电站的选址，电池的操作都非常方便。燃料电池的效率与规模的大小无关，所以用户可以根据实际所需要的输出功率调整电站的规模。

E　适用能力强

燃料电池可以使用多种多样的初级燃料，如天然气、煤气、甲醇、乙醇、汽油；也可使用发电厂不宜使用的低质燃料，如褐煤、废木、废纸，甚至城市垃圾，但需经专门装置对它们重整制取。虽然燃料电池有上述种种优点，然而由于技术问题，至今一切已有的燃料电池均还没有达到大规模民用商业化程度。为此，美、日等国相继拨出巨资来发展燃料电池。

F　发展的前景好

燃料电池不仅可以应用到燃料电池汽车、工厂、办公楼、家庭中，也可以应用于移动电源等领域，如果燃料电池的关键技术获得突破，其可以与现有的任何发电技术相竞争。目前，磷酸燃料电池已有了很好的进展，熔融碳酸盐和固体氧化物燃料电池的进展迅速，我们有充分的理由相信，燃料电池的明天一定更美好。

4.3.1.3　燃料电池的分类

燃料电池可以按离子的传导类型分类，燃料电池可以分为氧离子传导和氢离子传导；按燃料类型可分为直接型、间接型和再生型；按照电解质的不同，燃料电池可以分为碱性燃料电池（Alkaline Fuel Cell，AFC）、磷酸盐燃料电池（Phosphoric Acid Fuel Cell，PAFC）、熔融碳酸盐燃料电池（Molten Carbonate Fuel Cell，MCFC）、固体氧化物燃料电池（Solid Oxide Fuel Cell，SOFC）和质子交换膜燃料电池（Proton Exchange Membrane Fuel Cell，PEMFC），目前应用最为广泛的是质子交换膜燃料电池。各种燃料电池的性能和特点见表 3-4-15。

表 3-4-15　各种燃料电池的组成特点和操作性能

项　目	燃料电池种类				
	固体氧化物 SOFC	熔融碳酸盐 MCFC	磷酸盐 PAFC	碱性 AFC	质子交换膜 PEMFC
电解质	Y_2O_3 稳定 ZrO_2、$LaGaO_3$ 基材料	$LiCO_3$-K_2CO_3	H_3PO_4	KOH	离子交换膜
传导离子	H^+ 或 O^{2-}	CO_3^{2-}	H^+	OH^-	H^+
电解质支撑体	无	$LiAlO_2$	SiC	石棉	无
阴　极	Sr 掺杂 $LaMnO_3$ 或 $La_{1-x}Sr_xFe_{1-y}CO_yO_3$	Li 掺杂 NiO	C 上聚四氟乙烯键合 Pt	Pt-Ag 或 Pt-Au	C 上聚四氟乙烯键合 Pt
阳　极	Ni/电解质，或 $La_{1-x}Sr_xMn_{1-y}Cr_yO_3$	Ni/Cr 或 Ni/Al	C 上聚四氟乙烯键合 Pt	Pt/Ni 或 Pt-Pd	C 上聚四氟乙烯键合 Pt
连接体	Sr 掺杂 $LaCrO_3$ 或不锈钢	Ni 涂覆的无应力钢	玻璃碳	Ni	石　墨
工作温度	600～1000℃	约 650℃	150～200℃	50～200℃	60～80℃
燃　料	H_2，CO 或 CH_4	H_2 或 CO	H_2	H_2	H_2
氧化剂	O_2	CO_2+O_2	O_2	O_2	O_2
应　用	供发电	供发电	供发电，机动车，轻便电源	机动车	发电站，机动车，电源

4.3.1.4　燃料的市场

随着环境问题越来越受到重视，人类社会愈加希望燃料的高效利用和污染的零排放，刚好燃料电池的研究使解决这一问题成为可能。20世纪末，国际上形成了一个燃料电池开发热潮，除各国政府拨款支持这一研究外，世界各大汽车集团和石油公司也投资并进行各种形式的联合来发展这一技术。如奔驰、福特与加拿大的Ballard公司组成联盟，投资开发生产电动汽车用燃料电池发动机。日本丰田与美国通用公司组成联盟开发燃料电池电动车，日本东芝公司与美国国际燃料电池公司，德国宝马公司与西门子公司，法国雷诺汽车公司与意大利DeNora公司分别组成联盟开发燃料电池电动车，本田汽车公司也在积极开发燃料电池车。

以前，燃料电池研究与开发一直处于摸索阶段，虽然燃料电池在个别工厂或旅馆里应用，可是燃料电池具有造价昂贵、电池寿命短、后勤措施跟不上等原因，致使燃料电池的研究进展十分缓慢。正是由于各国政府和著名汽车世界的行动，才有力地促进了燃料电池的研究与开发。随后，住宅、工厂等分散供电研究的厂家也看到希望，开始紧张地投入燃料电池的研究与开发；开发燃料电池的热潮也波及到便携电子设备开发领域，把小巧燃料电池作为正式开发项目。然而，电池材料及电池的制备关键技术的攻关、电池的寿命较短、输出功率密度小、燃料的供应设施不足等原因使得燃料电池的推广和应用受到了很大的限制。

总之，在困扰燃料电池发展的技术、造价等原因被解决后，燃料电池在工厂、居民区供电，通讯电子产品，汽车，航天等领域将有广阔的应用空间。

4.3.1.5　研究进展

A　磷酸燃料电池

磷酸燃料电池（PAFC）发电站的开发工作始于20世纪60年代后期，美国联合资金和技术势力雄厚的大公司发展磷酸燃料电池发电站，共制造了64台PC11A-2型磷酸燃料电池发电装置，先后在美国、加拿大和日本的35个地方进行了试运行，试验情况良好，实验表明确是一种高效可靠的发电新技术。

为了发展燃料电池，日本实施了“月光计划”。1983年4月，日本千叶县建成4.5MW磷酸燃料电池发电站。1991年又在千叶县建成11MW磷酸燃料电池发电站，目前，磷酸型燃料电池的发电效率为30%～40%，如果将热利用考虑进去，综合效率可高达60%～80%。现在，日本Fuji、Toshiba、Mitsubishi都建成了磷酸燃料电池发电站。

可以说，PAFC的基础研究已经完成，其商品化的进程已经开始，其中200kW级电厂用电池近期有望商品化，但大容量电厂用电池处于停滞状态。德国已引进美国200kW级电厂用电池进行试验运行。另外，瑞典、意大利、瑞士等国也引进日、美的电池进行试运行。

B　熔融碳酸盐燃料电池

熔融碳酸盐燃料电池（MCFC），是第二代燃料电池，它的一般工作温度是650℃左右，这个温度在燃料电池中是比较高的，高的工作温度有利于利用发电排除的余热，与涡气轮机连用形成热电联供，提高燃料的利用率。熔融碳酸盐燃料电池另外一个特点是可以使用多样化燃料，而且这些燃料可以在电池内部重整，此外MCFC对CO的抗毒等性能也比较好，所以MCFC是比较容易商业化的一种燃料电池。

美国和日本在20世纪90年代大力发展熔融碳酸盐燃料电池发电站，90年代上半叶为技术开发阶段，90年代下半叶为产品试制阶段。目前，熔融碳酸盐型燃料电池（MCFC）正处于数十kW级向兆瓦级发展阶段，并且准备实现批量生产。为发展熔融碳酸盐电池发电站，美国在1987年组建了MCP公司和ERC研究所。MCP公司已在90年代中期在加州Brea和SanDiego分别建立了250kW的MCFC电站。1996年6月，又在加州的SantaClara建成世界上功率最大的内重整2MW的熔融碳酸盐电池发电站。目前开发5MW的发展装置，并使其商业化。

日本从20世纪80年代，就已经开始了大规模燃料电池的规划和研究。在完成30kW和100kW外重整MCFC电站后，根据“新阳光”计划发展以液化天然气外重整为燃料的1MW电站。这个1MW级外部重整方式熔融碳酸盐燃料电池发电站，安装在川越火力发电站内，1999年7月末开始发电，工作到2000年，共顺利运转了5000多个小时。日本另一个200kW级的重整熔融碳酸盐燃料电池发电站安装在关西试验所。1999年6月末开始发电，工作到2000年2月2日，也一直运行很好。目前日本正着力开发性能更好，功率更大的MCFC，计划在2010前后将MW级发电装置投入使用。

中国开展MCFC研究，从20世纪90年代初才开始，目前，中国国内仅有中国科学院大连化物所、上海冶金所和北京科技大学等单位研制MCFC。国内研制水平基本处于初始阶段，已经制备出α和γ型偏铝酸锂粗、细粉料，生产出大面积（大于0.2m^2）的电池隔膜，预测隔膜寿命超过3万小时，此外，在电池组的设计、组装、运行和电池系统总体技术的开发上，取得了突破，积累了技术和经验。大连化物所制备了单电池，其性能达到了国际上实际20世纪80年代的水平。上海交通大学进行了1kW MCFC组的发电试验，目前千瓦级电池组组装和性能考察正在进行之中。

C　固体氧化物燃料电池

固体氧化物燃料电池（SOFC）除了具有一般燃料的优点外，还具有全固态结构，采用陶瓷作为电解质，操作方便，无泄漏，无腐蚀，可以单体设计等诸多的优点。SOFC的研究起源于20世纪40年代，但由于当时技术条件的限制，发展非常缓慢，进入20世纪80年代以后，由于开辟新能源的需要，SOFC的研究进入了一个蓬勃发展的时期。

美国在SOFC研究方面的研究早，取得的成就也最大，Siemens-Westinghouse已设计建设大型圆管式SOFC电站，匹兹堡的PPMF是SOFC商业化的重要生产基地。近来建设两个25kW电站，一个安装在加州，已运行近6000h，效果非常好。另一个为大阪气体和东京气体财团而建，到1997年初，成功运行了13000h以上，在此期间，电站经历了十余次的启动，但每千小时性能衰减只有千分之一。1997年12月在荷兰建立100kW的管状SOFC电站，系统有1000多个单电池组成，运行时间超过10000h，供电108kW，效率为46%。2000年，Westinghouse公司在加州大学安装了一个250kW的SOFC，并将此电站与涡轮机连用，其能源转化率为58%，现在准备在德国建立一个MW级的发电系统，并准备将其尽快商业化。

日本的三菱重工和电源开发公司也在很早以前就开始了SOFC的研究，其中1995年，开发成功了加压型10kW级电池模块，并成功运行了500h，1998年三菱公司又进行了10kW级圆筒式SOFC组件实验，在世界上第一次验证了与电池模块与燃气轮机混合发电时，电池模块需要加压运转。此外，日本的三菱材料公司和关西电力公司共同开发了低温SOFC，制备了3kW级的电池模板，发电效率达到了世界的最高水平55.3%，使得SOFC的使用化又向前推动了一把。目前，上述两个公司已经开发出了1kW级的发电系统，发电效率为45%，计划近两年实现小型工厂和商店使用的数十千瓦级SOFC电站的使用化。从2004年2月开始，日本东京燃气、京磁、RINNAI、GASTER四家公司联合开发商用高效固体氧化物燃料电池发电系统。通过充分利用东京燃气所具有的横条纹SOFC模拟技术、与低温动作相关的材料设计技术和京磁所具有的筒状平板SOFC单片电池的材料技术、成形技术和烧结技术，成功地使横条纹SOFC电池组的动作温度从1000℃大幅降低至750℃。一个电池组的输出功率为10W。他们计划2007年实现商品化。届时该系统应达到的指标是：发电容量为5kW，动作温度约750℃。

中国国内SOFC研究起步较晚，但目前国内研制SOFC的单位较多，有中国科学院大连化物所、上海硅酸盐研究所、清华大学、吉林大学、中国科技大学等，北京科技大学、武汉理工大学、昆明理工大学等，但总体研制水平较低，大都处于材料合成，单电池制备及性能研究阶段，如已经制备出厚度为5~10μm的负载型致密YSZ电解质薄膜，研制出一种能用作中温SOFC连接体的Ni基不锈钢材料。负载型YSZ薄膜基中温SOFC单体电池的最大输出功率密度达到0.4W/cm^2，负载型LSGM薄膜基中温SOFC单体电池的最大输出功率密度达到0.8W/cm^2；清华大学核能研究院制备开展了Ce基电解质方面的研究，电池的工作温度仅为400~500℃，而其功率密度达到0.7W/cm^2，目前他们正在积极进行电池堆的制作；中国科学院大连化物所也制备出了电池组，并在合金双极板材料方面进行了有益的探索；中科院上海硅酸盐研究所研制成功800W的SOFC组，并进行了发电试验。这些技术创新为研制千瓦级、十千瓦级中温固体氧化物燃料电池发电技术的研发积累了重要的经验。

D 质子交换膜燃料电池

质子交换膜燃料电池（PEMFC）是以氢气/氧气为燃料和氧化剂的高效、低污染的发电装置，在20世纪60年代，美国的通用公司为宇航局最早开发了EMFC，与其他燃料电池相比，其特点是能量密度大，不使用腐蚀性的电解质，操作温度比较低，寿命比较长，结构也比较简单。虽然在PEMFC的研究最初时间内，研发工作经历了一些起伏和波折，但随着一些关键问题的解决，目前其技术已经比较成熟，处于实际应用阶段，是航天、军事、电动车和区域性电站的首选理想电源。

膜电极是PEMFC的核心构件，目前主要的膜材料为美国Du Pont公司的Nafion膜、美国Dow化学公司的Dow膜、日本Asahi公司的Aciplex膜及日本Asahi Glass公司的Flemion膜等，在国内，有关质子交换膜的研究报道很少，中科院上海有机所制备了全氟磺酸膜，但稳定性不好，寿命短，性能还不太理想。大连化物所采用国产的PTFE多孔膜，注入Du Pont公司的Nafion膜树脂液，制备了复合膜，可使离子交换膜的成本降低，但性能、使用寿命不如Du Pont公司的Nafion膜。当前，开发价格低廉，性能优良的膜材料是各国关注的焦点，特别是在美国、日本目前有不少科研机构正在进行膜材料的开发研究。

E 碱性燃料电池

碱性燃料电池（Alkaline Fuel Cell，AFC），采用KOH溶液作为电解质，是最先研究，并成功应用于实际的燃料电池，也是目前燃料电池中技术最成熟的燃料电池。20 世纪 30 年代人们已经研制出千瓦级的 AFC（李瑛）。后来，由于人类航天事业的需要，从 20 世纪中期，AFC 的研究及其进展更加迅速，科学家为美国登月计划成功地开发了 PC3A 碱性燃料电池，其工作电压为 30V 左右，最大功率为 2295W。（衣宝廉）20 世纪 70 年代，德国西门子公司研究了非金属的电极催化剂，制备出一个功率为 48kW 的电池组，AFC 的研究进入了高潮。目前，Allis-Chalmers 公司成功开发出碱性石棉膜氢氧燃料电池，应用抗碱腐蚀的石棉膜浸透碱性溶液作电解质，液氢和液氢做工作燃料，每台输出功率达 7.0kW。工作寿命高达 2000h。美国国际电池公司生产的第三代航天电源碱性石棉膜氢氧燃料电池的性能更好，单电池系统的正常输出功率已经达到了 12kW，最大的功率达 16kW，电池效率更是高达 70%。

4.3.2 质子交换膜燃料电池

质子交换膜燃料电池（PEMFC），又被称为聚合物电解质燃料电池（PEFC），固体聚合物电解质燃料电池（SPEFC），固体聚合物燃料电池（SPFC），离子交换膜燃料电池（Ion Exchange），PEMFC 是目前人们对这一类电池的通用说法。其工作原理示意图如图 3-4-5所示。

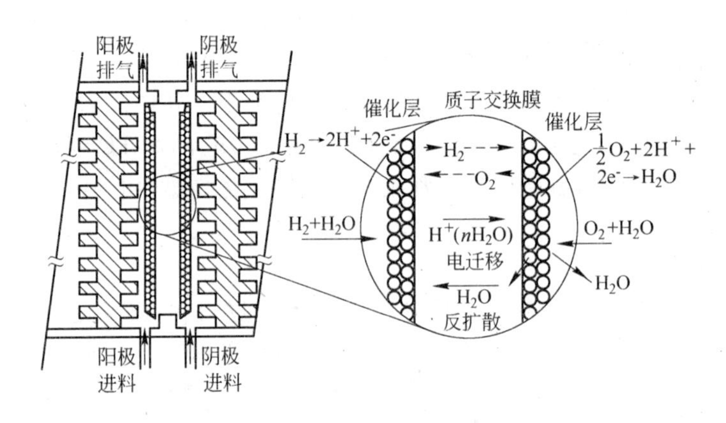

图 3-4-5 PEMFC 结构及工作原理

4.3.2.1 PEMFC 的膜材料

质子交换膜燃料电池顾名思义，是采用薄膜作为电解质，这种膜是优秀的离子导体，但不具有电子导电能力，电解质膜是质子交换膜燃料电池的关键材料，质子交换膜燃料电池的发展史就是其电解质膜的发展史。最早的电解质膜是聚苯乙烯磺酸膜，它于 20 世纪 60 年代应用于航天飞机上，但是人们发现这种膜在电池的工作条件的稳定性能很差，致使电池的工作生命缩短，后来，通用电器公司采用杜邦公司生产的 Nafion 膜，通过电池运行发现，电池的寿命得到延长，电池生成水也比较清洁，可以供航天员直接饮用。目前世界上性能较好的膜多为美国杜邦公司的 Nation 膜，美国 Dow 膜，日本 Asahi 公司的 Aciplex 膜及日本 Asahi Glass 公司的 Flemtion，这些膜都是全氟磺酸膜，价格比较高，很有必要制备新的性能优秀、价格低廉的电解质膜。目前 PEMFC 上应用的质子交换膜的类型见表 3-4-16。

表 3-4-16 燃料电池质子交换膜的类型

膜	制造商	结　构	磺酸基含量 /g · mol^{-1}	电导率 /S · cm^{-1}	寿命/h	含水率/%
Nafion	DuPont	全氧磺酸型（长侧链）	1000 ~ 1200	0.20 ~ 0.05	>50000	34
Dow	Dow	全氟磺酸型（短侧链）	800 ~ 850	0.20 ~ 0.12	>10000	56
Flemion	Asahi Gass	全氧磺酸型（长侧链）	800 ~ 1500	0.20 ~ 0.05	>50000	35
Aciplex	Asahi Chemical	全氟磺酸型（长侧链）	800 ~ 1500	0.20 ~ 0.05	>50000	43
BAM1G	Ballard	磺化聚苯基唑喔啉	390 ~ 420	—	350	—
BAM2G	Ballard	磺化聚（2，6-二苯-4 亚苯基氧）	375 ~ 920	—	<500	—
BAM3G	Ballard	磺化氟化苯乙烯共聚物	375 ~ 920	—	15000	290 ~ 20
Gore Select	Gore and Associates	PTFE/全氟离子交联聚合物复合膜（微观增强）	900 ~ 1100	0.10 ~ 0.03	—	43 ~ 32
NASTA						
NASTHI	Ecole Polytechniqu	Naffion/杂多酸/噻吩	1100	0.15 ~ 0.28	—	48 ~ 30
NASTATHI						

目前，中国国内也有少数单位对质子交换膜燃料电池的膜材料进行研究。中科院上海有机所制备了全氟磺酸膜，但稳定性能不好，使用寿命也比较短；中科院大连化物制备出杜邦公司的 Nation 树脂基复合膜，这种复合膜的成本得到了降低，但其性能与使用寿命都不如 Nation 膜，翟茂林博士在日本研究学习期间，采用电离辐射技术制备了以 PTFE 为基础的质子交换膜，这种膜的成本只有 Nation 膜的 5%，而且质子的交换能力也优于 Nation 膜，在醇水混合系中溶胀不明显，可望直接用于甲醇燃料电池。

4.3.2.2 PEMFC 的电极材料

膜电极三和一组件是由质子交换膜和膜两侧的催化层构成，它是影响电池性能的核心构件。膜电极制备的传统方法是采用涂覆与喷涂方式，这些制备方式有着很多缺点，随着表面制备技术的发展，真空溅射被应用到电极的制备中，用溅射法制备的电极膜性能得到了很大的提高。

PEMFC 电极催化剂分为阳极催化剂和阴极催化剂两种。阴极催化剂的应用主要是提高催化剂的利用率，阳极催化剂的应用来防止 CO 毒化催化剂的功能。PEMFC 对燃料中的 CO 非常敏感，即使是少量的 CO 也可能致使电极中毒，使其性能大幅度下降。为解决催化剂中毒的，到目前为止，阳极催化剂主要是由 Pt 和过渡金属合金构成，如 Pt/Ru、Pt/Sn、Pt/WO_3、Pt/Mo、多组分催化剂等。

PtRu/C 合金催化剂是目前为止研究最为成熟，应用最为广泛的抗 CO 催化剂。目前大部分直接甲醇燃料电池采用 Pt-Ru 作为其阳极催化剂。它通过 Pt 和 Ru 的协同作用降低 CO 的氧化电势，使电池在 CO 中毒的问题上有明显的改善，使得燃料中即使存在 CO，电池的性能也不受影响。

有关 Pt/Sn 催化剂活性的报道不甚相同，荷兰学者认为这是由于不同的合成方法会导致不同的 Sn 的催化效果。与 Ru 相比，Sn 不吸附 CO，从而也不能被 CO 毒化。但 Sn 的助催化作用效果不同于 Ru，Ru 无论是电化学沉积于 Pt 表面还是与 Pt 形成合金结构，都具有明显的助催化作用，而 Sn 的作用可能因加入方式的不同而不同。

英国格林威治大学的 K. Y. Chen，Z. Sun 和 A. C. C. Tseung 等人对在催化剂中加入 WO_3 的情况进行了研究。研究结果表明：由于 WO_3 的加入，$PtWO_3$ 和 $PtRuWO_3$ 对 H/CO 及甲醇的催化活性都有明显的提高；最近，有不少学者报道了含 Mo 的阳极催化剂。有 PtMo 二元合金，也有三元合金，例如：Pt-Ru-Mo，Pt-Co-Mo。B. N. Grgur 等人对担载型和非担载型 PtxMoy 合金催化剂做了一系列的研究，其实验表明 PtMo 催化剂电池在 H_2 与 CO 的混合体系中，性能明显高于 Pt-Ru 催化剂电池。M. Gotz 等人也证实了 Pt-Mo 对甲醇的催化活性高于 Pt 催化剂。

4.3.2.3　双极板材料

双极板是 PEMFC 的关键部件，其材料和流场分布决定着它的性能。双极板材料应具有抗腐蚀、低密度、高强度、热传导体、电的良导体和容易于加工性以及低廉的价格。双极板的材料一般为石墨、金属及复合板。

金属板材料一般包括铝、钛、镍以及不锈钢。金属具有强度高、加工性能好、导热性能好、成本低等优点，但金属很容易腐蚀。腐蚀作用产生的金属离子会引起质子交换膜质子传导能力的下降和催化剂活性降低，致使电池的性能受到影响。要使金属双极板在 PEMFC 中得到广泛应用，必须加强对金属表面处理的研究，通过涂覆、电镀、化学镀方式避免金属板的腐蚀。

20 世纪 70 年代，石墨板的实际应用逐渐增多。石墨板具有良好的导电性、导热性，耐腐蚀性比较好，价格比较低廉，并且也实验证明了石墨板在电池的工作环境中具有很好的化学稳定性。为了降低石墨的制作成本，人们一般将石墨和炭粉或可以石墨化的树脂在高于 2500℃的温度下，进行石墨化处理。石墨板传统的制作方法是用机械加工的方法制备气体流场，其加工成本比较高，为了进一步降低制作成本，目前主要采用将石墨粉或炭粉与树脂、导电胶等相混合，直接热压或在高温高压下浇铸而成。实验表明，后两种制备出的石墨双极板与纯石墨板相比，其性能有着很好的提高。

双极板分为结构复合板和材料复合板。结构复合板采用不同的材料组合而成，这种复合板具有强度高、耐腐蚀、体积小等优点。材料复合板主要通过在聚合物基体中加入导电材料膜压而成。聚合物的基体主要是具有导电能力的聚乙炔、聚吡咯、聚苯胺等，导电材料是石墨。这种双极板与石墨板相比，制备成本较低，但是其缺点是电阻率较高。

4.3.2.4　PEMFC 的发展状况和应用前景

全球从事 PEMFC 研究和开发的有加拿大、德国、日本、瑞典、英国、美国和中国等 10 余个国家的 80 余家单位。主要开发公司有美国国际燃料电池公司、美国 Onsi 公司、美国联信公司、美国 Plug Power 公司、美国能源研究公司、美国西屋公司、美国 Analytic Power 公司、加拿大 Ballard 公司、荷兰 ECN 公司、德国西门子公司、德国 MTU 公司、日本东芝公司、日本电机公司、松下公司、三菱公司和三洋公司等。

PEMFC 是军民通用的一种新型可移动电源，有着很好的应用前景，其主要应用于移动式电源、固定式电源以及氢能源。手机、笔记本电脑、军用背负式通讯设备等各种便携及微型电子设备以及自行车、摩托车、汽车等交通工具需要性能可靠且廉价的电源，传统的二次电源体积大，电容量小，充电时间长，这些均限制了它们的应用。PEMFC 由于具有较低的操作温度、高能量转换效率、启动快、稳定、寿命长、电解质无腐蚀、高能量密度、高功率密度，适用多种燃料的优点而成为最有微型化潜力和前景的燃料电池。目前摩托罗拉与美国 Las-Alamos 国家实验室用液态甲醇成功开发出一种微型燃料电池，其面积仅为 25cm，厚度为 1cm，而寿命要比现有的锂离子电池长 10 倍。

PEMFC 在军事领域的一个重大用途是作为海军舰艇的动力电源。PEMFC 发电机作为潜艇不依赖于空气的推进动力源与斯特林发动机和闭式循环柴油机相比，具有效率高、噪声低和红外辐射小等优点，在携带相同质量或体积的燃料气时，潜艇续航能力最强（大约为斯特林发动机的 2 倍），且没有污染，因此 PEMFC 是潜艇动力系统的最佳选择。德国海军从 1980 年开始，将 PEMFC 应用到 U1 级和 U21 级潜艇上，目前德国已能生产 212、214 型号的基于 PEMFC 发电机的潜艇。

电动汽车是 PEMFC 的主要应用领域之一。现如今影响电动汽车发展的主要因素仍是电池，它决定了电动汽车的行驶里程和成本。电动汽车要求电池高比能、高比功率、快速充电、可深度放电、循环次数高、安全、清洁、可再生、和价格合理。Ni-Cd 电池有重金属污染，Ni-Zn 循环寿命太短，Li 电池安全性太低，Ni-MH 可作为近期电动汽车的动力源，但其综合能力与 PEMFC 相比仍有较大的差距。美国的 H-Power 公司于 1996 年研制出世界上第一辆以 PEMFC 为发动机的巴士，此后，PEMFC 汽车在全世界的发展非常迅速。

在固定式电站方面，目前，加拿大的 Ballard 公司完成了 25kW 试验，正开展 250kW 分散电站试验，以天然气重整制氢为燃料，实现热电联供。德国的 Siemens 公司在 48kW 级 AFC 系统与贮氢电池组合完成 100kW 级电站的基础上，为新建 4 艘混合驱动型潜艇提供 300kW 的质子交换膜燃料电池电站（燃料电池的特性和应用，国际电气电子工程中心－网站信息）。美国第一代 PEMFC 功率已经达到 50kW，目前第二代的 PEMFC 功率更高，性能更加优异。今年又传来令人振奋的消息，世界上本田美国股份有限公司宣布来自美国加利福尼亚的乔恩和桑迪·斯帕利诺成为世界上第一个真正使用 PEMFC 汽车的家庭。该 PEMFC 轿车如图 3-4-6 所示。

图 3-4-6 美国本田研发 2005 款 FCX

国内研制 PEMFC 的单位很多，据统计，中科院大连化物所、清华大学、北京石油大学、北京理工大学、天津大学、上海交大、复旦大学、上海大学、厦门大学、华中理工大学等都在进行 PEMFC 研究。其中，北京富原新技术开发总公司与加拿大新动力公司合作开发出50W-5kW系列PEMFC；上海神力科技有限公司自1998年以来，直从事PEMFC及相关材料的研究、开发和生产，拥有全套的PEMFC及系统集成制造技术，工艺装备和各种专用设备，已经发展成为一个拥有许多世界级创新水平的自主知识产权的科研、生产企业。清华大学核能研究院研制成低压一体化PEMFC系统，其性能参数与美国同类产品相当。中科院大连化物所研制成1kW及5kW的多种规格PEMFC的PEMFC电池组，电池组的模型如图3-4-7所示，目前，30kW燃料电池电动汽车的PEMFC发动机正在进行5kW单元的运行试验；“燃料电池电动汽车装车实验研究”由中国科学院电工研究所负责，现已完成整车性能、电气主回路、电控系统及25kW驱动电机设计；建成了功率驱动台架试验系统。

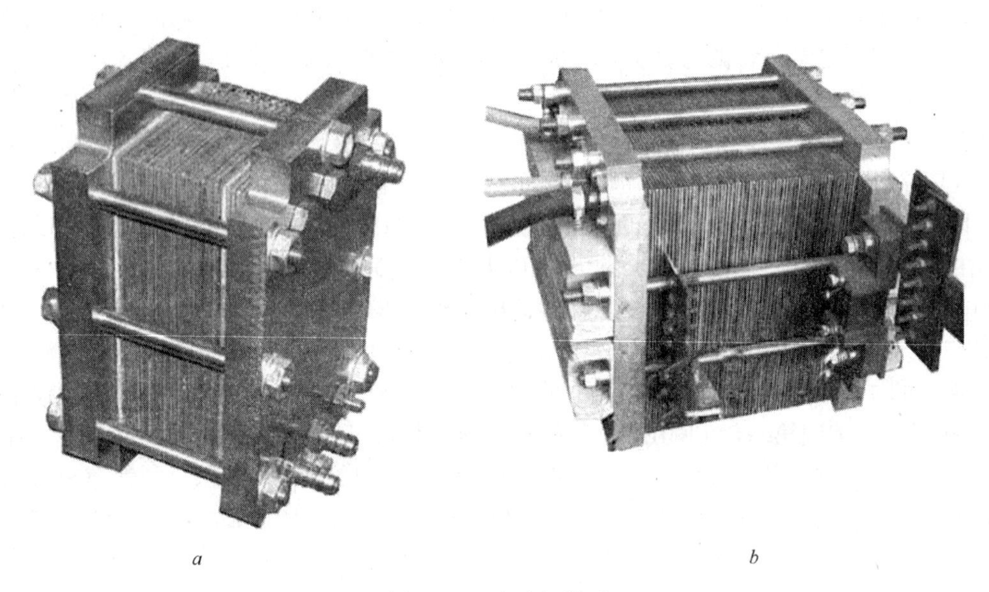

a　　　　*b*

图3-4-7　电池组模型

a—2kW电池组；*b*—5kW电池组

4.3.3　燃料电池材料

4.3.3.1　碱性燃料电池

碱性燃料电池（AFC）是最早开发出来的燃料电池类型之一，最初成功应用在宇宙飞船上。20世纪60年代，用三台Bacon型碱性燃料电池（每台功率为1.5kW）保障Apollo飞船飞行二周。Apollo成功飞行18次，作为动力源的碱性燃料电池功不可没。

与其他类型燃料电池相比，碱性燃料电池吸引人的特性在于其高氧电极活性和广泛的燃料适用性，目前在航天飞机和人造卫星上仍有应用。高性能碱性石棉膜燃料电池的单组电池功率为12kW，寿命达2000h，作为航天器的飞行电源，安全可靠。据报道日本科学家正在制备打火机大小的燃料电池，用塑料容器存放液体燃料，结构简单，输出电压为1.3～1.5V，工作原理是将硼化氢溶于碱性溶液，然后将溶解物与双氧水反应产生电能。

中国燃料电池的研究工作始于1958年，开始研究碱性燃料电池，取得了一些成果。例如天津电源所1979年制成1kW碱性燃料电池。中国科学院大连化学物理研究所完成A型和B型碱性石棉膜燃料电池，并通过地面航天环境模拟试验。20世纪80年代末，该所还研制成功1kW水下用AFC电池组。

碱性燃料电池用KOH溶液作电解质，以双层孔径的烧结镍作阳极，掺锂的氧化镍作阴极，可在70～100℃或220℃左右工作。电解质保留在基体当中（通常是石棉），系统可选用广泛的电催化剂（如镍、银、金属氧化物，尖晶石和贵金属等）。

AFC中的电化学反应如下

阳极：　$H_2 + 2OH^- \longrightarrow 2H_2O + 2e$

阴极：　$0.5O_2 + H_2O + 2e \longrightarrow 2OH^-$

总的电池反应：　$H_2 + 0.5O_2 \longrightarrow H_2O$

AFC主要特征是：低耐CO_2和耗用大量的铂。

碱性燃料电池的电解质为浓氢氧化钾的水溶液，它有两个方面的作用：一是作为电解质将OH^-从阴极输送到阳极；另一方面是作为冷却剂。其工作温度为约80℃，且对CO_2非常敏感。

在实际使用中，往往采用空气作为氧化剂，碱性燃料电池会受CO_2毒化而大大降低效率和使用寿命，因此，人们普遍认为AFC不适合作为汽车动力，并将研究重点转向了质子交换膜燃料电池（PEMFC），只有少数机构还在对AFC进行研究。近几年研究表明：CO_2毒化作用可通过多种方式解决，比如钠钙吸收，使用循环电解质，使用液态氢和开发先进电极制备技术等，使得AFC仍具有一定的发展潜力。倪萌、梁国熙等对近年来AFC的研究进行了评述，综述了对CO_2毒化的解决方法，提出使用氨（NH_3）作为氢源的发展方向。

AFC使用石棉作为隔膜材料。石棉具有致癌作用，不少国家提出禁止石棉在AFC中的使用。为了寻求替代材料，V. M. Rosa等研究了聚苯硫醚（PPS）、聚四氟乙烯（PTFE）以及聚砜（PSF）等材料，发现PPS和PTFE在碱性溶液中具有与石棉非常接近的特性，即允许液体穿透而有效阻止气体的通过，具有较好的抗腐蚀性和较小的电阻，其中PPS甚至还优于石棉。P. Vermeiren等研究了Zirfon（85% ZrO_2，15% PSF，质量分数）在KOH溶液中的电阻特性，发现该材料优于石棉。这些研究结果表明：PTFE、PPS和Zirfon等材料具有与石棉相近，甚至更好的特性，对人体没有损害，有望取代石棉作为隔膜材料。

E. Gulzow等研究发现：当电极采用特殊方法制备时，可以在CO_2含量较高的条件下正常运行而不受毒化。在电极制备中，催化剂材料与PTFE细颗粒在高速下混合，粒径小于1μm的PTFE小颗粒覆盖在催化剂表面，增加了电极强度，同时也避免了电极被电解液完全淹没，减小了碳酸盐析出堵塞微孔及对电极造成机械损害的可能性，此外，还允许气体进入电极在发生电化学反应的区域形成一个三相区。S. Rahman等将通常电极制备的干法和湿法相结合，提出了过滤法，通过控制PTFE的含量和碾磨时间来优化电极的性能。研究表明：当PTFE的含量为8%（质量分数）、碾磨时间为60s时，电极性能最好。通过新的电极制备方法，AFC可承受较高的CO_2浓度。E. Gulzow等在氧气中加入5%的CO_2，对AFC电极进行连续3500h的实验，未发现CO_2对电极的寿命和性能带来影响，说明新的电极制备方法可解决电极受CO_2毒化的问题。

4.3.3.2　磷酸型燃料电池

磷酸型燃料电池（PAFC）称为第一代燃料电池（FC），以磷酸为电解质，直接氢或间接氢为燃料，对燃料气及空气中的CO_2具有耐转化能力。电极材料多为贵金属（铂），炭（石墨），多孔结构。电池本体由若干单体叠放堆集而成。它的电解液稳定，燃料来源广，成本较低，寿命较长。操作弹性大，所以是目前开发研究水平较高、商业化进程最快、最实用的 FC。PAFC 多用于分散地区现场发电，中心集中发电，现在装机容量越来越大，可达万千瓦级规模，电流密度已到 300mA/cm^2 以上。目前研究的重点分两方面，一是提高阴极的催化活性，电极的耐蚀性，降低成本；另一方面是对酸性电解质进行改进，以提高燃料的电极氧化速度，提高发电效率。

磷酸燃料电池的基本组成和反应原理是：燃料气体或城市煤气添加水蒸气后送到改质器，把燃料转化成 H_2、CO 和水蒸气的混合物，CO 和水进一步在移位反应器中经触媒剂转化成 H_2 和 CO_2。经过如此处理后的燃料气体进入燃料堆的负极（燃料极），同时将氧输送到燃料堆的正极（空气极）进行化学反应，借助触媒剂的作用迅速产生电能和热能。磷酸型燃料电池基本组成和反应原理如图 3-4-8 所示。

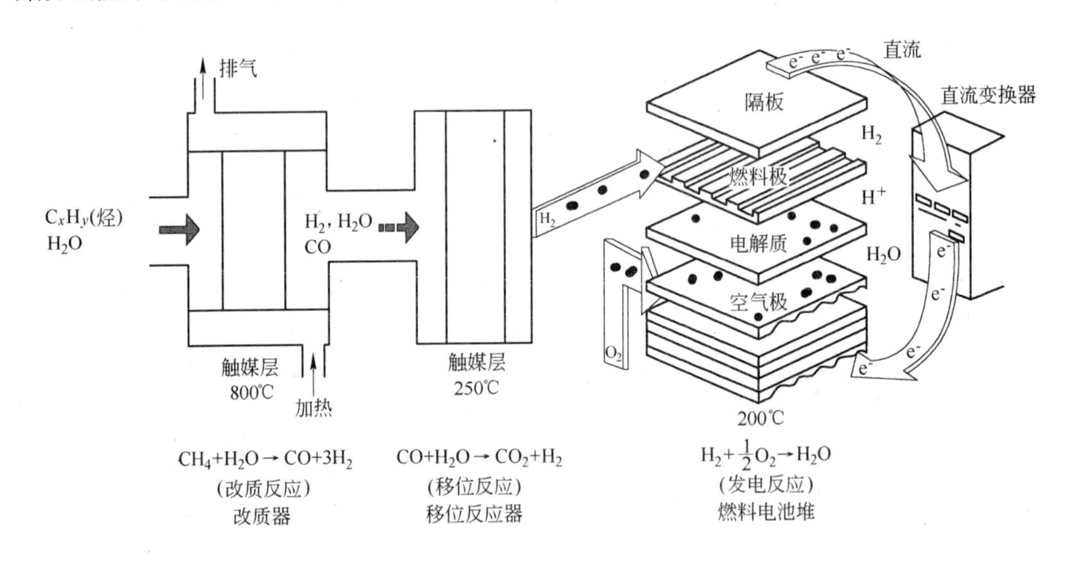

图 3-4-8 磷酸型燃料电池基本组成和反应原理

PAFC 以磷酸作为电解液，电极有憎水剂（如 PTFE）处理过的多孔碳基底为支撑层和 PTFE 黏合的铂催化剂组成。工作温度为 180 ~ 210℃。PAFC 中的电化学反应如下

阳极：
$$H_2 \longrightarrow 2H^+ + 2e$$

阴极：
$$0.5O_2 + 2H^+ + 2e \longrightarrow H_2O$$

总的电池反应：
$$H_2 + 0.5O_2 \longrightarrow H_2O$$

PAFC 的主要特征是：（1）耐 CO_2 和少量 CO。（2）可以有效利用电池堆的余热，具有比 AFC 和 PEMFC 更高的能量效率。（3）腐蚀性较低。（4）对基体材料要求较高，不能在室温下工作。

受 1973 年世界性石油危机以及美国 PAFC 研发的影响，日本决定开发各种类型的燃料电池，PAFC 作为大型节能发电技术由新能源产业技术开发机构（NEDO）进行开发。自 1981 年起，进行了 1000kW 现场型 PAFC 发电装置的研究和开发。1986 年又开展了 200kW 现场性发电装置的开发，以适用于边远地区或商业用的 PAFC 发电装置。

富士电机公司是目前日本最大的 PAFC 电池堆供应商。截至 1992 年，该公司已向国

内外供应了 17 套 PAFC 示范装置，富士电机在 1997 年 3 月完成了分散型 5MW 设备的运行研究。作为现场用设备已有 50kW、100kW 及 500kW 总计 88 种设备投入使用。富士电机公司已交货的发电装置运行情况（现场用 PAFC 燃料电池的运行情况）见表3-4-17。到 1998 年止有的已超过了目标寿命 4 万小时。

表 3-4-17 现场用 PAFC 燃料电池的运行情况

容 量	台 数	累计运行时间	最长累计	最长连续	大于 1 万 h	大于 2 万 h	大于 3 万 h
50kW	66	1018411	33655	7098	54	15	4
100kW	19	274051	35607	6926	11	4	3
500kW	3	43437	16910	4214	3	0	0

东芝公司从 20 世纪 70 年代后半期开始，以分散型燃料电池为中心进行开发以后，将分散电源用 11MW 机以及 200kW 机形成了系列化。11MW 机是世界上最大的燃料电池发电设备，从 1989 年开始在东京电力公司五井火电站内建造，1991 年 3 月初发电成功后，直到 1996 年 5 月进行了 5 年多现场试验，累计运行时间超过 2 万小时，在额定运行情况下实现发电效率 43.6%。在小型现场燃料电池领域，1990 年东芝和美国 IFC 公司为使现场用燃料电池商业化，成立了 ONSI 公司，以后开始向全世界销售现场型 200kW 设备“PC25”系列。PC25 系列燃料电池从 1991 年末运行，到 1998 年 4 月，共向世界销售了 174 台。其中安装在美国某公司的一台机和安装在日本大阪梅田中心的大阪煤气公司 2 号机，累计运行时间相继突破了 4 万小时。从燃料电池的寿命和可靠性方面来看，累计运行时间 4 万小时是燃料电池的长远目标。东芝 ONSI 已完成了正式商用机 PC25C 型的开发，早已投放市场。PC25C 型作为 21 世纪新能源先锋获得日本通商产业大奖。从燃料电池商业化出发，该设备被评价为具有高先进性、可靠性以及优越的环境性设备。它的制造成本是 3000 美元/kW，近期将推出的商业化 PC25D 型设备成本会降至 1500 美元/kW，体积比 PC25C 型减少 1/4，质量仅为 14t。

PAFC 作为一种中低温型（工作温度 180 ~ 210℃）燃料电池，不但具有发电效率高、清洁、无噪声等特点，而且还可以热水形式回收大部分热量。先进的 ONSI 公司 PC25C 型 200kW PAFC 的主要技术指标见表 3-4-18。最初开发 PAFC 是为了控制发电厂的峰谷用电平衡，近来则侧重于作为向公寓、购物中心、医院、宾馆等地方提供电和热的现场集中电力系统。

表 3-4-18 ONSI 公司 PC25C 型 PAFC 主要技术指标

电力输出	发电效率	燃 料	质 量	排热利用	环境状况 NO_x	尺寸/m×m×m
200kW	40%	城市煤气	27.3t	42%	10×10^{-6}	3×3×5.5

PAFC 用于发电厂包括两种情形：分散型发电厂，容量在 10 ~ 20MW 之间，安装在配电站；中心电站型发电厂，容量在 100MW 以上，可以作为中等规模热电厂。PAFC 电厂比起一般电厂具有如下优点：即使在发电负荷比较低时，依然保持高的发电效率；由于采用模块结构，现场安装简单，省时，并且电厂扩容容易。如图 3-4-9 所示为 ONSIPC25C 型电站。

图 3-4-9　ONSI PC25C 型电站

4.3.3.3　熔融碳酸盐燃料电池

MCFC 是一种高温（873～973K）电池。具有高效率、低噪声、无污染、燃料多样化（氢气、煤气和天然气等）、余热利用价值高和电池构造材料价廉等优点。适用于中、小型分散电站的建立。发达国家十分重视这项新技术，自 20 世纪 70 年代初来就不断投资，进行开发。90 年代以来，美国和日本为加速该技术的商业化，不断加大投资力度，仅政府投资就达到每年 4000 万美元上，示范电站规模已达到兆瓦级。西方各国正努力向商业化推进。然而由于 MCFC 的关键技术和经济成本两方面有待于进一步突破，MCFC 还没有实现商业化。

MCFC 以熔融的碳酸盐（62% $LiCO_3$ ～38% K_2CO_3）作电解质，以多孔镍作阳极，掺锂的氧化镍作阴极，燃料是 H_2 和 CO 的混合物，氧化剂是 O_2 和 CO_2 的混合物，工作温度为 650℃左右。

MCFC 中的电化学反应如下：

阳极：

$$H_2 + CO_3^{2-} \longrightarrow H_2O + CO_2 + 2e$$

$$CO + CO_3^{2-} \longrightarrow 2CO_2 + 2e$$

阴极：

$$0.5O_2 + CO_2 + 2e \longrightarrow CO_3^{2-}$$

总的电池反应：

$$H_2 + 0.5O_2 \longrightarrow H_2O$$

$$CO + 0.5O_2 \longrightarrow CO_2$$

MCFC 的主要特征是：（1）只能选用碳酸盐作为唯一的电解质，腐蚀性很强的熔融盐会使阴极有轻微的溶解，降低电池寿命。（2）其能量转化效率高于 PAFC。

MCFC 本体由电解质隔膜、阴极、阳极和极板等四大部件构成，其典型特征为工作温度高和腐蚀性较强的熔融碳酸盐为电解质，由此产生了电解质隔膜烧结、阴极溶解、阳极蠕变及腐蚀、极板腐蚀和电解质管理等五大难题。其中传统 NiO 阴极的缓慢溶解一沉积、进而导致电池内部短路的问题首当其冲。为技术攻关的主要目标经过 20 多年的努力，人们终于从 MCFC 构造技术、新型阴极材料等方面探索出了解决溶解问题的途径，为 MCFC 实用化提供了可能性。

MCFC 阳极由 Ni—Cr 和 Ni—A1 合金粉末烧结而成，有满意的强度。阴极材料为 NiO 的多孔材料构成，这种孔隙既提供气体通路，又能提供电子输送通路。为了抑制阴极材料溶解，在阴极中还需添加碱性添加剂。在阳极和阴极中间的电解质板是 Li_2CO_3 和 K_2CO_3 组成的混合碳酸盐，载体则常用亚微米粉末陶瓷材料（$LiAlO_2$）。MCFC 燃料电池对材料的空隙率、孔径有着较高的要求，其电解质板的平均孔径要小于1μm，远远低于阳极、阴极的平均孔径。根据毛细管原理，只有如此，熔融盐才能浸满电解质，从而防止电解质两侧气体对穿。上海交通大学燃料电池研究所研制的MCFC材料性能指标、制备方法见表3-4-19。在电解质基板以及电极内部添加增强纤维，以防止运行时基板发生断裂。

表3-4-19 MCFC燃料电池关键材料及其特性

组 件	材 料	厚度/mm	孔隙率/%	孔径/μm	制备方法
阳 极	多孔板Ni	0.8	50	8	压 膜
阴 极	多孔板Ni	0.8	55	12	压 膜
电解质板	γ-$LiAlO_2$	0.8	50	0.1~0.8	压 膜
外 壳	316L不锈钢				机加工
气 道	316L不锈钢				机加工
双极板	316L不锈钢				机加工

锂化处理的NiO具有电导率高、电催化活性好和制造方便的优点，被视为标准的熔融碳酸盐燃料电池（MCFC）阴极材料。然而，NiO所面临的最大问题是，随电极长期运行，阴极在熔盐电解质中将发生溶解和再沉积，最终将导致电池短路，严重影响电池寿命。因此，长期以来，许多科研工作者一直在研究用其他的材料取代NiO作为MCFC的阴极材料。$LiCoO_2$和$LiFeO_2$是近年来研究的重点，它们在熔盐电解质中的稳定性明显地好于NiO，尤其是$LiFeO_2$在熔盐电解质中几乎不发生溶解。目前所要解决的就是其导电性问题。李建玲等研究了熔融碳酸盐燃料电池（MCFC）阴极材料锂铁氧化物电极的导电性能。实验结果表明在合成锂铁氧化物的过程中，使Li_2CO_3轻微过量，可以提高锂铁氧化物电极的导电性。在同一温度下，随着Li∶Fe值的增大，锂铁氧化物电极的导电性增加。相同Li∶Fe条件下，锂铁氧化物电极的导电性随着温度升高按指数规律增加。扫描电镜研究（SEM）表明，Li∶Fe比值不同，制备的锂铁氧化物电极表面形貌也不同。

在MCFC中，燃料电极（阳极）是由镍系材料组成的多孔性电极。多孔镍一直被用作MCFC的阳极，它在性能总体来说还是令人满意的，但是要使MCFC走向商业化，阳极材料的耐蚀性能、电催化性能、防止烧结和蠕变的性能都有待进一步提高。为此，许多研究者进行过有益的尝试。方百增等选择铌作为合金化元素，通过氟化物熔盐电化学表面合金化的方法对熔融碳酸盐燃料电池阳极材料镍进行表面改性，改性后的阳极材料的耐蚀性能与电催化性能均得到明显的改善。

20世纪50年代初，熔融碳酸盐燃料电池（MCFC）由于其可以作为大规模民用发电装置的前景而引起了世界范围的重视。在这之后，MCFC发展的非常快，它在电池材料、工艺、结构等方面都得到了很大的改进，但电池的工作寿命并不理想。到了80年代，它已被作为第二代燃料电池，而成为近期实现兆瓦级商品化燃料电池电站的主要研究目标，研制速度日益加快。现在MCFC的主要研制者集中在美国、日本和西欧等国家。

美国能源部（DOE）去年已拨给固定式燃料电池电站的研究费用4420万美元，而其中的2/3将用于MCFC的开发，1/3用于SOFC的开发。美国的MCFC技术开发一直主要由两大公司承担，ERC（Energy Research Corporation）（现为Fuel Cell Energy Inc.）和M-C Power公司。他们通过不同的方法建造MCFC堆。两家公司都到了现场示范阶段：

ERC1996 年已进行了一套设于加州圣克拉拉的 2MW 的 MCFC 电站的实证试验，目前正在寻找 3MW 装置试验的地点。ERC 的 MCFC 燃料电池在电池内部进行无燃气的改质，而不需要单独设置的改质器。根据试验结果，ERC 对电池进行了重新设计，将电池改成 250kW 单电池堆，而非原来的 125kW 堆，这样可将 3MW 的 MCFC 安装在 0.1 英亩的场地上，从而降低投资费用。ERC 预计将以 1200 美元/kW 的设备费用提供 3MW 的装置。这与小型燃气涡轮发电装置设备费用 1000 美元/kW 接近。但小型燃气发电效率仅为 30%，并且有废气排放和噪声问题。与此同时，美国 M-C Power 公司已在加州圣迭戈的海军航空站进行了 250kW 装置的试验，现在计划在同一地点试验改进 75kW 装置。M-C Power 公司正在研制 500kW 模块。

日本对 MCFC 的研究，自 1981 年“月光计划”时开始，1991 年后转为重点，每年在燃料电池上的费用为 12 亿 ~15 亿美元，1990 年政府追加 2 亿美元，专门用于 MCFC 的研究。电池堆的功率 1984 年为 1kW，1986 年为 10kW。日本同时研究内部转化和外部转化技术，1991 年，30kW 级间接内部转化 MCFC 试运转。1992 年 50 ~ 100kW 级试运转。1994 年，分别由日立和石川岛播磨重工完成两个 100kW、电极面积 $1m^2$，加压外重整 MCFC。另外由中部电力公司制造的 1MW 外重整 MCFC 正在川越火力发电厂安装，预计以天然气为燃料时，热电效率大于 45%，运行寿命大于 5000h。由三菱电机与美国 ERC 合作研制的内重整 30kW MCFC 已运行了 10000h。三洋公司也研制了 30kW 内重整 MCFC。目前，石川岛播磨重工有世界上最大面积的 MCFC 燃料电池堆，试验寿命已达 13000h。日本为了促进 MCFC 的开发研究，于 1987 年成立了 MCFC 研究协会，负责燃料电池堆运转、电厂外围设备和系统技术等方面的研究，现在它已联合了 14 个单位成为日本研究开发主力。

欧洲早在 1989 年就制定了 1 个 Joule 计划，目标是建立环境污染小、可分散安装、功率为 200MW 的“第二代”电厂，包括 MCFC、SOFC 和 PEMFC 三种类型，它将任务分配到各国。进行 MCFC 研究的主要有荷兰、意大利、德国、丹麦和西班牙。荷兰对 MCFC 的研究从 1986 年已经开始，1989 年已研制了 1kW 级电池堆，1992 年对 10kW 级外部转化型与 1kW 级内部转化型电池堆进行试验，1995 年对煤制气与天然气为燃料的 2 个 250kW 系统进行试运转。意大利于 1986 年开始执行 MCFC 国家研究计划，1992 ~ 1994 年研制 50 ~ 100kW 电池堆，意大利 Ansodo 与 IFC 签订了有关 MCFC 技术的协议，已安装一套单电池（面积 $1m^2$）自动化生产设备，年生产能力为 2 ~ 3MW，可扩大到 6 ~ 9MW。德国 MBB 公司于 1992 年完成 10kW 级外部转化技术的研究开发，在 ERC 协助下，于 1992 ~ 1994 年进行了 100kW 级与 250kW 级电池堆的制造与运转试验。现在 MBB 公司拥有世界上最大的 280kW 电池组体。

中国开展 MCFC 研究较晚，基本上在 20 世纪 90 年代初开始，研究的单位也不多。

哈尔滨电源成套设备研究所在 20 世纪 80 年代后期曾研究过 MCFC，90 年代初停止了这方面的研究工作。1993 年中国科学院大连化学物理研究所在中国科学院的资助下开始了 MCFC 的研究，自制 $LiAlO_2$ 微粉，用冷滚压法和带铸法制备出 MCFC 用的隔膜，组装了单体电池，其性能已达到国际 80 年代初的水平。90 年代初，中国科学院长春应用化学研究所也开始了 MCFC 的研究，在 $LiAlO_2$ 微粉的制备方法研究和利用金属间化合物作 MCFC 的阳极材料等方面取得了很大进展。北京科技大学于 90 年代初在国家自然科学基金会的资助下开展了 MCFC 的研究，主要研究电极材料与电解质的相互作用，提出了用金属间化合物作电极材料以降低它的溶解。中国科学院上海冶金研究所近年来也开始了 MCFC 的研究，主要着重于研究氧化镍阴极与熔融盐的相互作用。1995 年上海交通大学与长庆油田合作开始了 MCFC 的研究，目标是共同开发 5 ~ 10kW 的 MCFC。上海交大燃料电池研究所从日本引进一台 MCFC 测试装置。目前已研制出千瓦级 MCFC。中国科学院电工研究所在“八五”期间，考察了国外 MCFC 示范电站的系统工程，调查了电站的运行情况，现已开展了 MCFC 电站系统工程关键技术的研究与开发。

4.3.3.4 固体氧化物燃料电池

固体氧化物燃料电池（SOFC）是继磷酸盐燃料电池（PAFC）、熔融碳酸盐燃料电池（MCFC）后的第三代燃料电池，是一种将燃料氧化反应释放的化学能直接转换成电能的全固态电化学发电系统 SOFC，是由两个电极和介于电极间的固体电解质组合而成，工作温度为 600 ~ 1000℃。固体氧化物燃料电池具有能量转化率高（可达 50% ~60%）、环境友好（即很低的 NO_x、O_2、粉尘和噪声排放）和燃料适应性强（可用 CO_x、H_2、煤气以及天然气为燃料）等优点，一直是国际上研究的热点。

SOFC 一般以固体氧离子导体作为电解质，固体氧离子导体在较高温度下具有传递 O^{2-} 离子的能力，在电池中起传递 O^{2-} 离子和分离空气、燃料的作用。SOFC 中的电化学反应如下

阳极：

$$H_2 + O_2 \longrightarrow H_2O + 2e$$

$$(CH_4 + 4O^{2-} \longrightarrow CO_2 + 2H_2O + 8e)$$

阴极：

$$0.5O_2 + 2e \longrightarrow O^{2-}$$

总的电池反应：

$$H_2 + 0.5O_2 \longrightarrow H_2O$$

$$CH_4 + 2O_2 \longrightarrow CO_2 + 2H_2O$$

SOFC 的主要特征是：(1) 全固体装置不存在电解质的腐蚀问题。(2) 可用多种燃料工作。(3) 对阴极材料要求很高，目前还没有找到一种合适廉价的材料来代替铂。(4) 工作温度太高，对电池的各个部件的热稳定性和化学稳定性都要求很高。

单体燃料电池的主要组成部分有电解质、阴极、阳极和连接体。组成燃料电池的各组元材料在氧化和（或）还原气氛中要有较好的稳定性，包括化学稳定、晶型稳定和外形尺寸的稳定性等；各部分材料彼此间要有化学相容性和相近的热膨胀系数；材料必须具有合适的电导率。同时要求电解质和连接体是完全致密的，以防止燃料气和氧气的渗透混合；阳极和阴极应该是多孔的，以利于气体渗透到反应位置。

SOFC 中电解质是电池的核心。钇稳定的 ZrO_2（YSZ）是当前 SOFC 中最常用的固体电解质，在高温下具有足够高的离子电导率、化学稳定性和高的机械性能。但基于为了得到 YSZ 燃料电池合理的能量密度，一般需要在 1000℃ 以上工作，如此高的工作温度会给 SOFC 带来一系列材料、密封和结构上的问题，如电极的烧结，电解质与电极之间的界面化学扩散以及热膨胀系数不同的材料之间的匹配和双极板材料的稳定性等，这些问题严重限制了 SOFC 的商品化发展。掺杂的 CeO_2、Bi_2O_3 基电解质虽比 YSZ 具有更高的离子电导率，但它们会使燃料电池的电位下降，从而导致能量转换效率降低。另外掺杂的 Bi_2O_3 基电解质在低氧分压下会被还原成金属 Bi，掺杂的 CeO_2 基电解质在还原性气氛和较高的温度下会偏离理想配比并伴随有电子导电，这将导致离子电导的下降。因此，寻找具有高离

子导电率且性能稳定的新型固体电解质是推动 SOFC 实用化的关键任务之一。通过长期的研究发现，具有钙钛矿 ABOs 型结构的 $LaGaO_3$ 和 $BaCeO_3$ 基稀土复合氧化物是极有开发潜力的 SOFC 电解质材料，特别是掺杂的 $LaGaO_3$ 具有比 YSZ 高三倍的离子电导率，且在很宽的氧分压范围内保持高导电性。

如果将固体氧化物燃料电池的工作温度降至 800℃以下，就可以避免电池组件间的相互作用和电极的烧结退化，扩大电池结构材料的选择范围，甚至可以用不锈钢作为结构材料，密封问题也容易解决。要降低工作温度，有两个途径：一是研制 YSZ 电解质膜，以降低电池的内阻；二是研究开发出新型中温下电导率高的材料。

迄今为止，见诸报道的中温固体电解质主要有以下几种类型。

A　CeO_2 基材料

纯 CeO_2 为萤石结构，但电导率很低，通过添加某些碱土或稀土氧化物后，形成有氧缺位的固溶体，电导率大大提高，氧离子电导率是同样条件下 YSZ 的 1.5 倍。在这类材料中以 Sm_2O_3 和 Gd_2O_3 掺杂效果较好，其中，掺杂 Sm_2O_3 效果更理想。$Ce_{0.8}Sm_{0.2}O_{1.9}$ 在 800℃的电导率为 9.45S/m，在 600℃的电导率约为 0.92S/m，是 CeO 基固体电解质中最高的。研究表明，这类材料的电导率受掺杂离子半径和掺杂浓度的影响。一般说来，当掺杂离子半径与主晶格离子半径相近时，电导率较高；随着掺杂浓度增加，电导率增大，但增大到某一值时，离子电导率出现最大值，当掺杂量高于这一值时，电导率反而下降。这是因为，当固溶体中的氧缺位增至一定浓度后，会发生缺位的缔合的缘故。CeO_2 基材料在低氧分压下 Ce^{4+} 会向 Ce^{3+} 转化，从而产生 n 型电导，这将严重影响电池的输出性能。为了避免这个问题，人们提出几种解决方案：一是在 CeO_2 基电解质与阳极材料之间加上一薄层 YSZ 膜，以阻止还原气氛与氧化铈基电解质的接触。二是将 CeO_2 基电解质弥散分布在 YSZ 基体上，做成两相复合电解质。三是采用双掺杂，Maricle 等对 CeO_2-Gd_2O_3 系固溶体的研究发现，如用 3% molPr 取代 Gd，形成 $Ce_{0.8}OGd_{0.17}Pr_{0.03}O_{2-\delta}$ 固溶体，甚至在 101.325×10^{-21}kPa 这样低的氧分压下也未被还原，在 700℃下离子电导率达到了 4.3S/m。四是采用调整有效离子半径的方法来抑制 Ce^{4+} 向 Ce^{3+} 的转化。总之，只要在提高离子电导，抑制电子电导方面不断地研究下去，CeO_2 基固体电解质很有希望成为中温燃料电池电解质的首选材料。

B　钙钛矿型电解质材料

钙钛矿型氧化物 ABO_3 具有稳定的晶体结构，而且对 A 位和 B 位离子半径变化有较强的容忍性，可以通过低价离子掺杂在结构中引入大量的氧空位，近年来也引起了人们的广泛注意，研究的比较多的有 $LaGaO_3$ 基和 $BaCeO_3$ 基材料。

a　$LaGaO_3$ 基材料

$LaGaO_3$ 基材料在中温范围内具有良好的氧离子导电性。对于这类材料通常采用 A 位及 B 位双重掺杂，A 位掺杂一般为碱土金属（Ca，Sr，Ba 等），B 位掺杂通常为碱土金属或过渡金属（Mg，Cr，Fe 等）。其中以 A 位掺 Sr，B 位掺 Mg 效果最好。Goodenough 首先合成出 $La_{0.9}Sr_{0.1}Ga_{0.8}Mg_{0.2}O_{3-\delta}$，该电解质在 600℃下的电导率为 1.09S/m，800℃下为 10.4S/m。Maric R 等以这种材料为电解质，$La_{0.6}Sr_{0.4}CoO_{3-\delta}$ 为阴极作成燃料电池，800℃下最大输出功率为 425MW/cm^2。但 LaGaO 基材料容易与电极材料发生反应，这会降低电池输出功率，而且 Ga 还比较贵。成本以及与电极的匹配问题制约了这种材料的广泛应用。

b $BaCeO_3$基材料

这种材料在中温下具有较高的氧离子导电能力，同时还有一定的质子导电能力。到现在为止，在 $BaCeO_3$ 基电解质材料中 $BaCe_{0.8}Gd_{0.2}O_{3-\delta}$ 的电导率是最高的，800℃ 时为 7.87S/m。但用这类材料作电解质的电池的性能受电极影响较大。$BaCeO_3$基电解质材料在中温固体氧化物燃料电池中的应用还需要进一步的研究。

燃料电池的性能还与电极材料的选择有很大关系。固体氧化物燃料电池对电极材料的要求是：在工作条件下有较高的电子电导和一定程度的离子电导，与电解质材料具有化学相容性，且二者热膨胀相匹配，并且在氧化或还原条件下能保持化学稳定，对电池有较高的催化活性。

SOFC 阳极的功能主要是提供燃料氧化的电化学反应位置，从阳极的功能和结构考虑，必须满足一系列要求：(1) 有足够的电子电导率，减小欧姆极化，能把产生的电子及时传导到连接板，同时具有一定的离子电导率，以实现电极的立体化；(2) 微孔气体扩散电极。具有足够的孔隙度，提供了燃料气体到达反应位置的扩散通道，以满足反应气体和产物气体的传质要求；(3) 在燃料气氛中具有稳定性，满足长时间运行要求；(4) 对燃料电化学反应具有高催化活性；(5) 与电解质材料及连接材料有好的相容性，如线胀系数匹配，不发生界面反应等；(6) 作为支撑基底的阳极，基底必须满足一定强度要求。

阳极曾用过 Pt，Ag 等贵金属（现在有时也在用），不仅成本太高，而且，其中的 Ag 在较高温度下还有挥发的问题，现在用的比较多的是 Ni。但 Ni 颗粒的表面活性高，易烧结团聚，这会降低其催化活性，从而影响电池性能。一般用 NiO 与电解质一定比例混合作阳极，效果比较好。催化金属和电解质材料组成的金属陶瓷是 SOFC 阳极的主要材料。其中金属对 H_2等燃料气体具有催化作用，并提供电子通道。在阳极材料方面，主要是直接利用碳氢燃料，避免积碳问题。一些新的阳极材料也在研究中，如掺杂的 $SrTiO_3$，$LaCrO_3$等钙钛矿材料是一种混合电导材料，具有很好的电催化活性和热性能，对硫、碳、氧等具有好的忍耐力，被认为是很有希望的阳极材料。

阴极材料是 SOFC 的重要组件，它必须具有强还原能力以确保氧离子迁移数目，较高的电子电导率及一定的离子电导率，良好的热化学稳定性及与电解质材料的化学相容性等。SOFC 阴极材料也曾用过 Pt，Ag 等贵金属，但目前研究较多的是钙钛矿型氧化物，主要是 $LaMnO_3$和 $LaCoO_3$。可以通过掺杂低价阳离子提高其性能，以 Sr^{2+} 部分替代 La^{3+} 能较好地满足中温固体氧化物燃料电池的各种要求，是较好的电极材料。目前使用较为广泛的是 $La_{1-x}Sr_xMnO_3$（LSM），但随着工作温度的降低，阴极极化电阻大幅增加，电导率大大降低，虽可采用 LSM-YSZ 双层复合电极，改善电极显微结构等方法来提高阴极材料的性能，但还是难以满足在中温下使用的需要。同时研究发现，在较高的温度下会发生 Mn 的溶解，以及与固体电解质之间发生反应，导致电池的性能下降。

因此人们把目光转向 $La_{1-x}Sr_xCo_{1-y}Fe_yO_3$体系。这类复合氧化物材料阳离子配位数大，结构相当稳定。一方面由于变价阳离子或掺入的部分异价离子的存在使这类材料成为氧离子导体，另一方面，由于不同过渡金属离子价态的变化显示电子导电性，使这类材料成为离子-电子混合导体。在这类材料中，低价 Sr 的引入取代 La，为保持电中性，伴随有氧空位的形成和 B 位离子从低价向高价的价变化，使这类材料具有良好的离子导电性及电子导电性。$La_{1-x}Sr_xCo_{1-y}Fe_yO_3$在 800% 时其电子电导率可达到 $10^2 \sim 10^3$S/cm，氧离子电导率

达到 10^{-1}S/cm 水平，比同一温度下 YSZ 的氧离子电导率高出近一个数量级。同时这类材料催化活性普遍较高，LSCF 的电催化活性明显优于 LSM，即使在中低温时也能满足要求，因而可以进一步降低 SOFC 的使用温度；同时具有较好的化学稳定性和热稳定性，并与 $La_{0.9}Sr_{0.1}Ga_{0.8}Mg_{0.2}O_3$、$Ce_{0.9}Gd_{0.1}O_3$（CGO）等新一代中低温氧化物固体电解质有很好的相容性。同时 L. Kin-denmann 等人研究了（$La_{1-x}Sr_x$）$Co_{1-y}Fe_yO_3$（$z<1$）与固体电解质的化学相容性，发现 $z=0.9$ 或 0.95 时有着很好的相容性。但如何降低阴极的极化电阻，以及弄清 ISCF 的混合导电机理仍将是今后这类材料研究的关键课题。有关这类阴极材料的研究目前报道有所增多，将会成为中低温 SOFC 阴极材料的研究热点。

SOFC 与其他燃料电池比，发电系统简单，可以期望从容量比较小的设备发展到大规模设备，具有广泛用途。在固定电站领域，SOFC 明显比 PEMFC 有优势。SOFC 很少需要对燃料处理，内部重整、内部热集成、内部集合管使系统设计更为简单，而且，SOFC 与燃气轮机及其他设备也很容易进行高效热电联产。图 3-4-10 所示为西门子-西屋公司开发出的世界第一台 SOFC 和燃气轮机混合发电站，它于 2000 年 5 月安装在美国加州大学，功率 220kW，发电效率 58%。未来的 SOFC/燃气轮机发电效率将达到 60% ~70%。

图 3-4-10　西门子-西屋公司开发出的世界第一台 SOFC 和燃气轮机混合发电站

被称为第三代燃料电池的 SOFC 正在积极的研制和开发中，它是正在兴起的新型发电方式之一。美国是世界上最早研究 SOFC 的国家，而美国的西屋电气公司所起的作用尤为重要，现已成为在 SOFC 研究方面最有权威的机构。

早在 1962 年，西屋电气公司就以甲烷为燃料，在 SOFC 试验装置上获得电流，并指出烃类燃料在 SOFC 内必须完成燃料的催化转化与电化学反应两个基础过程，为 SOFC 的发展奠定了基础。此后 10 年间，该公司与 OCR 机构协作，连接 400 个小圆筒型 ZrO_2-CaO 电解质，试制 100W 电池，但此形式不便供大规模发电装置应用。20 世纪 80 年代后，为了开辟新能源，缓解石油资源紧缺而带来的能源危机，SOFC 研究得到蓬勃发展。西屋电气公司将电化学气相沉积技术应用于 SOFC 的电解质及电极薄膜制备过程，使电解质层厚度减至微米级，电池性能得到明显提高，从而揭开了 SOFC 的研究崭新的一页。80 年代中后期，它开始向研究大功率 SOFC 电池堆发展。1986 年，400W 管式 SOFC 电池组在田纳西州运行成功。1987 年，又在日本东京、大阪煤气公司各安装了 3kW 级列管式 SOFC 发电机组，成功地进行连续运行试验长达 5000h，标志着 SOFC 研究从实验研究向商业发展。进入 90 年代 DOE 机构继续投资给西屋电气公司约 6400 万美元，旨在开发出高转化率、2MW 级的 SOFC 发电机组。1992 年两台 25kW 管型 SOFC 分别在日本大阪、美国南加州进行了几千小时实验运行。从 1995 年起，西屋电气公司采用空气电极作支撑管，取代了原先 CaO 稳定的 ZrO_2 支撑管，简化了 SOFC 的结构，使电池的功率密度提高了近 3 倍。该公司为荷兰 Utilies 公司建造 100kW 管式 SOFC 系统，能量总利用率达到 75%，已经正式投入使用。如图 3-4-11 所示为西屋公司在荷兰安装的 SOFC 示范电厂，它可以提供 110kW

的电力和 64kW 的，热发电效率达到 46%，运行 14000h。

另外，美国的其他一些部门在 SOFC 方面也有一定的实力。位于匹兹堡的 PPMF 是 SOFC 技术商业化的重要生产基地，这里拥有完整的 SOFC 电池构件加工、电池装配和电池质量检测等设备，是目前世界上规模最大的 SOFC 技术研究开发中心。1990 年，该中心为美国 DOE 制造了 20kW 级 SOFC 装置，该装置采用管道煤气为燃料，已连续运行了 1700 多小时。与此同时，该中心还为日本东京和大阪煤气公司、关西电力公司提供了两套 25kW 级 SOFC 试验装置，其中一套为热电联产装置。另外美国阿尔贡国家实验室也研究开发了叠层波纹板式 SOFC 电池堆，并开发出适合于这种结构材料成型的浇铸法和压延法。使电池能量密度得到显著提高，是比较有前途的 SOFC 结构。

图 3-4-11 西屋公司在荷兰安装的 SOFC 示范电厂

在日本，SOFC 研究是“月光计划”的一部分。早在 1972 年，电子综合技术研究所就开始研究 SOFC 技术，后来加入“月光计划”研究与开发行列，1986 年研究出 500W 圆管式 SOFC 电池堆，并组成 1.2kW 发电装置。东京电力公司与三菱重工从 1986 年 12 月开始研制圆管式 SOFC 装置，获得了输出功率为 35W 的单电池，当电流密度为 $200mA/cm^2$ 时，电池电压为 0.78V，燃料利用率达到 58%。1987 年 7 月，电源开发公司与这两家公司合作，开发出 1kW 圆管式 SOFC 电池堆，并连续试运行达 1000h，最大输出功率为 1.3kW。关西电力公司、东京煤气公司与大阪煤气公司等机构则从美国西屋电气公司引进 3kW 及 2.5kW 圆管式 SOFC 电池堆进行试验，取得了满意的结果。从 1989 年起，东京煤气公司还着手开发大面积平板式 SOFC 装置，1992 年 6 月完成了 100W 平板式 SOFC 装置，该电池的有效面积达 $400cm^2$。现 Fuji 与 Sanyo 公司开发的平板式 SOFC 功率已达到千瓦级。另外，中部电力公司与三菱重工合作，从 1990 年起对叠层波纹板式 SOFC 系统进行研究和综合评价，研制出 406W 试验装置，该装置的单电池有效面积达到 $131cm^2$。

在欧洲早在 20 世纪 70 年代，联邦德国海德堡中央研究所就研究出圆管式或半圆管式电解质结构的 SOFC 发电装置，单电池运行性能良好。80 年代后期，在美国和日本的影响下，欧共体积极推动欧洲的 SOFC 的商业化发展。德国的 Siemens、Domier GmbH 及 ABB 研究公司致力于开发千瓦级平板式 SOFC 发电装置。Siemens 公司还与荷兰能源中心（ECN）合作开发平板式 SOFC 单电池，有效电极面积为 $67cm^2$。ABB 研究公司于 1993 年研制出改良型平板式千瓦级 SOFC 发电装置，这种电池为金属双极性结构，在 800℃下进行了实验，效果良好。现正考虑将其制成 25～100kW 级 SOFC 发电系统，供家庭或商业应用。

目前，中国国内研制 SOFC 的单位较多，有中国科学院大连化学物理研究所、中国科学院化冶所、中科院上海硅酸盐研究所、吉林大学、华南理工大学、清华大学等。总体研制水平较低，大都处于 SOFC 部件研究阶段。中科院过程系统工程研究所（中科院化工冶金研究所）制成管式和平板式单体电池，功率密度达 $0.09\sim0.12W/cm^2$、电流密度为 $150\sim180mA/cm^2$、工作电压为 0.6～0.65V。吉林大学曾将 4 只单体 SOFC 电池串联带动收音机。中科院上海硅酸盐研究所完成国家"九五"计划，制成一台800WSOFC，工作温度950℃。由于SOFC须在1000℃高温下工作，工程材料是个突出问题，目前一些单位（如中国科技大学）在国家自然科学基金会和973、863计划的资助下，对中温SOFC（600～800℃）展开基础研究。国家科技部已将SOFC正式列入国家"十五"攻关计划。该项目由中科院上海硅酸盐研究所、中国科技大学、中科院过程系统工程研究所承担。

4.3.3.5　其他类型

直接甲醇燃料电池（DMFC）是一种直接以甲醇（CH_2OH）作为燃料、O_2或空气作为氧化剂、基于质子交换膜（PEM）的燃料电池。DMFC具有质子交换膜燃料电池（PEMFC）所有的优点，但又不像间接使用CH_3OH的PEMFC那样需要进行燃料重整，其运行简单，燃料转换效率高，可靠性好，而且在相同的功率密度下，DMFC体积小，成本低，是燃料电池的发展方向，特别是作为一种理想的车用动力电源，具有更广阔的发展前景。

DMFC的单电池结构如图3-4-12所示。膜电极主要由CH_3OH阳极、O_2阴极和PEM构成。阳极和阴极分别由不锈钢板、塑料薄膜、铜质电流收集板、石墨、气体扩散层和多孔

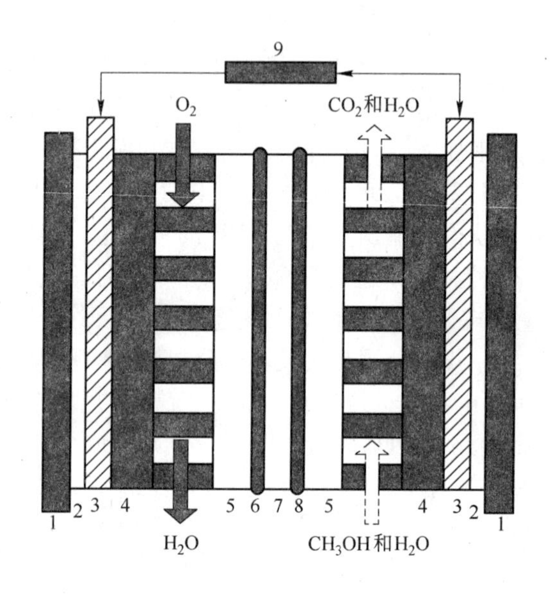

图3-4-12　DMFC结构示意图

1—不锈钢板；2—塑料薄膜；3—铜质电流收集板；4—石墨；5—气体扩散层；6—Pt/C催化剂层（阴极）；7—PEM；8—Pt-Ru/C催化剂层（阳极）；9—负载

结构的催化层组成。其中，气体扩散层起支撑催化层、收集电流及传导反应物的作用，由具有导电功能的碳纸或碳布组成；催化层是电化学反应的场所，常用的阳极和阴极电极催化剂分别为Pt-Ru/C和Pt/C。CH_3OH进入阳极后，在催化层的催化剂作用下发生氧化反应生成CO_2，并释放出氢离子和电子；其中氢离子穿过PEM迁移至阴极，与氧离子反应生成H_2O，而电子则从阳极经外电路（包括负载）流向阴极形成电流；在这个过程中，还有少量的CH_3OH在扩散和电渗作用下从阳极渗透到阴极，部分CH_3OH又在阴极催化剂层中直接与O_2反应产生CO_2和H_2O。

CH_3OH在阳极的氧化反应为

$$CH_3OH + H_2O \longrightarrow CO_2 + 6H^+ + 6e^-$$

来自空气中的 O_2 在阴极的还原反应为

$$\frac{3}{2}O_2 + 6H^+ + 6e^- \longrightarrow 3H_2O$$

电池总反应为

$$CH_3OH + \frac{3}{2}O_2 \longrightarrow CO_2 + 2H_2O$$

DMFC 目前应用最多的 CH_3OH 氧化催化剂是 Pt—Ru 合金，但通常催化活性极高的 Pt 对 CH_3OH 的氧化催化活性并不高，其主要原因是 Pt 催化氧化 CH_3OH 过程中的中间产物 CO 会使 Pt 中毒，降低其催化活性。因此，催化剂的选择是难题之一。目前活性较高的 CH_3OH 氧化催化剂主要有两种：

（1）贵金属二元、三元合金催化剂：在众多的 Pt 基二元催化剂中，加入 Sn，Ru，W，Mo 等对 CH_3OH 在 Pt 表面的反应活性具有明显的改善效果。三元合金催化剂可减少 CO 的吸附区域，提高抗 CO 中毒的能力，同时稳态伏安特性显著提高。在由 Sn，W 或 Mo 与 Pt-Ru 形成的三元合金比较中，用溶胶法制备的 Pt—Ru—W 三元催化剂的性能最好，其活性比常用的二元合金 Pt-Ru 高很多；

（2）非贵金属催化剂：由于 Pt 的成本太高，寻找非贵金属催化剂就成了 DMFC 催化剂研究的一个重要方向。Burstein G T 等制备的 Ta-Ni/C 催化剂对 CH_3OH 阳极氧化比对氢氧化有更高的催化活性，这类廉价的金属碳化物和钙钛矿类氧化物作为低温下 CH_3OH 电氧化的催化剂材料具有很大的潜力，尤其是金属碳化物具有较好的导电性和抗腐蚀能力。

由于 PEM 的阻醇性能较差，CH_3OH 能穿过 PEM 到达阴极直接与 O_2 发生反应而不产生电流，这样不但造成燃料浪费，同时也影响了阴极的正常反应，使电池效率下降。目前对 CH_3OH 的渗透主要从以下几个方面进行解决：

（1）降低 CH_3OH 在 PEM 中的扩散系数：采用薄的 Pd 金属片与 PEM 压合在一起，由于 CH_3OH 在 Pd 膜中的渗透系数几乎为 0，所以这种复合膜可有效降低 CH_3OH 的渗透；

（2）改进现有的 PEM：对 PEM 采用等离子蚀刻和 Pd 溅射的方法对膜进行改性，也可以降低 CH_3OH 的渗透；

（3）研制新型膜：目前，燃料电池中应用的大多是美国杜邦公司的全氟磺酸高分子膜（简称 Nafion 膜）；1996 年，Wainright 等首先提出了磷酸掺杂的聚苯并咪唑膜（简称 PBI 膜）可用作燃料电池电解质膜；随后，他们又提出了将 PBI 膜用于 DMFC，并发现在这种膜中水的电迁移数为 0（而同样条件下 Nafion 膜的电迁移数为 0.6～2.0）。氢离子在 PBI 膜中传导机理与在 Nafion 膜中不同，其传导不需要水的存在，因此不受电迁移的影响而使 CH_3OH 的渗透量大大下降。

未来的几年是 DMFC 发展的关键几年，如果它能满足燃料转换效率、功率密度、可靠性和成本等方面的要求，很有希望应用于电动汽车。作为长期的发展，CH_3OH 也将成为世界各国发展燃料电池电动汽车的首选燃料。当然，DMFC 最后在商业化上的成功与否还取决于很多相关因素的同时进步，如催化剂、膜、电极材料以及制作工艺等。

参 考 文 献

1　Yoda S，Ishihara K. J. Power Sources，1992，81～82：162

2 World Energy Outlook. Paris：International Energy Agency. 1994
3 邱大雄，孙永广，施祖．能源规划与系统分析．北京：清华大学出版社，1995
4 周理．材料导报，2000，14（3）：3～5
5 肖建民．世界科技研究与发展，1996，19（1）：82～86
6 J. D. 李氏原著．新编简明无机化学．张靓华等译．北京：人民教育出版社，1983
7 赵永丰．氢．《化工百科全书》编辑委员会主编．化工百科全书．第13卷．北京：化学工业出版社，1997
8 陈丹之．氢能．《化工百科全书》编辑委员会主编．化工百科全书．第13卷．北京：化学工业出版社，1997
9 廖翠萍，张伟铭．新能源，2000，22（2）：38～41
10 陈进富．新能源，1999，21（4）：10～14
11 Steinberg M，Chen H C. Int J. Hydrogen Energy，1989，14（11）：797～820
12 Hassmann K，et al. Int J. Hydrogen Energy，1993，18（8）：635～640
13 Fulcheri L，Schwob Y. Int J. Hydrogen Energy，1995，20（3）：197～202
14 谢德明，王建民，张鉴清，曹楚南．电池．2000，30（5）：225～227
15 许香泉．电池．1995，25（2）：89
16 钟俊辉．电池．1993，23（1）：37
17 毕道治．电池工业，2000，5（2）：56～63
18 Zhan F，Jang L J，Wu B R，et al. J. Alloys Comp，1999，293～295：804～808
19 詹锋，蒋利军．电源技术，1997，21（1）：35～39
20 詹锋，杜军，蒋利军，黄倬．http：//www. newenergyorg. cn/Chinese/meetingpaper/paper 82. htlm. 01-4-29
21 Kawamura M，Ono S，MizunoY. J. Less-Common Met，1983，89：365
22 天野宗幸他．日本金属学会誌，1981，45：957
23 倪萌，梁国熙．碱性燃料电池研究进展，电池，2004，34（5）：364
24 Rosa V M，Santos M B F，da Silva E P. New Materials for Waterelectrolysis Diaphragms. Int J Hydro Energy，1995，20（9）：697～700
25 Vermeiren P，Adriansens W，Moreels J，et al. Evaluation of the Zirfon Separator for Use in Alkaline Water Electrolysis and Ni-H_2 Batteries. Int J Hydro Energy，1998，23（5）：321～324
26 Guhow E，Schuhe M. Long-term Operation of AFC Electrodes with CO_2 Containing Gases. J Power Sources，2004，127（1～2）：243～251
27 Rahman S，AI-Saleh M，AI-Zakri A，et al. Study of the Preparation of Gas-diffusion Electrodes for Alkaline Fuel Cels by a Filtration Method. J Power Sources，1998，72（1）：71～76
28 唐伦成，杨亭阁，王佳等．燃料电池技术及其应用．化工进展，1995，（1）：18～21
29 Campbell P E，McMullan J T，Fuel，2000，79（7）：1031
30 于立军，曹广益，袁俊琪等．熔融碳酸盐燃料电池研制．高技术通讯，2002，09，维普资讯 http：//www. cqvip. com
31 何长青，衣宝廉．熔融碳酸盐燃料电池阴极的研究进展．电源技术，2001，25（4）：299
32 李建玲，钱大伟，张世超等．熔融碳酸盐燃料电池阴极材料制备与导电性．北京科技大学学报，2003，25（2），167～170
33 方百增，刘新宇，王新东等．熔融碳酸盐燃料电池阳极材料表面改性．电化学，1997，3（2），143～147
34 Ishihara T，Matduda H，Takita Y. Do Ped $LaGaO_3$ Perovskite Type Oxide as a New Oxide Ionic Conductor. J Am ChemSoc，1994，116：3801～3803

5 锂离子电池及材料

姚耀春 昆明理工大学

5.1 锂离子电池简介

5.1.1 引言

能源、环境和信息是构成21世纪科技发展的三大主题，而其中化石能源的日益匮乏和地球生态环境的逐渐恶化是人类社会进入21世纪所面临的两大难题。因此，开发高效、安全、清洁、可再生的新型能源和技术成为当前世界经济发展中最具有决定性影响的五个技术领域之一。新能源包括太阳能、生物质能、核能、风能、地热、海洋能等一次能源以及二次电源中的镍氢、锂离子电池等化学电源。新能源材料是指能实现新能源的转化和利用以及发展新能源技术中所用到的关键材料，是发展新能源的核心和基础。由此可见，能源问题的关键是能源材料的突破和创新。

随着社会和科学技术的发展，尤其是移动通讯、笔记本电脑、摄像机等便携式电子设备的应用，人们对电池的小型化、轻型化、高功率、高能量、长循环寿命和环境友好程度等提出了越来越高的要求。传统的铅酸电池、镉镍电池、镍氢电池等，因能量密度较低，环境污染等问题已不能很好地满足市场的需求，更何况可持续发展是人类共同的愿望和奋斗目标。为了实现可持续发展，保护人类的自然环境和自然资源，发展无毒、无公害的电极材料、电解液和电池隔膜以及对环境无污染的电池是电池行业实现可持续发展的必由之路。因此，当前世界电池工业的发展具有以下三个特点：（1）绿色环保电池的迅速发展，包括锂离子电池、镍氢电池、无汞碱锰电池等，这是人类社会发展的需求；（2）一次电池向二次电池转化，在一次锂电池的基础上开发了可充锂离子电池，在碱性锌锰电池的基础上开发了可充碱锰电池，扣式电池也出现了可充锂离子扣式电池，这有利于节约地球有限的资源，符合可持续发展的战略；（3）电池进一步向小、轻、薄化方向发展。在商品化的可充电池中锂离子电池的比能量是最高的，所以可以实现电池的小轻薄化，尤其是聚合物锂离子电池形状还可改变。正因为锂离子电池具备了当前电池工业发展的三大优势，所以从众多电池中脱颖而出成为新型高能绿色环保电池中的佼佼者，并实现了商品化最晚，销售额却最大的奇迹。

目前，虽然锂离子电池已经商品化并得到广泛的应用，但是由于应用时间较短，技术还不太完善，随着科技的发展，其本身性能还可得到很大的提高。因此，该领域仍是今后研究的重点、热点，目的是降低成本，提高能量密度，延长循环寿命。在此方面世界各国都投入了极大的人力、物力、财力来发展锂离子电池。中国政府也高度重视锂离子电池的发展，其中“863”计划、“九五”国家重点攻关项目、“973”计划等都投入巨额资金研制开发锂离子电池。中国是个电池大国，但非电池强国，电池行业结构也有待改善。近年来，中国在锂离子电池的研制和产业化方面做了很多工作，并取得了可喜的成绩，但和其他国家水平相比，还存在一定差距。因此，中国还应该加大投入来改善电池行业的现有格局，使具有高科技特征和高性能水平的新型绿色环保二次电池在市场上占据主导地位；使中国电池行业早日进入国际先进行列，同时带动电池材料产业及其相关行业迅速发展。

5.1.2　锂离子电池的发展简史

锂是自然界金属中标准电位最负（-3.045V），质量最轻（6.939g/mol），比容量最高（3860mA·h/g）的金属。以锂为负极组成的锂一次电池，具有比容量大、电压高、放电电压平稳、工作温度范围宽（-40~70℃）、低温性好、储存寿命长等优点。正是基于以上优点，到目前锂一次电池已经大规模商品化，广泛应用于照相机、计算器、电子手表、心脏起搏器、无线电通讯、导弹点火装置等领域。从而也推进了锂二次电池的发展。

锂二次电池的研究最早开始于20世纪60~70年代的石油危机，到80年代中期，锂二次电池发展最快，开发了以 Li/MoS_2、Li/TiS_2、Li/V_2O_5 为主的锂二次电池。但锂二次电池在充放电过程中，一方面由于金属锂电极表面不均匀，造成锂不均匀沉积产生锂枝晶，当锂枝晶发展到一定程度时形成短路，引起安全问题，如图3-5-1所示为锂枝晶导致短路示意图；另一方面金属锂会和电解液发生反应生成钝化膜，使锂电极逐渐粉末化而失去活性，导致充放电效率低，循环寿命短的缺点。

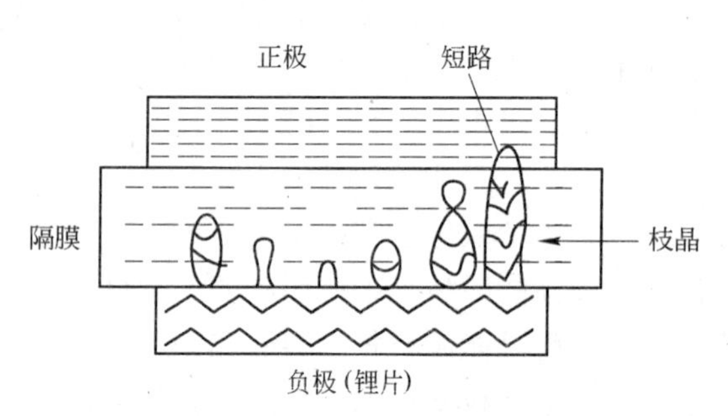

图3-5-1　锂枝晶导致短路示意图

针对锂电池的缺点，人们尝试采用优化电解质组成，在电解质中加入添加剂对金属锂表面进行修饰，或采用固体高聚物电解质代替液态电解质的方法以及用锂合金来代替金属锂的方法来克服锂二次电池的缺点，但是由于高聚物电解质的低离子导电率和锂离子在合金中的扩散性较低，实际应用效果都不太理想。直到1980年Armand等提出用嵌入和脱出物质作为二次锂电池的电极想法，即采用低插锂电位 $Li_yM_nY_m$ 层间化合物代替金属锂作为负极，以高插锂电位的嵌锂化合物 A_zB_w 作为正极，组成没有金属锂存在的二次锂电池。充放电反应如下

$$Li_yM_nY_m + A_zB_w \underset{放电}{\overset{充电}{\rightleftharpoons}} Li_{y-x}M_nY_m + Li_xA_zB_w$$

此后，人们研究了以 $LiWO_2$ 或 $Li_6Fe_2O_3$ 为负极，以 TiS_2、V_2O_5、$LiCoO_2$ 等为正极的实验室电池。与二次锂电池相比，这些电池的安全性大大提高，并具有良好的循环寿命，但由于负极材料嵌锂电位较高，容量偏低，失去了二次锂电池高电压、高比能量的特点，所以只停留在实验阶段，未能实现工业化应用。

1990年2月日本Sony公司率先开发了以 $LiCoO_2$ 为正极，石油焦炭为负极的液态锂离子电池，从此引发了全球性的锂离子电池研制开发热潮。1993年美国Bellcore（贝尔电讯公司）采用导电聚合物作为电解质，炭或其他嵌脱活性物质作负极，$LiCoO_2$ 或 $LiMn_2O_4$ 等活性物质作正极，研制成功了聚合物锂离子电池（简称PLIB）。

由此可见，锂离子电池是在锂电池的基础上发展起来的一种新型高能电池。它与锂二次电池相比最大的优点在于用可与锂作用形成插入化合物的石墨化碳材料来代替金属锂，一方面从根本上克服了锂负极枝晶穿透所引起的安全问题，另一方面在第一次充放电时还可在负极表面形成一层有效的固体电解质膜（SEI）。这样，既保持了锂电池高容量、高电压等许多优点，还大大提高了电池的充放电效率和循环寿命，并且在充放电时不引起电极体积的明显变化，从而使电池的安全性能得到了较大的改善。

5.1.3　锂离子电池的结构及工作原理

锂离子电池实质上是一个锂离子浓差电池：充电时，锂离子从正极化合物中脱出并嵌入负极晶格，正极处于贫锂态；放电时，锂离子从负极脱出并插入正极，正极处于富锂态。下面以 $LiCoO_2$ 为正极，石墨为负极，1mol/L LiPF6/EC + DMC(1∶1) 为电解液，来说明锂离子电池的工作原理：

电池的电化学表达式为

$$(-)C_6 \mid 1mol/L\ LiPF_6/EC + DMC(1:1) \mid LiCoO_2(+)$$

正极反应：
$$LiCoO_2 \underset{放电}{\overset{充电}{\rightleftharpoons}} Li_{1-x}CoO_2 + xLi^+ + xe^-$$

负极反应：
$$6C + xLi^+ + xe^- \underset{放电}{\overset{充电}{\rightleftharpoons}} Li_xC_6$$

电池反应：
$$LiCoO_2 + 6C \underset{放电}{\overset{充电}{\rightleftharpoons}} Li_{1-x}CoO_2 + Li_xC_6$$

工作原理示意图如图 3-5-2 所示。

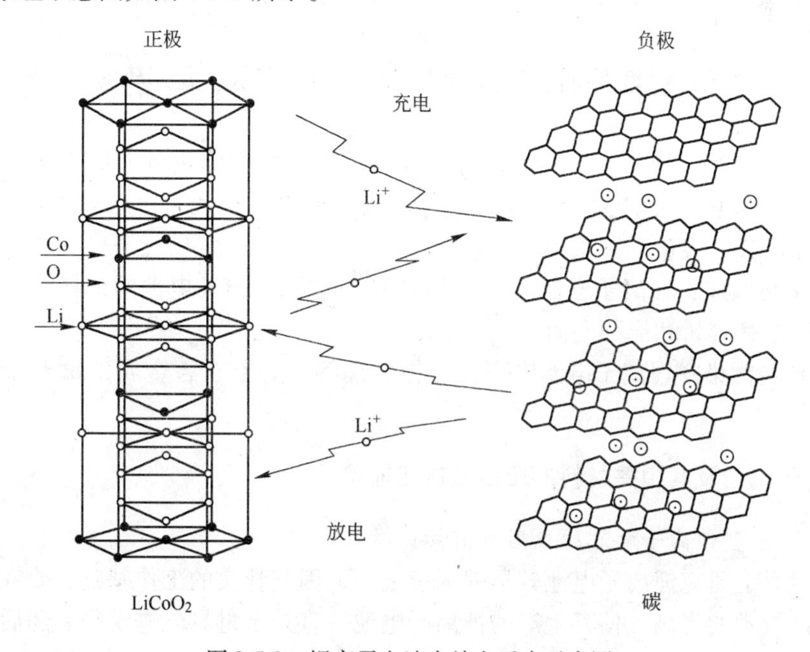

图 3-5-2　锂离子电池充放电反应示意图

从图3-5-2可以看出，充电时，锂离子从正极活性物质脱出嵌入负极活性物质；放电时，锂离子从负极活性物质脱出嵌入正极活性物质。在整个充放电过程中，锂离子不断地来回脱嵌移动，宛如一把摇椅，故锂离子二次电池又称“摇椅式电池（Rocking Chair Batteries，简称为RCB）”。

5.1.4　锂离子电池的特性

目前市场上主要的高能小型蓄电池有镍镉电池（Ni-Cd）、镍氢电池（Ni-MH）以及锂离子电池（LIB），三种蓄电池的主要技术指标见表3-5-1。

表3-5-1　三种蓄电池的主要技术指标的比较

项　目	Ni/Cd 电池	Ni/MH 电池	LIB 电池
工作电压/V	1.2	1.2	3.6
质量比能量/W·h·kg^{-1}	50	65	100~160
体积比能量/W·h·L^{-1}	150	200	270~360
充放电寿命/次	500	500	1000
月自放电率/%	25~30	30~35	6~9
有无记忆效应	有	有	无
有无污染	有	有	无

可见与镍镉电池和镍氢电池相比，锂离子电池的主要特性为：

（1）工作电压高：由于锂离子电池使用了高负电性的元素锂，使得其工作电压高达3.6V，相当于3节Ni/MH电池或Cd/Ni电池串联。

（2）高能量密度：锂离子电池比容量已达140mA·h/g，是MH/Ni电池的1.5倍、Cd/Ni电池的3倍；同等容量下，其体积比能量是Ni/MH电池和Ni/Cd电池的1.5~2倍。

（3）循环寿命长：锂离子电池的循环寿命可达1000多次，是MH/Ni电池和Cd/Ni电池的2倍。

（4）自放电率小：锂离子电池在首次充电的过程中会在碳负极上形成一层固体电解质界面膜（SEI），它只允许离子通过而不允许电子通过，因此可以较好地防止自放电，使得贮存寿命增长，容量衰减减小。

（5）无记忆效应：锂离子电池不存在Ni/MH电池和Ni/Cd电池的记忆效应，可随时充放电而不影响其容量和循环寿命。

（6）无环境污染：锂离子电池中不含有镍、镉等有毒、有害金属，属于绿色环保电池。

5.1.5　锂离子电池及其相关材料的应用及市场前景

5.1.5.1　小型锂离子电池的应用及前景

日本是世界上研究锂离子电池较早的国家之一，因其扎实的工作基础、研究成果的不断转化和生产技术的提高，使其生产的锂离子电池一直处于世界先进水平。随后中国和韩国在引进日本技术和设备的基础上，通过消化吸收和不断改进创新，也在锂离子电池领域占据了一席之地。目前锂离子电池的生产厂家主要有日本的三洋、索尼、松下、GS（由三洋电极和日本电池株式会社等组成）、东芝，韩国的LG化学、三星以及中国深圳比亚迪等。图3-5-3为2003年中、日、韩锂离子电池的市场占有率（产值）。

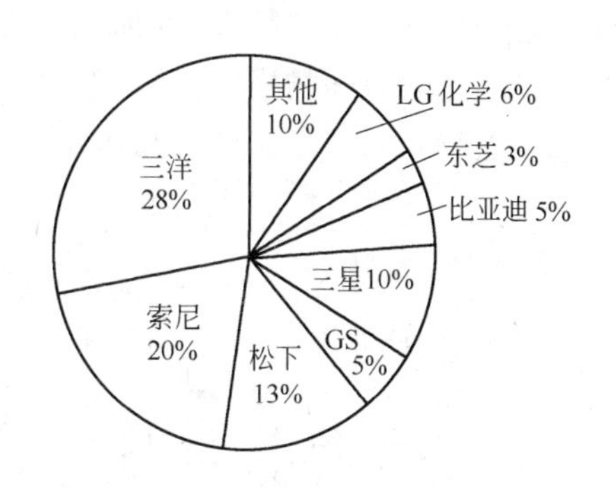

图3-5-3　2003年中、日、韩锂离子电池的市场占有率（产值）

从图中可见，日本锂离子电池在世界上仍占主导地位，市场占有率为70%左右，但与2000年以前95%以上的市场占有率相比已经下降很多，说明锂离子电池由日本独霸天下的局面已不复存在，进而转入三分天下的局面。

在生产技术和设备方面，目前日本仍然掌握着世界一流水平，生产设备基本全部自动化。而中国现阶段从国情出发以手工和半机械化生产为主，韩国则介于两者之间。为在2010年超越日本，韩国产业资源部和LG化学、三星等蓄电池相关单位在汉城召开了“电池产业发展策略委员会”会议，决定重点发展电池及相关零件、材料、设备行业，并逐步减免相关零件与材料进口关税。同时大幅度增加研究经费支持，计划在2010年之前将韩国蓄电池的市场占有率跃升到40%。

和发达国家相比，中国锂离子电池的生产技术还有一定差距，但是中国政府对锂离子电池的研究开发十分重视，投入了巨大的财力和物力，将其列入“863”计划及“九五”重点攻关项目。此外，中国不少电池厂以及一些有实力的企业集团均看到了锂离子电池的潜在市场，也纷纷投入这一行业，这些无疑会促进中国锂离子电池工业的蓬勃发展。如深圳比亚迪、比克、邦凯、天津力神、TCL、青岛华光、澳柯玛、武汉力兴、厦门宝龙等，其中比亚迪的产量已经位居全球第三。

锂离子电池是为电子产品提供动力能源的配套产品，其消费需求增长取决于与之配套的电子产品的消费增长。图3-5-4所示为近年来锂离子电池的应用分布情况。从图中可见，锂离子电池主要应用于手机、笔记本电脑、摄像机、数码相机等便携式电子产品中，锂离子电池的需求量也会随着这些电器的迅速发展与日俱增。

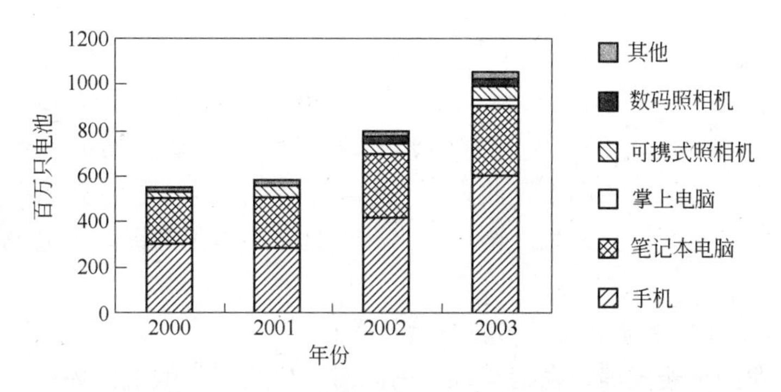

图3-5-4　近年来锂离子电池的应用分布情况

由于锂离子电池的优异性能，使得锂离子电池在小型可充电池中逐步取代了Ni/Cd电池和Ni/MH电池而处于主导地位。锂离子电池2000年后的产值比Ni/Cd电池和Ni/MH

电池的总和还要多，如图 3-5-5 所示。实现了商品化最晚，销售额却最大的奇迹。并且从图中可见，随着时间的推移，Ni/Cd 电池和 Ni/MH 电池都以负速度增长，而锂离子电池因聚合物电解质的开发，形状和体积可以任意变化，应用范围越来越广。

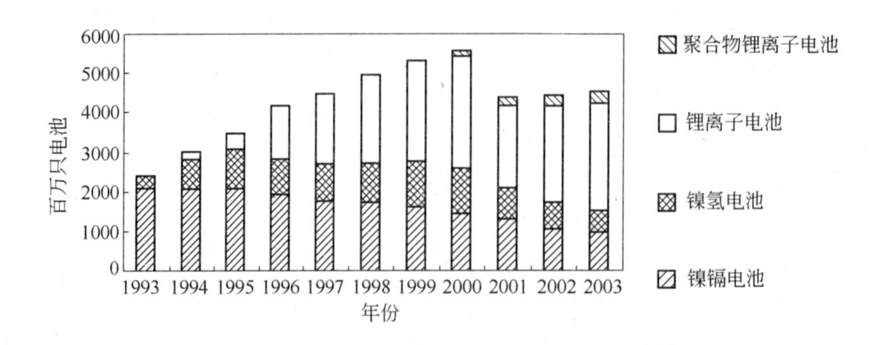

图 3-5-5 近年来世界小型可充电池的产值情况

随着电子产品向提高性能，增加功能和品种多样化、体积轻巧化等方向的迅速发展，对具有稳定工作电压、高能量密度、长循环寿命电池的需求量将大幅度增加。根据有关市场分析，锂离子电池未来几年内仍将以每年 10% 左右的速度增长。如果有新领域的大规模应用，则此速度还会更高。如图 3-5-6 所示为近年来锂离子电池的销售情况及市场预测。

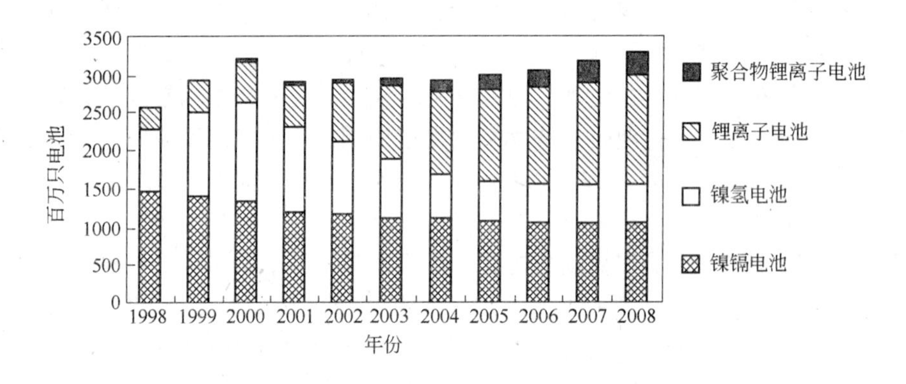

图 3-5-6 近年来锂离子电池的销售情况及市场预测

从中国来看，国内的移动电话发展异常迅速，从 2002 年 6 月不到 1.7 亿部发展到 2003 年 10 月已经达到 2.45 亿部，增幅 44%，但人口普及率还达不到 20%，离发达国家的普及率（2001 年统计值为 35%）还有很大距离，笔记本电脑、摄像机和数码相机的普及率更是相差巨大。而随着中国人民收入水平的不断提高和电子器件的不断降价，移动电话和笔记本电脑的普及率将会大幅度增加。由此可见，中国国内锂离子电池的市场前景更为乐观。

5.1.5.2 大型锂离子电池的应用与市场前景

随着汽车工业的迅速发展，在造福人类的同时，也给人类的生存环境带来了严重危害（如温室效应、酸雨、噪声污染等）。有关研究表明，城市环境污染的 70% 来自汽车尾气，汽车尾气污染已经成为城市的一大隐形杀手。另外，地球的石油资源相当有限，再过 40 ~ 50 年，石油资源将面临枯竭。所以自 20 世纪 90 年代初美国加利福尼亚州立法强制推行零排放汽车政策以来，世界各国兴起了一场电动车的研究热潮。

车载电池是电动汽车的心脏，电动汽车的竞争最主要的就是动力电池的竞争。长期以来，限制电动汽车发展的最主要因素就是动力电池。为促进动力电池的发展，各国政府以及各大汽车公司都投入相当大的人力、财力来提高动力电池的性能，降低电池价格。为此，美国三大汽车公司：通用、福特和克莱斯勒和美国能源部以及电源研究所专门成立了美国先进电池联合会（United States Advance Battery Consortium，简称 USABC），提供巨额资金着重开发动力电池，并制订了中长期开发先进电池的技术性能指标，见表 3-5-2。1992 年成立的日本锂离子电池储能技术协会（LIBES）由 3 个国家实验室和 11 个主要公司组成共投资 16 亿美元，用于从事大容量锂离子电池的开发研究。该组织也隶属于日本"新阳光计划"中的一部分。LIBES 第一阶段开发 10W · h 级的锂离子电池目标已经获得成功，第二阶段的目标是开发 100W · h 或几千 W · h 级的锂离子电池组。目前，在锂离子动力电池研制方面领先的国外厂家有日本的 Sony，德国的 Varta、法国的 Saft 和加拿大的蓝星等。

表 3-5-2 USABC 电池性能要求和日本 Sony 电池性能比较

性能参数	USABC（中期）	USABC（长期）	圆柱形单电	方形组电
比能量/W · h · kg^{-1}	80 ~ 100	200	110	100
比功率/W · kg^{-1}	150 ~ 200	400	300	300
寿命/次	600	1000	1200	1200
充电时间/h	<6	3 ~ 6	—	—
工作温度/℃	-30 ~ 65	-40 ~ 85	-40 ~ 60	-40 ~ 60
成本 / 美元 · $(kW \cdot h)^{-1}$	<150	<100	600	—

1995 年日本 Sony 能源技术公司和日本 Nissan（尼桑）汽车公司联合成功研制了电动车用锂离子电池组。该电池组分为两种：一种为圆柱形，一种为方形，主要技术指标见表 3-5-2。

1995 年法国政府与汽车生产商以及法国电力公司签署框架协议，大力推广电动汽车的使用，并制定了相关资助措施，对购买电动车的个人、企业实行补助，于是标致-雪铁龙集团投资了 6 亿法郎进行电动汽车的开发。Saft 公司也成功开发了 100A · h 的大容量电池，电池的比能量和比功率分别为 125W · h/kg、265W · h/L 和 300W/kg。

中国为了开发电动汽车及其相关技术专门成立了国家"863"计划电动汽车重大专项，其计划书中要求锂离子电池作为电动汽车动力必须达到：质量比能量大于 130W · h/kg，功率密度大于 160W/kg，循环寿命大于 500 次，工作温度 -20 ~ 55℃。中国在锂离子动力电池研发中，信息产业部天津信息十八所和北京有色研究总院等科研单位已取得一些成果，深圳雷天绿色能源有限公司已建成国内最大的锂离子动力电池生产基地。据悉，到 2008 年奥运之前，北京将建成一支世界上最大的电动汽车公共交通系统，以适应环保需求。国内目前规模最大、技术先进并拥有自主知识产权的新型锂离子动力电池项目，于 2002 年 6 月 31 日在北京中关村高科技园区昌平园正式启动，相信此举将大大缩短中国锂电池工业水平与世界先进国家的距离，也将为中国电动汽车的核心—动力锂离子二次电池提供产业支持。

中国是一个自行车王国，自行车拥有量近 5 亿多辆，数量居世界之最。今后以 10% 的电动自行车比例来算，就是 5000 万辆，再以锂离子电池占 10% 和每块电池 1500 元计算，就是 75 亿元的新兴市场。并且自 1997 年至今，由于中国 58 个大中城市“禁摩”的进行，电动自行车获得了快速发展，2003 年电动自行车的产量已超过 380 万辆，到 2008 年将达到 1000 万辆。由此看来，随着国家交通部对电动自行车上路的全面“解冻”后，电动自行车市场将迎来一个崭新的局面。现在国内生产电动自行车的厂家虽然数目众多，但大多采用的是铅酸电池，造成电动自行车相当笨重（一般电池质量为 15kg 左右），行驶里程较短，电池寿命短的缺点。如更换为锂离子动力电池，则电池质量仅有 3kg 左右，一次充电行驶里程为 60km，电池隔天充一次电的寿命约 3 ~ 5 年。目前缺点就是价格较贵，仅电池组的价格就为 1800 ~ 2000 元。如能以 $LiMn_2O_4$、$LiFePO_4$ 等廉价的正极材料来代替 $LiCoO_2$，则电动自行车用锂离子电池就会得到长足发展。

另外，现代汽车的发展由于更注重车载电子系统的功能化、人性化和舒适化等设计，这对车载电源的要求就大大提高。从性能要求和环保等方面考虑，从 2002 年起联合国在世界范围内强制规定，要求新出厂的汽车将原来 12V 的铅酸电池改为 36V 的锂离子电池。据有关专家估计，汽车蓄电池产值约占全球电源总产值的三分之一，约为 1500 亿美元。如果该计划能够实施，则锂离子电池在此方面的发展不可估量。

从目前来看，锂离子电池的比能量、比功率、放电率、循环寿命等均可以满足USABC 制订的中期目标，唯一不足之处就是价格昂贵。只要能采用廉价材料（如 $LiMn_2O_4$），或采用租赁制度将电池价格从电动车价上隔离出去，那么电动车用锂离子电池必将能获得长足的发展。

此外，随着锂离子电池技术的不断完善和改进，锂离子电池应用领域还将扩展到军事设备（如导弹点火系统、火炮发射设备、潜艇、鱼雷、飞行器等）；助动交通工具（电动滑板车、电动轮椅）；医学器械（助听器、心脏起搏器）；空间国防（航空航天器电源）和一些特殊工业用途（动力负荷调节、微型芯片）等。

5.1.5.3　锂离子电池相关材料的生产及前景

锂离子电池的广泛应用也引起了相关材料需求和产业化的快速发展。锂离子电池材料主要由正负极材料、隔膜、电解液、外壳等组成，其电池性能也主要取决于这些材料的选择和质量。日本是研究锂离子电池材料最早的国家，也是全球电池材料最大的供应商。如图 3-5-7 所示为 2001 年锂离子电池相关材料的供应商，可见，除了电池制造商自已生产和一小部分生产商外，锂离子电池材料的生产商相当集中，其中日本化学、大阪 Gas、宇部兴产、旭化成工业、东燃化学等几大商家占主导地位。

近几年中国政府也非常重视能源材料的开发与应用。“863”计划开始就组织了镍氢电池和锂离子电池关键材料和技术的攻关；“十五”期间又将电动车列为“863”计划重大专项，重点支持方向是各种关键材料（正负极活性材料、隔膜、电解液等）及自动化生产设备、检测设备等；国家高新技术产业化专项也推进了中国锂离子电池材料的发展；同时为了从理论方面更好地指导绿色电池领域整体技术的发展，“973”技术已批准“绿色二次电池新体系”立项。在这些政策和资金的支持下，中国锂离子电池关键材料与技术的研究开发以及攻关，已形成了原料制备、设备制造、电池生产和出口贸易等比较完整的产业链。许多科研院所和高校相继开展了锂离子电池关键材料的研究工作。如天津信息

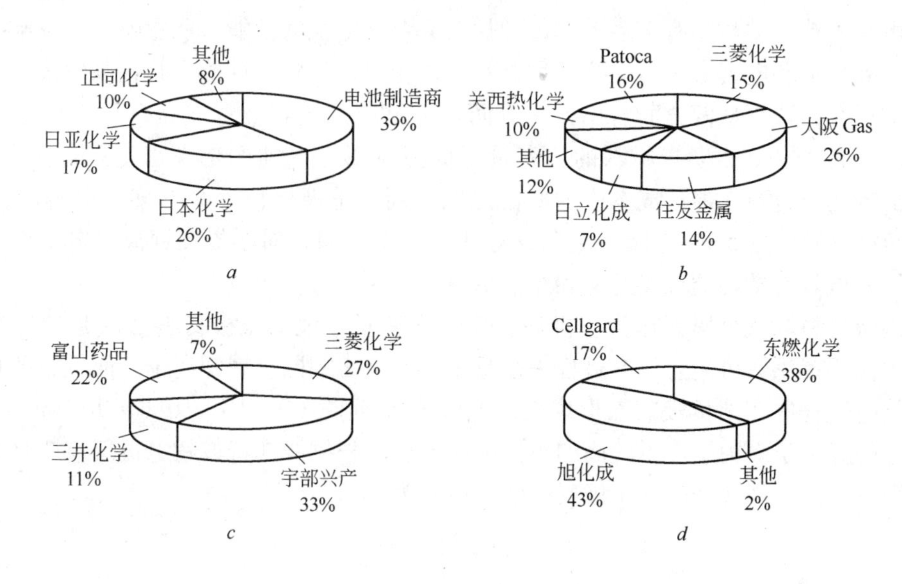

图 3-5-7　2001 年锂离子电池相关材料的主要供应商

a—正极材料主要供应商；*b*—负极材料主要供应商；

c—电解液主要供应商；*d*—隔膜主要供应商

十八所、北京有色金属研究院、中科院固体物理研究所、清华大学、北京科技大学、中南大学、武汉大学、北京航天航空大学、总装防化第一研究所等。

在锂离子电池正极材料方面中国正逐步发展成为新兴的生产大国，月产量达到 300 多吨，产品的品质和性能基本达到国际水平，但与国内月消耗 400 多吨相比，还存在很大的缺口。主要生产厂家有中信国安盟固利电源技术有限公司、湖南瑞翔新材料有限公司、北大先行科技产业有限公司、当升材料有限公司、贵州新发材料有限公司、西安荣华新材料股份有限公司、四川射洪锂业、河南新乡格瑞恩新能源材料有限公司、云南玉溪汇龙科技有限公司等。

目前，中国国内负极材料的主要生产商是由宁波杉杉股份公司和鞍山热能研究院合作组成的上海杉杉科技有限公司，该公司主要产品以中间相碳微球 CMS（Carbonaceous Mesophase Spheres）为主，性能与日本大阪 Gas 生产的 MCMB 相近。此外，还有青岛龙诚电源材料有限公司、深圳市贝特瑞电池材料有限公司、江苏镇江焦化煤气集团有限公司等。

电解液主要以张家港国泰华荣化工新材料有限公司为主，其他厂家还有广州天赐高新材料科技有限公司、北京星恒电源有限公司和新宙邦等。

隔膜材料国内现在还没有大规模生产厂家，主要还以研发为主，如上海原子能研究所和中国科学院广州化学研究所等。

5.2　锂离子电池正负级材料的发展状况

5.2.1　锂离子电池正极材料

能源材料是能源开发的基础，但也是能源利用中的瓶颈，所以解决能源问题的关键是能源材料的突破。同样，对于锂离子电池而言也需要解决材料问题，以提高电池的性能。

锂离子电池所涉及的材料有十多种，每种材料都会对电池的性能有所影响，但影响最大的还是正负极材料和电解液。而在这三种材料中改善正极材料的性能更是提高锂离子电池性能的关键所在，这可从两方面看出：一方面正极材料的比容量每提高 50%，电池的功率密度就会提高 28%，而负极材料的比容量每提高 50%，电池的功率密度只会提高 13%；另一方面各部分材料在电池成本中的所占比例不同，正极材料为 40% 多，电解液占 16% 左右，负极材料仅占 5%。因此研究锂离子电池正极材料，对于提高锂离子电池性能和拓宽其应用领域具有重要的现实意义和经济价值。

在用碳材料取代金属锂作为负极后，作为锂离子电池的正极材料必须起到锂源的作用，它不仅要提供在可逆充放电过程中往返于正负极之间的金属锂离子，而且还要提供在首次充放电过程中在碳负极表面形成固体电解质界面膜（Solid Electrolyte Interface，SEI）所需消耗的锂离子。为了获得较高的单体电池电压，根据能斯特方程电极反应应具有较大的吉布斯自由能。锂离子电池正极反应的表达式为

$$LiMO_2 \rightleftharpoons Li_{1-x}MO_2 + xLi^+ + xe$$

或

$$LiM_2O_4 \rightleftharpoons Li_{1-x}M_2O_4 + xLi^+ + xe$$

从上面反应方程式可以看出：作为锂离子电池的正极材料还必须有能够接纳锂离子的位置和供锂离子扩散的通道，因此作为锂离子电池的正极材料在材料结构与性质上应满足：

（1）层状或隧道结构，以利于锂离子的脱嵌，且在锂离子脱嵌时结构变化小，以使电极具有良好的充放可逆性；

（2）锂离子在其中尽可能多的嵌入和脱出，以使电极具有较高的能量，且在锂离子脱嵌时，电极反应的自由能变化不大，以使电池具有较平稳的充放电压；

（3）锂离子在其中扩散系数较大，以使电池具有较好的快速充放电性能；

（4）在所要求的充放电范围内，与电解质溶液具有相容性；

（5）温和的电极过程动力学，高度可逆性；

（6）在全锂化状态下的空气中稳定性好；

（7）合成工艺简单，制备成本低，环境友好程度高。

锂离子电池正极材料与负极材料相比，发展稍显缓慢，其原因在于尽管理论上可以嵌锂的物质很多，但要将其制备成能实际应用的材料却并非易事，制备过程中的微小变化都可能导致材料结构和性能的巨大差异。因此，许多研究者在合成方法、优化合成工艺以及对材料进行改性等方面作了大量的工作。目前，锂离子电池正极材料的研究热点主要集中在层状 $LiMO_2$ 和尖晶石 LiM_2O_4 结构化合物上（M = Co、Ni、Mn 等），其中研究较多的正极材料是三种富锂的过渡金属氧化物 $LiCoO_2$、$LiNiO_2$ 和 $LiMn_2O_4$，下面将对这三种氧化物作一叙述。

5.2.1.1 钴酸锂正极材料

$LiCoO_2$ 属于 α-$NaFeO_2$ 型层状岩盐结构，理论比容量 273mA · h/g，由于其本身结构上的限制，只有部分的锂能够可逆嵌入与脱出，因此目前实际容量只能达到 140mA · h/g。以 $LiCoO_2$ 作为锂离子电池的正极材料，具有合成条件宽松、制备工艺简单、比能量高、循环寿命长、性能稳定等优点，所以率先实现商品化。

$LiCoO_2$ 的合成方法有很多种，通常采用固相法。固相法又分为高温固相法和低温固相

法。高温固相法以 Li_2CO_3 或 LiOH 和 $CoCO_3$ 等钴盐为原料，按 Li/Co 的摩尔比为 1∶1 配制，在 700～900℃下焙烧成 $LiCoO_2$。低温合成法是将混合均匀的 Li_2CO_3 和 $CoCO_3$ 在空气气氛中匀速升温至 300～400℃，保温数日，以生成单相产物。低温合成法制备的 $LiCoO_2$ 介于层状结构和尖晶石结构之间，由于阳离子的无序度大，电化学性能较差，所以还应在高温下进行处理。

Jeong 等采用复合成型获得 $LiCoO_2$ 的前驱体，先在 350～450℃下进行预热处理，然后在空气中加热到 700～850℃合成 $LiCoO_2$。在合成前的预处理能使晶体生长更为完美，从而获得具有高结晶度的层状结构的 $LiCoO_2$，提高电池的循环寿命。

Konstantinov 等用喷雾干燥法先将原料混合均匀，再进行球磨和高温处理，第一次可逆容量可达 150mA·h/g，与通常的高温固相反应制备的 $LiCoO_2$ 相比，不仅可逆容量增加，而且循环性能也得到很大改善。

溶胶-凝胶法是最近十来年才迅速发展起来的一种新的合成技术，已广泛应用于各种陶瓷材料和能源材料的制备，主要包括金属醇盐和金属无机盐水解法和有机酸络合法等。采用这种方法的优点在于金属阳离子基本上实现了原子级接触，混合均匀程度高，其所得产品性能一般比固相法要好。

Peng 等在 140℃下将 $Co(CH_3COO)_2$ 和 $LiCH_3COO$ 以化学计量比与柠檬酸在乙二醇溶液中混合，制得的凝胶在 170～190℃下真空干燥形成前驱体，然后再高温煅烧合成 $LiCoO_2$。其在 750℃下制备的 $LiCoO_2$ 初次放电容量高达 154mA·h/g。

离子交换法是一种利用固体离子交换剂（有机树脂或无机盐）中的阴离子或阳离子与溶液中的同性离子发生相互交换反应来分离、提纯和制备新物质的方法。Larcher 等研究了低温阳离子交换法，在高压釜中将 CoOOH、$LiOH \cdot H_2O$ 与 H_2O 的混合物加热到 160℃下反应 48h 获得了单相的 $LiCoO_2$。然后在 300℃下进行热处理后，其初始容量和高温制备的产品相当，但循环过程存在着容量损失。

章福平等用酒石酸法将分析纯 $LiNO_3$ 和 $Co(NO_3)_2 \cdot 6H_2O$ 按化学计量进行混合后，加适量的酒石酸，用氨水调 pH = 6～8，再在 900℃加热 27h 得到坚硬的灰黑色 $LiCoO_2$，其比容量达 120mA·h/g。

Yoshio 等用钴的有机络合物为原料合成了 $LiCoO_2$，初始放电容量达 132mA·h/g，工作电压高达 4.5V。虽然在充放电过程中，会发生三方晶型到六方晶型的转变，但这种转变只伴随很小的晶胞参数的变化，故仍具有良好的可逆性。但其工作电压一般应限制在 4.5V 以内，否则，过充电将导致不可逆容量损失和极化电压增高。

尽管 $LiCoO_2$ 的电化学性能比较优异，但在经过长期循环后，其晶体结构会由层状结构变为立方尖晶石结构，使其内阻增大，容量减小，循环性能降低，特别是位于表面的粒子。另外，由于 $LiCoO_2$ 结构的影响，在 $LiCoO_2$ 中只有部分锂可以可逆嵌脱，活性物质的利用率不高（50%～70%）。因此，如何提高 $LiCoO_2$ 结构稳定性和可逆容量是目前研究的方向之一。由于锂钴氧化物中钴的资源短缺，价格昂贵，加之钴有毒，对环境有一定污染，因此人们迫切需要开发少用钴或不用钴质优价廉的其他正极材料。

5.2.1.2　镍酸锂正极材料

$LiNiO_2$ 结构和 $LiCoO_2$ 相同，属于 α-$NaFeO_2$ 层状结构，理论比容量为 274mA·h/g，实

际比容量可达160mA·h/g。但$LiNiO_2$存在热稳定性差、高温易分解的缺点，制备比较困难，不过锂镍氧化物与锂钴氧化物相比，也有价格便宜，比容量大的优点，所以也引起了许多研究者的关注。

$LiNiO_2$的制备与$LiCoO_2$相比要困难得多，材料的重现性也差。研究表明主要原因在于在高温制备过程中$LiNiO_2$的热稳定性差，Ni^{3+}极易还原成Ni^{2+}引起可逆比容量的急剧下降。另外镍极易占据锂的位置，阻止锂离子的扩散，使锂离子的扩散系数减少，可逆比容量降低。因此，$LiNiO_2$的制备条件比较苛刻（一般需要在氧气气氛下反应，并要严格控制好反应温度），制备工艺复杂。如采用低温合成技术，则可避免$LiNiO_2$的高温分解反应；如将$LiNiO_2$中的部分镍用其他元素M代替（M = Al、Ti、Co、Mn等），不仅可以改善制备$LiNiO_2$所要求的苛刻条件，还可以提高电极材料的电化学性能。

Yamada等用$LiOH \cdot H_2O$和$Ni(OH)_2$按Li/Ni = 1∶1的混合物分别在空气和氧气气氛中加热5h，在500～900℃内制备了各种$LiNiO_2$化合物样品。结果表明，在700℃氧气气氛下，保温5h制备的$LiNiO_2$在3～4V放电范围内，初始容量为200mA·h/g。

Broussely等以适当比例混合$LiOH \cdot H_2O$和NiO_2粉末在空气中加热到700℃，保温时间与处理量和炉子有关，制得的$Li_{0.97}Ni_{1.03}O_2$为理想化合物，特别适合于锂离子的嵌脱，循环容量135mA·h/g，此法已经半工业化生产。

另外，由于钴和镍的结构都属于α-$NaFeO_2$型层状结构，因此可以将镍和钴以任意比例混合，并保持原有的α-$NaFeO_2$型结构。在$LiNiO_2$掺杂Co元素，一方面，可以使产物的电化学性能大大提高；另一方面，可以改善$LiNiO_2$的制备条件，降低成本。所以掺杂性镍钴氧化物是镍钴氧化物研究的热点。

蔡振平等以Li_2CO_3、NiO和Co_3O_4为原料，经过造粒预处理，制备的$LiNi_{0.5}Co_{0.5}O_2$结晶良好，具有规则的α-$NaFeO_2$层状结构。首次充电容量为170.1mA·h/g，放电容量为157.4mA·h/g，20次循环后保持初始容量的92%，稳定性较好。

应皆荣等采用共沉淀法合成了$Ni_{0.8}Co_{0.2}(OH)_2$，以该前驱体与$LiOH \cdot H_2O$共混热处理合成得到$LiNi_{0.8}Co_{0.2}O_2$，然后再用溶胶-凝胶法在其表面包覆一层稳定的SiO_2。分析表明，经过表面修饰处理的$LiNi_{0.8}Co_{0.2}O_2$正极材料，比容量可达160mA·h/g，充放电循环稳定性显著改善，制成的电池自放电率也显著减小。

高虹等用LiOH、$Ni(OH)_2$以及钴、锰、钛的氧化物按一定比例混合后，在氧气气氛中800℃加热30h制成的$Li_{0.99}Ni_{0.79}Co_{0.20}O_2$、$Li_{0.99}Ni_{0.69}Mn_{0.29}O_2$、$Li_{0.99}Ni_{0.69}Co_{0.20}O_2$电化学性能较好，放电平台提高，放电性能稳定，循环性能也得到一定的改善。

从以上研究来看，一方面，可以从合成方法与优化合成工艺入手，制备出近乎化学计量的$LiNiO_2$活性材料；另一方面，可以通过掺杂其他离子对$LiNiO_2$活性材料进行改性，来提高$LiNiO_2$结构的稳定性，降低Ni^{2+}数量和无序占位，从而提高材料的电化学性能。

5.2.1.3 锰酸锂正极材料

与前两种正极材料不同，$LiMn_2O_4$属于尖晶石结构，因具有三维隧道结构，使其更适宜于锂离子的脱嵌。尖晶石$LiMn_2O_4$的理论比容量为148mA·h/g，与$LiCoO_2$和$LiNiO_2$相比理论比容量要低得多，但其可逆锂离子脱嵌率几乎可达到90%，目前实际比容量在120mA·h/g左右，只略低于$LiCoO_2$及$LiNiO_2$。并且因其成本相当低廉、耐过充过放性能以及对环境友好的优点，而成为当前锂离子电池正极材料研究的热点，被称为是最有希望替代锂钴氧化物的正极活性材料之一。

尖晶石 $LiMn_2O_4$的合成方法与 $LiCoO_2$和 $LiNiO_2$大体相同，也可分为固相法和液相法两类。从合成的难易程度来说，$LiMn_2O_4$的合成难度介于 $LiCoO_2$和 $LiNiO_2$之间，比前者要困难点，而比后者容易许多。固相合成法有高温固相法、熔融浸渍法、微波化学法等；液相法包括溶胶-凝胶法、离子交换法、水解沉淀法、Pechini 法等。

高温固相合成法是将锂盐和锰的氧化物混合后在 700 ~ 900℃下煅烧数小时，即可得到尖晶石 $LiMn_2O_4$。由于锂盐和锰的氧化物接触不充分，造成了产物结构的非均匀性，所得产物的电化学性能较差。如果采用两步固相合成法，即先压块低温焙烧，然后冷却研磨，再高温焙烧的方法，制得的产物初始比容量可达到 110 ~ 120mA · h/g，循环 200 次后放电容量仍能达到 100mA · h/g 以上。

Xia 等采用熔融浸渍法，将 MnO_2或其他 Mn 的氧化物与低熔点的锂盐 $LiNO_3$或 LiOH 的混合物首先加热到锂盐的熔点，让锂盐充分浸润锰氧化物的表面微孔，以形成均匀的混合物，然后再将其在一定的温度下进行热处理得到 $LiMn_2O_4$。这样可以降低热处理的温度，缩短反应时间。他们所制备的 $LiMn_2O_4$初始放电容量可达到 135mA · h/g，前 50 次的循环平均容量达 120mA · h/g。

杨书延等采用微波-高分子网络法，吸收了以高分子网络为载体骨架和微波快速合成的特点，以 $LiCO_3$和 $Mn(NO_3)_2$ 为原料，以聚丙烯为高分子网络剂制得前驱体后，用微波合成技术得到了纳米级尖晶石 $LiMn_2O_4$粉体，合成的材料粒度细，分散均匀，无团聚现象。通过电化学性能测试表明，该材料的电化学比容量为 120mA · h/g，循环 50 次后容量衰减率为 4.7%。

杨文胜等采用柠檬酸络合法制备的尖晶石 $LiMn_2O_4$，首次充放电比容量可达到 120mA · h/g，循环 50 次后其充放电容量为 115mA · h/g。并考察了合成条件对产物电化学性能的影响，发现合成原料的 Li/Mn 比及焙烧温度是合成产物电化学性能的主要影响因素。杨文胜得出在 Li/Mn 比为 1∶2 及焙烧温度为 800℃时，产物具有完美的尖晶石结构和良好的电化学性能。

水解沉淀法是一种常用的沉淀方法，它是通过金属盐在水中发生水解反应生成沉淀的一种方法。水解反应的产物一般是氢氧化物和水合物，经过滤、干燥、焙烧等即可制得微粉体材料。Kang 等采用水解沉淀法，将 $LiOH \cdot H_2O$ 水溶液加入到 $Mn(CH_3COO)_2 \cdot 4H_2O$ 水溶液中然后在连续搅拌的作用下加热干燥，所得粉末经研磨后在 500℃下处理 48h，制得尖晶石 $LiMn_2O_4$，其可逆放电容量可达 115 ~ 126mA · h/g。

Pechini 法是一种基于某些弱酸能与某些阳离子形成螯合物，而螯合物可与多羟基醇聚合物形成固体聚合物树脂的原理制备金属氧化物的方法。Liu 等将柠檬酸在乙二醇中以 1∶4 的摩尔比溶解，再将硝酸盐以化学计量比加入到该溶液中进行螯合，在 140℃酯化，然后进行聚合反应并干燥以消除多余的乙二醇，最后将聚合物前驱体在空气中焙烧得到 $LiMn_2O_4$细粉。所制备的 $LiMn_2O_4$初始容量可达 135mA · h/g，前 10 次容量保持率为 94%。

Lourdes 等按照 Li/（Mn + Co） = 1∶2 和 Co/Mn = 0.11 的比例将 $Mn(acac)_3$，Li_2CO_3 和 $Co(acac)_3$加入到沸腾的丙酸溶液中猛烈搅拌，在 140℃下加热至干，然后再加入液氮，继续搅拌到前驱体转变成粉末形式，在 600℃下加热 24h 得到 $LiCo_{0.2}Mn_{1.8}O_4$正极材料，具有良好的循环性能。

Yoshio 等发现掺杂 Cr^{3+} 仅能改变 $LiMn_2O_4$ 高电位区的电化学性能；掺杂 Li^+ 则可以影响两个电位区；Cr^{3+} 和 Li^+ 同时掺杂，则可使 $LiMn_2O_4$ 在高温下具有最佳的循环性能和储存性能，合成的 $Li_{1.05}Cr_{0.1}Mn_{1.9}O_4$ 在 55℃下，循环 50 次后容量仅从 110mA · h/g 衰减到 103mA · h/g。

5.2.1.4　$LiFePO_4$ 正极材料

铁基化合物除价格低廉、储量丰富外，最大优点是无毒。以前的研究集中于同 $LiCoO_2$ 和 $LiNiO_2$ 结构相同的层状 $LiFeO_2$。但 $LiFeO_2$（R3m，$0<x<1$）很不稳定，因为离子半径比 $r_{Fe^{3+}}/r_{Li^+}=0.88$ 不满足层状 ABO_2（R3m）化合物的半径准则 $r_B/r_A<0.86$。另一问题是 Fe^{4+}/Fe^{3+}（e_g：$3d^5\delta^*$）电对离 Li/Li^+ 电对太远，而 Fe^{3+}/Fe^{2+}（t_{2g}：$3d^6\pi^*$）电对离 Li/Li^+ 电对太近。为了克服这些困难，Goodenough 小组研究了一系列包含较大阴离子 $(XO_4)^{y-}$（X = S、P、As、Mo、W，$y=2$ 或 3）的化合物。其中 PO_4^{3-} 和 SO_4^{2-} 能够稳定此结构并把 Fe^{3+}/Fe^{2+} 电对能级降低到有用的级别。具有强 X—O 共价键的大阴离子 $(XO_4)^{y-}$ 通过 Fe—O—X 诱导效应稳定了 Fe^{3+}/Fe^{2+} 的反键态，从而产生了适宜的高电压。具有规则橄榄石型的 $LiFePO_4$ 能产生 3.4V（vs. Li/Li^+）的电压，在适当温度下，循环性能良好，可逆容量达 120mA · h/g。尽管此容量是在非常低的电流密度下取得的，许多科研小组着手研究此材料。

A　$LiFePO_4$ 的结构

$LiFePO_4$ 在自然界中以磷铁锂矿的形式存在，通常与 $LiMnPO_4$ 伴生，属于橄榄石型结构，如图 3-5-8 所示。空间群为 Pnm-b，磷原子占据四面体的 4*c* 位，铁原子和锂原子分别占据八面体的 4*c* 位和 4*a* 位。如果以 *b* 轴方向的视角出发，可以看到 FeO_5 八面体在 *bc* 平面上以一定的角度连接起来，而 LiO_6 八面体则沿 *b* 轴方向共边，形成链状。一个 FeO_6 八面体分别与一个 PO_4 四面体和两个 LiO_6 八面体共边，同时一个 PO_4 四面体还与两个 LiO_6 八面体共边。在此结构中，Fe^{3+}/Fe^{2+} 相对金属锂的电压为 3.4V，此电压较为理想，因为它不至于高到分解电解质，又不至于低到牺牲能量密度。A. K. Padhi 等人根据诱导效应和 Madelung 电场系统定性地研究了包含 $(XO_4)^{y-}$（X = S、P、As、Mo、W，$y=2$ 或 3）的

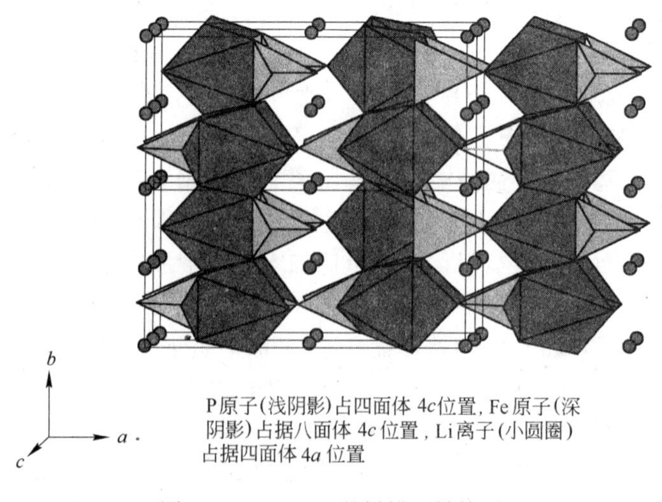

图 3-5-8　$LiFePO_4$ 的橄榄石结构图

化合物的 Fe^{3+}/Fe^{2+} 氧化还原电位。Fe^{3+}/Fe^{2+} 在 $LiFePO_4$ 中的高电位可解释为：（1）通过 $Fe_{八面体}$—O—$P_{四面体}$ 的诱导效应使 Fe 产生了很强的离子性；（2）通过共边的 FeO_6 八面体的阳离子之间库仑斥力对 Madelung 数的作用。

B　$LiFePO_4$ 的充放电机理

LiFe-PO_4 的充放电反应如下所示

充电反应：　$LiFePO_4 - xLi^+ - xe^- \longrightarrow xFePO_4 + (1-x)LiFePO_4$

放电反应：　$FePO_4 + xLi^+ + xe^- \longrightarrow xLiFePO_4 + (1-x)FePO_4$

其反应是在 $LiFePO_4$ 和 $FePO_4$ 两相之间进行。由晶格常数的变化可以算出，在 $LiFePO_4$ 被氧化为 $FePO_4$ 时，其体积减小了 6.81%，充电过程中的体积收缩可以弥补碳负极的膨胀。有助于提高锂离子电池的体积利用效率。另外，$LiFePO_4$ 和 $FePO_4$ 两种晶体在 400℃ 时结构仍保持稳定，因此 $LiFePO_4$ 在充放电过程中很稳定，不必考虑温度变化对晶体结构的影响。

室温低电流密度下，仅有 0.6mol Li^+ 可发生嵌脱锂的可逆循环，实际放电容量一般只能达到 110mA · h/g 左右，远低于理论值 170mA · h/g，因此许多人都在研究提高其放电容量的方法。Li^+ 在 $LiFePO_4/FePO_4$ 界面间的扩散是正极嵌脱锂反应的控制步骤，电流密度、电极反应温度及晶粒大小均会对其扩散速度产生影响，从而影响放电容量。$LiFePO_4$ 在室温下导电性较低，若电流密度太高，则会造成活性物质利用率降低；因此只有在较低的电流密度下，$LiFePO_4$ 正极材料才能具有良好的电化学性能。

M. Takahashi 等利用循环伏安法研究了 20℃、40℃和 60℃下电流密度对放电容量的影响。在 20℃下放电容量随着电流密度的增大而迅速减少，随着温度的升高，放电容量的减少速度明显减慢，说明温度越高则放电容量越高，这是由于温度高 Li^+ 扩散速度大的缘故。

尽管温度和电流密度都会影响放电容量，但并不会影响平台电压，即不会影响 Fe^{3+}/Fe^{2+} 电对的能级。此外晶粒大小也会对 Li^+ 扩散速度产生影响。当晶粒较小时 Li^+ 扩散路程较短而扩散速度较大，活性物质的利用率较高，因此 $LiFePO_4$ 的放电容量也较高。

C　$LiFePO_4$ 的制备方法

目前，人们主要采用固相法制备 $LiFePO_4$ 粉体，除此之外，还有溶胶-凝胶、水热法等软化学方法，这些方法，都能得到颗粒细、纯度高的 $LiFePO_4$ 粉体。

固相法是将锂的碳酸盐（或氢氧化物、磷酸盐）、草酸亚铁（或醋酸亚铁、磷酸亚铁）和磷酸二氢铵混合，在 500～800℃下煅烧数小时，即可得到 $LiFePO_4$ 粉体。以锂的碳酸盐为例，其具体反应为

$$Li_2CO_3 + 2Fe(CH_3COO)_2 + 2NH_4H_2PO_4 \longrightarrow 2LiFePO_4 + 2H_2O + CO_2 + 2NH_3 + 4CH_3COOH$$

此法制备的产物存在以下缺点：物相不均匀，晶体无规则形状，晶体尺寸较大，粒度分布范围宽，且煅烧时间长。

固相反应合成法所得到的产物电化学性能较差。但固相法设备和工艺简单，制备条件容易控制，便于工业化生产。如果在烧结过程中，让原料充分研磨，并且在烧结结束后的降温过程中严格控制淬火速度，则能获得电化学性能良好的粉体。

水热法是指在高温高压下，在水或蒸汽等流体中进行的有关化学反应的总称。

水热法具有物相均一、粉体粒径小、过程简单等优点。但只限于少量的粉体制备，若要扩大其制备量，却受到诸多限制，特别是大型的耐高温高压反应器的设计制造难度大，造价也高。

Y. Shoufeng 等用 $FeCl_2 \cdot 4H_2O$ 、LiOH 和 P_2O_5 在 170℃下 3 天水热合成 $LiFePO_4(OH)$，然后转移到管式炉内 700℃烧结 12h，即可得到 $LiFePO_4$粉体。

溶胶-凝胶法：前驱体溶液化学均匀性好（可达分子级水平）、凝胶热处理温度低、粉体颗粒粒径小而且分布窄、粉体烧结性能好、反应过程易于控制、设备简单。但干燥收缩大、工业化生产难度较大、合成周期较长。

M. M. Doef 等采用 $Fe(NO_3)_2$ 、H_3PO_4和 $LiCH_3COO$ 作为前驱体合成凝胶，然后在氮气氛围下 600℃或 700℃烧结 4h 后即可得到 $LiFePO_4$粉体。

5.2.2 锂离子电池负极材料

锂离子电池与锂电池相比最大的不同就在于用嵌锂化合物来代替金属锂作为负极材料，这就避免了在充电过程中形成锂树枝结晶，造成短路，从而延长了电池的循环寿命，提高了电池的安全性。锂离子电池负极材料的研究大致可分为两类：炭负极材料和非炭负极材料。目前实际应用的基本上都是炭负极材料，如人工石墨、天然石墨、中间相碳微球、热解碳等。

以炭负极材料为例，在锂离子电池充放电过程中负极反应为

$$6C + xLi^+ + xe^- = Li_xC_6$$

这就要求作为锂离子电池的负极材料，应当具有以下特性

（1）尽可能低的电极电位，以获得高电压；

（2）材料对锂离子有较高的嵌入量，以保证电池有较高的能量；

（3）材料对锂离子嵌入、脱出有较好的可逆性，不可逆损失小；

（4）良好的导电性和化学稳定性。

近年来对锂离子电池负极材料的研究基本上都是围绕着如何提高材料的储能密度，降低首次充放不可逆容量，提高循环性能及降低成本这几方面进行的。通过对各种炭材料的热处理、结构调整、表面改性处理和采用纳米材料新技术，来改善炭材料在有机电解液体系中的相容性和稳定性，提高材料的容量。此外，人们在非炭负极材料的研究方面也取得了一定的进展，为锂离子电池负极材料的多元化发展展示了广阔前景。

5.2.2.1 碳基负极材料

A 石墨类炭材料

石墨导电性好，结晶度高，具有良好的层状结构，与非石墨化的炭材料相比，更适合锂离子的嵌脱，形成层间化合物 LiC_6，理论比容量为 372mA · h/g。石墨材料比容量高，初次充放电的不可逆容量损失较小（<20%），嵌锂电位较低，锂的嵌入与脱出反应基本上发生在 0 ~0.25V 之间，具有良好的充放电电压平台，与正极材料匹配性好，且其成本较低。因此是锂离子电池炭材料中研究与应用得最多的一种，它包括人工石墨和天然石墨两大类。

a 人工石墨

人工石墨是将易石墨化碳经高温石墨化处理得到的。作为锂离子电池负极材料的人工

石墨有中间相碳微球（MCMB）和炭纤维等。

MCMB是直径为几十微米大小的球状结构，具有良好的性能，可由煤焦油或石油渣油制得。在700℃以下热解碳化处理时，锂的嵌入量可达到600mA·h/g以上，但不可逆容量较高；在1000℃以上时，随着温度的升高，MCMB的石墨化程度提高，其可逆容量增大，不可逆容量降低；在2800℃以上，其可逆容量可达到300mA·h/g，不可逆容量小于10%，循环性能优异。目前存在的问题是比容量不高和价格昂贵。

碳纤维是一种管状中空乱层石墨堆积结构的石墨化纤维材料，与其他的炭负极材料相比，具有更为卓越的大电流放电性能。Endo等通过对炭纤维结构的研究，认为其电极特性是与炭纤维的结构密切相关的。钟俊辉等使用气相生长法制备的直径为1.2~1.3μm的炭纤维，其嵌锂量几乎接近石墨的理论值。但由于炭纤维材料制备工艺复杂，材料成本高，使其在锂离子电池中的大量应用受到限制。

b　天然石墨

天然石墨由于其石墨化程度高，特别适于锂离子的脱嵌，实际容量可达350mA·h/g，充放电平稳，成本低，一直是负极材料的研究重点。天然石墨有无定形石墨和高度结晶有序石墨即鳞片石墨两种。其中无定形石墨一般纯度较低，在90%以下，石墨层间距（d_{002}）为0.336nm，主要为2H晶面排序结构，石墨层按ABAB…顺序排列，锂在其中的可逆比容量较低，只有260mA·h/g，不可逆容量高达100mA·h/g。而鳞片石墨的纯度可达到99.9%以上，石墨层间距（d_{002}）为0.336nm，主要为2H+3R晶面排序结构，石墨层按ABAB…和ABCABC…顺序排列，可逆容量可达到300~350mA·h/g，不可逆容量明显降低。

石墨材料的缺点在于：由于其石墨化结晶度高，具有高度取向的石墨层状结构，对电解液非常敏感，不适合碳酸丙酯（PC）电解液体系，现多采用碳酸乙酯（EC）系列电解液。同时由于石墨层间距（$d_{002}<0.34$nm）小于锂插入石墨层后形成的LiC_6石墨插层化合物的晶面层间距（$d_{002}=0.37$nm），在有机电解液中进行充放电过程时，石墨层间距变化较大，并且还会发生锂与有机溶剂共同插入石墨层间以及有机溶剂的进一步分解，容易造成充放电过程中石墨层的逐渐剥落、石墨颗粒发生崩裂和粉化，从而影响到石墨材料以及用其作为负极的电池循环性能。

因此，大多研究集中在对石墨材料的改性上，如在石墨表面采取氧化镀铜、包覆无定形的热解硬碳等方法对石墨进行改性处理，能够明显改善其充放电循环性能，提高材料的比容量。

B　非石墨类碳材料

非石墨类材料根据其热处理时易于结晶的程度可分为：易石墨化碳和难石墨化碳，也就是平常所说的软碳和硬碳。软碳是指在2500℃以上高温下能石墨化的无定形碳，它的结晶度可通过热处理自由控制，一般为沥青或其衍生产物，是以煤或石油为前驱物制成的。硬碳是一种接近于无定形结构的碳，即使提高热处理温度至2800℃以上也很难石墨化，如各种低温热解碳，它们的前驱物为含有氧异原子的呋喃树脂或含有氮异原子的丙烯腈树脂等，这些异原子的存在阻碍了热处理过程中结晶度的增加。

a　软碳材料

软碳材料的前驱为石油沥青或煤沥青，经过不同的处理后可以获得石油焦、针状焦和未石墨化的碳微球等软碳材料。Sony 公司于 1990 年率先采用石油焦作为负极材料，并成功研制出锂离子电池。焦炭的优点在于资源丰富、价格低廉、对各种电解液的适应性强、耐过充过放电性能好以及锂离子在焦炭中扩散系数大。缺点在于焦炭属于乱层结构排列，锂离子的嵌入比较困难，同时由于内表面较大，形成的 SEI 膜较多，首次充放电过程中能量消耗较大，故其比容量较低，一般都低于 200mA · h/g。另外在焦炭的充放电过程中，充放电电压曲线比较倾斜，不如石墨材料平稳，没有明显的充放电平台。

b 硬碳材料

硬碳材料是由具有特殊结构的高分子聚合物碳化后所得到的，热解碳碳化一般并不破坏聚合物原有的碳骨架结构，会维持其无定形结构，即使在 2800℃ 以上的高温也不容易石墨化，这也是“硬碳”的由来。由于硬碳材料在碳化过程中保持了原有的聚合物骨架结构，内部有大量的纳米空穴可以贮存锂离子，其比容量往往高于石墨材料的理论容量。这类聚合物有酚醛树脂、环氧树脂、聚氯乙烯、聚糖醇树脂等，其中最为典型的是聚糖醇树脂 PFA-C，它是 Sony 公司开发出最早用于锂离子电池的负极材料，容量达到 400mA · h/g。

由于硬碳和电解液有较好的相容性，因此将硬碳包覆在石墨材料的表面获得具有外壳结构的碳材料，使其同时具备了石墨和硬碳的优点。硬碳存在的缺点在于其充放电过程中有较大的不可逆容量和电压后滞现象，在 1V 左右有着一个放电平台，并且材料的密度较小。因此如何在获得高嵌锂的同时，降低材料的首次不可逆容量，达到实用要求，实现商品化还有许多问题需要解决。

5.2.2.2 非碳基负极材料

非碳负极材料主要有过渡金属氧化物和硫化物、含锂过渡金属氮化物、锡氧化物及锡基氧化物、纳米材料等。

A 过渡金属氧化物和硫化物

对于 $LiFe_2O_3$、$LiWo_2$、$LiMoO_2$、$LiNbO_5$ 等这类过渡金属氧化物研究较早，但与 LiC_6 相比，这些材料的比容量较低电极电势较高，当前无法实用化而未成为研究的热点。

MoS_2、TiS_2 等过渡金属硫化物也可作为锂离子电池的负极材料，与正极材料的匹配性也较好，循环性能也可达到 500 次。不过这类组合电池的电压偏低只有 2V 左右。

B 含锂过渡金属氮化物

含锂过渡金属氮化物是在 Li_3N 这种高分子导体材料的基础上发展而来的。最具代表性的材料是具有反 CaF_2 型结构的 Li_7MnN_4 和 Li_3N 型结构的 $Li_{3-x}Co_xN$ 等，它们共同的特点是均能与不具有锂源的正极材料组成电池，但对他们的研究还未能进入实用阶段。

Li_7MnN_4 属于反 CaF_2 型结构的锂过渡金属氮化物，其通式可表示为 $Li_{2n-1}MN_n$，M 代表过渡金属。该类材料在充放电过程中，通过过渡金属的价态变化来保持电中性，充放电电压平稳，循环性能良好，没有不可逆容量，比容量较低，只有 200mA · h/g。

$Li_{3-x}Co_xN$ 属于 Li_3N 型结构的锂过渡金属氮化物，其通式可表示为 $Li_{3-x}M_xN$，M 代表过渡金属。该类材料的比容量较高可达 900mA · h/g，也没有不可逆容量，充放电平均电压为 0.6V 左右，其循环性能还有待进一步研究。

C 锡氧化物及锡基氧化物

锡氧化物包括氧化亚锡、氧化锡及其混合物，都具有嵌锂能力，储锂容量比石墨类的要高，可达到500mA · h/g 以上，但首次不可逆容量也比较大。其中氧化锡的循环性能还可以，氧化亚锡的循环性能就不大理想。

目前相对研究较多的是锡基氧化物。这种负极材料是在 SnO 中加入玻璃形成剂如 B_2O_3、P_2O_5或金属元素制备出非晶态结构的锡基复合氧化物，通式为 SnM_xO_y，$(x \geqslant 1)$。其可逆容量可达到 500 ~ 600mA · h/g，几乎是石墨可逆容量的 2 倍，体积比容量大于 2200mA · h/cm^3，但其首次不可逆容量较高，充放电循环性能也有待提高。

D 纳米负极材料

纳米材料作为21 世纪最有前途的新型材料也被应用于锂离子电池负极材料的研究领域中，通过研究和制备纳米碳管、纳米碳基复合材料、纳米合金以及在碳材料中形成纳米孔穴与通道，来提高锂离子在这些材料中的嵌脱量。这些材料的比容量都在500mA · h/g 以上，循环性能也很理想。目前存在的问题就是降低其首次不可逆容量，降低材料的生产成本及大规模生产要求的工艺方法和技术。

5.3 与锂离子电池正负级材料有关的主要资源情况

5.3.1 锂资源

5.3.1.1 锂的性质及用途

金属锂是自然界最轻的金属，它是瑞典人阿尔费德逊（Arfredson）于 1817 年分析研究透锂长石得到硫酸锂时被发现。锂的外观呈银白色，密度为 0.534g/cm^3，熔点 180.1℃。金属锂可作为传热介质，能简化积热元件的结构，减少冷却系统的荷重和质量，是理想的热载体和宇航材料。随着科技的飞速发展，液体锂矿开采已经成为当今世界的新动向。由于电解金属生产技术日趋成熟，21 世纪的峰值产品可能就是锂。另外，锂电池作为21 世纪的新能源，广泛应用于电子元件、医疗器械、石英表、家用电器等不同领域。此外，锂是导弹、火箭、卫星等的理想材料，也是潜水艇、鱼雷等深海作业中必不可少的材料。而锂铝合金、锂铝镁合金等都是制造飞机、轮船的结构材料。金属锂是军事工业中具有战略意义的物资。锂能吸收中子，在现代原子能技术上用于制造闪烁计数器，在原子反应堆中用作控制棒。军事上还用锂作为信号弹、照明弹的红色发光剂和飞机用的稠润滑剂。锂在国民经济部门的应用极为广泛，如生产电子管和真空仪器、轻质合金、蓄电池电解液。X 射线及紫外线的特种玻璃中也会用到锂。锂被人们称为"金属新贵"。

5.3.1.2 锂资源的种类及分布

锂矿资源的种类主要有矿石锂（Li_2O）和卤水锂矿（锂以氯化物存在）。国外 Li_2O 总储量为2800 万 t 以上，主要产于美国、加拿大、智利、前苏联及津巴布韦等地区。锂矿共生石盐、钾盐、镁盐、硼等，常见的有锂蓝铁矿（triphylite）、磷锂矿（lithiophilite）。

中国是亚洲唯一盛产锂矿的国家，主要分布在 9 个省区。其中矿石锂主要分布在 7 个省区。以保有储量（Li_2O）排序依次为：四川、江西、湖南、新疆 4 省区合计占 98.8%。盐湖卤水锂主要分布在康定、金川、石渠三县。锂矿矿石品位很高，一般含氧化锂 12% 以上。除细晶锂辉石外，还有相当部分粗晶锂辉石，矿石品位仅次于加拿大，较扎伊尔（0.6%）、美国（0.68% ~0.7%）都高。中国资源高度集中，不乏世界级的大矿床，主要类型为花岗伟晶岩型矿床。矿床的形成与燕山期构造岩浆作用有关。

四川省内个别温泉水中含锂量较高，如大柴旦湖的锂矿属中型矿床，储量（LiCl）为38.02万t，占该省总储量的2.72%。矿床开发较好，为硫酸盐卤水锂矿。柴达木盆地中部东台吉乃尔湖锂矿的矿床总储量为170万t。康定地区的甲基卡矿田在$62km^2$范围内有锂矿脉74条，探明储量72万t。在甲基卡矿田和石渠扎乌龙矿区都有世界级规模的特大型矿脉，如甲基卡134脉、3087脉、扎乌龙14号脉。这些矿脉均超过举世闻名的加拿大伯尼克湖主矿体。

中国探明LiCl储量为1674.36万t。如上所述主要分布于青海。青海锂矿主要产生于柴达木盆地中部的第四纪现代盐湖中，为晶间卤水或孔隙卤水、湖水液体矿，与其他盐类矿产相共生，蕴藏量极其丰富。其矿床规模之大，探明储量之多，在中国名列前茅。该省已发现矿产地14处，其中大型矿床4处，中型1处，小型3处。另有矿点6处（其中包括玉树地区4处）。青海累计探明LiCl储量1396.77万t，保有储量390.9万t，潜在价值为3617.73亿元，占全国LiCl保有83%，居全国首位，是国内优势矿种之一。

西藏扎布耶盐湖新发现了硫酸锂矿石（命名为扎布耶石），扎布耶盐湖卤水中锂的储量在世界盐湖中排名第二。该湖距拉萨1050km。西藏山南地区罗布东矿区锂的远景储量居世界前列，是中国锂矿资源的基地之一。表3-5-3为中国锂矿主要产地情况。

表3-5-3　中国锂矿主要产地情况

编　号	矿产地名称	锂的储锂规模	Li_2O的平均品位	利用情况
1	江西宜春钽铌锂矿	超　大	0.398	已　用
2	河南卢氏铌钽矿	中	0.65	
3	湖北潜江凹陷卤水矿（含锂）	超　大		
4	湖南临武香花铺尖峰山铌钽矿	大	0.299	
5	湖南道县湘源正冲锂铷多金属矿	大	0.557	
6	四川金川-马尔康可尔因锂铍矿	大	1.2～1.271	已　用
7	四川康定甲基卡锂铍矿	超　大	1.203	已　用
8	四川石渠扎乌龙锂矿	中	1.109	未　用
9	青海柴达木-里坪盐湖锂矿	大	2.2g/L（LiCl）	未　用
10	青海柴达木西台吉乃尔盐湖锂矿	超　大	2.57g/L（LiCl）	未　用
11	青海柴达木东台吉乃尔盐湖锂矿	大	3.12g/L（LiCl）	未　用
12	新疆富蕴可可托海锂铍钽铌矿	大	0.982	已　用
13	新疆富蕴柯鲁特锂铍钽铌矿	中	0.987	已　用
14	新疆福海库卡拉盖锂矿	中	1.10	未　用

5.3.2　钴资源

5.3.2.1　钴的性质及用途

钴，原子序数27，原子量58.9332。元素名称来源于德文，原意是妖魔。1780年，由分析化学家柏格曼确认钴为元素。自然界存在的稳定同位素只有^{59}Co。钴为有光泽的银灰色金属。钴熔点1495℃，沸点2870℃，密度$8.9g/cm^3$。钴具有铁磁性和延展性，力学性能比铁优良。

钴的化学性质与铁、镍相似，在常温下与水和空气都不起作用。在300℃以上发生氧化作用，极细粉末状钴会自动燃烧。钴能溶于稀酸中，在浓硝酸中会形成氧化薄膜而被钝化。在加热时能与氧、硫、氯、溴发生剧烈反应。

钴产量中的80%用于生产各种合金，它们在耐热性、耐磨损、抗腐蚀等方面有比较好的性质。钴可用来生产永磁性和软磁性合金。人工放射性同位素^{60}Co可代替X射线，也可用来治疗癌症。钴化合物用于颜料、催干剂、催化剂和陶瓷釉料等。维生素B_{12}就是一种钴化物。钴与锂形成复合氧化物$LiCoO_2$，是目前商品化锂离子电池的主要正极材料。

5.3.2.2 钴资源的种类及分布

钴在自然界分布很广，但在地壳中的平均含钴量仅为0.0023%，占第34位。海洋底的锰结核中钴的储量很大。天然水、泥土和动植物中都含有钴。

钴矿的种类主要有：辉钴矿（钴的硫化物和砷化物）、方钴矿、水钴矿（水合氧化钴）、硫钴矿（钴及镍的硫化物）、砷钴矿、镍钴矿、硫镍钴矿、方砷钴矿和菱钴矿等。其中硫镍钴矿晶体呈八面体，常见为双晶形，钢灰色金属光泽，硬度4.58～5.5。在空气中常转变为铜红色彩，与其他含硫矿物形成于热水矿脉中。方砷钴矿晶形多为立方体、八面体、五角十二面体，银灰色，硬度5.5～6，发生于中温热液矿脉。

中国钴资源相对加拿大、俄罗斯、澳大利亚这些资源大国而言较贫乏，而且还存在着一些不利的特点：低品位的贫矿占很大比例，大量富矿储量压在开采区下部，因而制约产量的进一步增长。中国钴矿资源不多，独立钴矿床尤少，主要作为伴生矿产与铁、镍、铜等其他矿产一道产出。已知钴矿产地150处，分布于24个省（自治区），以甘肃省储量最多，约占全国总储量的30%。全国总保有储量钴47万t。矿床类型有岩浆型、热液型、沉积型、风化壳型四类。以岩浆型硫化铜镍钴矿和矽卡岩铁铜矿为主，占总量65%以上。其次为火山沉积与火山碎屑沉积型钴矿，约占总储量17%。甘肃省的金川是中国最主要的钴原料基地之一，钴储量15.96万t，仅次于四川攀枝花。青海省果洛藏族自治州府大武西南27分时处的德尔尼铜钴矿是国家已探明的大型铜钴矿。该矿在中国已探明铜钴矿中占有重要位置有着广阔的开发前景。

除陆地资源外，海洋资源也是各国激烈争夺的对象。海洋资源主要为富钴结壳，它是生长在海底岩石或岩屑表面的富含锰、铁、钴的结壳状自生沉积物，主要由铁锰氧化物构成，是深海最重要的固体矿产资源之一。它广泛分布于太平洋的海山区，由于富钴结壳分布区水深较浅，金属壳厚1～6cm，富含钴、铂等战略矿产，钴含量特别丰富（比陆地原生钴矿高几十倍），具有重要的经济价值，因此成为继多金属结核之后各发达国家竞相争夺的对象。据不完全统计，在太平洋西部火山构造隆起带，富钴结壳矿床潜在资源量达10亿t，钴金属含量达百万吨。

另外在锰结核也有相当大的储量。例如，每年从太平洋取得100万t锰结核，便可提供世界需要的12%～15%的钴矿。

目前中国国内每吨钴的生产成本为10万～15万元，而世界产钴大国由于矿石品位高，工艺简单，钴的成本不超过2000美元/t，大大低于国内开发成本。

5.3.3 镍资源

5.3.3.1 镍的性质及用途

镍是一种银白色金属，具有力学强度高、延展性好、难熔、在空气中不易氧化等优良特性。用镍制造的不锈钢和各种合金钢被广泛用于飞机、坦克、舰艇、雷达、导弹、宇宙飞船和民用行业中的机器制造、陶瓷颜料、永磁材料、电子遥控等领域。在化学工业中，镍常被用于加氢催化剂。近年来，在彩色电视机、磁带录音机、通讯器材等方面，镍的用途也在迅速增长。由于与锂组成的复合氧化物 $LiNiO_2$ 可逆储锂容量高，因此可以作为锂离子电池的正极材料。

5.3.3.2 镍资源的种类及分布

在地球地壳中镍元素蕴藏量名列第 24 位，一般常与砷、锑及硫等元素混合在矿石中。主要是镍矿品种有红砷镍矿、红锑镍矿、斜方砷镍矿、砷镍矿和红土型镍矿等。

1992 年全世界探明镍金属储量为 5000 万 t，主要分布在中北美洲和中亚地区。

中国镍矿资源较丰富，探明镍金属储量 866 万 t，保有储量 785 万 t，居世界第 5 位，主要分布在西北、西南和东北地区。中国的镍富矿少，主要是硫化镍矿，因此对贫矿资源、硅酸镍资源的综合利用应引起足够的重视。

中国镍矿储量集中在甘肃金川（金昌）矿区，该矿区称为中国的“镍都”，探明镍金属储量约占全国储量的 70%，为世界级的矿床，居世界同类型矿床的第 2 位。仅多金属伴生铜镍矿就已探明镍储量为 53.11 万 t。其中龙首山矿床是一个世界罕见的、以镍矿发现于 20 世纪 50 年代末期，在 20 世纪 60 年代初投产，结束了中国不生产镍的历史，使中国跃升为世界镍矿资源最多的国家之一。在甘肃敦煌-金川一带及北山地区有众多的超基性岩体，目前已发现一些重要的找矿线索，显示该地区有发展铜镍矿的潜力。

由于长期以来中国在镍钴矿床的勘测方面无新的突破，而且现有资源仍以开采富矿为主，后续资源缺乏已经成为镍钴工业发展的一大制约。中国目前已探明的镍金属量仅 800 多万吨，其中可利用的只有 500 多万吨，富矿只有 200 万 ~300 万 t。到 21 世纪中期，中国的镍矿将全部采完，资源形势十分严峻。目前中国镍矿的主要问题是成本过高。

除了陆地资源外，镍在海洋中也有一定分布，主要集中在锰结核（见 5.3.4.2 节）中。估计镍在太平洋中的蕴藏量大约为 164 亿 t。

5.3.4 锰资源

5.3.4.1 锰的性质及用途

在现代工业中，锰及其化合物广泛应用于国民经济各个领域。在自然界中锰有Ⅱ、Ⅲ、Ⅳ及Ⅶ价态。锰在空气中非常容易氧化。在加热条件下，粉状的锰与氯、溴、磷、硫、硅及碳元素都可以化合。

锰矿称为黑色金属资源，它是铁合金原料，能增加钢铁的硬度、延展性、韧性和抗磨能力，同时还是高炉的脱氧剂、脱硫剂。

5.3.4.2 锰资源的种类及分布

锰矿的主要种类有硬锰矿、菱锰矿、钨锰矿等。

世界锰矿资源十分丰富，仅陆地上锰矿储量就有 9 亿 t。中国锰矿石保有储量 1.22 亿 t，基础储量 1.97 亿 t，资源储量 3.46 亿 t。资源总量 5.43 亿 t，其中富矿仅占 6.4%。中国锰矿储量仅次于南非、乌克兰、加蓬，居世界第 4 位。

中国是世界上锰产品的生产和出口在国。大多为沉积型或次生氧化堆积型，但以中低品位矿石和碳酸锰矿石为主，分布广泛，在全国 21 个省（自治区）均有产出。但产地大多集中于中南、西南两大地区，包括桂、湘、黔、川、滇、鄂等地区。辽宁省也有较大储量。其中广西锰矿总储量占全国1/3强，遍布全区34个县市，以桂平、钦县最为集中，年产量占全国50%左右。贵州锰矿也有相当储量。贵州锰矿探明储量9054万t，保有储量7181万t，居全国第3位，占全国总量的15%。全省有16个县市发现锰矿资源，其中以遵义市最为集中，其储量占全省的二分之一。铜锣井矿区为国内少有的大型矿区，储量为3000万t。

由于锰矿的生产集中度差，品位低，杂质高，加工性能差且通过选矿烧结，因此与进口矿相比，不论在质量上与价格上都不具备竞争力。近年来，国家有关部门提出优质锰矿的概念，在找矿和利用上均有新的突破，使锰矿产量有所回升，进口量有所下降。

除了陆地资源外，锰矿的海洋资源也非常丰富，主要为锰结核。它是20世纪70年代才大量发现的著名深海矿产。锰结核分布在世界各大洋水深2000～6000m处的洋底表层，在太平洋海底分布最广。估计在太平洋的分布面积约为1800万km^2，蕴藏量估计为1.7万亿t，占全世界蕴藏量约3万亿t的一半多。其中从墨西哥西南到夏威夷南部的一条长达4600km、宽900km的海域里，海底表层密密麻麻布满锰团块，平均密度为每平方米10kg锰结核。这一带海域地形比较平坦，条件也比较好，有利于开采作业，是目前各国进行科学研究和开采试验的主要场所。联合国分配给中国可供开采的海域也位于这一地区。

5.3.5　石墨资源

5.3.5.1　*石墨的性质及用途*

石墨为元素碳（C）结晶的矿物之一，与金刚石同为碳的同素异形体，莫氏硬度1～2，密度2.23g/cm^3，主要有如下特性。

（1）耐高温性：石墨的熔点为（3850±50）℃，沸点为4250℃，即使经超高电弧灼烧，质量的损失很小，热膨胀系数也很小。石墨强度随温度提高而加强，在2000℃时，石墨强度提高1倍。

（2）导电、电热性：石墨的导电性比一般非金属矿高1倍。导热性超过钢、铁、铅等金属材料。热导率随温度升高而降低，甚至在极高的温度下，石墨呈绝热体。

（3）润滑性：石墨的润滑性能取决于石墨鳞片的大小：鳞片越大，摩擦系数越小，润滑性能越好。

（4）化学稳定性：石墨在常温下有良好的化学稳定性，能耐酸、耐碱和耐有机溶剂的腐蚀，熔点高达3000℃。

（5）可塑性：石墨的韧性很好，可碾成很薄的薄片。

（6）抗热震性：石墨在高温下使用时能经受住温度的剧烈变化而不致破碎；温度突变时，石墨的体积变化不大，不会产生裂纹。

由于石墨具有上述特殊性能，所以在冶金、机械、石油、化工、核工业、国防等领域得到广泛应用，如可作为耐火材料、导电材料、耐磨材料、密封材料、耐腐蚀材料、隔热材料、耐高温材料、防辐射材料等。当然石墨也可以作为锂离子电池的负极材料。

5.3.5.2　*石墨资源的种类及分布*

石墨资源是指天然石墨。天然石墨依其外观及性质分为：鳞片石墨、土状石墨或非晶质石墨。多产在区域岩区或接触变质岩区，如石英与黑色片岩之间或板岩与板岩之间，常与方解石、石英共生。工业上将石墨矿石分为晶质石墨矿石和隐晶质石墨矿石两大类。晶质石墨矿又可分为鳞片状和致密状两种。隐晶质石墨主要为土状。中国石墨矿石以鳞片状晶质类型为主，其次为隐晶质类型。致密状晶体石墨只见于新疆托克布拉等个别地区。

中国石墨资源丰富，储量居世界第一位，全国20个省（自治区）有石墨产出，探明储量的矿区有91处，矿物总保有储量1.73亿t。石墨矿床分布在黑龙江、湖南、山东、内蒙古自治区、吉林等省。黑龙江石墨储量居全国第一，占全国的64.1%。湖南省郴州市内有全国储量最大的土状石墨，占全国储量的一半以上，其中桂阳县境内土状石墨（隐晶质石墨）蕴藏量达7000万t，年产量50t。目前中国已建成黑龙江柳毛、吉林磐石、内蒙兴和、山东南墅和北墅、湖南鲁矿等主要生产石墨基地和一大批遍布中国各地区的中小石墨矿。其中年产万吨以上的石墨矿有黑龙江柳毛、山东南壁、湖南鲁矿和吉林磐石等。据国家建材局统计，1994年中国石墨产量95.23万t。其中，鳞片石墨产量达19.27万t。现在中国国内有全民、集体、乡镇石墨采选及加工制品等大小企业300多家，生产能力100万t/a。

5.4　云南省电池行业现状及展望

5.4.1　云南省电池行业的现状及问题

5.4.1.1　现状

从1982年开始，我国各类小型民用电池产量首次超过美国成为电池生产大国，一直保持到现在。“九五”期间产品产量和出口都有了较大的增长。1995年生产105亿只，出口73亿只，1999年生产156亿只，出口115亿只。产品结构也有了明显的变化；1995年生产的碱性锌锰电池只有3亿多只，1999年生产17亿只，2000年已达到22亿只，2001年27亿只，占年产量的比重从3%上升到15.4%；小型二次电池1995年只有2亿多只，占2.4%，几乎全是镉镍电池。1999年为5.5亿只，占3.5%，其中镉镍电池4.5亿只。氢镍电池0.8亿只，锂离子电池0.2亿只。据2001年的统计数据，镉镍电池与上年相比下降16.5%，氢镍电池增加31.6%，锂离子电池同比增长100%。随着环保意识及氢镍电池和锂离子电池技术的提高，预计此两种电池还会有较快的发展。铅酸蓄电池1995年产量为2300万kW·h，其中全密封免维护铅酸蓄电池从1995年的2%增加到1999年的8%，2001年铅酸蓄电池中全密封免维护产品的比例已上升到约20%，满足了通讯电源行业和风力发电储能的需要。电动助力自行车的普及与发展，扩大了小型密封铅酸蓄电池的市场规模。1999年的电池销售收入为165亿人民币，其中一次电池78亿元，占52.7%；出口创汇9.9亿美元，其中一次电池4.9亿美元，二次电池5.0亿美元。“九五”期间，中国电池产量的年均增长率为10%：产值的增长率为14%；销售收入年均增长率为19%。

云南省电池行业经过多年来的发展，已能生产普通锌锰系列糊式电池、纸板电池、碱性电池。年生产能力6亿只以上，在国内居第10位，其中糊式电池生产能力4亿只，纸板电池8000万只，碱性电池1.5亿只，实际年产量为3亿只。省内电池销售量约为1.8亿只，出口1.2亿只以上，大量出口缅甸及东南亚地区，年创汇额在600万美元以上，是我省轻工业的大宗出口产品，昆明电池厂及云南999电池有限公司已在缅甸设厂生产普通糊式电池。经过激烈的市场竞争，电池的生产集中度不断提高，电池生产企业从20世纪80年代的6户减少到3户，主要生产企业昆明电池厂及云南999电池股份有限公司的电池产量及销售量已达到3亿只以上，占全省生产量的90%以上。一些区域性小电池生产企业退出了市场。通过技术改造，引进国外装备技术，主要电池生产企业技术装备水平已达到国内电池行业20世纪90年代平均水平，已建立较为完善的电池配套材料供应体系，省内已解决电池常用的锌、二氧化锰、炭黑、包装材料配套供应。

5.4.1.2 *存在的问题*

存在的问题是电池行业由于技术含量不高，资金投入不高，行业进入门槛较低，是市场竞争较为充分的行业。云南省电池以糊式电池为主，占电池总产量的90%以上，碱性电池不到7%，锂离子电池，氢镍电池等新型电池还没有。

由于糊式电池本身生产环节工序多，是典型的劳动密集型产业，原材料的费用占电池生产成本的60%以上，加上人工费用，平均1只电池还赚不到1分钱，故电池企业自身效益较差，缺乏自我积累、自我发展的能力。当然这些也是全国电池行业的共性问题。从云南省开始生产电池一直到现在，电池产品主要是多年一贯制的糊式电池，新产品形不成规模，成不了企业的支柱。这样电池行业企业就进入一个怪圈，由于产品不赚钱，企业缺乏自我积累、自我发展的能力，要上产量，上规模必然要增加人力，通过增加人力来扩大生产；由于产品不赚钱，企业的工资待遇不高，难以吸引高素质的人才，也留不住企业内现有的人才，其结果是企业人才越来越少，企业管理、技术创新、市场营销由于没有适用的、可用、足够的人才，新产品出不来，管理上不去，市场打不开还不断萎缩，导致企业的竞争能力越来越弱，企业生存越来越困难。

云南省电池企业存在市场观念滞后，市场长期局限于云南省内及东南亚市场，在20世纪80年代及90年代初，由于技术装备落后，生产能力低下，市场供给长期有缺口，电池只要生产出来就能销售出去，故企业主动闯市场、主动进行技术创新的意识不强。导致企业市场营销的能力较弱。

而现在省内市场即是国际市场，云南省市场大量充斥国内外各种品牌电池，手机用高档的锂离子电池、氢镍电池市场被国外跨国公司的品牌占领；中档的碱性电池市场被国内品牌占领。云南999电池股份有限公司引进韩国的碱性电池线投产以后，由于市场份额小，效益发挥不出来，反而加重了企业负担。

5.4.2 电池市场前景分析及发展趋势

5.4.2.1 *市场预测分析*

近几年来，全球电池产量的年均增长率约为5%，中国约为10%。一次电池中，碱性锌锰电池增速最快；二次电池中，普通铅酸电池和镉镍电池的增速趋缓，密封铅酸蓄电池、特别是氢镍电池和锂离子电池的增速最快。中国一、二次电池的发展与国际上总的发展是一致的。

预计全球的一次电池将会以年均3%的速度继续增长。其走向主要是发展高性能、无汞化的碱性锌锰电池。全球二次电池市场中铅酸蓄电池由于有强大的汽车工业的支撑，仍将占有较大的份额，会以5%左右的速度增长。

5.4.2.2　电池发展趋势

从消费趋势看，普通干电池的消费量仍然很大，糊式锌锰电池在非洲市场具有统治地位，纸板、铁壳等锌锰电池则在东南亚占有较大的市场，中国生产糊式电池的技术成熟，又具有劳动力和资源的优势，产品价廉物美，销往东南亚、非洲等发展中国家，具有绝对的优势；碱性锌锰电池发展迅速，2001 年全国年产量达到 27 亿支，无汞化率达到了 50%，特别是欧美发达国家要求的无公害、无污染的必备技术条件方面，但我们也应看到国外先进企业对其产品性能的改进已集中在提高大电流放电和可靠性方面，在稳固现有市场的基础上又欲与小型充电电池竞争市场。手机的快速发展和手提电脑、数码照相机、数码摄像机等数码产品的进一步普及，对高能量、大功率可充电电池，特别是可充电锂离子电池的发展是一个极大的推动力，镉镍电池大多数是为电动工具配套，随着全世界对电池无污染、无公害的严格要求，如今年欧洲将禁用镉镍电池，镉镍电池的出口将会受到限制而逐渐减少，进而被氢镍电池取代，虽然在手机、笔记本电脑等高端市场被锂离子电池挤占，但在电动工具、摄像机、助力车、电动车等电器产品市场具有很大的发展潜力。

预计未来 5 年全球一次电池将以 3% 的速度增长，可充电电池将以 5% 左右的速度增长，其中氢镍电池和锂离子电池将以 15% 左右的速度增长。新一代铅酸蓄电池已开发成功，不久将投放市场，并将以 10% 的速度增长。电池生产装备自动化，电池要做到环保化、易回收。

中国加入 WTO 后，总体上国外更多氢镍电池和锂离子电池将大量进入中国市场，高技术含量的产品面临冲击，国内市场竞争更加激烈，迫使国内电池企业加速发展，电池生产企业应努力提高技术水平和管理水平，消除电池在安全和质量等方面与国际标准和法规要求的差距，应尽快学习和研究国外技术标准和认证体系，使企业管理机制、产品科技含量等方面将会有更大提高。一些管理水平、技术水平低的企业将面临生存的问题。国内消费层次多，低档的锌锰电池冲击不大，并将大量出口。

5.4.3　云南省电池行业的发展分析

按照中国电池工业的“十五”发展计划：根据市场需求，适度发展总量，着力提高产品质量和档次。发展无汞碱锰电池、氢镍电池、锂离子电池、新型全密封免维护铅酸蓄电池、动力电池、燃料电池、太阳能电池及其他新型电池。限制并逐步减少糊式电池、镉镍电池比例。禁止生产锌汞电池。

云南省到 2005 年，工业总产值达 24000 万元，较 2000 年的 15703 万元，增长 52.8%。电池产销量 4 亿只，其中：碱性电池 8000 万只，占 20%，较 2000 年 1216 万只，增长 28.1%。应适时发展氢镍电池、锂离子电池及其他新型电池。调整电池产品结构，增加投入，按市场要求，逐步使碱性电池的比例达到 20%，产量 8000 万只，减少糊式电池的生产。

按照云南省国有企业的改革发展目标，电池行业企业基本要实现国有资本全部退出，组建混合所有制或者是民营所有制企业。鼓励和支持省内企业与国内优势电池企业以及高校联合。

5.4.4　云南省电池行业的发展建议

5.4.4.1　突出有限目标，加速电池产业结构的战略性调整

加快发展碱性锌锰电池，扩大市场占有率，尽快形成支柱产品。据统计中国目前碱性锌锰电池的产量达到27亿只以上，占电池总产量的15%，而同期美国已达到90%以上，欧共体达70%以上，日本达65%以上。碱性锌锰电池是中国“十五”期间重点发展的电池品种，中国规划到2005年碱性锌锰电池的比重达30%以上，总产量为50亿只以上。目前碱性锌锰电池产品成为整个电池主导产品的结构调整才开始，中国的碱性锌锰电池市场还潜在着巨大的商机。云南省从1996年引进韩国的碱性锌锰电池生产线，2000年5月已鉴定投产，同时多年来进行的研究开发生产也积累丰富的生产经验，已初步掌握了关键工艺技术，为迅速发展云南省的碱性锌锰电池创造了条件。云南省有发展碱性锌锰电池的优势。

5.4.4.2　加快技术创新步伐，发展新型电池

云南省电池行业由于科技投入不足，特别是新产品的投入较少，使企业在市场竞争上无后劲，销售乏力。今后应通过各种方法适时发展氢镍电池、锂离子电池、燃料电池、锌镍电池等，提高企业的市场综合竞争能力和新的发展活力。

从今后的发展趋势看，市场对高功率、大容量电池的需求会越来越大，特别是通信、数码产品的不断普及，对电池提出了更高的要求，而且因全球环境的恶化，国际国内对环境的要求越来越严，电池企业应考虑向无公害、无污染及大容量、高功率方面发展，特别是动力电源。

云南省引进的生产线虽然已形成生产能力，但由于技术实力相对较弱，电池生产的一些关键工艺技术、设备仍然处在消化吸收阶段，要稳定提高产量规模及质量水平，仍然要进行艰苦的努力，确实解决工艺技术的问题。要解决电池生产原材料的配套供应问题，加强质量管理。在保证质量的前提下，加大市场开拓的力度，逐步提高省内市场占有率，并打出省外，扩大东南亚市场份额。

锂离子电池是下一步电池发展的重点和热点，尽管目前国内已开发生产出锂离子电池，但与国外水平差距仍然较大。云南省仍然有通过引进关键技术，尽快形成生产能力，迎头赶上的机会。因此要通过各种方式如引进技术、与省外院校进行合作开发生产锂离子电池。由于电池生产的特点，在生产及使用后对环境会造成一定的影响。因此一方面要加强生产管理，采用适用先进技术，减少生产中对环境的污染，另一方面要加快无汞电池生产工艺技术的开发研究，杜绝废弃电池对环境造成的污染。

参 考 文 献

1　国家新材料行业生产力促进中心．中国新材料发展报告（2004）．北京：化学工业出版社，2004
2　胡绍杰，徐保伯．锂离子电池工业的发展与展望．电池，2000，30（4）171～174
3　吕鸣祥，黄长保，宋玉谨．化学电源．天津：天津大学出版社，1992
4　张文保，倪生麟．化学电源导论．上海：上海交通大学出版社，1992
5　Armand M. Materials for Advanced Batteries. Plenum Press，New York，1980
6　Nagaura T，Tazawa K. Lithium Ion Rechargeable Battery. Prog. Battery Sol. Cells，1990，9：209

7 Gozdz A S, Schmutz J M, Tarascon, et al. Method of Making an Electro-lyte Activatable Lithium-ion Rechargeable Battery Cell. U. S. Patent, 5456000, 1995
8 钟俊辉. 锂离子二次电池材料的开发. 电子导报, 1995, 6: 5 ~ 8.
9 Bruno Scrosati. Lithium Rocking Chair Batteries: an Old Concept. Electrochem Soc, 1992, 139 (10): 2776 ~ 2781
10 黄振谦, 张昭. 锂离子电池的研究进展. 电池, 1995, 25 (3): 143 ~ 145
11 詹晋华. 锂离子二次电池研究进展. 电池, 1996, 26 (4): 192 ~ 195
12 Doron A, Yair Ein-Eli, Orit Chusid, et al. The Correlation Between the Surface Chemistry and the Performance of Li-carbon Intercalation Anodes for Rechargeable "Roching-Chair" Type Batteries. Electrochem Soc, 1994, 141 (3): 603 ~ 611
13 杨林. 中、日、韩三国锂离子蓄电池发展概况. 电源技术, 2004, 28 (2): 101 ~ 103
14 Christophe Pillot. The Worldwide Rechargeable Battery Market 2003 ~ 2008. The Sixth China International Battery Fair (CIBF2004), Beijing, 2004, 50 ~ 64
15 http: //www. china-ev. net/我国锂离子电池行业的发展现状及趋势.
16 http: //www. jrj. com. cn/能源: 国产锂电池挑战日货
17 毕道治. 21 世纪电池技术展望. 电池工业, 2002, 7 (3 ~ 4): 205 ~ 210
18 胡信国, 衍智刚, 章宁林等. 国外电动车电池的发展近况. 电池, 2001, 31 (3): 138 ~ 141
19 冯熙康. 锂离子蓄电池用作电动车与航天电源的进展. CIBF99, 1999, 41 ~ 45
20 程少明, 孙逢春. 电动汽车能量存储技术研究. 电源技术, 2001, 25 (1): 47 ~ 51
21 Tanaka T. Year 2000 R&D Status of Large-scale Lithium Secondary Batteries in National Project of Japan. The 10th International Meeting Onlithium Batteries, Como, Italy, 2000
22 http: //www. aist. go. jp/www_ e/guide/gyoumu/nss/page. htm
23 Sony Energy Technical Corp. Progress on Lithium-ion Battery for EV Application. Information of First Beijing Electric Vehicle Exibition, Beijing, 1996
24 刘剑, 谷中丽, 戴旭文. EV 用蓄电池的发展与应用. 汽车工艺与材料, 2002, 37 (2): 37 ~ 40
25 Saft M, Chagnon G, Faugeras T, et al. Saft Lithium-ion Energy and Power Storage Technology. Power Sources, 1999, 80: 180 ~ 189
26 Saft Advanced and Industrial Batteries Group. Recent Developments on Lithium Ion Batteries at SAFT. J Power Sources, 1999, 81 ~ 82: 140 ~ 143
27 张胜永, 罗锡均. 新型 36/42V 汽车系统高功率电池. 电动车及新型电池学术交流会论文集. 上海: 电池工业杂志社, 2003, 63 ~ 68
28 Schmidt C L, Skarstad P M. The Future of Lithium and Lithium-ion Batteries in Implantable Medical Devices. J Power Sources, 2001, 97 ~ 98: 742 ~ 746
29 Passerini S, Owens B B. Medical Batteries for External Medical Devices. J Power Sources, 2001, 97 ~ 98: 754
30 Terada N, Yanagi T, Arai S, et al. Development of Lithium Batteries for Energy Storage and EV Applications. J Power Sources, 2001, 100: 80 ~ 92
31 http: //www. xarhxcl. com
32 http: //www. qdlc. com. cn
33 http: //www. btrchina. com
34 http: //www. tinci. com
35 http: //tt. cas. cn/web/Fruits/FruitDetail. asp? mode = 1 & FruitNo = 7
36 Bruno Ssrosati. Recent advances in lithium ion battery materials [J] . Electrochimica Acata, 2000, 45:

2461 ~ 2466

37　http：//www. polystor. com/publish/paper_ 3lithium-ionPart1. PDF

38　Miura K，Yamada A，Tanaka M. Electric Atates of Spinel $Li_xMn_2O_4$ as a Cathode of the Rechargeable Battery，Electrochem Acta，1996，41：249 ~ 256

39　周恒辉，慈云祥，刘昌炎．锂离子电池正极材料的研究进展．化学进展，1998，10（1）：85 ~ 94

40　汪艳，冯熙康，杜友良等．锂离子蓄电池材料的研究现状．电源技术，2001，25（3）：242 ~ 245

41　Jeong E. D，Won M. S，shin Y. B. Cathodic Properties of a Lithium-ion Secondary Battery Using $LiCoO_2$ Prepared by a Complex Formation Reaction. J Power Sources，1998，70（1）：70 ~ 77

42　Yamaki J I，Baba Y，Katayama N，et al. Thermal Stability of Electrolyt-es with Li_xCoO_2 Cathode or Lithiated Carbon Anode. J Power Sources，2003，119 ~ 121：789 ~ 793

43　Peng Z S，Wan C R，Jiang C Y. Synthesis by Sol-gel Process and Characterization of $LiCoO_2$ Cathode Materials. J Power Sources，1998，72：215 ~ 220

44　Larcher D. Electrochemically Active $LiCoO_2$ and $LiNiO_2$ Made by Cationic Exchange under Hydrothermal Conditions. J Electrochem Soc，1997，144（2）：408 ~ 417

45　章福平．酒石酸法合成的 $LiCoO_2$ 的结构及其二次锂电池行为研究．电化学，1995，1（3）：342 ~ 347

46　Yoshio M，Tanaka H，Tominaya K，et al. Synthesis of $LiCoO_2$ from Cobalt-organic Acid Complexes and Its Electrode Bahavior in a Lithium Secondary. J Power Sources，1992，40：347 ~ 353

47　Gabrisch H，Yazami R，Fultz B. A Transmission Electron Microscopy Study of Cycled $LiCoO_2$. J Power Sources，2003，119 ~ 121：674 ~ 579

48　Yamada Shuji，Masashi Fujiwara，Motoya Kanda. Synthesis and Property of $LiNiO_2$ as Cathode Materials for Secondary Batteries. J Power Sources，1995，54：2109 ~ 2113

49　Broussely M，Perton F，Labat J. Li/Li_xNiO_2 and Rechargeable Systems：Comoarative Study and Performance of Practical Calls. J Power Sources，1993，43 ~ 44：209 ~ 216

50　蔡振平，刘人敏，吴国良等．锂离子电池正极材料 $LiNi_{0.5}Co_{0.5}O_2$ 的制备及性能．电池，2002（增刊），58 ~ 60

51　应皆荣，万春荣，姜长印．用溶胶凝胶法在 $LiNi_{0.8}Co_{0.2}O_2$ 表面包裹 SiO_2. 电源技术，2001，25（6）：401 ~ 404

52　高虹．$LiNi_yM_{1-y}O_2$（M = Co，Mn，Ti，$0<y<1$）的制备和性能．电源技术，2001，25（4）：264 ~ 267

53　Tarascon J M，Mckinnon W R，Cowar F，et al. Synthesis Conditions and Oxygen Stoichiometry Sffects on Li Insertion into Spinel $LiMn_2O_4$. J Electrochem Soc，1994，141：1421 ~ 1431

54　其鲁．中国锂二次电池正极材料的发展趋势和产业特点．新材料产业，2004，122（2）：23 ~ 24

55　Xia Y Y，Yoshio M. An Investigation of Lithium Ion Insertion into Spinel Struture Li-Mn-O Compounds，J Electrochem Soc，1996，143（3）：825 ~ 833

56　杨书延，张焰峰，吕庆章等．微波-高分子网络法制备可充锂离子电池正极材料 $LiM_xMn_2O_4$（M = La，Nd，Y）．功能材料，2001，32（4）：399 ~ 401

57　杨文胜，刘庆国，仇卫华等．柠檬酸络合反应方法制备尖晶石 $LiMn_2O_4$. 电源技术，1999，23（增刊）：49 ~ 52

58　Kang Sun-Ho，Goodenough J B. Li［Li_yMn_{2-y}］O_4 Spinel Cathode Material Prepared by a Solution Method. Electrochemical and Solid-state Letters，2000，3（12）：536 ~ 539

59　Liu W，Farrington G C，Chaput F，et al. Synthesis and Electrochemical Studies of Spinel Phase $LiMn_2O_4$ Cathode Materials Prepared by the Pechini Process. J Electrochem Soc，1996，143（3）：879 ~ 884

60 Lourdes Herman, Julian Morales, Luis Sanchez, et al. Use of Li-M-Mn-O Spinels Prepared by a Sol-gel Method as Cathodes in High-voltage Lithium Batteries. Solid State Ionics, 1999, 118: 179 ~ 185
61 Yoshio M, Xia Y. Storage and Cycling Performance of Metal ion-modified Spinel at Elevated Tempersatures. Meeting Abstrcts of the 1999 Joint International Meeting, 193
62 Takeda Y, Nakahara K, Nishijima M, et al. Sodium Deintercalation from Sodium Iron Oxide. Materials Research Bulletin, 1994, 29 (6): 659 ~ 666
63 Kanno R, Shirane T, Inaba Y, et al. Synthesis and Electrochemical Properties of Lithium Iron Oxides with Layer-related Structures. J Power Sources, 1997, 68 (1): 145 ~ 152
64 Manthilam A, Goodenough J B. Lithium Insertion into $Fe_2(MO_4)_3$ Frameworks: Comparison of M; W with M = Mo. J Solid State Chem, 1987, 71: 349 ~ 360
65 Manthiram A, Goodenough J B. Lithium Insertion into $Fe_2(SO_4)_3$ Frameworks. J Power Sources, 1989. 26 (3 ~ 4): 403 ~ 408
66 Padhi A K, Nanjundaswamy K S, Goodenough J B. Phospho-olivines as Positive-electrode Materials for Rechargeable Lithium Batteries. J Electrochem Soc, 1997, 144 (4): 1188 ~ 1194
67 Padhi A K. Nanjundaswamy K S, Masquelier C, et al. Effect of Structure on the Fe^{3+}/Fe^{2+} Redox Couple in Iron Phosphates. J Electrochem Soc, 1997, 144 (5): 1609 ~ 1613
68 Andersson A S, Kalska B, H aggstrom L, et al. Lithium Extraction/insertion in $LiFePO_4$: an X-ray Diffraction and M Ossbauer Spectroscopy Study. Solid State Ionics, 2000, 130 (1 ~ 2): 41 ~ 52
69 YamadaA, Chung S C. Hinokuma K. Optimized $LiFePO_4$ for Lithium Battery Cathodes. J Electrochem Soc, 2001, 148 (3): A224 ~ A229
70 Takabashi M, Tobishima S, Takei K, et al. Characterization of $LiFePO_4$ as the Cathode Material for Rechargeable Lithium Batteries. J Power Sources, 2001, 97 ~ 98: 501 ~ 508
71 Ravet N. Chouinard Y, Magnan J F, et al. Electroactivity of Natural and Synthetic Triphylite. J Power Sources, 2001, 97 ~ 98: 503 ~ 507
72 Andersson A S, Thomas J O. The Source of First-cycle Capacity Loss in $LiFePO_4$. J Power Sources, 2001, 97 ~ 98: 498 ~ 502
73 Ravet N, Improved Iron Based Cathode Material, Abstract No. 27. Electrochemical Society Fall Meeting, Honolulu, Hawaii: 1999
74 Shoufeng Y, Peter Y Z. Whittinggham M S. Hydrothermal Synthesis of Lithium Iron Phosphate Cathodes. Electrochemistry Communications. 2001, 3 (9): 505 ~ 508
75 Yang S Y, PeterY Z, et al. Reactivity, Stability and Electrochemical Behavior of Lithium Iron Phosphates. Electrochemistry Communications, 2002, 4 (3): 239 ~ 244
76 Persi L, Croce F, Scrosati B. A $LiTi_2O_4$-$LiFePO_4$ Novel Lithium-ion Polymer Battery. Electrochemistry Communications, 2002, 4 (1): 92 ~ 95
77 Ravet N. Improved Iron Based Cathode Material, Abstract No. 127. Electrochemical Society Fall Meeting. Honolulu, Hawaii: 1999
78 Ravet N, Chouinard Y, Magan J F. Electroactivity of Natural and Synthetic Triphylite. J Power Sources, 2001, 97 ~ 98: 503 ~ 507
79 Yang S, Song Y, Zavalij P Y, et al. Reactivity, Stability and Electrochemical Behavior of Lithium Iron Phosphates. Electrochemistry Communications, 2002, 4 (3): 239 ~ 244
80 郭炳焜，徐微，王先友等．锂离子电池．长沙：中南工业大学出版社，2002
81 杨清欣，王伯良，张泽波等．MCMB 粒度及分布对锂离子蓄电池性能的影响．电源技术，1999，23 (5)：249 ~ 251

82 Endo M. Structural Characterization of Milled Mesophase Pith-based Carbon Fibers. Carbon, 1998, 36 (11): 1633

83 Shi H, Barker J. Structure and Lithium Intercalation Properties of Synthetic and Natural Graphite. J Electrochem Soc, 1996, 143 (11): 3466 ~ 3472

84 Fujimoto, Electrochemical Behavior of Carbon Electrodes in Some Electrolyte Solutions, Journal of Power Sources, 1996, 63: 127

85 吴国良. 锂离子电池及其电极材料的研制. 电池, 1998, 28 (6): 258 ~ 262

86 Zheng T. High Capacity Carbon Prepared from Phenolic Resin for Anode of Lithium-ion Batteries, J Electrochem Soc, 1995, 142: 211 ~ 214

87 Ozawa K. The $LiCoO_2$/C System. Solid State Ionic. 1994, 69: 212 ~ 221

88 Morzilli S, Xcrosati B, Sgarlata F. Iron Oxide Electrodes in Lithium Organic Electrolyte Rechargeable Battries. Electrochem Acta, 1999, 30 (10): 1271 ~ 1276

89 Nisgijima M. Li Deintercalation-intercalation Reaction and Structural Change in Lithium Transtion Metal Nitrides. J Electrochem Soc, 1994, 141: 2966 ~ 2971

90 吴宇平. 锂离子电池锡基负极材料的研究. 电源技术, 1999, 23 (3): 191 ~ 193

91 杜翠微. 锂离子电池非碳负极材料的研究进展. 第 24 届中国化学与物理学术年会论文集, 哈尔滨: 2000, 294 ~ 295

92 李泓. 锂离子电池纳米材料的研究. 电化学, 2000, 6 (2): 137 ~ 145

93 师锐, 穆凤云. 云南化工, 2003, 30 (4): 39 ~ 42

94 张之钝, 雷欣尧. 云南省志卷十八轻工业志. 昆明: 云南人民出版社, 199 ~ 205

95 文力. 电池快讯, 2002, 10 ~ 12

96 云南省日用化工行业协会第一届理事会第二次会议工作报告. 2001

97 南孚的能量. 经济日报, 2003 (3): 2 (1)

6　电动车、船

姚发权　昆明理工大学

6.1　概述

改革开放以来，中国汽车工业以极高的速度发展，特别是从 1998 年开始，汽车产量更是以近乎指数曲线的速度在增加。2004 年全国生产汽车 507 万辆，民用车辆拥有量达到 2693. 71 万辆。汽车工业的发展，既推动了整个国民经济的高速发展，也给人民群众的生活带来了极大便利，同时也显露出以下几个不容忽视的问题。

6.1.1　能源紧缺问题

能源是人类社会发展进步的物质基础。在当代，能源同信息、材料一起构成了现代文明的三大支柱。

能源的划分有多种方法。来自自然界、没有经过任何加工或转换的能源叫做一次能源。从一次能源直接或间接转化而来的能源叫做二次能源。煤、石油、天然气、水力、太阳能等是一次能源，煤气、液化气、汽油、煤油、酒精等是二次能源。一次能源又可分为再生能源和非再生能源两大类。煤、石油是古代动植物经长期地质运动作用形成的，开采一点就少一点，这是不可再生能源；像太阳能、风力、地热或从绿色植物中制取的酒精等，它们可以取之不尽，用之不竭，是可再生能源。

在过去的 20 个世纪中，人类使用的能源主要有三种，是不可再生能源，那就是原油、天然气和煤炭。根据国际能源机构的统计，假使按目前的势头发展下去不加节制，在没有开发出新能源之前，地球上这三种能源能供人类开采的年限，分别只有 40 年、50 年和 240 年了。所以，开发新能源，替代上述三种传统能源，迅速地逐年降低它们的消耗量，已经成为人类发展中的紧迫课题，核能在今后一段时期内还将有所发展，但是核电站的最大使用期只有 25 ~ 30 年，核电站的建造、拆除和安全防护费用也相对不低。先进国家的能源专家认为，太阳能、风能、地热能、波浪能和氢能这五种新能源，在今后应该优先开发利用。

据统计，2004 年，中国进口原油达到 1. 2 亿 t，石油进口的依存度为 1/3，进口原油的 30% 用于了汽车消耗。2004 年中国已超过日本，成为仅次于美国的世界第二大石油消费国。预计到 2020 年，中国石油消费量缺口将达 2 亿多吨，石油进口的依存度将达到1/2 以上。通过对未来 10 ~ 15 年中国汽车市场的需求进行的预测，十年后，中国与美国、日本一起，成为世界三大汽车市场，并成为全球第二大市场，整个汽车市场规模仅次于美国。由于中国汽车产业处于快速增长时期，对石油能源的消耗量大且快速增长。

中国还是一个人口众多的国家，虽然 1990 年以来能源生产总量已名列世界前茅，但人均占有能源消费量只有发达国家的百分之五至百分之十；另一方面，每万美元国民生产总值能耗方面则为世界各国之首，为印度的2.2倍，为发达国家的4～6倍；使用能源的设备效率偏低，又造成能源的浪费，能源利用效率不高，加剧了能源短缺问题的严重性。

云南省是一个经济比较落后的省份，也是一个不产石油的省份，但却是一个公路运输大省，2004年公路运输线路长度为167050km，居全国第一（前三位分别是云南、四川、广东）。同时云南作为全国的一个经济不发达的省份，GDP排在全国的最后几位，2004年全省民用汽车拥有量却达到了888599辆，排在了全国第10位（依次是广东、山东、北京、河北、浙江、江苏、河南、四川、辽宁、云南），足见云南的经济发展和百姓生活对汽车的依赖程度与全国各省区相比是很高的，对石油的依赖程度以及石油的消耗量都是不得不重视的问题。

6.1.2 能源安全问题

中国优质能源的供应渠道十分有限，主要集中在中东、中亚、中美洲和东南亚地区。其中，中东地区控制着世界石油贸易量的70%；中美洲是未来石油出口增长潜力较大的地区；中亚和中东是世界天然气出口潜力最大的地区；与中国毗邻的东南亚地区，石油和天然气供应的增长潜力有限，很难成为中国优质能源供应的主要基地。换言之，中东、中亚和中美洲是中国能源供应优质化主要来源。众所周知，这些地区是超级大国的传统势力范围。中美洲是美国的后院，除了美国，世界上的其他政治和军事势力很难施加影响。中东地区的关系错综复杂，美国的政治和军事影响在这一地区占主导地位。中亚是俄罗斯传统的势力范围，美国经过近十年的分化瓦解，在这些地区的影响日益强大。中东由于其石油问题的重要性，成为二次世界大战之后全球政治和军事冲突的核心。多年平静如水的里海，由于其石油和天然气资源所有国的重新划分，将成为俄罗斯、穆斯林国家和美国21世纪进行政治、军事较量的焦点之一。美国将其21世纪的能源战略定格为“安全、清洁和高效”，其中能源供应的安全是第一位的。美国和北约的东进战略，一方面是遏制俄罗斯的政治军事存在，另一方面为扩大其在中亚地区的影响，提高地缘上的优势。俄罗斯和美国的能源专家们都预言，21世纪世界各种利益集团的竞争或争夺的焦点仍然是能源供应。石油和天然气资源将是各个利益集团进行讨价还价的重要筹码，因此，中国如果大规模的进口石油和天然气，在政治上和军事上就必须或不得不与美国进行周旋，同时还要与俄罗斯、欧盟以及盛产石油的穆斯林国家建立起稳定的双边和多边关系。由于中国经济实力较弱，目前在这些地区的政治和军事影响都很弱。如何保障中国从上述地区进口2亿t油当量以上的石油和天然气将是中国21世纪政治和军事外交所面临的重要任务。汽车消费量的增长使中国对进口石油的依赖度增强了，持续增长的石油消费所带来的石油进口将严重威胁中国的能源安全。

即使在进口石油资源能够得到保障的情况下，由于世界政治、经济环境的变化导致原油价格频繁剧烈的波动（例如伊拉克战争已使国际原油期货价格从40多美元上涨到70美元），对中国高速、健康发展的国民经济，仍然是一个难以估量的严重威胁。

6.1.3 大气污染问题

中国能源生产与消费以煤及石油为主，石油年产约1.5亿t，年总耗煤量约12亿t，年排放烟尘约2100万t，二氧化硫2300万t，二氧化碳及氮氧化物1500万t，二氧化碳排放量已居世界第二位。

工业烟尘排放和汽车尾气排放是大气污染的两大原因。在中国大中城市汽车尾气排放对造成大气污染所占的比重已经达到60%。据环保部门抽检，昆明市汽车尾气污染严重，排放合格率仅为54%，汽车尾气污染已成为昆明市主要污染源之一。汽车尾气排放的污染物主要有一氧化碳 CO、氮氧化物 NO_x、碳氢化合物 HC、醛 RHCO 及含铅 Pb 颗粒，大气环境污染带来的酸雨、全球气候变暖、臭氧层空洞、人体健康等问题，已经到了着手治理刻不容缓的程度。

在发达国家发展过程、特别是工业化过程中，大多数都走过一个先污染后治理的过程，因为人们一开始不认识污染问题，后来这造成很多与人们直接相关的危害，比如英国的“伦敦雾事件”、日本的“痛痛病”，美国“洛杉矶烟雾事件”之类的现象，都是一些与工业、能源有关的活动，当时大家不认识它是污染，直到最后把人身体健康或者其他生产力破坏了，大家才发现要治理了。对中国来说，人家犯过的错误我们就不能再犯了。

6.1.4　论可持续发展

能源问题是直接关系到我国经济发展的战略问题，关系到中国经济和汽车产业的可持续发展问题。中国人口众多，能源、资源相对不足，环境污染比较严重，已成为影响中国经济发展和社会发展的重要因素。要确保国家经济安全和长远目标，迫切需要加快制定能源法及配套实施细则，通过政策引导，发展节能技术和替代能源，汽车工业尤其需要树立全面、协调、可持续的发展观，我们才有可能走出一条健康的发展之路。开发新型绿色能源、开发适用清洁能源的交通工具已经成为当务之急。

为此，“十五”期间中国从维护中国能源安全，改善大气环境，提高汽车工业竞争力，实现中国汽车工业的跨越式可持续发展的战略高度考虑，在“863”计划中设立了“电动车重大科技专项”，通过组织企业、高等院校、科研机构，以政、产、学、研四位一体的方式进行联合攻关，并拨款8.8亿元作为这一重大科技专项的研发经费，同时明确了任务：建立燃料电池汽车产品的技术平台；实现混合动力汽车的批量生产；推动纯电动汽车在特定区域的商业化运作。从此，中国电动车船的研发加快了速度。

6.2　电动车、船的发展状况

电动交通工具使用的是电能，具有没有排放污染，不受石油紧缺和能源安全问题威胁的优点，已成为社会各界的共识，有着光明的发展前景。常见的电动交通工具有电动车和电动船。根据电动车车型（所需电力）的大小，电动车可分为电动汽车（轿车、公交车、小货车等）、电动自行车、电动摩托、其他多功能电动车（代步车、高尔夫球车、搬运车、清扫车等）。电动船除了没有排放污染外，还具有不污染水体的优点，其分类也可按照电力消耗和航速的大小分为游览观光船、小型作业船、大型运输船。根据电源的使用情况，电动交通工具一般又可分为纯电动、混合动力（电和其他燃料的混合使用）、氢燃料电池三种。

20世纪80年代末期，世界各发达国家都竞相开始把目光都投向了电动车的开发，并取得了相当的成绩，各种类型的电动车均有开发成功的例子，特别是日本丰田公司的混合动力汽车已达到了批量生产化阶段，至今已销售了10多万辆。

中国上海永久自行车厂在20世纪80年代中期也曾开发过电动助力车。当时的出发点仅仅是为减轻骑行者的劳动强度，并未提高到减少城市环境污染的认识高度，由于受当时的技术水平的限制，尽管得到了广大市民的欢迎，也生产了上万辆，可历时不久就暴露出了其主要缺陷，主要是电控系统和电动机可靠性差，电池寿命太短，充电时间太长，电池电解液也容易泄漏，不便于维护等，因此很快就停产了，并未得到推广。由于有了国外石油短缺和环境污染的前车之鉴，中国的“863”计划电动车重大科技专项出台比较及时，因此我们在电动车研发的起步时间上并不比国外发达国家落后多少，在“863”计划的指导和推动下，中国已经开发了各种类型的电动车，其中混合动力汽车已到了小批量产出的阶段，电动自行车在电动车中技术含量最低，不是“863”计划电动车重大科技专项的主要内容，但各地厂家自行开发，已经达到了大批量生产阶段，事实上已经成为城市居民最普遍的个人交通工具之一了。

如前所述，云南省是一个公路运输大省，又是一个内陆省份，高原内陆湖泊水资源极其珍贵，还是一个经济不发达的省份，因此能源问题、大气污染问题、水体污染问题、可持续发展问题更是不容忽视。为此，云南省一批有识之士、有社会责任感的科技人员已经自觉地行动起来，例如，中国工程院院士、昆明理工大学戴永年教授就主动依靠自己的力量，汇集人才（如笔者前几年就自行开发了电动自行车用的盘式电动机、电动自行车、电动老年代步车、电动清扫车、电动游艇），联合企业，自筹资金，成立了电动车船研究组，展开了电动车、船的研究工作。有了这样一批人、这样一种精神，云南省就不愁赶超国内先进水平。我们国家也要珍惜起步并不算太晚这样一个时机，别让与发达国家起步仅有一步之遥的差距又被眼睁睁地拉大。

6.2.1 电动自行车与电动摩托

在中国及非工业化国家的城市交通方面，电动自行车是一种经济、灵活、轻便、省力、节能、环保型的个人交通工具，深受广大民众欢迎。在当今社会，燃油车辆污染、油价不断攀升、城市交通日益拥堵、城市面积不断扩大的情况下，对于工薪阶层的上班族，电动自行车更是一种适宜理想的交通工具。由于中国人口众多，电动自行车在中国有着广大而持久的市场。

从1996年以来，中国电动自行车生产发展迅猛，至今已形成了大批量生产的规模。尤其是江苏、浙江两省，常州、无锡、金华、宁波、长兴、台州、永康等地，基本形成了完善的零部件的生产配套基地，可以毫不夸张地说，凡是电动自行车和电动摩托的所有零部件，都可以在上述地区找到具有相当规模的生产厂家。完善的配套能力，支撑了整车的发展。

随着销售市场的强力拉动，中国国内很多大中型企业，包括一些军工企业也加入到这一行业中来，成为当今中国乃至世界经济发展中的一个亮点。比较知名的有上海建设、北京新日、广州五羊、麦科特、澳柯玛等。较早的知名品牌有大陆鸽、小羚羊、锡特等等，不再一一列举。仅2005年，“电动车商情”杂志联合推荐的品牌就有88个。据不完全统计，中国生产与组装电动自行车和电动摩托和主要零部件的厂家就不下2000家，仅上海建设牌电动自行车一家，就具备了年产整车40万辆的规模，澳柯玛也正向年产整车30万辆的规模迈进。电动自行车的品牌已达到数百个，中国整车年产量已突破600万辆大关，现在还在继续增长。

中国电动自行车已形成了规模化生产，成本已大幅度下降，除了满足国内广大市场外，现已批量出口到美国、加拿大、日本及欧洲各国。

电动自行车的基本性能参数如下

电机功率：	180～250W	
电机电压：	36V	（也有48V的）
直流电机：	轮毂式电机	（分有刷、无刷）
电池容量：	12～17A·h	（密封式、动力型）
电池寿命：	≤300周次	（多数仅能使用一年）
骑行速度：	≤20km/h	（国家标准）,
续驶里程：	40～60km	（国家标准为≥35km）
爬坡度：	≤7°	
整车质量：	30～40kg	
承载最大质量：	≤75kg	

关于电动摩托，因中国暂无相应的通用技术标准，而且在城市中骑行速度过快（速度大于每小时30公里），加之受电池重量和电池容量的制约，续驶里程不够大，加上中国新颁布的道路交通安全法只明确了电动自行车作为非机动车在非机动车道上骑行，未提及电动摩托如何管理，故不像电动自行车那样发展迅猛。但在江浙与东部经济发达地区，也有相当数量的产品和销售。

电动摩托的基本性能参数如下

电机功率：500～1000W

骑行速度：>30km/h

自重与载重均大于电动自行车

其余性能与电动自行车大同小异

6.2.2　电动代步车

随着中国社会人口老龄化的到来，据统计，60岁以上的老年人口已达到人口总数的10%，约有1.3亿，加上残疾人，数量更大。电动代步车正是适合这一群体的代步工具，具有可观的市场和社会效益。

电动代步车一般安装三个或者四个车轮，具有操纵简便、平稳、安全的特点，按使用功能可分为单人车和两人车，按传动结构又可分为低挡链传动型和高挡齿轮传动、带差速器离合器、前进挡和倒车挡型，各类型均可无级调速。云南省电动代步车样机已由笔者于1993年开发成功。

电动代步车的基本性能参数如下

电机功率：250～350W

电机电压：36V　　（也有48V的）

骑行速度：8～20km/h

续驶里程：50～60km

爬坡度：≤12°

6.2.3 电动多功能专用车

电动多功能专用车是在普通四轮电动车的基础上，在特定的区域内，为了完成某种特定的工作派生出来的。现在常能见到的有防火和环境要求严格的企业中的物料运输车（如烟厂的自动电动搬运车），室内多功能清洁车，室外清扫车等等。笔者开发的电动多功能清洁车已获国家专利（专利号：ZL01206466.1），该车适用于大型会展中心、小区露天场地、企业内要求经常清洁的工作场所。

电动多功能清洁车的基本性能参数如下

清洁效率：3000～4000m^2/h （含拖地）

行驶速度：4～10km/h （无级调速）

挡位：前进与后退

6.2.4 电动旅游观光及巡逻车

电动旅游观光及巡逻车除了具有顶棚外，周围敞开，视线开阔，便于旅游观光及巡逻观察。该车使用数量已不少，各地都可以随时见到。

电动旅游观光及巡逻车的基本性能参数如下

电机功率：2.2～4.5kW

行驶速度：20～30km/h

座位数：4座、8座、14座

6.2.5 电动汽车发展状况

电动汽车所使用的能源是电，根据电能的使用方式可把电动汽车分为三类，即纯电动汽车、混合动力汽车、氢燃料电池汽车。现在世界上三种电动汽车都已经发展到完成了功能样车和性能样车的阶段，其中混合动力汽车已经达到了量产化阶段。

纯电动汽车使用蓄电池供电，研发门槛低，研发容易成功，但受蓄电池本身性能如功率密度小、输出功率小、质量大、体积大、必须充电、充电时间长、电池寿命有限等的限制，故目前的纯电动汽车性能较差，还只适合区域性的使用。目前更多的是制造成大客车，因为大客车活动半径小、利于充电，空间大、承载能力大、行使速度低，比较容易降低蓄电池本身的不足对整车造成的影响。

氢燃料电池汽车所使用的燃料电池，由储存在汽车上的氢或者氢的化合物来产生氢气，再与空气中的氧发生化学反应产生电力，故氢燃料电池汽车几乎不排放有害的废气，是低污染电动汽车的研究重点，最终追求的目标。加上氢燃料电池功率密度大、补氢时间短于蓄电池充电，氢燃料电池汽车的性能比纯电动汽车优秀得多。但因燃料电池技术成本高，氢的渗透性高，氢的储存输送有较大的难度，目前氢燃料电池汽车还处于研发阶段。美国通用公司现在把主要精力放在氢燃料电池汽车的研发上，计划2010年成为全球第一家年销100万辆的制造商。有关预测认为，2030～2040年，燃料电池汽车将成为全球汽车市场的主导产品。

在目前纯电动汽车还不能完全令人满意，氢燃料电池汽车又还需较长一段时间才能商品化的情况下，人们又研制了混合动力汽车。混合动力汽车的运行原理是，除采用电力驱动外辅助以传统的燃油发动机，在电池电压下降时就会启动传统引擎继续行驶，并实时地向电池充电，这就可以解决纯电动汽车停车找地方充电的烦恼。由于还保留了传统的燃油发动机，混合动力汽车仍然存在排放污染，但减轻了不少，因此混合动力汽车应该只是一种过渡型的产品。日本丰田公司于1997年首先研制成功四门小型混合动力汽车“霹雳速”，2004年推出了性能更好的第二代产品，从2000年在美国上市至今已经销售了10万辆，真正成了第一种量产化的电动汽车。由于这种汽车具有两套驱动装置，马力负重还比较大，整车性能介于纯电动汽车和燃油汽车之间。

三种电动汽车在发展过程中的地位可以用一句简单的话来描述：纯电动汽车是入门，混合动力汽车是过渡，氢燃料动力电池电动汽车是目标。由于对问题看法上的差异，以通用公司为主的美国公司认为研发氢燃料动力电动汽车更直接面对目标，可以少走弯路、节约时间，所以把更多的力量放在氢燃料动力电池汽车上。而以丰田公司为首的日本公司则认为过渡到氢燃料动力电池电动汽车的时间还很长，这段时间的市场、商机不容错过，因此他们把更多的力量用在混合动力汽车的开发上。

6.2.5.1　国外电动汽车简介

日本是开发电动较早的国家之一。日本富山微型汽车制造厂和日本北陆电力公司联合研制了微型电动汽车，这种600W的电动汽车每充一次电可行驶36km，最高时速35km，单人乘坐，每辆售价为47.5万日元。

日本丰田汽车公司研制成功的EV-30电动汽车，双人乘坐，最高时速为43km，一次充电可行驶165km。

日本日产汽车公司生产的FEV电动轿车最高时速达到100～130km，一次充电续航能力已达到200km，并配备了快速充电系统，这款电动汽车在试车场直线试车道上以100km/h行驶时，乘员没有高速行驶的感觉，这是出人意料的。车辆前方视界开阔时速感会减小些。FEV车在起步加速时，缓慢地踏下加速踏板，这样可平稳地达到并保持一定的速度行驶，加速踏板完全放松并返回原位时，会自然平稳地进入滑行状态，从滑行状态到再加速时车辆仍很平稳，FEV车可利用再生制动增大制动力。再生制动是滑行时电动机工作转换为发电机工作而产生制动力，加速时是消耗电能，再生制动时是发电，可进行充电。

尤其应指出的是IZA电动轿车，该车是以东京电力公司的电动汽车研究会为中心开发的，试制由RCD负责，其中驱动系统由明电舍公司，蓄电池由日本电池公司负责。总之，IZA是由日本多家公司共同研究开发的。

IZA最初设计的性能指标是：最大速度为180km/h，加速18s后可由0～400m/s，一次充电的续驶里程为500km，IZA试验样车已全部达到指标。

电源采用24个镍镉动力电池，输出电压为288V。电池总质量为531kg，电池总容量为28.8kW·h，前后悬架都是双叉式，前后制动采用通空制动盘式。

IZA电动车总质量为1575kg，动力采用DC直流无刷电动机，分别装在4个车轮上直接驱动，每台电动机的功率为20kW共80kW，直接驱动。在提高运动性能、增大驱动力的同时，可获得良好的空间效率。

一般高性能电动汽车以轻快第一，因此，优良的空气动力车身是不可缺少的要素之一，IZA电动轿车的车身是铝制的，前面由强化炭素纤维制成，与赛车很相似。车身外形的空气动力特性是很优秀的设计，空气阻力系数为0.19。车身总长为4870mm，总宽为1770mm，总高为1260mm，轴距为2750mm，这样的尺寸比例设计，导致车厢高度显得偏低，但能获得优良的空气动力特性。

变速采用与汽油轿车“自动变速式”相同的选择。有五挡“R”“N”“D”“D1”“D2”。“R”到“D”的作用与自动变速器相同，即“倒车”、“空挡”和“行驶”。

IZA电动轿车操作简便，首先把钥匙插入转向柱的锁芯内，从“OFF”转到“ACC”再转到“ON”位置。“ON”位置表示车辆起步的准备状态。把选择杆移动到“D”位置，然后用右足轻轻踏下加速板，轿车即可平稳加速。就像电车加速一样，伴随轻微的电动机声，平稳地提高毫无变速的感觉，与汽车的无级变速相比，有过之而无不及。

IZA电动轿车在进入高速公路时也有足够的加速力是该轿车的特点之一。

IZA轿车还装有动力车窗，动力转向，动力制动和热泵式空调装置。仪表方面装有蓄电池电量显示计，可以预先知道还能行驶多少里程，这些都是现代汽车需所具备的基本要求。轮胎采用低滚动阻力的205/50R-17的轮胎，轮胎质量为9kg。在40km/h行驶时滚动阻力系数为0.006，4个轮毂的电动机采用内侧安装方式。

另外，日本日产FEV电动轿车也是一种小型高性能电动研究试验轿车，适宜市区使用。车身外形别致，并有独特的风格，前部断面呈圆形，后部断面呈方形。车身前圆后方可避免侧面气流和上面气流相互交叉干扰，使气流可以平滑流过车身，这样可降低空气阻力和行驶阻力，使空气阻力系数降低到$C_o=0.19$，这就大大提高了电动轿车的空气动力性。前部车盖可以全部开启，内装空调以及控制装置可与后部蓄电池重量相平衡。车厢内部装置简洁明快，装收音机、CD机，通风器的操作钮等均装在圆盘上很像水面上的太阳，在车厢内显得异常清新。

FEV电动轿车是两门四座车，总长为3995mm，总宽为1690mm，总高为1290mm，轴距为2436mm，壳式车身由铝合金制造，前面用树脂制成，合理的车身匹配和新材料的采用，使车身不但轻而且有足够的有效使用空间。确保了后座的舒适空间和充分的行李舱容积。

FEV车采用了23个12V镍镉蓄电池，输出电压为280V，电池容量是16kW·h。电池总质量为200kg。充电方式采用100V超快速充电，补充充电达到40%时只需要6min，大大缩短了充电时间，与汽油车加油的时间相比并不逊色。这就是FEV电动轿车的最大特点和光辉成就。完全充电后的续驶里程在40km/h匀速行驶条件下为200km，在市区使用已经足够了。驱动方式采用前轮电动机驱动，功率为20kW。前悬架为撑杆式，后悬架为平行杆式。前制动为盘式，后制动为鼓式。轮胎采用165/65R14低滚动阻力轮胎，质量为4.1kg。特别在市区街道以中低速行驶时滚动阻力的减少更为显著。

FEV车没有变速器，起步时和自动变速器汽车一样，只要踏下加速踏板，就能起动，当加速踏板踏到底时也没有骤然加速的感觉，而只感到平稳加速，因FEV是通过变频对直流电机进行调速，故它是连续、平稳地加速，与汽车的机械换挡是不一样的。故电动汽车加速踏板的加速感是非常平稳的，比自动变速器汽车的感觉更舒适。

福特汽车公司开发的“埃考斯特”车，该车是以欧洲护卫者牌旅行轿车为基型的电动汽车，是两座商用车，其最大载重质量为386kg，汽车自重为1409kg，电池重363kg，使用钠硫（NaS）电池，置于货箱底板下。电子控制系统与驱动电机、发电机均放置于车子前部位，功率为 56kW 三相交流感应型电机，采用前驱动。

空调的采暖系统要消耗电能，是电动汽车最重大的难题之一，“埃考斯特”车装备有 4～5kW 的通风型电热器和太阳能辅助通风装置。在零排放地区以外使用小型内燃机带动，输出功率为 22kW 的发电机，一次充电可行驶 160～200km。在驾驶感受和舒适性等方面，该车有一种成熟度很高的感觉。售价一台 10 万美元，相当于 1300 万日元，从而引起纷纷议论，这相当于铅电池电动车价格的 3 倍。

1997 年 9 月在法兰克福国际汽车展上，韩国现代汽车公司向世界首次展出了 ATOS EV 电动轿车，引起了世人瞩目。这辆电动轿车的面世，再次证明现代汽车公司已具备了开发最复杂的先进汽车技术。

尽管电动车对环境污染少，但由于蓄电池一次充电的行驶里程很有限，所以电动汽车尚未普及。现代汽车公司研究开发出的 ATOS EV 电动轿车，它的最高时速可达 130km，0～100km/h的加速时间为 15.4s，一次充电可在城市复杂的交通环境中行驶 200km 以上。该车能行使这么长的距离，应该归功于车上安装的几项独特的设施，可在途中对电池能量进行有效的管理和保存。

ATOSEV 的动力由额定功率为 50kW 的交流感应电动机产生，并经单速变速箱输出。能量保存在 24 只镍-金属氢化物（Ni-MH）电池中。镍-金属氢化物电池是最新一代电池，能提供很高的能量密度。ATOS EV 同时配备了智能诊断系统，能够实时地监控所有电器系统，将汽车的操作功能调节到最佳状态。采用一套新开发的电池管理程序来延长电池寿命和提高能量利用率。车上的再生性制动系统有助于扩大行驶里程。

如果电动车遇到严重的交通拥堵状况而不得不经常制动或起步加速的话，电池的使用寿命就会大大缩短。ATOS EV 的自动变速箱具有缓行功能，使电动汽车在交通不畅的道路上可以以最低的能量需求保持缓慢行驶，以便节约电池能量。

ATOS EV 电动车将直流交流转换器、电池充电器、空调和动力转向控制开关等电器系统结合为一个高度紧凑的单个模块。随车装备了 6.6kW 的感应式充电器，可在 7h 内给 NI-MH 电池完全充满电。

日本本田公司也开发了混合动力的两人座跑车 Insight。

美国福特公司开发了小型的混合动力车 Prodigy。

戴姆勒-克莱斯勒公司于 2004 年与中国科技部签订协议，在 2005 年 9 月将该公司研制的氢燃料电池电动汽车提供 3 辆给北京市试运行。

6.2.5.2 中国电动汽车简介

在“863”计划的指导下，中国已经造出了各种类型的电动汽车，2005 年已经安排了 60 辆电动汽车在北京、武汉、天津、威海、上海 5 个城市开展电动汽车的示范运行，将在 2008 年北京奥运会上投入使用 2000 辆电动汽车。现将中国各地研发的电动汽车作一简单介绍。

天津清源公司研发的小型纯电动汽车“幸福使者”，最高时速 50km/h，2005 年 6 月通过验收，同时该公司还在积极研制混合动力汽车，计划该车成熟后交天津夏利汽车厂生产。

北京理工大学科凌电动车公司已经少量生产出 4 个品种 40 辆纯电动公交车，即将投入示范运行。

在武汉，东风公司属下的东风电动汽车公司已经生产了6辆混合动力客车投入示范运行，至今已经行驶了14万多公里，载客15万多人次。同时东风公司还投资1000万元，与武汉理工大学联合开发了氢燃料电池轿车“楚天一号”，该车由“爱丽舍”轿车改装而成。燃料电池发动机采用单堆设计，体积接近传统发动机，安装在轿车前仓，整车外形保持不变，最高时速超过100km/h。

长安汽车公司率先在国内开展混合动力专用发动机的研发，经过检验，动力性接近参考车水平，综合油耗降低17%，排放达到欧Ⅲ标准。同时还完成了混合动力汽车第二轮功能样车和第三轮性能样车的研制。

北京清华大学燃料电池客车，2004年5月在北京召开的世界氢能源大会上，与戴姆勒-克莱斯勒公司的样车同台展出，在10月份必比登世界清洁汽车挑战赛上，在7个单项指标（高速蛇行障碍赛、噪声、排放、能耗、温室气体排放等）上获得5个A（最高等级）的好成绩。

长春一汽与日本丰田进行合作开发的混合动力大客车，已于2005年12月小批量产出下线。

浙江万向集团研发了5辆纯电动公交车，10辆纯电动轿车，已经通过路试。

湖南株洲时代集团研发了4辆混合动力和纯电动城市客车，即将试运行。

青岛澳柯玛集团2002年步入电动车项目，至2004年已经销售电动自行车16万辆，并且已经形成具有规模的电动车有，电动高尔夫球车、电动旅游观光车、电动巡逻车、电动自行车等电动车系列。正在研发的全封闭电动公交车于2004年10月中标兖州市公交项目，如果顺利，将成为国内第一条电动公交线路。

湖南湘潭电机制造公司造出了10辆混合动力公交车，已经通过有关部门检验，将在长沙市公交一公司12路公交线路上试运行。

深圳比亚迪公司是一个制造锂离子电池的厂家、电池大王，世界排行第二。也于去年重金收购了陕西秦川机械厂（原军工企业、生产汉江牌汽车），并在上海建立了研究院，开发经济型燃油轿车和锂电池电动汽车。

蚌埠奇瑞汽车厂也投入了较大的力量进入了电动汽车的样车开发行列。

可以说，中国已经进入了百花齐放、竞相赶超电动汽车世界先进水平的阶段。

6.2.6 电动船

1997年初，云南省大理州提出洱海不能再步滇池的后尘，必须立即采取果断措施，解决洱海水体污染的问题。随即出台相应的政策法规，于当年6月份停驶了6000多艘小型燃油机动船，让其报废，不准下洱海作业。从而有效的控制了洱海水体的继续污染。2005年8月15日，云南玉溪地委领导做出正确决策，对所辖的抚仙湖、星云湖、杞麓湖等，明令禁止机动船下水作业，保护上述内陆湖泊水体不再继续遭到污染。现在云南省对湖泊、水库等水面都加强了对水体污染的控制与治理，留下清澈明亮的水域给子孙后代，以便可以持续发展经济，这是十分正确的决策。

然而，众多以水域作业为生的百姓生计问题又凸显在世人面前。因此，尽快地、积极地研发没有污染的、使用清洁能源的水上作业、运载、旅游观光的船只就提到了重要的高度。据资料介绍，目前中国已有 17 个省市在着手这一项目的开发，预计不久的将来，中国将出现没有污染、环保型的船只航行在祖国辽阔的江河湖泊上。

电动船是一种没有污染、环保型的水面作业、运输、旅游观光的工具。笔者于 1998 年开发出 36V300kW、36V500kW、48V1000kW 的电动操舟机，初步解决了这一矛盾，电动操舟机已经获得国家专利（专利号：ZL98298240753X），电动操舟机所使用的电机也同时获得国家专利（专利号：ZL98240747.5）。但其航速仅达到 8km/h，最大成员数为 6 ~ 8 人，续航能力 3 ~ 4h，电池重达 200kg，故目前尚不能满足市场的需求。

目前，在昆明理工大学戴永年院士的带领下，集中了数位专家教授的电动车船研究组正加紧工作，计划在不长的时间内开发出数种系列的电动船产品，以解决既要防止污染，又要照顾以水上作业为生的老百姓生活问题的矛盾。计划将电动船的航速由 8km/h 提高到 10km/h、15km/h、甚至 20km/h 以上，乘员有 4 人座、6 人座、8 人座、直至 20 人座，续航时间达到 4h 的多品种多规格产品，如单双人乘坐的捕鱼船和钓鱼船，4 人座、8 人座的游艇，20 人座的摆渡船等。

2004 年 8 月的广州博览会上，韩国展出了两件游乐性质的钓鱼船使用的挂桨机，功率为 24V200W 和 36V300W，特点是采用密封电机（传统结构），直接带动螺旋桨，用支架支撑悬挂在皮划艇上，十分简单。估计航速在 4km/h 左右，但售价为 12000 元/套。与我们中国开发的相比要简单得多。我们的电动操舟机是装在游艇上的，法兰式电机与变速箱连接，下联舵体，有水平舵、垂直舵，有电子无级调速装置。

据调查了解，这类环保型的电动船或操舟机需求比较迫切，但需求量不是特别大。目前除了公园游乐的小船外，中国国内尚未引起足够的重视，因而零部件配套条件太差。估计在不长的时间内将会得到有关方面的关注。

6.3　电动车、船发展的制约因素

当前发展电动车、船还存在着一些制约因素，电动船发展的制约因素和电动车发展的制约因素基本相同。因为云南省是内陆省份，舰船设计开发人员（例如与动力、航速相匹配的船体、船型和推进器设计人员）相对缺乏，达到一定级别船只的检测鉴定，距离最近的还必须远赴重庆进行，这是云南省特有的困难。这里仅将电动车发展中具有共性的主要制约因素分别在下边列出进行讨论。

6.3.1　蓄电池和电动机的性能尚有待提高

目前可供电动车使用的蓄电池不下几十种到上百种，按产生电能的化学物质或电极类别大致可分为铅酸电池、铅钙电池、钠硫电池、氯化铝电池、镍镉电池、镍氢电池、锂离子电池等等。但是这些蓄电池中，性能好的价格很高，难以实现电动车的商品化，价格低的性能很差，难以实现电动车的高性能，同样难于打开市场实现商品化。而且这些蓄电池都存在着共同的不足之处，制约着电动车、船的发展。这些不足就是：功率质量比小，容量质量比小，体积大，需要充电，充电时间长、寿命短等。电动机与同功率的燃油机相比也存在着质量大、体积大的问题。

现在已经出现的电动轿车的性能，最好的还达不到 1.3 ~ 1.6L 排量经济型燃油轿车的水平。这里我们将两者作一比较，见表 3-6-1。

表 3-6-1 电动轿车与燃油轿车性能参数比较

性能参数	电动轿车（纯电动、混合动力）	燃油轿车
整车质量	1400kg	1100kg
续驶里程	一次充电 150km	一次加油 600 ~ 800km
最高车速	120km/h	170km/h
马力负重	15 ~ 19kg/hp	10 ~ 12kg/hp
补能时间	充一次电 2 ~ 14h	加一次油 5min
储能装置质量	电池组 360 ~ 800kg	油箱和油料 60kg

从表中我们可以看出电动车要想抗衡燃油汽车，关键在于蓄电池和电动机。蓄电池功率密度不够和电动机输出功率偏小、体积质量都太大是导致电动车整车过重、续驶里程短、马力负重大、车速提高困难，补充能量不方便的直接原因。我们期待着蓄电池和电动机出现革命性的突破。

6.3.2 充电站、网还有待建设

充电站、网（对氢燃料电池汽车而言，是补氢站）对于电动车来说，就相当于燃油车的加油网站，而且更为重要。燃油汽车发展了相当长的时间，加油站、网已经十分完善完备，站点星罗棋布，补充能量已经十分方便，开一辆汽车周游世界已经不是什么困难的事了。然而现在的电动车续驶里程还太短，只有汽车的四分之一，如果没有既完善又完备的充电站，显然是十分不方便的，电动车的用途也将受到极大的限制，推广也就会碰到相当大的阻力，使用清洁的电能带来的环保优势也就不可能得到充分的发挥。

可是建设充电站却是一件比建设加油站更困难的事。首先充电站的投资比加油站要大得多，这是因为充电时间长，电池种类多，必须准备足够数量的、适应各种电池的智能充电装置导致的。再加上为了快速充电，必然造成充电站的局部用电负荷太大，必须进行局部电网改造和增容，其费用也是比建加油站多出来的投入。更何况在远离城市的公路沿线，如果充电站点地址距离电网太远，除了布线，还须建设变电站，投资将会更大。其次在充电时，由于电池充电时间长，为方便起见，应以待充电池换取满电电池的方式进行，同时为了便于电池的回收、修复、报废、处理，也要求按照这样的方式进行，否则蓄电池难以集中。这就产生了一个谁来投资建充电站的问题，是电力部门还是电池制造企业？电力部门掌握资源，电池制造企业具有电池回收、修复、报废、处理的义务和技术，在谁投资谁获利的市场经济条件下，问题就复杂化了。再有更为困难的问题是电动车目前还在刚刚起步的阶段，在还没有成为大规模的社会化商品前，谁敢来投资建设充电站？加油站是在汽车发展到大规模的社会化商品后才逐步建立起来的这一事实就是例证。没有电动车的充电站、网，电动车的运用就很难推广，而没有电动车的大量使用，又就不会有充电站、网的发展。这种相互依赖的矛盾关系才真正是一个最难解决的问题，因此，完善完备的充电站、网的出现还有待时日。

6.3.3 标准和法规出台的滞后

中国电动自行车已经发展到了大规模生产的阶段，纯电动、混合动力、氢燃料电池三种电动汽车的研发与发达国家在起步时间上也只有一步之遥，但目前电动汽车的技术标准

还在制定中，没有出台。电动自行车虽有了技术条件，但还只局限于一个比较粗的原则性要求，相关的零部件配套件的技术标准还没有，以至于已经形成的电动自行车相关的零部件配套件庞大的市场上，产品五花八门，通用性互换性比较差，既不利于节约社会资金，也不利于加快发展速度。

政策法规出台也显得比较滞后，当电动自行车在市场上铺天盖地而来以后，中国才于2004 年 5 月 1 日开始实施的《道路交通安全法》中，规定了电动自行车作为非机动车在非机动车道上行驶，但有关的配套法规仍然没有齐全完善。例如虽然出台了废旧电池的回收处理要求，但只是原则性的规定，没有细则，也没有规定程序，还存在要求相对于社会来说，力量很单薄的电池制造企业来承担解决包括历史遗留的社会公共问题所需的巨大成本这样的难题，故废旧电池的回收处理问题现在并没有真正得到很好地解决。有的省、市、地区对整车还不知该如何管理，对这种具有极强生命力的产品，针对其现有不足之处，干脆不准上路，一禁了之。就是 60 辆电动汽车在北京、武汉、天津、威海、上海的示范运行，也只能费尽精力，多方协商，好在是国家的安排，最终特事特办，得以上路。

谁都知道，完善的技术标准和政策法规的出台都需要有关数据、资料的支持，这是常规的方法。但不要忘记发达国家已经走在我们前边一步，利用我们现有的哪怕不完整不齐全有关数据、资料，但是我们还可以借鉴发达国家已经取得的有关数据、资料，甚至经验，打破常规走路，尽快出台相对齐全完善有关的技术标准、政策法规（其实没有永远齐全完善的技术标准和法规），尽早发挥它们的规范、引导和推动作用。对于像我们这样一个发展中国家，要想以有限的资金、更快的速度赶超世界先进国家，就更具有特别的意义。

6.4　云南省发展电动车船产业的几点建议

云南省应积极地适时地掌握国内外新的可再生洁净能源发展研究的动态，组织省内高校及科研单位科研人员开展研发工作，并给予积极支持，一旦条件成熟转进专司产业化的转化工作，把这些高技术含量的产业做大做强。

在对待新技术新产业方面在政策思想上再开放一点，步子再大一点，支持上再具体一点，使云南省的机电行业重振雄风，为其他行业的发展打好基础，争取在较短时间赶上东部及沿海地区的发展。

参 考 文 献

1　《电动车商情》杂志
2　GB17761—1999 电动自行车通用技术条件
3　《汽车之友》杂志
4　《看世界》杂志
5　2005 中国汽车工业年鉴
6　中国电动车网 www. cebike. com
7　上海市中国工程院院士咨询与学术活动中心网站 http：//www. cae-shc. gov. cn
8　新华社发表的汽车科技消息

后　记

两年前，云南省科技厅开始支持自选研究课题，我们结合自己从事40余年科研工作的体会，选定了“金属及矿产品深加工”这个题目，希望能对中国金属工业的可持续发展有所裨益。

为了把这项工作做好，我们邀请了25位教授、专家学者共同参与。尽管大家工作任务重，时间也很紧，但仍能抓紧时间，认真负责地查阅了大量文献资料，又到一些地方去进行实地考察，经过仔细观察、分析、研究，完成了各自承担的撰稿工作。在此，向各位表示诚挚的感谢。

本书的编辑工作得到了冶金工业出版社的大力支持。为了保证出版质量，出版社的有关同志做了大量细致的工作。同时，由于篇幅有限，书中引用数据、图表等的原文献未能全部列出，特此声明，敬请谅解！

本书的出版得到了云南省科技厅、中国有色金属学会、昆明理工大学、真空冶金国家工程实验室、云南省创新人才团队、昆明理工大学国家级有色金属重点学科的关心支持。

经过一年多的努力，本书终于将与读者见面了。他山之石，可以攻玉。我们真诚地希望本书有助于中国及云南省金属及矿产品深加工的发展。

编　者

2006年12月于昆明